U0839062

2000种观花植物原色图鉴

主编 闫双喜 李 永
王志勇 张素敏

河南科学技术出版社
· 郑州 ·

内容简介

《2000 种观花植物原色图鉴》是一部观花植物分类及应用的大型工具书。全书包含观花植物 183 科 918 属 2238 种（包括变种、变型及品种），并配有 2 000 余幅精美彩图，是一部集鉴赏价值与实用价值于一体、图文并茂的观花植物学术专著。本书重点介绍了观花植物的识别要点、分布、习性、繁殖及园林应用，并介绍了观花植物的品种和相近种，为观花植物的研究和应用提供了科学依据和理论基础。为了便于查找，书中观花植物科名按汉语拼音排列，属名拉丁文名称排列。本书不仅适合园林规划师、景观规划师、园林绿化工作者及广大植物爱好者阅读，同时也适合生物类、农林牧类和中草药学等专业的大专院校师生阅读。

图书在版编目（CIP）数据

2000种观花植物原色图鉴 / 闫双喜等主编. —郑州：河南科学技术出版社, 2016.3（2018.1重印）

ISBN 978-7-5349-7320-8

Ⅰ.①2… Ⅱ.①闫… Ⅲ.①花卉-图集 Ⅳ.①S68-64

中国版本图书馆CIP数据核字(2014)第215205号

出版发行：河南科学技术出版社

地址：郑州市经五路66号　　邮编：450002

电话：（0371）65737028 65788613

网址：www.hnstp.cn

策划编辑：陈淑芹　李义坤

责任编辑：李义坤

责任校对：张景琴　马晓灿　李振方

封面设计：张　伟

版式设计：杨红科

责任印制：朱　飞

印　　刷：河南瑞之光印刷股份有限公司

经　　销：全国新华书店

幅面尺寸：210 mm × 285 mm　　印张：40.25　　字数：1 500千字

版　　次：2016年3月第1版　　2018年1月第2次印刷

定　　价：268.00元

如发现印、装质量问题，影响阅读，请与出版社联系调换。

作者简介

闫双喜，河南卫辉人，1963 年 10 月生，河南农业大学副教授，风景园林学科、园林植物与观赏园艺学科、野生动植物利用与保护学科硕士研究生导师，北京林业大学野生动植物利用与保护专业在读博士。在《植物分类学报》(SCI 收录)、《生物数学学报》《植物学通报》《武汉植物学研究》《东北林业大学学报》《浙江农林大学学报》《林业科学》《河南农业大学学报》《西北植物学报》《河南师范大学学报》《生态与农村环境学报》《河南科学》等学术期刊发表专业论文 60 余篇。主编、参编及翻译的著作有《景观园林植物图鉴》《世界园林植物与花卉百科全书》《园林树木学》《观赏植物学》《树木学(北方本)》《园林树木识别与实习教程(北方地区)》《河南主要种子植物分类》《河南木本植物图鉴》和《风景园林计算机辅助设计》等 16 部著作。科研成果曾获河南省科技进步奖 3 项和河南省自然科学优秀学术论文 5 项。

李永，河南新乡人，1980 年 1 月生，河南农业大学副教授，风景园林学科、园林植物与观赏园艺学科硕士研究生导师，中山大学博士。在 *Molecular Phylogenetics and Evolution*、*American Journal of Botany*、Plant biology、*Conservation Genetics*、*Molecular Ecology Resources*、《西北植物学报》、《河南农业大学学报》等专业学术期刊发表论文 19 篇，其中 SCI 收录论文 12 篇。科研成果获河南省自然科学优秀论文奖一等奖 1 项，二等奖 2 项。

王志勇，江西乐平人，1979年8月生，博士，海南大学副教授，草业科学、种质资源学、作物栽培与耕作学等学科硕士研究生导师。研究方向为草类植物种质资源遗传多样性与遗传育种。2009年获南京农业大学观赏园艺学专业博士学位。目前，主持国家自然科学基金2项和海南省教育厅基金1项、主持完成海南省自然科学基金、江西省教育厅青年科学基金和农业部热带作物种质资源利用重点开放实验室开放基金各1项；至2010年，发表论文20余篇，其中以第一作者或通讯作者已在*Scientia horticulturae*、*Biochemical Systematics and Ecology*、*Journal of Medicinal Plants Research*、*African Journal Biotechnology*、《草业学报》、《草业科学》、《热带作物学报》、《草地学报》及《山东农业大学学报》等刊物上发表，主编或参编的著作有《植物组织培养》和《中国主要暖季型草坪草种质资源的研究与利用》两部。

张素敏，汉族，1966年6月生，河南省汝阳人。1990年6月毕业于河南农业大学园艺系，现任焦作市园林养护所园林绿化专业高级工程师。参加工作后一直从事园林苗圃和城市绿地的苗木繁育与养护管理工作，先后取得八项科技成果、获得六项科技进步奖，发表论文20篇。荣获“焦作市职工科技创新人才”“河南省百名职工技术英杰”“焦作市十大园林巾帼标兵”称号。

《2000种观花植物原色图鉴》编写人员名单

主　编	闫双喜	李　永	王志勇	张素敏		
副主编	黄秀霞	孙青丽	王　坚	李雪枫	闫丽君	谢　磊
	王建发					
编　者	张　晖	任刘阳	武红色	张运兴	胡秀琴	张丽英
	霍玉娟	王建发	谢　磊	闫丽君	李雪枫	王　坚
	孙青丽	黄秀霞	张素敏	王志勇	李　永	闫双喜
	王　献	张开明	王立新	孟　芳	李　卓	李　山
	赵卫霞	张　静	张　凌	郭　楠	姜文倩	苏志国
	弋朋瑞	赵海沛	宋美玲	邢建丽	徐彦彦	牛松顷
	白　娜	李爱枝	尚向华	杨洁琼	刘素芹	彭　韧
	沈逢源	陈艳华	张中州			

前　言

观花植物是指其花具有一定观赏价值的植物，可分为人工栽培的观花植物和野生的观花植物两大类。其中人工栽培的观花植物因其栽培地点不同，又可分为室内观花植物和室外观花植物；观花植物的种类又因其来源不同，可分为天然的观花植物和人工培育的观花植物。

花卉是美的象征，自古以来，主要作为观赏植物而进入千家万户。现代人的生活已经离不开花卉，几乎处处都需要花卉。总的来说，花卉有三大作用：一是可以传递人与人之间的感情，比如恋人之间用花表达爱意、晚辈向长辈表达尊敬、生者对逝者表达追思；二是用花卉装点环境，比如节日期间城市大街小巷、婚庆花车、会场、舞台等均离不开花卉的点缀和烘托；三是花卉是食品、保健品和药品，如桂花糕、玉兰片、菊花茶、茉莉花茶等不但是很好的食品，而且对人们有很好的保健作用；另外，雪莲、藏红花等都是很名贵的药材。

作者自从2002年以来，历经十载，先后在北京、上海、江苏（南京、苏州、扬州）、浙江（杭州市区、宁波、千岛湖）、辽宁（沈阳、大连）、山东（青岛、蓬莱、东明）、湖北（武汉、宜昌、恩施市区、利川市区）、陕西（西安、宝鸡、潼关）、安徽（合肥、黄山、九华山）、山西（大同、芮城、恒山）、福建（福州）、湖南（长沙、张家界、黄龙洞、凤凰、吉首）、贵州（贵阳、镇远）、内蒙古坝上草原、河北（石家庄）、河南[郑州（市区、邙山）、荥阳（环翠峪）、新郑（樱桃沟、金水河源、王口）、巩义（浮戏山、雪花洞、北山口）、登封（嵩山幸福岭、古轩辕关）、中牟（雁鸣湖、绿博园）、新密（尖山、伏羲大峡谷、青屏山）、新乡市区、卫辉、辉县（小华山、八里沟、关山）、延津、原阳、焦作（云台山、一斗水、桑园村）、沁阳（神农山、黄花岭）、博爱（青天河、九湾、竹园）、安阳（市区、水冶）、范县、滑县（牛屯）、林州红旗渠、洛阳（市区、龙门山、香山）、嵩县（白云山、木札岭、五马寺林场、白河镇）、栾川（老君山、重渡沟、养子沟、龙峪湾、鸡冠洞）、孟津、信阳（市区、鸡公山、李家寨、光山、新县香山）、汝州九峰山、内乡宝天曼、开封市区、漯河市区、平顶山市区、鲁山（尧山、上汤村）、许昌市区、鄢陵（花博园）、扶沟、西峡（寺山、老界岭、太平镇）、淮阳]以及河南、陕西、山东、山西等省黄河湿地等地区考察，拍摄植物照片60万余张，涵盖植物种类6 000余种。

全书记载了观花植物183科918属2 238余种（包括变种、变型及品种），同时配有精美彩图近2 000余幅，并对其中文名、拉丁文学名、英文名、科属、识别要点、分布、习性、繁殖及园林应用进行了简要介绍，以便读者识别和直观地了解其形态特征及其在园林和景观中的应用。本书中植物拉丁文学名和英文名称均以《拉汉英种子植物名称（第2版）》（朱家柟等，科学出版社，2001年）和《新编拉汉英植物名称》（王宗训等，航空工业出版社，1996年）为准。本书可供生物类、农林牧类和中草药学等专业的大专院校师生阅读，尤其适用于园林规划师、城市规划师、园林绿化工作者及广大植物爱好者。

在本书的编写过程中，北京林业大学张志翔教授对本书的编写提出了建设性意见，审阅并鉴定了本书的植物图片；山东农业大学臧德奎教授鉴定了本书植物图片，并提出了很多宝贵的建议；河南农业大学叶永忠教授和北京林业大学谢磊博士通阅了本书，鉴定了本书的植物图片，并提出了修改意见；另外，本书的编写还得到了河南农业大学林学院领导、老师，以及北京林业大学野生动植物保护与利用学科老师的帮助和支持，在此一并表示感谢。
由于编者水平有限，书中的错误和疏漏之处，敬请广大读者指正。

闫双喜

2014年3月

目录

001 芭蕉科……002

芭蕉（002），红花蕉（002），紫苞芭蕉（002），地涌金莲（003）。

002 菝葜科……003

菝葜（003），白背牛尾菜（003），牛尾菜（004）。

003 百部科……004

大百部（004）。

004 百合科……004

吊兰（004），秋水仙（005），山菅（005），宝铎草（005），万寿竹（006），冠花贝母（006），湖北贝母（006），大苞萱草（007），萱草（007），黄花菜（007），金娃娃萱草（008），东北玉簪（008），玉簪（008），紫萼（009），火炬花（009），东方百合（009），绿花百合（010），麝香百合（010），渥丹（010），山丹（011），野百合（011），皂黄百合（011），珠芽百合（012），金边阔叶麦冬（012），阔叶山麦冬（012），山麦冬（013），葡萄风信子（013），黑叶沿阶草（013），金丝沿阶草（014），沿阶草（014），银纹沿阶草（014），黄精（015），玉竹（015），吉祥草（015），鹿药（016），管花鹿药（016），兴安鹿药（016），白穗花（017），老鸦瓣（017），郁金香（017），藜芦（018）。

005 菖蒲科……018

菖蒲（018）。

006 葱科……018

大花葱（018），砂韭（019），虾夷葱（019），薤白（019），野韭（020），葱（020），韭（020），宽叶韭（021），卵叶韭（021），山韭（021）。

007 灯心草科……022

灯心草（022）。

008 风信子科……022

弹簧草（022），风信子（022）。

009 凤梨科……023

美叶光萼荷（023），长穗凤梨（023），艳凤梨（023），水塔花（024），短叶雀舌兰（024），点金星（024），球果凤梨（025），双色喜炮凤梨（025），大黄星果子蔓（025），孔雀擎天凤梨（026），韦氏星花凤梨（026），星花凤梨（026），圆柱果子蔓（027），彩叶凤梨（027），镶边五彩凤梨（027），紫花铁兰（028），莺哥凤梨（028），虎纹凤梨（028）。

010 禾本科……029

看麦娘（029），野古草（029），芦竹（029），野燕麦（030），菵草（030），虎尾草（030），蒲苇（031），矮蒲苇（031），狗牙根（031），马唐（032），稗（032），光头稗（032），牛筋草（033），野黍（033），白茅（033），柳叶箬（034），假稻（034），糖蜜草（034），芒（035），乱子草（035），观赏谷子（035），狼尾草（036），小兔子狼尾草（036），绒毛狼尾草（036），紫叶狼尾草（037），长柔毛狼尾草（037），芦苇（037），硬质早熟禾（038），早熟禾（038），棒头草（038），纤毛鹅观草（039），大狗尾草（039），狗尾草（039），粟（040），金色狗尾草（040），棕叶狗尾草（040），高粱（041），大油芒（041），荻（041）。

011 旅人蕉科……042

大鹤望兰（042），鹤望兰（042）。

012 姜科……042

花叶艳山姜（042），益智（043），姜荷花（043），郁金（043），黄姜花（044）。

013 箭根薯科……044

蒟蒻薯（044）。

014 兰科……044

白及（044），柏拉兰（045），卡特兰（045），史蒂芬森卡特兰（045），独花兰（046），巴塞罗那大花蕙兰（046），大花蕙兰（046），红葡萄酒大花蕙兰（047），寒兰（047），赤金素建兰（047），大陶素建兰（048），建兰（048），墨兰（048），虎头兰（049），澳洲石斛（049），变色石斛（049），翅梗石斛（050），滇桂石斛（050），鼓槌石斛（050），喉红石斛（051），尖刀唇石斛（051），金钗石斛（051），玫瑰石斛（052），细茎石斛（052），长距石斛（052），长苏石斛（053），蝴蝶石斛（053），莫莫佐诺公主石斛（053），紫晶舌石斛（054），胶水树兰（054），羊耳蒜（054），杂种密尔顿兰（055），亨利兜兰（055），巨瓣兜兰（055），硬叶兜兰（056），长瓣兜兰（056），蝴蝶兰（056），杂种美洲兜兰（057），贞兰（057），琴唇万代兰（057），杂种文心兰（058），拟蝶唇兰（058），文心兰（058）。
015 龙舌兰科……059
龙舌兰（059），凤尾兰（059）。
016 芦荟科……059
雪花芦荟（059），不夜城芦荟（060），千代田锦（060），木立芦荟（060），芦荟（061），波路（061），钝叶青龙刀（061），青龙刀（062），宝草（062）。
017 露兜树科……062
露兜树（062）。
018 美人蕉科……063
大花美人蕉（063），花叶美人蕉（063），双色美人蕉（063），蕉芋（064），美人蕉（064），紫叶美人蕉（064），黄花美人蕉（065），兰花美人蕉（065），热带鲑红美人蕉（065），水生美人蕉（066）。
019 莎草科……066
皱缘苔草（066），旱伞草（066），伞辐莎草（067），香附子（067），纸莎草（067），光纤草（068），扁秆藨草（068），水葱（068）。
020 石蒜科……069
早花百子莲（069），六出花（069），垂笑君子兰（069），君子兰（070），文殊兰（070），红花文殊兰（070），南美水仙（071），朱顶红（071），美洲水鬼蕉（071），忽地笑（072），石蒜（072），红口水仙（072），喇叭水仙（073），水仙（073），紫娇花（073），葱莲（074），韭莲（074）。
021 薯蓣科……074
龟甲龙（074），薯蓣（075）。
022 天门冬科……075
龙须菜（075），密叶天门冬（075），石刁柏（076），天门冬（076），文竹（076）。
023 天南星科……077
白柄亮丝草（077），广东万年青（077），杂种粗肋草（077），海芋（078），东北南星（078），象南星（078），一把伞南星（079），灯台莲（079），花烛（079），火鹤（080），水晶花烛（080），绿霸王（080），夏雪黛粉叶（081），龟背竹（081），箭叶喜林芋（081），春羽（082），绿帝王喜林芋（082），半夏（082），掌叶半夏（083），白鹤芋（083），绿巨人白鹤芋（083），彩色马蹄莲（084），马蹄莲（084），红花马蹄莲（084），黄花马蹄莲（085）。
024 香蒲科……085
宽叶香蒲（085），水烛（085），小香蒲（086）。
025 蝎尾蕉科……086
黄苞蝎尾蕉（086），金嘴蝎尾蕉（086），火鸟蕉（087）。
026 鸭跖草科……087
鸭跖草（087），杜若（087），紫鸭趾草（088），竹叶吉祥草（088），蚌花（088），白雪姬（089），白花紫露草（089），吊竹梅（089），无毛紫露草（090），胭脂红紫露草（090）。
027 雨久花科……090
凤眼莲（090），雨久花（091），箭叶梭鱼草（091），梭鱼草（091）。
028 鸢尾科……092
射干（092），雄黄兰（092），香雪兰（092），唐菖蒲（093），紫苞鸢尾（093），德国鸢尾（093），长葶鸢尾（094），黄花鸢尾（094），马蔺（094），日本鸢尾（095），溪荪（095），喜盐鸢尾（095），燕子花（096），野鸢尾（096），玉蝉花（096），鸢尾（097），巴西鸢尾（097），加州庭菖蒲（097），条纹庭菖蒲（098），庭菖蒲（098）。
029 泽泻科……098
东方泽泻（098），泽泻（099），皇冠草（099），花皇冠（099），大叶皇冠草（100），野慈姑（100），大慈姑（100）。
030 竹芋科……101
波浪竹芋（101），黄苞肖竹芋（101），罗氏竹芋（101），绒叶肖竹芋（102），小银肖竹芋（102），水竹芋（102），垂花水竹芋（103）。
031 棕榈科……103
假槟榔（103），袖珍椰子（103），软叶刺葵（104），棕竹（104），小箬棕（104），棕榈（105）。
032 八角枫科……105
八角枫（105），瓜木（105）。
033 白花菜科……106
醉蝶花（106）。
034 败酱科……106
红缬草（106），白花败酱（106），糙叶败酱（107），黄花龙牙（107），岩败酱（107），异叶败酱（108），窄叶败酱（108），缬草（108）。
035 报春花科……109
河北假报春（109），点地梅（109），仙客来（109），红根草（110），距萼过路黄（110），聚花过路黄（110），狼尾花（111），疏头过路黄（111），狭叶珍珠菜（111），矮桃（112），金爪儿（112），华柔毛报春（112），黄花九轮草（113），陕西报春（113），西洋报春（113），岩生报春（114），齿萼报春（114）耳叶报春（114）。
036 茶藨子科……115
渐尖茶藨子（115），细枝茶藨子（115）。

037 车前科……………………………………………115
车前（115），平车前（116），大车前（116），长叶车前（116）。
038 柽柳科……………………………………………117
柽柳（117）。
039 川续断科…………………………………………117
日本续断（117），川续断（117），华北蓝盆花（118）。
040 唇形科……………………………………………118
阿帕其日落岩生藿香（118），藿香（118），金疮小草（119），筋骨草（119），紫背金盘（119），药水苏（120），风轮菜（120），风车草（120），彩叶草（121），香青兰（121），岩青兰（121），木本香薷（122），香薷（122），小野芝麻（122），活血丹（123），白透骨消（123），日本活血丹（123），夏至草（124），神香草（124），野芝麻花（124），宝盖草（125），羽叶薰衣草（125），益母草（125），细叶益母草（126），錾菜（126），地笋（126），水果蓝（127），薄荷（127），胡椒薄荷（127），美国薄荷（128），碰碰香（128），莫娜紫香茶菜（128），六座大山荆芥（129），荆芥（129），罗勒（129），牛至（130），回回苏（130），紫苏（130），糙苏（131），假龙头花（131），大花夏枯草（131），山菠菜（132），夏枯草（132），硬毛夏枯草（132），蓝萼香茶菜（133），冰凌草（133），迷迭香（133），丹参（134），蓝花鼠尾草（134），荔枝草（134），林荫鼠尾草（135），药用鼠尾草（135），一串红（135），朱唇（136），草地鼠尾草（136），河南鼠尾草（136），墨西哥鼠尾草（137），深蓝鼠尾草（137），天蓝鼠尾草（137），韩信草（138），黄芩（138），半枝莲（138），绵毛水苏（139），水苏（139），甘露子（139），华水苏（140），毛水苏（140）。
041 大风子科…………………………………………140
山桐子（140）。
042 大戟科……………………………………………141
假叉包叶（141），猫尾红（141），山麻杆（141），变叶木（142），铁海棠（142），京大戟（142），彩云阁（143），通奶草（143），一品红（143），银边翠（144），飞扬草（144），泽漆（144），狼毒大戟（145），喷火龙（145），乳浆大戟（145），甘遂（146），一叶萩（146），佛肚树（146），琴叶珊瑚（147），雀儿舌头（147），白背叶（147），人参大戟（148），蓖麻（148），乌桕（148），油桐（149）。
043 冬青科……………………………………………149
秤星树（149），冬青（149），枸骨（150），谷木叶冬青（150），龟甲冬青（150），大叶冬青（151），毛冬青（151），铁冬青（151）。
044 蝶形花科…………………………………………152
紫穗槐（152），花生（152），草珠黄芪（152），达乌里黄芪（153），斜茎黄芪（153），紫云英（153），红花锦鸡儿（154），绣球小冠花（154），金雀儿（154），鸡冠刺桐（155），龙牙花（155），花木蓝（155），河北木蓝（156），扁豆（156），杭子梢（156），达呼里胡枝子（157），胡枝子（157），百脉根（157），多叶羽扇豆（158），羽扇豆（158），天蓝苜蓿（158），花苜蓿（159），紫花苜蓿（159），白花草木犀（159），黄香草木犀（160），网络崖豆藤（160），常绿油麻藤（160），米口袋（161），蓝花棘豆（161），葛藤（161），刺槐（162），毛刺槐（162），红花刺槐（162），白刺花（163），国槐（163），苦参（163），鹰爪豆（164），白花车轴草（164），红花车轴草（164），歪头菜（165），蚕豆（165），救荒野豌豆（165），豇豆（166），紫藤（166），多花紫藤（166）。
045 杜鹃花科…………………………………………167
白花杜鹃（167），山育杜鹃（167），锦绣杜鹃（167），鹿角杜鹃（168），马银花（168），满山红（168），太白杜鹃（169），西洋杜鹃（169），溪畔杜鹃（169），秀雅杜鹃（170），羊踯躅（170），迎红杜鹃（170），映山红（171），云锦杜鹃（171），照山白（171），丁香杜鹃（172），大白杜鹃（172）。
046 越橘科……………………………………………172
江南越橘（172）。
047 杜英科……………………………………………173
日本杜英（173），猴欢喜（173）。
048 椴树科……………………………………………173
扁担杆（173），小花扁担杆（174），田麻（174），鄂椴（174），糯米椴（175），少脉椴（175）。
049 番荔枝科…………………………………………175
巴婆树（175）。
050 番杏科……………………………………………176
露草（176），照波（176），旭峰（176），雷童（177），荒波（177），怒涛（177），四海波（178），宝绿（178），生石花（178），龙须海棠（179），快刀乱麻（179），天女（179），枝干番杏（180）。
051 防己科……………………………………………180
樟叶木防己（180），蝙蝠葛（180），地不容（181）。
052 凤仙花科…………………………………………181
非洲凤仙（181），凤仙花（181），窄萼凤仙花（182），水金凤（182），新几内亚凤仙（182），翼萼凤仙花（183）。
053 珙桐科……………………………………………183
喜树（183），珙桐（183），蓝果树（184）。

054 海桐花科……184
崖花海桐（184），海桐（184）。
055 豆科……185
银荆（185）。
056 含羞草科……185
银叶金合欢（185），大叶相思（185），合欢（186），山合欢（186），含羞草（186）。
057 旱金莲科……187
旱金莲（187）。
058 胡椒科……187
草胡椒（187），圆叶椒草（187），皱叶椒草（188），红边椒草（188），豆瓣绿（188），假蒟（189），山蒟（189）。
059 胡麻科……189
芝麻（189），黄花胡麻（190）。
060 胡桃科……190
美国山核桃（190），胡桃（190），胡桃楸（191），加州黑核桃（191），化香（191），枫杨（192）。
061 胡颓子科……192
胡颓子（192），伞花胡颓子（192）。
062 葫芦科……193
冬瓜（193），南瓜（193），葫芦（193），丝瓜（194），苦瓜（194），赤瓟（194），栝楼（195），蛇瓜（195）。
063 虎耳草科……195
落新妇（195），毛金腰（196），日本金腰（196），红花矾根（196），独根草（197），突隔梅花草（197），冠盖藤（197），七叶鬼灯檠（198），虎耳草（198），球茎虎耳草（198），黄水枝（199）。
064 花荵科……199
宿根福禄考（199），圆花福禄考（199），针叶福禄考（200），中华花荵（200）。
065 桦木科……200
鹅耳枥（200），雷公鹅耳枥（201），千金榆（201）。
066 榛科……201
毛榛（201），平榛（202）。
067 伯乐树科……202
伯乐树（202）。
068 黄杨科……202
锦熟黄杨（202），雀舌黄杨（203），朝鲜黄杨（203），顶花板凳果（203）。
069 蒺藜科……204
蒺藜（204）。
070 夹竹桃科……204
沙漠玫瑰（204），黄蝉（204），软枝黄蝉（205），紫蝉花（205），罗布麻（205），大花假虎刺（206），长春花（206），蕊木（206），夹竹桃（207），白马城（207），棒槌树（207），红蝉花（208），水甘草（208），红鸡蛋花（208），鸡蛋花（209），狗牙花（209），黄花夹竹桃（209），络石（210），金香藤（210），蔓长春花（210）。
071 荚蒾科……211
常绿荚蒾（211），粉团（211），黑果荚蒾（211），桦叶荚蒾（212），荚蒾（212），吕宋荚蒾（212），绵毛荚蒾（213），木本绣球（213），琼花（213），欧洲琼花（214），枇杷叶荚蒾（214），天目琼花（214），烟管荚蒾（215），茶荚蒾（215），红蕾荚蒾（215），修枝荚蒾（216），珊瑚树（216）。
072 金缕梅科……216
细柄蕈树（216），蜡瓣花（217），蚊母（217），小叶蚊母树（217），牛鼻栓（218），枫香（218），红花檵木（218），檵木（219），山白树（219）。
073 金粟兰科……219
及已（219），宽叶金粟兰（220），丝穗金粟兰（220）。
074 堇菜科……220
斑叶堇菜（220），北京堇菜（221），鸡腿堇菜（221），戟叶堇菜（221），角堇（222），裂叶堇菜（222），蔓茎堇菜（222），球果堇菜（223），奇异堇菜（223），三色堇（223），西山堇菜（224），早开堇菜（224），紫花地丁（224），紫花堇菜（225）。
075 锦葵科……225
黄葵（225），红萼苘麻（225），蜀葵（226），药蜀葵（226），南非葵（226），罂粟葵（227），蔓锦葵（227），芙蓉葵（227），扶桑（228），木芙蓉（228），木槿（228），野西瓜苗（229），吊灯扶桑（229），洋麻（229），三月花葵（230），圆叶锦葵（230），野葵（230），锦葵（231），悬铃花（231）。
076 景天科……231
火祭（231），绒毛掌（232），玉碟（232），黑王子（232），特叶玉莲（233），宫灯长寿花（233），鸡爪三七（233），极乐鸟（234），长寿花（234），大叶落地生根（234），朱莲（235），瓦松（235），轮叶八宝（235），八宝（236），凹叶景天（236），垂盆草（236），粗壮景天（237），大苞景天（237），费菜（237），佛甲草（238），繁缕景天（238），山飘风（238），松塔景天（239），反曲景天（239），薄叶景天（239）。
077 桔梗科……240
多歧沙参（240），荠苨（240），薄叶荠苨（240），石沙参（241），丝裂沙参（241），沙参（241），杏叶沙参（242），展枝沙参（242），湖北沙参（242），风铃草（243），钟草叶风铃草（243），紫斑风铃草（243），党参（244），羊乳（244），流星花（244），六倍利（245），半边莲（245），宿根六倍利（245），桔梗（246）。
078 菊科……………………………………………………246
短瓣蓍（246），高山蓍（246），凤尾蓍（247），蓍（247），亚洲蓍（247），下田菊（248），藿香蓟（248），紫花霍香蓟（248），亚菊（249），珠光香青（249），春黄菊（249），牛蒡（250），蓝眼灰毛菊（250），木茼蒿（250），茼蒿菊（251），白莲蒿（251），蒌蒿（251），荷兰菊（252），美国紫菀（252），三脉紫菀（252），紫菀（253），高山紫菀（253），雏菊（253），鬼针草（254），狼把草（254），阿魏叶鬼针草（254），白花鬼针草（255），鹅河菊（255），金盏花（255），翠菊（256），飞廉（256），大花金挖耳（256），天名精（257），烟管头草（257），金挖耳（257），红花（258），矢车菊（258），白晶菊（258），花环菊（259），黄晶菊（259），南茼蒿（259），菊苣（260），瓜叶菊（260），刺儿菜（260），蓟（261），魁蓟（261），烟管蓟（261），蛇鞭菊（262），野塘蒿（262），大花金鸡菊（262），两色金鸡菊（263），金鸡菊（263），剑叶金鸡菊（263），轮叶金鸡菊（264），秋英（264），硫华菊（264），蓝花野茼蒿（265），芙蓉菊（265），菜蓟（265），大丽花（266），紫叶大丽花（266），小丽花（266），甘菊（267），毛华菊（267），菊花（267），野菊（268），紫花野菊（268），银背菊（268），东风菜（269），紫松果菊（269），蓝刺头（269），醴肠（270），红背绒缨菊（270），美丽飞蓬（270），一年蓬（271），林泽兰（271），佩兰（271），紫花泽兰（272），白头婆（272），黄金菊（272），梳黄菊（273），大吴风草（273），矢车天人菊（273），宿根天人菊（274），牛膝菊（274），勋章菊（274），大丁草（275），非洲菊（275），鼠麹草（275），菊三七（276），紫鹅绒（276），堆心菊（276），苍术（277），菊芋（277），向日葵（277），祁州漏芦（278），麦秆菊（278），赛菊芋（278），泥胡菜（279），马兰（279），蒙古马兰（279），阿尔泰狗娃花（280），狗娃花（280），砂狗娃花（280），旋覆花（281），土木香（281），欧亚旋覆花（281），苦荬菜（282），抱茎小苦荬（282），北山苣（282），翅果菊（283），莴苣（283），稻槎菜（283），薄雪火绒草（284），火绒草（284），大滨菊（284），滨菊（285），蹄叶橐吾（285），狭苞橐吾（285），豨莶（286），腺梗豨莶（286），母菊（286），皇帝菊（287），乳苣（287），蚂蚱腿子（287），南非万寿菊（288），紫弦月（288），瓜叶帚菊（288），毛连菜（289），假臭草（289），黑心菊（289），金光菊（290），金槌花（290），风毛菊（290），千里光（291），弦月（291），银叶菊（291），铁锡杖（292），金玉菊（292），麻花头（292），串叶松香草（293），水飞蓟（293），蒲儿根（293），加拿大一枝黄花（294），毛果一枝黄花（294），苦苣菜（294），续断菊（295），长裂苦苣菜（295），苣荬菜（295），桂圆菊（296），甜叶菊（296），兔儿伞（296），孔雀草（297），万寿菊（297），金蝉玲珑菊（297），菊蒿（298），蒲公英（298），华蒲公英（298），苍耳（299），圆叶肿柄菊（299），碱菀（299），蟛蜞菊（300），黄鹌菜（300），戟叶黄鹌菜（300），百日草（301），梦境百日菊（301），小百日菊（301），细叶百日草（302），两似蟹甲草（302），猫儿菊（302）。
079 爵床科……………………………………………………303
金脉单药花（303），鸟尾花（303），珊瑚花（303），虾衣花（304），红唇花（304），红楼花（304），金苞花（305），九头狮子草（305），爵床（305），红花芦莉（306），金脉爵床（306），四子马蓝（306），白接骨（307），山牵牛（307），翼叶山牵牛（307），硬枝老鸦嘴（308）。
080 壳斗科……………………………………………………308
板栗（308），茅栗（308），苦槠（309），槲栎（309），槲树（309），橿子栎（310），麻栎（310），锐齿槲栎（310），栓皮栎（311）。
081 苦苣苔科…………………………………………………311
毛萼口红花（311），牛耳草（311），小叶金鱼花（312），半蒴苣苔（312），珊瑚苣苔（312），袋鼠花（313），长瓣马铃苣苔（313），非洲紫罗兰（313），大岩桐（314）。
082 苦木科……………………………………………………314
臭椿（314），苦木（314）。
083 蜡梅科……………………………………………………315
山蜡梅（315），蜡梅（315），夏蜡梅（315），美国蜡梅（316）。
084 蓝雪科……………………………………………………316
海石竹（316），蓝花丹（316），二色补血草（317），阔叶补血草（317），勿忘我（317），蓝雪花（318）。
085 藜科………………………………………………………318
地肤（318）。
086 楝科………………………………………………………318
米仔兰（318），楝树（319），香椿（319）。
087 蓼科………………………………………………………319
金线草（319），苦荞麦（320），金荞麦（320），荞麦（320），何首乌（321），木藤蓼（321），虎杖（321），赤胫散（322），丛枝蓼（322），耳叶蓼（322），伏毛蓼（323），红蓼（323），蚕茧蓼（323），水蓼（324），戟叶蓼（324），箭叶蓼（324），酸模叶蓼（325），稀花蓼（325），萹蓄（325），小头蓼

（326），珠芽蓼（326），支柱蓼（326），叉分蓼（327），火炭母（327），尼泊尔蓼（327），桃叶蓼（328），头花蓼（328），西伯利亚蓼（328），长鬃蓼（329），华北大黄（329），巴天酸模（329），齿果酸模（330），酸模（330），皱叶酸模（330）。
088 柳叶菜科……331
露珠草（331），光滑柳叶菜（331），柳兰（331），古代稀（332），倒挂金钟（332），小花山桃草（332），山桃草（333），紫叶山桃草（333），粉花月见草（333），美丽月见草（334），月见草（334），长果月见草（334）。
089 龙胆科……335
洋桔梗（335），紫芳草（335），鳞叶龙胆（335），荇菜（336），翼萼蔓（336）。
090 鹿蹄草科……336
鹿蹄草（336）。
091 萝藦科……337
马利筋（337），牛皮消（337），朱砂藤（337），鹅绒藤（338），玉荷包（338），萝藦（338），杠柳（339），多花黑鳗藤（339）。
092 落葵科……339
落葵（339）。
093 马鞭草科……340
老鸦糊（340），杜虹花（340），金叶莸（340），三花莸（341），叉枝莸（341），毛球莸（341），蒙古莸（342），单花莸（342），大青（342），海通（343），海州常山（343），尖齿臭茉莉（343），龙吐珠（344），赪桐（344），臭牡丹（344），腺茉莉（345），烟火树（345），红花龙吐珠（345），马缨丹（346），蔓五色梅（346），美女樱（346），细叶美女樱（347），加拿大美女樱（347），柳叶马鞭草（347），马鞭草（348），单叶蔓荆（348），黄荆（348），荆条（349），假连翘（349）。
094 马齿苋科……349
马齿苋（349），松叶牡丹（350），土人参（350）。
095 马兜铃科……350
马蹄香（350）。
096 马钱科……351
金钩吻（351）。
097 牻牛儿苗科……351
单花牻牛儿苗（351），蓝花老鹳草（351），鼠掌老鹳草（352），朝鲜老鹳草（352），老鹳草（352），野老鹳草（353），盾叶天竺葵（353），蹄纹天竺葵（353），香叶天竺葵（354）。
098 毛茛科……354
草乌（354），牛扁（354），大火草（355），湖北秋牡丹（355），大银莲花（355），毛果银莲花（356），银莲花（356），华北耧斗菜（356），耧斗菜（357），杂种耧斗菜（357），无距耧斗菜（357），长瓣铁线莲（358），大叶铁线莲（358），短尾铁线莲（358），棉团铁线莲（359），芹叶铁线莲（359），铁线莲（359），圆锥铁线莲（360），钝萼铁线莲（360），山铁线莲（360），甘青铁线莲（361），双喜铁线莲（361），太行铁线莲（361），飞燕草（362），翠雀（362），还亮草（362），东方铁筷子（363），瓣蕊唐松草（363），东亚唐松草（363），长瓣金莲花（364），白头翁（364），花毛茛（364），茴茴蒜（365），毛茛（365），杨子毛茛（365），匍枝毛茛（366），石龙芮（366），小毛茛（366）。
099 芍药科……367
牡丹（367），芍药（367），黄牡丹（367）。
100 猕猴桃科……368
软枣猕猴桃（368），中华猕猴桃（368），大籽猕猴桃（368）。
101 八角科……369
披针叶茴香（369）。
102 木兰科……369
二乔玉兰（369），白玉兰（369），望春玉兰（370），紫玉兰（370），星花木兰（370），荷花玉兰（371），厚朴（371），灰毛含笑（371），白兰花（372），含笑（372），乐昌含笑（372），亮叶含笑（373），深山含笑（373），木莲（373），北美鹅掌楸（374），鹅掌楸（374），杂交马褂木（374）。
103 五味子科……375
南五味子（375），华中五味子（375）。
104 木棉科……375
木棉（375），水瓜栗（376）。
105 木通科……376
三叶木通（376）。
106 木犀科……376
流苏树（376），雪柳（377），金钟花（377），连翘（377），小叶白蜡树（378），茉莉花（378），迎春（378），迎夏（379），云南黄馨（379），金叶女贞（379），女贞（380），辽东水蜡树（380），小蜡树（380），小叶女贞（381），金森女贞（381），蜡子树（381），油橄榄（382），桂花（382），异叶柊树（382），暴马丁香（383），北京丁香（383），波斯丁香（383），巧玲花（384），羽叶丁香（384），紫丁香（384）。
107 葡萄科……385
葎叶蛇葡萄（385），乌头叶蛇葡萄（385），三裂叶蛇葡萄（385），美国地锦（386），爬山虎（386），葡萄瓮（386），方茎青紫阁（387），葛藟（387），变叶葡萄（387），毛葡萄（388），葡萄（388），山葡萄（388），华东葡萄（389），乌蔹莓（389）。
108 七叶树科……389
大叶七叶树（389），七叶树（390），天师栗（390）。
109 漆树科……390
南酸枣（390），黄栌（391），美国红栌（391），杧果（391），黄连木（392），火炬树（392），青麸杨（392），盐肤木（393），红麸杨（393），漆树（393），野漆树（394）。
110 槭树科……391
杈叶槭（394），苦茶槭（394），复叶槭（395），毛脉槭（395），鸡爪槭（395），缙云槭（396），飞蛾槭（396），三角枫（396），色木槭（397），元宝枫（397），长尾秀丽槭（397），青榨槭（398），羽扇槭（398），五尖槭（398），葛萝槭（399），紫果槭（399）。
111 千屈菜科……399
萼距花（399），紫薇（400），矮紫薇（400），大花紫薇（400），福建紫薇（401），千屈菜（401）。
112 茜草科……401
车叶葎（401），蓬子菜（402），香果树（402），水团花（402），白蟾（403），水栀子（403），栀子（403），大黄栀子（404），希茉莉（404），矮龙船花（404），大王龙船花（405），黄龙船花（405），龙船花（405），杂交龙船花（406），薄皮木（406），大叶白纸扇（406），红纸扇（407），鸡矢藤（407），五星花（407），茜草（408），白马骨（408），六月雪（408）。
113 蔷薇科……409
龙牙草（409），木瓜（409），日本贴梗海棠（409），贴梗海棠（410），多花栒子（410），平枝栒子（410），西北栒子（411），山楂（411），蛇莓（411），枇杷（412），白鹃梅（412），东方草莓（412），草莓（413），水杨梅（413），柔毛路边青（413），红花水杨梅（414），棣棠（414），垂丝海棠（414），海棠花（415），苹果（415），楸子（415），三裂海棠（416），山荆子（416），西府海棠（416），伏牛海棠（417），湖北海棠（417），杂交海棠（417），中华绣线梅（418），椤木石楠（418），光叶石楠（418），石楠（419），绒毛石楠（419），桃叶石楠（419），中华石楠（420），风箱果（420），紫叶风箱果（420），金露梅（421），匍匐委陵菜（421），委陵菜（421），翻白草（422），蛇含委陵菜（422），山桃（422），桃树（423），紫叶桃（423），白花碧桃（423），菊花碧桃（424），洒金碧桃（424），榆叶梅（424），山樱花（425），日本晚樱（425），日本早樱（425），毛樱桃（426），多毛樱桃（426），福建山樱花（426），郁李（427），麦李（427），樱桃（427），四川樱桃（428），东京樱花（428），美人梅（428），梅花（429），杏树（429），紫叶矮樱（429），紫叶李（430），李（430），稠李（430），火棘（431），小丑火棘（431），窄叶火棘（431），杜梨（432），西洋梨（432），白梨（432），豆梨（433），鸡麻（433），黄刺玫（433），玫瑰（434），美蔷薇（434），木香（434），缫丝花（435），野蔷薇（435），粉团蔷薇（435），七姊妹（436），月季（436），丰花月季（436），金樱子（437），小果蔷薇（437），秀丽莓（437），山楂叶悬钩子（438），太平莓（438），喜阴悬钩子（438），插田泡（439），高粱泡（439），茅莓（439），蓬蘽（440），山莓（440），地榆（440），细叶地榆（441），东北珍珠梅（441），华北珍珠梅（441），陕甘花楸（442），花楸树（442），水榆花楸（442），粉花绣线菊（443），华北绣线菊（443），金山绣线菊（443），菱叶绣线菊（444），麻叶绣线菊（444），石蚕叶绣线菊（444），土庄绣线菊（445），笑靥花（445），珍珠绣线菊（445），中华绣线菊（446），绢毛绣线菊（446），皱叶绣线菊（446），华空木（447），太行花（447）。
114 茄科……447
颠茄（447），黄花曼陀罗（448），红花曼陀罗（448），南美曼陀罗（448），鸳鸯茉莉（449），辣椒（449），观赏辣椒（449），酸浆（450），重瓣洋金花（450），曼陀罗（450），毛曼陀罗（451），紫花曼陀罗（451），枸杞（451），宁夏枸杞（452），蕃茄（452），假酸浆（452），花烟草（453），烟草（453），矮牵牛（453），夜香树（454），大花茄（454），光白英（454），海桐叶白英（455），龙葵（455），珊瑚豆（455），少花龙葵（456），旋花茄（456），白英（456），喀西茄（457），马铃薯（457），牛茄子（457），茄子（458），野海茄（458）。
115 清风藤科……458
多花泡花树（458），清风藤（459）。
116 秋海棠科……459
丽格秋海棠（459），秋海棠（459），四季秋海棠（460），铁十字秋海棠（460），中华秋海棠（460），大红秋海棠（461）竹节秋海棠（461）。
117 忍冬科……461
大花六道木（461），金叶大花六道木（462），六道木（462），南方六道木（462），糯米条（463），二翅六道木（463），七子花（463），猬实（464），川西忍冬（464），贯月忍冬（464），金红久忍冬（465），金花忍冬（465），金银花（465），紫脉金银花（466），金银木（466），蓝叶忍冬（466），匍枝亮叶忍冬（467），唐古特忍冬（467），郁香忍冬（467），葱皮忍冬（468），接骨草（468），接骨木（468），红雪果（469），雪果（469），莛子藨（469），红王子锦带花（470），海仙花（470），锦带花（470），日本锦带花（471），半边月（471），早锦带花（471），路边花（472）。
118 瑞香科……………………………………………………472
金边瑞香（472），瑞香（472），芫花（473），狼毒花（473），结香（473）。
119 三白草科…………………………………………………474
鱼腥草（474）。
120 伞形科……………………………………………………474
白芷（474），峨参（474），柴胡（475），竹叶柴胡（475），明党参（475），辽藁本（476），芫荽（476），野胡萝卜（476），茴香（477），条叶岩风（477），短毛独活（477），天胡荽（478），南美天胡荽（478），欧当归（478），水芹（479），紫花前胡（479），防风（479），窃衣（480）。
121 桑科………………………………………………………480
构树（480），小构树（480），葨芝（481），柘桑（481），对叶榕（481），榕树（482），无花果（482），光叶榕（482），鸡桑（483），蒙桑（483），桑树（483）。
122 大麻科……………………………………………………484
大麻（484），葎草（484），啤酒花（484）。
123 山茶科……………………………………………………485
山茶花（485），油茶（485），云南山茶花（485），茶梅（486），单体红山茶（486），四季红山茶（486），银木荷（487）。
124 山矾科……………………………………………………487
白檀（487），华山矾（487）。
125 山榄科……………………………………………………488
人心果（488）。
126 山龙眼科…………………………………………………488
银桦（488），南非帝王花（488）。
127 桃叶珊瑚科………………………………………………489
洒金东瀛珊瑚（489）。
128 山茱萸科…………………………………………………489
灯台树（489），四照花（489），头状四照花（490），多脉四照花（490），秀丽四照花（490），山茱萸（491），毛梾（491），沙梾（491），光皮树（492），红瑞木（492）。
129 青荚叶科…………………………………………………492
西域青荚叶（492），青荚叶（493）。
130 商陆科……………………………………………………493
美国商陆（493），商陆（493）。
131 省沽油科…………………………………………………494
野鸦椿（494），省沽油（494），银鹊树（494）。
132 十字花科…………………………………………………495
芥蓝（495），羽衣甘蓝（495），花椰菜（495），油菜（496），荠菜（496），白花碎米荠（496），弹裂碎米荠（497），碎米荠（497），紫花碎米荠（497），水田碎米荠（498），播娘蒿（498），糖芥（498），小花糖芥（499），屈曲花（499），菘蓝（499），香雪球（500），紫罗兰（500），豆瓣菜（500），诸葛菜（501），萝卜（501），蔊菜（501）。
133 石榴科……………………………………………………502
石榴（502），玛瑙石榴（502）。
134 石竹科……………………………………………………502
球序卷耳（502），夏雪草（503），常夏石竹（503），康乃馨（503），瞿麦（504），石竹（504），须苞石竹（504），蔓枝满天星（505），长蕊石头花（505），缕丝花（505），大花剪秋萝（506），鹅肠菜（506），蔓孩儿参（506），石碱花（507），矮雪轮（507），高雪轮（507），石生蝇子草（508），狗筋麦瓶草（508），沼生繁缕（508）。
135 时钟花科…………………………………………………509
黄时钟花（509）。
136 使君子科…………………………………………………509
使君子（509）。
137 柿树科……………………………………………………509
君迁子（509），老鸦柿（510），瓶兰花（510），柿树（510），野柿（511）。
138 鼠刺科……………………………………………………511
冬青叶鼠刺（511），鼠刺（511）。
139 鼠李科……………………………………………………512
铜钱树（512），鼠李（512），圆叶鼠李（512），雀梅藤（513），少脉雀梅藤（513），枣树（513）。
140 莲科………………………………………………………514
莲（514）。
141 睡莲科……………………………………………………514
芡实（514），萍蓬草（514），条叶萍蓬草（515），白睡莲（515），香睡莲（515），雪白睡莲（516），埃及蓝睡莲（516），柔毛齿叶白睡莲（516），福拉威睡莲（517），红睡莲（517），日出睡莲（517），克鲁兹王莲（518），亚马孙王莲（518）。
142 檀香科……………………………………………………518
米面蓊（518）。
143 桃金娘科…………………………………………………519
橙花红千层（519），垂枝红千层（519），南美棯（519），赤楠（520）。
144 藤黄科……………………………………………………520
红旱莲（520），金丝梅（520），金丝桃（521）。

145 透骨草科……………………………………………521
透骨草（521）。
146 卫矛科………………………………………………521
短梗南蛇藤（521），粉背南蛇藤（522），哥兰叶（522），苦皮藤（522），南蛇藤（523），大果卫矛（523），大叶黄杨（523），扶芳藤（524），胶东卫矛（524），角翅卫矛（524），陕西卫矛（525），丝棉木（525），卫矛（525），西南卫矛（526），紫花卫矛（526），美登木（526）。
147 无患子科……………………………………………527
复羽叶栾树（527），黄山栾（527），栾树（527），无患子（528），文冠果（528）。
148 梧桐科………………………………………………528
梧桐（528），可可树（529）。
149 五加科………………………………………………529
三叶五加（529），无梗五加（529），楤木（530），八角金盘（530），刺楸（530），鹅掌藤（531），白花鹅掌柴（531），通脱木（531）。
150 荨麻科………………………………………………532
苎麻（532），赤麻（532），楼梯草（532），吐烟花（533），艾麻（533），糯米团（533），山冷水花（534），小叶冷水花（534），花叶冷水花（534），泡叶冷水花（535），狭叶荨麻（535）。
151 西番莲科……………………………………………535
鸡蛋果（535）。
152 仙人掌科……………………………………………536
碧琉璃兜（536），龟甲鸾凤玉（536），鸾凤玉（536），瑞凤玉（537），山吹（537），玄武（537），多棱球（538），花盛球（538），昙花（538），巨鹫玉（539），赤诚（539），美须玉（539），英冠玉（540），金晃（540），金冠（540），胭脂绯牡丹（541），黑牡丹玉（541），轮环徘花玉（541），绯花玉（542），金星（542），乱樱（542），猩猩球（543），艳珠球（543），令箭荷花（543），红小町（544），红花南国玉（544），雪光（544），仙人掌（545），梨果仙人掌（545），假昙花（545），仙人指（546），蟹爪兰（546），龙王球（546）。
153 苋科…………………………………………………547
空心莲子草（547），反枝苋（547），千穗谷（547），尾穗苋（548），雁来红（548），繁穗苋（548），牛膝（549），鸡冠花（549），凤尾鸡冠花（549），圆绒鸡冠花（550），青葙（550），千日红（550），细叶千日红（551）。
154 小檗科………………………………………………551
豪猪刺（551），秦岭小檗（551），日本小檗（552），金叶小檗（552），紫叶小檗（552），长柱小檗（553），直穗小檗（553），昆明小檗（553），短角淫羊藿（554），湖北十大功劳（554），华南十大功劳（554），阔叶十大功劳（555），十大功劳（555），南天竹（555）。
155 绣球花科……………………………………………556
齿叶溲疏（556），大花溲疏（556），小花溲疏（556），绣球（557），蜡莲绣球（557），圆锥绣球（557），中国绣球（558），泽八仙（558），山梅花（558），太平花（559）。
156 玄参科………………………………………………559
香彩雀（559），金鱼草（559），假马齿苋（560），蒲苞花（560），蔓柳穿鱼（560），毛地黄（561），摩洛哥柳穿鱼（561），弹刀子菜（561），通泉草（562），山萝花（562），猴面花（562），龙面花（563），白花泡桐（563），兰考泡桐（563），毛泡桐（564），楸叶泡桐（564），返顾马先蒿（564），埃氏马先蒿（565），刺钓钟柳（565），电灯花状吊钟柳（565），地黄（566），阴行草（566），单色蝴蝶草（566），夏堇（567），毛蕊花（567），阿拉伯婆婆纳（567），北水苦荬（568），水苦荬（568），轮叶婆婆纳（568），婆婆纳（569），石蚕叶婆婆纳（569），穗花婆婆纳（569），细叶婆婆纳（570），红狐婆婆纳（570），直立婆婆纳（570），大婆婆纳（571），草本威灵仙（571），细穗腹水草（571）。
157 旋花科………………………………………………572
打碗花（572），篱打碗花（572），田旋花（572），鹰爪柴（573），茑萝（573），槭叶茑萝（573），牵牛（574），圆叶牵牛（574），变色牵牛（574），蕹菜（575），金灯藤（575）。
158 亚麻科………………………………………………575
宿根亚麻（575）。
159 杨柳科………………………………………………576
毛白杨（576），响叶杨（576），旱柳（576），河柳（577），鸡公柳（577），垂枝黄花柳（577）。
160 杨梅科……………………………………………578
杨梅（578）。
161 野茉莉科……………………………………………578
银钟花（578），秤锤树（578），白花龙（579），赛山梅（579），野茉莉（579）。
162 野牡丹科……………………………………………580
壮丽酸脚杆（580），毛菍（580），细叶野牡丹（580），野牡丹（581），展毛野牡丹（581）。
163 紫堇科………………………………………………581
荷包牡丹（581），北京延胡索（582），地丁草（582），房山紫堇（582），黄堇（583），刻叶紫堇（583），曲花紫堇（583），土元胡（584），小花黄堇（584），小黄紫堇（584），延胡索（585），地锦苗（585），紫堇（585）。
164 罂粟科……586
白屈菜（586），秃疮花（586），血水草（586），花菱草（587），荷青花（587），角茴香（587），博落回（588），柱果绿绒蒿（588），虞美人（588），冰岛虞美人（589），东方罂粟（589）。
165 榆科……589
糙叶树（589），朴树（590），紫弹树（590），黑榆（590）。
166 远志科……591
远志（591）。
167 云实科……591
宫粉羊蹄甲（591），金凤花（591），云实（592），翅荚决明（592），黄槐（592），茳芒决明（593），伞房决明（593），决明（593），双荚决明（594），巨紫荆（594），紫荆（594），紫叶加拿大紫荆（595），无忧花（595）。
168 芸香科……595
臭节草（595），柚（596），柠檬（596），柑橘（596），臭檀（597），金橘（597），金柑（597），九里香（598），枸橘（598），榆橘（598），芸香（599），花椒（599），野花椒（599）。
169 樟科……600
兰屿肉桂（600），樟树（600），月桂（600），红果钓樟（601），山橿（601），乌药（601），华东楠（602），柳叶润楠（602），白楠（602），湘楠（603），浙江楠（603），紫楠（603）。
170 紫草科……604
药用牛舌草（604），福建茶（604），长筒滨紫草（604），琉璃草（605），蓝蓟（605），粗糠树（605），厚壳树（606），梓木草（606），紫草（606），勿忘草（607），浙赣车前紫草（607），聚合草（607），附地菜（608）。
171 紫金牛科……608
朱砂根（608），杜茎山（608），柳叶杜茎山（609）。
172 紫茉莉科……609
三角梅（609），紫茉莉（609）。
173 紫葳科……610
凌霄（610），美国凌霄（610），黄金树（610），楸树（611），梓树（611），角蒿（611），火烧花（612），火焰树（612），黄钟花（612），硬骨凌霄（613）。
174 醉鱼草科……613
大叶醉鱼草（613），互叶醉鱼草（613），巴东醉鱼草（614），醉鱼草（614），密蒙花（614）。
175 酢浆草科……615
阳桃（615），白花酢浆草（615），红花酢浆草（615），紫叶酢浆草（616），酢浆草（616）。
176 苏铁科……616
云南苏铁（616），苏铁（617），篦齿苏铁（617），广东苏铁（617）。
177 泽米铁科……618
墨西哥苏铁（618）。
178 银杏科……618
银杏（618）。
179 松科……618
雪松（618），落叶松（619），白皮松（619），黑松（619），华山松（620），马尾松（620），武陵松（620），乔松（621），油松（621），日本五针松（621），金钱松（622）。
180 杉科……622
柳杉（622），日本柳杉（622），杉木（623），池杉（623）。
181 柏科……623
福建柏（623），侧柏（624），圆柏（624），北美香柏（624）。
182 罗汉松科……625
罗汉松（625），长叶竹柏（625）。
183 三尖杉科……625
粗榧（625）。

无裂槭叶铁线莲

Clematis elobata (S. X. Yan) S. X. Yan & L. Xie

命名人：闫双喜，谢磊

★ *Musa basjoo* Sieb. et Zucc. ☆ Japanese Banana

芭蕉

别名：绿天，甘蕉，板蕉
科属：芭蕉科芭蕉属

识别： 多年生草本，高 2.5 ~ 4 m。茎单生不分枝；叶螺旋状排列，有厚的中肋和多数羽状平行脉，长 2 ~ 3 m；浆果肉质，一年结果一次或多次。果期夏秋。

观花： 花通常为单性，偶有两性；花序直立，下垂或半下垂；雄花着生于上部的苞处内，雌花着生于下部的苞片内。花期夏秋。

分布： 原产日本。多产于亚热带地区，南方大部以及陕西、甘肃、河南部分地区都有栽培

习性： 喜温暖、潮湿的环境，喜肥沃的土壤。

繁殖： 分兜移栽。

应用： 形态优美，颇具热带风情，栽植于庭园、溪边、河滩，营造“雨打芭蕉”的景观，颇具诗情画意。

相近种： 与香蕉 (*Musa nana* Lour.) 的区别在于，本种的果实两端较细，中间较粗，一面略平，另一面略弯，呈“圆缺状”。其果柄较长，果皮上有 3 个棱。

★ *Musa coccinea* Andr. ☆ Scarlet Banana

红花蕉

别名：红蕉，炬芭蕉
科属：芭蕉科芭蕉属

识别： 多年生草本，假茎高 1 ~ 2 m。叶片长圆形，长 1.8 ~ 2.2 m，叶面黄绿色，叶背淡黄绿色，无白粉，基部不相等；叶柄长 30 ~ 50 cm，有窄翼。浆果果身直，灰白色，无棱，长 10 ~ 12 cm，果内种子极多。

观花： 花序直立，外面鲜红而美丽，内面粉红色，每苞片内有 1 列花，约 6 朵，雄花花被片乳黄色。花期几乎全年。

分布： 原产于我国云南；广东、广西等地有栽培。

习性： 喜光；喜温暖、湿润的环境。以肥沃、疏松和排水良好的土壤为佳。

繁殖： 分株繁殖。

应用： 花苞鲜红如炬，十分美丽，可用作庭园绿化。

★ *Musa ornata* W. Roxb. ☆ Ornata Banana

紫苞芭蕉

别名：美粉芭蕉，玫瑰红蕉
科属：芭蕉科芭蕉属

识别： 多年生草本。假鳞茎 1 ~ 3 m，茎上部绿色，蜡质，有黑斑纹。叶细长，长可达 2 m，宽 35 cm，先端截状；叶片中脉带红色；叶柄长 60 cm。果实绿色，成熟时黄色，常用作热带水果或代替粮食作物。

观花： 花序直立，长 30 cm，花梗长 20 ~ 30 cm；花苞淡粉紫色，尖端黄色；小花橙黄色。花期夏季。

分布： 原产于热带亚洲，如印度、孟加拉国、缅甸和马来群岛等，中国华南地区和云南有栽培。

习性： 适应性强，生长较快，喜温暖，不耐寒，耐半阴，喜疏松、肥沃和排水良好的土壤。

繁殖： 分株繁殖。春季为适期。

应用： 树姿优美，颇具热带风情，可美化环境，宜栽植于庭园、溪边或河滩，增添情趣；也适用于庭院、墙角、窗前或池边栽植，景观效果极佳。

地涌金莲

别名：千瓣莲花，不倒金刚
科属：芭蕉科地涌金莲属

★ *Musella lasiocarpa* (L.) C.Y. Wu ex H.W.Li

识别： 多年生常绿草本。植株丛生，具水平生长匍匐茎，地上部分为假茎，高约 60 cm，叶大型，长椭圆形，状如芭蕉，但较芭蕉短小，果为浆果。

观花： 花序莲座状，生于假茎上，苞片黄色，有花两列，花被微带淡紫色。花期 8 ~ 10 月。

分布： 原产于我国云南省，四川省也有分布，系我国特产花卉。地涌金莲在西双版纳栽培的尤其多，北方地区只宜盆栽。

习性： 喜光植物。喜光照充足，喜温暖，在 0 ℃以下低温，地上部分会受冻。喜肥沃、疏松土壤。易移栽。

繁殖： 常用分株法繁殖。

应用： 可栽植于花坛中心，也可以与山石配置成景或植于窗前、角隅。

菝葜

别名：金刚藤
科属：菝葜科菝葜属

★ *Smilax china* L. ☆ China Greenbrier

识别： 攀缘灌木。茎长 1 ~ 3 cm，攀缘状茎疏生倒刺。叶薄革质，卵圆形，基部心形或近圆形，长 3 ~ 10 cm，宽 2 ~ 10 cm，叶柄有卷须。果期 9 ~ 11 月。

观花： 伞形花序生于幼嫩的小枝上，具花 10 余朵或更多，花绿黄色。浆果球形，入秋后呈红色。花期 2 ~ 5 月。

分布： 产于中国长江以南各省区。生于林缘、草坡、灌丛中。缅甸、越南、泰国、菲律宾也有分布。

习性： 喜光，耐半阴；喜温暖，不耐寒。不择土壤，但以湿润且排水良好的土壤为佳。

繁殖： 播种或分根茎繁殖，秋播或秋季分根茎。

应用： 为观叶、观果植物，叶形优美，叶色翠绿。果呈红色。可用于山石、棚架的垂直绿化；或植于庭园的路旁、溪边或山坡；也可切枝团于插花。

相近种： 白背牛尾菜 *Smilax nipponica* Miq.。

白背牛尾菜

别名：日本牛尾菜
科属：菝葜科菝葜属

★ *Smilax nippponica* Miq. ☆ Japan Greenbrier

识别： 多年生草本，叶圆形，长 4 ~ 20 cm，宽 2 ~ 14 cm，叶柄长 1.5 ~ 4.5 cm，浆果熟时黑色，有白色粉霜。果期 8 ~ 9 月。

观花： 伞形花序有花数十朵，花绿黄色或白色。花期 4 ~ 5 月。

分布： 产于中国广东北部和湖南、江西、福建、台湾、浙江、安徽、山东、河南及四川东南部、贵州东部和辽宁。生于林下、路旁、山坡草丛中。日本和朝鲜也有分布。

习性： 喜日照充足、冷凉、湿润的环境，生育期间喜温暖，忌高温。栽培土以沙质壤土为佳。

繁殖： 播种繁殖，春季播种。

应用： 可植于庭园路旁、溪边或山坡，亦可作棚架植物。

相近种： 牛尾菜 *Smilax riparia* A.DC.

★ *Smilax riparia* A.DC. ☆ Oxtail Greenbrier

牛尾菜

别名：土春根，牛尾结，金刚豆藤
科属：菝葜科菝葜属

识别： 多年生草质藤本，茎长 1 ～ 2 m。叶比白背牛尾菜厚，长 7 ～ 15 cm，宽 2.5 ～ 11 cm。果期 10 月。

观花： 伞形花序。花期 6 ～ 7 月。

分布： 中国秦岭以南有分布。生于林下、灌丛或草丛中。朝鲜、日本和菲律宾也有分布。

习性： 日照宜充足，喜温暖、湿润环境。栽培土质以沙质壤土为佳。

繁殖： 播种繁殖，春季播种。

应用： 可植于庭园路旁、溪边或山坡，亦可作棚架植物。

相近种： 白背牛尾菜 *Smilax nipponica* Miq.。

★ *Stemona tuberosa* Lour. ☆ Tuber Stemona，Large Stemona

大百部

别名：对叶百部、野天门冬根、山百部
科属：百部科百部属

识别： 多年生攀缘草本，高可达 5 m。茎上部缠绕。叶通常对生，广卵形，长 8 ～ 30 cm，宽 2.5 ～ 10 cm，先端锐尖或渐尖，基部浅心形，全缘或微波状，叶脉 7 ～ 11 条；叶柄长 4 ～ 6 cm。蒴果倒卵形而扁。果期 7 ～ 8 月。

观花： 花腋生；花下具一披针形的小苞片；花被片 4 枚，披针形，黄绿色，有紫色脉纹。花期 5 ～ 6 月。

分布： 主产于湖北、广东、福建、四川、贵州。生于向阴处灌木林下、溪边、路边及山谷和阴湿岩石上。

习性： 喜阴湿环境，但亦可露天栽培，耐寒。土壤以沙质壤土或腐殖质壤土生长最好。

繁殖： 种子繁殖和分根繁殖。

应用： 可作棚架观赏植物。

相近种： 百部 *Stemona japonica*(Bl.)Miq.，花序柄腋生，与叶柄分离或偶尔贴生于叶柄基部。

★ *Chlorophytum comosum*（Thunb.）Baker ☆ Tufted Bracketplant

吊兰

别名：垂盆草，挂兰，钩兰，折鹤兰
科属：百合科吊兰属

识别： 多年生草本，10 ～ 15 cm。叶剑形，绿色或有黄色条纹，长 10 ～ 30 cm，宽 1 ～ 2 cm，向两端稍变狭。叶基生，细长，条形或条状披针形，长 20 ～ 45 cm，基部抱茎，有时具黄色纵条纹或边缘为黄色。蒴果三棱状扁球形。果期 8 月。

观花： 花葶细长，有时可达 50 cm，弯垂；总状花序单一或分枝，有时还在花序上部节上簇生条形叶丛；花白色，数朵一簇。花期 5 ～ 8 月。

分布： 原产于南非。我国各地栽培广泛。

习性： 喜温暖、湿润、半阴的环境。适应性强，较耐旱，但不耐寒，对土壤要求苛刻。

繁殖： 分株繁殖。

应用： 适宜悬挂在室外廊下、窗前或门厅，是美化居室及花廊的优良植物。

相近种： 宽叶吊兰 *Chlorophytum elatum* R. Br.，具根茎，叶宽线形，全缘或稍波状。

秋水仙

别名：草地番红花
科属：百合科秋水仙属

识别：多年生草本球根花卉，球茎卵形，外皮黑褐色。茎极短，大部埋于地下。叶披针形，长约 30 cm。蒴果，种子多数，呈不规则的球形，褐色。

观花：每葶开花 1 ~ 4 朵，花蕾纺锤形，开放时漏斗形，淡粉红色或紫红色，直径 7 ~ 8 cm。雄蕊比雌蕊短，花药黄色。8 ~ 10 月开花。

分布：原产于欧洲和地中海沿岸。我国有栽培。

习性：冬季喜湿润多雨、耐严寒，夏季宜干燥炎热的环境，以及排水良好、肥沃疏松的沙质壤土。

繁殖：种子或小子球繁殖。

应用：适宜种植于高山园、岩石园，亦可植于灌木丛旁或花境及草坪丛植；花朵傍地面而生，别具特色。常作为地被，用于秋季景观。

★ *Colchicum autumnale* L.　☆ Autumn Crocus

山菅

别名：山菅兰，山交剪，老鼠砒
科属：百合科山菅兰属

识别：多年生常绿草本，高 1 ~ 2 m。根状茎圆柱形，横走。叶狭条状披针形，长 30 ~ 80 cm，宽 1 ~ 2.5 cm，基部收狭成鞘状，套叠或抱茎。果期 5 ~ 8 月。

观花：花序顶生；花青紫色、淡黄色或绿白色。浆果近球形，深蓝色。花期 3 ~ 5 月。

分布：产于中国台湾、福建、广东、广西、云南。生于林下、山坡或草丛中。马达加斯加、澳大利亚及亚洲的热带地区也有分布。

习性：在明亮处生长良好，也耐半阴；喜高温、高湿的气候环境，耐旱。对土质不择，栽培以排水良好的沙质壤土最佳。

繁殖：播种或分株繁殖。

应用：四季常青，夏季开白色的小花，深蓝色的果实犹如蓝宝石点缀于果枝上，适合庭园美化，也可植于花坛边缘、疏林下或盆栽。

★ *Dianella ensifolia* (L.) DC.　☆ Swordleaf Dianella

宝铎草

别名：淡竹花
科属：百合科万寿竹属

识别：多年生草本。茎光滑，高 30 ~ 60 cm，少分枝。叶片质薄，披针形、卵状长椭圆形至宽椭圆形，长 4 ~ 12 cm，宽 2.5 ~ 6 cm，顶端尖或渐尖，通常歪斜；叶柄极短。浆果黑色，近球形，直径 0.6 ~ 1 cm。果期 8 ~ 9 月。

观花：花黄色、淡黄色、绿黄色或白色，筒状，1 ~ 5 朵顶生；花柄长 1 ~ 2cm，无花序梗；花被片近直立，长圆状匙形，长 2 ~ 3 cm。花期 4 ~ 5 月。

分布：产于浙江、江苏、安徽、江西、湖南、山东、河南、河北、陕西、四川、贵州、云南、广西、广东、福建和台湾。

习性：阴生。长于山坡、林缘。

繁殖：种子繁殖。

应用：可作园林地被植物。

相近种：万寿竹 *Disporum cantoniense* (Lour.) Merr.。

★ *Disporum sessile* (Thunb.) D. Don　☆ Common Fairybells

★ *Disporum cantoniense* (Lour.) Merr.　☆ Fairybells

万寿竹

科属：百合科万寿竹属

识别： 多年生草本，高 30 ~ 70 cm。根状茎粗壮，横走，簇生多数肉质马尾状的根。茎直立，下部节上有棕褐色膜质鞘状叶，上部有分枝。叶互生，厚纸质，椭圆形，卵形至阔披针形，长 5 ~ 15 cm，宽 2 ~ 6 cm，先端渐尖，呈尾状渐尖，基部近圆形，弧形脉多条。果期 7 ~ 8 月。

观花： 花 2 ~ 6 朵，呈伞形，簇生于枝端；总苞片叶状，有时 2 枚对生；花下垂，白色或淡黄绿色；花被片 6 枚，长 1 ~ 1.9 cm，倒卵状披针形，基部有长 1 ~ 2 mm 的短距；雄蕊 6 枚。浆果球形。花期 5 ~ 6 月。

分布： 产于台湾、福建、安徽、湖北、湖南、广东、广西、贵州、云南、四川、陕西和西藏。

习性： 性喜阴湿高温，耐肥力强，抗寒力强。

繁殖： 扦插繁殖或播种繁殖。

应用： 可作林下地被植物栽植。

★ *Fritillaria imperialis* L.　☆ Imperialis Fritillaria

冠花贝母

别名：皇冠贝母，帝王贝母
科属：百合科贝母属

识别： 具被膜鳞茎，直径可达 15 cm。有数枚鳞片。茎高 60 ~ 120 cm，多叶。植株带臭味。叶互生，披针形，长 15 cm。

观花： 花被片 6 枚，分离，红橙色，下垂，轮生于顶生总花梗上端，梗顶叶丛之下。有黄色花、橙红大花、大红大花、硫黄色花等园艺品种。花期 5 ~ 6 月。

分布： 原产于印度北部、阿富汗、苏丹及伊朗。我国亦有栽培。

习性： 喜凉爽温和气候，宜排水良好的沙质壤土。

繁殖： 繁殖以分生小鳞茎为主。

应用： 花大艳丽，宜作公园、庭园等草地边缘、墙垣或山石边栽培观赏，或作花境材料，也可盆栽置于阳台、窗台等处。

相近种： 湖北贝母 *Fritillaria hupehensis* Hsiao et K. C. Hsia。

★ *Fritillaria hupehensis* Hsiao et K.C.Hsia　☆ Hupeh Fritillary

湖北贝母

别名：窑贝，板贝
科属：百合科贝母属

识别： 草本。鳞茎粗 1.5 ~ 4 cm，由 2 ~ 3 枚肥厚的鳞瓣组成。茎高 30 ~ 90 cm，基部以上具叶。叶条状披针形至条形，长 6 ~ 15 cm，宽 5 ~ 15 mm，下部的叶宽，上部的叶狭并且顶端卷须状，最下部 2 片叶对生，其余的 3 ~ 5 片轮生或 2 片对生，稀互生。蒴果具宽翅。

观花： 花数朵组成总状花序，稀为单花，顶生花具 3 ~ 4 枚轮生苞片，侧生花具 2 枚苞片；苞片叶状，条形，顶端卷状；花俯垂，钟状；花被片 6 枚，矩阵圆状椭圆形，长 2 ~ 4 cm，宽 1 ~ 1.5 cm，淡黄色或黄绿色，内面具紫色方格斑纹；雄蕊 6 枚，长约为花被片的 1/2。

分布： 产于湖北西南部、四川东部和湖南西北部。

习性： 耐阴。

繁殖： 以鳞茎繁殖为主，也可用鳞片和种子繁殖。

应用： 可作园林地被植物。

大苞萱草

别名：大花萱草，大花黄花菜
科属：百合科萱草属

识别： 多年生草本。根多少呈绳索状，粗 1.5 ~ 3 mm。叶长 50 ~ 80 cm，通常宽 1 ~ 2 cm，柔软，上部下弯。蒴果椭圆形，稍有 3 钝棱，长约 2 cm。

观花： 花葶与叶近等长，不分枝，在顶端聚生 2 ~ 6 朵花；苞片宽卵形，宽 1 ~ 2.5 cm，先端长渐尖至近尾状，全长 1.8 ~ 4 cm；花近簇生，具很短的花梗；花被金黄色或橘黄色；花被管长 1 ~ 1.7 cm，1/3 ~ 2/3 为苞片所包（最上部的花除外），花被裂片长 6 ~ 7.5 cm，内三片宽 1.5 ~ 2.5 cm。花果期 6 ~ 10 月。

分布： 产于黑龙江、吉林和辽宁。

习性： 耐旱、耐寒，也耐半阴。喜温暖、湿润、向阳的环境。

繁殖： 播种繁殖。

应用： 适用于花坛、花境丛植，也可种植于林下、湿地、草甸或草地上。

★ *Hemerocallis middendorfii* Trautv. et Mey.　☆ Middendorff Daylily

萱草

别名：金针，黄花菜，忘忧草，宜男草，疗愁
科属：百合科萱草属

识别： 多年生宿根草本植物。根先端膨大成纺锤形。叶基生，条形，对排成两列，宽 2 ~ 3 cm，长可达 50 cm 以上，背面有龙骨突起，嫩绿色；蒴果。果期 8 ~ 9 月。

观花： 螺旋状聚伞花序，橘黄色，花冠漏斗形。花期 6 ~ 8 月。

分布： 产于中国。

习性： 耐寒，喜湿润也耐旱，喜阳光又耐半阴，喜排水良好且湿润肥沃的沙壤土。

繁殖： 分株或播种繁殖。

应用： 花大艳丽，花期长，是优良的庭园花卉，适于花坛、花境、林间草地和坡地丛植，也可作切花材料。

变种： 重瓣萱草 var. *kwanso* Regel。

★ *Hemerocallis fulva* (L.) L.　☆ Orange Daylily

黄花菜

别名：金针菜，柠檬萱草
科属：百合科萱草属

识别： 植株较高大。叶 7 ~ 20 片，长 50 ~ 130 cm，宽 6 ~ 25 mm。蒴果钝三棱状椭圆形，长 3 ~ 5 cm。种子 20 多个，黑色，有棱。花果期 5 ~ 9 月。

观花： 花葶长短不一，有分枝；苞片披针形，下面的长可达 3 ~ 10 cm，宽 3 ~ 6 mm；花梗较短，通常长不到 1 cm；花多时可达 30 朵以上；花被淡黄色。

分布： 中国南北各地均有栽培，多分布于中国秦岭以南、湖南、江苏、浙江、湖北、四川、甘肃、陕西、吉林、广东与内蒙古草原等地。

习性： 耐瘠、耐旱，对土壤要求不严格，地缘或山坡均可栽培。对光照适应范围广，可与较为高大的作物间作。

繁殖： 分株、扦插和播种繁殖。

应用： 黄花菜春季萌发早，具有很高的观赏价值，是布置庭院、树丛中的草地或花境等的良好材料，也可作切花。

★ *Hemerocallis citrina* Baroni　☆ Citron Daylily

★ *Hemerocallis fulva* L. 'Stella Deoro'　☆ Stella Deoro Daylily

金娃娃萱草

别名：金娃娃大花萱草
科属：百合科萱草属

识别： 多年生草本；地下具短粗的根状茎，根系肉质；叶丛状基生，呈条带状披针形，长 15 ~ 30 cm。蒴果。

观花： 花葶长 20 ~ 40 cm，圆锥花序顶生，每序有花 2 ~ 6 朵，花冠呈长漏斗状，黄色；花期 5 ~ 9 月。

分布： 亲本原产我国，有人工培育品种。

习性： 喜湿润土壤。适应性强，耐热性强，耐寒，喜阳也耐半阴，耐干旱，对土壤要求不严格。

繁殖： 种子不能自然结实，春季分株繁殖。

应用： 在园林中可作布置花境或丛植，亦可作地被植物。

★ *Hosta ensata* F. Maekawa　☆ Sword Plantainlily

东北玉簪

别名：剑叶玉簪
科属：百合科玉簪属

识别： 根状茎粗短，粗约 1 cm，有长而横走的地下茎，须根多数。叶基生，4 ~ 8 片；叶披针形或长圆状披针形，长 7 ~ 13 cm，宽 2 ~ 4 cm，基部楔形，先端渐尖；具 4 ~ 6 对弧形脉；叶柄长 5 ~ 20 cm；由于叶片下延而具狭翅，翅每侧宽 2 ~ 5 mm。蒴果。种子多数，黑色。果期 8 ~ 9 月。

观花： 花葶高 30 ~ 60 cm，花葶上常具 1 ~ 4 枚白色膜质的苞片；总状花序顶生，花十朵以上；花梗近直立，长 5 ~ 10 mm，基部具 1 枚白色、膜质苞片；花蓝紫色或紫红色，直立或开展，长 4 ~ 5 cm，漏斗状，花柱细长，明显伸出花被外。花期 7 ~ 8 月。

分布： 产于我国东北；朝鲜、日本有分布。

习性： 生于林缘、灌丛、阴湿山地。

繁殖： 播种繁殖。

应用： 可作园林地被植物。

★ *Hosta plantaginea* (Lam.) Aschers.　☆ Fragrant Plantainlily

玉簪

别名：白萼，白鹤仙
科属：百合科玉簪属

识别： 多年生宿根草本。根茎粗壮；叶基生，卵形至心状卵形，叶柄长；蒴果圆柱形。果期 9 ~ 10 月。

观花： 花葶高 45 ~ 75 cm，花白色，管状漏斗形。花期 8 ~ 9 月。

分布： 原产于我国广东、湖南、福建、浙江等地。

习性： 喜阴湿环境，忌阳光暴晒，喜肥沃的沙壤土，较耐寒。

繁殖： 分株或播种繁殖。

应用： 叶片碧绿，花瓣洁白，是很好的观花、观叶地被植物，园林中可成片栽植在树林中或建筑物北侧，还可作切花材料，装饰成洁白素雅的瓶花，别具风格。

品种： 花叶玉簪 'Fairy Variegata'。

相近种： 东北玉簪 *Hosta ensata* F.Maekawa。

紫萼

别名：紫玉簪，紫萼玉簪，白背三七
科属：百合科玉簪属

识别： 多年生宿根草本，高 50 cm 左右。根状茎粗壮，常直立，须根簇生，被绵毛。叶基生成丛状，叶色亮绿，多为卵形，具 7 对弧形脉，边缘平或微有波状，叶柄长而粗壮。蒴果黄绿色，下垂，三棱状圆柱形，先端具短喙。果期 9 ~ 10 月。

观花： 花葶由叶丛中抽出，总状花序，顶生数花，花淡紫色，花被管下部筒状，向上骤然扩张为钟状。花期 7 ~ 9 月。

分布： 原产于华东、中南、西南各地。

习性： 喜阴湿，忌阳光直射，较耐寒，喜肥沃、湿润、排水良好的沙质壤土。

繁殖： 分株或播种繁殖。

应用： 适宜配植于花坛、花境和岩石园，可成片种植在林下、建筑物背阴处。

相近种： 东北玉簪 *Hosta ensata* F. Maekawa。

★ *Hosta ventricosa* (Salisb.) Stearn ☆ Blue Plantainlily

火炬花

别名：红火棒，火把莲，火焰花
科属：百合科火炬花属

识别： 多年生草本。株高 80 ~ 120 cm，茎直立。叶丛生，宽线形，先端锐尖，长 60 ~ 80 cm，灰绿色。果期 8 ~ 10 月。

观花： 花茎高出叶丛，顶生总状花序呈火炬形，下部的花黄色，上部深红色。花被筒圆柱形，很长，先端裂片半圆形，短小，花冠橘红色。花期 6 ~ 7 月。

分布： 原产于南非。中国各地庭园栽培广泛，长江中下游地区露地能越冬。

习性： 喜温暖、湿润、阳光充足的环境，也耐半阴。要求土层深厚、肥沃及排水良好的沙质壤土。

繁殖： 播种和分株繁殖。

应用： 可作园林地被植物和观花植物。可丛植于草坪之中或植于假山石旁，用作配景，花与枝可供切花，也可盆栽观赏。

★ *Kniphofia uvaria* (L.) Hooker ☆ Red-hot-poker，Torch-lily

东方百合

别名：杂种百合
科属：百合科百合属

识别： 株高 30 ~ 100 cm。鳞茎卵球形。叶宽短，有光泽。蒴果，种子扁平。

观花： 花形较大，具有特殊香味，有白、粉、浅粉等色。花形有喇叭花形、碗花形、花朵平伸形、花瓣反卷形。花期 6 ~ 7 月。

分布： 由天香百合、鹿子百合、日本百合、红花百合等种和它们与湖北百合的杂种中选育出来的栽培杂种系。球根花卉。

习性： 喜温暖、湿润气候，要求肥沃、腐殖质丰富，排水良好的微酸性土壤及半阴环境。

繁殖： 播种繁殖。

应用： 东方百合是一种高档的切花材料，也常用作花境或盆栽观赏。

★ *Lilium orientale* Group ☆ Oriental Lily

★ *Lilium fargesii* Franch.　☆ Green Lily

绿花百合　科属：百合科百合属

识别： 鳞茎卵形，高 2 cm，直径 1.5 cm；鳞片披针形，长 1.5 ~ 2 cm，宽约 6 mm，白色。茎高 20 ~ 70 cm，粗 2 ~ 4 mm，具小乳头状突起。叶散生，条形，生于中上部，长 10 ~ 14 cm，宽 2.5 ~ 5 mm，先端渐尖，边缘反卷，两面无毛。果期 9 ~ 10 月。

观花： 花单生或数朵排成总状花序；苞片叶状，长 2.3 ~ 2.5 cm，顶端不加厚；花梗长 4 ~ 5.5 cm，先端稍弯；花下垂，绿白色，有稠密的紫褐色斑点；花被片披针形，长 3 ~ 3.5 cm，宽 7 ~ 10 mm，反卷，蜜腺两边有鸡冠状突起。蒴果矩圆形，长 2 cm，宽 1.5 cm。花期 7 ~ 8 月。

分布： 产于云南、四川、湖北和陕西。

习性： 耐阴。

繁殖： 播种繁殖。

应用： 可作园林地被植物。

★ *Lilium longiflorum* Thunb.　☆ Longflower Lily

麝香百合　别名：铁炮百合，复活节百合　科属：百合科百合属

识别： 鳞茎球形或近球形，高 2.5 ~ 5 cm；鳞片白色。茎高 45 ~ 90 cm，绿色，基部为淡红色。叶散生，披针形或矩圆状披针形，长 8 ~ 15 cm，宽 1 ~ 1.8 cm，先端渐尖，全缘，两面无毛。蒴果矩圆形，长 5 ~ 7 cm。果期 8 ~ 9 月。

观花： 花单生或 2 ~ 3 朵；花梗长 3 cm；苞片披针形至卵状披针形，长约 8 cm，宽 1 ~ 1.4 cm；花喇叭形，白色，筒外略带绿色，长达 19 cm；外轮花被片上端宽 2.5 ~ 4 cm；内轮花被片较外轮稍宽。花期 6 ~ 7 月。

分布： 分布于台湾以及琉球群岛，广泛栽培于世界各地。

习性： 要求腐殖质丰富、排水良好的微酸性土壤，在石灰质及偏碱性土壤中生长不良，喜凉爽湿润气候。

繁殖： 分球、扦插或播种繁殖。

应用： 麝香百合，淡雅别致，清香袭人，是重要的切花材料，可布置花坛、花境、园林小品或盆栽观赏。

★ *Lilium concolor* Salisb.　☆ Morningstar Lily

渥丹　别名：有斑百合　科属：百合科百合属

识别： 多年生草本，高 25 ~ 60 cm。具鳞茎。茎直立。叶散生，条形或条状披针形。蒴果矩圆形，长 2.5 cm。果期 8 ~ 9 月。

观花： 花一朵至数朵，生于茎顶端，花直立呈星状开展，深红色，有褐色斑点。花期 6 ~ 7 月。

分布： 分布于我国东北、华北地区。俄罗斯东部及朝鲜亦有分布。

习性： 喜沙质、肥沃或黏土质的排水性能良好的潮湿土壤，喜阳光，不能生长在背阴处，但怕直射光，因此要注意遮阳。喜腐殖质丰富的肥沃土壤，根部处于阴凉处，地上部分需要充足阳光。

繁殖： 播种繁殖。

应用： 渥丹是一种很好的观赏植物。

山丹

别名：细叶百合
科属：百合科百合属

识别： 鳞茎圆锥形或长卵形，直径 1.8 ~ 3.5 cm，具薄膜；鳞茎瓣矩圆形或长卵形，长 2 ~ 3.5 cm，宽 7 ~ 12 mm，白色；茎高 40 ~ 60 cm。叶条形，长 3 ~ 10 cm，宽 1 ~ 3 mm，无毛；有 1 条明显的脉。蒴果近球形，直径 1.7 ~ 2.2 cm。

观花： 花 1 至几朵，下垂，鲜红色或紫红色，花被片长 3 ~ 4.5 cm，宽 5 ~ 7 mm，内花被片稍宽，反卷，无斑点或有少数斑点，蜜腺两边密被毛，无或有不明显的乳头状突起；花丝长 2.5 ~ 3 cm，无毛；花药长椭圆形，长 9 mm，宽 2 mm，黄色，具红色花粉粒；子房圆柱形，长 9 mm；花柱比子房长 1.5 ~ 2 倍。

分布： 分布于东北地区，内蒙古、河北、山东、河南、宁夏、山西、陕西、甘肃、青海。

习性： 喜光。

繁殖： 播种繁殖。

应用： 可作园林观花地被植物。

★ *Lilium pumilum* DC.　☆ Low Lily

野百合

别名：布朗百合
科属：百合科百合属

识别： 多年生草本，高 0.7 ~ 2 m。鳞茎球形，直径 2 ~ 4.5 cm，鳞片披针形，无节，白色，叶散生，通常自下向上渐小，披针形、窄披针形至条形，果期 9 ~ 10 月。

观花： 花单生或几朵排成近伞形；花冠喇叭形，乳白色，外面稍带紫色，无斑点，芳香浓郁。花期 5 ~ 6 月。

分布： 产于中国广东、广西、湖南、江西、福建、浙江、安徽、河南、湖北、四川、贵州、云南、甘肃和陕西。

习性： 性耐寒而不耐热，喜冷凉、湿润的半耐阴环境。适宜肥沃、湿润、腐殖质丰富和土层深厚且排水良好的沙质壤土。忌连作，不宜湿热、通风不良的环境。

繁殖： 以分栽鳞茎繁殖为主，也可播种繁殖。

应用： 常与灌木配栽成丛或疏林下栽植；也可盆栽观赏或作切花。花色千娇百媚、品种繁多，为切花的高级材料。

★ *Lilium brownii* F. E. Brow ex Miellez　☆ Brown Lily

皂黄百合

别名：岷江百合
科属：百合科百合属

识别： 多年生宿根草本。高约 50 cm，茎有小乳头状凸起，鳞茎宽卵圆形。叶散生，多数，狭条形，长 6 ~ 8 cm，宽 2 ~ 3 cm，具 1 条脉。果期 8 ~ 10 月。

观花： 花单生或数朵，喇叭形，黄色。花期 5 ~ 8 月。

分布： 原生种岷江百合产于中国四川。生于山坡岩石边、溪旁。

习性： 生性健壮。喜半阴，阳光不要过强，喜生于温暖、湿润的环境；要求土层深厚、疏松、肥沃且排水良好的沙质壤土；耐寒性极强，东北地区可露地越冬。

繁殖： 分株繁殖或播种繁殖。

应用： 花形大而美，花色艳丽，株形优美，花期长，是珍贵的球根花卉之一；可布置花坛、花境或园林小品，也可盆栽观赏，又可作切花材料。

★ *Lilium regate* Wilson 'Royal Gold'　☆ Regate Lily

★ *Lilium bulbiferum* L.　☆ Bulbiferous Lily

珠芽百合

别名：普通橘红百合
科属：百合科百合属

识别： 多年生草本，高 1 ～ 1.2 m。具鳞茎。叶披针形，轮生，长 8 ～ 10 cm，因叶腋内有珠芽而得名。果期 9 ～ 10 月。

观花： 花橙黄色。花向上开如杯子。长和宽可达 10 cm。花期 7 ～ 8 月。

分布： 它是欧洲最古老的百合种类之一，现世界各地均有栽培。中国北方常见栽培。

习性： 喜半阴，阳光不要过强；喜温暖、湿润的环境。要求土层深厚、疏松、肥沃且排水良好。

繁殖： 播种或分株繁殖。

应用： 花形大而美，花色艳丽，花期长，是珍贵的球根花卉之一。可布置花坛、花境及作园林小品，或作盆景观赏，也可作切花材料。荷兰等国育成了各种向上开花的可作切花材料的品种，其中多数品种是用这个种杂交育成。

★ *Liriope muscari* cv. Variegata　☆ Big Blue Lilyturf

金边阔叶麦冬

别名：金边麦冬
科属：百合科山麦冬属

识别： 常绿或落叶多年生草本。植株高约 30 cm。根细长，分枝多，有时局部膨大成纺锤形小肉块根，有匍匐茎。叶宽线形，革质，叶片边缘为金黄色，边缘内侧为银白色与翠绿色相间的竖向条纹。果实球形，初期绿色，成熟时紫黑色。

观花： 花茎高出于叶丛，花红紫色，4 ～ 5 朵簇生于苞腋，排列成细长的总状花序。

分布： 在北方地区广泛应用栽培。

习性： 在潮湿、排水良好、全光或半阴的条件下生长良好。喜湿润、肥沃的土壤和半阴的环境。对光照要求不严。耐寒，耐热，耐湿，耐旱。

繁殖： 分株繁殖。

应用： 既可观叶也能观花，既能地栽也可上盆的新优彩叶类地被植物，是现代景观园林中优良的林缘、草坪、水景、假山、台地修饰类彩叶地被植物。

★ *Liriope platyphylla* Wang et Tang　☆ Broadleaf Liriope

阔叶山麦冬

别名：阔叶麦冬
科属：百合科山麦冬属

识别： 多年生草本。植株丛生；根多分枝，常局部膨大成纺锤形或圆矩形小块根，块根长可达 3.5 cm，直径 7 ～ 8 mm。叶丛生，革质，长 20 ～ 65 cm，宽 1 ～ 3.5 cm，具 9 ～ 11 条脉。种子球形，初期绿色，成熟后变黑紫色。

观花： 花葶通常长于叶，长 35 ～ 100 cm；总状花序长 25 ～ 40 cm，具多数花，3 ～ 8 朵簇生于苞片腋内；苞片小，刚毛状；花被片矩圆形或矩圆状披针形，长约 3.5 mm，紫色。花期 6 ～ 9 月。

分布： 分布于山东以及华东、中南、西南各省区。

习性： 原生于热带、亚热带山地和山谷林下，喜阴湿温暖，稍耐寒。适应各种腐殖质丰富的土壤，以沙质壤土最好。

繁殖： 分株繁殖和播种繁殖。

应用： 观叶类植物。适于地被、花坛、花境边缘栽培及盆栽。

相近种： 阔叶山麦冬 *Liriope muscari*（Decne.）L. H. Bailey。

山麦冬

别名：土麦冬
科属：百合科山麦冬属

识别： 多年生草本。根状茎粗短。叶丛生，叶柄有膜质鞘，叶片革质，条形，长 15 ～ 30 cm，宽 4 ～ 7 mm；浆果球形，成熟时蓝黑色。果期 8 ～ 10 月。

观花： 花茎直立，高 15 ～ 30 cm，总状花序顶生，花直立，花被淡紫色或浅蓝色，长圆形或披针形。花期 5 ～ 7 月。

分布： 原产于中国及日本。

习性： 喜阴湿，忌阳光直射，对土壤要求不严格，喜湿润肥沃的土壤。

应用： 宜作花坛、花境的镶边材料，可林下种植。

★ *Liriope spicata*（Thunb.）Lour.　☆ Creeping Liriope

葡萄风信子

别名：蓝壶花，串铃花
科属：百合科葡萄风信子属

识别： 多年生草本。丛生，植株矮小。小鳞茎卵圆形，叶绒状披针形，外被白色膜。叶基生，线状披针形，稍肉质，边缘常向内卷，暗绿色。蒴果。

观花： 花葶高 15 ～ 20 cm，总状花序密生花葶上部，簇生 10 ～ 20 朵小坛状花，整个花序犹如蓝紫色的葡萄串，小花梗下垂，花小呈钟状下垂。花期 3 ～ 5 月。

分布： 原产于法国、德国及波兰和欧洲南部。我国引种栽培。

习性： 喜温暖、凉爽气候，喜光亦耐阴，宜于在疏松、肥沃、排水良好的沙质壤土上生长。

繁殖： 分株繁殖。

应用： 可用作林下地被植物，亦可用于花坛镶边或布置花境，别具情趣。常片植、带植于疏林草地。

相近种： 风信子 *Hyacinthus orientalis* L.。

★ *Muscari botryoides*（L.）Miller　☆ Common Grape-hyacinth

黑叶沿阶草

别名：紫黑扁葶沿阶草
科属：百合科沿阶草属

识别： 多年生常绿草本。高 20 cm，具匍匐茎。叶片长条状，长可达 38 cm，宽可达 6 cm，新叶绿色，后迅速变暗为黑色。浆果球形，黑色。

观花： 花粉红色或白色。花期 6 ～ 8 月。

分布： 原产于日本，中国热带地区有栽培。

习性： 喜阳光充足，亦耐半阴。

繁殖： 分株繁殖。

应用： 为良好的地被植物，可作镶边材料或岩石园配置，也可盆栽观赏。

★ *Ophiopogon planiscapus* Nakai ‘Nigrescens’　☆ Blackleaf Lilyturf

★ *Ophiopogon jaburan* Lodd.'Aureus-variegata'

金丝沿阶草

别名：假金丝马尾
科属：百合科沿阶草属

识别：多年生常绿草本。叶基生，禾叶状，先端渐尖，基部叶柄不明显，边缘具膜质叶鞘，长 30 ~ 50 cm，宽约 1 cm，绿色。叶边缘或中间有白色纵纹，叶缘斑条纹较宽。地下有根状茎，多年生植株可抽生匍匐茎。须根可膨大成块根。果紫黑色。果期 8 ~ 9 月。

观花：花葶比叶短，总状花序，花白色、紫色、淡紫色或淡绿白色，花期 7 ~ 8 月。

分布：原产于亚洲东南部。

习性：喜光，喜湿润，也耐干旱，不择土壤。

繁殖：分株繁殖或播种繁殖。

应用：叶色美观，为优良的观叶植物，常作地被植物观赏，也适合林缘、路边、山石边或水岸边丛植或片植。

相近种：银纹沿阶草 *Ophiopogon intermedius* D. Don 'Argenteo-marginatus'。

★ *Ophiopogon bodinieri* Lévl.　☆ Bodinier Lilyturf

沿阶草

别名：麦冬
科属：百合科沿阶草属

识别：根细，近末端处常膨大成纺锤形的小块根。地下匍匐茎长，直径 1 ~ 2 mm，节上具膜质的鞘。茎很短。叶基生成丛，禾叶状，顶端渐尖，长 20 ~ 40 cm，宽 2 ~ 4 mm，具 3 ~ 5 条脉。果期 8 ~ 10 月。

观花：总状花序轴长 1 ~ 7 cm，具几朵至十几朵花；花常单生或两朵簇生于苞片腋内；苞片条形或披针形，少数呈针形；花被片 6 枚，卵状披针形，披针形或近矩圆形，长 4 ~ 6 mm，白色或稍带紫色；雄蕊 6 枚。花期 6 ~ 8 月。

分布：分布于西藏、云南、贵州、四川、陕西、甘肃、湖北、江西、广西、江苏、河南。

习性：耐阴。

繁殖：播种繁殖。

应用：园林地被植物，可种植于山坡、山谷潮湿处、沟边、灌木丛下或林下。

★ *Ophiopogon intermedius* D. Don 'Argenteo-marginatus'

银纹沿阶草

别名：银边沿阶草
科属：百合科沿阶草属

识别：多年生常绿草本。植株常丛生，根细长，分枝多，近末端具椭圆形或纺锤形小块根。茎很短。叶基生成丛，禾叶状，叶窄线形，革质，长约 60 cm，宽 1 ~ 2 cm，边缘具细齿，叶面有银白色的纵纹。果实椭圆形。果期 8 ~ 10 月。

观花：花淡蓝色至白色；花被片长圆形。花期 5 ~ 8 月。

分布：产于台湾。

习性：喜温暖、湿润和半阴的环境，稍耐寒，要求排水良好、疏松肥沃的土壤。

繁殖：分株繁殖或播种繁殖。

应用：可点缀山石、步阶、路旁、草地边、山谷、林下阴湿处或水沟，在温暖地区可丛植、配置假山；寒冷地区可室内盆栽作观叶植物。

黄精

别名：老虎姜，鸡头参
科属：百合科黄精属

识别： 多年生草本。茎直立，圆柱形，单一，高 50 ~ 80 cm，光滑无毛。叶无柄；通常 4 ~ 5 片轮生；叶片线状披针形至线形。浆果球形，果期 6 ~ 7 月。

观花： 花腋生，下垂，花梗长 1.5 ~ 2 cm，先端 2 歧，着生花 2 朵；苞片小，远较花梗短；花被筒状，长 8 ~ 13 mm，白色，先端 6 齿裂，带绿白色；雄蕊 6 枚，着生于花被除数管的中部，花丝光滑；雌蕊 1 枚。花期 5 ~ 6 月。

分布： 产于西伯利亚地区、蒙古、朝鲜以及中国。

习性： 喜欢阴湿气候，具有喜阴、耐寒、怕干旱的特性，在干燥地区生长不良，在湿润荫蔽的环境下植株生长良好。

繁殖： 播种繁殖。

应用： 可作园林地被植物。

相近种： 玉竹 *Polygonatum odoratum* (Mill.) Druce。

★ *Polygonatum sibiricum* Delar. ex Redoute ☆ Siberia Landpick

玉竹

别名：萎蕤，铃铛菜，竹根七，玉竹参
科属：百合科黄精属

识别： 多年生草本，茎高 20 ~ 50 cm。根状茎圆柱形。具 7 ~ 12 片小叶，叶互生，椭圆形至卵状矩圆形，长 5 ~ 12 cm，宽 3 ~ 16 cm，先端尖，叶面绿色，背面灰白色。果期 7 ~ 9 月。

观花： 花黄绿色至白色，合生成管状。浆果球形，蓝黑色。花期 5 ~ 6 月。

分布： 原产于我国西北、东北、华中及南部地区。

习性： 喜潮湿的环境，较耐寒，也耐阴，忌积水，适合生长在富含腐殖质的疏松壤土中。

繁殖： 分株或播种繁殖。

应用： 宜植于林下或建筑物遮阳处及林缘，既可作为观赏地被种植也可盆栽观赏。

★ *Polygonatum odoratum* (Mill.) Druce ☆ Fragrant Solomonseal

吉祥草

别名：观音草
科属：百合科吉祥草属

识别： 多年生常绿宿根草本，高 20 ~ 30 cm。地下根茎，地上匍匐茎；叶簇生于根状茎顶端，条形至线状披针形，基部渐狭成柄，具叶鞘，深绿色；浆果球形，鲜红色，经久不落。果期 8 ~ 10 月。

观花： 顶生紫红色穗状花序，小花无柄，芳香。花期 5 ~ 8 月。

分布： 原产于我国西南地区。

习性： 喜温暖、湿润或半阴湿润环境，稍耐寒，忌阳光直射，对土壤要求不严格。

繁殖： 以分株繁殖为主，也可春季播种繁殖。

应用： 在长江流域多作林下地被植物，是优良的耐阴地被植物；北方多盆栽，可观叶、观果。

品种： 银边吉祥草 ‘Variegata’，叶缘白色或有白色条纹。

★ *Reineckia carnea* (Andr.) Kunth ☆ Pink Reineckea

★ *Smilacina japonica* A.Gray ☆ Japan Deerdrug

鹿药

别名：九层楼，盘龙七
科属：百合科鹿药属

识别： 多年生草本，高达 40 cm。根茎横卧，肉质肥厚，有多数须根。茎单生，直立，有粗毛，下部有鳞片。叶互生，着生于茎的上半部，通常 5 ~ 7(9) 片，卵状椭圆形或广椭圆形，长 8 ~ 16 cm，宽 6 ~ 7 cm，先端尖，基部圆形，边缘及两面密被粗毛；具短柄。浆果球形。初绿色，有紫斑，成熟时黄色或淡黄色。

观花： 圆锥花序顶生；花小，白色；花被片 6 枚，椭圆形；雄蕊 6 枚；子房 3 室，每室有胚珠 1 个。花期夏季。

分布： 分布于我国西南、西北、东北和华北等地区。生于林下及山坡阴处。

习性： 喜温暖、湿润的环境，耐阴。适宜腐殖质丰富的潮湿壤土。

繁殖： 分株繁殖或播种繁殖。

应用： 适宜盆栽摆设于室内，也可于林缘、溪沟、坡地片植或群植。

相近种： 管花鹿药 *Smilacina henryi*（Baker）Wang et Tang。

★ *Smilacina henryi*（Baker）Wang et Tang ☆ Henry Deerdrug

管花鹿药

科属：百合科鹿药属

识别： 植株高 50 ~ 80 cm；根状茎粗 1 ~ 2 cm。茎中部以上有短硬毛或微硬毛，少有无毛。叶纸质，椭圆形、卵形或矩圆形，长 9 ~ 22 cm，宽 3.5 ~ 11 cm，先端渐尖或具短尖，两面有伏毛或近无毛，基部具短柄或几无柄。浆果球形，直径 7 ~ 9 mm。果期 8 ~ 10 月。

观花： 花淡黄色或带紫褐色，单生，通常排成总状花序，有时基部具 1 ~ 2 个分枝或具多个分枝而成圆锥花序；花序长 3 ~ 7 cm，有毛；花梗长 1.5 ~ 5 mm，有毛；花被高脚碟状，筒部长 6 ~ 10 mm，裂片开展。花期 5 ~ 6 月。

分布： 产于山西、河南、陕西、甘肃、四川、云南、湖北等地。

习性： 喜肥沃、湿润土壤。

繁殖： 播种繁殖。

应用： 可作园林地被植物。

相近种： 鹿药（*Smilacina japonica* A.Gray），花被片高脚碟状。

★ *Smilacina dahurica* Turcz. ☆ Dahur Deerdrug

兴安鹿药

科属：百合科鹿药属

识别： 植株高 30 ~ 60 cm；根状茎细长，粗约 1 ~ 2.5 mm。茎近无毛或上部被短毛，具 6 ~ 12 叶。叶互生，矩圆状卵形或矩圆形，长 6 ~ 13 cm，宽 2 ~ 4 cm，顶端急尖或短尖，下面密被短毛，无柄。浆果近球形，直径 6 ~ 7 mm，红色或紫红色，具 1 ~ 2 颗种子。

观花： 总状花序顶生，长 3 ~ 4 cm，被短毛；花常 2 ~ 4 朵簇生，稀单生，白色，花梗长 3 ~ 5 mm；花被片 6 枚，基部稍合生，倒卵状矩圆形或矩圆形，长 2 ~ 3 mm；雄蕊 6 枚，花丝基部贴生于花被片，离生部分长 1 ~ 1.5 mm，花药小，近球形；花柱长约 1 mm，与子房近等长或稍短，柱头稍 3 裂。

分布： 分布于黑龙江、吉林；朝鲜，俄罗斯远东地区也有。

习性： 耐阴。

繁殖： 播种繁殖。

应用： 可作园林地被植物，种植于林下。

白穗花

别名：苍竹，白穗草
科属：百合科白穗花属

识别： 多年生常绿草本，高约 20 cm。具粗短圆柱形的根状茎，从根状茎节上生出细长的匍匐茎。叶 4 ~ 8 片基生，近直立，倒披针形至长椭圆形，顶端渐尖，叶基渐狭成柄。浆果近圆球形，很少结果。果期 7 ~ 8 月。
观花： 花葶侧生，短于叶簇。总状花序顶生，着花 12 ~ 30 朵，花单生，白色。花被片 6 枚，雄蕊 6 枚。花期 5 ~ 6 月。
分布： 原产于我国江苏、安徽、浙江、江西等省。
习性： 喜温凉、湿润的环境，耐寒、耐阴，畏烈日，适宜富含腐殖质的酸性黄壤土；引种平原地林下栽培也能适应。
繁殖： 播种繁殖。
应用： 白穗花叶终年常绿，花白色素雅，在园林中可作地被植物；也适合栽植于庭院、石旁路边等。

★ *Speirantha gardenii* (Hook.) Baill.　☆ Whitespike

老鸦瓣

别名：山慈菇，山蛋
科属：百合科郁金香属

识别： 多年生小草本。地下具有卵圆形鳞茎；线形叶子基生，一般有两片。蒴果近球形，有长喙，长 5 ~ 7 mm。果期 4 ~ 5 月。
观花： 花茎顶生 1 朵花，下具有线形苞叶 2 ~ 3 枚，早春开钟状白色花，外面有淡紫色条纹。花期 3 ~ 4 月。
分布： 分布于我国东北至长江流域各省，如辽宁、陕西、河南、山东、江苏、浙江、安徽、湖北、湖南、江西；朝鲜、日本也有分布。
习性： 喜阳光充足，不择土壤。
繁殖： 播种繁殖。
应用： 可作园林观赏。

★ *Tulipa edulis* (Miq.)Baker　☆ Edible Tulip

郁金香

别名：郁香，洋荷花，草麝香
科属：百合科郁金香属

识别： 多年生草本，株高 20 ~ 40 cm。鳞茎扁圆锥形，皮纸质。茎叶光滑，被白粉；叶 3 ~ 5 片，披针形或卵形，全缘并呈波状；蒴果背裂。
观花： 花单生，杯状，花色丰富，有紫色、黑色或黄色等。花期 4 ~ 5 月。
分布： 原产于欧洲。
习性： 喜冬季温暖湿润、夏季凉爽，稍干燥向阳或半阴的环境，耐寒性强，忌暑热，喜富含腐殖质、排水良好的沙土或沙质壤土，忌黏重土壤。
繁殖： 分株繁殖。
应用： 园林中常作春季花境、花坛的布置或草坪边缘呈自然带状栽植。
品种： 花色品种众多。

★ *Tulipa gesneriana* L.　☆ Tulip，Late Tulip

★ *Veratrum nigrum* L. ☆ Black False Hellebore

藜芦

别名：葱苒，葱葵，山葱
科属：百合科藜芦属

识别：多年生草本，鳞茎不明显膨大。植株高 60 ~ 100 cm，基部残存叶鞘撕裂成黑褐色网状纤维。叶 4 ~ 5 枚，椭圆形至矩圆状披针形，长 12 ~ 25 cm，宽 4 ~ 18 cm。蒴果长 1.5 ~ 2 cm；种子具翅。

观花：圆锥花序长 30 ~ 50 cm，下部苞片甚小，主轴至花梗密生丛卷毛，花梗长 3 ~ 5 mm，生于主轴上的花常为两性，余则为雄性；花被片 6 枚，黑紫色，椭圆形至倒卵状椭圆形，长 5 ~ 7 mm，开展或稍下反；雄蕊 6 枚，花药肾形，背着，会合为 1 室；子房长宽约相等，长 2.5 mm，花柱 3 个，平展而以偏向心皮外角生出，3 室，每室具胚珠 10 ~ 12 颗。

分布：分布于东北、河北、山东、河南、山西、陕西、内蒙古、甘肃、新疆、四川、江西；欧亚温带广布。

★ *Acorus calamus* L. ☆ Drug Sweetflag

菖蒲

别名：水菖蒲，泥菖蒲，大叶菖蒲
科属：菖蒲科菖蒲属

识别：多年生草本，高 50 ~ 120 cm。有特殊香气。根茎平卧，具环节及须根。叶基生，2 列，长剑形，近革质，光滑有光泽，中脉突起。浆果，熟时红色。果期 6 ~ 9 月。

观花：佛焰苞与叶相似，肉穗花序圆柱状；花小密集，排列紧密，黄绿色。花期 5 ~ 6 月。

分布：原产于中国及日本，分布于世界温带及亚热带地区。

习性：喜温暖水湿，对环境适应性强；耐寒性不强。

繁殖：播种繁殖。

应用：叶丛翠绿，端庄秀丽，具有香气，适宜水景岸边及水体绿化。常遍植于桥边、亭旁的浅水处或石隙间，景观效果好，也可盆栽观赏或作布景用。

相近种：金钱蒲（石菖蒲）*Acorus gramineus* Soland，叶不具中肋，叶片线形，较狭而短。

★ *Allium giganteum* Regel ☆ Giant Onion

大花葱

别名：巨葱，高葱，硕葱
科属：葱科葱属

识别：多年生草本，具地下鳞茎。基生叶狭线形至中空的圆柱形，灰绿色，长达 60 cm。果期为 6 ~ 8 月。

观花：花葶从叶丛中抽出，伞形花序顶生，球形，直径约 15 cm，花密集，直径 10 ~ 15 cm。花期 5 ~ 7 月。

分布：原产于中亚地区和地中海地区，现在我国各地均有栽培。

习性：喜凉爽与阳光充足环境，忌湿热多雨，要求疏松、肥沃、排水良好的沙质壤土。

繁殖：播种繁殖和分株繁殖。

应用：花色艳丽，花形奇特，是花带、花境、草坪边缘、山坡、岩石园或草坪旁装饰和美化的品种。

品种：花色有白、粉红、紫和黄色等。

砂韭

别名：砂葱
科属：葱科葱属

★ *Allium bidentatum* Fisch. ☆ Sand Leek

识别：多年生草本。具多数根状茎，幼茎多数紧密地双生在一起。叶基生，狭半圆柱形，比花葶短，边缘具乳头状突起。果期 8 ~ 9 月。

观花：花葶圆柱形，高 10 ~ 30 cm，伞形花序半球形，花多而密集，花红色至浅紫红色，花期 7 ~ 8 月。

分布：产于我国东北和华北地区，蒙古、俄罗斯也有分布。

习性：喜光，耐寒，耐旱，适宜疏松土壤，分球或播种繁殖。

繁殖：播种繁殖。

应用：可作园林地被植于山坡或疏林下。

虾夷葱

别名：北葱，细香葱
科属：葱科葱属

★ *Allium schoenoprasum* L. ☆ Chives

识别：多年生草本，高 20 ~ 30 cm。鳞茎矩圆状卵形，粗 0.7 ~ 1 cm，单生至数枚聚生；鳞茎外皮褐色，纸质或近革质。花葶圆柱形，高 10 ~ 40（60）cm，1/3 ~ 1/2 具叶鞘。叶 1 ~ 2 片，圆柱形，中空，略比花葶短，粗 2 ~ 6 mm。

观花：总苞 2 裂，与花序近等长；伞形花序几头状，多花、密集；花梗为花被的 1/3 ~ 1/2 长，罕等长，无苞片；花被狭钟形，紫红色，有光泽；花被片 6 枚，长 7 ~ 11 mm，披针形或披针状矩圆形，顶端收狭。花期夏季。

分布：分布于东北地区和新疆的阿尔泰地区。

习性：适合湿润肥沃的土壤及日照充足或半日照的环境。

繁殖：种子繁殖。

应用：花紫色，球状，初夏时绽放香味浓郁的粉红色花朵，可种植于园林中山坡、草地等处供观赏。

薤白

别名：小根蒜
科属：葱科葱属

★ *Allium macrostemon* Bunge ☆ Longstamen Onion

识别：多年生草本，高达 60 cm。鳞茎球形。叶中空，半圆柱形或条形，比花葶短。蒴果近球形。果期 7 ~ 9 月。

观花：花葶圆柱状，下部被叶鞘；伞形花序，半球形，花多而密，常具有暗紫色珠芽；花淡紫色，雄蕊细长，显著伸出花冠。花期 6 ~ 8 月。

分布：广布于全国各地。

习性：喜光，耐干旱。

繁殖：播种繁殖。

应用：可作园林中林下、山坡、草地的地被植物。

★ *Allium ramosum* L. ☆ Branchy Onion

野韭

别名：野韭菜
科属：葱科葱属

识别：多年生草本，高 30 ~ 70 cm。根状茎横生，鳞茎近圆柱形，被黄褐色纤维状外皮。叶三棱状条形，扁平，中空，比花葶短。

观花：花葶圆柱形，具 2 棱；总苞白色，膜质，宿存；伞形花序球形；花被片 6 枚，白色，2 轮。花果期 6 ~ 9 月。

分布：广布于中国北方。俄罗斯西伯利亚地区，中亚地区及蒙古也有分布。

习性：喜光。

繁殖：播种繁殖。

应用：可作园林地被植物。

★ *Allium fistulosum* L. ☆ Fistular Onion

葱

别名：大葱
科属：葱科葱属

识别：多年生草本，高可达 50 cm。通常簇生、全体具辛臭，折断后有辛味的黏液。须根丛生，白色。鳞茎圆柱形，先端稍肥大，鳞叶成层，白色，上具白色纵纹。叶基生，圆柱形，中空，长约 45 cm，径 1.5 ~ 2 cm，先端尖，绿色，具纵纹；叶鞘浅绿色。蒴果三棱形。果期 8 ~ 10 月。

观花：花茎自叶丛抽出，通常单一，中央部膨大，中空，绿色，亦有纵纹；伞形花序圆球状；总苞膜质，卵形或卵状披针形；花被 6 枚，披针形，白色，外轮 3 枚较短小，内轮 3 枚较长大，花被片中央有一条纵脉；雄蕊 6 枚，花丝伸出，花药黄色。花期 7 ~ 9 月。

分布：全国各地均有栽培。

习性：喜光。

繁殖：播种繁殖。

应用：可作园林地被植物。

★ *Allium tuberosum* Rottler ex Spreng. ☆ Leek

韭

别名：韭菜，山韭，长生韭
科属：葱科葱属

识别：多年生宿根草本，高 20 ~ 45 cm。具特殊强烈气味。根茎横卧，鳞茎狭圆锥形，簇生；鳞式外皮黄褐色，网状纤维质。叶基生，条形，扁平，长 15 ~ 30 cm，宽 1.5 ~ 7 mm。总苞 2 裂，比花序短，宿存；蒴果具倒心形的果瓣。花、果期为 7 ~ 9 月。

观花：伞形花序簇生状或球状，多花；花梗为花被的 2 ~ 4 倍长；具苞片；花白色或微带红色；花被片 6 枚，狭卵形至长圆状披针形，长 4.5 ~ 7 mm。

分布：全国各地均有栽培。

习性：适应性强，抗寒耐热。

繁殖：播种繁殖。

应用：可作园林地被植物。

宽叶韭

别名：茖菜，大叶韭，葱韭
科属：葱科葱属

识别： 草本，具根状茎和粗壮的根。鳞茎柱形，鳞茎外皮膜质。叶基生，条形，比花葶短，宽 5 ~ 10 mm，中脉明显。总苞具与扩大部分近等长的喙，常早落。花果期 8 ~ 9 月。

观花： 花葶略呈三棱状，高 20 ~ 60 cm。伞形花序近球形，多花；花梗纤细，等长，长 1 ~ 2 cm，无苞片；花星状展开，白色；花被片 6 枚；长 4 ~ 7.5 mm，披针形，渐尖或顶端 2 裂。

分布： 分布于西藏、云南、四川、贵州、广东、广西；印度、不丹也有分布。

习性： 喜光，喜湿润环境。

繁殖： 播种繁殖。

应用： 可作园林地被植物。

★ *Allium hookeri* Thwaites ☆ Hooker Leek

卵叶韭

别名：鹿耳韭
科属：葱科葱属

识别： 草本，具根状茎。鳞茎柱状圆锥形，单生或数枚聚生。花葶圆柱形，高 30 ~ 60 cm。叶基生，常 2 片，长 8 ~ 14 cm，宽 2 ~ 5 cm，卵状椭圆形或卵状披针形，具叶柄，顶端长渐尖或短尖，基部圆形或浅心形。花果期 7 ~ 9 月。

观花： 伞形花序球形，多花；花梗为花被的 1.5 ~ 4 倍长，无苞片；花白色或淡红色；花被片长 3 ~ 4.5 mm，卵状矩圆形或矩圆形，顶端齿蚀状。

分布： 中国特有植物。分布于云南、四川、湖北、甘肃、陕西。

习性： 喜温暖、湿润的环境，耐阴。

繁殖： 播种繁殖。

应用： 可于林缘、坡地丛植或群植。

★ *Allium ovalifolium* Hand.-Mazz. ☆ Ovateleaf Leek

山韭

别名：山葱，岩葱
科属：葱科葱属

识别： 多年生草本。叶丛生，狭线形至宽线形，肥厚，叶缘有时具细锐齿。果期 8 ~ 9 月。

观花： 花葶圆柱形，高 10 ~ 65 cm，总苞白色，伞形花序半球形至球形，多花，花浅红色至紫红色，花期 7 ~ 8 月。

分布： 产于我国东北、华北、西北地区和河南省，欧洲也有分布。

习性： 喜半阴，耐寒，适宜疏松、排水良好的沙质土壤。

繁殖： 分球或播种繁殖。

应用： 可植于花境、疏林或林缘。

★ *Allium senescens* L. ☆ Aging Leek

★ *Juncus effuses* L.　☆ Rush

灯心草

别名：野席草，龙须草，灯草
科属：灯心草科灯心草属。

识别：多年生草本，高达 90 cm。茎丛生，直立细柱形，茎内充满白色髓心。叶呈鞘状，包围在茎基部约 20 cm。蒴果卵球形，果期夏、秋季。

观花：聚伞花序假侧生，多花，花淡绿色；苞片圆柱形；黄褐色。花、花被片线状披针形。

分布：产于中国各地。世界暖温带均有分布。

习性：喜温暖、潮湿的环境，耐寒和干旱。喜肥沃土壤。

繁殖：分株繁殖或播种繁殖。

应用：株丛挺立，色泽淡雅，配置于池边，青翠可爱，形成垂直线条的群丛，极具田园气息。

★ *Albuca namaquensis* Baker　☆ Namaqualand Albuca

弹簧草

别名：螺旋草，哨兵花，阿布卡
科属：风信子科筒花属

识别：多年生鳞茎类肉质。植株具圆形或不规则形鳞茎，其鳞茎由一层层肥厚的肉质鳞片组成，地下部分的表皮黄白色，露出土面的部分经日晒后为绿白色。肉质叶由鳞茎顶部抽出，线形或带状，最初直立生长，以后逐渐扭曲盘旋，很像弹簧，有些品种叶上还有白色毛刺。

观花：花梗由叶丛中抽出，总状花序，小花下垂，花瓣正面淡黄色，背面黄绿色，有些品种具有淡雅的芳香，花朵一般在阳光充足的时候开放，傍晚闭合，如此昼开夜闭，单朵花可持续开放 5 天左右，花期 3 ~ 4 月。

分布：原产于南非。

习性：喜凉爽、湿润和阳光充足的环境，怕湿热，耐半阴，也耐干旱，有一定的耐寒性。

繁殖：分株繁殖和播种繁殖。

应用：常室内盆栽。

★ *Hyacinthus orientalis* L.　☆ Hyacinth

风信子

别名：洋水仙，五色水仙，时样锦
科属：风信子科风信子属

识别：多年生草本，高 20 ~ 30 cm。鳞茎球形或扁球形，膜质外皮蓝紫色、粉色或白色，与花色相关。叶 4 ~ 6 片基生，带状披针形，肥厚而有光泽，上有凹沟。蒴果。

观花：总状花序顶生，花漏斗形，基部膨大，裂片端部向外反卷；花色多。花期 3 ~ 4 月。

分布：原产于南欧、地中海东部沿岸和小亚细亚一带。

习性：喜温凉、湿润和充足的阳光，忌过湿或黏重的土壤。

繁殖：播种繁殖。

应用：适于布置花坛、花境，或配置疏林、草地，亦可盆栽或水养。

品种：花色品种较多。

相近种：葡萄风信子 *Muscari botryoides*（L.）Miller。

美叶光萼荷

别名：粉菠萝，蜻蜓凤梨
科属：凤梨科光萼荷属

识别：多年生附生常绿草本。叶丛莲座状，橄榄绿色。叶面有横向银灰色条斑，叶背有白粉，叶缘有锯齿。
观花：复穗状花序从叶丛中伸出，小花序扁平。花期 4 ~ 5 月。
分布：原产于巴西、秘鲁和委内瑞拉。
习性：喜光，忌强光直射，要求空气湿度较大，喜半阴、温暖、湿润环境，适宜疏松、肥沃的土壤。
繁殖：播种繁殖或分株繁殖。
应用：可置于温室或居室，盆栽作观花、观叶植物。
相近种：齿斑光萼荷 *Aechmea serrata*，叶色翠绿，叶缘锯齿明显。异色光萼荷 *Aechmea minata* var. *discolor* (Beer) Beer ex Baker，叶缘锯齿小，叶两面被白粉。

★ *Aechmea fasciata* Baker ☆ Chantin Aechmea

长穗凤梨

科属：凤梨科光萼荷属

识别：多年生草本，高 30 cm。叶莲座状丛生，革质，灰绿色。
观花：穗状花序多数，排成圆锥状，花排列紧密；萼片粉红色，顶端、基部及边缘均呈红色；花葶从叶丛中抽出。花期为春、夏季。
分布：原产于秘鲁，现世界热带、亚热带有栽培。中国南方有栽培。
习性：耐半阴，忌强光直射，喜富含腐殖质和排水良好的壤土。
繁殖：播种繁殖。
应用：可盆栽，用于布置阳台、宾馆及会议室等。

★ *Aechmea tillandsioides* Baker 'Amazonas' ☆ Amazonas Aechmea

艳凤梨

别名：斑叶凤梨，金边凤梨
科属：凤梨科凤梨属

识别：多年生草本，高 50 ~ 60 cm。茎直立。叶簇生排列成莲座状，叶片剑形，基部秆状，叶中央绿色，两侧红色或乳黄色，边缘有红色或乳黄色细齿。聚花果肉质，椭圆形，成熟时黄色。花、果期冬季至翌年夏季。
观花：总状花序红色，密集成卵圆形，花序顶端有一丛 20 ~ 30 枚叶形苞片。
分布：原产于巴西，亚热带地区常见栽培，我国有栽培或逸为野生。
习性：喜高温，怕霜冻，耐干旱，忌潮湿，对温度反应较为敏感。
繁殖：分株繁殖，或以茎出芽和根出芽分株繁殖。
应用：室内观叶、观花植物。盆栽客厅摆设，既热情又含蓄，耐观赏，也可种植于山坡路旁。

★ *Ananas comosus* 'Variegatus' ☆ Variegate Pineapple

★ *Billbergia pyramidalis* (Sims)Lindl.　☆ Water Tower Flower

水塔花

别名：红笔凤梨，红藻凤梨，火焰凤梨
科属：凤梨科水塔花属

识别： 多年生常绿草本，高 30 ~ 50 cm。莲座叶丛基部抱合，呈杯状。叶阔披针形，上端急尖，边缘有细锯齿，肥厚宽大，表面有较厚的角质层和鳞片。穗状花序直立，高出叶面。

观花： 苞片披针形，粉红色。花冠鲜红色，花瓣反卷，边缘带紫色。花期 3 ~ 4 月。

分布： 产于巴西、秘鲁和委内瑞拉。

习性： 喜光，忌强光直射，要求空气湿度较大。

繁殖： 播种繁殖。

应用： 室内盆栽观赏。

★ *Dyckia brevifolia* Hort.ex Baker　☆ Pineapple Dyckia

短叶雀舌兰

别名：厚叶凤梨，多浆凤梨
科属：凤梨科雀舌兰属

识别： 多年生草本，植株矮小。茎极短。叶披针形，长 13 ~ 15 cm，宽约 2 cm，排成紧密的莲座状，坚挺，带肉质，顶端渐尖，边缘有刺。上面深绿色，下面淡绿色，有白色鳞片。

观花： 总状花序侧生；总花梗坚挺，长 0.8 ~ 1 m，着生多数花；花冠黄色，长 1.0 ~ 1.3 cm。花期夏、秋季。

分布： 原产于巴西及阿根廷，我国有栽培。

习性： 喜光，喜温暖至高温干燥环境，耐寒、耐干旱。

繁殖： 繁殖用分株法，春、夏、秋三季均可。

应用： 植丛密集，矮小健壮，每一母株能快速地长出新植株，逐渐长成很大的一片。总状花序柔中带刚，金黄色的小花玲珑可爱，为良好的观叶及观花植物。在庭园中适宜假山旁、花圃周围或植作花径，也可盆栽。

相近种： 大叶雀舌兰 *Dyckia frigida* (Linden) Hook. f.，叶较大，长 10 ~ 20 cm，宽 3.4 cm。原产于巴西及阿根廷。

★ *Guzmania scherzeriana* Mex.

点金星

科属：凤梨科果子蔓属

识别： 附生性草本。叶片多，排列成紧密的莲座状。

观花： 穗状花序，有分枝，花序轴为红色。花期冬、春季。

分布： 原产于南美洲西北部的热带雨林地区，现热带地区广泛栽培。中国南方有栽培。

习性： 喜温暖的半阴环境，喜疏松基质。

繁殖： 切取吸芽繁殖。花后待吸芽子株长至达母株 1/3 时切离重植。

应用： 花色艳丽，可在厅房、书房及居室中装饰点缀，或在室外栽培供观赏。

球果凤梨

别名：大咪头果子蔓
科属：凤梨科果子蔓属

识别：多年生常绿草本。叶窄披针形，呈莲座状，深绿色。
观花：花序球果状，花苞亮红色，尖端黄色，花黄色。花期夏季。
分布：原产于巴西。
习性：喜温暖、湿润和阳光充足环境。不耐寒，耐阴，怕强光，宜疏松、排水良好和含腐殖质丰富的沙壤土。
繁殖：分株繁殖。
应用：其花序形似麦克风，红苞黄花，十分醒目，盆栽摆放居室、客厅、宾馆大堂或茶室门庭，和谐优雅，引人入胜，充分展现异国风情。

★ *Guzmania conifera* ☆ Bright Orange Bromeliad

双色喜炮凤梨

别名：炮竹星
科属：凤梨科果子蔓属

识别：多年生常绿草本，高 40 ~ 50 cm。叶披针形，中部以下弯垂，长 30 ~ 60 cm，宽 3 ~ 4 cm，淡绿色叶面上有褐色斑。
观花：疏花型品种，穗状花序直立，高出叶面，花朵疏生，有花 7 ~ 15 朵，总花梗长，红色；花筒状，长 3 ~ 4 cm，小苞片鲜红色；花萼亮黄色，花瓣白色，顶端绿色，色彩对比强烈。花期夏季。
分布：原产于哥斯达黎加、巴拿马、哥伦比亚。
习性：喜温暖、湿润和阳光充足环境，不耐寒，耐阴，怕强光，适宜肥沃、疏松、排水良好的沙壤土。
繁殖：切取吸芽繁殖。
应用：花、果美丽，其花朵形似炮仗，非常特别，盆栽摆放居室的客厅、书房、咖啡屋、茶吧、精品屋，既明快又活泼，可增添喜庆的气氛。

★ *Guzmania* 'Major'

大黄星果子蔓

别名：大黄星
科属：凤梨科果子蔓属

识别：多年生常绿草本，高 60 ~ 90 cm。叶片长带形，呈莲座状排列，淡绿色。
观花：伞房花序，苞片黄色，花小，黄色。花期夏季。
分布：栽培品种。
习性：喜温暖、湿润和阳光充足环境。不耐寒，耐阴，怕强光，适宜疏松、排水良好和含腐殖质丰富的沙壤土。
繁殖：分株繁殖。
应用：盆栽摆放门厅、走廊或起居室，使居室环境显得格外优雅迷人。若点缀银行、邮局的营业大厅，金光闪闪的叶筒给人以高雅、气度不凡之感。

★ *Guzmania* 'Hilde' ☆ Hilde Guzmania

★ *Guzmania* 'Syphonie' ☆ Syphonie Guzmania

孔雀擎天凤梨

科属：凤梨科果子蔓属

识别： 多年生草本。叶暗绿色。

观花： 数枚穗状花序丛生；苞片红色，内生黄色小花。

分布： 栽培品种。

习性： 喜光，喜温暖湿润气候，不耐干旱，不耐过湿，较耐寒，喜疏松、富含腐殖质的沙质土壤。

繁殖： 分株繁殖，夏秋季进行。

应用： 可盆栽观赏，用于布置居室、宾馆大厅、庭园的花廊下等，有很高的观赏价值。

★ *Guzmania wittmackii* ☆ Wittmack Guzmania

韦氏星花凤梨

别名：红丽星
科属：凤梨科果子蔓属

识别： 中型果子蔓属植物。莲座状植株有叶约 20 片；叶片长带状，长 50 ~ 70 cm，宽 3.5 ~ 4.5 cm，深绿色，中部以上下弯，顶端尖锐。

观花： 穗状花序由叶筒中央抽出，花梗粗壮，疏被叶状花苞片，花苞片基部和尖端绿色，中间为红色，小花白色，生于花苞片的腋间。

分布： 原产于委内瑞拉和哥伦比亚。

习性： 喜温暖气候。

繁殖： 播种繁殖。

应用： 可盆栽观赏，或附生于树上。

★ *Guzmania lingulata* (L.)Mez. ☆ Droophead Tufted Airplant

星花凤梨

别名：果子蔓，擎天凤梨
科属：凤梨科果子蔓属

识别： 高 30 ~ 70 cm。叶绿色或深绿色，先端渐尖，基部鞘状。

观花： 穗状花序从叶丛抽出，高 30 ~ 60 cm，粗壮，苞片密集，鲜红色，花穗呈星状，小花白色，聚生于花穗顶端的花苞片内。

分布： 原产于中南美洲。

习性： 喜半阴、温暖、湿润环境，多附生于热带雨林地区的树上。

繁殖： 分株繁殖。

应用： 可置于温室或居室，盆栽作观花、观叶植物。

品种： 花色、品种丰富。

圆柱果子蔓

科属：凤梨科果子蔓属

识别：多年生草本。叶窄长，长约 30 cm，叶面光绿色，叶背红褐色。

观花：花序圆柱形，花茎从叶丛中抽出；苞片橙红色；萼片管状；花瓣淡黄色。花期为冬、春两季。

分布：原产于南美洲西北部的热带雨林地区，现热带地区广泛栽培。中国南方亦有栽培。

习性：喜温暖的半阴环境；喜疏松基质。

繁殖：切取吸芽繁殖。

应用：花姿优美，花色艳丽，叶色亮丽，适宜盆栽，可在客厅、书房及起居室装饰点缀，或在室外栽培供观赏。

★ *Guzmania melinoki* Regel ☆ Melinoki Guzmania

彩叶凤梨

别名：五彩凤梨，唇凤梨
科属：凤梨科彩叶凤梨属

识别：多年生草本，高 20 ~ 30 cm。每株有叶 20 ~ 30 片，叶阔条带形，平展，长 20 ~ 30 cm，宽 3 ~ 4 cm，绿色的叶片上泛有古铜色，有光泽，叶缘有细锯齿，叶丛中央的叶片在开花前逐渐转变为粉红色，而后又变为鲜红色，鲜艳悦目。

观花：莲座状植株中心抽出的花序似火炬或似绒球，小花集生于叶丛中心，紫色。花期为春季。

分布：原产于巴西。中国有引种栽培。

习性：喜明亮的散射光照；喜温暖、湿润的环境。

繁殖：分株或用母株旁边萌生的茎芽来进行繁殖，春季进行。

应用：华南地区栽培，其他地区盆栽，适用于布置厅堂、阳台。株形奇特，色彩斑斓，小巧玲珑，是近年来颇流行的观叶花卉“新宠”。

品种：花色呈白、蓝、紫等色。

★ *Neoregelia carolinae*(Beer)L.B.Sm. ☆ Blushing Bromeliad

镶边五彩凤梨

别名：赫凤梨
科属：凤梨科彩叶凤梨属

识别：多年生草本，高约 25 cm。每株有叶 20 ~ 30 片，叶阔条带形，平展，长 20 ~ 30 cm，叶有宽窄不一的绿色、白色和淡黄色的纵纹，边缘黄白色。

观花：开花前叶丛中心的苞片变为明亮的鲜红色；小花集生于叶丛中心，紫色。花期为 7 ~ 9 月。

分布：栽培品种。

习性：耐阴。

繁殖：分株繁殖。

应用：华南地区有栽培。其他地区有盆栽，适用于布置厅堂、阳台、窗台、温室盆栽。

★ *Neoregelia carolinae*‘Flanria’ ☆ Flanria Blushing Bromeliad

★ *Tillandsia cyanea* Linden ex K. Koch　☆ Pink Quill

紫花铁兰

别名：铁兰，紫花凤梨
科属：凤梨科铁兰属

识别：多年附生常绿草本，高 15 ~ 25 cm。茎短缩。叶基生成莲座状，叶窄长，向外弯曲，开展，几乎无叶筒。

观花：花序椭圆形，呈羽毛状，苞片 2 列，对生重叠，色彩各异；苞片间开出各色小花。冬春花期可达数月，花后植株逐渐枯死。

分布：原产地范围广，从潮湿雨林到干旱沙漠都有分布，主要产于西印度群岛与中美洲。

习性：喜温暖、高湿的环境；喜光，忌夏季暴晒；不耐寒。

繁殖：播种繁殖。

应用：室内盆栽观赏或用于专类园。

★ *Vriesea carinata* Wawra　☆ Lobster Claw，Painted Feather

莺哥凤梨

别名：虾爪凤梨，岐花鹦哥凤梨
科属：凤梨科莺哥凤梨属

识别：小型种类，莲座状植株高 10 ~ 15 cm，直径约 25 cm，有叶约 13 片；叶条带状，质薄，长约 20 cm，宽约 2 cm，质柔软，绿色中部以上自然下垂，叶色鲜绿，有光泽。

观花：穗状花序不分枝或少分枝，由叶丛中央抽出，花苞片 2 列排成扁穗状，内为深红色，外围黄色，苞片基部鲜红色，先端黄色，小花黄色。花期冬、春季。

分布：原产于美洲巴西，附生于热带雨林中大树上。世界热带地区亦多有栽培。我国华南地区亦有栽培。

习性：喜明亮的环境。但忌强阳光直射。稍耐阴；喜高温、多湿的气候，忌干旱。

繁殖：分株繁殖。有许多人工杂交品种就是用它作为亲本育成的。

应用：植株低矮，小巧玲珑，穗状花序形似莺哥的羽毛，十分美丽，开放时伸出花苞片之外，花叶均艳丽美观，是观赏凤梨中最美丽的原生种类之一，为家庭室内栽培的珍稀佳品。

★ *Vriesea splendens*(Brongn.)Lem.　☆ Flaming Sword Bromeliad

虎纹凤梨

别名：红剑，美红剑
科属：凤梨科莺哥凤梨属

识别：多年生常绿草本。叶线状，排列成莲座状，长约 80 cm，淡蓝绿色，具宽深绿色、紫色或淡红褐色横向带斑。

观花：总状花序，长约 55 cm，苞片鲜红色，管状花黄色。

分布：原产于南美圭亚那。我国有栽培。

习性：喜温暖、湿润和半阴环境，不耐旱，宜肥沃、疏松的沙质土壤。

繁殖：分株繁殖、播种繁殖和组培繁殖。

应用：株态优美，紫黑条斑的叶丛中抽出鲜红色花序，苞片鲜红，开黄色小花，观赏期长，持久不败，是优良的花叶俱美的室内盆栽观赏植物，可摆放于客厅、书房和办公室，新鲜雅致，同时也是理想的插花和装饰材料。

看麦娘

别名：牛头猛，山高粱，道旁谷
科属：禾本科看麦娘属

识别： 一年生草本，高 15 ~ 40 cm。秆丛生，光滑无毛。叶鞘光滑，短于节间，鞘内常具分枝；叶舌膜质；叶片扁平。颖果小，长 1 mm。花果期 6 ~ 9 月。

观花： 圆锥花序紧缩成细圆柱形，顶生；小穗排列紧密，含 1 朵花；外稃背面中部以下生一细芒。

分布： 分布几乎遍及全国。

习性： 喜水湿。

繁殖： 播种繁殖。

应用： 可作园林地被植物。

★ *Alopecurus aequalis* Sobol. ☆ Equal Alopecurus

野古草

别名：野枯草，硬骨草，马牙草
科属：禾本科野古草属

识别： 多年生草本，具生有鳞片的根状茎。秆直立，单生，高 70 ~ 100 cm。叶片条状披针形，宽 5 ~ 15 mm，无毛或密生疣毛。

观花： 圆锥花序长 10 ~ 13 cm；小穗有不等长的柄，成对生于各节，长 3.5 ~ 4.5（4）mm；第二外稃硬纸质，无芒或有芒状小尖头。

分布： 除新疆、西藏外，分布几乎遍及全国；朝鲜、日本也有分布。

习性： 耐水湿。

繁殖： 播种繁殖。

应用： 园林地被植物，可种植于山坡、林下、溪谷或溪边。

相近种： 瘦瘠野古草 var. *depauperata*（Rendle）Keng，秆基部横卧，节易生根；叶片条形，宽 2 ~ 4 mm，内卷呈针状；圆锥花序较狭，长 7 ~ 12 mm，分布于湖北、四川。

★ *Arundinella anomala* Steud. ☆ Common Arundinella

芦竹

别名：荻芦竹，江苇，旱地芦苇，芦竹笋
科属：禾本科芦竹属

识别： 多年生草本，高 3 ~ 6 m。具发达根状茎。形似芦苇，秆直立挺拔似竹；叶鞘较节间长，无毛或其茎部具长柔毛，叶舌膜质，截平，长约 1.5 mm，先端具短细毛；叶片扁平，嫩时表面及边缘微粗糙；颖果细小，黑色。花期 9 ~ 12 月。

观花： 圆锥花序，较紧密，分枝稠密，斜向上伸展，小穗含 2 ~ 4 朵花。

分布： 产于长江以南各省区。

习性： 喜阳光、温暖、水湿，耐寒性不强。

繁殖： 播种繁殖或分株繁殖。

应用： 株形美丽，可供庭园观赏，丛植或片植于河堤湖岸，可营造非常壮观的景象。

品种： 花叶芦竹 ‘Variegata’，叶片上有黄白色宽窄不等的条纹纵贯整条叶片。

★ *Arundo donax* L. ☆ Giantreed

★ *Avena fatua* L. ☆ Wild Oat

野燕麦

别名：乌麦，铃铛麦
科属：禾本科燕麦属

识别：一年生草本。秆高 30 ~ 150 cm。叶片宽 4 ~ 12 mm。

观花：圆锥花序展开，长 10 ~ 25 cm；小穗长 18 ~ 25 mm，含 2 ~ 3 朵小花，其柄弯曲下垂；颖几等长，9 条脉；外稃质地硬，下半部与小穗轴均有淡棕色或白色硬毛，第一外稃长 15 ~ 20 mm；芒自外稃中部稍下处伸出，长 2 ~ 4 cm，膝曲。

分布：广布于我国南北各省区；欧洲、亚洲的温寒地带都有分布。

习性：喜光。

繁殖：播种繁殖。

应用：可作园林地被植物。

★ *Beckmannia syzigachne*（Steud.）Fern. ☆ America Sloughgrass

菵草

别名：菵米，水稗子
科属：禾本科菵草属

识别：一年生草本。秆直立，高 15 ~ 90 cm，具 2 ~ 4 节。叶鞘无毛，多长于节间；叶舌透明膜质，长 3 ~ 8 mm；叶片扁平，长 5 ~ 20 cm，宽 3 ~ 10 mm，粗糙或下面平滑。颖果黄褐色，长圆形，长约 1.5 mm。花果期 4 ~ 10 月。

观花：圆锥花序长 10 ~ 30 cm，分枝稀疏，直立或斜升；小穗扁平，圆形，灰绿色，常含 1 朵小花，长约 3 mm；颖草质；边缘质薄，白色，背部灰绿色，具淡色的横纹；外稃披针形，具 5 条脉；花药黄色，长约 1 mm。

分布：产于全国各地，广布于全世界。

习性：喜光，耐水湿。

繁殖：播种繁殖。

应用：可作园林地被植物，种植于低湿处。

变种：毛颖菵草 var. *hirsutiflora* Roschev.，颖上具硬毛。产于我国东北地区，生于水边及湿地。在俄罗斯远东地区也有分布。

★ *Chloris virgata* Swartz ☆ Fingergrass

虎尾草

别名：棒锤草，棒槌草，大屁股
科属：禾本科虎尾草属

识别：一年生草本，高 20 ~ 60 cm。光滑无毛。叶片较短，平滑，有时边缘粗糙。顶部叶鞘常肿胀而包藏花序。颖果。花果期 6 ~ 10 月。

观花：穗状花序 4 ~ 10 个，呈指状排列于秆顶；小穗幼时绿色，成熟时带紫色，外稃具长柔毛，顶端具长芒。

分布：广泛分布于全国各地。全球温、热带都有分布。

用途：幼嫩植株为优良牧草。

习性：适应性极强，耐干旱，喜湿润，不耐淹；喜肥沃，耐瘠薄。

繁殖：播种繁殖。

应用：可作园林地被植物，种植于路边及山坡上。

相近种：孟仁草 *Chloris barbata* Swartz，小穗除颖外有 3 个芒，分布于广东。

蒲苇

科属：禾本科蒲苇属

识别： 多年生草本，高 2 ~ 2.5 m。茎丛生，直立，粗壮。叶多聚生于基部，极狭下垂，边缘具细齿，呈灰绿色，被短毛。花果期 9 ~ 10 月。

观花： 圆锥花序长 30 ~ 100 cm，雌花穗银白至粉红色，具光泽；雄花序广金字塔形。

分布： 原产于南美，中国已广泛栽培。

习性： 喜温暖、阳光充足及湿润气候，耐寒，适应性较强。

繁殖： 播种繁殖。

应用： 常用于滨水配植或花境，亦可用于观赏草专类园。

品种： 矮蒲苇 'Pumila'。花叶蒲苇 'Silver Comet'，叶具金边。

★ *Cortaderia selloana* (Schult.) Aschers. et Graebn. ☆ Selloa Pampasgrass

矮蒲苇

别名：白银芦
科属：禾本科蒲苇属

识别： 株高 1.2 ~ 1.8 m。秆直立，粗壮丛生。叶聚生于基部，长而狭，缘具细齿。颖果长圆状圆柱形。花果期 8 ~ 10 月。

观花： 圆锥花序大，羽毛状，银白色。

分布： 栽培品种，原种分布于南美洲。

习性： 喜光，耐寒，要求土壤排水良好。

繁殖： 播种繁殖。

应用： 丛植点缀于路缘、滨水岸边，常布置花境、观赏草专类园。

★ *Cortaderia selloana* 'Pumila' ☆ Dwarf Selloa Pampasgrass

狗牙根

别名：绊根草，爬根草，感沙草
科属：禾本科狗牙根属

识别： 多年生草本，具根状茎或匍匐茎，节间长短不等。秆平卧部分长达 1 m，并于节上生根及分枝。叶舌短小，具小纤毛；叶片条形，宽 1 ~ 3 mm。

观花： 穗状花序 3 ~ 6 枚指状排列于茎顶；小穗排列于穗轴的一侧，长 2 ~ 2.5 mm，含 1 小花，颖近等长，长 1.5 ~ 2 mm，1 脉成脊，短于外稃；外稃具 3 脉。

分布： 分布于黄河流域以南；广布全球温带地区。

习性： 极耐热和抗旱，但不抗寒也不耐阴。

繁殖： 播种繁殖。

应用： 蔓延力强，园林中可作草坪。

变种： 双花狗牙根 var. *biflorus* Merino 小穗含 2 枚结实小花。分布于东南沿海各地。

★ *Cynodon dactylon*（L.）Pers. ☆ Dogtoothgrass

★ *Digitaria sanguinalis* (L.) Scop. ☆ Common Crabgrass

马唐

别名：羊麻，羊粟，马饭
科属：禾本科马唐属

识别： 一年生草本。秆斜倚，高 40 ~ 100 cm。叶片条状披针形，宽 3 ~ 10 mm。

观花： 总状花序 3 ~ 10 枚，指状排列或下部的近于轮生；小穗长 3 ~ 3.5 mm；第一颖微小但明显；第二颖长为小穗的 1/2 ~ 3/4，边缘有纤毛；第一外稃具 5 ~ 7 条脉，脉上微粗糙，脉间距离不匀；第二外稃色淡，边缘膜质，覆盖内稃。

分布： 广布于全球温带或热带。我国北方省区都有分布。

习性： 喜光。

繁殖： 播种繁殖。

应用： 可作园林地被植物或草坪。

相近种： 升马唐 *Digitaria ciliaris* (Retz.) Koeler，第二颖脉间及第一外稃两侧有成熟后开展的疣基长柔毛。

★ *Echinochloa crusgalli* (L.) Beauv. ☆ Barnyardgrass

稗

别名：稗子
科属：禾本科稗属

识别： 一年生草本。秆斜升，高 50 ~ 130 cm。叶片条形，宽 5 ~ 10 mm。

观花： 圆锥花序直立或下垂，呈不规则的塔形，分枝可再有小分枝；小穗密集于穗轴的一侧；长约 5 mm，有硬疣毛；颖具 3 ~ 5 条脉；第一外稃具 5 ~ 7 条脉，有长 5 ~ 30 mm 的芒；第二外稃顶端有小尖头并且粗糙，边缘卷抱内稃。

分布： 广布于全球温暖地区；我国南北各地都有。

习性： 耐水湿。

繁殖： 播种繁殖。

应用： 可种植于沼泽、水湿处。

变种： 无芒稗 var. *mitis* (Pursh) Peterm.，总状花序有小分枝，小穗无芒或有不足 3 mm 的短芒，脉上有硬刺疣毛；西来稗 var. *zelayensis* (H. B. K.)Hitchc.，总状花序无小分枝，小穗无疣毛也无芒。

★ *Echinochloa colonum* (L.)Link ☆ Junglerice，Shanwanwamillet

光头稗

别名：光头稗子，芒稷
科属：禾本科稗属

识别： 一年生草本。秆基部可分枝，高 10 ~ 40 cm。叶片条形或条状披针形，宽 3 ~ 8 cm；叶舌缺。

观花： 圆锥花序狭，直立；分枝单纯，上举或紧贴主轴，以略与分枝长度相等或较短的距离生于主轴上；小穗长 2 ~ 2.5 mm，紧密排列于穗轴的一侧，有短硬毛，无芒，含 2 小花仅第二小花结实；第一颖长为小穗的 1/2，具 3 条脉；第二颖与第一外稃相似，都有 7 条脉及小尖头；第二外稃革质，有小尖头，边缘卷抱内稃。

分布： 分布于我国华东、华南、西南地区；全球温暖地区都有分布。

习性： 喜光。

繁殖： 播种繁殖。

应用： 可作园林地被植物。

牛筋草

别名：蟋蟀草
科属：禾本科穇属

识别： 一年生草本。秆通常斜升，高 15 ～ 90 cm。叶舌长约 1 mm；叶片条形，宽 3 ～ 7 mm。

观花： 穗状花序 2 ～ 7 枚生于秆顶，有时其中 1 枚或 2 枚生于其花序的下方，长 3 ～ 10 cm，穗轴顶端生有小穗；小穗密集于穗轴的一侧成两行排列，长 4 ～ 7 mm，含 3 ～ 6 小花；第一颖具 1 条脉；第二颖与外稃都有 3 条脉。

分布： 广布于南北各地；全球的温、热带地区都有分布。

习性： 喜光。

繁殖： 播种繁殖。

应用： 可作园林地被植物。

★ *Eleusine indica*（L.）Gaertn.　☆ Goosegrass，Wiregrass

野黍

别名：拉拉草，唤猪草
科属：禾本科野黍属

识别： 一年生草本。秆高 30 ～ 100 cm。叶片条状披针形，宽 5 ～ 15 mm。

观花： 总状花序长 1.5 ～ 4 cm，以数枚排列于主轴的一侧，密生柔毛；小穗单生，成二行排列于穗轴的一侧，长约 5 mm；第一颖与小穗轴合生成环状；第二颖与第一外稃相似，都有白柔毛；第二外稃革质，以腹面对向穗轴，边缘卷抱内稃。

分布： 广布于东北、华北、华东、华中、西南地区；日本、越南、老挝、柬埔寨也有分布。

习性： 喜水湿。

繁殖： 播种繁殖。

应用： 园林地被植物，可种植于水湿地。

相近种： 高野黍 *Eriochloa procera*(Retz.) Hubb.。

★ *Eriochloa villosa*（Thunb.）Kunth　☆ Southwestern China Cupgrass

白茅

别名：茅，茅针，茅根
科属：禾本科白茅属

识别： 多年生禾本，高 20 ～ 50 cm。根茎长，密被鳞片。叶基生，线形或线状披针形，平滑无毛，顶端渐尖，边缘粗糙。颖果长圆形。花果期 5 ～ 7 月。

观花： 圆锥花序紧密，圆柱形，银白色；小穗披针形，基部密生长达 1.5 cm 的长柔毛，包围小穗。

分布： 分布几乎遍及全国。

习性： 喜光。

繁殖： 播种繁殖。

应用： 可种植于山坡、路旁、草地或沙地上。根茎蔓延力强，可作固沙植物。

★ *Imperata cylindrica*（L.）Beauv.　☆ White Cogongrass

★ *Isachne globosa*（Thunb.）Kuntze ☆ Globose Twinballgrass

柳叶箬

别名：百珠篠，细叶篠
科属：禾本科柳叶箬属

识别： 多年生草本。秆基部常平卧，高 30 ~ 60 cm。叶舌纤毛状；叶片条状披针形，宽 3 ~ 9 mm。

观花： 圆锥花序长 5 ~ 13 cm；分枝单生，与小分枝及小穗柄都有腺体；小穗近于球形，长 2 ~ 2.5 mm，含 2 朵小花，脱节颖上；颖与小花无毛；第一小花较狭而质软；第二小花革质；外稃边缘卷抱内稃。

分布： 除东北地区外，几乎遍及全国；日本、印度及大洋洲也有分布。

习性： 耐水湿。

繁殖： 播种繁殖。

应用： 可作挺水植物栽培于水边。

相近种： 平颖柳叶箬 *Isachne truncata* A.Camus，叶片披针形；花序分枝近于轮生；颖顶端钝或截平，大都具 10 条脉；两小花同形同质，上端及腹面基部有细毛。

★ *Leersia hexandra*（Makino）Honda ☆ Common Cutgrass

假稻

别名：李氏禾
科属：禾本科假稻属

识别： 多年生草本。秆下部平卧并在节上生根，高达 80 cm。叶片条状披针形，宽 4 ~ 8 mm。

观花： 圆锥花序长 9 ~ 12 cm；分枝长达 6 cm，不再分小枝；小穗半矩圆形，排列于穗轴的一侧，长 3.5 ~ 6 mm，有短柄，含 1 朵小花；颖缺；外稃脊上有刺毛，两侧无毛；内稃具 3 脉；雄蕊 6 枚；花药长 2.5 ~ 3.5 mm。

分布： 分布于华东、华中、河北及四川、贵州；日本也有分布。

习性： 耐水湿。

繁殖： 播种繁殖。

应用： 可种植于水边湿地。

相近种： 六蕊假稻 *Leersia.hexandra* Swartz.，花序主轴较粗壮，小穗长 4 ~ 6 mm，两侧平滑。分布于台湾至广东等地。

★ *Melinis minutiflora* Beauv. ☆ Honeygrass

糖蜜草

科属：禾本科糖蜜草属

识别： 多年生草本，有糖蜜味。秆多分枝，基部平卧，于节上生根，上部直立，开花时高可达 1 m，节上具柔毛。叶鞘短于节间，疏被长柔毛和瘤基毛；叶舌短，膜质，顶端具睫毛；叶片线形，长 5 ~ 10 cm，宽 5 ~ 8 mm，两面被毛，叶缘具睫毛。颖果长圆形。花果期 7 ~ 10 月。

观花： 圆锥花序开展，长 10 ~ 20 cm，末级分枝纤细，弓曲；小穗卵状椭圆形，长约 2 mm，多少两侧压扁，无毛；第一颖小，三角形，无脉，第二颖长圆形，具 7 条脉，顶端 2 齿裂，裂齿间具短芒或无。

分布： 原产于非洲，许多国家引种；我国亦有引种。

习性： 喜光。在贫瘠土壤上生长良好，能够适应酸性黏土，竞争力强。

繁殖： 播种繁殖。

应用： 可作园林地被植物。

芒

别名：芭茅
科属：禾本科芒属

识别： 多年生草本。秆高 1 ~ 2 m。叶片条形，宽 6 ~ 10 mm。

观花： 圆锥花序扇形，长 5 ~ 40 cm，主轴长不超过花序的 1/2；总状花序长 10 ~ 30 cm；穗轴不断落；节间与小穗柄都无毛；小穗成对生于各节，一柄长，一柄短，均结实且同形，长 5 ~ 7 mm，含 2 朵小花，仅第二小花结实，基盘的毛稍短或等长于小穗；第一颖两侧有脊，脊间 2 ~ 3 脉，背部无毛；芒自第二外稃裂齿间伸出，膝曲；雄蕊 3 枚。

分布： 广布于全国各地；日本也有分布。

习性： 喜光。

繁殖： 播种繁殖。

应用： 可种植于山坡、草地或河边湿地。

相近种： 荻 *Triarrhena sacchariflora*（Maxim.）Nakai。

★ *Miscanthus sinensis* Anderss. ☆ Awngrass

乱子草

科属：禾本科乱子草属

识别： 多年生草本，具被鳞片的根状茎。秆高 70 ~ 90 cm，节下贴生白色微毛，叶舌长约 1 mm，多少具微毛；叶片狭披针形，宽 4 ~ 9 mm。

观花： 圆锥花序开展，长 8 ~ 27 cm，每节数个分枝；小穗披针形，长 3 mm，含 1 小花，颖透明膜质，顶端钝，无脉，或第二颖顶端尖，具 1 条脉，长为小穗 1/4 ~ 1/3；外稃具 3 脉，下部有柔毛，具长 9 ~ 16 mm 的细芒；内稃后无延伸的小穗轴。

分布： 分布于东北、华北、西北、华东、西南地区；朝鲜、日本、印度、菲律宾也有分布。

习性： 耐阴，耐水湿。

繁殖： 播种繁殖。

应用： 可种植于阴湿处。

★ *Muhlenbergia hugelii* Trin. ☆ Hugel Muhly

观赏谷子

别名：御谷，珍珠粟，蜡烛稗
科属：禾本科狼尾草属

识别： 一年生草本，高 80 ~ 160 cm。茎直立。叶片条状披针形，基部几呈心形，叶黄绿色至深紫色。颖果倒卵形。果期秋季。

观花： 圆锥花序紧密呈柱状，主轴硬直，密被绒毛，小穗倒卵形，每小穗有 2 朵小花，第一花雄性，第二花两性。花期夏季。

分布： 原产于非洲、亚洲和美洲。我国有栽培。

习性： 喜湿润，喜光，生长适温为 18 ~ 28℃，喜疏松、肥沃的壤土。

繁殖： 播种繁殖。

应用： 叶色雅致，是近年来常见的观叶植物，适合公园、绿地的路边、水岸边、山石边或墙垣边片植观赏。也可作插花材料。

★ *Pennisetum glaucum* (L.) R. Br. ☆ Purple Pearl Millet

★ *Pennisetum alopecuroides* (L.)Spreng. ☆ China Wolftailgrass

狼尾草

别名：稂，狗尾仔，光明草，芮草
科属：禾本科狼尾草属

识别： 多年生草本，高 30 ~ 120 cm。茎秆丛生，直立。叶线形，亮绿色，平滑；初秋出现黄色和棕色条纹，秋末完全变为杏色，并逐渐褪为淡黄色。花果期 6 ~ 10 月。

观花： 圆锥花序穗状圆柱形，初生为乳白色至粉红色或棕褐色，成熟后为红褐色。

分布： 原产于东亚、澳大利亚。

习性： 喜温暖湿润、全光照，耐寒、稍耐阴。

繁殖： 播种繁殖。

应用： 适合布置于园林道路、滨水绿地，常应用于营造观赏草花境。

相近种： 大布尼东方狼尾草 *Pennisetum orientale* Rich. ‘Tall Tails’，叶浓绿色，穗状花序长可达 45 cm，呈瀑布状弯曲向下，白色。紫穗东方狼尾草 *Pennisetum orientale* Rich. ‘Purple’，叶嫩绿色，穗状花序圆柱形直立，呈淡紫色。

★ *Pennisetum alopecuroides* (L.)Spreng. ‘Little Bunny’

小兔子狼尾草

科属：禾本科狼尾草属

识别： 多年生草本，高 40 ~ 50 cm。叶丛生。

观花： 穗状花序圆锥状，粉白色。花期 6 ~ 9 月。

分布： 原产于东亚、澳大利亚。

习性： 喜光，不耐阴，耐高温，耐旱，耐寒性强，适应性强，不择土壤。

繁殖： 播种繁殖。

应用： 具有较高的观赏价值，可作为园林景观中的点缀植物，也可片植或盆栽。

★ *Pennisetum setaceum* ☆ African Fountain Grass

绒毛狼尾草

别名：羽绒狼尾草
科属：禾本科狼尾草属

识别： 多年生草本，多作一年生栽培，株高 1.2 ~ 1.7 cm。叶丛生。

观花： 穗状圆锥花序，粉白色。花期 6 ~ 11 月。

分布： 原产于非洲。

习性： 喜光、耐高温、耐旱、不耐荫蔽、不择土壤。

繁殖： 播种繁殖。

应用： 可作为园林景观中的点缀植物，亦可片植、盆栽。

紫叶狼尾草

别名：红宝石狼尾草
科属：禾本科狼尾草属

识别： 多年生草本，寒冷地区作一年生植物栽培。全株为紫红色。基秆从生，呈弧形弯曲，株高 1 ~ 2 m，叶狭长条状，宽 2 mm。
观花： 穗状花序，花絮紫色，花期夏末至初冬，穗期 6 ~ 9 月。
分布： 栽培品种。
习性： 喜光照条件生长。对土壤要求不严，耐贫瘠，不耐寒，越冬温度应大于 4 ℃。
繁殖： 分株或组培繁殖。
应用： 株形柔美，生长旺盛，是一种奇异的紫红色植物。鲜艳的色彩适宜点缀、花境组合，盆栽置于庭园、路旁，或与其他颜色的观赏草组合盆栽，在以绿色为主体的景观中可产生较好的观赏效果。因其色彩鲜艳而被广泛应用在景观配置中，极大地丰富了景观色彩。

★ *Pennisetum setaceum* 'Rubrum'　☆ Purple African Fountain Grass

长柔毛狼尾草

别名：羽绒狼尾草
科属：禾本科狼尾草属

识别： 植株低矮，茎秆疏散柔软。
观花： 穗状花序纯白色。
分布： 产于非洲东北部山区。
习性： 喜全光照和湿润条件。
繁殖： 播种繁殖。
应用： 非常漂亮，尤其是清晨结露后在光线映射下更加迷人，整个株丛犹如喷泉，故有"喷泉草"之称；适宜成片种植，形成大面积的景观效果，也可在花坛花境中成丛种植，让人细细品味其花姿。

★ *Pennisetum villosum* Fresen　☆ Feather-top, White Foxtail

芦苇

别名：苇，芦，芦芽
科属：禾本科芦苇属

识别： 多年生高大草本。地下有发达的匍匐根状茎。节间中空，节下常生白粉。茎秆直立，秆高 1 ~ 3 m。叶鞘圆筒形，无毛或有细毛；叶舌有毛，叶片长线形或长披针形，排列成两行；花果期为 8 ~ 9 月。
观花： 圆锥花序顶生，分枝稠密，向斜伸展，花序长 10 ~ 40 cm。
分布： 产于中国各地。
习性： 耐水涝，耐干旱，耐盐碱。
繁殖： 播种繁殖或分株繁殖。
应用： 可种植于公园湖边，开花季节特别美观；在欧洲国家的公园，经常可见到芦苇优雅的身影，花可作为切花材料。
相近种： 日本芦苇 *Phragmites japonica* Steud.，小穗较小，长 6 ~ 10 mm，第一不孕外稃不明显增长；外稃基盘具较短少之柔毛，或基盘中部以上着生长丝状柔毛。

★ *Phragmites austratis* (Cav.) Trin. ex Steud.　☆ Common Reed

★ *Poa sphondylodes* Trin.ex Bunge ☆ Hard Bluegrass

硬质早熟禾

别名：龙须草
科属：禾本科早熟禾属

识别：多年生草本。秆丛生，细硬，高 30 ~ 60 cm，具 3 ~ 4 节，花序以下稍粗糙。叶舌先端尖锐，膜质，长约 4 mm；叶片狭长，宽约 1 mm。

观花：圆锥花序紧缩呈条形，长 3 ~ 10 cm，宽约 1 cm，分枝基部即着生小穗；小穗长 5 ~ 7 mm，含 4 ~ 6 小花；颖顶端尖锐，长 2.5 ~ 3 mm，3 条脉，外稃披针形，坚纸质，顶端呈极狭的膜质，膜质下常带黄铜色，间脉不明显，脊下部 2/3 和边脉下部 1/2 有长柔毛，基盘具绵毛，第一外稃长约 3 mm；内稃等长于外稃；花药长 1 ~ 1.5 mm。

分布：分布于东北、华北、西北地区及山东、江苏。

习性：喜光。

繁殖：播种繁殖。

应用：园林地被植物或草坪植物，可种植物广场、路旁及山坡。

★ *Poa annua* L. ☆ Annual Bluegrass

早熟禾

别名：稍草，小青草，小鸡草，冷草
科属：禾本科早熟禾属

识别：一年生或越年生草本。秆细弱，丛生，高 8 ~ 30 cm。叶鞘自中部以下闭合；叶舌钝圆，长 1 ~ 2 mm；叶片柔软，宽 1 ~ 5 mm。

观花：圆锥花序展开，长 2 ~ 7 cm，分枝每节 1 ~ 2（3）枚；小穗长 3 ~ 6mm，含 3 ~ 6 朵花；颖边缘宽膜质，第一颖长 1.5 ~ 2 mm，具 1 条脉，第二颖长 2 ~ 3 mm，具 3 条脉；外稃边缘及顶端呈宽膜质，5 条脉明显，脊 2/3 以下和边脉 1/2 以下具柔毛，间脉基部具柔毛，基盘无绵毛；第一外稃长 3 ~ 4 mm；内稃脊上具长柔毛，花药长 0.5 ~ 1 mm。

分布：我国多数省区都有分布；北半球广布。

习性：耐水湿。

繁殖：播种繁殖。

应用：可作园林地被植物或草坪植物。

★ *Polypogon fugax* Nees ex Steud. ☆ Shortlived Beardgrass

棒头草

别名：麦毛草，露水草
科属：禾本科棒头草属

识别：一年生草本。秆丛生，基部膝曲，大都光滑，高 10 ~ 75 cm。叶鞘光滑无毛，大都短于或下部者长于节间；叶舌膜质，长圆形，长 3 ~ 8 mm，常 2 裂或顶端具不整齐的裂齿；叶片扁平，微粗糙或下面光滑，长 2.5 ~ 15 cm，宽 3 ~ 4 mm。颖果椭圆形。花果期 4 ~ 9 月。

观花：圆锥花序穗状，长圆形或卵形，较疏松，具缺刻或有间断，分枝长可达 4 cm；小穗长约 2.5 mm，灰绿色或部分带紫色；颖长圆形；外稃光滑；雄蕊 3 枚。

分布：产于我国南北各地。朝鲜、日本、俄罗斯、印度、不丹及缅甸等国也有分布。

习性：喜光。

繁殖：播种繁殖。

应用：可种植于山坡、田边、潮湿处。

纤毛鹅观草

别名：北鹅观草
科属：禾本科鹅观草属

识别：多年生草本，高 40 ～ 80 cm。秆具 3 ～ 4 节，无毛，常具白粉。叶片扁平，无毛，边缘粗糙。颖果。

观花：穗状花序顶生，直立或多少下垂，每节生一小穗；小穗绿色，含 7 ～ 10 小花，外稃先端具粗糙长芒，干时向外反曲。花果期 5 ～ 7 月。

分布：北京各地均有分布，生于路边、山坡或沟边草地。分布遍及全国各地。

习性：喜光。

繁殖：播种繁殖。

应用：可作园林地被植物。

★ *Roegneria ciliaris*（Trin.）Nevski　☆ Ciliate Goosecomb

大狗尾草

别名：法氏狗尾草
科属：禾本科狗尾草属

识别：一年生草本，通常具支柱根。秆粗壮而高大、直立或基部膝曲，高 50 ～ 120 cm，径达 6 mm，光滑无毛。叶鞘松弛，边缘具细纤毛，部分基部叶鞘边缘膜质无毛；叶舌具密集的长 1 ～ 2 mm 的纤毛；叶片线状披针形，边缘具细锯齿。

观花：圆锥花序紧缩呈圆柱状，长 5 ～ 24 cm，宽 6 ～ 13 mm，（芒除外），通常垂头，主轴具较密长柔毛，花序基部通常不间断，偶有间断；小穗椭圆形。花果期 7 ～ 10 月。

分布：产于黑龙江、江苏、浙江、安徽、台湾、江西、湖北、湖南、广西、四川、贵州等省区。

习性：喜光。

繁殖：播种繁殖。

应用：生于山坡、路旁、田园或荒野。

相近种：狗尾草 *Setaria viridis*（L.）Beauv.，花序不垂头。

★ *Setaria faberii* Herrm　☆ Big Bristlegass

狗尾草

别名：绿狗尾草，莠，谷莠子
科属：禾本科狗尾草属

识别：一年生草本，高 30 ～ 100 cm。秆直立，通常较细弱。叶鞘较松弛，叶舌具纤毛；叶片长披针形，通常无毛，颖果。花果期 6 ～ 10 月。

观花：圆锥花序紧密呈圆柱形，直立或稍弯，每簇刚毛约 9 条，刚毛长 4 ～ 12 mm，绿色、黄色或变紫色。小穗椭圆形，顶端钝。

分布：广布于世界各地，我国南北地区都有分布。

习性：喜光。

繁殖：播种繁殖。

应用：可作园林地被植物。

相近种：大狗尾草 *Setaria faberi* Herrm.，小穗长 3 mm，顶端较尖，成熟后第二外稃背部强烈膨胀隆起。分布于自东北到长江流域各地。

★ *Setaria viridis*（L.）Beauv.　☆ Green Bristlegrass

★ *Setaria italica*（L.）Beauv.　☆ Foxtail Millet

粟

别名：小米，谷子，稷
科属：禾本科狗尾草属

识别：一年生草本，秆高 1 ~ 1.5 cm。叶片条状披针形，上面粗糙。

观花：柱状圆锥花序长 10 ~ 40 cm，小穗长约 3 mm，簇生于缩短的分枝上，基部有刚毛状小枝 1 ~ 3 条，成熟时自颖与第一外稃分离而脱落；第一颖长为小穗的 1/3 ~ 1/2；第二颖略短于小穗；第二外稃有细点状皱纹。

分布：欧亚大陆的温带有栽培；我国多栽种于北方地区。

习性：喜光。

繁殖：播种繁殖。

应用：可作园林地被植物。

★ *Setaria glauca*（L.）Beauv.　☆ Golden Bristlegass

金色狗尾草

别名：金狗尾
科属：禾本科狗尾草属

识别：一年生草本，高 30 ~ 100 cm。秆直立，有时倾斜，节部生根。叶鞘无毛，叶舌毛状，叶片长披针形，通常无毛。颖果。花果期 6 ~ 10 月。

观花：圆锥花序紧密，圆柱状，刚毛每簇约 10 条，金黄色；小穗椭圆形，金黄色，通常每簇仅 1 个发育。

分布：广泛分布于全国各地。

习性：喜光。

繁殖：播种繁殖。

应用：可作园林地被植物。

★ *Setaria palmifolia*（Koen.）Stapf　☆ Palmleaf Bristlegass

棕叶狗尾草

别名：箬叶莩，棕茅
科属：禾本科狗尾草属

识别：多年生草本。秆直立或基部稍膝曲，高 0.75 ~ 2 m，直径 3 ~ 7 mm，基部可达 1 cm，具支柱根。叶片纺锤状宽披针形，长 20 ~ 59 cm，宽 2 ~ 7 cm，先端渐尖。

观花：圆锥花序主轴延伸甚长，呈开展或稍狭窄的塔形，长 20 ~ 60 cm，宽 2 ~ 10 cm，主轴具棱角，分枝排列疏松，甚粗糙，长达 30 cm；小穗卵状披针形。花果期 8 ~ 12 月。

分布：产于浙江、江西、福建、台湾、湖北、湖南、贵州、四川、云南、广东、广西、西藏等省区；原产于非洲，广布于大洋洲、美洲和亚洲的热带及亚热带地区。

习性：喜光，喜湿，喜阴。

繁殖：播种繁殖。

应用：可种植于山坡或谷地林下阴湿处。

相近种：大叶仙茅 *Curculigo capitulata* (Lour.) O. Kuntze，花大，黄色，石蒜科仙茅属植物。

高粱

别名：蜀黍
科属：禾本科高粱属

识别： 一年生高大草本。秆高 3 ~ 4 m；叶片长披针形，宽约 4 cm。

观花： 圆锥花序长达 30 cm；分枝再分小枝；总状花序 1 ~ 5 节生于枝端；穗轴节间不断落；小穗成对生于各节或 3 枚顶生；无柄小穗长 5 ~ 6mm，成熟时下部硬革质并有光泽而无毛；芒自第二外稃裂齿间伸出，膝曲；有柄小穗不孕。

分布： 全球温暖地区广泛栽培；多在东北、华北及西部地区种植。

习性： 喜温，喜光，抗旱，抗涝，耐盐碱，耐瘠薄。属于短日照作物。

繁殖： 播种繁殖。

应用： 适合于禾草园栽培观赏。

★ *Sorghum bicolor* (L.) Moench ☆ Gaoliang

大油芒

别名：大荻，山黄菅
科属：禾本科大油芒属

识别： 多年生草本，高 90 ~ 120 cm。具根状茎。秆高大，具 7 ~ 9 节。叶片线形至披针形，两面被毛，上面中脉明显，白色。颖果。花果期 7 ~ 9 月。

观花： 圆锥花序顶生；小穗成对着生，一穗有柄，一穗无柄，颖革质，具多脉，小花具长芒，芒膝曲扭转。

分布： 分布东北、华北、西北和华东等地区。

习性： 喜光。

繁殖： 播种繁殖。

应用： 可作地被植物，种植于山地阳坡或路旁。

★ *Spodiopogon sibiricus* Trin ☆ Greyawngrass

荻

别名：野苇子
科属：禾本科荻属

识别： 多年生草本，有根状茎。秆高 60 ~ 200 cm。叶片条形，宽 10 ~ 12 mm。

观花： 圆锥花序扇形，长 20 ~ 30 cm；主轴长不足花序的 1/2；总状花序长 10 ~ 20 cm；穗轴不断落，节间与小穗柄都无毛；小穗成对生于各节，长 5 ~ 6 mm，含 2 朵小花；雄蕊 3 枚。花果期 8 ~ 10 月。

分布： 分布于我国东北、华北、西北、华东地区；朝鲜和日本也有分布。

习性： 喜光，耐水湿。

繁殖： 播种繁殖。

应用： 可种植于山坡草地或岸边湿地，或用作防沙护堤等。

相近种： 芒 *Miscanthus sinensis* Anderss.。

★ *Triarrhena sacchariflora* (Maxim.) Nakai

★ *Strelitzia nicolai* Regel et Koern.　☆ Big Bird of Paradise

大鹤望兰

别名：白花鹤望兰，白花天堂鸟
科属：旅人蕉科鹤望兰属

识别：多年生草本。肉质根粗壮，茎高可达 5 m，叶大，对生，两侧排列，有长柄。

观花：花茎顶生或生于叶腋。花形奇特，佛焰苞状，总苞白色或紫色。花期春季。

分布：原产于南非；我国台湾、广东有引种。

习性：喜温暖、湿润气候，不耐寒。要求空气湿度高。夏季怕强光暴晒，冬季则需阳光充足。

繁殖：用播种或分株法繁殖。

应用：大鹤望兰叶大姿美，花形奇特，是著名的观赏花卉。

★ *Strelitzia reginae* Aiton　☆ Bird of Paradise

鹤望兰

别名：极乐鸟，天堂鸟
科属：旅人蕉科鹤望兰属

识别：多年生草本，高 1 ~ 1.5 m。茎短，不明显。叶对生，近基生，两侧排列，叶大，有长柄，全缘，革质，叶片长椭圆形。蒴果，球形，先为绿色，成熟后为黑色，种子黑色。

观花：总状花序着花 3 ~ 9 朵，数朵花出自一舟形佛焰苞中；花萼橙黄色；箭头状花瓣蓝色，花茎与叶近等长，花形奇特，整个花序犹如仙鹤翘首仰望。

分布：原产于南非，现世界各地多有栽培。

习性：喜温暖、湿润、光照充足，不耐寒，耐旱，不耐水湿，喜疏松肥沃、排水良好的沙质壤土和腐叶土。

繁殖：播种繁殖或分株繁殖。

应用：花期长，由冬季至翌年春季。可丛植于山石旁或点缀于庭园一角，仿佛人间仙境；也可盆栽观赏。常作切花，也可盆栽点缀于厅堂，华南地区可露地栽培。

相近种：棒叶鹤望兰 *Strelitzia juncea*（Ker-Gawl.）Link

★ *Alpinia zerumbet*（Pers.) Burtt et Smith‘Variegata’

花叶艳山姜

别名：斑纹月桃
科属：姜科山姜属

识别：多年生常绿草本，株高 2 ~ 3 m。根茎横生。叶革质，有短柄，矩圆状披针形，表面绿色，有不规则金黄色的纵条纹。蒴果卵圆形，具明显的条纹，且被稀疏的粗毛。果皮呈朱红色。种子具棱角。果实 7 ~ 9 月成熟。

观花：圆锥花序，下垂。苞片白色，顶端及基部粉红色。花萼近钟形。花冠白色。花期 6 ~ 7 月。

分布：分布于印度及中国福建、广东、台湾等省。

习性：喜高温多湿的环境，不耐寒，稍耐阴。在肥沃而保水性好的壤土中生长良好。

繁殖：播种繁殖。

应用：花叶艳山姜叶片宽大，色彩绚丽迷人。衬托在蜡石下，给人生机盎然之感。它常以中小盆种植，摆放在客厅、办公室及厅堂过道等较明亮处。

益智

别名：摘艼
科属：姜科山姜属

识别： 多年生草本，高 1 ~ 3 m。叶片披针形，长 25 ~ 35 cm，宽 3 ~ 6 cm，顶端具尾尖，边缘具脱落性小刚毛；叶舌 2 裂，长 1 ~ 1.5 cm，被淡棕色疏柔毛。蒴果椭圆形至纺锤形，长 1.5 ~ 2 cm，宽约 1 cm，被疏柔毛，果皮上有明显的线条，顶端有萼筒的残迹。果期 4 ~ 9 月。

观花： 总状花序在花蕾时包藏于鞘状的苞片中，花序轴被极短的柔毛；花萼筒状；花冠管长 8 ~ 10 mm，裂片矩圆形，长约 1.8 cm，外被疏柔毛；唇瓣倒卵形，长约 2 cm，粉白色而具红色脉纹，顶端边缘皱波状；雄蕊长约 1.9 cm。花期 3 ~ 5 月。

分布： 产于海南。

习性： 耐阴，耐水湿。

繁殖： 播种繁殖。

应用： 观花植物，可种植于林下阴湿处。

★ *Alpinia oxyphylla* Miq.　☆ Sharpleaf Galangal

姜荷花

别名：瓷玫瑰，火炬姜，菲律宾蜡花
科属：姜科姜黄属

识别： 多年生球根草本，株高 30 ~ 50 cm。根状茎纺锤形。叶长椭圆形，长约 30 cm，中肋带紫红色。

观花： 穗状花序自叶鞘中生出；花葶长 20 ~ 40 cm，其顶端生穗状花序；上部的苞片桃红色，下部苞片绿色；小花生于苞腋内，除唇瓣为蓝色外，其余各瓣白色。花期 6 ~ 10 月。

分布： 原产于泰国清迈一带，我国有栽培。

习性： 生性强健，喜高温，喜光，在半日照条件下生长理想，喜湿润，不耐干旱和寒冷，喜肥沃、疏松和排水良好之沙质潮湿壤土。

繁殖： 播种繁殖或分株繁殖。

应用： 本种花序的形态精致唯美，色彩明艳，因其花序亭亭玉立，粉红色苞片外形似荷花而得名，花朵外形似郁金香而被称为“热带郁金香”。

★ *Curcuma alismatifolia* Gagnep.　☆ Siam Tulip

郁金

别名：玉金，玉京
科属：姜科姜黄属

识别： 多年生宿根草本。株高约 1 m；根茎肉质，肥大，椭圆形或长椭圆形，黄色，芳香；根端膨大呈纺锤状。叶基生，叶片长圆形，长 30 ~ 60 cm，宽 10 ~ 20 cm，顶端具细尾尖，基部渐狭；叶柄约与叶片等长。蒴果 3 室。

观花： 花葶单独由根茎抽出；穗状花序圆柱形，长约 15 cm；有花的苞片淡绿色，卵形，无花的苞片较狭，长圆形，白色而染淡红，顶端常具小尖头，被毛；花冠管漏斗形，喉部被毛，裂片长圆形，白色而带粉红，唇瓣黄色，倒卵形，顶端 2 裂；花期 4 ~ 6 月。

分布： 主产于浙江、四川、广东、广西、云南、福建、台湾、江西。

习性： 喜高温、湿润的环境。以土层深厚、肥沃的壤土为佳。

繁殖： 播种繁殖或分株繁殖。

应用： 花形漂亮，是盆栽和切花的好材料；也可栽植于庭园内，十分优雅别致。

★ *Curcuma aromatica* Salisb.　☆ Aromatic Turmeric

★ *Hedychium flavum* Roxb.　☆ Yellow Gingerlily

黄姜花

别名：蝴蝶花，姜兰花
科属：姜科姜花属

识别： 茎高 1.5 ~ 2 m。叶片长圆状披针形或披针形，长 25 ~ 45 cm，宽 5 ~ 8.5 cm，顶端渐尖，并具尾尖，基部渐狭，两面均无毛；无柄；叶舌膜质，披针形，长 2 ~ 5 cm。

观花： 穗状花序长圆形；每一苞片内有花 3 朵；小苞片内卷呈筒状；花黄色，花萼管长 4 cm，外被粗长毛，顶端一侧开裂；花冠管较萼管略长，裂片线形，长约 3 cm；唇瓣倒心形，黄色。花期 8 ~ 9 月。

分布： 产于广西、重庆、四川、贵州、云南、西藏。

习性： 喜光，耐阴，喜温暖、湿润的环境，不耐寒。喜疏松、肥沃且排水良好的壤土。

繁殖： 分株繁殖或播种繁殖。

应用： 花色黄艳，清香，极具观赏性。适合庭园美化，也是优美的插花材料。

★ *Tacca chantrieri* André　☆ Arrowroot Tacca

蒟蒻薯

别名：箭根薯，老虎须，山大黄
科属：箭根薯科箭根薯属

识别： 多年生草本，高约 60 cm。具根状茎。叶基生，单叶，矩圆状椭圆形至椭圆状披针形，具叶柄。浆果椭圆形，具宿存花被片。

观花： 花两性，伞形花序，总苞4枚，有花5 ~ 7朵，内部的苞片条形，长约 12 cm，向外伸展，紫褐色，似虎须状；花被片 6 枚，红色或紫褐色；花期 4 ~ 8 月。

分布： 分布于湖南、海南、广西、云南和西藏墨脱，印度、泰国、老挝、越南、柬埔寨、新加坡、马来西亚也有分布。

习性： 喜温暖，耐水湿。

繁殖： 播种繁殖。

应用： 长势强健，花叶俱美，既可观花又可观叶，形状独特，是盆栽观赏的高档花卉，也可种植于山地林下、水边及山谷阴湿处。

★ *Bletilla striata*（Thunb. ex A. Murray）Rchb. f.　☆ Common Bletilla

白及

别名：双肾草，紫兰
科属：兰科白及属

识别： 多年生草本，高达 60 cm。叶 4 ~ 6 枚，狭长圆形或披针形，先端渐尖，基部收狭成鞘并抱茎；蒴果。果期 6 ~ 9 月。

观花： 总状花序顶生，花紫红色或粉红色，花期 4 ~ 5 月。

分布： 产于我国华东、华中、华南、西南地区，河北、陕西、甘肃均有分布。

习性： 喜湿润，喜疏松、肥沃及排水良好的土壤。

繁殖： 分株繁殖或播种繁殖。

应用： 花美丽，适合植于公园、风景区、庭园等或林缘下观赏。

柏拉兰

别名：蜘蛛兰，夜美人
科属：兰科柏拉兰属

识别： 假鳞茎细，茎高 15 cm，具单叶，叶圆柱形，表面有一沟槽，肉质，长 20 ~ 30 cm。

观花： 花序具 1 ~ 6 朵花，萼片与花瓣细长，白色至淡绿色，唇白色，较阔，心形，傍晚散发出浓郁的芳香。花期长，几乎全年均可开花。

分布： 分布于墨西哥，向南经中美洲至哥伦比亚、委内瑞拉及加勒比海、太平洋沿海诸岛等。为此属中栽培最普遍、分布最广泛的一个种。

习性： 在全光照下生长健壮。

繁殖： 播种繁殖。

应用： 为此属中大花的种类之一，花萼花瓣较长，潇洒飘逸，姿态自如，花中心的唇瓣基部紧密包围蕊柱形成管状，先端平展扩大呈心脏形，唇边缘常有流苏，整个花外形看上去似蜘蛛，可盆栽观赏。

★ *Brassavola nodosa*（L.）Lindl.　☆ Lady-of-the-night Orchid

卡特兰

别名：杂种卡特兰，阿开木
科属：兰科卡特兰属

识别： 常绿附生草本，假鳞茎棍棒状、圆柱状或纺锤形，高 25 cm 以上。茎生叶 2 ~ 3 片，叶片厚，长卵形。

观花： 秋季开花 1 ~ 2 次，花梗长 20 cm，花序有花 5 ~ 10 朵，花大，径约 10 cm，有特殊的香气，每朵花能连续开放很长时间。

分布： 原产于美洲热带，为巴西、阿根廷、哥伦比亚等国国花。

习性： 喜温暖湿润环境，喜半阴环境。

繁殖： 用分株、组织培养或无菌播种。

应用： 它是最受人们喜爱的附生兰花，花期长，花大色艳，姿色奇特，绚丽夺目，轻盈活泼，花色变化丰富，极其富丽堂皇，有“兰花之王”或“兰花皇后”的称号。

品种： 杂交优良品种多，花形、花色千姿百态，一年四季都有不同品种开花，花色多样，除黑色、蓝色外，几乎各色俱全。

★ *Cattleya hybrida* Hort　☆ Hybrida Cattleya

史蒂芬森卡特兰

科属：兰科卡特兰属

识别： 多年生草本，株高 25 ~ 30 cm，株幅 30 ~ 40 cm。叶片长圆形，中绿色，长 15 cm。

观花： 花大白色，花径 12 cm，着花 1 ~ 2 朵，花瓣和唇瓣边缘皱褶，唇瓣基部深黄色。花期春季。

分布： 栽培品种。

习性： 喜温暖、湿润和半阴环境，不耐寒，怕干旱，忌强光，喜肥沃、疏松和排水良好的腐叶土。

繁殖： 早春新芽萌发前或开花后分株繁殖。

应用： 可盆栽，摆放居室客厅、镜前或书桌上，雪白的花朵显得明净雅致，使居室充满自然清新的气息；以卡特兰为主花，瓶插，配上花烛、月季、多孔龟背竹、熊草、情人草等，有柔情似水的感觉。花语有“真心真意”“友谊”“亲切”之意。

★ *Catteya* ‘Stephenson’　☆ Stephenson Catteya

★ *Changnienia amoena* S. S. Chien ☆ Uniflowerorchid

独花兰

别名：长年兰
科属：兰科独花兰属

识别： 陆生直立草本，高 10 ~ 18 cm。假鳞茎广卵形，肉质，顶生 1 枚叶。叶具细而长的柄，长 6.5 ~ 11 cm，宽 5 ~ 8 cm。

观花： 花葶从假鳞茎顶生出，直立，顶生 1 朵花；花苞片小，凋落；花大，淡紫色，萼片矩圆状披针形，顶端钝，具腺体，长 3.2 cm，宽 8 mm；花瓣较宽，长 2.8 cm，宽 1.2 cm；唇瓣沿蕊柱基部生。花期 4 月。

分布： 稀有种。分布于江苏、浙江、安徽、江西、湖南、湖北、陕西和四川等地。常生于潮湿沟边，山谷岩壁下丘陵山地的黄壤土中及常绿阔叶林和落叶常绿阔叶混交林。

习性： 喜云雾多、湿度大、气温低的气候类型；喜腐殖质丰富的土壤。

繁殖： 独花兰是多年生球茎植物，球径 2 ~ 3 cm。种子繁殖比较困难，一般采用分株法。

应用： 优良的野生花卉，适宜盆栽观赏。

★ *Cymbidium* 'Barcelona' ☆ Barcelona Cymbidium

巴塞罗那大花蕙兰

科属：兰科兰属

识别： 多年生草本植物，株高 50 ~ 60 cm。株幅 30 ~ 40 cm。叶片线状，革质，弧形，深绿色，长 40 ~ 50 cm。

观花： 总状花序，着花 10 ~ 16 朵，花瓣和萼片深绿色，唇瓣尖端有红色"V"形宽斑，喉部有一黄斑。花期秋、冬季。

分布： 栽培品种。

习性： 喜夏季凉爽湿润，冬季温暖、稍干燥和阳光充足环境，不耐寒，耐 10 ℃，不耐干旱，怕强光和积水，宜肥沃、疏松和排水良好的腐叶土。

繁殖： 春季开花后分株繁殖。

应用： 可盆栽，陈设于客厅门旁、窗前、几架或室内角隅，显得青翠高雅、魅力无穷；若与果子蔓、虎纹凤梨、常春藤、铁线蕨等花卉组合盆栽，使室内充满生机；适宜于华南地区栽培；花语有"高贵雍容""丰盛祥和""归心""立志"之意，是摩羯座的守护花。

★ *Cymbidium hybrida* Hort. ☆ Hybrid Cymbidium

大花蕙兰

别名：西姆比兰，东亚兰，虎头兰
科属：兰科兰属

识别： 多年生草本，株高 30 ~ 80 cm。附生兰，假鳞茎球形或卵形，大小因品种而异。叶丛生，革质，带状披针形，叶长 60 ~ 90 cm，宽 2 ~ 2.5 cm。蒴果。

观花： 花梗粗壮高大，总状花序每支可着花 10 ~ 20 朵，花大，大花品种花径可达 10 ~ 13 cm，花形规整，花色鲜艳，花色有黄色、白色、绿色、粉色、深红色等。花期 12 月至翌年 3 月，单支花花期长达 50 ~ 80 天。

分布： 主要分布于中国和印度、缅甸、尼泊尔、泰国、越南等。现在世界各地广泛栽培。

习性： 喜凉爽、湿润、通风、昼夜温差大的环境条件，适宜生长温度 10 ~ 25 ℃。喜明亮的散射光，喜较高的空气湿度。

繁殖： 播种繁殖。

应用： 叶长碧绿，花姿粗犷，豪放壮丽，花朵硕大，属豪华型兰花，可盆栽或作高档切花。

红葡萄酒大花蕙兰

科属：兰科兰属

识别： 多年生草本。株高 60 ~ 70 cm，株幅 40 cm。叶线状，革质，弧形，深绿色，长 60 ~ 70 cm。

观花： 总状花序，着花 8 ~ 10 朵，花深红色，唇半尖端有“V”形斑块，中央白色，喉部黄色。花期春季。

分布： 栽培品种。

习性： 喜夏季凉爽湿润，冬季温暖、稍干燥和阳光充足环境，不耐寒，耐 10℃，不耐干旱，怕强光和积水，适宜肥沃、疏松和排水良好的腐叶土。

繁殖： 春季开花后分株繁殖。

应用： 可盆栽，用于点缀居室客厅、宾馆大堂或商厦橱窗，丰满的红色花序，挺拔壮丽，使室内环境顿觉热烈欢快，也适用于插花与制作花篮；若与文心兰、郁金香、中国水仙、小苍兰、鹅掌藤、情人草等组成的插花，给人以欢快情调。

★ *Cymbidium* ‘Claret’ ☆ Claret Cymbidium

寒兰

别名：青兰，草兰
科属：兰科兰属

识别： 地生，高 40 ~ 70 cm。假鳞茎狭卵形，长 2 ~ 4 cm，直径 1 ~ 1.5 cm。叶 3 ~ 7 枚丛生，狭线形，叶直立性较强，叶边缘光滑，近顶部有细齿。蒴果，内含大量细小的种子。

观花： 花葶直立，细而坚挺，与叶面等高或略高出叶面。总状花序疏生 8 ~ 12 朵花，花芳香，花多黄绿色或紫褐色，还有黄、白、青、红、紫等花色。花萼片狭长，花瓣较短。花期 9 ~ 12 月。

分布： 原产于中国广东、广西、福建、江西、湖南、云南等地，日本也有分布，本种在日本栽培普遍，品种也较多。

习性： 喜温暖湿润、半阴的环境条件，喜深厚肥沃、排水良好的沙质土壤。

繁殖： 播种繁殖。

应用： 适于盆花，广东、广西、福建、云南等地可露地栽植于庭园。

品种： 有“绿寒兰”“紫寒兰”“紫泰山”“紫云”等品种。

★ *Cymbidium kanran* Makino ☆ Cold Orchis

赤金素建兰

别名：金黄素建兰
科属：兰科兰属

识别： 多年生草本，株高 30 cm，株幅 30 cm。叶片 4 ~ 8 枚，直立，长 15 ~ 50 cm，深绿色。

观花： 总状花序，着花 6 ~ 9 朵，花瓣与萼片同向伸展，金黄色，唇瓣端浪形反卷，花径 9 ~ 10 cm。花期夏季。

分布： 栽培品种。

习性： 喜温暖、湿润和半阴环境，不耐寒，怕干旱和强光，忌积水，适宜肥沃、疏松和排水良好的腐叶土。

繁殖： 春、秋季分株繁殖。

应用： 可盆栽，用于点缀客厅、窗台、案头和镜前，绿叶黄花，相互衬托，十分醒目；若与蝴蝶兰、齿瓣兰、猪笼草、圆叶竹芋和南洋杉等摆放一室，更增添生活的情趣；在南方可布置庭园、门前台阶和花坛，叶时呈现出清新素雅的感受，花时又有清香高雅的风姿；适宜于福建以南地区栽培。

★ *Cymbidium enfilolium* ‘Chijinsu’ ☆ Chijinsu Sword Orchis

★ *Cymbidium enfilolium* ‘Dataosu’ ☆ Dataosu Sword Orchis

大陶素建兰

科属：兰科兰属

识别： 多年生草本，株高 40 ~ 45 cm。株幅 50 cm。叶片宽线形，长 40 ~ 45 cm，中绿色。

观花： 总状花序，直立，着花 5 ~ 9 朵，花大，花瓣黄绿色，花萼淡绿色，唇瓣白色。花期夏季。

分布： 栽培品种。

习性： 喜温暖、湿润和半阴环境，不耐寒，怕干旱和强光，忌积水，适宜肥沃、疏松和排水良好的腐叶土。

繁殖： 春、秋季分株繁殖。

应用： 可盆栽，用于摆放在客厅茶几、餐厅地柜或门厅花架，翠绿清秀，营造出绿意浓郁的美丽空间，花时清丽动人，让人舒心惬意。

★ *Cymbidium ensifolium*（L.）Sw. ☆ Sword Orchis

建兰

别名：四季兰
科属：兰科兰属

识别： 地生，高 25 ~ 35 cm。假鳞茎卵形至近球形，较小，不明显。叶 2 ~ 6 枚丛生，带形，长 30 ~ 60 cm，宽 1 ~ 1.5 cm。蒴果，内含大量细小的种子。

观花： 花葶侧生，直立，长 20 ~ 30 cm。总状花序具 3 ~ 9 朵花，花香气。花黄绿色有紫色条纹或唇瓣具紫色斑块。花期 7 ~ 9 月。

分布： 原产于中国福建、广东、四川、云南等省。广泛分布于亚洲热带地区，北至日本。

习性： 喜温暖湿润、半阴的环境，喜腐殖质丰富的微酸性土壤。

繁殖： 播种繁殖。

应用： 盆栽观赏，也可露地栽植于庭院。

品种： 有“龙岩素心建兰”“金丝马尾”“银边大贡”“大凤尾素”等品种。

★ *Cymbidium sinense*（Jackson ex Andr.）Willd. ☆ China Orchis

墨兰

别名：西姆比兰，东亚兰，虎头兰
科属：兰科兰属

识别： 假鳞茎粗壮。叶 4 ~ 5 枚丛生，近革质，直立而上部向外弯折，剑形，长 60 ~ 100 cm，宽 2 ~ 3.5 cm，顶端渐尖，基部有关节，深绿色而有光泽，全缘。

观花： 花葶直立，通常高出叶外，具数朵至 20 余朵花；花苞片披针形，比子房连花梗短，通常长 6 ~ 9 mm，在最下面 1 枚达 2.3 cm，紫褐色；花期通常 2 ~ 3 月；花色多变，有香气；萼片狭披针形，长 3 cm 左右，宽 5 ~ 7 mm，有 5 条脉纹；花瓣较短而宽，向前稍合抱，覆于蕊柱之上，有脉纹 7 条，唇瓣不明显 3 裂，浅黄色带紫斑，侧裂片直立，中裂片反卷，唇盘上面具 2 条黄色褶片。

分布： 全国各地广泛栽培。我国华东、华南、西南地区有野生。

习性： 耐阴，喜湿润。

繁殖： 播种繁殖。

应用： 盆栽或种植于山地林下或溪边。

虎头兰

别名：碧玉兰，大花建兰
科属：兰科兰属

识别：常绿草本，附生性。花葶斜向生长，稍弯曲或下垂，长35 ~ 70 cm。
观花：花序着花6 ~ 13朵，花大，浅黄绿色，上面有紫红色条纹或小斑点，具香气。花期12月至翌年4月。
习性：喜温暖、湿润气候，夏季要求荫蔽环境，忌阳光直射。
繁殖：以分株繁殖为主。
应用：多盆栽，南方可露地植于林下、有遮阳的山石旁等处。

★ *Cymbidium hookerianum* Rchb. f. ☆ Tiger Orchis

澳洲石斛

科属：兰科石斛属

识别：茎圆柱形，具多个节。叶着生于近茎顶，绿色，长椭圆形。
观花：总状花序，着花数朵，开展。萼片及花瓣粉红色，唇瓣前端带有紫色条纹或后部白色。花期春季。
分布：产于澳大利亚。
习性：耐旱，耐强光照，生长适温20 ~ 30 ℃，喜通风良好的环境。
繁殖：播种繁殖。
应用：栽培容易，可附生于树干上。
品种：栽培的不同个体萼片、花瓣及唇瓣色泽有差异。

★ *Dendrobium kingianum* Bidwill ex Lindl. ☆ Pink Rock Orchid

变色石斛

别名：双色石斛
科属：兰科石斛属

识别：茎悬垂，细长，圆柱形。叶着生于近茎顶，长椭圆形。
观花：总状花序出自去年生茎近顶端，着花十余朵或更多，花瓣及萼片白色，带淡紫红色条带，唇瓣白色，2裂，前端稍带淡紫红色，下部带有黄色斑块，花期不定。
分布：原产于印尼等国，我国华南部分省区引入作观赏栽培。
习性：对光照要求较低，生长适温22 ~ 30 ℃。
繁殖：播种繁殖。
应用：容易栽培，可附生于树干上或盆栽。

★ *Dendrobium mutabile*（Blume）Lindl.

★ *Dendrobium trigonopus* Rchb. f.　☆ Wingstipe Dendrobium

翅梗石斛

科属：兰科石斛属

识别： 茎丛生，肉质状粗厚，呈纺锤形或有时棒状，叶厚革质，3 ~ 4 枚近顶生，长圆形，长 8 ~ 9.5 cm，宽 15 ~ 25 mm，先端锐尖。

观花： 总状花序出自具叶的茎中部或近顶端，常具 2 朵花，花序柄长 1 ~ 4 cm，花下垂，不甚开展，质地厚，除唇盘稍带浅绿色外，其余均为蜡黄色，花瓣卵状长圆形，长约 2.5 cm，宽 1.1 cm，先端急尖，具 8 条脉，花期 3 ~ 4 月。

分布： 产于云南南部至东南部，缅甸、泰国、老挝也有分布。

习性： 喜温暖。

繁殖： 播种繁殖。

应用： 可盆栽观赏，也可附生于林中树干上。

★ *Dendrobium guangxiense* S. J. Cheng et C. Z. Tang

滇桂石斛

别名：广西石斛
科属：兰科石斛属

识别： 茎圆柱形，近直立，不分枝，具多数节。叶通常数枚，二列状，互生于茎的上部，近革质，长圆状披针形，长 3 ~ 4 cm，宽 7 ~ 9 mm，先端钝并且稍不等侧 2 裂，基部收狭并且扩大为抱茎的鞘。

观花： 总状花序具 1 ~ 3 朵花；花苞片干膜质，浅白色；花梗和子房黄绿色；花开展，萼片淡黄白色或白色；中萼片卵状长圆形，具 3 ~ 5 条脉；侧萼片斜卵状三角形，先端锐尖，具 3 ~ 5 条脉；萼囊白色稍带黄绿色，圆锥形；花瓣与萼片同色，近卵状长圆形，先端钝，具 3 ~ 5 条脉；唇瓣白色或淡黄色，宽卵形，不明显 3 裂，先端锐尖。花期 4 ~ 5 月。

分布： 产于广西、贵州、云南。

习性： 喜温暖、湿润的环境。

繁殖： 分株繁殖。

应用： 可盆栽观赏，或种植于石灰岩山石上或树干上。

★ *Dendrobium chrysotoxum* Lindl.　☆ Fried Egg Orchid

鼓槌石斛

别名：金弓石斛
科属：兰科石斛属

识别： 多年生附生草本，附生于树上。茎丛生，棒状或卵状纺锤形，长 12 ~ 30 cm，中部粗达 2.3 cm，具 3 ~ 8 节，干后金黄色，表面具波状纵条纹。叶革质，2 ~ 3 枚，顶生，矩圆形，长达 17 cm，宽 2 ~ 3.5 cm，顶端略钩转，基部收窄为短柄。

观花： 花期具叶；总状花序近顶生，下垂，具多数花；总花梗 1 cm 以上；总苞片 4 ~ 5 枚，鞘状，近革质；花苞片膜质，长 2 ~ 3 mm；花黄色；片矩圆形，长 1.2 ~ 2 cm，宽 5 ~ 8 mm，顶端钝；萼囊短圆锥形；花瓣倒卵形，宽约为萼片的 2 倍，顶端圆形。花期 3 ~ 5 月。

分布： 产于云南西南部；马来西亚、印度东北部、缅甸、泰国、老挝、越南、柬埔寨也有分布。

习性： 喜高温、高湿的半阴环境。

繁殖： 分株繁殖。

应用： 株形美观、花色美丽，宜盆栽或附生于树上。

喉红石斛

别名：珍珠石斛
科属：兰科石斛属

识别：附生于树干上。茎短，茎丛生，直立，圆柱形或近棒状纺锤体，具节，长 5 ~ 8 cm，粗 6 ~ 9 mm，鞘被黑毛。叶 2 ~ 4 片，生于茎顶端，长椭圆形，长 3 ~ 4 cm，先端 2 裂，下具黑毛。

观花：总状花序顶生或近顶生，具 1 ~ 2 朵花，花径 2 ~ 3 cm，萼片及花瓣白色，花瓣椭圆状矩圆形，花瓣 3 裂，中裂片边缘波状，唇瓣具橘黄色斑，唇盘上具 3 条粗糙的纵褶片。花期 7 月，常在夏季和早秋开花。

分布：产于云南，印度、泰国、缅甸及越南也有分布。

习性：喜温暖、明亮的散射光，喜排水良好的土壤和空气流通良好的环境。

繁殖：分株繁殖。

应用：花期长，适宜盆栽观赏，亦可种植于山地林缘。

★ *Dendrobium christyanum* Rchb. f. ☆ Christyanum Dendrobium

尖刀唇石斛

别名：尖刀石斛
科属：兰科石斛属

识别：茎常斜立，多数呈棒状，具数节。叶革质，长圆状披针形。

观花：总状花序出自落叶后的老茎上端，具 1 ~ 4 朵花，具香气，萼片和花瓣银白色或奶黄色；唇瓣不明显 3 裂；侧裂片黄色带红色条纹，直立，中部向下反卷；中裂片银白色或奶黄色，先端锐尖，边缘全缘，花期 3 ~ 4 月。

分布：产于云南，东南亚也有分布。

习性：耐阴植物。生长适温 18 ~ 28 ℃，喜通风良好的环境，喜较强光照。

繁殖：播种繁殖。

应用：容易栽培，可附生树干上或盆栽。

★ *Dendrobium heterocarpum* Lindl. ☆ Acuteknife Dendrobium

金钗石斛

别名：石斛，吊兰花
科属：兰科石斛属

识别：茎丛生，直立，稍扁，长 10 ~ 60 cm，粗达 1.3 cm，具槽纹，节略粗，基部收窄。叶近革质，矩圆形，长 8 ~ 11 cm，宽 1 ~ 3 cm，顶端 2 圆裂。花期有叶或无叶。

观花：总状花序具 1 ~ 4 朵花；总花梗长 1 cm 左右，基部被鞘状苞片；花苞片膜质，长 6 ~ 13 mm；花大，直径达 8 cm，白色带淡紫色顶端；萼片矩圆形，顶端略钝；萼囊短、钝，长约 5 mm；花瓣椭圆形，与萼片等大，顶端钝；唇瓣宽卵状矩圆形，比萼片略短，宽达 2.8 cm。

分布：分布于台湾、广东、广西、湖北、西南。

习性：喜温暖、湿润气候。

繁殖：播种繁殖。

应用：可附生于树上或岩石上。

相近种：短唇石斛 *Dendrobium.christyanum* Rchb. f.，唇瓣矩圆，具细长的爪，中下部边缘具齿。

★ *Dendrobium nobile* Lindl. ☆ Noble Dendrobium

★ *Dendrobium crepidatum* Lindl.ex Paxt.　☆ Rose Dendrobium

玫瑰石斛

科属：兰科石斛属

识别：茎悬垂，肉质，圆柱形，具多节。叶近革质，狭披针形。

观花：总状花序，具 1 ~ 4 朵花，萼片及花瓣白色，中上部淡紫色，唇瓣中部以上淡紫红色，中部以下金黄色。花期 3 ~ 4 月。

分布：产于云南南部至西南部、贵州。印度、尼泊尔、印度锡金邦、不丹、缅甸、泰国、老挝、越南也有分布。

习性：喜通风良好的环境，喜明亮的光线或半阴环境，需温和到冷凉的气温，生长期间需保证充足的水肥供应，生长适温为 18 ~ 28 ℃。冬、春季逐渐减少浇水，休眠期基质干旱，有利于生长和开花。

繁殖：播种繁殖。

应用：栽培容易，可种植于疏林中树干上或山谷岩石上，或盆栽观赏。

相近种：棒节石斛 *Dendrobium findlayanum* Par.et Rchb.f.。

★ *Dendrobium moniliforme* (L.) Sw.　☆ Thinstem Dendrobium

细茎石斛

别名：铜皮石斛，清水山石斛
科属：兰科石斛属

识别：茎直立，丛生，圆柱形，长 4 ~ 35 cm，粗 1.5 ~ 3 mm，干后常呈青灰色或古铜色；叶矩圆状舌形，长 1.5 ~ 7.5 cm，宽 5 ~ 1.5 mm，顶端 2 圆裂或急尖而钩转。

观花：花期常无叶；总状花序具 1 ~ 3 朵花；花苞片干膜质，淡白色带赤色环带；花黄绿色或白色带淡红色；中萼片矩圆形；侧萼片镰状，与中萼片近等长；萼囊近球形，长 5 ~ 8 mm；花瓣卵状矩圆形；唇瓣卵状三角形。3 裂，侧裂片边缘常有细齿顶端急尖。花期通常 3 ~ 5 月。

分布：产于长江流域及其以南各省区；朝鲜、日本也有分布。

习性：喜温暖、湿润的环境，喜半阴。

繁殖：分株繁殖。

应用：适宜盆栽观赏或附生于树上和石上。

相近种：广东石斛 *D.wilsonii* Rolfe，花大，花被片长 2.5 ~ 4 cm；产于四川、广东。

★ *Dendrobium longicornu* Lindl.　☆ Longspur Dendrobium

长距石斛

别名：长角石斛
科属：兰科石斛属

识别：茎丛生，圆柱形，长 7 ~ 35 cm，粗 3 mm 左右，具 6 节以上，节间长 2 ~ 4 cm。叶狭披针形，长 3 ~ 7 cm，宽 5 ~ 14 mm，顶端为不等 2 圆裂，两面和叶鞘均被黑褐色长柔毛，叶鞘尤甚。

观花：总状花序顶生，具 1 ~ 3 朵花；花苞片卵形，急尖；被长柔毛；花梗纤细；花除唇瓣黄色带红斑外，其余均为白色；中萼片卵形，侧萼片卵状三角形；萼囊延伸为距，连距近等长于花梗；花瓣披针形，长 1.5 ~ 2 cm，宽 4 mm；唇瓣菱形或倒卵状三角形，侧裂片前部边缘具细齿。

分布：产于广西南部上思、云南东南部至西北部、西藏东南部墨脱。分布于尼泊尔、印度锡金邦、不丹、印度东北部、越南。

习性：喜温暖、湿润的环境。

繁殖：分株繁殖。

应用：花大而美丽，常栽培观赏，可附生于树上和岩石上，亦可盆栽。

长苏石斛

别名：纯唇石斛
科属：兰科石斛属

识别：茎直立或斜举，长 20 ～ 30 cm，中通常有 2 个节间膨大而成纺锤形，不分枝，具数个节，多少具纵条棱。叶薄革质，常 3 ～ 5 枚互生于茎的上部，狭长圆形，长 7 ～ 13.5 cm，宽 1.2 ～ 2.2 cm，先端渐尖，基部稍收狭并具抱茎的鞘。蒴果长圆柱形。果期 9 ～ 10 月。

观花：总状花序侧生于茎上端，近直立，具 1 ～ 2 朵花；花序柄长 1 ～ 4 cm；花苞片膜质，卵状披针形；花金黄色，中萼片长圆状披针形，具 7 条脉；侧萼片近披针形，基部歪斜；萼囊短钝；花瓣长圆形，具 7 条脉，全缘；唇瓣卵状三角形，基部具短爪。花期 6 ～ 7 月。

分布：产于云南东南部至西南部；泰国、缅甸、老挝也有分布。

习性：喜温暖、湿润的环境，不耐寒。

繁殖：分株繁殖。

应用：适宜盆栽观赏或栽培于山地林缘树干上。

★ *Dendrobium brymerianum* Rchb.f. ☆ Longtassel Dendrobium

蝴蝶石斛

别名：秋石斛
科属：兰科石斛属

识别：多年生附生草本。假鳞茎棒状，长达 1 m；叶较窄，多生茎顶，长约 10 cm，长圆状披针形。

观花：因花朵很像蝴蝶兰而得名，是秋石斛的两大类群之一。花序顶生，有花 4 ～ 12 朵，直立或稍弯曲，长 30 ～ 40 cm；花径 5 ～ 6 cm，有白、玫瑰红、粉红、紫等色；花蜡质状、寿命长。

分布：原产于新几内亚至澳大利亚，现广泛栽种于热带地区。

习性：喜高温、高湿和稍强的阳光，热带地区或高温温室栽培，用蕨根、苔藓、树皮块、火山灰等栽植在多孔的花盆或种植床中。

繁殖：分株、扦插或组培法繁殖。

应用：具有品种丰富、花色繁多、色彩绚丽、花形美观、花期长等优点，除盆栽观赏外，蝴蝶石斛还是重要的切花材料。

★ *Dendrobium phalaenopsis* Fitzg. ☆ Butterflyorchis Dendrobium

莫莫佐诺公主石斛

科属：兰科石斛属

识别：多年生常绿草本。叶片长圆形，淡绿色，长 10 cm。

观花：2 朵花一束，着生在假鳞茎上，深粉红色，径 7 cm，中心渐趋白色，展瓣淡黄色，具白色和粉红色斑。花期春季。

分布：栽培品种。

习性：喜高温、高湿和半阴环境，不耐寒，耐阴，怕干旱和强光，适宜肥沃、疏松和排水良好的腐叶土。

繁殖：花后分株或取假鳞茎繁殖。

应用：适合于我国西南和华南地区栽培。

★ *Dendrobium* ‘Momozono Princess’

★ *Dendrobium amethystoglossum* Rchb.f.

紫晶舌石斛

别名：紫水晶石斛
科属：兰科石斛属

识别：茎直立，具多个节。叶椭圆形。

观花：总状花序，着花数十朵，花较小，花瓣与萼片白色，唇瓣舌状，紫色，不同栽培个体花瓣及萼片色泽有差异。花期冬至春季。

分布：产于菲律宾。

习性：生长适温为 20 ~ 30 ℃，喜通风良好的场所，较易栽培，喜较强的光照。

繁殖：播种繁殖。

应用：可盆栽观赏或种植于树干上。

★ *Epidendrum ciliare* L.

胶水树兰

别名：白花树兰
科属：兰科树兰属

识别：附生兰，叶顶生，绿色。

观花：总状花序，顶生。萼片及花瓣绿色或接近白色，唇瓣三裂，侧裂片白色，扇状，先端具流苏，中裂片线状，白色。花期秋季至冬季。

分布：产于热带美洲。

习性：生长适温为 20 ~ 28 ℃，易栽培，喜中等光照。

繁殖：播种繁殖。

应用：可温室盆栽观赏。

★ *Liparis japonica*（Miq.）Maxim.　☆ Japan Liparis

羊耳蒜

别名：珍珠七，鸡心七，算盘七
科属：兰科羊耳蒜属

识别：地生草本。假鳞茎卵形。叶 2 片，卵形、卵状长圆形或近椭圆形，膜质或草质，长 5 ~ 10 cm，宽 2 ~ 4 cm，先端急尖或钝，边缘皱波状或近全缘，基部收狭成鞘状柄，无关节。蒴果倒卵状长圆形。果期 9 ~ 10 月。

观花：花葶长 12 ~ 50 cm；花序柄圆柱形；总状花序具数朵至 10 余朵花；花苞片狭卵形，长 2 ~ 3 mm；花通常淡绿色，有时可变为粉红色或带紫红色；萼片线状披针形，先端略钝，具 3 条脉；侧萼片稍斜歪；花瓣丝状，具 1 条脉；唇瓣近倒卵形，先端具短尖。花期 6 ~ 8 月。

分布：产于黑龙江、吉林、辽宁、内蒙古、河北、山西南部、陕西南部、甘肃、山东、河南、四川、贵州、云南和西藏。

习性：耐阴。

繁殖：播种繁殖。

应用：可种植于林下、灌丛中或草地荫蔽处，或盆栽观赏。

杂种密尔顿兰

别名：堇色兰，堇花兰
科属：兰科密尔顿兰属

识别： 附生兰。假鳞茎生于根状茎上，绿色，表面光滑，先端光，为叶鞘所包。顶生 1 ~ 2 片叶片，叶带状。

观花： 花葶生于新生假鳞茎基部，花芳香，花瓣白色，萼片与花瓣相似，稍狭于花瓣。唇扁平，无胼胝体，无距。

分布： 原产中南美洲的安第斯山脉周围地区及巴西等地。

习性： 喜温暖，喜排水良好的土壤，喜高湿、空气流通的室内环境，夏季适当遮阳，给以足够的水分与肥料，冬季减少水肥，放于明亮处。

繁殖： 播种繁殖。

应用： 可盆栽观赏，以种植在吊兰旁或树蕨板上为好。

★ *Miltonia hybrida* Hort.　☆ Hybrid Miltonia

亨利兜兰

科属：兰科兜兰属

识别： 地生或半附生。叶基生，二列状，通常 3 枚；叶片狭长圆形，长 12 ~ 17 cm，宽 1.2 ~ 1.7 cm，先端钝，上面深绿色，背面淡绿色或有时在基部有淡紫色晕，背面有龙骨状突起，基部收狭成叶柄状并对折而彼此套叠。

观花： 花葶直立，长 16 ~ 22 cm，绿色，密生褐色或紫褐色毛，顶端生 1 花；花苞片近椭圆形，绿色，围抱子房，长 2 ~ 2.6 cm，宽 6 ~ 12 mm，先端钝，背面被栗色微柔毛，尤以近基部及中脉上为多；花梗和子房长 3 ~ 4 cm，密被紫褐色短柔毛；花直径约 6 cm。

分布： 产于云南东南部（麻栗坡、马关）；亚洲热带地区至太平洋一些岛屿及越南也有分布。

习性： 喜温暖、湿润的环境。

繁殖： 分株繁殖。

应用： 适宜作为盆栽花卉，或种植于林缘草坡上。

★ *Paphiopedilum henryanum* Braem　☆ Henry Pocketorchid

巨瓣兜兰

别名：紫点兜兰
科属：兰科兜兰属

识别： 地生或半附生，通常较矮小。叶基生，二列状，4 ~ 5 片；叶片狭椭圆形或长圆状椭圆形，长 14 ~ 18 cm，宽 5 ~ 6 cm，先端钝并有不对称的裂口，上面有深浅绿色相间的网格斑，背面密布紫色斑点。

观花： 花短，葶直立，紫褐色，被长柔毛，顶端生 1 花；花苞片卵形，边缘具细缘毛；花径 6 ~ 7 cm，白色或带淡黄色，具紫红色或紫褐色粗斑点；中萼片横椭圆形至宽卵形；合萼片明显小于中萼片；花瓣巨大，宽椭圆形或宽卵状椭圆形，长 5 ~ 6 cm，宽 3 ~ 4.5 cm，边缘有细缘毛；唇瓣深囊状。花期 4 ~ 6 月。

分布： 产于广西西部和云南东南部至西南部。

习性： 喜温暖、湿润气候。

繁殖： 播种繁殖。

应用： 盆栽观赏或种植于石灰岩岩隙积土处或多石土壤上。

★ *Paphiopedilum bellatulum* ☆ Giantpetal Pocketorchid

★ *Paphiopedilum micranthum* T. Tang et F. T. Wang

硬叶兜兰

别名：银兜
科属：兰科兜兰属

识别： 地生或半附生。叶基生，二列状，4 ~ 5 片；叶片长圆形或舌状，坚革质，长 5 ~ 15 cm，宽 1.5 ~ 2 cm，先端钝，上面有深浅绿色相间的网格斑，背面有密集的紫斑点并具龙骨状突起。

观花： 花葶直立，长 10 ~ 26 cm，紫红色而有深色斑点，顶端具 1 朵花；花苞片卵形或宽卵形，绿色而有紫色斑点；花大，艳丽，中萼片与花瓣通常白色而有黄色晕和淡紫红色粗脉纹。花期 3 ~ 5 月。

分布： 产于广西西南部、贵州南部和西南部和云南东南部。

习性： 耐干旱和瘠薄，但栽培基质以排水良好，通风透气的树皮及碎砖块等为佳。

繁殖： 多用移植野生苗分蘖繁殖。

应用： 株形美观，花形可爱，极具观赏价值，宜盆栽或种植于林下石灰岩山地草丛中或石缝中。

★ *Paphiopedilum dianthum* T. Tang et F. T. Wang

长瓣兜兰

别名：斗省草，红兜兰，双花兜兰
科属：兰科兜兰属

识别： 附生草本。陆生或半附生兰。须根具棕色绵毛。叶基生，2 ~ 3 片，粗厚，带状狭椭圆形，长近 30 cm，宽 3.5 ~ 5 cm，顶端钝而 2 浅裂，无毛。蒴果椭圆形，长 4 cm，喙弯曲。果期 11 月。

观花： 花茎常长于叶，具 2 ~ 3 朵花，每花具 1 枚苞片，花苞片兜状，宽卵形，和子房等长，顶端钝而常 3 浅裂；花绿黄色；合萼片近相似，背面具 2 龙骨；花瓣极长。花期 7 ~ 9 月。

分布： 产于广西西南部、贵州西南部和云南东南部。

习性： 喜温暖、湿润的环境。喜生于排水良好、通风透气的树皮及碎砖块等栽培基质中。

繁殖： 分株繁殖。

应用： 长瓣兜兰姿态美观，花形优雅，具有极高的观赏价值，适宜作为盆栽花卉及切花，或附生树干上或岩石上。

★ *Phalaenopsis aphrodita* Rchb.f. ☆ Butterflyorchis

蝴蝶兰

别名：杂种蝴蝶兰
科属：兰科蝴蝶兰属

识别： 多年生常绿草本，高 50 ~ 80 cm。叶互生，呈二列排布，椭圆形至矩圆形。蒴果。

观花： 总状花序，腋生，具分枝，着花数朵，花大，色彩丰富。花期 10 月至翌年 6 月。

分布： 栽培品种。

习性： 喜半日照，生长适温为 18 ~ 30 ℃，多采用水苔栽培，喜湿润。

繁殖： 播种繁殖。

应用： 花期长，花色繁多，是近年来销量最大的花卉，已成为年宵花市的主打产品，主要用于切花生产，也可盆栽，适合客厅、卧室、书房等点缀装饰。

品种： 花色彩丰富，有白色、粉色、紫红色、黄色、杂色等。

杂种美洲兜兰

科属：兰科美洲兜兰属

识别：具一个屏状的退化雄蕊。花瓣长，子房 3 室。

观花：花葶高 50 cm，具 3 朵花，花径 5 cm。

分布：美洲。

习性：喜温暖、半阴、湿润的环境，不耐旱，忌盐碱，喜排水良好、不积水而保持湿润的土壤。

繁殖：播种繁殖。

应用：花葶直立，花期较长，有较高的观赏价值，可盆栽、切花或用作室内装饰。

★ *Phragmipedium hybrida* Hort.　☆ Hybrid Phragmipedium

贞兰

别名：朱色兰
科属：兰科贞兰属

识别：附生兰，植株矮小。假鳞茎簇生。顶生 1 片叶，叶革质，绿色，椭圆形。

观花：花顶生，1 朵，花较大，花瓣及萼片红色，唇瓣红色，基部黄色。花期秋季至春季。

分布：原产于巴西。

习性：生长适温为 16 ℃，栽培较难，喜凉爽环境，喜中等光照。

繁殖：播种繁殖。

应用：可盆栽观赏或种植于林下。

★ *Sophronitis coccinea* (Lindl.) Rchb.f.　☆ Scarlet Sophronitis

琴唇万代兰

别名：松兰，同色万带兰
科属：兰科万代兰属

识别：附生兰，具多数二列的叶，叶革质，带状。

观花：花序 1 ~ 3 个，通常疏生 4 朵花以上；花梗白色，纤细。花中等大，具香气，萼片和花瓣背面白色；正面黄褐色带黄色花纹，唇瓣 3 裂，侧裂片白色，内面具许多紫色斑点，中裂片中部以上黄褐色，中部以下黄色，提琴形，近先端处缢缩，先端扩大并且稍 2 圆裂；距白色。花期 4 ~ 5 月。

分布：原产于广东、广西、贵州、云南等地。

习性：喜温湿、通风的环境。生活适温为 16 ~ 26 ℃，喜中等光照。

繁殖：分株繁殖。

应用：栽培容易，适于盆栽或假山上种植，也可附生于树上。

★ *Vanda concolor* Blume　☆ Samecolor Vanda

★ *Oncidium hybrid* Hort.　☆ Hybrid Oncidium

杂种文心兰

别名：文心兰杂交种
科属：兰科文心兰属

识别：附生。具假鳞基，叶数枚，长披针形。
观花：总状花序，具分枝。
分布：栽培种。
习性：较易栽培，喜较强的光照。
繁殖：播种繁殖。
应用：可盆栽观赏。
品种：不同品种具有不同的花瓣及萼片大小、色泽、花期等。

★ *Psychopsis papilio*（Lindl.）H. G. Jones　☆ Butterfly Orchid

拟蝶唇兰

别名：魔鬼文心兰，蝴蝶文心兰
科属：兰科文心兰属

识别：多年生常绿附生草本。假鳞茎粗大，可达 3 ~ 5 cm。叶厚革质，长约 20 cm，形似兔耳，暗绿色，上有花纹，叶背常有红色或紫色斑点或花纹。
观花：花茎直立，花序细长，长可达 1 m，着生于花序顶端，春季从假鳞茎基部抽出；褐色，具黄色斑纹或饰边，唇瓣较大，中间有一黄色大斑点，细长的花瓣就像蝴蝶长长的触须。花期 15 ~ 20 天。
分布：原产于中南美洲的特尼特岛、比拉尼达、委内瑞拉、哥伦比亚、厄瓜多尔、秘鲁、巴拿马等地。
习性：喜全日照或半日照，生长适温为 18 ~ 28 ℃，喜湿润。
繁殖：分株和组织培养法。
应用：花形奇特，花远看就像花丛中一只翩飞的凤蝶，近看又像着盛服裙裾的“舞娘”，叶形犹如兔儿，叶背上常有紫红色斑点，是上好的观赏植物。

★ *Oncidium flexuosum* Lodd.

文心兰

别名：跳舞兰
科属：兰科文心兰属

识别：株高 40 ~ 100 cm。假鳞茎扁卵圆形，较肥大，有一些种没有假鳞茎。叶片 1 ~ 3 枚，顶生，叶条状披针形，叶通常分为三种：薄叶种、厚叶种、剑叶种，薄叶种叶较薄，稍革质。
观花：每个假鳞茎上一般只抽生一枝花茎，花茎有分枝，一般着花数十朵，花瓣边缘波状，侧萼片向上弯曲，唇瓣通常三裂，呈提琴状，在中裂片上有鸡冠状的瘤状突起。花色以黄色和褐色为主，另外还有绿色、白色、红色和洋红色。蒴果，内含大量细小如粉面状的种子。有些种花期在春季，有些种可全年开花，单株花期 1 ~ 2 个月。
分布：原产于美洲热带和亚热带地区，集中分布于巴西、哥伦比亚、厄瓜多尔及秘鲁。
习性：喜温暖湿润、半阴、通风的环境条件，栽培基质宜疏松透气。
繁殖：组织培养与分株繁殖。
应用：主要作切花栽培，也可盆栽观赏。
品种：有‘易瓦那格’、‘甜点’、‘莎利宝贝’、‘汉苏利’等品种。

龙舌兰

别名：世纪树，龙舌掌，番麻
科属：龙舌兰科龙舌兰属

识别： 多年生植物。叶呈莲座式排列，通常 30 ~ 40 枚，有时 50 ~ 60 枚，大型，肉质，倒披针状线形，长 1 ~ 2 米，中部宽 15 ~ 20 cm，基部宽 10 ~ 12 cm，叶缘具有疏刺，顶端有 1 硬尖刺，刺暗褐色，长 1.5 ~ 2.5 cm。蒴果长圆形，长约 5 cm。开花后花序上生成的珠芽极少。

观花： 圆锥花序大型，长达 6 ~ 12 m，多分枝；花黄绿色；花被管长约 1.2cm，花被裂片长 2.5 ~ 3 cm；雄蕊长约为花被的 2 倍。

分布： 原产美洲热带；我国华南及西南各省区常引种栽培，在云南已逸生多年，在红河、怒江、金沙江等的干热河谷地区以至昆明均能正常开花结实。

习性： 喜温暖干燥和阳光充足环境。稍耐寒，较耐阴，耐旱力强。要求排水良好、肥沃的沙壤土。

繁殖： 分株和播种繁殖。

应用： 常温室常盆栽供观赏。

★ *Agave americana* L. ☆ Century Plant,American Aloe

凤尾兰

别名：菠萝花，剑麻
科属：龙舌兰科丝兰属

识别： 常绿直立灌木，高达 5 m。干短，有时分枝。叶密集，螺旋排列茎端，质坚硬，有白粉，剑形，顶端硬尖，边缘光滑，老叶有时具疏丝；蒴果干质，下垂，椭圆状卵形，不开裂。

观花： 圆锥花序，花大而下垂，乳白色，常带红晕。花期 5 ~ 11 月。二次开花。

分布： 原产于北美东部及东南部。

习性： 耐水湿，性强健，耐寒，耐旱，对土壤的酸碱度适应广。

繁殖： 扦插或分株繁殖。

应用： 常植于花坛中央、建筑前、草坪中、路旁及用作绿篱。

相近种： 丝兰 *Yucca smalliana* Fern.，叶质较软，端常反曲，缘显具白丝线。

★ *Yucca gloriosa* L. ☆ Spanish Dagger，Moundlily yucca

雪花芦荟

别名：劳氏芦荟
科属：芦荟科芦荟属

识别： 植株无茎。株高 10 ~ 15 cm，株幅 20 ~ 25 cm。叶片三角披针形，长 10 cm，宽 2 ~ 3 cm，呈莲座状排列，叶面亮绿色，几乎通体布满白色斑纹。

观花： 顶生总状花序，长 30 cm，花筒状，红色，长 2.5 cm。花期夏季。

分布： 劳氏芦荟的栽培品种。

习性： 耐干旱，喜光，也耐半阴。

繁殖： 分株繁殖

应用： 可盆栽观赏。

★ *Aloe rauhii* 'Flake' ☆ Flake Aloe

不夜城芦荟

别名：不夜城，僧帽芦荟
科属：芦荟科芦荟属

★ *Aloe perfoliata* L. ☆ Gold Tooth Aloe，Purple Crown Aloe

识别：多年生肉质草本，植株单生或丛生，高 30 ~ 50 cm。肉质叶绿色，幼苗时互生排列，成年后则为轮状互生。叶片披针形，肥厚多肉，叶缘有淡黄色锯齿状肉刺，叶面及叶背有散生的淡黄色肉质凸起。

观花：松散的总状花序从叶丛上部抽出，小花筒形，橙红色，冬末至早春开放。

分布：原产于南非的大卡卢高原和小卡卢高原。

习性：喜温暖、干燥、充足而柔和的阳光，耐半阴、干旱，忌盆土积水、过于荫蔽。

繁殖：播种繁殖。

应用：常室内栽培观赏。

品种：不夜城芦荟有 1 个斑锦变异品种，称“不夜城锦”，叶面及叶背均有黄色或黄白色纵条纹，有时整片叶子都呈黄色；其余特征与不夜城芦荟相同。

相近种：木立芦荟 *Aloe arborescens* Mill.。

千代田锦

别名：翠花掌
科属：芦荟科芦荟属

★ *Aloe variegata* L. ☆ China Aloe

识别：多年生肉质草本，株高 30 cm 或更高，茎极短。叶自根部长出，旋叠状，三角剑形，但叶正面深凹，长 12 cm，宽 3.5 cm，叶缘密生短而细的白色肉质刺。叶色深绿，有不规则排列的银白色斑纹。蒴果，三裂，大型，形状奇特，种子草帽形，有翅。

观花：冬春开花，松散的总状花序，小花 20 ~ 30 朵，橙黄至橙红色。

分布：原产非洲南部。

习性：耐荫。

繁殖：播种繁殖。

应用：可作盆栽观赏。

木立芦荟

别名：日本芦荟，龙角芦荟
科属：芦荟科芦荟属

★ *Aloe arborescens* Mill. ☆ Krans Aloe，Tree Aloe

识别：多年生肉质草本，高可达 2 m。茎直立，木质化。叶在茎上螺旋状着生，肉质，灰绿色，常下弯，边缘有疏生的粗硬齿。

观花：总状花序，花圆管状，红色、黄色或有赤色斑点。花期夏季。

分布：原产于南非；中国各地温室有引种栽培。

习性：喜阳光充足，也耐半阴；耐干旱，忌水湿，喜肥沃且排水良好的沙质壤土。

繁殖：分株或扦插繁殖。

应用：叶肉质灰绿，花色艳丽多姿，具有很高的观赏价值。适宜于盆栽或花台、花坛栽培观赏。

相近种：不夜城芦荟 *Aloe mitriformis* Mill.。

芦荟

别名：中国芦荟
科属：芦荟科芦荟属

识别： 多年生草本，具短茎。叶在幼苗期呈 2 列状排列，在植株长大后呈莲座状，肥厚，多汁，披针形，长渐尖，长 15 ~ 36 cm，基部宽 3.5 ~ 6 cm，厚约 1.5 cm，粉绿色，两面具近长矩圆形的白色斑纹。

观花： 花葶单一，连同花序高 60 ~ 90 cm，具少数疏离的三角形苞片；总状花序长 9.5 ~ 20 cm，具疏离的花；花黄色或具红色斑点；花梗长 4 ~ 6 mm，位于花序下部的下弯；花被片 6 枚，长约 2.5 cm，下部合生成筒；裂片披针形，顶端稍外弯，近与花被筒等长；雄蕊 6 枚。

分布： 我国南方和温室常见栽培，也有由栽培变为野生的；也有人认为原产于我国。

习性： 喜温暖。

繁殖： 播种繁殖。

应用： 盆栽观赏或作园林地被植物。

★ *Aloe vera* L.var *chinensis* (Haw.) Berger ☆ China Alobe

波路

别名：波露，绫锦
科属：芦荟科元宝掌属

识别： 多年生肉质草本。莲座叶盘径 20cm，叶片 40 ~ 50 枚，排列紧凑。叶深绿色，叶尖稍红，三角形带尖，叶长 7 ~ 8cm，基部宽 3cm，叶背上部有 2 条龙骨突，布满白齿状小硬疣。叶背面下部有 1 条龙骨突，截面呈三角形，叶缘也布满白色小疣。

观花： 花序高，花基部红色，先端绿色似鲨鱼掌。

分布： 波路的亲本均原产南非。

习性： 喜温暖干燥和阳光充足环境。稍耐寒，耐干旱和半阴，不耐水湿和强光暴晒。宜肥沃、疏松和排水良好的沙质壤土。生长适温为 20 ~ 24℃，冬季温度不低于 8℃。

繁殖： 分株、扦插或播种繁殖。波路为绫锦芦荟（*Aloe aristata*）和鲨鱼掌（*Gasteria verrucosa*）的杂交品种。

应用： 可作园林地被植物，或盆栽观赏，或用来布置花坛。

相近种： 条纹十二卷 *Haworthia fasciata* (Willd.)Haw.。

★ *Gasteraloe beguinii*

钝叶青龙刀

别名：爱勒巨象
科属：芦荟科沙鱼掌属

识别： 小型肉质草本。叶 10 ~ 14 片，肉质，舌状，长 7 ~ 15 cm，宽 3 ~ 5 cm，深绿色，有白点幼株叶呈二列状，老株呈莲座状。

观花： 总状或圆锥花序花冠圆筒状，中间胀大，下部呈红粉褐色。

分布： 原产于非洲南部。

习性： 喜温暖、向阳的环境，不耐寒，耐半阴与干旱。要求排水良好的沙质壤土。

繁殖： 分株或叶插繁殖。

应用： 容易栽培，是盆栽观赏的佳品，冬季要放入室内。

★ *Gasteria ernesti-ruschii* Dinter et Poellnitz

★ *Gasteria disticha* (L.) Haw.

青龙刀

科属：芦荟科鲨鱼掌属

识别：多年生肉质草本。茎不露出。叶又叠生成 2 列或排列成松散的莲座状。叶肉质，常长椭圆形或舌形，叶片先端略尖，深绿色，表面密布白色斑点，且有纵向的黄色或白色缟斑，叶初为两列对生，成株后则变为不规则的轮生。

分布：原产于非洲南部；我国也有栽培。

习性：喜温暖干燥和阳光充足的环境，耐半阴，忌荫蔽，耐干旱，怕积水，适宜在疏松肥沃、排水透气性良好的沙质土壤中生长。

繁殖：分株或播种繁殖。

应用：株形美观，叶片肥厚，色彩斑驳，适宜于小盆栽种，点缀几案、书桌、窗台等处，效果独特，具有较高的观赏性。

★ *Haworthia cuspidata* Haw.

宝草

别名：祝宴锦
科属：芦荟科十二卷属

识别：多年生肉质草本。茎不明显。叶厚肉质，簇生，莲座状，叶卵状披针形，基部肥大，顶部反弯，具短尖，长 2.5 cm，宽 1.3 cm，绿色，顶端透明，有 3 条长的和 4 ~ 5 条短的分支线。

观花：总状花序，松散，花白绿色。

分布：原产于南非。

习性：喜明亮散射光，忌强光直射和高温，生长适温为 20 ~ 25℃，冬季室内越冬。秋季到春季生长，夏季休眠。

繁殖：分株、叶插或播种繁殖。

应用：可作微型盆景观赏。

★ *Pandanus tectorius* Sol. ☆ Screwpine

露兜树

别名：假菠萝
科属：露兜树科露兜树属

识别：株高 2 ~ 4 m。常绿灌木或小乔木，干分枝，常具气生根。叶革质，带状，长约 1.5 m，宽 3 ~ 5 cm，边缘和下面中脉有锐刺，叶质厚而坚硬；叶片聚生于枝条末端，呈浓密的螺旋状排列。聚花果头状，直径达 20 cm，小核果 50 ~ 80 枚，幼果绿色，成熟时橘红色。

观花：花无花被，雌雄异株，穗状花序。花期 1 ~ 5 月。

分布：广泛分布于亚洲热带地区，常见于香港的沿岸地区，也见于澳大利亚南部。

习性：喜高温、高湿，湿润沙质土壤。

繁殖：播种繁殖。

应用：室内盆栽观赏，多作为河边、溪边堤岸的水土保护，也常引种作绿篱，也可在温室及庭园栽培。

大花美人蕉

别名：水生美人蕉
科属：美人蕉科美人蕉属

识别： 多年生草本，株高约 1.5 m。一般茎、叶均被白粉；叶大，互生，抱茎而生，阔椭圆形；花序总状，有长梗。
观花： 花大，有深红、橙红、黄、乳白等色，基部不呈筒状，花萼、花瓣亦被白粉，雄蕊特化成花瓣状，圆形，直立而不反卷。花期 8 ~ 10 月。
分布： 原产于美洲热带地区。
习性： 喜光，性强健，适应性强，不择土壤，耐寒。
繁殖： 分株繁殖。
应用： 宜作花境背景或在花坛中心栽植，也可成丛或成带状种植在林缘、草地边缘。
品种： 金叶绿脉美人蕉 'Striatus'（Gold Veins Canna），叶片宽大，革质，叶脉金黄色，叶缘具红边，全缘；花叶美人蕉 'Variegata'；总统美人蕉 'President'；安旺美人蕉 'En Avant' 等。

★ *Canna generalis* Bailey ☆ Largeflower Canna

花叶美人蕉

别名：金脉美人蕉
科属：美人蕉科美人蕉属

识别： 多年生，株高 50 ~ 120 cm，具肉质根状茎。茎直立丛生，叶互生，卵状披针形，表面有乳黄或乳白色平行脉纹，叶姿优美。
观花： 总状花序，花橙黄色。春季末至夏季花最盛。
分布： 大花美人蕉的栽培品种。
习性： 喜温暖、阳光充足，怕强风，忌积水，不耐寒，不择土壤，适宜肥沃而富含有机质的深厚土壤。
繁殖： 播种繁殖。
应用： 翠绿繁茂，花大而美丽、花期长，是夏季的珍贵花卉，可大面积种植，配置在绿地、道路隔离带或点缀花坛、花境、草坪，也可盆栽观赏。

★ *Canna generalis* Bailey 'Striatus'

双色美人蕉

别名：鸳鸯美人蕉
科属：美人蕉科美人蕉属

识别： 多年生草本，株高 50 ~ 150 cm，地下有根茎。叶互生，卵状披针形，表面有紫色斑纹。
观花： 总状花序顶生，花瓣有黄、橙、红等色斑或斑点，甚为耀眼亮丽。花期 7 ~ 10 月。
分布： 为大花美人蕉的栽培变种。
习性： 喜温暖、阳光充足，怕强风，忌积水，不耐寒，不择土壤，适宜肥沃而富含有机质的深厚土壤。
繁殖： 播种繁殖。
应用： 翠绿繁茂，花大而美丽、花期长，是夏季的珍贵花卉。

★ *Canna generalis* Bailey 'Cleopatra'

★ *Canna indica* 'Edulis' Ker-Gawl. ☆ Edible Canna

蕉芋

别名：蕉藕，姜芋，食用美人蕉
科属：美人蕉科美人蕉属

识别： 多年生球根，株高 2 ~ 3 m。植株粗壮高大，茎紫色，有节，地下根茎肥大。叶互生，叶长圆形，叶面绿色或带紫红色，背面及叶缘有紫晕。

观花： 复总状花序顶生，花橙红色，花序基部有宽大总苞，花瓣鲜红色，瓣化瓣橙色，直立而稍狭。花期 8 ~ 10 月。

分布： 原产于西印度群岛和南美洲。

习性： 喜高温高湿，生长适温为 22 ~ 32 ℃，喜光，适应性强，具有一定的耐寒力，不择土壤，但以排水良好的腐殖土或沙质壤土为佳。

繁殖： 用分株或根茎繁殖，春季为适期。

应用： 生性强健，茎叶茂盛，适合大片自然栽植，或作花坛、花境应用，庭园美化，地被，盆栽。

★ *Canna indica* L. ☆ India Canna

美人蕉

别名：兰蕉，红花蕉，昙华，宽心姜
科属：美人蕉科美人蕉属

识别： 总状花序，花小稀疏，常 2 朵簇生，鲜红色，唇瓣橙黄色，上有红色斑点。

观花： 多年生草本植物，株高 100 ~ 130 cm。茎叶绿而光滑；叶长椭圆形。

分布： 产于印度以及中国大陆。

习性： 性强健，适应性强，几乎不择土壤，具有一定耐寒力，喜温暖炎热气候和阳光充足及湿润肥沃的深厚土壤。

繁殖： 播种或分株繁殖。

应用： 茎叶茂盛，花大色艳，花期长，适合大片栽植，或花坛、花境以及基础栽培。

相近种： 大花美人蕉：*Canna generalis* Bailey，花序大，株形紧凑，叶色和花色更纯正，花期长。

★ *Canna warscewiezii* A.Dietr. ☆ Purpleleaf Canna

紫叶美人蕉

别名：红叶美人蕉
科属：美人蕉科美人蕉属

识别： 多年生草本，高达 1.5 m。茎粗壮，紫红色，被蜡质白粉。叶片卵圆形或卵状长圆形，长达 50 cm，宽达 20 cm，先端渐尖；边缘、叶脉多少染紫色或古铜色。果熟时黑色。

观花： 总状花序；苞片紫色，卵形，被天蓝色粉霜；萼片披针形，急尖，紫色；花冠深红色，外稍染蓝色；外轮退化雄蕊红染紫，发育雄蕊浅褐色，急尖；唇瓣舌状或线状长圆形，弯曲，红色。花期秋季。

分布： 原产于南美洲。

习性： 喜温暖、向阳的环境，具有一定的耐寒力；可耐短期水涝。适应性强，不择土质，在原产地终年开花。

繁殖： 分株繁殖。

应用： 叶色美丽，花大色艳，花期长，适合大片的自然栽植。可栽于花坛、花境中，矮化品种可盆栽观赏。

黄花美人蕉

别名：黄花印度美人蕉
科属：美人蕉科美人蕉属

识别：多年生草本植物。茎粗壮。叶片卵状长圆形。长 15 ~ 28 cm。蒴果长卵形。花果期 3 ~ 12 月。

观花：总状花序，疏花；花冠及退化雄蕊杏黄色。

分布：原产于印度及日本。中国南北各地均有栽培。

习性：适应性强。喜阳光充足，具一定的耐寒力，喜温暖、炎热的气候；可耐短期水涝。适宜湿润、肥沃的深厚土壤。

繁殖：分株繁殖。春、夏、秋季均可进行繁殖。

应用：周年开花，花色艳丽，株形优美。主要用于花境、花坛布景或庭园栽培。

★ *Canna indica* L.var. *flava* Roxb. ☆ Yellow Flower Indian Canna

兰花美人蕉

别名：意大利美人蕉
科属：美人蕉科美人蕉属

识别：植株高 1 ~ 1.5 m，茎绿色。叶片椭圆至椭圆状披针形。长 30 ~ 40 cm，宽 8 ~ 16 cm，顶端具短尖头，基部渐狭，绿色。

观花：总状花序通常不分枝，花大，直径 10 ~ 15 cm；花萼长圆形，花冠裂片披针形，浅紫色，在开花 1 天内即反转向下；外轮具 3 枚退化雄蕊，倒卵状披针形，质薄而柔，似皱纸，鲜黄色至深红色，具红色条纹或斑点，无纯白色或粉红色。花期夏秋季。

分布：原产于欧洲和美国南部。我国各大城市公园等均有栽培。

习性：喜温暖而湿润的土壤。

繁殖：分株繁殖或播种繁殖。

应用：庭园观赏品种。

★ *Canna orchiodes* Bailey ☆ Orchid Canna

热带鲑红美人蕉

科属：美人蕉科美人蕉属

识别：多年生草本，高 80 cm。

观花：花鲜红色。

分布：栽培品种，中国南方有栽培。

习性：喜阳光充足及湿润的土地条件。

繁殖：分株繁殖。

应用：用于花坛及花境布景。

★ *Canna* ‘Tropical Salmon’ ☆ Tropical Salmon Canna

★ *Canna glauca* L. ☆ Glaucous Canna

水生美人蕉

别名：粉美人蕉
科属：美人蕉科美人蕉属

识别：株高 1 ~ 1.5 m。叶色灰绿，狭披针形叶面有一层白粉。
观花：花瓣直立，花冠筒极短，花黄色、红色或有斑点，萼片、花瓣和假雄蕊等各部分与常见美人蕉极相似。花期 7 ~ 10 月。
分布：原产于美洲。
习性：喜光，耐水湿，不耐寒。
繁殖：播种繁殖。
应用：布置园林水景，多在水边栽植。

★ *Carex lingii* F. T. Wang et Tang

皱缘苔草

别名：林氏苔草，林氏薹草
科属：莎草科苔草属

识别：多年生草本。根状茎木质。秆丛生，高 15 ~ 40 cm，三棱形，基部具褐色叶鞘。基生叶丛生；叶片狭椭圆状带形，基部渐狭，边缘呈密的裙褶状；秆生叶佛焰苞状，淡绿白色。苞片与秆生叶同型。小坚果卵形、三棱形。花果期 5 ~ 6 月。
观花：圆锥花序，常有 1 个顶生的支花序，偶有 1 ~ 2 个侧生的，小穗 10 余个。
分布：产于浙江和福建。
习性：喜阴湿，忌太阳暴晒，夏季适当遮阳，平时保持土壤湿润。
繁殖：分株繁殖。
应用：可作园林阴湿处地被植物，种植于疏林下或阴处。

★ *Cyperus alternifolius* L. ☆ Windmill Cypressgrass

旱伞草

别名：水棕竹，伞草，风车草，水竹
科属：莎草科莎草属

识别：多年生湿生或挺水型草本，高 40 ~ 150 cm。茎丛生，茎秆粗壮，三棱形，无分枝。叶退化成鞘状，包裹在茎的基部。总苞片叶状，长而窄，约 20 枚，近于等长，呈螺旋状排列在茎秆的顶部，向四面开展如伞状。坚果，倒卵形，扁三棱形，长 2 ~ 2.5 mm。
观花：聚伞花序，花小。花期 7 月。
分布：原产于非洲马达加斯加；中国各地也有分布。
习性：喜温暖湿润，通风良好，光照充足的环境，耐半阴，甚耐寒，对土壤要求不严，以肥沃稍黏的土质为宜。
繁殖：播种繁殖。
应用：宜布置于河边水旁的浅水之中，或与山石相配，亦可盆栽观赏。

伞辐莎草

科属：莎草科莎草属

识别：多年生挺水草本，高 40 ~ 90 cm。叶细，聚生于茎顶。
观花：伞形花序顶生。
分布：原产于非洲东部、马达加斯加；我国也有栽培。
习性：喜温暖水湿环境，耐阴。
繁殖：播种繁殖。
应用：适合种在溪流岸边，可与其他挺水植物混合应用。

★ *Cyperus isocladus* Kunth ☆ Isocladus Cypressgrass

香附子

别名：香头草，回头青，雀头香
科属：莎草科莎草属

识别：多年生草本。有匍匐根状茎和椭圆状块茎。秆直立，散生，高 15 ~ 95 cm，有三锐棱。叶基生，短于秆，宽 2 ~ 5 mm；鞘棕色，常裂成纤维状。小坚果矩圆倒卵形。花果期 5 ~ 11 月。
观花：苞片 2 ~ 3 枚，叶状，长于花序；长侧枝聚伞花序简单或复出，有 3 ~ 6 个开展的辐射枝，最长达 12 cm；小穗条形，3 ~ 10 个排成伞形花序；小穗轴有白色透明的翅；雄蕊 3 枚。
分布：分布于陕西、甘肃、山西、河北、河南和华东、西南、华南；世界广播种。
习性：喜湿润、耐阴。
繁殖：播种或分株繁殖。
应用：可植于水边、池塘边、山坡草地等处观赏。

★ *Cyperus rotundus* L. ☆ Nutgrass Cypressgrass

纸莎草

别名：纸草，蒲草，埃及莎草
科属：莎草科莎草属

识别：多年生常绿草本，高达 1 m，冠径 1 m。丛生；秆粗壮，三角形。叶针形。每秆具一大型伞形花序；小穗黄色，密集；柱头长 0.8 ~ 1.2 mm。瘦果灰褐色。无柄，椭圆形。花期夏季。
分布：原产于埃及、乌干达、苏丹及西西里岛。我国有栽培。
习性：喜水，耐阴湿。
繁殖：分株或播种繁殖。
应用：株丛叶茂，株形优雅，苞片伞状，富有南国韵味，是名贵的园林水景植物，也是室内常见的观叶植物，常用于各类水景园内，可成片种植。

★ *Cyperus papyrus* L. ☆ Papyrus

★ *Isolepis cernua* 'Select' ☆ Fiber Optic Grass

光纤草

别名：情人草
科属：莎草科细莞属

识别： 多年生宿根草本，高 20 cm。分蘖力强。叶片纤细，深绿色，呈伞状散开。

观花： 白色花序生于叶片顶端。

分布： 我国南方有栽培。

习性： 喜阳光充足及湿润的环境，耐寒，耐阴，在温室内散射光的情况下也可正常生长。

繁殖： 播种或分株繁殖。

应用： 株形匀称丰满，根根翠绿，宛如一头绿色翠发，犹如人造光纤饰品的感觉，极具观赏价值。

★ *Scirpus palniculmis* Fr.Schmidt ☆ Flatstalk Bulrush

扁秆藨草

别名：水莎草，三棱草
科属：莎草科藨草属

识别： 多年生草本，高 30 ~ 80 cm。根状茎具地下匍匐枝，块茎倒卵形。秆单一，三棱形。叶片长线形，扁平。小坚果倒卵形。果期 7 ~ 9 月。

观花： 聚伞花序短缩成头状，通常具 1 ~ 6 个小穗；小穗卵形，黄褐色，具多数花，鳞片椭圆形。花期 5 ~ 6 月。

分布： 除内蒙古、新疆、青海、西藏尚未发现野生的外，全国各地广布。

习性： 喜水湿、耐阴。

繁殖： 块茎、珠芽或播种繁殖。

应用： 可应用于河岸、湖边、沼泽等湿地处种植。

★ *Scirpus tabernaemontani* Gmel. ☆ Softstem Bulrush

水葱

别名：翠管草，冲天草，莞，苻蓠，莞蒲
科属：莎草科藨草属

识别： 多年生丛生草本，高 1 ~ 2 m。地下具粗壮而横走的根茎，地上茎直立，圆柱形，中空，粉绿色。秆高大，圆柱状，平滑。叶鞘管状，膜质，通常无叶片，生于茎的基部。苞片 1 枚，为秆之延长，直立向上，比花序短。小坚果倒卵形，双凸状。果期 8 ~ 9 月。

观花： 聚伞花序假侧生，稍下垂，具 3 ~ 8 个不等长的辐射枝；小穗卵形；小花淡黄褐色，下具苞叶。花期 6 ~ 8 月。

分布： 广布于全世界，中国各地均有分布。

习性： 喜温暖、潮湿，喜光，耐阴，较耐寒，不择土壤。

繁殖： 播种或分株繁殖。

应用： 水葱生长葱郁，淡雅洁净，可与睡莲、荷花等配植做水坛，亦常用于水面绿化或岸边池旁点缀，也可作盆栽欣赏和插花材料。

品种与变种： 花叶水葱 'Zebrinus'。

早花百子莲

别名：小百子莲
科属：石蒜科百子莲属

识别：多年生草本植物，高达 1.2 m。叶带状，丛生，自鳞茎生出，排成二列状，长 20 ~ 30 cm，浓绿色，有光泽。蒴果绿色；种子黑色，具翅。

观花：花葶直立，伞形花序球状，顶生，花冠管状，蓝色或白色。花期 7 ~ 9 月。

习性：喜温暖、湿润的环境，喜半阴，不耐寒冷和干旱，喜肥沃、腐殖质丰富的壤土。花期增加磷、钾肥，可使花繁叶茂。

繁殖：分株或播种繁殖，宜春季进行。

应用：叶色浓绿、光亮，花蓝紫色，花形秀丽，适宜盆栽，用作室内装饰美化或作园林观花地被植物，植于花坛、花境、庭院等处，也可用于切花。

相近种：百子莲 *Agapanthus africanus* (L.) Hoffmanns.，叶长 34 ~ 40 cm，伞形花序的花较多。

★ *Agapanthus praecox* Willd. ☆ African Lily，Blue African Lily

六出花

别名：秘鲁百合，智利百合
科属：石蒜科六出花属

识别：多年生草本，具肉质根。茎单一，直立上升，株高 60 ~ 120 cm；叶多数，披针形，有短柄或无柄，螺旋状着生。

观花：伞形花序，花 10 ~ 30 朵，花被橙黄色，内轮有紫色或酒红色条斑及斑点。花期 6 ~ 8 月。

分布：原产于南美的智利、秘鲁、巴西、阿根廷和中美的墨西哥，我国也有栽培。

习性：喜温暖、湿润、阳光充足的环境，夏季需凉爽，怕炎热，耐半阴，不耐寒，要求深厚、疏松、肥沃、排水良好的土壤。

繁殖：播种、分植块茎或组培繁殖。

应用：叶子则像是百合花，花形奇异，像杜鹃又像水仙，显得典雅富丽，适宜于花坛、花园、岩石园栽培。

品种：花色品种丰富，有橙黄色、水红色等。常见品种有金黄六出花 ‘Aurea’，花金黄色。

★ *Alstroemeria aurea* Grahams ☆ Peruvian-lily

垂笑君子兰

科属：石蒜科君子兰属

识别：多年生草本，高 30 ~ 50 cm。根肉质，无茎，叶基二列状交互叠生成假鳞茎。叶剑形，革质，狭而长，呈拱状下垂，深绿色。浆果。

观花：花茎自叶丛中抽出，伞形花序顶生，着花 10 ~ 14 朵，花橙红色；花冠狭漏斗状，开放时下垂。花期冬春季。

分布：原产于非洲南部，现世界各地广泛栽培。

习性：喜温暖、湿润，宜半阴的环境，喜散射光，忌夏季阳光直射；略耐旱，但忌积水，喜疏松、透气且富含腐殖质的沙质壤土，忌盐碱。

繁殖：播种繁殖。

应用：它是观叶、观花、观果的优良盆花，适宜装饰居室、会场。

★ *Clivia nobilis* Lindl. ☆ Greentip Kafirlily

★ *Clivia miniata* Regel　☆ Scarlet Kafirlily

君子兰

别名：大花君子兰，剑叶石蒜
科属：石蒜科君子兰属

识别： 多年生常绿草本，高约 50 cm。假鳞茎短粗，肉质根。叶宽大，剑形，先端钝圆，常绿而有光泽，革质，全缘，二列状交互叠生于假鳞茎上。浆果球形，成熟时红色。

观花： 伞形花序顶生，花茎直立、扁平，高出叶面，着花 7 ~ 50 朵；花漏斗状。花期 11 月至翌年 3 月。

分布： 原产于南非；我国各地均有栽培。

习性： 喜冬季温暖、春季凉爽的气候和湿润、半阴的环境，不耐低温；忌积水，稍耐旱；喜肥沃、疏松的微酸性土壤。

繁殖： 播种或分株繁殖。

应用： 它是著名的花叶兼赏的盆栽花卉，适宜布置大型公共厅堂、会议室等处，也可家庭盆栽。

品种： 花色有橙红色、橙黄色、红色等。

★ *Crinum asiaticum* L.var. *sinicum* (Roxb. ex Herb.)Baker ☆ China Crinum

文殊兰

别名：白花石蒜，十八学士，翠堤花
科属：石蒜科文殊兰属

识别： 多年生常绿草本，高 80 ~ 150 cm。叶基形成假鳞茎，长圆柱状，白绿色。叶基生，阔带形或剑形，肥厚。

观花： 伞形花序顶生，下具 2 枚大形苞片，开花时下垂；小花纯白色，花被筒直细长，花被片线性，有香气。花期夏季。

分布： 原产于亚洲热带地区。

习性： 喜温暖，不耐寒，喜光线充足，耐盐碱土。

繁殖： 分球繁殖。

应用： 可用于花境、丛植或盆栽观赏。

★ *Crinum amabile* Donn　☆ Giant Spider Lily

红花文殊兰

别名：紫花罗裙带
科属：石蒜科文殊兰属

识别： 多年生常绿草本，高 1 ~ 1.5 m。地下假鳞茎小。叶基生，带形，多而大，边缘波状。

观花： 花葶自叶丛中抽生；伞形花序，外被 2 个大型总苞片。有花 20 余朵，花鲜红色、紫红色、白色，具芳香。花期夏季。

分布： 原产于印度尼西亚苏门答腊岛。我国昆明、北京及西双版纳都有栽培。

习性： 高温时节忌烈日暴晒，中、低温时要求光照充足；喜温暖、空气清新、湿润的环境；喜疏松、肥沃的土壤，有适当抗盐碱的能力。

繁殖： 分株或播种繁殖。

应用： 可丛植或片植于庭园，或盆栽观赏。

南美水仙

别名：美国水仙，大花油加律
科属：石蒜科南美水仙属

识别：多年生球根花卉。鳞茎被膜。叶基生，宽椭圆形，绿色。

观花：花葶直立于叶丛中，高约 55 cm；伞形花序；花纯白色，有香气，中央副花冠淡黄色。花期冬、春、夏三季。

分布：原产于哥伦比亚至秘鲁；我国也有栽培。

习性：喜半阴，忌强光直射；喜高温、高湿的气候，不耐寒；适宜生长在疏松肥沃和排水良好的沙质壤土中。

繁殖：分球或播种繁殖。

应用：姿态优雅，亭亭玉立。花朵硕大，洁白无瑕，清香四溢，是室内盆栽花卉的佳品，也可作切花材料。

★ *Eucharis grandiflora* Planch. ☆ Amazon Lily

朱顶红

别名：柱顶红
科属：石蒜科朱顶红属

识别：多年生草本。有肥大的球形鳞茎。叶二列状对生，叶片宽带状，与花茎同时或花后抽出，较厚；蒴果球形。

观花：花葶自鳞茎中央抽出，粗壮而中空，高出叶丛；伞形花序，花大，漏斗状。

分布：原产于南美巴西。

习性：喜温暖、湿润环境，不耐旱，怕水涝；喜富含腐殖质、排水良好的沙质壤土。

繁殖：播种或分球繁殖。

应用：花大色艳，叶片鲜绿洁净，适宜于盆栽观赏，也可配植于露地庭园中，如花坛、花径和林下自然片植，也可作盆栽或切花用。

★ *Hippeastrum rutilum* (Ker-Gawl.) Herb. ☆ Common Knight's Star

美洲水鬼蕉

别名：水鬼蕉，蜘蛛兰
科属：石蒜科水鬼蕉属

识别：多年生草本，高 60 ~ 90 cm。假鳞茎球形。叶剑状披针形。

观花：花葶从叶丛中抽出，顶生伞形花序；花白色，3 ~ 8 朵，管状，花瓣 6 枚，线状；雄蕊连合成皿形的副冠，形如水上蜘蛛。花期夏季。

分布：原产于美洲热带。我国引种栽培供观赏。

习性：喜光又耐阴；喜温暖、湿润的环境。喜黏质土壤。

繁殖：分株繁殖。

应用：叶姿健美，花白色，花形别致，亭亭玉立；适合盆栽观赏。温暖地区，可用于庭园布置或花境、花坛用材。

★ *Hymenocallis americana* Roem. ☆ America spiderlily

★ *Lycoris aurea* (L' Her.)Herb. ☆ Golden Stonegarlic

忽地笑

别名：黄花石蒜，铁色箭，金爪花
科属：石蒜科石蒜属

识别： 多年生草本，高 30 ~ 60 cm。地下鳞茎卵形，肥大。叶阔线形，中间淡色带明显。蒴果具三棱，室背开裂。果期 10 月。

观花： 花茎高约 60 cm，伞形花序有花 4 ~ 8 朵，黄色，花被裂片高度反卷和皱缩。花期 8 ~ 9 月。

分布： 分布于中国西南、东南等省区；日本和缅甸也有分布。

习性： 生性强健，适应性强，耐日晒及干旱，喜温暖，耐寒，喜湿润及半阴的环境；不择土壤。

繁殖： 分球繁殖。

应用： 花朵美丽，耐半阴，是良好的观花植物。宜作疏林地被，或配置点缀于花境、山石旁；也可盆栽观赏或作切花材料。冬绿草本植物，适宜布置林下、林缘地被，或配置园林花境。

★ *Lycoris radiata* (L' Her.) Herb. ☆ Stonegarlic

石蒜

别名：红花石蒜，蟑螂花，彼岸花
科属：石蒜科石蒜属

识别： 多年生草本，高 30 ~ 60 cm。具肥厚的地下鳞茎，皮膜褐色。叶基生，线形，深绿色，于花期后自基部抽生。果期 11 月。

观花： 花葶高 30 ~ 60 cm，花 5 ~ 7 朵呈顶生伞形花序，鲜红色；花被片 6 裂，狭倒披针形，边缘波状，向外翻卷；雄蕊显著伸出于花被外。花期 9 ~ 10 月。

分布： 原产于长江中下游及中国西南部分地区；日本、越南也有分布。

习性： 耐高温、多湿的气候。耐寒性不强。喜疏松、肥沃且排水良好的土壤。

繁殖： 分生小鳞茎繁殖。

应用： 寒冬植株翠绿，夏、秋季红花艳丽，可用于地被或点缀草地、阴湿处花境，并为良好的切花材料。

★ *Narcissus poeticus* L. ☆ Poet Narcissus，Poet Daffodil

红口水仙

别名：口红水仙，红水仙
科属：石蒜科水仙属

识别： 多年生草本，高 30 ~ 45 cm。鳞茎较细，卵形。叶线形丛生，长 30 cm 左右。

观花： 花单生，花被白色，副冠呈浅杯状，黄色、红色或橙红色，有香气。花期 4 月。

分布： 原产于西班牙、南欧、中欧、地中海沿岸等地；我国也有栽培。

习性： 喜阳光充足的环境，喜冷凉，忌高温多湿，不宜水养。

繁殖： 分球繁殖。

应用： 花姿清雅脱俗，芳香馥郁，又称“凌波仙子”。盆栽水养置于案头、窗前，十分惹人喜爱，或植于假山旁、疏林下，或用于庭园布置。

喇叭水仙

别名：洋水仙，欧洲水仙
科属：石蒜科水仙属

识别： 多年生草本，高 50 ~ 60 cm。鳞茎卵圆形，直径 3 ~ 4 cm，多数肉质鳞片，外皮黄褐色。叶扁平线形，端圆钝，光滑，灰绿色。蒴果。

观花： 花径可达 5 cm，黄色或淡黄色；副冠黄色，与花被片等长或稍长，喇叭状边缘呈不规则齿状且有皱褶。花期 3 ~ 4 月。

分布： 原产于欧洲中部；我国广为栽培。

习性： 耐半阴，喜阳光充足；适宜冬季温暖、湿润而夏季凉爽的环境。

繁殖： 分株繁殖。

应用： 花形奇特，花色素雅，叶色青绿，姿态俊逸，常用于切花和盆栽，是春节等喜庆节日的理想用花；亦适于丛植于草坪中，镶嵌在假山石缝中，或片植在疏林下、花坛边缘。

★ *Narcissus pseudo-narcissus* L. ☆ Common Daffodil

水仙

别名：中国水仙，天葱，雅蒜，凌波仙子
科属：石蒜科水仙属

识别： 多年生草本，高 20 ~ 80 cm。鳞茎卵球形，棕褐色皮膜易脱落。叶狭带形，二列状互生，钝头，全缘，灰绿色。蒴果，室背开裂。

观花： 伞房花序生于茎顶，小花 5 ~ 10 朵；花被 6 裂片，卵圆形至阔卵圆形，白色；副冠淡黄色浅杯状，长不及花被的一半。花期 12 月至翌年 3 月。

分布： 为法国水仙（*Narcissus.tazetta*）的主要变种之一，分布于中国浙江、福建沿海岛屿。

习性： 性喜温暖、湿润，又要排水良好。以疏松肥沃、土层深厚的冲积沙质壤土为最佳。喜阳光充足。

繁殖： 分球繁殖。

应用： 为世界著名的球根花卉。可盆栽置于几案、窗台装饰点缀；也可布置花坛、花境或成片自然栽植在疏林下、草坪上。

★ *Narcissus tazetta* L. var. *chinensis* Roem. ☆ China Narcissus

紫娇花

别名：野蒜，非洲小百合
科属：石蒜科紫娇花属

识别： 多年生草本，高 30 ~ 50 cm。地下具圆柱形小鳞茎，成株丛生状，含韭菜味。叶狭长线形，灰绿色。

观花： 顶生聚伞形花序，淡紫色小花。花冠裂片 6，中部有一纵向深色条纹。花期 4 ~ 6 月，秋后花期能延续至 11 月。

分布： 原产于南非，近年来中国引进栽培。

习性： 喜全光照，亦稍耐半阴，耐热性较强，不耐寒，较耐贫瘠。

繁殖： 播种、分株或鳞茎繁殖。

应用： 叶丛翠绿，花朵俏丽，花瓣肉质，花期长，是夏季难得的花卉；适宜作花境中景，或作地被植于林缘或草坪中。

★ *Tulbaghia violacea* Harvey ☆ Society Garlic

★ *Zephyranthes candida* (Lindl.) Herb.　☆ Zephyrlily

葱莲

别名：葱兰，玉帘，白花菖蒲莲
科属：石蒜科葱莲属

识别：多年生常绿草本，高 15 ~ 20 cm。地下具卵形小鳞茎，颈部细长。叶基生，线形，稍肉质，鲜绿色。

观花：花单生，白色或外略具紫红晕，花被片 6 枚，椭圆状披针形。花期夏季至初秋。

分布：原产南美，主要分布于古巴、秘鲁，中国各地普遍栽培。

习性：喜温暖、湿润、阳光充足的环境，耐寒性稍差。喜排水良好、肥沃而疏松的土壤。

繁殖：分株或播种繁殖。

应用：花洁白素雅，适合公园或庭院的花坛、花径和草地中成丛栽植或盆栽，也适合路缘、林缘、坡地等配置，或作缀花草坪。

相近种：韭莲（*Zephyranthes grandiflora* Lindl.），又称红花葱兰、红花菖蒲莲，花粉红色。

★ *Zephyranthes grandiflora* (Lindl.) Herb.　☆ Rosepink Zephyrlily

韭莲

别名：韭兰，风雨花，菖蒲莲
科属：石蒜科葱莲属

识别：多年生常绿球根花卉，株高 15 ~ 30 cm。鳞茎卵圆形。叶基生，扁线性，极似韭菜。

观花：花茎自叶丛中抽出，顶生 1 朵花，花瓣多数为 6 枚，有时开出 8 枚，略弯垂；苞片白色膜质；花漏斗形，粉红色或玫瑰红色。花期 4 ~ 9 月。

分布：原产美洲热带墨西哥南部至危地马拉。现我国各地多有栽培。

习性：喜温暖，稍耐寒，喜湿润、阳光充足的环境，要求排水良好并稍具黏性的土壤。

繁殖：分球繁殖。

应用：叶丛碧绿，闪烁着粉红色的花朵，美丽幽雅，在艳阳下大放异彩，千娇百媚，人见人爱，可盆栽装饰阳台、窗台等处，或用于路边、墙边、花坛、花境和绿草地的镶边，亦可作半阴处地被花卉。

★ *Dioscorea elephantipes* (L'Hér.) Engl.　☆ Turtle Back

龟甲龙

别名：象脚草，曼龟草，象脚薯蓣
科属：薯蓣科薯蓣属

识别：多年生攀缘草本，夏季落叶，株高可达 6 m。茎基呈球形，幼苗时呈球形，成株后表皮有龟裂，呈多边形瘤块状，如石头堆栈状，宛如龟甲，其名便由此而来。茎秆顶部抽出缠绕的细枝。叶互生，心形或肾形，蓝绿色，长 6 ~ 7 cm。蒴果。

观花：雌雄异株，花序有花 10 ~ 15 朵，花小，淡黄绿色，花径 4 mm，淡香味，雌株数量比雄株少。花期夏季。

分布：原产南非开普省。我国也有栽培。

习性：宜温暖、干燥和阳光充足的环境，不耐寒，耐干旱，生长季节适度浇水，其余时间保持湿润，较喜肥。

繁殖：分株或播种繁殖。

应用：茎秆奇特，可作温室栽培植物或盆栽观赏。

相近种：墨西哥龟甲龙 *Dioscorea macrostachya* Benth.，冬季落叶，花期秋冬季。

薯蓣

别名：山药，山药蛋
科属：薯蓣科薯蓣属

识别：草质缠绕藤本。茎右旋。单叶互生，至中部以上叶对生，叶腋间常生有珠芽，叶片形状变化较大，三角状卵形、广卵形或耳状3浅裂至深裂。蒴果翅半月形，果翅长几等于宽，约1.5 cm。果期7～11月。

观花：雄花序穗状，直立，2～4个腋生，花轴多数呈曲折状；花小，花被背面除棕色毛外，常散有紫褐色腺点；雄蕊6枚，着生于花托边缘，花丝粗短。花期6～9月。

分布：我国各地栽培或野生；朝鲜、日本也有栽培。

习性：喜光，耐寒性，喜温暖、湿润的环境，宜在排水良好、疏松肥沃的壤土中生长。忌水涝。

繁殖：分株繁殖或播种繁殖。

应用：在园林中可作为攀缘栅栏的垂直绿化材料，也可种植于向阳山坡林边或灌丛中。

★ *Dioscorea opposita* Thunb. ☆ Common Yam

龙须菜

别名：玉带天门冬，山苞米
科属：天门冬科天门冬属

识别：多年生直立草本，高达1 m。根细长。茎多分枝，具纵棱，有时具狭翅；叶状枝窄条形，镰刀状，3～7枚簇生。叶退化成鳞片状。浆果球形，熟时红色。果期7～9月。

观花：雌雄异株，花2～4朵腋生，黄绿色，花梗极短，雄蕊6枚。花期5～6月。

分布：分布于东北、西北和华北等省区。

习性：耐阴。

繁殖：播种繁殖。

应用：可作园林地被植物。

★ *Asparagus schoberioides* Kunth ☆ Schoberia-like Asparagus

密叶天门冬

别名：非洲天门冬
科属：天门冬科天门冬属

识别：常绿灌木状草本，高可达1 m。茎向四周扩展，群生，下垂型，多分枝，小枝着生1～3枚假叶。浆果球形，成熟时红色。

观花：花小，淡桃红色至白色。具香气。

分布：原产于非洲南部。我国各地常见栽培。

习性：生性强健。耐阴，忌阳光直射；耐热、耐旱。喜疏松和富含腐殖质的沙质壤土。

繁殖：分株繁殖。

应用：适于庭园花台、阳台或花坛边缘栽培，也可盆栽；枝叶是高级插花材料。

品种：有‘Sprengeri’等品种。

★ *Asparagus densiflorus*（Kunth）Jessop ☆ Africa Asparagus

★ *Asparagus officinalis* L. ☆ Common Asparagus，Asparagus

石刁柏

别名：芦笋，露笋
科属：天门冬科天门冬属

识别： 宿根草本，高 1 ~ 3 m。植株光滑无毛，稍带白粉。茎长而软。雌雄异株。叶状枝丝状，每 3 ~ 6 枚成簇；鳞叶淡黄色。浆果球形，红色。

观花： 花小，白色。花期 6 ~ 8 月。

分布： 原产于欧洲地中海沿岸以及小亚细亚地区。

习性： 喜温凉、湿润的环境，耐阴，耐寒，对土壤适应性广，尤其适宜疏松透气、土质深厚、排水良好而富含有机质的沙壤土。

繁殖： 播种繁殖。

应用： 姿态优美，是园林绿化中良好的观叶植物，宜盆栽或园圃地植，枝叶也常作切花或配叶，也适于布置花坛、花境或在路边、林缘成片栽植。

★ *Asparagus cochinchinensis*（Lour.)Merr. ☆ Radix Asparagi

天门冬

别名：武竹，郁金山草，天冬草
科属：天门冬科天门冬属

识别： 攀缘植物，高 80 cm，攀缘状亚灌木。茎圆柱状，具条纹，分枝极多，基部具倒生弯刺；小枝具沟槽，无刺，有狭翅。叶状枝通常 2 ~ 4 片，簇生，线形而具三棱，稍弯曲，边缘有细锯齿。叶退化成鳞片状，基部刺状。浆果鲜红色。果期 9 ~ 10 月。

观花： 花白色或淡红色，两性或杂性，1 ~ 5 朵簇生。花期 5 ~ 8 月。

分布： 原产于南美洲。

习性： 喜温暖湿润的环境，喜阳，也较耐阴，不耐旱。适生于疏松、肥沃、排水良好的沙质壤土中。

繁殖： 播种繁殖。

应用： 除作为室内盆栽外，还是布置会场、花坛边缘镶边的材料，同时也是切花、瓶插的理想陪衬材料。

★ *Asparagus setaceus*（Kunth）Jessop ☆ Setose Asparagus

文竹

别名：云片松，刺天冬，云竹
科属：天门冬科天门冬属

识别： 攀缘植物，可达数米。根稍肉质，细长。茎的分枝极多，分枝近平滑。叶状枝通常每 10 ~ 13 片成簇，刚毛状，略具 3 棱，长 4 ~ 5 mm；鳞片状叶基部稍具刺状距或距不明显。浆果直径 6 ~ 7 mm，熟时紫黑色，有 1 ~ 3 颗种子。

观花： 花通常每 1 ~ 3 朵腋生，白色，有短梗；花被片长约 7 mm。花期 7 ~ 8 月。

分布： 原产于非洲南部，中国各地常见栽培。

习性： 喜温暖潮湿的环境，怕强光和低温，不耐干旱，忌积水，土壤以疏松、肥沃的腐殖质土为最佳。

繁殖： 播种繁殖。

应用： 常作为温室盆栽观叶植物，摆设盆花时作陪衬用，也可作室内观叶植物布置，或作为切叶材料。

白柄亮丝草

别名：细叶亮丝草
科属：天南星科亮丝草属

识别： 多年生草本，高 45 ~ 65 cm。叶柄白色，叶浓绿，叶面上有黄白色斑纹，叶中脉及附近多为乳白色，并有不规则的灰绿色至白色斑纹及小斑点。

观花： 佛焰花序。

分布： 原产于热带非洲及菲律宾、马来西亚、印度、泰国等地。

习性： 耐阴，忌强光暴晒；喜高温、高湿的气候，不耐寒；忌干旱。

繁殖： 播种繁殖。

应用： 宜室内盆栽观赏。

品种： 有黑美人 ‘SanRemo’, ‘Silver King’, ‘Pseudo-bracteatum’, ‘Pseudo Bracteatum’, ‘White Rajah’ 等品种。

★ *Aglaonema commutatum* Schott ☆ Chinese Evergreen

广东万年青

别名：亮丝草，大叶万年青
科属：天南星科亮丝草属

识别： 多年生草本，高 60 ~ 70 cm，茎直立不分枝，节间明显。叶互生，叶柄较长，茎部扩大成鞘状，叶椭圆状卵形，先端渐尖至尾状渐尖，叶绿色。

观花： 肉穗状花序腋生，短于叶柄，花期秋季。

分布： 产于我国广东、广西、云南南部；印度、马来西亚及菲律宾也有分布。华南地区广为栽培。

习性： 喜温暖、湿润的环境，耐阴，忌阳光直射，不耐寒，喜疏松、肥沃、排水良好的微酸性壤土。

繁殖： 扦插或分株繁殖。

应用： 为优良的室内观赏植物。

★ *Aglaonema modestum* Schott ex Engl. ☆ Chinagreen

杂种粗肋草

科属：天南星科亮丝草属

识别： 多年生常绿草本，茎直立，高 40 ~ 70 cm。叶片大，绿色，卵形或卵状披针形，先端渐尖，基部钝或宽楔形。

观花： 肉穗花序，浆果。花期春季。

分布： 栽培品种。

习性： 喜温暖、湿润的半阴环境，不耐寒，不耐积水，喜疏松、肥沃的壤土。生长适温为 20 ~ 28 ℃，10 ℃以上可安全越冬。

繁殖： 扦插或分株繁殖。

应用： 为近年来新引进的品种，叶色美观，可作为彩叶植物栽培观赏，可盆栽于居室、厅堂观赏，也适合作大型温室布景。

品种： 不同品种叶面具不同色斑，如粉色、红色、淡黄色等，主要品种有 ‘Bangkok Beauty’, ‘Forget Me Not’, ‘MissThailand’ 等。

★ *Aglaonema hybrida* Hort. ☆ Hybrid Aglaonema

★ *Alocasia macrorrhiza* (L.) Schott ☆ Giant Elephant's Ear

海芋

别名：野芋，天芋，天荷，观音莲
科属：天南星科海芋属

识别：大型常绿草本，高 2 ~ 5 m。叶多数，叶片盾状着生，近革质，草绿色，箭状卵形，边缘波状，长 50 ~ 90 cm，宽 40 ~ 90 cm；叶柄绿色，粗厚。浆果红色，卵状。

观花：佛焰苞管部绿色，长 3 ~ 5 cm，卵形或短椭圆形，檐部蕾时绿色，花时黄绿色、绿白色，舟状长圆形，先端喙状；肉穗花序比佛焰苞短。花期四季。

分布：产于我国广东、香港、澳门、广西、湖南、江西、福建、台湾、四川、贵州、云南。生于阴湿处。

习性：忌强光照射，喜半阴；喜高温、高湿的气候。不耐寒。喜疏松、肥沃且排水良好的土壤。

繁殖：扦插或分株繁殖。

应用：可作大型盆栽观赏。

★ *Arisaema amurense* Maxim. ☆ Amur Southstar

东北南星

别名：长虫苞米，山苞米
科属：天南星科天南星属

识别：多年生草本，高 15 ~ 60 cm。块茎近球形，须根多数。基生叶 1 ~ 2 片，叶柄长，叶片鸟趾状全裂，裂片 3 ~ 5 枚，全缘。浆果，熟时红色。果期 8 ~ 9 月。

观花：雌雄异株，肉穗花序，佛焰苞绿色，附属体棒状；雄花具短柄，雌花子房倒卵形。花期 5 ~ 6 月。

分布：分布于东北、华北、西北、西南及华中等地区。

习性：喜阴湿的环境。喜湿润、疏松、肥沃的沙质壤土。

繁殖：播种或块茎繁殖。

应用：适宜盆栽作室内摆设或植于池塘边、溪流边缘等较阴湿的地方。

★ *Arisaema elephas* Buchet ☆ Elephant Southstar

象南星

别名：象鼻南星，大半夏，大麻芋子
科属：天南星科天南星属

识别：多年生草本。块茎近球形，密生纤维状须根。鳞叶 3 ~ 4 片，绿色或紫色。叶柄长 20 ~ 30 cm，黄绿色；叶 1 片，叶片 3 全裂，稀 3 深裂，裂片具 0.5 ~ 1 cm 的柄或无柄。浆果砖红色，椭圆状，长约 1 cm。果期 8 月。

观花：佛焰苞青紫色，基部黄绿色，管部具白色条纹，向上隐失，上部全为深紫色；肉穗花序单性；雄花序长 1.5 ~ 3 cm，花疏，雄花具柄，柄长 2.2 ~ 2.5 mm；雌花序长 1 ~ 2.5 cm。花期 5 ~ 6 月。

分布：中国特有种，产于中国西藏、云南、四川、贵州。

习性：喜日光充足，也耐半阴；耐寒、喜湿。

繁殖：播种或块茎繁殖。

应用：是布置花坛、花境的良好材料，也可丛植于水边、溪流旁、草坡、沟边、灌丛或高山草地。

一把伞南星

别名：虎掌南星，一把伞
科属：天南星科天南星属

识别： 多年生草本，高 40 ~ 80 cm。块茎扁球形，须根多数。基生叶 1 枚，叶柄长，叶片放射状分裂，裂片无定数，披针形，具线形长尾。果序直立或下垂，浆果，熟时红色。果期 8 ~ 9 月。

观花： 雌雄异株，肉穗花序，佛焰苞绿色，附属体棒状。花期 5 ~ 6 月。

分布： 分布于除东北、内蒙古、山东、江苏、新疆外的广大地区。

习性： 喜光照充足，也耐半阴；喜湿。

繁殖： 块茎或播种繁殖。

应用： 用于荫蔽装饰及盆栽。

★ *Arisaema erubescens* (Wall.) S. Schott ☆ One umbrella Southstar

灯台莲

别名：欢喜草
科属：天南星科天南星属

识别： 多年生草本。叶 2 枚，叶柄长 20 ~ 30 cm，下面 1 ~ 2 鞘筒状，鞘筒上缘几平截；叶片鸟足状 5 裂，裂片卵形、卵状长圆形或长圆形，边缘具不规则的粗锯齿至细的齿状锯齿，中裂片具长柄，倒裂片与中裂片近相等，具短柄或无；外侧五角星片无柄，不等侧，内侧基部楔形，外侧圆形或耳状。果期 8 ~ 9 月。

观花： 佛焰苞淡绿色至暗紫色，具淡紫色条纹，管部漏斗状，喉部边缘近截形；肉穗花序单性；雄花序圆柱形；雌花序近圆锥形。花期 5 月。

分布： 分布于日本以及中国大陆的贵州、江西、浙江、福建、江苏、四川、广西、安徽、河南、湖北、广东、陕西等地。

习性： 喜阴湿的环境，喜湿润、疏松、肥沃的沙质壤土。

繁殖： 播种或块茎繁殖。

应用： 适宜盆栽室内摆设或植于阴湿的地方。

★ *Arisaema sikokianum* Franch. et Savat. ☆ Sikoku Southstar

花烛

别名：红掌，安祖花
科属：天南星科花烛属

识别： 多年生草本，高 40 ~ 50 cm。叶自根茎处生出，具长柄，深绿色，卵形，先端渐尖，基部心形。花单生；佛焰苞卵形，鲜红色，革质，具有明亮的蜡质光泽，直立展开，先端急尖，基部心形；肉穗花序圆柱形，黄绿色，倾斜。

观花： 花茎高出叶面，佛焰苞阔心脏形，表面波皱，有蜡质光泽；肉穗花序圆柱形，直立，黄色。花期 5 ~ 7 月。

分布： 原产于南美洲哥伦比亚西南部热带雨林地区，世界各地广为栽培。

习性： 喜高温和多湿的气候，耐阴，不耐干旱和寒冷，栽培基质要疏松透气、排水良好。

繁殖： 扦插或分株繁殖。

应用： 可作切花，也可作大型盆栽，或丛植、片植于庭园阴处，观赏价值极高。

★ *Authurium andraeanum* Linden ☆ Flamingo Flower，Tail Flower

★ *Anthurium scherzerianum* Schott　☆ Flamingo Flower

火鹤

别名：红鹤芋
科属：天南星科花烛属

识别： 多年生草本，高 30 ~ 50 cm。植株直立。叶披针形，革质，深绿色。浆果，内有 2 ~ 4 粒种子，粉红色。

观花： 佛焰苞宽卵圆形，多呈火红色；肉穗花常呈螺旋状。品种很多，品种不同，苞片颜色也不同。全年开花。

分布： 原产于中美洲的哥斯达黎加、危地马拉。

习性： 喜温暖环境；稍喜光，忌夏季强光。

繁殖： 播种繁殖。

应用： 主要用于盆栽。

★ *Anthurium crystallinum* Linden et André　☆ Crystal Anthurium

水晶花烛

别名：晶状安祖花，美叶花烛
科属：天南星科花烛属

识别： 多年生草本。茎短。叶密生于茎上。叶阔心脏形，暗绿色，有天鹅绒般光泽。叶脉粗，银白色，叶背淡紫色。

观花： 花茎高出叶面，佛焰苞窄，带有褐色；肉穗花序圆柱形，带绿色。

分布： 原产于南美洲哥伦比亚的新格林纳达。

习性： 喜高湿环境，对水分变化敏感，不易栽培。

繁殖： 播种繁殖。

应用： 是优良的中小型观叶花卉，可盆栽观赏。

★ *Dieffenbachia* 'Big Ben'　☆ Big Ben Dieffenbachia

绿霸王

科属：天南星科黛粉叶属

识别： 树干直立，有时分枝。叶簇生于茎顶，长椭圆状披针形，没有叶柄；叶长 40 ~ 90 cm、宽 6 ~ 10 cm，弯曲成弓形，叶缘呈波状起伏，叶尖稍钝；鲜绿色，有光泽。

观花： 穗状花序，花小，黄绿色，芳香。

分布： 原产于美洲的加那利群岛和非洲几内亚等地。我国亦有栽培。

习性： 喜高温、高湿、半阴或荫蔽环境。不耐寒，忌强光直射，要求疏松、肥沃、排水良好的沙质壤土，分芽能力强。

繁殖： 分株繁殖。

应用： 叶姿高雅秀丽，常置于书斋、厅堂的条案上或书、画长幅之下，秋冬配以红果更能增添其色彩。

夏雪黛粉叶

别名：可爱黛粉叶
科属：天南星科黛粉叶属

识别： 多年生草本，高 50 ~ 100 cm。茎圆柱形。肉质，少有自然分枝，茎上有叶片脱落留下的环纹痕迹。叶长椭圆形，长 20 ~ 40 cm，宽 8 ~ 10 cm，边缘绿色，中央有不规则的白色斑点或条纹，甚为美丽；叶柄长 30 cm。花序在佛焰苞中，不显著。花期全年。

分布： 产于美洲热带。我国南方亦有栽培。

习性： 忌强光直射；喜高温、潮湿的气候和半阴的环境。

繁殖： 扦插或分株繁殖。

应用： 适于庭园阴湿处丛植、片植或盆栽作室内布置。

★ *Diffenbachia amoena* 'Tropic Snow' ☆ Tropic Snow Diffenbachia

龟背竹

别名：蓬莱蕉，穿孔喜林芋，龟背蕉
科属：天南星科龟背竹属

识别： 多年生常绿攀缘藤本，能达 3 m 多高。茎粗，节明显，长可达 10 m 以上，其上生有细柱状的气生根，褐色，形如电线。叶厚革质，互生，暗绿色或绿色；幼叶心脏形，没有穿孔，长大后叶呈矩圆形，具不规则羽状深裂，自叶缘至叶脉附近孔裂，如龟甲图案。浆果成熟时暗蓝色被白霜，有香蕉的香味。

观花： 花苞片革质，黄白色；佛焰苞淡黄色，肉穗花序白色，后变成绿色。花期 4 ~ 6 月。

分布： 原产于墨西哥热带雨林中，常附生于大树上。

习性： 喜温暖湿润的环境，忌阳光直射和干燥，喜半阴，耐寒性较强。对土壤要求不甚严格，在肥沃、富含腐殖质的沙质壤土中生长良好。

繁殖： 播种繁殖。

应用： 可作大、中型盆栽或垂直绿化，也是很好的切叶材料。

★ *Monstera deliciosa* Liebm. ☆ Ceriman

箭叶喜林芋

科属：天南星科喜林芋属

识别： 多年生草本。茎绿色，肉质，呈蔓性或半蔓性，节易生长气根。叶箭形，绿色，肉质。

观花： 肉穗花序。

分布： 园艺栽培品种。我国南方有栽培。

习性： 喜高温、高湿的气候，耐阴，不耐寒冷和干旱。

繁殖： 扦插繁殖。

应用： 可庭植或盆栽，供室内观赏。

★ *Philodendron sagittifolium* ☆ Wedn-imbe Philodendron

★ *Philodendron bipinnatifidum* Schott ☆ Lace Tree Philodendron

春羽

别名：羽裂喜林芋，裂叶喜树蕉
科属：天南星科喜林芋属

识别：多年生常绿草本，可达 1.5 m。茎拇指状，节间短。叶片排列紧密整齐，水平伸展，呈丛状；叶片宽心脏形，呈粗大的羽毛状，深裂；叶色浓绿，有光泽；叶柄坚挺细长。

观花：花单性，佛焰苞肉质，白色或黄色，肉穗花序直立，稍短于佛焰苞。

分布：原产于巴西、巴拉圭等地热带雨林中，附生于树上。我国南方有栽培。

习性：喜荫蔽和温暖、潮湿、空气湿度高的环境，喜疏松、肥沃和透气、透水的土壤。

繁殖：扦插或播种繁殖。

应用：美观大方，可盆栽观赏。中国南方地区也可附生于树上生长或做地被，也可孤植或丛植于庭园一角、山石旁、亭边或盆栽于厅堂、会议室等。

★ *Philodendron erubescens* C.Koch et Augustin 'Green Emerald'

绿帝王喜林芋

别名：绿帝王
科属：天南星科喜林芋属

识别：多年生常绿草质藤本。节具气生根，叶片长心形，大型，质稍硬，鲜绿色，具光泽。叶柄、叶背和新稍为鲜绿色。

观花：肉穗花序，浆果。花期 10 ~ 11 月。

分布：原产于巴西。

习性：喜半日照和湿润环境，生长适温 22 ~ 28 ℃，喜疏松、肥沃、富含腐殖质的土壤。

繁殖：分株或扦插繁殖。

应用：叶大秀丽，盆栽可用于客厅、卧室装饰或用于庭院的树干、山石等绿化；园林中常作附石、附树栽培。

★ *Pinellia ternata* (Thunb.) Makino ☆ Halfsummer

半夏

别名：地文，守田，羊眼半夏，蝎子草
科属：天南星科半夏属

识别：多年生草本，高 15 ~ 30 cm。块茎球形，须根多数。叶基生，1 枚或 2 枚，叶柄长，基部具鞘，叶片心形、心状戟形或 3 全裂，全缘。肉穗花序，上雄下雌，中间缢缩变细，花序柄长，佛焰苞绿色。浆果，熟时红色。花期 6 ~ 7 月；果期 7 ~ 8 月。

观花：佛焰苞绿色或绿白色，管部狭圆柱形，长 1.5 ~ 2 cm；檐部长圆形，绿色，有时边缘青紫色，长 4 ~ 5 cm，宽 1.5 cm，钝或锐尖。肉穗花序：雌花序长 2 cm，雄花序长 5 ~ 7 mm，其中间隔 3 mm；附属器绿色变青紫色，长 6 ~ 10 cm，直立，有时“S”形弯曲。

分布：广布于除西北及内蒙古以外的广大地区。

习性：喜阴凉、湿润的生长环境；耐水渍，不拘于土质。

繁殖：播种或分株繁殖。

应用：可盆栽或配置于花坛、路边、草坪边缘等。

掌叶半夏

别名：虎掌
科属：天南星科半夏属

识别： 多年生草本。株高 30 ~ 40 cm。叶柄纤细柔弱，淡绿色，叶片掌状分裂，小叶 9 ~ 11 片；披针形，下部筒状，长圆形，先端锐尖；浆果卵圆形，绿色。

观花： 肉穗花序顶生，佛焰苞淡绿色，花期 6 ~ 7 月。

分布： 分布于河南、河北、长江流域及西南等地。

习性： 喜温暖湿润，耐寒，怕强光，不耐旱，宜在疏松肥沃的沙质壤土内栽植，黏土地不宜栽植。

繁殖： 块茎和种子繁殖。

应用： 叶形独特，葱郁可爱，适宜栽植于疏林下的草坪，片植于野趣园或点缀于岩石园、建筑旁、墙隅等。

★ *Pinellia pedatisecta* Schott ☆ Tigerpalm

白鹤芋

别名：白掌，多花苞叶芋，一帆风顺
科属：天南星科苞叶芋属

识别： 多年生常绿草本，高 30 ~ 60 cm。具短根状茎。叶纸质，长披针形，淡黄绿色，长 12 ~ 16 cm，先端渐尖，叶缘波纹状。

观花： 肉穗花序黄白色；佛焰苞椭圆形或长圆形，长 10 ~ 12 cm，白色，老后变为淡绿色。花期 5 ~ 8 月。

分布： 原产于中美洲哥伦比亚，生于热带雨林中。现各地均有栽培。

习性： 喜半阴、高温、高湿环境。忌直射阳光，极耐阴，能在室内光线较暗处生长。较耐寒。

繁殖： 分株或播种繁殖。

应用： 适于庭园荫蔽处丛植、列植；也可盆栽观赏，也可在石组或水池边缘绿化。

相近种： 匙状白鹤芋 *Spathiphyllum cochlearispathum*，株高 60 ~ 90 cm，叶片大。

★ *Spathiphyllum kochii* Engl. et Krause

绿巨人白鹤芋

别名：绿巨人白掌
科属：天南星科苞叶芋属

识别： 常绿多年生草本，高达 80 ~ 120 cm。具地下茎，地上茎短而粗壮。叶呈莲座状基生，叶大，厚革质，全缘，阔椭圆形，顶端急尖，长 30 ~ 50 cm，宽 15 ~ 20 cm，表面深绿色，有光泽，背面绿色。一般不结果实。

观花： 佛焰花序腋生，佛焰苞白色。花期 4 ~ 7 月。

分布： 原产于美洲热带哥伦比亚。我国南方有栽培。

习性： 耐半阴；喜温暖、温润及半阴环境，耐高温、多湿的气候，不耐旱，不耐寒，不耐瘠薄。生长适温 18 ~ 25 ℃。

繁殖： 分株繁殖。

应用： 叶大秀美，为受欢迎的观叶植物，可种植于荫蔽的园路边、水岸边或一隅丛植，盆栽时适合布置厅堂、庭园、会场、办公楼或居室。

★ *Spathiphyllum candicans* Poepp.

★ *Zantedeschia hybrida* Hort. ☆ Hybrida Callalily

彩色马蹄莲

科属：天南星科马蹄莲属

识别：多年生粗壮草本。具肉质球茎，节处生根，根系发达粗壮。叶茎生，亮绿色，圆形或戟形，有光泽，全缘，多数品种叶片有半透明斑点。花序具有大型的佛焰苞漏斗状，似马蹄。

观花：佛焰苞马蹄状，肉穗花序鲜黄色，由无数的小花构成。花期几乎全年，盛花期 3 ~ 4 月。

分布：原产于非洲。我国有栽培。

习性：喜温暖、潮湿、光线充足。要求疏松、排水良好、肥沃或略带黏性的土壤。既不耐寒也不耐高温。

繁殖：分株繁殖。

品种：佛焰苞依品种不同，颜色也不同，有白、粉、黄、紫、红、橙、绿等色彩。

应用：苞片鲜艳，色泽美观，花期长，是优良的室内观赏花，可用于卧室、客厅、阳台等处栽培观赏。主要用于切花，可制作花饰、花篮、花束等，也可盆栽观赏。

★ *Zantedeschia aethiopica*（Linn.）Spreng. ☆ Callalily

马蹄莲

别名：水芋，观音莲，海芋
科属：天南星科马蹄莲属

识别：多年生草本，高 60 ~ 100 cm。地下块茎肥厚肉质。叶基生，箭形或戟形，全缘，鲜绿色。浆果。

观花：肉穗花序，黄色，佛焰苞大，白色，开张呈马蹄形。花期 12 月至翌年 6 月。

分布：原产于南非和埃及，现世界各地广泛栽培。

习性：喜温暖、湿润，不耐寒，不耐旱，喜冬季光照充足；喜水喜肥。

繁殖：分株繁殖。

应用：是作插花和花篮的上等材料或盆栽观赏。

★ *Zantedeschia rehmannii* Engl. ☆ Red Callalily

红花马蹄莲

别名：红马蹄莲
科属：天南星科马蹄莲属

识别：多年生草本，高可达 20 ~ 40 cm。叶片窄披针形，基部向叶柄下延。

观花：佛焰苞长近 12 cm，粉红至红紫色。花期 4 ~ 6 月。

分布：原产于南非，现热带地区均有栽培。中国有栽培。

习性：忌夏季暴晒；喜温暖、湿润的环境，稍耐阴，不耐寒，忌干旱。喜疏松、肥沃且排水良好的黏质壤土。

繁殖：分株繁殖。春、秋季均可进行，可切取块茎形成的带芽根茎另行栽培。

应用：花、叶均具较高的观赏价值，宜盆栽或作切花材料。

黄花马蹄莲

别名：金色马蹄莲
科属：天南星科马蹄莲属

识别： 多年生球根花卉。高 50 ~ 100 cm。具肥大的肉质地下茎。叶基生；叶柄长且粗壮；叶片卵心形，先端渐尖，具透明的白色斑点，全缘。

观花： 花梗粗壮且长，常高出叶面，顶端着生一黄色肉穗花序；佛焰苞黄色。花期 7 ~ 8 月。

分布： 原产于非洲南部。我国南方亦有栽培。

习性： 忌阳光暴晒；喜温暖、湿润的半阴环境，不甚耐寒。喜疏松、肥沃和富含腐殖质的壤土。

繁殖： 分株繁殖，宜春季进行。

应用： 叶片翠绿，形状奇特，可用于插花或盆栽观赏。

品种： 有矮小品种，可用于盆栽观赏。

★ *Zantedeschia elliotiana* (W.Watson) Engl.　☆ Golden Calla Lily

宽叶香蒲

别名：阔叶香蒲
科属：香蒲科香蒲属

识别： 多年生水生或湿生草本，高 1.0 ~ 1.5 m。根状茎乳黄色，先端白色。叶绿色，叶片较密，叶宽 1 ~ 2 cm，叶鞘圆柱形抱茎，边缘白膜状。小坚果披针形，褐色。花、果期 5 ~ 8 月。

观花： 花雌雄同株，雌雄花序相连，无间隔，雄花序在上，雌花序在下。

分布： 产于中国浙江、四川、贵州、西藏、黑龙江、吉林、辽宁、内蒙古、河北、河南、陕西、甘肃、新疆。日本、俄罗斯、巴基斯坦及欧洲、美洲和大洋洲也有分布。

习性： 喜光；喜温暖，宜水湿环境，耐寒，不耐干旱。需常保持水湿或有浅水。

繁殖： 播种或分株繁殖，宜于春季进行。

应用： 叶丛坚挺，叶色翠绿。适宜在庭园的湖泊、池塘及水景园中种植或盆栽；花序为插花的好材料。

★ *Typha latifolia* L.　☆ Boadleaf Cattail

水烛

别名：狭叶香蒲，蒲草，水蜡烛
科属：香蒲科香蒲属

识别： 多年生水生或沼生草本，高 0.3 ~ 3 m。具匍匐茎，茎直立。叶线形，宽 0.6 ~ 1.6 cm，上部扁平，背面下部稍隆起，腹面具槽；叶鞘常具有叶耳，下部筒状抱茎，具膜质边缘。小坚果长椭圆形，长约 1.5 mm。花、果期 6 ~ 9 月。

观花： 雌花序和雄花序分离，相距 2.5 ~ 7 cm，雌花序圆柱形，长 8 ~ 28 cm，有时更长，深褐色或红褐色；雄花序较细，长 15 ~ 30 cm，常比雌花序长。

分布： 产于我国各地。

习性： 喜温暖、湿润的环境，较耐寒。对土壤要求不严格，以富含有机质的塘泥最好。

繁殖： 播种或分株繁殖。

应用： 常用于点缀园林水池、湖畔，构筑水景。宜作花境、水景背景材料；也可盆栽布置庭园。

★ *Typha angustifolia* L.　☆ Walter Candle

★ *Typha minima* Funck.　☆ Mini Cattail

小香蒲

别名：小菖蒲
科属：香蒲科香蒲属

识别：多年生沼生草本，细弱，高 30 ~ 50 cm，根茎粗壮。叶具大型膜质叶鞘，基生叶具细条形叶片，宽不及 2 mm，茎生叶仅具叶鞘而无叶片。

观花：穗状花序长 10 ~ 12 cm，雌雄花序不连接，中间相隔 5 ~ 10 mm；雄花序在上，圆柱状，长 5 ~ 9 cm，雄花具单一雄蕊，基部无毛，花粉粒为四合体；雌花序在下，长椭圆形，长 1.5 ~ 4 cm，成熟时直径 8 ~ 15 mm，雌花有多数基生的顶端稍膨大的长毛。

分布：分布于东北、西北、西南地区及河北、河南；欧洲、亚洲北部也有分布。

习性：喜水湿，能耐盐碱。

繁殖：播种繁殖。

应用：可在水边、河滩及低湿地种植。

★ *Heliconia latispatha* Benth.

黄苞蝎尾蕉

别名：金鸟鹤蕉，黄鹂鸟蕉
科属：蝎尾蕉科蝎尾蕉属

识别：多年生草本，高 1.5 ~ 2.5 m。假茎细直，丛生。单叶互生，长椭圆状披针形，革质，全缘。种子坚硬，黑色。花期 5 ~ 10 月。

观花：穗状花序顶生，直立；苞片 5 ~ 9 片，舟形，金黄色，长 15 ~ 23 cm，先端尖；酷似一只只黄色小鸟翘立枝头。

分布：原产于巴西，现热带地区多有栽培。中国广东、台湾等地有引种栽培。

习性：喜光，适宜半阴的环境；喜高温、高湿的气候；在富含有机质和排水良好的沙质壤土上生长旺盛。

繁殖：播种或分株繁殖。

应用：株形致密，开花整齐，优雅别致。丛植或列植于庭园、花台，也是高级的切花材料。

★ *Heliconia rostrata* Ruiz et Pavon　☆ Rostrata Heliconia

金嘴蝎尾蕉

别名：金嘴赫蕉
科属：蝎尾蕉科蝎尾蕉属

识别：多年生丛生常绿草本。株高 1.2 m，茎细直，成株丛生。叶长椭圆形，具长柄，鞘状抱茎而生，似小型香蕉叶。

观花：花茎下垂性，花苞由基部往先端平开，一串数 10 枚，互生排列，形似一只只五彩缤纷的小鸟，奇异而美观，颇受人们喜爱，花苞是插花的高级花材。花期 5 ~ 10 月。

分布：原产于南美洲阿根廷至秘鲁一带。

习性：性喜高温、高湿和光照充足的环境，但耐半阴。喜富含有机质的肥沃的中性至微酸性土壤，耐瘠薄，忌干旱，畏寒冷。

繁殖：分株繁殖。

应用：株形似香蕉，适合庭园丛植、列植美化或切花栽培。

火鸟蕉

别名：比海蝎尾蕉
科属：蝎尾蕉科蝎尾蕉属

识别： 多年生常绿草本，高达 5 m。株体大型，具根状茎。叶长椭圆形，叶面绿色。

观花： 花序直立；苞片 2 片，深红色，列状着生，排列较疏，黄绿色小花簇生苞片腋部。花期夏、秋季。

分布： 原产于巴西、印度及南太平洋的萨摩亚群岛。中国广东等地有引种栽培。

习性： 喜光，稍耐阴；喜温暖、湿润的环境，不耐寒，越冬温度不低于 10 ℃。喜肥沃、疏松和排水良好的土壤。

繁殖： 分株繁殖。春、夏季易成活。

应用： 苞片奇特，色彩艳丽，为优良的草本花卉。可丛植或片植于庭园；也可盆栽观赏；插花时水养持久，为珍贵的切花材料。

★ *Heliconia bihai* L. ☆ Macaw flower

鸭跖草

别名：鸡舌草，鼻斫草，碧竹子
科属：鸭跖草科鸭跖草属

识别： 一年生蔓生草本。茎多分枝，基部匍匐而节部生根，上部斜生。单叶互生，卵形至披针形，具抱茎的叶鞘。蒴果，2 室。果期 8 ～ 10 月。

观花： 总苞片心状卵形，边缘对合折叠。花常仅 2 朵，蓝色；花萼花瓣各 3 枚，发育雄蕊 3 枚。花期 6 ～ 8 月。

分布： 分布于中国大部分地区。

习性： 喜温暖、半阴、湿润的环境，不耐寒。

繁殖： 扦插或播种繁殖。

应用： 繁殖快，易成活，叶子鲜绿浓郁，花形娇小可爱，可丛植或片植于林下草坪或溪畔、湖边。也可盆栽观赏或植于花台作垂吊观赏，也可种植于路边、山坡、田埂或林缘阴湿处。

★ *Commelina communis* L. ☆ Dayflower

杜若

别名：地藕，竹叶莲
科属：鸭跖草科杜若属

识别： 多年生草本。根状茎长而横走。茎直立，粗壮，被短柔毛，不分枝，高 30 ～ 80 cm。叶鞘无毛，叶无柄；叶片长椭圆形，长 20 ～ 30 cm，宽 3 ～ 7 cm，基部楔形。果球形，浆果状，蓝黑色。果期 8 ～ 10 月。

观花： 蝎尾状聚伞花序长 2 ～ 4 cm，几个至多个成轮地集成圆锥花序，总花序梗长 15 ～ 30 cm；总苞片卵状披针形；花梗长约 5 mm；萼片 3 枚，长约 5 mm，宿存；花瓣白色，3 枚，分离，倒卵状匙形，长约 3 mm；雄蕊 6 枚全育。花期 6 ～ 7 月。

分布： 分布于四川、贵州以东的长江以南各省区；朝鲜、日本及中南半岛地区也有分布。

习性： 喜温暖、湿润的环境。耐阴。

繁殖： 扦插繁殖。

应用： 适于盆栽或植于庭园荫蔽、林下湿润处。

★ *Pollia japonica* Thunb. ☆ Japan Pollia

★ *Setcreasea purpurea* B.K.Boom ☆ Purple Setcreasea

紫鸭趾草

别名：紫锦草，紫竹梅，紫鸭趾草
科属：鸭趾草科紫鹃草属

识别：多年生草本，高 20 ~ 50 cm。茎多分枝，带肉质，紫红色。叶互生，披针形，先端渐尖，全缘。蒴果椭圆形。种子呈三棱状半圆形，红棕色。

观花：花密生在二叉状的花序柄上，下具线状披针形苞片，长约 7 cm；萼片 3 枚，绿色，卵圆形，宿存；花瓣 3 枚，蓝紫色，广卵形；雄蕊 6 枚，2 枚发育；雌蕊 1 枚。花期夏、秋季，花色桃红。

分布：原产于墨西哥。

习性：耐旱又耐湿。喜温暖、湿润，不耐寒，要求光照充足，但忌暴晒。对土壤要求不严格，以疏松土壤为宜。

繁殖：扦插繁殖。

应用：其花叶俱美，为优良地被植物，也可盆栽作室内观叶植物。植株全年呈紫红色，枝或蔓或垂，特色鲜明，具有较高的观赏价值。

★ *Spatholirion longifolium* (Gagnep.) Dunn ☆ Bambooleaf Luckyweed

竹叶吉祥草

别名：竹叶红参，马耳朵草
科属：鸭跖草科竹叶吉祥草属

识别：缠绕草本，全体近无毛或被柔毛。茎长达 3 m。叶鞘有疏睫毛，叶柄长 1 ~ 2 cm，叶片披针形至卵状披针形，长 10 ~ 20 cm，宽 1.5 ~ 6 cm，顶端渐尖。蒴果卵状三棱形，长约 12 mm。

观花：蝎尾状聚伞花序多个，集成与叶对生、总梗长达 10 cm 的圆锥花序，仅最下面一个有卵状渐尖，长达 5 ~ 10 cm 的总苞片，其花两性，其余花序上的花为雄花；花无梗；花瓣紫色或白色，宽条形，略短于萼片；雄蕊 6 枚。

分布：分布于台湾、西藏以外的长江以南各省区，越南也有分布。

习性：稍耐阴。

繁殖：播种繁殖。

应用：可作垂直绿化植物或地被植物，种植于山谷林中。

★ *Rhoeo discolor* (L'Her) Hance

蚌花

别名：紫背万年青
科属：鸭跖草科紫背万年青属

识别：多年生草本，高 20 ~ 40 cm。茎短而粗壮。叶莲座状，簇生于短茎，剑形，叶面青绿光亮，叶背紫色。花生于叶腋，白色，被 2 片蚌壳状的紫色苞片包被。

分布：原产于古巴和墨西哥。我国南方常见栽培。

习性：耐半阴，忌强阳光直射；喜高温、多湿的气候。不耐干旱和瘠薄，喜肥沃和保水力强的土壤。

繁殖：分株繁殖。

应用：用作地被或布置花坛、花径和庭园小景。

白雪姬

别名：白绢草，白毛鸭跖草，银巨冠
科属：鸭跖草科紫露草属

识别： 多年生肉质草本。植株丛生，茎直立或稍匍匐，高15～20 cm，短粗的肉质茎硬而直，被有浓密的白色长毛。叶互生，绿色或褐绿色，稍具肉质，长卵形，叶长约2 cm，宽1 cm，也被有浓密的白毛。小花淡紫粉色，着生于茎的顶部。

分布： 白雪姬原产于中南美洲的危地马拉、伯利兹、墨西哥等国。

习性： 宜温暖、湿润的环境和充足而柔和的阳光，耐半阴和干旱，不耐寒，忌烈日暴晒和盆土积水。

繁殖： 分株繁殖。

应用： 白雪姬虽然引进我国时间不长，但形态独特，满株的白色长毛在各种观赏植物中独树一帜，淡紫色的小花精致而醒目，是花、叶俱佳的观赏花卉。而叠叶草株形玲珑可爱，富有天然野趣。

★ *Tradescantia sillamontana* Matuda

白花紫露草

别名：水竹草，白花紫鸭跖草
科属：鸭跖草科紫露草属

识别： 多年生草本。茎匍匐，带紫红色晕，节处膨大，贴地的茎节上生根。叶互生，长椭圆形，表面绿色，具白色条纹，有光泽；光线不足时，叶片变为绿色。

观花： 伞形花序。花小、白色。花期夏、秋季。

分布： 原产于南美巴西中部、乌拉圭和巴拉圭。

习性： 性喜温暖、湿润的气候，适宜生长湿度为15～25 ℃，畏烈日，宜生于有明亮的散射光处，对土壤要求不高。

繁殖： 扦插繁殖。

应用： 白花紫露草植株铺散，叶色美观，宜盆栽观赏，是书橱、几架的良好装饰植物。夏季又可作为吊挂廊下的观叶植物。

★ *Tradescantia fluminensis* Vell. ☆ Little leaf Spiderwort

吊竹梅

别名：吊竹草，甲由草
科属：鸭跖草科紫露草属

识别： 多年生草本，高30～60 cm。茎蔓生，茎叶稍肉质、多汁，茎多分枝，无毛或被疏毛，节上有根。叶互生，无柄，椭圆状卵圆形或长圆形，先端尖锐，基部钝，全缘；表面紫绿色或杂以银白色条纹，中部和边缘有紫色条纹，叶背紫红色。

观花： 花数朵，聚生于小枝顶部的两片叶状苞片内，紫红色。花期夏季。

分布： 原产于南美洲。

习性： 喜温暖湿润气候，较耐阴。对土壤要求不严格，适应性较强，适于肥沃、疏松的土壤。

繁殖： 播种繁殖。

应用： 适于美化卧室、书房、客厅等处，可放在花架、橱顶，或吊在窗前自然悬垂，观赏效果极佳。也可用于室内外绿化装饰。

变种： 四色吊竹梅 var. *quadricolor*，异色吊竹梅 var. *discolor*。

★ *Tradescantia zebrine* Heynh. ☆ Silver Inch Plant

★ *Tradescantia virginiana* L.　☆ Hybrid Spiderwort

无毛紫露草

别名：佛州紫露草
科属：鸭跖草科紫露草属

识别：多年生半常绿草本，高 40 ~ 60 cm，茎直立，粗壮。单叶互生，叶线形，具叶鞘。
观花：伞形花序顶生，数朵花簇生于枝顶端，花径约 3 cm，花瓣 3 枚，清晨开放，中午闭合，次日重开。盛花期 4 ~ 6 月。
分布：原产于北美。
习性：喜凉爽湿润气候，喜光，耐寒，耐贫瘠，适应性强，忌涝，荫蔽处生长易倒伏。
繁殖：扦插或分株繁殖。
应用：良好的观花观叶植物，花期长，宜布置花境中景或作填充材料，或作地被植物片植于林缘，亦可在水边片植。
品种：园艺品种众多，花色有蓝、淡蓝、红、白等色。

★ *Tradescantia* ‘Red Cloud’　☆ Red Cloud Spidewort

胭脂红紫露草

科属：鸭跖草科紫露草属

识别：多年生草本植物。株高 30 ~ 50 cm，茎簇生。叶互生，叶片线形或线状披针形。
观花：花胭脂红色。花期 5 ~ 10 月。
分布：栽培品种。
习性：喜光，耐寒，耐半阴，忌涝。
繁殖：播种繁殖。
应用：宜作花境或大片景观地被植物。

★ *Eichhornia crassipes* (Mart.) Solms　☆ Common Water-hyacinth

凤眼莲

别名：风眼莲，水浮莲，水葫芦
科属：雨久花科凤眼莲属

识别：多年生漂浮草本，常作一年生栽培，高 30 ~ 50 cm。茎极短，具长匍匐枝，匍匐枝淡绿色或带紫色，与母株分离后长成新植物。叶片丛生于短缩茎的基部，叶卵圆形，叶面光滑；叶柄中下部有膨胀如葫芦的气囊，基部具鞘状苞片。蒴果卵形。果期 8 ~ 11 月。
观花：花茎单生，穗状花序，花被蓝紫色，6 裂，上方 1 片裂片较大，在蓝色花被的中央有一黄色圆斑，似孔雀羽翎，另 5 片近相等。花期 7 ~ 10 月。
分布：原产于南美。现广布于中国长江、黄河流域及华南各省。
习性：喜温暖湿润、阳光充足；喜浅水、静水、流速不大的水体。
繁殖：播种繁殖。
应用：片植或丛植于水面，也可用于鱼缸装饰。
变种：大花凤眼莲 var. *major*，花大，粉紫红色；黄花凤眼莲 var. *aurea*，花黄色。

雨久花

别名：蓝鸟花，浮蔷，水白菜，蓝花菜
科属：雨久花科雨久花属

★ *Monochoria korsakowii* Regel et Maack ☆ Monochoria

识别： 水生草本。茎高 20 ~ 40 cm；全株光滑无毛。基生叶纸质，卵形至卵状心形，长 3 ~ 8 cm，宽 2.5 ~ 7 cm，顶端急尖或渐尖，基部心形，全缘，具弧状脉。蒴果卵形，长 8 ~ 10 mm。果期 9 ~ 10 月。

观花： 总状花序顶生，有花 10 余朵；花梗长 5 ~ 10 mm；花直径约 2 cm；花被裂片 6 枚，蓝色，椭圆形，长约 1 cm，顶端圆钝。花期 7 ~ 8 月。

分布： 分布于黑龙江、吉林、辽宁、河北、山西、陕西、河南。

习性： 喜温暖水湿，喜光、耐半阴，喜通风良好。

繁殖： 播种繁殖。

应用： 点缀园林水景，种植于池塘、湖边和水田，也可作切花，或盆栽观赏。

变种： 箭叶雨久花 *Monochoria hastata*（L.）Solms.，具匍匐茎，叶片较小，箭形或三角状披针形，顶端锐尖。

箭叶梭鱼草

别名：箭叶海寿花
科属：雨久花科梭鱼草属

★ *Pontederia lanceolata* Nutt. ☆ Lance Pickerel-weed

识别： 多年生挺水草本，高 80 ~ 200 cm，具根状茎。叶箭形，基部心形，全缘。胞果椭圆形，果皮硬。果期 6 ~ 12 月。

观花： 穗状花序，花瓣筒状，花蓝色，花期 5 ~ 11 月。

分布： 原产美洲中部及北部。

习性： 喜水湿，耐寒性好于梭鱼草。

繁殖： 播种繁殖。

应用： 可丛植、片植于淡水池塘、沟边、稻田或海滨湿地。

梭鱼草

别名：北美梭鱼草，海寿花
科属：雨久花科梭鱼草属

★ *Pontederia cordata* L. ☆ Pickerel-weed

识别： 多年生挺水或湿生草本，高 80 ~ 250 cm。具根状茎。叶片长卵形或箭头形，顶端渐尖且钝，基部心形，全缘。胞果椭圆形，果皮硬，种子椭圆形，长 1 ~ 2 mm。花果期 5 ~ 10 月。

观花： 穗状花序，花瓣筒状，花蓝紫色。

分布： 美洲热带到温带均有分布，中国也有栽培。

习性： 喜温暖水湿的环境，不耐严寒和干旱。

繁殖： 播种繁殖。

应用： 常用于布置园林水景，亦可作盆栽观赏。

品种： 白心海寿花 'Alba'，花呈白色略带粉红；蓝花海寿花 'Caesius'，花呈蓝色。

相近种： 箭叶梭鱼草 *Pontederia lanceolata* Nutt.，叶披针形。

★ *Belamcanda chinensis*（L.）DC.　☆ Blackberrylily

射干

别名：尾蝶花，扁竹兰，蚂螂花
科属：鸢尾科射干属

识别：宿根花卉，高 60 ~ 90 cm。具粗壮根状茎。叶剑形，互生排列，扁平如扇。蒴果倒卵形或长椭圆形，顶端常宿存凋萎花被。种子圆球形，黑色，有光泽。果期 7 ~ 9 月。

观花：二歧状伞房花序顶生，花茎细长，花橙红色，带鲜红色斑点，花被 6 瓣分离，倒卵形或长椭圆形。花期 6 ~ 8 月。

分布：原产于中国，日本、朝鲜半岛亦有分布。

习性：喜全光照和温暖湿润环境，耐旱、耐寒，抗逆性强，不择土壤。

繁殖：播种繁殖。

应用：宜成片栽植，适合布置花境或地被。

品种：有黄色、桃红色、乳白色等花色变种及矮性品种。

★ *Crocosmia crocosmiflora* (Nichols.) N. E. Br.　☆ Montbretia

雄黄兰

别名：雄黄花
科属：鸢尾科雄黄兰属

识别：多年生草本，高 50 ~ 70 cm。球茎扁球形，外有网状膜质包被。叶多基生，剑形；中脉明显，长 40 ~ 60 cm。蒴果三棱状球形。果期 8 ~ 10 月。

观花：花葶高 0.5 ~ 1 m，有 2 ~ 4 分枝，多花组成疏散的穗状花序，花基部有 2 片膜质苞片，花橙黄色；花被筒稍弯曲，花被裂片披针形或倒卵形。花期 7 ~ 8 月。

分布：原产于南非。中国南方多有栽培或逸为半野生状态。

习性：喜光，在半日照情况下生长良好，喜温暖、湿润的环境，喜肥沃及排水良好的土壤。

繁殖：可取母株生出的小球茎另植，或分株繁殖，将丛生的植株分开另植即可。

应用：花美色艳，适在庭园丛植、列植及布置花坛。

★ *Freesia refracta* Klatt.　☆ Freesia

香雪兰

别名：小苍兰，小菖兰，剪刀兰
科属：鸢尾科香雪兰属

识别：多年生草本，高 25 ~ 45 cm。球茎卵圆形，被膜质、有暗红色斑点的鳞片。叶条形，长 10 ~ 40 cm，宽 5 ~ 13 mm，基生叶与茎近等长，茎生叶较短。茎柔弱，有分枝，果期 6 ~ 9 月。

观花：花多数，偏生于一平生或倾斜的顶生穗状花序的一侧，花序轴多少扭曲；花疏散，直立，绿黄色至鲜黄色，芳香；苞片卵圆形；花被狭漏斗状，长约 4 cm，花被筒中部以下突然变狭；裂片 6 枚；雄蕊 3 枚。花期 4 ~ 5 月。

分布：原产于非洲南部。我国南方各地多露天栽培，北方各地多盆栽。

习性：喜凉爽、湿润与光照充足的环境，耐寒性较差，生长适宜温度为 15 ~ 20 ℃，宜于在疏松、肥沃的沙壤土中生长。

繁殖：播种或分球茎繁殖。

应用：色泽鲜艳，花朵芳香，插花期长，可于早春、春节供应上市，既可切花栽培，也可温室盆栽，深受花卉爱好者青睐。

唐菖蒲

别名：剑兰，十样锦，菖兰
科属：鸢尾科唐菖蒲属

识别： 宿根花卉，高 50 ~ 80 m。地下球茎扁圆球形，有黄棕色的膜质包被。叶基生剑形，嵌叠为二列状；基部鞘状，顶端渐尖，中脉突出，灰绿色。蒴果椭圆形或倒卵形，成熟时室背开裂。果期 8 ~ 10 月。

观花： 顶生穗状花序，着花 8 ~ 20 朵；小花花冠漏斗状，色彩丰富，花被裂片 6 枚，2 轮排列。花期 7 ~ 9 月。

分布： 原产于南非好望角、地中海沿岸及小亚细亚地区。

习性： 喜光，忌严寒和酷暑，忌积水和黏重土壤。

繁殖： 播种繁殖。

应用： 常用切花，多用于花束、花篮；矮生品种可盆栽。

品种： 品种繁多，主要色系包括红、粉、黄、橙、紫、白等色和复色等。

★ *Gladiolus gandavensis* Van Houtte ☆ Breeders Gladioli

紫苞鸢尾

别名：矮俄罗斯鸢尾
科属：鸢尾科鸢尾属

识别： 多年生草本，植株较原变种矮小。植株基部围有短的鞘状叶。叶长 8 ~ 15 cm，宽 1.5 ~ 3 mm。果期 6 ~ 7 月。

观花： 花茎高 5 ~ 5.5 cm；苞片长 1.5 ~ 3 cm，宽 3 ~ 8 mm；花淡蓝色或蓝紫色，直径 3.5 ~ 4.5 cm；花被管长 1 ~ 1.5 cm，外花被裂片长约 2.5 cm，宽约 6 mm，具深色条纹及斑点，内花被裂片长约 2 cm；雄蕊长约 1.5 cm，子房狭卵形，柱状，长约 4 mm。花期 4 ~ 5 月。

分布： 产于黑龙江、吉林、辽宁、内蒙古、河北、山西、山东、河南、江苏、浙江、陕西、甘肃、宁夏、四川、云南、西藏。

习性： 喜光。

繁殖： 播种繁殖。

应用： 可作园林观花地被植物，种植于向阳沙质地或山坡草地。

★ *Iris ruthenica* Ker-Gawl. ☆ Dwarf Purplebract Swordflag

德国鸢尾

别名：鸢尾，甘肃鸢尾
科属：鸢尾科鸢尾属

识别： 宿根花卉，高 40 ~ 70 cm。根状茎肥厚，略成扁圆形，有横纹，黄褐色，生多数肉质须根。基生叶剑形，直立或稍弯曲，无明显的中脉，淡绿色或灰绿色，常具白粉。

观花： 花茎高 60 ~ 100 cm，中下部有 1 ~ 3 片茎生叶；花下具 3 枚苞片，革质，边缘膜质，卵圆形或宽卵形，花大，鲜艳，淡紫色、蓝紫色、深紫色或白色，有香味，花被管呈喇叭形。花期 6 ~ 7 月。

分布： 原产于欧洲中部和南部。

习性： 耐寒性强，耐干燥，宜在排水良好、阳光充足处生长，喜黏性石灰质土壤。

繁殖： 播种繁殖。

应用： 花朵硕大，色彩鲜艳，常用于花坛、花境布置，也是重要的切花材料。

品种： 品种较多。

★ *Iris germanica* L. ☆ German Swordflag

★ *Iris delavayi* Micheli ☆ Delavay Swordflag

长葶鸢尾

别名：高葶鸢尾
科属：鸢尾科鸢尾属

识别：多年生草本。植株基部红紫色。叶灰绿色，剑形或条形，长50 ~ 80 cm。花茎中空，光滑，高60 ~ 120 cm，直径5 ~ 7 mm，顶端有1 ~ 2个短侧枝，中下部有3 ~ 4片披针形的茎生叶；蒴果柱状长椭圆形，长5 ~ 6.5 cm，直径1.5 ~ 2（5）cm。果期8 ~ 10月。

观花：苞片2 ~ 3枚，膜质，绿色，略带红褐色，内包有2朵花；花深紫或蓝紫色，具暗紫及白色斑纹，径9 cm；花盛开时，外花被裂片向下反折，上有白色及深紫色的斑纹，内花被裂片向外倾斜。花期5 ~ 7月。

分布：产于中国四川、贵州、云南及西藏。

习性：喜湿，耐寒。

繁殖：播种或分株繁殖。

应用：可从植用来布置花坛，或作地被，也可种植于林缘、草地或水边。

★ *Iris pseudacorus* L. ☆ Yellow Swordflag

黄花鸢尾

别名：黄菖蒲，黄鸢尾，水生鸢尾
科属：鸢尾科鸢尾属

识别：宿根花卉，高60 ~ 90 cm。根状茎粗壮，斜伸，节明显，黄褐色；须根黄白色，有皱缩的横纹。基生叶粉绿色，剑形，基部鞘状，中脉较明显，茎生叶比基生短而窄。蒴果长形。果期6 ~ 8月。

观花：数枚花生茎顶，黄色；垂瓣卵圆形或倒卵形，有黑褐色的条纹。花期4 ~ 5月。

分布：原产于欧洲及亚洲西部。

习性：喜光也耐阴，喜水湿也耐旱，适应性强，沙质壤土及黏土都能生长，在水边栽植生长更好。

繁殖：分株或播种繁殖。

应用：花大美丽，鲜黄色，观赏价值较高，可大片种植于水景园、湿地、湖畔、池边，也适宜于水葱、三白草等以多丛小片栽植于池岸。

★ *Iris lactea* Pall.var. *chinensis*（Fisch.）Koidz. ☆ Chinense Iris

马蔺

别名：马莲，马兰花，旱蒲
科属：鸢尾科鸢尾属

识别：多年生密丛草本，高达40 cm。具根状茎。叶基生，线形，灰绿色。蒴果长圆柱形，具短喙。果期7 ~ 9月。

观花：花茎高约10 cm，具2 ~ 4朵花，苞片狭披针形；花蓝色，花被管短，花被片6枚，具条纹，2轮排列，雄蕊3枚，花柱3枚，花瓣状。花期4 ~ 5月。

分布：产于我国东北、华北、西北及西藏等地。

习性：喜冷凉、湿润的气候，耐寒，不耐干旱，耐水渍。

繁殖：分株繁殖，亦可秋季播种，采后即播。

应用：花美丽，可种植于林缘及路旁草地、山坡灌丛、河边等地，或作园林绿化的地被、镶边或孤植，也可栽植于城市开放绿地、道路两侧绿化隔离带和缀花草地等，或用于水土保持及盐碱地、工业废弃地改造。

相近种：喜盐鸢尾 *Iris halophila* Pall.，蓝花喜盐鸢尾 var. *sogdiana*（Bunge）Grubov。

日本鸢尾

别名：蝴蝶花，开喉箭，兰花草
科属：鸢尾科鸢尾属

识别： 宿根花卉，高 45 ~ 80 cm。根茎直立扁圆形或纤细匍匐状横走。叶剑形，扁平，上面深绿色，背面淡绿色。蒴果倒卵圆形，无喙。果期 6 ~ 7 月。

观花： 花垂瓣具波状锯齿，中间有橙色斑点及鸡冠状突起；旗瓣稍小，上缘有锯齿，花淡紫色、淡蓝色或白色。花期 4 ~ 5 月。

分布： 原产于我国西南、华东地区，日本也有分布。

习性： 喜阳光充足，亦耐半阴，耐旱，耐寒性强。

繁殖： 播种繁殖。

应用： 适宜于湿地、溪流湖畔成片种植，也适合庭园荫蔽地、林间草地或林缘片植或丛植。

变型： 白花日本鸢尾（白蝴蝶花）f. *pallescens* P. L. Chiu et Y. T.Zhao。

★ *Iris japonica* Thunb.　☆ Butterfly Swordflag，Japan Swordflag

溪荪

别名：东方鸢尾
科属：鸢尾科鸢尾属

识别： 宿根花卉，高 30 ~ 60 cm。根状茎粗壮，斜伸。叶条形，中脉不明显，叶基红赤色，苞片晕红赤色。蒴果三棱状圆柱形，熟时由顶部开裂。果期 7 ~ 9 月。

观花： 花天蓝色；垂瓣圆形，基部有深褐色条纹；旗瓣长椭圆形，直立，色稍浅，爪部黄色具紫斑。花期 5 ~ 6 月。

分布： 产于中国东北各省，日本、朝鲜、俄罗斯也有分布。

习性： 喜光耐半阴，抗寒、耐旱、耐湿。

繁殖： 播种繁殖。

应用： 可于水岸湿地片植，或于浅水中种植，也可丛植点缀于池边、湖畔，或布置鸢尾专类园。

★ *Iris sanguinea* Donn ex Horn　☆ Bloodred Swordflag

喜盐鸢尾

别名：盐生鸢尾
科属：鸢尾科鸢尾属

识别： 多年生草本，高 30 ~ 50 cm。基生叶比花葶稍长，长披针形，渐尖，灰绿色，纵脉 10 余条，中脉不明显。蒴果圆柱形。花果期 6 ~ 8 月。

观花： 花葶稍扁平，有 3 ~ 5 片叶，披针形。花 2 ~ 4 朵，淡黄色或稍带白色，花梗比花被稍短或近于相等；总苞片宽披针形，渐尖，边缘白膜质；花被裂片比花被管长 2 倍；外轮裂片 3 片，内轮裂片 3 片。

分布： 分布于中国大陆的新疆、甘肃等地，俄罗斯也有分布。

习性： 耐阴，耐水湿，耐盐碱。

繁殖： 播种繁殖。

应用： 可用于花坛、花境、疏林下低洼地，也可种植于河谷、渠边、水边、湖盆地等潮湿地区及盐碱化的草甸。

变种： 蓝花喜盐鸢尾 var. *sogdiana*(Bunge)Grabor，花蓝色。

★ *Iris halophila* Pall.　☆ Salt-loving Swordflag

★ *Iris laevigata* Fisch. ☆ Swallow Swordflag

燕子花

别名：水蒲子花
科属：鸢尾科鸢尾属

识别： 宿根花卉，高 60 cm 左右。根茎粗壮。叶无中脉，较柔软光滑。
观花： 花葶与叶等高；着花 3 朵左右，浓紫色，基部稍带黄色，垂瓣与旗瓣等长。花期 4 ~ 5 月。
分布： 原产于中国东北地区，日本及朝鲜也有分布。
习性： 耐寒力强，喜阳光充足，喜水湿、肥沃的酸性土壤。
繁殖： 播种繁殖。
应用： 适于种植于花坛、水景园、专类园或作切花。
品种： 花有红、白、翠绿等色。

★ *Iris dichotoma* Pall. ☆ Vesper Swordflag, Vesper Iris

野鸢尾

别名：白射干，蒲扁草
科属：鸢尾科鸢尾属

识别： 多年生直立草本，高达 60 cm。根状茎不规则块状，须根多数。叶基生或茎生，剑形，基部鞘状抱茎，先端向外弯曲成镰刀状。蒴果长圆形。果期 8 ~ 9 月。
观花： 花茎高达 60 cm，具 3 ~ 4 朵花；花白色，花被有褐色斑纹，雄蕊 3 枚，花柱分枝扩张成花瓣状。花期 7 ~ 8 月。
分布： 生于沙质草地、山坡、丘陵等处。分布于东北、华北、西北、华东、华中地区。俄罗斯、蒙古也有分布。
习性： 喜光及排水良好的土壤。
繁殖： 分株或播种繁殖。
应用： 鸢尾花大而美丽，叶丛也美观，可设专类园，也可用于花坛、花境、地被栽植，也可种植于沙质草地、山坡石隙等。

★ *Iris ensata* Thunb. ☆ Jade Cicada Swordflag

玉蝉花

别名：紫花鸢尾，东北鸢尾
科属：鸢尾科鸢尾属

识别： 宿根花卉，高 40 ~ 90 cm。根状茎短而粗，须根多并有纤维状枯叶梢。叶基生，叶中脉凸起，两侧脉较平整。蒴果长圆形，有棱。
观花： 花深紫色，垂瓣呈椭圆形至倒卵形，中部有黄斑和紫纹，旗瓣狭倒披针形。花期 6 ~ 7 月。
分布： 产于中国东北、内蒙古、浙江等地；朝鲜、俄罗斯、日本也有分布。
习性： 喜温暖、湿润环境，耐寒性强。
繁殖： 播种繁殖。
应用： 适合丛植于湖畔、池旁或浅水中，或配置水生鸢尾专类园。
品种： 有斑叶、大花、重瓣等品种。

鸢尾

别名：紫蝴蝶，蓝蝴蝶，蝴蝶花，乌鸢
科属：鸢尾科鸢尾属

识别：多年生草本。叶剑形，薄纸质，淡绿色，长 30 ~ 60 cm，宽 2 ~ 3.5 cm。花葶与叶几等长，单一或 2 分枝，每枝具 1 ~ 3 朵花，苞片倒卵状椭圆形，长 4 ~ 7 cm。蒴果狭矩圆形，具 6 棱，外皮坚韧，有网纹。果期 6 ~ 8 月。

观花：花蓝紫色，直径约 10 cm，外轮 3 花被裂片近圆形或倒卵形，外折，具深色网纹，中部有鸡冠状突起及白色髯毛，内轮 3 花被裂片较小。花期 4 ~ 6 月。

分布：分布于云南、四川、陕西、湖北、浙江、江苏。

习性：要求排水良好，富含腐殖质、略带碱性的黏性土壤。

繁殖：分株或播种繁殖。

应用：鸢尾叶片碧绿青翠，花形大而奇，宛若翩翩彩蝶，是花坛及庭院绿化的良好材料之一，也是优美的盆花、切花和花坛用花；也可用作地被植物。

★ *Iris tectorum* Maxim.　☆ Swordflag

巴西鸢尾

别名：美丽鸢尾，鸢尾兰
科属：鸢尾科巴西鸢尾属

识别：多年生草本，高 30 ~ 40 cm。叶带状剑形，自短茎抽生，叶基部扁平。

观花：春季开白色花，其特色为花茎外形与叶极相似，酷似叶片开花。花后能着生幼株，垂地后能发根成长。

分布：原产于巴西。中国华南地区常见栽培。

习性：性耐阴，喜疏松、肥沃的沙质壤土。

繁殖：分株或鳞茎繁殖。全年均可进行，但以春季为佳。

应用：适合庭园花坛边缘栽培或盆栽。

★ *Neomarica gracilis*(Herb.)Sprague　☆ Walking Iris

加州庭菖蒲

别名：黄眼草
科属：鸢尾科庭菖蒲属

识别：植株禾草状，高约 50 cm。根状茎短。茎节明显，上部多分枝。疏散的聚伞花序顶生。蒴果，种子多数。果期 7 ~ 8 月。

观花：花金黄色，径约 1.5 cm；花被裂片 6，同型，近于等大，2 轮排列；雄蕊 3。花期 6 ~ 7 月。

分布：原产北美。

习性：耐贫瘠，黏重土也能生长良好。

繁殖：播种繁殖。

应用：栽培简易，播种当年可开花，自播性强，可作园林地被植物，也可作盆栽。

★ *Sisyrinchium californicum* (Ker - Gawl.) Dryand.　☆ Delavay Swordflag

★ *Sisyrinchium striatum* Sm. ☆ Striped Blue-eyed Grass

条纹庭菖蒲

别名：智利豚鼻花
科属：鸢尾科庭菖蒲属

识别：多年生半常绿草本，高 45 ~ 80 cm。叶基生，套叠状排成两列，宽剑形，扁平，宽约 2 cm，淡灰绿色。
观花：穗状花序细长，花乳黄色。花期 5 ~ 6 月。
分布：原产于智利和阿根廷。
习性：喜光，耐半阴，耐寒，喜湿润及排水良好的土壤。
繁殖：播种或分株繁殖，可自播繁殖。
应用：是一种优良的观叶、观花植物，适合布置花境中景，也可点缀岩石园。

★ *Sisyrinchium rosulatum* Bickn. ☆ Rosette Satinflower

庭菖蒲

别名：蓝眼草
科属：鸢尾科庭菖蒲属

识别：一年生莲座丛生草本。株高 15 ~ 25 cm，茎中下部有少数分枝，节常呈膝状弯曲，沿茎两侧有狭翅。叶基生或互生，狭条形，宽 2 ~ 3 mm，中脉不明显。蒴果球形。果期 6 ~ 8 月。
观花：聚伞花序顶生，花梗细长；花序基部有 5 ~ 7 枚叶状苞片，内有 4 ~ 6 朵花；花径约 1 cm，花被片 6，淡紫色，喉部黄色。花期 5 月。
分布：原产于北美洲，多生于潮湿的草甸；我国南方有栽培应用，现已逸为半野生。
习性：喜光，不耐寒。
繁殖：能自播繁衍，繁殖栽培播种繁殖。
应用：可布置花坛，亦可在水边种植。
品种：有黄色花品种。

★ *Alisma orientale* (Sam.) Juzepcz. ☆ Oriental Waterplantain

东方泽泻

科属：泽泻科泽泻属

识别：多年生沼生，具地下球茎。叶全部基生；叶柄长 5 ~ 50 cm，基部鞘状；叶椭圆形、长椭圆形或宽卵形，长 2.5 ~ 18 cm，宽 1 ~ 9 cm，顶端渐尖、锐尖或凸尖，基部心形、近圆形或楔形。瘦果两侧扁，背部有 1 ~ 2 浅沟，长 1.5 ~ 2 mm，宽 1.5 mm，花柱宿存。
观花：花葶直立，长 15 ~ 100 cm；花轮生呈伞形状，伞形花序的总梗长 2 ~ 4 cm，再集成大型圆锥花序；花两性；外轮花被片 3 枚，萼片状，广卵形，长 2 ~ 3 mm，宽 1.5 mm；内轮花被片 3 枚，花瓣状，白色，较外轮小；雄蕊 6 枚；心皮多数，轮生，花柱较子房短或等长，弯曲。花期 7 ~ 8 月。
分布：我国各省区均有分布；俄罗斯、蒙古、日本、印度北部也有。
习性：喜温暖，喜通风良好，耐水湿。
繁殖：播种繁殖。
应用：可作浅水边挺水植物栽培或盆栽。

泽泻

别名：水泽，水白菜
科属：泽泻科泽泻属

识别： 多年生水生或沼生草本。块茎直径 1 ~ 3.5 cm，或更大。叶通常多数；沉水叶条形或披针形；挺水叶宽披针形、椭圆形至卵形，叶脉通常 5 条。瘦果椭圆形，或近矩圆形。果期 7 ~ 9 月。

观花： 花葶高 78 ~ 100 cm；花序长 15 ~ 50 cm，具 3 ~ 8 轮分枝，每轮分枝 3 ~ 9 枚。花两性，花梗长 1 ~ 3.5 cm；外轮花被片广卵形，长 2.5 ~ 3.5 mm，宽 2 ~ 3 mm，白色，粉红色或浅紫色。花期 6 ~ 8 月。

分布： 产于黑龙江、吉林、辽宁、内蒙古、河北、山西等省区。

习性： 喜温暖、湿润的气候，幼苗喜荫蔽，成株喜阳光，怕寒冷。

繁殖： 种子繁殖。

应用： 花大，花较长，用作花卉观赏，适合在园林庭园水域中配置，可种植于沼泽边缘、低洼湿地和湖泊、河湾、溪流、沟渠的浅水带。

★ *Alisma plantago-aquatica* L. ☆ Waterplantain

皇冠草

别名：亚马孙剑草，王冠草
科属：泽泻科皇冠草属

识别： 多年生挺水草本。嫩叶呈红棕色，叶片心形，长 10 ~ 20 cm，宽 6 ~ 10 cm，叶柄长 5 ~ 15 cm，水上叶长披针形，水中叶叶柄短，长披针形。花果期 5 ~ 11 月。

观花： 花白色。

分布： 产于巴西。中国各地均有栽培。

习性： 喜阳光充足；耐寒。

繁殖： 分株或播种繁殖。

应用： 叶形、叶色美丽，也作沉水植物栽培。现已用于水景绿化布置。

★ *Echinodorus amazonicus* Rataj ☆ Amazon sword

花皇冠

别名：香瓜，红香瓜
科属：泽泻科皇冠草属

识别： 为多年生挺水植物，亦可作沉水栽培。嫩叶呈棕色，有时有红棕色斑点，叶子富于变化，寿命较短。幼叶窄、无柄、尖锐。成熟叶心形，长 20~30 cm，宽 3~4 cm，有黄色叶脉。果期 5~10 月。

观花： 花期 5~10 月。

分布： 分布于北美南部及西印度。中国有栽培。

习性： 可栽植于水边，常作浅水区域布景植物。

繁殖： 分株或播种繁殖。

应用： 叶形、叶色美丽，可用作沉水景观布置供观赏。

相近种： 皇冠草 *Echinodorus amazonicus* Rataj。

★ *Echinodorus berteroi* (L.) DC. ☆ Berteroi Arrowhead

★ *Echinodorus macrophyllus* (Kunth) Michell

大叶皇冠草

别名：巨叶皇冠草
科属：泽泻科皇冠草属

识别： 多年生水生或沼泽，高 50 ~ 70 cm。叶心形，长 10 ~ 20 cm，宽 6 ~ 10 cm，叶柄长 5 ~ 15 cm，沉水叶深绿色至绿色。花白色，水上开放，气生叶呈箭形、心形，长 20 ~ 30 cm，5 条纵脉，十分明显，叶与叶柄等长或稍长；呈深绿色或橄榄绿，长 20 ~ 30 cm，宽 15 ~ 20 cm，叶柄有刺。果实呈楔形，长 0.3 cm。花果期 5 ~ 11 月。

观花： 花 3 朵，有 20 ~ 24 枚雌蕊。

分布： 分布于圭亚那、阿根廷及巴西西南部。中国有栽培。

习性： 耐水湿。

繁殖： 播种或扦插繁殖。

应用： 是皇冠草属中叶片最大的种类，叶形、叶色美丽，可用作沉水景观布置供观赏。现已用于水景绿化布置。

★ *Sagittaria trifolia* L.　☆ Wild Arrowhead

野慈姑

别名：燕尾草，剪刀草
科属：泽泻科慈姑属

识别： 多年生水生或沼生草本。根状茎横走，较粗壮，末端膨大或否。挺水叶箭形，叶片长短、宽窄变异很大，通常顶裂片短于侧裂片；叶柄基部渐宽，鞘状，边缘膜质，具横脉，或不明显。花葶直立，挺水，高 20 ~ 90 cm，通常粗壮。瘦果两侧压扁。种子褐色。果期 5 ~ 10 月。

观花： 花序总状或圆锥状，长 5 ~ 20 cm，有时更长，具分枝 1 ~ 2 枚，具花多轮，每轮 2 ~ 3 花；苞片 3 枚，基部多少合生，先端尖。花单性；花被片反折，外轮花被片椭圆形或广卵形；内轮花被片白色或淡黄色；雄花多轮花梗斜举，长 0.5 ~ 1.5 cm，雄蕊多数，花药黄色。花果期 5 ~ 10 月。

分布： 产于东北、华北、西北、华东、华南、四川、贵州、云南等省区。

习性： 喜水湿。

繁殖： 分株或播种繁殖。

应用： 可种植于湖泊、池塘、沼泽、沟渠、水田等水域。

★ *Sagittaria montevidensis* Cham. et Schlecht.　☆ Giant Arrowhead

大慈姑

别名：蒙特登慈菇，冠果草，美洲慈姑
科属：泽泻科慈姑属

识别： 多年生水生或沼生草本。根状茎横走，较粗壮，末端膨大或否。挺水叶箭形，叶片长短、宽窄变异很大，通常顶裂片短于侧裂片；叶柄基部渐宽，鞘状，边缘膜质，具横脉，或不明显。花葶直立，挺水，高 20 ~ 90 cm，通常粗壮。瘦果两侧压扁。种子褐色。果期 5 ~ 10 月。

观花： 花序总状或圆锥状，长 5 ~ 20 cm，有时更长，具分枝 1 ~ 2 枚，具花多轮，每轮 2 ~ 3 花；苞片 3 枚，基部多少合生，先端尖。花单性；花被片反折，外轮花被片椭圆形或广卵形；内轮花被片白色或淡黄色；雄花多轮花梗斜举，长 0.5 ~ 1.5 cm，雄蕊多数，花药黄色。花果期 5 ~ 10 月。

分布： 产于东北、华北、西北、华东、华南、四川、贵州、云南等省区。

习性： 喜水湿。

繁殖： 分株或播种繁殖。

应用： 可种植于湖泊、池塘、沼泽、沟渠、水田等水域。

波浪竹芋

别名：浪星竹宇，剑叶竹宇
科属：竹芋科肖竹芋属

识别： 多年生常绿草本，高 20 ~ 50 cm。叶丛生，叶基稍歪斜，叶缘波状，具光泽。叶背和叶柄为紫色。

观花： 花黄色。花期春季。

分布： 原产于巴西。

习性： 喜湿润、半日照环境，在全光照下也可生长，耐热、耐瘠薄、不耐寒。生长适温 22 ~ 28 ℃，喜肥沃、排水良好的土壤。

繁殖： 分株或播种繁殖。

应用： 株形美观，生长旺盛，是我国进种较早的竹芋科植物，园林中可用于稍荫蔽的园路边、假山、石边或墙垣处，也可植于一隅观赏；华东南部、华南和西南地区可露地栽培，北方盆栽，可置于卧室、客厅、书房等观赏。

★ *Calathea rufibara* 'Wavestar' ☆ Wavestar Calathea

黄苞肖竹芋

别名：金花竹芋
科属：竹芋科肖竹芋属

识别： 植株丛生，高 15 ~ 30 cm。叶片椭圆形，全缘，波浪状，叶面呈波浪状凹凸，橄榄绿色，长 12 ~ 15 cm，宽约 7 cm。稍有波浪状起伏，叶面橄榄绿色或暗绿色，叶背淡红或红褐色。

观花： 花序由叶丛中抽出，通常高出叶面，苞片橘黄色，黄色小花盛开于内，花序穗状，花梗紫红色，鹅黄色苞片，色艳姿美，花期为冬春季节。

分布： 原产于南美洲的巴西。

习性： 喜高温、高湿的半阴环境，不耐寒，忌烈日暴晒，否则会因光线过强使叶片卷缩、变黄，叶基至叶面产生焦斑，严重地影响生长和观赏。

繁殖： 分株繁殖。

应用： 适于盆栽室内观赏，花期正值少花季节。叶、花均具观赏价值。

★ *Calathea crocata* E. Morren et Joriss ☆ Eternal Flame

罗氏竹芋

别名：蓝花蕉，荷花肖竹芋
科属：竹芋科肖竹芋属

识别： 多年生常绿草本，株高可达 1 m。叶长卵形，先端尖，基部楔形，具柄，主叶脉两边呈黄色。

观花： 花序头状，单生，花白色至粉红色。花期春季。

分布： 原产于南美洲热带地区。

习性： 半喜光，生长适温 22 ~ 28 ℃，喜排水良好的湿润土壤，需水量中等。

繁殖： 分株繁殖。

应用： 盆栽可用于阳台、窗台等处观赏，也是庭园绿化的优良材料。

★ *Calathea loeseneri* J. F. Macbr. ☆ Brazilian Calathea

★ *Calathea zebrina*（Sims）Lindl. ☆ Zebra Plant

绒叶肖竹芋

别名：天鹅绒竹芋
科属：竹芋科肖竹芋属

识别：多年生草本，高 0.5 ~ 1 m。叶 6 ~ 20 片，长圆状披针形，顶端钝，基部渐尖，叶面深绿，间以黄绿色的条纹，叶背幼时浅灰绿色，老时淡紫红色，两面均无毛。

观花：头状花序卵形，单独生于花葶上，花葶长短不一，苞片覆瓦状排列，宽卵形，宽约 5 cm；小苞片线形；萼片长圆形，长达 2.5 cm；花冠紫堇色或白色，裂片长圆状披针形，长 1.5 cm；外轮退化，雄蕊倒卵状长圆形。花期 5 ~ 6 月。

分布：原产于巴西。

习性：喜中等强度光照，在半阴条件下，叶色油润而富有光泽。花纹娇艳。不耐寒，生长适温为 16 ~ 21 ℃。要求富含有机质的肥沃土壤。

繁殖：分株法繁殖，也可扦插繁殖。

应用：叶表面像天鹅绒一般，十分美丽，可盆栽供室内装饰。

★ *Calathea*‘Silver Compacta’ ☆ Silver Compacta Calathea

小银肖竹芋

别名：细绿羽肖竹芋
科属：竹芋科肖竹芋属

识别：多年生草本，高 15 ~ 30 cm。叶基生，长椭圆形，长 15 ~ 20 cm，上面银灰色，下面紫红色，侧脉细，绿色，长短交错。

观花：花期夏、秋季。

分布：栽培品种。中国南方有栽培。

习性：在稍明亮处生长佳，忌强阳光直射；喜温暖、湿润、半阴的环境，不耐寒，不耐旱。

繁殖：扦插或分株繁殖。

应用：叶色美丽，株形优美，是优良的室内观叶植物，可点缀于客厅、书房、卧室等处，高雅耐观，也可在公共场所列放于走廊两侧和室内花坛。

★ *Thalia dealbata* Fraser ☆ Powered Thalia

水竹芋

别名：白粉水竹芋，鳄鱼旗，再力花
科属：竹芋科水竹芋属

识别：多年生挺水草本，高 1 ~ 2 m。植株被白粉，地下根茎发达。叶卵状披针形，浅灰蓝色，边缘紫色，长 50 cm，宽 25 cm。叶鞘极长，叶鞘大部分闭合。

观花：圆锥花序，由总状花序组成，花小，紫堇色，花柄可高达 2 m 以上。花期夏秋季。

分布：原产于美国南部和墨西哥的热带植物。我国也有栽培。

习性：喜温暖水湿、阳光充足的气候环境，不耐寒，在微碱性的土壤中生长良好 。

繁殖：播种或根茎分株繁殖。

应用：株形美观洒脱，叶色翠绿可爱，是水景绿化的上品花卉或作盆栽观赏；适于水池、湿地种植美化，3 ~ 5 株点缀公园水面。

相近种：垂花水竹芋 *Thalia geniculata* L.，穗状花序下垂，呈“Z”字形。

垂花水竹芋

别名：红鞘水竹芋
科属：竹芋科水竹芋属

识别： 多年生挺水植物，株高 1 ~ 2 m，地下具根茎。叶鞘为红褐色，叶片长卵圆形，先端尖，基部圆形，全缘，叶脉明显；花茎可达 3 m，直立，穗状花序细长，弯垂，花不断开放，花梗呈“之”字形；苞片具细茸毛，花瓣 4 枚，上部 2 枚淡紫色，下部 2 枚白色，状似蝴蝶，花期通常在 6 ~ 11 月。

分布： 产于中非及美洲，生于沼泽及河岸边。

习性： 耐寒性较差。

繁殖： 分株繁殖。

应用： 通常将其用作水景绿化，广泛用于湿地景观布置，群植于水池边沿或水生低地，形成独特的水景景观。

相近种： 水竹芋 *Thalia dealbata* Fraser.，花序直立，不下垂，仅略弯曲，不呈“Z”字形。

★ *Thalia geniculata* L. ☆ Alligator Flag，Bent Alligator Flag

假槟榔

别名：亚历山大椰子
科属：棕榈科假槟榔属

识别： 乔木，高达 20 m。茎基部略膨大。叶羽状全裂，裂片条状披针形，二列状，长达 45 cm，宽 3 ~ 5 cm，顶端渐尖，全缘或有缺刻，叶面绿色，叶背有灰白色鳞秕状被覆物；叶鞘长。果卵状球形，长 1.2 ~ 1.4 cm，红色。

观花： 肉穗花序生于叶鞘束下，多分枝，排成圆锥花序式，下垂，长 30 ~ 40 cm，总苞 2 枚，鞘状，长 45 cm；花雌雄同株，白色或乳酪色，雄花萼片三角状圆形，长约 3 mm；花瓣斜卵状矩圆形，长约 6 mm；雄蕊 9 ~ 10 枚；雌花萼片和花瓣圆形，长 3 ~ 4 mm。

分布： 原产于澳大利亚；中国福建、台湾、广东、海南、广西、云南等地也有栽培。

习性： 喜光。

繁殖： 播种繁殖。

应用： 可植于庭园中或作行道树。

★ *Archontophoenix alexandrae* (F. Muell.)H. Wendl. et Drude

袖珍椰子

别名：矮棕，客室棕，矮生椰子
科属：棕榈科袖珍椰子属

识别： 常绿小灌木，高 1 ~ 3 m，盆栽者高 30 ~ 60 cm。茎直立，深绿色，不分枝，上有不规则的环纹。浆果，橙红色或黄色。叶细软弯曲下垂，长 30 ~ 60 cm，有全裂羽片 12 对以上，叶鞘筒状抱茎。

观花： 肉穗花序腋生，雌雄异株。雄花稍直立，雌花序稍下垂，花黄色呈小球形。花期春季。

分布： 原产于墨西哥、危地马拉等中南美洲热带地区。

习性： 喜温暖多湿和半阴环境，不耐干旱，也不耐寒，怕阳光直射，宜放室内明亮散光处栽培。

繁殖： 播种繁殖。

应用： 室内盆栽观赏。

相近种： 雪佛里椰子 *Chamaedorea seifrizii* Burret，茎干直立，株高 1 ~ 3 m。茎节短，中空，从地下匍匐茎发新芽而抽长新枝。开花挂果期可长达 2 ~ 3 个月。

★ *Chamaedorea elegans* Mart. ☆ Table Top Palm

★ *Phoenix roebelenii* O'Brien ☆ Pygamy Datepalm

软叶刺葵

别名：江边刺葵，美丽针葵
科属：棕榈科刺葵属

识别：常绿灌木，高 1 ~ 3 m，单干或丛生，干上有残存的三角状叶柄基。羽状复叶，长 1 ~ 2 m，常下垂；小叶较柔软，二列状，近对生，长 20 ~ 30cm，顶端渐尖而成一长尖头，背面沿叶脉被灰白色鳞秕，下部的叶片退化成细长的刺。果矩圆形，长 1.4 cm，直径 6 mm，具尖头，枣红色，果肉薄，有枣味。

观花：肉穗花序生于叶丛中，长 30 ~ 50 cm，花序轴扁平，总苞 1 枚，上部舟状，下部管状，与花序等长，雌雄异株。

分布：原产于印度、缅甸、泰国及中国云南西双版纳等地，我国广东有栽培。

习性：喜光，亦能耐阴；不耐寒；喜湿润、肥沃土壤。

繁殖：播种繁殖。

应用：树形美丽，枝叶拱垂似伞，叶片分布均匀且青翠亮泽，是优良的盆栽观叶植物。

★ *Rhapis excelsa*（Thunb.）Henry ex Rehd. ☆ Ladypalm

棕竹

别名：观音竹，筋头竹，棕榈竹
科属：棕榈科棕竹属

识别：常绿丛生灌木，高 1 ~ 3 m。茎干直立，不分枝，有节，圆柱形，上部具褐色网状粗纤维质叶鞘。叶集生于枝顶，掌状，3 ~ 10 深裂，裂片条状披针形，光滑，暗绿色，长达 30 cm，横脉多而明显；叶柄细长，8 ~ 20 cm。浆果球形，种子球形。果期 11 ~ 12 月。

观花：肉穗花序腋生，多分枝，花小，淡黄色，极多。花期 6 ~ 7 月。

分布：产于中国华南与西南各地；日本也有分布。中国北方地区多盆栽。

习性：喜温暖、阴湿及通风良好的环境。

繁殖：播种繁殖。

应用：室内盆栽或制作盆景，也可作切叶材料。

品种：花叶棕竹 'Variegata'，叶片有乳白色和绿色相间的白条纹。

相近种：矮棕竹 *Rhapis humilis* Bl.，植株矮小，盆栽者高 1 m 左右，叶掌状裂，裂片细长。

★ *Sabal minor*（Jacq.）Pers. ☆ Dwarf Vegetablepalm

小箬棕

别名：矮菜棕
科属：棕榈科箬棕属

识别：灌木，高 3 ~ 4 m。常有老叶柄残基。叶大型，圆扇形，直径 0.6 ~ 1.4 m，基部楔形，掌状深裂；裂片 16 ~ 40 对，先端长尖，2 裂。果球形，熟时亮黑色。果期 10 月。

观花：花序结实后下弯。

分布：原产于美国东南部。我国广东有栽培。

习性：较耐寒，耐旱，适宜排水良好、肥沃的土壤。

繁殖：播种繁殖。

应用：适宜植于庭园中的草坪边或庭园门前。

棕榈

别名：棕树，唐棕
科属：棕榈科棕榈属

识别： 常绿乔木，高 2.5 ~ 5（10）m。茎圆柱形，不分枝，具纤维网状叶鞘。叶簇茎端，形如扇，掌状裂深达中下部，径 50 ~ 70 cm，叶柄长 40 ~ 100 cm；叶先端常下垂，两侧细齿明显。核果肾状球形，蓝褐色，被白粉。10 ~ 11 月果熟。

观花： 雌雄异株，圆锥状肉穗花序腋生，花小而黄色。花期 4 ~ 5 月。

分布： 原产于我国，长江流域及其以南地区常见栽培。

习性： 喜光，较耐阴；喜温暖湿润气候，耐寒性强，可忍受 −14 ℃的低温；抗大气污染。

繁殖： 播种繁殖。

应用： 树势挺拔，叶色葱茏，适于四季观赏，作为园景树、庭阴树，或盆栽观赏均可。

★ *Trachycarpus fortunei*（Hook.）H.Wendl. ☆ Windmill Palm

八角枫

别名：华瓜木，白龙须，木八角
科属：八角枫科八角枫属

识别： 落叶乔木或灌木，高达 3 ~ 5 m。叶近圆形、椭圆形或卵形，顶端短锐尖，基部常不对称；3 ~ 5 条基出脉。果期 7 ~ 10 月。

观花： 聚伞花序腋生；花冠圆筒形；花瓣 6 ~ 8 枚，线形，花初开时白色，后变黄色；核果熟时黑色。花期 5 ~ 7 月。

分布： 除北部、东北、西北外的其他地区。

习性： 喜温暖、湿润的环境，喜肥沃、疏松且排水良好的土壤。

繁殖： 播种繁殖。

应用： 八角枫的叶片形状较美，花期较长，适合庭园或绿地栽培；根系发达，适应性强，又可作为交通干道两边的防护林树种。

★ *Alangium chinense*（Lour.）Harms ☆ China Alangium

瓜木

别名：枢木，悬铃八角枫
科属：八角枫科八角枫属

识别： 落叶灌木或小乔木，高达 7 m。小枝绿色，有短柔毛。叶互生，近圆形，全缘或 3 ~ 5(7) 浅裂，基部广楔形或近心形，幼时两面有毛。核果卵形。

观花： 花瓣线形，紫红色，花丝基部及花柱无毛，聚伞花序生叶腋。

分布： 产于中国东北南部、华北、西北及长江流域地区；朝鲜、日本也有分布。

习性： 喜光和较肥沃、疏松的土壤。

繁殖： 种子繁殖。

应用： 瓜木是良好的观赏树种；叶片形状较美，花期较长，适合庭院或绿地栽培。

相近种： 八角枫 *Alangium chinense*（Lour.）Harms，叶常不分裂。

★ *Alangium platanifolium*（Sieb. et Zucc.）Harms

★ *Tarenaya hassleriana*（Chodat）Iltis ☆ Spiny Spiderflower

醉蝶花

别名：西洋白花菜，凤蝶草，紫龙须
科属：白花菜科醉蝶花属

识别：一年生草本，高 60 ~ 150 cm。枝叶具气味；掌状复叶互生，小叶 5 ~ 9 片，长椭圆状披针形，2 枚托叶演变成钩刺；蒴果细圆柱形，内含种子多数。果期 8 ~ 10 月。

观花：总状花序顶生，花瓣 4 枚；具长爪，雄蕊 6 枚，花丝长约 7 cm；花期 6 ~ 9 月。

分布：原产于热带美洲，现世界各地广泛栽培以供观赏。

习性：适应性强；性喜高温，较耐暑热，忌寒冷；喜阳光充足，半遮阴亦能生长良好。对土壤要求不苛刻，喜湿润土壤，亦较能耐干旱，忌积水。

繁殖：播种或扦插繁殖。

应用：花瓣轻盈飘逸，盛开时似蝴蝶飞舞，颇为有趣，可在夏秋季节布置花坛、花境，也可进行矮化栽培，将其作为盆栽观赏。也适于布置在路边、林缘成片栽植和用于切花。

品种：花色有红色、紫红色和白色等品种。

★ *Centranthus ruber*（L.）DC.

红缬草

别名：红花中花，红排草
科属：败酱科红缬草属

识别：多年生草本。直立，高 80 ~ 100 cm，叶对生，披针形或长圆状披针形，长 5 ~ 8 cm，下部叶有柄，上部叶无柄。

观花：花小而繁，但花序大而艳丽，花红色，有白色变异，花期晚春至秋季。花后及时剪去残花有利于二次开花。

分布：原产于欧洲地中海地区。

习性：喜光，喜疏松、中等肥沃、重黏土、排水好的土壤，也可生长在营养贫瘠的土壤。

繁殖：播种或分根繁殖。

应用：可作庭园观赏。

★ *Patrinia villosa* (Thunb.) Juss. ☆ White Patrinia

白花败酱

别名：苦菜，苦叶菜，野苦菜
科属：败酱科败酱属

识别：多年生草本，高达 1 m。地下茎细长，地上茎直立，密被白色倒生粗生或仅两侧各有 1 列倒生粗毛。基生叶簇生，卵圆形，边缘有粗齿，叶柄长；茎生叶对生，卵形或长卵形，长 4 ~ 10 cm，宽 2 ~ 5 cm，先端渐尖，基部楔形，1 ~ 2 对羽状分裂，基部裂片小；上部不裂，边缘有粗齿，两面有粗毛，近无柄。瘦果倒卵形，基部贴生在增大的圆翅状膜质苞片上，苞片近圆形。

观花：伞房状圆锥聚伞花序，花序分枝及梗上密生或仅 2 簇粗毛；花萼不明显；花冠白色，直径 4 ~ 6 mm。花期 5 ~ 6 月。

分布：除西北地区外，全国均有分布。

习性：喜生于较湿润和稍阴的环境，较耐寒；耐旱；适应性强。

繁殖：扦插或播种繁殖。

应用：茎叶茂盛，适应性广。常成片生长，是良好的观赏植物。

糙叶败酱

别名：摆子草、虎牙草、山败酱
科属：败酱科败酱属

识别： 多年生草本植物，高 30 ~ 60 cm。茎分枝，密被短毛。基生叶羽状浅裂，茎生叶对生，羽状深裂至全裂，裂片狭而尖锐。果期 9 ~ 10 月。

观花： 聚伞花序多分枝成圆锥状；花黄色，萼不明显，花冠筒状，顶端 5 裂。瘦果长圆柱状，具褐色翅状苞片。花期 7 ~ 8 月。

分布： 分布于我国东北、华北、西北地区。

习性： 适应性强。喜光；耐寒，耐干旱。耐瘠薄，但以富含有机质的壤土为佳。

繁殖： 播种繁殖。

应用： 花黄色美丽，是良好的观赏植物。宜盆栽，或片植或配置于庭园。

分布及生境： 北京见于各区县山地，生于山坡草地、沟边灌丛和林缘。

★ *Patrinia scabra* Bunge ☆ Scabrous Patrinia

黄花龙牙

别名：败酱，长虫把，苦斋
科属：败酱科败酱属

识别： 多年生草本，高 1 ~ 1.5 m。根状茎横走，有陈腐气味。茎粗壮，基部木质。基生叶丛生，茎生叶对生，羽状深裂至全裂。果期 8 ~ 10 月。

观花： 聚伞花序分枝多，多花；花萼不明显，花冠钟形，黄白色，5 裂，雄蕊 4 枚。瘦果长圆形，无翅状苞片。花期 6 ~ 7 月。

分布： 分布广，全国各省都有分布，生于山坡草丛中。

习性： 喜湿润、阴凉的生长环境。

繁殖： 分株、扦插或播种繁殖。

应用： 为良好的园林观赏植物。

★ *Patrinia scabiosaefolia* Fisch. ex Trevir. ☆ Yellow Patrinia

岩败酱

科属：败酱科败酱属

识别： 多年生草本，高 20 ~ 60 cm。根状茎稍斜升，长达 10 cm 以上，顶端不分枝，有浓烈臭酱气味。茎多数丛生，连同花序梗被短糙毛。基生叶有柄，长 2 ~ 4 cm；茎生叶对生；上部叶渐无柄；叶长圆形或椭圆形，长 3 ~ 7 cm，羽状深裂至全裂，通常具 3 ~ 6 对侧生裂片，裂片条形。果期 8 ~ 9 月。

观花： 密花聚伞花序顶生，3 ~ 7 枝在枝端排成伞房状，宽 4 ~ 15 cm，轴、梗均被粗白毛和腺毛；小苞片腺形，对生；花萼小，萼齿 5 枚；花冠黄色，漏斗状，径 3 ~ 5 mm。花期 7 ~ 9 月。

分布： 分布于黑龙江、吉林、辽宁、内蒙古、河北、山西等地。

习性： 喜光；耐寒，耐旱。

繁殖： 播种繁殖。

应用： 可作山坡林下地被植物。

★ *Patrinia rupestris*（Pall.）Dufr. ☆ Cliff Patrinia

★ *Patrinia heterophylla* Bunge ☆ Diversifolious Patrinia

异叶败酱

别名：墓头回
科属：败酱科败酱属

识别： 多年生草本，高达 1.5 m。单叶对生；茎基部的叶较大，阔卵圆形至卵圆形，长 13 ~ 20 cm，宽 7 ~ 8 cm，先端急尖，基部楔形而下延，边缘具钝锯齿，基部往往羽状全裂，裂片 1 ~ 2 对，倒卵状披针形；无叶柄。果实为不开裂的干果。果期 10 ~ 11 月。

观花： 圆锥状聚伞花序生于枝顶及叶腋；花序轴被白色短柔毛；苞片披针形，小苞片近肾形，淡绿色；花小，两性，黄色；萼管与子房壁合生；花冠钟状，裂片 5 枚，卵形；雄蕊 4 枚，花药 2 室。花期 9 ~ 10 月。

分布： 分布于辽宁、河北、山西、河南、陕西、甘肃、广西等地。

习性： 喜湿润土壤。

繁殖： 播种繁殖。

应用： 用于山地岩缝中、草丛中、路边、沙质坡或土坡上作观花植物。

★ *Patrinia angustifolia* Hemsl. ☆ Narrowleaf Patrinia

窄叶败酱

科属：败酱科败酱属

识别： 多年生草本，根状茎较长，茎直立，茎生叶对生，卵形或宽卵形，罕线状披针形，中部叶卵形、卵状披针形或近菱形，具圆齿，茎下部和中部叶常不分裂或有时基部仅具 1 ~ 2 对裂片。翅状果苞干膜质，倒卵形、倒卵状长圆形或倒卵状椭圆形。

观花： 花黄色，组成顶生伞房状聚伞花序，瘦果长圆形或倒卵形，分为不育子室和能育子室。

分布： 产于山东、河南、安徽、浙江、江西、湖北、湖南和四川。

习性： 喜湿润土壤。

繁殖： 播种繁殖。

应用： 可作阔叶林下、马尾松林下或荒坡岩石上、沟边和路边地被植物。

★ *Valeriana officinalis* L. ☆ Valerian

缬草

别名：巴地麻，欧缬草
科属：败酱科缬草属

识别： 多年生草本，高 100 ~ 150 cm。基生叶丛出，长卵形，为单数羽状复叶或不规则深裂，小叶片 9 ~ 15 片，顶端裂片较大，全缘或具少数锯齿，叶柄长，基部呈鞘状；茎生叶对生，无柄抱茎，单数羽状全裂。蒴果光滑，具 1 粒种子。花期 6 ~ 7 月；果期 7 ~ 8 月。

观花： 伞房花序顶生，排列整齐；花小，白色或紫红色；小苞片卵状披针形，具纤毛；花萼退化；花冠管状，长约 5 mm，5 裂，裂片长圆形；雄蕊 3 枚，较花冠管稍长。

分布： 产于我国东北至西南的广大地区。欧洲和亚洲西部也广为分布。

习性： 适应性强。喜光；耐寒，耐干旱和瘠薄的土壤。

繁殖： 扦插或播种繁殖。

应用： 可作观花植物，种植于山坡、草地、林下和沟边。

河北假报春

别名：北京假报春
科属：报春花科假报春属

识别： 多年生草本。株高 20 ~ 40 cm。叶基生，叶片轮廓肾状圆形或近圆形，掌状 7 ~ 11 裂，裂深达叶片的 1/3 或有时近达中部，裂片通常长圆形，边缘有不规整的粗牙齿，顶端 3 齿较深，常呈 3 浅裂状。蒴果圆筒形。果期 7 ~ 8 月。

观花： 花葶直立；伞形花序 5 ~ 10 花；花冠漏斗状钟形，紫红色，长 8 ~ 10 cm，分裂略超过中部，裂片长圆形，先端钝；雄蕊着生于花冠基部。花期 5 ~ 7 月。

分布： 产于陕西、山西、河北。

习性： 耐阴。

繁殖： 播种繁殖。

应用： 可作园林地被植物，种植于河边、林缘或林下。

★ *Cortusa matthioli* L. subsp. *pekinensis* (Al. Richt.) Kitag.

点地梅

别名：喉咙草，铜钱草
科属：报春花科点地梅属

识别： 一年生小草本，全株被细柔毛。叶基生，卵圆形，边缘有钝齿。蒴果近球形，5 瓣裂。果期 6 月。

观花： 花葶数条由基部抽出，伞形花序具花 4 ~ 15 朵，花梗纤细；花萼钟状，5 深裂，花冠筒状，裂片 5 枚，白色，喉部黄色，紧缩。花期 4 ~ 5 月。

分布： 分布极广，我国各地均有分布，俄罗斯、朝鲜、日本、菲律宾、印度、越南、柬埔寨、老挝也有分布。

习性： 喜湿润、温暖、向阳环境和肥沃土壤，常生于山野草地或路旁。但是不论是在高山草原还是在河谷滩地，只要有一丁点儿瘠薄的土壤它就能生根发芽。它的种子能自播繁殖。也可在冰天雪地中生存。

繁殖： 播种繁殖。

应用： 点地梅植株低矮，叶丛生，平铺地面，适宜岩石园栽植及灌木丛旁作地被。

★ *Androsace umbellata*（Lour.)Merr. ☆ Umellate Rockjasmine

仙客来

别名：萝卜海棠，兔耳花，兔子花
科属：报春花科仙客来属

识别： 多年生草本。球根花卉，块茎花卉。仙客来块茎扁圆球形或球形、肉质。叶片由块茎顶部生出，心形、卵形或肾形，叶缘有细锯齿，叶面绿色，具有白色或灰色晕斑，叶背绿色或暗红色，叶柄较长，红褐色，肉质。

观花： 花单生于花茎顶部，花朵下垂，花瓣向上反卷，犹如兔耳；花瓣通常 5 瓣。花期 10 月至翌年 4 月。

分布： 原产地在欧洲南部希腊等地中海地区。现世界各地广为栽培，我国各地有栽培。

习性： 喜凉爽、湿润及阳光充足的环境。

繁殖： 播种繁殖。

应用： 适宜于盆栽观赏，可置于室内布置，尤其适宜在家庭中点缀于有阳光的几架、书桌上。

品种： 花有白、粉、玫红、大红、紫红、雪青等色，基部常具深红色斑；花瓣边缘多样，有全缘、缺刻、皱褶和波浪等形状。

★ *Cyclamen persicum* Mill. ☆ Florists Cyclamen

★ *Lysimachia fortunei* Maxim.　☆ Redroot Loosestrife

红根草

别名：星宿草
科属：报春花科珍珠菜属

识别： 多年生草本，高 30 ~ 70 cm。茎直立，基部紫红色；地下茎横走，紫红色。叶互生，长椭圆状披针形或椭圆形，长 5 ~ 11 cm，两面具褐色腺点。总状花序长 10 ~ 20 cm；花冠白色，长约 3 mm，5 裂。蒴果褐色。花期 6 ~ 8 月；果期 8 ~ 11 月。

分布： 产于我国中南、华南和华东各省区。

习性： 喜半阴，喜温暖、湿润的环境。喜肥沃、富含有机质的壤土或沙质壤土。

繁殖： 分株或播种繁殖。

应用： 夏季白花遍地，颇美观。常成片栽植。用作地被或植于林边、疏林下、路旁；也可盆栽。

品种： 花有白、粉、玫红、大红、紫红、雪青等色，基部常具深红色斑；花瓣边缘多样，有全缘、缺刻、皱褶和波浪等形。

★ *Lysimachia crista-galli* Pamp. ex Hand.-Mazz.

距萼过路黄

科属：报春花科珍珠菜属

识别： 茎纤细，平铺延伸，节上常发出不定根，长 15 ~ 45 cm，近圆柱形，被褐色近无柄腺体，无毛或被铁锈色多细胞柔毛，节间长 1 ~ 3 cm。叶对生，阔心状卵圆形至近圆形，长 1 ~ 3 cm，先端稍锐尖或圆钝，基部心形缺口张开。蒴果球形。花期 5 ~ 6 月；果期 6 ~ 7 月。

观花： 花单生于茎上部叶腋；花梗长 1.5 ~ 3 cm，密被无柄腺体，有黑色长腺条，果时稍下弯；花萼长 4 ~ 5 mm；翅宽约 1.5 mm，无毛，散布黑色腺条和腺点，基部下延成长约 1 mm 的距；花冠黄色。

分布： 为中国的特有植物。分布于陕西、湖北、四川等地。

习性： 喜温暖、湿润的环境。

繁殖： 播种繁殖。

应用： 可作庭园观赏。

★ *Lysimachia congestiflora* Hemsl.　☆ Denseflower Loosestrife

聚花过路黄

别名：临时救
科属：报春花科珍珠菜属

识别： 多年生草本。茎浓紫红色，具短柔毛，分枝多，下部匍匐，节处生不定根，上部斜升，长枝达 20 cm。单叶交互对生，枝端密集，略被短柔毛；叶片广心形，长达 25 mm，宽达 19 mm，先端钝尖，全缘基部楔形；柄长约 5 mm。果为蒴果，种子多数，萼宿存。

观花： 花黄色，单生于枝端叶腋，呈密集状；苞片卵形或亚圆形；淡绿色，下部边缘紫红色；花梗极短；花径约 8 mm；花萼 5 深裂，裂片披针形，长 6 mm，宽 1.5 ~ 2 mm，被极短柔毛；花冠轮状，下部合生，裂片 5 枚，卵形，先端锐尖，呈覆瓦状排列；雄蕊 5 枚。花期 3 ~ 4 月。

分布： 产于中国长江以南各省区以及陕西、甘肃南部和台湾省。

习性： 喜半阴，喜温暖、湿润的环境。

繁殖： 分株繁殖。

应用： 宜用作地被植物，或植于林边、疏林下；也可盆栽观赏。

狼尾花

别名：虎尾草
科属：报春花科珍珠菜属

识别： 多年生草本，高 30 ~ 70 cm。全株密被柔毛。单叶互生，长圆状至线状披针形，全缘。果期 9 月。

观花： 总状花序顶生，花密集，常向一侧弯曲呈狼尾状，果期伸直；花萼近钟形，花冠白色，5 ~ 7 深裂。蒴果近球形，5 瓣裂。花期 6 ~ 7 月。

分布： 产于我国东北、华北、西北、华中、华东及西南地区。

习性： 喜高温、湿润和阳光充足（或半阴）的环境。

繁殖： 播种繁殖。

应用： 用于花境、花坛布景。

★ *Lysimachia barystachys* Bunge ☆ Heavyspike Loosestrife

疏头过路黄

别名：山过路黄
科属：报春花科珍珠菜属

识别： 茎常 2 ~ 4 条簇生，高 7 ~ 25 cm。叶对生，茎下部的较小，菱状卵形或卵圆形，上部叶较大，茎端的 2 ~ 3 对通常稍密聚，叶片卵形，长 2 ~ 8 cm，宽 8 ~ 25 mm，先端锐尖或稍钝，基部近圆形或阔楔形，侧脉 2 ~ 3 对，纤细；叶柄长 3 ~ 12 mm，具草质狭边缘。

观花： 花序为顶生缩短成近头状的总状花序，花有时稍疏离，单生于茎端稍密聚的苞片状叶腋；花梗长 4 ~ 10 mm；花冠黄色，长 10 ~ 15 mm，有透明腺点。蒴果近球形，直径 3 ~ 3.5 mm。花期 5 ~ 6 月；果期 6 ~ 7 月。

分布： 产于陕西南部、四川东部、湖北、河南、江西、安徽、浙江、湖南和广东北部。

习性： 稍耐阴。

繁殖： 播种繁殖。

应用： 可作园林地被植物，也可种植于山地、林缘和林下。

★ *Lysimachia pseudohenryi* Pamp. ☆ False Henry Loosestrife

狭叶珍珠菜

别名：细叶珍珠菜
科属：报春花科珍珠菜属

识别： 一年生草本，高 30 ~ 60 cm。光滑。单叶互生，叶腋常生出具叶的短枝，叶线形至狭披针形，边缘具白色微齿，叶背具锈色斑点。蒴果近球形，5 瓣裂。果期 9 月。

观花： 总状花序顶生，花密集，果期伸长；花萼合生至近中部，花冠白色，5 深裂。花期 7 ~ 8 月。

分布： 分布于我国东北、华北、西南等地区。

习性： 适应性强，喜阴湿的环境。

繁殖： 播种繁殖。

应用： 可作园林地被植物。

★ *Lysimachia pentapetala* Bunge ☆ Fivepetal Pearlweed

★ *Lysimachia clethroides* Duby　☆ Dwarfpeach Loosestrife

矮桃

别名：珍珠菜，红根草，狼尾花
科属：报春花科珍珠菜属

识别： 多年生草本，高达 90 cm。茎细长，直立，被黄褐色卷毛。叶互生，卵状椭圆形或宽披针形。蒴果圆球形。

观花： 总状花序顶生，长 10 ~ 15 cm，花小，星状，白色。花期 7 ~ 9 月。

分布： 原产于我国华北及长江流域各地。

习性： 喜光，耐水湿，喜温暖、湿润环境和沙质壤土。生长季节需保持一定的土壤温度。

繁殖： 播种繁殖。条件适宜时可自播繁衍。

应用： 在园林中可片植、丛植于山坡、溪边等，也可作矮生花卉的背景材料。

★ *Lysimachia grammica* Hance　☆ Striate Loosestrife

金爪儿

别名：爬地黄，小苦藤菜，小救驾
科属：报春花科珍珠菜属

识别： 多年生草本，高 10 ~ 30 cm。茎丛生，柔弱倾斜。全株被多细胞的柔毛，并有显著的紫黑色腺体。茎上部叶互生，下部叶对生，三角状卵形至菱状披针形，叶柄短于叶片，两边具狭翅。蒴果，卵形。

观花： 花单生叶腋。花梗细弱，长于叶片，花萼 5 深裂，边缘有睫毛；花冠黄色，裂片 5 枚，卵形；雄蕊长约为花冠的一半，花丝基部合生成短筒。花期 4 ~ 6 月。

分布： 生于华中、华东部分省区。也产于陕西。

习性： 喜光，喜水湿。

繁殖： 播种繁殖。

应用： 可种植于林下阴湿处或潮湿石缝中。

★ *Primula sinomollis* Balf. f. et Forrest　☆ Velvety Primrose

华柔毛报春

科属：报春花科报春花属

识别： 多年生草本，根状茎短，具多数纤维状须根。叶 4 ~ 5 枚丛生，叶片阔椭圆形至近圆形，长 3 ~ 14 cm，宽 3 ~ 8（12）cm，先端圆形，基部心形，边缘波状浅裂，具阔三角形小牙齿，上面深绿色，疏被贴伏的多细胞柔毛，下面淡绿色，沿叶脉被较长的柔毛，侧脉 6 ~ 8 对

观花： 花葶高 10 ~ 30 cm；伞形花序 3 ~ 10 轮，每轮 3 ~ 9 花，有时花不排列成轮，花与花之间的间距长可达 10 mm；苞片线形至线状披针形，长 6 ~ 8 mm，被柔毛，先端渐尖成钻形；花梗长 7 ~ 15 mm；花冠淡红色至洋红色或紫红色，冠筒口周围绿白色或黄色，喉部具环状附属物。

习性： 喜光；喜冷凉的气候。

繁殖： 播种繁殖。

应用： 是家庭陈设中最珍贵的盆花之一，也是圣诞节和新年的必备之物。

黄花九轮草

别名：欧洲报春，硕萼报春
科属：报春花科报春花属

识别： 多年生草本，株高 10 ~ 30 cm。全株被绒毛。叶基生，卵形或卵状椭圆形，表面皱，叶柄有翼。蒴果。
观花： 伞形花序，花黄色，瓣基有橙色斑，芳香。花期春季。
分布： 原产于欧洲、西南亚及北非。
习性： 性强健，耐寒，喜半阴，不择土壤。
繁殖： 播种繁殖。
应用： 常用于春季花坛或岩石园栽培。

★ *Primula veris* L. ☆ Nine-wheel Primrose

陕西报春

别名：西北厚叶报春，山西报春
科属：报春花科报春花属

识别： 多年生草本。叶丛基部无鳞片，叶柄叉开；叶片矩圆形、椭圆形或卵圆形，长 2.5 ~ 8 cm，宽 1 ~ 2.5 cm，先端稍锐尖或钝圆，基部阔楔形，边缘具小牙齿，上面绿色，下面灰绿色，侧脉纤细；叶柄细瘦，具狭翅，与叶片近等长或长于叶片。蒴果长圆体状，稍长于花萼。果期 7 ~ 8 月。
观花： 花葶高 15 ~ 30 cm；伞形花序 1 ~ 2 轮，每轮 3 ~ 15 花；苞片披针形，长 5 ~ 9 mm；花梗长 0.5 ~ 5 cm；花冠黄色，高脚碟状，冠檐直径 1.5 ~ 1.8 cm，裂片矩圆形，长 7 ~ 9 mm，宽 3.5 ~ 4 mm，全缘。花期 5 ~ 7 月。
分布： 产于陕西、河南。
习性： 耐阴。
繁殖： 播种繁殖。
应用： 可盆栽观赏，或种植于山坡疏林下和岩石上。

★ *Primula handeliana* W. W. smith et Forr. ☆ Shaanxi Primrose

西洋报春

别名：欧洲报春，德国报春
科属：报春花科报春花属

识别： 多年生草本，一年生栽培，高约 20 cm。叶基生莲座状，叶片椭圆状卵形，长可达 15 cm，叶缘下弯，具不规则圆齿，叶面亮绿，叶背有柔毛。果期秋季。
观花： 一葶一花，单花顶生，芳香，花冠漏斗状，原种花硫黄色，喉部深黄，花径 2 ~ 3 cm。早春开花；温室内可全年开花。
分布： 原产于西欧和南欧。我国有栽培。
习性： 喜光；喜冷凉、湿润和阳光充足环境，较耐寒，忌高温，不耐严寒，耐贫瘠，怕强光直射和高温。
繁殖： 播种繁殖。
应用： 是十分畅销的冬季盆花，用它布置室内或室外景观，花繁似锦，妖媚动人。
品种： 品种有单瓣、重瓣；花色鲜艳丰富，有大红、粉红、桃红、玫瑰红、深红、紫红、紫、蓝、黄、杏黄、柠檬黄、樱黄、浅白等色，喉部一般为黄色。

★ *Primula vulgaris* Hudson ☆ Common Primroae

★ *Primula saxatilis* Kom. ☆ Saxicolous Primrose

岩生报春

别名：岩报春
科属：报春花科报春花属

识别：多年生草本，全株被毡毛。叶基生，有长柄，长圆状卵形，基部深心形，边缘具浅羽状缺刻。蒴果。果期 7 ~ 8 月。
观花：花葶细长，花数朵组成伞形花序；花萼 5 裂，花冠 5 裂，淡紫红色，裂片先端深凹缺，喉部具黄色环状附属物。花期 5 ~ 6 月。
分布：分布于东北南部、华北地区。
习性：喜光，喜冷凉、湿润的气候，耐寒，忌高温，耐贫瘠。
繁殖：播种繁殖。
应用：花美丽，为优良观赏植物。

★ *Primula odontocalyx*（Franch.）Pax ☆ Toothedcalyx Primrose

齿萼报春

别名：翠草兰，丁香草
科属：报春花科报春花属

识别：多年生矮小草本，根茎柔弱。叶薄膜质，倒卵形或匙形，长 4.5 cm，宽 1 ~ 2 cm，顶端圆形，基部楔形下延成柄，两面有纤毛，边缘具不整齐锯齿；叶柄长约 1 cm，两侧有翅。果期 6 ~ 7 月。
观花：花葶无毛，高 2 ~ 3 cm，顶端有花 2 ~ 3 朵；苞片无毛，条形，长约 4 mm；花梗被纤毛，长 2 ~ 3 cm；花萼筒状，裂片卵状三角形，先端具 2 ~ 3 尖齿；花冠高脚碟状，紫红色，裂片倒心形，顶端凹缺。花期 3 ~ 5 月。
分布：分布于陕西西南部、甘肃南部、河南、湖北西部、四川。
习性：喜阴湿的环境。
繁殖：播种繁殖。
应用：可作园林地被植物。
相近种：绿眼报春 *Primula euosma* Craib，产于云南；湖北报春 *Primula hupehensis* Craib，产于湖北。

★ *Primula auricular* L.

耳叶报春

科属：报春花科报春花属

识别：常绿多年生草本，有时为白粉状。株高 20 cm，冠径 25 cm。叶呈莲座状，叶卵形，柔软，淡绿色至灰绿色，密被白粉。
观花：花芳香，扁平，黄色，着生于大型伞形花序上，春季开花。
分布：原产于欧洲等地。
习性：耐寒。
繁殖：播种繁殖。
应用：可作园林地被植物或盆栽观赏。

渐尖茶藨子

别名：川西茶藨子，尖叶茶藨
科属：茶藨子科茶藨子属

识别：落叶灌木，高 1 ~ 3 m。叶宽卵圆形或近圆形，长 5 ~ 9 cm，宽 4 ~ 9 cm，基部心脏形，稀近截形，两面无柔毛，常疏生腺毛，掌状 3 ~ 5 裂，顶生裂片三角状卵圆形，长于侧生裂片，先端渐尖，侧生裂片先端急尖或短渐尖，边缘具不整齐粗重锯齿；叶柄长 3 ~ 5 cm，无柔毛或微具短腺毛。果实卵球形。果期 7 ~ 8 月。

观花：花单性，雌雄异株，组成总状花序；雄花序长 6 ~ 10 cm，直立；雌花序粗壮而短；花梗长 3 ~ 5 mm；花瓣小，近扇形或楔状圆形，先端圆钝。花期 4 ~ 5 月。

分布：产于陕西、甘肃、四川、贵州、云南（独龙江、泸水）、西藏（墨脱）。

习性：喜光。

繁殖：播种繁殖。

应用：观花、观果灌木，可种植于山坡林下、灌丛中或山谷沟边。

★ *Ribes takare* D. Don　☆ Sharpleaf Gooseberry

细枝茶藨子

别名：狭萼茶藨子
科属：茶藨子科茶藨子属

识别：落叶灌木，高 1 ~ 4 m。叶长卵圆形，稀近圆形，长 2 ~ 5.5 cm，宽 2 ~ 5 cm，基部截形至心脏形，掌状 3 ~ 5 裂，顶生裂片菱状卵圆形，先端渐尖至尾尖，比侧生裂片长 1 ~ 2 倍，侧生裂片卵圆形或菱状卵圆形，先端急尖至短渐尖，边缘具深裂或缺刻状重锯齿；叶柄长 1 ~ 3 cm。果实球形，直径 4 ~ 7 mm。果期 8 ~ 9 月。

观花：总状花序，花单性，雌雄异株，组成直立；雄花序长 3 ~ 5 cm；雌花序长 1 ~ 3 cm，具花 5 ~ 15 朵；花瓣楔状匙形或近倒卵圆形。花期 5 ~ 6 月。

分布：产于陕西、甘肃、河南、湖北、湖南、四川、云南。

习性：喜光，稍耐水湿。

繁殖：播种繁殖。

应用：可作园林观花和观果灌木，种植于山坡、山谷灌丛或沟旁路边。

★ *Ribes tenue* Jancz.　☆ Asia Currant

车前

别名：车轮菜
科属：车前科车前属

识别：多年生草本，高 20 ~ 70 cm。具须根。叶基生，椭圆状卵形，全缘或具疏锯齿，弧形叶脉 5 ~ 7 条。蒴果卵形。果期 7 ~ 9 月。

观花：花密生成穗状花序生于花葶顶端，4 基数；花冠筒状，裂片反卷，淡绿色，柱头丝状，伸出花冠外。花期 6 ~ 7 月。

分布：分布于全国各地。

习性：适应性强。喜生于较潮湿的环境。

繁殖：播种繁殖。

应用：可植于林缘、花境。

★ *Plantago asiatica* L.　☆ Asia Plantain

★ *Plantago depressa* Willd. ☆ Depressed Plantain

平车前

别名：平花车前
科属：车前科车前属

识别： 多年生草本，高 10 ~ 40 cm。主根圆柱形。叶基生，平卧，椭圆状披针形，全缘或具疏锯齿，弧形脉 3 ~ 7 条，明显隆起。果期 7 ~ 9 月。

观花： 花密生成穗状花序生于花葶顶端，4 基数，淡绿色。蒴果圆锥状。花期 5 ~ 7 月。

分布： 分布几遍全国。

习性： 喜温暖湿润气候，较耐寒，山区、丘陵、平坝均能生长。

繁殖： 播种繁殖。

应用： 可植于庭园绿化观赏。

★ *Plantago major* L. ☆ Big Plantain

大车前

别名：大叶车前
科属：车前科车前属

识别： 多年生草本。根状茎短粗，具须根。基生叶直立，叶片卵形或宽卵形，顶端圆钝，边缘波状或有不整齐锯齿；叶柄明显长于叶片。蒴果椭圆形，种子 8 ~ 15 粒，少数至 18 粒，棕色或棕褐色。果期 7 ~ 10 月。

观花： 花茎直立，高 15 ~ 70 cm，穗状花序占花茎的 1/3 ~ 1/2；花密生，苞片卵形，较萼裂片短，二者均有绿色龙骨状突起；花萼无柄，裂片椭圆形；花冠裂片椭圆形或卵形。花期 6 ~ 9 月。

分布： 产于我国南北各地。

习性： 喜富含腐殖质、湿润且排水良好的沙质壤土。

繁殖： 播种繁殖。

应用： 可植于林缘、花境。

★ *Plantago lanceolata* L. ☆ Longleaf Plantain

长叶车前

别名：窄叶车前，欧车前
科属：车前科车前属

识别： 多年生草本，植株高 30 ~ 50 cm。根状茎短，有较细的须根。根出叶直立或外展，披针形或椭圆状披针形；宿果椭圆形；花果期 4 ~ 8 月。

观花： 花茎少数，四棱形，有柔毛，穗状花序圆柱状；花冠裂片三角状卵形，有一棕色突起；雄蕊远超过花冠。

分布： 分布于辽宁、陕西、山东、江苏、浙江、江西、新疆、甘肃、云南及台湾等省区。

习性： 喜向阳、湿润的环境，耐寒、耐旱。对土壤要求不严格，一般土壤均可栽培。

繁殖： 播种繁殖。

应用： 适合种植在路旁和花坛边。

柽柳

别名：垂丝柳，西河柳，西湖柳
科属：柽柳科柽柳属

识别：灌木或小乔木，高 4 ~ 5 m。枝细长，常下垂，红紫色、暗紫色或淡棕色，嫩枝纤细，下垂。叶钻形或卵状披针形，长 1 ~ 3 mm，先端急尖或略钝，下面有隆起的脊。蒴果长 3.5 mm。
观花：总状花序生于绿色幼枝，组成顶生大圆锥花序，通常下弯；花 5 出，密生，粉红色；苞片绿色，条状钻形，短于花梗和萼的总长；萼片卵形；花瓣矩圆形，宿存；雄蕊生在花盘裂片之间。花期 4 ~ 9 月。
分布：分布于华北、西北、华东、华中、华南及西南各地。
习性：喜光，耐旱，耐寒，亦较耐水湿。极耐盐碱。
繁殖：播种繁殖。
应用：柽柳枝条细柔，姿态婆娑，在庭院中可作绿篱，适合植于水边等。

★ *Tamarix chinensis* Lour. ☆ Chinese Tamarisk

日本续断

别名：续断，山萝卜
科属：川续断科川续断属

识别：多年生草本，高达 1 m。茎具棱，散生倒钩刺。基生叶常 3 裂，茎生叶对生，羽状裂，背脉及叶柄具倒钩刺。瘦果具宿存萼刺。果期 9 ~ 10 月。
观花：头状花序顶生，总苞片线形，顶端芒尖；花萼 4 裂，针刺状，花冠漏斗状，紫红色，4 裂。花期 7 ~ 9 月。
分布：分布于全国各省区。
习性：喜光，耐半阴，喜湿润土壤。
繁殖：播种繁殖。
应用：可作园林地被植物。

★ *Dipsacus japonicus* Miq. ☆ Japan Teasel

川续断

别名：山萝卜根，黑老鸦头
科属：川续断科川续断属

识别：多年生草本，茎具硬刺。茎生叶羽状深裂，背面沿脉密被刺毛；瘦果长倒卵柱状。果期 9 ~ 11 月。
观花：头状花序球形；小总苞四棱；花萼 4 棱，皿状；花冠淡黄色或白色，花冠管基部狭缩成细管，顶端 4 裂；雄蕊 4 枚；子房下位；花期 7 ~ 9 月。
分布：产于湖北、四川、云南、贵州。
习性：喜光，稍耐阴。
繁殖：播种繁殖。
应用：可作园林地被植物。

★ *Dipsacus asper* Wall. ☆ Teasel

★ *Scabiosa tschiliensis* Grün　☆ North China Bluebasin

华北蓝盆花

别名：华北山萝卜
科属：川续断科蓝盆花属

识别：一二年生花卉。茎自基部分枝，具白色卷伏毛。基生叶簇生，有疏钝锯齿；茎生叶对生，羽状深裂至全裂。瘦果，椭圆形。果期 9 ~ 10 月。

观花：头状花序，具长柄，花序直径 2.5 ~ 4 cm。边花二唇形，蓝紫色；中央花筒状，裂片 5 枚，近等长。花期 7 ~ 9 月。

分布：产于北京、河北、山西、陕西、内蒙古、吉林、辽宁、黑龙江、甘肃、宁夏等省区。

习性：适应性强，耐寒、耐旱、耐盐碱，喜光，稍耐阴，喜排水良好的土壤。

繁殖：播种繁殖。

应用：花大而美丽，色彩鲜艳，观赏效果极好。亦可作花境、林下地被。

★ *Agastache rupestris*（Greene）Standl.　☆ Sunset Hyssop

阿帕其日落岩生藿香

别名：岩生藿香　科属：唇形科藿香属

识别：多年生草本，多分枝，高约 1 m。叶狭长，单叶对生，狭长披针形。小坚果。

观花：穗状花序；花直管状，较长，大而疏，橘红色，冠檐二唇形，上唇直立，2 裂，下唇开展，3 裂；雄蕊 4 枚，后对较长，均伸出。花期 7 ~ 10 月。

分布：原产于北美洲。

习性：喜光或半喜光，喜湿润而排水良好的土壤。

繁殖：春季播种繁殖，夏季可分株或分根繁殖。

应用：生长快，花和叶具香味，可招引蝴蝶；可种植于岩石园。

★ *Agastache rugosa*（Fisch.et Mey.）O. Ktze.　☆ Wrinkled Gianthyssop

藿香

别名：土藿香，排香草，大叶薄荷，山茴香
科属：唇形科藿香属

识别：多年生草本，高达 1.5 m。茎 4 棱，上部分枝。叶对生，卵形至披针状卵形，叶缘粗锯齿。小坚果卵状长圆形，褐色。果期 9 ~ 11 月。

观花：轮伞花序组成顶生穗状花序；花萼管状钟形，花冠二唇形，淡紫蓝色，雄蕊 4 枚，2 强。花期 6 ~ 9 月。

分布：分布遍及全国，常见栽培。俄罗斯、朝鲜、日本及北美洲有分布。

习性：喜温暖湿润、阳光充足环境，适宜疏松肥沃和排水良好的沙壤土。

繁殖：种子或扦插繁殖。

应用：适用于花园、池畔和庭园成片栽植。十分幽雅，也可盆栽观赏。

金疮小草

别名：白毛夏枯草，青鱼胆
科属：唇形科筋骨草属

识别：多年生常绿草本，高 10 ~ 30 cm。茎多分枝，四棱形，略带紫色，全株密被白色柔毛。单叶对生，具柄；叶片卵形或长椭圆形，长 4 ~ 11 cm，宽 1 ~ 3 cm，先端圆钝或短尖，基部渐窄下延，边缘有波状粗齿。小坚果倒卵状三棱形。果期 5 ~ 6 月。

观花：轮伞花序，多花，腋生或在枝顶集成间断的多轮的假穗状花序；花冠唇形，淡蓝色或淡紫红色，稀白色，花冠下唇长约为上唇的 2 倍；雄蕊 4 枚，2 强。花期 3 ~ 4 月。

分布：产于长江流域以南；朝鲜、日本亦有分布。

习性：生性强健，喜半阴和湿润环境，耐寒，耐水湿。

繁殖：播种或分株繁殖。

应用：叶片紫色，花序多花，覆盖性强，可作园林地被植物，或种植于溪边、路边、田边及湿润的草坡。

★ *Ajuga decumbens* Thunb. ☆ Decumbent Bugle

筋骨草

别名：散血草，青鱼胆草，苦草
科属：唇形科筋骨草属

识别：多年生草本，高 20 ~ 40 cm。根茎横生，较短。茎直立，方形，紫色，有白毛，上端稀疏分枝。叶对生；有柄；下部叶篦状或鳞片状，小形；中部叶卵形至广卵形，基部广楔形，柄较长，有翅。

观花：顶生穗状花序，穗间有叶状苞片；萼 5 裂；花冠紫色，唇形，花冠下唇大于上唇，上唇极不明显；雄蕊 4 枚，2 强。花期初夏。

分布：主产于江苏、安徽、浙江、上海、四川、福建、湖北、湖南、广东、广西、贵州、云南。生于路旁、溪边、草坡和丘陵山地的阴湿处。

习性：喜半阴和湿润气候，在酸性、中性土壤中生长良好，耐涝、耐旱、耐阴，也耐暴晒，抗逆性强，长势强健。

繁殖：采用分株或扦插繁殖。

应用：可成片栽于林下、湿地，起到黄土不露天的效果。

★ *Ajuga ciliata* Bunge ☆ Ciliate Bugle

紫背金盘

别名：破血丹，石灰菜，退血草
科属：唇形科筋骨草属

识别：多年生草本，高 10 ~ 20 cm。茎通常直立，稀平卧，常从基部分枝而无基生叶，全体被疏柔毛。茎生叶具柄；叶片宽椭圆形或倒卵状椭圆形，长 2 ~ 4.5 cm，宽 1.5 ~ 2.5 cm，两面被伏毛。小坚果卵圆状三棱形，果期 9 ~ 11 月。

观花：轮伞花序下部者远离，向上渐密集顶生假穗状花序；苞片小，卵形至宽披针形；花冠淡蓝色或蓝紫色，具深色条纹，筒长 8 ~ 11 mm，二唇形，上唇短，2 浅裂，下唇 3 裂，中裂片扇形，雄蕊 4 枚，2 强。花期 8 ~ 10 月。

分布：分布于我国东部、南部及西南各地，西北至秦岭南坡。

习性：喜光，半耐阴。

繁殖：播种繁殖。

应用：可作园林地被植物。

★ *Ajuga nipponensis* Makino ☆ Japan Bugle

★ *Betonica officinalis* L.　☆ Medicinal Betonica

药水苏

科属：唇形科药水苏属

识别： 多年生草本，高 50 ~ 100 cm。基生叶具长柄，宽卵圆形，长 8 ~ 12 cm，宽 3 ~ 5 cm，先端钝，基部深心形，边缘具圆齿，两面被疏柔毛；茎生叶卵圆形，长 4.5 ~ 5.5 cm，宽 3 ~ 4 cm，通常二对，远离，最下的一对具长柄，柄长达 7.5 cm，被疏柔毛，上面的一对较小，叶柄长仅 4 cm。

观花： 轮伞花序多花，密集成紧密的长 4 cm 的长圆形穗状花序，有时最下方的一轮伞花序稍远离；花梗近于无。花萼管状钟形。花冠紫色，长约 1.2 cm，冠檐二唇形。雄蕊 4 枚。花期 5 月。

分布： 原产于欧洲及西亚，我国各地植物园及药圃有作为药用植物引种栽培的。

习性： 喜光。

繁殖： 播种繁殖。

应用： 可作园林地被植物。

★ *Clinopodium chinensis*（Benth.）O. Ktze.　☆ Chinese Wildbasil

风轮菜

别名：风轮草，蜂窝草，节节草
科属：唇形科风轮菜属

识别： 多年生草本，高 20 ~ 60 cm。茎四方形，多分枝，全体被柔毛。叶对生，卵形，长 1 ~ 5 cm，宽 5 ~ 25 cm，顶端尖或钝，基部楔形，边缘有锯齿。小坚果，棕黄色。果期 9 ~ 10 月。

观花： 花密集成轮伞花序，腋生或顶生；苞片叶状，线形；花萼筒状，外被粗毛；花冠淡红或紫色，基部筒状，上唇 2 裂，半圆形，下唇 3 裂；雄蕊 4 枚。花期 7 ~ 8 月。

分布： 分布于华北地区及湖北、湖南、广东、广西、云南等地。

习性： 喜光。

繁殖： 种子繁殖。

应用： 可作园林地被植物。

★ *Clinopodium urticifolium* (Hance) C. Y. Wu et Hsuan ex H. W. Li

风车草

别名：麻叶风轮菜，紫苏
科属：唇形科风轮菜属

识别： 多年生草本。茎高 25 ~ 80 cm，被下向的短硬毛。叶片卵形至卵状披针形，长 3 ~ 5.5 cm，上面被极疏的短硬毛，下面被稀疏贴生具节疏柔毛；叶柄长 2 ~ 12 mm，向上渐短，被疏柔毛。小坚果倒卵球形，无毛。果期 8 ~ 10 月。

观花： 轮伞花序多花，半球形，具长 3 ~ 5 mm 的总花梗，总花梗上多分枝；苞叶叶状，渐变小，苞片条形，明显具脉，被平展长硬毛；花萼狭筒状，长约 8 mm，上部染紫红色，外被平展白色纤毛及具腺微柔毛，内面在喉部被疏柔毛，13 脉，二唇形；花冠紫红色，长约 1.2 cm，二唇形。花期 6 ~ 8 月。

分布： 产于东北、华北、陕西、甘肃、山东、江苏、四川。

习性： 喜半阴，耐寒，适宜疏松土壤。

繁殖： 播种或分株繁殖。

应用： 可作园林地被植物，可植于花境、路旁、草坪边缘、林缘、疏林下、河岸、草坡、林中空地或阴山坡。

彩叶草

别名：五彩苏，老来少，五色草
科属：唇形科鞘蕊花属

识别：多年生草本。株高 15 ~ 50 cm，最高可达 90 cm，常木质化，分枝少。叶对生，卵圆形，叶面彩色。小坚果平滑有光泽。
观花：圆锥花序，花小，淡蓝色或带白色。花期夏秋季。
分布：原产于爪哇。
习性：喜温暖、湿润的气候条件，不耐寒，喜光，又能耐半阴。要求栽于疏松肥沃、排水良好的土壤。
繁殖：播种繁殖。
应用：适用于栽植各式平面或立体花坛，既可与草花搭配栽植各式模纹花坛，又可单独拼字、拼图案，栽植人物、动物、吉祥物或物体造型、大型广告宣传造型、雕塑等，还有和雕塑、喷泉等组合而成的混合式花坛。
品种：不同的品种有黄、红、紫、橙、绿等各色斑纹。

★ *Coleus blumei* Benth.　☆ Coleus，Painted Nettle

香青兰

别名：青兰，摩眼子，枝子花，炒面花
科属：唇形科青兰属

识别：一年生草本，全株被毛。基生叶卵状三角形，边缘有圆齿，具长柄；茎生叶为线状披针形，叶缘具三角形牙齿。小坚果椭圆形，光滑。果期 8 ~ 9 月。
观花：轮伞花序通常具 4 花，苞片齿尖具长刺；花冠淡蓝紫色，二唇形，雄蕊 4 枚，2 强。花期 7 ~ 8 月。
分布：分布于东北、华北和西北地区。北京见于各县山区，生于干燥山坡、山谷、河滩及路旁。俄罗斯西伯利亚、东欧、中欧，南延至克什米尔地区均有分布。
习性：适合种植在略微干燥、日照通风良好的沙质壤土或土质深厚壤土。
繁殖：种子繁殖。
应用：作园林地被植物，观花植物。

★ *Dracocephalum moldavica* L.　☆ Frangrant Greenorchid

岩青兰

别名：毛建草，毛尖
科属：唇形科青兰属

识别：多年生草本，高 15 ~ 40 cm。茎斜生，从短根茎生出，然后斜升，四棱，有细毛。基生叶柄细长，叶片阔卵圆形或心状长椭圆形，先端圆钝，边缘有规则的圆齿，两面有毛，上面绿色，下面白色，叶下面网状脉明显；茎生叶对生，具短柄。小坚果长卵圆形。
观花：轮伞花序密集成头状生枝顶；花冠二唇形，蓝紫色，上唇先端微裂。花期 7 ~ 9 月。
分布：产于辽宁、内蒙古、河北、山西，西至青海的西宁。
习性：喜光，耐寒，较耐旱，也耐半阴。
繁殖：播种繁殖。
应用：植物体具香气，可用于花坛、花境装饰或点缀于岩石园地。

★ *Dracocephalum rupestre* Hance　☆ Rupestrine Greenorchid

★ *Elsholtzia stauntonii* Benth. ☆ Wood Elsholtzia

木本香薷

别名：野荆芥，木香薷
科属：唇形科香薷属

识别： 落叶亚灌木，高 70 ~ 170 cm。茎上部多分枝，常带紫红色。单叶对生，菱状披针形，长 10 ~ 15 cm。先端长尖，基部楔形，缘有整齐疏圆齿；揉碎后有强烈的薄荷香味。小坚果椭圆形，光滑。果期 8 ~ 10 月。

观花： 轮伞花序组成顶生穗状花序，长 10 ~ 15(20) cm，具 5 ~ 10 朵花，花小而密，略偏向一侧，花冠二唇形，淡紫色，雄蕊 4 枚，2 强。花期 7 ~ 9 月。

分布： 河北、山西、内蒙古、河南、陕西和甘肃均有分布。

习性： 喜光，也耐阴，宜生于肥沃湿润而排水良好的壤土。

繁殖： 播种繁殖。

应用： 可植于庭院观赏。

相近种： 香薷 *Elsholtzia ciliata*（Thunb.）Hyland.，一年生草本，茎高 30 ~ 50 cm。

★ *Elsholtzia ciliata* (Thunb.) Hyland. ☆ Elsholtzia

香薷

别名：水荆芥，臭荆芥，野苏麻
科属：唇形科香薷属

识别： 一年生草本。茎高 30 ~ 50 cm，被倒向疏柔毛，下部常脱落。叶片卵形或椭圆状披针形，疏被小硬毛，下面满布橙色腺点；叶柄长 0.5 ~ 3 cm，被毛。小坚果矩圆形。

观花： 轮伞花序多花，组成偏向一侧、顶生的假穗状花序，后者长 2 ~ 7 cm，花序轴被疏柔毛；苞片宽卵圆形，长宽约 3 mm，顶端针芒状，具睫毛；花萼钟状，长约 1.5 mm，外被毛，齿 5，三角形，前 2 齿较长，齿端呈针芒状；花冠淡紫色，外被柔毛，上唇直立，顶端微凹，下唇 3 裂，中裂片半圆形。

分布： 分布于除新疆及青海外几产全国各地；亚洲其他地区及欧洲也有分布。

习性： 对土壤要求不严格，但黏土生长较差，碱土不宜栽培，怕旱，不宜重茬。

繁殖： 播种繁殖。

应用： 可作园林地被植物或栽培观赏，或用来布置花坛。

★ *Galeobdolon chinense* (Benth.) C.Y.Wu ☆ China Weasel-snout

小野芝麻

别名：假野芝麻
科属：唇形科小野芝麻属

识别： 一年生直立草本，根有时具块根。茎高 10 ~ 60 cm，密被污黄色绒毛。叶片卵形、卵状矩圆形至宽披针形，长 1.5 ~ 4 cm，宽 1.1 ~ 2.2 cm，上面密被贴生的纤毛，下面被污黄色绒毛；叶柄长 5 ~ 15 mm。小坚果三棱状倒卵形。果期在 6 月以后。

观花： 轮伞花序 2 ~ 4 花，腋生于上部茎叶内；苞片条形，早落；花萼筒状钟形，长约 1.5 cm，齿 5，等大，披针形，顶端渐尖呈芒状；花冠粉红色，长约 2.1 cm，花冠筒细长，下部有毛环，檐部二唇形，侧裂片较小，无附属器；花药二室，叉开，无毛。花期 3 ~ 5 月。

分布： 分布于江苏、安徽、浙江、江西、福建、台湾、湖南、广东北部、广西东北部。

习性： 耐阴。

繁殖： 播种繁殖。

应用： 可作园林地被植物，种植于疏林下。

活血丹

别名：金钱草，金钱薄荷，落地金钱
科属：唇形科活血丹属

识别： 多年生匍匐草本，高 10 ~ 20 cm。匍匐茎四棱形；下部叶较小，革质，心形或近肾形；上部叶较大，心形，下面常带紫色；小坚果矩圆状卵形；果期 5 ~ 6 月。

观花： 轮伞花序通常具 2 花；花冠蓝色或紫色，下唇具深色斑点，花冠筒有长和短两型，雄蕊 4 枚，2 强；花期 4 ~ 5 月。

分布： 我国除甘肃、青海、新疆及西藏外的地区均有分布。

习性： 喜阴湿，阳光照耀处亦可生长，耐寒，忌涝。

繁殖： 播种或分株繁殖。

应用： 适应性强，是良好的地被植物。

★ *Glechoma longituba*（Nakai）Kupr. ☆ Longtube Ground Ivy

白透骨消

别名：长管活血丹
科属：唇形科活血丹属

识别： 多年生上升草本，具匍匐茎。茎高 15 ~ 30 cm，被具节长柔毛。叶柄长 1.2 ~ 2.5 cm；叶片心形，长 2 ~ 4.2 cm。小坚果矩圆形，具小凹点。果期 5 ~ 6 月。

观花： 轮伞花序少花；苞片刺芒状；花萼筒状，长 1 ~ 1.2 cm，15 条脉，齿 5 枚，近等大，狭三角形，长 4 ~ 5 mm，顶端刺芒状，上唇 3 齿略长，花冠粉红至淡紫色，长 2 ~ 2.4 cm，上唇直立，顶端微凹，下唇 3 裂，中裂片扇形，顶端微凹；雄蕊 4 枚。花期 4 ~ 5 月。

分布： 产于陕西秦岭一带。

习性： 喜光，喜湿润土壤。

繁殖： 播种繁殖。

应用： 可作园林地被植物。

变种： 无毛变种 var. *glabrescens* C. Y. Wu et C. Chen，植株除幼嫩部分外无毛，萼较大，除齿外几无毛。

★ *Glechoma biondiana*（Diels）C. Y. Wu et C. Chen

日本活血丹

别名：大马蹄草
科属：唇形科活血丹属

识别： 多年生草本，高约 20 cm，具匍匐茎，逐节生根。叶草质，肾形，茎基部的较大，花柱无毛；小坚果深褐色，长圆状卵形，果期 6 月。

观花： 轮伞花序 2 花；苞片及小苞片线状钻形，花萼管状，花冠淡紫色，直伸，漏斗状。花期 4 ~ 5 月。

分布： 产于江苏及台湾；生于路旁、屋边阴湿处。日本也有分布。

习性： 喜温暖、湿润的环境。

繁殖： 播种繁殖。

应用： 可作地被植物观赏。

★ *Glechoma grandis*（A. Gray）Kupr. ☆ Japan Ground Ivy

★ *Lagopsis supina* (Steph.) Ik.-Gal. ☆ Lagopsis

夏至草

别名：小益母草，白花夏枯，灯笼棵
科属：唇形科夏至草属

识别： 多年生草本，高 15 ~ 45 cm，密被柔毛。茎常于基部分枝。单叶对生，近圆形，掌状 3 浅裂至深裂。小坚果卵状三棱形，有鳞秕。果期 5 ~ 6 月。

观花： 轮伞花序腋生，疏花，小苞片针刺状；花冠白色，上唇全缘，下唇 3 裂，雄蕊 4 枚。花期 3 ~ 5 月。

分布： 分布于中国大部分省区，俄罗斯西伯利亚和朝鲜亦有分布。

习性： 喜光，生命力极强，可自繁，耐瘠薄。

繁殖： 分株或种子繁殖。

应用： 可作园林地被植物，可种植于路旁、房前屋后或灌丛中。

★ *Hyssopus officinalis* L. ☆ Herb Hyssopus

神香草

别名：海索草，柳薄荷
科属：唇形科神香草属

识别： 多年生草本至亚灌木，高 40 ~ 50 cm。叶、茎、花有淡淡清香。茎直立，丛生性强。单叶，无柄，窄披针形至线形，全缘，略肉质。

观花： 轮伞花序具花 3 ~ 7 朵，腋生，常偏向一侧，多个花组成顶生的穗状花序，有时由于侧生花枝紧缩在主轴顶端聚集形成圆锥花序，花冠二唇形，花色多样。花期 5 ~ 9 月。

分布： 原产于地中海地区及中亚的干旱沙地。

习性： 喜光，喜温凉干燥环境，忌积水，对土壤要求不严格，以排水良好、肥沃的微酸性沙壤土为好，生长适温 15 ~ 30 ℃。

繁殖： 早春播种繁殖，种子发芽温度 20 ~ 25 ℃，发芽天数 7 ~ 12 天。

应用： 适宜作花境及庭院绿化。

品种： 有蓝色、青紫色、白色、玫红色等品种。

★ *Lamium barbatum* Sieb. et Zucc. ☆ White Deadnettle

野芝麻花

别名：地蚤，野藿香，山麦胡
科属：唇形科野芝麻属

识别： 多数年生草本，高达 1 m。根茎有较长的地下匍匐枝；茎直立，单生，四棱形，中空。叶片卵形、卵状心形至卵状披针形。小坚果倒卵圆形，淡褐色。果期 7 ~ 8 月。

观花： 轮伞花序 4 ~ 14 朵花，生于茎顶部叶腋内；2 花冠白色或淡黄色，上唇直伸，下唇 3 裂。花期 4 ~ 6 月。

繁殖： 播种繁殖。栽培较容易。

分布： 产于中国东北、华北、华东各省区及陕西、甘肃、湖北、湖南、四川、贵州。俄罗斯远东地区及朝鲜、日本也有分布。

习性： 适应性强。喜凉爽的气候，耐寒，耐旱。

繁殖： 播种繁殖。

应用： 为良好的观花草本植物，适合丛植观赏。

宝盖草

别名：接骨草，莲台夏枯草，灯笼草
科属：唇形科野芝麻属

识别：一年生直立草本。茎软弱，方形，常带紫色，被有倒生的稀疏毛，高 10 ~ 60 cm。叶肾形或圆形，基部心形或圆形，边缘有圆齿和小裂，两面均有毛；根出叶有柄，茎生叶无柄，基部抱茎。小坚果长圆形。果期 6 月。

观花：花轮有花 2 至数朵，花无柄，腋生，无苞片；花冠紫红色，上唇直立，长圆形，盔状，下唇 3 裂，中裂片扇形，先端深凹，侧裂片宽三角形；雄蕊 4 枚，2 强。花期 3 ~ 4 月。

分布：分布于黑龙江、吉林、辽宁、江苏、浙江、四川、江西、云南、贵州、广东、广西、福建、湖南、湖北、西藏等地。

习性：喜欢阴湿、温暖气候。

繁殖：种子繁殖。

应用：用于花境、配置林下。

★ *Lamium amplexicaule* L.　☆ Henbit Deadnettle

羽叶薰衣草

别名：蕨叶薰衣草，香浴草
科属：唇形科薰衣草属

识别：灌木，高 30 ~ 100 cm。叶对生，二回羽状深裂，表面覆盖粉状物而呈灰绿色，淡香。

观花：花为深紫色的管状小花，有深色纹路，上唇比下唇发达，具 2 唇瓣。一年四季开花。

分布：原生于加那利群岛。现在各地均有栽培。四季开花。

习性：生性较为耐热，排水、日照须好，光照过多容易木质化，但较其他品种不明显，夏季需遮阳。半耐寒。

繁殖：扦插繁殖。

应用：可作园林地被植物或盆栽，也可用于切花。

相近种：与加纳利薰衣草 *Lavandula canariensis* (L.) Mill. 极相似，但该种花型更为紧凑，颜色较深。

★ *Lavandula pinnata* L.　☆ Pinnata Lavender

益母草

别名：益母蒿，益母艾，红花艾，坤草
科属：唇形科益母草属

识别：二年生直立草本，高达 1 m。茎 4 棱，常分枝。叶对生，3 全裂，裂片又羽状分裂。小坚果长圆形。果期 9 ~ 10 月。

观花：轮伞花序腋生，具花 8 ~ 15 朵；花萼管状，被毛，具 5 刺状齿，花冠白色或粉红色，二唇形，雄蕊 4 枚，2 强。花期 7 ~ 9 月。

分布：全国各地均有野生。

习性：喜温暖、湿润的气候，喜光，喜肥沃的土壤，耐寒，耐旱。

繁殖：播种或扦插繁殖。

应用：可丛植、片植于园林绿地的疏林草地上，或点缀在雕塑、溪边、花坛花境边处，亦可用于地被植物加强立体景观效果。

相近种：錾菜 *Leonurus pseudomacranthus* Kitagawa；细叶益母草 *Leonurus sibiricus* L.。

★ *Leonurus artemisia* (Lour.) S.Y.Hu　☆ Wormwoodlike Motherwort

★ *Leonurus sibiricus* L. ☆ Siberia Motherwort

细叶益母草

科属：唇形科益母草属

识别：一二年生直立草本。茎高 20 ~ 80 cm。茎中部叶轮廓为卵形，掌状 3 全裂，裂片再分裂成条状小裂片，花序上的叶明显 3 全裂，中裂片复 3 裂，全部小裂片均条形。小坚果矩圆状 3 棱形。

观花：轮伞花序，径 3 ~ 3.5 cm，下有刺状苞片；花冠粉红色至紫红色，长约 1.8 cm，檐部二唇形，上唇外密被长柔毛，下唇 3 裂，中裂片倒心形。

分布：分布于内蒙古、河北北部、山西、陕西北部；俄罗斯西伯利亚地区、蒙古也有分布。

习性：喜阳光充足，也耐半阴。

繁殖：播种繁殖。

应用：在岩石园、花境、坡地均可种植观赏。

★ *Leonurus pseudomacranthus* Kitag. ☆ Flase Largeflower Motherwort

錾菜

别名：楼台草，玉蓉草，白花益母草
科属：唇形科益母草属

识别：一年生草本，全体较粗糙。茎直立，高 40 ~ 100 cm，具 4 棱，密被倒生的粗毛。叶厚，带革质，对生，两面均有灰白色毛；下部的叶有长柄，卵圆形或羽状 3 深裂，先端锐尖，基部楔形，边缘有粗锯齿和缘毛；中部的叶有短柄，披针状卵圆形，有粗锯齿；枝梢的叶无柄，椭圆形至倒披针形，全缘。小坚果黑色。果期 10 ~ 11 月。

观花：花多数，腋生成轮状；花冠白色，常带紫纹，长 1.3 cm，2 唇，上唇匙形，先端微凹，有缘毛，下唇 3 浅裂，中间裂片倒心脏形；雄蕊 4 枚，2 强。花期 7 ~ 9 月。

分布：分布于东北、华北、华中、华东及西南地区等地。

习性：喜温暖、湿润的环境；耐寒。

繁殖：播种繁殖。

应用：可配置于花境或丛植于草坪等处。

★ *Lycopus lucidus* Turcz. ex Benth. ☆ Shiny Bugleweed

地笋

别名：地瓜儿苗，地瓜，地笋子，地藕
科属：唇形科地笋属

识别：多年生草本。地下根状茎横走，先端肥大，近纺锤形，于茎节处生根（须根）。地上茎直立，四棱形，中空，一般不分枝。叶对生，长圆披针形，基部楔形，叶缘有深锯齿，叶背有凹腺点。小坚果暗褐色、卵形，果期 9 ~ 11 月。

观花：轮伞花序、小花唇形、白色。花期 7 ~ 9 月。

分布：产于黑龙江、吉林、辽宁、河北、陕西、四川、贵州、云南。俄罗斯、日本也有分布。

习性：喜温暖湿润气候。在 6、7 月高温多雨季节生长旺盛。耐寒，不怕水涝，喜肥，在土壤肥沃地区生长茂盛，以选向阳、土层深厚、富含腐殖质的壤土或沙壤土栽培为宜。

繁殖：根茎或种子繁殖。

应用：植株直立整齐，可植于湿地沟边观赏。

相近种：欧地笋 *Lycopus europaeus* L.。

水果蓝

别名：灌丛石蚕，银石蚕
科属：唇形科石蚕属

识别：常绿小灌木，高可达 180 cm。小枝四棱形，全株被白色绒毛，以叶背和小枝最多。叶对生，卵圆形，叶片全年呈现出淡淡的蓝灰色。
观花：单花着生于叶腋处，小花淡紫色；唇形花，下唇三瓣较大，下垂，上唇两瓣较小，花丝较长。花期 3 ~ 5 月。
分布：原产于地中海地区。
习性：喜光，较耐寒，极耐旱，耐贫瘠。
繁殖：扦插繁殖。
应用：丛植或群植作地被或花境，亦可经修剪整形后应用。

★ *Teucrium fruticans* L. ☆ Shrubby Germander

薄荷

别名：野薄荷，鱼香草
科属：唇形科薄荷属

识别：多年生草本，高 30 ~ 100 cm。茎四棱。叶对生，长圆状披针形或椭圆形，基部以上边缘有锯齿，两面沿脉密生毛或腺点。小坚果黄褐色，长圆形。果期 8 ~ 10 月。
观花：轮伞花序腋生；花萼管状，齿尖，花冠淡紫色，二唇形，雄蕊 4 枚，2 强，外伸。花期 7 ~ 9 月。
分布：原产于亚洲东北部，中国各地均有分布。
习性：喜温暖、潮湿和阳光充足的环境，耐寒。
繁殖：播种繁殖。
应用：用于地被、花境或芳香专类园。

★ *Mentha haplocalyx* Briq. ☆ Mint

胡椒薄荷

别名：辣薄荷
科属：唇形科薄荷属

识别：多年生宿根草本，具有芳香、清凉味。茎四棱形，直立，上部被茸毛，下部仅沿棱上有少量茸毛。叶对生，长圆状披针形至椭圆形，长 8 ~ 10 cm，宽 3 ~ 5 cm，顶端锐尖。
观花：轮伞花序腋生，花萼筒状钟形。花呈紫色。
分布：原产于欧洲，我国亦有栽培。
习性：喜温暖、湿润的环境；较耐寒；较耐高温。
繁殖：播种繁殖。
应用：可用作庭园观赏。

★ *Mentha piperita* L. ☆ Peppermint

★ *Monardia didyma* L.　☆ Oswegotea，Beebalm，Fragrant Balm

美国薄荷

别名：红花薄荷，马薄荷
科属：唇形科美国薄荷属

识别：多年生草本，高 80 ~ 120 cm。茎 4 棱。对生，卵形至卵状披针形。有薄荷味。果期 8 ~ 10 月。

观花：头状花序簇生茎顶或集生叶腋，花冠筒有红色、紫色或白色。花期 6 ~ 9 月。

分布：原产于加拿大、美国等地。现中国亦有栽培。

习性：耐旱、耐寒，不择土壤，但在腐殖质丰富、排水良好的土壤中生长佳。

繁殖：播种繁殖。

应用：株形秀丽，花色娇艳，可用于布置花坛、花境或坡地，也可片植于水边、草坪上、建筑物前观赏，也可作切花材料。

★ *Plectranthus hadiensis* var. *tomentosus*　☆ Tomentose Plectranthus

碰碰香

别名：绒毛香茶菜，一摸香
科属：唇形科马刺花属

识别：灌木状多年生草本植物，全株被有细密的白色绒毛。茎细瘦，匍匐状，多分枝，茎枝呈棕色，嫩茎绿色。叶肉质，绿色，交互对生，卵圆形或倒卵形，光滑，厚革质，边缘有些疏钝锯齿。

观花：花有深红色、粉红色及白色、蓝色等。

分布：原产于非洲好望角，欧洲及西南亚地区也有分布。

习性：喜光，也较耐阴；喜温暖，冬季需要 0 ℃以上的温度；喜疏松、排水良好的土壤，不耐水湿。

繁殖：播种、扦插和分株繁殖。

应用：宜盆栽观赏，放置在高处或悬吊在室内，也可作几案、书桌的点缀品。因触碰后可散发出令人舒适的香气，有“碰碰香”的美称，又因其香味浓甜，颇似苹果香味，又有“苹果香”美誉。

★ *Plectranthus ecklonii* 'Mona Lavender'　☆ Ecklon Plectranthus

莫娜紫香茶菜

别名：距花，莫拉薰衣草
科属：唇形科马刺花属

识别：灌木状多年生草本植物，株高约 75 cm，能形成茂密可爱的丛生状株型。叶片深绿色有光泽，叶背浓紫色。

观花：花色丰富，有深紫色、淡紫色或白色带紫色斑点。株龄和修剪程度不同，花期不定，短日照条件下有利于开花，秋季始开花，花期可延至初夏。

分布：原产于南非，园艺杂交种。

习性：喜富含腐殖质的肥沃土壤，耐阴，阳光充裕时，株型会矮小和紧凑，叶片呈现出鲜艳的色彩，叶背紫色更深。

繁殖：扦插或播种繁殖。

应用：生长迅速，可作园林地被植物或用来布置花坛，北方常盆栽观赏。

六座大山荆芥

别名：猫薄荷
科属：唇形科荆芥属

识别： 草本，高 45 cm，蓬径 45 cm。叶灰绿色，有香味。
观花： 花量大，亮蓝色，花径 1 cm，花期 5 月上中旬至 10 月上旬。
分布： 栽培品种。
习性： 喜光，耐寒，耐贫瘠土壤，喜排水良好的土壤。
繁殖： 播种繁殖。
应用： 可作园林地被植物。

★ *Nepeta faassenii* 'Six Hills Giant'　☆ Six Hillis Giant Nepeta

荆芥

别名：香荆芥，香薷，小荆芥，薄荷
科属：唇形科荆芥属

识别： 一年生草本植物，株高 70 ~ 100 cm，有强烈香气。茎直立，四棱形，基部带紫红色，上部多分枝。叶对生，基部叶有柄或近无柄，羽状深裂为 3 ~ 5 片；裂片线形至线状极针形，全缘，内面均被柔毛，下面具下凹小腺点，叶脉不明显，小坚果 4 枚，卵形或椭圆形，表面光滑，棕色。果期 7 ~ 9 月。
观花： 轮伞花序，多轮密集于枝端成穗状；花小，淡紫色，花冠 2 唇形；雄蕊 4 枚，2 强。花期 6 ~ 8 月。
分布： 主产于河北、江苏、浙江、江西、湖北、湖南。
习性： 喜光。
繁殖： 播种繁殖。
应用： 生命力强，宜于作芳香园、花坛、花境及盆栽。

★ *Nepeta cataria* L.　☆ Catnip

罗勒

别名：毛罗勒
科属：唇形科罗勒属

识别： 一年生草本。茎为四棱形，多分枝密被柔毛；叶对生，有柄，叶片卵圆形，长 2 ~ 7 cm，宽 1 ~ 4 cm，全缘或有疏锯齿，背面有腺点，每花能形成小坚果 4 枚。果期 9 ~ 12 月。
观花： 顶生的穗状轮散花序上，6 ~ 8 个花轮生，形成轮伞花序。花冠唇形，白色、淡紫色或紫色，雄蕊 4 枚；花期 7 ~ 9 月。
分布： 原产于非洲、美洲及亚洲热带地区。我国大部分地区也有栽培。
习性： 喜温暖湿润气候，不耐寒，以排水良好、肥沃的沙质壤土或腐殖质壤土为佳。
繁殖： 播种繁殖。
应用： 可用于花坛或花坛镶边，也可盆栽观赏。

★ *Ocimum basilicum* L.　☆ Sweet Basil

★ *Origanum vulgare* L.　☆ Common Origanum

牛至

别名：滇香薷，野薄荷，署草，小叶薄荷
科属：唇形科牛至属

识别： 多年生草本。茎高 25 ~ 60 cm，被倒向或微卷曲的微柔毛。叶片卵形或矩圆状卵形，长 1 ~ 4 cm，被柔毛及腺点；叶柄短，被毛。小坚果卵圆形。

观花： 花序为伞房状圆锥花序，开张，由多数圆柱形、在果时多少伸长的小假穗状花序所组成；苞片矩圆状倒卵形至倒卵形或倒披针形，绿色或带红晕；花萼钟状，长 3 mm，外面被小硬毛或近于无毛，内面在喉部有白色柔毛环，13 脉，齿 5，三角形，等大；花冠紫红色至白色，内面在喉部下疏被微柔毛，上唇直立，顶端 2 浅裂，下唇 3 裂，中裂片较大。

分布： 产于新疆、甘肃、陕西、河南至江南各省区；欧洲、亚洲、北非地区均产，北美亦有引进。

习性： 喜光，稍耐阴。

繁殖： 播种繁殖。

应用： 可作园林地被植物，种植于路旁、山坡或林下。

★ *Perilla frutescens* var. *crispa*　☆ Uygur Perilla

回回苏

别名：紫苏菜
科属：唇形科紫苏属

识别： 一年生草本，高可达 1 m。茎方形。叶深紫色，叶面皱，具狭而深的锯齿，常为紫色。

观花： 总状花序顶生；花小，唇形，下唇较长，淡紫色。果萼较小；种子褐色。花期夏季；果期秋末。

分布： 产于中国喜马拉雅山和日本。

习性： 喜温暖、向阳的环境，耐半阴。要求疏松、肥沃且排水良好的土壤。

繁殖： 播种繁殖。春季可露地直播。

应用： 适宜庭园栽植，可作大型花坛或花境背景，可观赏其深紫色而又富于光泽的株丛。

★ *Perilla frutescens*（L.）Britt.　☆ Common Perilla

紫苏

别名：白苏，赤苏，红苏，香苏，黑苏
科属：唇形科紫苏属

识别： 一年生草本，高 60 ~ 90 cm。基绿色或紫色，钝四棱形，上部有白色柔毛。叶对生，叶片卵圆形或圆形，先端渐尖或尾尖，基部近圆形，边缘有粗锯齿，两面呈紫红色、淡红色，有腺点。小坚果近球形，灰褐色，有网纹。果期 8 ~ 12 月。

观花： 轮伞花序具 2 朵花，组成偏向一侧的假总状花序；花冠白色至紫红色。花期 8 ~ 11 月。

分布： 中国各地广泛栽培。分布于不丹、印度、中南半岛南至印度尼西亚，日本、朝鲜也有分布。

习性： 喜光，喜温暖、湿润的环境，有一定的抗寒能力。

繁殖： 播种或扦插繁殖。种子萌发喜光，播后不覆土。

应用： 枝繁叶茂，叶色紫红，株形优美，适合庭园列植、丛植美化，也可作室内栽培。

糙苏

别名：大叶糙苏，山苏子，山芝麻，续断
科属：唇形科糙苏属

识别：多年生草本，高达 1 m。全株疏被柔毛。茎四棱，多分枝。叶对生，近圆形或卵状长圆形，叶缘具锯齿状圆齿。小坚果无毛。果期 8 ~ 9 月。

观花：轮伞花序腋生，常具 4 ~ 8 朵花；花萼筒形，花冠红色至紫红色，二唇形，雄蕊 4 枚，2 强，内藏。花期 7 ~ 8 月。

分布：分布于中国大部分地区。

习性：生于山地林中、林边灌丛中、河岸、山谷。

繁殖：播种繁殖。

应用：可作园林地被植物。

★ *Phlomis umbrosa* Turcz. ☆ Jerusalemsage

假龙头花

别名：随意草，芝麻花
科属：唇形科假龙头花属

识别：多年生草本，高 30 ~ 60 cm。茎直立，四棱。叶对生，披针形，叶缘有锐齿。蒴果，三棱状圆柱形，黄褐色，种子黑色有膜质翅。果期 9 ~ 10 月。

观花：穗状花序顶生，长 20 ~ 30 cm，花色丰富，有白色、粉色等。花期 8 ~ 10 月。

分布：原产于北美洲。

习性：喜半阴、凉爽环境，稍耐寒，喜肥沃、疏松的沙质壤土，不耐夏季干旱。

繁殖：分株繁殖。

应用：可用于花坛、花境或林缘等地栽植。

品种：六月雪假龙头花'Summersnow'，花叶假龙头花'Variegata'。

★ *Physostegia virginiana* Benth. ☆ Virginia Physostegia

大花夏枯草

别名：大头花
科属：唇形科夏枯草属

识别：多年生草本，高 25 ~ 40 cm。茎 4 棱，具柔毛状硬毛；根茎匍匐地下，节上有须根。叶卵状长圆形，先端钝，基部近圆形，全缘，两面疏生硬毛。小坚果近圆形，略具瘤状突起，在边缘及背面明显具沟纹。果期 10 月。

观花：轮伞花序，6 朵小花聚成顶生穗状花序，花冠筒白色，两唇深紫色。春夏开花。

分布：原产于欧洲、西亚和中亚地区。

习性：喜湿润环境，耐寒，不择土壤。

繁殖：播种繁殖。

应用：常见于地被或花境布置，也用于岩石园中点缀。

★ *Prunella grandiflora* (L.) Scholler ☆ Bigflower Selfheal

★ *Prunella asiatica* Nakai ☆ Wild Spinach，Asia Selfheal

山菠菜

别名：灯笼头
科属：唇形科夏枯草属

识别： 多年生草本，高 20 ~ 60 cm。茎叶卵圆形或卵圆状长圆形，长 3 ~ 4.5 cm，宽 1 ~ 1.5 cm，先端钝或近急尖，基部楔形或渐狭，上面绿色，贴生微疏柔毛或近无毛，侧脉 3 ~ 4 对；花序下方的 1 ~ 2 对叶较狭长。果期 8 ~ 9 月。

观花： 轮伞花序 6 花，聚集于枝顶组成长 3 ~ 5 cm 的穗状花序。花萼先端红色或紫色，萼檐二唇形。花冠淡紫色或深紫色，长 18 ~ 21 mm，冠筒长约 10 mm，冠檐二唇形，上唇长圆形，下唇宽大，中裂片较大。雄蕊 4。花期 5 ~ 7 月。

分布： 产于黑龙江、吉林、辽宁、山西、山东、江苏、浙江、安徽及江西；日本，朝鲜也有分布。

习性： 喜光，耐水湿。

繁殖： 播种繁殖。

应用： 可作园林地被植物，种植于路旁、山坡、草地、灌丛及潮湿地上。

★ *Prunella vulgaris* L. ☆ Common Selfheal

夏枯草

别名：铁色草，大头花，棒柱头花
科属：唇形科夏枯草属

识别： 多年生草本。叶对生，卵形或椭圆状披针形，长 1.5 ~ 5 cm，宽 1 ~ 2.5 cm，全缘或疏生锯齿。小坚果棕色。果期 7 ~ 8 月。

观花： 轮伞花序集成穗状，长 2 ~ 6 cm；苞片肾形，顶端骤尖或尾状尖，外面和边缘有毛；花萼二唇形；花冠紫色，上唇顶端微凹，下唇中间裂片边缘有细条裂。花期 5 ~ 6 月。

分布： 广泛分布于我国各地，以安徽、江苏、湖南等省为主要产地。

习性： 生长在山沟水湿地或河岸两旁湿草丛、荒地、路旁。适宜生长在潮湿环境中。

繁殖： 播种繁殖。

应用： 可作园林地被植物。

变种： 白花夏枯草 var. *leucantha* Schur sec. Railey，花白色。产于四川南部。可种植于溪旁。

★ *Prunella hispida* Benth. ☆ Hispid Selfheal

硬毛夏枯草

科属：唇形科夏枯草属

识别： 多年生草本。茎直立上升，高 15 ~ 30 cm，密被扁平的具节硬毛。叶卵形至卵状披针形，长 1.5 ~ 3 cm，宽 1 ~ 1.3 cm，先端急尖，基部圆形，边缘具浅波状至圆齿状锯齿，两面均密被具节硬毛，间或多少脱落，侧脉 2 ~ 3 对，不明显。小坚果卵珠形。花果期自 6 月至翌年 1 月。

观花： 轮伞花序通常 6 花，多数密集组成顶生长 2 ~ 3 cm、宽 2 cm 的穗状花序，每一轮伞花序其下承以苞片，苞片宽大。花萼紫色。花冠深紫色至蓝紫色，长约 15 mm，冠檐二唇形，上唇长圆形，龙骨状，下唇宽大，中裂片较大，近圆形，边缘具波齿状小裂片，侧裂片长圆形，细小，下垂。雄蕊 4 枚。

分布： 产于云南、四川西南部；印度、锡金也有分布。

习性： 喜光。

繁殖： 播种繁殖。

应用： 可作园林地被植物，种植于路旁、林缘、山坡或草地上。

蓝萼香茶菜

别名：香茶菜，山苏子
科属：唇形科香茶菜属

识别： 多年生高大草本。茎直立，基部木质。叶对生，卵形至阔卵形，基部宽楔形，具长柄。小坚果倒卵形。果期 8 ~ 10 月。

观花： 轮伞花序排列成疏松的顶生圆锥花序；花萼筒状，蓝色，果时增大，花冠白色至蓝紫色，二唇形，2 强雄蕊。花期 6 ~ 9 月。

分布： 分布于东北和华北等地。

习性： 喜光，半耐阴。

繁殖： 播种繁殖。

应用： 可作园林地被植物。

★ *Rabdosia japonica* (Burm.f.) Hara var. *glaucocalyx* (Maxim.) Hara

冰凌草

别名：冬凌草，碎米桠
科属：唇形科香茶菜属

识别： 灌木，高达 1 ~ 1.2 m。茎直立，灰褐色或褐色，皮层纵向剥落。幼枝带淡红色，密被茸毛。叶卵形或菱状卵形，长 2 ~ 6 cm，先端渐尖，基部宽楔形，具粗圆齿，上面疏被柔毛及腺点。小坚果倒卵状三棱形。淡褐色。果期 8 ~ 11 月。

观花： 聚伞花序具 3 ~ 7 朵花，组成圆锥花序，顶生；花萼钟形，密被灰色柔毛及腺点，带红色；花冠长 0.7 ~ 1.2 cm，被柔毛及腺点。花期 7 ~ 10 月。

分布： 产于我国广西、湖南、江西、四川、贵州、湖北、甘肃、陕西、山西、河北。

习性： 喜阳光充足；喜湿润、通风良好的环境；较耐寒；宜排水良好的土壤。

繁殖： 播种或扦插繁殖。

应用： 可用于花坛、花坛镶边；也可盆栽观赏。

★ *Rabdosia rubescens* (Hemsl.) Hara ☆ Rubescent Rabdosia

迷迭香

别名：海洋之露
科属：唇形科迷迭香属

识别： 灌木，高 50 ~ 80 cm。多分枝。叶对生，披针形或线形，革质，银绿色，具松树香气。

观花： 总状花序，在小枝上部和顶端开淡蓝色小花。花期 6 ~ 7 月。

分布： 原产于地中海沿岸地区。

习性： 喜阳光充足和通风良好环境，耐瘠薄，耐干旱，忌高温高湿。

繁殖： 扦插或播种繁殖。

应用： 是地被、花境的良好材料，适合丛植或片植。

品种： 有本尼登蓝 ‘Benenden Blue’、葡萄型迷迭香 ‘Prostratus’、马约卡红 ‘Majorca Pink’ 等品种。

★ *Rosmarinus officinalis* L. ☆ Rosemary

★ *Salvia miltiorrhiza* Bunge ☆ Dan-shen

丹参

别名：紫丹参，红根，血参根
科属：唇形科鼠尾草属

识别： 多年生直立草本，高 40 ~ 80 cm。根肥厚肉质。全株被毛。奇数羽状复叶对生，小叶 3 ~ 5 枚，卵形或椭圆状卵形。小坚果椭球形，黑色。果期 7 ~ 8 月。

观花： 轮伞花序排成总状花序；花萼钟形，紫色，花冠二唇形，蓝紫色，能育雄蕊 2 枚。花期 4 ~ 7 月。

分布： 我国东北、华北、华东和西南地区有分布。

习性： 喜在气候温和、光照充足、空气湿润、土壤肥沃的沙质壤土上生长。

繁殖： 种子繁殖。

应用： 可作园林地被植物和观花植物。

变种： 白花丹参 f. *alba* C. Y. Wu et H. W. Li，花白色，产于山东。

★ *Salvia farinacea* Benth. ☆ Starchcontaining Sage

蓝花鼠尾草

别名：一串蓝
科属：唇形科鼠尾草属

识别： 植株呈丛生状，高 30 ~ 60 cm。茎四棱，光滑。叶对生，有短叶柄，宽披针形或条形，绿色，先端渐尖，边缘有锯齿。坚果，卵形。果熟期 8 ~ 10 月。

观花： 顶生总状花序，花朵蓝色、浅蓝色、紫色或灰白色，被柔毛，花梗蓝紫色，钟形与花冠同色，花谢后萼宿存。花期 7 ~ 10 月。

分布： 原产于北美南部。我国亦有栽培。

习性： 喜温暖、湿润和阳光充足环境。耐寒性较强，忌炎热，适宜疏松、肥沃和排水良好的沙质壤土或腐叶土。

繁殖： 播种繁殖。

应用： 用于花坛、花境或岩石园栽植。

★ *Salvia plebeia* R. Br. ☆ Litchi Sage，Common Sage

荔枝草

别名：皱皮葱，雪里青，过冬青
科属：唇形科鼠尾草属

识别： 二年生草本，高达 90 cm。茎多分枝，被向下的灰白色柔毛。单叶对生，椭圆状披针形，叶缘具齿。小坚果倒卵圆形，光滑。果期 6 ~ 7 月。

观花： 轮伞花序具 3 ~ 6 朵花，密集；花萼二唇形，花冠淡紫色、淡红色至蓝色，上唇全缘，下唇 3 裂。花期 4 ~ 5 月。

分布： 除新疆、甘肃、青海及西藏外，其他各省区均有分布。

习性： 较耐寒，可露地越冬。喜排水良好且肥沃、疏松的石灰质土壤及阳光充足的地方。

繁殖： 播种或扦插繁殖。

应用： 适宜花坛、花境种植。园林：可作园林地被植物，种植于路旁、林缘、山坡或草地上。

林荫鼠尾草

别名：林地鼠尾草
科属：唇形科鼠尾草属

识别：多年生草本，高 60 ~ 80 cm。单叶对生，叶卵形、椭圆形至披针形，具皱纹，基部心形。

观花：轮伞花序组成穗状花序，长 40 ~ 50 cm，花色多种，花期 6 ~ 8 月。

分布：原产于中欧、西欧及俄罗斯。

习性：喜光亦耐半阴，耐寒，耐旱。

繁殖：播种或分株繁殖。

应用：株形紧凑，花朵密集，花期长，可植于花坛、花境、草坪边缘、疏林下或景石旁，也可作切花，花后剪除花序可再次开花。

品种：花色有粉紫色、粉红色或白色等，品种有罗森文'Rosenwein'、蓝山'Blue Hill'、蓝色山脉'Blauhugel'、卡拉多那'Caradonna'、五月夜'May Night'、东弗里斯兰'Ostfriesland'等品种。

★ *Salvia nemorosa* L.　☆ Woodland Sage，Balkan clary

药用鼠尾草

别名：鼠尾草，撒尔维亚
科属：唇形科鼠尾草属

识别：亚灌木状多年生草本植物，株高 25 ~ 60 cm。具白色绵状毛，全株组织内含挥发油具强烈芳香和苦味。茎四方形，基部略木质化，分枝较多。叶对生，长椭圆形，先端圆，长 3 ~ 5 cm，全缘或具钝锯齿，叶面有折皱。

观花：总状花序顶生，花冠唇形，花冠筒长约 2 cm，花蓝色、淡蓝色或白色。花期 8 月。

分布：原产于欧洲；我国有栽培。

习性：喜温暖，喜光，稍耐阴。

繁殖：播种、扦插或分株繁殖。

应用：药用鼠尾草在阳光下略呈银白色的光泽，夏季开出的花序也有几分俏丽，可用于花境和庭园布置，是一种普遍栽植的香草植物，故而被称为"香草平民"。

★ *Salvia officinalis* L.　☆ Officinal Sage

一串红

别名：万年红
科属：唇形科鼠尾草属

识别：多年生半灌木草本，作一年生栽培。茎直立，高 50 ~ 80 cm，常为紫红色，茎基部半木质化。叶对生，叶缘有锯齿。坚果，卵形，褐色。果熟期 8 ~ 10 月。

观花：顶生总状花序，小花 2 ~ 6 朵轮生，花冠唇形，花萼钟状，与花冠同色。花期 7 ~ 10 月。

分布：原产于南美巴西。

习性：喜光，喜温暖，喜土壤肥沃，不耐寒。

繁殖：播种繁殖。

应用：用于花坛、花境、花丛，或盆栽观赏。

品种：一串白 var. *alba*：花及花萼均为白色。一串紫 var. *atropurpura*：花及花萼均为紫色。丛生一串红 var. *compacta*：株型低矮，花序密。

★ *Salvia splendens* Ker-Gawl.　☆ Redstring，Scarlet Sage

★ *Salvia coccinea* L.　☆ Redlip Sage，Texas Sage

朱唇

别名：红花鼠尾草，三叶青，香茶菜
科属：唇形科鼠尾草属

识别： 一年生或多年生草本，高 30 ～ 60 cm。茎直立，全株有毛，具芳香气味。对生，叶卵形或三角状卵形，具齿，叶背具灰白短绒毛。果期 9 ～ 10 月。

观花： 总状花序顶生，花冠下部筒状，上部唇形，花红色。花期 7 ～ 9 月。

分布： 原产于北美南部。

习性： 喜温暖气候，不耐寒，喜阳光充足，耐半阴。

繁殖： 播种繁殖。

应用： 可作园林地被植物，也适宜花境、丛植或条植，也可盆栽观赏。

★ *Salvia pratensis* L.　☆ Meadow Clary，Meadow Sage

草地鼠尾草

科属：唇形科鼠尾草属

识别： 多年生草本，株高 60 ～ 90 cm；具块根，茎直立，少分枝，全株被柔毛。基生叶多，具长柄，长圆状 5 ～ 15 cm，先端钝，基部心形；茎生叶少，无柄，对生。

观花： 总状花序，小花 6 朵轮生，萼片近无柄；花冠亮蓝色，偶有红色或白色，长 2.5 cm，花期 6 ～ 7 月。

分布： 原产于欧洲、亚洲西部和非洲北部。自然生长于荒草甸上，在林地和灌丛边缘也可看到它的存在。

习性： 性耐寒，喜光亦耐半阴。忌干热。在肥沃、深厚、排水良好的土壤上生长良好。草地鼠尾草的花色很多，从堇紫色、粉红色到纯白色。

繁殖： 播种或分株繁殖。

应用： 草地鼠尾草株丛秀丽，花期恰逢花的淡季，是优良的多年生花坛及背景材料，也可成丛或成片点缀林缘、路边、篱笆。蓝色花是多年生花坛配景、配色不可缺少的材料。

★ *Salvia honania* L. H. Bailey　☆ Henan Sage

河南鼠尾草

别名：红骨参，河南丹参
科属：唇形科鼠尾草属

识别： 一二年生草本，高 40 ～ 55 cm。叶为单叶或由 3 小叶组成的复叶，具柄，叶柄长 3 ～ 11 cm。小坚果长圆状椭圆形，光滑。

观花： 轮伞花序 5 ～ 9 朵花，疏离，组成顶生总状或总状圆锥花序。花冠伸出冠筒长 6 ～ 7 mm，近等大，冠檐二唇形，开展，上唇长圆形，下唇 3 裂，中裂片最大，分成 2 小裂片。花期 5 月。

分布： 产于河南南部；生于平原向阳水田中或潮湿地。

习性： 耐阴。

繁殖： 播种繁殖。

应用： 可作园林地被植物。

墨西哥鼠尾草

别名：紫绒鼠尾草，紫柳
科属：唇形科鼠尾草属

识别： 多年生草本，株高 30 ~ 70 cm。茎直立多分枝，茎基部稍木质化。叶对生，披针形，长 2.5 ~ 12.7 cm，叶表面皱缩，背面密被白毛，有香气。果期冬季。

观花： 轮伞花序顶生，长 15 ~ 30 cm，花紫色，白色至紫色。花期秋季。

分布： 分布于中南美洲及墨西哥。

习性： 喜全光照环境，也耐半阴，喜湿润，喜疏松、肥沃的壤土。

繁殖： 嫩枝扦插容易成活，也可分株、播种繁殖。

应用： 花叶俱美，花期长，适于公园、庭园等路边、花坛栽培观赏，也可作干花和切花。栽植于空旷地，生长迅速，株丛茂盛，秋季开花。生长过分茂盛的植株可于夏季回缩修剪，以免秋季枝条头重脚轻而倒伏。花可以做切花，花萼紫色密被绒毛，可作干花。

★ *Salvia leucantha* Cav. ☆ Mexican Bush Sage

深蓝鼠尾草

别名：尼加拉瓜鼠尾草
科属：唇形科鼠尾草属

识别： 多年生草本或半灌木；分枝多，株形高，可达 1.5 m 以上。叶对生，卵圆形，全缘或具钝锯齿，色灰绿，质地厚。叶表有凹凸状织纹，含挥发油，具强烈芳香，能吸引蜂蝶。

观花： 轮伞花序，2 至多花，组成总状圆锥花序、穗状花序，花深蓝色，有香味，花萼二唇形，花冠二唇形，花两性，能育雄蕊 2 枚，退化雄蕊。

分布： 原产于北美南部，现我国各地均有栽培。

习性： 喜欢温暖、阳光充足的环境，不择土壤，但不耐涝，喜富含腐殖质、排水良好的沙质土壤，生长适应性强。

繁殖： 播种繁殖。

应用： 可作花坛、花境观赏。

★ *Salvia guaranitica* A. St. -Hil. ex Benth. ☆ Nicaragua Sage

天蓝鼠尾草

别名：天兰鼠尾草
科属：唇形科鼠尾草属

识别： 多年生草本，高 0.9 ~ 1.8 m。茎细，四方形。叶对生，边缘有锯齿。

观花： 花唇形，天蓝色，长 1.3 cm。花期夏秋季。

分布： 原产于巴西南部、乌拉圭和阿根廷。

习性： 适应性强。

繁殖： 播种繁殖。

应用： 可作园林地被植物。

★ *Salvia uliginosa* Benth. ☆ Sky-blue sage

★ *Scutellaria indica* L.　☆ India Skullcap

韩信草

别名：耳挖草，大力草，烟管草
科属：唇形科黄芩属

识别：多年生上升直立草本。茎高 12 ~ 28 cm，常带暗紫色，被微柔毛。叶具柄，心状卵形或卵状椭圆形，长 1.5 ~ 2.6 cm，宽 1.2 ~ 2.3 cm，两面被微柔毛或糙伏毛。成熟小坚果卵形，具瘤，腹面近基部具一果脐。果期 6 ~ 9 月。

观花：花对生，在茎或分枝顶上排列成长 4 ~ 8 cm 的总状花序；最下一对苞片叶状；花萼长约 2.5 mm，盾片高约 1.5 mm，果时增大；花冠蓝紫色，长 1.4 ~ 1.8 cm；雄蕊 4 枚，2 强。花期 4 ~ 5 月。

分布：分布于江南各省区，北达河南及陕西；朝鲜、日本、印度、中南半岛至印度尼西亚也有分布。

习性：喜湿润、荫蔽或部分遮阳的环境条件下栽培，对土壤要求不严，以疏松肥沃的沙质壤土为宜。

繁殖：播种繁殖。

应用：多用于盆花及花坛栽培，也可用于风景园林及地栽。

★ *Scutellaria baicalensis* Georgi　☆ Skullcap

黄芩

别名：山茶根，黄芩茶根，大黄芩
科属：唇形科黄芩属

识别：多年生草本。根状茎肥厚，肉质。茎四棱形，多分枝，近无毛。叶对生，无柄，披针形或条状披针形，全缘，下面密被下陷的腺点。小坚果卵圆形，具瘤。果期 8 ~ 9 月。

观花：总状花序顶生；花冠紫红色或蓝色，二唇形，雄蕊 4 枚，2 强。花期 7 ~ 8 月。

分布：分布于北方各省区；朝鲜、俄罗斯、蒙古、日本也有分布。

习性：野生于山顶、山坡、林缘、路旁等向阳、较干燥的地方。喜温暖，耐严寒。

繁殖：种子和分根繁殖。

应用：可作园林地被植物。

★ *Scutellaria barbata* D. Don　☆ Half Lotus，Barbate Skullcap

半枝莲

别名：牙刷草
科属：唇形科黄芩属

识别：宿根草本。茎立，四棱形，叶片三角状卵圆形或卵圆状披针形，边缘生有疏而钝的牙齿。小坚果褐色，扁球形。花果期 4 ~ 7 月。

观花：花单生于茎或分枝上部叶腋内，花冠紫蓝色。

分布：分布于我国江南各省区，北方见于陕西、河南、山东及河北。

习性：喜温暖、湿润环境，喜光，稍耐阴，较耐寒，耐水湿。

繁殖：播种繁殖。

应用：半枝莲株形紧凑，花量大，花期长，具较高的观赏性，可片植于水边湿地或丛植于池塘、溪流驳岸处。

绵毛水苏

别名：水苏草，野紫苏，山升麻
科属：唇形科水苏属

识别： 多年生宿根草本，高 10 ~ 60 cm。茎四棱形，密被有灰白色丝状绵毛。叶长圆状椭圆形，两端渐狭，边缘具小圆齿，柔软厚质，两面均密被灰白色丝状绵毛，基部半抱茎。

观花： 轮伞花序，小花多数，唇形淡紫色，上唇两瓣，下唇三瓣。花期 7 月。

分布： 原产于巴尔干半岛、黑海沿岸至西亚。

习性： 喜全光照，耐旱，耐瘠薄，耐寒，也耐半阴。

繁殖： 播种繁殖。

应用： 常丛植作为地被或花境材料，也可配置岩石园或庭园栽植。

品种： 目前多用园艺品种，如' Cotton Boll' 等。

★ *Stachys lanata* Jacq. ☆ Lanate Betony

水苏

别名：鸡苏，水鸡苏，望江青
科属：唇形科水苏属

识别： 多年生草本，具横走根状茎。茎高 20 ~ 80 cm，节上具小刚毛。茎叶叶片矩圆状宽披针形，长 5 ~ 10 cm，两面无毛，叶柄长 3 ~ 17 mm，近茎基部者最长，向上渐短。小坚果卵球形，无毛。

观花： 轮伞花序 6 ~ 8 朵花，下部者远离，上部稍密集排列成长 5 ~ 13 cm 的假穗状花序；小苞片刺状，微小；花萼钟状，连齿长达 7.5 mm，外被具腺微柔毛，稀毛贴生或近于无毛，10 脉，齿 5，三角状披针形，具刺尖头；花冠粉红色或淡红紫色。

分布： 分布于辽宁、内蒙古、河北、山东、江苏、浙江、安徽、江西、福建；俄罗斯，日本也有分布。

习性： 耐水湿。

繁殖： 播种繁殖。

应用： 可作园林地被植物，种植于水沟和河旁湿地。

★ *Stachys japonica* Miq. ☆ Water Betony,Japan Betony

甘露子

别名：宝塔菜，地蚕，草石蚕
科属：唇形科水苏属

识别： 多年生草本。地下有匍匐枝，成熟时顶端膨大成螺旋状的直立方形肉质块茎，卵形至长椭圆状卵形叶子对生；果期 9 月。

观花： 轮伞花序生花 6 至多数，由 2 ~ 13 轮在茎顶列成穗状花序。花唇形，淡紫色，花期 7 ~ 8 月。

分布： 产于辽宁、河北、山东、山西、河南、陕西、甘肃、青海、四川、云南、广西、广东、湖南、江西及江苏等省区。原产于我国，野生于华北及西北各省区。

习性： 喜生温湿地或近水处，不耐高温、干旱，遇霜枯死。

繁殖： 播种繁殖。

应用： 可作园林地被植物。

★ *Stachys sieboldii* Miq. ☆ China Artichoke

★ *Stachys chinensis* Bunge ex Benth.　☆ China Betony

华水苏

别名：水苏
科属：唇形科水苏属

识别： 多年生直立草本。茎高约 60 cm。茎叶矩圆状披针形，长 5.5 ~ 8.5 cm，宽 1 ~ 1.5 cm，两面几无毛；叶柄极短，长 2 ~ 5 mm。小坚果卵圆状三棱形，无毛。果期 7 ~ 9 月。

观花： 轮伞花序通常 6 朵花，远离而排列成长假穗状花序；苞片披针形，边缘具刚毛，小苞片微小；花冠紫色，长 1.5 cm，花冠筒内具不明显的毛环，檐部二唇形，上唇直立，下唇 3 裂，中裂片近圆形。花期 6 ~ 8 月。

分布： 分布于黑龙江、吉林、辽宁、内蒙古、河北、山西、陕西、甘肃；俄罗斯远东地区也有分布。

习性： 喜光，喜水湿。

繁殖： 播种繁殖。

应用： 可作园林地被植物。

★ *Stachys baicalensis* Fisch. ex Benth.　☆ Baikal Betony

毛水苏

别名：水苏草，野紫苏
科属：唇形科水苏属

识别： 多年生直立草本。株高达 50 cm。叶长圆状披针形、披针形，叶缘具圆齿状锯齿。小坚果，近圆形。果期 8 ~ 9 月。

观花： 轮伞花序，通常具 6 朵花，组成顶生的穗状花序。花冠淡紫色或紫色，二唇形，上唇直伸，卵圆形；下唇 3 裂，外被白色花纹。花期 7 ~ 8 月。

分布： 分布于华北、东北和山东、陕西等省区；俄罗斯也有分布。

习性： 喜光。

应用： 可用于花境，岩石园或庭园观赏，我国常作为观赏植物栽培于花圃中。

★ *Idesia polycarpa* Maxim.　☆ Manyfruit Idesia

山桐子

别名：水冬瓜，水冬桐，椅桐，斗霜红
科属：大风子科山桐子属

识别： 落叶乔木，高 8 ~ 21 m。树皮光滑，灰白色；叶互生，广卵形，先端锐尖至短渐尖，边缘有锯齿，表面无毛，背面被白粉，托叶小，早落；果实为浆果，红色；果 9 ~ 10 月成熟。

观花： 大型顶生圆锥花序，花单性，无花瓣，黄绿色，密生细毛；花期 5 ~ 6 月。

分布： 产于河南、浙江、江西、台湾、陕西、湖北、华南、西南等地。

习性： 适应性强，喜光；喜温暖、湿润环境，耐寒，抗旱。

繁殖： 播种繁殖。

应用： 树形美观，秋天红果累累，是良好的园林绿化树种，可作行道树或庭园观赏树木。

变种： 毛叶山桐子 var. *vestita* Diels。

假奓包叶

别名：艾桐，老虎麻
科属：大戟科假奓包叶属

识别：灌木或乔木；小枝被柔毛。叶互生，通常卵形，长约3 ~ 7 cm，宽约1.4 ~ 4 cm，顶端渐尖，基部近圆形或近截平状，边缘有锯齿；基出脉3 ~ 5；叶柄长1 ~ 4 cm。蒴果小，近球形。

观花：花单性，雌雄异株，无花瓣；总状花序或圆锥花序，顶生；雄花花萼3 ~ 5裂；雄蕊35 ~ 60枚，花药4室；雌花萼片5，外密被柔毛；子房3室，花柱3，平展，2中裂，内面多乳头状凸起。

分布：产于甘肃、陕西、四川、湖北、湖南、贵州、广西、广东。

习性：喜光，稍耐荫。

繁殖：播种繁殖。

应用：可作园林地被植物。

★ *Discocleidion rufescens* (Franch.) Pax et Hoffm.

猫尾红

别名：红尾铁苋，红毛苋，穗穗红
科属：大戟科铁苋菜属

识别：常绿灌木，枝条呈半蔓性，株高10 ~ 25 cm，能匍匐地面生长，若用吊盆栽培呈悬垂状。叶互生，卵形，先端尖，叶缘具细齿，两面被毛。

观花：葇荑花序，顶生，自然花期为春季至秋季，而在人工栽培的环境中一年四季都可开花，雌花短穗状，具绒毛光泽，鲜红色，形似猫尾。

分布：原产于新几内亚等中美洲及西印度群岛，现世界各地广为栽培。

习性：喜温暖、湿润和阳光充足的环境。但不耐寒冷，在中国北方通常作为温室盆花栽培。喜肥沃的土壤。

繁殖：扦插繁殖。

应用：狗尾红花序色泽鲜艳，十分喜人，适于花坛美化、吊盆栽植或地被；宜植于公园、植物园和庭院内。

★ *Acalypha reptans* Sw. ☆ Red Cat's tail，Dwarf Cat Tail

山麻杆

别名：桂圆树，红荷叶，狗尾巴树
科属：大戟科山麻杆属

识别：落叶丛生灌木，高1 ~ 2 m。茎直而少分枝，常紫红色；叶圆形至广卵形，缘有锯齿，背面紫色，密生茸毛；蒴果扁球形，密生短茸毛；果7 ~ 8月成熟。

观花：雄花密生，呈短穗状花序；雌花疏生，呈总状花序，位于雌花序下面；花期4 ~ 5月。

分布：产于河南、陕西及长江流域等。

习性：喜光，稍耐阴，喜温暖湿润气候，不耐寒，对土壤要求不严格。

繁殖：分株、扦插或播种繁殖。

应用：山麻杆早春嫩叶及新枝均为紫红色，平常叶也带紫红色，是园林中常用的观叶树之一。丛植于庭前、路边、草坪或山石旁，均适宜。

★ *Alchornea davidii* Franch. ☆ David Xmas Bush

★ *Codiaeum variegatum*（L.）A. Juss.　☆ Changingleaf Tree

变叶木

别名：洒金榕
科属：大戟科变叶木属

识别： 常绿灌木，高 1 ~ 2 m。植物体具乳汁。叶形变化多样，因品种不同而异，有线形、线状、椭圆形、宽卵形、提琴形、戟形或波状、螺旋状等，在绿色和紫红色的叶面上，常有白色、黄色、红色或紫色等斑点或线条。

观花： 总状花序单生或 2 枚并生于上下叶腋；花小，单性，雌雄同株异序，黄绿色，花期夏季。

分布： 原产于印度、马来西亚、菲律宾和大洋洲，热带地区普遍栽培，中国南方广泛栽培。

习性： 生长力强，喜光，在全日照、半日照或荫蔽处均能生长；喜高温、多湿的气候，不耐严寒，不耐瘠薄，喜富含有机质且保水能力强的土壤。

繁殖： 扦插繁殖，春至夏季均可进行。

应用： 叶形变异大，叶色丰富，在庭园中丛植、列植或盆栽。

品种： 本种有 120 多个品种。

★ *Euphorbia milii* Ch.des Moulins　☆ Iron Crabapple

铁海棠

别名：虎刺梅，麒麟刺，麒麟花
科属：大戟科大戟属

识别： 攀缘性小灌木，高 1 m。茎直立，多分枝；茎枝具纵棱，上生锥形硬刺。叶仅生于新枝；单叶互生，倒卵形，先端圆而具小凸尖，基部狭楔形；叶面鲜绿，光滑。蒴果扁球形。花期 6 ~ 7 月。

观花： 2 ~ 4 个聚伞花序生于枝顶；花绿色，具长柄；总苞 2 枚，肾形，鲜红色，长期不落。

分布： 原产于马达加斯加。

习性： 喜强光，高温，湿润；不耐寒、旱及水涝。

繁殖： 播种繁殖。

应用： 盆栽观赏、做刺篱等。虎刺梅栽培容易，开花期长，红色苞片，鲜艳夺目，是深受欢迎的盆栽植物。由于虎刺梅幼茎柔软，常用来绑扎孔雀等造型，成为宾馆、商场等公共场所摆设的精品。

★ *Euphorbia pekinensis* Rupr.　☆ Beijing Spurge

京大戟

别名：大戟，湖北大戟
科属：大戟科大戟属

识别： 多年生草本，高 40 ~ 80 cm。叶互生，常为椭圆形，少为披针形或披针状椭圆形，变异较大，先端尖或渐尖，基部渐狭或呈楔形，或近圆形、近平截，边缘全缘；主脉明显，侧脉羽状，不明显；蒴果球状，长约 4.5 mm。果期 6 ~ 9 月。

观花： 伞形聚伞花序顶生，总苞叶 4 ~ 7 枚；伞幅 4 ~ 7；苞叶 2 枚，近圆形，先端具短尖头，基部平截或近平截。花序单生于二歧分枝顶端，无柄；总苞杯状，边缘 4 裂，裂片半圆形，边缘具不明显的缘毛；腺体 4 条，半圆形或肾状圆形，淡褐色。雄花多数；雌花 1 枚。花期 5 ~ 8 月。

分布： 广布于全国，北方尤为普遍；朝鲜和日本也有分布。

习性： 耐寒，适应性强，喜排水良好的沙质壤土。

繁殖： 播种繁殖。

应用： 花色殊雅，适合庭园栽培观赏，也可种植于山坡、灌丛、路旁、草地、林缘和疏林内。

彩云阁

别名：三角霸王鞭，龙骨，三角大戟
科属：大戟科大戟属

识别： 肉质多浆灌木或小乔木，高 1 ~ 1.8 m。多分枝，呈灌木状。植物体内有白色乳汁，有毒，不可入眼。茎节通常有 3 棱，棱上有短刺对生。叶片生于莲棱边缘，呈长卵圆形，排列整齐，似鱼鳞。蒴果三裂，不能食。

观花： 花单性，杯状聚伞花序。花期夏、秋季。盆栽的很难开花。

分布： 原产于非洲纳米比亚、加蓬。中国亦有栽培。

习性： 喜光但忌强光，耐旱，水分宁干勿湿，不喜肥，忌浓肥、生肥，冬季停肥，喜温暖湿润环境。

繁殖： 扦插繁殖宜在气温 25 ℃以上进行，插穗要选取健壮的蓬棱，晾干伤口黏液 2 ~ 3 天后扦插。

应用： 叶色绚丽多彩，株形优美，多为盆栽观赏。

★ *Euphorbia trigon* Miu. ☆ African Milk Tree

通奶草

科属：大戟科大戟属

识别： 一年生直立草本，高 10 ~ 35 cm，无毛或稍被柔毛；茎自基部分枝。叶对生，具短柄，倒卵形至狭矩圆形，长 1 ~ 2.5 cm，宽 0.5 ~ 1 cm，边缘有不明显的细锯齿，顶端圆钝，基部圆，通常偏斜，两面被极稀疏柔毛或无毛。蒴果被贴伏的短柔毛，长 1 ~ 2 mm；种子卵状 3 棱形。花果期 8 ~ 12 月。

观花： 杯状花序数个簇生叶腋或侧枝顶端；总苞陀螺形，无毛，顶端 4 裂，裂片间有头状小腺体，花瓣状附属物白色。

分布： 分布于广东、广西、湖南、江西、贵州、云南；越南至印度也有分布。

习性： 喜光。

繁殖： 播种繁殖。

应用： 可作园林地被植物。

★ *Euphorbia indica* Lam. ☆ India Spurge

一品红

别名：圣诞树，象牙红，老来娇
科属：大戟科大戟属

识别： 高 35 ~ 250 cm。茎光滑，含乳汁。叶互生，卵状椭圆形至披针形，具大的缺刻，背面有软毛。蒴果。

观花： 顶生杯状花序，聚伞状排列。茎顶部花序下的叶较狭，苞片状，通常全缘，开花时呈朱红色，为主要观赏部分。花期 12 月至翌年 2 月。

分布： 原产于墨西哥和中美洲。

习性： 喜温暖、湿润及阳光充足的环境；怕低温，更怕霜冻；对土壤要求不严，以微酸性的肥沃沙质壤土最好。

繁殖： 播种繁殖。

应用： 常用于盆花观赏或室外花坛布置。

品种： 苞片形似叶，一般为红色，也有白色及粉红色的品种。

★ *Euphorbia pulcherrima* Willd. ex Klotzsch ☆ Poinsettia

★ *Euphorbia marginata* Pursh ☆ Snow-on-the-mountain

银边翠

别名：高山积雪，象牙白
科属：大戟科大戟属

识别： 一年生草本，高 50 ~ 100 cm。白色乳汁。茎直立，叉状分枝。有白色乳汁。叶卵形，无柄，全缘，顶端叶片边缘或全部小叶银白色，为主要观赏部位。果熟期 7 ~ 10 月。蒴果扁圆形。

观花： 花小，白色。花期 6 ~ 9 月。

分布： 原产于北美洲。

习性： 喜温暖、阳光充足环境；不耐寒，对土壤要求不严，耐干旱。

繁殖： 播种繁殖。

应用： 是夏季良好的观赏植物，适宜布置花坛，也可作切花配叶。

★ *Euphorbia hirta* L. ☆ Garden Spurge

飞扬草

别名：大飞扬，大乳汁草，节节花
科属：大戟科大戟属

识别： 一年生草本，高 30 ~ 70 cm。常不分枝。叶对生，长圆状披针形、长椭圆状卵形或卵状披针形、先端尖，基部略偏斜，边缘中部以上细锯齿明显，叶两面具柔毛。蒴果三棱形，熟时分裂为 3 分果爿。花、果期 6 ~ 12 月。

观花： 花序多数，于叶腋密集成头状，几无总梗；总苞钟形，边缘 5 裂；雄花数朵；雌花 1 朵，具短梗，伸出总苞之外，花柱 3 枚。

分布： 产于广东、广西、海南、江西、湖南、福建、台湾、四川、贵州、云南。

习性： 喜光，喜温暖环境。

繁殖： 播种繁殖。

应用： 可用作园林地被植物。

★ *Euphorbia helioscopia* L. ☆ Sun Spurge

泽漆

别名：五朵云，五风草，五灯草
科属：大戟科大戟属

识别： 一年生或二年生草本，高 10 ~ 30 cm。茎无毛或仅分枝略具疏毛。叶互生，倒卵形或匙形，长 1 ~ 3 cm，宽 0.5 ~ 1.8 cm，先端钝圆或微凹缺，基部宽楔形，边缘在中部以上有细锯齿；茎顶端具 5 片轮生叶状苞。蒴果无毛。果期 5 ~ 10 月。

观花： 多歧聚伞花序顶生，有 5 伞梗，每伞梗又生出 3 小伞梗，每小伞梗又第三回分为 2 叉；杯状花序钟形，总苞顶端 4 浅裂，裂间腺体 4 枚，肾形。花果期 4 ~ 9 月。

分布： 除新疆、西藏外，分布几遍全国。

习性： 喜光，耐水湿。

繁殖： 播种繁殖。

应用： 可作园林地被植物，或种植于沟边、路旁等处。

狼毒大戟

别名：狼毒，狼毒疙瘩
科属：大戟科大戟属

识别： 多年生草本，高达 40 cm，有白色乳汁。近基部的叶鳞片状，褐色；中部的互生，无柄，矩圆形至矩圆状披针形，长约 3 ~ 8 cm，宽约 1 ~ 3 cm，全缘；叶状苞片 5 枚，轮生，长卵形，基部圆形。蒴果宽卵形。果期 5 ~ 7 月。

观花： 总花序多歧聚伞状，顶生，通常 5 伞梗呈伞状，每伞梗又生出 3 小伞梗或再抽第三回小伞梗；杯状花序宽钟形，总苞顶端裂片卵状三角形，内面近无毛，外面有柔毛，边缘有睫毛；腺体肾形，两端钝圆。花期 5 ~ 7 月。

分布： 分布于东北、内蒙古及河北。

习性： 耐干旱。

繁殖： 播种繁殖。

应用： 可作园林地被植物。

★ *Euphorbia fischeriana* Steud. ☆ Fischer Spurge

喷火龙

别名：伯氏大戟，伯杰麒麟，伪孔雀
科属：大戟科大戟属

识别： 灌木状肉质。株高 20 ~ 30 cm，株幅 30 ~ 40 cm。茎秆粗壮，肉质，八棱柱形，茎面叶痕明显，淡绿色，具灰白色丛刺。叶片长椭圆形，深绿色，冬季边缘红色。

观花： 花序集中于茎顶。花小，顶生，红色。花期夏季。

分布： 原产于南非。

习性： 耐干旱，喜光，较喜肥。

繁殖： 播种繁殖。

应用： 可盆栽观赏。

★ *Euphorbia bergii* A.C.White ☆ Berg Spurge

乳浆大戟

别名：猫眼草，烂疤眼，打盆打碗
科属：大戟科大戟属

识别： 多年生草本，高 15 ~ 40 cm。有白色乳液。茎直立，下部带淡紫色；短枝或营养枝上的叶密生，线状倒披针形；长枝或生花的茎上的叶互生，倒披针形或线状披针形，长 1 ~ 3.5 cm，宽 0.2 ~ 0.8 cm，顶端钝、微凹或有细凸尖。蒴果无毛。果熟期 5 月。

观花： 多歧聚伞花序顶生，通常 3 ~ 5 枝呈伞状，每伞梗再 2 ~ 3 回叉状分枝；总苞片对生，半圆形，顶端短尖。花期 4 月。

分布： 分布于全国（除海南、贵州、云南和西藏外）。广布于欧亚大陆，且归化于北美。

习性： 喜光；喜温暖、湿润的环境，在阳光充足、肥沃的土壤环境中生长良好。

繁殖： 播种繁殖和扦插繁殖。

应用： 花形较为奇特，适合丛植于庭园或路旁，也可盆栽。

★ *Euphorbia esula* L. ☆ Leafy Spurge

★ *Euphorbia kansui* Liou ☆ Kansui

甘遂

别名：主田，重泽，甘藁，甘泽
科属：大戟科大戟属

识别： 多年生草本，高 25 ~ 40 cm，有乳汁；根长，稍弯曲，部分呈连球状，有时呈长椭圆形，外皮棕褐色。茎无毛。叶互生，近无柄，条状披针形或披针形，长 2 ~ 5 cm，宽 4 ~ 10 mm，全缘，无毛。蒴果近球形。果期 6 ~ 8 月。

观花： 顶生总花序有 5 ~ 9 伞梗，每伞梗再二叉状分枝；苞片三角状宽卵形，全缘；杯状花序总苞钟状，先端 4 裂，腺体 4，生于裂片之间的外缘，呈新月形，黄色；花单性，无花被；雄花仅 1 雄蕊。花期 4 ~ 6 月。

分布： 分布于甘肃、陕西、河南、山西和宁夏。

习性： 喜光。

繁殖： 播种繁殖。

应用： 可作园林地被植物。

★ *Flueggea suffruticosa* (Pall.) Baill. ☆ Halfshrub Securinega

一叶萩

别名：叶底珠，山嵩树，狗梢条
科属：大戟科白饭树属

识别： 灌木，高 1 ~ 3 m；小枝浅绿色。叶椭圆形、矩圆形或卵状矩圆形，长 1.5 ~ 5 cm，宽 1 ~ 2 cm，两面无毛，全缘或有不整齐波状齿或细钝齿，叶柄短。蒴果三棱状扁球形，直径约 5 mm，红褐色，无毛，三瓣裂。

观花： 花小，单性，雌雄异株，无花瓣，3 ~ 12 簇生于叶腋；萼片 5 枚，卵形；雄花花盘腺体 5 枚，分离，2 裂，与萼片互生；退化子房小，圆柱状，长 1 mm，2 裂；雌花花盘几不分裂；子房 3 室，花柱 3 裂。

分布： 分布于东北、华北、华东及河南、陕西、四川。

习性： 喜光。

繁殖： 播种繁殖。

应用： 生于山坡灌丛中及山坡向阳处。

★ *Jatropha podagrica* Hook. ☆ Buddhagut Tree Buddaha Belly

佛肚树

别名：珊瑚油桐，麻疯树，瓶子树
科属：大戟科麻疯树属

识别： 肉质灌木，高 40 ~ 50 cm。茎基部膨大呈卵圆状棒形，茎端两歧分叉。茎表皮灰色易脱落。叶 6 ~ 8 片，簇生分枝顶端，具长柄，盾形，3 浅裂，长和宽各 15 ~ 18 cm，绿色，光滑又稍具蜡质白粉。托叶角质分叉，刺状，宿存于茎枝上很长时间。

分布： 原产于澳大利亚，为当地热带疏林的优势植物，现我国南方地区如福建漳州青山苗圃与广东都有大规模栽植。

观花： 花序长 15 cm，重复两歧分叉，花鲜红色，具长柄。一年四季开花不断。

习性： 喜温暖干燥及充足的阳光，家庭栽培不能放在缺少阳光直射的地方，否则茎干细长失去佛肚般的特点。

繁殖： 多用播种繁殖，也可以用嫩枝扦插繁殖。

应用： 生性强健，株形奇特，栽培容易，是室内盆栽的优良花卉。暖地亦可庭园栽培，也可作园景树、工艺品。

琴叶珊瑚

别名：琴叶樱，红花假巴豆
科属：大戟科麻疯树属

识别： 常绿灌木，植物体有乳汁。株高 1 ~ 2 m。单叶互生，倒阔披针形，常丛生于枝条顶端。叶基有 2 ~ 3 对锐刺，叶端渐尖，叶面为浓绿色，叶背为紫绿色，叶柄具茸毛，叶面平滑。蒴果成熟时呈黑褐色。

观花： 聚伞花序，花瓣 5 枚，花冠红色；花单性，雌雄同株。

分布： 原产于西印度群岛，现在我国南方多有栽培。

习性： 喜高温、高湿环境，怕寒冷与干燥，越冬要保持在 12 ℃以上。喜充足的光照，稍耐半阴；喜生长于疏松、肥沃且富含有机质的酸性沙质壤土中。

繁殖： 播种繁殖或扦插繁殖。

应用： 花朵虽然不大，由于花期长，无论什么时候都可以看到它开花，是庭园常见的观赏花卉，被广泛应用于景观。

品种： 有粉红色品种。

★ *Jatropha integerrima* Jacg.　☆ Rose-flowered Jatropha

雀儿舌头

别名：黑钩叶
科属：大戟科雀儿舌头属

识别： 落叶小灌木，高 1 m。小枝细弱，幼时有短毛。单叶互生，全缘，卵形至披针形，基部钝圆，稍不对称，先端钝尖。蒴果球形或扁球形，开裂。果期 9 ~ 10 月。

观花： 花小，黄绿色，单性，雌雄同株，簇生或单生叶腋，花梗细长。花期 6 ~ 8 月。

分布： 产于东北、华北及山东、河南、陕西、甘肃、湖北、四川等地。

习性： 耐寒，耐干旱瘠薄。

繁殖： 播种繁殖。

应用： 株型紧凑，是良好的地被材料，也适宜具有自然野趣的园林绿化。

★ *Leptopus chinensis*（Bunge）Pojark.　☆ China Leptopus

白背叶

别名：野桐，叶下白，白背木，白背娘
科属：大戟科野桐属

识别： 小乔木或灌木，高 2 ~ 3 m，小枝，叶柄均被白色密毛。叶互生，宽卵形，长 5 ~ 10 cm，宽 3 ~ 9 cm，先端渐尖，基部宽楔形。蒴果球形，密生软刺，星状柔毛，白色。果期 8 ~ 11 月。

观花： 圆形穗状花序生枝顶，雄花在上，雌花在下。花期 4 ~ 7 月。

分布： 产于云南、广西、湖南、江西、福建、广东和海南。越南也有分布。

习性： 喜光；喜高温、湿润的气候，耐干旱，耐贫瘠。

繁殖： 播种或扦插繁殖。

应用： 用于坡面和林缘绿化。

★ *Mallotus apelta*（Lour.）Muell.-Arg.　☆ Whitebackleaf

★ *Monadenium montanum* var. *rubellun* P. R. O. Bally

人参大戟

别名：翡翠塔，翡翠木
科属：大戟科翡翠塔属

识别： 多肉植物，植株具甘薯状浅灰色根茎，形似人参，其顶端长有圆形肉质细茎，上有纵棱，叶质厚，近似菱形，正面灰绿色，背面紫红色。

观花： 花小，深粉红色。花期 9 月。

分布： 原产于非洲或南美洲的荒漠或半荒漠地区。

习性： 喜阳光充足和温暖干燥的环境，耐干旱，忌阴湿，不耐寒，稍耐半阴。生长季节保持土壤湿润而不积水。

繁殖： 扦插繁殖。

应用： 形态精巧灵秀、古拙奇巧。可与柔美雅秀、风姿宜人的人参榕盆景相媲美，深受爱好者的青睐。

★ *Ricinus communis* L. ☆ Castorbean，Castor-oilplant

蓖麻

别名：红杜卑，篦麻子，草麻子，红大麻子
科属：大戟科蓖麻属

识别： 高 1 ～ 5 m。茎柔韧，中空，绿色或紫红色，直立，分枝。植株被白色蜡粉，光滑无毛。叶盾形，直径 20 ～ 60 cm，掌状 5 ～ 11 裂，裂片卵形或窄卵形，缘具齿，无毛叶柄长，托叶合生，早落。蒴果有刺或无刺。种子皮壳光滑硬脆，有浅花纹，红至黑褐色。花果期为 7 ～ 9 月。

观花： 花单性，总状圆锥花序，穗轴上部着生雌花，花柱红色，下部为雄花。偶有两性花混合排列或只有单生雌性花的植株。

分布： 分布于非洲、埃及、埃塞俄比亚和印度。

习性： 喜温暖、湿润、阳光充足的环境，但忌涝。

繁殖： 播种繁殖。

应用： 可种植于庭院、住宅旁或作为背景材料。

★ *Sapium sebiferum*（L.）Roxb. ☆ Chinese Tallowtree

乌桕

别名：腊子树，桕子树，木子树
科属：大戟科乌桕属

识别： 落叶乔木，高达 15 m。树皮暗灰色，浅纵裂；小枝纤细；叶互生，菱状广卵形，先端尾状，基部广楔形，全缘；蒴果梨状球形，熟时黑色，3 裂，果皮脱落；果 10 ～ 11 月成熟。

观花： 花序穗状，顶生，花小，黄绿色；花期 5 ～ 7 月。

分布： 在中国分布很广。

习性： 喜光，喜温暖气候及深厚肥沃且水分丰富的土壤；耐旱、耐水湿及抗风能力强。对土壤适应范围广，能抗火烧，对二氧化硫及氯化氢抗性强。

繁殖： 播种繁殖或嫁接繁殖。

应用： 适于植于水边、池畔、坡谷、草坪。若与亭廊、花墙、山石等相配，也甚协调。在园林绿化中可作护堤树、庭荫树及行道树。

油桐

别名：油桐树，桐油树，光桐
科属：大戟科油桐属

识别： 落叶乔木，高 3 ~ 8 m。叶互生，叶卵形，或宽卵形，长 20 ~ 30 cm，宽 4 ~ 15 cm，先端尖或渐尖，叶基心形，全缘或 3 浅裂。果期 7 ~ 10 月。

观花： 圆锥状聚伞花序顶生，花单性同株；花先叶开放，花瓣白，有淡红色条纹，5 枚。花期 4 ~ 5 月。

分布： 分布于我国黄河以南各省，南方地区多有栽培。

习性： 喜光，喜温暖，忌严寒，适生于缓坡、向阳谷地、盆地及河床两岸台地，喜富含腐殖质、土层深厚、排水良好、中性至微酸性沙质壤土。

繁殖： 播种繁殖。

应用： 株形高大，枝叶浓密，开花时满树白花，美观高洁，为园景树、行道树的优良树种。

★ *Vernicia fordii* (Hemsl.) Airy-Shaw ☆ Oiltung，Tung-oil Tree

秤星树

别名：假青梅，灯花树，梅叶冬青
科属：冬青科冬青属

识别： 落叶灌木，高达 3 m；长枝和短枝或小枝的较老部分有皮孔。叶膜质，卵形或卵状椭圆形，长 3 ~ 7 cm，宽 1.5 ~ 3 cm，上面或仅在上面脉上有微毛，下面无毛，侧脉 6 ~ 8 对；叶柄长 3 ~ 8 mm。果球形，直径 5 ~ 6 mm，熟时黑色；分核 4 ~ 6 颗，背部有深槽，有骨质内果皮。

观花： 花白色，雌雄异株，雄花 2 ~ 3 枚簇生或单生叶腋或鳞片腋内，4 ~ 5 数，花萼直径 2.5 ~ 3 mm；雌花单生叶腋，4 ~ 6 数，有长达 2 ~ 2.5 cm 的极纤细的花梗，果熟时延长至 3 cm，花萼直径 3 mm，有缘毛。

分布： 分布于华东、华南等地；菲律宾也有分布。

习性： 喜光。

繁殖： 播种繁殖。

应用： 可作园林观花观果灌木。

★ *Ilea asprella* (Hook.et Arn.) Champ. ex Benth. ☆ Roughhaired Holly

冬青

别名：红果冬青
科属：冬青科冬青属

识别： 常绿乔木，高 13 m。叶薄革质，长椭圆形至披针形，先端渐尖，基部楔形，表面深绿色而有光泽，叶柄常为淡紫红色，叶干后呈红褐色。果实深红色，椭球形。果期 9 ~ 10（11）月。

观花： 雌雄异株，聚伞花序着生于当年生嫩枝叶腋。花期 5 ~ 6 月。

分布： 产于长江流域及其以南各省区，常生于山坡杂木林；日本也有分布。

习性： 喜光，稍耐阴；喜温暖气候及肥沃的酸性土壤，较耐潮湿，不耐寒。

繁殖： 播种繁殖。

应用： 本种四季常青，入秋红果累累，经冬不落，十分美观，宜作园景树及绿篱，也可盆栽。

★ *Ilex chinensis* Sims ☆ Kashi Holly，Purple Holly

★ *Ilex cornuta* Lindl. et Paxt.　☆ Horny Holly

枸骨

别名：鸟不宿
科属：冬青科冬青属

识别：常绿灌木或小乔木，高 1 ~ 4 m，树冠阔圆形。叶硬革质，矩圆状四方形，长 4 ~ 8 cm，宽 2 ~ 4 cm，顶端扩大并有 3 枚大而尖的硬刺齿，基部两侧各有 1 ~ 2 枚大刺齿；大树树冠上部的叶常全缘，基部圆形，表面深绿色有光泽，背面淡绿色。核果球形，鲜红色，径 8 ~ 10 mm，4 分核。果期 10 ~ 11 月。

观花：雌雄异株，聚伞花序，黄绿色，簇生于 2 年生小枝叶腋。花期 4 ~ 5 月。

分布：分布于江苏、上海、安徽、浙江、江西、湖北、湖南等地。

习性：喜光，稍耐阴；喜温暖气候及肥沃、湿润且排水良好的微酸性土壤，耐寒性不强；对有害气体有较强抗性。

繁殖：播种繁殖。

应用：本种叶形奇特，入秋红果累累，经冬不落，鲜艳美丽，是良好的观叶、观果树种。

★ *Ilex memecylifolia* Champ. ex Benth.　☆ Memecylonleaved Holly

谷木叶冬青

别名：谷木冬青
科属：冬青科冬青属

识别：常绿乔木，高可达 15 ~ 20 m。叶生于 1 ~ 2 年生枝上，叶片革质至厚革质，卵状长圆形或倒卵形，长 4 ~ 8.5 cm，宽 1.2 ~ 3.3 cm，先端渐尖或钝，基部楔形或钝，全缘；叶柄长 5 ~ 7 mm；托叶三角形。果球形，直径约 5 ~ 6 mm。果期 7 ~ 12 月。

观花：花序簇生于二年生枝的叶腋内；花 4 ~ 6 基数，白色、芳香。雄花序的单个分枝为 1 ~ 3 花的聚伞花序，总花梗长 1 ~ 3 mm；花梗长 3 ~ 6 mm；花萼盘状；花冠辐状，直径 5 ~ 6 mm，花瓣长圆形，基部稍合生。花期 3 ~ 4 月。

分布：产于江西、福建、广东、香港、广西和贵州等省区；分布于越南北方。

习性：稍耐阴。

繁殖：播种繁殖。

应用：可作行道树或庭荫树。

★ *Ilex crenata* Thunb.var. *convexa* Makino　☆ Convexa Japan Holly

龟甲冬青

别名：豆瓣冬青
科属：冬青科冬青属

识别：常绿灌木。多分枝，小枝有灰色细毛。叶较小，叶面凸起，厚革质，椭圆形至长倒卵形。果球形，直径 6 ~ 8 mm，果期 8 ~ 10 月。

观花：雄花 1 ~ 7 朵排成聚伞花序，雌花单花，2 朵或 3 朵花组成聚伞花序生于当年生枝的叶腋内。花期 5 ~ 6 月。

分布：产于日本及中国广东、福建、山东等地。

习性：耐阴。

繁殖：扦插繁殖。

应用：江南庭园中有栽培，供观赏，或作盆景材料。

大叶冬青

别名：苦丁茶，大苦酊，宽叶冬青
科属：冬青科冬青属

识别：常绿乔木，高达 20 m。树皮灰黑色；叶厚革质，长椭圆形，顶端锐尖，基部楔形，主脉在表面凹陷，在背面显著隆起；果实球形，红色或褐色；果 9 ～ 10 月成熟。

观花：聚伞花序密集于二年生枝条叶腋内，雄花序每一分枝有花 3 ～ 9 朵；花瓣椭圆形，基部连合，长约为萼裂片的 3 倍。花期 4 月。

分布：产于我国长江下游各省及福建等地。

习性：适应性强；喜光，喜温暖、湿润的环境，耐半阴、耐干旱、耐贫瘠，抗大气污染。

繁殖：播种繁殖或扦插繁殖。

应用：树形优美，果实红艳可爱，既可观叶又可观果。

★ *Ilex latifolia* Thunb. ☆ Broadleaf Holly

毛冬青

别名：茶叶冬青
科属：冬青科冬青属

识别：常绿灌木，高 3 m；分枝灰色，细长，稍之字形曲折，近 4 棱形，密生短硬毛。叶膜质或纸质，长卵形、卵形或椭圆形，长 2 ～ 5.5 cm，宽 1 ～ 2.5 cm，全缘或通常有芒齿，沿脉有稠密的短柔毛；叶柄长 2.5 ～ 5 mm，密生短毛。果球形，直径 4 mm，熟时红色，分核常 6 颗，少为 5（7）颗。

观花：雌雄异株，花序簇生或雌花序为假圆锥花序状，花序簇由具 1 ～ 3 花的分枝组成；雄花 4 ～ 5 数，粉红色，萼直径 2 mm；雌花 6 ～ 8 数，较雄花稍大。

分布：在华东、华南及台湾有广布。

习性：耐阴。

繁殖：播种繁殖。

应用：可作园林观花观果灌木，可种植于林下。

★ *Ilex pubescens* Hook. et Arn. ☆ Pubescent Holly

铁冬青

别名：救必应，过山风，红熊胆，羊不食
科属：冬青科冬青属

识别：常绿灌木或乔木，高可达 20 m，胸径达 1 m；树皮灰色至灰黑色。叶仅见于当年生枝上，叶片薄革质或纸质，卵形、倒卵形或椭圆形。浆果状核果椭圆形，有光亮，深红色。果成熟期 11 月。

观花：聚伞花序或簇生花序腋生，无毛。花小，单性，雌雄异株，黄白色，芳香。花期 3 ～ 4 月。

分布：分布于江苏、安徽、浙江、江西、福建、台湾、湖北、湖南、广东、香港、广西、贵州、云南和海南。

习性：喜光照，稍耐寒。对土壤要求不严格，以上层深厚而肥沃的沙质壤土上栽培为宜。

繁殖：播种繁殖。

应用：铁冬青为常绿灌木或乔木，花后果由黄转红，秋后红果累累，十分可爱。

★ *Ilex rotunda* Thunb. ☆ Iron Holly

★ *Amorpha fruticosa* L.　☆ Indigubush Amorpha

紫穗槐

别名：棉槐，椒条，穗花槐
科属：蝶形花科紫穗槐属

识别：丛生灌木，高达 4 m。小叶 11 ~ 25 片，长卵形至长椭圆形，先端有小短尖，具透明油腺点。荚果短镰形或新月形，不开裂，1 粒种子。果期 9 ~ 10 月。

观花：顶生密集穗状花序；萼钟状，5 齿裂；花冠蓝紫色；雄蕊 10 枚，花药黄色。花期 4 ~ 5 月。

分布：原产于北美。

习性：喜光，耐寒，耐水淹；对土壤要求不严格，耐盐碱，生长迅速，萌芽力强。

繁殖：分株、扦插或播种繁殖。

应用：适应性强，生长迅速，枝叶繁密，是优良的固沙、防风和改良土壤树种，可广泛用作荒山、荒地、盐碱地、低湿地、海滩、河岸、公路和铁路两侧坡地的绿化。

★ *Arachis hypogaea* L.　☆ Peanut，Groundnut

花生

别名：落花生，长生果，番豆
科属：蝶形花科落花生属

识别：一年生草本。直立型花生主茎高于分枝，匍匐型或半蔓型则分枝比主茎长。叶互生，为 4 片小叶偶数羽状复叶，小叶片椭圆、长椭圆、倒卵和宽倒卵形，也有细长披针形小叶，叶面较光滑，叶背略显灰色，主脉明显，有茸毛。荚果果壳坚硬，成熟后不开裂。

观花：总状花序，每个花序一般可着生 4 ~ 7 朵花，多的可达 10 朵以上而形成长花枝，蝶形花，橙黄色，旗瓣上带有深浅程度不同的紫红色条纹。

分布：中国各地均有种植。

习性：花生适宜气候温暖，生长季节较长，雨量适中的沙质壤土地区。

繁殖：播种繁殖。

应用：可作园林地被植物。

★ *Astragalus capillipes* Bunge　☆ Hairstalk Milkvetch

草珠黄芪

别名：草珠黄耆，毛细柄黄芪
科属：蝶形花科黄芪属

识别：多年生草本，高 40 ~ 100 cm。茎无毛。羽状复叶；小叶 5 ~ 11，矩圆形或椭圆形，长 5 ~ 20 mm，宽 3 ~ 7 mm，先端微凹，基部圆楔形，上面无毛，下面有白色疏柔毛；叶轴无毛；小叶柄极短；托叶三角形，先端锐尖。荚果倒卵球形，直径约 5 mm，先端有弯曲的宿存花柱。果期 9 ~ 10 月。

观花：总状花序腋生；花疏生，小；花萼钟状，1 齿极短，无毛；花冠白色或淡红色，长约 5 mm，旗瓣倒卵形，较翼瓣长，翼瓣顶凹，较龙骨瓣长，翼瓣和龙骨瓣有爪。花期 7 ~ 9 月。

分布：分布于内蒙古、河北、山西、陕西。

习性：喜光。

繁殖：播种繁殖。

应用：可作园林地被植物，种植于河谷沙地、山坡路旁。

达乌里黄芪

别名：野豆角花
科属：蝶形花科黄芪属

★ *Astragalus dahuricus*（Pall.）DC.　☆ Dahur Milkvetch

识别：一年或二年生草本，高 30 ～ 70 cm。全株有白色长毛。茎直立，有分枝。奇数羽状复叶，小叶 11 ～ 21 片，长圆形，下面有柔毛。果期 7 ～ 9 月。

观花：总状花序腋生，花多而密；花冠蝶形，紫红色。荚果线状圆柱形，成镰刀状弯曲，有毛。花期 6 ～ 8 月。

分布：产于我国东北、华北、西北及山东、河南、四川北部。俄罗斯、蒙古、朝鲜等国亦有分布。

习性：喜光，喜水湿。

繁殖：播种繁殖。

应用：可作园林地被植物。

斜茎黄芪

别名：斜茎黄耆，直立黄耆
科属：蝶形花科黄芪属

★ *Astragalus laxmannii* Jacg.　☆ Erect Milkvetch

识别：多年生草本，高 20 ～ 100 cm。根较粗壮。茎多数或数个丛生，直立或斜升。羽状复叶；小叶 9 ～ 25 片，小叶长圆形、近椭圆形或狭长圆形，基部圆形；托叶三角形。荚果长圆形，两侧稍扁，顶端具下弯的短喙，被毛。果期 8 ～ 10 月。

观花：总状花序长圆柱状、穗状或近头状，花多数，排列密集，总花梗生于茎的上部，与叶等长或稍长；苞片狭披针形至三角形；花 4 管状钟形；花冠近蓝色或紫红色，旗瓣倒卵形，先端微凹，翼瓣较旗瓣短，瓣片与瓣柄等长，龙骨瓣瓣片较瓣柄短。花期 6 ～ 8 月。

分布：产于中国西南、华北、东北、西北地区。

习性：耐旱，耐寒，耐盐，耐贫瘠土壤。

繁殖：播种繁殖。

应用：可作园林地被植物或观花植物。

紫云英

别名：翘摇，红花草
科属：蝶形花科属黄芪属

★ *Astragalus sinicus* L.　☆ China Milkvetch

识别：二年生或多年生草本，高达 10 ～ 30 cm。羽状复叶，互生，具小叶 7 ～ 13 片，小叶倒卵形或椭圆形。先端钝或微凹，基部宽楔形，有光泽，黄绿色，背面呈灰白色，疏生茸毛。荚果线状长圆形。稍弯曲；种子肾形，栗褐色。果期 3 ～ 7 月。

观花：总状花序腋生。具花 5 ～ 10 朵，呈伞形，花硬短；花冠紫红色或橙黄色，旗瓣倒卵形，先端微凹，较旗瓣短，长圆形。花期 2 ～ 6 月。

分布：产于中国长江流域各省区；现中国各地广泛栽培。

习性：喜光照充足、温暖、湿润的环境。喜富含腐殖质的壤土。

繁殖：播种繁殖。

应用：为优良的地被植物，花期长，具有良好的美化效果。

★ *Caragana rosea* Turcz. ex Maxim. ☆ Red Peashrub

红花锦鸡儿

别名：金雀锦鸡儿
科属：蝶形花科锦鸡儿属

识别： 落叶灌木，丛生，高达 1 ~ 2 m。叶互生或在短枝上簇生，掌状复叶，小叶 4 片，倒卵形至长倒卵状楔形，先端截形或圆形，微凹，有细尖，基部楔形，全缘，无毛或有时稍有柔毛，托叶 2 片，狭三角形，先端渐尖，有时逐渐硬化变成刺状。果期 7 ~ 8 月。

观花： 花单生于短枝上，少有 2 ~ 3 朵并生，花萼钟形，花冠鲜黄色，龙骨瓣先端钝圆，玫瑰红色。花期 5 ~ 6 月。

分布： 产于中国河北、山东、江苏、浙江、甘肃、陕西等省，辽宁、吉林及黑龙江有栽培；俄罗斯和蒙古亦有分布。

习性： 喜光，耐旱，耐瘠薄土壤，较耐寒。

繁殖： 播种繁殖。

应用： 庭院绿化树种；花入药，治痔疮、跌打损伤等症。

★ *Coronilla varia* L. ☆ Changeable Coronilla

绣球小冠花

别名：小冠花，多变小冠花
科属：蝶形花科小冠花属

识别： 多年生草本。茎有条棱，中空。奇数羽状复叶，具 11 ~ 23 小叶；托叶很小，长约 3 mm，小叶长圆形或卵状长圆形，基部近圆形，先端圆形、近截形或微凹，具小刺尖，全缘。荚果线形。果期 8 ~ 9 月。

观花： 伞形花序着生于腋出的总花梗上端，花 12 ~ 20 朵集成球状，总花梗与叶近等长，疏生小刺，萼广钟形；花冠蔷薇色、白色或紫色，旗瓣近圆形，翼瓣近长圆形，有耳，龙骨瓣先端成喙状，喙紫黑色。花期 6 ~ 7 月。

分布： 原产于欧洲地中海地区。我国东北地区南部有栽培。

习性： 喜光。

繁殖： 播种繁殖。

应用： 花紫红色，艳丽，可作花卉植物；除供观赏外，还可作药用。

★ *Cytisus scoparius*（L.）Link ☆ Scotch Broom

金雀儿

别名：小金雀，小金雀花
科属：蝶形花科金雀儿属

识别： 落叶灌木，高达 1 ~ 2 m。小枝细长，有棱；长枝上托叶刺宿存，叶轴刺脱落或宿存。叶状复叶互生，小叶 4 片，呈掌状排列，楔状倒卵形，长 1 ~ 2.5 cm，先端圆或微凹，具短刺尖，背面无毛。

观花： 花单生，橙黄带红色，谢时变紫红色，旗瓣狭长，萼筒常带紫色；花期 5 ~ 6 月。

分布： 金雀儿原产地在欧洲，美国东部各州及西部沿海有引种栽培。我国主产于北部或东北部；多生于山坡或灌丛中。

习性： 喜光，耐寒，耐干旱瘠薄。

繁殖： 播种繁殖。

应用： 由于花密集、花期长、鲜艳，常作庭院绿化，特别适合作为高速公路两旁的绿化带。

鸡冠刺桐

别名：美丽刺桐
科属：蝶形花科刺桐属

识别： 落叶灌木或小乔木，高 2 ~ 4 m。茎和叶柄稍具皮刺。羽状复叶有 3 片小叶，披针状长卵形，先端钝，基部近圆形。荚果长约 15 cm，褐色，种子间收缩；种子大，亮褐色。果期 9 ~ 10 月。

观花： 总状花序顶生，每节有 1 ~ 3 朵；花冠深红色，长 3 ~ 5 cm，稍下垂或与花序轴成直角；花萼钟形，先端 2 浅裂；二体雄蕊。花期 4 ~ 6 月。

分布： 原产于巴西；中国台湾、云南有栽培。

习性： 生性强健。日照宜充足；喜高温，耐热、耐旱；喜肥沃的壤土或沙质壤土。

繁殖： 播种、扦插或高压繁殖。

应用： 花姿瑰丽，花序成鸡冠状，为庭园绿荫树、行道树的良好材料。

★ *Erythrina crista-galli* L.　☆ Cockscomb Coralbean

龙牙花

别名：象牙红
科属：蝶形花科刺桐属

识别： 灌木或小乔木，高可达 4 m。枝上有刺。三出羽状复叶，叶柄和小叶中脉上有刺；顶生小叶比侧生小叶大，菱状卵形，长 4 ~ 10 cm，宽 3 ~ 7 cm，先端渐尖，基部圆形或阔楔形，全缘，无毛。总状花序腋生，初被柔毛，后渐脱落，先叶开放，或与叶同时开放；荚果带状，长 10 cm。

观花： 花大，红色，长 4 ~ 6 cm；花瓣长短不齐，旗瓣椭圆形，长 4.5 ~ 6 cm。花期 6 ~ 7 月。

分布： 原产于美洲热带；中国北京、广州及云南有栽培。

习性： 喜高温多湿和阳光充足的环境，不耐寒，稍耐阴，宜在排水良好、肥沃的沙壤土中生长。

繁殖： 扦插繁殖。

应用： 初夏开花，深红色的总状花序好似一串红色月牙，艳丽夺目，适用于公园和庭院栽植，盆栽可点缀室内环境。

★ *Erythrina corallodendron* L.　☆ Coral Tree

花木蓝

别名：花槐蓝，吉氏木蓝
科属：蝶形花科木蓝属

识别： 落叶灌木，高 30 ~ 100 cm。奇数羽状复叶互生，小叶宽卵形、菱形或椭圆形，全缘，两面被丁字毛和柔毛。荚果圆柱形，长 3.5 ~ 7 cm。果期 7 ~ 10 月。

观花： 总状花序腋生，与复叶近等长；花冠蝶形，粉红色。花期 5 ~ 6 月。

分布： 分布于东北、华北和华东地区；日本也有分布。

习性： 喜光，抗寒，耐干燥瘠薄，适应性强。

繁殖： 播种繁殖。

应用： 枝叶茂密，羽状复叶，初夏开花，花色淡红，极为美丽，在园林绿化中可作为点缀树种穿插于乔木树种之间以增添景色。

★ *Indigofera kirilowii* Maxim.ex Palib.　☆ Kirilow Indigo

★ *Indigofera bungeana* Walp. ☆ Bunge Indigo

河北木蓝

别名：铁扫帚，野蓝枝子
科属：蝶形花科木蓝属

识别： 灌木，高 40 ~ 100 cm。枝条有白色丁字毛。羽状复叶；小叶 7 ~ 9 个，矩圆形或倒卵状矩圆形，长 5 ~ 15 mm，宽 3 ~ 10 mm，先端骤尖，基部圆形，两面有白色丁字毛；叶柄、小叶柄有白色丁字毛。荚果圆柱形，长 2.5 ~ 3 cm，宽约 3 mm，褐色，有白色丁字毛，种子椭圆形。果期 8 ~ 10 月。

观花： 总状花序腋生，较叶长，花冠紫色或紫红色，长约 4 mm，外面有毛。花期 5 ~ 6 月。

分布： 分布于山西、河北、山东、安徽、浙江、湖北、陕西、甘肃、贵州、四川、云南。

习性： 喜光，稍耐水湿。

繁殖： 播种繁殖。

应用： 可作园林观花灌木，种植于山坡、草丛或河滩地。

★ *Lablab purpureus*（L.）Sweet ☆ Purple Haricot

扁豆

别名：眉豆，萹豆，蛾眉豆
科属：蝶形花科扁豆属

识别： 一年生缠绕草本。小叶 3 片，顶生小叶菱状广卵形，侧生小叶斜菱状广卵形，长约 10 cm，宽 4.5 ~ 10.5 cm，顶端短尖或渐尖，基部宽楔形或近截形，两面沿叶脉处有白色短柔毛。荚果扁，镰刀形或半椭圆形，长 5 ~ 7 cm；种子 3 ~ 5 颗，扁，长圆形，白色或紫黑色。花果期 7 ~ 9 月。

观花： 总状花序腋生；花 2 ~ 4 朵丛生于花序轴的节上；萼上部 2 齿几完全合生，其余 3 齿近相等；花冠白色或紫红色，旗瓣基部两侧有 2 附属体。

分布： 原产于印度；中国各地广泛栽培。

习性： 喜温暖润湿，耐热。

繁殖： 播种繁殖。

应用： 可作园林垂直绿化植物。

★ *Campylotropis macrocarpa* (Bunge) Rehd. ☆ Clovershrub

杭子梢

别名：杭子梢
科属：蝶形花科杭子梢属

识别： 落叶灌木，高达 2.5 m；幼枝密生白色短柔毛。3 小叶，顶生小叶矩圆形或椭圆形，长 3 ~ 6.5 cm，宽 1.5 ~ 4 cm，先端圆或微凹，有短尖，基部圆形，上面无毛，脉网明显，下面有淡黄色柔毛，侧生小叶较小。荚果斜椭圆形，膜质，长约 1.2 cm，具明显脉网。果期 6 ~ 10 月。

观花： 总状花序腋生；花梗细长，长可达 1 cm，有关节，有绢毛；花萼宽钟状，萼齿 4，有疏柔毛；花冠紫色。花期 5 ~ 10 月。

分布： 产于河北、山西、陕西、甘肃、山东、江苏、安徽、浙江、江西、福建、河南、湖北、湖南、广西、四川、贵州、云南、西藏等省区。

习性： 喜光，也耐阴，稍耐水湿。

繁殖： 播种繁殖。

应用： 可作园林观花植物，种植于山坡、林缘、沟边或林中。

达呼里胡枝子

别名：兴安胡枝子　科属：蝶形花科胡枝子属

识别：草本状灌木，高 30 ~ 60 cm。茎直立、斜升或平卧，有短柔毛。三出羽状复叶，小叶披针状长圆形。荚果倒卵状长圆形，有白色柔毛，表面有网纹。果期 6 ~ 9 月。

观花：总状花序腋生，比叶短；蝶形花冠，黄绿色，有时基部带紫色。花期 5 ~ 7 月。

分布：分布于东北、华北、华中、西南、西北等地区。

习性：生于山坡草地、草丛、田边、沟旁、路边、荒地等处。

繁殖：播种繁殖。

应用：可作园林木本地被植物。

★ *Lespedeza davurica* (Laxm.) Schindl.　☆ Xing'an Bushclover

胡枝子

别名：二色胡枝子
科属：蝶形花科胡枝子属

识别：直立落叶灌木，高达 3 m。三出羽状复叶，小叶椭圆形或卵状长圆形，先端钝圆或微凹，有短尖，被短伏毛。荚果斜卵形，表面有网纹。果期 9 ~ 10 月。

观花：总状花序腋生，长于叶，每苞腋有 2 朵花；萼筒状，4 裂，花冠蝶形，紫红色。花期 7 ~ 8 月。

分布：分布于东北、华北、西北和内蒙古；朝鲜、日本、俄罗斯也有分布。

习性：耐阴、耐寒、耐干旱、耐瘠薄。喜光稍耐阴，耐寒冷，根系发达，萌蘖力强。最适合在 15 ~ 25 ℃生长。

繁殖：播种繁殖。

应用：胡枝子是一种多用途树种，具有多方面的开发价值。适于坡地生长，是丘陵漫岗水土流失区的治理树种。

★ *Lespedeza bicolor* Turcz.　☆ Bushclover

百脉根

别名：黄金花，五叶草，鸟距草
科属：蝶形花科百脉根属

识别：多年生草本。小叶 5 片，3 小叶位于叶柄的顶端，2 小叶常生于叶柄的基部；小叶纸质，卵形或倒卵形，无毛或于两面主脉上有疏的长柔毛；小叶柄极短，长约 1 mm，密被黄色长柔毛。荚果褐色。果期 8 ~ 9 月。

观花：花 3 ~ 4 朵排列成顶生的伞形花序；基部托着 3 枚叶状苞片；花长 1 ~ 1.4cm；萼黄绿色，近于膜质，内外均被有长硬毛，长约 6 mm，萼齿 5 枚，披针形，与萼筒等长或较长；花冠黄色，干时或成蓝绿色，旗瓣倒卵形。花期 5 ~ 7 月。

分布：原产于欧亚大陆温带地区，中国河北、云南、贵州、四川、甘肃等地均有野生种分布。

习性：喜温暖湿润气候，耐瘠、耐湿、耐阴、可在林果行间种植。

繁殖：播种。

应用：可作园林地被植物。

★ *Lotus corniculatus* L.　☆ Veinyroot

★ *Lupinus polyphyllus* Lindl. ☆ Leafy Lupine

多叶羽扇豆

别名：鲁冰花
科属：蝶形花科羽扇豆属

识别：多年生草本，高 50 ~ 100 cm。茎直立。掌状复叶，小叶 9 ~ 15 片；叶柄远长于小叶；托叶披针形，下半部连生于叶柄，先端长锥尖；小叶椭圆状倒披针形，长 4 ~ 10 cm，宽 1 ~ 2.5 cm。荚果长圆形，密被绢毛。果期 7 ~ 10 月。

观花：总状花序远长于复叶，长 15 ~ 40 cm；花多而稠密，互生．长 10 ~ 15 mm；花冠蓝色至堇青色，无毛，旗瓣反折，龙骨瓣喙尖，先端呈蓝黑色。花期 6 ~ 8 月。

分布：原产于北美。我国有栽培。

习性：喜凉爽的气候，喜阳稍耐阴，耐寒，忌高温高湿，不耐碱，在土层深厚、排水良好的微酸性土壤中生长良好。

繁殖：分株或播种繁殖。

应用：叶形优美，花序醒目，小花密集，园艺品种较多，花色丰富；宜布置花境中景或背景，或丛植于通风良好的疏林下或林缘边，亦可盆栽或作切花。

★ *Lupinus micranthus* Guss. ☆ Lupine

羽扇豆

别名：冰花，鲁冰花
科属：蝶形花科羽扇豆属

识别：一年生草本，高 20 ~ 70 cm。全株被棕色或锈色硬毛。掌状复叶，小叶 5 ~ 8 片；小叶倒卵形、倒披针形至匙形，先端钝或锐尖，具短尖，基部渐狭，两面均被硬毛。荚果长圆状线形。果期 4 ~ 7 月。

观花：总状花序顶生，轮生，较短，下方的花互生，上方的花不规则；萼二唇形，下唇长于上唇，下唇具 3 深裂片；花冠蓝色，旗瓣和龙骨瓣具白色斑纹。花期 3 ~ 5 月。

分布：原产于地中海地区，我国有引种。

习性：喜凉爽、湿润及阳光充足的环境，不耐热、较耐寒。不择土壤，喜疏松、肥沃的土壤。

繁殖：播种繁殖。

应用：本种较易栽培，花美丽，可作花境、水岸边及居室美化的植物。

★ *Medicago lupulina* L. ☆ Black Medic

天蓝苜蓿

别名：雀扭，三三光，天蓝苜蓿
科属：蝶形花科苜蓿属

识别：一年生或二年生草本植物，高 10 ~ 60 cm。茎细弱。羽状三出复叶，小叶宽倒卵形至菱状倒卵形，先端钝圆，边缘上部有锯齿。荚果卷曲成肾形，熟时黑色，具柔毛。果期 8 ~ 9 月。

观花：密集的头状花序腋生；蝶形花冠，黄色。花期 7 ~ 8 月。

分布：分布于中国大部分地区；日本、蒙古、俄罗斯及其他一些欧洲国家亦有分布。

习性：喜光，耐水湿。

繁殖：播种繁殖。

应用：可作园林地被植物。

花苜蓿

别名：扁蓿豆，扁豆子，苜蓿草
科属：蝶形花科苜蓿属

识别： 多年生直立草本。高 30 ~ 100 cm。主根较粗长。茎斜升、近乎卧或直立，多分枝。茎、枝四棱形，有白色柔毛。叶具 3 片小叶，中间小叶卵形、狭卵形或倒卵形。荚果扁平，矩圆形，长 7 ~ 10 mm。

观花： 总状花序腋生，长 12 ~ 20 mm，有花 3 ~ 8 朵；花小；花梗长约 1 mm；萼筒钟状，长约 4 mm，萼齿三角形，被白色柔毛；花冠蝶形，黄色，有紫纹。

分布： 花苜蓿分布于中国的东北、内蒙古、宁夏及甘肃等省区；在朝鲜、蒙古、俄罗斯也有分布。种子 2 ~ 4 粒，矩形。黄褐色。

习性： 性耐寒，抗旱能力较强。生于沙地、渠边、路旁、田埂、山坡。

繁殖： 播种繁殖。

应用： 可作园林地被植物。

★ *Medicago ruthenica*（L.）Trautv.　☆ Ruthenia Medic

紫花苜蓿

别名：紫苜蓿，牧蓿，苜蓿
科属：蝶形花科苜蓿属

识别： 多年生草本。茎秆斜上或直立，光滑，略呈方形，高 100 ~ 150 cm，分枝很多。叶为羽状三出复叶，小叶长圆形或卵圆形，先端有锯齿，中叶略大。荚果螺旋形，二至四回，表面光滑，有不甚明显的脉纹，幼嫩时淡绿色，成熟后呈黑褐色，不开裂。

观花： 总状花序簇生，每簇有小花 20 ~ 30 朵，蝶形花，有短柄。

分布： 原产于伊朗，是当今世界分布最广的栽培牧草，在我国已有 2000 多年的栽培历史，主要产区在西北、华北、东北地区和江淮流域。

习性： 性喜干燥、温暖、多晴天、少雨天的气候和高燥、疏松、排水良好、富含钙质的土壤。

繁殖： 播种繁殖。

应用： 可作园林地被植物。

★ *Medicago sativa* L.　☆ Alfalfa

白花草木犀

别名：白花香木犀
科属：蝶形花科草木犀属

识别： 两年生草本。茎圆中空、直立高大，光滑或稍有毛，高 1 ~ 4 m；全草有香气。叶具 3 片小叶；小叶椭圆形或披针状椭圆形。荚果卵球形。花果期 6 ~ 9 月。

观花： 总状花序腋生；花序长 4 ~ 6 cm；花冠白色，旗瓣较翼瓣稍长，与龙骨瓣几等长。

分布： 原产于亚洲西部，我国多数省区有分布。

习性： 喜温凉、半干燥气候条件，抗旱、耐寒、耐盐碱、耐瘠薄，对环境的适应能力极强。对土壤要求不严格，从重黏土到瘠薄土及沙砾土都能适应，而以富含钙质的土壤最为适应，但不能适应酸性土壤。

繁殖： 播种繁殖。

应用： 可作园林地被植物。

★ *Melilotus albus* Medic. ex Desr.　☆ White Sweetclover

★ *Melilotus officinalis* (L.) Lam.　☆ Yellow Sweetclover

黄香草木犀

别名：黄花草木犀，金花草
科属：蝶形花科草木犀属

识别： 草本，茎高可达 3 m，全草有香气。叶具 3 小叶；小叶椭圆形，长 1.5 ~ 2.5 cm，宽 0.3 ~ 0.6 cm，先端圆，具短尖头，边缘具锯齿；托叶三角形，基部宽，有时分裂。荚果卵圆形。果期 6 ~ 7 月。

观花： 花排列成总状花序，腋生；花萼钟状，1 萼齿三角形；花冠黄色，旗瓣与翼瓣近等长。花期 5 ~ 6 月。

分布： 在我国四川及长江以南野生，东北、华北、西北地区及西藏有栽培；欧洲各国也有栽培。

习性： 适宜半干燥和温湿气候，土壤不拘，抗碱性及抗旱性都强。

繁殖： 播种繁殖。

应用： 可作园林地被植物。

★ *Millettia reticulata* Benth.　☆ Net Cliffbean

网络崖豆藤

别名：网络鸡血藤，老荆藤
科属：蝶形花科崖豆藤属

识别： 攀缘灌木。羽状复叶；小叶 7 ~ 9 片，卵状椭圆形、长椭圆形或卵形，长 4 ~ 12 cm，宽 1.5 ~ 5.5 cm，先端钝，微凹，基部圆形，无毛；小托叶锥状，与小叶柄近等长。荚果扁，条形，长可达 15 cm。

观花： 圆锥花序顶生，下垂，长 5 ~ 10 cm，序轴有黄色疏柔毛；花多而密集，单生于序轴的节上；萼钟状，长约 3 mm；花冠紫色或玫瑰红色，无毛。花期 5 ~ 11 月。

分布： 分布于华东、华南地区及湖北、云南。

习性： 稍耐阴，稍耐水湿。

繁殖： 播种繁殖。

应用： 可作园林垂直绿化植物。

★ *Mucuna sempervirens* Hemsl.　☆ Evergreen Mucuna

常绿油麻藤

别名：牛马藤，过山龙
科属：蝶形花科油麻藤属

识别： 常绿木质藤本，粗达 30 cm。藤茎旋转生长，通常长达 5 ~ 10 m。复叶互生，革质，小叶全缘。荚果扁平，木质，密被金黄色粗毛，长 30 ~ 60 cm，宽 2.8 ~ 3.5 cm。种子扁，近圆形，棕色或黑黄色。10 月果熟。

观花： 总状花序，花大，下垂；花萼外被浓密绒毛，钟裂，裂片钝圆或尖锐；花冠深紫色或紫红色。花期 4 ~ 5 月。

分布： 暖地树种，产于西南至华南、华东地区，福建、浙江有分布。常生在石灰岩上。

习性： 喜温暖、湿润的气候，耐阴，耐旱，畏严寒，对土壤要求不严格，适应性强，但以排水良好的石灰岩质土壤适宜。

繁殖： 扦插、压条、播种繁殖均可。

应用： 生长迅速，蔓茎粗壮，叶繁阴浓，花序悬垂于盘曲老茎，是南方地区优良的观花藤本植物，适用于大型棚架、绿廊、墙垣等攀缘绿化。亦可应用于假山、叠石、林间配置，颇具自然野趣。

米口袋

别名：米布袋
科属：蝶形花科米口袋属

识别： 多年生草本。根圆锥状。茎缩短，在根颈丛生。托叶三角形；小叶 11 ~ 21，椭圆形、卵形或长椭圆形，长 6 ~ 22 mm，宽 3 ~ 8 mm；托叶、萼、花梗均有长柔毛。荚果圆筒状，无假隔膜，长 17 ~ 22 mm。果期 5 ~ 6 月。

观花： 伞形花序有 4 ~ 6 朵花；花萼钟状，上二萼齿较大；花冠紫色，旗瓣卵形，长约 13 mm，翼瓣长约 10 mm，龙骨瓣短，长 5 ~ 6 mm；子房圆筒状，花柱内卷。花期 4 月。

分布： 分布在东北、华北、陕西、甘肃。

习性： 喜光。

繁殖： 播种繁殖。

应用： 可作园林地被植物，种植于山坡或路旁。

★ *Gueldenstaedtia multiflora* Bunge ☆ Manyflower Ricebag

蓝花棘豆

别名：地毛丁，米布袋
科属：蝶形花科棘豆属

识别： 多年生草本，无地上茎或极短。叶丛生，奇数羽状复叶，小叶 17 ~ 41 片，多为长圆状披针形或长圆形，两面有毛。荚果长卵形。果期 8 ~ 9 月。

观花： 总状花序由叶丛中生出，花多数，疏生；蝶形花冠，紫红色、蓝紫色或白色。花期 6 ~ 8 月。

分布： 分布于东北、华北地区。

习性： 极耐干旱，耐寒力强。

繁殖： 播种繁殖。

应用： 可栽培观赏。

★ *Oxytropis coerulea* (Pall.) DC. ☆ Skyblueflower Crazyweed

葛藤

别名：葛，野葛
科属：蝶形花科葛属

识别： 落叶藤本，全株有黄色长硬毛。块根厚大。小叶 3 片，顶生小叶菱状卵形，端渐尖，全缘，有时浅裂，叶背有粉霜，侧生小叶偏斜，深裂，托叶盾形。荚果线行，扁平，密生长硬黄毛。花果期 8 ~ 11 月。

观花： 总状花序腋生，萼钟形，齿萼 5 枚，两面有黄毛；花冠紫红色。

分布： 分布极广，除新疆、西藏外几乎遍及全国。

习性： 生性强健，不择土壤、生长迅速，蔓延力强。

繁殖： 可用播种或压条繁殖。

应用： 树叶奇特美观，花形雅致玲珑，如一串紫色风铃，可攀生于栅栏、棚架及花廊等作垂直绿化。

相近种： 甘葛藤 *Pueraria thomsonii* Benth.。

★ *Pueraria lobata* (Willd.) Ohwi ☆ Kudzuvine

★ *Robinia pseudoacacia* L.　☆ False Acacia，Yellow Locust

刺槐

别名：洋槐
科属：蝶形花科刺槐属

识别： 乔木，高 10 ~ 25 m。树皮灰褐色，纵裂；枝条具托叶刺；冬芽小，奇数羽状复叶，小叶 7 ~ 19 片，先端钝或微凹，有小尖头。荚果扁平，种子肾形，黑色。果熟期 10 ~ 11 月。

观花： 花蝶形，白色，芳香，成腋生总状花序。花期 5 月。

分布： 原产于北美。

习性： 为强阳性树种，不耐荫蔽，较喜干燥而凉爽的环境，畏积水。

繁殖： 可用播种、分蘖、根插等法繁殖，其中以播种繁殖为主。

应用： 树冠高大，叶色鲜艳，每当开花季节绿白相映，素雅且芳香宜人，故可作庭荫树及行道树。

品种： 龙爪刺槐（曲枝刺槐）'Tortuosa'；金叶刺槐 'Aurea'。

相近种： 红花刺槐 *Robinia* × *ambigua* Poir 'Decaisneana'。

★ *Robinia hispida* L.　☆ Hardhair Locust，Rose Acacia

毛刺槐

别名：毛洋槐
科属：蝶形花科刺槐属

识别： 灌木，高达 2 m。茎、小枝、花梗均有红色刺毛；托叶不变，为刺状。小叶 7 ~ 13 片，广椭圆形至近圆形，叶端钝而有小尖头。荚果具腺状刺毛。

观花： 花粉红色或紫红色，2 ~ 7 朵成稀疏的总状花序，花瓣玫瑰紫色或淡紫色。花期 5 ~ 6 月。

分布： 原产于北美。

习性： 性喜光，耐寒，喜排水良好土壤。

繁殖： 通常以刺槐作为砧木进行嫁接繁殖。

应用： 本种花大色美，宜于庭院、草坪边缘、园路旁丛植或孤植观赏，也可作基础种植用。

★ *Robinia pseudoacacia* L. 'Idaho'　☆ Red Flower Black Locust

红花刺槐

别名：香花槐，富贵树
科属：蝶形花科刺槐属

识别： 落叶乔木，树皮褐色，光滑。株高 10 ~ 12 m，叶互生，由 17 ~ 19 片小叶组成羽状复叶，小叶椭圆形，长 4 ~ 8 cm，比刺槐叶大，光滑，鲜绿色。无荚果，不结种子。

观花： 总状花序腋生，形成下垂状，长 8 ~ 12 cm，花红色，芳香，花期 5 ~ 7 月。

分布： 原产于西班牙。

习性： 性耐寒，耐干旱、耐瘠薄、耐盐碱，对土壤要求不严格，酸性土、中性土及轻盐碱土均能生长。

繁殖： 扦插繁殖。

应用： 具有花朵大、花形美、花量多、花期长等特点，可用于园林及行道绿化，又可用作草坪点缀，园林置景。它既可成行种植又可群植孤栽，且均可达到很好的效果。

白刺花

别名：马蹄针
科属：蝶形花科槐属

识别： 落叶灌木，高 2 ~ 3 m。新枝绿色，有短毛，老枝褐色，枝条有锐利的针状刺。奇数羽状复叶，托叶针刺状，宿存，小叶 11 ~ 21 片，叶片椭圆形或长倒卵形，叶色深绿，背面颜色稍浅，有短柔毛。果期 6 ~ 8 月。

观花： 总状花序生于老枝顶，花序稍微下垂，小花 6 ~ 12 朵，花萼紫蓝色，芳香。花期 3 ~ 5 月。

分布： 原产于日本，分布于西南地区及河北、陕西、甘肃、江苏、浙江、河南、湖北、广西等地。

习性： 喜光，耐寒，耐干旱贫瘠。

繁殖： 播种繁殖。

应用： 多用于林缘、草坪、园路岔口等处，也适用于作绿篱及水土保持树种。

★ *Sophora davidii* (Franch.) Skeels　☆ Whitepine Pagodatree

国槐

别名：槐树，豆槐，白槐，细叶槐
科属：蝶形花科槐属

识别： 乔木，高达 25 m。树冠圆形；干皮暗灰色。小枝绿色，皮孔明显；芽被青紫色毛；小叶 7 ~ 17 片，卵形至卵状披针形，叶端尖，叶基圆形至广楔形，叶背有白粉及柔毛；荚果串珠状，肉质，绿色，不开裂。果 10 月成熟。

观花： 花浅黄绿色，排成圆锥花序。花期 7 ~ 8 月。

分布： 原产于中国北部。

习性： 喜光，略耐阴，喜干冷气候，喜深厚、排水良好的沙质壤土。

繁殖： 播种繁殖。

应用： 树冠宽广，枝叶繁茂，寿命长，是良好的行道树和庭荫树。

变型与品种： 龙爪槐 f. *pendula* Hort.；五叶槐（蝴蝶槐）f. *oligophylla* Franch.，小叶 3 ~ 4 片，簇生，顶生小叶常 3 裂，侧生小叶下部常有大裂片，叶背有毛；金叶槐 'Chrysophylla'，叶片金黄色；金枝槐 'Golden Stem'。

★ *Sophora japonica* L.　☆ Japan Pagodatree，Chinese Scholar Tree

苦参

别名：山槐，地槐，白茎地骨，野槐
科属：蝶形花科槐属

识别： 亚灌木或多年生高大草本，高 60 ~ 130 cm。幼枝密生黄色细毛。奇数羽状复叶，小叶 15 ~ 25 片，线状披针形或窄卵形。荚果圆柱形，呈不明显的念珠状，先端有长喙。果期 8 ~ 9 月。

观花： 总状花序顶生；蝶形花冠，黄白色。花期 6 ~ 7 月。

分布： 分布于全国各地。俄罗斯、日本、印度、朝鲜也有分布。

习性： 喜光，喜水湿。

繁殖： 种子繁殖。

应用： 观花、观果灌木。

★ *Sophora flavescens* Ait.　☆ Bitterginseng

★ *Spartium junceum* L.　☆ Spanish Broom

鹰爪豆

别名：无叶豆，鹰爪花
科属：蝶形花科鹰爪豆属

识别： 落叶丛生灌木，高达 3 m。枝条绿色。叶退化成 1 枚小叶，互生，倒披针形至线形，长约 2.5 cm。荚果扁条形，长达 7.5 cm，茶褐色。

观花： 花蝶形，金黄色，长 2.5 ~ 3 cm，芳香；顶生总状花序，长达 45 cm。花期初夏至初秋。

分布： 原产于地中海地区；我国有栽培。

习性： 喜光，耐瘠薄土壤。

繁殖： 播种或扦插繁殖。

应用： 花色，鲜美，各地常栽培观赏。

★ *Trifolium repens* L.　☆ White Clover

白花车轴草

别名：白花三叶草
科属：蝶形花科车轴草属

识别： 多年生草本。匍匐茎。掌状复叶，3 片小叶互生，小叶先端圆或凹陷，基部楔形，缘具细锯齿。荚果倒卵状椭圆形。果期 8 ~ 9 月。

观花： 头状或球状花序顶生，多数小花密生，白色或淡红色。花期 5 月。

分布： 原产于欧洲。

习性： 喜湿润的环境，耐阴、耐干旱、耐寒、耐贫瘠、耐践踏，适宜修剪。

繁殖： 采后可立即播种繁殖，亦可分根、扦插繁殖。

应用： 因其绿色期长，耐阴，适宜做封闭式观赏草坪及林下地被。

相近种： 红花车轴草 *Trifolium pratense* L.，头状花序腋生，花冠浅粉色。

★ *Trifolium pratense* L.　☆ Red Clover，Red Trefoil

红花车轴草

别名：红三叶，红荷兰翘摇
科属：蝶形花科车轴草属

识别： 多年生草本，茎高 30 ~ 80 cm，有疏毛。叶具 3 片小叶；小叶椭圆状卵形至宽椭圆形，长 2.5 ~ 4 cm，宽 1 ~ 2 cm，先端钝圆，基部圆楔形；小叶无柄。荚果包被于宿存的萼内。花果期 5 ~ 9 月。

观花： 花序腋生，头状，具大型总苞，总苞卵圆形，具纵脉；花萼筒状，萼齿条状披针形，最下面的一枚萼齿较长，有长毛；花冠紫色或淡紫红色。

分布： 原产于欧洲和西亚，现广泛分布于世界各地，为温带植物。

习性： 喜光。

繁殖： 播种繁殖。

应用： 常用于花坛镶边或布置花境、缀花草坪、机场、高速公路两侧、庭园绿化及江堤湖岸等固土护坡绿化中，可与其他冷季型和暖季型草混播，也可单播，既能赏花，又能观叶，同时覆盖地面效果好。

歪头菜

别名：两叶豆苗，三铃子，草豆
科属：蝶形花科野豌豆属

识别： 多年生直立草本，高 30 ～ 80 cm。偶数羽状复叶，小叶仅有 1 对，椭圆形或卵状披针形，叶轴末端卷须不发达；托叶明显，半箭头状。荚果线状长圆形，扁平。果期 8 ～ 9 月。

观花： 总状花序腋生，有花 8 ～ 20 朵；蝶形花冠，蓝紫色。花期 6 ～ 8 月。

分布： 中国大部分地区有分布。

习性： 喜光，稍耐阴、耐瘠薄，喜冷凉气候。

繁殖： 种子繁殖。

应用： 歪头菜植株秀丽，花序硕大成串，花蓝紫色或蓝色，花色艳丽，花期长达 6 ～ 8 个月，是优良的夏季观花、城市绿化观赏植物，亦可用作地被，嫩叶可食。

★ *Vicia unijuga* A. Br. ☆ Askew Vetch

蚕豆

别名：胡豆，佛豆，川豆，倭豆，罗汉豆
科属：蝶形花科野豌豆属

识别： 一年生草本；茎直立，无毛，高 30 ～ 180 cm。羽状复叶有小叶 1 ～ 3 对，顶端卷须不发达而为针状；托叶大，半箭头状。荚果大而肥厚；种子卵圆形，略扁。果期 6 ～ 8 月。

观花： 花一至数朵，腋生在极短的总花梗上；花白色带红，有紫色的斑块；萼钟形，萼齿 5，披针形。花期 3 ～ 4 月。

分布： 我国四川最多，其次为云南、湖南、湖北、江苏、浙江、青海等省区。

习性： 蚕豆为长日照作物。喜温暖湿润气候和 pH 值 6.2 ～ 8 的黏壤土。需水量较大。

繁殖： 播种繁殖。

应用： 可作园林地被植物。

★ *Vicia faba* L. ☆ Broadbean

救荒野豌豆

别名：大巢菜，野豌豆
科属：蝶形花科野豌豆属

识别： 一年或二年生攀缘草本。双数羽状复叶，顶端小叶常变成卷须，小叶 4 ～ 8 对，长椭圆形或倒卵形，较宽，顶端截形，微凹，有小尖头。荚果线形。果期 5 ～ 6 月。

观花： 花 1 ～ 2 朵腋生，紫红色。花期 3 ～ 4 月。

分布： 原产于欧洲南部、亚洲西部，我国华北、西北、华东、华中、西南各省区有分布。目前世界各地都有种植。

习性： 性喜温凉气候，抗寒能力强。对土壤要求不严格，耐酸、耐瘠薄能力强，而耐盐能力差，能在 pH 值 5.0 ～ 8.5 的沙砾质至黏质土壤上生长良好。

繁殖： 播种繁殖。

应用： 可作园林地被植物。

★ *Vicia sativa* Guss. ☆ Cultiva Vetch，Common Vetch

★ *Vigna unguiculata*(L.)Walp.　☆ Cowpea

豇豆

别名：长豇豆，角豆
科属：蝶形花科豇豆属

识别： 一年生缠绕草本植物。3 片小叶，顶生小叶菱状卵形，长 5 ~ 13 cm，宽 4 ~ 7 cm，顶端急尖，基部近圆形或宽楔形，两面无毛，侧生小叶斜卵形；托叶卵形，长约 1 cm，着生处下延成一短距。荚果线形，下垂，长可达 40 cm。花果期 6 ~ 9 月。

观花： 花冠淡紫色，长约 2 cm。

分布： 河南、山西、陕西、山东、广西、河北、湖北、四川等均有分布。

习性： 要求高温环境，耐热性强，对土壤适应性广，只要排水良好、土质疏松的田块均可栽植。

繁殖： 播种繁殖。

应用： 可用于园林垂直绿化。

★ *Wisteria sinensis*（Sims）Sweet　☆ Chinese Wisteria

紫藤

别名：招藤，招豆藤
科属：蝶形花科紫藤属

识别： 落叶藤本。小叶 7 ~ 13 片，基阔楔形。荚果，表面密生黄色茸毛。果熟期 9 ~ 10 月。

观花： 总状花序，花蓝紫色。花期 4 月。

分布： 原产于河南、河北、山西、陕西、山东、广东、内蒙古等省区。

习性： 喜光，略耐阴，较耐寒，喜深厚肥沃而排水良好的土壤，耐干旱瘠薄和水湿，不耐移植。

繁殖： 可用播种、分株、压条、扦插、嫁接等法繁殖。

应用： 是优良的观花藤本植物，一般应用于园林棚架，春季紫花烂漫，别有情趣，适栽于湖畔、池边、假山、石坊等处，别具风格，盆景也常用。紫藤开花后会结出形如豆荚的果实，悬挂枝间，别有情趣。有时夏末秋初还会再度开花。花穗、荚果与翠羽般的绿叶相映成趣。

变型： 白花紫藤 f.*alba*（Lindl.）Rehd.et Wils.，花白色。

★ *Wisteria floribunda*（Willd.）DC.　☆ Flowery Purplevine

多花紫藤

别名：藤，藤萝，朱藤
科属：蝶形花科紫藤属

识别： 与紫藤的区别在于：茎右旋，花序长 30 ~ 90 cm，小叶 6 ~ 9 对，花自下而上顺序开放，长 1.5 ~ 2 cm，淡紫色至蓝紫色。

分布： 原产于日本；我国长江以南普遍栽培。

习性： 喜光，喜排水良好的土壤。极耐寒，植物可以耐受 -15℃及以下的低温。

繁殖： 采用播种、扦插、压条、分株、嫁接等方法繁殖。

应用： 攀缘棚架、老树干。本种的花在园艺品种上有许多变化，如白色、淡红色以及杂色斑纹和重瓣。白花紫藤为栽培种。

白花杜鹃

别名：白杜鹃，尖叶杜鹃
科属：杜鹃花科杜鹃花属

识别： 半常绿灌木，高 1 ~ 3 m。茎多分枝；枝通常开展，幼嫩时密被平贴的灰褐色糙伏毛。叶革质，二型，春发叶较薄；夏发叶较小，较厚，深绿色。蒴果圆锥状卵圆形，为宿存的萼所包围。果期 8 ~ 9 月。

观花： 伞形花序顶生，有黏质，有花 1 ~ 3 朵；花萼大，绿色，裂片直立，披针形；花冠阔漏斗形，长 4 ~ 5cm，纯白色，有时淡红色，裂片 5 枚，广卵形或椭圆状卵形。花期 2 月中旬至 3 月。

分布： 产于我国广东、广西、江西、福建；我国东南部各省区至四川常见栽培。

习性： 喜半阴温凉气候、酸性土壤，忌碱忌涝，较耐热，不耐寒。

繁殖： 扦插繁殖。

应用： 花大而洁白，花开的时候，可自然形成一片花的海洋；是很好的地被植物，或丛植于花坛、花境。

★ *Rhododendron mucronatum* (Bl.) G. Don ☆ White Azalea

山育杜鹃

别名：山地杜鹃
科属：杜鹃花科杜鹃花属

识别： 常绿灌木，高达 2.5 m；幼枝疏生鳞片。叶硬革质，宽椭圆形，长 3 ~ 4.5 cm，宽 2.5 ~ 3 cm，两端圆，顶端有钝尖头，上面无毛，棕绿色，下面灰白，有密鳞片，鳞片几等大，彼此接触至相距小于其直径，叶脉不明显；叶柄长 8 ~ 12 mm。蒴果长约 1.2 cm。

观花： 顶生短总状花序有花 5 ~ 8 朵；花梗长 1 ~ 2 cm，有疏鳞片；花萼退化，高约 1 mm，边缘波状；花冠通常蔷薇色，宽漏斗状，长约 3.2 cm，裂片 5，略开展，宽卵圆形，外面无鳞片；雄蕊 10 枚。花期 5 ~ 7 月。

分布： 产于四川西南部、云南西北及东北部、西藏东南部。缅甸东北部也有分布。

习性： 喜光，也耐阴。

繁殖： 播种繁殖。

应用： 可作园林观花植物，种植于林缘等处。

★ *Rhododendron oreotrephes* W. W. Sm. ☆ Montane Azalea

锦绣杜鹃

别名：鲜艳杜鹃，毛杜鹃
科属：杜鹃花科杜鹃花属

识别： 常绿灌木，高达 2 m。叶纸质，二型，椭圆形至椭圆状披针形或矩圆状倒披针形，长 2.5 ~ 5.6 cm，宽 8 ~ 18 mm，顶端急尖。蒴果矩圆状卵形。

观花： 花 1 ~ 3 朵顶生枝端；花梗长 6 ~ 12 mm，密生稍展开的红棕色扁平毛；花冠宽漏斗状，口径约 6 cm，裂片 5 枚，宽卵形，蔷薇紫色，有深紫色点；雄蕊 10 枚。

分布： 各地栽培，据说原产于我国，但未见野生。

习性： 喜疏阴，忌暴晒，要求凉爽湿润气候及通风良好的环境。土壤以疏松、排水良好，pH 值 4.5 ~ 6.0 为佳，较耐瘠薄干燥。

繁殖： 扦插繁殖。

应用： 是优良的观花灌木，适于庭院观赏或作林带的下木。

品种： 花色、品种繁多，还有重瓣的。

★ *Rhododendron pulchrum* Sweet ☆ Samite Azalea

★ *Rhododendron latoucheae* Franch. ☆ Deerhorn Azalea

鹿角杜鹃

别名：岩杜鹃
科属：杜鹃花科杜鹃花属

识别： 常绿灌木或小乔木，高 2 ~ 3 m。小枝开展，灰色或淡白色，无毛。叶集生枝顶，近于轮生，革质，卵状椭圆形或长圆状披针形，先端短渐尖，基部楔形或近于圆形，边缘反卷，上面深绿色，具光泽。蒴果圆柱形，长 3.5 ~ 4 cm，直径约 4 mm。果期 7 ~ 10 月。

观花： 花单生枝顶叶腋，枝端具花 1 ~ 4 朵；花梗长 1.5 ~ 2.7 cm，无毛；花萼不明显；花冠白色或带粉红色，长 3.5 ~ 4 cm，直径约 5 cm，5 深裂，裂片开展。花期 3 ~ 4 月。

分布： 产于浙江、江西、福建、湖北、湖南、广东、广西、四川和贵州。

习性： 喜温暖而湿润的环境。

繁殖： 播种繁殖。

应用： 可作园林观花植物，或种植于林下。

★ *Rhododendron ovatum* (Lindl.) Planch. ex Maxim. ☆ Azaleastra

马银花

别名：马银杜鹃，卵叶杜鹃
科属：杜鹃花科杜鹃花属

识别： 常绿灌木或小乔木，高达 4 m，嫩枝疏生短柔毛。叶革质，卵形或椭圆状卵形，长 3 ~ 5 cm，宽 1.5 ~ 2.5 cm，顶端短尖而微凹，中脉延伸成小凸尖，基部稍圆，除中脉有短柔毛外，其余无毛。果期 9 ~ 10 月。

观花： 花紫白色，单生于枝端叶腋；花萼 5 裂，裂片宽卵形，长约 5 mm，有腺毛；花冠 5 深裂，上瓣有深紫色斑点。花期 4 ~ 5 月。

分布： 产于江苏、安徽、浙江、江西、福建、台湾、湖北、湖南、广东、广西、四川和贵州。

习性： 喜夏季凉爽及荫蔽环境。喜温暖、湿润及富含有机质且排水良好的酸性土壤。

繁殖： 播种或扦插繁殖。

应用： 可植于庭园、林下或溪边坡地上，观赏效果良好。

★ *Rhododendron mariesii* Hemsl. et Wils. ☆ Redhillall Azalea

满山红

别名：山石榴，马礼士杜鹃
科属：杜鹃花科杜鹃花属

识别： 落叶灌木，高 1 ~ 2 m；枝条轮生，幼枝初有黄绢毛，后变无毛。叶 2 ~ 3 片轮生枝端，近革质或纸质，卵状披针形，长 4 ~ 7 cm，宽 2 ~ 3.5 cm，顶端急尖，基部圆钝，边缘由中部向上有细钝齿。蒴果长约 1.2 cm。果期 6 ~ 11 月。

观花： 花顶生枝顶，通常成双生（稀 3），先叶开放；花梗直立，长 5 ~ 10 mm，有硬毛；花萼小，5 裂，有棕色伏毛；花冠辐状漏斗形，蔷薇色带紫，上侧的裂片有红紫色点，5 深裂；雄蕊 10 枚。花期 4 ~ 5 月。

分布： 产于河北、陕西、江苏、安徽、浙江、江西、福建、台湾、河南、湖北、湖南、广东、广西、四川和贵州。

习性： 喜光。

繁殖： 播种繁殖。

应用： 可作园林观花植物。

太白杜鹃

别名：陕西杜鹃
科属：杜鹃花科杜鹃花属

识别： 矮小平卧状灌木，高 20 ~ 30 cm。分枝极多。当年生枝直径约 1 mm，黄褐色，被盾状、锈色后变黑色且随树皮脱落的鳞片。叶聚生于枝端，革质，长圆形或宽椭圆形，顶端圆形，具角质突尖，边缘稍反卷，基部钝；叶柄长 0.8 ~ 1 mm，被鳞片。蒴果卵圆形。果期 8 ~ 9 月。

观花： 伞形花序顶生，具花 1 ~ 3 朵，密聚；花梗长约 2 mm；花萼长 3.5 ~ 4 mm，裂片 5 枚，等长，长圆形，外面中部密被鳞片，被长缘毛；花冠漏斗状，长约 16 mm，淡紫色；雄蕊 10，较花冠短，花丝紫色。花期 7 ~ 8 月。

分布： 产于陕西中部。

习性： 喜肥沃、湿润土壤。

繁殖： 播种繁殖。

应用： 作为高山风景林下观花植物，种植于高山坡及山顶。

相近种： 太白山杜鹃 *Rhododendron taibaiense* Ching et H. P. Yang。

★ *Rhododendron purdomii* Rehd. et Wils. ☆ Shaanxi Azalea

西洋杜鹃

别名：比利时杜鹃，西鹃
科属：杜鹃花科杜鹃花属

识别： 常绿灌木矮小。分枝多，枝具疏生柔毛。叶互生，全缘，卵圆形至长椭圆形，深绿色，叶面具褐色柔毛。

观花： 总状花序，花顶生，花冠阔漏斗状。花期 2 ~ 4 月。

分布： 是中国杜鹃与欧洲杜鹃经过反复杂交选育而成的，其中以春鹃为多。

习性： 喜温暖、湿润、空气凉爽、通风和半阴的环境。要求土壤酸性、肥沃、疏松、富含有机质、排水良好。夏季忌阳光直射、应遮阳，常喷水，保持空气湿度。

繁殖： 扦插或嫁接繁殖。

应用： 为著名的木本花卉，可盆栽供室内观赏，通过修剪扎型，还可制作各种风格的树桩盆景，显得古朴雅致，更具风情。

品种： 品种很多，花有半重瓣和重瓣，花色有红色、粉色、白色、玫瑰红色和双色等。

★ *Rhododendron indicum* (L.)Sweet ☆ Belgian Azalea

溪畔杜鹃

别名：贵州杜鹃
科属：杜鹃花科杜鹃花属

识别： 常绿灌木，高 1 m 以上。叶纸质，稀疏，卵状披针形，长 5 ~ 9 cm，宽 1.8 ~ 4 cm，顶端渐尖并有长凸尖头，基部圆，边缘有睫毛，幼时有黏性，上面初有疏柔毛，脱落后留下统状突起的基部，下面淡黄色，有疏糙伏毛，侧脉和小脉隆起，有褐色网脉；叶柄长 4 ~ 12 mm。

观花： 顶生花序有花多朵；花梗长 1.2cm，有和叶柄上同样的毛；花萼长 4 ~ 5 mm，裂片三角形，有长睫毛；花冠漏斗状，紫红色，外面无毛；雄蕊 10 枚。

分布： 分布于湖南、广西、贵州、四川。

习性： 稍耐阴。

繁殖： 播种繁殖。

应用： 可栽培作庭园观赏或种植于疏林下。

★ *Rhododendron rivulare* Hand.-Mazz. ☆ Brooklet Azalea

★ *Rhododendron concinnum* Hemsl.　☆ Excellent Azalea

秀雅杜鹃

别名：臭枇杷，紫蕊杜鹃
科属：杜鹃花科杜鹃花属

识别：常绿灌木，高 0.5 ~ 2 m，有时可达 4 m。叶形及大小变化均大，长 3.5 ~ 8.5 cm，宽 1.8 ~ 3.2 cm，常为卵形或椭圆形，基部宽楔形或圆形、心形；上面有鳞片，易脱落，下面灰色或棕色，密生连接或近连接的鳞片，鳞片较大，平坦，环状，金黄色或棕色。蒴果长 0.8 ~ 1.4 cm，粗状，有鳞片。果期 9 ~ 10 月。

观花：花 2 ~ 4 朵生于枝顶，花梗长 0.5 ~ 1.5 cm。花萼细小，长 0.2 ~ 0.3 cm，花冠漏斗状，红紫色或深紫色，长 2 ~ 3.5 cm，花冠管长 0.8 ~ 1.5 cm，外面密生金黄色鳞片，裂片 5 枚，亦有鳞片；雄蕊 10 枚，伸出花冠之外。花期 5 ~ 6 月。

分布：产于四川东北至西南部，甘肃、陕西、湖北也有分布。

习性：喜肥沃、湿润土壤。

繁殖：播种繁殖。

应用：作为高山风景林下观花植物。

★ *Rhododendron molle*（Bl.）G. Don　☆ Sheeploitered Azalea

羊踯躅

别名：闹羊花，黄杜鹃，黄色映山红
科属：杜鹃花科杜鹃花属

识别：落叶灌木，高 1 ~ 2 m。老枝光滑，带褐色，幼枝有短柔毛。单叶互生，叶柄短，被毛；叶片椭圆形至椭圆状倒披针形，先端钝而具短尖，基部楔形，边缘具向上微弯的刚毛。蒴果圆柱状长圆形，红棕色。果期 7 ~ 8 月。

观花：花多数，成顶生短总状花序，与叶同时开放，花金黄色，花冠漏斗状，外被细毛，先端 5 裂，裂片椭圆状至卵形，上面一片较大，有绿色斑点。花期 4 ~ 5 月。

分布：分布于江苏、浙江、江西、福建、湖南、湖北、河南，四川、贵州等地。

习性：性喜强光和干燥、通风良好的环境，能耐 -20 ℃的低温；喜排水良好的土壤，耐贫瘠和干旱，忌雨涝积水。植株强健，管理粗放。

繁殖：播种、扦插、嫁接及压条繁殖。

应用：是园林露地栽培的观赏花卉之一。

★ *Rhododendron mucronulatum* Turcz.　☆ Korea Azalea

迎红杜鹃

别名：金达莱
科属：杜鹃花科杜鹃花属

识别：落叶灌木，高 1 ~ 2 m。分枝多；幼枝细长，疏生鳞片。叶片薄质，椭圆形或椭圆状披针形。长 3 ~ 7 cm，宽 1 ~ 3.5 cm，顶端锐尖、渐尖或钝，边缘全缘或有细圆齿，基部楔形或钝，上面疏生鳞片，下面鳞片大小不等，褐色。蒴果长圆形。果期 5 ~ 7 月。

观花：花序腋生枝顶或假顶生，1 ~ 3 朵花，先叶开放，伞形着生，花梗长 5 ~ 10 mm，疏生鳞片；花萼 5 裂，被鳞片；花冠宽漏斗形，淡紫红色。雄蕊 10 枚。花期 4 ~ 6 月。

分布：产于中国江苏北部及山东、河北、内蒙古、辽宁；蒙古、日本、朝鲜和俄罗斯也有分布。

习性：耐阴；忌强烈日照；喜凉爽，须保持环境通风。土壤以沙质壤土为宜，要求排水良好。

繁殖：播种繁殖。

应用：花色雅丽，为优良的观花灌木。

映山红

别名：杜鹃，红杜鹃，满山红
科属：杜鹃花科杜鹃花属

识别： 落叶或半常绿灌木，高达 3 m 。枝条、叶两面、苞片、花柄、花萼、子房、蒴果均有棕褐色扁平糙伏毛；叶卵状椭圆形或椭圆状披针形。果期 9 ~ 10 月。

观花： 花 2 ~ 6 朵簇生枝顶，花冠宽漏斗状，鲜红色或深红色，有紫斑；花期 3 ~ 5 月。

分布： 广布于长江流域及以南各地。

习性： 喜疏松肥沃、排水良好的酸性壤土，忌碱性土和黏质土；喜凉爽湿润的山地气候，耐热性差。

繁殖： 播种、扦插、嫁接及压条等繁殖。

应用： 花叶兼美，花色丰富，盆栽、地栽均宜，花开时满山皆红。萌发力强，耐修剪，根桩奇特，是优良的盆景材料。园林中最宜在林缘、溪边、池畔及岩石旁成丛成片栽植。

品种： 花有单瓣和重瓣，花色丰富，有白色、红色、粉红色、紫色、紫红色、偏蓝色、红白复色，并有条纹和斑点等种种变化。

★ *Rhododendron simsii* Planch. ☆ Sims Azalea

云锦杜鹃

别名：天目杜鹃，云锦花
科属：杜鹃花科杜鹃花属

识别： 常绿灌木，高 2 ~ 4 m。小枝粗壮淡绿色。叶厚革质，长圆形至长圆状椭圆形或倒卵形，叶面深绿，叶背淡绿，无毛。种子多数，糠秕状。果期 8 ~ 10 月。

观花： 顶生总状伞形花序有花 6 ~ 12 朵，具芳香花冠漏斗状钟形，长 4 ~ 5 cm，径 7 ~ 9 cm，淡粉色，裂片 7 枚，圆形；雌蕊 14 枚，子房 10 室；花边、花萼、花冠的基部、子房、花柱均有腺体。花期 4 ~ 5 月。

分布： 产于中国长江流域及华南地区、四川等地。

习性： 喜温暖的气候，不耐严寒，喜酸性土壤。

繁殖： 播种或扦插繁殖。

应用： 为叶大翠绿、花大娇艳、惹人喜爱的园林观赏植物。可丛植于路旁，在路边、道旁、岩石上、林间、坡地上，星星点点，丛丛簇簇，漫山遍野，似彩云洒落。

品种： 花色有大红色、粉红色、白色和紫色等。

★ *Rhododendron fortunei* Lindl. ☆ Clouds Azalea

照山白

别名：照白杜鹃，达里，万斤，万经棵
科属：杜鹃花科杜鹃花属

识别： 半常绿灌木，高达 2 m。小枝褐色，有褐色鳞片及柔毛。叶互生，革质；椭圆状披针形或狭卵圆形。长 2 ~ 3 cm，先端尖，边缘有疏浅齿或不明显，基部楔形，上面绿色，下面密生褐色腺鳞。蒴果长圆形，成熟后褐色，5 裂，外面有鳞片。果期 7 ~ 9 月。

观花： 花密生成总状花序；花萼 5 裂，卵形至披针形，外面被褐色鳞片及柔毛；花冠钟形白色，5 裂，裂片卵形；雄蕊 10 枚；雌蕊 1 枚。花期 5 ~ 7 月。

分布： 分布于辽宁、河北、河南、陕西、湖北、四川、山东等地。

习性： 野生于山坡、山沟石缝。性喜阴，喜酸性土壤，耐干旱、耐寒、耐瘠薄，适应性强。

繁殖： 播种繁殖。

应用： 枝条较细，且花小色白，惹人喜爱，植于庭院、公园，可供观赏。

★ *Rhododendron micranthum* Turcz. ☆ Whited-hill Azalea

★ *Rhododendron farrerae* Tate ex Sweet ☆ Clove Azalea

丁香杜鹃

别名：金毛杜鹃
科属：杜鹃花科杜鹃花属

识别： 落叶丛生灌木，高 1 ~ 2 m；枝条短而硬，幼枝初有伏生挺直的长柔毛，后渐无毛。叶近革质，通常 3 片集生枝顶，卵形，长 2.5 ~ 3 cm，宽 1.3 ~ 2 cm，顶端钝尖，基部圆形；叶柄长 2 ~ 3 mm，有密柔毛。蒴果矩圆状卵形，长 1.2 cm。果期 7 ~ 8 月。

观花： 顶生花序有花 1 ~ 2 朵，先叶开放；花梗长 6 mm，长不超过芽鳞，密生红色或灰色柔毛；花萼小，5 裂，有柔毛；花冠辐状漏斗形，淡丁香紫，有紫红色点，无毛；雄蕊 8 ~ 10 枚，短于花冠。花期 5 ~ 6 月。

分布： 产于江西、福建、湖南、广东、广西。

习性： 耐阴。

繁殖： 播种繁殖。

应用： 可作园林观花植物。

★ *Rhododendron decorum* Franch. ☆ Sweetshell Rhododendron

大白杜鹃

别名：大白花杜鹃
科属：杜鹃花科杜鹃花属

识别： 常绿灌木，高可达 5 m。小枝粗壮，无毛。叶簇生枝端，厚革质，长椭圆形，长 10 ~ 15 cm，先端圆而具小尖头，无毛。

观花： 顶生伞形总状花序，约 10 朵花，花冠宽钟形，长 3 ~ 5 cm，白色或微带淡紫红色，端 6 ~ 8 裂。

分布： 产于云南、四川、贵州和西藏东南部。缅甸北部也有分布。

习性： 喜光。

繁殖： 播种繁殖。

应用： 花大而美丽，宜植于庭园观赏，鲜花可作食蔬。

★ *Vaccinium mandarinorum* Diels ☆ China Blueberry

江南越橘

别名：米饭花，糯米饭，五桐子
科属：越橘科越橘属

识别： 常绿灌木或小乔木，高 1 ~ 4 m。幼枝通常无毛，有时被短柔毛，老枝紫褐色或灰褐色，无毛。叶片厚革质，卵形或长圆状披针形，长 3 ~ 9 cm，宽 1.5 ~ 3 cm，顶端渐尖，基部楔形至钝圆，边缘有细锯齿，两面无毛。浆果，熟时紫黑色，无毛，直径 4 ~ 6 mm。果期 6 ~ 10 月。

观花： 总状花序腋生和生枝顶叶腋，长 2.5 ~ 7（10）cm，有多数花，序轴无毛或被短柔毛；花梗纤细，长 2 ~ 8 mm，萼筒无毛；花冠白色，有时带淡红色，微香，筒状或筒状坛形，口部稍缢缩或开放，长 6 ~ 7 mm。花期 4 ~ 6 月。

分布： 分布于江苏、安徽、浙江、江西、福建、湖北、湖南、广东、广西、西藏、四川、贵州、台湾、云南等省区。

习性： 喜温暖、湿润环境。

繁殖： 播种繁殖。

应用： 为很好的观花、观果植物。

日本杜英

别名：薯豆
科属：杜英科杜英属

识别： 乔木，高达8 m。嫩枝无毛；叶卵形至椭圆形，长6 ~ 12 cm，先端钝尖，缘具疏，侧脉5 ~ 6对，背面有黑腺点，革质；叶柄3 ~ 6 cm。核果椭球形，蓝绿色，1 ~ 1.3 cm。

观花： 花瓣先端全缘或有3 ~ 4浅齿，雄蕊15枚；花序长3 ~ 6 cm。花期4 ~ 5月。

分布： 产于我国长江以南地区，西达四川、云南；日本、越南也有分布。

习性： 喜光。

繁殖： 播种繁殖。

应用： 在南方可用作园林绿化及行道树。

★ *Elaeocarpus japonicus* Sieb. et Zucc. ☆ Japan Elaeocarpus

猴欢喜

科属：杜英科猴欢喜属

识别： 乔木，高20 m。嫩枝无毛。叶互生，薄革质，形状及大小多变，常为长圆形或倒卵形，长6 ~ 12 cm，宽3 ~ 5 cm。果球形或卵圆形，外被锐尖的针刺，熟时开裂，极似猴子开颜大笑，故名“猴欢喜”。果期翌年夏季。

观花： 花两性，单生或数朵生于枝顶叶腋，花有长梗；花瓣4 ~ 5枚，白色，倒卵形。花期秋季。

分布： 产于中国广东、广西、福建、台湾、浙江、江西、湖南、贵州。

习性： 喜光，全日照、半日照均可；喜温暖、湿润的环境，不耐干旱，不耐瘠薄。

繁殖： 播种繁殖。

应用： 盛花期总状花序轻柔洁白，散发阵阵幽香；盛夏以后，又是硕果累累，为优良的观赏树种。可作园林风景树和行道树。

★ *Sloanea sinensis*（Hance）Hemsl. ☆ China Monkeyjoy

扁担杆

别名：娃娃拳，麻糖果，月亮皮
科属：椴树科扁担杆属

识别： 落叶灌木，高达3 m。小枝有星状毛；叶狭菱状卵形，广楔形至近圆形，缘有重锯齿，表面几无毛，背面疏生星状毛；果橙黄色至橙红色；果9 ~ 10月成熟。

观花： 花序与叶对生，花淡黄绿色；花期6 ~ 7月。

分布： 主产于长江流域及其以南各地。

习性： 喜光，也略耐阴，耐贫瘠，不择土壤。

繁殖： 用播种或分蘖法繁殖。

应用： 为良好的观果树种，宜于庭院丛植、篱植，或与山石配植，颇具野趣。

变种： 小花扁担杆 var. *parviflora*（Bge.）Hand.-Mazz.，叶下面密被黄褐色软茸毛，花朵较短小。

★ *Grewia biloba* G. Don ☆ Bilobed Grewia

★ *Grewia biloba* G. Don var. *parviflora* (Bge.) Hand.-Mazz.

小花扁担杆

别名：小花扁担木
科属：椴树科扁担杆属

识别：落叶灌木，高 1 ~ 2 m。枝条被星状毛。单叶互生，长圆状卵形，基出 3 脉，边缘具细锯齿，叶背密生绒毛。核果，橙黄色至红色，2 裂，每裂有 2 小核。果期 8 ~ 9 月。
观花：聚伞花序多花，与叶对生；花小，萼片 5 枚，花瓣 5 枚，淡黄色。花期 6 ~ 7 月。
分布：分布于东北、华北、华东、西南等地区；朝鲜也有分布。
习性：喜光，稍耐阴，较耐寒；耐干旱瘠薄，对土壤适应性强。
繁殖：播种或分株繁殖。
应用：果实橙红鲜丽，宿存枝头达数月之久，可经冬不落，用于庭院观赏。

★ *Corchoropsis crenata* Sieb. et Zucc. ☆ Tomentose Corchoropsis

田麻

别名：甜麻
科属：椴树科田麻属

识别：一年生草本植物，高 25 ~ 60 cm。被星状短毛。叶互生，卵形，边缘有钝圆锯齿，基出脉 3 条。蒴果角状圆筒形。果期 8 ~ 10 月。
观花：花单生叶腋，花梗细长；萼片 5 枚，披针形，花瓣 5 枚，黄色，歪倒卵形，发育雄蕊 15 枚，每 3 枚成 1 束，退化雄蕊 5 枚。花期 6 ~ 8 月。
分布：分布于除西北以外各省区。
习性：喜阳光充足；喜温暖、湿润的环境，耐干旱。不拘土质。
繁殖：播种繁殖。
应用：花色鲜艳，可配置于花基、路旁。

★ *Tilia oliveri* Szyszyl. ☆ Oliver Linden

鄂椴

别名：粉椴
科属：椴树科椴树属

识别：乔木，高 8 m。树皮灰白色。小枝无毛；芽无毛；叶卵圆形或宽卵形，先端骤锐尖，基部斜心形或近平截，上面无毛，下面被白色星状茸毛，侧脉 7 ~ 8 对，具细密锯齿；果近球形，被小瘤点，被毛，先端尖；果期 9 ~ 10 月。
观花：花序长 6 ~ 9 cm；苞片窄倒披针形，先端圆，基部钝，无柄；萼片卵状披针形，花瓣长 6 ~ 7 mm。花期 5 ~ 7 月。
分布：产于我国浙江、江西、陕西、四川、湖北、湖南等地。
繁殖：播种繁殖。
应用：可作庭园树观赏。

糯米椴

别名：亨利椴
科属：椴树科椴树属

识别：落叶乔木。幼枝及芽均无毛或近于无毛；叶近圆形，先端宽圆，叶背面脉腋有簇毛，边缘具芒刺；苞片窄倒披针形；果实倒卵形；果熟期8月。
观花：聚伞花序有花30朵以上；花期6月。
分布：产于河南、江苏、浙江、江西、安徽等地。
习性：喜光，耐阴，喜温暖湿润气候及深厚、肥沃而湿润的土壤。
繁殖：播种繁殖，分株繁殖也可。
应用：可作庭院绿化树种，孤植栽培。

★ *Tilia henryana* Szyszyl var. *subglabra* V. Engl.

少脉椴

别名：棉椴，小叶椴树
科属：椴树科椴树属

识别：乔木，高13 m。叶薄革质，卵圆形，长6 ~ 10 cm，宽3.5 ~ 6 cm，有时稍大，先端急渐尖，基部斜心形或斜截形，上面无毛，下面秃净或有稀疏微毛，脉腋有毛丛，边缘有细锯齿；叶柄长2 ~ 5 cm，纤细，无毛。果实倒卵形。
观花：聚伞花序长4 ~ 8 cm，有花6 ~ 8朵，花序柄纤细，无毛；花柄长1 ~ 1.5 cm；花瓣长5 ~ 6 mm。
分布：分布于山西、陕西、宁夏、甘肃、安徽、河南、湖北、湖南、四川、云南等省区。
习性：喜光，耐水湿。
繁殖：播种繁殖。
应用：可作庭荫树。

★ *Tilia paucicostata* Maxim.　☆ Fewnerve Linden

巴婆树

别名：泡泡
科属：番荔枝科泡泡属

识别：落叶乔木或灌木，高达12 m。叶下垂，先端尖，阔长圆形，长达30 cm。果可食，形似香蕉而较短，熟后果皮变为黑色。
观花：花具恶臭，紫色，春天展叶前开放。
分布：原产于北美东部和中西部地区。
习性：喜温暖、湿润土壤。
繁殖：播种繁殖。
应用：作园林观赏用。

★ *Asimina triloba*（L.）Dunal　☆ Pawpaw，Common Pawpaw

露草

别名：花蔓草，露花
科属：番杏科露草属

★ *Aptenia cordifolia* (L.f.) Schwant.　☆ Baby Sun Rose

识别： 多年生常绿蔓性肉质草本，高 30 ~ 60 cm。枝平卧，多分枝，有棱角，长 20 cm 左右，伸长后呈半匍匐状。叶对生，肉质肥厚、鲜亮青翠。枝条有棱角，伸长后呈半葡萄状。

观花： 枝顶开花，花深玫瑰红色，中心淡黄，形似菊花，瓣狭小，具有光泽，自春至秋陆续开放。花期 7 ~ 9 月。

分布： 原产于南非。

习性： 喜阳光，宜干燥、通风环境。忌高温多湿，喜疏松肥沃、排水良好的沙质壤土。生长适宜温度为 15 ~ 25℃。

繁殖： 扦插、分株均能繁殖。

应用： 生长迅速，枝叶茂密，花期长，宜作盆栽或垂吊花卉栽培，供家庭阳台和室内向阳处布置，园林中多用于布置沙漠景观。

照波

别名：仙女花
科属：番杏科照波属

★ *Bergeranthus multiceps*（Salm-Dyck）Schwantes

识别： 肉质草本，高约 8 cm。根块状。叶片肉质，长三角形，长 3 cm，宽 5 ~ 6 cm，暗绿色。花黄色，直径约 3 cm。花期春、夏季。

分布： 原产于南非。世界各地有栽培，我国南方有栽培。

习性： 生性强健。喜阳光充足；耐热、亦能耐寒冷。适宜排水良好的土壤。

繁殖： 分株繁殖。

应用： 为良好的盆栽及花坛观赏植物。

旭峰

别名：番龙菊
科属：番杏科旭峰属

★ *Cephalophyllum alstonii* Marloth ex L.Bolus

识别： 植株密集丛生，叶肉质，长 5 ~ 10 cm，交互对生，基部联合，叶片棒状，呈半圆形，叶高 5 ~ 10 cm。幼株单生，老株则密集丛生。叶色绿色至灰绿色。

观花： 花红色，径 3 ~ 5 cm，花从两叶的中缝开出，一般每株只开一朵，群生的开花非常壮观。在初春阳光充足的下午开放，夜晚闭合，如此昼开夜闭持续 3 ~ 5 天，若遇阴雨天或栽培场所光线不足则很难开放。植株异花授粉。

分布： 原产于南非。

习性： 喜温暖干燥和阳光充足环境，不耐寒，耐半阴和干旱，怕水湿和强光暴晒，夏天有轻微休眠。

繁殖： 分株或播种繁殖。

应用： 易群生，植株会蔓延生长，可盆栽观赏。

雷童

别名：刺叶露子花，花笠
科属：番杏科露子花属

识别： 多年生肉质草本。株高 30 cm，株幅 30 cm。叶片对生，长椭圆形或卵形，肉质，长 1.5 cm，深绿色，表面密生白色肉质刺疣。

观花： 花小，单生，白色，中心黄色。花期夏季。

分布： 原产于南非。

习性： 耐干旱，喜全日照，较喜肥。

繁殖： 播种繁殖。

应用： 可盆栽观赏。

★ *Delosperma pruinosum* (Thunb.) J.W.Ingram　☆ Iceplant

荒波

别名：怒涛
科属：番杏科肉黄菊属

识别： 多年生肉质低矮草本。叶长三角形，交互对生，先端菱形，长 3 cm，宽约 1.6 cm，表面平，背面圆凸，先端有龙骨凸起，叶表面有星散的肉齿，叶缘具肉齿，肉齿先端有白色纤毛。

观花： 花黄色，直径 4 ~ 5 cm，近无柄，无苞片。秋季至春季在阳光充足的中午展开，傍晚闭合，可持续一周左右。本种对光线极为敏感，若遇阴雨天或栽培场所光线不足，则很难开花。

分布： 原产于南非。中国有栽培。

习性： 冷凉季节生长，夏季休眠。培养土要求疏松且排水良好并富含石灰质。

繁殖： 分株繁殖。

应用： 荒波的一系列栽培变种是肉黄菊属中形态最富于变化、最为奇特的一类，可作为小型盆栽点缀于书桌、几架。

★ *Faucaria tuberculosa* (Rolfe) Schwant.

怒涛

科属：番杏科肉黄菊属

识别： 小型多肉植物。植株丛生，绿色肉质叶交互对生。叶长约 3 cm，宽 1.6 cm，先端菱形并有龙骨状突起，叶背圆凸，表面平展，有形状不规则的线状、块状、疣状凸起。叶色深绿，叶缘有肉质齿 8 ~ 11 对，附有倒须。

观花： 花黄色，秋冬季节开放，直径约 4 cm。

分布： 原产于南非。

习性： 喜温暖、干燥和阳光充足的环境，耐干旱和半阴，怕水涝，不耐寒冷，也怕酷热。适宜在排水透气性良好的沙质土壤中生长。

繁殖： 分株或播种繁殖。

应用： 叶形奇特，花色绚丽，适合做小型盆栽点缀几架、桌案、窗台等处，精巧别致，富有情趣。

★ *Faucaria paucidens* N.E.Br.

★ *Faucaria tigrina* Schwant.　☆ Tiger's Jaw

四海波

别名：虎颚肉黄菊
科属：番杏科肉黄菊属

识别：植株密集丛生，非常肉质，叶十字交互对生，基部联合，先端三角形，叶缘和叶背龙骨突表皮硬膜化，大部分叶面有肉齿，叶缘有肉质粗纤毛。夏季休眠。

观花：花大无柄，花色以黄色为多。

分布：原产于南非大卡鲁高原的石灰岩地区。

习性：喜温暖而忌酷暑、严寒，夏季休眠，需要遮阳 50%，勤喷水而控制浇水，淋雨或浇水过多易腐烂。喜干燥，忌水湿。喜疏松、排水良好的沙质土壤。

繁殖：分株繁殖。

应用：盆栽用于窗台、卧室、阳台或案几点缀；也适用于布置沙漠专类园。

★ *Glottiphyllum linguiforme* N. E. Br.　☆ Tongue-leaf Plant

宝绿

别名：佛手掌，舌叶花
科属：番杏科舌叶花属

识别：多年生肉质草本。肉质叶舌状，对生 2 列，长约 7 cm，宽 2 ~ 3 cm，光滑透明，鲜绿色，平滑有光泽，切面呈三角形，斜面突出，叶端略向外反转，株形像佛手。

观花：花大，自叶丛中抽出，花冠金黄色。花期秋季至冬季。

分布：原产于南非。世界各国多有栽培。

习性：喜冬季温暖、夏季凉爽干燥的环境，生长适温 18 ~ 22 ℃，超过 30 ℃温度时，植株生长缓慢且呈半休眠状态。越冬温度须保持在 10 ℃以上。喜半阴，喜湿润环境，适宜于肥沃、排水良好的沙壤土中生长，喜肥，生长期施肥 2 ~ 3 次。

繁殖：常用播种和扦插繁殖。

应用：宝绿叶片肥厚多汁，翠绿透明，形似翡翠，清雅别致。冬季正月开花，花朵金黄色，灼灼耀眼，十分惹人喜爱。宝绿适宜盆栽，陈设在书桌、窗台、几案，小巧玲珑，非常雅致。

★ *Lithops pseudotruncatella*（Bge.）N. E. Br.　☆ Living Stones

生石花

别名：石头花，石头草，象蹄
科属：番杏科生石花属

识别：多年生小型肉质草本，高不足 10 cm。茎很短，常常看不见。变态单叶对生，肥厚，密接，两片对生联结而成为倒圆锥体，幼时中央仅有 1 孔，成熟后中间呈缝状。

观花：花从对生叶的中间缝隙中抽出，无柄，状似小菊花，花径 3 ~ 5 cm，黄色，多在下午开放，傍晚闭合，次日午后又开，单朵花可开 7 ~ 10 天，花谢后结出果实。3 ~ 4 年生植株开始开花，花期 4 ~ 6 月。

分布：原产于南非开普省极度干旱少雨的沙漠砾石地带。

习性：喜温暖干燥和阳光充足的环境，喜干燥，不耐寒，忌强光。

繁殖：播种繁殖。

应用：形态奇特，形如彩石，色彩丰富，娇小玲珑，似晶莹的宝石闪烁着光彩，在国际上享有“有生命的石头”“活的宝石”的美称，开花时花朵几乎将整个植株都盖住。

品种：花色有黄、白、粉等色。

龙须海棠

别名：美丽日中花，松叶菊
科属：番杏科日中花属

识别： 常绿肉质亚灌木或肉质草本，高达 50 cm。茎细，匍匐状，稍木质，红褐色，分枝多而向上伸展。叶对生，绿色，被白粉，长 5 ~ 8 cm，宽 4 ~ 6 cm，基部抱茎，肉质，三棱状长圆锥形，肉质挺直。花果期 4 ~ 5 月。
观花： 单花单生茎顶或腋生，形似菊花，花梗长 5 ~ 8 cm，花冠直径 4 ~ 6 cm，花瓣多数，窄条形，有金属光泽，色彩鲜艳。在中午烈日照射时开放，夜间闭合。花期冬季至夏初。
分布： 原产于南非南部。中国各地有栽培。
习性： 喜温暖干燥，忌高温高湿，喜光，耐干旱，不耐寒冷。
繁殖： 一般春、秋季节剪取项端枝条进行扦插繁殖。
应用： 枝叶茂盛，枝条柔弱，花大色美，并有丝质的感觉，可用于布置花坛或盆栽及作吊盆悬挂，也适合公园、植物园等布置多肉专类园。

★ *Mesembryanthemum spectabile* Haw. ☆ Trailing Iceplant

快刀乱麻

科属：番杏科快刀乱麻属

识别： 肉质灌木，株高 20 ~ 30 cm。茎有短节，分枝多。叶集中在分枝顶端，对生，细长而侧扁，先端两裂，外侧圆弧状，好似一把刀。叶颜色淡绿至灰绿色。
观花： 花大约 4 cm，黄色。
分布： 产于南非开普省。我国各地有栽培。
习性： 喜光。夏季休眠。
繁殖： 扦插繁殖。
应用： 叶形奇特，为良好的盆栽植物。

★ *Rhombophyllum nelii* Schwantes

天女

科属：番杏科天女属

识别： 植株小型，贴地丛生。肉质叶排列成松散的莲座状，莲座叶盘径 6 ~ 8 cm。叶匙形，淡绿至粉绿色，水平伸展，长 2.5 cm，先端菱形或近三角形，宽而厚，1.2 cm 宽、0.8 cm 厚，叶面和叶缘布满石细胞组成的粉红色小疣。
观花： 花黄色或橙黄色，径 2 cm，单生，有短花梗。
分布： 产于南非西南部开普省的石灰岩地区。
习性： 喜排水良好和富含石灰质的土壤。
繁殖： 播种繁殖。
应用： 天女小巧玲珑，叶莲座状，可盆栽观赏或植物园收集栽培。

★ *Titanopsis calcarea* (Marloth)Schwantes ☆ Jewel Plant

★ *Drosanthemum eburneum* DC.

枝干番杏

科属：番杏科枝干番杏属

识别： 多年生肉质植物。嫩茎呈绿色，布满柔软的小绒毛。茎秆细，比较容易匍匐生长，每个匍匐在地上的叶片基部都容易萌发根系。老茎浅棕色、暗红色或棕色，多年生枝条容易木质化。没有明显的休眠期。叶肉质，对生，棒形，叶片由高度肉质的玻璃状小颗粒组成，晶莹剔透，覆有一层透明反光的隆起。种子极小。

观花： 花白色或红色，花柄较长，直立向上，花期春季，能够同株授粉。

分布： 主要分布在非洲南部、大洋洲和中太平洋地区等热带干旱地区。

习性： 喜微湿土壤，不耐积水。

繁殖： 播种或扦插繁殖。

应用： 可盆栽观赏，叶子因有一层透明反光的隆起，所以呈半透明富有颗粒感，非常可爱。而且具有枝干，非常容易群生。大群生开花是非常壮观的。

★ *Cocculus laurifolius* DC. ☆ Laurelleaf Cocculus

樟叶木防己

别名：衡州乌药
科属：防己科木防己属

识别： 直立常绿灌木，高达约 3 m。叶薄革质，椭圆状矩圆形或矩圆状披针形，长 4 ~ 10 cm，宽 2 ~ 4 cm，顶端渐尖，基部渐狭，干时边缘呈微波状，亮绿色，基出脉 3 条；叶柄长 5 ~ 10 mm。核果圆形，长约 5 mm。果期秋季。

观花： 花单性，雌雄异株；聚伞状圆锥花序生叶腋，少单生；雄花萼片 6 枚，外轮 3 片，长约 1 mm，内轮 3 片，长约 1.3 mm；花瓣 6 枚，宽倒三角形，长约 0.5 mm，顶端 2 深裂，有时裂片再 2 浅裂；雄蕊 6 枚，长约 1 mm。花期春、夏季。

分布： 分布于湖南、福建、台湾、广东、贵州、云南；越南、老挝、缅甸、印度、日本也有分布。

习性： 耐阴。

繁殖： 播种繁殖。

应用： 可作园林观赏灌木，种植于遮阴处。

★ *Menispermum dauricum* DC. ☆ Daur Batkudze，Daur Moonseed

蝙蝠葛

别名：北豆根
科属：防己科蝙蝠葛属

识别： 多年生缠绕草本。茎光滑，具细条纹。单叶互生，叶柄盾状着生，叶片心状圆形，纸质，掌状脉 5 ~ 7 条，边缘具 3 ~ 7 角。核果近球形，熟时黑色，果期 7 ~ 9 月。

观花： 花单性异株，成腋生圆锥花序，黄绿色，6 基数。花期 5 ~ 6 月。

分布： 产于中国东北、华北、华东、华中和西北地区。

习性： 生于山地林缘、灌丛沟谷或缠绕于岩石上。

繁殖： 播种及分株繁殖。

应用： 为垂直绿化观花类植物。

地不容

别名：金不换，山乌龟
科属：防己科千金藤属

识别： 草质落叶藤本，全株无毛；块根硕大，通常扁球状，暗灰褐色。叶盾状，扁圆形，长 3 ~ 5 cm，宽 5 ~ 6.5 cm，顶端圆或偶有骤尖，基部通常圆，下面稍粉白；掌状脉向上的 3 条；叶柄长通常 4 ~ 6 cm。核果红色，果期夏季。

观花： 单伞形聚伞花序腋生，雄花序梗长 1 ~ 4 cm，簇生几个小聚伞花序，每个小聚伞花序有花 2 ~ 3 朵；雄花：萼片 6 片；花瓣 3 枚；雌花序总花梗长通常 1 ~ 3 cm；雌花萼 1 片。花期春季。

分布： 产于云南东部、中部和西部，四川西部和南部。

习性： 喜光，稍耐阴。

繁殖： 播种繁殖。宜于种子成熟后即采即播。

应用： 块根常露出地面，形状奇特，枝繁叶茂，果实艳丽夺目，茎的攀缘能力强。适合作矮篱或围篱等的垂直绿化；也可盆栽观赏。

★ *Stephania epigaea* Lo　☆ Epigeal Stephania

非洲凤仙

别名：洋凤仙，沃勒凤仙
科属：凤仙花科凤仙花属

识别： 多年生灌木状草本，高 20 ~ 60 cm。全株无毛。茎直立，光滑，节间膨大，多分枝，在株顶呈平面开展；叶互生，卵形，边缘钝锯齿状。

观花： 花腋生，1 ~ 3 朵，花形扁平，四季开花。

分布： 原产于非洲。

习性： 喜温暖湿润和凉爽的环境，耐半阴，忌强阳光直射，喜高温多湿的气候。

繁殖： 播种和扦插繁殖。

应用： 非洲凤仙茎秆透明，叶片亮绿，繁花满株，色彩绚丽，全年开花不断，具备优良的盆花特点，可制作花坛、花墙、花柱和花伞，典雅豪华，绚丽夺目。

品种： 花色、品种丰富。

★ *Impatiens walleriana* Hook. f.　☆ Busy Lizzy Impatiens

凤仙花

别名：指甲草，小桃红，透骨草
科属：凤仙花科凤仙花属

识别： 一年生草本，高 60 ~ 100 cm。茎肉质，粗壮，直立；上部分枝；叶互生，阔或狭披针形，长达 10 cm 左右，顶端渐尖，边缘有锐齿，基部楔形；叶柄两侧有腺体。蒴果，纺锤形。果熟期 7 ~ 10 月。

观花： 花 1 ~ 3 朵腋生，花形似蝴蝶，具短柄，着生于上部叶腋。花期 7 ~ 10 月。

分布： 原产于中国南部、印度、马来西亚，现世界各地均有栽培。

习性： 喜温暖、阳光，怕湿，耐热不耐寒，适生于疏松、肥沃、微酸性土壤中，但也耐瘠薄。

繁殖： 播种繁殖。

应用： 供观赏，可作切花等，也可布置夏季花坛、花境，或丛植于庭院，也可盆栽在室内摆设观赏。

品种： 花色有粉红、大红、紫、紫红、黄、洒金、朱红、玫瑰红、白及杂色等，还有重瓣凤仙花‘Plena’，花重瓣。

★ *Impatiens balsamina* L.　☆ Garden Balsam

★ *Impatiens stenosepala* Pritz. ex Diels ☆ Narrowsepal Touch-me-not

窄萼凤仙花

科属：凤仙花科凤仙花属

识别： 一年生草本，高 20 ~ 70 cm，直立，茎和枝上有紫色或红褐色斑点。叶互生，常密集于茎上部，矩圆形或矩圆状披针形，长 6 ~ 15 cm，宽 2.5 ~ 5.5 cm，先端尾状渐尖，基部楔形，边缘有圆锯齿；侧脉 7 ~ 9 对；叶柄长 2.5 ~ 4.5 cm。蒴果条形。

观花： 总花梗腋生，有花 1 ~ 2 朵；花梗纤细，基部有 1 条形苞片；花大，紫红色；萼片 4；旗瓣宽肾形，先端微凹，背面中肋有龙骨突，中上部有小喙；翼瓣无柄，二裂耳；唇瓣囊状。

分布： 产于贵州、重庆、湖南、湖北、陕西、甘肃、河南、山西。

习性： 耐阴，喜水湿环境。

繁殖： 播种繁殖。

应用： 可作园林地被植物，种植于林下或河边。

★ *Impatiens nolitangere* L. ☆ Lightyellow Touch-me-not

水金凤

别名：辉菜花
科属：凤仙花科凤仙花属

识别： 一年生草本。茎直立，高 40 ~ 60 cm，光滑，柔软，多分枝。叶互生，质薄而软，椭圆形至卵形，缘具粗锯齿。蒴果棒状。果期 7 ~ 8 月。

观花： 花黄色，两侧对称，3 ~ 4 朵生于花轴上；萼片 3 片，花瓣状，后面 1 片囊状，延伸成弯距，花瓣 5 片。花期 6 月。

分布： 分布于东北、华北、西北、华中等省区。朝鲜、日本及俄罗斯远东地区也有分布。

习性： 喜光；喜湿润环境，较耐寒。

繁殖： 播种繁殖。

应用： 花美丽，可栽培观赏。水边绿化、花坛栽培、盆栽观赏均可。

★ *Impatiens hawkeri* W. Bull ☆ New Guinea Impatiens

新几内亚凤仙

别名：五彩凤仙花
科属：凤仙花科凤仙花属

识别： 多年生常绿草本，株高 15 ~ 60 cm。茎肉质，分枝多；叶互生，有时上部轮生状，叶片卵状披针形，叶脉红色。蒴果，卵形；种子多数，球形，黑色。

观花： 花大，单生或数朵聚成伞房花序，花期 6 ~ 8 月。温度适宜时可周年开花。

分布： 原产于非洲南部。

习性： 喜温暖、湿润、半阴的环境，不耐寒；喜疏松肥沃、排水良好的微酸性土壤。

繁殖： 播种繁殖。

应用： 花大美丽，多盆栽，用于居家阳台、客厅等栽培观赏。是优良的室内盆栽花卉，温暖地区可露地栽于花坛中。同属植物：水金凤 *Impatiens nolitangere* L.。

品种： 花瓣桃红色、粉红色、橙红色、紫红色、白色等。

翼萼凤仙花

别名：冷草
科属：凤仙花科凤仙花属

识别：一年生草本，高 30 ~ 60 cm。茎纤细，直立，有分枝。叶互生，卵形或矩圆状卵形，长 3 ~ 10 cm，宽 2.5 ~ 4 cm，先端渐尖，基部楔形，具 2 个球形腺体，边缘有圆齿，侧脉 5 ~ 7 对；叶柄长 1.5 ~ 2 cm。蒴果条形。

观花：总花梗腋生，长约 4 cm，中上部有 1 披针形苞片，仅 1 朵花；花淡紫色或紫红色；萼片 2 片，长卵形，先端渐尖，有时一侧有细齿，背面中肋有狭翅；旗瓣圆形，先端微凹，基部心形，背面中肋有全缘或波状狭翅，翅的先端有短喙；翼瓣近无柄，二裂。

分布：产于河南、陕西、湖北、四川、湖南、安徽。

习性：耐水湿。

繁殖：播种繁殖。

应用：可作园林地被植物，种植于山坡、林下、阴湿处或沟边。

★ *Impatiens pterosepala* Hook. f　☆ Slenderspur Touch-me-not

喜树

别名：旱莲木，水栗，水桐树，野芭蕉
科属：珙桐科喜树属

识别：落叶乔木，高达 25 ~ 30 m。树干通直，树皮灰白色，光滑；单叶互生，椭圆形至长卵形，先端突渐尖，基部广楔形，表面亮绿色，背面淡绿色，疏生短毛，嫩叶红色，叶柄具红色；坚果矩圆形，成熟时淡褐色。果熟期 11 月。

观花：头状花序具长柄，花淡绿色。花期 7 月。

分布：长江以南各省及长江以北部分地区有分布。

习性：喜光，不耐严寒干燥。适宜生长在土层深厚，湿润而肥沃的土壤，不耐贫瘠。

繁殖：播种繁殖。

应用：庭荫树，主干通直，树冠宽展；本种生长迅速，为优良的庭园树和行道树，可作为绿化城市和庭园的优良树种。

★ *Camptotheca acuminata* Decne.　☆ Common Camptotheca

珙桐

别名：鸽子树，鸽子花树，水梨子
科属：珙桐科珙桐属

识别：落叶乔木，高 20 m。树皮深灰褐色，呈不规则薄片状脱落，树冠呈圆锥形；单叶互生，广卵形，先端渐长尖，基部心形，缘有粗尖锯齿；核果椭球形，紫绿色。果 10 月成熟。

观花：由多数雄花和 1 朵两性花组成顶生头状花序，花序下有 2 片大型白色卵状椭圆形苞片；花期 4 ~ 5 月。

分布：产于湖北、湖南、四川、云南和贵州等地。

习性：喜半阴和温凉湿润气候，略耐寒。

繁殖：播种繁殖。

应用：为世界著名的珍贵观赏树，树形高大端整，开花时白色的苞片远观似许多白色的鸽子栖息树端，有象征和平之义。

相近种：光叶珙桐 *Davidia involuclata* Baill. var. *vilmoriniana* (Dode) Wanger.，叶下面常无毛或幼时叶脉上被很稀疏的短柔毛及粗毛，有时下面被白霜。

★ *Davidia involucrata* Baill.　☆ Dovetree

★ *Nyssa sinensis* Oilv. ☆ Chinese Tupelo，China Tupelo

蓝果树

别名：紫树
科属：珙桐科蓝果树属

识别：落叶乔木。树皮灰褐色，纵裂，成薄片状剥落；小枝紫褐色，有明显皮孔。叶纸质，椭圆形或卵状椭圆形，边缘全缘或微波状，表面暗绿色，背面脉上有柔毛。核果矩圆形，蓝黑色。果期 8 ~ 9 月。

观花：聚伞总状花序腋生，花小，绿白色。花期 4 ~ 5 月。

分布：长江以南地区。

习性：阳性，喜温暖、湿润气候，耐干旱、瘠薄，生长快。

繁殖：播种繁殖。

应用：干形挺直，叶茂荫浓，春季有紫红色嫩叶，秋日叶转绯红，分外艳丽，适于作庭荫树。在园林中可与常绿阔叶树混植，作为上层骨干树种，构成林丛。

★ *Pittosporum sahnianum* Gowda ☆ Rupestrine Seatung

崖花海桐

别名：崖花子，海金子
科属：海桐花科海桐花属

识别：灌木或乔木，高 1 ~ 6 m；小枝近轮生，细，无毛。叶薄革质，倒卵形至倒披针形，长 5 ~ 10 cm，宽 1.7 ~ 3.5 cm，无毛；叶柄长 5 ~ 10 mm。蒴果近椭圆球形，长约 1.5 cm，裂为 3 爿，果皮薄；种子暗红色。

观花：花序伞形，有 1 至 12 朵花，无毛；花淡黄白色；花梗长 1 ~ 2.5 cm；萼片 5，卵形，长约 2.5 mm；花瓣 5，长 8 ~ 10 mm；雄蕊 5 枚。

分布：分布于福建、台湾、浙江、江苏、安徽、江西、湖北、湖南、贵州等省；日本也有分布。

习性：耐阴。

繁殖：播种繁殖。

应用：可作园林观花观果植物种植。

相近种：光叶海桐 *Pittosporum glabratum* Lindl.，蒴果椭圆形，先端圆，果梗强直，果片革质

★ *Pittosporum tobira*（Thunb.）Ait. ☆ Tobira Seatung

海桐

别名：海桐花，山矾，七里香
科属：海桐花科海桐花属

识别：常绿灌木，高 2 ~ 6 m。树冠圆球形。幼枝被柔毛；叶革质，倒卵状椭圆形，先端圆钝或微凹，基部楔形，边缘反卷，全缘，无毛。果熟期 10 月。

观花：顶生伞形花序，花白色，后变黄色；蒴果球形，有棱角，种子鲜红色。花期 5 月。

分布：产于长江以南滨海各省区。

习性：适应性较强，能耐寒冷，亦颇耐暑热。

繁殖：扦插及播种繁殖。

应用：适于盆栽，可布置展厅、会场、主席台等处，也宜地植于花坛四周、花径两侧或作园林中的绿篱、绿带，尤宜于工矿区种植。

银荆

别名：鱼骨松，鱼骨槐
科属：豆科金合欢属

识别： 无刺灌木或小乔木，高 15 m。二回羽状复叶，银灰色至淡绿色，有时在叶尚未展开时；腺体位于叶轴上着生羽片的地方；羽片 10 ~ 20（25）对；小叶 26 ~ 46 对，密集。荚果长圆形。果期 7 ~ 8 月。

观花： 头状花序直径 6 ~ 7 mm，总花梗长约 3 mm，复排成腋生的总状花序或顶生的圆锥花序；花淡黄或橙黄色。花期 4 月。

分布： 云南、广西、福建有引种。原产于澳大利亚。

习性： 喜光。

繁殖： 播种繁殖。

应用： 开花极繁盛，可作行道树、庭园树或园路树。

相近种： 黑荆 *Acacia mearnsii* De Wilde，叶轴上的腺体位于羽片着生之间；小叶较宽短，长 2 ~ 3 mm，宽 0.8 ~ 1 mm；荚果宽 4 ~ 5 mm，被短柔毛，无白霜。

★ *Acacia dealbata* Link ☆ Silver Wattle

银叶金合欢

别名：珍珠合欢
科属：含羞草科金合欢属

识别： 常绿灌木到小乔木，高 2 ~ 7 m。树姿优美，树干分枝矮，枝条密集；叶银绿色。

观花： 花金黄色，鲜艳夺目，清香宜人，花期从 12 月下旬到翌年 3 ~ 4 月。盛花时节，满树金黄色，非常壮观。

分布： 原产于澳大利亚。我国广东、广西有引种栽培。

习性： 喜阳光；适宜所有排水性良好的土壤，包括贫瘠的土壤；适宜温暖的气候；耐旱；在温带、亚热带及半干旱地区都能生长。

繁殖： 播种繁殖。

应用： 树型美观俊挺，可修剪成球形、伞形、柱形等各种形状，无论是植于山坡还是水边，其优雅的树姿都是一道亮丽的景观，也适宜种植在草坪、庭园或用作道路中间绿化带。

★ *Acacia podalyriifolia* A.Cunningham ex G.Don

大叶相思

别名：耳荚相思
科属：含羞草科金合欢属

识别： 常绿乔木，高约 10 m，原产地高达 30 m。小枝有棱，绿色。幼苗具羽状复叶，后退化成叶状柄，镰状披针形或镰状长圆形，长 10 ~ 20 cm。荚果成熟时卷曲成环状。果期 12 月至翌年 5 月。

观花： 花橙黄色，芳香；穗状花序腋生，长 3.5 ~ 10 cm。花期 7 ~ 8 月，10 ~ 12 月二次开花。

分布： 原产于澳大利亚北部及新西兰；华南地区 1960 年引入栽培。

习性： 稍耐阴，喜暖热气候，耐干旱、瘠薄土壤，生长快，萌芽性强，浅根性，抗风力较弱。

繁殖： 播种繁殖。

应用： 四季苍绿，可作园林绿化、行道树、防护林和水土保持树种。

★ *Acacia auriculiformis* A.Cunn.ex Benth. ☆ Ear-pod Wattle

★ *Albizia julibrissin* Durazz. ☆ Silk Tree

合欢

别名：合昏
科属：豆科合欢属

识别： 乔木，高达 16 m。树冠扁圆形，常呈伞状；树皮灰褐色；叶为二回偶数羽状复叶，羽片 4 ~ 12 对，各有小叶 10 ~ 30 对，小叶镰刀状长圆形，中脉明显偏于一边；荚果扁条形。果 9 ~ 10 月成熟。

观花： 头状花序多数，在枝顶排列成伞房状；花小，辐射对称，粉红色，雄蕊多数，花丝细长。花期 6 ~ 7 月。

分布： 分布于中国华北及以南广大地区。

习性： 性喜光，但树干皮薄，畏暴晒，耐寒，耐干旱瘠薄。

繁殖： 主要采用播种繁殖法。

应用： 树姿优美，叶形雅致，盛夏绒花满树，有色有香，能形成轻柔舒畅的气氛，宜作庭荫树、行道树，植于林缘、房前、草坪、山坡等地。

品种： 紫叶合欢‘Ziye’，叶春季为紫红色。

★ *Albizzia kalkora*（Roxb.）Prain ☆ Wild Siris

山合欢

别名：山槐
科属：含羞草科合欢属

识别： 乔木，高 4 ~ 15 m。二回羽状复叶，羽片 2 ~ 3 对；小叶 5 ~ 14 对，条状矩圆形，长 1.5 ~ 4.5 cm，宽 1 ~ 1.8 cm，先端急尖或圆，有小短尖，基部近圆形，偏斜，中脉显著偏向叶片的上侧，两面密生短柔毛。荚果，扁平，条形，深棕色，长 7 ~ 17 cm。果期 8 ~ 10 月。

观花： 头状花序 2 ~ 3 个生于上部叶腋或多个排成顶生的伞房状；花白色，有花梗，连雄蕊长约 3.5 cm；花萼、花冠密生短柔毛。花期 5 ~ 6 月。

分布： 分布于华北、华东、华南、西南地区及湖北、河南等省区。

习性： 喜光，阴坡也能生长，根系较发达，喜生湿润肥沃的阔叶林内、林缘及溪流附近或山坡灌木丛。

繁殖： 播种繁殖。

应用： 花美丽，可植为风景树。

相近种： 合欢 *Albizia julibrissin* Durazz.。

★ *Mimosa pudica* L. ☆ Bashfulgrass, Sensitiveplant

含羞草

别名：怕羞草，知羞草
科属：含羞草科含羞草属

识别： 蔓性多年生草本，株高 30 ~ 50 cm。全株具刚毛和皮刺。二回羽状复叶，小叶矩圆形，通常由 4 枚羽片组成掌状复叶，小叶 7 ~ 20 对，叶脉、叶缘均被纤毛。

观花： 头状花序腋生，花小、淡粉色。花期 7 ~ 8 月。

分布： 原产于美洲热带。

习性： 不择土壤，但在湿润肥沃的土坡上生长更好，喜温暖气候，不耐寒。

繁殖： 播种繁殖。

应用： 含羞草小叶被触动则闭合下垂，为趣味性观赏植物。

旱金莲

别名：金莲花，旱荷花
科属：旱金莲科旱金莲属

识别：茎蔓长，肉质，无毛。叶具长柄，互生、盾状，似莲叶但形小。果实大形，扁圆状，果实淡白绿色，表面多棱纹。果熟期 9 ~ 10 月。

观花：花腋生，具长柄和长距，花瓣 5 片，不整齐，花色有紫红、粉红、橘红、橙黄和乳白等色。花期 6 ~ 9 月。

分布：原产于南美。

习性：喜温暖、湿润，喜阳，忌酷热。

繁殖：播种繁殖。

应用：用作地被、垂直绿化、盆栽或布置花坛，也可以整形后观赏。

★ *Tropaeolum majus* L. ☆ Nasturtium

草胡椒

科属：胡椒科草胡椒属

识别：一年生草本，高 20 ~ 40 cm；茎肉质，直立，粗 1 ~ 2 mm，有分枝。叶互生，膜质，卵形或卵状心形，长宽各 1 ~ 3 cm，基出脉 5 ~ 7 条，无毛；叶柄长约 1 cm。浆果极小，近球形，直径不超过 0.5 mm。

观花：穗状花序生于茎上端，与叶对生，淡绿色，纤弱，长 3 ~ 6 cm，径不及 1 mm；总花梗长约 1 cm，与花序等宽，无毛；苞片盾状；花极小，两性，无花被，疏生；雄蕊 2，有短花丝；子房近椭圆形，柱头顶生。花期 4 ~ 7 月。

分布：原产热带美洲，现广布于全热带地区；我国广东南部也有分布，唯不多见。

习性：耐阴，耐水湿。

繁殖：播种繁殖。

应用：可作园林地被植物，种植于阴湿石上或墙脚下。

★ *Peperomia pellucida* (L.) Kunth ☆ Shiny Peperelder

圆叶椒草

别名：豆瓣绿，钝叶草胡椒
科属：胡椒科草胡椒属

识别：多年生常绿草本。叶片阔卵形，革质，深绿色。

观花：穗状花序，长 9 ~ 12 cm，花白色。花期夏季。

分布：原产于委内瑞拉。

习性：喜温暖、湿润和半阴环境。不耐寒，怕高温，忌强光，不耐干旱，喜肥沃和排水良好的腐叶土。华南地区可露地栽培。

繁殖：生长期用茎顶端或叶片扦插繁殖。

应用：直立型椒草，盆栽摆放窗台、书案或茶几，翠绿清秀，给人以舒适惬意的感觉。用它制作瓶景或箱景，显得清新高雅，让人耳目一新。

★ *Peperomia obtusifolia*（L.）A. Dietr. ☆ Baby Rubber Plant

★ *Peperomia caperata* Yuncker.　☆ Pepper Elder

皱叶椒草

别名：皱叶豆瓣绿，四棱椒草
科属：胡椒科草胡椒属

识别： 多年生草本，高达 20 cm。茎短小，肉质。叶心形，长 5.5 ～ 6.5 cm，先端急尖，基部心形，叶浓绿色，有光泽；十脉凹陷，呈皱褶状；叶柄茶褐色至绿色，长 10 ～ 15 cm。

观花： 肉穗状花序白色，细长，长约 8 cm；花两性，同株，极小，常与苞片一同着生于花序轴的凹陷处。花期 5 ～ 7 月。

分布： 原产于巴西。我国有栽培。

习性： 生性强健，喜半日照或明亮的散射光，忌强光直射，耐半阴；喜高温、多湿的气候，不耐寒，越冬温度不得低于 20 ℃，喜富含有机质和排水良好的沙质壤土。

繁殖： 分株或扦插繁殖。春、夏、秋季均可进行。

应用： 叶色四季常绿而有光泽，叶面呈皱辐状，姿态优雅。适合在庭园阴湿处丛植或片植，美化效果甚佳；也可盆栽，作室内观赏摆设或置于庭园花廊下、花架上摆设或悬挂。

★ *Peperomia clusiifolia*（Jacq.）Hook.

红边椒草

别名：红边豆瓣绿
科属：胡椒科草胡椒属

识别： 多年生草本，高 10 ～ 30 cm。茎直立，悬垂性或簇生状，红色，茎叶肥厚多肉。叶互生、轮生或丛生，叶卵形、心形、椭圆形或披针形，叶色有翠绿、淡绿、红色、铜红色或乳白色等，叶缘红色，具叶柄。

观花： 穗状花序顶生和腋生，长条状，直立。

分布： 原产于热带美洲，热带地区广为栽培，中国亦有栽培。

习性： 喜温暖、多湿及半阴的环境，耐寒性稍弱，生长适温 20 ～ 25 ℃。

繁殖： 分株或扦插繁殖。

应用： 叶色四季常绿，边缘红色，株形优美，适合盆栽作室内观赏。

★ *Peperomia tetraphylla* (Forst.) f. Hook. et Arn.

豆瓣绿

别名：豆瓣菜，豆瓣如意，豆瓣椒草
科属：胡椒科草胡椒属

识别： 肉质丛生草本；茎匍匐，多分枝，长 10 ～ 30 cm，下部节上生根，节间有粗纵棱。叶密集，大小近相等，4 或 3 片轮生，带肉质，有透明腺点，常有皱纹，略背卷，阔椭圆形或近圆形，长 9 ～ 12 mm，宽 5 ～ 9 mm，两端钝或圆；叶脉 3 条，不明显；叶柄短 1 ～ 2 mm。浆果近卵形。

观花： 穗状花序单生，顶生和腋生，长 2 ～ 4.5 cm；总花梗被疏毛或近无毛，花序轴密被毛。花期 2 ～ 4 月及 9 ～ 12 月。

分布： 产于台湾、福建、广东、广西、贵州、云南、四川及甘肃南部和西藏南部。国外也有分布。

习性： 耐阴，喜潮湿环境。

繁殖： 播种繁殖。

应用： 可作园林地被植物，可生长于潮湿的石上或枯树上。

假蒟

别名：哈蒟，毕拨子，封口好，毕拨子
科属：胡椒科胡椒属

识别：亚灌木，近直立或上部攀缘状，通常高 50 ~ 100 cm。叶薄，互生，宽卵形或近圆形，长宽各 7 ~ 14 cm，基部截形或浅心形；叶柄长 1 ~ 4.5 cm。浆果球形，直径约 2 mm，嵌生于肉质花序轴中。

观花：花单性，雌雄异株，无花被，呈穗状花序；雄花序长约 2 cm；总花梗与花序轴等长或略短，无毛；苞片中央着生于花序轴上，盾状，扁圆形；雄蕊 2 枚，花丝长约为花药的一倍；雌花序长 6 ~ 8 mm，结果时长达 1 cm；柱头 3 ~ 5 个，顶生，有毛。

分布：分布在广东、广西、云南三省的南部；印度、马来西亚也有分布。

习性：稍耐阴，耐水湿。

繁殖：播种繁殖。

应用：可种植于林下或水旁湿地。

★ *Piper sarmentosum* Roxb. ☆ Sarmentose Pepper

山蒟

别名：爬岩香，上树风，满天香
科属：胡椒科胡椒属

识别：攀缘藤本，长达 10 余米，除花序轴和苞片柄外，余均无毛；茎、枝具细纵纹，节上生根。叶纸质或近革质，卵状披针形或椭圆形，长 6 ~ 12 cm，宽 2.5 ~ 4.5 cm，顶端短尖或渐尖，基部渐狭或楔形；叶脉 5 ~ 7 条；叶柄长 5 ~ 12 mm。浆果球形，黄色。

观花：花单性，雌雄异株，聚集成与叶对生的穗状花序。雄花序长 6 ~ 10 cm；苞片近圆形；雄蕊 2。雌花序长约 3 cm，于果期延长。花期 3 ~ 8 月。

分布：产于浙江、福建、江西南部、湖南南部、广东、广西、贵州南部及云南东南部。

习性：耐水湿，耐阴。

繁殖：播种繁殖。

应用：可作园林垂直绿化植物，可种植于溪边、林中，或攀缘于树上或石上。

★ *Piper hancei* Maxim. ☆ Wild Pepper

芝麻

别名：胡麻，脂麻，油麻，白麻
科属：胡麻科胡麻属

识别：一年生草本，高 50 ~ 100 cm，全株长着茸毛。茎直立，四棱形，单干或分枝。叶对生或互生，叶缘全缘，叶长 4 ~ 14 cm，叶披针形、心脏形或椭圆形，在植株基部的叶子较阔，宽度约 5 cm；在花茎上的叶子较窄，宽度约 1 cm。蒴果长筒形，棱数有 4、6、8 个不等，种子扁椭圆形，有白色、黄色、棕红色或黑色。

观花：有总状花序顶生，花单生，或两三朵簇生于叶腋，花唇形，4 瓣，长 3 ~ 5 cm，圆筒状，淡红色、紫色、白色。

分布：原产于中国云贵高原。现各地广泛栽培。

习性：喜温，耐旱，怕寒冷，怕水淹。

繁殖：播种繁殖。

应用：宜盆栽观赏或栽于花坛、花境。

★ *Sesamum indicum* L. ☆ Oriental Sesame

★ *Uncerina grandidieri* (Baill.) Stapf

黄花胡麻

别名：黄花钩刺麻
科属：胡麻科黄花胡麻属

识别：小乔木，高达 2.5 m。茎肉质。
观花：花黄色，花期 5 ~ 10 月。
分布：原产于马达加斯加岛。
习性：喜光，喜温暖环境。
繁殖：播种繁殖。
应用：可庭院栽培观赏。

★ *Carya illinoensis* (Wangenh.) K. Koch ☆ Pecan

美国山核桃

别名：薄壳山核桃
科属：胡桃科山核桃属

识别：落叶乔木，原产地高达 55 m。鳞芽，被黄色短柔毛；小叶 11 ~ 17 片，呈不对称的卵状披针形，常镰刀状弯曲，长 9 ~ 13 cm，下面脉腋簇生毛；果 3 ~ 10 个集生，长圆形，长 4 ~ 5 cm，有 4 纵脊，果壳薄，种仁大。果期 10 ~ 11 月。
观花：雄性柔荑花序 3 条 1 束，几乎无总梗，长 8 ~ 14 cm，自去年生小枝顶端或当年生小枝基部的叶痕腋内生出。雌性穗状花序直立，花序轴密被柔毛，具 3 ~ 10 朵雌花。花期 5 月。
分布：原产于北美洲，我国于 20 世纪初引种。
习性：喜光，喜温暖湿润气候，最适生于深厚肥沃的沙质壤土，不耐干瘠，耐水湿。
繁殖：播种或嫁接繁殖。
应用：著名干果树种，树体高大，根深叶茂，树姿雄伟壮丽。在适生地区是优良的行道树和庭荫树，还可植作风景林。

★ *Juglans regia* L. ☆ English Walnut，Persia Walnut

胡桃

别名：核桃
科属：胡桃科胡桃属

识别：落叶乔木，高达 30 m。树冠广卵形至扁球形。树皮灰白色，纵裂；奇数羽状复叶互生，小叶 5 ~ 9 枚，椭圆形，全缘，光滑。果期 9 ~ 11 月。
观花：雄花为柔荑花序，雌花为穗状花序，赤红色；果实球形，绿色。花期 4 ~ 5 月。
分布：我国新疆霍城、新源、额敏等山地有野生。
习性：喜光，喜温暖、凉爽气候，耐干冷，不耐湿热。在盐碱、干瘠、酸性较强及积水处均可生长。
繁殖：播种、嫁接繁殖。
应用：树冠庞大，枝叶葱绿，干皮灰白色，亦颇宜人，是良好的庭荫树，孤植、丛植于草坪绿地或园中隙地都很合适，亦可在河流、湖泊岸沿作行道树。
相近种：野核桃 *Juglans cathayensis* Dode，雌花序有 6 ~ 10 朵小花串生。

胡桃楸

别名：核桃楸
科属：胡桃科胡桃属

识别： 落叶乔木，高达 30 m。树冠广卵形。奇数羽状复叶，小叶矩圆形或椭圆形，全缘，背面脉腋有簇毛，叶柄叶轴有毛。果期 9 ~ 11 月。

观花： 雄花柔荑花序，雌花顶生，穗状花序；核果近球形，顶端尖。花期 4 ~ 5 月。

分布： 主产于小兴安岭、完达山脉、长白山区及辽宁东部的河谷两岸及山麓。

习性： 强阳性，不耐荫蔽，耐寒性强。喜湿润、肥沃而排水良好的土壤，不耐干旱和贫瘠。

繁殖： 播种、嫁接繁殖。

应用： 树干通直，枝叶茂密，宜孤植或丛植于庭院公园、草坪、湿地、池畔、建筑旁。也可作庭荫树、行道树及成片栽植。

★ *Juglans mandshurica* Maxim. ☆ Manchurian Walnut

加州黑核桃

别名：美国黑核桃
科属：胡桃科胡桃属

识别： 小乔木或灌木，高 9 m，常多个树干。奇数羽状复叶，小叶 9 ~ 15 片，长 7 ~ 8 cm；核果圆形，径 1.8 ~ 2 cm。

观花： 柔荑花序。花期春季。

分布： 产于美国加州。

习性： 喜光，较耐寒，喜温暖凉爽气候，喜肥沃、湿润且排水良好的土壤。

繁殖： 播种繁殖。

应用： 庭园观赏树。

★ *Juglans californica* Wats. ☆ California Black Walnut

化香

别名：化香树
科属：胡桃科化香属

识别： 乔木，高 20 m。奇数羽状复叶互生，小叶卵状长椭圆形，长 5 ~ 14 cm，缘有重聚齿；果序球果状，果苞内生扁平有翅小坚果。有翅小坚果。

观花： 花单性，雌雄同株；穗状花序直立，伞房状排列于小枝顶端；两性花序通常生于中央顶端，雌花序在下，雄花序在上，开花后脱落，生于两性花序下方周围者为雄花序。

分布： 产于我国长江流域、西南各省，北京等地有栽培。

习性： 喜光，耐干旱、瘠薄，多生于荒山坡上，稍耐寒。

繁殖： 播种繁殖。

应用： 庭园观赏树。

★ *Platycarya strobilacea* Sieb. et Zucc. ☆ Dyetree

★ *Pterocarya stenoptera* C. DC.　☆ Chinese Wingnut

枫杨

别名：元宝树，鬼杨柳，麻柳
科属：胡桃科枫杨属

识别： 落叶乔木，高达 30 m。树冠广卵状。树皮幼年平滑，老时浅纵裂。褐芽密被褐色毛；羽状复叶互生，叶轴具翅，小叶 9 ~ 23 枚，长椭圆形，缘有细锯齿；果序下垂，坚果近球形，具 2 枚长圆状披针形果翅，斜展；果熟期 8 ~ 9 月。

观花： 花单性同株，柔荑花序，雄花序生于叶腋，雌花序生于枝顶。花期 4 ~ 5 月。

分布： 产于我国华北、东北、华中、华南和西南等地区。

习性： 喜光，稍耐荫蔽，喜温暖湿润气候，耐水湿，耐干旱贫瘠。

繁殖： 播种繁殖。

应用： 冠大荫浓，为河床两岸低洼湿地的良好绿化树种，既可作为行道树，也可成片种植或孤植于草坪及坡地。同时对烟尘及有毒气体有一定的抗性。

相近种： 湖北枫杨 *Pterocarya hupehensis* Skan，果实近球形，果翅半圆形，长 10 ~ 15 mm，宽 7 ~ 10 mm，基部心脏形。

★ *Elaeagnus pungens* Thunb.　☆ Thorny Elaeagnus

胡颓子

别名：半春子，雀儿酥，羊奶子
科属：胡颓子科胡颓子属

识别： 常绿灌木，高达 4 m。株丛圆形至扁圆形；枝条开展，有褐色鳞片，常有刺；叶椭圆形至长椭圆形，边缘波状或反卷，背面有银白色及褐色鳞片；果椭圆形，红色，被褐色鳞片；果期翌年 4 ~ 5 月。

观花： 花 1 ~ 3 朵簇生，下垂，银白色，芳香；花期 9 ~ 11 月。

分布： 产于我国长江以南各省；日本也有分布。

习性： 喜光，也耐阴，耐干旱瘠薄；对土壤要求不严格，在湿润、肥沃、排水良好的土壤中生长最佳。

繁殖： 播种或扦插繁殖。

应用： 株形自然，花香果红，银白色腺鳞在阳光照射下银光点点，适于草地丛植，也用于林缘、树群外围作自然式绿篱，点缀于池畔、窗前、石旁亦甚适宜。

品种： 金边胡颓子 ‘Gilt Edge’，叶边缘或整片叶金黄色。

★ *Elaeagnus umbellata* Thunb.　☆ Autumn Elaeagnus

伞花胡颓子

别名：秋胡颓子，牛奶子
科属：胡颓子科胡颓子属

识别： 落叶灌木，高达 4 m。枝常具刺，密被银白色鳞片。单叶互生，长圆形至披针形，全缘，表面被星状毛，背面被白色和褐色鳞片。坚果多汁，被白色鳞片，熟时红色。果期 7 ~ 8 月。

观花： 花黄白色，芳香，2 ~ 7 朵簇生；花被管状漏斗形，4 裂。花期 4 ~ 5 月。

分布： 分布于辽宁以南至长江流域。

习性： 喜光、稍耐阴，耐寒，较耐盐碱，耐修剪。

繁殖： 播种繁殖。

应用： 叶色闪亮美丽，果实红艳可爱，可植于庭院观赏；适宜性强，可以作盐碱地绿化或固土护坡树种。

冬瓜

别名：白瓜，水芝，地芝，枕瓜，濮瓜
科属：葫芦科冬瓜属

识别： 一年生蔓生草本；茎密被黄褐色毛。卷须常分 2 ~ 3 叉；叶柄粗壮；叶片肾状近圆形，宽 10 ~ 30 cm，基部湾缺深，5 ~ 7 浅裂或有时中裂，边缘有小锯齿，两面生有硬毛。果实长圆柱状或近球状，大型，有毛和白粉。

观花： 雌雄同株；花单生，花梗被硬毛；花萼裂片有锯齿，反折；花冠黄色，辐状，裂片宽倒卵形，长 3 ~ 6 cm；雄蕊 3 枚。

分布： 主要分布于亚洲热带、亚热带地区，澳大利亚东部及马达加斯加；我国各地均有栽培。

习性： 性喜温暖，耐热耐湿，对干旱有一定忍耐力，属短日照植物。

繁殖： 播种繁殖。

应用： 可作园林地被植物。

★ *Benincasa hispida* (Thunb.) Cogn. ☆ China Waxgourd

南瓜

别名：番瓜，北瓜，笋瓜，金瓜
科属：葫芦科南瓜属

识别： 一年生蔓生草本。茎长达数米，节处生根，粗壮，有棱沟，被短硬毛，卷须分 3 ~ 4 叉。单叶互生，叶片心形或宽卵形，5 浅裂，稍柔软，长 15 ~ 30 cm，两面密被茸毛，沿边缘及叶面上常有白斑，边缘有不规则的锯齿。瓠果，扁球形、壶形、圆柱形等。果期 7 ~ 9 月。

观花： 花单生，雌雄同株异花。花冠钟状，黄色，5 中裂，裂片外展，具皱纹。雄蕊 3 枚。花期 5 ~ 7 月。

分布： 原产于亚洲南部。世界各地均有栽培，我国南方地区广为栽培。

习性： 喜光，日照宜充足；喜温暖湿润的环境，不耐寒。

繁殖： 播种繁殖。

应用： 适宜盆栽观赏；也可用于蔓篱美化。

★ *Cucurbita moschata* Duchesne ☆ Pumpkin, Cushaw

葫芦

别名：瓠，壶卢
科属：葫芦科葫芦属

识别： 一年生攀缘草本，茎可达 10 m。卷须腋生，分 2 叉；叶柄顶端有 2 腺体；单叶互生，叶片心状卵形或肾状卵形，长宽均 10 ~ 35 cm，不分裂或稍浅裂，边缘有细齿。瓠果大，中间缢细。果期秋季。

观花： 花雌雄同株；花白色，单生，花梗长；雄花花托漏斗状，长约 2 cm，花萼裂片披针形，长 3 mm，花冠裂片皱波状，被柔毛或黏毛，长 3 ~ 4 cm，宽 2 ~ 3 cm，雄蕊 3 枚，药室不规则折曲。花期夏季。

分布： 广布世界热带到温带地区；我国各地均有栽培。

习性： 喜温暖湿润、阳光充足环境，不耐寒。要求肥沃、湿润而排水良好的土壤。

繁殖： 播种繁殖。

应用： 果型美观，适合于庭院棚架、篱垣、门廊攀缘绿化，枝叶蔓长、荫浓、瓠果形态别致。

★ *Lagenaria siceraria* (Molina) Standl. ☆ Calabash

★ *Luffa cylindrica* (L.) Roem. ☆ Suakwa Vegetablesponge

丝瓜

别名：胜瓜，菜瓜
科属：葫芦科丝瓜属

识别：一年生攀缘藤本。茎、枝粗糙，有棱沟，被微毛。叶片三角形或近圆形，掌状 5 ~ 7 裂，顶端急尖或渐尖，边缘有锯齿，基部深心形，上面深绿色，粗糙，下面浅绿色，有短柔毛；脉掌状，具白色的短柔毛。花果期在夏季和秋季。

观花：花雌雄同株；雄花为总状花序，花冠黄色；雌花单生。果实圆柱形，表面光滑，通常有深色条纹。

分布：原产于印度，中国南北各地普遍栽培。也广泛栽培于世界温带、热带地区。

习性：喜温暖气候，耐高温、高湿，忌低温。对土壤适应性强，宜选择土层深厚、潮湿、富含有机质的沙壤土，不宜瘠薄的土壤。

繁殖：播种繁殖。

应用：庭园中多栽植在高大棚架、墙垣旁。

★ *Momordica charantia* L. ☆ Balsampear

苦瓜

别名：凉瓜，癞葡萄，锦荔枝
科属：葫芦科苦瓜属

识别：一年生攀缘草本。茎、枝、叶柄及花梗披有柔毛，腋生卷须。叶子的直径达 3 ~ 12 cm，有 5 ~ 7 道掌状深裂，裂片呈椭圆形，外沿有锯齿。果实长椭圆形，表面具有多数不整齐瘤状突起。种子藏于肉质果实之中，成熟时有红色的囊裹着。

观花：雌雄同株，花黄色。花期春夏之交。

分布：原产于热带地区。分布于南亚、东南亚、中国和加勒比海群岛。

习性：喜温，较耐热，不耐寒。喜湿而不耐涝，喜阳光而不耐阴。一般以在肥沃疏松，保水、保肥力强的壤土上生长良好。

繁殖：播种繁殖。

应用：庭园中多栽植在高大棚架、墙垣旁。

★ *Thladiantha dubia* Bunge ☆ Manchur Tubergourd

赤瓟

别名：赤包
科属：葫芦科赤瓟属

识别：多年生蔓性草本。茎被长毛，少分枝；卷须单一。叶互生；广卵状心脏形，长 5 ~ 10 cm，宽 4 ~ 9 cm，先端尖，边缘微锯齿缘；两面均被毛茸；有叶柄。瓠果长卵形或广椭圆形，长 4 ~ 5 cm，宽 2.5 cm，红色或绿色。果期 8 ~ 9 月。

观花：花腋生，单一，雌雄异株；雄花的花梗短而细，雌花的花梗长而粗；萼短钟形，裂片 5 枚，线状披针形，反折；花冠黄色，钟形，5 深裂，花瓣狭卵形，被短毛，长 2.5 cm 左右；雄花的雄蕊 5 枚。花期 7 ~ 8 月。

分布：分布于东北、华北及川西高原等地。生于山坡或房屋附近。

习性：耐湿，耐寒。

繁殖：播种繁殖。

应用：可作园林垂直绿化植物。

栝楼

别名：瓜蒌，药瓜，栝楼蛋，果裸，王菩
科属：葫芦科栝楼属

识别：多年生攀缘草本，长达 5 m 以上。根状茎肥厚，圆柱状，外皮黄色。茎多分枝，无毛；卷须腋生，细长，顶端 2 ~ 5 裂。叶互生，近圆形或心形，通常 5 ~ 7 掌状浅裂或中裂。果实近球形，熟时橙红色。果期 9 ~ 11 月。

观花：雌雄异株；雄花数朵生于长 10 ~ 20 cm 的总花梗上部，呈总状花序，少有单生，苞片倒卵形或宽卵形，花冠裂片倒卵形，顶端细线状，雄蕊 3 枚。花期 7 ~ 8 月。

分布：主产于安徽、山东、河南、四川、江苏，浙江、河北、山西、陕西、福建、广东、广西等地。生长于向阳山坡、山脚、石缝、田野草丛中。广泛分布于我国北部至长江流域各地。

习性：喜温暖湿润，以土层深厚、土质肥沃的沙质壤土为宜。

繁殖：分根繁殖和种子繁殖。

应用：适合荫棚或篱墙、栅栏美化。

★ *Trichosanthes kirilowii* Maxim. ☆ Snakegourd

蛇瓜

别名：蛇豆，豆角黄瓜
科属：葫芦科栝楼属

识别：一年生攀缘草本。被毛；茎具5棱，卷须3分叉。叶常 3 ~ 5 浅裂或不裂，长 10 ~ 15 cm。果熟时长达 2 m，细圆柱状，扭曲如蛇，熟时橙红色。

观花：花单性同株，白色，雄花序总状，总花梗长达 25 cm，花冠边缘流苏长约 1 cm。

分布：原产于印度、马来西亚。我国有栽培。

习性：喜温暖、湿润、阳光充足的环境，不耐寒，要求肥沃、湿润而排水良好的土壤。

繁殖：播种繁殖。

应用：用于棚架、花架、绿廊的绿化。

★ *Trichosanthes anguina* L. ☆ Serpentgourd

落新妇

别名：升麻
科属：虎耳草科落新妇属

识别：虎耳草科落新妇属多年生草本，高 40 ~ 100 cm。根状茎肥厚。基生叶具长柄，2 ~ 3 回三出复叶，小叶边缘有重牙齿，茎生叶 2 ~ 3 枚，互生。蒴果。果期 9 月。

观花：顶生圆锥花序，狭长密集，密被褐色卷曲长柔毛。花萼 5 深裂，花瓣 5 片，淡紫色，线形。花期 6 ~ 8 月。

分布：分布于东北、华北、西北、西南等省区。

习性：耐寒，喜半阳、潮湿环境，适应性较强，喜腐殖质多的酸性和中性土壤，较耐盐碱。

繁殖：播种繁殖。

应用：可用于庭园观赏，或可植于林下或半阴处观赏，也可作盆花及切花。

品种：花色多样，有粉红色、红白色等。栽培品种多。

★ *Astilbe chinensis* (Maxim.) Franch. et Sav. ☆ Chinese Astilbe

★ *Chrysosplenium pilosum* Maxim. ☆ Hairy Goldwaist

毛金腰

别名：鸡腿菜，胡森堇菜，红铧头草
科属：虎耳草科金腰属

识别：多年生草本。根状茎短。莲座状叶大，近圆形，两面具稀疏淡锈色毛，直径 2 ~ 3 cm，边缘有圆齿。果实绿色，半圆形，长 2 mm。

观花：聚伞花序生于花茎分枝顶端，花萼钟状，裂片黄绿色。花期 5 ~ 6 月。

分布：产于我国东北地区。

习性：耐寒，耐阴，喜湿润环境及富含腐殖质的土壤。

繁殖：分株繁殖。

应用：植株矮小，可植于林下、湿地处作地被植物。

★ *Chrysosplenium japonicum* (Maxim.) Makino ☆ Japenese Goldwaist

日本金腰

别名：珠芽金腰子
科属：虎耳草科金腰属

识别：多年生草本，高 8.5 ~ 15.5 cm，丛生；茎基具珠芽。基生叶肾形，长 0.6 ~ 1.6 cm，宽 0.9 ~ 2.5 cm，边缘约具 15 浅齿，基部心形或肾形，叶柄长 1.5 ~ 8 cm，疏生柔毛；茎生叶与基生叶同形，长约 1.1 cm，宽约 1.3 cm，边缘约具 11 浅齿，叶柄长约 2 cm。花果期 3 ~ 6 月。

观花：聚伞花序长 1.5 ~ 4 cm；花序分枝疏生柔毛；苞叶阔卵形至近扇形，长 5 ~ 12 mm，宽 5 ~ 14 mm，边缘具 3 ~ 9 浅齿，基部宽楔形，无毛，柄长 0.5 ~ 6 mm，疏生柔毛；几无花梗；花密集，绿色，直径约 3 mm。

分布：产于吉林、辽宁、安徽、浙江和江西。朝鲜、日本也有分布。

习性：喜阴，耐水湿。

繁殖：播种繁殖。

应用：可种植于林下或山谷湿地。

★ *Heuchera sanguinea* Engelm. ☆ Small -flower Alumroot

红花矾根

别名：珊瑚钟
科属：虎耳草科矾根属

识别：多年生草本，基部莲座状，株高 10 ~ 50 cm。叶基生，阔心形，5 浅裂，缘有锯齿。

观花：花葶细长，高达 50 cm，红色或白色，穗状花序远高出叶丛，小花悬垂，钟状。花期 5 ~ 6 月。

分布：原产于北美。

习性：浅根性，自然生长在湿润多石的高山或悬崖旁，性耐寒，喜阳，耐阴，宜肥沃、排水良好的土壤。

繁殖：播种繁殖。

应用：色鲜艳，株型优美，可作园林地被植物，种植于花坛或花带的边缘、岩石园或道路两侧。

独根草

别名：岩花，小岩花，山苞草，爬山虎
科属：虎耳草科独根草属

识别： 多年生草本，高 9 ~ 28 cm，有粗根状茎。叶 2 ~ 3 枚，均基生；叶片卵形至心形，长 5.5 ~ 10 cm，宽 3.5 ~ 12 cm，先端急尖或短渐尖，基部心形，边缘有不整齐的牙齿，牙齿具骤尖头，上面几无毛，下面几无毛或有短柔毛，后变无毛；叶柄长 2.5 ~ 12 cm。蒴果长达 5 mm。

观花： 复聚伞花序圆锥状，密生短腺毛，无苞片；花梗长 3 ~ 6 mm；花萼花瓣状，粉红色，长 4 ~ 6.5 mm，裂片 5 枚，狭卵形，长 3 ~ 5 mm；无花瓣；雄蕊 10 枚（或 14 枚）。

分布： 产于东北、西北地区及四川、河北、山东。

习性： 生于沙丘、干草原、砾石沙地和戈壁。

繁殖： 播种繁殖。

应用： 可在园林中岩石上栽培观赏。

★ *Oresitrophe rupifraga* Bunge ☆ Cliff Oresitrophe

突隔梅花草

别名：梅花草，白侧耳
科属：虎耳草科梅花草属

识别： 多年生草本，高 10 ~ 45 cm。基生叶厚纸质，肾形或心形，长 2.5 ~ 6 cm；叶柄长达 16 cm；茎生叶 1 枚，圆形，基部心形，抱茎，全缘。蒴果椭圆形。果期 9 月。

观花： 花白色，单生茎端；萼片 5 枚，卵形或宽倒卵形，顶端钝圆；花瓣 5 片，匙形、倒卵形、倒披针形，长达 2.5 cm，全缘，有时下部或基部稀疏睫毛状细裂；雄蕊 5 枚。花期 7 ~ 8 月。

分布： 分布于云南、四川、湖南、湖北、陕西、河南等地。

习性： 喜光，稍耐阴。

繁殖： 播种繁殖。

应用： 可作园林观花地被植物或盆栽观赏。

★ *Parnassia delavayi* Franch. ☆ Delavay Parnassia

冠盖藤

别名：青棉花
科属：虎耳草科冠盖藤属

识别： 常绿木质藤本，常具小气生根。茎攀高可达 15 m，小枝灰褐色，无毛。叶对生，薄革质，椭圆状矩圆形至披针状椭圆形，长 10 ~ 16 cm，宽 3 ~ 6 cm，先端短尖或渐尖，无毛或背面散生极疏的星状毛，全缘或上部边缘略有浅波状疏齿；叶柄长 1 ~ 3 cm。蒴果陀螺状半球形，直径 3 ~ 4 mm，顶端近截形，具纵棱，无毛。果期 9 ~ 12 月。

观花： 圆锥花序顶生，长 7 ~ 12 cm，无毛或有稀疏长柔毛；花聚生，一型，两性，白色或绿白色，花芽球形，直径约 3 ~ 4 mm；花萼裂片 4 ~ 5，覆瓦状排列；花瓣上部连合而成一冠盖花冠，早落；雄蕊 8 ~ 10 枚。花期 7 ~ 8 月。

分布： 分布于长江以南各省区及台湾；印度也有分布。

习性： 稍耐水湿。

繁殖： 播种繁殖。

应用： 可作园林垂直绿化攀缘植物，种植于溪旁、山谷或林下。

★ *Pileostegia viburnoides* ☆ Common Pileostegia

★ *Rodgersia aesculifolia* Batal.　☆ Fingerleaf Ghost lampstand

七叶鬼灯擎

别名：红骡子，山藕
科属：虎耳草科鬼灯擎属

识别： 多年生草本，高 0.6 ~ 1.2 m。根状茎横走，直径达 3 cm。茎无毛，不分枝。基生叶 1 枚，茎生叶约 2 枚，均为掌状复叶；小叶 3 ~ 7 枚，狭倒卵形或倒披针形，长 8 ~ 27 cm，宽 3 ~ 9 cm，先端短渐尖或急尖，基部楔形，边缘有不整齐的牙齿，上面无毛，下面沿脉生有短柔毛。

观花： 圆锥花序顶生，长 18 ~ 38 cm；花梗长 1.5 ~ 3 mm，密生短柔毛；花直径 4 ~ 4.5 mm；花萼裂片 5，白色或淡黄色，宽卵形，长约 2 mm；无花瓣；雄蕊 10 枚。

分布： 分布于甘肃、陕西、河南西部、湖北西部、云南西北部、四川、西藏。

习性： 耐阴，耐水湿。

繁殖： 播种繁殖。

应用： 可种植于山地林下或阴湿处。

★ *Saxifraga stolonifera* Curt.　☆ Creeping Rockfoil

虎耳草

别名：石荷叶，金线吊芙蓉，耳朵红
科属：虎耳草科虎耳草属

识别： 多年生草本，株高 8 ~ 45 cm。全株被疏毛，具匍匐茎；叶基生或生于茎顶部，基生叶具长柄；叶片近心形、肾形至扁圆形，先端钝或急尖，基部近截形、圆形至心形，5 ~ 11 浅裂；花果期 4 ~ 11 月。

观花： 聚伞花序圆锥状，花梗细长、直立，小花稀疏；花瓣白色，中上部具紫红色斑点，基部具黄色斑点。

分布： 产于秦岭以南地区。

习性： 喜阴湿、温暖的环境，喜富含有机质的土壤。

繁殖： 分株或播种繁殖。

应用： 植株小巧，叶形美观，盆栽悬挂于室内，其茎下垂，茎端着生幼株，十分别致，也宜于岩石园墙垣及野趣园中栽植。

相近种： 球茎虎耳草 *Saxifraga sibirica* L.。

★ *Saxifraga sibirica* L.　☆ Siberia Rockfoil

球茎虎耳草

别名：华中虎耳草
科属：虎耳草科虎耳草属

识别： 多年生草本，高 6 ~ 20 cm，基部有球茎。茎上部疏生短腺毛，疏生数叶。基生叶有长柄，叶片肾形，长达 8 mm，宽达 1.5 cm，5 ~ 7 浅裂，几无毛或疏生有短柔毛；下部茎生叶似基生叶，中部以上的渐变小，有短柄或无柄。

观花： 单歧聚伞花序具 1 ~ 3 朵花；萼片 5 枚，直立，狭卵形，长约 3.5 mm；花瓣 5 片，白色，狭倒卵形，长 8 ~ 12 mm，先端圆形；雄蕊 10 枚。花期 8 月。

分布： 分布于山东、山西、河北、黑龙江、吉林、辽宁、内蒙古、新疆、云南、西藏；印度、俄罗斯也有分布。

习性： 生于阴坡石砬子上。

繁殖： 播种繁殖。

应用： 可种植于山地林边或山坡上。

变种： 北京虎耳草 var. *pekinensis*（Maxim.）Engl. et Irm.，茎生叶 9 ~ 11 浅裂，裂片三角形。

黄水枝

别名：红棉儿草，野毛棉花
科属：虎耳草科黄水枝属

识别：多年生草本，高 22 ~ 44 cm。根状茎横走，直径 3 ~ 6 mm。茎不分枝，有伸展的柔毛。叶基生并茎生；叶片宽卵形或五角形，长 2 ~ 8.5 cm，宽 2.2 ~ 11 cm，先端急尖，基部心形，掌状 3 ~ 5 浅裂，边缘有浅牙齿，两面疏生糙伏毛，下面常红紫色。蒴果长约 1 cm。

观花：总状花序长达 17 cm，密生短腺毛；苞片小，钻形；花梗长达 10 mm；萼花钟形，长约 3 mm，裂片 5，三角形，先端急尖；无花瓣；雄蕊 10 枚。

分布：分布于西藏、云南及长江流域中、下游各省区，南达广东、广西北部及台湾省，北达甘肃、陕西的南部；日本及印度北部也有分布。

习性：耐阴，耐水湿。

繁殖：播种繁殖。

应用：可种植于山地林中或沟边。

★ *Tiarella polyphylla* D. Don　☆ Himalayas Foamflower

宿根福禄考

别名：天蓝绣球
科属：花荵科天蓝绣球属

识别：多年生草本，高达 60 ~ 100 cm。茎直立，较粗壮，有柔毛或无毛。叶交互对生，有时 3 叶轮生，长圆形或卵状披针形。蒴果卵形，有多数种子；种子卵球形，黑色或褐色。果期 7 ~ 9 月。

观花：花多朵密集成顶生伞房状圆锥花序；花冠高脚碟状，淡红色、红色、白色或紫色。花期 6 ~ 8 月。

分布：原产于北美洲东部。我国各地亦有栽培。

习性：喜光，喜冷凉气候，较耐寒。

繁殖：分株或播种繁殖。

应用：是良好的花坛及花境材料。

★ *Phlox paniculata* L.　☆ Summer Perennial Phlox

圆花福禄考

别名：福禄考，小福禄考
科属：花荵科天蓝绣球属

识别：一年生草本，高 15 ~ 40 cm。被短柔毛，成长后茎多铺散。叶互生，长椭圆形，上部叶抱茎。

观花：花大，花瓣宽，全花近圆形。

分布：原产于北美，各地园林有栽培。

习性：喜冷爽环境，较耐寒，苗期能耐 −3 ℃低温，北方不能露地越冬。喜温暖，忌酷热。

繁殖：播种繁殖。

应用：除作花坛外，还可点缀岩石园，宜纯植或间植于唐菖蒲的株行间，作为“衬底”栽植也很相宜。

★ *Phlox drummondii* var. *rotundata*　☆ Drummond Phlox

★ *Phlox subulata* L.　☆ Moss Phlox，Mosspink

针叶福禄考

别名：针叶天蓝绣球
科属：花荵科天蓝绣球属

识别： 宿根草本，高 10 ~ 15 cm。茎密集匍匐，分枝多，基部稍木质化。叶锥形簇生，质硬，线状至钻形。

观花： 花具梗，花瓣倒心形，有深缺刻。花期 4 ~ 5 月。

分布： 原产于北美洲。

习性： 适应性强，耐旱、耐寒、耐盐碱土壤。

繁殖： 播种繁殖。

应用： 最适合庭院配植花坛或在岩石园中栽植，也可作地被装饰材料点缀草坪或吊盆栽植。

品种： 花色有白色、粉红色、粉紫色等。

★ *Polemonium coeruleum* L. var. *chinense* Brand　☆ Polemonium

中华花荵

别名：鱼翅菜，手参，穴菜
科属：花荵科花荵属

识别： 多年生草本，根匍匐，圆柱状，多纤维状须根。茎直立，高 0.5 ~ 1 m。羽状复叶互生，茎下部叶长可达 20 cm，茎上部叶长 7 ~ 14 cm，小叶互生，11 ~ 21 片，长卵形至披针形；叶柄长 1.5 ~ 8 cm。蒴果卵形。

观花： 疏散聚伞圆锥花序顶生或上部叶腋生，疏生多花；花梗长 3 ~ 5 mm；花萼钟状，长 5 ~ 8 mm，裂片长卵形、长圆形或卵状披针形；花冠紫蓝色，钟状，长 1 ~ 1.2 cm；花柱和雄蕊伸出花冠外。

分布： 产于青海、甘肃、陕西、山西、湖北、四川东部和北部。

习性： 耐阴。

繁殖： 播种繁殖。

应用： 可作园林观花地被植物。

★ *Carpinus turczaninowii* Hance　☆ Turczaninow Hornbeam

鹅耳枥

别名：穗子榆
科属：桦木科鹅耳枥属

识别： 落叶小乔木，高达 10 m。树皮灰褐色，粗糙。叶互生，卵形，边缘重锯齿，侧脉明显。果序松散，果苞卵形，脉纹明显。小坚果卵形，具纵纹。果期 9 ~ 10 月。

观花： 花单性，雄柔荑花序下垂，雌花序总状，花无花被，雄花具数枚雄蕊，雌花对生。花期 5 ~ 6 月。

分布： 分布于东北、华北、西北等地区。

习性： 稍耐阴。

繁殖： 播种繁殖。

应用： 可作庭园观赏树种。

雷公鹅耳枥

别名：大穗鹅耳枥
科属：桦木科鹅耳枥属

识别： 落叶大乔木。叶卵状矩圆形，长 8 ～ 13 cm，先端有刺尖状长尾状渐尖，基部钝或圆形，有时近心形，边缘有不规则短骤尖牙齿状重锯齿，侧脉 10 ～ 12 对；叶柄细，长 6 ～ 10 mm。果序长 4 ～ 6 cm，直径 2.5 ～ 3 cm；果序柄长 1.5 ～ 2.5 cm；果苞在果序轴上排列稀疏，斜卵状披针形；小坚果卵形。

观花： 花单性，雄柔荑花序下垂，雌花序总状；花无花被。花期 5 ～ 6 月。

分布： 分布于浙江、广东、广西、云南、西藏；越南至印度也有分布。

习性： 喜光。

繁殖： 播种繁殖。

应用： 可作园林观赏树种。

★ *Carpinus viminea* Wall. ☆ Thunder god Hornbeam

千金榆

别名：大叶鹅耳枥
科属：桦木科鹅耳枥属

识别： 落叶乔木，高达 15 m。叶为长卵形、椭圆状卵形至倒卵状椭圆形，长 8 ～ 15 cm，先端渐尖，基部心形，锯齿先端具毛刺状尖头，叶背沿脉疏被柔毛，叶表侧脉凹下；叶柄无毛或被疏毛。小坚果矩圆形，无毛，纵肋不明显。果实成熟期 9 ～ 10 月。

观花： 花单性，雌雄同株；雄花序生于上一年的枝条上，春季开放；雌花序生于上部的枝顶或腋生于短枝上，单生，直立或下垂；花期 5 月。

分布： 产于黑龙江、吉林、辽宁、河北、山西、宁夏南部、甘肃、陕西、河南、山东。

习性： 喜光，耐旱，喜排水良好的湿润土壤。

繁殖： 播种繁殖。

应用： 本种冠形优美，枝叶非常紧密，秋色美丽，可作行道树和庭院树种。

★ *Carpinus cordata* Bl. ☆ Heartleaf Hornbeam

毛榛

别名：小榛树，胡榛子，火榛子
科属：榛科榛属

识别： 落叶灌木，高达 6.5 m。小枝密被灰黄色长柔毛及腺毛。叶卵状长圆形至倒卵状长圆形，长 6 ～ 12 cm，先端短尾尖或骤尖，叶基心形，叶表被毛，叶背沿脉被长柔毛。果 2 ～ 4 个簇生，果苞全包坚果，并在坚果以上缢缩成长管状，较果长 2 ～ 3 倍；坚果圆锥状宽卵形，密被白色细毛，顶端具小尖头。果期 8 ～ 9 月。

观花： 雄花序 2 ～ 4 枚排成总状，腋生。花期 4 ～ 5 月。

分布： 分布于东北地区、河北、河南、内蒙古、四川、青海、陕西、甘肃等省区。

习性： 喜光，稍耐阴，耐寒性强，喜湿润肥沃且排水良好的土壤。

繁殖： 播种繁殖。

应用： 本种枝叶茂密，叶形奇特，可植于庭院观赏。

相近种： 平榛 *Corylus heterophylla* Fisch. ex Trautv.，叶先端近截形。

★ *Corylus mandshurica* Maxim. et Rupr. ☆ Manchur Filbert

★ *Corylus heterophylla* Fisch. ex Bess. ☆ Siberia Filbert

平榛

别名：榛，榛子，毛榛
科属：桦木科榛属

识别： 灌木或小乔木，高 1 ~ 7 m。叶圆卵形至宽倒卵形，长 4 ~ 13 cm，先端骤尖，基部心形，边缘有不规则重锯齿，并在中部以上特别是先端常有小浅裂，上面几无毛，下面沿脉有短柔毛，侧脉 3 ~ 5 对；叶柄长 1 ~ 2 cm。果 1 ~ 6 个簇生；总苞由 1 ~ 2 个苞片形成钟状，外面密生短柔毛和刺毛状腺体，上部浅裂，裂片三角形，几全缘；果序柄长约 1.5 cm；坚果几球形，直径 7 ~ 15 mm。

观花： 雄花序单生，长约 4 cm。

分布： 分布于东北、华北地区；俄罗斯、蒙古也有分布。

习性： 喜光，耐寒，耐旱，喜肥沃的酸性土壤，但在钙质土、轻度盐碱土及干燥瘠薄之地亦可生长。多生于向阳山坡及林缘。

繁殖： 播种繁殖。

应用： 可作庭园观赏植物。

★ *Bretschneidera sinensis* Hemsl. ☆ China Bretschneidera

伯乐树

别名：钟萼木，冬桃
科属：伯乐树科伯乐树属

识别： 落叶乔木，高 10 ~ 20 m。羽状复叶通常长 25 ~ 45 cm；叶柄长 10 ~ 18 cm，小叶 7 ~ 15 片，纸质或革质，狭椭圆形，长 6 ~ 26 cm，宽 3 ~ 9 cm，全缘，顶端渐尖或急短渐尖，基部钝圆，叶面绿色；叶脉在叶背明显，侧脉 8 ~ 15 对；小叶柄长 2 ~ 10 mm。果椭圆球形。果期 5 月至翌年 4 月。

观花： 花序长 20 ~ 36 cm；花淡红色，直径约 4 cm，花梗长 2 ~ 3 cm；花萼具 5 齿，花瓣阔匙形，内面有红色纵条纹；花丝长 2.5 ~ 3 cm。花期 3 ~ 9 月。

分布： 产于四川、云南、贵州、广西、广东、湖南、湖北等省区。

习性： 为中性偏阳树种，幼年耐阴，深根性，抗风力较强。

繁殖： 播种繁殖。

应用： 伯乐树树姿挺拔，雄伟高大，绿荫如盖，主干通直，粉红色花序极为艳丽，蒴果红褐色，观花观果效果好。

★ *Buxus sempervirens* L. ☆ European Box

锦熟黄杨

别名：窄叶黄杨
科属：黄杨科黄杨属

识别： 常绿灌木或小乔木，高达 9 m。小枝密集，菱形；叶圆形，最宽部在中部或中部以下，先端钝或微凹，全缘，背面绿白色；蒴果三角鼎状，成熟时褐黄色；果 7 月成熟。

观花： 花簇生叶腋；花期 4 月。

分布： 原产于南欧、北非及西亚地区。

习性： 较耐阴，阳光不宜过于强烈；喜温暖湿润气候，耐旱，不耐水湿，较耐寒，生长很慢，耐修剪。

繁殖： 播种和扦插繁殖。

应用： 宜于庭园绿篱及花坛边缘种植，也可草坪孤植、丛植及路边列植、点缀山石，或作盆栽、盆景用于室内绿化。

品种： 金叶锦熟黄杨 'Aurea'，叶金黄色。

雀舌黄杨

别名：匙叶黄杨
科属：黄杨科黄杨属

识别：常绿矮小灌木，分枝多而密集，成丛。叶对生，革质，叶形较长，倒披针形或倒卵状椭圆形，顶端钝圆而微凹，表面绿色、光亮，叶柄极短。蒴果卵圆形，3瓣室背开裂。种子黑色，光亮。果期7月。

观花：花小，黄绿色，呈密集短穗花序，其顶部生一雌花，其余为雄花。花期4月。

分布：产于我国长江流域及华南、西南地区。

习性：喜光亦耐阴，喜温暖湿润气候，耐寒性不强。

繁殖：播种繁殖。

应用：本种植株低矮，枝叶繁茂，可作绿篱和盆景，也可点缀草地、山石。

★ *Buxus bodinieri* Lévl.　☆ Bodinier Box

朝鲜黄杨

科属：黄杨科黄杨属

识别：常绿灌木，高约60 cm。分枝紧密，小枝方形，幼时有短毛。叶较小，倒卵形至椭圆形，长6 ~ 13 cm，先端圆或微凹，基部楔形，表面深绿色，背面淡绿色，两面侧脉不明显，边缘反卷，背面中脉及叶柄有短毛，革质，通常叶到秋冬会变紫褐色。

观花：花簇生叶腋和枝端。

分布：产于朝鲜中部和南部；我国东北和北京等地有栽培。

习性：耐寒性较强，稍耐阴，但在阳光充足下生长得更紧密。

繁殖：播种繁殖。

应用：是良好的盆景和绿篱树种。

品种：冬青朝鲜黄杨 'Wintergreen'，冬季叶仍为绿色。

原变种：小叶黄杨 var. *parvifolia* M. Cheng，高约1 m，小枝方形，有窄翅，通常无毛；叶狭倒卵形至倒披针形，长1 ~ 2.5 cm，先端圆形或微凹；花多簇生于枝端。在日本长期栽培。

★ *Buxus sinica* var. *koreana*　☆ Korean Box

顶花板凳果

别名：宝贵草，粉蕊黄杨
科属：黄杨科板凳果属

识别：亚灌木。叶薄革质，在茎上每个间隔2 ~ 4 cm，有4 ~ 6叶接近着生，似簇生状。叶片菱状倒卵形，长2.5 ~ 5 cm，宽1.5 ~ 3 cm，上部边缘有齿牙，基部楔形，渐狭成长1 ~ 3 cm的叶柄，叶面脉上有微毛。

观花：花序顶生，长2 ~ 4 cm，直立，花序轴及苞片均无毛，花白色，雄花数超过15，几占花序轴的全部，无花梗，雌花1 ~ 2朵，生于花序轴基部。果卵形，长5 ~ 6 mm。花期4 ~ 5月。

分布：产于甘肃、陕西、四川、湖北、浙江等省；日本也有分布。

习性：耐寒，耐旱，耐盐碱，极耐阴，喜水湿。

繁殖：扦插繁殖。

应用：叶片翠绿，生长健壮，强光下叶色变黄，可作观叶地被植物，可种植于林下或背阴面阴湿地。

★ *Pachysandra terminalis* Sieb. et Zucc.　☆ Japan Benchfruit

★ *Tribulus terrestris* L. ☆ Caltrop

蒺藜

别名：蒺藜菁葵，蒺藜骨子，蒺藜狗子
科属：蒺藜科蒺藜属

识别： 一年生草本，全株密被白色丝状毛。茎由基部分枝，平卧，长达 1 m。偶数羽状复叶对生，小叶斜长圆形，全缘。分果果瓣 5 片，具刺和瘤状突起。果期 6 ~ 9 月。

观花： 花单生叶腋，黄色；花瓣 5 片，花盘环状，10 裂，雄蕊 10 枚，2 轮。花期 5 ~ 8 月。

分布： 分布于全国各省区。

习性： 适应性强。

繁殖： 播种繁殖。

应用： 可作庭园观赏，也可种植于石砾质地、沙地、路旁。

★ *Adenium obesum* (Forssk.) Balf. ex Roem. et Sehult. ☆ Desert Roae

沙漠玫瑰

别名：天宝花
科属：夹竹桃科天宝花属

识别： 多年生肉质，株高可达 2 m。单叶互生，倒卵形，顶端急尖，长 8 ~ 10 cm，宽 2 ~ 4 cm，革质，有光泽，腹面深绿色，背面灰绿色，全缘。

观花： 总状花序，顶生，着花 10 多朵，喇叭状，长 6 ~ 8 cm；花冠 5 裂。

分布： 原产于非洲的肯尼亚、坦桑尼亚。现分布于突尼斯、阿尔及利亚、摩洛哥等北非国家。

习性： 喜高温干燥和阳光充足的环境。耐酷暑，不耐寒，耐干旱，忌水湿。以富钙质、排水好的沙壤土为宜。

繁殖： 常用扦插、嫁接和压条繁殖，也可播种。

应用： 南方地栽布置小庭院，古朴端庄，自然大方。盆栽观赏，装饰室内、阳台，别具一格。

品种： 花有红、玫红、粉红、白及复色等颜色。

★ *Allemanda neriifolia* Hook. ☆ Schott Allamanda

黄蝉

别名：硬枝黄蝉，夹竹桃叶黄蝉，小花黄蝉
科属：夹竹桃科黄蝉属

识别： 直立灌木，高 1 ~ 2 m。叶中脉及侧脉披鳞片状短柔毛，侧脉每边 7 ~ 12 条，背脉隆起，单叶 3 ~ 5 片轮生，卵形、椭圆形或长圆形状，长 5 ~ 12 cm，阔 1.5 ~ 4 cm，叶柄短，长 1 ~ 2 mm。果为蒴果球形，具长刺，结果率高，直径 2 ~ 3 cm。果期 10 ~ 12 月。

观花： 花为聚伞花序顶生，鲜黄色，花冠呈漏斗形，裂片圆或卵形先端钝，花冠管内带有红褐色条纹，喉部有毛，冠筒细长基部膨大，长 4 ~ 6 cm。花期为 5 ~ 8 月。

分布： 原产于巴西，现广植于热带地区。中国台湾以及大陆的广西、福建、广东、北京等地皆有人工引种栽培。

习性： 性喜高温多湿气候，喜充足阳光，耐寒性较弱，适于肥沃、排水良好的土壤。

繁殖： 扦插繁殖。

应用： 适于园林种植或盆栽。

软枝黄蝉

别名：黄莺花，重瓣黄蝉
科属：夹竹桃科黄蝉属

识别： 常绿灌木，枝条不具攀缘性，幼枝呈暗紫红色。叶长椭圆形，单叶轮生，叶端较尖，薄肉质且全绿。叶面平滑，背面中肋有毛，叶有甚短之柄，叶脉为羽状。果实圆形，密生锐利。

观花： 花聚伞状花序，花色鲜黄，中心有红褐色条斑，花瓣5片，合生为花冠筒，花冠基部不膨大，花蕊藏于冠喉中。花期为夏季。

分布： 原产于南美洲。我国南方地区有栽培。

习性： 宜阳光充足；喜高温、多湿的气候。喜排水良好的肥沃土壤。

繁殖： 扦插繁殖。

应用： 因花朵大且艳丽，常被种植为花廊。软枝黄蝉因其枝条柔软，而花苞形状像蝉蛹而得名，骄阳下在美丽的花棚里小憩一番，欣赏黄蝉花的娇艳，也别有风情。

★ *Allamanda cathartica* L. ☆ Common Allemanda

紫蝉花

别名：紫花黄蝉，紫蝉花
科属：夹竹桃科黄蝉属

识别： 蔓性木本，全株有白色体液。叶4枚轮生，长椭圆形或倒卵状披针形。

观花： 花腋生，漏斗形，花冠5裂，暗桃红色或淡紫红色，春末至秋季开花。

分布： 原产巴西。

习性： 喜温暖、湿润，适合于红壤土，不耐阴。

繁殖： 扦插或播种繁殖。

应用： 花柔美悦目，适合大型盆栽、围篱或小花棚美化。

★ *Allamanda violacea* A.DC. ☆ Violet Allamanda

罗布麻

别名：红柳子，泽漆棵，盐柳，野柳树
科属：夹竹桃科罗布麻属

识别： 多年生直立亚灌木，高1.5 ~ 4 m。茎直立，无毛；叶对生，椭圆形或长圆状披针形，长2 ~ 5 cm，宽0.5 ~ 1.5 cm，基部圆形或楔形，先端钝，具细齿；边缘稍反卷，平滑无毛，叶柄短；蓇葖果长角状，成熟时黄褐色，带紫晕；果熟期7 ~ 12月。

观花： 圆锥状聚伞花序顶生或腋生，绿色；花期4 ~ 9月。

分布： 盛产于新疆，在辽宁、吉林、内蒙古、甘肃、陕西、山西、山东、河南、河北、江苏及安徽北部等地也有分布。

习性： 喜光，较耐阴，较耐寒、耐旱，忌水湿。

繁殖： 播种、切段及分株繁殖。

应用： 花多，美丽芳香，花期长，适于低温、盐碱、干旱、沙荒地区种植。

★ *Apocynum venetum* L. ☆ Dogbane，India Hemp

★ *Carissa macrocarpa* (Eckl.) DC.　☆ Bigfruit Carissa

大花假虎刺

别名：美国樱桃，大花卡梨
科属：夹竹桃科假虎刺属

识别：直立灌木，枝干有分叉的刺，刺长 2 ~ 4 cm，枝近无毛。叶对生，革质，宽卵形，长 3 ~ 7 cm，宽 2.5 ~ 4.5 cm，顶端急尖而有小尖头，基部圆形或钝，两面无毛；侧脉两面扁平而不明显。浆果卵圆形至椭圆形，长 2 ~ 5 cm，亮红色。果期 12 月至翌年 1 月。

观花：花白色，芳香，长达 2.7 cm；花萼 5 裂，内面基部有腺体；花冠裂片 5 枚，倒卵状矩圆形，向左覆盖，长为花冠筒的 2 倍，花冠筒外面无毛，内面密被柔毛；雄蕊 5 枚。花期 8 月。

分布：原产于南非，现广植于各热带和亚热带地区；我国有栽培。

习性：日照宜充足，喜高温、耐旱，以排水良好的沙质壤土为佳。

繁殖：播种、扦插或高压繁殖。

应用：适合作庭园美化、绿篱或大型盆栽。

★ *Catharanthus roseus* (L.) G.Don　☆ Madagascar Periwinkle

长春花

别名：日日春，三万花，四时春
科属：夹竹桃科长春花属

识别：多年生草本，高 20 ~ 60 cm。茎直立，分枝少。叶对生，倒卵状矩圆形，先端圆钝，基部渐狭，叶柄短，全缘。果期 9 ~ 10 月。

观花：聚伞花序顶生或腋生，有玫瑰红、粉红、黄或白等色。花冠高脚碟状，5 裂。花期 7 ~ 9 月。

分布：原产于非洲东部及美洲热带。中国各地常见栽培。

习性：喜温暖，忌干热，不耐寒。喜阳光充足，耐半阴。不择土壤，耐贫瘠、耐旱，忌水涝。

繁殖：扦插或播种繁殖。

应用：长春花姿态优美，花期特长，多用于布置夏秋花坛、花境，也可作盆栽观赏。

★ *Kopsia lancibracteolata* Merr.　☆ Kopsia

蕊木

别名：假乌榄树
科属：夹竹桃科蕊木属

识别：乔木，高达 15 m，具白色乳汁。叶对生，革质，卵状矩圆形，长 8 ~ 22 cm，宽 4 ~ 8 cm，无毛，侧脉每边 10 ~ 18 条。核果熟时黑色，近椭圆形，长 2.5 cm，直径 1.5 cm，顶端圆。果期 9 ~ 12 月。

观花：聚伞花序顶生；长约 7 cm；苞片、萼片两面被微毛；花冠白色，高脚碟状，花冠裂片 5 枚，矩圆状披针形，向右覆盖；雄蕊 5 枚着生于花冠筒中部。花期 4 ~ 9 月。

分布：产于中国广东、广西、海南和云南南部。东南亚及澳大利亚也有分布。

习性：喜光，喜温暖、湿润的环境，稍耐寒，耐干旱和瘠薄，对土质选择不严格；不耐强风。

繁殖：春、秋季播种或扦插繁殖。

应用：株形美丽，枝繁叶茂，花多而洁白，花形可爱，可作庭园绿荫树或行道树，也可种植于山地溪边林中、路旁或山谷潮湿的地方。

夹竹桃

别名：柳叶桃，洋夹竹桃
科属：夹竹桃科夹竹桃属

识别： 常绿直立大灌木。枝条灰绿色，含水液，嫩枝条具棱，被微毛，老时脱落。叶革质，3 ~ 4 枚轮生，下枝对生，窄披针形，长 11 ~ 15 cm，中脉显著，侧脉密生而平行，叶缘略反卷。蓇葖果，长 12 ~ 20 cm，结果较少。

观花： 花冠深红色、粉红色或白色，单瓣 5 枚，有时重瓣 15 ~ 18 枚。花期 6 ~ 10 月。

分布： 原产于伊朗、印度、尼泊尔，现广植于世界热带地区。我国长江以南各地广为栽植，北方栽培需在温室越冬。

习性： 喜光，喜温暖湿润气候，耐旱力强，抗烟尘及有毒气体能力强，对土壤适应力强，耐碱性土。

繁殖： 播种繁殖。

应用： 枝叶繁茂，四季常青，花期极长，花朵密集，色彩艳丽，适应性强，是城市绿化的极好树种，常丛植于各类绿地或作背景树、隔离带，适于厂矿绿化。

★ *Nerium indicum* Mill. ☆ Common Oleander

白马城

科属：夹竹桃科棒槌树属

识别： 茎干类多肉，美花美型品种，植株块茎酒瓶状，株高 1.5 ~ 2 m，株幅 1 m。茎干基部膨大上粗下细，分枝棒状，表皮银白色。散生长刺，3 刺一簇灰褐色。绿色叶长 4 ~ 8 cm，宽 3 cm，簇生茎端似伞状。略有短毛。

观花： 花高脚碟状，白色或淡红色，花瓣中间夹有红条纹。花期夏季。

分布： 原产于津巴布韦、南非。我国南方有栽培。

习性： 喜光，喜高温，耐干旱，不耐湿。

繁殖： 播种或扦插繁殖。

应用： 适宜盆栽观赏。

★ *Pachypodium saundersii* N. E. Br. ☆ Saunders Palm

棒槌树

别名：光堂
科属：夹竹桃科棒槌树属

识别： 肉质茎高 1.5 ~ 1.8 m。不分枝，茎上密生 5 cm 长的刺。刺很有特点，虽然它没有刺座但仍是 3 根刺着生在一起，两根长的呈“八”字形分开，中间有一根短刺，刺均为褐色。生长期茎顶端簇生长卵形叶，绿色，长 8 ~ 12 cm、宽 2 ~ 6 cm，中脉明显，色较淡，叶缘波浪形。叶旱季脱落。

观花： 花着生叶腋部，花瓣白色，花心黄色，有红褐色绒毛。

分布： 原产于纳米比亚。我国南方有栽培。

习性： 不耐寒，耐旱；喜光，喜高温干旱的气候。

繁殖： 扦插繁殖。

应用： 适宜盆栽观赏。

★ *Pachypodium namaquanum* (Wyley ex Harv.) Welw.

★ *Mandevilla sanderi* (Hemsl.) Woodson

红蝉花

别名：双腺藤，红花文藤，飘香藤
科属：夹竹桃科曼得藤属

识别： 常绿、攀缘藤本花卉，高 20 ~ 40 cm，全株有白色体液。叶对生，长心形，两面光滑。

观花： 花漏斗形或喇叭状，花冠 5 裂，桃红色，花管膨大呈鲜黄色。夏季至秋季开花，花期长达半年以上。

分布： 原产于巴西。

习性： 喜光，光照不足开花减少，喜高温，喜肥沃沙质壤土。

繁殖： 繁殖容易，分株、压条、扦插或播种繁殖。

应用： 花大色鲜，娇柔艳丽，开放时有香味，可作园林地被植物，也适合盆栽或庭院丛植美化，不适合作阴棚植物。

★ *Amsonia sinensis* Tsiang et P. T. Li ☆ China Amsonia

水甘草

别名：吉吉麻，羊肚拉角，红花草
科属：夹竹桃科水甘草属

识别： 一年生草本，高 30 cm。具乳汁，全株无毛，茎草灰色。叶互生，膜质，狭披针形，长 2.2 ~ 4.8 cm，宽 0.5 ~ 0.8 cm，顶端渐尖；侧脉不明显。

观花： 聚伞花序顶生；花萼深 5 裂，裂片卵圆形，长 2 mm，宽 0.5 ~ 1 mm；花冠高脚碟状，长 1 cm，裂片 5 枚，矩圆形至披针形；向左覆盖；雄蕊 5 枚。花期 6 月。

分布： 产于江苏及安徽。

习性： 耐水湿。

繁殖： 播种繁殖。

应用： 可作园林地被植物，也可种植于水边。

★ *Plumeria rubra* L. ☆ Red Frangipani，Red Jasmine

红鸡蛋花

别名：缅栀子，蛋黄花，大季花
科属：夹竹桃科鸡蛋花属

识别： 落叶小乔木，高 3 ~ 5 m。叶互生，簇生于枝的顶端，阔披针形或长椭圆形，两端尖锐，长 14 ~ 30 cm，宽 6 ~ 8 cm。果双生，长圆形，顶端急尖。果少见。

观花： 聚伞花序顶生，长 22 ~ 32 cm；花冠 5 裂，红色，裂片回旋覆瓦状排列，芳香。花期 3 ~ 9 月。

分布： 原产于南美洲热带地区。我国南部有栽培。

习性： 喜光，喜高温，喜湿，耐旱，抗碱。

繁殖： 扦插或播种繁殖。

应用： 树姿优美，花色红艳，清香优雅，适合作庭园美化或大型盆栽。栽培数量较鸡蛋花少。

鸡蛋花

别名：缅栀子，蛋黄花，印度素馨
科属：夹竹桃科鸡蛋花属

识别： 落叶小乔木或灌木，高 5 ～ 8 m。茎多分枝，枝条肥厚，肉质，绿色，全株有乳汁。叶大，互生，厚纸质，矩圆状椭圆形或矩圆状倒卵形，长 20 ～ 40 cm，宽 7 ～ 11 cm，多聚生于枝顶。蓇葖果双生。果期 7 ～ 12 月。

观花： 聚伞花序顶生，花冠筒状，径 5 ～ 6 cm，5 裂，裂片狭倒卵形，极芳香，呈螺旋状散开，瓣边白色，瓣心金黄色，如蛋白把蛋花包裹起来；雄蕊 5 枚。花期 5 ～ 10 月。

分布： 原产于美洲热带地区墨西哥。

习性： 喜高温、高湿、阳光充足、排水良好的环境。生性强健，能耐干旱，但畏寒冷。

繁殖： 插条或压条繁殖。

应用： 树形美观，花冠外白内黄，奇形怪状，千姿百态，叶似枇杷，冬季落去后，枝头上便留下半圆形的叶痕，颇像缀有美丽斑点的鹿角。

★ *Plumeria rubra* L.var. *acutifolia* L.　☆ Mexican Frangipani

狗牙花

别名：白狗牙，狮子花，马蹄花
科属：夹竹桃科狗牙花属

识别： 常绿灌木。除花萼被毛外，其余均无毛。叶对生，坚纸质，椭圆形或长椭圆形，长 5 ～ 12 cm，宽 1.5 ～ 3.5 cm。蓇葖果叉开或弯曲。果期秋季。

观花： 聚伞花序腋生，通常双生，集在小枝端部呈假二歧状，有花 6 ～ 10 朵；花萼 5 裂，内面基部有腺体；花冠白色，重瓣，边缘有皱褶，花冠筒长达 2 cm。花期 6 ～ 11 月。

分布： 狗牙花原产于我国南部沿海诸省，少数分布于北部及西北部。

习性： 性喜温暖湿润，不耐寒，宜半阴，喜肥沃、排水良好的酸性土壤。

繁殖： 主要用扦插繁殖。

应用： 枝叶密生，株形整齐，是庭院绿化的树种。

品种： 重瓣狗牙花‘Flore Pleno’。

★ *Tabernaemontana divaricata*（L.）R. Br.

黄花夹竹桃

别名：酒杯花，台湾柳
科属：夹竹桃科黄花夹竹桃属

识别： 灌木或小乔木，高 2 ～ 5 m，有乳汁。叶互生，线形或狭披针形，长 10 ～ 15 cm，宽 6 ～ 12 mm，光亮无毛，边缘稍反卷，无柄。核果扁三角状球形，直径 3 ～ 4 cm，熟时浅黄色，内有种子 3 ～ 4 粒。果期 11 月至翌年 2 月。

观花： 聚伞花序顶生；花萼 5 深裂；漏斗状，裂片 5 枚，左旋，喉部有 5 枚被毛鳞片；雄蕊 5 枚。花期 6 ～ 12 月。

分布： 原产于美洲热带、西印度群岛及墨西哥一带。我国台湾、福建、云南、广西和广东均有栽培，长江流域及其以北行温室栽培。

习性： 喜温暖、湿润的气候。耐寒力不强，在中国长江流域以南地区可以露地栽植，但在南京有时枝叶冻枯。

繁殖： 扦插繁殖为主，也可用压条等法繁殖。

应用： 用于公园、庭园绿化观赏。丛植或墙边种植。

★ *Thevetia peruviana*（Pers.）K. Schum.　☆ Yellow Oleander

★ *Trachelospermum jasminoides* (Lindl.) Lem.　☆ Chinese Star Jasmine

络石

别名：石龙藤，万字茉莉
科属：夹竹桃科络石属

识别： 常绿木质藤本，借气生根攀缘。茎赤褐色，圆柱形，幼枝有黄色柔毛。叶薄革质，椭圆形至披针形，长 2 ~ 10 cm，表面无毛，背面有柔毛，全缘。蓇葖果长 15 ~ 20 cm。果期 8 ~ 10 月。

观花： 聚伞花序；花萼 5 深裂，花后反卷，花冠白色，5 裂片向右旋转排列，芳香。花期 4 ~ 5 月。

分布： 分布于长江流域，在我国分布极广。朝鲜、日本也有分布。

习性： 喜光，耐阴。喜温暖湿润气候，耐寒性不强，抗干旱，抗海潮风。

繁殖： 播种繁殖。

应用： 四季常青，叶色浓绿，入秋变红，庭院中常用于美化树干、山石、墙垣，或在林下作地被，颇具野趣。

★ *Urachites lutea* (L.) Britton　☆ Yellow Mandevilla

金香藤

别名：蔓性黄蝉，黄花飘香藤
科属：夹竹桃科金香藤属

识别： 常绿蔓性藤本，长达 10 m。茎具缠绕性，有白色汁液。叶对生，椭圆形，先端浑圆或微凸，全缘，革质，有光泽。

观花： 花腋生；花冠漏斗状，上部 5 裂，金黄色。花期春季至秋季。

分布： 原产于美国佛罗里达州和西印度群岛。中国广东、台湾有栽培。

习性： 喜高温，冬季须温暖、避风，10 ℃以下应预防寒害，生长适温 22 ~ 30 ℃。喜肥沃且排水及光照良好的腐殖质土或沙质壤土。

繁殖： 扦插繁殖。春季至秋季为适期。

应用： 为小型蔓藤植物，适作盆栽、攀篱或小花架的美化，不适合用于大型阴棚。

★ *Vinca major* L.　☆ Small Periwinkle

蔓长春花

别名：长春蔓
科属：夹竹桃科蔓长春花属

识别： 蔓性常绿半灌木，蔓长 50 ~ 80 cm。茎偃卧，花茎直立。除叶缘、叶柄、花槽及花冠喉部有毛外，其余均无毛。叶椭圆形，先端急尖，基部下延；侧脉约 4 对。蓇葖果双生，直立，长约 5 cm；种子顶端无毛。

观花： 花单朵腋生；花萼裂片狭披针形，花冠蓝色，冠筒漏斗状。花期 3 ~ 6 月。

分布： 原产于地中海沿岸、印度、美洲热带地区。

习性： 喜温暖湿润、半阴和通风良好的环境，稍耐寒，喜欢生长在深厚、肥沃、湿润的土壤中。

繁殖： 播种繁殖。

应用： 常盆栽或吊盆布置于室内或窗前、阳台，是一种良好的垂直绿化植物和地被植物。常见同属栽培品种及变种：花叶蔓长春花 'Variegata'，又称锦蔓长春，叶缘乳黄色，叶片上有许多乳黄色块斑。

常绿荚蒾

别名：坚荚蒾，坚荚树
科属：荚蒾科荚蒾属

识别：常绿灌木，高达 2 m；小枝略呈四棱形。叶革质，矩圆形、椭圆形至近卵形，长 4 ~ 9 cm，顶端尖或渐尖，全缘或上部具少数浅齿，具离基 3 出脉，下面生小腺点，近基部两侧有少数腺体。核果近球状卵形，长约 8 mm，红色。

观花：花序复伞形状，直径 3 ~ 5 cm，总花梗很短；萼筒长约 1 mm，萼檐具 5 微齿；花冠白色，辐状，长约 2 mm；雄蕊 5 枚，稍长于花冠。

分布：分布于浙江、福建、江西、广东、广西、湖南、贵州、四川、云南。

习性：稍耐阴。

繁殖：播种繁殖。

应用：可作庭园栽培观赏，或种植于林下、溪涧旁或丘陵地。

相近种：海南荚蒾 var. *hainanense* Merr.et Chun，花序分枝、叶柄均生密毛；产于云南、广西、广东。

★ *Viburnum sempervirens* K.Koch　☆ Evergreen Arrowwood

粉团

别名：雪球荚蒾，粉团荚蒾
科属：荚蒾科荚蒾属

识别：落叶灌木，高达 3 m。叶纸质，宽卵形、圆状倒卵形或倒卵形，长 4 ~ 10 cm，顶端圆或急狭而微凸尖侧脉 10 ~ 13 对，笔直伸至齿端；叶柄长 1 ~ 2 cm。

观花：聚伞花序形状，球形，直径 4 ~ 8 cm，常生于具 1 对叶的短侧枝上，全部由大型的不孕花组成，总花梗长 1.5 ~ 4 cm；花冠白色，辐状，直径 1.5 ~ 3 cm，裂片有时仅 4 枚。花期 4 ~ 5 月。

分布：产于湖北西部和贵州中部（清镇）。各地常有栽培。

习性：喜光照，略耐阴，性强健，耐寒性不强。

繁殖：扦插、压条、分株繁殖。

应用：开花时白花满树，犹如积雪压枝，十分美观。宜配植在房前屋后，墙下窗外，也可丛植于路旁林缘等处。

变种：蝴蝶荚蒾 var. *tomentosum*（Thunb.）Miq.，叶较狭，侧脉 10 ~ 17 对。花序外围有白色、大型的不孕花。

★ *Viburnum plicatum* Thunb.　☆ Snowball Arrowwood

黑果荚蒾

别名：绵毛荚蒾
科属：荚蒾科荚蒾属

识别：落叶灌木，高达 3.5 m。叶纸质，倒卵形、圆状倒卵形或宽椭圆形，稀菱状椭圆形，长 6 ~ 10 cm，顶端常骤短渐尖，基部圆形、浅心形或宽楔形，边缘有小牙齿，齿顶有小凸尖，侧脉通常 6 ~ 7 对；叶柄长 1 ~ 2 cm。果实由暗紫红色转为酱黑色，有光泽，椭圆状圆形，长 8 ~ 10 mm。果期 8 ~ 10 月。

观花：复伞形式聚伞花序生于具 1 对叶的短枝之顶，直径约 5 cm，总花梗纤细，长 1.5 ~ 3 cm；花冠白色，辐状，直径约 5 mm，裂片宽卵形。花期 4 ~ 5 月。

分布：产于江苏南部、安徽南部和西部、浙江东部和西北部、江西（庐山）及河南（鸡公山）。

习性：喜光，喜温暖、湿润环境。

繁殖：分株、扦插或压条繁殖。

应用：为良好的观花植物。

★ *Viburnum melanocarpum* Hsu　☆ Blackfruit Arrowwood

★ *Viburnum betulifolium* Batal.　☆ Birchleaf Arrowwood

桦叶荚蒾

别名：大通杆条，对节子
科属：荚蒾科荚蒾属

识别：灌木至小乔木，高 2 ～ 5 m。叶卵形、宽卵形至卵状矩圆形或近菱形，长 4 ～ 13 cm，顶端尖至渐尖，边有牙齿；侧脉 4 ～ 6 对，伸达齿端；叶柄长 0.8 ～ 2.5 cm。核果近球形，直径 6 ～ 7 mm，红色。

观花：花序复伞形状，直径 5 ～ 11 cm，近无毛至密生星状毛；花冠白色，长约 3 mm，辐状；雄蕊 5 枚。花期 5 ～ 6 月。果期 9 ～ 10 月。

分布：分布自甘肃经陕西直至河北太行山区，云南经四川、贵州至湖南、湖北。

习性：喜光，稍耐阴。

繁殖：播种繁殖。

应用：果实殷红，艳丽夺目，可作观花和观果树种。

★ *Viburnum dilatatum* Thunb.　☆ Arrowwood

荚蒾

别名：檕迷，檕蒾
科属：荚蒾科荚蒾属

识别：落叶灌木，高达 3 m。叶宽倒卵形至椭圆形，长 3 ～ 9 cm，顶端渐尖至骤尖，边有牙齿，上面疏生柔毛；侧脉 6 ～ 7 对，伸达齿端；叶柄长 1 ～ 1.5 cm。核果红色，椭圆状卵形，长 7 ～ 8 mm。果熟期 9 ～ 11 月。

观花：花序复伞形状，直径 4 ～ 8 cm；花冠白色，辐状，长约 2.5 mm，无毛至生疏毛；雄蕊 5 枚，长于花冠。花期 5 ～ 6 月。

分布：广布于陕西、河南、河北三省南部及长江以南诸省区，但以华东地区最为常见。日本也有分布。

习性：喜光，喜温暖湿润，也耐阴，耐寒，对气候因子及土壤条件要求不严格，最好是微酸性肥沃土壤。

繁殖：播种繁殖。

应用：可作为观花植物。

相近种：短柄荚蒾 var. *brevipes* Rehd. 叶柄仅长 2 ～ 3 mm；产于湖北、四川。

★ *Viburnum luzonicum* Rolfe　☆ Luzon Arrowwood

吕宋荚蒾

科属：荚蒾科荚蒾属

识别：灌木，高达 3 m。叶纸质或厚纸质，卵形、椭圆状卵形、卵状披针形至矩圆形，长 4 ～ 9 cm，顶端渐尖至尖，基部宽楔形或近圆形，边缘有深波状锯齿，侧脉 5 ～ 9 对，连同中脉上面凹陷，下面明显凸起；叶柄通常长 3 ～ 10 mm；无托叶。果实红色，卵圆形。果熟期 10 ～ 12 月。

观花：复伞形式聚伞花序顶生，直径 3 ～ 5 cm；花冠白色，辐状，直径 4 ～ 5 mm。花期 4 月。

分布：产于浙江南部、江西东南部、福建、台湾、广东、广西和云南（富宁）。分布于中南半岛、菲律宾至马来西亚的马六甲。

习性：喜光。

繁殖：播种繁殖。

应用：可作庭院栽培观赏，或种植于山谷溪涧旁疏林、山坡灌丛中或路旁。

绵毛荚蒾

别名：欧洲荚蒾
科属：荚蒾科荚蒾属

识别： 落叶灌木，高达 4 ~ 5 m；小枝幼时有糠状毛，冬芽裸露。叶卵形至椭圆形，长 5 ~ 12 cm，先端尖或钝，基部圆形或心形，缘有小齿，侧脉直达齿尖，两面有星状毛。核果卵状椭球形，长约 8 mm，由红色变黑色。果期 8 ~ 9 月。

观花： 聚伞花序再集成伞形复花序，直径 6 ~ 10 cm；花冠白色，裂片长于筒部。花期 5 ~ 6 月。

分布： 产于欧洲及亚洲西部，久经栽培。北京植物园有引种。

习性： 生长强健，耐寒性较强。

繁殖： 播种繁殖。

应用： 是观花观果的好树种，有时秋叶变暗红色，果熟时能引来鸟类，给园林增添生气。

品种： 有金叶 'Aureum'、斑叶 'Varieeatum'、变色叶 'Versicolor' 等品种。

★ *Viburnum lantana* L.　☆ Wayfaring Tree

木本绣球

别名：中国绣球荚蒾，斗球
科属：荚蒾科荚蒾属

识别： 落叶或半常绿灌木，高达 4 m。枝广展，树冠半球形。芽、幼枝、叶柄均被灰白或黄白色星状毛。冬芽裸露。单叶对生，卵形或椭圆形，端钝，基部圆形，缘有细锯齿，下面疏生星状毛。不结果。

观花： 聚伞花序大型球状，全部花都可变为白色、大型不孕花。花期 4 ~ 5 月。

分布： 分布于山东、河南、江苏、浙江、江西、湖南、湖北、贵州、广西。

习性： 喜光，略耐阴。生性强健，耐寒，耐旱。

繁殖： 扦插、压条、分株繁殖。

应用： 绣球花树姿舒展，开花时白花满树，犹如积雪压枝，十分美观。

变种： 琼花。

★ *Viburnum macrocephalum* Fortune　☆ Chinese Snowball Tree

琼花

别名：八仙花，聚八仙花，本绣球
科属：荚蒾科荚蒾属

识别： 灌木，高达 4 m。叶卵形、椭圆形至卵状矩圆形，长 5 ~ 8 cm，顶端钝或略尖，边有细齿，下面疏生星状毛，侧脉 5 ~ 6 对，近叶缘前网结。核果椭圆形，长约 8 mm，先红后黑。

观花： 聚伞花序，直径 10 ~ 12 cm，仅边缘有白色、大型不孕花，中间为可孕花，花冠辐状，长约 4 mm，花冠筒长约 1 mm；雄蕊 5。花期 5 ~ 6 月。

分布： 原产于中国长江流域，山东、河南也有分布。

习性： 能适应一般土壤，但好生于肥沃、湿润的土壤。萌蘖力强。

繁殖： 扦插、压条、分株或播种繁殖。

应用： 宜配植在房前屋后，墙下窗外，也可丛植于路旁林缘等处。

★ *Viburnum macrocephalum* Fortune f. *keteleeri* (Carr.) Rehd.

★ *Viburnum opulus* L. ☆ European Cranberry Bush，Rose Elder

欧洲琼花

别名：欧洲绣球荚蒾
科属：荚蒾科荚蒾属

识别：落叶大灌木，高达 4 m。单叶对生，掌状 3 裂，有时 5 裂，裂片有不规则粗齿；背面有毛，叶柄有窄槽，近端处有 2 ~ 3 个盘状大腺体。核果球形，亮红色，经冬不落。果期 9 ~ 10 月。

观花：聚伞花序，扁平，有大型白色不孕边花；花药黄色。花期 5 ~ 6 月。

分布：原产于欧洲，非洲北部和亚洲北部。中国青岛、北京等地也有栽培。

习性：耐阴，耐寒，耐干旱。适应性强。

繁殖：播种繁殖。

应用：叶形秀丽，白花繁盛，红果累累，秋叶红红，是观赏价值颇高的春花秋实类树种。

品种：'欧洲雪球'（'Roseum'）：花序全为不孕花，绣球形。

相近种：天目琼花。

★ *Viburnum rhytidophyllum* Hemsl. ☆ Loquatleaf Arrowwood

枇杷叶荚蒾

别名：山枇杷，皱叶荚蒾
科属：荚蒾科荚蒾属

识别：常绿乔木或灌木。单叶对生，叶大革质，卵状长圆形或长圆状披针形，先端钝尖，基部圆形或微心形，全缘或具小齿，叶面皱而有光泽，深绿色，背面密生黄褐色星状毛。核果小，卵形，成熟时由红变黑，有纵沟。果期 7 ~ 9 月。

观花：复伞形花序，花冠黄白色，裂片与筒部近等长。萼筒被黄白色星状毛。花期 5 月。

分布：原产于陕西、湖北、四川及贵州。

习性：喜温暖、湿润气候，有一定耐寒性，较耐阴，不耐涝。

繁殖：播种繁殖。

应用：树姿优美，叶色浓绿，白花繁茂，秋果累累。适于屋旁、墙隅、假山边、园路岔口或林缘、树下种植。

★ *Viburnum sargentii* Koehne ☆ Sargent Craneberrybuch

天目琼花

别名：鸡树条荚蒾，鸡树条子
科属：荚蒾科荚蒾属

识别：落叶灌木，高约 3 m。小枝有明显皮孔。叶宽卵形至卵圆形，通常 3 裂，裂片边缘具不规则的齿，生于分枝上部的也常为椭圆形至披针形，不裂，掌状 3 出脉，叶柄顶端有 2 ~ 4 个腺体。核果近球形，鲜红色。果期 8 ~ 9 月。

观花：聚伞花序复伞形，顶生，边缘有大型不孕花，中间为两性花；花冠乳白色，辐射状；花药紫色。花期 5 ~ 6 月。

分布：原产于中国，发现于浙江天目山地区，东北南部、华北、至长江流域均有分布。

习性：喜阳光充足，亦耐阴。较耐寒。

繁殖：种子繁殖或分株繁殖。

应用：宜在建筑物四周、草坪边缘配植，也可在道路边、假山旁孤植、丛植或片植。

烟管荚蒾

别名：黑杆条
科属：荚蒾科荚蒾属

识别：常绿灌木，高达 2 m；幼枝密被淡灰褐色星状毛，老枝棕褐色，冬芽无鳞片。叶革质，椭圆状卵形至卵状矩圆形，长 2 ~ 7 cm，顶端钝，稀略尖，下面被灰白色星状毡毛，具 5 ~ 6 对下面隆起的侧脉。核果椭圆形，先红熟黑。

观花：花序复伞形状，直径 5 ~ 7 cm，有星状毛；萼筒长约 2 mm，无毛，萼檐具 5 钝齿；花冠白色，在未开放前略带粉红色，辐状，长约 4 mm，花冠筒长 1.5 mm；雄蕊 5 枚，着生近花冠筒基部，约等长于花冠。

分布：分布于湖北、湖南、四川（东部）、贵州。

习性：喜光。

繁殖：播种繁殖。

应用：可作栽培庭院观赏，或种植于山坡、灌丛或林下。

相近种：密花荚蒾 *Viburnum congestum* Rehd.，花冠筒长于裂片，长 2 ~ 4.5 mm，叶下面毡毛不如烟管荚蒾那样致密。

★ *Viburnum utile* Hemsl. ☆ Flue Arrowwood

茶荚蒾

别名：饭汤子，跑路杆子，水茶子
科属：荚蒾科荚蒾属

识别：落叶灌木，长约 3 m。叶卵状长圆形，长 6 ~ 12 cm，宽 2 ~ 4 cm，顶端渐尖，基部圆形，表面暗绿色。无毛，背面主脉及侧脉都有都绢状长伏毛，侧脉 6 ~ 9 对，边缘近基部全缘或疏波状，其余部分有尖锯齿。核果球状卵形，红色；核扁，长 8 ~ 10 mm，腹面有 2 沟槽。果期 9 ~ 10 月。

观花：聚伞花序，直径 3 ~ 4 cm；苞片线形，膜质，早落；萼管长约 1.5 mm；花冠白色，辐状。花期 4 ~ 5 月。

分布：长江流域各省及贵州、广西等省区有分布。

习性：生长于林下或路旁。

繁殖：播种繁殖。

应用：可作园林观花灌木。

★ *Viburnum setigerum* Hance ☆ Tea Arrowwood

红蕾荚蒾

科属：荚蒾科荚蒾属

识别：形态特征：落叶灌木，高 1 ~ 2 m，单叶对生，叶椭圆形或近圆形，缘有三角状锯齿，羽状脉明显，直达齿端，核果椭球形，热时紫红色。果期 9 ~ 10 月。

观花：聚伞花序，花蕾粉红色，盛开时白色，有芳香，花期 4 ~ 5 月。

分布：分布于华中地区。也分布于朝鲜半岛和日本。

习性：喜全日照，生长适温 18 ~ 26 ℃，喜深厚肥沃、排水良好的沙质土壤，喜湿润，较耐旱。

繁殖：压条、扦插、嫁接繁殖。

应用：花繁叶茂、香味浓郁，适合公园、庭院、绿地等外植于路边、池畔、山石边及其他处欣赏，也可与其他灌木配植。

★ *Viburnum carlesii* Hemsl. ☆ Korean Spice Viburnum

★ *Viburnum burejaeticum* Regel et Herd. ☆ Manchur Arrowwood

修枝荚蒾

别名：暖木条荚蒾，河朔绣球花
科属：荚蒾科荚蒾属

识别：落叶灌木，高达 5 m。当年小枝、冬芽、叶下面、叶柄及花序均被簇状短毛。叶纸质，宽卵形至椭圆形或椭圆状倒卵形，长 3 ~ 9 cm，顶端尖，基部钝或圆形，两侧常不等，边缘有牙齿状小锯齿，侧脉 5 ~ 6 对；叶柄长 5 ~ 12 mm。果实红色，后变黑色。果熟期 8 ~ 9 月。

观花：聚伞花序，直径 4 ~ 5 cm，总花梗长达 2 cm 或几无，第一级辐射枝 5 条，花大部生于第二级辐射枝上，萼筒矩圆筒形，长约 4 mm，无毛，萼齿三角形；花冠白色，辐状，直径约 7 mm。花期 5 ~ 6 月。

分布：产于黑龙江、吉林和辽宁。俄罗斯远东地区和朝鲜北部也有分布。

习性：稍耐阴。

繁殖：播种繁殖。

应用：可作园林观花灌木栽培。

★ *Viburnum odoratissimum* Ker-Gawl. ☆ Japan Arrowwood

珊瑚树

别名：极香荚蒾，早禾树
科属：荚蒾科荚蒾属

识别：常绿小乔木或灌木，全株殆平滑。单叶，互生，倒卵状椭圆形，长 7 ~ 10 cm，宽 3 ~ 4 cm。核果倒卵形，先红后黑。果熟期 9 ~ 10 月。

观花：花冠幅状，白色，芳香，5 裂。花期 5 ~ 6 月。

分布：产于华南、华东、西南等地区。日本、印度也有分布。长江流域城市都有栽培。

习性：喜温暖湿润气候。在潮湿肥沃的中性壤土中生长旺盛，酸性和微酸性土均能适应，喜光亦耐阴。根系发达，萌蘖力强，特耐修剪，极易整形。

繁殖：扦插或播种繁殖。

应用：常用作庭园绿篱、道路绿化、厂区绿化、防护林带。

★ *Altingia gracilipes* Hemsl. ☆ Slenderstalk Fungustree

细柄蕈树

别名：细柄阿丁枫
科属：金缕梅科蕈树属

识别：乔木，高 20 m；小枝有柔毛。叶革质，披针形或狭卵形，长 4 ~ 6.5 cm，宽 1.5 ~ 2.5 cm，顶端尾状渐尖，基部宽楔形，全缘；叶柄长 2 ~ 3 cm。

观花：雌花头状花序有花 5 ~ 6 朵，单生或聚成总状；总花梗长 2 cm；雌花无花瓣；萼齿不存在；子房近下位，上部有毛，2 室，胚珠多数，花柱 2 枚，弯曲。头状果序直径不超过 2 cm；蒴果 5 ~ 6，木质，不具宿存花柱。

分布：分布于广东、福建、浙江。

习性：喜光。

繁殖：播种繁殖。

应用：可作行道树或作庭园观赏。

变种与变型：齿叶蕈树 var. *serrulata* Tutcher，叶边缘有小锯齿；分布于广东和福建。变型：独花蕈树 f. *uniflora* H. T.Chang，雌花序只有 1 花；特产福建。

蜡瓣花

别名：中华蜡瓣花
科属：金缕梅科蜡瓣花属

识别：灌木或小乔木；小枝有柔毛。叶卵形或倒卵形，长 5 ~ 9 cm，宽 3 ~ 6 cm，顶端短尖或稍钝，基部斜心形，边缘有锐锯齿，下面有星状毛，侧脉 7 ~ 9 对；叶柄长 1 ~ 1.5 cm。蒴果卵圆形，两瓣开裂。果期 9 ~ 10 月。

观花：总状花序长 3 ~ 5 cm，下垂；苞片卵形；花两性；萼筒有星状毛，萼齿 5 枚，无毛；花瓣 5 枚，黄色，匙形，长 5 ~ 6 mm；雄蕊 5 枚。花期 3 ~ 4 月。

分布：中国特产，分布在广东、广西、贵州、湖北、湖南、江西、福建、浙江、安徽。

习性：喜阳光，也耐阴，较耐寒，好温暖湿润。萌蘖性强。

繁殖：以播种繁殖为主，亦可分蘖和压条繁殖。

应用：蜡瓣花春日先叶开花，花序累累下垂，光泽如蜜蜡，色黄而具芳香，枝叶繁茂，清丽宜人。适于庭园内配植于角隅，或与紫荆、碧桃混植，相互衬托而共显春色。

★ *Corylopsis sinensis* Hemsl. ☆ China Waxpetal

蚊母

别名：米心树，蚊母树，蚊子树
科属：金缕梅科蚊母属

识别：常绿乔木，高达 25 m，栽培时常呈灌木状。树冠开展，呈球形；小枝略呈“之”字形曲折；叶倒卵状长椭圆形，先端钝或稍圆，全缘厚革质；蒴果卵形；果熟期 8 ~ 10 月。

观花：总状花序，雌雄花同序；花期 4 ~ 5 月。

分布：产于广东、福建、台湾、浙江等地。

习性：喜光，稍耐阴，喜温暖、湿润气候，耐寒性不强，对土壤要求不严格。

繁殖：播种和扦插繁殖。

应用：可成丛、成片栽植作为分隔空间，作为其他花木的背景效果亦佳。若修剪成球形，宜于门旁对植或作基础种植材料，亦可栽作绿篱和防护林带。

★ *Distylium racemosum* Sieb. et Zucc. ☆ Racemose Mosquitomam

小叶蚊母树

别名：窄叶蚊母树
科属：金缕梅科蚊母属

识别：常绿灌木；小枝及芽有褐色星状毛。叶倒卵形或倒卵状披针形，长 3 ~ 5 cm，宽 0.7 ~ 1.5 cm，顶端圆或钝，有 1 个小突尖，偶尔每侧还有 1 个小齿突，基部狭楔形，全缘，上下两面均无毛，侧脉 4 ~ 5 对，在两面均不明显；叶柄长 2 ~ 3 mm，有星状毛。蒴果卵形，长 7 ~ 8 mm。

观花：雌花排列成总状花序；苞片条形，长 3 mm；萼筒极短，萼齿披针形，长 1 ~ 1.5 mm；子房有褐色星状毛，花柱 2 枚，长 6 mm。

分布：分布于广东、福建、浙江等省。

习性：耐水湿。

繁殖：播种繁殖。

应用：可种植于水边、干谷地或低湿洼地。

★ *Distylium buxifolium*（Hance）Merr. ☆ Boxleaf Mosquitomam

★ *Fortunearia sinensis* Rehd.et Wils.　☆ China Fortunearia

牛鼻栓

别名：千斤力
科属：金缕梅科牛鼻栓属

识别： 灌木，高 3 m。叶倒卵形，长 7 ~ 16 cm，宽 4 ~ 10 cm，顶端渐尖，基部圆形或平截，稍偏斜，边缘有波状齿突，下面只在脉上有较密的长毛，侧脉 6 ~ 10 对；叶柄长 4 ~ 10 mm。蒴果木质，卵圆形，无毛。

观花： 两性花和雄花同株；两性花的总状花序长 6 cm；苞片披针形，长约 2 mm；萼筒长 1 mm，无毛，萼齿 5 枚，卵形，顶端有毛；花瓣 5 片，钻形，比萼齿短；雄蕊 5 枚，与萼齿等长，花丝极短；子房半下位，2 室，每室有 1 个下垂胚珠，花柱 2 枚，长 1 mm。雄花排列成葇黄花序，具退化雌蕊。

分布： 分布在浙江、江苏、安徽、湖北、河南。

习性： 喜光。

繁殖： 播种繁殖。

应用： 可作庭园栽培观赏。

★ *Liquidambar formosana* Hance　☆ Formosam Gum

枫香

别名：枫树，枫香树
科属：金缕梅科枫香属

识别： 落叶乔木，高达 40 m。树皮灰色，树冠广卵形；叶常为掌状 3 裂，基部心形至截形，裂片先端尖，缘有锯齿；果序较大，种子多数多褐色多角形或有窄翅；果熟期 9 ~ 10 月。

观花： 花单性，雌雄同株，雄花组成柔荑花序，雌花组成头状花序，无花瓣，萼齿 5 枚，钻形。花期 3 ~ 4 月。

分布： 原产于中国长江流域及其以南地区。

习性： 喜温暖、湿润气候，性喜光，抗风，幼树稍耐阴，耐干旱瘠薄土壤，不耐水涝，不耐寒，不耐盐碱及干旱。

繁殖： 播种繁殖。

应用： 可在园林中栽培作庭荫树，秋季日夜温差变大后叶变红、紫、橙红等色，增添园中秋色，也可于草地孤植、丛植，或于山坡、池畔与其他树木混植。

★ *Loropetalum chinense* var. *rubrum* Chinese Red-fringe-flower

红花檵木

别名：红檵木
科属：金缕梅科檵木属

识别： 常绿灌木或小乔木。叶互生，革质，卵形，全缘，嫩枝淡红色，越冬老叶暗红色。蒴果木质，倒卵圆形；种子长卵形，黑色，光亮。果期 9 ~ 10 月。

观花： 花 4 ~ 8 朵簇生于总状花梗上，呈顶生头状或短穗状花序，花瓣 4 片，淡紫红色，带状线形。花期 4 ~ 5 月。

分布： 主要分布于长江中下游及以南地区。印度北部也有分布。

习性： 喜光，稍耐阴，但阴时叶色容易变绿。适应性强，耐旱。喜温暖，耐寒冷。萌蘖性和发枝性强，耐修剪。耐瘠薄，但适宜在肥沃、湿润的微酸性土壤中生长。

繁殖： 嫁接或播种繁殖。

应用： 枝繁叶茂，姿态优美，红叶红花，瑰丽奇美，耐修剪，耐蟠扎，可用于绿篱，也可用于制作树桩盆景，花开时节，满树红花，极为壮观。

檵木

别名：继木，桎木
科属：金缕梅科檵木属

识别： 灌木或小乔木。树皮暗灰色或浅灰褐色。多分枝；嫩枝密被星状毛；叶革质互生，卵圆形或椭圆形，先端短尖，基部圆而偏斜，不对称，两面均有星状毛，全缘。蒴果褐色，近卵形。果期 8 月。

观花： 花白色或浅黄白色，苞片线形，3 ~ 8 朵簇生于小枝端。花期 4 ~ 5 月。

分布： 主产于长江中下游及其以南地区；印度北部也有分布。

习性： 喜光，稍耐阴，耐旱；喜温暖，耐寒冷；萌蘖性和发枝性强，耐修剪；耐瘠薄。

繁殖： 播种或嫁接繁殖。

应用： 作庭院或盆栽观赏，也可用于作盆景。

变种： 红檵木 var. *rubrum* Yieh，嫩枝红褐色，叶暗红色，花红色。

★ *Loropetalum chinense*（R. Br.）Oliv. ☆ Chinese Loropetalum

山白树

别名：秃山白树
科属：金缕梅科山白树属

识别： 落叶小乔木，高达 8 m。芽被星状茸毛。叶互生，纸质或膜质，倒卵形，先端急尖，基部圆或微心形，边缘密生小突齿，表面沿脉稍被毛，背面被柔毛；蒴果；果熟期 8 ~ 9 月。

观花： 雄花总状花序，基部无正常叶片，雌花穗状花序长 6 ~ 8 cm，基部有 1 ~ 2 枚叶子，花序柄长 3 cm，花单性；花期 4 ~ 5 月。

分布： 产于湖北、四川、陕西、甘肃等地。

习性： 喜生于山谷河岸、土壤湿润而透气良好、阳光散射的环境中。

繁殖： 种子和扦插繁殖。

应用： 树形整齐，可片植、群植于园林绿地，是良好的行道树。

★ *Sinowilsonia henryi* Hemsl. ☆ Henry Wilson-tree

及已

别名：獐耳细辛
科属：金粟兰科金粟兰属

识别： 多年生草本，高达 50 cm。茎直立，单生或数个丛生，具下，无毛。叶对生，4 ~ 6 枚生于茎上部，纸质，椭圆形、倒卵形或卵状披针形，长 7 ~ 15 cm，宽 2.5 ~ 6 cm，顶端长渐尖，基部楔形，边缘有锐锯齿，齿尖有 1 腺体，两面无毛；侧脉 6 ~ 8 对。果期 6 ~ 8 月。

观花： 穗状花序顶生，单一或 2 ~ 3 分枝，苞片近半圆形，顶端有波状小齿。核果近球形或梨形，绿色。花期 4 ~ 5 月。

分布： 产于中国广东、广西、湖南、江西、福建、江苏、浙江、安徽、湖北、四川。日本也有分布。

习性： 生性强健，喜阴，喜温暖、湿润的环境，耐寒性强。对土壤要求不严格。

繁殖： 播种或扦插繁殖。春、秋两季均可进行。

应用： 株形秀美，花白果红，是良好的观花、观果植物，可用于林边或林中丛阴湿处种植或片植，也可作盆栽观赏。

★ *Chloranthus serratus*（Thunb.）Roem. et Schalt.

★ *Chloranthus henryi* Hemsl.　☆ Broadleaf Chloranthus

宽叶金粟兰

别名：四块瓦
科属：金粟兰科金粟兰属

识别： 多年生草本，高 40 ~ 60 cm。叶对生，通常 4 枚，纸质，宽椭圆形、倒卵形至卵状椭圆形，长 10 ~ 20 cm，宽 5 ~ 11 cm，边缘有圆齿，齿尖有 1 个腺体；叶柄长不及 1 cm。核果卵球形，长约 2 mm。

观花： 穗状花序单个或分枝成圆锥花序，顶生，连总花梗长达 7 cm 以上；苞片通常宽卵状三角形；花两性，无花被；雄蕊 3 枚，近条形，基部合生成一体。

分布： 分布于湖北、湖南、四川和浙江。

习性： 耐阴。

繁殖： 播种繁殖。

应用： 可作园林地被植物。

相近种： 东南金粟兰 *Chloranthus oldhamii* Solms.，叶带菱形，无柄，产于福建和广东。

★ *Chloranthus fortunei* (A. Gray) Solms-Laub.　☆ Silkspike Chloranthus

丝穗金粟兰

别名：水晶花
科属：金粟兰科金粟兰属

识别： 多年生草本，高 10 ~ 40 cm。茎圆柱形，无毛。叶对生，常 4 片，很少 6 片，卵状椭圆形或倒卵状椭圆形，长 2 ~ 12 cm，宽 1.8 ~ 7 cm，顶端急尖，基部楔形，边缘有细圆锯齿，齿尖有 1 个腺体。核果幼时淡绿色，倒卵形。果期 6 ~ 7 月。

观花： 穗状花序单生，长 3 ~ 8 cm，花密聚；雄蕊 3 枚。花期 4 ~ 6 月。

分布： 分布于山东、江苏、浙江、安徽、江西、湖北、四川、广西、广东、福建等地。

习性： 阴性植物，忌烈日直晒，喜温暖阴湿环境，不耐寒，宜生长于疏松、腐殖质丰富、湿润且排水良好的酸性壤土。

繁殖： 分株繁殖，也可扦插繁殖。

应用： 枝叶青翠，花幽香似兰，适作地被植物成片栽植于林下、河边较潮湿处，也宜配植于山石旁、墙角下等稍荫蔽处，也可盆栽。

★ *Viola variegata* Fisch.　☆ Blotchleaf Violet

斑叶堇菜

别名：花叶堇菜
科属：堇菜科堇菜属

识别： 地下茎短或稍长。叶基生，具长柄，近于圆形或宽卵形，长 1.5 ~ 2.5 cm，基部略作心形或近于截形，顶端通常圆，少钝，边缘有细圆齿，有时呈白色脉纹，果期的叶增大，长可达 7 cm，基部湾缺变深而狭；托叶卵状披针形或披针形，边缘具疏睫毛。果椭圆形，长约 7 mm，无毛。果期 6 ~ 9 月。

观花： 花两侧对称，长约 2 cm（包括距长）；萼片 5 枚，卵状披针形或披针形，基部附器短，顶端圆或截形；花瓣 5 片，淡紫色，距长 5 ~ 7 mm，稍向上弯。花期 4 月下旬至 8 月。

分布： 分布于东北和河北、山西。朝鲜、日本、俄罗斯西伯利亚地区也有分布。

习性： 耐阴。

繁殖： 播种繁殖。

应用： 可作园林地被植物。

北京堇菜

别名：拟弱距堇菜
科属：堇菜科堇菜属

★ *Viola pekinensis* (Regel) W. Beck.　☆ Beijing Violet

识别： 多年生草本，高达 6 ~ 8 cm。无地上茎。叶基生，莲座状；叶片圆形或卵状心形，长 2 ~ 3 cm，宽与长几相等，先端钝圆，基部心形，边缘具钝锯齿，两面无毛或沿叶脉被疏柔毛；叶柄细长，长 1.5 ~ 4.5 cm，无毛；蒴果无毛。果期 5 ~ 7 月。

观花： 花淡紫色，有时近白色；花梗细弱，通常稍高出于叶丛，近中部有 2 枚线形小苞片。花期 4 ~ 5 月。

分布： 中国的特有植物，分布于陕西、河北。

习性： 耐阴。

繁殖： 播种繁殖。

应用： 园林地被植物，或种植于林下或林缘。

鸡腿堇菜

别名：鸡腿菜，胡森堇菜
科属：堇菜科堇菜属

★ *Viola acuminata* Ledeb.　☆ Acuminata Violet

识别： 多年生草本，具地上茎，高 10 ~ 40 cm。单叶互生，心状卵形，叶缘具钝齿；托叶大，羽状深裂，基部与叶柄合生。蒴果，3 瓣裂。果期 6 ~ 9 月。

观花： 花单生，白色带淡紫色，萼片 5 枚，基部具短附属物，花瓣 5 片，下面一瓣较大，具直的距。花期 5 ~ 6 月。

分布： 分布于东北、华北、华中等省区。俄罗斯、日本、朝鲜也有分布。

习性： 喜光，稍耐阴；喜温凉、湿润的环境，喜肥沃、疏松、富含有机质的壤土。

繁殖： 播种或分株繁殖。

应用： 适合庭园丛植或片植作地被，或种植于林下、林缘、灌丛、山坡草地及河谷湿地，也可盆栽观赏。

戟叶堇菜

别名：箭叶堇菜，尼泊尔堇菜
科属：堇菜科堇菜属

★ *Viola betonicifolia* J. E. Smith　☆ Halberdleaf Violet

识别： 地下茎很短，无匍匐枝。叶基生，具长柄，条状披针形或条形，长 2 ~ 9 cm，基部稍下延于叶柄，截形或略带心形，有时稍呈戟形，顶端钝或稍圆，边缘有疏而浅的波状齿，近基部的齿较深。

观花： 花具长梗，两侧对称；萼片 5 枚，披针形，基部附器长约 1 mm，顶端圆；花瓣 5 片，淡紫色或少白色，距管状，顶端等粗，长 3 ~ 4 mm。

分布： 分布于我国华东、华北、华中、华南和西南诸省区。

习性： 喜温暖、湿润的环境。

繁殖： 播种或分株繁殖。

应用： 宜盆栽或布置花境。

亚种： 尼泊尔堇菜 ssp. *nepalensis* W. Beck.，叶基部不为截形或浅心形，也不作戟形，通常渐狭而下延于叶柄。国内分布地区同原来种。

★ *Viola cornuta* L. ☆ Sweet Violet

角堇

别名：香堇菜
科属：堇菜科堇菜属

识别：一二年生草本花卉，高 15 ～ 20 cm。植株匍匐状丛生，开展，多分枝。基生叶及幼叶浑圆形，叶缘具圆钝锯齿，叶柄明显；基生叶卵状披针形，有锯齿，互生；托叶较大，宿存，羽裂。蒴果，种子似水滴状，浅棕色，光滑发亮。果期 6 ～ 9 月。
观花：花单生叶腋，花梗长，花径约 2 cm，多花性；花期 5 ～ 8 月。
分布：原产于南欧地区。
习性：喜阳光充足，能耐半阴；喜凉爽气候，较耐寒。要求肥沃湿润的沙质土。
繁殖：播种繁殖。
应用：作花境、岩石园、悬挂、盆栽布置，也可配植于园路两旁和草坪边缘。
品种：花色主要有白色、淡黄色、橙黄色、淡雪青色、紫堇色等。

★ *Viola dissecta* Ledeb. ☆ Splitleaf Violet

裂叶堇菜

别名：疔毒草
科属：堇菜科堇菜属

识别：多年生草本，无地上茎。叶全基生，掌状 3 ～ 5 全裂或羽状深裂，末回裂片线形，叶基心形。蒴果，无毛。果期 5 ～ 10 月。
观花：花单生，具 2 小苞片；萼片 5 枚，基部具短小附属物，花瓣 5 片，淡紫色，具紫色条纹，下面一瓣具细长的距。花期 4 ～ 9 月。
分布：分布于东北、华北地区。
习性：生于草地及固定沙丘向阳处。
繁殖：播种繁殖。
应用：可种植于山坡、林缘、灌丛和河岸附近。

★ *Viola diffusa* Ging. ☆ Sevenstar Lotus, Climbing Violet

蔓茎堇菜

别名：七星莲
科属：堇菜科堇菜属

识别：有长柔毛草本；地下茎短或稍长；基生叶和匍匐枝通常多数。基生叶卵形或矩圆状卵形，长 1.5 ～ 6.5 cm，较小，基部通常截形或楔形，少浅心形，明显下延于叶柄上部，顶端圆、钝或稍尖，边有较细钝齿，匍匐枝上的叶常聚生于枝端；托叶有睫毛状齿或近于全缘。果椭圆形，长约 7 mm，无毛。果期 5 ～ 10 月。
观花：花小，两侧对称；萼片 5 枚，披针形，基部附器短，截形；花瓣 5 片，白色或浅紫色，距短，长约 2 mm。花期 3 ～ 5 月。
分布：分布于长江流域及其以南各省区。
习性：喜温暖，较耐寒，忌高温、多湿的气候。
繁殖：播种、扦插或压条繁殖。
应用：株形纤柔精巧，花姿淡雅别致，可作吊盆欣赏，可种植水边、林下或草丛等湿润肥沃处。

球果堇菜

别名：毛果堇菜
科属：堇菜科堇菜属

识别：有毛草本；地下茎较粗。叶基生，具长柄，心形或近圆形，长达 2.5 cm，基部弯缺浅或深而狭，顶端钝或圆，边缘有浅而钝锯齿，两面被柔毛；叶柄具倒向短毛；托叶膜质，边缘有较疏睫毛。果近球形，长约 8 mm，密生柔毛，熟时果柄常下弯接近地面。

观花：花两侧对称，具长梗；萼片 5 枚，披针形，基部附器不显著，有毛；花瓣淡紫色，距白色，长约 3 mm，直或稍上弯。

分布：分布于贵州、湖南、江苏和长江流域以北各省区。朝鲜、日本、俄罗斯西伯利亚地区、欧洲也有分布。

习性：喜温暖、阴凉、湿润的环境。

繁殖：播种繁殖。

应用：为良好的观花草本植物，可种植于路旁、草坡较阴湿地方。

★ *Viola collina* Bess.　☆ Cornt Violet

奇异堇菜

别名：伊吹堇菜
科属：堇菜科堇菜属

识别：多年生草本，高 6 ~ 20 cm。托叶披针形，全缘；基生和茎生叶肾形，基部两端向内卷，边缘具圆齿。

观花：花梗长 7 ~ 12 cm，花瓣紫堇色或浅紫色，侧瓣里面有须毛，花期、果期为 5 ~ 8 月。

分布：产于我国东北和内蒙古地区。日本、朝鲜、韩国及欧洲也有分布。

习性：喜半阴、冷凉环境，耐寒，适宜疏松土壤。

繁殖：播种繁殖，易自播繁衍。

应用：可植于山坡或疏林下、林缘。

★ *Viola mirabilis* L.　☆ Strange Violet

三色堇

别名：三色堇菜，蝴蝶花，猫脸花
科属：堇菜科堇菜属

识别：草本，株高 15 ~ 30 cm。多分枝，稍匍匐状生长；叶互生，基生叶近心脏形，茎生叶较狭长，托叶宿存；果期 5 ~ 8 月。

观花：花腋生，花色艳丽，通常为黄、白、紫三色；花期 4 ~ 7 月。

分布：原产于南欧地区。

习性：喜冷凉的气候和温暖湿润的环境，忌高温。

繁殖：扦插或播种繁殖。

应用：三色堇是冬春优良花坛材料，也可地栽、盆栽观赏。

品种：花色品种丰富。

相近种：角堇 *Viola cornuta* L.，花较小，直径 2.5 ~ 3.7 cm。

★ *Viola tricolor* L.　☆ Pansy，Heartsease

★ *Viola hancockii* W.Beck.　☆ Hancock Violet

西山堇菜

科属：堇菜科堇菜属

识别：多年生草本，高 10 ~ 15 cm。根状茎粗壮，片密生。叶多数，基生，叶片卵状心形，先端急尖或钝，基部深心形，边缘具整齐的钝锯齿，上面散生短柔毛，叶脉明显隆起；叶柄狭细，无翅；托叶外部着膜质，白色。果实长圆状，无毛。

观花：花近白色，大型；萼片 5 枚，披针形或宽披针形，先端尖，末端平截；花瓣 5 片，下方花瓣距筒状，长 6 ~ 8cm。花期 4 ~ 5 月。

分布：产于中国江苏、山东及河北。

习性：喜阴凉、温暖、湿润的环境，较耐寒。

繁殖：播种繁殖。

应用：良好的观花草本植物，可种植于阴坡阔叶林林下、林缘或水边。

★ *Viola prionantha* Bunge　☆ Serrate Violet

早开堇菜

别名：尖瓣堇菜，早花地丁
科属：堇菜科堇菜属

识别：草本；根粗壮，带灰白色；地下茎短，粗或较粗；通常无地上茎。叶基生，叶片披针形或卵状披针形，长 3 ~ 5 cm，顶端钝圆，基部截形或有时近心形，稍下延，边缘有细圆齿；托叶边缘白色。

观花：花大，两侧对称，连距长 1.5 ~ 2 cm；萼片 5 枚，披针形或卵状披针形，基部附器稍长；花瓣 5 片，淡紫色，距长 5 ~ 7 mm；子房无毛。

分布：分布于东北、华北、陕西、甘肃、湖北。朝鲜、俄罗斯西伯利亚地区也有分布。

习性：喜光；喜冷凉或温暖的气候，忌高温。以肥沃、富含有机质的壤土为佳。

繁殖：播种繁殖。

应用：花形较大，花色艳丽，4 月上旬开始开花，中旬进入盛花期，是一种美丽的早春地被观赏植物。

★ *Viola philippica* Cav.　☆ Purpleflower Violet，Tokyo Violet

紫花地丁

别名：辽堇菜，光瓣堇菜，犁头草
科属：堇菜科堇菜属

识别：多年生草本，无地上茎。叶基生，披针形或长圆形，叶基截形或楔形，叶缘具圆齿。蒴果长圆形，3 瓣裂。果期 5 ~ 9 月。

观花：花单生，紫色，常具紫色条纹；萼片 5 枚，基部具短附属物；花瓣 5 片，下面一瓣具直而细长的距。花期 4 ~ 5 月。

分布：分布于东北、华北、山东、陕西、甘肃、长江流域以南，西至西藏东部。朝鲜、日本、印度、缅甸也有分布。

习性：性强健，喜凉爽，喜半阴的环境和湿润的土壤，但在阳光下和较干燥的地方也能生长，耐寒、耐旱，对土壤要求不严格。

繁殖：分株栽植、播种、自然繁殖均可。

应用：由于花期长、花色艳丽，可以在广场、平台布置花坛、花境；在园路两旁、假山石作点缀给人以亲切的自然之美，也可种植于林下、草坪中、山坡、林缘、灌丛、路旁等处。

相近种：早开堇菜 *Viola prionantha* Bunge，叶片较狭长。

紫花堇菜

别名：紫花高茎堇菜
科属：堇菜科堇菜属

识别： 无毛草本；主根长；地下茎很短；地上茎1条或数条，高达20 cm。叶三角状心形或近圆心形，长1 ~ 6 cm，顶端钝尖或圆，基部湾缺浅或宽三角形，边缘有钝齿，两面有褐色腺点；托叶披针形，边缘有栉状长齿。

观花： 花由茎基或由茎生叶的腋部抽出，长可达1 cm；萼片5枚，披针形，基部附器半圆形；花瓣淡紫色，有褐色腺点，距管状，长约7 mm，直或略弯。果椭圆形，长1 cm或略短，密生褐色腺点。

分布： 产于我国华南、华中及华东地区。日本也有分布。

习性： 生性强健，喜温暖、阴湿的环境。

繁殖： 播种或分株繁殖。

应用： 宜盆栽或片植于庭园稍荫蔽处美化。

相近种： 庐山堇菜 *Viola stewardiana* W. Beck. 极似本种，但茎生叶卵形，基部楔形下延，近于菱形；分布于江西、安徽。

★ *Viola grypoceras* A. Gray ☆ Purpleflower Violet

黄葵

别名：山油麻，香秋葵
科属：锦葵科秋葵属

识别： 一年生草本。株高达100 cm。茎有粗硬毛。叶3 ~ 5深裂，具不规则钝齿。蒴果大，成熟后自然开裂，种子不规则，为黑色。果熟期9 ~ 10月。

观花： 花大，花瓣覆瓦状着生，黄色，瓣基红褐色；小苞片线状，短于萼片；萼片佛焰苞状，沿一边开裂，早落；花朝开暮落。花期7 ~ 8月。

分布： 原产于非洲、埃及及加勒比海的安提瓜、巴巴多斯。国内有时作蔬菜栽培。

习性： 喜温暖，怕严寒，耐热力强；耐旱、耐湿，但不耐涝；喜光，不耐阴，宜肥沃而深厚的土壤。

繁殖： 常用种子繁殖。

应用： 园林中可用作背景材料或丛植；也适合作大型盆栽。

★ *Abelmoschus moschatus* Medicus ☆ Muskmallow

红萼苘麻

别名：红萼苘麻，蔓性风铃草
科属：锦葵科苘麻属

识别： 常绿软木质藤蔓状灌木。枝条纤弱细长，分枝很多，很适合作为吊盆栽种观赏。叶互生，有细长叶柄。叶绿色，长5 ~ 10 cm，心形，叶端尖，叶缘有钝锯齿，有时分裂。

观花： 花生于叶腋，花梗细长，花下垂。花萼红色，约2.5 cm长，半套着大约4 cm长的花瓣。花瓣5片，黄色；花蕊深棕色，伸出花瓣约1.3 cm长。花冠状如风铃，又似红心吐金。全年都可开花。

分布： 原产于巴西、阿根廷、乌拉圭。我国有栽培。

习性： 喜温暖、湿润和阳光充足的环境，也耐半阴，不耐寒，也不耐旱，适宜在疏松透气、含腐殖质丰富的土壤。

繁殖： 扦插和压条繁殖。

应用： 适合吊盆栽种观赏，或者设立支架供其攀爬，便可长出你想要的造型。

★ *Abutilon megapotamicum* (Spreng.) St.Hil. et Naudin

★ *Althaea rosea*（L.）Cavan.　☆ Hollyhock

蜀葵

别名：大蜀葵，一丈红，端午锦
科属：锦葵科蜀葵属

识别： 多年生草本，高 2 ~ 3 m。茎直立挺拔，全株被毛。叶大、互生，叶片粗糙微皱缩，心脏形，5 ~ 7 浅裂。蒴果扁球形，成熟时每心皮自中轴分离。种子扁圆形。

观花： 花大，单生于叶腋或着生枝条顶部，总状花序，花径 8 ~ 12 cm；花果期 6 ~ 9 月。

分布： 原产于亚洲各地。

习性： 喜光、不耐阴，耐寒，不择土壤，但以疏松肥沃的土壤生长良好。

繁殖： 播种繁殖。

应用： 常于建筑物前列植或丛植，或作花境的背景材料，也可用于篱边绿化及盆栽观赏。

品种： 花色艳丽，有粉红、红、紫、黑紫、白、黄、水红及乳黄色等。主要花型有单瓣、重瓣和半重瓣。

★ *Althaea officinalis* L.　☆ Marshmallow

药蜀葵

别名：药用蜀葵
科属：锦葵科蜀葵属

识别： 多年生草本，高 1 m；茎直立，密生星状长糙毛。叶互生，卵形或心形，3 裂或不分裂，长 3 ~ 8 cm，宽 1.5 ~ 6 cm，基部近心形至圆形，边缘有锯齿，两面密生星状绒毛；叶柄长 1 ~ 4 cm，有星状绒毛；托叶条形，端具 3 尖。果圆肾形，直径 8 mm，包以宿存花萼。果期 8 ~ 9 月。

观花： 花簇生叶腋间，成短总状花序状；小苞片 9 枚，披针形，长 4 mm；萼杯状，5 裂，裂片披针形；花淡红色，直径 2.5 cm，花瓣 5 片，倒卵状矩圆形；心皮多数。花期 6 ~ 8 月。

分布： 产于新疆（塔城），我国各大城市有栽培。俄罗斯和北美也有栽培。

习性： 喜光。

繁殖： 播种繁殖。

应用： 可作庭园观赏植物。

★ *Anisodontea capensis* (L.) D. M. Bates　☆ Cape Mallow

南非葵

别名：小木槿，玲珑扶桑
科属：锦葵科南非葵属

识别： 多年生半灌木。株高 100 ~ 180 cm。茎具分枝，绿色、淡紫色或褐色。叶互生，为三角状卵形。叶三裂，裂片三角形，具不规则齿。

观花： 花小，5 瓣，圆整可爱，为粉色或粉红色。花苞非常多，花瓣轻盈，花形清秀。花期夏至秋。

分布： 原产于南非的山坡或丘陵地带。

习性： 喜光照。栽培基质宜选择通透性和排水性良好的土壤。

繁殖： 扦插繁殖。

应用： 可作盆栽观赏。

罂粟葵

别名：蔓锦葵，矮罂粟葵
科属：锦葵科罂粟属

识别： 多年生草本。具白色粗壮主根。匍匐茎长达 60 ~ 90 cm，有毛。单叶互生，5 ~ 7 深裂。
观花： 花径 6 cm，紫红色，花期夏季。
分布： 原产于美国得克萨斯州及墨西哥。
习性： 性喜温暖、阳光充足，在排水通畅、肥沃的土壤上生长良好，忌高温、湿涝。
繁殖： 播种或扦插繁殖。
应用： 花色艳丽，栽培管理简便，是坡地及堤坝优良地被材料。

★ *Callirhoe involucrata* A.Gray ☆ Poppy Mallow

蔓锦葵

别名：矮锦葵
科属：锦葵科蔓锦葵属

识别： 多年生匍匐性草本。高 30 ~ 80 cm。多年生蔓性草本，茎粗壮铺散于地面，被绵毛。叶近圆形，5 ~ 7 掌状深裂。
观花： 花单生于顶端或叶腋，玫瑰红色，基部有时白色。花期 5 ~ 8 月。
分布： 原产于北美。
习性： 喜阳，喜温暖，适应能力强。
繁殖： 播种繁殖。
应用： 作地被植物应用或用于自然花境等。

★ *Callirhoe involucrata* (T. et G.) A. Gray. ☆ Poppy Mallow

芙蓉葵

别名：草芙蓉，秋葵
科属：锦葵科木槿属

识别： 落叶灌木状草本，株高 1 ~ 2 m。叶大、广卵形，叶柄、叶背密生灰色星状毛。
观花： 花大，单生于叶腋，花径可达 20 cm，花期 6 ~ 8 月。
分布： 原产于北美地区。
习性： 喜光，略耐阴，宜温暖湿润气候，忌干旱，耐水湿。
繁殖： 播种、扦插、分株和压条等法繁殖，多采用扦插繁殖。
应用： 宜栽于河坡、池边、沟边，为夏季重要花卉，也可作为三季开花遮挡墙使用。
品种： 有白色、粉色、红色、紫色等。

★ *Hibiscus moscheutos* L. ☆ Musky Hibiscus

★ *Hibiscus rosa-sinensis* L.　☆ Chinese Hibiscus，Rose of China

扶桑

别名：朱槿，大红花，朱槿牡丹
科属：锦葵科木槿属

识别： 常绿大灌木。茎直立而多分枝，高可达 6 m。叶互生，阔卵形至狭卵形，长 7 ~ 10 cm，具 3 主脉，先端突尖或渐尖，叶缘有粗锯齿或缺刻，基部近全缘，秃净或背脉有少许疏毛，形似桑叶。

观花： 花大，有下垂或直上之柄，单生于上部叶腋间，花期全年，夏秋为盛花期。

分布： 原产于中国，分布于福建、广东、广西、云南、四川诸省区。

习性： 性喜温暖、湿润气候，抗逆性强，病虫害很少，不耐寒冷，要求日照充分。喜光，不耐阴。

繁殖： 扦插和嫁接繁殖。

应用： 扶桑鲜艳夺目的花朵、朝开暮萎、姹紫嫣红，在南方多散植于池畔、亭前、道旁和墙边。

品种： 有单瓣、重瓣之分；单瓣者呈漏斗形，通常玫瑰红色，重瓣者非漏斗形，呈红、黄、粉等色。

★ *Hibiscus mutabilis* L.　☆ Cottonrose Hibiscus，Changeable Rose

木芙蓉

别名：芙蓉花，拒霜花，木莲，地芙蓉
科属：锦葵科木槿属

识别： 落叶灌木或小乔木，高 2 ~ 5 m。茎具星状毛及短柔毛；叶广卵形，掌状 3 ~ 5 裂，基部心形，缘有浅钝齿，两面均具星状毛；蒴果扁球形，有黄色刚毛及绵毛；果熟期 10 ~ 11 月。

观花： 花大，单生枝端叶腋；花冠通常为淡红色，后变深红色；花期 9 ~ 10 月。

分布： 原产于中国。

习性： 喜光，稍耐阴；喜肥沃、湿润而排水良好的中性或微酸性沙质土壤；喜温暖气候，不耐寒；对二氧化硫抗性特强。

繁殖： 播种、分株和压条法繁殖。

应用： 由于花大而色丽，中国自古以来多在庭园栽植，可孤植、丛植于墙边、路旁、厅前等处，也可植于坡地、路边、林缘及建筑前，或栽作花篱。

品种： 重瓣木芙蓉 ‘Plenus’。

★ *Hibiscus syriacus* L.　☆ Shrubalthea，Hibiscus

木槿

别名：木棉，荆条
科属：锦葵科木槿属

识别： 落叶灌木或小乔木，高 3 ~ 4 m。小枝幼时密被黄色茸毛，后渐脱落。叶菱状卵形，端部常 3 裂，边缘有钝齿，仅背面脉上稍有毛。蒴果卵圆形，密生星状柔毛；果期 9 ~ 11 月。

观花： 花冠钟形，单生叶腋，单瓣或重瓣，有淡紫色、红色、白色；花期 6 ~ 9 月。

分布： 原产于东亚。

习性： 喜光，耐半阴；喜温暖湿润气候，耐寒；适应性强，耐干旱及耐贫瘠土壤，不耐积水，耐修剪。

繁殖： 播种、扦插、压条繁殖。

应用： 常用作围篱及基础种植材料，也宜丛植于草坪、路边或林缘。抗性较强，也是工厂绿化的良好树种。

变型： 白花重瓣木槿 f. *albo-plenus* Loudon；粉紫重瓣木槿 f. *amplissimus* Gagnep.。

相近种： 扶桑 *Hibiscus rosa-sinensis* L.。

野西瓜苗

别名：小秋葵，香铃草，山西瓜秧
科属：锦葵科木槿属

识别：一年生草本，高 20 ~ 50 cm，具白色粗毛。单叶互生，茎下部叶近圆形，上部叶 3 全裂，裂片羽状裂。蒴果近球形。果期 8 ~ 9 月。

观花：花单生叶腋；萼钟形，5 裂，膜质，绿色，具紫色纵脉，花瓣 5 片，淡黄色，单体雄蕊。花期 6 ~ 7 月。

分布：分布于全国各省区。中亚地区也有分布。

习性：日照须充足，喜高温，较耐旱、耐寒。

繁殖：播种繁殖。

应用：适于庭园美化，可在庭园丛植。

★ *Hibiscus trionum* L.　☆ Flower of an Hour

吊灯扶桑

别名：吊灯芙蓉，灯笼花
科属：锦葵科木槿属

识别：常绿灌木，高 2 ~ 4 m。小枝细瘦，常下垂。叶椭圆形，先端短尖，基部钝，边缘有齿缺；叶柄被星状柔毛。

观花：花单生于枝端叶腋，灯笼状；花瓣 5 片，红色，裂成流苏状，向上反卷；雄蕊柱长而凸出，下垂。蒴果长圆柱形。花期全年。

分布：原产于非洲热带地区。我国广东、广西、台湾、福建及云南有栽培。

习性：不耐阴，喜高温，不耐寒，宜在肥沃且排水良好的土壤中生长。

繁殖：扦插繁殖。

应用：花期长，几乎全年可开红色的花朵，是热带地区常见的园林观赏植物，也是常见的绿篱植物。

★ *Hibiscus schizopetalus* (Masters) Hook. f.　☆ Pendentlamp Hibiscus

洋麻

别名：大麻槿
科属：锦葵科木槿属

识别：一年生或多年生，高达 3 m。茎疏被锐利小刺。茎下部叶心形，不裂；上部叶掌状 3 ~ 7 深裂。蒴果球形，密被刺毛，顶端具短喙。花期秋季。

观花：花单生叶腋；花萼近钟形，被刺和白色柔毛，基部具 1 枚大腺体；花冠黄色，较大。

分布：原产于印度。我国南、北地区均有栽培。

习性：喜光；喜温暖、湿润的环境。在阳光充足、肥沃的土壤环境生长良好。

繁殖：播种或扦插繁殖。

应用：是较好的园林观花植物；可栽植于庭园、路旁。

★ *Hibiscus cannabinus* L.　☆ Hemp Hibiscus

★ *Lavatera trimestris* L.　☆ Herb Treemallow

三月花葵

别名：裂叶花葵
科属：锦葵科花葵属

识别：一年生草本，高 1 ~ 2 m。少分枝，被短柔毛。叶肾形，上部的卵形，常 3 ~ 5 裂，长 2 ~ 5 cm，宽 2.5 ~ 7 cm，边缘具锯齿或牙齿，上面被疏柔毛，下面被星状疏柔毛。

观花：花紫色，单生于叶腋间，花梗长 1.5 ~ 4 cm；花径约 6 cm，花瓣 5 片，倒卵圆形，长约 3 cm，先端圆形，基部狭。花期 4 ~ 8 月。

分布：原产于欧洲。

习性：性喜阳光充足、凉爽湿润之地，较耐寒，适应性较强，对土壤要求不严格，在富含有机质、排水良好的土壤上生长良好。

繁殖：常用种子繁殖。

应用：花葵植株高大舒展，具有形似花灌木的观赏效果，可丛植，或作花境、角隅材料，也可作盆栽观赏。

★ *Malva rotundifolia* L.　☆ Running Mallow

圆叶锦葵

别名：土黄芪、野锦葵
科属：锦葵科锦葵属

识别：多年生草本。植株较小，高 25 ~ 50 cm，茎分枝多而匍生，略有粗毛。叶互生，肾形，长 1 ~ 3 cm，宽 1 ~ 4 cm，先端圆钝，基部心形，常为 5 ~ 7 浅裂，裂片边缘有细圆齿；叶柄长 3 ~ 12 cm；托叶小，卵状渐尖。果实扁圆形，直径约 6 mm。花果期 4 ~ 9 月。

观花：花在上部 3 ~ 5 朵簇生，在基部单生；花梗长 2 ~ 5 cm；小苞片 3 枚，披针形；花萼钟形，长 5 ~ 6 mm，裂片 5 枚，花冠白色或粉红色，直径约 1.5 cm，花瓣 5 片，倒心形。

分布：广布于各省区。

习性：喜阳光充足；喜高温，耐干旱；耐瘠薄，不拘土壤。

繁殖：种子繁殖。

应用：可列植、片植于路旁、山石旁等处以美化园林。

★ *Malva verticillata* L.　☆ Cluster Mallow

野葵

别名：冬葵，冬苋菜，冬寒菜，葵菜
科属：锦葵科锦葵属

识别：二年生草本，高 60 ~ 90 cm，茎被星状长桑毛。叶互生，有长柄，柄长生毛茸，叶大，圆状肾形，5 ~ 7 掌状裂，裂片三角形，边缘有细锯齿。果扁圆形，光洁，果熟时各心皮彼此分离。

观花：叶腋簇生小花，花瓣 5 片，端凹入，花白色有紫晕或浅红色，花柱丝状白色。花期 7 ~ 9 月。

分布：分布于我国各地，北自吉林、内蒙古，南达云南、西藏，东起沿海，西至新疆、青海，不论平原还是山野，均有野生。

习性：喜阳光充足；喜高温，耐干旱，耐瘠薄，不择土壤。

繁殖：多用播种繁殖，宜秋播。

应用：可列植、片植于路旁、山石旁等处以美化园林。

锦葵

别名：荆葵、钱葵、棋盘花
科属：锦葵科锦葵属

识别： 二年生草本，高 60 ～ 100 cm。茎直立，分枝，有粗毛。叶心状圆形或肾形，直径 7 ～ 13 cm，通常 5 ～ 7 钝圆浅裂，边缘有钝齿；叶柄长 8 ～ 18 cm。果实扁圆形，直径约 8 mm，心皮有明显皱纹和细毛。果期 8 ～ 11 月。
观花： 花紫红色，直径 2.5 ～ 4 cm，簇生于叶腋，花柄长短不等，长可达 3 cm；小苞片卵形；萼裂片宽卵形；花瓣长过花萼 3 倍，顶端略凹。花期 6 ～ 10 月。
分布： 原产于亚洲、欧洲及北美地区。我国各地多栽培。
习性： 喜冷凉，较耐寒，喜阳光充足，不择土壤。
繁殖： 播种繁殖。
应用： 可组成繁花似锦的绿篱、花墙。

★ *Malva sinensis* Cavan. ☆ China Mallow

悬铃花

别名：南美朱槿，大红袍，卷瓣朱槿
科属：锦葵科悬铃花属

识别： 小灌木，高约 1 m。小枝圆柱形，被疏长柔毛。叶宽心形至圆心形，长 7 ～ 10 cm，先端渐尖，基部心形，边缘具不规则钝齿，两面均疏被星状柔毛。
观花： 花单生于叶腋，红色。花期全年。
分布： 原产于墨西哥和哥伦比亚。我国广东和福建等地有栽培。
习性： 喜阳光充足；喜高温。喜肥沃、疏松土壤。
繁殖： 扦插或播种繁殖。
应用： 极为美丽的园林观赏植物，常作绿篱植物栽培。

★ *Malvaviscus arboreus* Cavan. ☆ Small Waxmallow

火祭

别名：秋火莲
科属：景天科青锁龙属

识别： 多年生肉质草本。叶交互对生，排列紧密，呈“十”字形，叶长圆形，先端钝尖，叶绿色，叶面有毛点，在冬季的阳光下，转成红色。
观花： 聚伞花序，小花黄白色。
分布： 栽培品种。
习性： 喜光，喜干燥，喜温暖，生长适温 20 ～ 28℃，喜疏松的沙质壤土，在半阴或荫蔽处植株虽然也能生长，但叶色不红。
繁殖： 扦插或分株繁殖。
应用： 叶片红艳似火、极为美观，为优良的盆栽观叶植物，适合阳光充足的阳台、窗台、庭院等处栽培观赏，常给人以生机勃勃的感觉。

★ *Crassula capitella* Thunb.‘Campfire’ ☆ Campfire Crassula

★ *Echeveria pulvinata* Rose ☆ Pulvinulus Echeveria

绒毛掌

别名：锦晃星，绒毛掌猫耳朵
科属：景天科石莲花属

识别： 多年生灌木状草本，高 30 cm，株幅 50 cm。松散的莲座状，全株被满棕色绒毛。叶倒卵状匙形，肥厚，中绿色，具白毛，秋季叶缘转红色，长 2.5 ~ 6 cm。

观花： 圆锥花序，长 20 ~ 30 cm，花卵球形至坛状，黄色中肋红色或黄红色，长 2 cm。花期初夏至秋季。

分布： 原产于墨西哥。

习性： 耐干旱；生长期适度浇水，冬季保持湿润；喜明亮光照，也耐半阴；夏季遮阴；较喜肥；生长期每月施肥 1 次。

繁殖： 播种繁殖。

应用： 盆栽点缀阳台、书桌、茶几，生动而有趣。

★ *Echeveria secunda* var. *glauca* ☆ Secund Echeveria

玉碟

别名：石莲花，石莲掌，八宝掌
科属：景天科石莲花属

识别： 多年生肉质草本多浆植物，植株矮小。茎匍匐。叶片肉质化，叶丛紧密，直立莲座状排列，叶楔状倒卵形，顶端短、锐尖，无毛、粉蓝色。

观花： 花茎柔软，有苞片，具白霜，8 ~ 24 朵花成聚伞花序，花冠红色，花小，瓶状，花瓣披针形不开张。花期 7 ~ 10 月。

分布： 原产于墨西哥，现世界各地均栽培。

习性： 喜温暖干燥和阳光充足的环境，不耐寒、耐半阴，怕积水，忌烈日。以肥沃、排水良好的沙壤土为宜。

繁殖： 常用扦插繁殖，春夏进行，茎插、叶插均可。

应用： 叶肥厚如翠玉，姿态秀丽，形状似池中莲花，观赏价值较高，适合家庭栽培，可置于桌案、几架、阳台等处，充满趣味，栽培容易，是室内绿色装饰的佳品。

★ *Echeveria* ‘Black Prince’ ☆ Black Prince Echeveria

黑王子

科属：景天科石莲花属

识别： 多年生肉质草本。植株具短茎，肉质叶，排列紧密，莲座状，叶片匙形，顶端有小尖头，叶色紫黑色。

观花： 聚伞花序，花小，红色或紫红色。花期夏季。

分布： 栽培品种。

习性： 喜全日照，生长适温 20 ~ 30 ℃，喜疏松、排水良好的壤土。

繁殖： 扦插或分株繁殖。

应用： 株形美观，叶排列紧凑，观赏性佳，盆栽适合阳台、案头摆放观赏。

特叶玉莲

别名：特玉莲，特玉蝶
科属：景天科石莲花属

识别：多年生肉质草本，高 15 cm。叶三角形，肥厚、卷曲，层层相叠如花瓣状排列，暗绿色。
观花：花期春末至初夏。
分布：原产于热带地区。我国南方有栽培。
习性：喜温暖、干燥和通风的环境，喜光，耐旱、耐寒、耐阴，不耐烈日暴晒，无明显休眠期。
繁殖：扦插繁殖。
应用：为良好的室内盆栽植物。

★ *Echeveria runyonii* Rose 'Topsy Turvy'

宫灯长寿花

别名：大提灯，吊钟长寿花
科属：景天科伽蓝菜属

识别：多年生草本，高 30 cm。叶对生，肉质，卵圆形，叶缘钝锯齿。
观花：花粉红色至紫红色，花冠膨大，呈筒状或钟状，似灯笼，花瓣先端橙色，带黄边。秋、冬、春三季开花，养护得当时可全年开花。
分布：原产于南非。
习性：喜光，忌强烈日光直射，喜排水性良好的壤土，短日照草本植物。
繁殖：春天或夏天扦插繁殖或播种繁殖，扦插容易成活。
应用：花型俏丽，叶色鲜翠，栽培简单，可盆栽观赏。
变种：有 var. *andringitrensis* H.Perrier，var. *confertifolia* H.Perrier，var. *sicaformis* Boiteau et Mannoni，var. *subpeltata*（Baker）H.Perrier，var. *subsessilis* H.Perrier，var. *typica* H.Perrier 等变种。

★ *Kalanchoe manginii* Raym.-Hamet et H. Perrier

鸡爪三七

别名：青背天葵，伽蓝菜
科属：景天科伽蓝菜属

识别：多年生肉质草本，高 20 ~ 100 cm。叶对生，中部叶羽状条裂，长 8 ~ 15 cm，裂片条形或条状披针形，全缘，或稍有钝锯齿，或作浅裂状。蓇葖有种子多数。
观花：聚伞花序圆锥状，长 10 ~ 30 cm；苞片条形；萼片 5 枚，披针形，长 4 ~ 10 mm；花冠黄色，高脚碟状，长 1.5 ~ 2 cm，裂片 4 枚，卵形，长 5 ~ 6 mm；雄蕊 8 枚，着生花冠筒的喉部；心皮 4 枚。
分布：分布于云南、广西、广东、福建及台湾。
习性：喜光照、温暖湿润的气候条件，耐旱、不耐寒、不耐水湿；对土壤要求不严格，一般土壤均可生长。
繁殖：枝插、叶插或分株繁殖。
应用：多盆栽置于室内装饰与观赏，可用于园林绿地及专类园栽培。
相近种：匙状伽蓝菜 *Kalanchoe spathulata* DC.，叶匙状矩圆形。

★ *Kalanchoe laciniata*（L.）DC.　☆ Laciniate Kalanchoe

★ *Kalanchoe beauverdii* Raym.-Hamet et H. Perrier

极乐鸟

科属：景天科伽蓝菜属

识别：多年生肉质草本。茎细长，攀缘性，长 2 ～ 3 m，厚 2 ～ 3 mm。叶线状披针形，十字交叉对生，肉质，先端稍下弯，并长有不定芽，落叶后即成苗。

观花：花紫色，有斑点。花期夏季。

分布：原产于非洲马达加斯加。我国南方有栽培。

习性：喜光，也耐半阴，全日照或半日照均可，喜湿，耐干旱，较喜肥。

繁殖：枝插、叶插或分株繁殖。

应用：茎攀缘，多用于藤架装饰。

★ *Kalanchoe blossfeldiana* Poelln. ☆ Flaming Katy

长寿花

别名：矮生伽蓝菜
科属：景天科伽蓝菜属

识别：多年生肉质草本，高 10 ～ 30 cm。株丛紧密，低矮。茎直立。叶对生，椭圆形或卵形，叶片肥厚，深绿色，叶缘有粗齿。

观花：聚伞状圆锥花序顶生，花冠管状，小花簇生成团；花色绯红、桃红、橙红和黄色等。花期 1 ～ 4 月。

分布：原产于非洲马达加斯加。全世界广泛栽培，中国南方地区有栽培。

习性：生性强健。喜阳光充足，喜温暖，耐旱，生长适温为 20 ～ 80 ℃。喜疏松、肥沃且排水良好的沙质壤土。

繁殖：分株或扦插繁殖。每年春季花期后，结合修枝进行插枝繁殖。

应用：株形矮小紧凑，花朵细密拥簇成团，整体观赏效果极佳，为优良盆栽观赏花卉。适合植于花坛或盆栽。

品种：汤姆长寿花‘Tom’等。

★ *Kalanchoe gastonis-bonnieri* Raym.-Hamet et Perrier

大叶落地生根

别名：掌上珠
科属：景天科伽蓝菜属

识别：多年生草本，高 50 ～ 60 cm。茎粗 1.2 cm。叶对生，平展，长卵圆形，长 13 ～ 16 cm，宽 4.5 ～ 5.5 cm。叶两面被稠密、浓厚的白粉；叶尖端有芽，会直接生出带根的小植株。花后全株枯死。

观花：花序高 30 cm；小花钟形。下垂，红色。花期秋、冬季。

分布：原产于非洲马达加斯加。我国南方有栽培。

习性：要求阳光充足；喜温暖、湿润的环境；耐干旱。

繁殖：扦插或播种繁殖。

应用：适合盆栽点缀室内。

朱莲

科属：景天科伽蓝菜属

识别： 茎有棱。叶卵圆形或椭圆形，肉质，叶缘有齿，长 4 ~ 8 cm，叶表面有光泽，在足够的光线照射下叶由浅绿色变为红色。

观花： 花序很高，花黄色。

分布： 原产于南非。

习性： 喜光，不耐积水。

繁殖： 植株宜不断更新株形，可剪取分枝扦插繁殖，也可播种繁殖。

应用： 朱莲冬天很吸引人，栽培容易，是大众化的室内盆栽材料，花开时株形被破坏，但不会全株枯死。

原变种： 魔海 *Kalanchoe longiflora* Schlechter，茎粗圆，无棱。

★ *Kalanchoe longiflora* Schlechter var. *coccinea* Marn.

瓦松

别名：流苏瓦松，瓦花，向天草，天王铁塔草
科属：景天科瓦松属

识别： 二年生草本，高 10 ~ 40 cm。基生叶莲座状，匙状线形，先端增大为白色软骨质，半圆形，有齿，茎生叶线状披针形，具尖头。蓇葖果长圆形。果期 9 ~ 10 月。

观花： 总状花序圆锥状，花多数密集，5 基数；萼片肉质，花瓣粉红色。花期 7 ~ 9 月，

分布： 产于我国长江中下游及北方各省区，北京各区县常见，生于石质山坡、岩石、树干或屋顶上。分布于东北、华北、西北、华东地区。

习性： 耐旱，耐寒。

繁殖： 扦插或分株繁殖。

应用： 可作室内装饰，也可盆植观赏，或种植于墙头上。

★ *Orostachys fimbriatus*（Turcz.）Berger　☆ Fimbriate Orostachys

轮叶八宝

别名：轮叶景天，还魂草，岩三七
科属：景天科八宝属

识别： 多年生直立草本，高 40 ~ 100 cm，不分枝。叶 4 ~ 5 轮生，下部叶为 3 叶轮生或对生，矩圆状披针形至卵状披针形，长 4 ~ 8 cm，宽 2.5 ~ 3.5 cm，顶端急尖，基部楔形，边缘有整齐的疏牙齿，叶下常带苍白色，几无柄。果期 7 ~ 8 月。

观花： 伞房花序顶生，密生花，顶为半圆球形，直径 2.5 ~ 6 cm；萼片 5 枚，披针形，长约 1 mm；花瓣 5 片，黄白色、淡绿色至白色，矩圆状椭圆形，长 4 ~ 5 mm；雄蕊 10枚 。花期 5 ~ 7 月。

分布： 分布在四川、湖北、安徽、甘肃、陕西、山西、河北、山东至东北。

习性： 耐阴，稍耐水湿。

繁殖： 播种繁殖。

应用： 可作园林地被植物。

★ *Hylotelephium verticillatum* (L.) H. Ohba　☆ Whorlleaf Eight Treasure

★ *Hylotelephium erythrostictum* (Miq.) H. Ohba　☆ Showy Stonecrop

八宝

别名：景天，活血三七，对叶景天
科属：景天科八宝属

识别： 多年生草本，株高 30 ~ 50 cm。地下茎肥厚，地上茎簇生。叶轮生或对生，倒卵形，肉质，具波状齿。

观花： 伞房花序密集如平头状，花期 8 ~ 9 月。

分布： 产于我国东北地区以及河北、河南、安徽、山东等省。

习性： 性喜强光和干燥、通风良好的环境，耐低温，耐贫瘠和干旱，忌雨涝积水。

繁殖： 扦插、播种或分株繁殖。

应用： 用来布置花坛，可以做圆形、方块、云卷、弧形、扇面等造型，也可以用作地被植物，部分品种冬季仍然有观赏效果。

品种： 花有淡粉红色，常见栽培的还有白色、紫红色、玫红色品种。

★ *Sedum emarginatum* Migo　☆ Emarginate Stonecrop

凹叶景天

别名：石马苋，马牙半支莲
科属：景天科景天属

识别： 多年生草本，茎高 10 ~ 15 cm。茎细弱。叶对生，匙状倒卵形至宽匙形，先端圆，基部渐狭，近无柄，有短距；蓇葖果略开叉。果期 6 月。

观花： 聚伞花序顶生，有多花，萼片 5 枚，披针形至狭长圆形，花瓣 5 片，黄花；花期 5 ~ 6 月。

分布： 产于湖南、江西、浙江、江苏、安徽、湖北、四川、云南、甘肃、陕西等省。

习性： 耐旱，喜半阴环境，易栽培。

繁殖： 分株、扦插或播种繁殖。

应用： 用于布置花境、花坛，也可室内盆栽。

★ *Sedum sarmentosum* Bunge　☆ Stringy Stonecrop

垂盆草

别名：狗牙半支，石指甲，半支莲
科属：景天科景天属

识别： 多年生肉质草本，长 10 ~ 25 cm。不育枝及花茎细，匍匐且节上生根；叶 3 枚轮生，倒披针形至长圆形，顶端尖，基部渐狭，全缘；果期 8 月。

观花： 聚伞花序疏松，花淡黄色，无梗。花期 5 ~ 7 月。

分布： 我国大部分地区野生。

习性： 喜阴湿又耐干旱，不择土壤。

繁殖： 扦插或分株繁殖。

应用： 叶质肥厚，色绿如翡翠，颇为整齐美观。不耐践踏，可作封闭式地被材料，也可用于模纹花坛配植图案，或用于岩石园及吊盆观赏等。

粗壮景天

别名：滇边景天
科属：景天科景天属

识别： 多年生草本。叶互生，长圆形，长 2 ～ 5 cm，宽 1 ～ 3 cm，先端钝圆，基部渐狭，边为全缘，柄长 3 ～ 13 mm，无距。蓇葖稍叉开，腹面稍作浅囊状。果期 10 月。

观花： 花序伞房状，宽 4 cm，小枝蝎尾状，果时伸长；花梗短，无毛，有微乳头状突起；花多数；苞片无柄，倒卵状长圆形，长 3.5 ～ 5.3 mm，宽 1 ～ 2 mm，边有微乳头状突起；萼片 5 枚；花瓣 5 片，黄色雄蕊 10 枚。花期 9 月。

分布： 产于云南西北部及四川西南部。

习性： 喜光。

繁殖： 播种繁殖。

应用： 可作园林地被植物。

变种： 远齿粗壮景天（齿圆佛甲草）var. *dentatum* S.H.Fu，边缘有疏牙齿。产于湖北咸丰。

★ *Sedum engleri* Hamet ☆ Engler Stonecrop

大苞景天

别名：苞叶景天，一朵云
科属：景天科景天属

识别： 草本，茎高达 50 cm。叶互生至 3 叶轮生，下部叶常脱落，菱状椭圆形，长 3 ～ 6 cm，宽 1 ～ 2 cm，向两端渐狭，顶端钝，基部渐狭，成一假叶柄，常聚生花序下。蓇葖上部略叉开，含种子 1 ～ 2 粒。

观花： 聚伞花序常三叉分枝，每枝上生 1 ～ 4 朵花，无梗；萼片 5 枚，三角形，长 0.5 ～ 0.7 mm；花瓣 5 片，矩圆形，长 5 ～ 6 mm；雄蕊 5 枚或 10 枚，较花瓣稍短；鳞片 5 枚，条状匙形至矩圆状匙形，长不及 1 mm；心皮 5 枚，稍略叉开，长 5 mm，基部 2 mm 合生。

分布： 分布在云南、四川、贵州、湖南西部、湖北西部、甘肃东南部、陕西、河南西南部。

习性： 喜阴，耐水湿。

繁殖： 播种繁殖。

应用： 可作园林地被植物，可种植于林下阴湿处或水边。

★ *Sedum amplibracteatum* K. T. Fu ☆ Bractleaf Stonecrop

费菜

别名：见血散，土三七
科属：景天科景天属

识别： 多年生草本；茎高 20 ～ 50 cm，直立，不分枝。叶互生，长披针形至倒披针形，长 5 ～ 8 cm，宽 1.7 ～ 2 cm，顶端渐尖，基部楔形，边缘有不整齐的锯齿，几无柄。蓇葖呈星芒状排列，叉开几至水平排列。

观花： 聚伞花序，分枝平展；花密生；萼片 5 枚，条形，不等长，长 3 ～ 5 mm，顶端钝；花瓣 5 片，黄色，椭圆状披针形，长 6 ～ 10 mm；雄蕊 10 枚，较花瓣为短；心皮 5 片，卵状矩圆形，基部合生，腹面有囊状突起。

分布： 分布在西北、华北、东北地区至长江流域。朝鲜、蒙古、俄罗斯西伯利亚地区、日本也有分布。

习性： 喜阳，耐半阴，耐寒，耐旱，适应性强，忌涝。

繁殖： 播种繁殖。

应用： 可用于花境、路边及岩石园等，或种植于山地阴湿处。

品种： 本种分布广阔，叶大小变异很大。

★ *Sedum aizoon* L. ☆ Aizoon Stonecrop

★ *Sedum lineare* Thunb.　☆ Buddhanail

佛甲草

别名：万年草，佛指甲
科属：景天科景天属

识别： 多年生肉质草本，高 10 ～ 20 cm。茎初生时直立，后下垂，有分枝。3 叶轮生，近无柄，线形至倒披针形，先端近短尖，基部有短矩。

观花： 聚伞花序顶生，花黄色，细小。花期春末夏初。

分布： 主要分布在北半球温带与寒带，中国吉林、河北、陕西、四川及华东等地区也有分布。

习性： 耐热、耐旱、耐寒、耐瘠薄的土壤。

繁殖： 播种繁殖。

应用： 是一种耐旱性极好的常绿植物，应用于模纹花坛、屋顶绿化和墙体绿化等，或作地被栽培于庭园。

★ *Sedum stellariifolium* Franch.　☆ Flame Grass

繁缕景天

别名：火焰草，卧儿菜
科属：景天科景天属

识别： 一年生或二年生草本。植株被腺毛。茎直立，有多数斜上的分枝，基部呈木质，高 10 ～ 15 cm，褐色，被腺毛。叶互生，正三角形或三角状宽卵形，长 7 ～ 15 mm，宽 5 ～ 10 mm，先端急尖，基部宽楔形至截形，全缘。蓇葖下部合生。果期 8 ～ 9 月。

观花： 总状聚伞花序；花顶生，花梗长 5 ～ 10 mm，萼片 5 枚，披针形至长圆形，长 1 ～ 2 mm，先端渐尖；花瓣 5 片，黄色，披针状长圆形，长 3 ～ 5 mm，先端渐尖；雄蕊 10 枚，较花瓣短。花期 6 ～ 8 月。

分布： 产于云南、贵州、四川、湖北、湖南、甘肃、陕西、河南、山东、山西、河北、辽宁、台湾等省。

习性： 耐阴，耐水湿。

繁殖： 播种繁殖。

应用： 可作园林地被植物，可以种植于坡地、假山上、水边或石缝中。

★ *Sedum major* (Hemsl.) Migo　☆ Big Stonecrop

山飘风

别名：庞果景天，沟繁缕景天
科属：景天科景天属

识别： 小草本，高 10 cm，基部分枝或不分枝。4 叶轮生，叶圆形至卵状圆形，一对大的长宽各 4 cm，小的一对常稍小或较小，先端圆或钝，基部急狭，入于假叶柄，或几无柄，全缘。

观花： 伞房状花序，总梗长 1.5 ～ 3 cm；花梗长 3 ～ 5 mm；萼片 5 枚，近正三角形，长 0.5 mm，钝；花瓣 5 片，白色，长圆状披针形，长 3 ～ 4 mm，宽 1 ～ 1.2 mm；雄蕊 10 枚，长 3 mm。花期 7 ～ 10 月。

分布： 产于河南、西藏、云南、四川、湖北、陕西等省。

习性： 耐阴，耐水湿。

繁殖： 播种繁殖。

应用： 可作园林地被植物，或种植于山坡、岩石上、假山上或林下石上。

松塔景天

别名：松叶景天
科属：景天科景天属

识别：多年生草本。茎匍匐，光滑。叶互生，椭圆状披针形，长 0.6 ～ 1.3 cm，叶端尖。
观花：花无柄，白色，极少为黄色，花茎 1.3 cm，萼片卵形，花瓣倒披针形。
分布：原产于匈牙利。
习性：喜光，也耐半阴，耐旱，稍耐寒，耐修剪，忌水湿。
繁殖：播种繁殖。
应用：适合于园林中配植成模纹花坛。

★ *Sedum nicaeense* All. ☆ Pale Stonecrop

反曲景天

别名：松叶景天
科属：景天科景天属

识别：多年生肉质草本植物，叶带有白色蜡粉，灰绿色，叶在小枝上的排列似云杉。叶片尖端弯曲，全株灰绿色。
观花：花序较长且较坚硬。花亮色黄，株高 15 ～ 25 cm。花期 6 ～ 7 月。
分布：产自欧洲。
习性：喜光，耐半阴，耐旱，忌水涝，耐寒，较耐湿热，不耐修剪。
繁殖：播种繁殖。
应用：可作园林地被植物，或用来布置花坛。

★ *Sedum reflexum* L. ☆ Reflexleaf Stonecrop

薄叶景天

科属：景天科景天属

识别：植株无毛，高 10 ～ 20 cm。不育枝细弱，高 8.5 cm，顶端有 6 ～ 7 叶簇生。3 叶轮生，叶狭线状披针形至狭线状倒披针形，长 2 ～ 3.5 cm，宽 1 ～ 2 mm，先端钝，基部有短距。果期 9 ～ 10 月。
观花：花茎自基部发出，下部不具叶。花序伞房呈蝎尾状，宽达 8 cm；花几无梗；萼片 5 枚，狭三角形，略叉开，钝；花瓣 5 片，狭披针形，长 4 ～ 4.5 mm，宽 1.2 mm，先端有短尖；雄蕊 10 枚，较花瓣稍短。花期 7 ～ 8 月。
分布：产于河南、安徽、浙江及湖北等地。
习性：耐阴，耐湿。
繁殖：播种繁殖。
应用：可作园林地被植物，或种植于岩石上或假山上。

★ *Sedum leptophyllum* Frod. ☆ Thinleaf Stonecrop

★ *Adenophora wawreana* Zahlbr. ☆ Manyfork Ladybell

多歧沙参

别名：瓦氏沙参
科属：桔梗科沙参属

识别：多年生草本，高达 1 m。具乳汁。根粗壮。叶互生，近无柄，卵形或披针形，具不整齐锯齿。蒴果广椭圆形。果期 9 ~ 10 月。

观花：圆锥花序多分枝，花多数下垂；花萼裂片反卷，花冠蓝紫色，钟形，先端 5 浅裂，花柱伸出花冠。花期 7 ~ 9 月。

分布：分布于内蒙古、河北、山西、河南等省区。

习性：稍耐阴。

繁殖：播种繁殖。

应用：可作园林地被植物，种植阴坡草丛、灌木林中或疏林下，也可种植于砾石中或岩石缝中。

★ *Adenophora trachelioides* Maxim. ☆ Apricotleaf Ladybell

荠苨

别名：荠尼，山生菜，杏叶菜
科属：桔梗科沙参属

识别：多年生草本，有白色乳汁。茎高 70 ~ 100 cm，下部粗达 7 mm，无毛，稍“之”字形弯曲。叶互生，有柄；叶片心状卵形或三角状卵形，长 4 ~ 12 cm，宽 2.5 ~ 7.5 cm，下部叶的基部心形；叶柄长 1.4 ~ 4.5 cm。果期 9 ~ 10 月。

观花：圆锥花序长达 35 cm，无毛，分枝近平展；花萼无毛，裂片 5 枚，厚，三角状披针形，长 7 ~ 8.5 mm，在结果时长达 9 ~ 12 mm；花冠蓝色，钟状，长约 2.2 cm，无毛，5 浅裂，雄蕊 5 枚。花期 7 ~ 9 月。

分布：分布于安徽、江苏、山东、河北、内蒙古东南部、辽宁；朝鲜、俄罗斯远东地区也有分布。

习性：耐阴。

繁殖：种子繁殖。

应用：生于山地草坡或林边。

相近种：薄叶荠苨 *Adenophora remotiflora*（Sieb. et Zucc.）Miq.。

★ *Adenophora remotiflora* (Sieb. et Zucc.) Miq. ☆ Scatteredflower Ladybell

薄叶荠苨

科属：桔梗科沙参属

识别：与荠苨的区别在于本种叶片长，多为卵形至卵状披针形，少为卵圆形，基部多为平截形、圆钝至宽楔形，极少在茎基部的叶为心形，顶端多为渐尖，质地薄，膜质。

观花：与荠苨的区别在于本种聚伞花序常为单花，少具几朵花的，因此，整个花序呈假总状或狭圆锥状。花萼筒部倒卵状或倒卵状圆锥形；花冠蓝色，长 2 ~ 3 cm，裂片长 7 ~ 10 mm，花盘细长，长 2.5 ~ 3 mm，宽仅 1 mm。花期 7 ~ 8 月。

分布：产于黑龙江、吉林、辽宁。朝鲜、日本和俄罗斯也有分布。

习性：喜光，也耐阴。

繁殖：播种繁殖。

应用：可作园林地被植物，可种植于林缘、林下或草地中。

石沙参

别名：八仙菜，桃山菜
科属：桔梗科沙参属

识别：多年生草本。叶具疏离的三角状尖锐锯齿或刺状齿；茎常被短毛；蒴果卵状椭圆形，长约 8 mm，直径约 5 mm。

观花：花序常不分枝而成假总状花序，或有短的分枝而组成狭圆锥花序。花梗短，长一般不超过 1 cm；花萼大多数被毛，筒部倒圆锥状，裂片狭三角状披针形；花冠紫色或深蓝色，钟状。花期 8 ~ 10 月。

分布：产于辽宁、河北、山东、江苏、安徽、河南、山西、陕西北部、甘肃、宁夏南部、内蒙古东南部。朝鲜也有分布。

习性：喜光照充足、凉爽的气候。

繁殖：种子繁殖。

应用：可作花境、花坛的装饰材料。

相近种：狭叶沙参 *Adenophora gmelinii*（Spreng.）Fisch.，叶较宽，长卵形或卵状披针形。

★ *Adenophora polyantha* Nakai　☆ Manyflower Ladybell

丝裂沙参

别名：龙胆草，泡参
科属：桔梗科沙参属

识别：多年生草本，有白色乳汁。茎高 50 ~ 110 cm，无毛或疏生短毛。茎生叶互生，无柄或近无柄；叶片菱状狭卵形至菱状披针形，长 5 ~ 16 cm，宽 1.6 ~ 4 cm，顶端长渐尖，基部宽楔形或楔形，边缘有不整齐的锯齿。

观花：圆锥花序长 20 ~ 45 cm，有长或短的分枝，无毛或疏生短毛；花萼无毛，裂片 5 枚，细钻形或近丝形，长 3.5 ~ 8 mm；花冠淡紫蓝色或白色，钟状，无毛，长 1 ~ 1.5 cm，5 浅裂；雄蕊 5 枚。

分布：分布于云南、四川、贵州、湖北、陕西南部、河南西部。

习性：耐阴。

繁殖：播种繁殖。

应用：可作园林地被植物，也可种植于山地草坡或灌丛中。

相近种：紫沙参 *Adenophora paniculata* Nannf.，极近本种，花梗稍短，花萼裂片稍短，长 3 ~ 5 mm。

★ *Adenophora capillaris* Hemsl.　☆ Threadlobe Ladybell

沙参

别名：南沙参，杏叶沙参
科属：桔梗科沙参属

识别：茎高 40 ~ 80 cm，不分枝。基生叶心形，大而具长柄；茎生叶无柄，叶片椭圆形，狭卵形，基部楔形，边缘有不整齐的锯齿，长 3 ~ 11 cm，宽 1.5 ~ 5 cm。花序常不分枝而成假总状花序，或有短分枝而成极狭的圆锥花序。蒴果椭圆状球形。

观花：花梗常极短；花萼常被短柔毛或粒状毛，少完全无毛的，筒部常倒卵状，少为倒卵状圆锥形，裂片狭长；花冠宽钟状，蓝色或紫色，外面无毛或有硬毛，特别是在脉上，长 1.5 ~ 2.3 cm，裂片长为全长的 1/3。花期 8 ~ 10 月。

分布：产于江苏、安徽、浙江、江西、湖南。日本也有分布。

习性：喜湿，喜阴。

繁殖：播种繁殖。

应用：可作园林地被植物。

★ *Adenophora stricta* Miq.　☆ Sessile Ladybell

★ *Adenophora hunanensis* Nannf. ☆ Hunan Ladybell.

杏叶沙参

别名：宽裂沙参
科属：桔梗科沙参属

识别： 多年生草本，有白色乳汁。高 60 ～ 120 cm，有短毛或无毛。茎生叶互生，下部的有短柄，中部以上的无柄；叶片卵形或狭卵形，长 2.5 ～ 6.5 cm，宽 1.5 ～ 4 cm，基部宽楔形或近截形，有时条状披针形，长达 14 cm，边缘有不整齐的锯齿。

观花： 花序狭长，长 25 ～ 60 cm，下部有短或长的分枝，有短毛或近无毛；花萼无毛，或有疏或密的白色短毛，裂片 5 枚，卵形或狭卵形，长 4.5 ～ 6.5 mm，宽 2 ～ 4 mm，基部稍合生，端钝；花冠淡紫蓝色，钟状，长 1.5 ～ 2 cm，外面无毛，5 浅裂；雄蕊 5 枚，基部变宽，边缘密生柔毛；花盘宽圆筒状；子房下位，花柱与花冠近等长。

分布： 分布于广西和广东的北部、贵州、湖南、江西、湖北、陕西和河北南部。

习性： 喜光，稍耐阴。

繁殖： 播种繁殖。

应用： 可作园林地被植物，种植于山坡或林中。

★ *Adenophora divaricata* Franch. et Sav. ☆ Spreadingbranch Ladybell

展枝沙参

别名：四叶菜
科属：桔梗科沙参属

识别： 多年生草本，高达 1 m。具白色乳汁。根粗壮。叶 3 ～ 5 枚轮生，菱状卵形，边缘具粗锐锯齿。蒴果宽椭圆形。果期 9 ～ 10 月。

观花： 圆锥花序分枝成塔形，花下垂；萼裂片 5 枚，平展，花冠钟形，淡蓝紫色，先端 5 浅裂，花柱伸出。花期 7 ～ 9 月。

分布： 分布于东北、华北等地区。

习性： 喜湿，喜阴。

繁殖： 播种繁殖。

应用： 适宜花径、花钵及花境边缘布置。

★ *Adenophora longipedicellata* Hong ☆ Hubei Ladybell

湖北沙参

科属：桔梗科沙参属

识别： 茎高 1 ～ 3 m。基生叶卵状心形；茎生叶至少下部的具柄，叶片卵状椭圆形至披针形，基部楔形或宽楔形，顶端渐尖，边缘具细齿或粗锯齿，薄纸质，长 7 ～ 12 cm，宽 2 ～ 5 cm，无毛或有时仅在背面脉上疏生刚毛。幼果圆球状。

观花： 花序具细长分枝，组成疏散的大圆锥花序，无毛或有短毛。花梗细长，长 1.5 ～ 3 cm；花萼完全无毛，筒部圆球状，裂片钻状披针形，长 8 ～ 14 mm；花冠钟状，白色、紫色或淡蓝色，长 19 ～ 21 mm。花期 8 ～ 10 月。

分布： 产于湖北西部、贵州、四川。

习性： 喜光，稍耐阴。

繁殖： 播种繁殖。

应用： 可作园林地被植物，种植于山坡、林中和石缝中。

风铃草

别名：钟花，瓦筒花
科属：桔梗科风铃草属

识别：二年生草本，高 40 ～ 70 cm。全株有毛。茎较粗壮，直立。基生叶倒卵形；茎生叶小而无柄。

观花：总状花序顶生，着花多数，小花单生或 2 朵并生，花冠钟形，花期 7 月。

分布：原产于欧洲。

习性：喜光，稍耐阴，喜凉爽，忌炎热，适宜湿润、肥沃的土壤。

繁殖：播种繁殖。

应用：园林地被植物，可植于花坛、花境或疏林下。

品种：有白色、蓝色和紫色等。

★ *Campanula media* L.　☆ Ganterbury Bells，Bellflower

钟草叶风铃草

别名：荨麻叶风铃草
科属：桔梗科风铃草属

识别：多年生草本，高 60 ～ 100 cm。茎直立，多分枝。基生叶卵形，先端尖，粗糙有锯齿，基部心形；茎生叶卵状披针形。

观花：总状花序顶生，小花密集具短梗，花冠蓝色或蓝紫色，花期 6 ～ 8 月。

分布：原产于欧洲至北非和西伯利亚地区。

习性：喜光，耐寒，适宜凉爽环境和排水良好的沙质土壤。

繁殖：播种或分株繁殖。

应用：可作园林地被植物，种植于花境、林缘、草地边缘或山坡上。

★ *Campanula tracheliua* L.　☆ Trachelium Bellflower

紫斑风铃草

别名：灯笼花，吊钟花
科属：桔梗科风铃草属

识别：多年生草本，高 20 ～ 50 cm，全株被刺状软毛。基生叶具长柄，茎生叶互生，卵形，具不规则锯齿。蒴果，扁倒圆锥形。果期 7 ～ 9 月。

观花：花单生于茎端及上部叶腋，下垂；花萼 5 裂，裂片间具附属物，花冠钟形，白色，具紫色斑点，5 浅裂。花期 6 ～ 7 月。

分布：产于华北、西北、西南等省区。

习性：耐寒，忌酷暑。在排水良好、富含腐殖质的土壤上生长良好。

繁殖：播种繁殖。

应用：可作园林地被植物。

★ *Campanula punctata* Lam.　☆ Spotted Bellflower

★ *Codonopsis pilosula* (Franch.) Nannf.　☆ Tangshen

党参

别名：合参，仙草根，叶子菜
科属：桔梗科党参属

识别： 草质缠绕藤本，有白色乳汁。茎长约 1.5 m，分枝多，无毛。叶互生；叶片卵形或狭卵形，长 1.2 ~ 6.5 cm，宽 0.6 ~ 5 cm，边缘有波状钝齿，两面有密或疏的短伏毛；叶柄长 0.6 ~ 2.5 cm，常疏生开展的短毛。

观花： 花 1 ~ 3 朵生分枝顶端；花萼裂片狭矩圆形，长 1.6 ~ 1.8 cm；花冠淡黄绿色，宽钟状，长 1.8 ~ 2.4 cm，无毛，5 浅裂，裂片正三角形；雄蕊 5 枚；子房半下位，3 室。蒴果 3 瓣裂。

分布： 产于西藏、四川、云南、甘肃、陕西、宁夏、青海、河南、山西、河北、内蒙古及东北等地。

习性： 喜气候温和、夏季凉爽、空气湿润的环境，耐寒，对光照要求较严格，要求土层深厚、土质疏松的肥沃沙壤土。

繁殖： 播种繁殖。

应用： 可作园林地被植物或垂直绿化植物。

★ *Codonopsis lanceolata* (Sieb. et Zucc.) Trautv.　☆ Lance Asiabell

羊乳

别名：轮叶党参，奶参，奶薯，山海螺
科属：桔梗科党参属

识别： 草质缠绕藤本，有白色乳汁。在主茎上的叶互生，小，菱状狭卵形，长达 2.4 cm，宽达 5 mm，无毛；在分枝顶端的叶 3 ~ 4 个近轮生，有短柄，菱状卵形或狭卵形，长 3 ~ 9 cm，宽 1.3 ~ 4.4 cm，无毛。蒴果有宿存花萼，上部 3 瓣裂。果期 10 ~ 11 月。

观花： 花通常 1 朵生分枝顶端，无毛；萼筒长约 5 mm，裂片 5 枚，卵状三角形，长 1.3 ~ 1.6 cm；花冠黄绿色带紫色或紫色，宽钟状，长 2 ~ 3 cm，5 浅裂；雄蕊 5 枚。花期 9 ~ 10 月。

分布： 自华南、西南至东北广布。朝鲜、俄罗斯远东地区、日本也有分布。

习性： 喜温暖至高温的气候，不耐干旱。

繁殖： 播种繁殖。

应用： 适于作大型盆栽或植于花廊、棚架下供观赏，或种植于山坡林下、水边阴湿地或阔叶林内。

★ *Isotoma axillaris* (Lindl.) E. Wimm　☆ Blue Star Creeper

流星花

别名：腋花同瓣草
科属：桔梗科流星花属

识别： 多年生草本，多作一年生栽培，株高 20 ~ 50 cm。叶对生或轮生，羽裂状戟形，不规则深裂或浅裂。

观花： 花单生、顶生或腋生，花瓣 5 片，蓝紫色或淡白色。

分布： 产于大洋洲。

习性： 喜温暖、湿润及光照充足的环境，不耐热、较耐寒，喜疏松、肥沃的土壤，尽可能植于阳光充足之处，荫蔽则徒长，开花不良。

繁殖： 播种或扦插繁殖。

应用： 花小而美丽，适合路边、盆栽，可用于阳台、花坛等处观赏，也是花境的优良材料。

六倍利

别名：山梗菜，花半边莲，南非半边莲
科属：桔梗科半边莲属

识别： 多年生草本作一年生栽培，半蔓性，高 12 ～ 20 cm，茎枝细密。叶互生，茎上部叶较小，呈披针形，近基部的叶稍大，广匙形。

观花： 总状花序顶生，小花有长柄，花冠先端 5 裂，下 3 裂片较大，形似蝴蝶展翅。

分布： 原产于南非。我国江苏、安徽、浙江、江西、福建、台湾、湖北、湖南、广东、广西、四川、贵州等地有分布。

习性： 需要在长日照、低温环境下才会开花。耐寒力不强，忌酷热，喜富含腐殖质轻松的壤土。

繁殖： 种子繁殖。

应用： 开花时整株呈现膨胀的圆形，植株几乎被花朵占满，适合花坛、盆栽、吊盆及庭园造景，在欧美广受家庭喜爱。

品种： 花色有红、桃红、紫、紫蓝、白等色。

★ *Lobelia erinus* Thunb. ☆ Edging Lobelia，Trailing Lobelia

半边莲

别名：细米草，瓜仁草
科属：桔梗科半边莲属

识别： 多年生草本，高 10 ～ 20 cm。茎有白色乳汁，分枝性能力强。叶互生，线形，顶端急尖，叶缘有波状小齿或近无齿。蒴果，成熟后果实顶部瓣裂。果期 7 ～ 10 月。

观花： 花单生于叶腋或顶生总状花序，花冠呈唇形，左右对称，上部 2 枚花瓣较小，下部 3 枚花瓣较大，筒部在近轴面纵裂。花期 5 ～ 9 月。

分布： 原产于中国、印度、越南等地。

习性： 喜冷凉、半阴半阳的栽培环境。

繁殖： 播种繁殖。

应用： 用于花坛、园林镶边、组合盆栽和彩钵栽植。

品种： 花有海蓝、白、玫红、浅紫色和混色等品种。

★ *Lobelia chinensis* Lour. ☆ Chinese Lobelia，China Lobelia

宿根六倍利

别名：美丽半边莲，山梗菜
科属：桔梗科半边莲属

识别： 多年生草本，多作一年生栽培。株高 40 ～ 80 cm。茎直立，具棱，暗红色。叶互生，长椭圆形或倒披针形，先端渐尖，无叶柄，叶缘有锯齿。

观花： 总状花序顶生。花期春季至夏季。

分布： 产于美国。

习性： 喜温暖、湿润及光照充足的环境，也耐阴，不耐旱，生长适温 16 ～ 25 ℃，喜疏松、排水良好的土壤。

繁殖： 播种繁殖。

应用： 本种花期长，花形奇特，常用于公园、绿地等的花坛、花境或园路边栽培，多与其他观花植物配植，形成不同的色块，盆栽可用于居室、庭院等处美化环境。

品种： 艳红半边莲‘Will Scaclet’，花红色。

★ *Lobelia speciosa* Sweet ☆ Beautiful Lobelia

★ *Platycodon grandiflorum* (Jacq.) A. DC.　☆ Balloonflower

桔梗

别名：铃铛花，梗草，僧冠帽
科属：桔梗科桔梗属

识别： 多年生草本，高 20 ～ 80 cm。具白色乳汁。根粗壮肉质。叶轮生或上部对生和互生，卵形，边缘具锐齿。蒴果倒卵形。果期 8 ～ 10 月。

观花： 花大顶生，单一或数个；花萼钟形，花冠蓝色，钟形，先端 5 浅裂，雄蕊 5 枚，柱头 5 裂，线形，反卷。花期 7 ～ 9 月。

分布： 原产于日本及中国南北各省。

习性： 喜凉爽湿润环境，喜阳，适于生长在排水良好、肥沃的沙质壤土中。

繁殖： 播种繁殖。

应用： 花大而美丽，供观赏，夏季园林中多用于布置花坛、宿根花境及园林中自然栽植，点缀岩石园，有时也用作切花或盆栽。

★ *Achillea ptarmicoides* Maxim.　☆ Shortpetal Yarrow

短瓣蓍

科属：菊科蓍属

识别： 多年生草本。茎直立，高 70 ～ 100 cm。叶无柄，条形至条状披针形，长 6 ～ 8 cm，宽 5 ～ 7 mm，篦齿状羽状深裂或近全裂；裂片条形，急尖，宽约 1 mm，边缘有不整齐的锯齿，裂片顶端和齿端具白色软骨质尖头。瘦果矩圆形或宽倒披针形。花果期 7 ～ 9 月。

观花： 头状花序矩圆形，多数头状花序集成伞房状；总苞钟状；总苞片 3 层，覆瓦状排列。边花 6 ～ 8 朵，长 2.8 mm；舌片淡黄白色，极小，广椭圆形，长 0.8 ～ 1.5 mm，宽 1.1 mm，多少卷曲，顶端具深浅不一的 3 圆齿，管部翅状压扁，长 1.5 mm，有腺点。管状花白色，长约 2.2 mm，顶端 5 齿。

分布： 产于东北至河北北部。朝鲜、日本、蒙古、俄罗斯西伯利亚和远东地区也有分布。

繁殖： 播种繁殖。

应用： 可作园林地被植物，种植于河谷、山坡路旁。

★ *Achillea alpina* L.　☆ Alpine Yarrow

高山蓍

别名：蓍草，飞天蜈蚣
科属：菊科蓍属

识别： 多年生草本，高 0.3 ～ 0.8 m。具短根状茎，被疏或密的伏柔毛；地上茎仅在花序或上半部有分枝。叶无柄，条状披针形，长 6 ～ 10 cm，篦子齿状羽状浅裂至深裂，基部裂片抱茎；叶缘羽状浅裂至深裂。瘦果宽倒披针形，侧扁，长约 2 mm。果期 9 ～ 11 月。

观花： 头状花序多数，于茎顶伞房状着生；花白色。花期 6 ～ 9 月。

分布： 产于湖南、江西、河南、湖北以及华北、东北、西北等地区。

习性： 耐寒，也适宜温暖、湿润的环境，耐半阴，宜疏松、肥沃且排水良好的土壤。

繁殖： 播种、扦插或分株繁殖。

应用： 用作花境或地被植物。

凤尾蓍

别名：蕨叶蓍，金盘凤尾蓍
科属：菊科蓍属

识别： 高约 100 cm。植株灰绿色，茎具纵沟和腺点，有香气。羽状复叶互生，小叶羽状细裂，叶轴下延，茎生叶稍小。

观花： 头状花序伞房状着生，花芳香。有白色、黄色、粉色花品种。花期 6 ~ 8 月。

分布： 原产于高加索地区。

习性： 耐寒，对环境要求不严格。

繁殖： 播种繁殖。

应用： 用于花境或作切花。

★ *Achillea filipendulina* Lam.

蓍

别名：千叶蓍，西洋蓍草
科属：菊科蓍属

识别： 高 60 ~ 100 cm。具匍匐的根状茎。茎直立，稍具棱，上部有分枝，密生长白色柔毛。叶矩圆状披针形，二至三回羽状深裂至全裂，裂片披针形或条形，顶端有骨质小尖，被疏长柔毛或近无毛，有蜂窝状小点。瘦果扁平，倒披针形，有淡色边缘。果期 8 ~ 9 月。

观花： 头状花序伞房状着生，花白色。花期 7 ~ 8 月。

分布： 原产于欧洲、亚洲及美洲。中国西北、东北等地有野生。

习性： 耐寒，宜温暖、湿润，喜阴，耐半阴，对土壤要求不严格。

繁殖： 播种繁殖。

应用： 可布置夏秋花坛、花境，也可盆栽观赏，高型品种可作切花。

★ *Achillea millefolia* L. ☆ Common Yarrow

亚洲蓍

科属：菊科蓍属

识别： 多年生草本。茎直立，高 18 ~ 60 cm。叶条状矩圆形，条状披针形或条状倒披针形，二至三回羽状全裂，上面具腺点；中上部叶无柄，长 1 ~ 6 cm，宽 3 ~ 12 mm，一回裂片多数。果期 8 ~ 9 月。

观花： 头状花序多数，密集成伞房花序，少有成疏松的伞房花序。舌状花 5 朵，长 4 mm，管部略扁，具黄色腺点；舌片粉红色或淡紫红色。花期 7 ~ 8 月。

分布： 产于新疆北部、内蒙古、河北北部、辽宁、黑龙江。

习性： 喜光。

繁殖： 播种繁殖。

应用： 可作园林地被植物，种植于山坡草地、河边、草场、林缘湿地。

★ *Achillea asiatica* Serg. ☆ Asia Yarrow

★ *Adenostema lavenia* (L.) O. Ktze. ☆ Common Adenostema

下田菊

别名：猪耳朵叶，白龙须，汗苏麻
科属：菊科下田菊属

识别：一年生草本，高 30 ~ 100 cm。茎直立，单生，有白色短柔毛或无毛。中部茎叶较大，矩椭圆状披针形，长 4 ~ 12 cm，宽 2 ~ 5 cm，两面有稀疏的短柔毛；叶柄有狭翅，长 0.5 ~ 4 cm，上部和下部的叶渐小。

观花：头状花序小，在枝端排列成伞房或伞房圆锥花序，花序分枝被柔毛；总苞半球形，宽 6 ~ 10 mm；苞片 2 层，几膜质，绿色，外层苞片大部合生，有白色长柔毛；花全部结实，两性，筒状，筒白色，顶端 5 齿裂。瘦果倒披针形。

分布：广布长江流域以南及沿海和西南各地。

习性：耐阴，耐水湿。

繁殖：播种繁殖。

应用：生林下及潮湿处。

变种：重皮冲 var.*latifolia* (Don) Hand.- Mazz.，叶卵形或宽卵形，基部心形或圆形。

★ *Ageratum conyzoides* Sieber ex Steud. ☆ Tropica Ageratum

藿香蓟

别名：胜红蓟，蓝翠球
科属：菊科藿香蓟属

识别：一年生草本，高 30 ~ 60 cm。茎基部多分枝，丛生状，全株具毛。叶对生，卵形至心脏状圆形。瘦果，黑褐色，5 棱，有白色稀疏细柔毛，冠毛长圆形，顶端渐成长或短芒状。果期 9 ~ 10 月。

观花：花极小，头状花序璎珞状，密生枝顶，花色淡紫。花期 7 ~ 10 月。

分布：原产于美洲热带。中国广泛栽培。

习性：喜光，喜温暖、湿润的环境，喜肥沃排水良好的沙壤土，不耐寒。

繁殖：播种繁殖。

应用：适宜于布置花坛、花境，也可盆栽观赏。

品种：有株高 1 m 的切花品种及矮生种和斑叶种。

★ *Ageratum houstornanum* Mill. ☆ Mexico Ageratum

紫花藿香蓟

别名：熊耳草
科属：菊科藿香蓟属

识别：一年生草本，高 30 ~ 70 cm。无明显主根，茎粗壮。叶对生，长卵形或三角状长卵形，顶端钝尖，基部心形或近截平，边缘圆锯齿，叶脉明显。瘦果。花果期夏季至秋季。

观花：头状花序在茎顶通常排成紧密的伞房状花序；花冠淡紫色。春至夏季为开花期。

分布：原产于墨西哥及附近地区，我国引种已有上百年历史。

习性：喜温暖、湿润及阳光充足的环境，对土壤要求不严格，一般土壤均可良好生长。

繁殖：播种繁殖。

应用：本种开花繁茂，色泽淡雅，为我国常见的庭园植物，也常用于布置花坛、花境作镶边材料。

品种：园艺品种多。

亚菊

别名：多花亚菊，太平洋亚菊
科属：菊科亚菊属

识别：常绿亚灌木，高 20 ~ 45 cm。常绿亚灌木，丛生，多分枝。叶互生，叶表面常绿，叶背密被白毛，叶缘也呈银白色。瘦果无冠毛，有 4 ~ 6 条脉肋。

观花：头状花序多数，在茎顶排列成复伞房状，小花黄色。花期 10 ~ 11 月。

分布：原产于中国东北地区。俄罗斯、朝鲜也有分布。

习性：喜凉爽和阳光充足环境，耐寒、耐旱、耐瘠薄，忌水涝。

繁殖：播种繁殖。

应用：宜片植或丛植，常用于花坛、花境或作园林地被。

品种：常见品种 'Silver and Gold'，花色呈明亮的金黄色。

★ *Ajania pacifica* Bremer et Humpnhries ☆ Pacific Chrysanthemum

珠光香青

别名：山萩
科属：菊科香青属

识别：多年生草本；根状茎横走或斜升，木质，有具褐色鳞片的短匍枝。茎高 30 ~ 60 (100) cm，被灰白色绵毛。中部叶条形或条状披针形，长 5 ~ 9 cm，宽 0.3 ~ 1.2 cm，基部不沿茎下延，上面被蛛丝状毛，下面被灰白色至红褐色厚绵毛，单脉或 3 ~ 5 出脉。

观花：头状花序多数，排成复伞房状；总苞宽钟状或半球状，直径 8 ~ 13 mm，长 5 ~ 8 mm；总苞片乳白色，顶端钝或圆形。

分布：广布于西南部、西部和中部各地；朝鲜、日本、俄罗斯、印度及北美也有分布。

习性：喜光。

繁殖：播种繁殖。

应用：可作园林地被植物。

★ *Anaphalis margaritacea* (L.) Benth.et Hook. f.

春黄菊

别名：金浜菊，西洋菊，沼泽菊
科属：菊科春黄菊属

识别：多年生草本，株高 20 ~ 60 cm。茎直立，具条棱，上部常分枝。叶矩圆形，二回羽状全裂，裂片披针形，叶轴常有齿，下面被白色柔毛。

观花：头状花序单生顶生，直径 3 ~ 4 cm，雌花舌状，金黄色或白色，两性花筒状，5 齿裂。花期 5 ~ 9 月。

分布：原产于欧洲。

习性：喜光，喜凉爽、干燥气候，性耐寒，喜疏松、肥沃、排水良好的土壤，生长适宜温度 15 ~ 35 ℃。

繁殖：播种繁殖，春秋季进行，种子发芽温度为 20 ~ 25 ℃，发芽天数 7 ~ 15 天。

应用：花开繁茂，花期长，适应性强，栽培容易，适合花坛、花境栽培或作地被。

品种：有黄色花和白色花品种。

★ *Anthemis tinctoria* L. ☆ Golden Marguerite

★ *Arctium lappa* L. ☆ Great Burdock

牛蒡

别名：牛菜，大力子，恶实，东洋萝卜
科属：菊科牛蒡属

识别：二年生高大草本，高 1 ~ 2 m。茎粗壮，带紫色。基生叶大，丛生，茎生叶宽卵形或心形，背面密被灰白色绒毛；叶柄长，粗壮。瘦果椭圆形。果期 9 ~ 10 月。

观花：头状花序顶生；总苞球形，总苞片披针形，顶端钩状内弯；花全为管状花，淡紫色。花期 7 ~ 9 月。

分布：中国各地普遍分布。

习性：喜温暖、湿润的环境，耐寒，喜疏松、土层深厚且肥沃的土壤。

繁殖：播种繁殖。

应用：可用于布置风景园林和作地被材料。

★ *Arctotis venusta* Norl. ☆ Blue-eyed African Daisy

蓝眼灰毛菊

别名：灰毛蓝眼菊，灰毛菊
科属：菊科灰毛菊属

识别：多年生草本，半灌木或多年生宿根草本植物。在园林中也作一二年生草花栽培。植株高 4 ~ 60 cm，基生叶丛生，茎生叶互生，通常羽裂。瘦果有棱沟，具长柔毛。

观花：头状花序单生，直径 7 ~ 8 cm，总花梗长 15 ~ 30 cm，总苞有绒毛，舌状花白色，背面淡紫色，盘心蓝紫色。

分布：原产于南非。

习性：喜温暖、阳光充足环境，半耐寒。对土壤要求中等，以疏松、肥沃的沙质壤土为宜。

繁殖：播种繁殖。

应用：用于布置花坛、花境，也可盆栽观赏。

★ *Argyranthemum frutescens* (L.) Sch. -Bip. ☆ Shrubby Argyranthemum

木茼蒿

别名：木香菊，木春菊
科属：菊科木茼蒿属

识别：多年生草本或半灌木，高达 1 m。茎直立，多分枝。叶卵形或矩圆形，长 10 ~ 12 cm，宽 4 ~ 5 cm，一至二回羽状深裂。瘦果，冠毛冠状。

观花：头状花序多数，异形，在茎枝顶端排成不规则疏散的伞房状，舌状花，白色。

分布：原产于加那利群岛。我国庭院有栽培。

习性：阳性，喜凉惧热，畏寒。

繁殖：播种繁殖。

应用：可用于路旁及花坛美化。

茼蒿菊

别名：木茼蒿，蓬蒿菊，小牛眼
科属：菊科木茼蒿属

识别： 宿根草本。株高 25 ～ 40 cm。叶互生，羽状细裂，裂片线形，具缺刻或短突尖。头状花序，粉红色，管状花黄色，有单瓣及重瓣。花期冬、春季。

分布： 原产于澳洲、南欧地区。

习性： 喜凉爽湿润的气候，不耐炎热，尤忌夏天的强烈暴晒，须遮阳，不耐寒。

繁殖： 扦插繁殖。

应用： 栽培观赏或作背景绿叶材料布置。

品种： 重瓣玛格丽特‘Double Pink’。

★ *Argyranthemum gracile* Webb ex Sch. -Bip.

白莲蒿

别名：白蒿，万年蒿，香蒿、铁秆蒿
科属：菊科蒿属

识别： 多年生草本，半灌木状，高 50 ～ 100 cm。茎基部木质，直立，暗紫红色。叶具柄，二回羽状深裂，小裂片长圆形。瘦果长圆形。果期 9 ～ 10 月。

观花： 头状花序半球形，下垂，排成开展的圆锥花序；总苞片 3 层，长圆形；花黄色。花期 8 ～ 9 月。

分布： 分布于我国东北、华北及西北等地区。

习性： 喜光，稍耐阴。

繁殖： 播种繁殖。

应用： 可作山坡、多石山地、林下地被植物。

★ *Artemisia sacrorum* Ledeb. ex Hook. f.　☆ Mongol Sagebrush

蒌蒿

别名：水蒿
科属：菊科蒿属

识别： 多年生草本，有地下茎。茎直立，高 60 ～ 150 cm，直径 4 ～ 8 cm，无毛，常紫红色，上部有多少直立的花序枝。下部叶在花期枯萎；中部叶密集，羽状深裂，长 10 ～ 18 cm，宽约长的一半，侧裂片 2 对或 1 对，条状披针形或条形，顶端渐尖。瘦果微小，无毛。

观花： 头状花序直立或稍下倾，有短梗，多数密集成狭长的复总状花序，有条形苞叶；总苞近钟状，长 2.5 ～ 3 mm，宽 2 ～ 2.5 mm；总苞片约 4 层，外层卵形，黄褐色，被短绵毛，内层边缘宽膜质。花黄色，内层两性，外层雌性。

分布： 广布于东北地区及河北、山西等地。朝鲜、俄罗斯西伯利亚地区东部也有分布。

习性： 喜光。

繁殖： 播种繁殖。

应用： 可作园林地被植物。

★ *Artemisia selengensis* Turcz. ex Besser　☆ Seleng Sagebrush

★ *Aster novi-belgii* L. ☆ New York Aster

荷兰菊

别名：柳叶菊
科属：菊科紫菀属

识别： 多年生草本，高 40 ~ 100 cm。全株被粗毛，上部呈伞房状分枝。叶线状披针形，近全缘，光滑，无黏性茸毛。

观花： 头状花序在枝顶伞房状着生，花蓝紫色，花期 9 ~ 10 月。

分布： 原产于北美。

习性： 耐寒性强，在中国东北地区可露地越冬。喜阳光充足、通风良好的生长环境，对土壤要求不严格。

繁殖： 播种繁殖。

应用： 用于花坛、花境、花丛、盆栽等。

品种： 品种很多，有不同花色，如深蓝紫、白、紫红等色。

★ *Aster novi-angliae* L. ☆ New English Aster

美国紫菀

别名：红花紫菀
科属：菊科紫菀属

识别： 宿根草本，高 60 ~ 150 cm。全株被粗毛，上部呈伞房状分枝。叶披针形至广线形，全缘，具黏性茸毛，叶基稍抱茎。

观花： 头状花序成伞状排列，直径 4 ~ 5 cm；舌状花 40 ~ 60 个，长 1.5 cm，花期 9 ~ 10 月。

分布： 原产于北美东北部。

习性： 喜光。

繁殖： 播种繁殖。

应用： 可作园林地被植物或观花植物，也可多作花坛栽植。

品种： 舌状花有深紫色、蓝色、红色、粉色及白色，管状花有黄色、红色、白色或紫色等。

★ *Aster ageratoides* Turcz. ☆ Threevein Aster

三脉紫菀

别名：野白菊花，山白菊
科属：菊科紫菀属

识别： 多年生草本，高达 1 m。茎直立，疏生长毛。叶椭圆形，基部楔形，先端锐尖，边缘具缺刻状疏齿，具离基 3 出脉。瘦果扁倒卵形。果期 8 ~ 10 月。

观花： 头状花序排列成伞房状；总苞片线形，3 层。舌状花紫色、浅红色或白色，管状花黄色。花期 8 ~ 9 月。

分布： 广泛分布于全国各地。也分布于喜马拉雅南部、朝鲜、日本及亚洲东北部。

习性： 喜阳光充足；耐寒性强。

繁殖： 播种繁殖。

应用： 色彩鲜艳，为良好的观花植物。

紫菀

别名：青菀，紫倩，小辫，返魂草，山白菜
科属：菊科紫菀属

识别： 多年生草本，高 40 ~ 150 cm。茎直立，粗壮，有疏粗毛，基部有纤维状残叶片和不定根。基部叶花期枯落，矩圆状或椭圆状匙形，长 20 ~ 50 cm，宽 3 ~ 13 cm；上部叶狭小，有 6 ~ 10 对羽状侧脉。瘦果倒卵状矩圆形。

观花： 头状花序直径 2.5 ~ 4.5 cm，排列成复伞房状；总苞半球形，宽 10 ~ 25 mm，总苞片 3 层，外层渐短，全部或上部草质，顶端尖或圆形，边缘宽膜质，紫红色；舌状花 20 多个，蓝紫色。花期 7 ~ 9 月。

分布： 分布于我国东北、华北、西北地区。

习性： 喜光。

繁殖： 播种繁殖。

应用： 庭院栽培观赏或作切花用。

品种： f. *minor*（Makino）Kitamura，为矮生变型，高度在 60 cm 以下。产于日本。

★ *Aster tataricus* L.f. ☆ Tatarian Aster

高山紫菀

别名：高岭紫菀
科属：菊科紫菀属

识别： 多年生草本，高 10 ~ 35 cm。下部叶匙状或线状长圆形，长 1 ~ 10 cm，宽 0.4 ~ 1.5 cm，先端圆形稍尖，基部渐狭成具翅的柄，全缘；中部叶长或稍有腺点；中脉及三出脉在下面稍凸起。瘦果长圆形。果期 7 ~ 9 月。

分布： 广泛分布于欧洲，亚洲西部、中部、北部、东北部及北美洲。分布于东北、华北及新疆等地。

习性： 喜光。

繁殖： 播种繁殖。

应用： 可作园林地被植物。

观花： 头状花序在茎端单生。总苞片 2 ~ 3 层，外层全部草质，内层边缘膜质，边缘常紫红色，被密或疏柔毛。舌状花 35 ~ 40 个，舌片紫色、蓝色或浅红色；管状花花冠黄色。

★ *Aster alpinus* L. ☆ Alpine Aster

雏菊

别名：春菊，马兰头花，延命菊，幸福花
科属：菊科雏菊属

识别： 草本植物，高 7 ~ 20 cm。茎细，多分枝，具疏毛。叶基部簇生，长匙形或倒卵形，边缘具皱齿。瘦果，倒卵形，种子小而扁平，灰白色。果熟期 5 ~ 6 月。

观花： 花茎自叶丛中抽出，头状花序单生于枝顶，舌状花多轮，有白、粉、红等花色，筒状花黄色。花期 3 ~ 5 月。

分布： 原产于西欧、地中海沿岸、北非和西亚，现世界各地均有栽培。

习性： 喜冷凉，较耐寒，不耐炎热，炎夏极易枯死，重瓣大花品种耐寒力差。喜全光照，对土壤要求不严格，在肥沃、排水良好的沙质壤土上生长良好。

繁殖： 播种繁殖。

应用： 是布置春季花坛、花带、花境、花钵的重要材料，也可用来装点岩石园，还可植于草地边缘或盆栽观赏。

★ *Bellis perennis* L. ☆ English Daisy，Daisy，Common Daisy

★ *Bidens bipinnata* L.　☆ Beggarticks

鬼针草

别名：鬼钗草，鬼黄花，山东老鸦草
科属：菊科鬼针草属

识别： 一年生草本，高 25 ~ 90 cm。茎直立，具 4 棱。叶对生，具长柄，叶片 2 ~ 3 回羽状全裂，裂片披针形。瘦果线形，先端具 3 ~ 4 刺芒。果期 9 ~ 10 月。

观花： 头状花序近圆柱形，具长梗，总苞片长圆形；舌状花白色，管状花黄色。花期 7 ~ 8 月。

分布： 广布于全国各地。

习性： 喜光。

繁殖： 播种繁殖。

应用： 可作园林地被植物，栽植于路边、山坡及草地上。

★ *Bidens tripartita* L.　☆ Bur Beggarticks

狼把草

别名：狼杷草，夜叉头，鬼刺
科属：菊科鬼针草属

识别： 一年生草本。高 30 ~ 150 cm。根茎，茎圆柱形或稍具棱，无毛，绿色或带紫色。叶对生，叶柄有狭翅。中部叶通常羽状 3 ~ 5 裂，顶端裂片较大，椭圆形或矩椭圆状披针形，边缘有锯齿，上部叶 3 深裂或不裂。瘦果扁平，两侧边缘各有 1 列倒冠毛芒状，2 枚，少有 3 ~ 4 枚，具倒钩刺。

观花： 头状花序，顶生或腋生；总苞片多数，外层倒披针形，无舌状花；管状花黄色；花期 7 ~ 9 月。

分布： 生于东北、华北、西北、华东、西南部分省区。

习性： 喜水湿环境。

繁殖： 播种繁殖。

应用： 可作园林地被植物，或水边种植。

★ *Bidens ferulifolia* (Jacq.) Sweet　☆ Apache Beggarticks

阿魏叶鬼针草

别名：黄花咸丰草
科属：菊科鬼针草属

识别： 一年生或多年生，株高 30 ~ 50 cm。茎紫色，具白色绒毛。叶对生，羽状细裂。

观花： 头状花序，舌状花多为 5 枚，金黄色，前端凹，管状花褐黄色。花期初夏至秋季。

分布： 产于北美洲。

习性： 喜温暖、湿润及阳光充足的环境，耐旱、耐热、较耐寒，生长适温 18 ~ 28 ℃，以疏松、排水良好的沙质壤土为宜。

繁殖： 播种繁殖。

应用： 本种抗性强，花朵金斑色，观赏性极佳，为近年来引种的现花草本，可用于公园、社区、绿地及庭园路边、墙垣边绿化；或用于花坛、花境栽培，与其他红色、蓝色系花卉配植。可形成色彩斑斓、不同层次的景观与色块。

白花鬼针草

别名：金杯银盏，金盏银盆
科属：菊科鬼针草属

识别： 一年生直立草本植物，高 30 ~ 100 cm。茎钝四棱形。茎下部叶较小，3 裂或不分裂；中部叶为三出复叶，小叶椭圆形或卵状椭圆形，先端锐尖，基部近圆形或阔楔形，边缘有锯齿，顶生小叶较大，长椭圆形或卵状长圆形，边缘具锯齿，上部叶小，3 裂或不分裂，条状披针形。瘦果黑色，条形。

观花： 头状花序，花序梗长 1 ~ 6 cm；总苞苞片 7 ~ 8 枚，舌状花 5 ~ 7 枚，倒卵形，白色，先端钝或有缺刻。

分布： 原产于热带美洲。我国南北各地有栽培。

习性： 喜温暖、湿润的环境。

繁殖： 播种或扦插繁殖。

应用： 可作园林地被植物，但该种是入侵种，使用时应慎重。

★ *Bidens pilosa* L.var. *radiata* Sch.-Bip.　☆ Railway Beggarticks

鹅河菊

别名：天鹅河菊，五色菊
科属：菊科鹅河菊属

识别： 一年生草本花卉，株高 15 ~ 30 cm。叶互生，羽状细裂，裂片近对生，绿色。

观花： 头状花序，舌状花有黄、蓝、紫、粉、白等色。花期夏秋季。

分布： 产于澳洲。

习性： 喜光，不耐寒、不耐酷暑及高湿，生长适温 15 ~ 26 ℃。喜排水良好的土壤。

繁殖： 播种繁殖。

应用： 本种花小，但开花繁茂，株形美丽，适合公园、庭园的花境、花坛或园路边栽培观赏，也常吊挂栽培用于廊架、亭台或壁挂装饰。

★ *Brachysome iberdifolia* Benth.　☆ Swan River Daisy

金盏花

别名：金盏菊，长生菊，黄金菊
科属：菊科金盏花属

识别： 二年生草本，高 30 ~ 60 cm。全株被毛，多分枝。叶互生，长匙形或长圆状倒卵形，全缘，基部抱茎。瘦果，呈船形、爪形。果熟期 5 ~ 7 月。

观花： 头状花序单生，花期 4 ~ 6 月。

分布： 原产于地中海地区和中欧、加那列群岛至伊朗一带，现世界各地广泛栽培。

习性： 喜光，喜冷凉，忌炎热，较耐寒，耐瘠薄，对土壤要求不严格，但以疏松肥沃和排水良好的沙质壤土生长旺盛。

繁殖： 播种繁殖。

应用： 布置春季花坛、花境的常用材料，也可作切花和盆栽观赏。

品种： 花色有黄、橙、乳白等色。

★ *Calendula officinalis* L.　☆ English Marigold

★ *Callistephus chinensis* (L.) Nees　☆ China Aster

翠菊

别名：江西腊，七月菊
科属：菊科翠菊属

识别：一年或两年生草本，高 30 ~ 100 cm。茎粗壮，有白色糙毛。叶卵形、匙形或近圆形，缘有粗锯齿，叶柄有狭翅。瘦果倒卵形，淡褐色。果期 9 ~ 10 月。

观花：头状花序大，单生枝端；总苞片 3 层，外层叶状，绿色；边缘舌状花雌性，紫、蓝、红或白色。花期 8 ~ 9 月。

分布：东北、华北、西南地区等广为栽培。

习性：喜温暖、湿润和阳光充足环境，忌高温、多湿和通风不良，喜肥沃湿润和排水良好的壤土、沙壤土。

繁殖：播种繁殖。

应用：花坛花卉，矮型品种适用于毛毡花坛和花坛的边缘，也宜盆栽；中型和高型品种可用于各种园林布置，高型品种还常作背景花卉，也是良好的切花材料和庭园绿化观赏草花。

品种：有矮型、中型和高型品种。

★ *Carduus nutans* L.　☆ Common Bristlethistle

飞廉

别名：飞轻，天荠，伏猪，伏兔
科属：菊科飞廉属

识别：二年生草本，株高 60 ~ 100 cm。茎直立，具绿色纵向下延的翅。叶椭圆状披针形，羽状深裂，裂片边缘具刺。花果期 5 ~ 9 月。

观花：头状花序，簇生枝端；总苞钟状，总苞片多层，具刺尖；管状花紫红色；瘦果长椭圆形，冠毛白色，刺毛状。

分布：分布于全国各地。

习性：喜光，喜水湿。

繁殖：播种繁殖。

应用：可作园林地被植物，种植于沟谷、路边、河边及山脚等地。

★ *Carpesium macrocephalum* Franch. et Savat.　☆ Bighead Carpesium

大花金挖耳

别名：香油罐
科属：菊科天名精属

识别：多年生草本。茎直立，高 50 ~ 120 cm，有密短柔毛或下部近无毛。下部叶宽卵形，长达 30 ~ 40 cm，宽 10 ~ 15 cm，基部下延成具宽翅的叶柄，边缘有不规则的重齿，两面有短柔毛，中部和上部叶渐小，倒卵状矩圆形或卵状披针形。瘦果圆柱状，稍弯，长 6 ~ 7 mm。

观花：头状花序单生于茎和枝顶端，直径 2.5 ~ 3.5 cm，下垂，基部有叶状苞片；总苞杯状；总苞片 3 层，外层与苞片相似，中层矩圆状条形，密生短柔毛，内层条状匙形，有睫毛；外围的雌花 5 裂，中央的两性花有 5 裂片。

分布：分布于东北、华北、内蒙古、陕西、甘肃和四川。朝鲜、日本、俄罗斯远东地区也有分布。

习性：喜光。

繁殖：播种繁殖。

应用：可作园林地被植物，种植于林缘、草地边等。

天名精

别名：天蔓青，地菘，地萩
科属：菊科天名精属

识别： 多年生草本，高 50 ~ 100 cm。茎直立，上部多分枝，密生短柔毛，下部近无毛。下部叶宽椭圆形或矩圆形，长 10 ~ 15 cm，宽 5 ~ 8 cm，顶端尖或钝，基部狭成具翅的叶柄，边缘有不规则的锯齿，或全缘，上面有贴短毛，下面有短柔毛和腺点，上部叶渐小。瘦果条形。

观花： 头状花序多数，沿茎枝腋生，有短梗或近无梗，直径 6 ~ 8 mm，平立或稍下垂；总苞钟状球形；总苞片 3 层，外层极短，卵形，顶端尖，有短柔毛，中层和内层矩圆形，顶端圆钝，无毛；花黄色，外围的雌花花冠丝状。

分布： 广布于我国各省区。朝鲜、日本、印度、伊朗和俄罗斯高加索地区也有分布。

习性： 喜光。

繁殖： 播种繁殖。

应用： 可作园林地被植物，种植于山坡、路旁或草坪上。

★ *Carpesium abroranoides* L. ☆ Carpesium

烟管头草

别名：烟袋草，构儿菜
科属：菊科天名精属

识别： 多年生草本。茎直立，高 50 ~ 100 cm，分枝，被白色长柔毛，上部毛较密。下部叶匙状矩圆形，长 9 ~ 20 cm，宽 4 ~ 6 cm，基部楔状收缩成具翅的叶柄，边缘有不规则的锯齿，两面有白色长柔毛和腺点；中部叶向上渐小，矩圆形或矩圆状披针形，叶柄短。瘦果条形。

观花： 头状花序在茎和枝顶端单生，直径 15 ~ 18 mm，下垂；总苞杯状，长 7 ~ 8 mm；总苞片 4 层，外层卵状矩圆形，有长柔毛，中层和内层干膜质，矩圆形，钝，无毛；花黄色，外围的雌花筒状，3 ~ 5 齿裂；中央的两性花有 5 个裂片。

分布： 广布于各省区。欧洲及朝鲜、日本也有分布。

习性： 喜光。

繁殖： 播种繁殖。

应用： 可作园林地被植物。

★ *Carpesium cernuum* L. ☆ Drooping Carpesium

金挖耳

别名：挖耳草，朴地菊
科属：菊科天名精属

识别： 多年生草本，高 50 ~ 100 cm，全株被白色毛。茎直立，质略硬，有槽。叶互生；茎下部叶大，卵状长圆形，长可达 15 cm，宽 6 cm，边缘有不整齐锯齿；茎上部叶小，愈上则愈小，披针形，几乎全缘。瘦果细长，无冠毛。

观花： 头状花序，单生于茎端或分枝的顶端，下垂，直径 10 ~ 16 mm；总苞扁球形，外层苞片长披针形，内层苞片膜质，椭圆状披针形；全部管状花，黄色，外围数层为雌性花，中央为两性花。花期秋季。

分布： 分布于四川、贵州、湖南、福建以及东北等地。

习性： 喜光。

繁殖： 播种繁殖。

应用： 可作园林地被植物。

★ *Carpesium divaricatum* Sieb.et Zucc. ☆ Divaricate Carpesium

★ *Carthamus tinctorius* L.　☆ Safflower

红花

别名：刺红花，金红花
科属：菊科红花属

识别：一年生草本，高 30 ~ 90 cm，全体光滑无毛。茎直立，基部木质化，上部多分枝。叶互生，质硬，近于无柄而抱茎；卵形或卵状披针形，基部渐狭，先端尖锐，边缘具刺齿；上部叶逐渐变小，呈苞片状，围绕头状花序。瘦果椭圆形或倒卵形，白色。果期 8 ~ 9 月。
观花：花序大，顶生，总苞片多列。花期 6 ~ 7 月。
分布：原产于中亚地区。全国均有分布，新疆、河南、四川等地是主要产区。
习性：喜温暖干燥气候，有一定的抗寒、耐旱、耐盐能力，不耐涝。
繁殖：播种繁殖。
应用：可作园林地被植物。

★ *Centaurea cyanus* L.　☆ Centaurea

矢车菊

别名：蓝芙蓉
科属：菊科矢车菊属

识别：一年生草本，高 60 ~ 80 cm。全株多绵毛，幼时甚多，茎多分枝，细长。叶灰绿色，基生叶大，具深齿或羽裂，裂片线性；茎生叶披针形至线性，全缘。果实椭圆形，有毛；冠毛刺毛状，与瘦果近等长。果期 8 ~ 9 月。
观花：头状花序单生枝顶，有长总梗。花有蓝、紫、堇、粉及白色。花期 6 ~ 8 月。
分布：原产于欧洲东南部。
习性：喜冷凉，忌炎热；喜光。
繁殖：播种繁殖。
应用：常用于花坛、花境或岩石园栽培，也可作切花。

★ *Chrysanthemum paludosum* Poir.　☆ Baby Marguerite

白晶菊

别名：晶晶菊、小白菊
科属：菊科茼蒿属

识别：二年生草本花卉，高 15 ~ 30 cm。叶互生，1 ~ 2 回羽裂，揉碎后有清香味。瘦果。果熟期 6 ~ 8 月。
观花：头状花序顶生，边花舌状，白色；中央花筒状，金黄色。花期 5 ~ 7 月。
分布：原产于中国东北、华北、华东地区和陕西等地。
习性：喜阳光充足、凉爽的环境，不耐高温，适宜疏松、肥沃的土壤。
繁殖：播种繁殖。
应用：植株低矮，花繁色艳，可用于花坛、花境或组合盆栽观赏。

花环菊

别名：三色菊，蒿子秆
科属：菊科茼蒿属

识别： 高 30 ~ 70 cm。茎直立，多分枝，叶数回细裂，裂片线形，叶揉碎后有清香味。

观花： 头状花序，花常呈复色环状。花期 6 ~ 8 月。

分布： 原产于北非摩洛哥。

习性： 喜阳，忌酷热，较耐寒。

繁殖： 播种繁殖。

应用： 多用于布置花坛或花境，也能盆栽观赏。

品种： 花冠有红、粉、黄、白、紫等色。

★ *Chrysanthemum carinatum* Schousb.　☆ Painted Daisy

黄晶菊

别名：春俏菊
科属：菊科茼蒿属

识别： 二年生草本，高 20 ~ 30 cm。茎半匍匐。叶互生，肉质，初生叶紧贴土面。叶长条匙形，羽状裂或深裂，裂片线形。果熟期 6 ~ 10 月。

观花： 头状花序顶生，盘状，中央筒状花聚成花心，外围舌状花扁平，花瓣金黄，开花茂密。花期 4 ~ 8 月。

分布： 原产于阿尔及利亚。

习性： 喜温暖、湿润和阳光充足的环境，较耐寒，耐半阴，适宜疏松肥沃、排水良好的土壤。

繁殖： 播种繁殖。

应用： 用于早春花坛镶边或花境，也可作地被栽植。

★ *Chrysanthemum multicaule* Desf.　☆ Yellow Daisy

南茼蒿

别名：田地菊
科属：菊科茼蒿属

识别： 一二年生草本，高 20 ~ 60 cm。茎直立，肉质。叶椭圆形、倒卵状披针形或倒卵状椭圆形，边缘有不规则的大锯齿，少有呈羽状浅裂，基部楔形，无柄。

观花： 头状花序单生茎端或少数生基枝顶端，但不形成伞房花序。舌状花瘦果有 2 条具狭翅的侧肋，管状花瘦果的肋约 10 条。花果期 3 ~ 6 月。

分布： 我国南方各省作蔬菜栽培。

习性： 喜温暖、湿润及光照充足的环境，耐热、耐湿、耐旱、耐瘠，生长适温 18 ~ 28 ℃，喜疏松、肥沃的土壤。

繁殖： 播种繁殖，春季至秋季均可。

应用： 南方多作蔬菜栽培，本种花色金黄，具有较高的观赏性，适宜于公园、风景区等林缘、路边或蔬菜专类园栽培观赏，也可作背景材料。

★ *Chrysanthemum segetum* L.　☆ Southern Oxeyedaisy

★ *Cichorium intybus* L. ☆ Chicory

菊苣

别名：蓝菊
科属：菊科菊苣属

识别： 多年生草本。茎直立，中空具条棱，分枝较多。基生叶羽状分裂或不分裂，有齿，疏具绢毛，叶片长 10 ~ 40 cm，宽 5 ~ 8 cm。茎生叶较小，披针形。花果期 5 ~ 10 月。

观花： 头状花序单生于枝端或 2 ~ 3 个簇生于叶腋，花舌状，蓝色。

分布： 分布于北京、黑龙江、辽宁、山西、陕西、新疆、江西。广布于欧洲、亚洲、北非。

习性： 耐寒，耐旱，喜光。

繁殖： 播种繁殖。

应用： 种植于花坛、花境或盆栽等。

★ *Cineraria cruenta* Masson ex L 'Hér. ☆ Florists Cineraria

瓜叶菊

别名：圆齿叶千里光，千日莲
科属：菊科瓜叶菊属

识别： 多年生草本，多作一二年生花卉栽培。全株密被柔毛；茎直立，草质；叶大，心脏状卵形，掌状脉，叶缘具波状或多角状齿，形似黄瓜叶，叶面浓绿色，叶背浅紫色；茎生叶叶柄有翼，基部耳状，根出叶的叶柄无翼。

观花： 头状花序簇生成伞房状，花紫红色，具天鹅绒状光泽；花期 11 月至翌年 5 月。

分布： 原产于非洲北部大西洋上的加那利群岛。

习性： 冷凉气候，冬惧严寒，夏忌高温、高湿。

繁殖： 以播种繁殖为主，也可扦插繁殖。

应用： 花色艳丽，且有一般室内花卉少见的蓝色花；花期长，是最常见的冬春代表性盆花，是元旦、春节、五一等节日布置的主要花卉。

品种： 品种丰富。

★ *Cirsium setosum* (Willd.) Besser ex M. Bieb. ☆ Spinegreens

刺儿菜

别名：小蓟，蓟蓟草
科属：菊科蓟属

识别： 多年生草本，高 20 ~ 70 cm。茎有条棱，被绵毛。茎生叶互生，无柄，长圆状披针形，边缘有刺，两面被绵毛。瘦果椭圆形，冠毛白色。花果期 5 ~ 8 月。

观花： 头状花序数个，单生茎顶；总苞钟状，总苞片多层，披针形，先端具刺；花冠紫红色。

分布： 分布于全国各地。朝鲜、日本也有分布。

习性： 适应性很强。

繁殖： 种子繁殖。

应用： 可作园林地被植物。

蓟

别名：山萝卜，地萝卜，大刺儿菜
科属：菊科蓟属

识别： 多年生草本，高1.5 ~ 2m。茎粗壮，具棱。基生叶莲座状；茎生叶长圆状披针形，先端有刺尖，边缘具羽状缺刻或浅裂；花果期6 ~ 9月。

观花： 头状花序多数，密集，排列成伞房状，花冠紫红色。

分布： 广布于河北、山东、陕西、江苏、浙江、江西、湖南、湖北、四川、贵州、云南、广西、广东、福建和台湾。日本、朝鲜有分布。

习性： 喜光，耐寒，耐旱，不择土壤。

繁殖： 播种繁殖。

应用： 野生花卉，可植于山坡、低湿处或疏林下。

★ *Cirsium japonicum* Fisch. ex DC.　☆ Japan Thistle

魁蓟

别名：恶鸡婆，驴扎咀
科属：菊科蓟属

识别： 多年生草本，高40 ~ 100 cm。茎粗壮，全株密被毛。叶长椭圆形，羽状深裂，裂片边缘具三角形长针刺齿。瘦果斜椭圆形。花果期5 ~ 9月。

观花： 头状花序伞房状或单生；总苞大，钟状，总苞片钻状披针形，边缘长针刺向下反折；花冠紫色或红色。

分布： 分布于四川西北部及华北、西北地区。

习性： 喜光。

繁殖： 播种繁殖。

应用： 花美丽，可栽培供观赏，也可作园林地被植物。

★ *Cirsium leo* Nakai et Kitagawa　☆ Giant Thistle

烟管蓟

别名：鸡项草
科属：菊科蓟属

识别： 多年生草本，高0.5 ~ 1 m。基生叶丛生，有柄，倒披针形或倒卵状披针形，长15 ~ 30 cm，羽状深裂，边缘齿状，齿端具针刺，上面疏生白色丝状毛，下面脉上有长毛；茎生叶互生，基部心形抱茎。果期6 ~ 8月。

观花： 头状花序顶生；总苞钟状，外被蛛丝状毛；总苞片4 ~ 6层，披针形，外层较短；花两性，管状，紫色。花期5 ~ 8月。

分布： 生于山野、路旁、荒地，产于全国大部分地区。

习性： 喜凉爽的气候，对土壤要求不严格，但喜生于深厚、肥沃且排水良好的沙质壤土。

繁殖： 播种繁殖 。

应用： 可丛植于园林绿地中。

★ *Cirsium pendulum* Fisch. ex DC.　☆ Pendulate Thistle

★ *Liatris spicata*（L.）Willd. ☆ Blazing Star

蛇鞭菊

别名：麒麟菊，马尾花，舌根菊
科属：菊科蛇鞭菊属

识别： 多年生草本，高 60 ~ 150 cm。地下具块根，地上茎直立，无分枝，基部膨大呈扁球形。基生叶线形，叶色浓绿。果熟期 9 ~ 10 月。

观花： 花葶 30 ~ 90 cm，小头状花序排列成密穗状，呈鞭形，花淡紫红色。花期 7 ~ 8 月。

分布： 原产于美国东部地区。

习性： 喜光，稍耐阴，较耐寒，抗旱且耐水湿。

繁殖： 播种繁殖。

应用： 可配置花境或丛植点缀山石、带状栽植于林缘，也适宜作切花。

★ *Conyza bonariensis*（L.）Cronq. ☆ Buensos Aires Conyza

野塘蒿

别名：香丝草，野地黄菊
科属：菊科白酒草属

识别： 一年生或二年生草本，高 20 ~ 50 cm。叶密集，基部叶花期常枯萎，下部叶倒披针形或长圆状披针形，长 3 ~ 5 cm，宽 0.3 ~ 1 cm，顶端尖或稍钝，基部渐狭成长柄，通常具粗齿或羽状浅裂，中部和上部叶具短柄或无柄，狭披针形或线形，长 3 ~ 7 cm，宽 0.3 ~ 0.5 cm，中部叶具齿，上部叶全缘，两面均密被贴糙毛。瘦果线状披针形。

观花： 头状花序多数，在茎端排列成总状或总状圆锥花序；花托稍平，有明显的蜂窝孔，直径 3 ~ 4 mm；雌花多层，白色，花冠细管状；两性花淡黄色，花冠管状；花期 5 ~ 10 月。

分布： 产于我国中部、东部、南部至西南部各省区；原产于南美洲，现广泛分布于热带及亚热带地区。

习性： 适应性强。

繁殖： 播种繁殖。

应用： 可作园林地被植物。

★ *Coreopsis grandiflora* Hogg. ex Sweet ☆ Bigflower Coreopsis

大花金鸡菊

别名：狭叶金鸡菊
科属：菊科金鸡菊属

识别： 多年生宿根草本，株高 30 ~ 60 cm。茎直立多分枝。基生叶和部分茎下部叶披针形或匙形；茎生叶全部或有时 3 ~ 5 裂，裂片披针形或条形，先端钝形。瘦果圆形，具阔而薄的膜质翅。

观花： 头状花序，直径 4 ~ 7.5 cm，有长柄，边缘一轮舌状花，其他为管状花。舌状花通常 8 枚，黄色。花期 6 ~ 8 月。

分布： 原产于美国，今广泛栽培。在欧洲花卉品种选拔赛中获得铜奖。

习性： 对土壤要求不严格，喜肥沃、湿润、排水良好的沙质壤土，耐旱，耐寒，也耐热。

繁殖： 播种繁殖。

应用： 花色鲜艳、花期长，是花境、坡地、庭院、街心花园、点缀花草坪的良好美化材料。

品种： 园艺品种有重瓣者（多轮舌状花）。

两色金鸡菊

别名：蛇目菊，小波斯菊
科属：菊科金鸡菊属

识别： 一、二年生草本植物，高 60 ~ 80 cm。茎光滑，上部多分枝。基生叶 2 ~ 3 回羽状深裂，裂片线形或披针形。瘦果纺锤形。果熟期 9 ~ 10 月。

观花： 头状花序直径 2 ~ 4 cm，具细长总梗，舌状花黄色，基部或中下部红褐色，管状花紫褐色。花期 6 ~ 9 月。

分布： 原产于美国中西部地区，中国部分地区广为栽培。

习性： 性强健，适宜日光充足处，耐寒力强，凉爽季节生长尤佳。

繁殖： 播种繁殖，有自播繁衍能力。

应用： 宜作花坛、路边等整形布置，用于花境丛植及切花也很适宜。

★ *Coreopsis tinctoria* Nutt. ☆ Plains Coreopsis

金鸡菊

别名：小波斯菊，金钱菊，孔雀菊
科属：菊科金鸡菊属

识别： 宿根草本，高 30 ~ 60 cm。无毛或疏生长毛。叶多簇生基部或少数对生，茎上叶甚少，长圆匙形至披针形，全缘，基都有 1 ~ 2 枚小裂片。

观花： 头状花具矢梗，直径 5 ~ 6 cm，外列总苞常较内列短；舌状花 8 枚，宽舌状，黄色，端 2 ~ 3 裂：管状花也为黄色。花期 6 ~ 8 月。

分布： 原产于美国南部。

习性： 耐寒力不强，忌暑热，喜光，耐干旱瘠薄。

繁殖： 播种、分株、扦插繁殖。

应用： 花坛及花境栽植，也可作切花应用。因为易于自播繁衍，常成片逸生为地被。

品种： 有大花、重瓣、半重辨等多数园艺品种，大花重瓣的如‘Aunburst’最为有名。

★ *Coreopsis drummondii* Torr. et Gray ☆ Coreopsis

剑叶金鸡菊

别名：大金鸡菊，草子花
科属：菊科金鸡菊属

识别： 多年生草本，高 30 ~ 70 cm。有纺锤状根。茎直立，上部有分枝。叶较少数，有长柄，叶片匙形或线状倒披针形，基部楔形，长 3.5 ~ 6.5 cm；茎上部叶少数，全缘或 3 深裂，裂片长圆形，长 5.5 ~ 8 cm，上部叶无柄，线形或线状披针形。瘦果圆形。花果期 5 ~ 9 月。

观花： 头状花序在茎端单生，直径 4 ~ 5 cm；总苞片内、外层近等长，披针形；舌状花黄色，舌片倒卵形或楔形；管状花狭钟形。

分布： 原产于北美洲。我国各地有栽培。

习性： 喜阳光充足，喜温暖、湿润的生境。对土壤要求不严格。

繁殖： 播种繁殖。

应用： 适合栽于庭园、花坛或盆栽，也可作花境。

★ *Coreopsis lanceolata* L. ☆ Lance Coreopsis

★ *Coreopsis verticillata* Lam.　☆ Thread-leaf Tickseed

轮叶金鸡菊

科属：菊科金鸡菊属

识别：多年生草本，高 30 ~ 50 cm。叶对生，披针全缘。
观花：花瓣亮黄色，8 枚。花期夏季至秋季。
习性：适应性强。喜光照充足的环境；耐寒、喜排水良好的沙质壤土。
繁殖：播种繁殖。
应用：是良好的花坛及花境材料。
品种：有月光‘Moonbeam’等品种。

★ *Cosmos bipinnatus* Cav.　☆ Cosmos

秋英

别名：波斯菊，扫帚梅，大波斯菊
科属：菊科秋英属

识别：一年生或多年生草本，高 60 ~ 120 cm。茎纤细而直立，株丛开展。叶对生，二回羽状全裂，裂片稀疏，线形，全缘。瘦果线形，有喙，褐色。果期 7 ~ 10 月。
观花：头状花序有长总梗，顶生或腋生，舌状花瓣顶端有 3 浅裂，花期 6 ~ 10 月。
分布：原产于墨西哥，现我国各地都有栽培。
习性：喜温暖，不耐寒，忌酷热；喜光，耐干旱瘠薄，土壤过肥则茎叶徒长易倒伏，开花不良；忌大风，应种植在背风处。
繁殖：播种繁殖。
应用：可布置夏、秋季花境，可丛植于路边、林缘，或作基础栽植，也可作切花。
品种：花色有白色、粉红色、紫红色等。

★ *Cosmos sulphureus* Cav.　☆ Sulfur Cosmos

硫华菊

别名：黄波斯菊，硫黄菊
科属：菊科秋英属

识别：一年生草本，高 1 ~ 2 m。茎具柔毛，上部多分枝。叶对生，二回羽状深裂，裂片呈披针形，有短尖，叶缘粗糙。瘦果有糙硬毛，有细长喙，棕褐色。果期 8 ~ 10 月。
观花：头状花序着生于枝顶。舌状花，盘心管状花呈黄色至褐红色。花期 6 ~ 9 月。
分布：原产于墨西哥。
习性：喜阳光充足，不耐寒，对土壤要求不严格。
繁殖：播种繁殖。
应用：用于花境、花篱、花丛、地被或作切花。
品种：花色由纯黄色、金黄色至橙黄色连续变化。

蓝花野茼蒿

别名：非洲野茼蒿
科属：菊科野茼蒿属

识别： 多年生直立草本。常匍匐，有不定根。茎高达 1 m，枝被疏柔毛。叶互生，被疏柔毛，倒卵形、椭圆形或披针形，有时卵形，不分裂、琴状分裂或羽状 2 ~ 5 裂，长 5 ~ 15 cm，宽 2 ~ 5 cm，基部楔形或渐狭，并形成耳状基部或无柄，叶片边缘有细齿。瘦果圆筒状。

观花： 头状花序通常少数或单生，直径 1 ~ 2 cm，高约 1.5 cm，总花梗细长，有 3 ~ 5 枚披针形小苞片，顶生或生于叶腋。总苞宽钟形，总苞片 1 层。小花全部为管状花，常蓝色；花冠长 9 ~ 11 mm。花期为 12 月至翌年 4 月。

分布： 原产于热带非洲中部和南部、马达加斯加及也门等地。在许多热带地区被广泛归化，我国南部常见。

习性： 喜光。

繁殖： 播种繁殖。

应用： 可作园林地被植物。

★ *Crassocephalum rubens* (Jacq.) S. Moore

芙蓉菊

别名：玉芙蓉，白芙蓉，千年艾
科属：菊科芙蓉菊属

识别： 常绿亚灌木，高 30 ~ 60 cm。叶柔软，互生，紧聚枝顶，狭匙形或倒卵形、长 2 ~ 4 cm，全缘或有时 3 ~ 5 裂、顶端钝、基部渐狭、质地厚，两面密被灰白色短柔毛。花果期全年。

观花： 头状花序盘状。直径 7 mm，生于枝端叶腋，排成有叶的总状花序，总苞半球形；边花雌性、盘花两性；花冠均管状。

分布： 产于中国中南、东南沿海地区。中南半岛及日本、菲律宾也有栽培。

习性： 日照须充足；喜温暖、湿润的环境。适宜排水良好的沙质壤土。

繁殖： 播种或扦插繁殖。

应用： 适合园林绿化或盆栽观赏，不耐阴、不宜长期室内摆放。

★ *Crossostephium chinense* (L.) Makino　☆ Chinese Wormwood

菜蓟

别名：食托菜蓟，洋蓟，朝鲜蓟
科属：菊科菜蓟型

识别： 多年生草本，高达 2 m。叶大型，基生叶莲座状；下部茎叶全部长椭圆形或宽披针形，长约 1 m，宽约 50 cm，二回羽状全裂，下部渐窄，有长柄；中部叶及上部茎叶渐小，无柄或沿茎梢下延，最上部及头状花序下部的叶长椭圆形或线形，长达 5 cm。

观花： 头状花序极大，生分枝顶端；总苞片多层，硬革质，几无毛，但不成长硬针刺，内层总苞片先端有硬膜质的附片；小花紫红色，花冠长约 4.5 cm。花期 6 ~ 7 月。

分布： 原产于地中海沿岸各国。我国上海、浙江、云南、西安等地有栽培。

习性： 性喜湿润。

繁殖： 播种繁殖。

应用： 开花时层层绿色萼片展开，状如莲座，花心托出紫色的舌状花，胜似芙蓉，十分美丽，可作庭园观赏。

★ *Cynara scolymus* L.　☆ Cardoon，Globe Artichoke

★ *Dahlia pinnata* Cav. ☆ Dahlia

大丽花

别名：天竺牡丹，大理菊，西番莲
科属：菊科大丽花属

识别： 多年生草本，高 40 ~ 150 cm。茎中空，直立粗壮，多分枝；地下具纺锤状的大块根。叶一至二回羽状分裂，裂片卵形或长圆卵形，边缘具粗钝锯齿。瘦果长圆形，黑色，扁平。果期 9 ~ 10 月。

观花： 头状花序，舌状花白色、红色或紫色，常卵形；管状花黄色。花期 6 ~ 12 月。

分布： 原产于墨西哥热带高原，现世界各地广泛栽培。

习性： 喜高燥温凉气候，喜光，不耐旱，忌涝。

繁殖： 播种繁殖。

应用： 适于布置花坛、花境或于庭前丛植，矮生品种适于盆栽。

品种： 品种丰富。

★ *Dahlia pinnata* Cav. 'Purple-leaf' ☆ Purple-leaf Dahlia

紫叶大丽花

别名：紫叶大丽菊
科属：菊科大丽花属

识别： 大丽花的紫叶品种，多年生草本，叶紫色。

观花： 花瓣红色，花药黄色。

分布： 原产于墨西哥高原地区。

习性： 喜阳光充足，夏季强光时略加遮阳；不耐寒，畏酷暑，在夏季气候凉爽、昼夜温差大的地区生长开花好；生长期对水分要求严格，不耐干旱又忌积水，喜腐殖质丰富的沙壤土。

繁殖： 分根、扦插和播种繁殖。3 ~ 4 月扦插成活率最高，春季盆播，实生苗当年就能开花，分根繁殖时要注意带根颈部老茎上的发芽点。

应用： 花形美丽，花重瓣，可布置花坛、花境、盆栽或庭园栽植，也可用作切花。

★ *Dahlia hybrida* Hort. ☆ Hybrid Dahlia

小丽花

别名：小丽菊，小理花，矮型多头大丽花
科属：菊科大丽花属

识别： 多年生草本，作一年生栽培。高 30 ~ 35 cm。茎多分枝。叶卵形，叶缘有锯齿。结实力强。

观花： 头状花序，花较大丽花小，花径 5 ~ 7 cm，花色多样，花形变化不及大丽花丰富，花期 7 ~ 9 月。

分布： 杂交种。

习性： 喜光，喜肥，忌高温、高湿。

繁殖： 播种繁殖，繁殖适温 20 ℃；也可分株或扦插繁殖。

应用： 植株低矮，花期长，花色丰富、艳丽，是优良的地被植物，适合大面积栽植，也可布置花坛、花境，或盆栽、作切花用。

品种： 有单瓣和重瓣的品种，花色有红、黄、橘黄、橘红和粉等众多色系。

甘菊

别名：甘野菊，北野菊
科属：菊科菊属

识别： 多年生直立草本；株高 30 ~ 120 cm，茎直立，中部以上多分枝，有稀疏柔毛；具地下匍匐茎；叶轮廓卵形，宽卵形或椭圆状卵形，叶大而质薄，两面无毛或几无毛，二回羽状分裂，一回全裂，侧裂片 2 ~ 3 对，二回半裂或浅裂，全缘或具缺刻状锯齿；瘦果。果期 9 ~ 11 月。
观花： 头状花序腋生，花瓣椭圆形。花期 7 ~ 9 月。
分布： 原产于我国，分布于西北、华北、东北及西南等地区。
习性： 适应性强，耐热，耐寒，耐旱，耐修剪，在夏季开花正常，宜疏松、肥沃、排水良好的土坡条件。
繁殖： 扦插、分株或播种繁殖。
应用： 用来布置花境或作园林地被植物。

★ *Dendranthema lavandulaefolium* var. *seticuspe* (Maxim.) Shih

毛华菊

科属：菊科菊属

识别： 多年生草本，高 60 cm。全部茎枝被稠密厚实的贴伏短柔毛，后变稀毛。中部茎叶卵形、宽卵形、卵状披针形或近圆形或匙形，长 3.5 ~ 7 cm，宽 2 ~ 4 cm，边缘自中部以上有浅波状疏钝锯齿。瘦果长约 1.5 mm。果期 9 ~ 11 月。
观花： 头状花序直径 2 ~ 3cm，3 ~ 13 个在茎枝顶端排成疏松的伞房花序。总苞碟状，直径 1 ~ 1.5 cm。总苞片 4 层。舌状花白色，舌片长 1.2 cm。花期 8 ~ 10 月。
分布： 产于河南西部、湖北西部及安徽西部。
习性： 喜光。
繁殖： 播种繁殖。
应用： 可作园林地被植物。

★ *Dendranthema vestitum* (Hemsl.) Ling ☆ Hairy Daisy

菊花

别名：金英，黄华，秋菊，寿客，陶菊
科属：菊科菊属

识别： 多年生草本，高 30 ~ 150 cm。茎青绿色至紫褐色，被柔毛，茎基部半木质化。叶互生，卵形至广被针形，具较大锯齿或缺刻。瘦果，褐色，细小。果熟期 11 ~ 12 月。
观花： 头状花序单生或数朵聚生枝顶，花序边缘为雌性舌状花，中心花为筒状花，两性，多为黄绿色。花序直径 2 ~ 30 cm。花期 9 ~ 11 月。
分布： 原产于中国，世界各地广为栽培。
习性： 喜光，喜冷凉，喜土壤肥沃，稍耐寒。
繁殖： 播种繁殖。
应用： 盆花、切花、花丛花坛、花境。
品种： 花色很丰富，花色有白、黄、红、紫、粉、紫红、雪青、棕色、浅绿、复色、间色等；常见栽培品种有“墨荷”“帅旗”“金背大红”“国华强大”“毛刺黄”等。

★ *Dendranthema morifolium* (Ramat.) Tzvel. ☆ Florists Daisy

★ *Dendranthema indicum* (L.) Des Moul. ☆ India Daisy

野菊

别名：疟疾草，苦薏，路边黄，山菊花
科属：菊科菊属

识别： 多年生草本，高 30 ~ 80 cm，有香气。茎直立或倾斜，多分枝，被柔毛。叶互生，卵圆形或卵状椭圆形，长 3 ~ 6 cm，宽 2 ~ 5 cm，先端钝尖，基部截形或宽楔形，稍偏斜，多分枝，被柔软毛。果期 11 ~ 12 月。

观花： 头状花序顶生，排列成伞房状，花瓣长圆形；花期 9 ~ 10 月。

分布： 广布于我国各地。

习性： 阳生。生于山坡草地、灌丛、河边水湿地、滨海盐渍地、田边及路旁。

繁殖： 种子。

应用： 可作园林地被植物。

★ *Dendranthema zawadskii*（Herb.）Tzvel. ☆ Zawadsk Daisy

紫花野菊

别名：山菊
科属：菊科菊属

识别： 二年生或多年生草本，高 15 ~ 50 cm。基生及茎下部叶二回羽状全裂或深裂，卵形，近圆形或矩圆形，长宽变异极大，最长 8 cm，最宽 4 cm，有腺点及柔毛或无毛，叶柄渐狭成翅；羽裂片 1 ~ 3 对，顶裂片披针形；中部及上部叶变小，矩圆形或条形，羽状分裂或不裂；瘦果。花果期 7 ~ 9 月。

观花： 头状花序单生或 2 ~ 5 个在茎枝顶端排成伞房状；总苞片边缘膜质，褐色或光亮；舌状花白色、粉红色或红紫色。

分布： 分布于浙江、安徽、河北、内蒙古、山西、陕西及东北各地。生于山带山坡针阔林下。

习性： 耐寒。

繁殖： 播种繁殖。

应用： 可用于特色植被设计中。

★ *Dendranthema argyrophyllum* (Ling) Ling et Shih ☆ Silverleaf Daisy

银背菊

别名：非洲雏菊，非洲金盏，雨菊
科属：菊科菊属

识别： 多年生草本，高 10 ~ 35 cm。茎枝灰白色，被稠密厚实的长柔毛。基生叶较小，圆形或近肾形；下部及中部茎叶长 2 ~ 3 cm，宽 2.5 ~ 3.5 cm，基部心形或平截，边缘锯齿或重锯齿，叶柄长 2 ~ 3.5 cm。全部叶两面异色，上面绿色，下面银白色。瘦果长 2.2 mm。果期 8 ~ 9 月。

观花： 头状花序 3 ~ 4 个在茎枝顶端排成伞房花序。总苞碟状，直径 2 ~ 3 cm。总苞片 5 层。舌状花白色。舌片长约 1 cm。花期 8 ~ 9 月。

分布： 产于河南西北部和陕西东南部。

习性： 喜光。

繁殖： 播种繁殖。

应用： 可作园林地被植物，也可种植于山坡或岩石上。

东风菜

别名：山蛤芦，钻山狗，白云草
科属：菊科东风菜属

★ *Doellingeria scaber*（Thunb.）Nees ☆ Scabrous Doellingeria

识别： 多年生草本，高 50 ～ 80 cm。茎直立，粗壮。叶心形，先端锐尖，边缘具牙齿，叶柄带翅。瘦果长圆形。果期 9 ～ 10 月。

观花： 头状花序多数，在茎顶成复伞房状；总苞半球形；舌状花雌性，白色，管状花两性，黄色，上部膨大。花期 7 ～ 9 月。

分布： 分布于东北、华北、华中及华东地区。

习性： 生性强健，适应性强，但对土壤要求严格。

繁殖： 播种、扦插或分株繁殖。

应用： 用于花境或作地被植物。

紫松果菊

别名：松果菊
科属：菊科紫锥花属

★ *Echinacea purpurea* Moench ☆ Purple Conedaisy

识别： 多年生草本，高 60 ～ 150 cm。全株具粗毛，茎直立。基生叶卵形或三角形，叶柄长，茎生叶卵状披针形，叶柄短。瘦果，短棒形，褐色，有光泽。果期 9 ～ 10 月。

观花： 头状花序单生枝顶，直径约 10 cm，舌状花紫红色，管状花橙黄色，突出呈球形。栽培品种很多。花期 6 ～ 10 月。

分布： 原产于北美洲，世界各国均有栽培。

习性： 喜温暖向阳环境，耐干旱，耐寒，要求土壤肥沃、富含腐殖质。

繁殖： 播种繁殖。

应用： 可作背景栽植或作花境、坡地材料，亦可作切花。

蓝刺头

别名：蓝星球
科属：菊科蓝刺头属

★ *Echinops latifolius* Tausch ☆ Broadleaf Globethistle

识别： 多年生草本，高达 1 m。根木质。茎具纵沟棱，被白色绵毛。叶二回羽状分裂或深裂，具刺尖头，下面密被白色绵毛。瘦果，圆柱形。果期 8 ～ 9 月。

观花： 复头状花序单生茎顶，小头状花序具 1 花；花冠筒状，裂片 5，线形，淡蓝色。花期 7 ～ 8 月。

分布： 分布于东北、华北、西北、华中等地区。

习性： 适应力强，耐干旱，耐水湿，耐瘠薄，耐寒，喜凉爽气候和排水良好的沙质土，忌炎热、湿涝，可粗放管理。

繁殖： 采用种子繁殖、根段扦插和组织培养等繁殖方式。

应用： 是一种良好的夏花型宿根花卉，片植作花境；沿道路两侧种植，也可作地被绿化植物，种植于林缘、干燥山坡。

★ *Eclipta prostrata*（L.）L. ☆ Yerbadetajo

醴肠

别名：旱莲草，墨草
科属：菊科醴肠属

识别：一年生草本，高 15 ~ 60 cm。茎直立或匍匐，自基部或上部分枝，绿色或红褐色，被伏毛。茎、叶折断后有墨水样汁液。叶对生，无柄或基部叶有柄，被粗伏毛；叶片长披针形、椭圆状披针形或条状披针形，全缘或有细锯齿。果期 8 ~ 11 月。

观花：花序头状，腋生或顶生；总苞片 2 轮，5 ~ 6 枚，有毛，宿存；托叶披针形或刚毛状；边花白色，舌状，全缘或 2 裂；心花淡黄色，筒状，4 裂。舌状花的瘦果四棱形，筒状花的瘦果三棱形，表面都有瘤状突起，无冠毛。花期 7 ~ 10 月。

分布：广布于我国中南部。生于低洼湿润地带和水田中。

习性：喜湿耐旱，抗盐、耐瘠、耐阴。在潮湿的环境里被锄移位后，能重新生出不定根而恢复生长，故称之为“还魂草”。

繁殖：种子繁殖。

应用：可丛植供观赏。

★ *Emilia sonchifolia*（L.）DC. ☆ Sowthistleleaf Tasselflower

红背绒缨菊

别名：一点红，羊蹄角
科属：菊科一点红属

识别：一年生或多年生草本，高 30 ~ 60 cm。茎分枝，柔弱，粉绿色。叶互生，稍带肉质，茎下部叶卵形，上部叶较小，抱茎，叶面绿色，背面多紫红色。瘦果细小。果期 8 ~ 10 月。

观花：头状花序，有长梗，花枝二歧分枝，花管状，红色。花期 6 ~ 9 月。

分布：原产于美洲热带地区。

习性：喜光、忌涝，适宜肥沃、疏松土壤。

繁殖：播种繁殖。

应用：常用于花境，也可用于切花。

★ *Erigeron speciosus*（Lindl.）DC. ☆ Oregon Fleabane

美丽飞蓬

别名：大花飞蓬
科属：菊科飞蓬属

识别：多年生草本，叶互生、全缘或有齿缺。叶匙形或披针形。

观花：头状花序，边花雌性、多列，舌状，盘花两性，管状，结实，与边花异色，总苞片狭长，顶端和边缘干膜质。花期夏季。

分布：原产于北美。

习性：喜向阳，性耐寒，要求土壤疏松、肥沃、湿润而排水良好，种子自播力强。

繁殖：分株或播种繁殖。

应用：对环境选择不严，极易栽培，可用于花坛、花境、切花、背景材料；也适于作地被植物，或布置野生花卉园。亦可丛植篱旁山石前、林缘或湖边。

一年蓬

别名：千层塔，治疟草，野蒿
科属：菊科飞蓬属

识别： 二年生草本，高 20 ~ 100 cm。基生叶丛生，叶柄长 2 ~ 3 cm，叶片卵形或倒卵状披针形，长 4 ~ 15 cm，宽 1.5 ~ 3 cm，先端尖或钝，基部狭窄下延，边缘有不规则粗齿，茎生叶披针形或条状披针形，叶柄向上渐短至无柄。瘦果被毛。8 ~ 10 月结果。

观花： 头状花序排列成伞房状圆锥花序，头状花序直径约 1.5 cm，花紫色，带白色，舌状花 2 至数层。花期 6 ~ 8 月。

分布： 原产于北美洲。我国除新疆、内蒙古、宁夏、海南外，东北、华北、华中、华东、华南及西南等地均有分布。

习性： 喜生于肥沃向阳的土地上，在干燥贫瘠的土壤亦能生长。

繁殖： 种子繁殖。

应用： 可丛植观赏。

★ *Erigeron annuus*（L.）Pers.　☆ Annual Fleabane

林泽兰

科属：菊科泽兰属

识别： 嫩茎及叶都被细柔毛，成长后渐脱落。叶无柄或几无柄，线状披针形，长 5 ~ 12 cm，宽 1 ~ 2 cm，瘦果圆柱形，5 纵棱及多数腺体。花果期 8 ~ 11 月。

观花： 头状花序有管状花 5 朵；总苞片卵形至长圆形，顶端尖或急尖，背面稍带紫红色；花冠淡红色，少为白色，裂片狭三角形；冠毛比花冠短。

分布： 我国各地广布。

习性： 喜光。

繁殖： 播种繁殖。

应用： 可作园林地被植物。

★ *Eupatorium lindleyanum* DC.　☆ Lindley Bogorchid

佩兰

别名：鸡骨香，水香
科属：菊科泽兰属

识别： 多年生草本，高 40 ~ 100 cm。叶对生，中部的叶有短柄，叶片较大，通常 3 全裂或 3 深裂，中裂片较大。瘦果圆柱形花。果期 7 ~ 11 月。

观花： 头状花序多数顶生，排成复伞房花序，花序直径 3 ~ 6 cm；每个头状花序具花 4 ~ 6 朵，花白色或带微红色，全部为管状花。

分布： 分布于河北、山东、江苏、广东、广西、四川等省区。

习性： 喜温暖湿润气候，耐寒、怕旱、怕涝。气温低于 19 ℃时生长缓慢，高温高湿季节则生长迅速。对土壤要求不严格。

繁殖： 根茎繁殖。

应用： 可作庭园芳香植物，丛植于花境中供观赏。

★ *Eupatorium fortunei* Turcz.　☆ Fortune Bogorchid

★ *Eupatorium purpureum* L.　☆ Purple-flower Bogorchid

紫花泽兰

别名：泽兰，紫苞泽兰
科属：菊科泽兰属

识别：多年生草本，高 1.5 ~ 2 m。茎直立，浅紫红色。叶轮生，卵形，表面密被刚毛状硬毛。果期 8 ~ 10 月。

观花：头状花序顶生，花管状，浅粉色或红紫色。花期 6 ~ 9 月，适时修剪可二次开花。

分布：原产于美国东部。

习性：喜半阴，稍耐寒，适宜疏松、肥沃、排水良好的土壤。

繁殖：播种繁殖。

应用：植株高大，可用于花坛、花境、草坪边缘、林缘疏林下或药草园。

品种：有门径‘Gateway’等品种。

★ *Eupatorium japonicum* Thunb.　☆ Japan Bogorchid

白头婆

别名：泽兰
科属：菊科泽兰属

识别：多年生草本，高 1 ~ 2 m。茎分枝，但通常不分枝，上部被细柔毛。叶对生，有长短不等的叶柄，椭圆形或矩椭圆形，长 7 ~ 12 cm，宽 2 ~ 5 cm，边缘有深或浅、大或小锯齿，上面几无毛，下面被柔毛而沿脉的毛较多并有腺点，基部楔形渐狭。瘦果有腺点及柔毛。

观花：头状花序多数，在茎顶或分枝顶端排成伞房状；总苞钟状；总苞片顶端钝；头状花序含 5 个两性筒状花；冠毛与花冠等长。

分布：除新疆、西藏外，广布全国各地。朝鲜、日本也有分布。

习性：喜光。

繁殖：播种繁殖。

应用：可作园林地被植物，种植于山坡或林下。

★ *Euryops pectinatus* Cass.‘Viridis’

黄金菊

别名：梳黄菊，南非菊
科属：菊科梳黄菊属

识别：多年生草本，高 40 ~ 100 cm。灌丛状，分枝均匀，枝条直立向上，生长旺盛。叶片羽状深裂，深绿或灰绿色，有光泽，略带草香及苹果的香气。

观花：头状花序，花黄色，舌状花单轮，花径 5 cm 左右。花期自春季至秋季。

分布：原产于南非，中国近年来引进栽培。

习性：喜阳光充足环境，抗高温及耐寒力较强，能耐 –4 ℃低温，忌积水。

繁殖：播种繁殖。

应用：用于花境、地被，也可作花篱或盆栽观赏。

梳黄菊

别名：灰毛尤利菊，银叶金木菊
科属：菊科梳黄菊属

识别：常绿灌木，高可达 1 m，全株银白色。叶片羽状深裂，密被灰毛。

观花：花顶生，总花梗长，花黄色，苞片银白色，花期 11 月至翌年春季。管理粗放，花后修剪，以保持良好的株形。

分布：原产于南非。

习性：喜干燥凉爽的环境，喜阳，耐寒，耐旱，忌高温高湿，耐修剪，对土壤要求不严格。

繁殖：扦插繁殖。

应用：株形丰满，枝叶致密，叶片银灰色，花朵鲜艳，花开于秋冬季，花期长；宜布置花境、庭院或岩石园，也适合组合盆栽、切花或沿海绿化。

品种：黄金菊 'Viridis'，叶绿色。

★ *Euryops pectinatus* Cass.　☆ African Bush Daisy

大吴风草

别名：橐吾
科属：菊科大吴风草属

识别：多年生草本，高 30 ~ 90 cm。根茎粗大。叶多为基生，亮绿色，革质，肾形，边缘波角状。果期 9 ~ 10 月。

观花：头状花序组成松散复伞状，舌状花 10 ~ 12 枚，黄色。花期 8 ~ 10 月。

分布：原产于中国东部一些省份及日本、朝鲜。

习性：喜半阴和湿润环境，耐寒；怕阳光直射；对土壤要求不严格，以肥沃疏松、排水好的壤土为宜。

繁殖：播种繁殖。

应用：适宜大面积种植作林下地被或立交桥下地被，也可作室内盆栽观叶、观花效果不错。

品种：花叶大吴风草（叶面上有白色斑块）和斑点大吴风草（叶面上散布黄色的斑点）。

★ *Farfugium japonicum* (L.)Kitam.　☆ Japan Farfugium

矢车天人菊

科属：菊科天人菊属

识别：一年生草本，高 20 ~ 60 cm。下部叶匙形或倒披针形，边缘波状锯齿、浅裂至琴状分裂，先端急尖，近无柄，上部叶长椭圆形，倒披针形或匙形，全缘或上部有疏锯齿或中部以上 3 浅裂。瘦果。果期 8 ~ 10 月。

观花：头状花序，舌状花黄色，基部带紫色，舌片呈楔形，顶端 2 ~ 3 裂，舌状花和花序盆心筒状花都发育成漏斗状，管状花裂片三角形。花期 7 ~ 10 月。

分布：园艺变种。我国有栽培。

习性：喜阳光，耐干旱，较耐热，耐半阴，有一定的耐寒性，生长适温 16 ~ 26 ℃，不择土壤。

繁殖：春季播种繁殖。

应用：花姿优美，色彩艳丽，花期长，适合公园绿地及庭院的路旁、花坛栽培，或作花境材料，也可盆栽用于室内及庭院绿化。

品种：有大花和红花变种等品种。

★ *Gaillardia pulchella* Foug var. *picta* A. Gray

★ *Gaillardia aristata* Pursh　☆ Perennial Gaillardia

宿根天人菊

别名：大天人菊
科属：菊科天人菊属

识别： 多年生草本，高 60 ～ 90 cm。全株密被长毛，茎稍分枝。基生叶匙形，上部叶披针形至长圆形，全缘或波状羽裂。瘦果长椭圆形。果期 9 ～ 10 月。

观花： 头状花序顶生，总苞的鳞片线状披针形，基部多毛，舌状花黄色，基部红褐色，先端多 3 裂，管状花裂片尖或芒状。花期 7 ～ 10 月。

分布： 原产于北美西部。

习性： 喜光，耐寒性强，忌积水，喜疏松、排水良好的土壤。

繁殖： 播种繁殖。

应用： 可以布置花坛、花境或丛植，也可盆栽观赏或作切花。

★ *Galinsoga parviflora* Cav.　☆ Smallflower Oxkneedaisy

牛膝菊

别名：辣子草，向阳花，珍珠草
科属：菊科牛膝菊属

识别： 高 10 ～ 80 cm。茎散生贴伏的短柔毛和腺状短柔毛。叶对生。卵形或长椭圆状卵形，长 2.5 ～ 5.5 cm，宽 1.2 ～ 3.5 cm，具基出三脉或不明显的五出脉；上部叶较小，通常披针形。瘦果黑色或黑褐色。花果期 7 ～ 10 月。

观花： 头状花序有长梗，排成疏松的伞房花序，花序梗的毛长约 0.2 mm；舌状花 4 ～ 5 枚，舌片白色，先端 3 齿裂；管状花冠黄色。

分布： 产于四川、云南、贵州、西藏等省区。生于林下、河谷地、荒野、河边、田间、溪边或市郊路旁。原产于南美洲，已在我国归化。

习性： 喜冷凉气候条件，不耐热。广州 10 月播种，11 月采收，可连续采收到翌年 5 月。

繁殖： 种子繁殖。

应用： 用于花境、花坛美化。

★ *Gazania rigens* L.　☆ Treasure Flower

勋章菊

别名：阳光花，阳光菊，非洲太阳花
科属：菊科勋章菊属

识别： 多年生宿根草本，高 20 ～ 30 cm。丛生茎。叶丛生，长匙形或倒披针形，全缘或下部羽裂，叶背被银白色毛。种子浅褐色，外被有长白绵毛。果熟期 8 ～ 10 月。

观花： 花单生、头状花序，舌状花轮数较少，花瓣基部具深色的花纹。花期 5 ～ 10 月。

分布： 原产于北美。

习性： 喜温暖、干燥、光照充足的环境，白天在阳光下开放，晚上闭合。

繁殖： 播种繁殖。

应用： 可用于花坛、花境、盆栽观赏。

品种： 花色有白、黄、乳黄、橙、粉、红等颜色。

大丁草

别名：小火草，臁草，烧金草，豹子药
科属：菊科大丁草属

识别： 多年生草本，植株具春秋二型之别。叶基生，莲座状，叶片形状多变异，通常为倒披针形或倒卵状长圆形，顶端钝圆，常具短尖头，边缘具齿、深波状或琴状羽裂，裂片具齿；侧脉 4 ~ 6 对。瘦果纺锤形。

观花： 花葶单生或数个丛生；苞叶疏生。头状花序单生于花葶之顶，倒锥形，直径 10 ~ 15 mm；总苞略短于冠毛；两性花花冠管状二唇形，长 6 ~ 8 cm。类花期春、秋二季。

分布： 我国东起台湾，北达黑龙江经内蒙古至宁夏，南抵广东、广西，西南至云南、贵州等省区广布。

习性： 喜光。

繁殖： 播种繁殖。

应用： 生于山顶、山谷丛林、荒坡、沟边或风化的岩石上。

变种： 多裂大丁草 var. *densiloba* Mattf.，叶较大，倒卵状披针形，长 15 ~ 25 cm，多裂，裂片 4 ~ 8 对，整齐。

★ *Gerbera anandria*（L.）Sch.-Bip. ☆ Gerbera

非洲菊

别名：扶郎花，灯盏花
科属：菊科大丁草属

识别： 多年生草本，高 20 ~ 60 cm。叶基生，具长柄，长椭圆状披针形，具羽状浅裂或深裂，全株有绒毛。种子小，宜干燥，应随采随播。

观花： 头状花序顶生，舌状花条状披针形，多轮，温度适宜可周年开花，以 5 ~ 6 月和 9 ~ 10 月花期为盛。

分布： 原产于非洲南部的德兰士瓦，现世界各地广为栽培。

习性： 喜冬季温暖、夏季凉爽、空气流通、阳光充足的环境；要求土壤疏松肥沃、排水良好、富含腐殖质、微酸性的沙质壤土。

繁殖： 播种繁殖。

应用： 重要的切花花卉，在温暖地区，可露地栽植于庭院，也可盆栽观赏。

品种： 花色有黄、白、粉、橙、红等色。

★ *Gerbera jamesonii* Bolus ☆ Africa Daisy，Flameray Gerbera

鼠麹草

别名：佛耳草，鼠耳草，清明菜
科属：菊科鼠麹草属

识别： 二年生草本，高 10 ~ 50 cm，全株密被白色绒毛。主根细长。茎直立。叶互生，先端钝，具短尖头，基部渐狭下延，全缘，两面具白色绵毛；无叶柄。瘦果椭圆形。果期 8 ~ 9 月。

观花： 头状花序多数，总苞球状钟形；总苞片 3 层，长椭圆状。花期 4 ~ 6 月。

分布： 分布于我国的华北、西北、华东、中南、华南和西南地区及台湾等地。朝鲜、日本、菲律宾、印度、中南半岛和印度尼西亚均有分布。

习性： 适生于湿润的丘陵和山坡草地、河湖滩地、溪沟岸边、路旁、田埂、林绿、疏林下、无积水的水田中。

繁殖： 种子繁殖。

应用： 可用于花境、花坛美化；亦可作干花用。

★ *Gnaphalium affine* D.Don ☆ Cudweed

★ *Gynura japonica* (Thunb.) Juel　☆ Velvetplant

菊三七

别名：三七草
科属：菊科菊三七属

识别： 多年生草本，高 60 ~ 150 cm。基部和下部叶较小，椭圆形，不分裂至大头羽状；叶片椭圆形或长圆状椭圆形，长 10 ~ 30 cm，宽 8 ~ 15 cm，羽状深裂，顶裂片大，侧生裂片（2）3 ~ 6 对。瘦果圆柱形。花果期 8 ~ 10 月。

观花： 头状花序多数，直径 1.5 ~ 1.8 cm，花茎枝端排成伞房状圆锥花序；每一花序枝有 3 ~ 8 个头状花序；花序梗细，长 1 ~ 3（ ~ 6）cm，有 1 ~ 3 线形的苞片。小花 50 ~ 100 个，花冠黄色或橙黄色，长 13 ~ 15 mm。

分布： 产于四川、云南、贵州、湖北、湖南、陕西、安徽、浙江、江西、福建、台湾、广西。尼泊尔、泰国和日本也有分布。

习性： 喜光，稍耐阴。

繁殖： 播种繁殖。

应用： 可作园林地被植物，种植于山谷、山坡草地、林下或林缘。

★ *Gynura aurantiaca* (Blume) DC.　☆ Velvet Plant

紫鹅绒

别名：天鹅绒三七，菊三七
科属：菊科菊三七属

识别： 多年生常绿草本，高 60 ~ 100 cm。茎肉质，多汁。全株密被紫红色绒毛。叶卵形，形大而柔软，缘具齿，两面密布软毛，叶面呈赤堇色至青紫色，具光泽。

观花： 头状花序，稀疏，花色金黄或橙黄。

分布： 原产于亚洲印度尼西亚的爪哇。

习性： 喜温暖、湿润、半阴的环境。

繁殖： 播种繁殖。

应用： 为观叶花卉，盆栽观赏或用于花坛。

★ *Heleniun bigelovii* A.Gray　☆ Sneezeweed

堆心菊

别名：翼锦鸡菊
科属：菊科堆心菊属

识别： 一二年生花卉，高 60 ~ 120 cm。植株上部多分枝。叶阔披针形。果熟期 9 ~ 10 月。

观花： 头状花序生于茎顶，舌状花柠檬黄色或橘红色，花瓣阔，先端有缺刻，管状花黄绿色或深红色。花期 7 ~ 10 月。

分布： 原产于北美。

习性： 喜温暖向阳环境，抗寒耐旱，不择土壤。

繁殖： 播种繁殖。

应用： 用于花坛镶边或花境，也可作地被栽植。

苍术

别名：茅术，术，赤术，南苍术，茅山苍术
科属：菊科苍术属

识别： 多年生草本。叶卵状披针形至椭圆形，长 35.5 cm，宽 1 ~ 1.5 cm，顶端渐尖，基部渐狭，边缘有刺状锯齿，叶脉隆起，无柄；下部叶常 3 裂，裂片顶端尖，顶端裂片极大，卵形。瘦果有柔毛。果期 7 ~ 10 月。

观花： 头状花序顶生，叶状苞片 1 列，羽状深裂，裂片刺状；总苞圆柱形；总苞片 5 ~ 7 层，卵形至披针形；花冠筒状，白色，长约 1 cm，上部略膨大。花期 6 ~ 9 月。

分布： 分布于黑龙江、辽宁、吉林、内蒙古、河北、山西、甘肃、陕西、河南、江苏、浙江、江西、安徽、四川、湖南、湖北等地。

习性： 喜凉爽、温和、湿润的气候，耐寒力较强，怕强光和高温。

繁殖： 播种繁殖。

应用： 可作园林地被植物，种植于山坡、林下或岩缝隙中。

★ *Atractylodes Lancea* (Thunb.) DC.　☆ Common Atractylodesr

菊芋

别名：菊藷，五星草，洋羌，番羌
科属：菊科向日葵属

识别： 多年生草本，高 100 ~ 300 cm。具块状地下茎；茎直立；基部叶对生，上部叶互生，有叶柄，叶柄上部有狭翅，叶片卵形，先端急尖或渐尖，基部宽楔形，边缘有锯齿，上面粗糙，下面被柔毛；瘦果楔形。

观花： 头状花序数个，生于枝端；舌状花，淡黄色；管状花两性，花冠黄色、棕色或紫色；花期 8 ~ 10 月。

分布： 原产于北美洲。

习性： 耐寒，耐旱，抗逆性强，再生性极强。

繁殖： 播种繁殖。

应用： 枝叶清新浓郁，繁花可爱，可植于花坛、花境或疏林下。

相近种： 串叶松香草 *Silpnium perfoliatum* L.，赛菊芋 *Heliopsis helianthoides* Sweet。

★ *Helianthus tuberosus* L.　☆ Jerusalem Artichoke

向日葵

别名：朝阳花，转日莲，向阳花，望日莲
科属：菊科向日葵属

识别： 一年生草本，高 1.0 ~ 3.5 m。茎直立，粗壮，圆形多棱角，为白色粗硬毛。叶通常互生，心状卵形或卵圆形，先端锐突或渐尖，有基出 3 脉，边缘具粗锯齿，两面粗糙，被毛，有长柄。瘦果。

观花： 头状花序，极大，直径 10 ~ 30 cm，单生于茎顶或枝端，常下倾。总苞片多层，叶质，覆瓦状排列，被长硬毛，夏季开花，花序边缘生黄色的舌状花，不结实。花序中部为两性的管状花，棕色或紫色。

分布： 原产于北美洲，世界各地均有栽培。

习性： 性喜温暖，耐旱，不耐寒。

繁殖： 种子繁殖。

应用： 适宜大片栽植，既可观赏又可采种供食用。

品种： 观赏品种丰富。

★ *Helianthus annuus* L.　☆ Sunflower

★ *Stemmacantha uniflora* (L.) Dittrich ☆ Swiss Centaury

祁州漏芦

别名：漏芦
科属：菊科漏芦属

识别： 多年生草本，高 30 ~ 100 cm。基生叶及下部茎叶椭圆形、长椭圆形、倒披针形，长 10 ~ 24 cm，宽 4 ~ 9 cm，羽状深裂或几全裂，有长叶柄，叶柄长 6 ~ 20 cm。瘦果 3 ~ 4 棱。果期 5 ~ 9 月。

观花： 头状花序单生茎顶。全部小花两性，管状，花冠紫红色，长 3.1 cm，细管部长 1.5 cm，花冠裂片长 8 mm。花期 4 ~ 8 月。

分布： 分布于黑龙江、吉林、辽宁、河北、内蒙古、陕西、甘肃、青海、山西、河南、四川、山东等地。

习性： 喜光，稍耐阴。

繁殖： 播种繁殖。

应用： 可作园林地被植物，种植于山坡或林下。

★ *Helichrysum bracteatum* (Vent.) Andr. ☆ Everlasting Daisy

麦秆菊

别名：蜡菊，贝细工
科属：菊科蜡菊属

识别： 多年生草本，高 30 ~ 90 cm。茎直立，上部有分枝。叶互生，长椭圆状披针形，基部渐狭成短柄，全缘。瘦果小棒状，或直或弯，上具 4 棱。果熟期 9 ~ 10 月。

观花： 头状花序单生枝顶，总苞片含硅酸而呈膜质，酷似舌状花，管状花黄色。花期 7 ~ 9 月。

分布： 原产于澳大利亚，现世界各国均有栽培。

习性： 喜温暖和阳光充足的环境。不耐寒、忌酷热，喜肥沃、湿润而排水良好的土壤。

繁殖： 播种繁殖。

应用： 常作干花，亦可布置花坛，或在林缘自然丛植。

品种： 有白、黄、橙、褐、粉红、暗红等色。

★ *Heliopsis helianthoides* Sweet ☆ Sunflower Heliopsis

赛菊芋

别名：日光菊
科属：菊科赛菊芋属

识别： 多年生草本，高 60 ~ 150 cm，叶对生，长卵圆形或卵状披针形。头状花序集生成伞房状，花径 5 ~ 7 cm，舌状花阔线形，鲜黄色。茎分枝；叶对生，具柄，有主脉 3 条，边有粗齿；瘦果无冠毛或有具齿的边缘。

观花： 头状花序具柄，异性，放射状；总苞片 2 ~ 3 列；舌状花黄色，雌性，1 列，结实或不孕，宿存于果上；盘花两性，结实，一部为花序的托片所包藏；花期 6 ~ 9 月。

分布： 原产于北美安大略州至佛罗里达州、密苏里州和田纳西州。我国引入栽培。

习性： 耐寒，喜向阳高燥环境，不择土壤。耐半阴、耐寒，耐瘠薄，性健壮。

繁殖： 播种或分株繁殖。

应用： 分株或作播种花坛、花境材料，可栽在路旁、篱旁、林缘草地或岩石园。

泥胡菜

别名：剪刀草，石灰菜，绒球，花苦荬菜
科属：菊科泥胡菜属

识别： 二年生草本，高 30 ~ 80 cm。根圆锥形，肉质。茎直立，具纵沟纹，无毛或具白色蛛丝状毛。基生叶莲座状，具柄，倒披针形或倒披针状椭圆形，长 7 ~ 21 cm，根提琴状羽状分裂，顶裂片三角形，较大，有时 3 裂，侧裂片 7 ~ 8 对，长椭圆状披针形，下面被白色蛛丝状毛；中部叶椭圆形，无柄，羽状分裂；上部叶条状披针形至条形。瘦果椭圆形。

观花： 头状花序多数，有长梗；花紫色。花期 5 ~ 6 月。

分布： 分布几遍及我国各地；越南、老挝、印度、日本、朝鲜也有分布。生于路旁、荒草丛中或水沟边。

习性： 生性强健。喜湿、稍耐碱。对土质要求不严格。

繁殖： 播种繁殖。

应用： 可丛植于花坛或花境中。

★ *Hemistepta lyrata* Bunge ☆ Lyrate Hemistepta

马兰

别名：别名：马兰头，鸡儿肠，红管药
科属：菊科马兰属

识别： 多年生草本，高 30 ~ 70 cm。茎直立。叶互生，薄质，倒披针形或倒卵状矩圆形，长 3 ~ 10 cm，宽 0.8 ~ 5 cm，顶端钝或尖，基部渐狭无叶柄，边缘有疏粗齿或羽状浅裂，上部叶小，全缘。瘦果倒卵状矩圆形。

观花： 头状花序直径约 2.5 cm，单生于枝顶排成疏伞房状；总苞片 2 ~ 3 层，倒披针形或倒披针状矩圆形，上部草质，有疏短毛，边缘膜质，有睫毛；舌状花 1 层，舌片淡紫色；筒状花多数，筒部被短毛。

分布： 分布于全国各省区；亚洲南部及东部广布。

习性： 喜光。

繁殖： 播种繁殖。

应用： 可作园林地被植物，种植于林缘、溪岸或路旁。

★ *Kalimeris indica* (L.) Sch. -Bip. ☆ India Horseorchid

蒙古马兰

科属：菊科马兰属

识别： 多年生草本。茎直立，高 60 ~ 100 cm。叶纸质或近膜质，中部及下部叶倒披针形或狭矩圆形，长 5 ~ 9 cm，宽 2 ~ 4 cm，羽状中裂，边缘具较密的短硬毛；裂片条状矩圆形，顶端钝，全缘；上部分枝上的叶条状披针形，长 1 ~ 2 cm。瘦果倒卵形。果期 7 ~ 9 月。

观花： 头状花序单生于长短不等的分枝顶端，径 2.5 ~ 3.5 cm。总苞半球形，径 1 ~ 1.5 cm；总苞片 3 层，覆瓦状排列。舌状花淡蓝紫色、淡蓝色或白色，管部长 2 mm；舌片长 2.2 cm，宽 3.5 mm。管状花黄色，长约 5 mm，管部长 1.5 mm。花期 7 ~ 9 月。

分布： 产于吉林、辽宁、内蒙古、河北、山东、河南、山西、陕西、宁夏、甘肃东部及四川西北部。

习性： 喜光。

繁殖： 播种繁殖。

应用： 可作园林地被植物。

★ *Kalimeris mongolica* (Franch.) Kitam. ☆ Mongol Horseorchid

★ *Heteropappus alteicus* (Willd.) Novop.　☆ Altai Puppyflower

阿尔泰狗娃花

别名：阿尔泰紫菀
科属：菊科狗娃花属

识别： 多年生草本，高 20 ~ 60 cm。全株密被柔毛。茎多自基部分枝。叶互生，线形，全缘，密被糙毛。瘦果倒卵形，扁平。果期 9 ~ 10 月。

观花： 头状花序，单生枝顶或排成伞房状；总苞片 2 层，披针形；舌状花浅蓝紫色，管状花 5 裂。花期 7 ~ 9 月。

分布： 分布于我国北部。蒙古、俄罗斯 (西伯利亚)、中亚各国也有分布。

习性： 喜光，耐寒，耐干旱。

繁殖： 播种或分株繁殖。

应用： 可作花境材料或布置岩石园。

★ *Heteropappus hispidus* (Thunb.) Less.　☆ Hispid Puppyflower

狗娃花

科属：菊科狗娃花属

识别： 直立草本，高 30 ~ 50 cm。叶互生，狭矩圆形或倒披针形，长 4 ~ 13 cm，宽 0.5 ~ 1.5 cm，顶端渐尖或钝，基部渐狭成叶柄，通常全缘，有疏毛，上部叶小，条形。瘦果倒卵圆形。果期 8 ~ 9 月。

观花： 头状花序直径 3 ~ 5 cm，单生于枝顶排成圆锥伞房状；舌状花约 30 个，舌片浅红色或白色，条状矩圆形；筒状花有 5 裂片，其中 1 裂片较长。花期 7 ~ 9 月。

分布： 广泛分布于我国南北大部分省区。

习性： 喜光。

繁殖： 播种繁殖。

应用： 可作园林地被植物，种植于路旁或林缘。

★ *Heteropappus meyendorffii* (Reg. et Maack) Komar. et Klob. -Alis.

砂狗娃花

别名：砂狗哇花
科属：菊科狗娃花属

识别： 一年生草本，高 35 ~ 50 cm。中部茎生叶狭矩圆形，长 6 ~ 8 cm，宽 1 ~ 2 cm，顶端钝或急尖，基部稍渐狭，无柄，上部边缘有粗齿或全缘；上部叶渐小，披针形至条状披针形。瘦果倒卵形。

观花： 头状花序单生枝端，径 3 ~ 5 cm。舌状花 20 枚，舌片蓝紫色，条状矩圆形，长 14 ~ 17 mm；管状花黄色。

分布： 产于东北、内蒙古、河北、山西、陕西、甘肃东北部。

习性： 喜光。

繁殖： 播种繁殖。

应用： 可作园林地被植物，种植于河岸砂地、林下或山坡。

旋覆花

别名：金佛草，六月菊
科属：菊科旋覆花属

识别：多年生草本，高 20 ~ 70 cm。具短根状茎。茎直立，被毛。叶互生，长椭圆形或披针形，半抱茎，无柄，全缘或疏具齿。瘦果圆柱形，被短毛。果期 9 ~ 11 月。

观花：头状花序于茎顶成伞房状；总苞半球形，总苞片 5 层，线状披针形；花黄色，花期 6 ~ 10 月。

分布：北京各地普遍分布，生于路旁、河边湿地、林缘、河岸等处。分布于东北、华北、西北、华东、华中地区。头花入药。

习性：喜光亦耐半阴，耐寒，适宜疏松土壤。

繁殖：播种繁殖。

应用：植株美观，可栽培观赏，可片植或丛植于花境、草坪边缘、路边或疏林下。

★ *Inula japonica* Thunb. ☆ Inula

土木香

别名：祁木香，青木香
科属：菊科旋覆花属

识别：多年生草本，高达 2.5 m。叶宽椭圆状披针形至披针形，顶端尖，长 10 ~ 40 cm，边有齿或重齿，下面被白色厚茸毛；茎生叶基部有耳，半抱茎，顶端尖。瘦果 5 面形。

观花：头状花序少数，直径 6 ~ 8 cm，排成伞房状，梗长 6 ~ 12 cm；舌状花黄色，舌片顶端 3 ~ 4 个不规则齿裂；筒状花黄色。花期 6 ~ 9 月。

分布：我国在河北、浙江、四川均有栽培。广布欧洲、亚洲和北美。

习性：喜光照强烈的湿润环境。耐涝不耐旱，植株耐寒性较强。

繁殖：种子繁殖和分根栽种。

应用：可用于风景区、庭园的特色地被布置。

★ *Inula helenium* L. ☆ Elecampane Inula

欧亚旋覆花

别名：大花旋覆花
科属：菊科旋覆花属

识别：多年生草本。基部叶长椭圆形或披针形，长 3 ~ 12 cm，宽 1 ~ 2.5 cm，下部渐狭成长柄；中部叶长椭圆形，长 5 ~ 13 cm，宽 0.6 ~ 2.5 cm，基部宽大，无柄，心形或有耳，半抱茎；上部叶渐小。瘦果圆柱形。果期 8 ~ 10 月。

观花：头状花序 1 ~ 5 个，直径 2.5 ~ 5 cm。舌状花舌片线形，黄色，长 10 ~ 20 mm。花期 7 ~ 9 月。

分布：产于新疆、内蒙古及华北、东北地区。

习性：喜光，稍耐水湿。

繁殖：播种繁殖。

应用：可作园林地被植物，种植于河边、坡地或和路边。

★ *Inula britanica* L. ☆ British Inula

★ *Ixeridium chinense* (Thunb.) Tzvel.　☆ China Ixeris

苦荬菜

别名：中华小苦荬，败酱，苦麻菜
科属：菊科苦荬菜属

识别： 多年生草本，高 10 ~ 35 cm。茎多分枝。基生叶莲座状，披针形，分裂或不裂；茎生叶少数，无柄。瘦果圆柱形，有喙，冠毛白色。花果期 5 ~ 9 月。

观花： 头状花序多数，排列成伞房状；总苞片 2 层，披针形；舌状花黄色、白色或淡紫色。

分布： 分布于我国北部、东部和南部。长江以南各省广泛栽培。

习性： 耐寒、抗热，微酸微碱性土壤均可种植。

繁殖： 播种繁殖。

应用： 可作园林地被植物或庭园美化。

★ *Ixeridium sonchifolium* (Maxim.) Shih　☆ Sowthistle - leat Ixeris

抱茎小苦荬

别名：苦碟子，秋苦荬菜
科属：菊科小苦荬属

识别： 多年生草本，高 15 ~ 60 cm。基生叶莲座状，匙形、长倒披针形或长椭圆形，边缘有锯齿，顶端圆形或急尖，顶裂片大，近圆形、椭圆形或卵状椭圆形，顶端圆形或急尖，边缘有锯齿，侧裂片 3 ~ 7 对，半椭圆形、三角形或线形，边缘有小锯齿。瘦果黑色，纺锤形，长 2 mm。花果期 3 ~ 5 月。

观花： 头状花序多数或少数。总苞圆柱形，长 5 ~ 6 mm；总苞片 3 层，外层及最外层短，卵形或长卵形，长 1 ~ 3 mm，宽 0.3 ~ 0.5 mm，顶端急尖，内层长披针形，长 5 ~ 6 mm，宽 1 mm，顶端急尖，全部总苞片外面无毛。舌状小花黄色。

分布： 分布于辽宁、河北、山西、内蒙古、陕西、甘肃、山东、江苏、浙江、河南、湖北、四川、贵州。朝鲜、日本也有分布。

习性： 喜光。

繁殖： 播种繁殖。

应用： 园林地被植物，可种植于山坡或平原路旁、林下、河滩地、岩石上或庭园中。

★ *Lagedium sibiricum* (L.) Sojak　☆ Siberia Lettuce

北山苣

别名：野生菜，土莴苣，山莴苣
科属：菊科山莴苣属

识别： 多年生草本，高 30 ~ 70 cm。茎单生，无毛，浅红色，上部伞房状分枝。叶披针形或长椭圆状披针形，茎下部叶长 16 ~ 20 cm，宽 2 ~ 3 cm，无柄，基部心形或扩大耳状抱茎，全缘或有时有锯齿或浅裂，全部叶无毛。瘦果长椭圆状条形。花果期 9 ~ 11 月。

观花： 头状花序有多数小花，在茎顶枝端排成疏伞房花序或伞房状圆锥花序；舌状花红紫色。

分布： 除西北地区外，几广布全国各地。日本也有分布。

习性： 喜光，耐水湿。

繁殖： 播种繁殖。

应用： 可作园林地被植物，用于林缘、林下、河岸、湖地及水湿地中。

翅果菊

别名：山莴苣，苦菜，白龙头
科属：菊科翅果菊属

识别： 多年生草本，高 30 ~ 80 cm。具乳汁。茎无毛，上部分枝。叶长圆形，倒向羽状分裂，裂片三角形，基部具翼状柄，半抱茎，边缘具刺状牙齿。瘦果长圆形，具短喙。花果期 6 ~ 9 月。
观花： 头状花序多数成狭圆锥状，总苞狭筒状，舌状花淡黄色。
分布： 除西北地区之外全国各地均有分布。
习性： 喜光，喜水湿，喜沙质土壤。
繁殖： 播种繁殖。
应用： 可作园林中河边、沟边、路边地被植物。

★ *Pterocypesla indica* (L.) Shih ☆ India Lettuce

莴苣

别名：莴笋，青笋，千金菜
科属：菊科莴苣属

识别： 一年生或二年草本植物，高 25 ~ 100 cm。基生叶及下部茎叶大，不分裂，倒披针形、椭圆形或椭圆状倒披针形，长 6 ~ 15 cm，宽 1.5 ~ 6.5 cm，顶端急尖、短渐尖或圆形，无柄，基部心形或箭头状半抱茎，边缘波状或有细锯齿，向上的渐小，与基生叶及下部茎叶同形或披针形，圆锥花序分枝下部的叶及圆锥花序分枝上的叶极小，卵状心形，无柄，基部心形或箭头状抱茎，边缘全缘。瘦果倒披针形。花果期 2 ~ 9 月。
观花： 头状花序多数或极多数，在茎枝顶端排成圆锥花序。舌状小花约 15 枚。
分布： 中国各地栽培，亦有野生。原产于亚洲西部和地中海沿岸。
习性： 喜冷凉，稍耐霜冻，怕高温；喜阳光充足。
繁殖： 播种繁殖。
应用： 可作园林地被植物。

★ *Lactuca sativa* L. ☆ Garden Lettuce

稻槎菜

别名：黄花菜
科属：菊科稻搓菜属

识别： 一年生草本，高 10 ~ 20 cm。基生叶有柄，羽状分裂，长 4 ~ 10 cm，宽 1 ~ 2 cm，顶裂片较大，卵形，侧裂片 3 ~ 4 对，椭圆形。瘦果椭圆状披针形，扁，长 3 ~ 4 mm，上部收缩，顶端有细刺突生或两侧各具钩刺 1 枚，果棱多条；无冠毛。花果期 1 ~ 6 月。
观花： 头状花序小，排成疏散伞房状圆锥花序，有纤细的梗；总苞椭圆形，长约 5 mm；外层总苞片卵状披针形，长约 1 mm，内层总苞片 5 ~ 6 枚，椭圆状披针形，长约 4.5 mm，全部苞片无毛；小花全部舌状，两性，结实，花冠黄色。
分布： 分布于我国东部沿海及中南各省区。日本，朝鲜也有分布。
习性： 喜光。
繁殖： 播种繁殖。
应用： 可作园林地被植物。

★ *Lapsana apogonoides* Maxim. ☆ Common Nipplewort

★ *Leontopodium japonicum* Miq.　☆ Japan Edelweiss

薄雪火绒草

别名：薄雪草，火艾
科属：菊科火绒草属

识别： 多年生草本。根状茎分枝稍长，有数个簇生的花茎和不育茎。茎直立，高 10 ~ 50 cm，上部被白色薄绵毛，全部有等距的叶，节间长 1 ~ 2 cm。叶开展，狭披针形、卵状披针形或下部叶倒卵状披针形，长 2.5 ~ 5.5 cm，宽 0.5 ~ 1.3 cm，边缘平，上面有疏蛛丝状毛或脱毛，下面被银白色或灰白色薄层密茸毛。瘦果有乳突或短粗毛。果期 9 ~ 10 月。

观花： 苞叶多数，卵形或矩圆形，两面被茸毛或蛛丝状毛，排成疏散的直径达 4 cm 的苞叶群或直径达 10 cm 的复苞叶群。头状花序直径 3.5 ~ 4.5 mm；总苞钟形或半球形，被密茸毛；冠毛白色，基部稍红色。花期 6 ~ 9 月。

分布： 广布于陕西、甘肃、河南、湖北、安徽。日本也有分布。

习性： 喜光，稍耐阴。

繁殖： 播种繁殖。

应用： 可作园林地被植物，种植于林下及草坡。

★ *Leontopodium leontopodioides*（Willd.）Beauv.

火绒草

别名：火绒蒿，大头毛香，老头草
科属：菊科火绒草属

识别： 多年生草本，茎高 5 ~ 45 cm，被长柔毛或绢状毛。叶直立，条形或条状披针形，长 2 ~ 4.5 cm，宽 0.2 ~ 0.5 cm，无鞘，无柄，上面灰绿色，被柔毛，下面被白色或灰白色密绵毛。苞叶少数，矩圆形或条形，两面或下面被白色或灰白色厚茸毛，多少开展成苞叶群或不排列成苞叶群。瘦果有乳突或密绵毛。

观花： 头状花序大，直径 7 ~ 10 mm，3 ~ 7 个密集，稀 1 个或较多，或有总花梗而排列成伞房状；总苞半球形，长 4 ~ 6 mm，被白色绵毛；冠毛基部稍黄色。

分布： 分布于东北、华北及西北地区。朝鲜、俄罗斯、蒙古也有分布。

习性： 喜光。

繁殖： 播种繁殖。

应用： 可作园林地被植物或石砾地地被植物。

★ *Leucanthemum maximum*（Ramond）DC.　☆ Shasta Daisy

大滨菊

别名：西洋滨菊
科属：菊科滨菊属

识别： 多年生草本，高 30 ~ 60 cm。基生叶具长柄，簇生。茎生叶无柄，披针形，具粗齿。瘦果，无冠毛。果熟期 8 ~ 9 月。

观花： 头状花序，舌状花白色，具香气。花期 7 ~ 8 月。

分布： 原产于欧洲比利牛斯山。

习性： 喜阳，较耐寒，喜土壤疏松肥沃。

繁殖： 播种繁殖。

应用： 用于花坛、花境、花丛，亦可用于切花或盆栽观赏。

滨菊

别名：春白菊，白花茼蒿菊
科属：菊科滨菊属

识别： 多年生草本，高 15 ~ 80 cm。茎直立，通常不分枝，被绒毛或卷毛至无毛。基生叶花期生存，长椭圆形、倒披针形、倒卵形或卵形，长 3 ~ 8 cm，宽 1.5 ~ 2.5 cm，基部楔形，渐狭成长柄，柄长于叶片自身，边缘圆或钝锯齿。中下部茎叶长椭圆形或线状长椭圆形，向基部收窄，耳状或近耳状扩大半抱茎，中部以下或近基部有时羽状浅裂。上部叶渐小，有时羽状全裂。花果期 5 ~ 10 月。

观花： 头状花序单生茎顶，有长花梗，或茎生 2 ~ 5 个头状花序，排成疏松伞房状。总苞径 10 ~ 20 mm。全部苞片无毛，边缘白色或褐色膜质。舌片长 10 ~ 25 mm。

分布： 原产于欧洲。

习性： 喜温暖、湿润的环境。

繁殖： 播种或分株繁殖。

应用： 主要用于花坛布置；也可盆栽供观赏。

★ *Leucanthemum vulgare* Lam. ☆ General Whitedaisy

蹄叶橐吾

别名：马蹄叶，肾叶橐吾
科属：菊科橐吾属

识别： 多年生草本。根肉质，黑褐色，多数。茎高大，直立。瘦果圆柱形，光滑。花果期 7 ~ 10 月。

观花： 舌状花黄色，舌片长圆形；管状花多数，冠毛红褐色短于管部。

分布： 产于四川、湖北、贵州、湖南、河南、安徽、浙江、甘肃、陕西、华北地区及东北地区。在尼泊尔、锡金、不丹、俄罗斯（东西伯利亚，模式标本产地）、蒙古、朝鲜、日本也有分布。

习性： 对光要求不高；喜冷凉、湿润气候。

繁殖： 播种或分株繁殖 。

园林： 可用于花坛、风景区、庭园的特色地被布置。

★ *Ligularia fischeri* (Ledeb.) Turcz. ☆ Fischer Goldenray

狭苞橐吾

科属：菊科橐吾属

识别： 多年生草本，高 40 ~ 80 cm。茎单一，直立。基生叶有长柄，叶片肾状心形或肾形，边缘有细锯齿，无毛。瘦果长圆柱形，冠毛污褐色。果期 9 月。

观花： 头状花序集生成总状，花开后下垂，有短梗及线形苞叶；总苞圆柱形；舌状花黄色。花期 7 ~ 8 月。

分布： 分布于东北、华北、西北、华中及华东地区。在朝鲜及日本也有分布。

习性： 对光要求不高；喜冷凉、湿润的气候。

繁殖： 播种繁殖。

应用： 叶心形，美丽可爱，具较高的观赏价值。

★ *Ligularia intermedia* Nakai ☆ Narrowbract Goldenray

★ *Siegesbeckia orientalis* L.　☆ Common St.Paulswort

豨莶

别名：豨莶，虾柑草，黏糊菜
科属：菊科豨莶属

识别：一年生草本，茎高 30 ~ 100 cm，被白色柔毛。茎中部叶三角状卵形或卵状披针形，长 4 ~ 10 cm，宽 1.8 ~ 6.5 cm，两面被毛，边缘有不规则的浅齿或粗齿，基部宽楔形下延成翅柄。瘦果长 3 ~ 3.5 mm，无冠毛。果期 6 ~ 11 月。

观花：头状花序多数排成圆锥状；总苞片 2 层，背面被紫褐色头状有柄腺毛；雌花舌状，黄色，两性花筒状。花期 4 ~ 9 月。

分布：秦岭和长江流域以南各地广布。

习性：耐阴。

繁殖：播种繁殖。

应用：可作园林地被植物，可种植于林缘或林下。

相近种：毛梗豨莶 *Siegesbeckia glabrescens* Makino，总花梗及枝上部的柔毛稀且平伏，叶锯齿状。分布最广的是腺梗豨莶 *Siegesbeckia pubescens* Makino，总花梗和枝上部被紫褐色头状有梗腺毛。

★ *Siegesbeckia pubescens* Makino　☆ Glandstalk St.Paulswort

腺梗豨莶

别名：毛豨莶，棉苍狼，珠草
科属：菊科豨莶属

识别：一年生草本，高 40 ~ 100 cm。全株密被柔毛及腺毛。茎直立，上部二歧分枝。叶对生，卵形或菱状卵形，基部下延成具翅的柄，边缘有粗齿，基出 3 条脉。瘦果倒卵形，无冠毛。果期 8 ~ 10 月。

观花：头状花序，顶生；总苞片匙形至舟形，花黄色。花期 6 ~ 8 月。

分布：分布于东北、华北、华中、华东、西北及西南地区。

习性：适应性强，喜湿润的环境。

繁殖：播种、扦插或分株繁殖。

应用：花形可爱，可作观花植物。

★ *Matricaria recutita* L.　☆ Mamdaisy

母菊

别名：洋甘菊
科属：菊科母菊属

识别：一年生或多年生草本，高 30 ~ 50 cm，全株无毛，有香气。茎直立，上部多分枝。叶二至三回羽状全裂，裂片细条形，顶端具尖头。头状花序顶生或腋生，直径 1.5 ~ 2 cm。外层花冠舌状，白色，内层花冠筒状，黄色。瘦果极小，长圆形或倒卵形。花期 4 ~ 5 月。

分布：原产于英国。

习性：喜温暖、湿润和阳光充足环境，耐寒性较强，耐半阴，适宜疏松肥沃、排水良好的壤土。

繁殖：播种、分株和扦插繁殖。

应用：盆栽适用于花坛、花境和建筑物前摆放，翠绿有光、自然飘逸。切花或盆栽点缀阳台、窗台，观赏期长，更感风姿雅韵，清晰明朗。

皇帝菊

别名：美兰菊
科属：菊科美兰菊属

识别：一年生花卉。矮生，株高在 30 ~ 50 cm，叶对生。
观花：顶生花序，花黄色，直径 2.5 cm，花期春至秋季。
分布：原产于中美洲。
习性：耐热、耐湿，稍具耐旱性，但水分仍须持续适量供应，如果土壤过湿，会使下叶萎黄、生长衰弱。
繁殖：播种繁殖。
应用：花形似雏菊，多花繁茂的菊状黄花，组成了绚丽的花冠，适合于花坛栽培、组合盆栽，亦是花境的好材料。
品种：品种有柠檬乐趣‘Lemon Delight’，金黄‘Golden Yellow’等。

★ *Melampodium paludosum* Kunth ☆ Butter Daisy

乳苣

别名：蒙山莴苣，紫花山莴苣，苦菜
科属：菊科乳苣属

识别：多年生草本。侧裂片 2 ~ 5 对，中部侧裂片较大，向两端的侧裂片渐小，全部侧裂片半椭圆形或偏斜的宽或狭三角形，边缘全缘或有稀疏的小尖头或边缘多锯齿，顶裂片披针形或长三角形，边缘全缘或边缘细锯齿或稀锯齿；向上的叶与中部茎叶同形或宽线形，但渐小。瘦果长圆状披针形。花果期 6 ~ 9 月。
观花：头状花序约含 20 枚小花，多数，在茎枝顶端狭或宽圆锥花序。舌状小花紫色或紫蓝色。
分布：分布于辽宁、内蒙古、河北、山西、陕西、甘肃、青海、新疆、河南、西藏等省区。
习性：喜光，耐水湿。
繁殖：播种繁殖。
应用：可作园林中河滩、湖边、草甸、田边、固定沙丘或砾石地等的地被植物。

★ *Mulgedium tataricum*（L.）DC. ☆ Milklettuce

蚂蚱腿子

别名：万花木
科属：菊科蚂蚱腿子属

识别：落叶灌木，高 50 ~ 80 cm。叶互生，具短柄，宽披针形，基出 3 脉，全缘。瘦果近圆柱形，冠毛白色，密被长毛。
观花：头状花序单生于叶腋，先叶开放，雌花和两性花异株；总苞钟形，总苞片 5 ~ 8 枚；雌花淡紫色，两性花白色。花果期 4 ~ 5 月。
习性：喜光也耐阴，耐寒，耐干旱瘠薄。
繁殖：播种繁殖。
分布：分布于我国华北、东北地区及内蒙古。
应用：株形小巧，自然朴素，花型特别，粉白二色，芳香宜人，适宜林缘、草坪石旁、湖畔丛植。

★ *Myripnois dioica* Bunge ☆ Locustleg

★ *Osteospermum ecklonis*（DC.）Norl.　☆ Arrican Daisy

南非万寿菊

别名：大芙蓉，臭芙蓉
科属：菊科蓝眼菊属

识别：草本花卉，高 30 ～ 50 cm。茎绿色。叶深绿色，近椭圆形，有缺刻。
观花：头状花序，多数簇生成伞房状，花单瓣，花径 5 ～ 6 cm。花期 6 ～ 8 月。
分布：原产于南非。
习性：喜阳，稍耐寒，耐干旱，喜疏松肥沃的沙质壤土。
繁殖：播种繁殖。
应用：用于花坛、花境栽培，也可盆栽观赏。
品种：有白、粉、红、紫红、蓝、紫等色品种。

★ *Othonna capensis*‘Ruby Necklace’　☆ Ruby Necklace Othonna

紫弦月

别名：黄花新月，紫月，紫葡萄
科属：菊科厚敦菊属

识别：多肉草本植物。叶棒状，绿色，日照充足时会呈紫色。
观花：花小，黄色。花期春季。
分布：原产于非洲纳米比亚和南非。
习性：喜温暖和阳光充足的环境，怕水湿，忌强光暴晒，夏季高温半休眠，生长期需要大量的水分，生长适温 15 ～ 28 ℃，冬季不低于 10 ℃。
繁殖：播种、分株及扦插繁殖。
应用：可作吊篮悬垂栽培。
相近种：弦月 *Senecio radicans* (L.f) Sch.-Bip.，叶直径较细，较弯曲，花白色。

★ *Pertya henanensis* Y.C.Tseng　☆ Melonleaf Bloomdaisy

瓜叶帚菊

科属：菊科帚菊属

识别：直立草本植物，高 1 m 以下。茎粗壮，有纵棱，无毛；枝纤细。叶互生，疏离，叶片薄纸质，卵形至阔卵形，长 5.5 ～ 10 cm，宽 3 ～ 7.5 cm，顶端渐尖，基部阔楔形或有时截平，边缘具角状疏粗齿；基出脉 3 条或有时 5 条；叶柄长 5 ～ 8 mm，密被长柔毛。
观花：头状花序在枝顶腋生，单生或双生，花期长约 2 cm，直径约 1 cm，每一头状花序具花 7 ～ 9 朵；总花梗纤细，长 4 ～ 15 mm，被柔毛；总苞圆筒形，长约 1.5 cm，直径 5 ～ 6 mm；总苞片 6 ～ 7 层。花全部两性，花冠管状，长 10 ～ 11 mm，檐部稍扩大，5 深裂。瘦果。
分布：产于河南西部（嵩县）和四川东北部（昭化）。
习性：稍耐阴。
繁殖：播种繁殖。
应用：可作园林地被植物，种植于山坡疏林下或山谷林中。

毛连菜

别名：枪刀菜
科属：菊科毛连菜属

识别： 二年生草本，高 40 ~ 80 cm。全体被钩状刚毛。茎上部分枝。叶互生，披针形，全缘，柄短。瘦果纺锤形，微弯曲，红褐色，冠毛污白色。花果期 6 ~ 9 月。

观花： 头状花序多数，在茎顶排成伞房状；总苞圆柱状，有线形苞叶；舌状花淡黄色。

分布： 分布于东北、华北、西北、西南等地区。

习性： 喜光，耐水湿。

繁殖： 播种繁殖。

应用： 可作园林地被植物。

★ *Picris hieracioides* L.　☆ Japan Oxtongue

假臭草

别名：猫腥菊
科属：菊科假臭草属

识别： 一年生草本，高 0.3 ~ 1 m，全株被长柔毛。茎直立，多分枝。叶对生，卵圆形至菱形，具腺点，边缘齿状，顶端急尖，基部圆楔形，具 3 条脉；叶柄长 0.3 ~ 2 cm。瘦果长 2 ~ 3 mm，黑色，具白色冠毛。花果期全年。

观花： 头状花序生于茎、枝端，总苞钟形，小花 25 ~ 30 朵，蓝紫色；花冠长 3.5 ~ 4.8 mm。

分布： 原产于南美洲，现已经归化于东半球热带及亚热带地区。福建、广东、海南、台湾、香港和澳门有分布。

习性： 喜光，耐水湿。

繁殖： 播种繁殖。

应用： 可作园林地被植物，种植于滩涂地、林下等处。

★ *Praxelis clematidea*　☆ Praxelis

黑心菊

别名：黑心金光菊，黑眼菊
科属：菊科金光菊属

识别： 高 70 ~ 100 cm。全株具粗糙刚毛。上部叶互生，阔披针形，叶缘具粗齿。瘦果，种子细柱状，黑褐色，有光泽。果期 9 ~ 10 月。

观花： 头状花序单生，舌状花黄色，有时有棕色环带或呈半重瓣，管状花聚集呈圆锥状突起，暗棕色。花期 7 ~ 9 月。

分布： 原产于美国东北地区。

习性： 喜光，耐旱，适宜疏松、排水良好的沙质土壤。

繁殖： 播种繁殖。

应用： 可用于花坛、花境、花丛栽植，也是良好的切花材料。

★ *Rudbeckia hybrida* L.　☆ Black-eyed Susan

★ *Rudbeckia laciniata* L.　☆ Cutleaf Coneflower

金光菊

别名：臭菊
科属：菊科金光菊属

识别： 多年生草本，高 80 ～ 150 cm。枝干粗糙直立，多分枝。叶稍具糙毛，较宽厚，基部叶羽状分裂，茎生叶边缘具稀锯齿。瘦果四棱形。果期为秋季。

观花： 头状花序单生茎顶，舌状花单轮，倒披针形，金黄色，管状花紫褐色。花期为夏秋季。

分布： 原产于北美地区。

习性： 喜光照充足，亦耐半阴，较耐寒、耐旱，忌水湿。

繁殖： 播种繁殖。

应用： 适合作花境植物，或自然式栽植布置，也可作切花。

相近种： 全缘叶金光菊 *Rudbeckia fulgida*，抱茎金光菊 *Rudbeckia amplexicaulis*，毛叶金光菊 *Rudbeckia. oserotina*，黑心金光菊 *Rudbeckia hirta* L. 等。

★ *Craspedia globosa* Benth.

金槌花

别名：金仗花，黄金球
科属：菊科金杖球属

识别： 一年生草本，高 50 ～ 60 厘米。叶基部莲座状，丛生，叶窄披针形，有蜡质，被灰白色柔毛。原产澳大利亚。

观花： 花序圆球形，花黄色。

分布： 原产澳大利亚。

习性： 喜光，适宜温暖、凉爽环境和富含腐殖质土壤。

繁殖： 播种繁殖。

应用： 可植于花坛、花带、花镜或园路两侧，是天然干花的优良花材。是天然干花的优良花材，可用作手捧花、婚礼餐桌装饰花或用来装饰新娘发束。

★ *Saussurea japonica*（Thunb.）DC.　☆ Windhairdaisy

风毛菊

别名：八棱麻，八楞麻，三棱草，八面风
科属：菊科风毛菊属

识别： 二年生草本，高 50 ～ 150 cm。茎直立，粗壮，上部分枝。叶具宽大叶柄，椭圆形，羽状浅裂至深裂，裂片不整齐。头状花序多数，密集成聚伞状伞房花序。总苞狭筒形，总苞片 5 ～ 6 层，卵形至披针形，顶端钝，带紫色。花果期 9 ～ 10 月。

观花： 花冠淡紫红色。瘦果圆柱状，冠毛粗糙，羽毛状。花期 8 ～ 9 月。

分布： 分布于东北、华北、华东地区。

习性： 喜光，稍耐旱，喜沙质土壤。

繁殖： 播种繁殖。

应用： 可栽植于山坡、林下供观赏，或作园林地被植物。

千里光

别名：千里明
科属：菊科千里光属

识别： 多年生草本。茎曲折，攀缘，长 2 ~ 5 m，多分枝，初常被密柔毛，后脱毛，直径 2 ~ 3 mm，稀达 5 mm。叶有短柄，叶片长三角形，长 6 ~ 12 cm，宽 2 ~ 4.5 cm，顶端长渐尖。瘦果圆柱形。

观花： 头状花序多数，在茎及枝端排列成复总状的伞房花序，总花梗常反折或开展，被密微毛，有细条形苞叶；总苞筒状，长 5 ~ 7 mm，基部有数个条形小苞片；总苞片 1 层，12 ~ 13 个，条状披针形，顶端渐尖；舌状花黄色，8 ~ 9 个，长约 10 mm；筒状花多数。

分布： 广布于我国西北部至西南部、中部、东南部；亚洲南部也有分布。

习性： 喜光。

繁殖： 播种繁殖。

应用： 可作园林地被植物。

★ *Senecio scandens* Buch.-Ham.ex D.Don ☆ Groundsel

弦月

别名：菱角掌
科属：菊科千里光属

识别： 多年生常绿肉质草本，高 8 ~ 10 cm，株幅 15 ~ 30 cm。茎细，下垂，长达 1 m。叶互生，椭圆形球状，叶片圆筒形，肉质，叶前端尖，后端缩小连于叶柄，弯曲如月，中绿色，长 2.5 cm，每个球叶上有一条较深的条纹和多条半透明线条。

观花： 头状花序，花白色。花期全年。

分布： 原产于非洲南部。

习性： 喜全日照，喜温暖、湿润环境，喜排水良好土壤，耐旱力强。

繁殖： 播种繁殖。

应用： 常用于吊盆栽植观赏。

相近种： 绿之玲 *Senecio rowleyanus* Jacobson，叶圆球形。

★ *Senecio radicans* (L. f.) Sch. -Bip. ☆ Necklace Plant

银叶菊

别名：白妙菊，雪叶菊，雪叶莲
科属：菊科千里光属

识别： 多年生草本，高 15 ~ 40 cm。全株具白色绒毛，呈银灰色，茎多分枝。叶匙形或一至二回羽状分裂，叶质厚，被银白色毛。

观花： 头状花序成紧密的伞房状，花黄色。花期 7 ~ 8 月。

分布： 原产于地中海沿岸。

习性： 喜凉爽、湿润、阳光充足的环境，适宜疏松肥沃的沙质壤土或富含有机质的黏质壤土。

繁殖： 播种繁殖。

应用： 常用作花丛、花境、丛植、盆栽观赏。

★ *Senecio cineraria* DC. ☆ Dusty Miller

★ *Senecio stapeliaeformis* Phillips

铁锡杖

别名：锡杖花
科属：菊科千里光属

识别： 多年生肉质草本。茎细长棒状，初直立，后渐倾斜至倒伏，具 4 ~ 8 棱不等，灰绿色茎表有深绿色纵横向缟斑。叶退化为细小突起，后渐干缩为针状，早落或宿存。

观花： 头状花序，花柄长，花橙红色。花期春季。

分布： 原产于非洲。

习性： 喜温暖干燥和阳光充足环境，不耐寒，耐半阴和干旱。

繁殖： 播种繁殖。

应用： 植株本身如铁如杖，花开艳丽，富有观赏价值。

★ *Senecio macroglossus* DC. ☆ Bigtongue Groundsel

金玉菊

别名：白金菊
科属：菊科千里光属

识别： 多年生常绿草本。植株匍匐或攀缘向上生长，茎圆，红褐色，肉质，长约 2 m；叶互生，近似于三角形，肉质，有光泽，质厚而脆，很容易折断，叶色深绿，有不规则的黄色斑纹。

观花： 小花，乳白色，有黄心。

分布： 原产于非洲南部。

习性： 喜干燥，耐干旱，怕积水；喜温暖的半阴环境，忌烈日暴晒，适宜在含腐殖质丰富、肥沃疏松、排水透气性良好的沙质土壤中生长。

繁殖： 扦插或播种繁殖。

应用： 可作园林地被植物。

★ *Serratula centauroides* L. ☆ Common Sawwort

麻花头

别名：菠叶麻花头，草地麻花头
科属：菊科麻花头属

识别： 多年生草本。茎直立，高 40 ~ 80 cm，具纵沟棱，上部少分枝，基部带紫红色，有褐色枯叶柄纤维，被皱曲长柔毛。基生叶与茎下部叶椭圆形，长 10 ~ 15 cm，宽 3 ~ 7 cm，羽状深裂，裂片矩圆形或披针形，先端渐尖或锐尖，边缘具不规则缺刻状疏齿或尖裂片，两面被皱曲短柔毛，具长柄。中部及上部叶羽状深裂，无柄。瘦果倒圆锥形。果期 8 ~ 9 月。

观花： 头状花序数个，单生枝顶，花梗较长，总苞卵形，直径 2 ~ 3 cm，管状花紫红色。花期 6 ~ 7 月。

分布： 分布于我国黑龙江、吉林、辽宁、河北、内蒙古等。蒙古、俄罗斯远东地区也有分布。

习性： 喜生于干旱、排水良好的生境。

繁殖： 播种繁殖。

应用： 可作园林地被植物。

串叶松香草

别名：松香草，杯草
科属：菊科松香草属

识别：多年生宿根草本，株高 1.5 ~ 2 m。叶大，长椭圆形，叶缘有疏锯齿，叶面有刚毛，基叶有叶柄，茎方、四棱茎，叶对生，无柄，茎叶基部叶片相连。

观花：茎顶或第 6 ~ 9 节叶腋间发生花序，头状花序边缘由舌状花数十朵组成。中间为管状雄花，雄花褐色，雌花黄色，花期较长。花期 6 ~ 8 月。

分布：原产北美洲。我国各省栽培。

习性：喜温暖湿润气候，耐高温，也极耐寒，喜肥沃壤土，耐酸性土，不耐盐渍土。在酸性红壤、沙土、黏土上也生长良好。

繁殖：播种繁殖。

应用：植株形略似菊芋，因其茎上对生叶片的基部相连呈杯状，茎从两叶中间贯穿而出，故名串叶松香草。可作庭园观赏。

★ *Silpnium perfoliatum* L.　☆ Cupplant

水飞蓟

别名：水飞雉，奶蓟，老鼠簕
科属：菊科水飞蓟属

识别：一二年生草本。叶互生，基部叶常平铺地面，呈莲座状，长椭圆状披针形，深或浅羽状分裂，缘齿有尖刺，长 40 ~ 80 cm，宽 10 ~ 30 cm，表面亮绿色，有乳白色斑纹，基部抱茎；中部、上部叶片渐小，上部叶披针形。瘦果长椭圆形。果期 6 ~ 7 月。

观花：头状花序，直径 3 ~ 6 cm，单生枝顶，总苞宽，近球形，总苞片革质，多层，质硬，顶端有长刺；管状花紫红色、淡红色或少有白色。花期 5 ~ 6 月。

分布：原产于西欧和北非地区。中国在陕西、甘肃、黑龙江和河北等省栽培。

习性：喜凉爽干燥气候，适应性强，对土壤、水分要求不严格，沙滩地、盐碱地均可种植。

繁殖：播种繁殖。

应用：可作园林地被植物。

★ *Silybum marianum* Gaertn.　☆ Blessed Thistle，Holy Thistle

蒲儿根

别名：矮千里光，猫耳朵，肥猪苗
科属：菊科蒲儿根属

识别：一或二年生草本，高 40 ~ 80 cm。茎直立，下部及叶柄着生处被蛛丝状绵毛或近无毛，多分枝。下部叶有长柄，干后膜质，叶片近圆形，基部浅心形，长 3 ~ 5 cm，稀达 8 cm，宽 3 ~ 6 cm，顶端急尖，边缘有由深及浅的重锯齿，上面近无毛，有掌状脉。瘦果倒卵状圆柱形。

观花：头状花序复伞房状排列；常多数，梗细长，有时具细条形苞叶；总苞宽钟状，直径 4 ~ 5 mm，长 3 ~ 4 mm，总苞片 10 余枚，顶端细尖，边缘膜质；舌状花 1 层，舌片黄色，条形；筒状花多数，黄色。花期 4 ~ 5 月。

分布：广布于我国南部、东部、中部、西部、西南部及西北部。越南及缅甸也有分布。

习性：喜阳光，对土壤要求不严格。

繁殖：播种繁殖。

应用：可作园林地被植物，种植于林缘、草坡及路旁。

★ *Sinosenecio oldhamianus*（Maxim.）B.Nord. ☆ Oldham Groundsel

★ *Solidago canadensis* L.　☆ Canada Goldenrod

加拿大一枝黄花

别名：野黄菊，满山黄
科属：菊科一枝黄花属

识别： 多年生草本，高 80 ~ 150 cm。茎光滑，仅上部稍被短毛。叶狭披针形，表面粗糙，背面具柔毛。

观花： 圆锥花序生于枝端，稍弯曲而偏向一侧，花黄色。花期 7 ~ 9 月。

分布： 原产于北美。

习性： 喜凉爽，喜阳，耐寒，耐旱。

繁殖： 播种繁殖。

应用： 是一种优良的切花，也可丛植或条植作为花坛、花境背景材料。

★ *Solidago virgaurea* L.　☆ Europe Goldenrod

毛果一枝黄花

别名：一枝黄花
科属：菊科一枝黄花属

识别： 多年生草本，高达 1 m。根状茎平卧或斜生；茎直立，不分枝或上部有花序分枝。中部茎生叶椭圆形或披针形，长 6 ~ 16 cm，茎下部叶与中部茎叶同形。瘦果有纵棱，全部被短柔毛。花果期 6 ~ 9 月。

观花： 头状花序多数在茎上部的分枝上排成长达 30 cm 的圆锥花序；总苞钟形，总苞片 4 ~ 6 层；边缘舌状花黄色，7 ~ 13 朵；两性花多数。

分布： 产于中国新疆阿尔泰山及天山山脉。俄罗斯高加索、蒙古及欧洲广泛分布。

习性： 喜光，喜凉爽的气候，耐寒，耐旱，对土壤要求不严格。

繁殖： 播种或分株繁殖。春、秋季均可。

应用： 栽培容易，管理粗放，枝繁叶茂，叶丛伸出鲜黄色的花穗，格外鲜明，可条植、丛植点缀于庭园、林下、草坪、林缘或灌丛中，也可作花境背景植物；还可作切花材料。

★ *Sonchus oleraceus* L.　☆ Common Sowthistle

苦苣菜

别名：苦菜，苦苣，扎库日
科属：菊科苦苣菜属

识别： 一年生草本，高 30 ~ 100 cm。叶柔软无毛，长 10 ~ 18 cm，宽 5 ~ 7 cm，羽状深裂，大头状羽状全裂或羽状半裂，顶裂片大或顶端裂片与侧生裂片等大，少有叶不分裂的，边缘有刺状尖齿，下部的叶柄有翅，基部扩大抱茎，中上部的叶无柄，基部宽大戟耳形。瘦果长椭圆状倒卵形，压扁。

观花： 头状花序在茎端排成伞房状；梗或总苞下部初期有蛛丝状毛，有时有疏腺毛，总苞钟状，长 10 ~ 12 mm，宽 6 ~ 10（25）mm，暗绿色；总苞片 2 ~ 3 列；舌状花黄色，两性，结实。

分布： 全国各地广布。为世界广布种。

习性： 喜光。

繁殖： 播种繁殖。

应用： 可作园林地被植物。

续断菊

别名：石白头，刺菜，恶鸡婆
科属：菊科苦苣菜属

识别：一年生草本，高 30 ～ 70 cm。根纺锤状或圆锥状。茎分枝或不分枝，无毛或上部有头状腺毛。叶长椭圆形或倒卵形，长 6 ～ 15 cm，宽 1.5 ～ 8 cm，不分裂或缺刻状半裂或羽状全裂，边缘有不等的刺状尖齿，下部叶叶柄有翅，中上部叶无柄，基部有扩大的圆耳。瘦果长椭圆状倒卵形。

观花：头状花序 5 ～ 10 个，在茎顶密集成伞房状；总苞钟状，长 10 ～ 12 mm，宽 10 ～ 15 mm；总苞片 2 ～ 3 层，暗绿色；舌状花黄色，两性，结实。

分布：几遍及全国。世界各地也都广布。

习性：喜光。

繁殖：播种繁殖。

应用：可作园林地被植物，种植于路边或林下。

★ *Sonchus asper*（L.）Hill. ☆ Prickly Sowthistle

长裂苦苣菜

别名：苦苣菜
科属：菊科苦苣菜属

识别：一年生草本，高 50 ～ 100 cm。基生叶与下部茎叶全形卵形、长椭圆形或倒披针形，长 6 ～ 19 cm，宽 1.5 ～ 11 cm，羽状深裂、半裂或浅裂；中上部茎叶与基生叶和下部茎叶同形并等样分裂，但较小；最上部茎叶宽线形或宽线状披针形；全部叶两面光滑无毛。瘦果长椭圆状。花果期 6 ～ 9 月。

观花：头状花序少数在茎枝顶端排成伞房状花序。总苞钟状；总苞片 4 ～ 5 层。舌状小花多数，黄色。

分布：分布于黑龙江、吉林、内蒙古、河北、山西、陕西、山东。日本、蒙古、俄罗斯远东地区有分布。

习性：耐水湿，耐盐碱。

应用：可作园林地被植物，种植于山地草坡、河边或碱地。

★ *Sonchus brachyotus* DC.

苣荬菜

别名：苣菜，荬菜
科属：菊科苣荬菜属

识别：多年生草本，高 25 ～ 90 cm。茎直立，单一。茎生叶及茎下部叶花期枯萎；茎中下部叶倒披针形，半抱茎，先端小刺尖，全缘；茎上部叶渐小。花果期 6 ～ 9 月。

观花：头状花序数个，排列成聚伞状，花多数，黄色，舌状。

分布：产于我国东北和华北地区。俄罗斯、朝鲜、韩国、日本也有分布。

习性：喜光，耐寒，耐旱，不择土壤。

繁殖：播种繁殖，易自播繁衍。

应用：野生花卉，可植于山坡或岩石园。

★ *Sonchus arvensis* L.

★ *Spilanthes oleracea* L.

桂圆菊

别名：金纽扣，千日菊
科属：菊科金纽扣属

识别： 一二年生花卉，高 30 ～ 50 cm。全株略具短毛，茎多分枝。单叶对生，广卵形，边缘有波状锯齿，叶色暗绿。果期 9 ～ 10 月。

观花： 头状花序，开花前期呈圆球形，后期伸长呈长圆形。花色黄褐色，无舌状花，筒状花两性。花期长，几乎全年，主要集中在 7 ～ 10 月。

分布： 原产于亚洲热带地区。

习性： 喜温暖、湿润，喜阳光，忌干旱，不耐寒，喜疏松、肥沃的土壤。

繁殖： 播种繁殖。

应用： 可布置花坛、花境、岩石园，也可盆栽观赏。

★ *Stevia rebaudiana*（Bertoni）Hemsl. ☆ Sweet Stevia

甜叶菊

别名：甜茶，甜菊，糖草，甜草
科属：菊科甜菊属

识别： 多年生草本，株高 1 ～ 1.3 m。叶对生或茎上部互生，披针形，边缘有浅锯齿，两面被短茸毛，叶脉三出。瘦果线形。果期 9 ～ 11 月。

观花： 头状花序小，总苞筒状，总苞片 5 ～ 6 层，边等长；花托平坦，秃净；花冠基部浅紫红色或白色，上部白色。花期 7 ～ 9 月。

分布： 原产于南美洲巴拉圭、巴西。现我国各地均有栽培。

习性： 短日照植物，耐湿不耐旱。对土壤土要求不严格，黄壤土、沙壤土、草甸土等土壤均能种植。

繁殖： 播种或扦插繁殖。

应用： 可作庭园观赏。

★ *Syneilesis aconitifolia*（Bge.）Maxim. ☆ Aconiteleaf Syneilesis

兔儿伞

别名：七里麻，一把伞，雨伞草，雨伞菜
科属：菊科兔儿伞属

识别： 多年生草本，高 70 ～ 100 cm。茎直立，单一。基生叶 1 片，花时枯萎，茎生叶 2 片，互生。叶具长柄，圆盾形，掌状深裂或全裂，小裂片宽线形。瘦果圆柱形。果期 8 ～ 9 月。

观花： 头状花序多数，在茎顶密集成复伞房状；总苞长圆筒状；花淡红色。花期 7 ～ 8 月。

分布： 分布于东北、华北、华中及华东等地区。原产于欧洲、亚洲。

习性： 耐寒，喜半阴、凉爽。

繁殖： 播种繁殖。

应用： 用于花境或林下地被。

孔雀草

别名：小万寿菊
科属：菊科万寿菊属

识别： 一年生草本，高 20 ~ 40 cm。茎直立，多分枝。对生或互生，叶羽状全裂，裂片披针形。瘦果褐色发亮，条性。果期 9 ~ 10 月。

观花： 头状花序具长梗，有单、重瓣品种，花色有黄、金黄、橙黄和浅黄等，或具紫红、黄色花边。花期 6 ~ 10 月。

分布： 原产于墨西哥，现世界各地广泛栽培。

习性： 喜光、耐高温，适宜疏松、排水良好的土壤。

繁殖： 播种繁殖。

应用： 可用于花坛、花带或花钵栽植。

品种： 花色品种丰富。

★ *Tagetes patula* L.　☆ French Marigold

万寿菊

别名：臭菊，臭芙蓉，万寿灯，蜂窝菊
科属：菊科万寿菊属

识别： 一年生草本，高 25 ~ 90 cm。茎直立，粗壮。单叶对生，羽状深裂，裂片披针形，先端细尖芒状，具明显的油腺点，有臭味。瘦果，线性，褐色。果期 9 ~ 10 月。

观花： 头状花序顶生，总花梗较长，中空，向上渐粗。花期 6 ~ 10 月。

分布： 原产于墨西哥，现广泛栽培。

习性： 喜温暖，但稍能耐早霜，要求阳光充足，在半阴处也可生长开花。

繁殖： 播种繁殖。

应用： 作花坛布置或花丛、花境栽植。

★ *Tagetes erecta* L.　☆ African Marigold

金蘚玲珑菊

别名：小白菊，短舌匹菊
科属：菊科菊蒿属

识别： 二年生草本，高 30 ~ 60 cm，多分枝。叶互生，一至二回羽裂，金黄色。

观花： 头状花序径约 3 cm，舌状花白色，管状花金黄色。花期 4 ~ 6 月。

分布： 产于欧洲，欧美以药用植物大面积栽培。

习性： 喜凉爽气候及通风的环境，喜光照充足，耐寒，忌高温高湿，以疏松肥沃、排水良好的沙质壤土最佳，适应性强，生长期宜保持土壤湿润，切忌长期过湿。

繁殖： 秋季播种繁殖。

应用： 花朵耀眼夺目，多花且花期极长；适合布置花境前景，或点缀岩石园、庭院，亦可组合盆栽。

品种： 金蘚玲珑菊 ‘Aureum’，叶金黄色。

★ *Tanacetum parthenium*（L.）Schultz-Bip.　☆ Feverfew

★ *Tanacetum vulgare* L. ☆ Common Tansy

菊蒿

别名：艾菊
科属：菊科菊蒿属

识别： 多年生草本，高 30 ~ 150 cm。茎叶多数，全形椭圆形或椭圆状卵形，长达 25 cm，二回羽状分裂。一回为全裂，侧裂片达 12 对；二回为深裂，二回裂片卵形、线状披针形、斜三角形或长椭圆形，边缘全缘或有浅齿或为半裂而赋于叶为三回羽状分裂。羽轴有节齿。下部茎叶有长柄，中上部茎叶无柄。叶全部绿色或淡绿色，有极稀疏的毛或几无毛。瘦果长 1.2 ~ 2 mm。花果期 6 ~ 8 月。

观花： 头状花序多数，在茎枝顶端排成伞房或复伞房花序。

分布： 产于黑龙江及新疆。北美、日本、朝鲜、蒙古，中亚地区及欧洲也有分布。

习性： 喜光，耐水湿。

繁殖： 播种繁殖。

应用： 可作园林地被植物。

★ *Taraxacum mongolicum* Hand.-Mazz. ☆ Mongolian Dandelion

蒲公英

别名：婆婆丁，黄花地丁
科属：菊科蒲公英属

识别： 多年生草本，高 10 ~ 25 cm。根深长，外皮黄棕色；叶根生，排成莲座状，狭倒披针形，大头羽裂，裂片三角形，先端稍钝或尖，基部渐狭成柄，尖部紫黑色；瘦果倒披针形，暗褐色，顶生白色冠毛；果期 5 ~ 10 月。

观花： 头状花序，总苞钟状片草质，绿色；舌状花鲜黄色，背面紫红色条纹。花期 4 ~ 9 月。

分布： 我国的东北、华北、华东、华中、西北、西南各地均有分布。

习性： 生命力强，抗病虫害能力强。

繁殖： 分株或播种繁殖。

应用： 株形优美，成熟的头状花序如白色小绒球，随风飞舞，可爱有趣，可配植于花境、假山旁，点缀园林。

相近种： 华蒲公英 *Taraxacum borealisinense* Kitam.，瘦果全部具小刺，植株较小，头状花序小型，舌状花少。

★ *Taraxacum borealisinense* Kitam. ☆ China Dandelion

华蒲公英

别名：碱地蒲公英
科属：菊科蒲公英属

识别： 多年生草本。叶倒卵形、倒卵状披针形、狭披针形或近线形，外层叶倒卵形，近全缘，花期常枯萎，中、内层叶倒卵状披针形至近线形，倒向大头羽裂，顶裂片广三角形、长圆状三角形、长舌状或戟形，先端钝或尖，侧裂片靠近或稍疏生，下向，全缘或具小尖齿。瘦果长圆状倒卵形。果期 7 ~ 9 月。

观花： 花葶长于叶或秋季偏短，光滑或近总苞处有绵毛；舌状花黄色。花果期 5 ~ 7 月。

分布： 分布于我国东北、华北、西北、西南。蒙古、朝鲜、俄罗斯（东部西伯利亚）也有分布。

习性： 适应性强。喜潮湿的环境。

繁殖： 播种繁殖。

应用： 可作园林地被植物。

苍耳

别名：虱麻头，老苍子
科属：菊科苍耳属

★ *Xanthium sibiricum* Patrin ☆ Siberia Cocklebur

识别：一年生草本，高达 90 cm。叶三角状卵形或心形，长 4 ~ 9 cm，宽 5 ~ 10 cm，基出三脉，两面被贴生的糙伏毛；叶柄长 3 ~ 11 cm。瘦果，外面疏生具钩的总苞刺。

观花：雄头状花序球形，密生柔毛；雌头状花序椭圆形，内层总苞片结成囊状。

分布：广布全国各地。

习性：喜光。

繁殖：播种繁殖。

应用：可作园林地被植物。

圆叶肿柄菊

别名：圆叶肥柄菊
科属：菊科肿柄菊属

★ *Tithonia rotundifolia*（Mill.）S.F.Blake ☆ Mexican Sunflower

识别：一年生草本，高 1.5 ~ 2 m。茎直立粗壮，密被短柔毛，分枝多。叶大而柔软，广卵形，叶背沿脉有毛，下部叶 3 浅裂，上部叶有时不分裂，边缘有细锯齿。瘦果具棱，矩圆状椭圆形，紫褐色，稍压扁，顶冠有芒刺。果熟期 8 ~ 10 月。

观花：顶生头状花序，花柄顶部膨大，花鲜橙红色。花期 6 ~ 9 月。

分布：原产于墨西哥。

习性：喜光，喜温暖。

繁殖：播种繁殖。

应用：用于花坛、花境中心或背景材料，亦可用于切花。

碱菀

别名：竹叶菊，铁杆蒿，金盏菜
科属：菊科碱菀属

★ *Tripolium vulgare* Nees ☆ Seastarwort

识别：一年生草本，高 20 ~ 60 cm。茎直立，平滑，有棱，基部带红色，单一或自基部分枝。叶互生，稍肉质，披针状线形或线形，长 5 ~ 10 cm，宽 3 ~ 5 mm，基部渐狭，先端尖，全缘或有疏齿，两面无毛。瘦果狭长圆形。果期 9 ~ 10 月。

观花：头状花序多数，排列成复伞房状；总苞筒状钟形，无毛，总苞片 3 层，近覆瓦状排列，先端钝圆，边缘或上部暗紫色；舌状花紫堇色，管状花黄色。花期 8 ~ 9 月。

分布：分布于我国吉林、山西、内蒙古、陕西、甘肃、新疆、山东、江苏、浙江。

习性：耐盐碱，喜水湿。

繁殖：播种繁殖。

应用：可作园林地被植物。

★ *Wedelia chinensis* (Osb.) Merr. ☆ China Crabdaisy

蟛蜞菊

别名：黄花蟛蜞草，田黄菊，卤地菊
科属：菊科蟛蜞菊属

识别：多年生草本，长 15 ~ 50 cm。具匍匐茎，上部近直立，基部各节生不定根，分枝疏，被短毛。叶对生，无柄或短叶柄，叶片条状披针形或倒披针形，先端短尖或钝，基部狭，全缘或有 1 ~ 3 对粗疏齿，两面密被伏毛。瘦果扁平，倒卵形，无冠毛。果期 7 ~ 10 月。

观花：头状花序单生枝端或叶腋，舌状花黄色，筒状花两性，较多黄色，花冠近钟形，向上渐扩大。花期 3 ~ 9 月。

分布：原产于美国南部与美洲热带。

习性：喜湿、耐阴、抗风、耐潮，生性强健。

繁殖：播种繁殖。

应用：常用作花坛植物，也适宜作观花地被、护坡植物。

★ *Youngia japonica* (L.) DC. ☆ Japanese Youngia

黄鹌菜

别名：毛连连，野芥菜，黄花枝香草
科属：菊科黄鹌菜属

识别：一年生草本，高 20 ~ 90 cm。茎直立。基生叶丛生，倒披针形，琴状或羽状半裂，长 8 ~ 14 cm，宽 1.3 ~ 3 cm，顶裂片较侧裂片稍大，侧裂片向下渐小，有深波状齿，无毛或有细软毛，叶柄具翅或有不明显的翅；茎生叶少数，通常 1 ~ 2 片。瘦果红棕色或褐色。花果期 4 ~ 11 月。

观花：头状花序小，有 10 ~ 20 朵小花，排成聚伞状圆锥花序；总花梗细，长 2 ~ 10 mm；总苞果期钟状，长 4 ~ 7 mm；外层总苞片 5 枚，极小，三角形或卵形，内层总苞片 8 枚，披针形；舌状花黄色，长 4.5 ~ 10 mm。

分布：除东北、西北外广布全国。朝鲜、日本、东南亚也有分布。

习性：喜光，耐水湿。

繁殖：播种繁殖。

应用：可作园林地被植物。

★ *Youngia longipes* (Hensl.) Babcock et Stebbins ☆ Longstalk Youngia

戟叶黄鹌菜

科属：菊科黄鹌菜属

识别：一年生草本，高 80 ~ 100 cm。基生叶有长柄，柄长 7.5 cm，叶片心状戟形，有时卵形，长约 10 cm，宽约 5 cm，顶端急尖；中上部茎叶大头羽状全裂，顶裂片宽三角形，长 7 cm，宽 5 cm；花序分枝枝杈上的叶小；最上部叶极小，钻形或线钻形。瘦果淡红色，纺锤状。花果期 6 月。

观花：头状花序多数在茎枝顶端排成伞房圆锥花序，含 15 ~ 20 枚舌状小花。总苞圆柱状，长 5 ~ 6 mm；总苞片 4 层，外层及最外层卵形，长宽不足 1 mm，顶端急尖，内层及最内层长，披针形，长 5 ~ 6 mm，宽 1 mm 或过之，顶端急尖，边缘白色狭膜质，内面有贴伏的细糙毛。舌状小花黄色。

分布：分布浙江（泰顺）、湖北（宜昌）。

习性：喜光，耐干旱。

繁殖：播种繁殖。

应用：可作园林地被植物，种植于沙土地或谷地。

百日草

别名：百日菊，步步高，洋牡丹
科属：菊科百日草属

识别：一年生草本，高 50 ~ 120 cm。茎直立而粗壮。全株具粗毛。单叶对生，全缘，三出脉，卵形至长椭圆形，基部抱茎，瘦果。果期 9 ~ 10 月。

观花：头状花序单生枝端；舌状花倒卵形，有白、黄、红、紫等色；管状花黄橙色，花期 6 ~ 9 月。

分布：原产于南美墨西哥高原。目前世界各地均有栽培。

习性：性强健而喜光照，喜温暖，忌酷暑，耐旱霜。

繁殖：播种繁殖。

应用：可作花坛、花境；株丛紧凑、低矮的品种可以作窗台和边缘花卉。

品种：品种丰富。

★ *Zinnia elegans* Jacq. ☆ Common Zinnia

梦境百日菊

别名：梦境红色百日草
科属：菊科百日草属

识别：一年生草本，高 20 ~ 25 cm。

观花：花大，花径约 10 cm，花奶黄色。

分布：原产于墨西哥。

习性：喜光，喜温暖，不耐寒，耐半阴，较耐旱。

繁殖：播种繁殖。

应用：花鲜艳夺目，热闹非凡，可盆栽或应用于花坛和花境。

★ *Zinnia elegans* Jacq. 'Dreamland' ☆ Dreamland Zinnia

小百日菊

别名：细叶百日草，细叶百日菊
科属：菊科百日草属

识别：一年生草本，高 30 ~ 40 cm。枝纤细，紧密丛生，茎多分枝。单叶对生，线状披针形，三出脉，全缘。果期 9 ~ 10 月。

观花：头状花序顶生，舌状花单轮，有金黄、橙黄和白等色，中盘花突起。花期 6 ~ 9 月。

分布：原产于墨西哥。

习性：喜光、忌酷暑，适宜疏松、肥沃土壤。

繁殖：播种繁殖。

应用：花色美丽，可植于花坛、花带、花境或草坪边缘。

★ *Zinnia angustifolia* H.B.K. ☆ Narrow-leaf Zinnia

★ *Zinnia linearis* Benth.　☆ Thread-leaf Zinnia

细叶百日草

别名：多花百日菊，小百日草
科属：菊科百日草属

识别：一年生草本，株高 15 ~ 30 cm。茎多分枝，较细弱。单叶对生，线形或线状披针形，全缘。
观花：头状花序顶生，花径约 4 cm；舌状花 7 ~ 9 朵，花期 7 ~ 9 月。
分布：原产于墨西哥。
习性：喜光，耐旱，忌酷暑，适宜疏松、肥沃的土壤。
繁殖：播种繁殖。
应用：用于花坛。花镜、切花或丛植。
品种：花色有黄色、粉色和白色等。

★ *Parasenecio ambiguus* (Ling) Y. L. Chen　☆ Ambiguous Cacalia

两似蟹甲草

别名：登云鞋
科属：菊科蟹甲草属

识别：多年生草本，茎单生，高 80 ~ 150 cm。叶具长柄；叶片多角形或肾状三角形，长 15 ~ 20 cm，宽 15 ~ 20 cm，掌状 5 ~ 7 浅裂，裂片宽三角形，顶端急尖，基部心形或截形，边缘有具小尖的波状疏齿；叶脉 5 ~ 7 条，侧脉叉状分枝。瘦果圆柱形。果期 9 ~ 10 月。
观花：头状花序小，排列成有分枝的宽圆锥花序。小花 3 朵，花冠白色，长 4 ~ 5 mm。花期 7 ~ 8 月。
分布：产河北、山西、河南、陕西。
习性：喜光，也耐阴，耐水湿。
繁殖：播种繁殖。
应用：可作园林地被植物，种植于山坡、林下、林缘或阴湿处。

★ *Hypochaeris ciliata* (Thunb.) Makino　☆ Common Catdaisy

猫儿菊

别名：大黄菊，小蒲公英，黄金菊
科属：菊科猫儿菊属

识别：多年生草本，高 20 ~ 60 cm，不分枝。基生叶椭圆形或长椭圆形或倒披针形，全部茎生叶基部平截或圆形，无柄，半抱茎。全部叶两面粗糙，被稠密的硬刺毛。瘦果圆柱状。果期 7 ~ 9 月。
观花：头状花序单生于茎端。总苞宽钟状或半球形，直径 2.2 ~ 2.5 cm；舌状小花多数，金黄色。花期 6 ~ 8 月。
分布：分布于北京、黑龙江、吉林、辽宁、内蒙古、河北、山西及河南。
习性：喜光，也耐阴。
繁殖：播种繁殖。
应用：可作园林地被植物，可种植于山坡、林缘、路旁或林下。

金脉单药花

别名：金脉药爵床
科属：爵床科单药花属

识别： 多年生草本。株高 25 ~ 30 cm。单叶，对生，长 10 ~ 12 cm，全缘而微向内卷，长椭圆形，先端渐尖，基部楔形，深绿色，叶脉淡黄色。

观花： 顶生穗状花序，由下向上渐次开放，花黄色。花期 7 ~ 9 月。

分布： 主产于南美、墨西哥至巴西的广大地区。

习性： 喜温暖潮湿的气候，喜光照，忌直射阳光。炎夏宜放在半阴处。生长适温为 20 ~ 25 ℃，越冬温度须在 10 ℃以上。土壤以疏松、肥沃的腐叶土为好。

繁殖： 剪取顶芽或枝条扦插繁殖。

应用： 金脉单药花叶色十分美丽，花穗金黄，是一种观赏价值很高的观花、观叶植物。基部叶片易脱落，可用椒草、鸭跖草等矮生植物配植周围，则具良好的观赏效果。

★ *Aphelandra squarrosa* Louisae ☆ Saffron Spike

鸟尾花

别名：半边黄，十字爵床
科属：爵床科十字爵床属

识别： 常绿灌木或半灌木，高 45 cm。叶全缘或有波状齿，狭卵形至披针形，长 6 ~ 15 cm，基部楔形延长到叶柄；蒴果；种子上有鳞片。

观花： 花序穗状，顶生或腋生，长 18 cm，花冠漏斗形，径 3 ~ 4 cm，长 3 cm，裂片 5 枚，上部 2 片较小，雄蕊 4 枚，2 强，花梗 3 cm。花期夏至秋季。

分布： 原产于印度、斯里兰卡。我国广东、福建及云南等地有栽培。

习性： 喜温暖、湿润的环境。不耐寒。

繁殖： 播种或扦插繁殖。

应用： 适合花坛成簇栽培或盆栽，为夏季优美的低矮花卉。

品种： 花有红色、橙色或肉色等品种。

★ *Crossandra infundibuliformis* Nees ☆ Firecracker Flower

珊瑚花

别名：茛力花
科属：爵床科珊瑚花属

识别： 草本或半灌木，高约 1 m。茎四棱形，具叉状分枝。叶对生，卵形或矩圆形，全缘。蒴果球形，有 4 颗种子。

观花： 穗状花序顶生，呈假头状；花冠红紫色，具黏毛，二唇形，上唇顶端微凹，下唇反转。

分布： 原产于巴西，现热带、亚热带地区有栽培。中国各地可温室栽培，南方也可室外栽培。

习性： 喜光，喜高温、多湿的气候，喜疏松、肥沃的沙质壤土。夏季在室外应摆放于遮阳棚下，天气炎热、干燥时，应适当通风、透气、降温。

繁殖： 扦插繁殖极易成活，可于花后剪取充实健壮枝条，剪 4 ~ 5 个芽为 1 个插穗，插于沙床上。

应用： 花红色，鲜艳，花序较大，花期长，是布置花坛、花境的优良材料，也可用于室内观赏。

★ *Cyrtanthera carnea* (Lindl.) Bremek. ☆ Brazilian Plume

★ *Calliaspidia guttata* (Brandegee) Bremek. ☆ Shrimp Plant

虾衣花

别名：虾夷花，虾衣草，狐尾木
科属：爵床科麒麟吐珠属

识别：常绿亚灌木，高 1 ~ 2 m，全体具毛。枝圆形，细弱，多分枝，嫩茎节基红紫色。叶对生，卵形至椭圆形，顶端具短尖，基部楔形，全缘。茎圆形，基部多分枝，有短粗毛。叶长 2.5 ~ 6 cm，全缘，两面有短毛。

观花：穗状花序顶生，下垂，长 6 ~ 9 cm，具鲜艳、棕红色宿存的大苞片；花小，花冠白色，二唇形，伸出苞片之外，上唇全缘稍 2 裂，下唇 3 裂；雄蕊 2 枚。花期冬春季。

分布：原产于美洲热带。世界各地均有栽培。

习性：喜温暖，喜光，也耐阴，喜湿润，忌暴晒。喜疏松、肥沃及排水良好的中性及微酸性土壤。

繁殖：扦插繁殖、播种繁殖。

应用：盆栽装饰窗台、书房、阳台，也可植于庭院的路边、墙垣边观赏；园林中常片植于路边、花坛观赏。

★ *Justicia brasiliana* Roth ☆ Pretty In Pink

红唇花

别名：巴西爵床
科属：爵床科爵床属

识别：常绿蔓状亚灌木。枝条柔软易下垂，但不具缠绕攀爬性。叶片披针形，边缘呈波状褶，叶面光滑。

观花：花序腋生，花冠粉红色，二唇形，上唇直立，下唇 3 裂，呈鸟尾状，姿态美艳可爱。全年开花。

分布：原产于巴西。我国南方部分省区引入作观赏栽培。

习性：喜好全日照至半日照环境，全日照条件下叶片呈橄榄绿色，但不影响生长开花。高温、多湿能促进生长。

繁殖：扦插繁殖。

应用：枝条下垂的特性使它适合种植在较高位置，花朵成串。适合北、东侧阳台或中庭花台种植。可成列种植于花箱或使用吊盆悬挂，可欣赏垂曳枝条上的明媚花朵。

★ *Odontonema strictum*（Nees）O.Kuntze ☆ Mexican Firespike

红楼花

别名：红苞花，鸡冠红
科属：爵床科红楼花属

识别：常绿灌木，高 1 ~ 2 m。分枝稀少。叶对生，卵状披针形，长 8 ~ 12 cm。

观花：总状花序顶生，具多而密的鲜红色花。花期夏季至冬季。

分布：原产于中美洲，现热带地区普遍栽培。中国华南地区园林中也有栽培。

习性：生性强健，喜光，喜高温、多湿的气候，耐干，耐湿，耐阴，不耐寒冷，对土壤选择不严格。但土壤肥力和日照充足时，则开花旺盛。

繁殖：扦插繁殖成活率高，以春季至夏季为宜。

应用：花序成串，花色鲜红，艳美而璀璨，叶色鲜绿而亮泽，常植于庭园，有良好的美化和绿化效果。

金苞花

别名：金苞厚穗爵床，艳苞花
科属：爵床科金苞花属

识别： 常绿亚灌木，高 50 ~ 80 cm。叶对生，长椭圆形，有明显的叶脉，叶面皱褶有光泽，叶缘波浪形。

观花： 穗状花序顶生，由重叠整齐的金黄色心形苞片组成，呈四棱形，并伸出白色小花，形似虾体而又名金苞虾衣花。花乳白色，唇形，从花序基部陆续向上绽开。花期 7 ~ 9 月。

分布： 原产于秘鲁和墨西哥。

习性： 喜温暖、湿润、阳光充足的环境，比较耐阴。

繁殖： 扦插繁殖。

应用： 金苞花株丛整齐，花色鲜黄，花期较长，盆栽观赏或用于花坛美化，适合用作会场、厅堂、居室及阳台装饰。

★ *Pachystachys lutea* Nees　☆ Golden Candles

九头狮子草

别名：接长草，土细辛
科属：爵床科观音草属

识别： 草本，高 20 ~ 50 cm。叶常卵状矩圆形，长 5 ~ 12 cm，顶端渐尖。蒴果长 1 ~ 1.2 cm，疏生短柔毛。

观花： 花序由 2 ~ 8 聚伞花序组成，每个聚伞花序下托以 2 枚总苞状苞片，内有一朵至数朵花，苞片椭圆形至卵状矩圆形，2 枚略不相等，长 1.5 ~ 2.5 cm；花萼裂片 5 枚，钻形，长约 3 mm；花冠粉红色至微紫色，长 2.5 ~ 3 cm，外疏生短柔毛，二唇形，下唇微 3 裂；雄蕊 2 枚。

分布： 自河南伏牛山以南，东至江苏、台湾，西南至四川、贵州广布。日本也有分布。

习性： 喜温暖、湿润的环境。土壤以较阴湿、肥沃、疏松者为好。

繁殖： 分株繁殖。

应用： 可作花境、花坛观赏或种植于路旁、草地或林下。

相近种： 染色九头狮子草 *Peristrophe baphica*（Spreng）Bremek.，花冠长 4 ~ 5 cm；云南也产。

★ *Peristrophe japonica*（Thunb.）Bremek.　☆ Japan Peristrophe

爵床

别名：六角英
科属：爵床科爵床属

识别： 细弱草本；茎基部匍匐，通常有短硬毛，高 20 ~ 50 cm。叶椭圆形至椭圆状矩圆形，长 1.5 ~ 3.5 cm，顶端尖或钝，常生短硬毛。蒴果长约 5 mm。

观花： 穗状花序顶生或生上部叶腋，长 1 ~ 3 cm，宽 6 ~ 12 mm；苞片 1 枚，小苞片 2 枚，均披针形，长 4 ~ 5 mm，有睫毛；花萼裂片 4 枚，条形，约与苞片等长，有膜质边缘和睫毛；花冠粉红色，长约 7 mm，2 唇形，下唇 3 浅裂；雄蕊 2 枚。

分布： 分布于秦岭以南，东至江苏、台湾，南至广东，西南至云南。亚洲南部至澳大利亚广布。

习性： 稍耐阴。

繁殖： 播种繁殖。

应用： 可作园林地被植物，种植于开阔地或林下。

★ *Rostellularia procumbens*（L.）Nees　☆ Creeping Rostellularia

★ *Ruellia elegans* Poir.

红花芦莉

别名：艳芦莉，大花芦莉
科属：爵床科芦莉草属

识别： 常绿小灌木，株高 60 ~ 90 cm。茎直立，节部略微膨大。叶对生，椭圆状披针形或长卵圆形，叶绿色，叶面微卷，先端渐尖，基部楔形。果为蒴果。

观花： 花腋生，花冠圆筒状，5 裂，鲜红色或桃红色，雄蕊 4 枚，2 长 2 短，雌蕊长于雄蕊。花期春、夏、秋季，开花不断，但每朵花寿命仅 1 天，上午花骨朵打开，下午闭合，晚上花瓣凋落。

分布： 原产南美巴西等地。我国华南地区作园林观赏栽培。

习性： 喜湿润、富含有机质的中性至微酸性壤土或沙质壤土；抗寒、抗风性强，耐旱，半阴至全阳均适合；性喜高温。

繁殖： 扦插繁殖。

应用： 花姿优美，适合庭园成簇美化或盆栽。园林中常于路边、林缘下丛植或片植。

相近种： 翠芦莉 *Ruellia brittoniana* Leonard，叶较窄。

★ *Sanchezia nobilis* Hook.f.　☆ Noble Sanchezia

金脉爵床

别名：黄脉爵床
科属：爵床科黄脉爵床属

识别： 常绿灌木，高达 2 m。盆栽株高一般 50 ~ 80 cm。茎多分枝，半木质化，红色。叶对生，阔披针形，长 15 ~ 30 cm，先端渐尖，基部宽楔形，叶缘具锯齿；叶片嫩绿色；叶橙黄色。

观花： 总状花序顶生于枝端；花黄色，管状，二唇形；花萼褐红色。花期春、夏、秋三季。

分布： 原产于厄瓜多尔。我国华南地区广泛栽培。

习性： 耐半阴，忌强阳光直射；喜温暖、湿润的环境。喜肥沃、富含腐殖质的沙质壤土。

繁殖： 扦插繁殖。

应用： 适宜布置室内较明亮的厅堂、会议室、办公室等处。

★ *Strobilanthes tetraspermus* (Champ. ex Benth.) Druce

四子马蓝

科属：爵床科马蓝属

识别： 多年生细弱草本，茎通常匍匐，稀直立，多分枝，高 20 ~ 60 cm。叶对生，卵形至椭圆形，长 1.5 ~ 5 cm，顶端钝至略尖，基部宽形，边具浅锯齿。蒴果长 7 ~ 10 mm，种子 4 颗。

观花： 花少数集生成短穗状花序，生于枝顶；苞片叶状至倒卵状匙形，有短柔毛；小苞片条形，长 3 ~ 5 mm；花萼裂片 5 枚，条形，长 5 ~ 7 mm；花冠漏斗状，淡紫色，长 12 ~ 23 mm，花冠筒稍弯曲，外生微毛，内有长曲柔毛，裂片 5 枚，几相等；雄蕊 2 强。花期秋季。

分布： 分布于广东、广西、福建、湖南、江西、湖北、四川、贵州、西藏等省区。

习性： 喜温暖、湿润的环境。

繁殖： 扦插、分株或播种繁殖。

应用： 可作园林地被植物，丛植于庭园、林下石上、阴湿草地、沟边或潮湿的山谷。

白接骨

别名：中华白接骨，接骨草，猢狲节根
科属：爵床科白接骨属

识别： 多年生草本，高 25 ~ 45 cm。地下茎白色，质脆，带方形，有白色黏液。茎直立，略呈四棱形，分枝，节部膨大，棱上疏被白色短毛或光滑。叶对生；叶片长形至椭圆状长圆形，长 6 ~ 12 cm，宽 2 ~ 4.5 cm，先端渐尖或尾尖，基部渐窄呈枯形下延至叶柄，边缘微波状成具稀疏而不明显的锯齿，上面深绿色，下面淡绿色。蒴果长椭圆形，长约 2 cm。果期 10 ~ 11 月。

观花： 穗状花序或基部有分枝，顶生，长 6 ~ 12 cm，花单生或双生，常偏于一侧；花冠淡紫红色，漏斗状，外疏生腺毛，花冠筒细长，长约 4 cm，檐部 5 裂；雄蕊 4 枚，2 强。花期 7 ~ 8 月。

分布： 分布于我国东南至西南地区。

习性： 耐阴。

繁殖： 播种繁殖。

应用： 可作园林林下地被植物。

★ *Asystasiella chinensis* (S.moore) E. Hossain ☆ China Asystasiella

山牵牛

别名：大花老鸦嘴，大花山牵牛
科属：爵床科山牵牛属

识别： 粗壮木质大藤本，高可达 7 m 以上。叶对生，阔卵形，长 12 ~ 18 cm，先端渐尖，基部心形，两面粗糙、有毛，叶缘有角或浅裂，叶柄无翅。蒴果长约 3 cm，开裂时似乌鸦嘴。

观花： 花大，腋生，有柄，多朵单生下垂成总状花序，花冠 2 唇形，喇叭状，长 5 ~ 8 cm，径 7 cm，初花蓝色，盛花浅蓝色，末花近白色。花期 5 ~ 11 月。

分布： 原产于印度、孟加拉国。现广植于热带和亚热带地区。

习性： 性喜阳光充足、土质湿润、排水良好的避风地。喜温暖潮湿环境，越冬温度 10 ℃以上，生命力强。

繁殖： 扦插繁殖。

应用： 大花老鸦嘴植株粗壮，覆盖面大，花繁密，朵朵成串下垂，花期较长，可供大型棚架、中层建筑、篱垣垂直绿化，属于攀缘材料。

★ *Thunbergia grandflora*（Roxb.ex Willd.）Roxb. ☆ Bengal Clockwine

翼叶山牵牛

别名：黑眼苏珊
科属：爵床科山牵牛属

识别： 多年生草质藤本。茎具 2 槽，缠绕状，被倒向柔毛。叶对生，卵形，基部心形，两面有毛，边缘有不规则的浅裂；叶柄有翼。

观花： 花单生于叶腋；花冠高脚碟状，橙黄色，喉部紫黑色。蒴果球形，被开展柔毛。花期 6 ~ 9 月。

分布： 原产于非洲热带地区。我国广东、福建有栽培。

习性： 喜阳光充足，亦耐半阴；喜高温、多湿的气候。喜疏松、排水良好的沙质壤土。

繁殖： 播种或扦插繁殖。

应用： 用于花架、花廊、花门、围墙及栅栏边作垂直绿化。

★ *Thunbergia alata* Bojer ☆ Black-eyed Susan

★ *Thunbergia erecta* (Benth.) T.Anders.　☆ Bush Clock-vine

硬枝老鸦嘴

别名：蓝吊钟，立鹤花
科属：爵床科山牵牛属

识别： 植株高 2 ～ 3 m，分枝多，枝条较柔软。幼茎四棱形，绿色至深褐色。叶具短柄，对生，卵形至椭圆状，长 4 ～ 5 cm，宽 3.5 ～ 4 cm，先端渐尖，纸质，腹面深绿色，背面灰绿色，全缘。蒴果圆锥形，长约 3 cm。果期 8 ～ 11 月。

观花： 花单生于叶腋，苞片绿色，长 1 ～ 1.3 cm，萼极短，隐藏于苞片内，花冠斜喇叭形，5 裂，花冠管长约 5 cm，弯曲，直径 3 ～ 4 cm，蓝紫色，喉管部为杏黄色。花期 1 ～ 3 月。

分布： 原产于热带地区。

习性： 性喜高温，生长适温为 20 ～ 28 ℃，冬季最低温度须保持 10 ℃以上。喜阳光充足，较耐阴，夏季可放于室外露地栽培，但不需遮光。

繁殖： 扦插或分株繁殖。

应用： 花期长，花形奇特，花色为较少见的蓝紫色，故很适合作盆栽观花植物及庭院布置。也可作花篱和植物造型。

★ *Castanea mollissima* Blume　☆ Chinese Chestnut

板栗

别名：栗果，栗子
科属：壳斗科栗属

识别： 落叶乔木，高达 20 m。老树树皮纵裂。单叶互生，长圆形，侧脉直伸，在叶缘成芒状锯齿，叶背被灰白色毛。壳斗具刺，全包坚果。坚果卵形，褐色。果期 9 ～ 10 月。

观花： 花单性同株，雄花序穗状，雌花数个着生于雄花序基部，2 ～ 3 朵生于总苞内。花期 4 ～ 6 月。

分布： 中国特有树种。

习性： 喜光，北方品种较耐寒、耐旱；南方品种则喜温暖而不怕炎热。喜肥沃温润、排水良好的沙壤土或沙质土，忌积水。对有毒气体抗性强。

繁殖： 播种繁殖。

应用： 本种冠大荫浓，可孤植或群植于园林绿地中，亦可作山区绿化造林和水土保持树种。

相近种： 茅栗 *Castanea seguinii* Dode，叶下面被在放大镜下可见的腺鳞，叶背无毛；果径小于 1.5 cm。

★ *Castanea seguinii* Dode　☆ Seguin Chestnut

茅栗

别名：野栗子，毛栗
科属：壳斗科栗属

识别： 落叶灌木或小乔木，高 6 ～ 15 m。叶互生，薄革质，椭圆状长圆形或长圆状倒卵形至长圆状披针形，长 9.5 ～ 13 cm，宽 3.5 ～ 4.5 cm，基部圆钝或略近心形，先端渐尖，边缘具短刺状小锯齿，羽状侧脉 12 ～ 16 对。每壳斗有坚果 3 ～ 7 枚；坚果扁圆形，褐色，径 1 ～ 1.5 cm。果期 9 ～ 10 月。

观花： 花单性，雌雄同株，雄花序穗状，单生于新枝叶腋，直立，长 6 ～ 7 cm，单被花，雄蕊 10 ～ 14 枚；雌花生于雄花序下部，通常 3 朵花聚生，子房下位，6 室；总苞近球形，直径 3 ～ 4 cm，外面生细长尖刺，刺长 4 ～ 5.5 mm。花期 5 月。

分布： 分布于云南、贵州、广东、江西、福建、浙江、江苏、安徽、湖北、湖南、四川、河南、山西、陕西等地。

习性： 喜光。

繁殖： 播种繁殖。

应用： 可作庭荫树或园路树。

苦槠

别名：苦槠子，苦槠锥
科属：壳斗科栲属

识别： 常绿乔木，高 5 ~ 10 m；幼枝无毛。叶长椭圆形至卵状长椭圆形，长 7 ~ 14 cm，宽 3 ~ 5.5 cm，先端渐尖或短渐尖，基部圆形至楔形，不等侧，边缘中部以上有锐锯齿，两面无毛，背面灰绿色，侧脉 10 ~ 14 对；叶柄长 1.5 ~ 2.5 cm。坚果近球形，直径 1.1 ~ 1.4 cm。

观花： 雌花单生于总苞内。壳斗杯形，幼时全包坚果，老时包围 3/5 ~ 4/5，直径 1.2 ~ 1.5 cm，高 0.9 ~ 1.3 cm；苞片三角形，顶端针刺形，排列成 4 ~ 6 个同心环。

分布： 除云南、广东、海南岛和台湾外，广布于长江以南各省区。

习性： 喜温暖、湿润气候，喜光，也能耐阴；喜深厚、湿润土壤，也耐干旱、瘠薄。深根性，萌芽性强，抗污染，寿命长。

繁殖： 以播种繁殖为主，也可分蘖繁殖。

应用： 树干高耸，枝叶茂密，四季常绿，宜庭园中孤植、丛植或混交栽植或作风景林、沿海防风林绿化树种应用。

★ *Castanopsis sclerophylla* (Lindl.) Schott ☆ Hardleaf Oatchestnut

槲栎

别名：细皮青冈，白反栎，细皮栎
科属：壳斗科栎属

识别： 落叶乔木，高达 30 m。树皮暗灰色，深纵裂。叶互生，光滑无毛，倒卵形，具长叶柄，边缘具波状齿，叶背密生灰白色毛。坚果卵形。果期 9 ~ 10 月。

观花： 雌花单生或 2 ~ 3 朵簇生。壳斗杯形，包着坚果约 1/2，小苞片卵状披针形，排列紧密，被灰白色柔毛。花期 4 ~ 5 月。

分布： 分布于从东北到西南的大部分地区。

习性： 喜光，稍耐阴；耐寒，耐干旱瘠薄，喜酸性至中性的湿润深厚而排水良好的土壤。

繁殖： 播种繁殖。

应用： 本种树体雄伟，叶形奇特，秋色叶黄褐色，是非常好的庭荫树、秋色叶树种。

★ *Quercus aliena* Blume ☆ Oriental White Oak

槲树

别名：波罗栎，柞栎
科属：壳斗科栎属

识别： 落叶乔木，高达 25 m。大型叶片倒卵形，长达 30 cm，宽达 20 cm，叶先端钝圆或钝尖，基部耳形，叶缘有 4 ~ 10 对波状缺裂，幼叶有毛，侧脉 4 ~ 10 对，叶柄极短，长仅 2 ~ 5 mm，密被绒毛。壳斗杯形，包围坚果约 1/2，苞片狭披针形，棕红色，反卷，小坚果卵形至椭圆形，长 1.5 ~ 2.5 cm，径约 1.5 cm。果熟期 9 ~ 10 月。

观花： 雄花序为下垂柔黄花序。花期 4 ~ 5 月。

分布： 主产于中国北部地区。

习性： 喜光、耐旱、抗瘠薄，不宜石灰性土、盐碱地及低湿涝洼处。深根性树种，萌芽、萌蘖能力强，寿命长，有较强的抗风、抗火和抗烟尘能力。但其生长速度较为缓慢。

应用： 树干挺直，树冠广展，叶片宽大，叶形奇特，叶片入秋呈橙黄色且经久不落，是非常理想的秋色叶树种。适宜孤植、片植或与营建风景林。

★ *Quercus dentata* Thunb. ☆ Daimyo Oak

★ *Quercus baronii* Skan ☆ Baron Oak

橿子栎

别名：黄橿子，栀子树，橿子树
科属：壳斗科栎属

识别： 半常绿灌木或乔木，高达 12 m。幼枝有星状微柔毛，后变无毛。叶卵状披针形至卵状长椭圆形，长 3 ～ 6 cm，宽 1.3 ～ 2 cm，先端渐尖具锐齿，基部圆形或楔形，基部以上有锐锯齿，幼时疏生星状微柔毛，后变无毛，仅在下面中脉基部有黄色绒毛，侧脉纤细，6 ～ 8 对；叶柄长 3 ～ 7 mm，有黄色绒毛。坚果近球形，顶端平或略下陷，幼时全为壳斗所包，顶部有绒毛；果脐略突起。果期翌年 9 月。

观花： 壳斗杯形，包围坚果 1/2 ～ 2/3，直径 1.2 ～ 1.5 cm，高 0.8 ～ 1 cm；苞片条形，反卷。花期 4 月。

分布： 分布于山西、河南、陕西、甘肃、湖北、湖南和四川。

习性： 喜光。

繁殖： 播种繁殖。

应用： 可作庭园观赏树种或庭荫树。

★ *Quercus acutissima* Carr. ☆ Sawtooth Oak

麻栎

别名：青冈，橡碗树
科属：壳斗科栎属

识别： 落叶乔木，高达 30 m。叶卵状披针形，长 9 ～ 16 cm，宽 2 ～ 5 cm，先端渐尖，基部圆形或宽楔形，边缘有刺芒状尖锯齿，侧脉 12 ～ 16 对，上面绿色，无毛，下面初被灰色短毛，后脱落；叶柄长 2 ～ 3 cm，具细毛。坚果卵形或椭圆形，一半以上包于壳斗中。果实成熟期翌年 9 ～ 10 月。

观花： 雄花序被柔毛，花被通常 5 裂，雄蕊多为 4 枚；雌花序有花 1 ～ 3 朵。花期 3 ～ 4 月。

分布： 分布于华北、华东、中南地区及陕西、甘肃、四川、云南、贵州等省区。

习性： 喜光，喜湿润气候，较耐寒、耐旱，不耐水湿。

繁殖： 播种繁殖。

应用： 树干通直，枝条广展，树冠雄伟，浓荫如盖，绿叶鲜亮，秋季变为橙褐色，季相变化明显，是优良的绿化观赏树种，孤植、丛植或与其他树种混交成林，均较适宜。

★ *Quercus aliena* Bl.var. *acuteserrata* Maxim. ☆ Sharptooth Oak

锐齿槲栎

别名：尖齿槲栎，锐齿栎
科属：壳斗科栎属

识别： 落叶乔木，高达 30 m；小枝无毛。叶长椭圆状卵形至卵形，长 9 ～ 20 cm，宽 5 ～ 9 cm，先端短渐尖，基部楔形或圆形，边缘有粗齿，齿端尖锐，内弯，下面密生灰白色星状细绒毛，叶脉在下面隆起，侧脉 10 ～ 15 对，有时更多；叶柄长 1 ～ 2 cm。坚果椭圆状卵形至卵形，直径 1 ～ 1.4 cm，长 1.5 ～ 2 cm；果脐略隆起。果期 9 ～ 10 月。

观花： 壳斗杯形，直径 1 ～ 1.5 cm，高 0.6 ～ 1 cm；苞片小，卵状披针形，在口缘处伸直。花期 3 ～ 5 月。

分布： 分布于黄河以南各省区。朝鲜、日本也有分布。

习性： 喜稍阴湿的土壤。

繁殖： 播种繁殖。

应用： 可庭院栽培观赏，或作行道树。

原变种： 槲栎 var. *aliena*，叶较大，叶缘具波状钝齿。

栓皮栎

别名：软木栎，白里柞
科属：壳斗科栎属

识别：落叶乔木，高达 25 m。树冠广卵状。树皮灰褐色，深纵裂；小枝淡褐黄色。冬芽圆锥形；单叶互生，叶先端渐尖，缘有芒状锯齿；坚果卵球形，灰褐色。果期 9 ~ 10 月。

观花：雄花为柔荑花序下垂，雌花单生或双生于当年生枝的叶脉；总苞杯状，鳞片翻卷。花期 5 月。

分布：北至河北、辽宁，南至两广，东至华东各地，西至云南、四川。

习性：喜光，耐寒，耐干旱、瘠薄，以深厚、肥沃、湿润且排水良好的土壤最适宜，不耐积水，不耐移植。

繁殖：播种或分蘖繁殖。

应用：树冠开展，浓阴如盖，秋季叶色转为橙褐色。宜作行道树、庭荫树，可孤植、群植或与其他树种混植成风景林，也可作防风林、防火林等。

相近种：槲树 *Quercus dentata* Thunb.；橿子栎 *Quercus baronii* Skan。

★ *Quercus variabilis* Blume　☆ Chinese Cork Oak

毛萼口红花

别名：大红芒毛苣苔
科属：苦苣苔科芒毛苣苔属

识别：多年生藤本。植株蔓生，枝条下垂，茎绿色。叶对生，长卵形，全缘，叶面浓绿色，叶背浅绿色。

观花：花序多腋生或顶生，花萼筒状，黑紫色披绒毛，花冠筒状，红色至红橙色，从花萼中伸出。花期夏季。

分布：原产于马来半岛及爪哇等地。我国华南地区有栽培。

习性：喜明亮的散射光环境。生长适温 21 ~ 26 ℃，要求排水良好、略带酸性的土壤。

繁殖：扦插繁殖。

应用：寒地多盆栽观赏。

★ *Aeschynanthus radicans* Jack　☆ Lipstick Plant

牛耳草

别名：旋蒴苣苔，绵还阳草，猫耳朵
科属：苦苣苔科旋蒴苣苔属

识别：多年生草本，无茎。叶全基生，密集，无柄，近圆形或卵形，边缘有细锯齿，背面密被白毛。花葶 1 ~ 5 枚，蒴果细长圆形，螺旋状扭曲。果期 8 ~ 9 月。

观花：成聚伞花序；花冠淡蓝紫色，二唇形，上唇 2 裂，下唇 3 裂，能育雄蕊 2 枚，花柱伸出。花期 7 ~ 8 月。

分布：分布于东北、华北、西北、华东、西南地区。

习性：喜光，喜湿润。

繁殖：播种繁殖。

应用：可盆栽观赏。

★ *Boea hygrometrica*（Bunge）R. Br.　☆ Hygrometric Boea

★ *Columnea microphylla* Klotzsch et Hanst.ex Oerst.

小叶金鱼花

别名：可伦花，小叶鲸鱼花
科属：苦苣苔科串金鱼属

识别：茎匍匐，长达 90 cm。密集丛生状。叶对生，节间短，肥厚，具红色微毛。

观花：花腋生，花冠筒状，基部有距，先端明显呈唇形，外形似金鱼，红色，喉部黄色。花期冬春季。

分布：原产于马达加斯加。

习性：喜温暖、湿润，不耐寒；喜光照充足，但忌强光直射；喜疏松肥沃、排水良好的腐殖质土壤。

繁殖：播种繁殖。

应用：是优良的盆栽悬吊植物。

★ *Hemiboea henryi* Clarke ☆ Henry Hemiboea

半蒴苣苔

别名：山白菜，天目降龙草
科属：苦苣苔科半蒴苣苔属

识别：多年生草本。茎高 20 ~ 40 cm，不分枝，叶对生；全缘；蒴果呈牛角形，稍弯，长约 2 cm。果期 9 ~ 11 月。

观花：聚伞花序腋生，具梗，花冠白色，具紫色斑点，苞片圆卵形，花萼长约 1.4 cm，子房近条形。花期 8 ~ 10 月。

分布：分布于陕西、甘肃、江苏、安徽、浙江、江西、福建、河南、湖北、湖南、广东、广西、四川、贵州等地。

习性：耐阴，喜湿润土壤。

繁殖：播种繁殖。

应用：可作园林地被植物，种植于山谷林下或沟边阴湿处。

★ *Corallodiscus cordatulus* (Craib.) Burtt ☆ Bullate Corallodiscus

珊瑚苣苔

科属：苦苣苔科吊石苣苔属

识别：多年生草本。叶多数，都基生，密集，外部的有柄，内部的无柄；叶片菱状卵形或菱形，长 1.6 ~ 3 cm，宽 0.8 ~ 2 cm，边缘有小钝齿。蒴果条形。果期 8 月。

观花：花葶 2 ~ 4 条，高 7 ~ 12 cm；聚伞花序伞状，有 4 ~ 8 花；花冠堇色，长 9 ~ 11 mm，外面无毛，上唇短，2 浅裂，下唇 3 裂；能育雄蕊 2 对。花期 6 月。

分布：产于云南、贵州、四川、陕西、湖北、湖南、广西、广东、山西、河南及河北等省区。

习性：耐阴。

繁殖：播种繁殖。

应用：可作盆栽观赏或种植于假山上。

袋鼠花

别名：澳洲袋鼠花
科属：苦苣苔科袋鼠花属

★ *Nematanthus* 'Cheerio'　☆ Kangaroo Paws

识别： 多年生草本或亚灌木，高 40 ~ 120 cm。根茎短。叶对生，革质，有光泽，翠绿色，叶排列整齐紧凑。

观花： 花腋生，长筒状，花色橘黄色等，两头小，中间膨大，前端有一个小的开口，似袋鼠的腹部。花期秋季至翌年春季。

分布： 原产于澳大利亚。中国广泛栽培。

习性： 耐阴，宜散射光，忌阳光直射，喜温暖的环境，生长适温为 16 ~ 28 ℃，宜排水、通风良好的土壤，冬季须温暖、避风。

繁殖： 扦插繁殖。

应用： 花形美观可爱，宜中小型盆栽，或作吊篮悬挂室内、走廊装饰用，也可作切花用。

品种： 花色有粉色、白色、红色、金黄色，以金黄色为多。

长瓣马铃苣苔

科属：苦苣苔科马铃苣苔属

★ *Oreocharis auricula* (S. Moore) Clarke　☆ Auriculate Oreocharis

识别： 多年生草本。叶全部基生，具柄；叶片长圆状椭圆形，长 2 ~ 8.5 cm，宽 1 ~ 5 cm，顶端微尖或钝，基部圆形或稍心形，或近楔形，边缘具钝齿至近全缘，上面被贴伏短柔毛，下面被淡褐色绢状绵毛至近无毛，侧脉每边 7 ~ 9 条，密被褐色绢状绵毛；叶柄长 2 ~ 4 cm，密被褐色绢状绵毛。蒴果长约 4.5 cm。果期 8 月。

观花： 聚伞花序 2 次分枝，每花序具 4 ~ 11 花；花序梗长 6 ~ 12 cm；苞片 2 枚，长圆状披针形。花冠细筒状，蓝紫色，长 2 ~ 2.5 cm；檐部二唇形，上唇 2 裂，下唇 3 裂，5 裂片近相等。雄蕊分生。花期 6 ~ 7 月。

分布： 产于广东、广西、江西、湖南、贵州及四川。

习性： 耐阴，耐水湿。

繁殖： 播种繁殖。

应用： 可作园林地被植物，或盆栽观赏。

非洲紫罗兰

别名：非洲堇
科属：苦苣苔科非洲紫罗兰属

★ *Saintpaulia ionantha* H.Wendl.　☆ African Violet

识别： 草本，高 8 ~ 12 cm。莲座状茎叶肥厚多汁，密生丝质茸毛。叶圆形或卵形，全缘或具钝齿，肉质，常染紫色。

观花： 花大，花期夏、秋季。

分布： 原产于东非，现世界各地广泛栽培。

习性： 喜半阴环境。

繁殖： 扦插、分株、播种或组织培养法繁殖。常用叶插法繁殖，于 5 ~ 6 月进行，忌氮过多。

应用： 花形俊秀雅致，是极好的室内观赏植物。

品种： 有单瓣、重瓣的品种，花色极为丰富，有红、桃红、紫红、紫蓝、白、乳白等色，或具有斑点、条纹、镶边、渐层等，变化繁杂。如紫花紫罗兰 'Elfriede'，花深紫色；粉红重瓣紫罗兰 'Pink mirade'，花重瓣，粉红色。

★ *Sinningia speciosa* Benth. ☆ Florist's Gloxinia，Gloxinia

大岩桐

别名：紫蓝大岩桐，六雪尼，六雪泥
科属：苦苣苔科大岩桐属

识别：多年生草本，高 15 ~ 25 cm。全株被茸毛，地下块茎扁球形，地上茎极短。叶对生，长椭圆状卵形，叶缘有钝锯齿，叶背稍带红色。蒴果，种子褐色，细小。果熟期 8 ~ 9 月。
观花：花顶生或腋生，花梗比叶长，每梗 1 朵花。花冠阔钟形，裂片矩圆形，花色丰富。花期 7 ~ 8 月。
分布：原产于巴西热带高原，现世界各地广泛栽培。
习性：喜冬季温暖、夏季凉爽的环境，忌阳光直射，喜肥。
繁殖：播种繁殖。
应用：是室内小型盆花，适宜窗台、几案等室内美化布置。
品种：有红、白、粉、紫等花色品种。

★ *Ailanthus altissima*（Mill.）Swingle ☆ Ailanthus

臭椿

别名：臭椿皮，大果臭椿
科属：苦木科臭椿属

识别：落叶乔木，高达 30 m。小枝粗壮，缺顶芽；叶痕大，呈倒卵形，奇数羽状复叶，小叶 13 ~ 25 片，卵状披针形，中上部全缘，基部具腺齿 1 ~ 2 对。果期 8 ~ 10 月。
观花：圆锥花序顶生。翅果成熟时淡褐黄色或淡褐红色；花期 4 ~ 5 月。
分布：东北南部、华北、西北至长江流域均有分布。
习性：喜光，耐干旱、瘠薄，但不耐水湿，对微酸性、中性和石灰质土壤都能适应，喜排水良好的沙壤土，耐寒。
繁殖：播种、分蘖和根插繁殖。
应用：臭椿树干通直高大，春季嫩叶紫红色，秋季红果满树，是良好的观赏树和行道树。可孤植、丛植或与其他树种混栽，适宜于工厂、矿区等绿化。
品种：千头椿 'Qiantou'，红叶臭椿 'Purpurata'，叶片红色。
相近种：香椿 *Toona sinensis* (A. Juss.) Roem.，叶基部无腺齿。

★ *Picrasma quassioides*（D.Don）Benn. ☆ Quassia

苦木

别名：苦树
科属：苦木科苦木属

识别：落叶乔木，高达 10 m。全株均有苦味。奇数羽状复叶，落叶后在枝条上留有明显些叶痕。核果挂于枝顶，晶莹剔透。果期 6 ~ 9 月。
观花：花雌雄异株，为腋生的聚伞花序。花期 4 ~ 5 月。
分布：产于中国黄河流域及其以南各省。朝鲜、日本、印度北部、不丹和尼泊尔也有分布。
习性：喜温暖、湿润的环境，耐寒，耐干旱。喜土层深厚且排水良好的土壤。
繁殖：播种繁殖。
应用：为春、冬季树叶季相分明，夏、秋季呈蓝绿色的优良园林观赏植物。果实挂于枝顶，晶莹剔透。可单植、群植栽于庭园作庭荫树或列植作行道树。

山蜡梅

别名：亮叶腊梅，野蜡梅，雪里花
科属：蜡梅科蜡梅属

识别：常绿灌木，高 1 ~ 3 m。叶纸质至近革质，椭圆形至卵状披针形，少数为长圆状披针形，长 2 ~ 13 cm，宽 1.5 ~ 5.5 cm，顶端渐尖，基部钝至急尖。果托坛状，长 2 ~ 5 cm，直径 1 ~ 2.5 cm，口部收缩，成熟时灰褐色，被短绒毛，内藏聚合瘦果。果期 4 ~ 7 月。

分布：中国特有植物。分布于中国长江以南多个省区。

观花：花小，直径 7 ~ 10 mm，黄色或黄白色；花被片圆形、卵形、倒卵形、卵状披针形或长圆形。花期 10 月至翌年 1 月。

习性：喜温暖、湿润和阳光充足环境。

繁殖：播种繁殖。夏季采种后即播。梅雨季节用高空压条繁殖。

应用：花黄色美丽，叶常绿，是良好的园林绿化植物，适用于小庭园的窗前屋后、墙隅、坡地、池畔、林中及岩石上栽植，花时阵阵清香扑鼻，使人赏心悦目，若在公园或风景区成片群植，景观十分诱人。

★ *Chimonanthus nitens* Oliv. ☆ Shining Wintersweet

蜡梅

别名：腊梅
科属：蜡梅科蜡梅属

识别：落叶丛生灌木，高达 3 m。叶对生，半革质，椭圆状卵形至卵状披针形，先端渐尖，基部圆形或宽楔形，叶表有硬毛，叶背光滑；果为花托膨大的椭圆形蒴果状。果熟期 8 月。

观花：花先叶开放，鲜黄色，芳香。花期 12 月至翌年 3 月。

分布：产于陕西、湖北、四川等省。

习性：喜光，较耐阴，较耐寒耐旱，忌水湿。

繁殖：种子、扦插、嫁接及分根繁殖。

应用：一般以孤植、对植、丛植、群植配植于园林与建筑物的入口处两侧和厅前、亭周、窗前屋后、墙隅及草坪、水畔、路旁等处，作为盆花桩景和瓶花亦具特色。

相近种：柳叶蜡梅 *Chimonanthus salicifolius* S.Y.Hu（Willowleaf Wintersweet），叶线状披针形或长圆状披针形，中背面被短柔毛。

★ *Chimonanthus praecox* (L.) Link ☆ Wintersweet

夏蜡梅

别名：牡丹木，黄琵琶
科属：蜡梅科夏蜡梅属

识别：丛生灌木，高 1 ~ 4 m。树皮灰白色或灰褐色；小枝对生，无毛或幼时被疏微毛。单叶对生，卵状椭圆形至倒卵状圆形，长 13 ~ 27 cm，叶缘全缘或有不规则的细齿，叶面有光泽无毛。叶柄内芽。果托钟状或近顶口紧缩密被柔毛，瘦果常圆形。果期 10 月上旬。

观花：花单生叶腋，花被片螺旋着生于杯状或坛状的花托上，外面的花被片白色，边缘淡紫红色。花期 5 月中下旬。

分布：我国特有种，产于浙江昌化及天台等地。

习性：较喜阴，耐干旱，忌水湿。

繁殖：播种繁殖。

应用：本种夏季开花，叶形庞大，白花泛粉，适宜点缀夏景。

★ *Calycanthus chinensis* Cheng et S.Y.Chang

★ *Calycanthus floridus* L.　☆ Carolina Allspice，Common Sweetshrub

美国蜡梅

别名：美国夏蜡梅
科属：蜡梅科夏蜡梅属

识别：高 1 ~ 4 m；幼枝、叶两面和叶柄均密被短柔毛。叶椭圆形、宽楔圆形、长圆形或卵圆形，长 5 ~ 15 cm，宽 2 ~ 6 cm，叶面粗糙，叶背苍绿色；中脉和侧脉在叶面扁平，在叶背凸起。果托长圆状圆筒形至梨形。

观花：花红褐色，直径 4 ~ 7 cm，有香气；花被片线形至长圆状线形、线状倒卵形至椭圆形，长 2 ~ 4 cm，宽 3 ~ 8 mm，两面被短柔毛，内面的花被片通常较短小；雄蕊 10 ~ 15 枚。花期 5 ~ 7 月。

分布：原产于北美。

习性：喜光。

繁殖：播种繁殖。

应用：花美丽有香气，可作观赏植物栽培。

★ *Armeria maritima*（Mill.）Willd.　☆ Sea Pink

海石竹

别名：桃花钗，滨簪花
科属：蓝雪科海石竹属

识别：宿根草本，植株低矮，丛生状，株高 20 ~ 30 cm。植株莲座状丛生，叶基生，密集，线状长剑形。

观花：头状花序顶生，花茎细长，直立，小花杯形，聚生于花茎顶端，呈半圆球形，紫红色、粉红色至玫瑰红色，花径约 3 cm。花期春季至初夏。

分布：原产于非洲北部，南美洲及土耳其的海岸山地间。

习性：性喜阳光充足及排水良好的沙质土壤。

繁殖：播种繁殖、分株繁殖。

应用：花姿小巧可爱，花色鲜艳，适于花坛美化、小盆栽或作地被。

品种：花色有玫红色、粉红色、白色等。

★ *Plumbago auriculata* Lam.　☆ Blue Leadwort

蓝花丹

别名：花绣球，蓝茉莉
科属：蓝雪科白花丹属

识别：常绿柔弱半灌木，高约 1 m 或更长，除花序外无毛，被有细小的钙质颗粒。叶薄，常菱状卵形至狭长卵形，有时椭圆形或长倒卵形，长 2 ~ 7 cm，宽 1 ~ 2.5 cm，先端骤尖而有小短尖，罕钝或微凹，基部楔形，向下渐狭成柄，上部叶的叶柄基部常有小形半圆至长圆形的耳。

观花：穗状花序含 18 ~ 30 枚花；总花梗 2 ~ 12 mm，穗轴长 2 ~ 8 cm；花冠淡蓝色至蓝白色，花冠筒长 3.2 ~ 3.4 cm，中部直径 0.5 ~ 1 mm，冠檐宽阔，直径通常 2.5 ~ 3.2 cm；雄蕊略露于喉部之外。花期 6 ~ 9 月和 12 月至翌年 4 月。

分布：我国华南、华东、西南和北京常有栽培。原产于南非南部，已广泛为各国引种作观赏植物。

习性：喜温暖环境。

繁殖：播种繁殖。

应用：适宜条件下可常年开花，可作园林地被植物，或栽培观赏，或用来布置花坛。

二色补血草

别名：二色匙叶草
科属：蓝雪科补血草属

识别： 多年生草本，高 20 ~ 70 cm，无毛。基生叶匙形或倒卵状匙形，长 2 ~ 7 cm，宽 1 ~ 2.5 cm，顶端钝而具短尖头，基部下延成狭叶柄，疏生腺体。果实具 5 棱。

观花： 花序为具有密聚伞花序的圆锥花序，有不育小枝，苞片紫红色；花萼漏斗状，长 6 ~ 8 mm，萼筒倒圆锥状，长 2 ~ 3 mm，具柔毛，裂片 5 枚，白色；花瓣黄色，基部合生，顶端深裂；雄蕊 5 枚，下部 1/4 与花瓣基部合生；花柱 5 枚，离生，无毛，柱头圆柱状，子房矩圆状倒卵形。

分布： 分布于河北、河南、山西、内蒙古、陕西、甘肃。蒙古东部也有分布。

习性： 喜光，耐盐碱。

繁殖： 播种繁殖。

应用： 可作园林地被植物，种植于海滨碱滩、草地或沙丘。

★ *Limonium bicolor* (Bunge) Kuntze ☆ Twocolor Sealavender

阔叶补血草

科属：蓝雪科补血草属

识别： 多年生宿根草本雾状花卉，高 20 ~ 40 cm。叶基生，多数排列成莲座状，广椭圆形至倒卵形，长 15 ~ 25 cm，淡绿色或灰绿色，先端钝微圆或稍尖，基部渐狭成宽的叶柄。

观花： 萼片白色；花冠蓝色至紫色；花期 6 ~ 8 月。

分布： 原产于罗马尼亚、保加利亚至俄罗斯南部。

习性： 耐寒性强，在高温下栽培不开花，或者开花受到明显抑制。

繁殖： 播种繁殖。

应用： 已广泛应用于花坛及切花。可爱的盆栽品种，用于花境的补充以及盆栽配色。春末盛开雾状花朵，非常适用于切花以及干花制作。

★ *Limonium latifolium* (Sm.) O. Kuntze ☆ Broadleaf Sea-lavender

勿忘我

别名：中华补血草，补血草
科属：蓝雪科补血草属

识别： 多年生草本，株高 40 ~ 50 cm，常作一年生栽培。叶基生，倒卵状长圆形至披针形。

观花： 花序伞房状，多级分枝；花萼 5 枚，漏斗状，基部联合，先端 5 裂，花冠膜质。花有粉色、白色、黄色、蓝色、红色等。花期 6 ~ 7 月，温室内不同品种的花期可覆盖全年。

分布： 原产于我国南北各地的沿海地区。

习性： 喜光，喜凉爽，性耐寒。喜疏松、湿润、富含有机质的土壤。

繁殖： 播种繁殖。

应用： 花小，色彩鲜艳，花冠膜质，经久不落，生长快，花期长，可用于花境布置；也可盆栽，是天然的干切花，可于花期带梗剪下，插于花瓶观赏，2 ~ 3 年不变形、变色。

★ *Limonium sinense* (Girard) Kuntze ☆ China Sealavender

★ *Plumbago auriculata* Lamk.　☆ Blue Leadwort

蓝雪花

别名：蓝花丹，蓝雪丹，蓝花矶松
科属：蓝雪科蓝雪属

识别： 多年生亚灌木；茎细长，株高 100 ~ 150 cm，低矮的幼株 10 cm 即能开花，枝条伸长后呈半蔓性，易下垂。单叶全缘，倒披针形或长椭圆形，互生，具短柄，叶端钝，渐尖略凹，叶基渐狭，中肋明显。膜质蒴果，内藏种子。

观花： 花于枝端呈穗状花序，花萼筒状，外面有腺体，5 条棱；花冠呈高碟状，浅蓝色或白色，筒部细长，口部开展，5 裂；雄蕊 5 枚，子房一室。夏、冬季开花。

分布： 原产于南非，现在世界热带各地均有栽培。

习性： 性喜温暖，不耐寒冷，喜光照，稍耐阴，不宜在烈日下暴晒，要求湿润环境，干燥对其生长不利，不耐干旱。

繁殖： 多采用扦插、分株繁殖，也可播种繁殖。

应用： 叶色翠绿，花色淡雅，炎热的夏季给人以清凉感觉，可盆栽点缀居室、阳台。成熟植株枝条悬垂，其更适宜大型容器组合盆栽，也可地栽林缘种植或点缀草坪。

★ *Kochia scoparia*（L.）Schrad.　☆ Broomsedge

地肤

别名：地葵，地麦，落帚子，扫帚菜，扫帚苗
科属：藜科地肤属

识别： 草本。株丛紧密，株形呈卵圆形至圆球形、倒卵形或椭圆形。分枝多而细，具短柔毛，茎基部半木质化；单叶互生，叶线形或条形；植株嫩绿色，秋季叶色变红。果扁球形。

观花： 花小而多，秋季变红色。花期 9 ~ 10 月。

分布： 原产于欧亚。我国北方多见野生。

习性： 喜阳光，喜温暖，不耐寒，极耐炎热，耐盐碱，耐干旱，耐瘠薄；对土壤要求不严格。极易自播繁衍。

繁殖： 播种繁殖。

应用： 用于布置花篱、花境，或数株丛植于花坛中央，可修剪成各种几何造型进行布置。盆栽地肤可点缀和装饰于厅、堂、会场等。

★ *Aglaia odorata* Lour.　☆ Maizailan

米仔兰

别名：米兰
科属：楝科米仔兰属

识别： 常绿灌木或小乔木。多分枝。幼枝顶部具星状锈色鳞片，后脱落。奇数羽状复叶，互生，叶轴有窄翅，小叶 3 ~ 5 枚，对生，倒卵形至长椭圆形，先端钝，基部楔形，两面无毛，全缘，叶脉明显。种子具肉质假种皮。

观花： 圆锥花序腋生。花黄色，极香。花萼 5 裂，裂片圆形。花冠 5 瓣，长圆形或近圆形，比萼长。雄蕊花丝结合成筒，比花瓣短。花期 7 ~ 8 月，或四季开花。

分布： 原产于亚洲南部。广泛种植于世界热带各地。中国福建、广东、广西、四川、云南有分布，北方也多盆栽。

习性： 喜温暖湿润和阳光充足环境，不耐寒，稍耐阴，土壤以疏松、肥沃的微酸性土壤为最好，冬季温度不低于 10 ℃。

繁殖： 常用压条和扦插繁殖。

应用： 米兰盆栽可陈列于客厅、书房和门廊，在南方庭院中米兰又是极好的风景树。盆栽观赏或用于庭院栽植等。

楝树

别名：苦楝
科属：楝科楝属

识别： 落叶乔木，高 15 ~ 20 m。树皮暗褐色，浅纵裂；二至三回奇数羽状复叶，小叶卵形至卵状椭圆形。果熟期 10 ~ 11 月。

观花： 花淡紫色，有香味，呈圆锥状复伞状花序；核果近球形，成熟时黄色，宿存树枝，经冬不落；花期 4 ~ 5 月。

分布： 分布于黄河以南各省区。

习性： 喜光，不耐荫蔽，喜温暖湿润气候，耐寒力不强，对土壤要求不严格。

繁殖： 多用播种繁殖，分蘖繁殖也可以。

应用： 是良好的城市及工矿区绿化树种，宜作庭荫树及行道树，在草坪孤植、丛植，或配植于池边、路边、坡地。

相近种： 川楝 *Melia toosendan* Sieb.et Zucc.，子房 6 ~ 8 室；果较大，长约 3 cm；小叶近全缘或具不明显的钝齿；花序长约为叶的一半。

★ *Melia azedarach* L.　☆ Chinaberry-tree

香椿

别名：山椿，虎目树，虎眼，大眼桐，椿花
科属：楝科香椿属

识别： 落叶乔木，高达 15 m。树皮暗褐色，片状剥落；偶数羽状复叶，有香气，小叶 10 ~ 20 片，对生，基部不对称。果期 9 ~ 10 月。

观花： 圆锥花序顶生，花白色，有香气；蒴果长椭圆形。花期 5 ~ 6 月。

分布： 原产于中国中部。

习性： 喜光，不耐阴；适生于深厚、肥沃、湿润的沙质土壤，在中性、酸性及钙质土上均生长良好，也能耐轻盐渍。

繁殖： 主要用播种繁殖，分蘖、扦插、埋根繁殖也可。

应用： 是良好的庭荫树及行道树，在庭前、院落、草坪、斜坡、水畔均可栽植。

相近种： 毛红椿 *Toona ciliata* Roem.var. *pubescens*（Franch.）Hand.-mazz.（Pubescent Red Toona），雄蕊 5 枚，蒴果具大而明显的皮孔，种子两端均具膜质翅。

★ *Toona sinensis*（A.Juss.）Roem.　☆ Chinese Toona

金线草

别名：金线蓼
科属：蓼科金线草属

识别： 多年生草本，高 50 ~ 100 cm，茎直立，节红色，密被长粗糙毛。叶宽卵形或椭圆形，长 7 ~ 15 cm，宽 4 ~ 9 cm，两面密被长粗糙毛；托叶鞘筒状，褐色，有长粗糙毛。瘦果卵状扁圆形，两面凸，暗褐色。果期 8 ~ 10 月。

观花： 花疏生，组成项生或腋生的长穗状花序；花被 4 深裂，红色。花期 7 ~ 8 月。

分布： 产于中国广东、广西、江西、福建、浙江、江苏、河南、湖南、湖北、云南、四川、贵州、陕西、甘肃等省区。越南、朝鲜也有分布。

习性： 喜光，稍耐阴；喜温暖、湿润的环境，不耐干旱，生长适温为 15 ~ 28 ℃，耐瘠薄，喜疏松、肥沃壤土。

繁殖： 播种或扦插繁殖。宜春季进行。

应用： 株形优美，花色艳丽，适合于庭园丛植或片植；也可盆栽观赏。

★ *Antenoron filiforme*（Thunb.）Rob. et Vaut.　☆ Goldthreadweed

★ *Fagopyrum tataricum* (L.) Gaertn.　☆ Bitter Buckwheat

苦荞麦

别名：波麦，乌麦，花荠
科属：蓼科荞麦属

识别： 一年生草本，高 50 ~ 90 cm。茎直立，分枝，绿色或略带紫色，有细条纹。叶有长柄；叶片宽三角形，长 2 ~ 7 cm，宽 2.5 ~ 8 cm，顶端急尖，基部心形，全缘；托叶鞘膜质，黄褐色。瘦果卵形，有 3 棱，棱上部锐利，下部圆钝，黑褐色，有 3 条深沟。果期 8 ~ 10 月。

观花： 花序总状；花梗细长；花排列稀疏，白色或淡红色；花被 5 深裂，裂片椭圆形，长约 2 mm；雄蕊 8 枚，短于花被；花柱 3 枚，较短，柱头头状。花期 6 ~ 9 月。

分布： 广布于欧、亚、美三洲。我国东北、西北、西南山区有栽培，有时为野生。

习性： 喜光。

繁殖： 播种繁殖。

应用： 可作园林地被植物，或种植于草地上。

★ *Fagopyrum dibotrys*（D.Don)Hara　☆ Gold Buckwheat

金荞麦

别名：天荞麦，透骨消，苦荞头
科属：蓼科荞麦属

识别： 多年生草本。根状茎木质化，黑褐色。茎直立，高 50 ~ 100 cm，分枝，具纵棱，无毛。叶三角形，顶端渐尖，基部近戟形，全缘，两面具乳头状突起或被柔毛。瘦果宽卵形黑褐色。果期 8 ~ 10 月。

观花： 花序伞房状，顶生或腋生；苞片卵状披针形，每苞内具 2 ~ 4 朵花；花被 5 深裂，白色。花期 7 ~ 8 月。

分布： 产于我国陕西、华东、华中、华南及西南地区。

习性： 喜温暖、湿润及阳光充足的环境，耐热，耐寒，耐湿。生长适温 16 ~ 28 ℃。不择土壤。

繁殖： 播种、根茎或扦插繁殖均可。喜疏松、排水良好土壤。雨季不要积水，防渍涝。

应用： 株形美观，叶色翠绿，可种植于公园的假山石边、滨水岸边或园路边。

★ *Fagopyrum eaculentum* Moench　☆ Buckwheat

荞麦

别名：甜荞
科属：蓼科荞麦属

识别： 一年生草本，高 40 ~ 100 cm。茎直立，多分枝，光滑，淡绿色或红褐色，有时生稀疏的乳头状突起。下部叶有长柄，上部叶近无柄；叶片三角形或卵状三角形，顶端渐尖，基部心形或戟形，全缘，两面无毛或仅沿叶脉有毛；托叶鞘短筒状，顶端斜而截平，早落。瘦果卵形，有 3 锐棱，顶端渐尖，黄褐色，光滑。果期 6 ~ 10 月。

观花： 花序总状或圆锥状，顶生或腋生；花梗细长；花淡红色或白色，密集；花被 5 深裂，裂片矩圆形；雄蕊 8 枚，短于花被；花柱 3 枚，柱头头状。花期 5 ~ 9 月。

分布： 分布于欧洲、亚洲。我国各地都有栽培，有时为野生，生于荒地或路旁。

习性： 喜光。

繁殖： 播种繁殖。

应用： 可作园林地被植物。

何首乌

别名：多花蓼，夜合，桃柳藤，九真藤
科属：蓼科何首乌属

识别：多年生草本，根细长，先端有膨大块根。茎缠绕，长3 ~ 4 m，多分枝。叶互生，卵形或近三角状卵形，长5 ~ 9 cm，宽3 ~ 5 cm，先端渐尖，基部心形或耳状箭形，全缘，无毛；叶柄长2 ~ 3 cm。瘦果椭圆状三棱形。果期10 ~ 11月。

观花：圆锥花序顶生或腋生，大而开展；花小，白色；花被5深裂，裂片舟状卵圆形；雄蕊8枚。花期6 ~ 9月。

分布：产于陕西南部、甘肃南部、山西中条山主峰历山、华东、华中、华南、四川、云南、贵州遍布中国。日本也有分布。

习性：喜温暖潮湿气候。忌干燥和积水，以选上层深厚、疏松肥沃、排水良好、腐殖质丰富的沙质壤土栽培为宜。黏土不宜种植。

繁殖：用种子和扦插繁殖。

应用：适合栽植在花廊、花架、围篱等处。

★ *Fallopia multiflora*（Thunb.）Harald.　☆ Maltiflower Knotweed

木藤蓼

别名：奥氏蓼
科属：蓼科何首乌属

识别：半灌木。茎缠绕，长1 ~ 4 m。叶簇生稀互生，叶片长卵形或卵形，长2.5 ~ 5 cm，宽1.5 ~ 3 cm，近革质，顶端急尖，基部近心形，两面均无毛；叶柄长1.5 ~ 2.5 cm。瘦果卵形。果期8 ~ 9月。

观花：花序圆锥状，少分枝；花梗细，长3 ~ 4 mm，下部具关节；花被5深裂，淡绿色或白色，花被片外面3片较大，背部具翅，果时增大，基部下延；雄蕊8枚。花期7 ~ 8月。

分布：产于内蒙古、山西、河南、陕西、甘肃、宁夏、青海、湖北、四川、贵州、云南及西藏。

习性：喜光，也耐阴。

繁殖：播种繁殖。

应用：可作园林垂直绿化植物。

★ *Fallopia aubertii* (L. Henry) Holub　☆ Woodvine Heshouwu

虎杖

别名：假川七，土川七，红三七，三七
科属：蓼科虎杖属

识别：草本，高达2 m。植株呈丛生灌木状，根状茎横走，皮褐色；茎粗大，直立，中空，表面有白色肋纹，并散有红紫色斑点。叶广卵形至椭圆形，长5 ~ 10 cm 瘦果。果期9 ~ 10月。

观花：花单性，雌雄异株，排成腋生的圆锥花序；花被淡绿色。花期8 ~ 9月。

分布：产于华南、华东、华中、华北、东北、西南地区。朝鲜、日本也有分布。

习性：喜光，稍耐阴；喜温暖、湿润的环境，不耐干旱，不耐瘠薄，栽培土质以肥沃、湿润和排水良好的沙质壤土为佳。

繁殖：播种繁殖。

应用：株形优美，花姿悦目，可栽于溪边岩石或石缝中，任其蔓延生长，点缀园林。

★ *Reyrnourtria japonica* Houtt.　☆ Tigerstick

★ *Polygonum runcinatum* Buch.-Ham. ☆ Redshin Powder

赤胫散

别名：散血丹，花月天，盘脚莲
科属：蓼科蓼属

识别： 多年生草本，高 30 ~ 50 cm。茎直立或斜上，有纵沟，稍分枝，无毛或生柔毛。叶有柄；叶片卵形或三角状卵形，长 5 ~ 8 cm，宽 3 ~ 5 cm，顶端渐尖，基部近截形，且常有 2 个小圆裂片，两面无毛或生柔毛；叶柄通常基部两侧各有一个垂片；托叶鞘筒状，膜质。瘦果卵形，有 3 棱，黑色。果期 6 ~ 10 月。

观花： 花序头状，小形，直径 6 ~ 7 mm，通常数个生于枝条顶端；总花梗生腺毛；花白色或淡红色，有短花梗；花被 5 深裂；裂片矩圆形；雄蕊 8 枚，与花被等长。花期 7 ~ 8 月。

分布： 分布于台湾、湖北、湖南、四川、云南和贵州。

习性： 性强健，管理粗放，喜光亦耐阴，耐寒，耐水湿，耐瘠薄。

繁殖： 播种繁殖。

应用： 适宜布置花境、路边或栽植于疏林下、水旁或沟边，北方地区温室栽培观赏。

★ *Polygonum caespitosum* Bl. ☆ Clump Knotweed

丛枝蓼

科属：蓼科蓼属

识别： 一年生草本，高 30 ~ 50 cm。茎平卧或斜生，细弱，无毛，近基部多分枝。叶柄极短，疏生长柔毛；叶宽披针形或卵状披针形，长 5 ~ 8 cm，宽 1.5 ~ 3 cm，顶端尾状渐尖，基部狭窄，两面疏生短柔毛或近于无毛；托叶鞘筒状，膜质，长 5 ~ 8 mm，边缘生长睫毛。瘦果卵形，有 3 棱，黑色，光亮。果期 7 ~ 10 月。

观花： 花序穗状，顶生或腋生，细弱，花排列稀疏，花序下部间断；苞片漏斗状，绿色，有睫毛；花粉红色或白色；花被 5 深裂，裂片长约 2 mm；雄蕊通常 8 枚。花期 6 ~ 9 月。

分布： 分布于我国南北各省区。印度、日本、菲律宾和印度尼西亚也有分布。

习性： 耐水湿。

繁殖： 播种繁殖。

应用： 可作园林地被植物，种植于水边或阴湿处。

★ *Polygonum manshuriense* V. Petr. ex Kom. ☆ Earleaf Knotweed

耳叶蓼

科属：蓼科蓼属

识别： 多年生草本。茎直立，高 60 ~ 80 cm。基生叶长圆形或披针形，纸质，长 13 ~ 15 cm，宽 2 ~ 3 cm，边缘全缘，叶柄长可达 15 cm；茎生叶 5 ~ 7 片，披针形；托叶鞘筒状。瘦果卵形，具 3 锐棱。果期 8 ~ 9 月。

观花： 总状花序呈穗状，顶生，长 4 ~ 8 cm，直径约 1 cm；苞片卵形，膜质，顶端骤尖；每苞内具 2 ~ 3 花；花梗长 4 ~ 5 mm；花被 5 深裂，淡红色或白色，花被片椭圆形，长约 3 mm；雄蕊 8 枚，比花被长。花期 6 ~ 7 月。

分布： 产于黑龙江、吉林、辽宁及内蒙古。俄罗斯（西伯利亚、远东）、朝鲜也有分布。

习性： 喜光，耐水湿。

繁殖： 播种繁殖。

应用： 可作园林地被植物，种植于山坡草地、林缘、山谷湿地。

相近种： 拳参 *Polygonum bistorta* L.，茎生叶不抱茎。

伏毛蓼

科属：蓼科蓼属

识别： 一年生草本。茎直立，高 60 ~ 90 cm，中上部多分枝，节部明显膨大。叶卵状披针形或宽披针形，长 5 ~ 10 cm，宽 1 ~ 2.5 cm，顶端渐尖或急尖，基部宽楔形，上面绿色。叶柄稍粗壮，长 4 ~ 7 mm，密生硬伏毛；托叶鞘筒状。瘦果卵形，具 3 棱。果期 8 ~ 10 月。

观花： 总状花序呈穗状，顶生或腋生，花稀疏，长 7 ~ 15 cm，上部下垂，下部间断；苞片漏斗状，绿色，边缘近膜质，具缘毛，每苞内具 3 ~ 4 花；花梗细弱；花被 5 深裂，绿色，上部红色；雄蕊 8 枚。花期 8 ~ 9 月。

分布： 产于辽宁、陕西、甘肃、华东、华中、华南及西南。朝鲜、日本、印度尼西亚及印度也有分布。

习性： 耐水湿。

繁殖： 播种繁殖。

应用： 可作园林地被植物，种植于沟边、水旁、园林湿地中。

★ *Polygonum pubescens* Blume　☆ Pubescent Knotweed

红蓼

别名：荭草，红草，游龙，狗尾巴花
科属：蓼科蓼属

识别： 一年生大型草本植物，株高 1 ~ 3 m。茎直立，中空，多分枝，全株密被粗长毛；叶大互生，阔卵形或卵状披针形，先端渐尖，基部浑圆或稍呈心形，全缘；果期 8 ~ 10 月。

观花： 花梗长，总状花序顶生或腋生，柔软下垂如穗状，小花粉红色或白色。花期 6 ~ 9 月。

分布： 中国除西藏以外各地均有栽培。

习性： 喜温暖湿润的环境，喜光照充足，宜植于肥沃、湿润之地，也耐瘠薄，适应性强。

繁殖： 播种繁殖。

应用： 可作为花境、草坪、湖边等处的背景植物，远看一片粉红，也可作切花材料。

★ *Polygonum orientale* L.　☆ Red Knotweed

蚕茧蓼

别名：蚕茧草
科属：蓼科蓼属

识别： 多年生草本。叶披针形，近薄革质，坚硬，长 7 ~ 15 cm，宽 1 ~ 2 cm，顶端渐尖，基部楔形，全缘，两面疏生短硬伏毛，中脉上毛较密，边缘具刺状缘毛；叶柄短或近无柄。瘦果卵形。果期 9 ~ 11 月。

观花： 总状花序呈穗状，长 6 ~ 12 cm，顶生，通常数个再集成圆锥状；苞片漏斗状，绿色，上部淡红色，具缘毛，每苞内具 3 ~ 6 花；花梗长 2.5 ~ 4 mm；雌雄异株，花被 5 深裂，白色或淡红色。花期 8 ~ 10 月。

分布： 产于山东、河南、陕西、江苏、浙江、安徽、江西、湖南、湖北、四川、贵州、福建、台湾、广东、广西、云南及西藏。

习性： 耐水湿。

繁殖： 播种繁殖。

应用： 可作园林地被植物，种植于路边湿地、水边及山谷草地。

变种： 显花蓼 var. *conspicuum* Nakai，果实无光泽。

★ *Polygonum japonicum* Meisn.　☆ Japan Knotweed

★ *Polygonum hydropiper* L.　☆ Water Knotweed

水蓼

别名：辣蓼
科属：蓼科蓼属

识别： 一年生草本，高 40 ~ 80 cm。茎直立或倾斜，多分枝，无毛。叶有短柄；叶片披针形，长 4 ~ 7 cm，宽 5 ~ 15 mm，顶端渐尖，基部楔形，全缘，通常两面有腺点；托叶鞘筒形，膜质，紫褐色，有睫毛。瘦果卵形，扁平，少有 3 棱，有小点，暗褐色，稍有光泽。果期 6 ~ 10 月。

观花： 花序穗状，顶生或腋生，细长，下部间断；苞片钟形，疏生睫毛或无毛；花疏生，淡绿色或淡红色；花被 5 深裂，有腺点；雄蕊通常 6 枚；花柱 2 ~ 3 枚。花期 5 ~ 9 月。

分布： 分布于东北、华北、河南、陕西、甘肃、江苏、浙江、湖北、福建、广东、广西和云南。朝鲜、日本、印度尼西亚、印度、欧洲及北美也有分布。

习性： 耐水湿。

繁殖： 播种繁殖。

应用： 可作园林地被植物，种植于生水边或山谷湿地。

★ *Polygonum thunbergii* Sieb.et Zucc.　☆ Halbertleaf Knotweed

戟叶蓼

别名：水犁避，苦荞麦
科属：蓼科蓼属

识别： 一年生草本，高 30 ~ 90 cm。茎四棱形，沿棱有倒生刺。单叶互生，戟形，基部两侧具耳状裂片，两面有毛。瘦果三棱状卵形，黄褐色，外被宿存的花被。果期 8 ~ 10 月。

观花： 总状花序呈头状，每苞片内生 1 ~ 2 花；花被 5 裂，白色或粉红色。花期 7 ~ 9 月。

分布： 分布于东北、华北、华东、华中等省区。俄罗斯、朝鲜、日本也有分布。

习性： 喜光，较耐寒，喜水湿环境，不耐旱。

繁殖： 播种或分株繁殖。

应用： 适合作地被植物栽培观赏。

★ *Polygonum sieboldii* Meisn.　☆ Arrowleaf Knotweed

箭叶蓼

别名：雀翘
科属：蓼科蓼属

识别： 一年生草本，长达 1 m。茎细弱，蔓延或近直立，四棱形，沿棱有倒生钩刺。叶柄有倒生钩刺；叶片长卵状披针形，长 5 ~ 10 cm，宽 1.5 ~ 2.5 cm，顶端急尖或圆钝，基部箭形，无毛，下面沿中脉有钩刺；托叶鞘膜质，无毛。瘦果卵形，有 3 棱，黑色，无光泽，长约 3 mm。果期 8 ~ 10 月。

观花： 花序头状，通常成对，顶生；苞片矩圆状卵形，顶端急尖；花梗短，无毛；花白色或淡红色，密集；花被 5 深裂，裂片矩圆形；雄蕊 8 枚；花柱 3 个，下部合生。花期 6 ~ 9 月。

分布： 分布于黑龙江、辽宁、吉林、河北和山东。朝鲜、俄罗斯远东地区、日本也有分布。

习性： 耐水湿。

繁殖： 播种繁殖。

应用： 可作园林地被植物，种植于山谷水边。

酸模叶蓼

别名：大马蓼，旱苗蓼，斑蓼
科属：蓼科蓼属

识别：一年生草本，高 40 ~ 90 cm。茎直立，节部膨大。单叶互生，披针形或长圆形，全缘，表面常有新月形黑斑。瘦果扁圆卵形，外被宿存花被。果期 6 ~ 9 月。

观花：由数个总状花序穗构成圆锥花序，多花；花被粉红色或白色，常 4 裂。花期 5 ~ 7 月。

分布：分布于全国各省区。

习性：光照宜充足；喜温凉至高温、高湿的气候，不耐干旱，不耐瘠薄，以沙质壤土或腐殖壤土为宜。

繁殖：种子繁殖。

应用：可作地被植物和水土保持植物。

★ *Polygonum lapathifolium* L. ☆ Dockleaved Knotweed

稀花蓼

科属：蓼科蓼属

识别：一年生草本，高 70 ~ 100 cm。茎直立或基部平卧，下部无毛，上部疏生钩状刺。叶有长柄；叶片卵状椭圆形，长 6 ~ 15 cm，宽 3 ~ 8 cm，顶端渐尖，基部戟形或心形。瘦果球形，黄褐色，有光泽。花果期 8 ~ 9 月。

观花：花序圆锥状，顶生或腋生；苞片矩圆形，生缘毛；花梗细弱，密生红色腺毛；花淡红色；花被 5 深裂；雄蕊 8 枚，短于花被；花柱 3 个。

分布：分布于黑龙江、辽宁、河北、安徽、浙江和江西。朝鲜、俄罗斯远东地区也有分布。

习性：耐水湿。喜光亦耐阴，适宜湿润环境和疏松土壤。可植于林缘、阴山坡或疏林下。

繁殖：播种繁殖。

应用：可种植于河边或林下阴湿地。

★ *Polygonum dissitiflorum* Hemsl. ☆ Laxflower Knotweed

萹蓄

别名：扁竹，竹叶草
科属：蓼科蓼属

识别：一年生草本，高 10 ~ 40 cm。叶椭圆形、狭椭圆形或披针形，长 1 ~ 4 cm，宽 3 ~ 12 mm，顶端钝圆或急尖，基部楔形，边缘全缘，两面无毛，下面侧脉明显；叶柄短或近无柄。瘦果卵形。果期 6 ~ 8 月。

观花：花单生或数朵簇生于叶腋，遍布于植株；苞片薄膜质；花梗细，顶部具关节；花被 5 深裂，花被片椭圆形，长 2 ~ 2.5 mm，绿色，边缘白色或淡红色；雄蕊 8 枚。花期 5 ~ 7 月。

分布：产于全国各地。

习性：喜光，耐水湿。

繁殖：播种繁殖。

应用：可作园林地被植物，种植于路边或河边湿地。

★ *Polygonum aviculare* L.

★ *Polygonum microcephalum* D.Don　☆ Smallhead Knotweed

小头蓼

别名：赤龙
科属：蓼科蓼属

识别： 多年生草本，具根状茎。茎直立或外倾，高 40 ~ 60 cm，具纵棱，分枝。叶宽卵形或三角状卵形，长 6 ~ 10 cm，宽 2 ~ 4 cm，顶端渐尖，基部近圆形，沿叶柄下延，无毛或疏生柔毛；叶柄具翅。瘦果宽卵形。果期 7 ~ 11 月。

观花： 花序头状顶生，直径 5 ~ 7 mm；苞片卵形，顶端尖；花被 5 深裂，白色，花被片椭圆形；雄蕊 8 枚。花期 5 ~ 9 月。

分布： 产于陕西南部、甘肃南部、湖北、湖南、四川、贵州、云南及西藏。印度东北部、尼泊尔、不丹也有分布。

习性： 稍耐阴。

繁殖： 播种繁殖。

应用： 可作园林地被植物，种植于山坡林下、山谷草丛中。

★ *Polygonum viviparum* L.　☆ Bulbil Knotweed

珠芽蓼

别名：山谷子
科属：蓼科蓼属

识别： 多年生草本，高 15 ~ 60 cm，不分枝。基生叶长圆形或卵状披针形，长 3 ~ 10 cm，宽 0.5 ~ 3 cm，顶端尖或渐尖，基部圆形、近心形或楔形，两面无毛，边缘脉端增厚。外卷，具长叶柄；茎生叶较小披针形，近无柄。瘦果卵形。果期 7 ~ 9 月。

观花： 总状花序呈穗状，顶生，紧密，下部生珠芽；苞片卵形，膜质，每苞内具 1 ~ 2 花；花梗细弱；花被 5 深裂，白色或淡红色。花被片椭圆形，长 2 ~ 3 mm；雄蕊 8 枚。花期 5 ~ 7 月。

分布： 产于东北、华北、河南、西北及西南。

习性： 喜光，也耐阴。

繁殖： 播种繁殖。

应用： 可作园林地被植物，种植于林下或山坡。

★ *Polygonum suffultum* Maxim.　☆ Strut Knotweed

支柱蓼

别名：九牛造
科属：蓼科蓼属

识别： 多年生草本，高 20 ~ 40 cm。根状茎肥厚，紫褐色。茎直立或斜上，不分枝，细弱，通常 3 ~ 4 枝，簇生于根状茎上。基生叶有长柄；叶卵形，长 7 ~ 12 cm，宽 4 ~ 6 cm，顶端渐尖或急尖，基部心形；托叶鞘膜质，黄褐色。瘦果卵形，有 3 锐棱，黄褐色，有光泽。果期 7 ~ 10 月。

观花： 花序穗状，顶生或腋生；苞片膜质；花白色；花被 5 深裂，裂片椭圆形；雄蕊 8 枚，与花被近等长；花柱 3 个，基部合生，柱头头状。花期 6 ~ 7 月。

分布： 分布于河北、山西、河南、陕西、湖北、四川、江西。

习性： 耐水湿。

繁殖： 播种繁殖。

应用： 可作园林地被植物，种植于阴湿处。

变种： 细穗支柱蓼 var. *pergracile* (Hemsl.) Sam. 花序稀疏，细弱，下部间断。

叉分蓼

别名：酸不溜，分叉蓼，酸姜
科属：蓼科蓼属

识别：多年生草本，高 70 ~ 100 cm。茎直立，疏生柔毛，有细沟纹，多分枝，枝开展。叶有短柄或近于无柄；叶片披针形或椭圆形，长 5 ~ 12 cm，宽 0.5 ~ 2 cm，顶端渐尖，基部渐狭，有睫毛，下面灰绿色，两面都生疏柔毛或无毛；托叶鞘膜质，开裂，有长毛或无毛。瘦果椭圆形，有 3 锐棱，黄褐色，有光泽，长于花被。

观花：花序大型，为开展的圆锥花序；苞片膜质，无毛，内生 2 ~ 3 花；花白色或淡黄色；花被 5 深裂，裂片矩圆形；雄蕊 8 枚；花柱 3 个。

分布：分布于吉林、辽宁、内蒙古、河北和山西。朝鲜、蒙古、俄罗斯西伯利亚地区也有分布。

习性：喜光。

繁殖：播种繁殖。

应用：可作园林地被植物，种植于山坡草地。

★ *Polygonum divaricatum* L. ☆ Divaricate Knotweed

火炭母

别名：清饭藤，火炭藤，赤地利，川七
科属：蓼科蓼属

识别：多年生草本，高达 1 m。茎圆柱形，直立或斜升，略具纵棱沟，无毛或稍被毛，下部质坚实，多分枝。叶互生，长圆状卵形或卵状三角形，长 5 ~ 12 cm，宽 3 ~ 6 cm，先端短尖或渐尖，基部有时具 2 耳状裂片，全缘；上部叶心形；有短柄或无柄而抱茎。瘦果卵形。果期 7 ~ 8 月。

观花：头状花序，由数个头状花序排成圆锥状或伞房状花序，花序轴常被腺毛；花白色或淡红色；花被 5 深裂，裂片在果时稍增大；雄蕊 8 枚；花柱 3 个。花期 5 ~ 6 月。

分布：原产于中国云南、四川、贵州、广西、湖南、江西等省区。

习性：喜温暖湿润环境，切忌干燥和大雨冲刷。土壤以疏松、肥沃的腐殖土最宜。

繁殖：种子繁殖。

应用：园林垂直绿化材料，适合庭院、花境或建筑物周围栽植，颇有野趣。

★ *Polygonum chinensis* L. ☆ China Knotweed

尼泊尔蓼

别名：头状蓼，酸浆草，糯尺
科属：蓼科蓼属

识别：一年生草本，高 30 ~ 50 cm。茎细弱，直立或平卧，有分枝。下部叶有柄，上部叶近无柄，抱茎。叶片卵形或三角状卵形，长 3 ~ 5 cm，宽 2 ~ 4 cm，顶端渐尖，基部楔形或圆形，全缘，下部密生金黄色腺点，沿叶柄下延呈翅状或耳垂形。瘦果圆形，两面凸出，黑色，密生小点。初冬结果。

观花：花序头状，顶生或腋生。花白色或淡红色，密集，花被通常 4 深裂。秋末开花。

分布：分布于云南省各地。

习性：喜阴湿。

繁殖：播种繁殖。

应用：可作园林地被植物，种植于水边、路旁湿地或林下、亚高山和中山草地、疏林草地。

★ *Polygonum nepalense* Meisn. ☆ Nepal Knotweed

★ *Polygonum persicaria* L.　☆ Spring Knotweed

桃叶蓼

别名：春蓼
科属：蓼科蓼属

识别： 一年生草本，高 40 ~ 80 cm。茎直立或上升。叶披针形或椭圆形，长 4 ~ 15 cm，基部狭楔形，两面疏生短硬伏毛；叶柄长 5 ~ 8 mm。瘦果近圆形或卵形。果期 7 ~ 10 月。

观花： 总状花序呈穗状，顶生或腋生，长 2 ~ 6 cm；苞片漏斗状，紫红色，具缘毛，每苞内含 5 ~ 7 朵花；花被通常 5 深裂，紫红色。花期 6 ~ 9 月。

分布： 产于中国东北、华北、西北、华中地区及广西、四川、贵州。生于山坡或沟边湿地。欧洲、非洲、北美洲也有分布。

习性： 喜光，耐寒，耐水湿环境。

繁殖： 播种、分株或扦插繁殖。

应用： 适合作地被植物或草甸植物栽培观赏，也可作庭园丛植或片植。

★ *Polygonum capitatum* Buch.-Ham.ex D.Don　☆ Headflower Knotweed

头花蓼

别名：石荞草，石辣蓼
科属：蓼科蓼属

识别： 多年生草本。茎匍匐，丛生，基部木质化，节部生根，节间比叶片短，多分枝。叶卵形或椭圆形，长 1.5 ~ 3 cm，宽 1 ~ 2.5 cm，顶端尖，基部楔形，全缘，边缘具腺毛；叶柄长 2 ~ 3 mm，基部有时具叶耳。瘦果长卵形。果期 8 ~ 10 月。

观花： 花序头状顶生，单生或成对，直径 6 ~ 10 mm；花梗极短；花被 5 深裂，淡红色，花被片椭圆形；雄蕊 8 枚。花期 6 ~ 9 月。

分布： 产于江西、湖南、湖北、四川、贵州、广东、广西、云南及西藏。

习性： 喜光，光照宜充足，稍耐阴；喜温暖、湿润的环境。

繁殖： 播种或分株繁殖。

应用： 观叶、观花地被植物，适合庭园美化、地被绿化或盆栽观赏，也可种植于草地、林缘和水池的岸边。

★ *Polygonum sibiricum* Laxm.　☆ Sibiria Knotweed

西伯利亚蓼

别名：剪刀股，野茶
科属：蓼科蓼属

识别： 多年生草本，高 10 ~ 25 cm。根状茎细长。茎外倾或近直立，自基部分枝，无毛。叶片长椭圆形或披针形，无毛，长 5 ~ 13 cm，宽 0.5 ~ 1.5 cm，顶端急尖或钝，基部戟形或楔形，边缘全缘，叶柄长 8 ~ 15 mm。瘦果卵形。花果期 6 ~ 9 月。

观花： 花序圆锥状顶生，花梗短，中上部具关节；花被 5 深裂，黄绿色，花被片长圆形；雄蕊 7 ~ 8 枚。

分布： 分布于东北、华北地区及陕西、甘肃、云南、四川、西藏。

习性： 喜光，喜湿润土壤。

繁殖： 播种繁殖。

应用： 可作园林地被植物。

长鬃蓼

科属：蓼科蓼属

识别： 一年生草本，高 30 ~ 50 cm。茎直立，分枝，下部平卧，节部略膨大。叶片披针形或宽披针形，托叶鞘筒形，疏生伏毛，有睫毛。果期 9 ~ 11 月。

观花： 花序穗状，花苞片漏斗状，有长睫毛，通常红色，苞片内有花 3 ~ 6 朵，花粉红色或白色。花期 8 ~ 10 月。

分布： 产于东北、华北、华东、华中、华南、陕西、甘肃、四川、贵州和云南。东亚和南亚其他国家也有分布。

习性： 阳性植物，稍耐阴，耐寒，也耐热，不择土壤，耐干旱瘠薄，潮湿处也能生长。

繁殖： 播种繁殖。

应用： 宜成片栽植用于裸地、荒坡的绿化覆盖，水边阴湿处也能生长旺盛，若与碧草绿树配植，色彩明快宜人。

★ *Polygonum longisetum* De Br.　☆ Longseta Knotweed

华北大黄

别名：波叶大黄，野大黄，峪黄
科属：蓼科大黄属

识别： 直立草本，高 50 ~ 90 cm。基生叶较大，叶片心状卵形至宽卵形，长 12 ~ 22 cm，宽 10 ~ 18 cm，顶端钝急尖，基部心形，边缘具皱波，基出脉 5 ~ 7 条。大型果实宽椭圆形至矩圆状椭圆形，长约 8 mm。果期 6 ~ 7 月。

观花： 圆锥花序，具 2 次以上分枝，轴及分枝被短毛；花黄白色，3 ~ 6 朵簇生；花梗细，关节位于中下部，花被片 6 枚，外轮 3 片稍小，宽椭圆形，内轮 3 片稍大，极宽椭圆形至近圆形，长约 1.5 mm；雄蕊 9 枚。花期 6 月。

分布： 产于山西、河北、内蒙古南部及河南北部。

习性： 喜光。

繁殖： 播种繁殖。

应用： 叶片肥大翠绿，极为美观，花絮肥硕大型，浅鹅黄色或几近白色的硕大花序极为美丽耀眼，属于典型的观叶观花植物，可作园林地被植物，种植于山坡、石滩或林缘。

★ *Rheum franzenbachii* Münt.　☆ North China Rhubarb

巴天酸模

别名：洋铁叶，洋铁酸模
科属：蓼科酸模属

识别： 多年生草本，高 80 ~ 150 cm。根肥大。茎粗壮，上部分枝，具深沟槽。基生叶长圆状披针形，基部圆形或近心形，叶缘波状，茎生叶较小。瘦果三棱形，包于宿存花被内。果期 6 ~ 9 月。

观花： 大型圆锥花序；花被片 6 枚，内轮 3 片果时增大。花期 5 ~ 8 月。

分布： 分布于东北、华北、西北、华中等省区。

习性： 喜湿润土壤。

繁殖： 播种繁殖。

应用： 可作园林地被植物。

★ *Rumex patientia* L.　☆ Patient Dock

★ *Rumex dentatus* L.　☆ Toothfruit Dock

齿果酸模

别名：牛舌草，羊蹄，牛耳大黄
科属：蓼科酸模属

识别： 一年生草本，高 30 ~ 70 cm。茎直立，自基部分枝。叶长圆形或长椭圆形，长 4 ~ 12 cm，边缘浅波状，茎生叶较小；叶柄长 1.5 ~ 5 cm，瘦果卵形，具 3 锐棱，黄褐色。果期 6 ~ 7 月。

观花： 花序总状，长达 35 cm，顶生或腋生，具叶，由数个再组成圆锥状花序，多花，轮状排列。花期 5 ~ 6 月。

分布： 产于中国华东、华中、西北、华北地区及四川、贵州。印度、尼泊尔、阿富汗、哈萨克斯坦及欧洲东南部也有分布。生于沟边湿地、山坡路旁。

习性： 喜光照充足；耐寒，忌高温、高湿的气候，喜凉爽及稍湿润的生长环境，生长适温为 12 ~ 22 ℃。栽培土质适宜排水良好的沙质壤土或腐殖质壤土。

繁殖： 播种或分株繁殖。

应用： 株形秀美，花姿清丽，适合庭院美化和作地被绿化植物。

★ *Rumex acetosa* L.　☆ Sharp Dock

酸模

别名：山大黄，当药，山羊蹄，酸母
科属：蓼科酸模属

识别： 多年生草本，高 30 ~ 100 cm。茎直立，细弱，通常不分枝。基生叶有长柄；叶片长圆形至披针形或卵形，长 5 ~ 11 cm，宽 1.5 ~ 3.5 cm，先端钝或尖，基部箭形，全缘或有时呈波状；茎上部的叶较小，披针形，无柄而抱茎。瘦果椭圆形，有 3 棱。果期 8 ~ 10 月。

观花： 花序圆锥状顶生；花单性，雌雄异株；花被片 6 片，椭圆形，成 2 轮；雄蕊 6 枚。花期 4 ~ 7 月。

分布： 生于山坡、路边、荒地或沟谷溪边湿处。分布几遍及全国。

繁殖： 种子繁殖。

应用： 可用于地被或花坛布置。

★ *Rumex crispus* L.　☆ Wrinkleleaf Dock

皱叶酸模

别名：洋铁叶子
科属：蓼科酸模属

识别： 多年生草本，高 50 ~ 120 cm。基直立，不分枝或上部分枝。基生叶披针形或狭披针形，长 10 ~ 25 cm，基部楔形；叶柄长 3 ~ 10 cm。花序狭圆锥状，分枝近直立或上升；瘦果卵形。果期 6 ~ 7 月。

观花： 花两性，淡绿色；花被片 6 片，外花被片椭圆形，内花被片果时增大，宽卵形。花期 5 ~ 6 月。

分布： 产于中国东北、华北、西北地区及山东、河南、湖北、四川、贵州、云南。俄罗斯、蒙古、朝鲜、日本和欧洲及美洲也有分布。

习性： 耐寒，不耐旱，喜水湿环境。

繁殖： 播种或分株繁殖。

应用： 叶大，株形美，可栽培于水边作地被植物。

露珠草

别名：水珠草，谷蓼
科属：柳叶菜科露珠草属

识别：多年生草本，高 40 ~ 70 cm。叶具长柄，对生，狭卵形，基部圆形，先端尖，全缘或有疏齿。蒴果倒卵形，密生淡褐色钩状毛。果期 7 ~ 8 月。

观花：总状花序，花后伸长；萼片紫红色，有腺毛，花瓣白色，2 裂，雄蕊 2 枚，子房 2 室。花期 6 ~ 7 月。

分布：分布于东北、华北、西北等省区。

习性：喜湿润土壤。

繁殖：播种繁殖。

应用：可作花境或地被植物。

相近种：南方露珠草（*Circaea mollis* Sieb.et Zucc.），茎密被曲柔毛。总状花序顶生或腋生，花两性，绿白色，长 1.5 ~ 2 mm，花瓣顶端凹缺。

★ *Circaea cordata* Royle ☆ Fourangled Dewdropgrass

光滑柳叶菜

科属：柳叶菜科柳叶菜属

识别：多年生草本，高 25 ~ 60 cm。茎上部具分枝。叶长圆状披针形，基部楔形，边缘具明显不整齐细锯齿。蒴果线形，4 瓣裂，种子具白色种缨。果期 8 ~ 9 月。

观花：花单生叶腋，淡紫红色；萼裂片 4 片，花瓣 4 片，倒卵形，先端 2 裂，花柱细，柱头头状。花期 7 ~ 8 月。

分布：分布于东北及华北地区。

习性：喜光，喜温暖、湿润的环境，耐寒冷；适宜在阳光充足、土壤潮湿的环境中种植。

繁殖：播种或分株繁殖。

应用：可作为园林绿化地被植物。

★ *Epilobium amurense* Hausskn. ☆ Capitatestigma Willowweed

柳兰

别名：铁筷子，火烧兰，糯芋
科属：柳叶菜科柳叶菜属

识别：多年生草本，高约 1 m；茎直立，通常不分枝。叶互生，披针形，长 7 ~ 15 cm，宽 1 ~ 3 cm，边缘有细锯齿，两面被微柔毛，具短柄。蒴果圆柱形。果期 8 ~ 10 月。

观花：总状花序顶生；花大，两性，红紫色，具长 1 ~ 2 cm 的花柄；萼筒稍延伸于子房之上，裂片 4 片；花瓣 4 片，倒卵形，长约 1.5 cm，顶端钝圆，基部具短爪；雄蕊 8 枚。花期 6 ~ 9 月。

分布：产于黑龙江、吉林、内蒙古、河北、山西、宁夏、甘肃、青海、新疆、四川、云南、西藏。

习性：喜光，耐水湿。

繁殖：播种繁殖。

应用：可作园林地被植物，种植于河边或山坡。

★ *Epilobium angustifolium* L. ☆ Great Willowweed,Fireweed

★ *Godetia amoena* G.Don　☆ Godetia

古代稀

别名：别春花，送春花，晓春锦
科属：柳叶菜科山字草属

识别： 一年生草本，高 30 ~ 60 cm，冠径 30 cm。茎细，直立，多分枝。叶互生，条形至披针形，中绿色，常有小叶簇生于叶腋。

观花： 花芽直立，于初夏形成，花单生或数朵簇生为简单的穗状花序，花瓣 4 片，单瓣或重瓣，淡蓝色至粉色，萼裂片连生，在花开放后屈向一边，花期春末夏初。

分布： 原产于北美西部。

习性： 喜光，喜冷凉气候，忌酷热和严寒。适于夏季凉爽的地区种植。

繁殖： 播种繁殖。

应用： 生长迅速，为初夏花坛、花境栽植的好材料，高茎种可作切花，或作各类花坛的背景，也可成片种植于花坛、花境。

品种： 花色极富变化，纯色有粉、白、紫、洋红等色。

★ *Fuchsia hybrida* Voss　☆ Fuchsia

倒挂金钟

别名：吊钟海棠，吊钟花
科属：柳叶菜科倒挂金钟属

识别： 多年生常绿灌木，高 30 ~ 90 cm。株丛直立光滑，茎细长，嫩枝晕粉红色或紫色，老枝木质化。叶对生，卵形至卵状披针形，先端尖，缘有疏齿。成熟果实紫色，短柱状。果期 11 月。

观花： 单花腋生，花梗长而柔软，花朵下垂；花萼长于萼筒，裂片平展或反卷，盛开时犹如一个个悬垂倒挂的彩色灯笼。花期 6 ~ 10 月。

分布： 原产于南美秘鲁及智利南部，现世界各地广泛栽培。

习性： 喜温暖、湿润、半阴、夏季凉爽、潮湿和通风的环境。

繁殖： 播种繁殖。

应用： 是优良的盆栽花卉，在夏季凉爽地区可设支架露地丛植。

品种： 园艺品种极多，有单瓣、重瓣，花色有白、粉红、橘黄、玫瑰紫、紫红、蓝紫及茄紫色等。

★ *Gaura parviflora* Dougl.　☆ Smallflower Peachgrass

小花山桃草

科属：柳叶菜科山桃草属

识别： 一年生草本，高 50 ~ 100 cm。基生叶宽倒披针形，长达 12 cm，宽达 2.5 cm，先端锐尖，基部渐狭下延至柄。茎生叶狭椭圆形、长圆状卵形，有时菱状卵形，长 2 ~ 10 cm，宽 0.5 ~ 2.5 cm，侧脉 6 ~ 12 对。蒴果坚果状，纺锤形，红棕色。果期 8 ~ 9 月。

观花： 花序穗状顶生，常下垂，长 8 ~ 35 cm。花傍晚开放；花管带红色，长 1.5 ~ 3 mm，径约 0.3 mm；萼片绿色，线状披针形；花瓣白色，以后变红色，倒卵形，长 1.5 ~ 3 mm，宽 1 ~ 1.5 mm，先端钝，基部具爪。花期 7 ~ 8 月。

分布： 原产于美国，尤以中西部最多的一种野草，南美、欧洲、亚洲、澳大利亚有引种并逸为野生。

习性： 喜光。

繁殖： 播种繁殖。

应用： 可作园林地被植物。

山桃草

别名：千鸟花，白桃花，白蝶花
科属：柳叶菜科山桃草属

识别：多年生粗壮草本。叶无柄，椭圆状披针形或倒披针形，长 3 ~ 9 cm，宽 5 ~ 11 mm，向上渐变小，先端锐尖，基部楔形，边缘具远离的齿突或波状齿。蒴果坚果状，狭纺锤形。果期 8 ~ 9 月。

观花：花序长穗状，生茎枝顶部，不分枝或有少数分枝，直立，长 20 ~ 50 cm；花近拂晓开放；花瓣白色，后变粉红色，排向一侧，倒卵形或椭圆形。花期 5 ~ 8 月。

分布：原产于北美。

习性：耐寒，喜凉爽及半湿润气候，要求阳光充足、肥沃、疏松及排水良好的沙质壤土。宜生长在阳光充足的场所，耐半阴。土壤要求肥沃、湿润、排水良好，耐干旱。

繁殖：播种或分株繁殖。

应用：花型似桃花，极具观赏性，供花坛、花境、地被、盆栽、草坪点缀，耐 −35 ℃低温。适合群栽，也可作插花。

★ *Gaura lindheimeri* Engelm.et Gray ☆ White Peachgrass

紫叶山桃草

别名：紫叶千鸟花
科属：柳叶菜科山桃草属

识别：多年生草本，株高 80 ~ 130 cm，全株具粗毛。多分枝。叶片紫色，披针形，先端尖，缘具波状齿。

观花：穗状花序顶生，细长而疏散，花小而多，粉红色。花期 5 ~ 11 月。

分布：为山桃草的栽培变种。

习性：喜光，耐寒，对水肥要求不严格，宜湿润环境和疏松土壤。

繁殖：播种繁殖。

应用：全株呈现靓丽的紫色，花多而繁茂，婀娜轻盈，是新型观叶观花植物，可用于花坛、花境，或作地被植物群栽。

★ *Gaura lindheimeri* Engelm.et Gray ‘Crimson Bunerny’

粉花月见草

别名：紫叶千鸟花
科属：柳叶菜科月见草属

识别：多年生草本。基生叶倒披针形，长 1.5 ~ 4 cm，宽 1 ~ 1.5 cm，先端锐尖或钝圆，自中部渐狭，不规则羽状深裂下延至柄。茎生叶灰绿色，披针形或长圆状卵形，长 3 ~ 6 cm，宽 1 ~ 2.2 cm，先端下部着钝状锐尖，基部细羽状裂，侧脉 6 ~ 8 对；叶柄长 1 ~ 2 cm。蒴果棒状，长 8 ~ 10 mm，径 3 ~ 4 mm。果期 9 ~ 12 月。

观花：花单生于茎、枝顶部叶腋，近早晨日出开放；花管淡红色，长 5 ~ 8 mm，被曲柔毛，萼片绿色，带红色，披针形；花瓣粉红色至紫红色，宽倒卵形，长 6 ~ 9 mm，宽 3 ~ 4 mm，先端钝圆，具 4 ~ 5 对羽状脉。花期 4 ~ 11 月。

分布：原产美国得克萨斯州南部至墨西哥。

习性：喜水湿，喜半阴。

繁殖：播种繁殖。

应用：可作园林地被植物，适于点缀夜景，用于园林、庭院、花坛及路旁绿化，有良好的观赏价值。

★ *Oenothera rosea* L. Herpt. ex Ait.

★ *Oenothera speciosa* Nutt. ☆ Pink Evening Primrose

美丽月见草

别名：待霄草，夜来香
科属：柳叶菜科月见草属

识别：多年生草本，高 60 ~ 80 cm。株形直立，少分枝，被毛。基生叶条状披针形；茎生叶披针形，具不整齐疏齿。蒴果圆柱形。果期 9 ~ 10 月。

观花：单花腋生于枝的中上部，白色，后转为淡红色，有芳香。花期 7 ~ 9 月。

分布：原产于美国南部，现各地均有栽培。

习性：喜光，稍耐寒，稍耐阴，较耐旱，忌积水。

繁殖：播种繁殖。

应用：适合群植或作基础栽植，是优秀的芳香观花地被，并常用于布置夏、秋季自然式花境。

★ *Oenothera biennis* L. ☆ Evening Primrose

月见草

别名：山芝麻，七点半
科属：柳叶菜科月见草属

识别：二年生草本，高达 2 m。茎直立，粗壮。基生叶长 10 ~ 25 cm，宽 2 ~ 4.5 cm，边缘具粗浅钝齿；侧脉 12 ~ 15 对；叶柄长 1.53 cm；茎生叶长 7 ~ 20 cm，宽 1 ~ 5 cm；侧脉 6 ~ 12 对。果期 7 ~ 11 月。

观花：花序穗状，不分枝；苞片果时宿存；萼片绿色；花瓣黄色；子房回柱状，4 棱，柱头围以花药，开花时花药直接授粉在柱头上。朔果锥状圆柱形，长 2 ~ 3.5 cm。花期 5 ~ 9 月。

分布：原产于北美。中国大部分地区有栽培，并逸为野生。

习性：适应性强。喜光照充足；耐干旱，耐寒；喜排水良好的沙质壤土。

繁殖：播种或分株繁殖。

应用：可作园林地被植物或观花植物。

★ *Oenothera macrocarpa* Nutt. ☆ Bigfruit Eveningprimrose

长果月见草

别名：大果月见草
科属：柳叶菜科月见草属

识别：宿根草本，块茎。植株低矮，茎短，棕红色，皆自块茎中心抽出，斜升，顶端着一花。叶披针形，浅绿色。果大如阳桃，四棱形。

观花：花黄色，杯形，直径可达 10 cm，每天下午开放，早上闭合。花期长，整个夏季持续不断。

分布：原产于美国密苏里州。

习性：喜光，耐寒，耐旱，忌涝。

繁殖：切根茎繁殖或播种繁殖。

应用：植株不大，但花型硕大，可作园林观赏地被植物，或作花坛、花境材料。

洋桔梗

别名：草原龙胆，土耳其桔梗，丽钵花
科属：龙胆科草原龙胆属

识别： 茎直立。叶对生，灰绿色，阔椭圆形至披针形，几无柄，叶基略抱茎。蒴果，椭圆形，种子细小。果期 8 ~ 9 月。

观花： 花冠钟状，雌雄蕊明显，苞片狭窄披针形，花瓣覆瓦状排列。花期 7 ~ 8 月。

分布： 原产于美国内布拉斯加州和得克萨斯州，引种到欧洲和日本。

习性： 喜温暖、光线充足的环境，较耐高温。要求疏松肥沃、排水良好的钙质壤土。

繁殖： 种子繁殖。

应用： 洋桔梗株态轻盈潇洒，花色典雅明快，花形别致可爱，也可盆栽或用作切花。

品种： 花色丰富，有淡紫、淡红、白等色，有单色及复色，花瓣有单瓣与双瓣之分。

★ *Eustoma grandiflorum* (Raf.) Shinn.　☆ Lisianthus

紫芳草

别名：紫星花
科属：龙胆科藻百年草属

识别： 一年生草本。株高约 10 cm，叶卵形或心形，深绿色，具有光泽且密生，多分枝，似小灌木状。

观花： 花碟形或者盘状，紫蓝色，雄蕊鲜黄明艳，并且会散发浓郁的香气。

分布： 原产于非洲索科得拉岛。我国南方地区常见栽培。

习性： 性喜凉爽的环境，性喜温暖，忌高温多湿。

繁殖： 种子繁殖。

应用： 极适合小盆栽，开花后可作室内摆饰，芳香优雅，很受人们喜爱。

★ *Exacum affine* Balf.f.　☆ Persian Violet

鳞叶龙胆

别名：小龙胆，龙胆地丁
科属：龙胆科龙胆属

识别： 一年生草本，高 2 ~ 7 cm，茎纤细，近四棱形，常多分枝。茎生叶对生，倒卵形至倒披针形，长 2 ~ 4 mm，先端反卷，具芒刺，边缘软骨质，全缘，基部合生成筒状，抱茎；基生叶较大，卵圆形。蒴果倒卵形或矩圆状倒卵形。花果期 6 ~ 8 月。

观花： 花单生枝顶，花萼管状钟形，长约 5 mm，具 5 裂片，裂片卵形，长约 1 mm，先端反折，具芒刺，边缘软骨质；花冠管状钟形，长 7 ~ 9 mm，蓝色，具 5 裂片；雄蕊 5 枚。

分布： 产于我国东北、华北、西北、华中、华东地区。蒙古及俄罗斯西伯利亚、远东、中亚地区有分布。

习性： 喜光，耐水湿。

繁殖： 喜光，半耐阴，喜湿润土壤。

应用： 可作园林地被观花植物，或种植于山坡、山谷、山顶、干草原、河滩、荒地、路边、灌丛中及高山草甸。

★ *Gentiana squarrosa* Ledeb.　☆ Squarrose-leaved Gentian

★ *Nymphoides peltata*（Gmel.）O.Kuntze ☆ Shield Floatingheart

荇菜

别名：水葵，莕菜，金莲子
科属：龙胆科莕菜属

识别：多年生漂浮植物。茎细长柔弱多分枝，节处生根扎入泥中。叶互生，叶片近圆形或心状椭圆形，近革质，稍厚，叶端圆形，基部深裂至叶柄着生处，叶缘呈波浪状，叶面光亮润滑。蒴果长卵形，种子小，多数，圆形。花果期 5 ～ 10 月。

观花：伞形花序簇生于叶腋处，萼片和花冠 5 裂，裂片边缘具睫状毛，花冠喉部有细毛。

分布：广布于中国华东、西南、华北、东北、西北等地。日本及俄罗斯也有分布。

习性：常野生于静水的池塘湖泊中，耐寒、强健，对环境适应性很强。

繁殖：播种繁殖。

应用：用作水面绿化材料，常在公园、风景区中点缀水面。

相近种：流苏莕菜 *Nymphoides crenata*（F.muell.）Kuntze，花冠裂片边缘呈流苏状。

★ *Pterygocalyx volubilis* Maxim. ☆ Twining Pterygocalyx

翼萼蔓

别名：翼萼蔓龙胆
科属：龙胆科翼萼蔓属

识别：一年生草本。茎缠绕、蔓生、线状，有细条棱，通常无分枝，节间长 5 ～ 10 cm。叶质薄，披针形、卵状披针形或狭披针形，长 3 ～ 7 cm，宽 0.5 ～ 1.5 cm，先端渐尖，基部宽楔形，边缘全缘，微粗糙，叶脉 1 ～ 3 条，下面中脉明显，叶柄宽扁，长 2 ～ 4 mm，宽 1 ～ 1.5 mm，基部抱茎。蒴果椭圆形。花果期 8 ～ 9 月。

观花：花腋生或顶生，1 ～ 3 朵，单生或呈聚伞花序，花梗纤细，通常比叶短，长 0.3 ～ 5 cm；花冠蓝色。

分布：分布于西藏东南部、云南、四川、青海、湖北、河南、陕西、山西、河北、内蒙古、吉林、黑龙江。

习性：较耐阴。

繁殖：播种繁殖。

应用：可作园林地被植物。

★ *Pyrola calliantha* H.Andr. ☆ Chinese Pyrola

鹿蹄草

别名：鹿寿草，破血丹，鹿含草，六衔草
科属：鹿蹄草科鹿蹄草属

识别：多年生常绿草本，高 15 ～ 30 cm。根茎细长，分枝。叶 4 ～ 7 枚，基生，革质，椭圆形或圆卵形，先端钝，基部圆形，全缘，上面绿色，下面具白霜，带紫色。蒴果扁球形。果期 7 ～ 9 月。

观花：总状花序生于花葶上部，花葶具鳞片状叶 1 ～ 2 片。花 5 基数，萼片舌状，花冠白色或粉红色。花期 6 ～ 7 月。

分布：分布于华北、华东、西南等地区。

习性：耐阴。

繁殖：播种繁殖。

应用：可作园林地被植物。

马利筋

别名：狭叶马利筋，莲生桂子
科属：萝藦科马利筋属

识别： 多年生宿根性亚灌木状直立草本。茎基部半木质化，直立性，株高 30 ~ 180 cm，茎节明显，全株含丰沛白色乳汁，幼枝披被细柔毛。叶对生，披针形或长椭圆状披针形，先端尖锐或锐形，全缘。蓇葖果鹤嘴形，成熟后会裂开，内有多数棕黑色种子。种子有白发状软毛附着，便于飞行散布。

观花： 聚伞花序作伞房排列，腋生或顶生，有长总梗，花冠轮形 5 深裂，裂片向上翻卷，朱红色；副花冠 5 枚，金黄色。花期 5 ~ 8 月。

分布： 原产于热带美洲。我国南方各地有栽培。

习性： 喜向阳、通风、温暖、干燥环境，不择土壤。

繁殖： 种子繁殖。

应用： 主要用作庭植、花坛栽植、切花和盆栽。

★ *Asclepias curassavica* L. ☆ Bloodflower Milkweed

牛皮消

牛皮冻，何首乌，瓢瓢藤，老牛瓢
科属：萝藦科鹅绒藤属

识别： 蔓性半灌木，具乳汁；茎被微柔毛。根肥厚，呈块状。叶对生，膜质，心形至卵状心形，长 4 ~ 12 cm，宽 3 ~ 10 cm，上面深绿色，下面灰绿色，被微毛。蓇葖果双生，刺刀形，长 8 cm，直径 1 cm；种子卵状椭圆形，顶端具白绢质种毛。果期 7 ~ 11 月。

观花： 聚伞花序伞房状，有花达 30 朵；花萼裂片卵状矩圆形；花冠白色，辐状，裂片反折，内面被疏柔毛；副花冠浅杯状，顶端具椭圆形裂片，钝头，肉质，每裂片内面中部有三角形的舌状鳞片；花粉块每室 1 个，下垂；柱头圆锥状，顶部 2 裂。花期 6 ~ 9 月。

分布： 广布于西北（除新疆）、西南、中南、华中、华东及华北。

习性： 喜光，耐水湿。

繁殖： 播种繁殖。

应用： 可作园林垂直绿化植物，种植于林缘或沟边湿地。

★ *Cynanchum auriculatum* Royle ex Wight ☆ Auriculate Mosquitotrap

朱砂藤

别名：白敛，赤芍，野红薯藤
科属：萝藦科鹅绒藤属

识别： 藤状灌木。嫩茎具单列毛。叶对生，薄纸质，卵形或卵状矩圆形，长 5 ~ 12 cm，基部宽 3 ~ 7.5 cm，顶端渐尖，基部耳形，无毛或下面具微毛；叶柄长 2 ~ 6 cm。蓇葖果通常单生，顶端渐尖，长 11 cm，直径 1 cm。果期 7 ~ 10 月。

观花： 伞形聚伞花序腋生，长 3 ~ 8 cm，有花约 10 朵；花萼裂片外面具微毛，内面基部有腺体 5 枚；花冠淡绿色或白色；副花冠肉质，深 5 裂，裂片卵形，内面中部具 1 圆形的舌状片；花粉块每室 1 个，矩圆形，下垂；子房无毛，柱头略隆起，顶端 2 裂。花期 5 ~ 8 月。

分布： 分布于安徽、江西、湖北、湖南、广西、云南、贵州、四川、陕西、甘肃。

习性： 耐水湿。

繁殖： 播种繁殖。

应用： 可种植于水边或疏林下。

★ *Cynanchum officinale*（Hemsl.）Tsiang et Zhang ☆ Sinnabar Vine

★ *Cynanchum chinense* R.Br.　☆ China Mosquitotrap

鹅绒藤

别名：祖子花，鹅绒草
科属：萝藦科鹅绒藤属

识别： 多年生草本，全株被短柔毛。根圆柱形，灰黄色。茎缠绕，多分枝。叶对生，宽三角状心形，长 3 ~ 7 cm，宽 3 ~ 6 cm，先端渐尖，基部心形，全缘，具长 2 ~ 5 cm 的叶柄。蓇葖果圆柱形，长 8 ~ 12 cm。果期 8 ~ 9 月。

观花： 伞状聚伞花序腋生，总花梗长 3 ~ 5 cm，具多花；花萼 5 深裂，裂片披针形，花冠白色，辐状，具 5 深裂，裂片为条状披针形，长 4 ~ 5 mm；副花冠杯状，外轮 5 浅裂，裂片三角形，裂片间具 5 条丝状体。花期 6 ~ 7 月。

分布： 分布于辽宁、华北、西北、华东地区。

习性： 喜光植物。

繁殖： 播种繁殖。

应用： 可作园林垂直绿化植物。

★ *Dischidia pectinoides* H. H. W. Pearson

玉荷包

别名：爱元果，囊元果，巴西之吻
科属：萝藦科眼树莲属

识别： 常绿藤本。叶对生，肉质，淡绿色至黄绿色，倒披针形至椭圆形，变态叶长成贝状贮水囊，其表面浅凹不平。

观花： 花序腋生于叶腋，花小，红色。花期夏季。

分布： 菲律宾。

习性： 喜温暖、湿润和阳光充足环境，不耐寒，耐半阴和干旱。喜肥沃、排水良好的沙壤土。

繁殖： 春季或初夏取嫩枝或半成熟枝扦插繁殖。

应用： 可盆栽或吊盆栽培，摆放门庭、客厅或走廊。华南地区可露地栽培。

★ *Metaplexis japonica*（Thunb.）Makino　☆ Japanese Metaplexis

萝藦

别名：白环藤，奶浆藤，天浆壳
科属：萝藦科萝藦属

识别： 多年生草质藤本，有乳汁。茎缠绕，幼时密被柔毛。叶对生，具长柄，卵状心形，全缘。蓇葖果双生，纺锤形，具瘤状突起。果期 7 ~ 9 月。

观花： 总状聚伞花序，花多数；花萼 5 深裂，花冠 5 裂，白色带淡紫色斑纹，裂片先端反折，副花冠环状，5 裂。花期 6 ~ 8 月。

分布： 分布于除海南和新疆以外各省区。

习性： 生于林边荒地、河边、路旁灌木丛中。

繁殖： 播种繁殖。

应用： 可作园林垂直绿化植物。

杠柳

别名：羊奶条，山五加皮，香加皮，北五加皮
科属：萝藦科杠柳属

识别：落叶木质藤本。有乳汁。单叶对生，长圆状披针形，全缘。蓇葖果 2 个，叉生，长圆柱形。果期 7 ~ 9 月。

观花：聚伞花序腋生；花萼 5 裂，花冠辐状，暗紫色，5 深裂，反折，里面有毛，副花冠环状，10 裂，雄蕊 5 枚，花药粘连。花期 5 ~ 6 月。

分布：产于东北、华北、西北、华东及西南等地区。

习性：阳性，耐寒，耐旱，耐瘠薄，对土壤适应性强。

繁殖：播种、分株、压条及扦插繁殖。

应用：茎叶光滑无毛，花紫红色，具有一定观赏效果，宜作污地遮掩树种。垂直绿化，是营造防护林和水土保持林的重要树种。

★ *Periploca sepium* Bunge　☆ China Silkvine

多花黑鳗藤

别名：蜡花黑鳗藤
科属：萝藦科黑鳗藤属

识别：多年生常绿藤本。叶对生，长椭圆形，先端突尖，全缘，革质。果实椭圆形。

观花：花冠长管形，5 裂，花白色，长 4 ~ 6 cm，蜡质，有芳香。花期初春至秋季。

分布：原产于马达加斯加群岛。

习性：喜光，喜高温。对土壤要求稍严格，以肥沃、排水良好的壤土或沙质壤土为佳，适温 22 ~ 27 ℃，以冬季不低于 15 ℃、夏季不高于 32 ℃为佳。

繁殖：播种繁殖，春、夏两季均可进行。

应用：花朵洁白，芳香，是优良的小型棚架植物，也是室内优秀的盆栽藤本。因其花朵洁白，寓意纯洁，在盛产多花黑鳗藤的地区，多把它作为婚礼的手捧花材及装饰花材，因此，人们又给了它一个美丽的名字——新娘花。

★ *Stephanotis floribunda* Brongn.　☆ Madagascar Jasmine

落葵

别名：木耳菜，胭脂菜，胭脂豆，藤菜
科属：落葵科落葵属

识别：一年生缠绕草本。全体肉质，光滑无毛。茎长达 3 ~ 4 m，有分枝，绿色或淡紫色。叶互生，卵形或近圆形，长 3 ~ 12 cm，宽 3 ~ 11 cm，先端急尖，基部心脏形或近心脏形，全缘；叶柄长 1 ~ 3 cm。果实卵形或球形，长 5 ~ 6 mm，暗紫色，多汁液。果期 7 ~ 10 月。

观花：穗状花序腋生，长 5 ~ 20 cm；小苞片 2 枚，呈萼状，矩圆形，长约 5 mm，宿存；萼片 5 枚，淡紫色或淡红色，下部白色，连合成管；无花瓣；雄蕊 5 枚。花期 5 ~ 9 月。

分布：原产于亚洲热带地区。中国南方、北方作蔬菜栽培。

习性：喜温暖、湿润和半阴环境，不耐寒，怕霜冻，耐高温多湿。

繁殖：播种繁殖。

应用：落葵为蔓性草本植物，茎叶紫红色，淡红色花朵和紫黑色果实，颇为可爱，适用于庭院、窗台阳台和小型篱栅的装饰美化。

★ *Basella alba* L.　☆ White Vinegreens

★ *Callicarpa giraldii* Hesse ex Rehd.　☆ Girald Purplepearl

老鸦糊

别名：长叶紫珠，牛舌癀，鱼胆
科属：马鞭草科紫珠属

识别： 灌木，高达 3 m。小枝有粗糠状短柔毛或平滑无毛。叶对生；阔椭圆形以至椭圆状卵形或椭圆状披针形，长 5 ~ 10 cm，先端渐尖，基部阔楔形，边缘为小齿牙或齿牙状，下面疏生星状毛及腺点；叶柄长 0.5 ~ 1 cm。核果，堇紫色，直径 3 ~ 4 mm。果期 9 ~ 10 月。

观花： 密生的聚伞花序，直径 2 ~ 3 cm；总梗有短柔毛，与叶柄等长或短于叶柄；花水红色；萼短钟状，截形；花冠短筒状，4 裂；雄蕊 4 枚。花期 7 ~ 9 月。

分布： 分布于陕西、江苏、浙江、安徽、江西、湖北、四川、云南、广东、福建等地。

习性： 半耐阴。

繁殖： 播种繁殖。

应用： 可作园林观花、观果植物。

★ *Callicarpa formosana* Rolfe　☆ Taiwan Purplepearl

杜虹花

别名：台湾紫珠，粗康仔，老蟹眼
科属：马鞭草科紫珠属

识别： 常绿灌木植物，全株布满黄褐色的星状茸毛。单叶对生，呈卵形至长椭圆形，叶片质感粗糙，叶缘有锯齿状；果实小呈浆质状核果，成熟后为紫色。

观花： 花小型，聚伞花序腋生并布满茸毛，花序的梗为二分杈，花冠为紫红色，雄蕊细长伸出冠。

分布： 原产于台湾，现分布于海南、广西、广东、云南、福建、贵州、浙江、江西等省区。

习性： 性喜温暖至高温潮湿的环境，适合于 20 ~ 30 ℃生长，耐旱、能耐各种污染物，于排水良好潮湿而肥沃的沙质土壤中生长良好。野外分布于溪边沟谷、山坡灌丛之中。

繁殖： 播种或扦插繁殖。

应用： 常栽种于路旁及庭院中作观赏树、诱鸟树或绿篱之用。

★ *Caryopteris clandonensis* Hort. ‘Worcester Gold’

金叶莸

科属：马鞭草科莸属

识别： 是莸 *Caryopteris incana* (Thunb.) Miq. 与蒙古莸 *Caryopteris mongolica* Bunge 的杂交种。落叶灌木。单叶对生，金黄色，叶卵状披针形或长卵形，表面光滑，背面有银色毛。

观花： 花蓝紫色；聚伞花序，常再组成伞房状复花序，腋生。花期 6 ~ 9 月。

分布： 适合在西北、东北、华北、华中地区栽种。我国各地庭园常有栽培。

习性： 喜光，也耐半阴，耐旱、耐热、耐寒，在 -20 ℃以上的地区能够安全露地越冬。

繁殖： 播种繁殖。

应用： 花、叶美丽，花色淡雅、清香，耐修剪，宜植于庭园观赏，也可在园林绿地中作大面积色块及基础栽植；花开于夏秋季节，是点缀夏秋景色的好品种，栽植于草坪边缘、假山等园林小品旁及路边都很适宜。

三花莸

别名：野荆芥，金钱风，血汗草，黄刺沧
科属：马鞭草科莸属

识别： 小灌木，高 16 ～ 70 cm。枝四方形，密生灰白色短柔毛。叶卵形或长卵形，顶端钝，基部宽楔形或近截形，边缘有锯齿。果实成熟后分裂为 4 个小坚果。花果期 6 ～ 9 月。

观花： 聚伞花序腋生，通常有花 3 ～ 5 朵；苞片细小；花萼钟状，有毛和腺点，顶端 5 裂，裂片卵状披针形；花冠二唇形，顶端 5 裂，裂片全缘，紫红色或淡红色；雄蕊 4 枚。

分布： 分布于河北、山西、陕西、甘肃、江西、湖北、四川、云南地区。

习性： 喜光。

繁殖： 播种繁殖。

应用： 可种植于山坡和庭院中。

变型： 短梗三花莸 f. *brevipedunculata* P'ei et S.L.Chen，花序梗短，长仅 0.1 ～ 0.3 cm，花柄长 0.5 ～ 2 mm；花萼长 4 ～ 5 mm，裂片三角状披针形，花冠长约 2 cm。

★ *Caryopteris terniflora* Maxim.　☆ Threeflowered Bluebeard

叉枝莸

别名：莸
科属：马鞭草科莸属

识别： 小灌木，高约 80 cm。茎四方形，幼枝有毛。叶卵圆形至卵状矩圆形，长 4 ～ 14 cm，宽 2 ～ 8 cm，顶端渐尖以至尾尖，边缘有锯齿，两面有透明腺点。蒴果成熟时裂为 4 个小坚果。

观花： 聚伞花序通常腋生，开展，总花梗长于叶柄数倍；花萼顶端 5 裂，裂齿三角形；花冠红色，5 裂，二唇形，裂片全缘；雄蕊 4 枚。

分布： 分布于山西、河南、陕西、甘肃。

习性： 喜光。

繁殖： 播种繁殖。

应用： 可种植于山坡或路旁。

★ *Caryopteris divaricata*（Sieb.et Zucc.）Maxim.

毛球莸

别名：香薷
科属：马鞭草科莸属

识别： 芳香灌木，高 0.5 ～ 1 m；嫩枝密生白色茸毛和腺点。叶片纸质，宽卵形至卵状长圆形，长 1 ～ 3 cm，宽 1.5 ～ 3 cm，顶端钝圆，基部截形或圆形，边缘有规则钝齿，两面均有绒毛和腺点，但以背面为密，侧脉 6 ～ 8 对。蒴果长圆球形；4 瓣裂。花果期 8 ～ 9 月。

观花： 聚伞花序近头状，无苞片和小苞片，密被长绒毛，花序梗长约 1 cm；花萼钟状，长约 3 mm，结果时增大至 6 mm，外面密生长柔毛和腺点，裂片长圆状披针形；花冠长约 6 mm，淡蓝色或蓝紫色，上部 5 裂，二唇形，裂片外有长柔毛和腺点，下唇中裂片较大；雄蕊 4 枚。

分布： 产于四川西部、云南和西藏昌都地区。

习性： 耐干旱。

繁殖： 播种繁殖。

应用： 可作园林观花灌木，可种植于河谷或干旱草地。

★ *Caryopteris trichosphaera* W. W. Sm.

★ *Caryopteris mongholica* Bunge ☆ Mongol Bluebeard

蒙古莸

别名：白沙蒿，山狼毒，兰花茶
科属：马鞭草科莸属

识别：落叶小灌木，常自基部即分枝，高 0.3 ～ 1.5 m；嫩枝紫褐色，圆柱形，有毛，老枝毛渐脱落。叶片厚纸质，线状披针形或线状长圆形，全缘，长 0.8 ～ 4 cm，宽 2 ～ 7 mm。蒴果椭圆状球形，无毛，果瓣具翅。花果期 8 ～ 10 月。

观花：聚伞花序腋生，无苞片和小苞片；花萼钟状，长约 3 mm，外面密生灰白色绒毛，深 5 裂，裂片阔线形至线状披针形，长约 1.5 mm；花冠蓝紫色，长约 1 cm，外面被短毛，5 裂，下唇中裂片较长大，边缘流苏状，花冠管长约 5 mm，管内喉部有细长柔毛；雄蕊 4 枚，几等长。

分布：产于河北、山西、陕西、内蒙古、甘肃。蒙古也有分布。

习性：耐干旱，耐碱质土壤。

繁殖：播种繁殖。

应用：花和叶芳香，可庭园栽培供观赏，也可种植于干旱坡地或沙丘。

★ *Caryopteris nepetaefolia* (Benth.) Maxim. ☆ Oneflowered Bluebeard

单花莸

别名：荆芥叶莸，莸
科属：马鞭草科莸属

识别：多年生草本或亚灌木，高 30 ～ 60 cm。茎四方形，基部木质化，上部草质，有柔毛。叶对生，宽卵形至圆形，长 1.5 ～ 6 cm，宽 1 ～ 4.5 cm，边缘有钝锯齿，两面都有柔毛和腺点。果实球形。

观花：花单生于叶腋，苞片纤细；花萼顶端 5 裂，裂片卵状三角形；花冠淡蓝色或白色带紫色斑纹，顶端 5 裂，二唇形，裂片全缘；雄蕊 4 枚。花期 4 ～ 9 月。

分布：分布于江苏、安徽、浙江、福建。

习性：喜光，耐水湿。

繁殖：扦插或分株繁殖。

应用：观花观叶地被植物，可布置花境、岩石园，也可片植于阴湿的山坡、路旁、疏林或林边。

★ *Clerodendrum cyrtophyllum* Turcz. ☆ Manyflower Glorybower

大青

别名：土地骨，野靛青，臭叶树
科属：马鞭草科大青属

识别：灌木，枝内中髓色白而坚实。叶长椭圆形至卵状椭圆形，长 6 ～ 17 cm，宽 3 ～ 7 cm，顶端尖或渐尖，基部圆形或宽楔形，全缘，无毛；叶柄长 1.5 ～ 4.5 cm。果实成熟时蓝紫色，直径 5 ～ 7 mm。

观花：伞房状聚伞花序，顶生或腋生，花有柑橘香味；花萼粉红色，长约 3 mm，结果时增大，变紫红色；花冠白色，花冠筒长约 1 cm，顶端 5 裂，裂片长约 5 mm。

分布：分布于华东、中南、西南各省区。朝鲜与马来西亚也有分布。

习性：喜光。

繁殖：播种繁殖。

应用：可作园林观花灌木，种植于丘陵、平原、林边和路旁。

海通

别名：满大青，小花泡桐，鞋头树，臭梧桐
科属：马鞭草科大青属

识别： 灌木或乔木，树皮带灰色，嫩枝密生黄褐色绒毛，枝内中髓有明显薄片横隔。叶片宽卵形至卵状披针形，长 10 ~ 26.5 cm，宽 6 ~ 14.5 cm，上面疏生短柔毛，下面密生绒毛，顶端尖至长渐尖，基部楔形或近心形；叶柄长 1.5 ~ 5 cm，密生绒毛。果倒卵状球形，长 5 ~ 9 mm，宽 4 ~ 8 mm，成熟后蓝黑色。

观花： 伞房状聚伞花序顶生，密生绒毛；花萼淡绿色，密生绒毛和较大的腺点，结果时变红色而毛渐少；花冠白色，长 1.3 ~ 2 cm，疏生柔毛；花丝及花柱白色，花药黄色。

分布： 分布于江西、广东、广西、西南。越南北部也有分布。

习性： 喜光。

繁殖： 播种繁殖。

应用： 可作园林观花观果灌木或作园路树，种植于溪边、山坡或林缘。

★ *Clerodendrum mandarinorum* Diels ☆ Tomentose Glorybower

海州常山

别名：臭梧桐，泡火桐，海桐
科属：马鞭草科大青属

识别： 伞房状聚伞花序，花紫红色，花冠白色或带粉红色，筒细长；花期 6 ~ 10 月。

观花： 灌木或小乔木，高 8 m。幼枝叶柄花序轴等有黄褐色柔毛；单叶对生，阔卵形至三角状卵形，基多截形，全缘或有波齿状，全面疏生短柔毛或近无毛；核果近球形，成熟时呈蓝紫色；果期 7 ~ 11 月。

分布： 华北、华东、中南、西南各地区均有分布。朝鲜、日本、菲律宾也有分布。

习性： 喜光，稍耐阴，有一定耐寒性。

繁殖： 扦插和组培繁殖。

应用： 适宜栽植于水边，花果美丽，适宜观赏。

★ *Clerodendrum trichotomum* Thunb. ☆ Harlequin Glorybower

尖齿臭茉莉

别名：臭茉莉，臭牡丹
科属：马鞭草科大青属

识别： 灌木，高 0.5 ~ 3 m。叶片纸质，宽卵形或心形，表面散生短柔毛，背面有短柔毛，基部脉腋有数个盘状腺体。核果近球形，直径 5 ~ 6 mm，成熟时蓝黑色。花果期 6 ~ 11 月。

观花： 伞房状聚伞花序密集，顶生，花序梗被短柔毛；苞片多，披针形，长 2.5 ~ 4 cm；花萼钟状；花冠紫红色或淡红色，花冠管长 2 ~ 3 cm。

分布： 产于浙江、江苏、安徽、江西、湖南、广东、广西、贵州、云南。

习性： 喜光，稍耐阴，耐水湿。

繁殖： 播种繁殖。

应用： 可作园林地被植物，种植于山坡、沟边、林下或路边。

相近种： 臭牡丹 *Clerodendrum bungei* Steud.，叶片被毛较少或仅脉上疏被短柔毛，萼齿三角形或狭三角形。

★ *Clerodendrum lindleyi* Decne. ex Planch. ☆ Lindley Glorybower

★ *Clerodendrum thomsonae* Balf.　☆ Bleedingheart Glorybower

龙吐珠

别名：珍珠宝草，臭牡丹藤，白花蛇舌草
科属：马鞭草科大青属

识别： 株高 2 ~ 5 m。攀缘性常绿灌木，茎四棱。单叶对生，卵圆形，先端渐尖，全缘，侧脉明显。果实肉质球形，蓝色，种子较大，长椭圆形，黑色。

观花： 聚伞花序顶生或腋生呈疏散状，花萼裂片白色，花冠深红色，顶生的白色花萼中吐出鲜红色花冠，红白相嵌，形如游龙吐珠，异常美丽。花期 4 ~ 6 月，有时 9 ~ 11 月也能开花。

分布： 原产于热带西非。

习性： 喜温暖、湿润的环境，喜疏松肥沃、排水良好的微酸性沙质壤土，不耐寒，较喜肥，不耐水湿，忌强光直射。

繁殖： 播种繁殖。

应用： 主要用于室内盆栽观赏，欧美用龙吐珠作盆栽观赏，点缀窗台和庭院。

★ *Clerodendrum japonicum*（Thunb.）Sweet　☆ Japan Glorybower

赪桐

别名：百日红，贞桐花，状元红
科属：马鞭草科大青属

识别： 多年生落叶或常绿灌木。株高 1.5 ~ 2 m，茎直立，不分枝或少分枝；幼茎四方形，深绿色至灰白色。叶对生，心形，长 15 ~ 20 cm，宽 16 ~ 20 cm，纸质，腹面深绿色，背面灰绿色，叶缘浅齿状；叶柄特长，约为叶片的 2 倍，长 30 ~ 35 cm。果圆形，蓝紫色。果期 12 月至翌年 1 月。

观花： 总状圆锥花序，顶生，向一侧偏斜；花小，但花丝长；花萼、花冠、花梗均为鲜艳的深红色，花期长达半年。花期 5 ~ 11 月。

分布： 产于我国秦岭以南各省区。

习性： 性喜高温、湿润、半荫蔽的气候环境，喜土层深厚的酸性土壤，耐荫蔽，耐瘠薄，忌干旱，忌涝，畏寒冷，生长适温为 23 ~ 30℃。

繁殖： 分株或扦插繁殖。

应用： 夏秋季节，顶生的白色花萼中吐出鲜红色花冠，红白相嵌，形如游龙吐珠，异常美丽，为常见的盆栽花卉。

★ *Clerodendrum bungei* Steud.　☆ Rose Glorybower

臭牡丹

别名：矮桐子，大红袍，臭八宝
科属：马鞭草科大青属

识别： 小型落叶灌木，高 1 ~ 2 m。叶对生，广卵形，长 10 ~ 20 cm，宽 8 ~ 18 cm，先端尖，基部心形，或近于截形，边缘有锯齿而稍带波状。叶柄长约 8 cm。核果，倒卵形或卵形，核果直径 0.8 ~ 1.2 cm，成熟后蓝紫色，外围有宿存的花萼。果期 9 ~ 10 月。

观花： 顶生密集的头状聚伞花序，径约 10 cm；花蔷薇红色，花冠径约 1.5 cm，下部合生成细管状，先端 5 裂，裂片线形以至长圆形；雄蕊 4 枚。花期 7 ~ 8 月。

分布： 分布于华北、西北、西南各省。

习性： 喜阳光充足和湿润环境，适应性强，耐寒耐旱，也较耐阴。

繁殖： 分株繁殖，也可用根插和播种繁殖。

应用： 臭牡丹叶色浓绿，顶生紧密头状红花，花朵优美，花期亦长，适宜栽植于坡地、林下或树丛旁，也可作地被植物。

品种： 花有淡红色或红色、紫色。

腺茉莉

别名：臭牡丹
科属：马鞭草科大青属

识别：灌木，高 1.5 ~ 3 m；小枝四棱形，被糠秕状微柔毛，散生皮孔。叶心形或圆卵形，长 15 ~ 32 cm，宽 9 ~ 19 cm，顶端渐尖，基部浅心形或截形；叶柄长 7 ~ 20 cm；核果近于球形，蓝绿色至亮黄色。果期 9 ~ 12 月。

观花：聚伞花序排列成伞房状，通常 4 ~ 6 枝生于枝上部叶腋及枝顶，花序梗以至花梗被短柔毛；花冠白色。花期 8 ~ 10 月。

分布：产于广东、广西、云南、西藏。尼泊尔、印度锡金邦、印度东北部、孟加拉国、缅甸、泰国、老挝、越南、马来西亚、印度尼西亚和东帝汶等地也有分布。

习性：通常生于比较向阳而润湿的地方。

繁殖：播种或扦插繁殖。

应用：可植于庭园观赏。

★ *Clerodendrum colebrookianum* Walp.　☆ Glandular Glorybower

烟火树

别名：烟火花，星烁山茉莉
科属：马鞭草科大青属

识别：为小灌木。株高 50 ~ 60 cm。

观花：聚伞形花序，顶生，众多。花期 4 ~ 11 月。

习性：喜温暖，不耐寒。

繁殖：扦插、分株或播种繁殖。

应用：花序密生，花色绚丽多彩，花筒紫红色，花冠向外伸展，乍开 5 片洁白耀眼的长型花瓣，好似繁星闪烁，吐露的花蕊金丝银柳一般，像节日盛开的团团烟火，微风一吹弹跳起舞不停，观赏价值极高，可庭院栽培观赏或作行道树。

★ *Clerodendrum quadriloculare* (Blanco) Merr.　☆ Starburst Bush

红花龙吐珠

别名：红萼龙吐珠，棒子海棠
科属：马鞭草科大青属

识别：常绿木质藤本。叶对生，纸质，具柄，卵状椭圆形，全缘，先端渐尖，基部近圆形。

观花：聚伞花序顶生或腋生，萼片阔，红紫色，花冠裂片鲜红色，花萼红色或粉红色，雌雄蕊细长，突出花冠外。花期晚春至秋末。

分布：原产非洲热带。

习性：喜光，耐半阴，喜温暖湿润气候，耐修剪。喜温暖，冬季宜阳光充足，夏季需庇荫，不耐寒；喜排水良好的土壤。

繁殖：扦插或播种繁殖。

应用：可作室内悬吊盆花。

★ *Clerodendrum speciosum* Drapiez.

★ *Lantana camara* L.　☆ Common Lantana

马缨丹

别名：五色梅，臭花簕，如意花
科属：马鞭草科马缨丹属

识别： 株高 1 ~ 2 m。常绿灌木，枝长而下垂而平卧。茎枝呈四方形，有短柔毛，通常有下弯钩刺。叶对生，卵形椭圆形或倒卵形，先端渐尖，基部圆形，两面粗糙有毛，揉烂有强烈的气味。

观花： 顶生头状伞形花序，小花密生，花冠筒细长，花冠初开时常为黄色、粉红色，继而变成橘黄色或橘红色，最后呈红色。花期 7 ~ 9 月。

分布： 原产于墨西哥、巴西。

习性： 喜温暖、湿润、阳光充足，不耐寒，喜疏松肥沃沙质壤土。

繁殖： 播种繁殖。

应用： 盆栽观赏或布置花坛、花境、庭院等。

变种与品种： 雪白马缨丹 var. *nivea*（Vent.）L.H.Bailey，植株挺立生长，叶卵形，先端渐尖，花雪白色；黄花马缨丹 'Flava'，花金黄色；白花铺地马缨丹（雪白皇后）'Snow Queen'，植株铺地生长，叶卵形，先端长渐尖至尾尖，花色洁白。

★ *Lantana montevidensis*（Spreng.）Briq.

蔓五色梅

别名：蔓马缨丹
科属：马鞭草科马缨丹属

识别： 灌木。细小无刺，具长蔓。枝被毛。叶薄，粗糙，卵形，边缘有锯齿。

观花： 花细小，淡紫红色。花期冬春季。

分布： 原产于南美洲。中国南方有栽培。

习性： 喜阳光充足，喜温暖、潮湿的环境。栽培土以肥沃且排水良好的沙质壤土最佳。

繁殖： 扦插或播种繁殖。春季为适期。

应用： 适应性强，常植于小花坛、花台、花境，是很好的地被绿化植物。

★ *Verbena hybrida* Voss　☆ Common Garden Vervain

美女樱

别名：美人樱，草五色梅，铺地锦
科属：马鞭草科马鞭草属

识别： 株高 30 ~ 50 cm。全株有灰色柔毛；茎 4 棱。叶对生，有柄，长圆或披针状三角形，缘具缺刻状粗齿；蒴果；果熟期 9 ~ 10 月。

观花： 穗状花序顶生，呈伞房状，花小而密集，花萼细长筒形，先端 5 裂，花冠筒状；花期 6 ~ 9 月。

分布： 原产于巴西、秘鲁、乌拉圭等地。

习性： 喜阳光充足，喜湿润、疏松而肥沃的土壤，耐寒。

繁殖： 播种或扦插繁殖。

应用： 分枝紧密，铺覆地面；花序繁多，花色丰富而秀丽，园林中多用于花境、花坛或盆栽。

相近种： 加拿大美女樱 *Verbena canadensis* Britt.。

细叶美女樱

别名：羽叶马鞭草
科属：马鞭草科马鞭草属

识别： 多年生草本花卉，茎基部稍木质化，茎丛生，倾卧状，多分枝，全株被糙毛。高 20 ~ 40 cm；叶对生，二回羽状深裂或全裂，裂片狭线形。坚果，褐色。果期 5 ~ 11 月。

观花： 穗状花序顶生；穗状花序呈伞房状排列顶生，花冠高脚碟状。花期 5 ~ 10 月。

分布： 原产于美洲热带地区，现世界各地广为栽培。

习性： 喜全光照，耐半阴；喜温暖，耐旱，不耐水湿，忌高温多雨，耐寒性较强，喜光充足，对土壤要求不严，在湿润疏松肥沃土中开花好，管理粗放。

繁殖： 种子繁殖。

应用： 宜片植、群植或自然带状栽植，作观花地被、花坛。也适宜布置花境和岩石园，或盆栽、吊盆栽培观赏。

品种： 花有红色、紫色、蓝紫色、红粉色、白色、蓝色等品种。

★ *Verbena tenera* Spreng.　☆ Thinleaf Vervain

加拿大美女樱

科属：马鞭草科马鞭草属

识别： 一年生草本，高 15 ~ 20 cm。茎丛生，倾卧状。叶倒卵形，边缘具缺刻状锯齿。

观花： 头状花序，花亮粉红色，花梗高出叶丛，花期 6 ~ 8 月。

分布： 原产于美国西南部地区。

习性： 喜光，适宜疏松、排水良好土壤。

繁殖： 播种繁殖。

应用： 可植于花坛、花带、花境或草坪边缘。

★ *Verbena canadensis* Britt.　☆ Rose Mock Vervain

柳叶马鞭草

别名：阿根廷马鞭草
科属：马鞭草科马鞭草属

识别： 多年生草本。株高 100 ~ 150 cm。聚伞花序，小筒状花着生于花茎顶部，紫红色或淡紫色。叶为柳叶形，十字对生，初期叶为椭圆形边缘略有缺刻，花茎抽高后的叶转为细长型如柳叶状边缘仍有尖缺刻，全株有纤毛。

观花： 花期 5 ~ 9 月。

分布： 原产于南美洲巴西、阿根廷等地。

习性： 性喜温暖气候，生长适温为 20 ~ 30 ℃，不耐寒，10 ℃以下生长较迟缓，在全日照的环境下生长为佳，如果在日照不足的环境下栽培会生长不良，全年皆可开花，花期长。

繁殖： 播种、扦插及切根繁殖。

应用： 柳叶马鞭草在景观布置中应用很广，由于其片植效果极其壮观，常被用于疏林下、植物园和别墅区的景观布置，开花季节犹如一片粉紫色的云霞，令人震撼。

★ *Verbena bonariensis* L.　☆ Argentina Vervain

★ *Verbena officinalis* L.　☆ Europe Vervain

马鞭草

别名：紫顶龙芽草，蜻蜓草，退血草
科属：马鞭草科马鞭草属

识别：多年生草本，高 30 ~ 120 cm。茎四方形，上部方形，老后下部近圆形，棱和节上被短硬毛。单叶对生，卵形至长卵形，长 2 ~ 8 cm，宽 1.5 ~ 5 cm，3 ~ 5 深裂，裂片不规则的羽状分裂或不分裂而具粗齿，两面被硬毛，下面脉上的毛尤密。果期 7 ~ 11 月。

观花：花蓝紫色，无柄，排成细长、顶生或腋生的穗状花序；花萼膜质，筒状，顶端 5 裂；花冠长约 4 mm，微呈二唇形，5 裂；雄蕊 4 枚，着生于冠筒中部，花丝极短；子房无毛，花柱短，顶端浅 2 裂。花期 6 ~ 10 月。

分布：原产于欧洲，中国华东、华南和西南大部地区都有分布。

习性：喜肥，喜湿润，怕涝，不耐干旱，一般的土壤均可生长，但以土层深厚、肥沃的壤土及沙壤土长势健壮。

繁殖：种子繁殖。

应用：可盆栽观赏或布置花坛。

★ *Vitex trifolia* L. var. *simplicifolia* Cham.

单叶蔓荆

别名：沙荆子，灰枣
科属：马鞭草科牡荆属

识别：落叶小灌木。叶对生，椭圆形，不具托叶，叶片表面光滑，茎直立，方形，浅紫色。核果圆形，果熟期 9 ~ 10 月。

观花：穗状花序顶生，唇形花冠 4 裂，淡紫色，雄蕊 4 枚。花期 6 ~ 7 月。

分布：分布于山东、浙江、福建、广东等地沿海沙地，自然植物群落覆盖能力很强，一旦形成群落后，具有很强的抗风、抗旱、抗盐碱能力。

习性：性强健，根系发达，耐寒，耐旱，耐瘠薄，喜光，在适宜的气候条件下生长极快，匍匐茎着地部分生须根，能很快覆盖地面，抑制其他杂草生长。

繁殖：播种与扦插繁殖。

应用：在园林绿化上可孤植也可群植，形成庞大的植物群落，覆盖丘陵薄地、瓦砾等劣质土壤地表。

★ *Vitex negundo* L.　☆ Negundo Chastetree

黄荆

别名：五指枫
科属：马鞭草科牡荆属

识别：落叶灌木或小乔木，高可达 5 m。嫩枝有棕色短柔毛。掌状复叶、对生，小叶 5 片，稀 3 片，叶片搓揉后有刺鼻气味，小叶卵状长圆形至披针形，全缘或疏生锯齿，背面密生灰白色短柔毛。果期 9 ~ 10 月。

观花：圆锥形聚伞花序顶生，花序梗密生白色绒毛，花冠淡紫色，二唇形。花期 4 ~ 6 月。

分布：主产于长江以南，北至秦岭—淮河一线。非洲东部马达加斯加，亚洲东南及南美洲的玻利维亚也有分布。

习性：喜温暖、湿润、阳光充足的环境，耐寒，耐干旱。不择土壤，宜于肥沃、疏松和排水良好的沙质壤土中生长。

繁殖：播种繁殖。

应用：叶秀丽，花清雅，是装点风景区的极好材料，植于山坡、路旁，能增添无限生机；也是树桩盆景的优良材料。枝、叶、种子入药，花含蜜汁，是极好的蜜源植物。

荆条

别名：牡荆，五指风，五指柑，土常山
科属：马鞭草科牡荆属

识别： 灌木或小乔木，小枝常四棱形。叶对生，掌状复叶，小叶边缘有缺刻状锯齿，背面淡绿色，通常被茸毛；核果，外有宿存花萼。
观花： 聚伞花序，花白色。
分布： 产于我国东北、华北、西北、华东及西南各地。
习性： 耐干旱瘠薄土壤，适应性强。
繁殖： 播种、分株繁殖。
应用： 常生长在山坡、路边、石隙、林边，用于装点风景，增添无限生机。
相近种： 黄荆 *Vitex negundo* L.，小叶全缘或有钝锯齿；牡荆 *Vitex negundo* L.var. *cannabifolia* Hand.-Mazz.；单叶蔓荆 *Vitex trifolia* L.var. *simplicifolia* Cham.，叶单生，花大。

★ *Vitex negundo* L.var. *heterophylla*（Franch.）Rehd.

假连翘

别名：番仔刺，桐青，甘露花
科属：马鞭草科假连翘属

识别： 常绿灌木。茎长可达 6 m。多分枝，不直立，呈半攀缘状，枝有刺或无刺。叶对生，边缘有锯齿。花期长，从 4 月中旬至 12 月中旬，陆续有开放，以 5 ~ 9 月为主花期。花小，高脚碟状，蓝紫色。果圆形或近卵形，顶端喙尖，全年有果，以 6 ~ 11 月为成熟盛期。
分布： 原产于热带美洲。
习性： 喜光，耐半阴，喜温暖湿润气候，耐修剪。
繁殖： 播种育苗为主，也可扦插繁殖。
应用： 适于种植作绿篱、绿墙、花廊，或攀附于花架上，或悬垂于石壁、砌墙上，均很美丽。枝条柔软，耐修剪，可卷曲为多种形态，作盆景栽植，或修剪培育作桩景。
品种： 矮生假连翘‘Dwarftype’；花叶假连翘‘Variegata’；金叶假连翘‘Golden Leaf’；金边假连翘（金边假连翘）‘Marginata’。

★ *Duranta repens* L.　☆ Golden Dewdrop

马齿苋

别名：马苋，五行草，麻绳菜，马齿菜
科属：马齿苋科马齿苋属

识别： 一年生肉质草本，全株光滑无毛。茎平卧，长 10 ~ 30 cm，圆柱状，带淡红褐色。叶柄极短，叶片倒卵状匙形，光滑，肥厚而柔软，全缘。蒴果盖裂。果期 7 ~ 9 月。
观花： 花两性，黄色，通常 3 ~ 5 朵簇生于各分枝顶端。萼片 2 片，花瓣 5 片，黄色。花期 6 ~ 8 月。
分布： 我国南北各地均产。
习性： 喜温暖湿润气候，适应性较强，能耐旱。
繁殖： 种子或扦插繁殖。
应用： 可植于山坡、林缘作地被植物。
变种： 大马齿苋（阔叶半支莲，洋马齿苋）var. *giganthes*（L.f.）Bailey，原产于美国南部。

★ *Portulaca oleracea* L.　☆ Purslane

★ *Portulaca grandiflora* Hook. ☆ Bigflower Purslane

松叶牡丹

别名：半支莲，大花马齿苋
科属：马齿苋科马齿苋属

识别：一年生肉质草本植物，株高 15 ～ 20 cm。茎细而圆，茎叶肉质，平卧或斜生，节上有丛毛；叶散生或略集生，圆柱形。蒴果成熟时盖裂。

观花：花顶生，花瓣颜色鲜艳。

分布：原产于巴西。

习性：喜温暖、阳光充足而干燥的环境，不耐阴，极耐瘠薄。

繁殖：播种或扦插繁殖。

应用：植株矮小，茎、叶肉质光洁，花色鲜艳，花期长，宜布置于花坛外围，也可辟为专类花坛。

品种：有白、黄、红、紫等色品种，也有重瓣松叶牡丹‘Plena’。

★ *Talinum paniculatum*（Jacq.）Gaertn. ☆ Panicled Fameflower

土人参

别名：参菜，水人参，参草，紫人参
科属：马齿苋科土人参属

识别：一年生草本，高可达 60 ～ 80 cm。全株肉质，全体无毛；茎圆柱形，直立，下部有分枝；叶近对生或互生，倒卵形，先端略凹陷而有细凸头，全缘，基部渐次狭窄而成短柄，两面绿色而光滑；蒴果成熟时灰褐色。果期 9 ～ 10 月。

观花：圆锥花序顶生或腋生，花小多数，淡紫红色。花期 6 ～ 7 月。

分布：原产于中南美洲和美国南部地区。

习性：喜温暖湿润的气候，耐高温高湿，不耐寒冷，抗逆性强，耐贫瘠。

繁殖：种子和扦插繁殖。

应用：可植于疏林下或药草园。

★ *Saruma henryi* Oliv. ☆ Henry Saruma

马蹄香

别名：冷水丹，高脚细辛，狗肉香
科属：马兜铃科马蹄香属

识别：多年生草本。高 50 ～ 100 cm，被柔毛。叶心形，膜质，长 6 ～ 14 cm，宽 6 ～ 15 cm，顶端短渐尖，基部两侧耳片圆，边缘和两面被柔毛；下部的叶柄长 4 ～ 12 cm。果熟时革质，沿腹缝线开裂。

观花：花辐射对称；外轮花被裂片 3 枚，半圆形，外面被柔毛，果时宿存并增大；内轮花被裂片 3 枚，与外轮花被裂片互生，肾状圆形，黄色，长约 8 mm，宽 6 ～ 8 mm；雄蕊 12 枚；心皮 6 枚。花期 4 ～ 7 月。

分布：产于江西、湖北、河南、陕西、甘肃、四川及贵州等省。

习性：耐阴，耐水湿。

繁殖：播种繁殖。

应用：可作园林地被植物，可种植于林下和沟边。

金钩吻

别名：南卡罗纳茉莉，北美钩吻
科属：马钱科钩吻属

识别：常绿木质藤本。叶对生，全缘，羽状脉，具短柄。蒴果。
观花：花顶生或腋生，花冠漏斗状，花萼裂片 5 枚，蕾期覆瓦状排列，开放后边缘向右覆盖，具芳香。花期 10 月至翌年 4 月。
分布：原产于美洲。
习性：性强健，喜湿润，喜全日照或半日照，生长适温 18 ~ 26 ℃，喜疏松、排水良好的沙质壤土。
繁殖：扦插或播种繁殖。
应用：开花繁茂，具芳香，多作盆栽，可修剪成灌木状，也适合小型棚架或墙垣边栽培观赏；全株有毒，忌误食。

★ *Gelsemium sempervirens*

单花牻牛儿苗

别名：早田氏牻牛儿苗
科属：牻牛儿苗科老鹳草属

识别：多年生草本，高约 60 cm。具短根茎；倾卧状，有毛茸，小枝有节。具长柄，有毛茸，五角形，裂片渐尖，具齿刻状锯齿；托叶长椭圆形，突尖状，有柔毛。蒴果，长喙嘴状，长椭圆形。果期 8 ~ 10 月。
观花：花单生或腋生，花梗有柔毛；苞片凿形，对生，萼片椭圆形，先端尖突状，光滑；花瓣倒卵形，先端圆、基部楔形，粉红色；具蜜腺，花期 7 ~ 9 月。
分布：原产于台湾。
习性：喜光。
繁殖：播种繁殖。
应用：可作园林地被植物。

★ *Geranium hayatanum* Ohwi ☆ Hayata Cranebill

蓝花老鹳草

科属：牻牛儿苗科老鹳草属

识别：多年生草本，高 25 ~ 40 cm。根状茎短而直立。茎直立，下部无毛，上部有密微毛。叶对生，肾状圆形，宽 3 ~ 6 cm，长 2 ~ 3 cm，掌状 7 裂近基部；裂片披针状楔形，深羽裂；小裂片或粗齿近条形或条状披针形，锐尖头；上面有短伏毛，下面有较密柔毛。蒴果长 2 ~ 2.5 cm，有微毛。果期 8 ~ 9 月。
观花：聚伞花序顶生，瘦弱，柄长 2 cm，与花柄等长，有倒生无腺（或展开有腺）的白毛；花柄在果期直立；萼片矩圆形，有具腺或无腺的柔毛；花瓣碧蓝色，长等于萼片。花期 7 ~ 8 月。
分布：产于新疆北部。俄罗斯也有分布。
习性：稍耐阴。
繁殖：播种繁殖。
应用：可作园林地被植物，种植于山坡、林地内或林缘。

★ *Geranium pseudosibiricum* J. Mayer ☆ Blue Cranebill

★ *Geranium sibiricum* L. ☆ Ratpalm Cranebill

鼠掌老鹳草

别名：西伯利亚老鹳草
科属：牻牛儿苗科老鹳草属

识别： 多年生草本，高 30 ~ 70 cm，具倒向柔毛。茎细长，平卧或斜升，多分枝。叶对生，肾状五角形，掌状 3 ~ 5 深裂，裂片具深缺刻。蒴果，顶端具喙。果期 8 ~ 9 月。

观花： 花单生叶腋；萼片 5 枚，花瓣 5 片，淡蓝色或近白色，雄蕊 10 枚。花期 7 ~ 8 月。

分布： 分布于东北、华北、西北、西南等省区。

习性： 喜光，耐寒。

繁殖： 播种或分株繁殖。

应用： 可作地被观赏植物，也可用于布置花坛、花境等。

★ *Geranium koreanum* Kom. ☆ Korea Cranebill

朝鲜老鹳草

科属：牻牛儿苗科老鹳草属

识别： 多年生草本，高 25 ~ 50 cm。根状茎短，木质状，被棕色鳞片。茎单一，通常直立，上部分枝，具钝棱，被稀疏短毛。基生叶具长柄，柄长 10 ~ 25 cm，具槽，下部近无毛；茎生叶柄较长，具伏毛，叶片通常 3(5) 浅裂，裂片急尖，边缘具缺刻状牙齿。蒴果具短毛，长约 2 cm。

观花： 花序宽，松散，二歧分枝，花序梗细，具短毛，长 4 ~ 8 cm，具 2 朵花，花径约 2.5 cm，花瓣蔷薇色或淡紫色。

分布： 生于阔叶林中。分布于我国东北南部吉林。朝鲜也有分布。

习性： 喜光，喜冷凉气候，喜肥沃、土层深厚的壤土。

繁殖： 播种或分株繁殖。

应用： 适宜盆栽以观赏或栽植于庭园。

★ *Geranium wilfordii* Maxim. ☆ Wilford Cranebill

老鹳草

别名：老鹳嘴，老鸦嘴，贯筋，老贯筋
科属：牻牛儿苗科老鹳草属

识别： 多年生草本，高 35 ~ 80 cm。茎伏卧或略倾斜，多分枝。叶对生，叶柄长 1.5 ~ 4 cm，具平伏卷曲的柔毛，叶片 3 ~ 5 深裂，近五角形，基部略呈心形，裂片近菱形，先端钝或突尖。蒴果先端长喙状，成熟时裂开，喙部由下而上卷曲。果期 6 ~ 7 月。

观花： 花小，径约 1 cm，每 1 花梗 2 朵，腋生，花梗细长；花萼 5 片；花瓣 5 片，倒卵形，白色或淡红色，具深红色纵脉。花期 5 ~ 6 月。

分布： 分布于东北、华北、华东、华中地区及陕西、甘肃、四川、贵州、云南等地。

习性： 生于山坡、草地及路旁。

繁殖： 种子繁殖。

应用： 可作园林地被植物。

野老鹳草

别名：老鹳嘴，老鸦嘴，贯筋
科属：牻牛儿苗科老鹳草属

识别： 一年生草本，高 20 ~ 50 cm。根细，长达 7 cm。茎直立或斜升，有倒向下的密柔毛，分枝。叶圆肾形，宽 4 ~ 7 cm，长 2 ~ 3 cm，下部的互生，上部的对生，5 ~ 7 深裂，每裂又 3 ~ 5 裂；小裂片条形，锐尖头，两面有柔毛；下部茎叶有长柄，达 10 cm，上部的柄短，等于或短于叶片。蒴果长约 2 cm，顶端有长喙，成熟时裂开，5 果瓣向上卷曲。

观花： 花成对集生于茎端或叶腋，花序柄短或几无柄；花柄长 1 ~ 1.5 cm，有腺毛（腺体早落）；萼片宽卵形，有长白毛，在果期增大，长 5 ~ 7mm；花瓣淡红色，与萼片等长或略长。

分布： 分布于东北、华北、西北、华中地区及云南西部、西藏等地。

习性： 常见于荒地、田园、路边和沟边。

繁殖： 种子繁殖。

应用： 可作园林地被植物。

★ *Geranium carolinianum* L.　☆ Wild Cranebill

盾叶天竺葵

别名：蔓性天竺葵
科属：牻牛儿苗科天竺葵属

识别： 全株光滑，多分枝，匍匐或下垂。茎枝棕色，嫩茎绿色或具红晕。叶盾形 5 浅裂，光滑，厚革质。

观花： 伞形花序，花有深红、粉红及白色等。四季开花，盛花期为冬春季。

分布： 原产于非洲南部好望角。我国各地已引进栽培。

习性： 喜阳光，较耐阴，怕寒冷，不耐水湿，喜疏松、排水良好的土壤。

繁殖： 扦插繁殖。

应用： 宜盆栽观赏，也可用于花坛或地被。

★ *Pelargonium peltatum*（L.)Ait.　☆ Peltateleaf Storkbill

蹄纹天竺葵

别名：马蹄纹天竺葵
科属：牻牛儿苗科天竺葵属

识别： 多年生草本，亚灌木，株高 30 ~ 80 cm，茎直立，圆柱形近肉质，叶互生，卵状盾形或倒卵形，叶面上有深褐色马蹄纹状环纹，叶缘具钝锯齿。

观花： 伞形花序顶生，花梗长；花深红色到白色，花较少，花期夏季或冬季。

分布： 原产于南非。我国各地有栽培。

习性： 要求阳光充足，不耐寒，生长适温为 18 ~ 22℃。

繁殖： 扦插繁殖。

应用： 适于盆栽，宜作室内陈设，也可用于装饰会场或美化庭园。

★ *Pelargonium zonale* Ait.　☆ Zonale Storkbill

★ *Pelargonium graveolins* L' Herit.　☆ Smell Storkbill

香叶天竺葵

别名：石腊红，香草
科属：牻牛儿苗科天竺葵属

识别： 多年生直立草本，高可达 90 cm。茎基部木质，全体有长毛，有香气。叶对生，宽心脏形至近圆形，近掌状 5 ~ 7 深裂；裂片分裂为小裂片，边缘有不规则的齿裂；叶柄长超过叶片，上部的几等长。蒴果成熟时开裂，果瓣向上卷曲。

观花： 伞形花序与叶对生，柄短，直立；花小，几无柄；萼片披针形，有密长毛，基部稍合生；花瓣玫瑰红色或粉红色，有紫色的脉，上面 2 片较大，长为萼片的 1 倍，达 1.2 cm。花期 4 ~ 5 月。

分布： 原产于非洲南部。我国云南、四川及上海有栽培。

习性： 喜温暖、湿润和阳光充足环境；耐寒性差，怕水湿和高温；宜肥沃、疏松和排水良好的沙质壤土。

繁殖： 以扦插为主，也可播种或组织培养。

应用： 可花坛美化、盆栽观赏。

★ *Aconitum kusnezoffii* Reichb.　☆ Kusnezoff Monkshood

草乌

别名：草乌头，北乌头，乌喙，芨，奚毒
科属：毛茛科乌头属

识别： 多年生草本，高 80 ~ 150 cm。具块根。单叶互生，五角形，掌状 3 全裂；中裂片近羽状深裂，侧裂片不等，2 深裂。蓇葖果直立。果期 9 月。

观花： 顶生总状花序，多花，萼片 5 枚，蓝紫色，上萼片盔形，花瓣 2 片，距向后弯曲。花期 7 ~ 8 月。

分布： 分布于东北、华北等省区。

习性： 耐寒性较强，喜阳光充足、凉爽湿润的环境，适宜肥沃而排水良好的沙质土壤。

繁殖： 分根或播种繁殖。

应用： 可作庭院观赏花卉，可在灌木丛中配植，也可布置花境或作切花。

★ *Aconitum barbatum* Pers. var. *puberullum* Ledeb.

牛扁

别名：黄花乌头
科属：毛茛科乌头属

识别： 多年生草本，高 40 ~ 110 cm。具直根。茎、叶柄、花序均被反曲贴伏毛。叶互生，圆肾形，掌状 3 全裂。蓇葖果。果期 8 ~ 9 月。

观花： 顶生总状花序，多花；萼片 5 枚，黄色，上萼片圆筒形，花瓣 2 片，具直或微弯的距。花期 6 ~ 8 月。

分布： 分布于辽宁、河北、山西、内蒙古、新疆等省区。

习性： 喜凉爽、阴湿的气候，耐寒性较强，忌酷热。

繁殖： 分株或播种繁殖。

应用： 花色素雅，株形优美，可丛植于花境或岩石园。

大火草

别名：野棉花，大头翁
科属：毛茛科银莲花属

识别：多年生草本，株高 40 ~ 150 cm。基生叶 3 ~ 4 枚，为三出复叶，小叶卵形，三裂，边缘有粗锯齿，上面被短伏毛，下面被白色茸毛；聚合果球形。

观花：花葶高 40 ~ 120 cm，聚伞花序，萼片 5 枚，淡粉红或白色，倒卵形或宽椭圆形，花白色或粉红色；花期 7 ~ 10 月。

分布：河北、山西、河南、陕西、甘肃、四川等省均有分布。

习性：喜阳光充足，也较耐阴，耐寒，喜凉爽湿润气候和肥沃的沙质土壤，也耐干旱、瘠薄。

繁殖：分株和播种繁殖。

应用：野生花卉，用于花坛、花境栽植或盆栽观赏。

相近种：打破碗花花 *Anemone hupehensis* Lem.。

★ *Anemone tomentosa* (Maxim.) Pei　☆ Tomentose Anemone

湖北秋牡丹

别名：打破碗花花，野棉花
科属：毛茛科银莲花属

识别：多年生草本。株高 20 ~ 120 cm，具根状茎，基生叶 3 ~ 5 枚，具长柄，为三出复叶或少数为单叶，小叶边缘具牙齿，下面疏生短毛。聚合果球形，应果长约 3.5 cm，密生绵毛。果期 9 ~ 11 月。

观花：聚伞花序简单或二至三回分枝，总苞苞片 2 ~ 3 枚。具柄，叶状；萼片 5 枚，紫红色，长 2 ~ 3 cm，外面密生柔毛，雄蕊多数，心皮多数。花期 7 ~ 9 月。

分布：分布于四川、陕西南部、湖北西部、贵州等地。

习性：喜半阴环境及凉爽温暖气候，较耐寒，喜潮湿。

繁殖：可用播种、扦插和分株繁殖，通常以分株繁殖为主。

应用：花色艳丽，且耐半阴，花期较长，是花境中不可多得的优良材料，亦可用种植于药草园或盆栽观赏。

变种与变型：秋牡丹 var. *japonica* (Thunb.) Bowles et Stearn，花重瓣，萼片约 20 枚，紫红色。水棉花 f. *alba* W. T. Wang，萼片白色。

★ *Anemone hupehensis* Lem.　☆ Hubei Windflower

大银莲花

科属：毛茛科银莲花属

识别：多年生草本，高 30 cm。基生叶 4 ~ 8 枚，柄长约 15 cm，有白色长毛，叶片圆肾形或圆卵形，长 2.5 ~ 4.5 cm，宽 3 ~ 5 cm，基部心形，3 全裂，疏生长柔毛。瘦果扁平。果期 6 ~ 7 月。

观花：伞形花序 2 ~ 5 花，苞叶 3 ~ 5 片，花白色微带紫晕，径 2 ~ 3 cm，花被片 5 ~ 7 枚，倒卵形，长 1 ~ 1.5 cm，宽 5 ~ 7 cm。花期 5 ~ 6 月。

分布：喜光，耐水湿。

繁殖：播种繁殖。

应用：可作园林地被植物，种植于山坡或水边。

★ *Anemone narcissiflora* var. *major*　☆ Bigger Windflower

★ *Anemone baicalensis* Turcz. ☆ Baical Windflower

毛果银莲花

科属：毛茛科银莲花属

识别： 多年生草本。高 10 ～ 30 cm。根状茎细长。茎生叶有长柄，被长柔毛。叶肾状圆形，3 全裂，中裂片卵状菱形，基部狭，背面灰绿色。两面疏被伏毛。果期 8 ～ 9 月。

观花： 花葶被长柔毛；花径 1.5 ～ 2.5 cm，萼片白色。花期 5 ～ 6 月。

分布： 产于我国东北、西北和西南地区。俄罗斯、朝鲜、韩国也有分布。

习性： 喜半阴、湿润环境，耐寒。适宜肥沃、疏松土壤。

繁殖： 播种或分株繁殖。

应用： 植株稍矮小、花色淡雅，可植于疏林下或阴山坡。

★ *Anemone cathayensis* Kitag. ☆ Cathayan Windflower

银莲花

科属：毛茛科银莲花属

识别： 多年生草本。基生叶 4 ～ 8 枚；叶片圆肾形，长 2 ～ 5.5 cm，宽 4 ～ 6.5 cm，两面疏生柔毛或变无毛，3 全裂，中央裂片宽菱形或菱状倒卵形，3 裂近中部；叶柄长 11 ～ 30 cm，疏被长柔毛或变无毛。瘦果扁。

观花： 花葶高 17 ～ 40 cm；总苞苞片约 5 枚，无柄，不等大，菱形或倒卵形，长 3 ～ 4.5 cm，3 裂或不分裂；伞形花序简单；花 2 ～ 5 朵；花梗长 3.5 ～ 5 cm；萼片 5 ～ 8 枚，白色或带粉红色，倒卵形，长 1.5 ～ 2 cm；无花瓣；雄蕊多数。花期 4 ～ 7 月。

分布： 分布于山西、河北。在朝鲜也有分布。

习性： 喜光，耐水湿。

繁殖： 播种繁殖。

应用： 可作园林地被植物，种植于山坡、沟边或多石砾坡地。

★ *Aquilegia yabeana* Kitag. ☆ Yabe Columbine

华北耧斗菜

别名：五铃花
科属：毛茛科耧斗菜属

识别： 多年生草本，高 40 ～ 60 cm。基生叶具长柄，一至二回三出复叶，小叶 3 裂，边缘有圆齿，茎生叶较小。蓇葖果。果期 7 ～ 9 月。

观花： 聚伞花序下垂，密被短腺毛；花少数，紫色。萼片 5 枚，花瓣 5 片，基部延长成钩状弯曲的距，雄蕊多数，内轮退化。花期 5 ～ 7 月。

分布： 分布于东北、华北、华东等地区。

习性： 喜光。

繁殖： 播种繁殖。

应用： 花大而美丽，适合在林荫下的花境、草坪边缘、灌木丛下栽植。

耧斗菜

别名：血见愁，猫爪花
科属：毛茛科耧斗菜属

识别： 多年生草本。根圆柱形。茎高 15 ~ 50 cm，上部常分枝，被短柔毛和腺毛。基生叶为二回三出复叶；小叶楔状倒卵形，长 1.5 ~ 3 cm，3 裂，裂片常具 2 ~ 3 圆齿小。

观花： 花序具 3 ~ 7 花；花梗长 2 ~ 7 cm；萼片 5 枚，黄绿色，卵形，长 1.2 ~ 1.5 cm，外面被柔毛；花瓣 5 片，黄绿色，瓣片顶端近截形，距长 1.2 ~ 1.8 cm，直或稍弯。

分布： 分布在山西、河北、内蒙古和东北地区。俄罗斯西伯利亚地区也有分布。

习性： 耐水湿，喜湿润土壤。

繁殖： 播种繁殖。

应用： 优良庭园花卉，花姿娇小玲珑，花色明快，适应性强，宜成片植于草坪上、山地路边、疏林下或河边湿草地。

变型： 紫花耧斗菜 f. *atropurpurea*（Wtlld.）Kitagawa，其萼片和花瓣均为紫色；分布在河北和辽宁。

★ *Aquilegia viridiflora* Pall. ☆ Greenflower Columbine

杂种耧斗菜

别名：大花耧斗菜
科属：毛茛科耧斗菜属

识别： 多年生草本。株高 50 ~ 90 cm。分枝多。基生柄；茎生叶较小。一至二回三出复叶。

观花： 聚伞花序，花下垂，花型独特，基部成长矩、直生或弯曲，从花萼伸向后方。花期 6 ~ 8 月。

分布： 人工杂交种。

习性： 喜半阴，耐寒，忌酷暑和干旱，适宜肥沃、疏松、排水良好的土壤。

繁殖： 播种繁殖。

应用： 叶态优美，花形独特，也是切花的良好材料。可用于花坛、花境、岩石园、坡地。

品种： 花有紫红、深红和黄色等。

★ *Aquilegia hybrida* Hort. ☆ Hybrad Aquilegia

无距耧斗菜

别名：野前胡，千年耗子屎
科属：毛茛科耧斗菜属

识别： 多年生草本。茎高 20 ~ 60 cm，疏被短柔毛，常分枝。基生叶二回三出复叶，长达 25 cm；小叶倒卵形、扇形或卵形，长 1.5 ~ 3 cm，3 裂，裂片具圆齿，较小。蓇葖果长 8 ~ 11 mm。果期 6 ~ 8 月。

观花： 花序具 2 ~ 6 朵花；花梗长达 6 cm；花径 1.5 ~ 2.8 cm；萼片 5 枚，深紫色，近水平展开，卵形或椭圆形，长 1 ~ 1.4 cm；花瓣与萼片同色，顶端截形，无距；雄蕊多数。花期 5 ~ 6 月。

分布： 分布在四川、贵州北部、湖北西部、陕西南部、甘肃南部和青海东部。

习性： 生性强健；耐寒，对高温、高湿抗性较弱；喜肥沃、湿润、富含腐质土和排水良好的壤土。

繁殖： 播种或分株繁殖。

应用： 常植于园林中林下，或植于花坛、花境；亦可作切花。

★ *Aquilegia ecalcarata* Maxim. ☆ Spurless Columbine

★ *Clematis macropetala* Ledeb. ☆ Bigpetal Clematis

长瓣铁线莲

别名：大瓣铁线莲
科属：毛茛科铁线莲属

识别：木质藤本，长约 2 m。二回三出复叶，小叶片 9 枚，纸质，卵状披针形或菱状椭圆形，长 2 ~ 4.5 cm，宽 1 ~ 2.5 cm，顶端渐尖，基部楔形或近于圆形，两侧的小叶片常偏斜，边缘有整齐的锯齿或分裂；小叶柄短。瘦果倒卵形。果期 8 月。

观花：花单生于当年生枝顶端，花梗长 8 ~ 12.5 cm；花萼钟状，花径 3 ~ 6 cm；萼片 4 枚，蓝色或淡紫色，狭卵形或卵状披针形，长 3 ~ 4 cm，宽 1 ~ 1.5 cm，顶端渐尖，两面有短柔毛，边缘有密毛；退化雄蕊成花瓣状，披针形或线状披针形。花期 7 月。

分布：产于青海、甘肃、陕西南部、宁夏、山西、河北、北京、河南等地。

习性：喜光，也耐阴。

繁殖：播种繁殖。

应用：可作园林地被植物，种植于山坡、石缝中或林下。

★ *Clematis heracleifolia* DC. ☆ Tube Clematis

大叶铁线莲

别名：草牡丹
科属：毛茛科铁线莲属

识别：草本或亚灌木状，高达 1 m。茎具纵条纹，密被白色糙茸毛。三出复叶，小叶先端短尖，基部圆形或楔形，有时偏斜；瘦果卵圆形，被短柔毛。果期 10 月。

观花：花蓝色。聚伞花序顶生或腋生，花杂性，萼片 4 枚，蓝紫色；花期 7 ~ 9 月。

分布：产于湖南、安徽、江苏、浙江、山东、河南、湖北、贵州、陕西、山西、北京、河北、吉林、辽宁及内蒙古等省区。

习性：喜阳光充足，但忌强光直射，稍耐阴，极耐寒，忌高温、高湿；喜湿润及排水良好的壤土或沙壤土，忌盐碱及低洼地。

繁殖：播种或分株繁殖。

应用：枝繁叶茂，花色秀丽，果棕红色，有较高的观赏价值，可用作阴湿地的地被植物。

★ *Clematis brevicaudata* DC. ☆ Shortplume Clematis

短尾铁线莲

别名：林地铁线莲，红钉耙藤
科属：毛茛科铁线莲属

识别：木质藤本。分枝紫褐色。二回羽状复叶或三出复叶，对生，小叶薄纸质，卵形至披针形，边缘疏生锯齿。果期 8 ~ 9 月。

观花：圆锥状聚伞花序，多花；萼片 4 枚，开展，白色或淡黄色，雄蕊多数。瘦果卵形，密被毛，宿存花柱羽毛状。花期 6 ~ 8 月。

分布：分布于东北、华北、华东、西北、西南等省区。日本、朝鲜、蒙古、俄罗斯均有分布。

习性：半耐阴。

繁殖：播种繁殖。

应用：可作灌丛、林缘的地被植物或垂直绿化。

棉团铁线莲

别名：威灵仙，山蓼
属：毛茛科铁线莲属

识别： 多年生草本，高 30 ~ 100 cm。单叶对生，一至二回羽状全裂，革质，末回裂片线状披针形，全缘，脉明显。瘦果密被毛，宿存花柱羽毛状。果期 7 ~ 9 月。

观花： 聚伞花序通常具 3 朵花，白色；萼片 6 枚，花瓣状，外面密被白棉毛，雄蕊、心皮多数。花期 6 ~ 8 月。

分布： 分布于东北、华北、华东、西北等省区。

习性： 野生于山地林边或草坡上。对气候、土壤要求不严格，但以凉爽、有一定荫蔽的环境和富含腐殖质的沙质壤土为佳。

繁殖： 播种繁殖或分株繁殖。

应用： 可作园林地被植物。

★ *Clematis hexapetala* Pall.　☆ Sixpetal Clematis

芹叶铁线莲

别名：细叶铁线莲，断肠草
科属：毛茛科铁线莲属

识别： 多年生草质藤本。单叶对生，二至三回羽状细裂，末回裂片线形。瘦果广卵形，宿存花柱羽毛状，密被白色柔毛。果期 8 ~ 9 月。

观花： 聚伞花序腋生，含 1 ~ 3 花；花萼钟状，萼片 4 枚，淡黄色，花瓣状，顶端常反折，雄蕊、心皮多数。花期 7 ~ 8 月。

分布： 分布于华北、西北等地。蒙古、俄罗斯也有分布。

习性： 生于山坡及水沟边。

繁殖： 播种繁殖。

应用： 作园林垂直绿化植物。

★ *Clematis aethusifolia* Turcz.　☆ Longplume Clematis

铁线莲

别名：铁线牡丹，番莲，金包银
科属：毛茛科铁线莲属

识别： 木质藤本，长 1 ~ 2 m。茎棕色或紫红色，6 条纵纹，节部膨大，疏被短柔毛。二回三出复叶连叶柄长达 12 cm；小叶片狭卵形至披针形，长 26 cm，宽 1 ~ 2 cm，先端钝尖，基部圆形或阔楔形，边缘全缘，两面无毛。瘦果倒卵形，扁平，边缘增厚；宿存花柱伸长成喙，细瘦，膨大的柱头 2 裂。果期 3 ~ 4 月。

观花： 花单生于叶腋；花开展，直径约 5 cm；萼片 6 枚，白色，倒卵形或匙形，长约 3 cm。花期 1 ~ 2 月。

分布： 产于广东、广西、湖南、湖北。

习性： 耐阴性较强。

繁殖： 播种或扦插繁殖。以春季为适期。

应用： 枝繁叶茂。花色雅致，是优良的垂直绿化植物。可作地被或盘圆墙篱、凉亭、花架、拱门等园林建筑，使枝蔓悬垂而增加立体绿化效果。

★ *Clematis florida* Thunb.　☆ Cream Clematis

★ *Clematis terniflora* DC. ☆ Threeflower Clematis

圆锥铁线莲

别名：黄药子，小叶力刚
科属：毛茛科铁线莲属

识别： 木质藤本；茎和分枝疏被短柔毛，变无毛。叶对生，为一回羽状复叶，长 10 ~ 15 cm；小叶 5 枚，宽卵形或卵形，长 3.5 ~ 6.5 cm，宽 2 ~ 4.2 cm，先端钝，基部圆形或宽楔形，几无毛，网脉明显；叶柄长约 3 cm。瘦果黄色。果期 8 ~ 11 月。

观花： 花序腋生或顶生，圆锥状，通常稍比叶短；总花梗长 4 ~ 5.5 cm；苞片小，披针形；萼片 4 枚，展开，矩圆形，长约 1.2 cm，外面边缘有短绒毛；无花瓣；雄蕊多数，无毛，花丝与花药等长或稍短；心皮多数。花期 6 ~ 8 月。

分布： 分布于陕西东南部、河南南部、湖北、湖南北部、江西、浙江、江苏、安徽淮河以南。朝鲜，日本也有分布。

习性： 喜光，稍耐阴。

繁殖： 播种繁殖。

应用： 可作园林垂直绿化植物，种植于林缘边山地或路旁。

★ *Clematis peterae* Hand. -Mazz ☆ Obtusesepal Clematis

钝萼铁线莲

别名：疏齿铁线莲、木通藤
科属：毛茛科铁线莲属

识别： 藤本。一回羽状复叶，有 5 小叶；小叶片卵形或长卵形，少数卵状披针形，长 3 ~ 9 cm，宽 2 ~ 4.5 cm，顶端常锐尖或短渐尖，少数长渐尖，基部圆形或浅心形，边缘疏生一至数个以至多个锯齿状牙齿或全缘，两面疏生短柔毛至近无毛。果期 9 ~ 12 月。

观花： 圆锥状聚伞花序多花；花序梗、花梗密生短柔毛，花序梗基部常有 1 对叶状苞片；花直径 1.5 ~ 2 cm，萼片 4 枚，开展，白色，倒卵形至椭圆形，长 7 ~ 11 mm。花期 6 ~ 8 月。

分布： 分布于云南、贵州、四川、湖北西部、甘肃南部、陕西南部、河南西部和南部、山西南部、河北南部。

习性： 生于山坡，沟边，路旁的灌木丛中。

繁殖： 播种繁殖。

应用： 可作园林垂直绿化用。

★ *Clematis montana* Buch.-Ham. ☆ Anemone Clematis

山铁线莲

别名：绣球藤
科属：毛茛科铁线莲属

识别： 木质藤本。三出复叶，数叶与花簇生，或对生；小叶片卵形、宽卵形至椭圆形，长 2 ~ 7 cm，宽 1 ~ 5 cm，边缘缺刻状锯齿由多而锐至粗而钝，顶端 3 裂或不明显，两面疏生短柔毛，有时下面较密。瘦果扁，卵形或卵圆形，长 4 ~ 5 mm，宽 3 ~ 4 mm，无毛。果期 7 ~ 9 月。

观花： 花 1 ~ 6 朵与叶簇生，直径 3 ~ 5 cm；萼片 4 枚，开展，白色或外面带淡红色。花期 4 ~ 6 月。

分布： 分布于西藏、云南、四川、贵州、广西、江西、安徽、台湾、湖北、甘肃、陕西、河南等省区。

习性： 喜光照充足，喜凉爽、湿润的气候，耐寒。

繁殖： 种子或扦插繁殖。

应用： 是优良的棚架、篱垣观花植物。

甘青铁线莲

别名：唐古特铁线莲
科属：毛茛科铁线莲属

识别：落叶藤本。一回羽状复叶，有 5 ~ 7 小叶；小叶片基部常浅裂、深裂或全裂，侧生裂片小，中裂片较大，长 2 ~ 5.5 cm，宽 0.5 ~ 1.5 cm，顶端钝，有短尖头，基部楔形，边缘有不整齐缺刻状的锯齿，叶柄长 2 ~ 7.5 cm。瘦果倒卵形。果期 9 ~ 10 月。

观花：花 1 ~ 3 朵腋生；花梗长 4.5 ~ 20 cm；萼片 4 枚，黄色外面带紫色，斜上展，狭卵形、椭圆状长圆形，长 1.5 ~ 3.5 cm，顶端渐尖或急尖，外面边缘有短绒毛，中间被柔毛。花期 6 ~ 9 月。

分布：分布于新疆、西藏、四川西部、青海、甘肃、陕西。

习性：耐阴。

繁殖：播种繁殖。

应用：作园林垂直绿化植物。

★ *Clematis tangutica* (Maxim.) Korsh.　☆ Tangut Clematis

双喜铁线莲

别名：无裂槭叶铁线莲
科属：毛茛科铁线莲属

识别：直立小灌木，高约 20 cm；叶卵形至宽卵形不分裂，基部宽楔形或近截形，边缘仅具不规则锯齿。果期 5 ~ 6 月。

观花：花梗长约 15 cm，花白色或淡粉红色，花径 3 ~ 4 cm，萼片 6 ~ 7 枚。花期 4 月。

分布：本书作者首先发现于河南修武云台山等地。

习性：喜光。

繁殖：播种繁殖。

应用：美丽的观花植物和岩生植物。

相近种：槭叶铁线莲 (*Clematis acerifolia* Maxim.)，植株高 30 ~ 60 cm，叶五角形，不等掌状浅裂基部浅心形至截形，边缘疏生缺刻状粗牙齿。

★ *Clematis elobata*（S.X.Yan）S.X.Yan　☆ Shuangxi Clematis

太行铁线莲

别名：吉氏铁线莲
科属：毛茛科铁线莲属

识别：多年生木质藤本；也对生，一至二回羽状复叶，基部 2 对常 2 ~ 3 深裂，甚至为 3 小叶；小叶片或裂片革质，卵形或长圆形，长 1.5 ~ 7 cm，宽 0.5 ~ 4 cm，全缘；圆锥状聚伞花序，3 朵至多朵花，有时单生；萼片 4 枚，有时 5 ~ 6 枚，开展，白色，长 0.8 ~ 1.5 cm；无花瓣；雄蕊多数，无毛；瘦果卵形，长约 5 mm，有柔毛，顶端有宿存花柱。花期 6 ~ 8 月，果期 8 ~ 9 月。

分布：分布于河北、山西、山东、浙江、河南、湖北、四川、贵州等省。

习性：喜光。

繁殖：播种繁殖。

应用：可作园林垂直绿化植物。

变种：巴山铁线莲 var. *pashanensis* M. C. Chang，小叶片卵状披针形、长卵形至卵形，顶端渐尖或锐尖；产于四川东部、湖北西部、陕西南部。

★ *Clematis kirilowii* Maxim.　☆ Taihangshan Clematis

★ *Consolida ajacis* (L.) Schur ☆ Rocket Consolida

飞燕草

别名：南欧翠雀
科属：毛茛科飞燕草属

识别： 多年生草本，株高 90 ~ 110 cm，茎直立，多分枝。叶片呈掌状 3 深裂至全裂。顶生总状花序或穗状花序，长达 30 cm。蓇葖果，花期 6 ~ 9 月。

观花： 花瓣 2 片，花萼 5 枚，有弯曲的距，花萼与花瓣同色。

分布： 原产于欧洲南部，中国各省均有栽培。

习性： 喜阳光充足和凉爽的气候，怕高温，能耐寒、耐旱，忌渍水。在肥沃富含腐殖质的黏质土壤中生长较好。

繁殖： 播种繁殖。

应用： 花形奇特，色彩淡雅，有较高的观赏性，常用于花坛、花境栽植、盆栽或作切花材料或丛植。

品种： 花有蓝、白、粉红等色，还有矮生和重瓣等品种。

★ *Delphinium grandiflorum* L. ☆ Bouquet Larkspur

翠雀

别名：飞燕草，鸽子花，大花飞燕草
科属：毛茛科翠雀属

识别： 多年生草本，高 30 ~ 65 cm。具贴伏短柔毛。单叶互生，圆五角形，掌状 3 全裂，末回裂片线形至披针形。蓇葖果直立。果期 8 ~ 10 月。

观花： 总状花序，花 3 ~ 15 朵，紫蓝色；萼片 5 枚，上萼片延长成距，花瓣 2 片，有距，退化雄蕊 2 枚，有黄髯毛。花期 5 ~ 8 月。

分布： 分布于东北、华北、西南等省区。

习性： 耐旱植物，喜光植物。阳性，耐半阴，性强健，耐干旱，耐寒，喜冷凉气候，忌炎热。

繁殖： 分株、扦插和播种繁殖。

应用： 花形别致，色彩淡雅。适宜布置花坛、花境，也可作切花。

★ *Delphinium anthriscifolium* Hance ☆ Chervil Larkspur

还亮草

别名：鱼灯苏，车子野芫荽，飞燕草
科属：毛茛科翠雀属

识别： 一年生草本。茎高 12 ~ 75 cm，无毛或上部疏生微柔毛，分枝。叶片菱状卵形或三角状卵形，长 5 ~ 11 cm，宽 4.5 ~ 8 cm，二至三回羽状全裂，一回裂片斜卵形，长渐尖，二回裂片或羽状浅裂，或不分裂而呈狭卵形或披针形，宽 2 ~ 4 mm。蓇葖果长 1.1 ~ 1.6 cm。

观花： 总状花序具 2 ~ 15 花，花序轴和花梗有反曲的微柔毛；小苞片生花梗中部，条形；萼片 5 枚，堇色，椭圆形或矩圆形，长达 8 mm，距钻形，长达 1.2 cm；花瓣 2 片，瓣片不等 3 裂；退化雄蕊 2 枚，无毛，瓣片斧形，2 深裂。花期 4 ~ 5 月。

分布： 安徽、江苏、浙江、江西、福建、河南南部、湖北、湖南、广东、广西、陕西、甘肃、四川、云南、贵州等省区。

习性： 喜光。

繁殖： 播种繁殖。

应用： 可作园林地被植物，种植于丘陵或低山草地或林中。

东方铁筷子

别名：东方嚏根草
科属：毛茛科铁筷子属

识别： 多年生草本，株高 30 ~ 50 cm，有根状茎。常绿叶基生，掌状全裂，裂片 7 ~ 9 枚，小叶长椭圆形，具锐齿。

观花： 花葶上有花 2 ~ 6 朵，花瓣状，花黄色、盛开后紫褐色，花径 5 ~ 8 cm。花期 3 ~ 4 月。

分布： 分布于亚洲西部、北部。

习性： 喜温暖，半阴环境，不耐高温，较耐寒；适宜湿润、肥沃、疏松壤土。

繁殖： 播种繁殖。

应用： 株形低矮、叶色墨绿，花及叶均奇特，为美丽的地被材料，用于花坛、花境、林下、池塘边、岩石园成片种植，也可盆栽观赏，北方地区越冬要防护。

★ *Helleborus orientalis* Lam. ☆ Oriental Iron-chopstick

瓣蕊唐松草

别名：马尾黄连，多花蔷薇
科属：毛茛科唐松草属

识别： 多年生草本，高 18 ~ 80 cm。全株无毛。三至四回三出复叶，小叶 3 裂，裂片全缘。瘦果有 8 条纵肋，先端具宿存柱头。果期 8 月。

观花： 伞房状聚伞花序，花多数，白色；萼片 4 枚，早落，无花瓣，雄蕊多数，花丝中上部宽，棍棒状。花期 6 ~ 7 月。

分布： 分布于东北、华北、西北、西南等省区。

习性： 喜光。

繁殖： 播种或分根繁殖。

应用： 枝叶舒展，体表似覆白霜，细腻雅致。花小繁密，花丝下垂披散，潇洒飘逸，适宜野生花卉园或自然风景园丛植点缀，亦可盆栽观赏。

★ *Thalictrum petaloideum* L. ☆ Petalformed Meadowrue

东亚唐松草

别名：亚欧唐松草
科属：毛茛科唐松草属

识别： 多年生草本，高 60 ~ 130 cm。全株无毛。三至四回三出羽状复叶，小叶 3 浅裂，中裂片具 3 个圆齿，叶背有白粉。瘦果卵形，有 8 条纵肋和宿存柱头。果期 8 月。

观花： 圆锥花序开展，花多数，绿白色；萼片 4 枚，花瓣状，雄蕊花丝丝状。花期 6 ~ 7 月。

分布： 分布于东北、华北、西北、西南等省区。

习性： 耐水湿。

繁殖： 播种繁殖。

应用： 作园林地被植物，种植于丘陵或山地林下或较阴湿处。

★ *Thalictrum minus* L. var. *hypoleucum* (Sieb. et Zucc.) Miq.

★ *Trollius macropetalus* Fr.Schmidt ☆ Longpetal Globeflower

长瓣金莲花

别名：大瓣金莲花
科属：毛茛科金莲花属

识别：多年生草本，高 80 ~ 100 cm。茎直立，粗壮。基生叶 2 ~ 5 片。三角形，3 全裂再 3 中裂；茎生叶 3 ~ 7 枚，3 裂至不裂。果期 8 ~ 9 月。
观花：聚伞花序，生于茎顶或分枝顶端，橙黄色，径 3 ~ 5 cm。花期 6 ~ 7 月。
分布：产于我国东北地区。朝鲜北部、俄罗斯也有分布。
习性：喜光，耐寒，适宜冷凉环境和疏松土壤。
繁殖：播种繁殖。
应用：可植于花坛、花境或疏林下。

★ *Pulsatilla chinensis*（Bunge）Regel ☆ Chinese Pulsatilla

白头翁

别名：羊胡子花，老公花
科属：毛茛科白头翁属

识别：多年生草本，全株密被白色柔毛。根茎粗直。叶基生，具长柄，三出复叶，中央小叶 3 深裂，侧生小叶 2 ~ 3 深裂。聚合果，瘦果顶端具羽毛状宿存花柱。果期 6 ~ 7 月。
观花：花单生；萼片 6 枚，蓝紫色，花瓣状，雄蕊、心皮多数。花期 4 ~ 5 月。
分布：原产于中国，除华南地区外各地均有分布。
习性：性喜凉爽气候，耐寒，要求向阳、排水良好的沙质壤土。
繁殖：播种繁殖。
应用：可自然栽植，用于布置花坛、道路两旁，或点缀于林间空地。

★ *Ranunculus asiaticus*（L.）Lepech. ☆ Persian Buttercup

花毛茛

别名：波斯毛茛，芹菜花，陆莲花
科属：毛茛科毛茛属

识别：株高 20 ~ 40 cm。茎单生或稀分枝，中空有毛；地下具小块根，纺锤形，常数个聚生于根颈部。基生叶阔卵形、椭圆形或三出状，缘有齿，具长柄；茎生叶无柄，为二回三出羽状复叶。
观花：每个花葶具花 1 ~ 4 朵，萼绿色，花瓣 5 ~ 10 片，鲜黄色。花期 2 ~ 5 月。
分布：原产以土耳其为中心的亚洲西部和欧洲东南部。
习性：喜凉爽、湿润和向阳环境，不耐寒，畏积水，怕干旱。
繁殖：播种繁殖。
应用：可作切花、盆栽观赏或布置花坛、花带、林缘草地等。

茴茴蒜

别名：小虎掌草，野桑椹，鸭脚板
科属：毛茛科毛茛属

识别： 多年生草本，高 10 ~ 50 cm，密被伸展的黄色长硬毛。基生叶与茎下部叶具长柄，三出复叶，中央小叶 3 深裂，侧生小叶不等 2 深裂。聚合果椭圆形。果期 7 ~ 9 月。

观花： 聚伞花序具少数花；萼片 5 枚，花瓣 5 片，黄色，雄蕊多数。花期 5 ~ 8 月。

分布： 分布在西藏、云南、广西、贵州、四川、湖北、甘肃、陕西、江苏、华北和东北。朝鲜、日本、俄罗斯西伯利亚地区、印度、尼泊尔也有分布。

习性： 耐水湿，耐阴。

繁殖： 播种繁殖。

应用： 可作园林地被植物，种植于山谷、溪边或路旁湿地中。

★ *Ranunculus chinensis* Bunge　☆ Chinese Buttercup

毛茛

别名：鱼疗草，鸭脚板，毛芹菜，起泡菜
科属：毛茛科毛茛属

识别： 多年生草本，高 15 ~ 70 cm，密被长硬毛。基生叶具长柄，圆心形或五角形，3 深裂；茎生叶渐无柄。聚合果，近球形。果期 6 ~ 9 月。

观花： 聚伞花序具少数花；萼片 5 枚，花瓣 5 片，亮黄色，有光泽，基部具短爪和蜜槽，雄蕊、心皮多数。花期 5 ~ 8 月。

分布： 分布于全国各地（西藏除外）。

习性： 喜温暖湿润气候，喜光，忌积水和干旱。喜疏松、肥沃和排水良好的沙质壤土。

繁殖： 分株或播种繁殖。

应用： 可布置早春花坛、花带；亦可盆栽或作切花材料。

★ *Ranunculus japonicus* Thunb.　☆ Japan Buttercup

杨子毛茛

别名：辣子草，地胡椒
科属：毛茛科毛茛属

识别： 多年生草本，遍体被白色或淡黄色柔毛。基部分枝，常匍匐地上。叶为 3 出复叶，具长柄；叶片宽卵形，长 2 ~ 4.5 cm，宽 3 ~ 6 cm，中央小叶具长或短柄，宽卵形或菱状卵形，3 浅裂至深裂，裂片上部边缘疏生锯齿，侧生小叶具短柄，2 裂。

观花： 花对叶单生，具长梗，径约 1.5 cm；萼片 5 枚，狭卵形，反曲；花瓣 5 片，黄色，近椭圆形。花期 5 ~ 6 月。

分布： 分布于长江中、下游各地及台湾。

习性： 喜湿润土壤。

繁殖： 播种繁殖。

应用： 可作园林地被植物。

★ *Ranunculus sieboldii* Miq.　☆ Siebold Buttercup

★ *Ranunculus repens* L.　☆ Creeping Buttercup

匍枝毛茛

别名：伏生毛茛，匐枝毛茛
科属：毛茛科毛茛属

识别： 多年生草本。株高 15 ~ 50 cm。茎下部匍匐，节上生根，多分枝，中空，近无毛。三出复叶掌状，具长柄；小叶 3 深裂或 3 全裂。

观花： 聚伞花序；小花黄色。花期夏季。

分布： 在中国分布于新疆、河北、山西、内蒙古、辽宁、吉林、黑龙江及河南。在亚洲北部、欧洲广布。

习性： 生长迅速，耐寒，喜阳又耐阴，喜湿，不耐践踏。

繁殖： 播种繁殖。

应用： 绿色期较长，可用作城市绿化的地被材料。

★ *Ranunculus sceleratus* L.　☆ Poisonous Buttercup

石龙芮

别名：水堇，胡椒菜，鬼见愁，野堇菜
科属：毛茛科毛茛属

识别： 一二年生草本，高 10 ~ 50 cm。须根簇生。茎直立，上部多分枝，无毛或疏生柔毛。基生叶有长柄，长 3 ~ 15 cm；叶片轮廓肾状圆形，长 1 ~ 4 cm，宽 1.5 ~ 5 cm，基部心形，3 深裂，有时裂达基部。瘦果极多，有近百枚，紧密排列在花托上。果期 5 ~ 8 月。

观花： 聚伞花序有多数花；花两性，小，直径 4 ~ 8 mm，花梗长 1 ~ 2 cm，无毛；萼片 5 枚，椭圆形，长 2 ~ 3.5 mm，外面有短柔毛；花瓣 5 片，倒卵形，长 1.5 ~ 3 mm，淡黄色，基部有短爪。花期 4 ~ 6 月。

分布： 全国各省区均有分布。

习性： 性喜热带、亚热带温暖潮湿的气候，野生于水田边、溪边、潮湿地区，忌土壤干旱，在肥沃的腐殖质土中生长良好。

繁殖： 分株或播种繁殖。

应用： 花色清雅美丽，可用于花境或丛植。

★ *Ranunculus ternatus* Thunb.　☆ Catclaw Buttercup

小毛茛

别名：猫爪草
科属：毛茛科毛茛属

识别： 一年生草本。基生叶有长柄；叶片形状多变，单叶或三出复叶，宽卵形至圆肾形，长 5 ~ 40 mm，宽 4 ~ 25 mm，小叶 3 浅裂至 3 深裂或多次细裂，末回裂片倒卵形至线形，无毛；叶柄长 6 ~ 10 cm。茎生叶无柄，叶片较小，全裂或细裂，裂片线形。聚合果近球形。果期 4 ~ 7 月。

观花： 花单生茎顶和分枝顶端，直径 1 ~ 1.5 cm；萼片 5 ~ 7 枚，长 3 ~ 4 mm，外面疏生柔毛；花瓣 5 ~ 7 片或更多，黄色或后变白色，倒卵形，长 6 ~ 8 mm。花期 3 月。

分布： 我国分布于广西、台湾、江苏、浙江、江西、湖南、安徽、湖北、河南等省。日本也有分布。

习性： 喜温暖湿润气候。生于丘陵、旱坡、田埂、路旁、荒地阴湿处，适应性强。对土壤要求不严格，适宜肥沃的腐殖质壤土栽培。

繁殖： 用种子或分根繁殖。

应用： 可作园林地被植物。

牡丹

别名：富贵花，木本芍药，洛阳花
科属：芍药科芍药属

识别： 落叶灌木，高可达 2 m；枝多而粗壮。二回三出复叶，小叶长 4.5 ~ 8 cm，阔卵形至卵状长椭圆形。先端 3 ~ 5 裂，基部全缘，叶背有白粉，平滑无毛。心皮一般 5 枚。果期 9 月。

观花： 花径 10 ~ 30 cm；花的颜色有白、黄、粉、红、紫红、紫、墨紫（黑）、雪青（粉蓝）、绿、复色十大色。花期 4 ~ 5 月。

分布： 原产于我国西部及北部。

习性： 喜温暖而不耐酷暑气候，较耐寒；喜光但忌暴晒，宜侧方遮阳。肉质根，忌黏土及积水之地；较耐碱。

繁殖： 播种繁殖或嫁接繁殖。

应用： 牡丹花大色美，香色俱佳，有“国色天香”的美誉。在园林中常作专类花园及供重点美化用，植于花台、花池观赏。又可自然式孤植或丛植于草坪边缘、岩石旁或配植于庭院，还可作盆栽供室内观赏。

★ *Paeonia suffruticosa* Andr.　☆ Moutan，Tree Peony

芍药

别名：将离，没骨花，黑牵夷，红药
科属：芍药科芍药属

识别： 多年生草本，高 60 ~ 120 cm。具粗大肉质根，茎簇生于根颈。叶为二回三出羽状复叶，枝梢部分呈单叶状，小叶椭圆形至披针形，叶端长而尖，叶全缘微波状。蓇葖果，内含黑色大粒球形种子数枚。果实 9 月成熟。

观花： 花 1 ~ 3 朵生于枝顶或枝上部腋生，单瓣或重瓣，萼片 5 枚，宿存。花期 4 ~ 5 月。

分布： 原产于中国北部、朝鲜及西伯利亚，现世界各地广为栽培。

习性： 喜光，耐寒，喜深厚肥沃、排水良好的沙质壤土，适应性强。

繁殖： 播种或组培繁殖。

应用： 可用于布置花坛、花境或专类园，也可作切花。

品种： 花色鲜艳、丰富，有黄、白、粉、紫及复色等色。常见栽培品种有“翡玉”“紫绣球”“粉蝴蝶”“西施粉”“粉玉奴”等。

相近种： 牡丹，基部木质化；二回三出复叶，小叶卵形，3 ~ 5 裂，背有白粉，无毛。

★ *Paeonia lactiflora* Pall.　☆ Peony

黄牡丹

别名：大花黄牡丹
科属：芍药科芍药属

识别： 落叶小灌木或亚灌木，高 1 ~ 1.5 m。叶互生，纸质，二回三出复叶，长 20 ~ 35 cm；叶片羽状分裂，裂片披针形，纸质，长 5 ~ 10 cm，宽 1 ~ 3 cm，先端锐尖至钝尖；叶柄长 7 ~ 15 cm。蓇葖革质，长 3 cm，直径 1.5 cm，顶端长渐尖，向下弯；种子数粒，黑色。果熟期 9 ~ 10 月。

观花： 花 2 ~ 5 朵生于枝顶或叶腋，直径 5 ~ 6 cm；萼片 3 ~ 4 枚，宽卵形；花瓣 9 ~ 12 片，黄色，倒卵形；雄蕊多数。4 ~ 5 月开花。

分布： 分布于云南、四川（木里）、西藏。

习性： 喜光，不耐水湿。

繁殖： 播种繁殖。

应用： 名贵的观赏花卉。适合作盆花置室内观赏或切花之用。

★ *Paeonia delavayi* Franch. var. *lutea*（Franch.）Finet　☆ Wild Peony

★ *Actinidia arguta*（Sieb.et Zucc.）Planch.ex Miq.　☆ Bower Kiwifruit

软枣猕猴桃

别名：软枣子
科属：猕猴桃科猕猴桃属

识别： 大藤本，长达 30 m。叶互生；叶柄长 3 ～ 8 cm，有时具刚毛；叶片稍厚，革质或纸质，卵圆形、椭圆形或长圆形，长 5 ～ 6 cm，宽 3 ～ 10 cm，基部圆形或近心形，顶端锐尖或具长尾尖。浆果球形至长圆形，光滑无斑点，两端稍扁平，顶端有钝短尾状喙。果期 8 ～ 9 月。

观花： 腋生聚伞花序，花 3 ～ 6 朵，直径 1.2 ～ 2 cm；萼片 5 枚，长圆状卵形或椭圆形；花瓣 5 枚，白色，倒卵圆形。花期 6 ～ 7 月。

分布： 分布于东北、华北、西北及长江流域，其他国家也有分布。

习性： 生于阴坡的针、阔混交林和杂木林中土质肥沃之地，有的生于阳坡水分充足的地方。喜凉爽、湿润的气候。

繁殖： 种子或扦插繁殖。

应用： 是良好的棚架攀缘植物。

★ *Actinidia chinensis* Planch.　☆ Yangtao Kiwifruit

中华猕猴桃

别名：猕猴桃，中国鹅莓
科属：猕猴桃科猕猴桃属

识别： 落叶缠绕藤本。小枝幼时密生灰棕色柔毛，老时渐脱落；叶纸质，圆形、卵圆形或倒卵形，顶端突尖、微凹或平截，缘有刺毛状细齿，背面密生灰棕色星状茸毛；浆果椭球形，有棕色茸毛，黄褐绿色；果熟期 8 ～ 10 月。

观花： 花乳白色，后边黄色。花期 6 月。

分布： 原产于河南、陕西、甘肃、四川、云南、贵州、湖北、湖南、广西等地。

习性： 喜阳光，略耐阴；喜深厚、肥沃、湿润而排水良好的土壤。

繁殖： 播种或扦插繁殖。

应用： 花大，美丽、芳香，是良好的棚架材料，即可观赏又有经济效益，最适合在自然式公园中配植应用。

相近种： 软枣猕猴桃 *Actinidia arguta*（Sieb.et Zucc.）Planch.ex Miq.。

★ *Actinidia macrosperma* C.F.Liang　☆ Largeseed Kiwifruit

大籽猕猴桃

科属：猕猴桃科猕猴桃属

识别： 中小型落叶藤本或灌木状藤本。叶幼时膜质，老时近革质，卵形或椭圆形，顶端渐尖、急尖至浑圆形，基部阔楔形至圆形，两侧对称或稍不对称，边缘有斜锯齿或圆锯齿，老时或近全缘。果成熟时橘黄色，卵圆形或圆球形。果熟期 10 月。

观花： 花常单生，白色，芳香。花期 5 月。

分布： 分布在中国广东北缘、湖北、江西、浙江、江苏、安徽等省。

习性： 喜温暖、湿润及阳光充足的环境，耐热、耐瘠，有一定的耐寒性。喜疏松、肥沃及排水良好的微酸性土壤。

繁殖： 种子或扦插繁殖。

应用： 花繁茂，适合棚架、山石等处栽培观赏，种植于低山地的丛林中、丘陵和林缘。

披针叶茴香

别名：红毒茴，莽草
科属：八角科八角属

识别：常绿灌木或小乔木，高 3 ~ 10 m；树皮灰褐色。单叶互生或偶有聚生于节部，倒披针形或披针形，长 6 ~ 15 cm，宽 2 ~ 4.5 cm，叶端渐尖或短尾状。聚合果 10 ~ 13，顶端有长而弯曲的尖头。

观花：花单生或 2 ~ 3 朵簇生叶腋；花被片 10 ~ 15 枚。

分布：产于长江下游、中游及长江以南各省区。

习性：喜阴湿环境。

繁殖：种子和扦插繁殖。

应用：庭园观赏植物，可在水岸、湖石、建筑物旁群植或丛植。

相近种：与八角的区别在于，本种聚合蓇葖果径约 3.7 cm，蓇葖 10(9) ~ 14 枚，先端尖头长 3 ~ 7 mm，钩状，向后弯曲。

★ *Illicium lanceolatum* A.C.Smith ☆ Lanceleaf Anisetree

二乔玉兰

别名：朱砂玉兰，紫砂玉兰
科属：木兰科玉兰属

识别：为玉兰与木兰的杂交种。落叶小乔木或灌木，高 7 ~ 9 m。叶倒卵形至卵状椭圆形，聚合蓇葖果卵形，熟时黑色。

观花：花大、呈钟状，内面白色，外面淡紫色，绿色花萼似花瓣，但长度仅其半。叶前开花。花期 4 月。

分布：原产于我国。

习性：喜光，耐寒，喜温暖湿润气候，喜肥沃、湿润排水良好的土壤，忌积水。

繁殖：嫁接、压条、扦插或播种均可。

应用：花大色艳，开满枝头，明媚娇艳，可栽植于绿地草坪孤植观赏，或从植于低矮常绿灌木后丰富层次、色彩，亦可修整后作盆栽。

★ *Magnolia soulangeana* (Lindl.) Soul.-Bod. ☆ Saucer Magnolia

白玉兰

别名：玉兰
科属：木兰科玉兰属

识别：落叶乔木，高达 15 m。树冠卵形或近球形。幼枝及芽均有毛；单叶互生，全缘，叶倒卵状长椭圆形；蓇葖果，成熟后开裂。种子红色；果期 9 月。

观花：花芽大，密被黄褐色长绢毛，花大芳香，纯白色，单生枝顶；花萼、花瓣相似，共 9 枚。花叶前开放；花期 3 ~ 4 月。

分布：产于中国中部山野中。

习性：喜光，稍耐阴，耐寒，喜肥沃、湿润而排水良好的弱酸性土壤，忌积水。

繁殖：播种、压条或嫁接繁殖。

应用：早春先叶开花，满树洁白；宜植于庭前、院后，配植以西府海棠、牡丹、桂花，或丛植于草坪或针叶树丛之前。

品种：飞黄玉兰 ‘Feihuang’，花黄色；红脉白玉兰 ‘Rednerve’。

★ *Magnolia denudata* Desr. ☆ Yulan Magnolia

★ *Magnolia biondii* Pamp. ☆ Biond Magnolia

望春玉兰

别名：望春花，迎春树，辛夷
科属：木兰科玉兰属

识别： 落叶乔木，高 6 ~ 12 m。树皮灰色，小枝无毛；芽卵形，具黄色柔毛；叶互生，长圆状披针形，先端急尖，基部楔形，表面暗绿色，无毛，背面浅绿色；聚合果圆柱形。果期 9 月。

观花： 花先叶开放，萼片近线形，较小，花大白色，外面基部带紫红色。花期 3 月。

分布： 产于陕西、甘肃、河南、湖北、四川等省区。

习性： 喜温暖湿润的气候，喜光，稍耐寒，喜湿润肥沃且排水良好的土壤。

繁殖： 播种繁殖。

应用： 花外面淡紫色，里面白色，气味浓郁芳香，开花极早，花大芳香，亦列植在道旁路边作行道树，或丛植于草坪绿地上，亦配植在凉亭、庭院旁。

★ *Magnolia liliflora* Desr. ☆ Lily Magnolia

紫玉兰

别名：木兰，辛夷，木笔，望春花
科属：木兰科玉兰属

识别： 落叶大灌木，高 3 m。小枝紫褐色；顶芽卵形；叶先端渐尖，基部楔形，背面脉上有毛。聚合果深紫褐色，圆柱形。果期 9 ~ 10 月。

观花： 花大，叶前开放，花瓣 6 片，外面紫色，内面近白色；萼片 3 枚，黄绿色，披针形，较花瓣短。花期 3 ~ 4 月。

分布： 产于我国湖北、四川、云南西北部。

习性： 喜光，不耐严寒，喜肥沃、湿润的土壤，在过于干燥、碱土、黏土上生长不良。

繁殖： 扦插、压条、分株或播种繁殖。

应用： 花大色艳，可配植于庭院房前，或丛植于草地边缘，园路转角处，草坪或针叶树丛之前。

★ *Magnolia stellata* Thunb. ☆ Star Magnolia

星花木兰

别名：日本毛玉兰，日本毛木兰
科属：木兰科玉兰属

识别： 小乔木或灌木，高约 4 m。叶柄长 4 ~ 15 mm，疏被毛；叶片倒卵形或长圆状倒卵形，长 4 ~ 10 cm，宽 3 ~ 6 cm，基部楔形。聚合果长 4 ~ 6 cm，扭转。果期 9 月。

观花： 花先于叶开放，花蕾紫色，花白色或淡紫红色，芳香，直径 7 ~ 10 cm；花被片 12 ~ 45 枚，近等长，长倒披针形或长圆形，外面被紫色条纹，花后稍反曲。花期 3 ~ 5 月。

分布： 原产于日本。我国南京、青岛、大连等地亦有栽培。

习性： 喜阳光充足环境，耐寒性较强，不耐干旱，略耐阴，在深厚肥沃和排水良好的土壤中生长较好。

繁殖： 主要用播种和嫁接繁殖。

应用： 星花木兰株姿优美，小枝曲折，先花后叶，花朵粉色又带芳香，为早春少见的观赏花木，宜在窗前、假山石边、池畔和水旁栽植，盆栽时特别适宜点缀古典式庭院和加工成盆景观赏。

荷花玉兰

别名：广玉兰，洋玉兰
科属：木兰科木兰属

识别： 常绿乔木，高 30 m。树冠阔圆锥形。芽及小枝有锈色柔毛。叶倒卵状长椭圆形，革质，叶端钝，叶基楔形，表面有光泽，背面有铁锈色短柔毛，叶缘微波状。聚合果圆柱形，密被灰黄色绒毛。果期 9 ~ 10 月。

观花： 花杯形，白色，极大，花瓣通常 6 片，萼片花瓣状，3 枚。花期 5 ~ 8 月。

分布： 原产于北美东部。

习性： 喜光，颇耐阴。喜温暖湿润气候，耐寒，喜肥沃湿润，富含腐殖质的沙壤土。

繁殖： 常用播种法繁殖，扦插、压条、嫁接法亦可。

应用： 叶厚有光泽，花大而芳香，树姿雄伟壮丽，宜列植道路两侧，孤植在宽广开阔的草坪上，配植成观花的树丛或作背景树。

★ *Magnolia grandiflora* L.　☆ Lotus Magnolia

厚朴

科属：木兰科木兰属

识别： 落叶乔木，高 15 ~ 20 m。树皮紫褐色。冬芽大，有黄褐色绒毛。叶簇生枝端，倒卵状椭圆形，叶大，脉上密生有毛。果期 9 月。

分布： 产于长江流域和陕西、甘肃南部。

观花： 先叶后花，花顶生白色，聚合果圆柱形。花期 5 月。

习性： 喜光，喜湿润而排水良好的酸性土壤，不耐严寒酷暑。

繁殖： 常用播种法繁殖，亦可分蘖繁殖。

应用： 叶大荫浓，花大芳香，可作庭院、公园的庭荫树，或孤植、丛植于草坪、绿地上、凉亭、岩石旁，亦可列植作行道树。

亚种： 凹叶厚朴 subsp. *biloba* (Rehd. et Wils.) Cheng et Law。

★ *Magnolia officinalis* Rehd. et Wils.　☆ Officinal Magnolia

灰毛含笑

别名：灰毛野木兰
科属：木兰科含笑属

识别： 乔木，高达 30 m；幼枝及叶密被黄褐色绒毛。叶厚革质，长椭圆形至广披针形，长 17 ~ 23 cm，网状脉致密，结成蜂窝状，表面深绿色，有光泽，背面毛为灰色。

观花： 花被片 9 ~ 12 枚，长 6 ~ 7 cm，白色，稍带黄绿色，基部带紫色。花期 3 ~ 5 月。

分布： 产于浙江南部、南岭以南至华南和西南各省区，以南岭为中心产区。

习性： 喜温暖湿润气候，喜光，幼树稍耐阴，适应性强，耐寒，耐干旱又耐瘠薄，对土壤选择不严格。

繁殖： 播种或嫁接繁殖。

应用： 生长快，可种植于庭院或山地，可列植、群植或孤植，用于道路绿化或园林配景，也可将之与落叶树种间种或混栽，已在淮河以南地区推广种植。

★ *Michelia foveolata* Merr. ex Dandy var. *cinerascens* Law et Y. F. Wu

★ *Michelia alba* DC. ☆ Bailan Michelia

白兰花

别名：黄桷兰，白缅桂，白兰
科属：木兰科含笑属

识别： 落叶乔木，高达 17 ~ 20 m，盆栽通常高 3 ~ 4 m，也有小型植株。树皮灰白色，幼枝常绿，叶片长圆，单叶互生，青绿色，革质有光泽，长椭圆形。其花蕾好像毛笔的笔头，瓣有 8 枚，白如皑雪，生于叶腋之间。

观花： 花白色或略带黄色，花瓣肥厚，长披针形，有浓香，花期长，6 ~ 10 月开花不断。如冬季温度适宜，会有花持续不断开放，只是香气不如夏花浓郁。

分布： 原产于喜马拉雅地区。现北京及黄河流域以南均有栽培。

习性： 性喜光，较耐寒，可露地越冬。喜高燥，忌低湿，栽植地渍水易烂根。喜肥沃、排水良好而带微酸性的沙质土壤，在弱碱性的土壤上亦可生长。

繁殖： 压条和嫁接繁殖。

应用： 现多见于园林、厂矿中孤植、散植，或于道路两侧作行道树。北方也有作桩景盆栽。

★ *Michelia figo* (Lour.) Spreng. ☆ Figo Michelia

含笑

别名：含笑花，含笑梅，笑梅
科属：木兰科含笑属

识别： 常绿灌木，高 2 ~ 3 m。树皮灰褐色；分枝很密；芽、幼枝、花梗和叶柄均密生黄褐色绒毛。叶革质，狭椭圆形或倒卵形椭圆形，长 4 ~ 10 cm，宽 1.8 ~ 4 cm，先端渐尖或尾状渐尖，基部楔形，全缘，上面有光泽，针毛，下面中脉上有黄褐色毛。聚合果长 2 ~ 3.5 cm。果熟期 9 月。

观花： 花单生于叶腋，直径约 12 mm，淡黄色而边缘有时红色或紫色，芳香；花被片 6 枚，长椭圆形，长 12 ~ 20 mm。花期 3 ~ 4 月。

分布： 原产于我国广东、福建及广西东南部。

习性： 喜暖热湿润、阳光充足、不耐寒、适半阴，长江以南背风向阳处能露地越冬。

繁殖： 种子繁殖。

应用： 适于在小游园、花园、公园或街道上成丛种植，可配植于草坪边缘或稀疏林丛之下。

★ *Michelia chapensis* Dandy ☆ Lechan Michelia

乐昌含笑

别名：大叶含笑，广东含笑
科属：木兰科含笑属

识别： 常绿乔木，高 15 ~ 30 m。树皮灰色至深褐色。叶薄革质，倒卵形或长圆状倒卵形，长 6.5 ~ 16 cm，宽 3.5 ~ 7 cm，有光泽。聚合果长圆形或卵圆形，种子卵形或长圆状卵形。果期 8 ~ 9 月。

观花： 花淡黄色，具芳香。花期 3 ~ 4 月。

分布： 原产于我国江西、湖南、广东、广西、贵州等地。

习性： 喜温暖湿润的气候，生长适宜温度为 15 ~ 32 ℃，能抗 41 ℃的高温，亦能耐寒。喜光，但苗期喜偏阴。喜土壤深厚、疏松、肥沃、排水良好的酸性至微碱性土壤。

繁殖： 种子繁殖。

应用： 树干挺拔，树荫浓郁，花香醉人，可孤植或丛植于园林中。

亮叶含笑 科属：木兰科含笑属

识别：乔木，高达 25 m。芽、嫩枝、叶柄及花梗均密被紧贴的银灰色或带有红褐色的短绒毛。叶柄长 2 ~ 4 cm，托叶与叶柄离生，叶柄上无托叶痕。聚合果长 7 ~ 10 cm；蓇葖长圆形或倒卵圆形，长 1 ~ 2 cm，顶端圆或具短尖的喙，基部宽阔，紧贴于轴上；种子红色，扁球形或扁卵圆形，长 6 ~ 7 mm。果期 9 ~ 10 月。

观花：花被片 9 ~ 12 枚，3 轮，每轮 3 ~ 4 枚，近相似，外轮椭圆形，或倒卵状椭圆形，长约 3 cm，宽约 1.5 cm，里面数轮较小。花期 3 ~ 4 月。

分布：产于广东南部、海南、广西、云南。越南中部也有分布。

习性：喜温暖、湿润的环境；忌水涝；喜肥沃、疏松和排水良好的壤土。

繁殖：种子繁殖。

应用：适合作园景树、行道树。

★ *Michelia fulgens* Dandy ☆ Shinyleaf Michelia

深山含笑 别名：光叶白兰，莫氏含笑 科属：木兰科含笑属

识别：常绿乔木，高 20 m。树皮浅灰或灰褐色，平滑不裂。芽、幼枝、叶背均被白粉。叶互生，革质，全缘，深绿色，叶背淡绿色，长椭圆形，先端急尖。聚合果 7 ~ 15 cm，种子红色。果期 9 ~ 10 月。其枝叶茂密，冬季翠绿不凋，树形美观。

观花：花单生于枝梢叶腋，花白色，有芳香，直径 10 ~ 12 cm。花期 2 ~ 3 月。

分布：产于湖南、广东、广西、福建、江西、贵州及浙江南部。

习性：喜温暖、湿润环境，有一定耐寒能力。喜光，幼时较耐阴。自然更新能力强，生长快，适应性广，4 ~ 5 年即可开花。抗干热，对二氧化硫的抗性较强。

繁殖：种子繁殖、扦插、压条繁殖或以木兰为砧木嫁接繁殖。

应用：是早春优良芳香观花树种，也是优良的园林和四季绿化树种。

★ *Michelia maudiae* Dunn ☆ Maudia Michelia

木莲 别名：黄心树，木莲果 科属：木兰科木莲属

识别：常绿乔木，高达 20 m。干单叶互生，叶革质，长椭圆状披针形，叶端渐尖，顶部常钝，基部楔形，叶尖端向叶背部弯曲。叶全缘，弧形平行脉，叶面绿色有光泽，叶背灰绿色，有白粉，叶背主脉突出，叶柄稍呈红褐色。聚合果卵形，蓇葖肉质、深红色。果熟期 9 ~ 10 月。

观花：花白色，单生于枝顶，花被片长 4 ~ 5 cm，花梗长 0.6 ~ 1.1 cm。花期 3 ~ 4 月。

分布：亚热带树种，分布于长江中下游地区，为常绿阔叶林中常见的树种。

习性：幼年耐阴，成长后喜光。喜温暖湿润气候及深厚肥沃的酸性土。在干旱炎热之地生长不良。

繁殖：种子繁殖。

应用：木莲树冠浑圆，枝叶并茂，绿荫如盖，典雅清秀，初夏盛开玉色花朵，秀丽动人。于草坪、庭园或名胜古迹处孤植、群植，能起到绿荫庇夏，寒冬如春的功效。

★ *Manglietia fordiana* (Hemsl.) Oliv. ☆ Ford Woodlotus

★ *Liriodendron tulipifera* L.　☆ Yellow Poplar

北美鹅掌楸

别名：美国鹅掌楸
科属：木兰科鹅掌楸属

识别： 高大落叶乔木，在原产地高达 60 m。树形高大，呈卵圆形。树皮深纵裂，小枝褐色或紫褐色，常带白粉。叶片长 7 ~ 12 cm，近基部每边具 2 侧裂片，先端 2 浅裂，幼叶背被白色细毛，后脱落无毛，叶柄长 5 ~ 10 cm。聚合果长约 7 cm。果期 9 ~ 10 月。

观花： 花杯状，花被片 9 枚，外轮 3 枚绿色，萼片状，向外弯垂，内两轮 6 枚，灰绿色，直立，花瓣状、卵形，长 4 ~ 6 cm，近基部有一不规则的黄色带。花期 5 月。

分布： 原产于美国东南部。

习性： 喜温凉、湿润的环境；忌水涝；喜肥沃、疏松和排水良好的壤土。

繁殖： 播种或嫁接繁殖。

应用： 城市中极佳的行道树、庭荫树种，无论丛植、列植或片植于草坪、公园入口处，均有独特的景观效果，对有害气体的抗性较强，也是工矿区绿化的优良树种之一。

★ *Liriodendron chinense*（Hemsl.）Sargent　☆ Chinese Tulip-tree

鹅掌楸

别名：马褂木，双飘树
科属：木兰科鹅掌楸属

识别： 落叶乔木，高达 40 m，树冠圆锥状。一年生枝灰色或灰褐色；叶马褂状，互生，两侧常各具 1 裂片，向中腰部缩入。果熟期 9 ~ 10 月。

观花： 花单生枝顶，黄色，杯状；聚合果纺锤形，小坚果有翅。花期 5 月。

分布： 我国特有树种，产于长江以南各省区。

习性： 性喜温凉、湿润气候，喜光，耐寒。

繁殖： 种子和扦插繁殖。

应用： 树形端正，秋叶呈黄色，叶形奇特，是优美的庭荫树和行道树种；花淡黄绿色，美而不艳。

相近种： 北美鹅掌楸 *Liriodendron tulipifera* L.，花丝长约 1 cm，花瓣长 4 ~ 5 cm，具翅小坚果先端尖；杂交鹅掌楸 *Liriodendron chinense* × *Liriodendron tulipifera*，叶形介于鹅掌楸和北美鹅掌楸之间，较原种耐寒性强。

★ *Liriodendron chinense* × *tulipifera*　☆ Hybrids Tuliptree

杂交马褂木

别名：杂交鹅掌楸
科属：木兰科鹅掌楸属

识别： 落叶大乔木，高可达 40 m。树皮灰色，一年生枝灰色或灰褐色，具环状托叶痕。单叶互生，叶两侧通常各 1 裂，向中部凹，形似马褂；叶柄长。果实纺锤状，果期 10 月。

观花： 花较大，鹅黄色，花形杯状，单生枝顶。花期 4 ~ 5 月。

分布： 培育品种。

习性： 喜阳，有一定的蔽荫性。喜温暖湿润气候，能耐 –15 ℃的低温。耐干旱，喜深厚肥沃和排水良好之沙质壤土。

繁殖： 多采用嫁接方式繁殖。

应用： 杂交鹅掌楸树姿雄伟，树干挺拔，树冠开阔，枝叶浓密，春天花大而美丽，入秋后叶色变黄，宜作庭园树和行道树，或栽植于草坪及建筑物前。

南五味子

别名：红木香，紫金藤，盘柱香
科属：五味子科南五味子属

识别： 藤本，各部无毛。叶长圆状披针形、倒卵状披针形或卵状长圆形，长 5 ~ 13 cm，宽 2 ~ 6 cm，先端渐尖或尖，基部狭楔形或宽楔形，边有疏齿，侧脉每边 5 ~ 7 条；上面具淡褐色透明腺点，叶柄长 0.6 ~ 2.5 cm。聚合果球形。果期 9 ~ 12 月。

观花： 花单生于叶腋，雌雄异株；雄花：花被片白色或淡黄色，8 ~ 17 片；花托椭圆体形；雄蕊群球形；雄蕊长 1 ~ 2 mm，花丝极短。花梗长 0.7 ~ 4.5 cm；雌花：花被片与雄花相似，雌蕊群椭圆体形或球形。花梗长 3 ~ 13 cm。花期 6 ~ 9 月。

分布： 产于江苏、安徽、浙江、江西、福建、湖北、湖南、广东、广西、四川、云南。

习性： 稍耐阴。

繁殖： 播种繁殖。

应用： 可作园林垂直绿化植物或地被植物，种植于山坡或林中。

★ *Kadsura longipedunculata* Finet et Gagnep. ☆ Common Kadsura

华中五味子

别名：红铃子，香苏
科属：五味子科五味子属

识别： 落叶木质藤本。枝细长，红褐色，有皮孔。叶椭圆形、倒卵形或卵状披针形，长 5 ~ 11 cm，宽 3 ~ 7 cm，先端短尖，边缘有疏锯齿。聚合果长 6 ~ 9 cm；浆果近球形，长 6 ~ 9 mm，红色，肉质。果期 7 ~ 9 月。

观花： 花单性，异株，单生或 1 ~ 2 朵生于叶腋，橙黄色；花梗纤细，长 2 ~ 4 cm；花被片 5 ~ 9 枚；雄蕊 10 ~ 15 枚，雄蕊柱倒卵形；紫蕊群近球形。花期 4 ~ 7 月。

分布： 分布于山西、陕西、甘肃、山东、江苏、安徽、浙江、江西、福建、河南、湖北、湖南、四川、贵州、云南东北部。

习性： 喜阴凉湿润气候，耐寒，不耐水浸，需适度荫蔽，幼苗期尤忌烈日照射。喜疏松、肥沃、富含腐殖质的壤土。

繁殖： 用种子、压条和扦插繁殖，以种子繁殖为主。

应用： 枝叶繁茂，夏有香花、秋有红果，是庭园和公园垂直绿化的良好树种。

★ *Schisandra sphenanthera* Rehd. et Wils. ☆ Orange Magnoliavine

木棉

别名：攀枝花，红棉树，英雄树
科属：木棉科木棉属

识别： 落叶大乔木，高达 25 m。树干直，树皮灰色，枝干均具短粗的圆锥形大刺，后渐平缓成突起。枝近轮生，平展。掌状复叶互生，总叶柄长 15 ~ 17 cm；小叶 5 ~ 7 cm，长椭圆形，长 10 ~ 20 cm，两端尖，全缘，无毛。蒴果大，椭圆形，木质，外被绒毛，成熟时 5 裂，内壁有白色长绵毛。

观花： 花大，红色，聚生近枝端，2 ~ 3 月先开花，后长叶。

分布： 北起四川西南攀枝花金沙江、安宁河、雅砻江河谷、云南金沙江河谷、云南南部、贵州南部，直至两广、福建南部、海南、台湾。

习性： 喜温暖干燥和阳光充足环境；不耐寒，稍耐湿，忌积水；耐旱，抗污染、抗风力强，深根性，速生，萌蘖力强。

繁殖： 嫁接繁殖。

应用： 树形高大雄伟，春季红花盛开，是优良的行道树、庭荫树和风景树。可园林栽培观赏。

★ *Bombax malabaricum* DC. ☆ Bombax

★ *Pachira aquatica* L.

水瓜栗

科属：木棉科瓜栗属

识别： 常绿乔木，高 8 ～ 10 m。掌状复叶互生，小叶革质，椭圆形。蒴果椭圆形。果期 9 ～ 10 月。

观花： 花单生于叶腋，花瓣带状，奶黄色，稍反卷，雌蕊细长，深红色。花期 5 ～ 8 月。

分布： 原产于美洲热带。

习性： 喜全日照，喜湿润，生长适温 20 ～ 30 ℃，喜排水良好、肥沃的微酸性土壤。

繁殖： 扦插或播种繁殖。

应用： 株形美观奇特，适合公园、小区、校园等群植或孤植美化环境，也可作行道树。

★ *Akebia trifoliata* (Thunb.) Koidz. ☆ Threeleaf Akebia

三叶木通

别名：八月炸，三叶拿绳
科属：木通科木通属

识别： 落叶木质藤本，长达 10 m。三出复叶，小叶卵圆形，长宽变化很大，先端钝圆或具短尖，基部圆形，有时略呈心形，边缘浅裂或呈波状，叶柄细长，长 6 ～ 8 cm，小叶 3 片，革质，长 3 ～ 7 cm，宽 2 ～ 4 cm。果成熟于秋季，果实肉质，浆果状，长圆筒形，紫红色，果皮厚，果肉多汁，8 ～ 9 月成熟后沿腹缝线开裂，故称八月炸或八月瓜。

观花： 雌雄同株，总状花序腋生，长 8 ～ 10 cm，总梗细长；雌花紫红色，生于同一花序下部，有花 1 ～ 3 朵；雄花生于花序上部，淡紫色，较小，约有 20 朵。花期 4 月。

分布： 分布于河北、山西、山东、河南、甘肃和长江流域以南。

习性： 稍耐阴，喜温暖气候及湿润、排水良好的土壤。

繁殖： 播种或压条繁殖。

应用： 可作花架绿化材料或引其缠绕树木、点缀山石，亦可作盆栽、桩景材料。

★ *Chionanthus retusus* Lindl.et Paxt. ☆ Tasseltree

流苏树

别名：萝卜丝花，牛筋子，乌金子
科属：木犀科流苏属

识别： 落叶灌木或小乔木，高达 6 m。单叶对生，叶片椭圆形或长圆形，全缘，近革质。雌雄异株，圆锥花序生于侧枝顶端；核果椭圆形，蓝黑色。果期 9 ～ 10 月。

观花： 花冠白色，4 深裂，裂片线状倒披针形，雄花雄蕊 2 枚，雌花柱头 2 裂。花期 6 ～ 7 月。

分布： 产于中国甘肃、陕西、山西、山东、河北，云南、广东、福建、台湾等省。

习性： 喜光，也较耐阴；喜温暖气候，也颇耐寒；喜中性及微酸性土壤，耐干旱瘠薄，不耐水涝。

繁殖： 播种、扦插或嫁接繁殖。

应用： 国家二级保护植物；初夏满树白花，如覆霜盖雪，清丽宜人，适宜植于建筑物四周，或公园中池畔和行道旁。也可盆栽，制作桩景。

雪柳

别名：五谷树，挂梁青，珍珠花
科属：木犀科雪柳属

识别：灌木，高 2 ~ 5 m。树皮灰黄色，无毛；小枝细长，四棱形；叶披针形或卵状披针形，基部楔形，全缘，无毛；翅果黄棕色，扁平，倒卵形。果期 6 ~ 10 月。

观花：圆锥花序顶生或腋生，花白绿色或带淡红色，微香。花期 5 ~ 6 月。

分布：产于河北、陕西、山东、江苏、安徽、浙江、河南及湖北东部、辽宁、广东等地。

习性：喜光，稍耐阴，喜温暖，较耐寒，喜肥沃、排水良好的土壤。

繁殖：播种、扦插繁殖。

应用：可丛植于庭园观赏，或群植于森林公园，或散植于溪谷沟边；现多栽培作自然式绿篱或防风林。

★ *Fontanesia fortunei* Carr.　☆ Snow Willow

金钟花

科属：木犀科连翘属

识别：落叶灌木，高达 3 m，茎枝直立。枝条片隔状髓心。单叶对生，长椭圆形至披针形，长 3.5 ~ 12 cm，宽 1 ~ 3 cm；先端尖，中部以上有粗锯齿，或近全缘，不分裂；基部宽楔形。果实：蒴果卵球形。果期 7 ~ 8 月

观花：花 1 ~ 4 朵簇生叶腋，先叶开放；花梗长 6 ~ 8 mm，密被柔毛；萼 4 裂，裂片卵形至椭圆形，长约为花冠筒一半。花期 3 ~ 4 月。

分布：产于长江流域至西南地区，华北以南各地园林广泛栽培。

习性：喜光，稍耐阴；耐寒，耐干旱瘠薄，怕涝，不择土壤。

繁殖：播种繁殖。

应用：本种枝条拱形开展，早春花先叶开放，是北方优良的早春观花灌木。

相近种：金钟连翘 *Forsythia* × *intermedia* Zabel，性状介于连翘与金钟花之间。

★ *Forsythia viridissima* Lindl.　☆ Greenstem Forsythia

连翘

别名：黄花条，连壳，青翘
科属：木犀科连翘属

识别：落叶丛生灌木，高 3 m。枝开展，拱形下垂，小枝髓中空；单叶或有时为 3 小叶，对生，缘有粗锯齿。

观花：花先叶开放，通常单生，花冠黄色；蒴果卵圆形。花期 4 ~ 5 月。

分布：原产于我国北部、中部及东北各地。

习性：喜光，有一定的耐阴性，耐寒，耐干旱贫瘠，怕涝，不择土壤，抗病虫能力强。

繁殖：以扦插繁殖为主。

应用：宜丛植于草坪、角隅、岩石假山下，路缘、转角处，阶前、篱下作基础种植，或作花篱等。以常绿树作背景，与榆叶梅、绣线菊等配植更能显示其金黄夺目之色彩。

变型与品种：金叶连翘 ‘Aurea’；蔓生连翘 f. *flagellarris* S.X.Yan 茎细长，长达 8 m；花叶连翘 var. *variegata* Butz. 叶面有黄色斑点，花深黄色；金脉连翘 ‘Goldvein’ 叶脉金黄色。

★ *Forsythia suspensa*（Thunb.）Vahl　☆ Weeping Forsythia

★ *Fraxinus bungeana* DC. ☆ Bunge Ash

小叶白蜡树

别名：苦枥，秦皮，小叶梣
科属：木犀科白蜡树属

识别：小乔木，高达5 m，有时灌木状。枝暗灰色，幼时淡褐色，有微细短柔毛。叶长4 ~ 11 cm；小叶5 ~ 7枚，有柄，卵形或圆卵形，长2 ~ 4 cm，顶端钝或短渐尖或近于尾尖，基部宽楔形，边缘有钝锯齿，两面均无毛。翅果狭矩圆形，长2.5 ~ 3 cm，顶端钝或微凹。果期8 ~ 9月。

观花：圆锥花序长5 ~ 8 cm，微被短柔毛；花萼小，4裂，裂片尖；花瓣4枚，条形，长约4 mm，完全分离；雄蕊比花瓣长。花期5月。

分布：分布于辽宁、河北、河南、山西、陕西。

习性：耐水湿。

繁殖：播种繁殖。

应用：可作庭院观赏树或园路树，或种植于生山坡、疏林、沟旁或水边。

★ *Jasminum sambac*（L.）Aiton ☆ Arab Jasmine

茉莉花

别名：茉莉
科属：木犀科素馨属

识别：常绿灌木，小枝细长有棱，略呈藤本状，绿色具柔毛，老枝灰色。叶对生，椭圆形或广卵形，基部圆形或楔形，全缘，质薄有光泽。球形，紫黑色。果期7 ~ 9月。

观花：顶生聚伞花序，花萼深细裂，花冠白色，单瓣或重瓣，浓香。花期6 ~ 8月。

分布：原产于印度、巴基斯坦、伊朗及阿拉伯半岛。中国早已引种，并广泛种植。

习性：喜温暖、湿润、半阴，不耐寒，不耐干旱及湿涝，适宜肥沃、排水好的微酸性土壤。

繁殖：扦插、压条或分株繁殖。

应用：多丛植于路旁和树下，或盆栽于阳台、窗前，为室内观赏的常绿花木。温暖地区作绿篱或基础种植，也可盆栽观赏或作切花。

★ *Jasminum nudiflorum* Lindl. ☆ Winter Jasmine

迎春

别名：迎春花
科属：木犀科素馨属

识别：落叶灌木，高0.4 ~ 5 m。枝细长拱形，绿色，有4棱；小叶3枚，对生，表面有基部突起的短刺毛。通常不结果。

观花：花单生，先叶开放，花冠黄色。花期2 ~ 4月。

分布：产于河南、山西、陕西、甘肃、山东、江苏、四川、贵州、云南等省区。

习性：喜光，稍耐阴；较耐寒；喜湿润，也耐干旱，怕涝；对土壤要求不严格，耐碱。

繁殖：常用扦插、压条、分株繁殖。

应用：开花极早，南方可与蜡梅、山茶、水仙同植一处，构成新春佳景；与银芽柳、山桃同植，种植于柳树池畔或栽植于路旁、山坡及窗下墙边，或作花篱密植，或作开花地被，或植于岩石园内。

相近种：云南黄馨 *Jasminum mesnyi* Hance。

迎夏

别名：探春花
科属：木犀科素馨属

识别： 半常绿灌木，高 1 ~ 3 m。小枝绿色，有棱，奇数羽状复叶互生。枝直立或平展，幼枝绿色，光滑有棱。叶互生，小叶常为 3 朵，偶有 5 朵或单叶，卵状长圆形，长 1 ~ 3.5 cm，端渐尖，边缘反卷，无毛。浆果近圆形。
观花： 聚伞花序顶生，多花；花萼裂片 5 枚，线形，与萼筒等长；花冠黄色，裂片 5 枚，卵形。花期 5 ~ 6 月。
分布： 中国特有植物。分布于河北、陕西、山东、贵州、湖北、四川、河南等地。
习性： 喜光，耐阴，耐寒性不强，适应性强。
繁殖： 以扦插为主，也可用压条、分株繁殖。
应用： 迎夏枝条长而柔弱，下垂或攀缘，碧叶黄花，可于堤岸、台地和阶前边缘栽植，特别适用于宾馆、大厦顶棚布置，也可盆栽观赏，也可种植于山谷、坡地以及林中。

★ *Jasminum floridum* Bunge ☆ Showy Jasmine

云南黄馨

别名：南迎春，黄素馨，野迎春
科属：木犀科素馨属

识别： 常绿灌木，高 3 m。枝细长拱形，柔软下垂，绿色，有 4 棱；叶对生，小叶 3 片，纸质，叶面光滑。
观花： 花单生于小枝端，花冠黄色；花期 4 月，延续时间长。
分布： 原产于云南。
习性： 耐寒性不强。
繁殖： 常用扦插、压条、分株繁殖。
应用： 因其枝细长拱形下垂，最宜植于驳岸，不仅形成清晰的倒影，还可遮蔽驳岸平直呆板等不足之处；植于路缘、坡地及石缝等处均极优美。
相近种： 茉莉 *Jasminum sambac*（L.）Ait.(Arabian Jasmine)。

★ *Jasminum mesnyi* Hance ☆ Primrose Jasmine

金叶女贞

别名：黄叶女贞，金玉满堂
科属：木犀科女贞属

识别： 常绿或半常绿灌木，高可达 3 m。枝灰褐色；叶革质，长椭圆形，叶片金黄色，冬季呈黄褐色至红褐色；核果紫黑色。果熟期 10 月。
观花： 圆锥状花序，花多，白色。花期夏季。
分布： 中国南北各地园林均有栽培。
习性： 萌蘖力强，生长迅速，适应性强。喜温凉气候，病虫害少。
繁殖： 扦插繁殖。
应用： 叶色金黄色，可与红叶、绿叶等植物配植，形成强烈的色彩对比，亦可作地被装饰或剪成球形。
相近种： 金森女贞 *Ligustrum japonicum* ‘Howardii’。

★ *Ligustrum vicaryi* Rehd. ☆ Hybrida Vicaryi Privet

★ *Ligustrum lucidum* Ait.　☆ Glossy Privet

女贞

别名：大叶女贞，女桢，蜡树
科属：木犀科女贞属

识别： 常绿乔木，高 10 m。枝开展，无毛，具皮孔；叶革质，宽卵形至卵状披针形，全缘，无毛。果熟期 10 ~ 12 月。

观花： 圆锥花序顶生，花白色；核果长圆形，蓝黑色，被白粉。花期 6 ~ 7 月。

分布： 原产于河南、长江流域及以南各地。

习性： 喜光，稍耐阴；喜温暖，不耐寒；喜湿润，不耐干旱；对二氧化硫、氯气、氟化氢等有毒气体有较强的抗性。

繁殖： 播种、扦插繁殖。

应用： 常栽植于庭园观赏，广泛栽植于街道、宅院，或作园路树，或修剪作绿篱用。

相近种： 水蜡树 *Ligustrum obtusifolium* Sieb.et Zucc.。

★ *Ligustrum obtusifolium* Sieb. et Zucc. subsp. *suave (Kitagawa) Kitagawa*

辽东水蜡树

别名：水蜡
科属：木犀科女贞属

识别： 落叶灌木，高 3 m。幼枝具柔毛。单叶对生，叶纸质，长椭圆形至长圆状倒卵形，长 3 ~ 5 cm，全缘，端尖或钝，背面有短柔毛，沿中脉较密。核果椭圆形，黑色，稍被蜡状白粉。果期 8 ~ 9 月。

观花： 圆锥花序顶生而常下垂，长 2.5 ~ 3 cm，生于侧面小枝上；花白色，芳香；花具短梗；萼具柔毛；花冠管长于花冠裂片 2 ~ 3 倍。花期 5 ~ 6 月。

分布： 原产于我国中南地区，现北方各地广泛栽培。日本也有分布。

习性： 较耐寒，稍耐阴，对土壤要求不严格。

繁殖： 播种繁殖。

应用： 树姿婀娜，枝叶细密，夏季白花清雅洁净、芬芳迷人，适宜草坪边缘散植，建筑前丛植，使芳香入室；也常修剪成绿篱，亦是优良的抗污染树种。

★ *Ligustrum sinense* Lour.　☆ Chinese Privet

小蜡树

别名：小蜡
科属：木犀科女贞属

识别： 半常绿灌木或小乔木，高 2 ~ 7 m。小枝密生短柔毛；叶薄革质，椭圆形，背面沿中脉有短柔毛；核果近圆形。

观花： 花白色，芳香，花梗细而明显，花萼钟形，被茸毛。花期 4 ~ 5 月。

分布： 产于长江以南各地。

习性： 喜光，稍耐阴，较耐寒，抗二氧化硫等有害气体，耐修剪。

繁殖： 常播种、扦插繁殖。

应用： 常植于庭园观赏，丛植于林缘、池边、石旁，规则式园林中可修剪成长、方、圆等几何形体。

相近种： 小叶女贞 *Ligustrum quihoui* Carr.。

小叶女贞

别名：小叶冬青，小白蜡，楝青
科属：木犀科女贞属

识别： 落叶或半常绿灌木，高 2 ~ 3 m。枝条铺展，小枝具短柔毛；叶薄革质，椭圆形至倒卵状长圆形，先端钝，圆或微凹，基部楔形，无毛，全缘，边缘略向外反卷，叶柄有短柔毛。果熟期 9 ~ 11 月。

观花： 圆锥花序，无梗，花白色，芳香；核果宽椭圆形，紫黑色；花期 7 ~ 8 月。

分布： 产于中国中部、东部和西南部。

习性： 喜光，稍耐阴；较耐寒，耐修剪。

繁殖： 常播种、扦插繁殖。

应用： 株丛紧密圆整，枝叶细密可爱，适宜在庭院中栽植观赏，或作林下耐阴灌木用。也是优良的抗污染树种。耐修剪，常作绿篱。

品种： 紫叶女贞 'Purpureus'。

相近种： 卵叶女贞 *Ligustrum ovalifolium* Hassk.。

★ *Ligustrum quihoui* Carr. ☆ Purpus Privet

金森女贞

别名：金森日本女贞
科属：木犀科女贞属

识别： 常绿小灌木。叶革质，厚实，有肉感；春季新叶鲜黄色，至冬季转为金黄色，部分新叶沿中脉两侧或一侧局部有云翳状浅绿色斑块，色彩明快悦目；节间短，枝叶稠密。果实呈紫色。

观花： 花白色。

分布： 原种分布于日本关东以西，本州、四国、九州及中国的台湾。

习性： 喜光，又耐半阴；耐热性强，耐寒性强，长势强健，萌发力强。

繁殖： 扦插繁殖。

应用： 既可作界定空间、遮挡视线的园林外围绿篱，也可植于墙边、林缘等半阴处，遮挡建筑基础，丰富林缘景观的层次。

★ *Ligustrum japonicum* 'Howardii' ☆ Howard Japan Privet

蜡子树

别名：尖叶女贞，水白蜡，黄家榆
科属：木犀科女贞属

识别： 灌木，高达 3 m，幼枝略有短柔毛。叶厚纸质，椭圆形、椭圆状矩圆形、卵状矩圆形或矩圆状披针形，长 3 ~ 5 cm，锐尖或渐尖，基部楔形或宽楔形，上面基部中脉下陷并有短柔毛，下面中脉隆起，面上有短柔毛，沿中脉者较密，边缘微向外反卷。核果宽椭圆状，成熟时长 8 ~ 9 mm，蓝黑色。

观花： 圆锥花序（近似总状花序），长 2 ~ 5 cm，有短柔毛；花梗及花萼无毛；花冠筒比裂片长；花药达到花冠裂片之半。

分布： 分布于河南、安徽、江苏、浙江、江西、福建、湖南、四川。

习性： 喜光，稍耐阴。

繁殖： 播种繁殖。

应用： 庭园观赏树种，或种植于山坡或林中。

★ *Ligustrum acutissimum* Koehne

★ *Olea europaea* L. ☆ Common Olive

油橄榄

别名：齐墩果，木犀榄
科属：木犀科木犀榄属

识别： 小乔木，高达 6.5 m。树皮粗糙，老时深纵裂，常生有树瘤；小枝四棱形；叶近革质，披针形或长椭圆形，顶端稍钝而有小凸尖，背面密被银白色皮屑状鳞片，中脉在两面隆起；核果椭圆状至近球形，形如橄榄，黑色光亮。果熟期 10 ~ 12 月。

观花： 圆锥花序长；花萼钟状；花小，白色，芳香。花期 4 ~ 5 月。

分布： 原产于南欧地中海一带。

习性： 喜光，宜土层深厚、排水良好的沙质壤土，稍耐干旱，对盐分有较强的抵抗力，不耐积水。

繁殖： 嫁接、扦插、压条繁殖。

应用： 常绿，枝繁茂，叶双色，花芳香，可丛植于草坪、墙隅，在小庭院中栽植也很适宜。

★ *Osmanthus fragrans* (Thunb.) Lour. ☆ Sweet Osmanthus

桂花

别名：木犀
科属：木犀科木犀属

识别： 常绿灌木至小乔木，高 12 m。芽叠生；叶长椭圆形，革质，全缘或上半部有细锯齿；核果椭圆形，紫黑色。

分布： 原产于我国南部。

观花： 花小，簇生叶腋或聚伞状，黄白色，浓香。花期 9 ~ 10 月。

习性： 喜光，稍耐阴；喜温暖和通风良好的环境，不耐寒；喜湿润排水良好的沙质壤土；忌涝地、碱地和黏重土壤。

繁殖： 嫁接、压条繁殖。

应用： 常于庭前对植，即“两桂当庭”；植于道路两侧；可大面积栽植，形成“桂花山”“桂花岭”；与秋色叶树种同植，有色有香，是点缀秋景的极好树种；淮河以北地区桶栽、盆栽。

品种： 金桂 ‘Thunbergii’，花金黄色；银桂 ‘Latifolius’，花白色；丹桂 ‘Aurantiacus’，花橙黄色；四季桂 ‘Semperflorens’，花期长，在 2 月、4 月、6 月、8 月和 11 月各开一次花。

★ *Osmanthus heterophyllus* (G. Don) P. S. Green. ☆ Diversifolious Osmanther

异叶柊树

科属：木犀科木犀属

识别： 常绿灌木或小乔木，高 2 ~ 8 m。叶片革质，长圆状椭圆形或椭圆形，长 4.5 ~ 6 cm，宽 1.5 ~ 2.5 cm，先端渐尖，具针状尖头，基部楔形或宽楔形，叶缘具 3 ~ 4 对刺状牙齿或全缘，齿长 5 ~ 9 mm，先端具锐尖的刺；叶柄长 5 ~ 10 mm。果卵圆形，呈暗紫色。果期翌年 5 ~ 6 月。

观花： 花序簇生于叶腋，每腋内有花 5 ~ 8 朵；花梗长 5 ~ 6 mm；花冠白色。花期 11 ~ 12 月。

分布： 产于台湾。

习性： 对土壤要求低于其他桂花，在排水良好、湿润肥沃的土壤中生长旺盛。忌涝地、碱地。

繁殖： 播种繁殖，也可扦插。嫁接于丝棉木上有更好的观赏效果。

应用： 树冠圆整，四季常青，白花簇生雪白叶腋，芳香，亦栽为庭院树，以供观赏。因其适应性强，栽培容易，故适合制作盆景。

暴马丁香

别名：暴马子，阿穆尔丁香
科属：木犀科丁香属

识别： 落叶小乔木，高达 6 m。树皮紫灰色，粗糙，通常不开裂。单叶对生，叶片卵形至阔卵形，先端渐尖，基部圆形或近心形，全缘。蒴果长圆形。果期 8 ~ 9 月。

观花： 圆锥花序大型，侧生；花冠 4 裂，白色，雄蕊 2 枚，长为花冠管的 2 倍。花期 6 月。

分布： 主要分布在小兴安岭以南各山区，大兴安岭只有零星分布；此外，西北和华北地区也有分布。朝鲜、俄罗斯的远东地区、日本也有分布。

习性： 喜温暖湿润气候，耐严寒，对土壤要求不严格，喜湿润的冲积土。

繁殖： 种子繁殖。

应用： 华北地区常栽培观赏。花序大，花期长，香味浓，是优美的绿化观赏树种，或种植于林内、林缘、路边、河岸及河谷灌丛中。

★ *Syringa amurensis* Rupr. ☆ Amur Lilac

北京丁香

别名：臭多萝，山丁香
科属：木犀科丁香属

识别： 落叶大灌木或小乔木，高达 5 ~ 10 m。树皮黑灰色，纵裂。小枝赤褐色或灰褐色；皮孔白色，圆形，散生。无顶芽，侧芽细小。单叶对生，叶纸质，叶宽卵形或卵圆形，先端渐尖，叶面平坦。蒴果矩圆形。果期 9 ~ 10 月。

观花： 圆锥花序生于去年生枝顶或叶腋，长 8 ~ 15 cm；花黄白色，辐状，直径 5 ~ 6 mm；花冠筒短，几乎与花冠裂片等长或稍长；雄蕊与花冠裂片近等长。花期 5 ~ 6 月。

分布： 产于我国北部。

习性： 喜光，亦较耐阴，建筑物北侧及大乔木冠下均能正常生长、开花结实；耐寒性较强，也耐高温；对土壤要求不严格，适应性强，较耐密实度高的土壤，耐干旱。

繁殖： 播种繁殖。

应用： 花序大，花期长，香味浓，是优美的绿化观赏树种。

★ *Syringa pekinensis* Rupr. ☆ Peking Lilac

波斯丁香

别名：花叶丁香
科属：木犀科丁香属

识别： 灌木，高达 2 m。小枝细长无毛。叶椭圆形至披针性，全缘，偶有三裂或羽裂，叶柄具窄翅。通常不结果。

观花： 圆锥花序疏散，花冠淡紫色，筒细长。花期 5 月。

分布： 产于我国西北部。伊朗、阿富汗也有分布。

习性： 喜光，稍耐阴，喜温暖湿润气候，耐寒，耐旱。

繁殖： 种子繁殖。

应用： 常置于庭院观赏。

★ *Syringa persica* L. ☆ Peach Lilac

★ *Syringa pubescens* Turcz. ☆ Hairy Lilac

巧玲花

别名：小叶丁香，雀舌花，毛丁香
科属：木犀科丁香属

识别： 灌木，高 1 ~ 4 m。叶片卵形、椭圆状卵形、菱状卵形或卵圆形。长 1.5 ~ 8 cm，宽 1 ~ 5 cm，先端锐尖至渐尖或钝，基部宽楔形至圆形，叶缘具睫毛，上面深绿色，无毛；叶柄长 0.5 ~ 2 cm。果通常为长椭圆形，皮孔明显。果期 6 ~ 8 月。

观花： 圆锥花序直立，花序轴与花梗、花略带紫红色，无毛，稀有略被柔毛或短柔毛；花序轴明显四棱形；花梗短；花萼长 1.5 ~ 2 mm，截形或萼齿锐尖、渐尖或钝；花冠紫色，盛开时呈淡紫色，后渐近白色，长 0.9 ~ 1.8 cm。花期 5 ~ 6 月。

分布： 产于河北、山西、陕西东部、山东西部、河南。

习性： 喜光，较耐阴；喜温凉的气候，耐寒性较强，耐干旱。适应性强，对土壤要求不严格，但以排水良好的土壤为佳。

繁殖： 压条、播种或扦插繁殖。

应用： 为优良的园林观赏树种，可用作景观树和行道树。

★ *Syringa pinnatifolia* Hemsl. ☆ Pinnateleaf Lilac

羽叶丁香

别名：山沉香
科属：木犀科丁香属

识别： 落叶灌木，高 1 ~ 3 m。奇数羽状复叶，连叶柄长 5 ~ 10 cm，叶轴具狭翅；小叶 7 ~ 9 枚，纸质或老时近革质，狭卵形至卵状披针形，长 1 ~ 4 cm，宽 0.5 ~ 1 cm，先端急尖或渐尖，有时具小尖头，边缘具细缘毛，顶生小叶有时分化不完全，基部 1 侧下延，叶柄不明显。蒴果圆锥状，长约 1 cm，2 瓣裂。

观花： 圆锥花序侧生于去年生小枝上，长 3 ~ 8 cm；花萼钟状，3 ~ 4 裂；花冠筒白色或粉红色，长 1 ~ 1.5 cm，檐部 4 裂，裂片长圆形；雄蕊 2 枚。

分布： 星散分布于陕西秦岭中部和四川、青海的局部地区。

习性： 为阳性树种，具有喜光、耐寒、抗风等特性。

繁殖： 播种或分株繁殖。

应用： 羽叶丁香形态奇特，对于研究丁香属的系统发育、地理分布以及我国中部植物区系等，都具有一定的科学意义。

★ *Syringa oblata* Lindl. ☆ Early Lilac

紫丁香

别名：华北丁香
科属：木犀科丁香属

识别： 灌木或小乔木，高 4 m。树皮灰褐色，小枝黄褐色，初被短柔毛。嫩叶簇生，后对生，叶广卵形、倒卵形或披针形，叶基心形，全缘，两面无毛；蒴果长圆形。果期 6 ~ 10 月。

观花： 花序圆锥状，花冠紫色、紫红色、堇紫色或蓝色，端 4 裂开展，花冠筒长 6 ~ 8 mm。花期 4 月。

分布： 产于吉林、辽宁、内蒙古、河北、山东、陕西、甘肃、四川。朝鲜也有分布。

习性： 喜光，稍耐阴，较耐寒，耐干旱，忌低湿，喜湿润、肥沃、排水良好的土壤。

繁殖： 常用播种、扦插、嫁接繁殖，常用小叶女贞作砧木。

应用： 常丛植于建筑物前、茶室凉亭周围；散植于道路两旁、草坪之中；与其他种类丁香配植成专类园，形成美丽、清雅、青枝绿叶、花开不绝的景区。

变种： 白丁香 var. *affinis* Lingelsh，(White Early Lilac)，花白色。

葎叶蛇葡萄

别名：葎叶白蔹，小接骨丹
科属：葡萄科蛇葡萄属

识别： 木质藤本，枝光滑或偶有微毛；卷须与叶对生，分叉。叶质地坚韧，宽卵圆形，长 6 ~ 12 cm，宽 5 ~ 10 cm，3 ~ 5 中裂或近于深裂，基部心形或近平截，边缘具粗锯齿，上面有光泽，鲜绿色，光滑，下面苍白色，无毛或脉上微有毛；叶柄约与叶片等长。果宽 6 ~ 8 mm，淡黄色或淡蓝色。果期 5 ~ 9 月。

观花： 聚伞花序与叶对生，疏散，总花梗细，长于叶柄；花淡黄色；萼片合生成杯状；花瓣 5 枚；雄蕊 5 枚，与花瓣对生；子房 2 室，着生于明显的花盘上。花期 5 ~ 7 月。

分布： 分布于吉林、辽宁、河北、山东、河南、山西、陕西、甘肃、安徽。

习性： 耐水湿，稍耐阴。

繁殖： 播种繁殖。

应用： 可作园林垂直绿化植物，或种植于山沟边、林缘或林下。

★ *Ampelopsis humulifolia* Bunge ☆ Hopleaf Snakegrape

乌头叶蛇葡萄

别名：草白蔹
科属：葡萄科蛇葡萄属

识别： 木质藤本；枝无毛；卷须分叉。掌状复叶；小叶 3 ~ 5 枚，披针形或菱状披针形，无柄，长 4 ~ 9 cm，小叶全部羽裂或不裂，中央小叶羽裂达中脉，裂片边缘具少数粗锯齿，无毛，或幼叶下面脉上稍有毛，淡绿色；叶柄较叶短。浆果近球形，直径约 6 mm，成熟时红色。果期 8 ~ 9 月。

观花： 聚伞花序与叶对生，无毛，总花柄较叶柄长；花小，黄绿色；花萼不分裂；花瓣 5 枚；花盘边平截；雄蕊 5 枚；子房 2 室，花柱细。花期 5 ~ 6 月。

分布： 分布于内蒙古、山西、河北、山东、河南、陕西、甘肃。

习性： 喜光。

繁殖： 播种繁殖。

应用： 可作园林垂直绿化植物。

★ *Ampelopsis aconitifolia* Bunge ☆ Monkshoodvine

三裂叶蛇葡萄

别名：绿葡萄
科属：葡萄科蛇葡萄属

识别： 攀缘木质藤本。叶多数，3 全裂，中间小叶长椭圆形至宽卵形，基部楔形或圆形，顶端渐尖，有短柄或无柄，侧生小叶极偏斜，斜卵形，宽卵形，长宽 5 ~ 12cm，顶端渐尖，基部心形，边缘有带凸尖的圆齿。果球形或扁球形，蓝紫色。果期 7 ~ 9 月。

观花： 聚伞花序与叶对生；花淡绿色；花萼边缘稍分裂；花瓣 5 枚，镊合状排列；雄蕊 5 枚。花期 5 ~ 6 月。

分布： 产于辽宁、吉林、河北、山西、陕西、江苏、浙江、江西、河南、湖北、湖南、广东、广西、四川。

习性： 喜光。

繁殖： 播种繁殖。

应用： 可作园林垂直绿化植物或地被植物，种植于山坡地边等处。

★ *Ampelopsis delavayana* Planch. ☆ Delavay Snakegrape

★ *Parthenocissus quinquefolia*（L.）Planch.　☆ Virginia Creeper

美国地锦

别名：五叶地锦，美国爬山虎
科属：葡萄科爬山虎属

识别： 落叶攀缘藤本，长 15 m。单叶互生，短枝端两叶对生，广卵形，常 3 裂，幼枝上的叶常 3 全裂或 3 小叶，基部心形，叶缘有粗齿，表面无毛，背面脉上常有柔毛。浆果近球形，蓝黑色，稍带白粉。果期 9 ~ 10 月。

观花： 聚伞花序常腋生于短枝顶端两叶之间，花黄绿色，花期 6 月。

分布： 我国分布很广，北起吉林，南至广东均有。日本也有分布。

习性： 耐寒，耐旱，喜阴湿环境。对环境适应性广泛。

繁殖： 播种繁殖。

应用： 蔓茎纵横，翠叶遍盖如屏，秋后叶色变红，十分艳丽，是垂直绿化的主要树种之一。适于配植宅院墙壁、围墙、庭园入口处、桥头等处。宜作工矿街坊的绿化材料。

相近种： 三叶地锦（*Parthenocissus semicordata* Planch.），掌状复叶，小叶 3 ~ 5 枚，中间小叶又成羽状复叶，叶轴具宽翅及关节，两侧小叶羽状裂，基部小叶常不裂而且小。果实有针孔状凹点。

★ *Parthenocissus tricuspidata*（Sieb.et Zucc.）Planch.　☆ Japan Creeper

爬山虎

别名：爬墙虎，地锦
科属：葡萄科爬山虎属

识别： 落叶攀缘藤本，长 15 m。单叶互生，短枝端两叶对生，广卵形，常 3 裂，幼枝上的叶常 3 全裂或 3 小叶，基部心形，叶缘有粗齿，表面无毛，背面脉上常有柔毛。浆果球形，熟时蓝紫色，有白粉。果期 9 ~ 10 月。

观花： 聚伞花序常腋生于短枝顶端两叶之间，花两性。花期 6 月。

分布： 我国分布很广，北起吉林，南至广东均有。日本也有分布。

习性： 适应性强，性喜阴湿环境，但不怕强光，耐寒，耐旱，耐贫瘠，耐修剪。

繁殖： 播种繁殖。

应用： 夏季枝叶茂密，常攀缘在墙壁或岩石上，适于配植宅院墙壁、围墙、庭园入口处、桥头等处。可用于绿化房屋墙壁、公园山石，既可美化环境，又能降温、调节空气、减少噪声。

★ *Cyphostemma juttae* (Dinter et Gilg) Desc.　☆ Tree Grape

葡萄瓮

科属：葡萄科葡萄翁属

识别： 落叶灌木状肉质植物，高 2 m，株幅 1 m。茎基部膨大，茎皮淡褐色，剥落状，径达 30 ~ 40 cm，顶端分枝多。叶大，卵圆形，无柄，簇生于茎枝顶端，蓝绿色，肥厚，叶缘具不规则粗锯齿，被白色毡毛，长 10 ~ 15 cm。初生叶会有绒毛，叶色会因环境变得极灿烂。果红色。

观花： 总状花序，花小，黄绿色。花期夏季。

分布： 原产于非洲纳米比亚、安哥拉和马达加斯加。

习性： 喜温暖、干燥和阳光充足的环境。不耐寒。

繁殖： 播种或扦插繁殖。

应用： 可作观花或观果植物盆栽。

方茎青紫阁

别名：棱茎粉藤，四角粉藤
科属：葡萄科白粉藤属

识别： 茎匍匐分节，可以延伸为数米长。茎节4棱，长8～10 cm，每边宽1.5～2 cm，棱脊角质化，平滑或稍呈波浪形。节间有卷须和叶。叶心形，有深缺刻，早落。
观花： 花绿色。
分布： 分布于南非、阿拉伯地区及印度。在我国栽培已久。
习性： 性强健，夏天不休眠，冬天也较耐寒。
繁殖： 扦插或播种繁殖。
应用： 可作温室垂直绿化植物，在家庭光线不强的条件下，它的叶和茎更加青翠，是一种大众化的多肉植物。

★ *Cissus quadrangularis* L.　☆ Fourangled Treebine

葛藟

别名：葛藟葡萄，芜，光叶葡萄
科属：葡萄科葡萄属

识别： 木质藤本；枝条细长，幼枝有灰白色绒毛。叶宽卵形或三角状卵形，长3.5～11 cm，宽2.5～9.5 cm，顶端渐尖，基部宽心形或近截形，边缘有不等的波状牙齿，上面无毛，下面多少有毛，主脉和脉腋有柔毛；叶柄长3～7 cm，有灰白色蛛丝状绒毛。浆果球形，直径6～8 mm，黑色。
观花： 圆锥花序细长，长6～12 cm，花序轴有白色丝状毛；花小，直径2 mm，黄绿色。
分布： 分布于云南、四川、陕西、湖北、湖南、江西、安徽、浙江、广东、广西、山东。朝鲜、日本也有分布。
习性： 喜光。
繁殖： 播种繁殖。
应用： 可作园林垂直绿化植物。

★ *Vitis flexuosa* Thunb.　☆ Gelü Grape

变叶葡萄

别名：复叶葡萄
科属：葡萄科葡萄属

识别： 木质藤本。卷须2叉分枝。叶3～5小叶或有单叶者，中央小叶菱状椭圆形或披针形，长5～12 cm，宽2.5～5 cm，基部楔形，单叶者叶片卵圆形或卵椭圆形，长5～12 cm，宽4～8 cm，顶端急尖，基部心形，边缘有不整齐锯齿；基出脉5。果实球形。果期7～9月。
观花： 圆锥花序疏散，与叶对生，长5～12 cm，花序梗长1～2.5 cm；花梗长1.5～2.5 mm；花瓣5枚，呈帽状黏合脱落；雄蕊5枚，花丝丝状，长0.7～1 mm，在雌花内完全退化；花盘发达，5裂；雌蕊1枚，在雄花中完全退化，子房卵圆形，花柱短，柱头扩大。花期6月。
分布： 产于山西、陕西、甘肃、河南、浙江、四川。
习性： 抗寒性较强。
繁殖： 播种繁殖。
应用： 可作园林垂直绿化植物或地被植物，种植于山坡、河边或林中。

★ *Vitis piasezkii* Maxim.　☆ Piasezky Grape

★ *Vitis quinquangularis* Rehd.　☆ Hairy Grape

毛葡萄

别名：橡根藤，蝴蜞艾，野葡萄
科属：葡萄科葡萄属

识别： 木质藤本，长达 8 m。幼枝、叶柄和花序轴密生白色或豆沙色蛛丝状柔毛。叶卵形或五角状卵形，长 10 ~ 15 cm，宽 6 ~ 8 cm，不分裂或有时不明显三裂，顶端急尖，基部近截形或浅心形，边缘有波状小牙齿，上面几无毛，下面密生浅豆沙色绒毛；叶柄长 3 ~ 7 cm。浆果球形，黑紫色，直径 6 ~ 8 mm。

观花： 圆锥花序长 8 ~ 11 cm，分枝近平展；花小，淡黄绿色，具细梗，无毛；花萼不明显；花瓣 5 片，长约 1.8 mm；雄蕊 5 枚。

分布： 分布于广西北部、云南北部、贵州、四川、甘肃和陕西的南部、湖北、江西、安徽、江苏、浙江。

习性： 喜光，稍耐水湿。

繁殖： 播种繁殖。

应用： 生山坡灌木丛中、石崖上或沟边。

★ *Vitis vinifera* L.　☆ Grape

葡萄

别名：提子，蒲桃，草龙珠
科属：葡萄科葡萄属

识别： 落叶攀缘藤本，长 30 m。单叶互生，近圆形，3 ~ 5 掌状裂，基部心形，缘有粗齿，两面无毛或背面稍有短柔毛。浆果球形或圆球形，熟时黄绿色或紫红色，有白粉。果期 8 ~ 9 月。

观花： 圆锥花序大而长，花小，黄绿色。花期 5 ~ 6 月。

分布： 原产于亚洲西部，现在辽宁中部以南各地均有栽培，但长江以北栽培较多。

习性： 性喜阳光，喜干燥及夏季高温的大陆性气候；冬季需要一定的低温，但严寒时又必须埋土防寒，耐干旱，怕涝。

繁殖： 嫁接繁殖。

应用： 葡萄是很好的园林棚架植物，既可观赏、遮阳，又可结果实生产。庭院、公园、疗养院及居民区均可栽植。

★ *Vitis amurensis* Rupr.　☆ Amur Grape

山葡萄

别名：阿穆尔葡萄
科属：葡萄科葡萄属

识别： 木质藤本，长达 15 m；幼枝初具细毛，后无毛。叶宽卵形，长 4 ~ 17 cm，宽 3.5 ~ 18 cm，顶端尖锐，基部宽心形，3 ~ 5 裂或不裂，边缘具粗锯齿，上面无毛，下面叶脉有短毛；叶柄长 4 ~ 12 cm，有疏毛。浆果球形，直径约 1 cm，黑色。

观花： 圆锥花序与叶对生，长 8 ~ 13 cm，花序轴具白色丝状毛；花小，雌雄异株，直径约 2 mm；雌花内 5 个雄蕊退化，雄花内雌蕊退化，花萼盘形，无毛。

分布： 分布于东北地区、山西、河北、山东。朝鲜、俄罗斯西伯利亚地区也有分布。

习性： 喜光。

繁殖： 播种繁殖。

应用： 可作园林垂直绿化植物，种植于山坡或林缘。

华东葡萄

科属：葡萄科葡萄属

识别： 木质藤本。卷须2叉分枝，每隔2节间断与叶对生。叶卵圆形，长6 ~ 13 cm，宽5 ~ 11 cm，顶端急尖或短渐尖，基部心形，每侧边缘16 ~ 25个锯齿，齿端尖锐；基生脉5出，中脉有侧脉3 ~ 5对；叶柄长3 ~ 6 cm。果实成熟时紫黑色，直径0.8 ~ 1 cm。果期6 ~ 10月。

观花： 圆锥花序疏散，与叶对生，基部分枝发达，杂性异株，长5 ~ 11 cm，疏被蛛丝状绒毛，以后脱落；花梗长1 ~ 1.5 mm；花瓣5枚；雄蕊5枚，花丝丝状，花药黄色。花期4 ~ 6月。

分布： 产于河南、安徽、江苏、浙江、江西、福建、湖北、湖南、广东、广西。

习性： 喜光，耐水湿，稍耐阴，抗霜霉病的能力强。

繁殖： 播种繁殖。

应用： 可作园林垂直绿化植物。

★ *Vitis pseudoreticulata* W. T. Wang ☆ East China Grape

乌蔹莓

别名：乌蔹草，五叶藤，五爪龙
科属：葡萄科乌蔹莓属

识别： 多年生草质藤本，茎长2 ~ 4 m。卷须2 ~ 3回2叉分枝，相隔2节间断与叶对生。鸟足状复叶互生，具5片小叶，中间小叶长2.5 ~ 4.5 cm，边缘具疏锯齿。浆果球形，径约1 cm，紫黑色。果熟期8 ~ 11月。

观花： 聚伞花序腋生或腋外生，花小，黄绿色；花瓣4片；雄蕊4枚。花期3 ~ 8月。

分布： 产于我国华北以南各地。生于疏林中或林缘。

习性： 适应性强，喜光，耐半阴；不甚耐寒；喜湿、耐旱。

繁殖： 播种繁殖。

应用： 可用于庭园竹篱、矮墙垣、山石的装饰；也可盆栽点缀阳台、走廊、扶梯。

相近种： 绞股蓝 *Gynostemma pentaphyllum* (Thunb.) Makino，卷须分2叉或稀不分叉；叶鸟足状5 ~ 7 (~ 9)小叶，叶柄长2 ~ 4 cm，有柔毛。

★ *Cayratia japonica* (Thunb.) Gagnep. ☆ Japan Caryatia

大叶七叶树

科属：七叶树科七叶树属

识别： 落叶乔木。掌状复叶，对生，叶柄淡紫色；小叶9片，倒卵形或长圆倒卵形，大小不等，中间的小叶较大，两侧的小叶较小。蒴果长圆状卵圆形。果期9月。

观花： 花序顶生，粗大的圆筒形，长40 cm，有淡黄色微柔毛，小花序长6 cm。花杂性，雄花与两性花同株，不整齐；花萼管状，外面密被淡黄色微柔毛；花瓣4枚，淡黄色带紫色斑块。花期5月。

分布： 中国的特有植物。产于云南东南部。

习性： 喜温暖、湿润气候，畏干热；适宜深厚、湿润、肥沃而排水良好的土壤；郑州地区可露地越冬。

繁殖： 播种繁殖。

应用： 可作庭荫树或行道树。

★ *Aeceulus megaphylla* Hu et Fang ☆ Largeleaf Buckeye

★ *Aesulus chinensis* Bunge ☆ China Buckeye

七叶树

别名：桉椤树，桉椤子
科属：七叶树科七叶树属

识别： 乔木，树干耸直，树冠开阔。掌状复叶对生，小叶通常7枚，有柄，倒卵状长椭圆形，缘有细锯齿。果球形或倒卵形，黄褐色。果熟期9～10月。

观花： 顶生圆锥花序，花小，白色或微带红晕。花期5月。

分布： 分布于中国西北、华北及长江下游低山区。

习性： 性喜光，稍耐阴，喜肥沃湿润而排水良好的土壤。深根性，寿命长。

繁殖： 播种繁殖。

应用： 本种姿态雄伟，叶大美丽，树大荫蔽，初夏开花，可作庭荫树，行道树，多栽于古刹名寺。

★ *Aesculus wilsonii* Rehd. ☆ Wilson Buckeye

天师栗

别名：猴板栗
科属：七叶树科七叶树属

识别： 落叶乔木。掌状复叶对生，有长10～15 cm的叶柄；小叶5～7片，稀9枚，长圆倒卵形、长圆形或长圆倒披针形，上面深绿色，有光泽，下面淡绿色，有灰色绒毛或长柔毛，小叶柄微有短柔毛。蒴果黄褐色，卵圆形或近于梨形；种子近于球形，栗褐色，种脐淡白色，近于圆形。果期9～10月。

观花： 花序顶生，直立，圆筒形，总花梗长8～10 cm，基部的小花序长3～4 cm，花萼管状。花期4～5月。

分布： 产于河南、湖北、湖南、江西、广东、四川、贵州、云南。

习性： 弱阳性，喜温暖湿润气候，不耐寒，深根性，生长慢，寿命长。

繁殖： 播种繁殖。

应用： 树形美丽，宜植于园林绿地。

★ *Choerospondias axillaris*（Roxb.）Burtt et Hill.

南酸枣

别名：五眼果，四眼果，山枣树，鼻涕果
科属：漆树科南酸枣属

识 别： 落叶乔木，高8～20 m。单数羽状复叶互生，长20～30 cm；叶柄长5～10 cm；小叶7～15枚，对生，长4～10 cm，宽2～4.5 cm，边全缘。核果椭圆形或近卵形，长2～3 cm，黄色，顶有小孔5个。果熟期8～10月。

观花： 花杂性异株；雄花和假两性花淡紫红色，排成聚伞状圆锥花序，长4～12 cm；雌花单生于上部叶腋内；萼片、花瓣各5片；雄蕊10枚。花期4月。

分布： 分布于湖北、湖南、广东、广西、贵州、云南、福建、浙江。日本、印度也有分布。

习性： 喜光，稍耐阴，不耐寒，喜土层深厚、排水良好的酸性及中性土壤，不耐水淹及盐碱，生长快。

繁殖： 通常播种繁殖。

应用： 是良好的庭荫树及行道树。孤植或丛植于草坪、坡地、水畔，或与其他树种混交成林都很适宜，并可用于矿区绿化。

黄栌

别名：毛黄栌，黄栌材，红叶，烟树
科属：漆树科黄栌属

识别：落叶灌木或小乔木，高 3 ~ 5 m。木材黄色，树汁有臭味。单叶互生，倒卵形或近圆形，先端圆或微凹，全缘，两面被灰色柔毛。果穗长 5 ~ 20 cm，有多数不孕花的细长花梗宿存，呈紫绿色羽毛状。核果肾形，直径 3 ~ 4 mm，熟时红色。果期 6 ~ 7 月。

观花：大型圆锥花序顶生，具柔毛；花杂性，淡绿色；花瓣极小。花期 4 ~ 5 月。

分布：分布于华北、华东、西南等省区。

习性：喜光，耐半阴，耐寒，耐干旱瘠薄，不耐水湿，生长快。

繁殖：播种繁殖。

应用：树冠圆整，秋叶红艳，色泽美丽，著名的北京香山红叶即为本种。春季开花后淡紫色羽毛状的花梗也非常漂亮，并且能在树梢宿存很久，成片栽植时远望宛如万缕罗纱缭绕林间，故有“烟树”的美誉。叶到秋季变红，颇为美丽，北京“西山红叶”即此。

★ *Cotinus coggygria* Scop .var. *Cinerea* Engl. ☆ Smoke Tree

美国红栌

别名：红叶树，美国黄栌，烟树
科属：漆树科黄栌属

识别：落叶灌木或小乔木，树冠圆形。叶色美丽，一年三季有变化，春季其叶片为鲜嫩的红色或紫红色，妖艳欲滴；夏季其上部新生叶片始终为红色或紫红色，下部叶片渐变为绿色，远看色彩缤纷；而入秋之后随着天气转凉，整体叶色又逐渐转变为深红色，秋霜过后，叶色更加红艳美丽。

观花：花序如烟似雾，十分美丽。

分布：原产于美国。我国河南、河北及北京等地有栽培。

习性：喜光，也耐半阴，稍耐寒，不耐水湿，耐干旱、瘠薄和碱性土；抗污染、抗旱、抗病虫能力强。

繁殖：嫁接或组培繁殖。

应用：是常用的庭园观赏色叶树种。引入中国后，经优选和驯化，现已表现出独特的彩叶树性状。

★ *Cotinus coggygria* Scop var. *purpureus* Rehd ☆ Purpleleaf Smoke Tree

杧果

别名：芒果，莽果，蜜望子
科属：漆树科杧果属

识别：常绿大乔木，高 10 ~ 27 m。树皮厚，灰褐色，呈鳞片状脱落。单叶聚生枝顶，革质，长 10 ~ 40 cm，宽 3 ~ 6 cm；叶柄长 4 ~ 6 cm。核果椭圆形或肾形，微扁，长 5 ~ 10 cm，熟时黄色，内果皮坚硬，并覆被粗纤维，5 ~ 8 月果熟。

观花：圆锥花序有柔毛；花小，杂性，芳香，黄色或带红色；萼片 5 枚，有柔毛；花瓣 5 片，长约为萼的 2 倍；花盘肉质 5 枚，5 浅裂；雄蕊 5 枚，但仅 1 枚发育。春季开花。

分布：原产于印度、马来西亚。中国有栽培。

习性：喜光，喜暖热湿润气候及深厚排水良好的土壤；抗风，抗污染力强。

繁殖：播种、高压或嫁接繁殖。

应用：是著名热带果树，有“热带水果之王”的美称，嫩叶紫红，在华南地区可栽作庭荫树和行道树。

品种：品种较多。

★ *Mangifera indica* L. ☆ Common Mango

★ *Pistacia chinensis* Bunge ☆ Chinese Pistachio

黄连木

别名：楷木，黄连茶
科属：漆树科黄连木属

识别： 落叶乔木，高达 30 m。常为偶数羽状复叶，小叶 10 ~ 14 枚，披针形或卵状披针形，长 5 ~ 9 cm，先端渐尖，基部偏斜，全缘。因其幼叶可作菜蔬或茶。核果径约 6 mm，初为黄白色，后变红色至蓝紫色，若红而不紫多为空粒。果期 9 ~ 11 月。

观花： 雌雄异株，圆锥花序，雄花序淡绿色，雌花序紫红色。花期 3 ~ 4 月。先叶开放。

分布： 原产于中国，分布很广。

习性： 喜光，稍耐阴；耐寒；耐干旱瘠薄，以排水良好的石灰岩山地生长最好。深根性，抗风力强。

繁殖： 播种繁殖。

应用： 黄连木树冠浑圆，枝叶繁茂而秀丽，早春嫩叶红色，入秋叶又变成深红或橙黄色，红色的雌花序也极美观。宜作庭荫树、行道树及山林风景树。若要构成大片秋色红叶林，可与槭类、枫香等混植，效果更好。

★ *Rhus typhina* L. ☆ Staghorn Sumac

火炬树

别名：鹿角漆
科属：漆树科盐肤木属

识别： 落叶小乔木，高达 8 m 左右，分枝少。奇数羽状复叶，互生，小叶 11 ~ 23 枚，长圆形至披针形，缘有锯齿，叶轴无翅。果穗鲜红色。果扁球形，有红色刺毛，紧密聚生成火炬状。果实 9 月成熟后经久不落，而且秋后树叶变红，十分壮观。果熟期 9 月。

观花： 雌雄异株，顶生直立圆锥花序，花淡绿色，雌花序中花柱有红色刺毛，形同火炬。花期 5 ~ 7 月。

分布： 原产于北美。

习性： 适应性极强。耐旱，抗寒，耐瘠薄盐碱土壤，浅根性，生长快。

繁殖： 播种繁殖。

应用： 火炬树因雌花序和果序均为红色且形似火炬而得名。秋季叶色红艳或橙黄，是著名的秋色叶树种。宜植于庭园观赏，或用以点缀山林秋色，是良好的护坡固沙的水土保持树种。但因萌蘖性太强，宜造成生物入侵，故使用时应注意控制。

★ *Rhus potaninii* Maxim. ☆ Potanin Sumac

青麸杨

别名：五倍子树
科属：漆树科盐肤木属

识别： 落叶乔木，高 5 ~ 10 m。奇数羽状复叶互生，有小叶 7 ~ 9 片，卵状长圆形或长圆状披针形；叶轴无翅，或有时上端具狭翅，被微柔毛；小叶具短柄。核果近球形，直径 3 ~ 4 mm，成熟时红色；果序下垂。果期 9 月。

观花： 圆锥花序顶生；苞片钻形，被微柔毛；花小，白色。花期 5 ~ 6 月。

分布： 产于长江中下游至华北地区，产于大姚、武定、禄劝、嵩明、昆明，我国西藏、四川、湖北（西部）、河南、山西、陕西、甘肃均有分布。

习性： 耐瘠薄。

繁殖： 播种繁殖。

应用： 可作荒山绿化树种，可种植于山谷疏林或灌丛中。

相近种： 红麸杨。

盐肤木

别名：盐肤子，五倍子树
科属：漆树科漆树属

识别： 落叶乔木，高可达 9 m。叶互生，奇数羽状复叶，叶轴具宽翅，有小叶 7 ~ 13 片；小叶边缘有粗锯齿，背面粉绿色，有柔毛，小叶无柄。果序直立，核果，球形，被腺毛和具节柔毛，成熟后红色。果期 10 ~ 11 月。

观花： 圆锥花序顶生，直立宽大；花小，杂性；花萼 5 裂；花瓣 5 枚，白色。花期 7 ~ 8 月。

分布： 我国分布很广，北至黑龙江南部，南达海南岛及贵州。

习性： 喜温暖湿润气候，也能耐一定寒冷和干旱。对土壤要求不严格，酸性、中性或石灰岩的碱性土壤上都能生长。

繁殖： 播种繁殖。

应用： 盐肤木秋叶变为鲜红，果实成熟时也呈橘红色，非常美丽。可植于园林绿地中或点缀山林风景。为荒山绿化树种。其嫩叶常受一种蚜虫（五倍子）寄生而受刺激局部组织膨大成虫瘿，称为“五倍子”。

★ *Rhus chinensis* Mill.　☆ China Sumac

红麸杨

别名：漆倍子，早倍子树
科属：漆树科盐肤木属

识别： 落叶乔木，高 8 ~ 12 m。树皮深灰色，小枝有短柔毛。单数羽状复叶互生，叶轴上部有狭翅；小叶 7 ~ 13 片，无柄或近无柄，长 5 ~ 7 cm，宽 2 ~ 4 cm，边全缘，下面沿脉有细毛。果序下垂；核果近圆形，深红色，密生柔毛。

观花： 圆锥花序顶生，长 10 ~ 20 cm，密生短柔毛；花小，杂性，白色。

分布： 分布于四川、云南、贵州、湖北和湖南。

习性： 喜光。

繁殖： 播种繁殖。

应用： 可作庭荫树或行道树。

★ *Rhus punjabensis* (Diels) Rehd.et Wils.　☆ Red Punjab Sumac

漆树

别名：大木漆，小木漆，山漆
科属：漆树科漆树属

识别： 落叶乔木，高达 20 m。树皮灰白色，粗糙，呈不规则的纵裂；小枝粗壮，生棕色柔毛。单数羽状复叶互生；小叶 9 ~ 15 片，具短柄，长 7 ~ 15 cm，宽 2 ~ 6 cm，边全缘，两面脉上均有棕色短毛。果序下垂，核果扁圆形或肾形，直径 6 ~ 8 mm，棕黄色，光滑，中果皮蜡质，果核坚硬。果期 10 月。

观花： 圆锥花序腋生，长 12 ~ 25 cm，有短柔毛；花杂性或雌雄异株，密而小。

分布： 除新疆外，几分布全国。日本、印度也有分布。

习性： 喜光，不耐荫蔽；喜温暖湿润气候及深厚肥沃而排水良好之土壤，在酸性、中性及钙质土上均能生长。不耐干风和严寒，以向阳、避风的山坡、山谷处生长为好。

繁殖： 播种繁殖。

应用： 可用于园林布景。

★ *Toxicodendron vernicifluum* (stokes) F. A. Barkl.　☆ True Lacquertree

★ *Toxicodendron succedaneum* (L.) O.Kuntze　☆ Field Lacquertree

野漆树

别名：染山红，痒漆树，檫子树，漆木
科属：漆树科漆树属

识别： 落叶小乔木或灌木，高达 10 m。叶螺旋状互生，密集于枝端；小叶 9 ~ 15 片，对生，薄革质，长椭圆状披针形式，长 5 ~ 16 cm，宽 2 ~ 5.5 cm，顶端长尖，基部楔形而偏斜，全缘，两面光滑无毛。核果扁平，斜菱状圆形，淡黄色，直径 6 ~ 8 mm。果期 10 月。

观花： 圆锥花序腋 生，为叶长之半，长约 7 cm，花序梗光滑。花期 5 ~ 6 月。

分布： 产于中国华南、华东及西南地区。

习性： 喜温暖、湿润的环境。

繁殖： 播种繁殖。

应用： 秋季叶色鲜红，为良好的秋色叶树种，可作庭荫树或行道树。在应用时应注意该树汁液会引起皮肤过敏。

★ *Acer robustum* Pax　☆ Forkleaf Maple

杈叶槭

别名：杈杈叶，红色槭
科属：槭树科槭属

识别： 落叶乔木，高 5 ~ 10 m。叶基部截形或近于心脏形，长 6 ~ 8 cm，宽 7 ~ 12 cm，常 7 ~ 9 裂；裂片长圆形或近于卵形，长 4 ~ 5 cm，先端尾状锐尖，具稀疏而不规则的锐尖锯齿；裂片间的凹缺锐尖，深及叶片的中部；叶柄长 4 ~ 5 cm。无毛或靠近顶端微被长柔毛。果期 9 月。

观花： 花杂性，雄花与两性花同株，4 ~ 8 枚常成长 3 ~ 4 cm 的顶生的伞房花序，总花梗长 3 ~ 4 cm；萼片 5 枚；花瓣 5 片，淡绿色，长圆形或长圆倒卵形，长 3.5 mm，宽 2.5 ~ 3 mm；雄蕊 8 枚。花期 5 月。

分布： 产于河南西南部、陕西南部、甘肃南部、湖北西部、四川、云南。

习性： 喜光。

繁殖： 播种繁殖。

应用： 可作行道树或庭荫树。

★ *Acer ginnala* Maxim. ssp. *theiferum* (Fang) Fang

苦茶槭

别名：苦津茶，银桑叶
科属：槭树科槭属

识别： 落叶灌木或小乔木。单叶，薄纸质，卵形或椭圆状卵形，长 5 ~ 8 cm，宽 2.5 ~ 5 cm，不分裂或不明显的 3 ~ 5 裂，边缘有锐尖重锯齿。翅果长 2.5 ~ 3 cm ；小坚果嫩时有长柔毛，后逐渐减少；两翅直立，成锐角。果期 10 月。

观花： 伞房花序顶生；花杂性；萼片 5 枚，边缘有长柔毛；花瓣 5 片，白色；雄蕊 8 枚。花期 5 月。

分布： 产于华东和华中各省区。

习性： 喜光。

繁殖： 播种繁殖。

应用： 可作行道树或庭荫树。

复叶槭

别名：梣叶槭，羽叶槭
科属：槭树科槭属

识别： 落叶乔木，高达 20 m。奇数羽状复叶对生，小叶 3 ~ 5 枚，稀 7 ~ 9 片，卵形或长椭圆状披针形，缘有不规则缺刻；顶生小叶常 3 浅裂，其叶柄甚长于侧生小叶之柄；叶背沿脉或脉腋有毛。果翅狭长，展开成锐角。果熟期 8 ~ 9 月。

观花： 花单性异株，黄绿色，无花瓣及花盘；雄花有长梗，成下垂簇生状；雌花为下垂总状花序。花期 3 ~ 4 月，叶前开放。

分布： 原产于北美东南部。

习性： 喜光，喜冷凉气候，耐干冷，喜深厚、肥沃、湿润土壤，稍耐水湿；生长较快，寿命较短；抗烟尘能力强。

繁殖： 播种繁殖。

应用： 本种枝繁叶茂，秋色叶金黄，宜作庭荫树、行道树和防护林树种，在北方也常作“四旁”绿化树种。

★ *Acer negundo* L. ☆ Box elder，Ash-leaved Maple

毛脉槭

别名：花秸槭，花秸子，花楷子
科属：槭树科槭属

识别： 落叶乔木，高 7 ~ 10 m。叶纸质，基部近于心脏形，外貌近于圆形，长 10 ~ 12 cm，宽 11 ~ 14 cm，5 裂，裂片卵形或长圆卵形，先端尾状锐尖；主脉 5 条；叶柄长 5 ~ 6 cm。翅果嫩时紫色，后变淡黄色。果期 10 月。

观花： 花序圆锥状，紫色，长 6 ~ 7 cm；总花梗长 3 cm；花梗细瘦，长 0.5 ~ 1 cm。花杂性，雄花与两性花同株，开花在叶已长大以后；萼片 5 枚，淡紫色；花瓣 5 枚，白色；雄蕊 8 枚。花期 4 月下旬。

分布： 产于浙江、福建北部、安徽南部和江西东部。

习性： 耐阴。

繁殖： 播种繁殖。

应用： 可作庭荫树或园路树。

★ *Acer pubinerve* Rehd. ☆ Hairyvein Maple

鸡爪槭

别名：鸡爪枫，阿斗先，柳叶枫
科属：槭树科槭属

识别： 落叶小乔木，高达 10 m。树冠伞形。叶常掌状 7 裂，深达叶片的 1/2 以上，裂片长圆状卵形或披针形，顶端锐尖或长锐尖；上面无毛，下面脉腋被白色簇毛；叶柄长 4 ~ 6 cm。果长 1 ~ 2.5 cm，两翅开展成钝角。果期 9 ~ 10 月。

观花： 花杂性同株，伞房花序，无毛，直径 6 ~ 8 mm，萼片暗红色，花瓣紫色。花期 5 ~ 6 月。

分布： 产于华北、华东、华中、西南等地。我国园林中广泛栽培。朝鲜、日本亦产。

习性： 喜光，喜温暖湿润气候，耐寒性不强。

繁殖： 播种繁殖。

应用： 本种树姿优美，叶形秀丽，秋季叶鲜红，是十分珍贵的观叶树种，可种植于林缘或疏林中。

变种和品种： 品种较多。

★ *Acer palmatum* Thunb. ☆ Japanese Maple

★ *Acer wangchii* Fang subsp. *tsinyunense* Fang ☆ Wangchi Maple

缙云槭

科属：槭树科槭属

识别： 本亚种与原亚种天峨槭 *Acer wangchii* Fang 的区别在于，本亚种的叶系纸质，长圆形，长 8 ~ 1.0 cm，宽 2.5 ~ 3 cm，稀达 4 cm，先端渐尖或短急锐尖，基部近于圆形，叶柄较长，长 3 ~ 4 cm；翅果淡紫色，无毛，长 2.5 ~ 2.8 cm，张开近于锐角。果期 9 月。

分布： 产于四川东部。

习性： 喜光。

繁殖： 播种繁殖。

应用： 可庭园栽培作观赏树种。

★ *Acer oblongum* Wall. ex DC. ☆ Oblongleaf Maple

飞蛾槭

别名：飞蛾树

科属：槭树科槭属

识别： 常绿乔木，高 10 m。叶革质，长圆卵形，长 5 ~ 7 cm，宽 3 ~ 4 cm，全缘，基部钝形或近于圆形，先端渐尖或钝尖；下面有白粉；主脉在上面显著，在下面凸起，侧脉 6 ~ 7 对；叶柄长 2 ~ 3 cm。翅果嫩时绿色，成熟时淡黄褐色。果期 9 月。

观花： 花杂性，绿色或黄绿色，雄花与两性花同株，常成被短毛的伞房花序，顶生于具叶的小枝；萼片 5，长圆形，先端钝尖，长 2 mm；花瓣 5 枚；雄蕊 8 枚。花期 4 月。

分布： 产于陕西、甘肃、湖北、四川、贵州、云南和西藏南部。

习性： 喜光。

繁殖： 播种繁殖。

应用： 可作园路树或庭荫树。

★ *Acer buergerianum* Miq. ☆ Buerger Maple

三角枫

别名：三角槭

科属：槭树科槭属

识别： 落叶乔木，高 5 ~ 15 m。单叶，对生，纸质，卵形或倒卵形，长 6 ~ 10 cm，顶部常 3 浅裂至叶片的 1/4 或 1/3 处，先端短渐尖，基部圆形，全缘或上部疏具锯齿，幼时下面及叶柄都密生柔毛，有掌状 3 出脉。翅果长 2.5 ~ 3 cm；小坚果凸出，翅张开成锐角或直立。果期 9 月。

观花： 伞房花序顶生，有短柔毛；萼片 5 枚，卵形；花瓣 5 片，黄绿色，较萼片窄。花期 4 月。

分布： 广布于长江流域各省，北达山东，南至广东，东南至台湾。日本也有分布。

习性： 弱喜光，稍耐阴，喜温暖湿润气候及酸性、中性土壤，较耐水湿，耐寒，耐修剪。

繁殖： 播种繁殖。

应用： 宜作庭荫树、行道树及护岸树栽植，在湖岸、溪边、谷地、草坪配植，或点缀于亭廊、山石间都很合适。

色木槭

别名：五角枫，地锦槭，水色树
科属：槭树科槭属

识别：落叶乔木，高达 20 m；小枝无毛，棕灰色或灰色。单叶，对生，长达 7 cm，宽达 9 cm，5 裂达 1/3，基部心形或几为心形，裂片宽三角形，长渐尖，全缘，无毛，仅主脉腋间有簇毛，上面光绿色，下面淡绿色，主脉 5 出，掌状。小坚果扁平。果期 9 月。

观花：伞房花序顶生枝端，无毛，多花；花带绿黄色，有长花梗。花期 5 月。

分布：产于东北、华北和长江流域各省。

习性：喜光。

繁殖：播种繁殖。

应用：可作庭荫树或园路树。

★ *Acer mono* Maxim. ☆ Mono Maple

元宝枫

别名：平基槭，华北五角枫
科属：槭树科槭属

识别：落叶乔木，高达 12 m。树冠伞形或近球形。单叶对生，叶掌状五裂，深达叶片中部，有时中裂片又分三裂；裂片先端渐尖，三角形，全缘，叶基通常截形，稀心形，两面均无毛。翅果扁平，两果翅开张成直角或钝角，翅长等于或略长于果核。果期 8 ~ 10 月。

观花：伞房花序顶生；萼片黄绿色，花瓣黄白色，花均为杂性。花期 4 ~ 5 月。

分布：产于东北、华北地区，西至陕西、四川、湖北等省。

习性：耐半阴，耐寒，耐旱，但不耐湿热；对土壤适应性强。

繁殖：播种繁殖。

应用：冠大荫浓，树姿优美，叶形秀丽，春季嫩叶红色，秋叶橙红或橙黄色，是北方重要的观春、秋色叶树种，宜作庭荫树和行道树或风景林树种。

相近种：色木槭 *Acer mono* Maxim.，叶裂片不再分裂。

★ *Acer truncatum* Bunge ☆ Shantung Maple

长尾秀丽槭

科属：槭树科槭属

识别：本变种较之原变种秀丽槭 *Acer elegantulum* Fang et P.L.Chiu 区别在于，本变种的叶的中央裂片和侧裂片系长圆卵形，先端长尾状锐尖，尖头长 1.5 ~ 2 cm；翅果较小，小坚果近于球形，直径 3 mm，翅宽 3 ~ 5 mm，连同小坚果长 1.2 ~ 1.5 cm，张开近于水平或略反卷。

观花：花序圆锥状，初系淡绿色，无毛，连同长 2 ~ 3 cm 的总花梗在内共长 7 ~ 8 cm，花梗长 1 ~ 1.2 cm。花杂性，雄花与两性花同株，萼片 5 枚，绿色，长圆卵形或长椭圆形，长 3 mm，无毛；花瓣 5 片，深绿色。翅果嫩时淡紫色，成熟后淡黄色。花期 5 月。

分布：产于浙江西北部。

习性：喜光。

繁殖：播种繁殖。

应用：可作庭院栽培观赏。

★ *Acer elegantulum* Fang et P. L. Chiu var. *macrurum*

★ *Acer davidii* Franch. ☆ David Maple

青榨槭

科属：槭树科槭属

识别：落叶乔木，高 10 ~ 15 m。树皮暗褐色或灰褐色，常纵裂成蛇皮状。叶纸质，卵形或长卵形，长 6 ~ 14 cm，宽 4 ~ 9 cm，顶端锐尖或渐尖，基部近心形或圆形，边缘具不整齐的锯齿，嫩时沿叶脉有褐色短柔毛，后变无毛。翅果黄褐色，长 2.5 ~ 2.8 cm，张开成钝角或近水平。

观花：总状花序顶生，下垂；花绿黄色，雄花与两性花同株，雄花 9 ~ 12 朵，花序及花梗都较短；两性花常 15 ~ 30 朵，花序长 7 ~ 12 cm，花梗长 1 ~ 1.5 cm；萼片 5 枚；雄蕊 8 枚。

分布：广布于黄河流域和长江流域各省，西至云南。

习性：耐半阴，喜湿润环境。

繁殖：播种繁殖。

应用：秋天叶黄紫色，宜丛植或片植，用作风景林。

★ *Acer japonicum* Thunb. ☆ Fullmoon Maple

羽扇槭

别名：日本槭，午扇槭，鸭掌槭
科属：槭树科槭属

识别：落叶小乔木，幼枝、叶柄、花梗及幼果均被灰白色柔毛。叶较大，掌状 7 ~ 11 裂，与叶同放；果熟期 9 ~ 10 月。

观花：花紫色，顶生伞房花序，总花梗长 3 ~ 5 cm，杂性花，雄花与两性花同株；萼片 5 枚，紫色，卵形或倒卵形；花瓣 5 片，白色，椭圆形；雄蕊 8 枚。花期 4 ~ 5 月。

分布：原产于日本。中国华东一些城市有栽培。

习性：弱阳性，稍耐阴，耐寒性不强。生长较慢。

繁殖：播种繁殖。

应用：本种春天开花，花朵大而紫红色，花梗细长，累累下垂，颇为美观；树姿优美，入秋叶色又变为深红，是极优美的庭园观赏树种。特别适合作盆栽、盆景及与假山石配植。

★ *Acer maximowiczii* Pax ☆ Maximowicz Maple

五尖槭

别名：马斯槭，马氏槭
科属：槭树科槭属

识别：落叶乔木，高 5 m。叶纸质，卵形，长 8 ~ 11 cm，宽 6 ~ 9 cm，边缘微裂并有紧贴的双重锯齿，锯齿粗壮，基部近于心脏形，叶片 5 裂；中央裂片三角形、卵形，先端尾状锐尖；侧裂片卵形，先端锐尖；叶柄长 5 ~ 7 cm。翅果紫色，成熟后黄褐色。果期 9 月。

观花：雌雄异株，总状花序下垂，长 4 ~ 5 cm，花黄绿色，单性，先花后叶。雄花有萼片 5 枚；花瓣 5 枚，倒卵形；雄蕊 8 枚，微短于花瓣。雌花萼片 5 枚，椭圆形或长椭圆形，先端钝圆，长 3 mm；花瓣 5 枚，卵状长圆形，先端钝圆，长于萼片；雄蕊 8 枚。花期 5 月。

分布：产于山西、河南、陕西、甘肃、青海、湖北、湖南、四川和贵州等省。

习性：喜光。

繁殖：播种繁殖。

应用：可作庭荫树或园路树。

葛萝槭

别名：满天星
科属：槭树科槭树属

识别： 落叶乔木。树皮光滑。当年生枝绿色或紫绿色。叶纸质，卵形，长 7 ~ 9 cm，宽 5 ~ 6 cm，边缘具密而尖锐的重锯齿，基部近于心脏形，5 裂。翅果嫩时淡紫色，成熟后黄褐色，张开成钝角或近于水平。果期 9 月。

观花： 花淡黄绿色，单性，雌雄异株；萼片 5 枚，长圆卵形，先端钝尖，长 3 mm，宽 1.5 mm；花瓣 5 枚，倒卵形，长 3 mm，宽 2 mm；雄蕊 8 枚，长 2 mm，无毛，在雌花中不发育；花盘无毛，位于雄蕊的内侧；子房紫色，无毛，在雄花中不发育；花梗长 3 ~ 4 mm。花期 4 月。

分布： 产于河北、山西、河南、陕西、甘肃、湖北西部、湖南、安徽。

习性： 稍耐阴。

繁殖： 播种繁殖。

应用： 可作庭园观赏树种栽培。

★ *Acer grosseri* Pax ☆ Grosser Maple

紫果槭

别名：紫槭
科属：槭树科槭属

识别： 常绿乔木，高达 10 m。叶纸质或近于革质，卵状长圆形稀卵形，长 6 ~ 9 cm，宽 3 ~ 4.5 cm，基部近于心脏形，先端渐尖；主脉及侧脉 4 ~ 5 对；叶柄紫色或淡紫色，长约 1 cm，细瘦，无毛。翅果嫩时紫色，成熟时黄褐色。果期 9 月。

观花： 花 3 ~ 5 朵，成长 4 ~ 5 cm 的伞房花序，总花梗细瘦，淡紫色，无毛，着生于有 2 叶的小枝顶端；萼片 5 枚，紫色，倒卵形或长圆倒卵形，长 3 ~ 4 mm；花瓣 5 枚，阔倒卵形，长 2 mm，宽 3 mm，淡白色或淡黄白色；雄蕊 8 枚，和花瓣近于等长。花期 4 月下旬。

分布： 产于湖北、四川东部、贵州、湖南、江西、安徽、浙江、福建、广东、广西。

习性： 稍耐阴。

繁殖： 播种繁殖。

应用： 可作庭园观赏树种栽培。

★ *Acer cordatum* Pax ☆ Cordateleaf Maple

萼距花

别名：虎氏萼距花，紫花满天星
科属：千屈菜科萼距花属

识别： 直立小灌木，高 30 ~ 60 cm。多分枝，茎具黏质柔毛或硬毛。叶对生，线形、披针形或线状披针形，中脉在下面凸起，有叶柄。

观花： 花单生，顶生或腋生，花萼被黏质柔毛或粗毛，基部有距；花瓣 6 片，明显不等大，2 片特大，另 4 片极小，紫红色。花期 7 ~ 9 月。

分布： 原产于墨西哥。现热带、南亚热带地区园林中广泛应用。

习性： 喜温暖，不耐寒，稍耐阴，耐贫瘠土壤。

繁殖： 以扦插繁殖为主。

应用： 用于花坛、花境栽植或盆栽观赏，也适于庭园石块旁作矮绿篱；花丛、花坛边缘种植；空间开阔的地方宜群植、丛植或列植，绿色丛中，似繁星点缀，十分怡人。

★ *Cuphea hookeriana* Walpers ☆ Hooker Cuphea

★ *Lagerstroemia indica* L. ☆ Crape Myrtle

紫薇

别名：痒痒树，满堂红，百日红
科属：千屈菜科紫薇属

识别： 落叶小乔木，常呈灌木状，高 3 ～ 7 m。树皮易脱落。单叶对生或近对生，椭圆形、倒卵形或长椭圆形，长 3 ～ 7 cm，光滑无毛或沿主脉上有毛，近无柄。蒴果椭圆状球形，6 瓣裂。

观花： 圆锥花序顶生，长 4 ～ 20 cm；花萼 6 浅裂，裂片卵形，外面平滑；花瓣 6 片，红色或粉红色，边缘有不规则缺刻，基部有长爪。花期 7 ～ 9 月。

习性： 喜光，不耐阴；喜温暖气候；耐旱、怕涝；喜肥。

分布： 产于我国华东、中南及西南各地。

繁殖： 播种或嫁接繁殖。

应用： 紫薇树姿优美，树干光滑洁净，花色艳丽；开花时正当夏秋少花季节，花期极长，由 7 月可开至 9 月，故有"百日红"之称。

品种： 品种丰富，有白花'Alba'、粉花'Rosea'、蓝紫色'Caerulea'、二色'Versilolor'、斑叶'Variegata'、矮生'Nana'等品种。

★ *Lagerstroemia indica* L. 'Petite Pinxie' ☆ Crape Myrtle

矮紫薇

别名：矮百日红
科属：千屈菜科紫薇属

识别： 落叶灌木，高 30 ～ 100 cm，株形紧凑。叶对生，叶片倒卵形或满圆形，全缘，深秋叶变红。蒴果球形。果熟期 10 ～ 11 月。

观花： 圆锥花序顶生，花瓣 6 片，花期 7 ～ 9 月。

分布： 国外引进的园艺品种。

习性： 喜阳光充足、温暖湿润的环境，较耐寒、耐旱、耐盐碱，抗有害气体，适应性较强。萌蘖性强，畏涝、不耐阴。

繁殖： 播种或扦插繁殖，播种在 3 月上中旬，扦插繁殖在 6 ～ 9 月进行，6 月扦插 7 ～ 10 天生根，成活率 72%。

应用： 喜光，观花地被植物，可布置阳光充足处花坛、花境，片植于草坪，也可室内盆栽观赏，不能作林下地被植物种植，在露地栽植时因其落叶期较长，建议与常绿地被植物配植使用，以提高观赏效果。

品种： 花色繁多，有红、紫红、蓝、淡紫、桃红、白色等。

★ *Lagerstroemia speciosa* (L.) Pers. ☆ Queen Crapemyrtle

大花紫薇

别名：鹭鸶花，满堂红，怕痒花
科属：千屈菜科紫薇属

识别： 落叶大乔木，高可达 25 m。叶椭圆形或卵状椭圆形，长 10 ～ 25 cm，宽 6 ～ 12 cm，两面无毛。蒴果球形至倒卵形长圆形，长 2 ～ 3 cm，6 裂。果期 10 ～ 11 月。

观花： 圆锥花序长 15 ～ 25 cm 或更长，花序轴、花梗和花萼外面密被黄褐色毡毛；花萼长约 13 mm，有棱 12 条，6 裂，裂片三角形；花瓣 6 片，近圆形至长圆状倒卵形，长 2.5 ～ 3.5 cm，几不皱缩，爪长约 5 mm；雄蕊多数。花期 5 ～ 7 月。

分布： 原产于印度、中国。主要分布在印度、斯里兰卡及中国的广东、广西、福建。

习性： 性喜光，较耐寒，耐旱，怕涝。

繁殖： 压条培育。

应用： 花大而美丽，常栽培于庭园；秋日叶脉变红，冬日球形蒴果累累，常栽培庭园供观赏。

福建紫薇

别名：百日红，痒痒树，官样花
科属：千屈菜科紫薇属

识别：落叶灌木或小乔木，高 6 m。小枝密被黄色柔毛。叶互生至近对生，叶片长圆形或长圆状卵形，长 6 ~ 18 cm，宽 3 ~ 8 cm，上面近于光滑或疏生短毛，下面沿脉上密被柔毛或茸毛。蒴果卵形，果期 8 ~ 11 月。

观花：圆锥花序顶生，长 15 ~ 24 cm，密被柔毛，花瓣圆卵形，有皱纹，红紫色，直径 1.5 ~ 2 cm。花期 6 ~ 9 月。

分布：产于中国浙江、福建、湖北等地。

习性：喜向阳、无风；不择土壤，但在肥沃、湿润、排水通畅的土壤上生长良好。

繁殖：扦插、播种繁殖。

应用：园林观赏、环境绿化树种，孤植、群植均可。

★ *Lagerstroemia limii* Merr. ☆ Fujian carpemyrtle

千屈菜

别名：对叶莲、水芝锦、水芝柳，水柳
科属：千屈菜科千屈菜属

识别：多年生草本，高达 1.5 m。茎多分枝，四棱形。叶对生或 3 叶轮生，无柄，长圆状披针形。蒴果藏于萼内，2 裂。果期 10 月。

观花：穗状花序顶生；萼筒具 12 条细棱，顶端具 6 齿，齿尖有尾状附属物，花瓣 6 片，紫红色，雄蕊 12 枚，2 轮。花期 7 ~ 9 月。

分布：分布于东北、华北、西北、西南等省区。欧亚两洲的温带也有分布，广布于全球。

习性：好温暖湿润、光照充足、通风良好的环境，耐寒性强，对土壤要求不严格，以土层深厚、含有大量腐殖质的土壤中生长最佳。

繁殖：播种繁殖。

应用：布置园林水景，色泽艳丽，景色秀美，可作为花境背景材料和盆栽观赏，也可种植于山区溪流边及湿草地。

★ *Lythrum salicaria* L. ☆ Spiked Loosestrlfe

车叶葎

别名：六叶葎
科属：茜草科拉拉藤属

识别：一年生草本，直立，高 10 ~ 60 cm。叶片薄，常 6 片轮生，长圆状倒卵形、倒披针形、卵形或椭圆形，长 1 ~ 3.2 cm，宽 4 ~ 13 mm，顶端钝圆而具凸尖，基部渐狭或楔形。果片近球形，单生或双生。果期 5 ~ 9 月。

观花：聚伞花序顶生和生于上部叶腋，少花，2 ~ 3 次分枝，常广歧式叉开，总花梗长可达 6 cm，无毛；苞片常成对，小，披针形；花小；花梗长 0.5 ~ 1.5 mm；花冠白色或黄绿色，裂片卵形；雄蕊伸出。花期 4 ~ 8 月。

分布：产于黑龙江、河北、山西、陕西、甘肃、江苏、安徽、浙江、江西、河南、湖北、湖南、四川、贵州、云南、西藏等省区。

习性：喜光，耐水湿，耐阴。

繁殖：播种繁殖。

应用：可作园林地被植物，种植于山坡、沟边、河滩或林下。

★ *Galium asperuloides* Edgew. ☆ Sixleaves Bedstraw

★ *Galium verum* L.　☆ Yellow Bedstraw

蓬子菜

别名：松叶草，乌如木杜乐
科属：茜草科拉拉藤属

识别：多年生近直立草本，高 40 ～ 100 cm。枝有 4 棱角，被短柔毛。叶 6 ～ 10 片轮生，无柄，条形，长达 3 cm，顶端急尖，边缘反卷，上面稍有光泽，仅下面沿中脉二侧被柔毛，干时常变黑色。果小，果片双生，近球状，直径约 2 mm，无毛。果期 7 ～ 8 月。

观花：聚伞花序顶生和腋生，通常在茎顶结成带叶的圆锥花序状，稍紧密；花小，黄色，有短梗，花冠辐状，4 裂，裂片卵形。花期 6 ～ 7 月。

分布：分布于东北、西北至长江流域；亚洲温带其他地区，欧洲和北美洲也有分布。

习性：喜光。

繁殖：播种繁殖。

应用：可作园林地被植物。

★ *Emmenopterys henryi* Oliv.　☆ Henry Emmenopterys

香果树

别名：大猫舌，紫油厚朴，叶上花
科属：茜草科香果树属

识别：落叶大乔木，高达 30 m；小枝有皮孔。叶对生，有长柄，革质，宽椭圆形至宽卵形，长超过 20 cm，顶端急尖或骤然渐尖，仅下面中脉、侧脉和脉腋内有淡黄色柔毛或有时全面有毛；托叶大，三角状卵形，早落。蒴果近纺锤状，长 3 ～ 5 cm，有直线棱，成熟时红色。果熟期 10 ～ 11 月。

观花：聚伞花序排成顶生大型圆锥花序状，常疏松；花大，黄色，5 数，有短梗；花萼近陀螺状；花冠漏斗状，长约 2 cm，被茸毛，裂片覆瓦状排列。花期 7 ～ 8 月。

分布：分布于西南和长江流域一带。生疏林中。

习性：喜光，喜温暖气候及肥沃湿润土壤。

繁殖：播种、扦插或根插繁殖。

应用：速生树种，树姿优美，花大而艳丽，为优良的观赏植物，可作庭荫树或行道树。

相近种：白纸扇 *Mussaenda pubescens* Ait.f.。

★ *Adina pilulifera*（Lam.）Franch.ex Drake　☆ Pilula Adina

水团花

别名：水杨梅、水蓼花、假马樱树
科属：茜草科水团花属

识别：常绿灌木至小乔木，高达 5 m。叶对生，薄纸质，倒披针形或矩圆状披针形，长 5 ～ 12 cm，宽 1.5 ～ 3 cm，两面无毛或于下面的脉腋内有束毛，侧脉 8 ～ 10 对；叶柄长 3 ～ 10 mm；托叶 2 裂，几达基部。蒴果长 2 ～ 3 mm。

观花：头状花序单生于叶腋，很少顶生，盛开时直径 1.5 ～ 2 cm；总花梗长 2.5 ～ 4.5 cm，被粉末状微毛，中部着生数枚苞片；花 5 数，很少 4 数，长 5 ～ 7 mm，直径 2 ～ 3 mm。花期 6 ～ 7 月。

分布：分布于长江以南各省区；越南、日本也有分布。

习性：喜温暖、湿润的环境，喜肥沃、疏松、排水良好的酸性土壤。

繁殖：扦插或播种繁殖。

应用：在庭园中可单植或列植于溪涧水畔、河边、溪边、林下、路旁，也可作为固堤植物。

相近种：细叶水团花 *Adina rubella* Hance。

白蟾

别名：玉荷花，重瓣栀子
科属：茜草科栀子属

识别： 为栀子的变种，与栀子的不同之处在于：花重瓣，较大，径达 7 ~ 8 cm。

分布： 产于中国长江以南各省区。

习性： 喜温暖、阳光充足、空气温度大及通风良好的环境，喜疏松、肥沃且排水良好的壤土或沙质壤土。

繁殖： 扦插繁殖。宜在春、秋季进行。

应用： 株形小巧优美，终年叶绿亮丽，花姿、色、香俱佳，是高级的园林绿化材料，可种植于丘陵、山谷、山坡、溪边的灌丛或林下。

★ *Gardenia jasminoides* Ellis var. *fortuniana* (Lindl.) Hara

水栀子

别名：雀舌栀子
科属：茜草科栀子属

识别： 与原变种栀子 *Gardenia jasminoides* Ellis 的区别在于，植株矮小，高 30 ~ 60 cm。多分枝，枝常平展匍地。叶较小，倒披针形，长 4 ~ 8 cm。

观花： 花小，重瓣。

分布： 我国东部、中部和南部及台湾地区有分布；日本、越南也有分布。

习性： 喜温暖湿润气候，耐半阴，忌阳光直射；抗烟尘、抗 SO_2 能力强；宜生长在疏松、肥沃、排水良好的轻黏性酸性土壤中。

繁殖： 扦插繁殖。

应用： 可用于布置花境、庭院或片植于林下、林缘、山坡谷地、溪边、路旁作耐阴湿地被植物；可点缀岩石园，也可应用于厂矿区绿化；北方地区可室内盆栽观赏。

★ *Gardenia jasminoides* Ellis ☆ Radicans Gardenia

栀子

别名：黄栀子，栀子花，山栀
科属：茜草科栀子属

识别： 常绿灌木，高 0.3 ~ 3 m。叶对生或 3 叶轮生，革质，叶常椭圆状倒卵形或矩圆状倒卵形，长 5 ~ 14 cm，宽 2 ~ 7 cm，顶端渐尖；托叶鞘状。果黄色，卵状至长椭圆状。果期 5 月至翌年 2 月。

观花： 花大，单生于枝顶，白色、乳黄色，芳香，有短梗，花冠高脚碟状，筒长通常 3 ~ 4 cm，裂片倒卵形至倒披针形，伸展。花期 3 ~ 7 月。

分布： 产于中国长江流域以南各地。

习性： 喜温暖、向阳、通风的环境。要求肥沃、疏松且排水好的酸性土壤。

繁殖： 扦插、分株或播种繁殖。

应用： 枝繁叶茂，花朵美丽，香气浓郁，为庭园中优良的美化材料。园林中常散栽于草地或空旷场所。

★ *Gardenia jasminoides* Ellis ☆ Gardenia，Cape Jasmine

大黄栀子

别名：云南黄栀子，麦托罗
科属：茜草科栀子属

★ *Gardenia sootepensis* Hutchins.　☆ Bigflower Gardenia

识别：常绿灌木。单叶对生或 3 叶轮生。

观花：花大，芳香，单生于小枝顶端。

分布：产于云南。国外分布于泰国和老挝。

习性：喜湿润、温暖、光照充足且通风良好的环境。

繁殖：播种、扦插、压条或分株繁殖。

应用：枝繁叶茂，叶色浓绿光亮，花朵美丽，香气浓郁，为庭园中优良的美化植物，可作庭园布景植物或制作盆景、切花，也可种植山坡或溪边林中。

希茉莉

别名：长隔木，希美丽
科属：茜草科长隔木属

★ *Hamelia patens* Jacq.　☆ Scarlet Bush，Fire-bush

识别：常绿灌木或小乔木，高达 4 ~ 7 m。枝开展，下垂。叶 3 ~ 4 枚轮生，倒卵状椭圆形至卵形，长 5 ~ 11 cm，侧脉弧形，基部楔形，全缘，两面有毛。浆果卵球形，长约 6 mm，暗红或紫色。

观花：花冠红色或橙红色，管状，长达 1.8 cm，端 5 裂；顶生红色聚伞花序，有 3 ~ 5 放射分枝。春末至秋开花。

分布：原产于美国佛罗里达州、西印度群岛，南至玻利维亚和巴拉圭；我国有栽培。

习性：喜光，耐半阴，不耐寒，耐修剪。

繁殖：播种或扦插繁殖。扦插繁殖可在春、秋季进行。

应用：花美丽，在暖地可露地栽培，在北方常温室盆栽观赏。

矮龙船花

别名：杂交龙船花，艳阳仙丹
科属：茜草科龙船花属

★ *Ixora williamsiii* Sandw.‘Dwarf Salmon’　☆ Williams Ixora

识别：常绿小灌木，株形矮小，有时高达 1 m。叶对生，椭圆形至椭圆状披针形，顶端渐尖至圆钝。

观花：聚伞花序顶生，花红色或橙黄色。夏、秋季开花。

分布：园艺杂交种。

习性：喜光，耐半阴，但过于荫蔽则不易开花；喜高温、湿润的气候，不耐寒。喜含腐殖质、疏松且排水良好的沙质壤土。

繁殖：扦插或高压繁殖。

应用：四季常绿，盛花期花团锦簇，色彩艳丽，为优良的观赏花卉。适宜庭园中单植、丛植或布置花坛。

品种：有矮黄龙船花‘Dwarf Orange’花黄色；矮粉龙船花‘Dwarf Pink’，花粉红色；矮白龙船花‘Dwarf White’，花白色；小叶龙船花‘Sunkist’，叶革质，较短小，花红色或橙红色等。

大王龙船花

别名：超王龙船花
科属：茜草科龙船花属

识别：常绿灌木，高达 1.5 m。叶卵状披针形或长椭圆形，先端突尖。
观花：花冠红色，径达 15 cm 以上，裂片短尖。花期夏、秋季。
分布：中国华南地区露天栽培。
习性：耐旱，耐高温，生性强健。
繁殖：扦插或高压繁殖。
应用：适合庭园栽植或盆栽观赏，也可作切花材料。

★ *Ixora duffii* T. Moore.‘Super King’ ☆ Super King Ixora

黄龙船花

科属：茜草科龙船花属

识别：常绿小灌木，高达 1 m。叶对生，长圆状倒披针形或披针形，长 6 ~ 13 cm。浆果近球形，成熟时紫红色。
观花：花多数，排成顶生或腋生伞房花序；花冠金黄色，高脚碟状，筒部细长。花期夏至秋季。
分布：原产于印度。中国南方地区普遍栽培。
习性：喜光，全日照或半日照皆宜；喜高温、多湿气候，不耐寒。喜富含腐殖质、疏松、肥沃和排水良好的沙质壤土。
繁殖：扦插繁殖。
应用：四季常绿，花繁叶茂，盛花期花团锦簇，艳丽夺目，为优良的热带木本花卉。在园林中单植、丛植于花坛或绿地，均有良好的景观效果。
品种：有大黄龙船花‘Gilleltes Yellow’，杏黄龙船花‘Apricat Gold’等。

★ *Ixora coccinea* L. var. *lutea* Carner ☆ Yellow Ixora

龙船花

别名：英丹，仙丹花，水绣球，百日红
科属：茜草科龙船花属

识别：常绿小灌木，老茎黑色有裂纹，嫩茎平滑无毛。叶对生，几乎无柄，薄革质或纸质，倒卵形至矩圆状披针形，长 6 ~ 13 cm，宽 2 ~ 4 cm。浆果近球形，熟时红黑色。
观花：聚伞形花序顶生，具短梗，径 6 ~ 12 cm，花多，红色至橙色。花直径 1 ~ 2 cm，花冠 4 裂，红色或橙红色；雄蕊 4 枚。花期夏季。
分布：产于中国台湾、福建、广西等地。马来西亚、印尼也有分布。
习性：喜温暖、湿润和较充足的阳光。不耐寒，耐半阴，不耐水湿和强光。是酸性土壤的指示植物，需用酸性土栽培。
繁殖：扦插或播种繁殖。
应用：花十分美丽，在南方露地栽植，适合庭院、宾馆、风景区布置；北方盆栽，适合于窗台、阳台和客室摆设。
品种：品种较多。

★ *Ixora chinensis* Lam. ☆ China Ixora

★ *Ixora hybrida* Hort. ☆ Hybrid lxora

杂交龙船花

别名：艳阳仙丹
科属：茜草科龙船花属

识别： 灌木，高达 1 m。叶对生，椭圆形至椭圆状披针形，顶端渐尖至圆钝。
观花： 花序顶生，多花，排列成聚伞花序；花红色或橙黄色。夏、秋季开花。
分布： 园艺杂交种。
习性： 喜光，耐半阴，但过于荫蔽则不易开花；喜高温、湿润的气候，不耐寒；喜含腐殖质、疏松且排水良好的沙质壤土。
繁殖： 扦插或高压繁殖。宜春、秋季进行。
应用： 四季常绿，盛花期花团锦簇，色彩艳丽，为优良的观赏花卉，适宜庭园中单植、丛植或布置花坛。
品种： 矮黄龙船花'Dwarf Orange'，常绿小灌木。株形矮小。花黄色。

★ *Leptodermis oblonga* Bunge ☆ China Wildclove

薄皮木

科属：茜草科野丁香属

识别： 落叶灌木，高约 1 m。单叶对生，椭圆形或长圆形，全缘。叶柄短，叶柄间托叶三角形。蒴果椭圆形。果期 8 ~ 9 月。
观花： 花 2 ~ 10 朵簇生，小苞片下部合生，长于萼；花冠长漏斗形，淡紫色，5 裂，雄蕊 5 枚。花期 5 ~ 6 月。
分布： 北京各区县山地常见，生于低山坡或阴坡灌丛中。分布于华北、西北、华中、西南等省区。
习性： 喜光，稍耐阴。
繁殖： 播种繁殖。
应用： 可作园林观花灌木。

★ *Mussaenda esquirolii* Lévl. ☆ Esquirol Jadeleaf and Goldenflower

大叶白纸扇

别名：白扇宝心，鸡母樵
科属：茜草科玉叶金花属

识别： 直立或藤状灌木。叶膜质或薄纸质，宽卵形或宽椭圆形，长 10 ~ 20 cm，宽 5 ~ 12 cm，两面有疏柔毛，下面脉上毛较密；叶柄长 1.5 ~ 3.5 cm，有毛。果肉质，近球形，直径约 1 cm。果期 9 月。
观花： 聚伞花序顶生；苞片叶状，小苞片条状披针形；花具梗；萼筒陀螺状，长约 4 mm，裂片披针形，长达 1 cm，部分花的 1 枚裂片扩大成叶状，倒卵形，长 3 ~ 4 cm，白色；花冠黄色，长 1.4 cm，裂片卵形。花期 6 月。
分布： 分布于长江以南各地。生于山坡水沟边或竹林下阴湿处。
习性： 喜光，稍耐阴；喜温暖至高温的气候和湿润的环境，不耐干旱和寒冷；须富含腐殖质的沙质壤土。
繁殖： 播种或扦插繁殖。
应用： 适于庭园美化，可单植、丛植或盆栽；也适于林下种植。

红纸扇

别名：红玉叶金花，血萼花
科属：茜草科玉叶金花属

识别：常绿或半落叶直立性或攀缘状灌木，叶纸质，披针状椭圆形，长 7 ~ 9 cm，宽 4 ~ 5 cm，顶端长渐尖，基部渐窄，两面被稀柔毛，叶脉红色。
观花：聚伞花序，花冠黄色，部分花的一枚萼片扩大成叶状，深红色，卵圆形，长 3.5 ~ 5 cm，顶端短尖，被红色柔毛，有纵脉 5 条。
分布：分布于热带亚洲和非洲。中国产于西南至台湾一带，尤以西南地区为多。
习性：怕冷，喜高温，适生温度为 20 ~ 30℃，越冬温度应在 15℃以上。
繁殖：播种或扦插繁殖。
应用：红纸扇变态的叶状红色萼片迎风摇曳，衬托得白色小花甚为美观，配置于林下、草坪周围或小庭院内，颇具野趣。

★ *Mussaenda erythrophylla* Schumach er et Thonn. ☆ Red Flag Bush

鸡矢藤

别名：斑鸠饭，女青，主屎藤，却节
科属：茜草科鸡矢藤属

识别：蔓生草本，基部木质，高 2 ~ 3 m，秃净或稍被微毛。叶对生，有柄；叶片近膜质，卵形、椭圆形、矩圆形至披针形，先端短尖或渐尖，基部浑圆或楔尖，两面均秃净或近秃净；叶间托叶三角形，长 2 ~ 5 mm，脱落。
观花：圆锥花序腋生及顶生，扩展，分枝为蝎尾状的聚伞花序；花白紫色，无柄；萼狭钟状，长约 3 mm；花冠钟状，花筒长 7 ~ 10 mm，上端 5 裂，镊合状排列，内面红紫色，被粉状柔毛；雄蕊 5 枚。浆果球形，直径 5 ~ 7 mm，成熟时光亮，草黄色。花期秋季。
分布：分布于山东、安徽、江苏、浙江、江西、福建、台湾、广东、广西、湖北、湖南等地。
习性：喜光，稍耐阴；喜温暖、湿润的环境。
繁殖：播种和扦播繁殖。
应用：适宜用于垂直绿化，可于篱墙、栏杆、花廊等处配置。

★ *Paederia scandens* (Blume) Hand.-Mazz. ☆ China Fevervine

五星花

别名：繁星花
科属：茜草科五星花属

识别：草本宿根花卉，高 30 ~ 60 cm。茎直立，分枝多。叶对生，膜质，披针形，叶端渐尖。蒴果，膜质。果期 9 ~ 10 月。
观花：顶生聚伞形花序，小花呈筒状，花冠 5 裂成五角星形，故名五星花。花期 5 ~ 10 月。
分布：原产于热带非洲。
习性：喜阳，耐高温，也耐干旱，盆栽以疏松、肥沃、排水性能良好的沙壤土为好。
繁殖：播种繁殖。
应用：应用于花坛、花境或盆栽观赏。
品种：花色有红、粉红、白、浅紫、绯红、桃红等色。

★ *Pentas lanceolata* (Forst) K.Schum. ☆ Lanceolate Pentas

★ *Rubia cordifolia* L.　☆ India Madder

茜草

别名：血茜草，血见愁
科属：茜草科茜草属

识别： 多年生攀缘草本。茎蔓生，多分枝，4 棱，沿棱具倒生刺。叶常 4 枚轮生，卵状披针形，叶脉 5 条，叶柄、叶脉、叶缘具倒生刺。浆果球形，肉质，红色至紫黑色。果期 8 ~ 9 月。

观花： 聚伞花序，花小，黄白色，5 基数；萼筒近球形，花冠辐状。花期 6 ~ 8 月。

分布： 分布于东北、西北至西南各省区。

习性： 喜凉爽而湿润的环境；耐寒，怕积水；对土壤要求以疏松肥沃、土层深厚、富含有机质的沙质壤土栽培为好。

繁殖： 压条或扦插繁殖。

应用： 可用于垂直绿化，也可用于林缘、灌丛或草地上地被植物。

★ *Serissa serissoides*（DC.）Druce

白马骨

别名：六月雪，路边金，满天星，路边鸡
科属：茜草科白马骨属

识别： 灌木，高 1 ~ 1.5 m。叶对生，有短柄，常聚生于小枝上部，形状变异很大，通常卵形至披针形，长 1 ~ 3 cm 或更长，宽 0.3 ~ 1.5 cm，顶端急尖至稍钝，两面无毛或下面被疏毛，侧脉约 3 ~ 4 对；托叶膜质，基部宽，顶有几条刺状毛。核果近球状，有 2 个分核。果期 9 ~ 11 月。

观花： 花白色，近无梗，多朵簇生小枝顶；花萼裂片 5 枚，锐尖，有睫毛；花冠长约 7 mm，花冠筒与萼裂片近等长。花期 4 ~ 6 月。

分布： 广布于长江下游，南至广西和广东。

习性： 喜温暖湿润气候，但能耐旱。在丘陵和平坝排水良好的夹沙土栽培较好。

繁殖： 用扦插繁殖。

应用： 适于花坛、花境种植；也可列植于路边。

相近种： 六月雪 *Serissa japonica*（Thunb.）Thunb.。

★ *Serissa japonica*（Thunb.）Thunb.　☆ Junesnow

六月雪

别名：碎叶冬青，素馨，悉茗
科属：茜草科白马骨属

识别： 常绿或半常绿丛生小灌木，高达 1 m。分枝多。叶对生或簇生，长椭圆形或长椭圆披针状，长 0.7 ~ 1.5 cm，全缘。小核果近球形。

观花： 花白色带红晕或淡粉紫色，单生或多朵簇生，花冠漏斗状。全缘，先端钝，厚革质，深绿色，有光泽。花形小，密生在小枝的顶端，花冠长约 7 mm，漏斗状，有柔毛，白色略带红晕。花期 6 ~ 7 月。

分布： 原产于我国江南各省，从江苏到广东都有野生分布。

习性： 性喜阳光，也较耐阴，忌狂风烈日，高温酷暑时节宜遮阳。

繁殖： 以扦插为主，也可用压条、分株繁殖。

应用： 南方园林中可作露地种植；北方多盆栽观赏，在室内越冬；也是良好的盆景材料。

相近种： 白马骨 *Serissa serissoides*（DC.）Druce，叶薄纸质，倒卵形或倒披针形，长 1.5 ~ 4 cm，宽 0.7 ~ 1.3 cm。

龙牙草

别名：仙鹤草
科属：蔷薇科龙牙草属

识别： 多年生草本，高 30 ～ 120 cm。全株被长柔毛。间断奇数羽状复叶，互生，小叶 3 ～ 5 对，大小不等，边缘具粗锯齿。瘦果包于宿存萼筒内，先端有倒钩刺。果期 8 ～ 10 月。

观花： 顶生总状花序，多花；花萼陀螺状，花瓣 5 片，黄色。花期 6 ～ 9 月。

分布： 中国各地均有分布。朝鲜、蒙古、日本、俄罗斯西伯利亚及远东地区也有分布。

习性： 喜光亦耐半阴，耐寒，适宜于疏松土壤。

繁殖： 播种繁殖。

应用： 可植于疏林下、山坡或药草园。

★ *Agrimonia pilosa* Ledeb. ☆ Hairyvein Agrimonia

木瓜

别名：万寿果，乳瓜
科属：蔷薇科木瓜属

识别： 落叶小乔木，高达 10 m。单叶互生，叶长 5 ～ 8 cm，宽 3.5 ～ 5 cm；叶柄长 5 ～ 10 mm，微生柔毛，有腺齿。梨果椭球形，深黄色，长 10 ～ 15 cm，木质，有香气。树皮斑状薄片剥落。果期 9 ～ 10 月。

观花： 花单生叶腋，粉红色，直径 3 ～ 4 cm，花梗短粗。花期 4 ～ 5 月。

分布： 产于东部及中南部。

习性： 喜光，喜温暖，有一定耐寒性，要求土壤排水良好，不耐盐碱和低湿地。

繁殖： 播种繁殖。

应用： 本种花美果香，常植于庭院观赏。

★ *Chaenomeles sinensis* (Thouin) Koehne ☆ Chinese Quince

日本贴梗海棠

别名：倭海棠，日本木瓜
科属：蔷薇科木瓜属

识别： 落叶矮灌木，高通常不及 1 m。叶广卵形至倒卵形，长 3 ～ 5 cm，先端钝或短急尖。梨果小，近球形，黄色，直径 3 ～ 4 cm。果期 9 ～ 10 月。

观花： 花 3 ～ 5 朵簇生，火焰色或亮橘红色；花先叶开放。花期 3 ～ 4 月。

分布： 原产于日本，我国各地庭园时见栽培。

习性： 耐半阴，稍耐寒，喜湿润，但怕渍水烂根。

繁殖： 播种繁殖。

应用： 植株低矮，春花艳丽，而且还有二次开花的现象（秋季），非常适宜作为木本地被，用于岩石园布置。

★ *Chaenomeles japonica* Lindl. ☆ Japanese Flowering Quince

★ *Chaenomeles speciosa* (Sweet) Nakai ☆ Flowering Quince

贴梗海棠

别名：皱皮木瓜
科属：蔷薇科木瓜属

识别：落叶灌木，高达 2 m。叶长卵形至椭圆形，长 3 ~ 9 cm，宽 1.5 ~ 5 cm，先端急尖，基部楔形。梨果卵形或近球形，黄色，有香气，直径 4 ~ 6 cm。枝开展，无毛，有刺。果期 9 ~ 10 月。

观花：花 3 ~ 5 朵簇生于二年生枝上，朱红、粉红或白色，直径达 3.5 cm，花梗甚短；花先叶开放。花期 3 ~ 4 月。

分布：产于东部、中部至西南部。

习性：喜光，有一定耐寒性，喜排水良好的肥厚壤土，不宜在低洼处栽植。

繁殖：播种繁殖。

应用：本种早春叶前开花，秋天又有黄色蒴果，宜丛植或孤植于草坪、庭院等。

相近种：日本贴梗海棠 *Chaenomeles japonica* Lindl.。

★ *Cotoneaster multiflorus* Bunge ☆ Many-flowered Cotoneaster

多花栒子

别名：水栒子，灰栒子
科属：蔷薇科栒子属

识别：落叶灌木，高 1 ~ 4 m。枝条红褐色，下弯。单叶互生，卵形或宽卵形，先端圆钝，全缘。梨果小，近球形，红色，先端具宿存萼片。果期 8 ~ 9 月。

观花：聚伞花序，具花 5 ~ 20 朵。萼筒钟状，花瓣 5 枚，平展，白色，雄蕊 20 枚。花期 5 ~ 6 月。

分布：分布于东北、华北、西北、西南等省区。

习性：喜光稍耐阴，耐寒，极耐干旱瘠薄，耐修剪。

繁殖：播种繁殖。

应用：多花栒子枝条婀娜，夏季白花繁茂，秋季红果累累，是优美的观花、观果树种，适宜栽植在林下、庭院，也可作岩石园布置。

★ *Cotoneaster horizontalis* Decne. ☆ Rock Cotoneaster

平枝栒子

别名：铺地蜈蚣
科属：蔷薇科栒子属

识别：半常绿匍匐灌木，高不及 0.5 m，冠幅可达 2 m。枝近水平开展，小枝在大枝上成二列状，形如蜈蚣。叶近圆形或宽椭圆形，长 5 ~ 14 mm，宽 4 ~ 9 mm，先端急尖，基部楔形；叶柄长 1 ~ 3 mm，有柔毛。梨果近球形，鲜红色，直径约 7 mm，常具 3 核。果期 9 ~ 10 月。

观花：花 1 ~ 2(3) 朵，生短枝端，近无梗，粉红色，直径 5 ~ 7 mm；萼筒钟状，外面疏生短柔毛。花期 5 ~ 6 月。

分布：产于甘肃、陕西、湖南西北部、湖北西部、四川、贵州、云南。

习性：性耐寒，耐干旱。

繁殖：播种繁殖。

应用：红果经冬不落，可植于斜坡或岩石园。

西北栒子

别名：扎氏栒子，杂氏灰栒子
科属：蔷薇科栒子属

识别： 落叶灌木，高约 2 m。小枝深红褐色，幼时密被带黄色柔毛，老时无毛。叶片椭圆形至卵形，长 1.2 ~ 3 cm，宽 1 ~ 2 cm，先端多圆钝，少数微尖，基部圆形或宽楔形，全缘，上面有稀疏柔毛，下面密生带黄色或带灰色茸毛；叶柄长 1 ~ 3 mm，有茸毛。梨果倒卵形，直径 7 ~ 8 mm，鲜红。

观花： 聚伞花序，有花 3 ~ 12 朵，总花梗和花梗有柔毛；花梗长 2 ~ 4 mm；花淡红色，直径 5 ~ 7 mm；萼筒钟状，外面生柔毛，裂片三角形；花瓣直立，倒卵形或近圆形。

分布： 分布于河北、山西、河南、陕西、甘肃、青海、湖北、湖南。

习性： 喜光，稍耐水湿。

繁殖： 播种繁殖。

应用： 观花观果灌木，可种植于石灰岩山地、山坡阴处或沟谷边。

★ *Cotoneaster zabelii* Schneid.　☆ Northwestern China Cotoneaster

山楂

别名：山里红
科属：蔷薇科山楂属

识别： 落叶乔木，高达 6 m。通常具枝刺。单叶互生，三角状卵形，常 3 ~ 5 羽状深裂，裂片边缘有不规则重锯齿。梨果近球形，深红色，有浅色斑点，萼片宿存。果期 8 ~ 10 月。

观花： 伞房花序具多花；萼筒钟状，花瓣 5 片，白色。花期 5 ~ 6 月。

分布： 产于东北、华北、西北等地区。

习性： 喜光，耐寒，喜冷凉干燥气候及排水良好的土壤。

繁殖： 播种繁殖。

应用： 本种初夏满树白花，秋季红果累累，是园林结合生产的优良树种，可作庭荫树和园路树。

★ *Crataegus pinnatifida* Bunge　☆ Chinese Hawthorn

蛇莓

别名：鸡冠果，野杨梅，蛇藨，地莓，蚕莓
科属：蔷薇科蛇莓属

识别： 多年生草本，全株密被长柔毛。匍匐茎细长，节处生不定根。3 出复叶互生，小叶具钝齿。瘦果小，红色，生于膨大的球形花托上。果期 5 ~ 10 月。

观花： 花单生于叶腋，黄色；副萼片比萼片大，花瓣 5 片，雄蕊、雌蕊多数。花期 4 ~ 7 月。

分布： 分布于辽宁以南各省区。

习性： 喜温暖湿润，不耐旱、不耐水渍；对土壤要求不严格，田园土、沙壤土、中性土均能生长良好，宜于疏松、湿润的沙壤土生长。

繁殖： 种子或分株繁殖。

应用： 可同时观花、果、叶，园林效果突出。

★ *Duchesnea indica* (Andr.) Focke　☆ Indian Mockstrawberry

★ *Eriobotrya japonica* (Thunb.) Lindl. ☆ Loquat

枇杷

别名：芦橘，又名金丸，芦枝
科属：蔷薇科枇杷属

识别： 常绿小乔木，高可达 10 m。小枝密生锈色或灰棕色茸毛。叶片革质，披针形、长倒卵形或长椭圆形，长 10 ~ 30 cm，宽 3 ~ 10 cm，顶端急尖或渐尖，基部楔形或渐狭成叶柄，边缘有疏锯齿，表面皱，背面及叶柄密生锈色茸毛。果期翌年 5 ~ 6 月。

观花： 圆锥花序花多而紧密；花序梗、花柄、萼筒密生锈色茸毛；花白色，芳香，直径 1.2 ~ 2 cm，花期 10 ~ 12 月。

分布： 我国福建、四川、江苏、湖北有野生，现全国各地都有栽培。

习性： 喜光，稍耐阴，喜温暖气候和肥水湿润、排水良好的土壤，稍耐寒，不耐严寒，生长缓慢。

繁殖： 播种繁殖为主，也可嫁接繁殖。

应用： 因形似琵琶而得名，适合作园景树。

★ *Exochorda racemosa* (Lindl.) Rehd. ☆ Common Pearl-bush

白鹃梅

别名：白绢梅，金瓜果，茧子花
科属：蔷薇科白鹃梅属

识别： 落叶灌木，高 3 ~ 5 m。小枝红褐色，无毛；叶先端钝圆或急尖，基部楔形或宽楔形，全缘，两面均无毛；蒴果倒圆锥形，无毛。果熟期 7 ~ 9 月。

观花： 总状花序，花瓣倒卵形，花白色，颇大；花期 4 ~ 5 月。

分布： 原产于河南、江苏、浙江、江西、湖南、湖北等地。

习性： 喜光，耐旱，稍耐阴；酸性土、中性土都能生长，在排水良好、肥沃而湿润的土壤中长势旺盛，萌芽力强，抗寒力强。

繁殖： 播种和扦插繁殖。

应用： 适于草坪、林缘、路边及假山岩石间配植，亦可作花篱栽植。若在常绿树丛边缘群植，也极适宜。

相近种： 红柄白鹃梅（*Exochorda giraldii* Hesse）落叶灌木，与白鹃梅主要不同点在于叶柄较长，可达 1.5 ~ 2.5 cm，常呈红色，花梗极短近于无梗，花瓣基部有长爪；齿叶白鹃梅（*Exochorda serratifolia* S. Moore）。

★ *Fragaria orientalis* Lozinsk ☆ Oriental Strawberry

东方草莓

别名：野草莓，孜孜萨森
科属：蔷薇科草莓属

识别： 多年生草本，高 5 ~ 30 cm。茎被开展柔毛；三出复叶，小叶几无柄，倒卵形或菱状卵形，顶端圆钝或急尖；聚合果半圆形，成熟后紫红色，瘦果卵形。果期 7 ~ 9 月。

观花： 花序聚伞状，基部苞片淡绿色，花两性，白色，直径 1.5 ~ 2 cm；花瓣 5 片；花期 5 ~ 7 月。

分布： 产于我国东北、华北和西北等省区。

习性： 阳性树种，喜水分充足、肥沃而排水良好且富含有机质的壤土。

繁殖： 播种、组织培养和分株繁殖。

应用： 适合高海拔地区栽培。果期可起到极好的观赏效果。

相近种： 草莓 *Fragaria ananassa* Duchesnea，萼片在果期紧贴于果实。

草莓

别名：洋莓，地莓，地果，红莓，士多啤梨
科属：蔷薇科草莓属

识别： 多年生草本，三出复叶，小叶椭圆形，边缘具缺刻状锯齿。聚合果圆形，白色，淡白黄色或红色。果期 6 ~ 8 月。

观花： 聚伞花序 1 ~ 6 朵；花两性，直径 1 ~ 2 cm，花瓣 5 枚，圆形，基部有短爪，白色；雄蕊 20 枚。花期 4 ~ 7 月。

分布： 原产于智利，世界各地均有栽培。

习性： 喜光，喜潮湿，怕水渍，不耐旱，较耐寒，喜肥沃透气良好的沙质壤土。

繁殖： 播种繁育。

应用： 宜作地被植物，既可布置花坛、花境，又可盆栽。

★ *Fragaria ananassa* Duchesne ☆ Garden Strawberry

水杨梅

别名：路边青
科属：蔷薇科路边青属

识别： 多年生草本，高 30 ~ 100 cm，全株被开展的硬毛。基生叶竖琴状裂，小叶 3 ~ 6 对，顶生小叶最大，茎生叶互生，3 裂或羽状裂。瘦果多数，长圆形，顶端具钩状长喙。果期 7 ~ 9 月。

观花： 花常单生；萼片 2 轮，各 5 枚，花瓣 5 枚，黄色。花期 5 ~ 8 月。

分布： 分布于从东北到西南各省区。

习性： 喜温暖、湿润和阳光充足环境，较耐寒，不耐高温和干旱，但耐水淹，以肥沃酸性的沙质壤土为佳。

繁殖： 播种和扦插繁殖。

应用： 可作园林地被植物。

★ *Geum aleppicum* Jacq. ☆ Aleppo Avens

柔毛路边青

别名：柔毛水杨梅，追风七
科属：蔷薇科路边青属

识别： 多年生草本，高 25 ~ 60 cm。基生叶为大头羽状复叶，通常有小叶 1 ~ 2 对，顶生小叶最大，卵形或广卵形，浅裂或不裂，长 3 ~ 8 cm，宽 5 ~ 9 cm，顶端圆钝，下部茎生叶 3 小叶，上部茎生叶单叶，3 浅裂。聚合果。花果期 5 ~ 10 月。

观花： 花序疏散，顶生数朵，花梗密被粗硬毛及短柔毛；花直径 1.5 ~ 1.8 cm；萼片三角卵形，顶端渐尖，副萼片狭小，椭圆披针形，顶端急尖；花瓣黄色，几圆形，比萼片长。

分布： 产于陕西、甘肃、新疆、山东、河南、江苏、安徽、浙江、江西、福建、湖北、湖南、广东、广西、四川、贵州、云南。

习性： 喜光，耐水湿。

繁殖： 播种繁殖。

应用： 可作园林地被植物，种植于山坡、草地、田边、河边、灌丛及疏林下。

★ *Geum japonicum* Thunb. var. *chinense* F. Bolle ☆ China Avens

★ *Geum coccineum* Sibth.& Sm.　☆ Scarlet Avens

红花水杨梅

别名：鲜红水杨梅
科属：蔷薇科路边青属

识别： 多年生草本，高 40 ~ 80 cm，全株被毛。茎分枝较少。基生叶羽状全裂或近羽状复叶，菱状卵形至圆形，3 裂或具缺刻，边缘有粗锯齿，顶裂片较大；侧生叶片 1 ~ 3 对，较小，宽卵形；茎生叶 3 ~ 5 片，卵形，3 浅裂或羽状分裂。

观花： 伞房花序松散，有花 2 ~ 3 朵，花径 2.5 cm，红色；花期 4 ~ 8 月。其他与柔毛水杨梅相似。

分布： 原产于欧洲南部、巴尔干半岛及土耳其北部。

习性： 性喜阳，耐寒、耐湿，生长期需土壤湿润。

繁殖： 播种或分株繁殖。

应用： 花色艳丽，花期长，适宜做地被植物。

品种： 有单瓣和重瓣品种。

★ *Kerria japonica*（L.）DC.　☆ Japanese Kerria

棣棠

别名：地棠，蜂棠花，黄度梅
科属：蔷薇科棣棠属

识别： 落叶丛生灌木，无刺，高 1.5 ~ 2 m。小枝绿色，光滑，有棱；叶卵形至卵状椭圆形，先端长尖，基部楔形或近圆形，缘有尖锐重锯齿，背面略有短柔毛；瘦果黑褐色，生于盘状花托上。

观花： 花金黄色，单生于侧枝顶端，花期 4 月下旬至 5 月下旬。

分布： 产于山东、河南、安徽、江苏南部、浙江、福建、江西、湖南、湖北、贵州、云南、四川、甘肃及陕西南部。日本也有分布。

习性： 喜光，稍耐阴，喜温暖的气候，不甚耐寒，耐旱力较差。

繁殖： 播种繁殖。

应用： 可丛植于墙际、水畔、坡地、林缘及草坪边缘，或栽做花径、花篱等。

品种： 重瓣棣棠‘Pleniflora’，花重瓣；金边棣棠‘Aureo-variegata’，叶缘黄色；银边棣棠‘Picta’，叶缘银白色；白斑棣棠‘Argenteo-variegata’，叶面有白色斑块。

★ *Malus halliana*（Voss）Koehne　☆ Hall's Crabapple

垂丝海棠

别名：垂枝海棠，海棠，海棠花
科属：蔷薇科苹果属

识别： 落叶小乔木，高达 5 m。叶长 4 ~ 8 cm，基部楔形或近圆形；叶质较厚硬，叶色暗绿色而有光泽；叶柄长 5 ~ 20 mm。梨果倒卵形，紫色，直径 6 ~ 8 mm；萼裂片脱落。果期 9 ~ 10 月。

观花： 伞形花序 4 ~ 7 朵簇生在小枝端，花直径 3 ~ 3.5 cm；萼片深紫色，先端钝，与萼筒等长或稍短。花期 3 ~ 4 月。

分布： 产于西南部，长江流域至西南各地均有栽培。

习性： 喜光，喜温暖湿润气候，不耐寒冷和干旱。

繁殖： 播种繁殖。

应用： 本种花繁色艳，朵朵下垂，是著名的庭院观赏花木。

海棠花

别名：梨花海棠，断肠花，思乡草
科属：蔷薇科苹果属

★ *Malus spectabilis*（Ait.）Borkh. ☆ Chinese Flowering Crabapple

识别： 落叶小乔木，高达 9 m，树态峭立。叶长 5 ~ 8 cm，先端短渐尖，基部广楔形或圆形，幼时背面有短柔毛，叶柄长 1.5 ~ 2 cm，有短柔毛。梨果近球形，黄色，直径约 2 cm，基部无凹陷，果梗端肥厚。小枝红褐色，幼时疏生柔毛。果期 8 ~ 9 月。

观花： 近伞形花序有花 5 ~ 8 朵，花梗长 2 ~ 3 cm，被稀疏柔毛。花期 4 ~ 5 月。

分布： 产于北部地区，华北、华东各地均见栽培。

习性： 喜光，耐寒，耐干旱，忌水湿。

繁殖： 播种繁殖。

应用： 本种春天开花，美丽可爱；宜植于路旁、亭台周围、丛林边缘、水滨池畔等；同时它也是制作盆景或切花的材料。

苹果

别名：柰子，平安果，智慧果，记忆果
科属：蔷薇科苹果属

★ *Malus pumila* Mill. ☆ Apple

识别： 落叶乔木，高达 15 m。树干灰褐色，老皮有不规则的纵裂或片状剥落，小枝幼时密生茸毛，后变光滑，紫褐色。叶序为单叶互生，椭圆形到卵形，长 4.9 ~ 10 cm，先端尖，缘有圆钝锯齿，幼时两面有毛，后表面光滑，暗绿色。果为略扁的球形，径 5 cm 以上，两端均凹陷，端部常有棱脊。花期 4 ~ 6 月；果期 7 ~ 11 月果熟。

观花： 花白色带红晕，径 3 ~ 5 cm，花梗与花萼均具有灰白色茸毛，萼叶长尖，宿存，雄蕊 20 枚。

分布： 原产于欧洲中部、东南部，中亚细亚乃至中国新疆。现各地广泛栽培。

习性： 喜光，喜微酸性到中性土壤，最适于土层深厚、富含有机质、通气排水良好的沙质土壤。

繁殖： 嫁接繁殖。可用西府海棠作砧木。

应用： 在大型园林或风景区作观赏果林布置。

楸子

别名：海棠果，八棱海棠
科属：蔷薇科苹果属

★ *Malus prunifolia* (Willd.) Borkh. ☆ Pearleaf Crabapple

识别： 落叶小乔木，高 3 ~ 10 m。叶片卵形或椭圆形，长 5 ~ 9 cm，宽 4 ~ 5 cm，先端渐尖或急尖，基部宽楔形，边缘有细锐锯齿；叶柄长 1 ~ 5 cm。梨果卵形，直径 2 ~ 2.5 cm，红色或黄色，萼裂片宿存，果梗细长。

观花： 伞形花序，有花 4 ~ 10 朵，花梗长 2 ~ 3.5 cm，有短柔毛；花瓣倒卵伏椭圆形，白色或带粉红色，单瓣，花径 3 cm；雄蕊约 20 枚。花期 4 月中下旬。

分布： 分布在河北、山东、山西、河南、陕西、甘肃、辽宁、内蒙古。

习性： 适应性强，喜光，抗寒、抗旱，对土壤要求不严格。

繁殖： 播种繁殖。

应用： 株形丰满圆整，枝叶密集，开花后繁花满树，花谢后红果满树，果可宿存至冬季，是优美的观花观果植物，可作园林中的园路树，也可孤植庭院点缀。

★ *Malus sieboldii* (Regel) Rehd. ☆ Siebold Crabapple

三裂海棠

别名：三叶海棠，山茶果，山楂子
科属：蔷薇科苹果属

识别： 灌木，高 2 ~ 5 m。小枝稍有棱角，暗紫色或紫褐色。叶片椭圆形、长椭圆形或卵形，长 3 ~ 7.5 cm，宽 2 ~ 4 cm，先端急尖，基部圆形或宽楔形，边缘有尖锐锯齿，常 3（稀 5）浅裂，下面沿叶脉处有短柔毛；叶柄长 1 ~ 2.5 cm，有短柔毛。梨果近球形，直径 0.6 ~ 0.8 cm，红色或褐黄色，萼裂片脱落。

观花： 花 4 ~ 8 朵，集生于小枝顶端，花梗长 2 ~ 2.5 cm，有柔毛或近无毛；花粉红色，直径 2 ~ 3 cm；雄蕊约 20 枚。

分布： 分布于辽宁、山东、陕西、甘肃、湖南、四川、贵州、广东、广西；朝鲜、日本也有分布。

习性： 喜光。

繁殖： 播种繁殖。

应用： 可作园林观花和观果植物。

★ *Malus baccata* (L.) Borkh. ☆ Siberian Crabapple

山荆子

别名：山定子，山丁子
科属：蔷薇科苹果属

识别： 落叶乔木，高 10 ~ 14 m。单叶互生，叶卵状椭圆形，质较薄，长 3 ~ 8 cm，宽 2 ~ 3.5 cm，先端锐尖，基部楔形或圆形；叶柄细长，2 ~ 5 cm，无毛。梨果近球形，亮红色或黄色，径约 1 cm。果期 9 ~ 10 月。

观花： 伞形花序 4 ~ 7 朵花，集生于小枝顶端，无总梗；白色或淡粉红色，有香气。花期 4 ~ 5 月。

分布： 产于我国东北及黄河流域各地。

习性： 性强健，耐寒、耐旱能力强；怕涝。

繁殖： 播种繁殖。常用作苹果、海棠花等的砧木，或用于苹果的抗性育种。

应用： 本种白花繁茂，果红而多，经久不凋，可作庭园观赏树。

★ *Malus micromalus* Makino ☆ Midget Crabapple

西府海棠

别名：小果海棠，海红，子母海棠
科属：蔷薇科苹果属

识别： 落叶小乔木，高达 5 m，树态峭立。叶长 5 ~ 10 cm，宽 2.5 ~ 5 cm，基部楔形；叶柄较细长，长 2 ~ 3.5 cm。梨果近球形，幼时疏生短柔毛，红色，直径 1 ~ 1.5 cm，基部柄洼下陷。果期 8 ~ 9 月。

观花： 伞形花序有花 4 ~ 7 朵，花梗长 2 ~ 3 cm，花直径约 4 cm；萼筒外面密生白色柔毛。花期 4 ~ 5 月。

分布： 产于华北地区及陕西、甘肃、云南、辽宁等地。

习性： 喜光耐寒，抗干旱，对土壤适应性强，较耐盐碱和水湿。

繁殖： 嫁接或分株繁殖。

应用： 本种春天观粉花，秋天观红果，是良好的庭院观赏树。

品种： 重瓣粉海棠 'Riversii' 花较大，重瓣，粉红色；叶也较宽大；重瓣白海棠 'Albiplena' 花白色，重瓣。

伏牛海棠

别名：伏牛山海棠
科属：蔷薇科苹果属

识别： 落叶小乔木，高 3 ~ 5 m。小枝红褐色，无毛或幼时具柔毛。叶宽卵形或宽心形，长 6 ~ 8 cm，宽 8 ~ 12 cm，3 ~ 5 裂，中间裂片常为 3 浅裂，裂片卵形，先端尖，基部心形，边缘有尖锐重锯齿，无毛或沿脉散生柔毛；叶柄长 2 ~ 5 cm。果实锥圆形，红褐色，长约 1.1 cm，直径约 8 mm，有少数斑点；萼裂片脱落。果熟期 9 月。

观花： 花白色。花期春季。

分布： 产于河南伏牛山区。

习性： 喜光。

繁殖： 播种繁殖。

应用： 可栽培于庭园观赏或作园路树。

原变种： 山楂叶海棠 var. *komaovii* (Sarg.) Rehd.，叶较大，宽卵形或宽心形，长 6 ~ 8 cm，宽 8 ~ 12 cm，果柄长 4 cm。

★ *Malus kansuensis (Batal.) Schneid.*

湖北海棠

别名：甜茶果，泰山海棠
科属：蔷薇科苹果属

识别： 落叶小乔木，高可达 8 m。单叶互生，叶片卵形，长 5 ~ 10 cm，宽 2.5 ~ 4.0 cm，先端渐尖，基部宽楔形，缘具细锐锯齿，羽脉 5 ~ 6 对，叶柄长 1 ~ 3 cm。梨果小球形，径 0.6 ~ 1 cm，红或黄绿带红晕，萼脱落，果柄长，为果径的 5 ~ 6 倍，果熟期 8 ~ 9 月。

观花： 伞房花序有花 4 ~ 6 朵，梗长 2 ~ 4 cm，蕾时粉红，开后粉白，雄蕊 20 枚。花期 4 ~ 5 月。

分布： 主产于湖北。云南、贵州、四川、甘肃、西藏、浙江、陕西、河南、山东均有栽培分布。

习性： 喜光，耐涝，抗旱，抗寒，抗病虫灾害。能耐 -21℃的低温，并有一定的抗盐能力。

繁殖： 种子繁育。

应用： 花蕾粉红、花开粉白，花梗细长，小果红色，为春秋两季观花、观果的良好园林树种。

★ *Malus hupehensis* (Pamp.) Rehd.　☆ Hubei Crabapple

杂交海棠

别名：北美海棠
科属：蔷薇科苹果属

识别： 落叶乔木，冬芽卵形，外被数枚覆瓦状鳞片。株高 5 ~ 8 m。单叶互生，叶片有齿或分裂。果近球形。

观花： 伞形总状花序；花瓣近圆形或倒卵形，不同品种，色泽不同，白色、浅红色至艳红色等。花期春季。

分布： 栽培品种，原产于北美地区。

习性： 喜光。

繁殖： 播种繁殖。

应用： 开花繁茂，花色艳丽，为优良的观花树种，适合庭园的房前、亭廊边、路边或一隅栽培观赏。

品种： 主要品种有凯尔斯海棠 'Kelsey'，宝石海棠 'Jewelberry'，火焰海棠 'Flame'，粉芽海棠 'Pink Spires'，红丽海棠 'Red Splender'，绮丽海棠 'Radiant'，草莓果冻海棠 'StrawberryParfait'，道格海棠 'Dolog' 等。

★ *Malus hybrida* Hort.　☆ Hybrid Crabapple

★ *Neillia sinensis* Oliv. ☆ China Neillia

中华绣线梅

科属：蔷薇科绣线梅属

识别： 灌木，高达 2 m。小枝无毛。叶片卵形至卵状长椭圆形，长 5 ~ 11 cm，宽 3 ~ 6 cm，先端长渐尖，基部圆形至近心形，稀宽楔形，边缘具重锯齿，常不规则分裂，稀不裂，两面无毛或在下面脉腋具柔毛；叶柄长 7 ~ 15 mm，微被毛或近于无毛。蓇葖果长椭圆形，萼裂片宿存，外被疏生长腺毛。

观花： 总状花序顶生，长 4 ~ 9 cm，无毛，花梗长 3 ~ 10 mm；花淡粉色，直径 6 ~ 8 mm；萼筒筒状，长 1 ~ 1.2 cm，外面无毛，裂片 5 枚，三角形；花瓣倒卵形；雄蕊 10 ~ 15 枚。

分布： 分布于河南、甘肃、陕西、湖北、湖南、江西、广东、广西、四川、云南、贵州。

习性： 喜光，稍耐水湿。

繁殖： 播种繁殖。

应用： 观花灌木，可种植于山坡、山谷、沟边或林下。

★ *Photinia davidsoniae* Rehd.et Wils. ☆ Davidson Photinia

椤木石楠

别名：椤木，水红树花，梅子树
科属：蔷薇科石楠属

识别： 常绿乔木，高 6 ~ 15 m。幼枝棕色，贴生短毛，后呈紫褐色，最后呈灰色无毛，树干及枝条上有刺；叶先端渐尖而有短尖头，基部楔形，边缘有具腺的细锯齿；梨果，黄红色。果熟期 9 ~ 10 月。

观花： 花多而密，呈复伞房花序顶生，花序梗、花柄均贴生短柔毛；花期 5 月。

分布： 华中、华南、西南各省区皆有分布。

习性： 喜光，稍耐阴，喜温暖湿润气候，也耐干旱瘠薄。

繁殖： 播种、扦插、压条繁殖。

应用： 在一年中色彩变化较大，叶、花、果均可观赏，亦可作刺篱。

★ *Photinia glabra* (Thunb.) Maxim. ☆ Japan Photinia

光叶石楠

别名：扇骨木
科属：蔷薇科石楠属

识别： 常绿小乔木，高达 7 ~ 10 m。枝通常无刺。叶互生，长椭圆形至椭圆状倒卵形，长 5 ~ 10 cm，两端尖，缘有细锯齿，叶表面有极细的凹陷网脉，两面无毛，革质，叶柄长 5 ~ 15 mm。果卵状，长约 5 mm，红色。9 ~ 10 月果熟。

观花： 花白色，径 7 ~ 8 mm，花瓣内侧基部有毛；成复伞房花序，花序梗和花柄光滑。4 ~ 5 月开花。

分布： 产于我国长江流域及其以南地区；日本、泰国、缅甸也有分布。

习性： 喜光。

繁殖： 播种繁殖。

品种： 有幼叶片黄色的品种。

应用： 幼叶红色美丽，可作园林绿化树种及绿篱材料。

相近种： 红叶石楠 *Photinia* × *fraseri* ‘Red Robin’，是光叶石楠与石楠的杂交种。常绿大灌木，高 3 ~ 5 m；多分枝。

石楠

别名：千年红，扇骨木
科属：蔷薇科石楠属

识别： 常绿灌木或小乔木，高 4 ~ 6 m。单叶互生，叶长 10 ~ 20 cm，宽 3 ~ 3.5 cm，先端尾尖，基部圆形或广楔形；叶柄粗状，长 2 ~ 4 cm。梨果近球形，红色，直径约 5 mm。果期 10 月。

观花： 顶生复伞房花序，白色，直径 6 ~ 8 mm，总花梗及花梗均无毛，后渐脱落。花期 4 ~ 5 月。

分布： 产于华东、中南及西南地区。

习性： 喜光，稍耐阴；喜温暖，稍耐寒；喜排水良好的肥沃土壤，也耐干旱瘠薄，不耐水湿。

繁殖： 播种繁殖。

应用： 本种早春嫩叶鲜红，秋冬又有红果，孤植、丛植及基础栽植都很合适。

★ *Photinia serrulata* Lindl.　☆ Chinese Photinia

绒毛石楠

别名：鄂西石楠
科属：蔷薇科石楠属

识别： 灌木或小乔木，高达 7 m。叶片长圆披针形或长椭圆形；叶柄长 6 ~ 10 mm，初被柔毛，以后脱落。果实卵形，带红色，无毛，有小疣点。花果期 10 月。

观花： 花多数，成顶生复伞房花序；花瓣白色，近圆形。花期 5 月。

分布： 产于浙江、江西、湖南、湖北、四川、贵州、福建、广东。

习性： 稍耐阴。

繁殖： 播种繁殖。

应用： 可作庭园观赏树种，可种植于山坡上或疏林中。

★ *Photinia schneideriana* Rehd.et Wils.　☆ Floss Photinia

桃叶石楠

别名：石斑木
科属：蔷薇科石楠属

识别： 常绿乔木，高 10 ~ 20 m。小枝无毛，灰黑色，具黄褐色皮孔。叶片革质，长圆形或长圆披针形。果实椭圆形，红色。果期 10 ~ 11 月。

观花： 花多数，密集成顶生复伞房花序；花瓣白色，倒卵形。花期 3 ~ 4 月。

分布： 分布于广东、广西、福建、浙江、江西、湖南、贵州、云南。日本及越南也有分布。

习性： 耐半阴，喜温暖、湿润的环境；忌干旱、高温。栽培须选土层深厚、湿润、肥沃和排水良好的土壤。

繁殖： 播种或扦插繁殖。

应用： 宜植于公园的疏林中，也可作造林树种。

★ *Photinia prunifolia* (Hook.et Arn.) Lindl.　☆ Peachleaf Photinia

★ *Photinia beauverdiana* Schneid.　☆ China Photinia

中华石楠

科属：蔷薇科石楠属

识别：落叶小乔木，高达 10 m。小枝无毛，嫩枝紫褐色。叶长圆形至倒卵状长圆形，长 5 ~ 10 cm，先端突渐尖，基部圆或广楔形，缘具疏腺齿，网脉明显，薄纸质。果卵形，紫红或橙红色，径约 6 mm。8 月果熟。

观花：花白色，径 5 ~ 7 mm；多花组成复伞房花序，花序梗及花梗密被疣点。花期 5 月。

分布：产于秦岭以南的广大地区，东至浙江、福建，南至华南，西至四川、云南。

习性：喜光和温暖环境。

繁殖：播种繁殖。

应用：白花、红果繁密，秋叶橙红色，可种植于园林绿地观赏或作行道树。

★ *Physocarpus amurensis* (Maxim.)Maxim.　☆ Amur Bellowsfruit

风箱果

别名：托盘幌，阿穆尔风箱果
科属：蔷薇科风箱果属

识别：落叶灌木，高达 3 m。树皮纵向剥裂。单叶互生，叶片三角卵形至宽卵形，先端急尖或渐尖，基部心形或近心形，稀截形，通常基部 3 裂，蓇葖果。果期 9 ~ 10 月。

观花：花序伞形总状，花梗及花萼外有茸毛；花白色。花期 6 ~ 7 月。

分布：产于黑龙江、吉林、辽宁、河北、河南。

习性：常生于山顶、山沟、山坡林缘、灌丛中，聚生成丛；喜光，也耐半阴；耐寒性强；要求土壤湿润，但不耐水渍。

繁殖：播种繁殖。

应用：夏季开花，花序密集，花色洁白茂密，颇为美观。可植于亭台周围、丛林边缘。

相近种：北美风箱果 *Physocarpus opulifolius* Maxim.，叶三角状卵形至广卵形，基部广楔形；花梗及花萼外无毛或近无毛果兼美；有金色叶品种，'金叶'风箱果 'Luteus'。

★ *Physocarpus opulifolium* (L.) Maxim. 'Summer Wine'

紫叶风箱果

别名：美国风箱果
科属：蔷薇科风箱果属

识别：落叶灌木，株高 1 ~ 2 m。叶片生长期紫红色，落前暗红色，三角状卵形，缘有锯齿。果实膨大呈卵形，果外光滑。

观花：顶生伞形总状花序，花白色，径 0.5 ~ 1 cm。花期 5 月。

分布：原产于北美。

习性：性喜光，耐寒，耐瘠薄，耐粗放管理。突出特点是光照充足时叶片颜色紫红，而在弱光或荫蔽环境中则呈暗红色。东北地区能露地越冬。

繁殖：以扦插繁殖为主。

应用：可孤植、丛植和带植，适合庭院观赏，也可作路篱、镶嵌材料和带状花坛背衬，或花境或镶边。紫红色与鲜绿色形成鲜明的对比，非常好地增加了造型的层次和绿色植物的亮度。冬季上部叶鲜红，下部叶转为深红，保持时间长，极具观赏性。适应性强，耐修剪，是目前最为时尚的红叶树种之一。

金露梅

别名：金老梅
科属：蔷薇科委陵菜属

识别：落叶灌木，多分枝，高 0.5 ~ 1.5 m。树皮碎条状裂，幼枝及叶有丝状长柔毛。羽状复叶互生，小叶常为 5 枚，狭长椭圆形，长 1 ~ 2.5 cm，全缘，边缘反卷，无柄；托叶成鞘状。聚合瘦果。

观花：花鲜黄色，径 2 ~ 3 cm，萼外有副萼片，花单生或数朵成聚伞花序；花期 6 ~ 8 月。

分布：广布于北半球温带；我国产于东北、华北、西北及西南地区。

习性：喜光，耐寒性强，耐旱，不择土壤，很少有病虫害。

繁殖：播种或扦插繁殖。

应用：夏季开金黄色花朵，颇为美丽，宜作岩石园种植材料，也可丛植于草地、林缘、屋基，或栽作矮花篱。

相近种：小叶金露梅 *Potentilla parvifolia* Fisch.，灌木，高 1.5 m。小叶片小，5 ~ 7 枚常集生成掌状，披针形至倒披针形。

★ *Potentilla fruticosa* L.　☆ Shrubby Cinquefolia

匍匐委陵菜

科属：蔷薇科委陵菜属

识别：多年生草本。茎匍匐，节上生根，微生柔毛。基生叶为三出复叶；小叶倒卵形，长 1 ~ 2.5 cm，宽 0.6 ~ 1.2 cm，边缘有钝锯齿，近基部 1/3 全缘，两面有柔毛，下面较密；叶柄细长，有柔毛；托叶膜质；茎生叶与基生叶相似，托叶小，披针形。瘦果褐色。花果期 4 ~ 9 月。

观花：花单生，花梗细长，长 2 ~ 4 cm；花黄色，直径约 1.4 cm。

分布：分布于河北、河南、山西、甘肃；俄罗斯西伯利亚地区、阿富汗、马来西亚，欧洲，非洲也有分布。

习性：耐水湿。

繁殖：播种繁殖。

应用：可作园林地被植物，种植于山坡草地、渠旁、溪边灌丛中、林缘、山坡阴处或路旁阴处。

★ *Potentilla reptans* L.　☆ Creeping Cinquefoil

委陵菜

别名：翻白草，白头翁，蛤蟆草
科属：蔷薇科委陵菜属

识别：多年生草本，高 30 ~ 60 cm，全株密被灰白色绵毛。根茎粗壮，木质。奇数羽状复叶，基生叶小叶 15 ~ 30，羽状深裂，茎生叶互生，小叶 7 ~ 15 枚。瘦果卵形，微皱。果期 6 ~ 10 月。

观花：聚伞花序开展，多花；萼片、副萼片各 5 枚，花瓣 5 枚，黄色。花期 5 ~ 9 月。

分布：分布于东北、华北、西北、华中等地区。

习性：喜光，耐半阴；喜温暖、湿润的环境，不耐高温；忌积水。

繁殖：播种繁殖。

应用：丛植于建筑物周围、草坪、林缘等地，是优良的园林观赏树种。

★ *Potentilla chinensis* Ser.　☆ China Cinquefoil

★ *Potentilla discolor* Bge.　☆ Discolor Cinquefoil

翻白草

别名：翻白委陵菜，叶下白，鸡腿根
科属：蔷薇科委陵菜属

识别： 多年生草本。基生叶有小叶 2 ～ 4 对，叶柄密被白色绵毛；小叶对生或互生，无柄，小叶片长圆形或长圆披针形，长 1 ～ 5 cm，宽 0.5 ～ 0.8 cm，顶端圆钝，边缘具圆钝锯齿，下面密被白色或灰白色绵毛，茎生叶 1 ～ 2 枚，有掌状 3 ～ 5 小叶。瘦果近肾形。果期 6 ～ 9 月。

观花： 花茎直立，上升或微铺散，高 10 ～ 45 cm，密被白色绵毛。聚伞花序有花数朵至多朵，疏散，花梗长 1 ～ 2.5 cm，外被绵毛；花直径 1 ～ 2 cm；花瓣黄色，倒卵形，顶端微凹或圆钝，比萼片长。花期 5 ～ 8 月。

分布： 产于黑龙江、辽宁、内蒙古、河北、山西、陕西、山东、河南、江苏、安徽、浙江、江西、湖北、湖南、四川、福建、台湾、广东。

习性： 喜光，稍耐阴，稍耐水湿。

繁殖： 播种繁殖。

应用： 可作园林地被植物，种植于山谷、沟边、山坡或疏林下。

★ *Potentilla kleiniana* Wight et Arn.　☆ Klein Cinquefoil

蛇含委陵菜

别名：蛇含，五爪龙
科属：蔷薇科委陵菜属

识别： 多年生草本，高 20 ～ 40 cm。根茎短。掌状复叶，基生叶小叶 5 片，倒卵形或倒披针形，先端圆形或钝尖，基部楔形，边缘有粗锯齿，基部全缘；茎生 1 ～ 3 小叶，叶柄短。瘦果宽卵形，黄褐色。花果期 4 ～ 9 月。

观花： 伞房状聚伞花序有多花，总花梗和花梗有丝伏柔毛；花梗长 5 ～ 20 mm；花黄色，径约 8 mm，副萼片条形。

分布： 广泛分布于我国南北各省。

习性： 喜阳光充足、气候温和、较湿润的环境，适应性较强，在高山、丘陵、平坝都可栽培。

繁殖： 以分株繁殖为主。

应用： 适植于庭园或假山旁；也可盆栽供观赏。

★ *Amygdalus davidiana* (Carrière) de Vos ex Henry　☆ David's Peach

山桃

别名：花桃
科属：蔷薇科桃属

识别： 落叶乔木，高 10 m 左右。单叶互生，叶卵状披针形，长 5 ～ 13 cm，宽 1.5 ～ 4 cm，锯齿细尖，无毛。核果近球形，径 2.5 ～ 3.5 cm，熟时淡黄色，密被短柔毛。果实成熟期 7 ～ 8 月。

观花： 花单生，淡粉色或近白色，花梗极短或几无梗；先叶开放；萼筒钟形，萼片紫色。花期 3 ～ 4 月。

分布： 主要分布于黄河流域各地，西南地区也有分布。多生于向阳的石灰岩山地。

习性： 喜阳，耐寒，耐旱，怕涝。

繁殖： 播种繁殖。

应用： 本种花期早，开花美丽，适宜群植或片植于山坡；因其开花时花色较淡，又无树叶衬托，配置时最好以苍松翠柏为背景，以突出其娇嫩可爱之态。

桃树

别名：桃子，桃仔，桃花
科属：蔷薇科桃属

识别：落叶小乔木，高 8 m。树冠宽广而平展。叶短圆状披针形至倒卵状披针形，长 7 ~ 15 cm，宽 2 ~ 3.5 cm，先端渐尖，基部宽楔形，有锯齿。核果卵圆形、宽椭圆形或扁圆形。果实成熟期 8 ~ 9 月。

观花：花单生，花梗极短；先叶开放；萼筒钟形，被柔毛，萼片卵形或长圆形，被柔毛；花瓣长圆状椭圆形或宽倒卵形，粉红色，稀白色；花药绯红色。花期 3 ~ 4 月。

分布：原产于中国，各地区广泛栽培。世界许多地区有栽植。

习性：喜光，耐旱，喜肥沃而排水良好土壤，不耐水湿。

繁殖：播种繁殖。

应用：桃花烂漫芳菲，妩媚可爱，可植于山坡、水畔、石旁、庭院等。

★ *Amygdalus persica* L. ☆ Peach

紫叶桃

别名：紫叶碧桃
科属：蔷薇科桃属

识别：落叶灌木或小乔木，株高可达 5 m。小枝光滑，芽并生，中间多为叶芽，两旁为花芽；叶互生，披针形至椭圆状披针形，春季叶暗紫红色，老叶转为铜绿色，叶缘有细锯齿。少有结果，核果近球形或长卵形，表面密被茸毛，果浅紫色。果期 6 ~ 9 月。

观花：花腋生，花梗短，白色、粉红色至紫红色。花期 4 ~ 5 月。

分布：栽培品种，我国北方地区园林中普遍栽培。

习性：喜光，在荫蔽处叶色不鲜艳，喜排水良好的壤土或沙质壤土。

繁殖：春季嫁接繁殖，砧木可用毛桃；也可扦插繁殖。

应用：以观花、观叶为主，叶色独特，花美艳，适作园景树或大型盆栽，用于庭院观赏、园林绿化。

品种：花色丰富，单瓣或重瓣。

★ *Amygdalus persica* L. ‘Atropurpurea’ ☆ Purple-leaf Peach

白花碧桃

别名：白碧桃，千瓣白桃
科属：蔷薇科桃属

识别：落叶小乔木，株高 2 ~ 6 m，株幅 2 ~ 4 m。叶片卵状披针形，边缘单锯齿，中绿色。

观花：花单生，白色，重瓣。花期春季。

分布：原产于中国。

习性：喜温暖、湿润和阳光充足环境，较耐寒，耐 -15℃低温，耐高温和干旱，不耐水湿和积水，适宜肥沃、排水良好的沙壤土；适合于华北以南地区栽培。

繁殖：嫁接繁殖，春秋季用枝接，夏季用芽接。

应用：树冠圆头形，适用于公园、风景区坡地、湖边和草坪边缘栽植，花时绿叶白花，洁白可爱；花语有‘春的象征’‘长寿’‘欣欣向荣’‘虚伪的爱’‘爱情的奴隶’之意。

★ *Amygdalus persica* L. ‘Alba-plena’ ☆ White Doubleflower Peach

★ *Amygdalus persica* L. 'Stellata'　☆ Stellata Peach

菊花碧桃

别名：菊花桃，菊瓣桃
科属：蔷薇科桃属

识别：落叶小乔木。叶卵状披针形，中绿色。

观花：花单生，重瓣，花瓣窄，披针形，形似菊花，深或淡粉红色。花期春季。

分布：原产于中国。

习性：喜温暖、湿润和阳光充足环境，较耐寒，耐 -15℃低温，耐高温和干旱，不耐水湿和积水，宜肥沃、排水良好的沙质壤土；适合于华北以南地区栽培。

繁殖：嫁接繁殖，春秋季用枝接、夏季用芽接。

应用：花朵形似菊花，是桃花中的珍贵品种，宜配植在庭园、公园的显著位置，以展示桃花的魅力。

★ *Amygdalus persica* L. 'Versicolor'　☆ Veriscolor Peach

洒金碧桃

别名：日月桃
科属：蔷薇科桃属

识别：落叶小乔木。叶卵状披针形，边缘具锯齿，中绿色。

观花：花单生，重瓣，白色或粉红色，同一株上花有粉、白二色或同朵花上有粉、白二色，甚至同花瓣上有粉、白二色。花期春季。

分布：原产于中国。

习性：喜温暖、湿润和阳光充足的环境，较耐寒，耐 -15℃低温，耐高温和干旱，不耐水湿和积水，适宜肥沃、排水良好的沙质壤土；适合于华北以南地区栽培。

繁殖：嫁接繁殖，春秋季用枝接、夏季用芽接。

应用：宜成片布置公园或风景区，形成桃花专类园，也可孤植于庭园、游园，与柳树、杜鹃组景，形成桃红柳绿的春日佳景。

★ *Amygdalus triloba* (Lindl.) Ricker　☆ Flowering Almond

榆叶梅

别名：榆梅，小桃红，榆叶鸾枝
科属：蔷薇科桃属

识别：落叶灌木，稀小乔木，高 3 m。叶宽椭圆形至倒卵形，长 2 ~ 6 cm，宽 1.5 ~ 3（4）cm，先端短渐尖，常 3 裂，基部宽楔形，两面具短柔毛，具粗锯齿或重锯齿。核果近球形，径 1 ~ 1.8 cm，先端具小尖头，熟时红色，外被短柔毛。果实成熟期 5~7 月。

观花：花 1 ~ 2 朵，花瓣近圆形或宽倒卵形，粉红色，先叶开放；花径 2 ~ 3 cm；花期 4 ~ 5 月。

分布：原产中国北部，黑龙江、河北、山西、山东、江苏、浙江等地均有分布，华北、东北庭园多有栽培。

习性：喜光，耐寒，耐旱，不耐水涝。

繁殖：嫁接繁殖。

应用：北方春季园林中的重要观花灌木。常与柳树、迎春、连翘等配植，突显春色盎然。孤植、丛植或列植为花篱，景观极佳。也可盆栽或作切花。

品种：有鸾枝 'Atropurpurea'、单瓣榆叶梅 'Normalis'、复瓣榆叶梅 'Multiplex'、重瓣榆叶梅 'Plena' 等品种。

山樱花

别名：野生福岛樱，樱花
科属：蔷薇科樱属

识别：落叶乔木，高约5 m。叶卵状椭圆形至倒卵状椭圆形，长5 ~ 9 cm，宽2.5 ~ 5 cm，先端渐尖，基部圆形，有侧脉6 ~ 8对。核果球形，紫黑色。果实成熟期6 ~ 7月。

观花：伞房总状花序有花2 ~ 3朵，花叶同时开放；花白色，稀粉红色，多重瓣。花梗及萼筒无毛。花期4 ~ 5月。

分布：产于黑龙江、河北、山东、河南、江苏、浙江、安徽等。

习性：喜光，有一定的耐寒及抗旱能力。

繁殖：嫁接繁殖。

应用：花开满树，花繁艳丽，极为壮观，是美丽的园林观赏树种。

品种：重瓣白樱花 'Albo-plena'，花较大，径3 ~ 4 cm，白色，重瓣；红白樱花 'Albo-rosea'，花先粉红后变白色，重瓣；重瓣红樱花 'Roseo-plena'，花粉红色，重瓣；瑰丽樱花 'Superba'，花大，淡红色，重瓣；垂枝樱花 'Pendula'，枝下垂，花粉红色，常重瓣。

★ *Cerasus serrulata* (Lindl.) G. Don ex Loudon ☆ Oriental Cherry

日本晚樱

别名：里樱
科属：蔷薇科樱属

识别：乔木，高达10 m。干皮淡灰色，较粗糙；小枝较粗壮而开展，无毛；叶常为倒卵形，叶端渐尖，齿端有长芒，叶背淡绿色，新叶红褐色；果卵形，熟时黑色。

观花：花形大而芳香，单瓣或重瓣，常下垂，粉红或近白色；花期长，4月中下旬开放。

分布：原产于日本，在伊豆半岛有野生。

习性：喜阳光，喜温湿气候，较耐寒。

繁殖：可用播种、扦插、嫁接、分蘖等法繁殖。

应用：一般而言，樱花以群植为佳，最宜片状群植；在各片之间配植，常以绿树作衬托。

品种：牡丹晚樱 'Botanzakura'；粉白晚樱 'Albo-rosea'。

★ *Cerasus serrulata* var. *lannesiana* (Carr.) Makino

日本早樱

别名：彼岸樱，大叶早樱
科属：蔷薇科樱属

识别：落叶小乔木，高5 m。叶倒卵形至椭圆形，长3 ~ 8 cm，宽2 ~ 4 cm，叶端呈短尾状尖头，叶基楔形，叶缘有毛锯齿，齿端有小腺体，叶片基部有黄白色腺体，叶脉有6 ~ 9（11）对；新叶绿色有伏毛，叶的两面特别是背脉上有显著伏毛；叶柄有伏毛；托叶披针形。果广椭圆形，熟时紫黑色。

观花：花2 ~ 5朵排成无总梗的伞形花序；红或淡红色，径2 ~ 2.5 cm，花蕾红色；鳞苞3 ~ 4枚暗褐色，卵形，脱落或宿存。花期4月上旬，10 ~ 12月二次开花。

分布：原产于日本。

习性：喜光，喜温暖湿润，也较耐寒，要求排水良好的土壤。

繁殖：播种繁殖。

应用：春天叶前开花，花小繁多，明丽可爱，宜作庭园树。

★ *Cerasus subhirtella* (Miq.) Sok. ☆ Higan Cherry

★ *Cerasus tomentosa* (Thunb.)Wall. ☆ Manchu Cherry

毛樱桃

别名：山豆子
科属：蔷薇科樱属

识别： 落叶灌木，高 2 ~ 3 m。嫩枝密被茸毛，芽常 3 个并生，中间为叶芽，两侧为花芽。叶倒卵形至椭圆形，长 4 ~ 7 cm，宽 1.5 ~ 2.5 cm，先端急尖或渐尖，基部楔形，边缘具不整齐锯齿，上面具皱纹，被短柔毛；下面密被长茸毛；叶柄长 3 ~ 5 mm，被短柔毛。核果近球形，无沟，深红色，近无梗。果期 5 ~ 6 月。

观花： 花 1 ~ 3 朵，先于叶或与叶同时开放，直径 1.5 ~ 2 cm；花梗甚短，有短柔毛；花瓣白色或浅粉红色；雄蕊多数；子房密被短柔毛。花期 4 月。

分布： 分布于东北、华北、西北、西南地区。

习性： 喜光、耐寒、耐干旱瘠薄及弱碱土壤。

繁殖： 播种繁殖。

应用： 可与早春黄色系花灌木迎春、连翘配植应用，宜在草坪上孤植、丛植。

★ *Cerasus polytricha* (Koehne) Yü et Li ☆ Polytrichous Cherry

多毛樱桃

别名：多毛野樱桃
科属：蔷薇科樱属

识别： 乔木或灌木，高 2 ~ 10 cm。小枝、叶柄、叶下面尤其脉上被开展或横展长柔毛。叶片倒卵形或倒卵长圆形，长 4 ~ 8 cm，宽 2 ~ 4 cm，先端渐尖，基部近圆形，边缘有锯齿，齿端有小腺体，侧脉 7 ~ 11 对；叶柄长 0.8 ~ 1 cm，顶端常有 1 ~ 3 个腺体。核果红色。果期 6 ~ 7 月。

观花： 花序近伞形，有花 2 ~ 4 朵；花轴、花柄及萼筒密被长柔毛。总苞片倒卵状椭圆形，长 6 ~ 8 mm，宽 4 ~ 5 mm，内面疏被长柔毛；总梗长 2 ~ 10 mm；苞片绿色，果期宿存；花梗长 1 ~ 2 cm；萼筒钟状，萼片卵状三角形；花瓣白色或粉色，卵形；雄蕊 20 ~ 30 枚。花期 4 ~ 5 月。

分布： 产于陕西、甘肃、四川、湖北。

习性： 喜光，稍耐阴，稍耐水湿。

繁殖： 播种繁殖。

应用： 可作庭园观赏树，种植于山坡或溪边。

★ *Cerasus campanulata* (Maxim.) Yü et Li ☆ Taiwan Cherry

福建山樱花

别名：绯寒樱，钟花樱
科属：蔷薇科樱属

识别： 落叶乔木，高达 8 ~ 15 m。树皮茶褐色而有光泽；小枝无毛，腋芽单生。叶卵状椭圆形至倒卵状椭圆形，长 4 ~ 7 cm，缘有尖锐重锯齿。果卵球形，径 5 ~ 6 mm，熟时红色。

观花： 花瓣 5 片，绯红色，先端常凹缺，萼筒管状钟形，无毛，长约 6 mm，紫红色，花梗细长；4 ~ 5 朵成伞形花序；花期 2 ~ 3 月。

分布： 产于我国华南地区及台湾省。

习性： 喜光，稍耐阴，不耐寒，要求深厚、肥沃而排水良好的土壤。

繁殖： 播种繁殖。

应用： 早春叶前开花，花姿娇柔，花色艳丽，别具风韵，可作为庭园观赏或作行道树。

郁李

别名：爵梅，秧李
科属：蔷薇科樱属

识别：落叶灌木，高 1.5 m。腋芽 3 个并生。单叶互生，叶中部以下最宽，呈卵形至卵状披针形，有缺刻状尖锐重锯齿。果近球形，径约 1 cm，深红色。果实成熟期 7 ~ 8 月。

观花：花单生或 2 ~ 3 并生，先叶开放或与叶同时开放；花梗明显，长 0.5 ~ 1.0 cm；花瓣倒卵状椭圆形，白色粉红色。花期 5 月。

分布：产于黑龙江、吉林、辽宁、河北、山西、山东、江苏等。

习性：喜光，耐寒，耐旱。

繁殖：嫁接或播种繁殖。

应用：本种花朵繁茂，在庭院中多丛植赏花。

品种：'白花'郁李 'Alba'，花白色，单瓣；'白花重瓣'郁李 'Albo-plena'，花八色，重瓣。'红花'郁李 'Rubra'，花红色，单瓣；'红花'重瓣郁李 'Roseo-plena'，花红色，重瓣。

★ *Cerasus japonica* (Thunb.) Lois. ☆ Japanese Bush Cherry

麦李

科属：蔷薇科樱属

识别：落叶灌木，高达 2 m。叶卵状长椭圆形至椭圆状披针形，长 5 ~ 8 cm，先端急尖而常圆钝，基部广楔形，缘有细钝齿，两面无毛或背面中肋疏生柔毛；叶柄长 4 ~ 6 mm。果近球形，径 1 ~ 1.5 cm，红色。果期 5 ~ 8 月。

观花：花粉红或近白色，径约 2 cm，花梗长约 1 cm。先叶开放或与叶同放。花期 3 ~ 4 月。

分布：产于我国中部及北部。

习性：有一定的耐寒性，喜光；较耐寒，适应性强。

繁殖：常用分株或嫁接繁殖。

应用：各地庭园常见栽培观赏宜于草坪、路边、假山旁及林缘丛栽，也可做基础栽植、盆栽或催花、切花材料。

★ *Cerasus glandulosa* (Thunb.) Lois. ☆ Almond Cherry

樱桃

别名：车厘子，莺桃，荆桃
科属：蔷薇科樱属

识别：落叶乔木，高 6 ~ 8 m。单叶互生，叶卵形至矩圆状卵形，长 5 ~ 12 cm，宽 3 ~ 5 cm，先端渐尖或尾状渐尖，基部圆形，有尖锐重锯齿，齿端有腺体，背面有稀疏柔毛；叶柄顶端有 1 ~ 2 腺体。果近球形，径 0.9 ~ 1.3 cm，红色，光滑有光泽。果实成熟期 5 ~ 6 月。

观花：伞房状或近伞形花序，有 3 ~ 6 朵花，白色，先叶开放；花梗被疏柔毛。花期 3 ~ 4 月。

分布：产于辽宁西部、河北、山东东部、河南、安徽、江苏、浙江、江西、湖北、广西东北部、贵州北部、四川、甘肃南部及陕西南部。

习性：喜阳光充足，有一定的耐寒力与耐旱力。

繁殖：嫁接繁殖。

应用：花先叶开放，是园林中观赏及果实兼用树种。

★ *Cerasus pseudocerasus* (Lindl.) G. Don ☆ False Cherry

★ *Cerasus szechuanica* (Batal.) Yü et Li ☆ Sichuan Cherry

四川樱桃

别名：盘腺樱桃
科属：蔷薇科樱属

识别： 落叶乔木或灌木；单叶，互生，卵状椭圆形；核果卵球形。果期 8 月。

观花： 花序近伞房总状，有花 2 ~ 5 朵；苞片近圆形，边缘齿端具盘状腺体；萼筒钟状，萼片 5 枚；花瓣 5 片，白色或淡红色；雄蕊多数；雌蕊 1 枚；花期 4 ~ 6 月。

分布： 产于陕西、河南、湖北、四川。

习性： 喜光，稍耐水湿。

繁殖： 播种繁殖。

应用： 可作园林观花观果树种，也可种植于山坡上或山谷中。

★ *Cerasus yedoensis* (Matsum.)Yü et Li ☆ Yoshino Cherry

东京樱花

别名：日本樱花，山樱花
科属：蔷薇科樱属

识别： 落叶乔木,高 4 ~ 16 m。树皮灰色。叶椭圆状卵形或倒卵形，长 5 ~ 12 cm，顶端渐尖，基部圆形，叶缘有尖锐重锯齿，叶背脉上及叶柄有柔毛。核果,近球形,黑色。果期 6 ~ 9 月。

观花： 花 3 ~ 4 朵花组成伞状花序，总梗极短，花白色或粉红色，径 2 ~ 3 cm，常为单瓣，微香，先叶开放。花期 3 ~ 4 月，叶前或与叶同时开放。

分布： 原产于我国长江流域和日本。华北各地均有栽培。

习性： 喜光，喜湿润，耐旱，耐寒，生长适温 10 ~ 22 ℃，喜深厚、肥沃排水良好的微酸性土壤，中性土也能适应，不耐盐碱，喜空气湿度大的环境。

繁殖： 播种、扦插或嫁接繁殖。

应用： 花朵极其美丽，盛开时节，满树烂漫，如云似霞，是早春开花的著名观赏花木；花繁多艳丽，适合丛植、列植、孤植或片植于路边、草坪、水岸边或墙隅等处观赏。

★ *Armeniaca mume* × *Prunus cerasifera* f. *atropurpurea* ☆ Beauty mei

美人梅

科属：蔷薇科杏属

识别： 落叶小乔木。叶片卵圆形，长 5 ~ 9 cm，紫红色。

观花： 花粉红色，繁密，先花后叶。花色浅紫，重瓣花，先叶开放，萼筒宽钟状，萼片 5 枚，近圆形至扁圆，花瓣 15 ~ 17 枚，小瓣 5 ~ 6 枚，花梗 1.5 cm，雄蕊多数，自然花期从 3 月 18 日第一朵花开以后，逐次自上而下陆续开放至 4 月中旬。花期春季。

分布： 法国引进，华北各地陆续有引种栽培。

习性： 喜湿润环境，但怕积水；喜光，不耐阴，对土壤要求不严格，轻黏土、壤土和沙壤土均能正常生长，其中壤土生长最好。

繁殖： 嫁接、压条、扦插繁殖。

应用： 可布置庭院、开辟专园、做梅园、梅溪等大片栽植，又可做盆栽，制作盆景供各大宾馆、饭店摆花，节日摆花，还可做切花等其他装饰用。

相近种： 紫叶李，紫叶矮樱。

梅花

别名：梅，春梅，干枝梅，红绿梅
科属：蔷薇科杏属

识别： 落叶小乔木，稀灌木，高 10 m。叶卵形至椭圆形，长 4 ~ 8 cm，宽 1.5 ~ 5 cm，先端尾尖。成熟叶无毛，叶柄常有腺体。核果近球形，径 2 ~ 3 cm，熟时黄色或绿白色。果实成熟期 5 ~ 6 月。

观花： 花单生或 2 ~ 3 集生，径 2 ~ 2.5 cm，香味浓，花萼常红褐色；花瓣白色或粉红色。花期 1 ~ 3 月。

分布： 原产于中国华中至西南山区，中国北京以南各地均有栽培。

繁殖： 播种繁殖。

习性： 喜光，喜温暖潮湿气候，有一定的耐寒性，耐干旱瘠薄。北方栽植要注意选在背风向阳处。

应用： 梅为中国传统名花，它树姿古朴，花态秀丽，清香恬淡，可孤植、丛植及群植。其花在冰中孕蕾、雪中开花，象征着不畏风刀雪剑的乐观主义精神。

★ *Armeniaca mume* Sieb.　☆ Plum blossom

杏树

别名：杏，北梅
科属：蔷薇科杏属

识别： 落叶小乔木。小枝红褐色，有光泽。单叶互生，卵形至近圆形，长 5 ~ 9 cm，边缘有圆钝锯齿；叶柄近顶端有 2 腺体。核果球形，径 2 ~ 3 cm，黄白色或黄红色；核平滑，沿腹缝线有沟。种子扁圆形，味苦或甜，顶端尖。果熟期 6 ~ 7 月。

观花： 花两性，单生，先叶开放，花瓣 5 片，白色或稍带红色。花期 3 ~ 4 月。

分布： 原产于中国新疆，现已广泛分布于华北各地，南方也有少量栽培。生于低山地或丘陵山地，有栽种。

习性： 喜光，适应性强，耐寒和耐旱力强，抗盐性较强，但不耐涝；深根性，寿命长；对土壤要求不严格。

繁殖： 嫁接、扦插繁殖，常用山杏作砧木。

应用： 观花、观果，先花后叶，可与苍松、翠柏配植于池旁湖畔或植于山石崖边、庭院堂前，极具观赏性。

★ *Armeniaca vulgaris* Lam.　☆ Common Apricot

紫叶矮樱

别名：火焰红，千年红
科属：蔷薇科李属

识别： 落叶灌木或小乔木，高 2.5 m，株形类似紫叶李，但较矮，多为灌木状。单叶互生，叶先端渐尖，叶基部广楔形，叶缘有不整齐的细钝齿，初生叶暗红色，成熟叶紫红色，有光泽。果熟时紫黑色。

观花： 花单生，淡粉红色或粉色，5 瓣，花淡香。花期 4 ~ 5 月。

分布： 原产于美国；中国东北、西北、华北、华东等地区均有栽培。

习性： 生长快、繁殖简便、耐修剪，适应性强。

繁殖： 嫁接、扦插繁殖。

应用： 全年叶呈紫红色，叶色艳丽，株形优美，孤植、丛植的观赏效果都很理想，甚至还可以盆栽或用于树篱栽植。

★ *Prunus cistena* × *Prunus pumila*　☆ Purple-leaf Sand Cherry

★ *Prunus cerasifera* Ehrhart f. *atropurpurea* (Jacq.) Rehd.

紫叶李

别名：红叶李
科属：蔷薇科李属

识别：落叶小乔木，高约 8 m。叶椭圆形或卵圆形，长 5 ~ 10 cm，宽 2 ~ 5 cm，先端急尖或渐尖，基部宽楔形至圆形，边缘有细锯齿，两面均为紫红色，下面沿中脉有短柔毛。果实通常为球形，径 1.5 ~ 2.5 cm，紫红色或深红色，有光泽，离核，近平滑。果期 7 ~ 8 月。

观花：花常单生或 2 ~ 3 朵簇生，浅粉红色花瓣，花梗长 1.5 ~ 2 cm，雄蕊多数。花期 4 月。

分布：原产于亚洲西南部。各地栽培作观赏树。

习性：喜温暖、湿润气候。

繁殖：扦插、压条繁殖。

应用：本种叶色紫红，是优良的观叶树种。

★ *Prunus salicina* Lindl. ☆ Japan Plum

李

别名：山李子，玉皇李，嘉庆子，嘉应子
科属：蔷薇科李属

识别：落叶乔木，高 9 ~ 12 m。叶片长圆倒卵形、长椭圆形，长 6 ~ 8 cm，宽 3 ~ 5 cm，先端渐尖、急尖或短尾尖，基部楔形，边缘有圆钝重锯齿，常混有单锯齿，侧脉 6 ~ 10 对；托叶膜质，线形；叶柄长 1 ~ 2 cm，顶端有 2 个腺体或无。核果球形。果期 7 ~ 8 月。

观花：花通常 3 朵并生；花梗 1 ~ 2 cm；花径 1.5 ~ 2.2 cm；萼筒钟状；萼片长圆卵形，先端急尖或圆钝，边有疏齿；花瓣白色，长圆倒卵形，先端啮蚀状，基部楔形，有明显带紫色脉纹，具短爪，着生在萼筒边缘，比萼筒长 2 ~ 3 倍；雄蕊多数。花期 4 月。

分布：产于陕西、甘肃、四川、云南、贵州、湖南、湖北、江苏、浙江、江西、福建、广东、广西和台湾。

习性：喜光，稍耐阴，稍耐水湿。

繁殖：播种繁殖。

应用：可作庭园树观赏，也可种植于山坡或水边等处。

★ *Padus racemosa*（Lam.）Gilib. ☆ Europe Birdcherry

稠李

别名：稠梨，嶙木，臭耳子，臭李子
科属：蔷薇科稠李属

识别：落叶乔木，高 4 ~ 15 m。单叶互生，叶片椭圆形至倒卵形，先端尾尖，边缘有锐锯齿，近叶基具 2 腺体。核果近球形，黑色，有光泽。果期 7 ~ 9 月。

观花：总状花序，多花；萼筒杯状，萼裂片 5 枚，花瓣 5 片，白色，雄蕊多数。花期 5 ~ 6 月。

分布：分布于东北、华北、西北等地区。

习性：喜光，稍耐阴，耐寒性较强，喜湿润土壤。

繁殖：播种繁殖。

应用：本种秋叶变黄色，果成熟时变黑，是一种耐寒性较强的观赏树。

火棘

别名：火把果
科属：蔷薇科火棘属

识别： 常绿灌木，高达 3 m。叶长 1.5 ~ 6 cm，宽 0.5 ~ 2 cm，中部以上最宽，先端圆钝或微凹，基部楔形，下延；叶柄短，无毛或疏生柔毛。梨果近圆形，深红色，直径约 5 mm。枝拱形下垂，幼时锈色短毛，短侧枝常成刺状。果期 9 ~ 10 月。

观花： 复伞房花序，白色，直径约 10 mm；萼筒钟状，无毛。花期 4 ~ 5 月。

习性： 喜光，不耐寒，要求土壤排水良好。

分布： 产于东部、中部及西南部地区。

繁殖： 播种繁殖。

应用： 本种初夏白花繁茂，入秋红果累累，美丽可爱，宜作绿篱或基础种植材料。

★ *Pyracantha fortuneana* (Maxim.) Li ☆ Firethorn

小丑火棘

别名：花叶火棘
科属：蔷薇科火棘属

识别： 常绿或半常绿灌木，高 1.5 ~ 2 m，枝有刺。幼枝红褐色，有柔毛。单叶，卵形或倒卵状长圆形，先端圆钝，基部楔形，叶缘有圆钝锯齿和乳黄色斑纹，冬季叶片变红。果实红色或橘红色，果期 8 ~ 11 月。

观花： 花白色。花期 3 ~ 5 月。

分布： 园艺品种，原产于欧洲。

习性： 喜光，耐半阴，较耐寒，要求排水良好的微酸性土壤。

繁殖： 播种繁殖。

应用： 枝叶繁茂，叶色美观，初夏白花繁密，入秋果红如火，且留枝头甚久，是优良的观叶兼观果植物，萌芽力强，耐修剪、整形，为庭院绿篱的优良植物材料，可丛植，也可孤植于草坪边缘及园路转角处。

★ *Pyracantha fortuneana* 'Harlequin' ☆ Harlequin Red Firethorn

窄叶火棘

别名：狭叶火焰花
科属：蔷薇科火棘属

识别： 常绿灌木或小乔木，高达 4 m。多枝刺。叶片窄长圆形至倒披针状长圆形，长 1.5 ~ 5 cm，宽 4 ~ 8 mm，先端圆钝而有短尖或微凹，基部楔形，叶边全缘，微向下卷，下面密生灰白色茸毛；叶柄密被茸毛，长 1 ~ 3 mm。果实扁球形，直径 5 ~ 6 mm，砖红色。果期 10 ~ 12 月。

观花： 复伞房花序，直径 2 ~ 4 cm，总花梗、花梗、萼筒和萼片均密被灰白色茸毛；萼筒钟状，萼片三角形；花瓣近圆形，直径约 2.5 mm，白色；雄蕊 20 枚。花期 5 ~ 6 月。

分布： 产于湖北、云南、四川、西藏。

习性： 喜光。

繁殖： 播种繁殖。

应用： 可栽培为庭园观花灌木，或种植于向阳处或路边观赏。

★ *Pyracantha angustifolia* (Franch.) Schneid.

★ *Pyrus betulifolia* Bunge ☆ Birchleaf Pear

杜梨

别名：棠梨
科属：蔷薇科梨属

识别： 落叶乔木，高达 10 m。干皮方块状裂；枝常有枝刺。叶菱状长卵形，缘有粗尖齿，长 4 ~ 8 cm，宽 2.5 ~ 3.5 cm，基部宽楔形；幼叶两面具茸毛，老叶背面微有茸毛或几无毛。梨果卵圆形，褐色，直径 0.5 ~ 1 cm，有淡色斑点；萼裂片脱落。果期 9 ~ 10 月。
观花： 伞形总状花序，白色，有花 10 ~ 15 朵，花瓣宽卵形，具短爪。花期 3 ~ 4 月。
分布： 产于东北地区南部、内蒙古、黄河流域至长江流域各地。
习性： 喜光，抗寒，抗旱，耐盐碱，耐涝性较强。
繁殖： 播种繁殖。
应用： 春季满树白花，是良好的庭院观赏树种。
相近种： 豆梨 *Pyrus calleryana* Decne。

★ *Pyrus communis* L. ☆ West Pear，Common Pear

西洋梨

别名：秋洋梨，洋梨，巴梨，茄梨
科属：蔷薇科梨属

识别： 乔木，高达 15 m。小枝有时具刺。叶片卵形、近圆形至椭圆形，长 2 ~ 5 cm，宽 1.5 ~ 2.5 cm，先端急尖或短渐尖，基部宽楔形至近圆形，边缘有圆钝锯齿；叶柄细；托叶膜质。
观花： 伞形总状花序，具花 6 ~ 9 朵，总花梗和花梗具柔毛或无毛，花梗长 2 ~ 3.5 cm；苞片膜质，线状披针形，长 1 ~ 1.5 cm，被棕色柔毛，脱落早；花直径 2.5 ~ 3 cm；萼筒外被柔毛；花瓣倒卵形，基部具短爪，白色；雄蕊 20 枚。花期 4 月。果实倒卵形或近球形。果期 7 ~ 9 月。
分布： 产于欧洲及亚洲西部。我国引入栽培。
习性： 喜光，对于水土适应性强。
繁殖： 嫁接或播种繁殖。
应用： 观花树木，花白色，树枝直立性强，成圆锥状树冠，可用于庭院观赏或园林绿化，种植于山地、平地、沙土、黏土地均可。

★ *Pyrus bretschneideri* Rehd. ☆ White Pear

白梨

别名：白挂木，罐梨
科属：蔷薇科梨属

识别： 乔木，高达 5 ~ 8m。叶柄长 2.5 ~ 7 cm；托叶膜质，边缘具腺齿；叶片卵形或椭圆形，长 5 ~ 11 cm，宽 3.5 ~ 6 cm，先端渐尖或急尖，基部宽楔形，边缘有带刺芒尖锐齿，微向内合拢，初时两面有茸毛。果实卵形或近球形。果期 8 ~ 9 月。
观花： 伞形总状花序，有花 7 ~ 10 朵；花瓣卵形，雄蕊 20。花期 4 月。
分布： 分布于河北、山西、陕西、甘肃、青海、山东、河南等地。
习性： 耐寒、耐旱、耐涝、耐盐碱。冬季最低温度在 –25℃以上的地区，多数品种可安全越冬。根系发达，喜光喜温，宜选择土层深厚、排水良好的缓坡山地种植，尤以沙质壤土山地为理想。
繁殖： 嫁接繁殖。
应用： 适于庭园栽植，是优良的观花植物。

豆梨

别名：鹿梨，车头梨，钉泻柁梨子
科属：蔷薇科梨属

识别：落叶乔木，株高可达 3 ~ 5 m。叶片宽卵形或卵形，少数长椭圆状卵形，长 4 ~ 8 cm，宽 3 ~ 6 cm，顶端渐尖，基部宽楔形至近圆形，边缘有细钝锯齿，两面无毛。梨果较小，近球形，直径 1 ~ 1.5 cm，褐色，有斑点，萼片脱落。果期 8 ~ 9 月。

观花：总状花序，有花 6 ~ 12 朵，花白色，径 2 ~ 2.5 cm，花瓣 5 枚，白色，卵形，基部具短爪，雄蕊 20 枚，稍短于花瓣；花序梗、花柄无毛；花柄长 1.5 ~ 3 cm。花期 4 ~ 5 月。

分布：原产于我国华东、华南各地至越南，有若干变种。常野生于温暖潮湿的山坡、沼地、杂木林中。

习性：喜温暖、湿润的环境。

繁殖：嫁接繁殖。

应用：作园林栽培，可营造“忽如一夜春风来，千树万树梨花开”的意境。

★ *Pyrus calleryana* Decne.　☆ Bean Pear

鸡麻

别名：鸡麻，双珠母
科属：蔷薇科鸡麻属

识别：落叶灌木，高 2 ~ 3 m。枝展开，紫褐色，无毛；叶卵形至卵状椭圆形，端锐尖，基部圆形，缘具尖锐重锯齿，表面皱，背面幼时有柔毛；核果倒卵形，亮黑色。果期 7 ~ 8 月。

观花：花纯白色，单生新枝顶端；花期 4 ~ 5 月。

分布：产于河南、辽宁、山东、陕西、甘肃、安徽等省区。

习性：喜光，耐半阴，耐寒，怕涝，耐修剪。

繁殖：播种、分株、扦插繁殖。

应用：鸡麻花叶清秀美丽，适宜丛植草地、路缘、角隅或池边，也可植于山石旁。

★ *Rhodotypos scandens*（Thunb.）Mak.　☆ Black Jetbead

黄刺玫

别名：刺玖花，黄刺莓，破皮刺玫
科属：蔷薇科蔷薇属

识别：落叶丛生灌木，高 1 ~ 3 m。小枝褐色，有硬直皮刺，无刺毛。小叶 7 ~ 13 枚，广卵形至近圆形，先端钝或微凹，缘有钝锯齿；果实近球形，红褐色。果期 7 ~ 8 月。

观花：花单生，黄色，重瓣，花期 4 ~ 5 月。

习性：性强健，喜光、耐寒、耐旱、耐瘠薄，少病虫害。

分布：产于吉林、辽宁、河北、山东、山西、内蒙古、陕西、甘肃、青海，东北、华北各地庭园栽培。

繁殖：播种繁殖。

应用：春天开金黄色花朵，而且花期较长，是北方园林春景中的一个亮点。宜于草坪、林缘、路边丛植，也可作绿篱及基础种植。

变型：单瓣黄刺玫（f. *spontanea* Rehd.），花单瓣。

★ *Rosa xanthina* Lindl.　☆ Yellow Rose

★ *Rosa rugosa* Thunb.　☆ Turkestan Rose

玫瑰

别名：刺玫瑰
科属：蔷薇科蔷薇属

识别：落叶直立丛生灌木，高达 2 m。羽状复叶，小叶 5 ~ 9 枚，卵圆形至椭圆形，长 2 ~ 5 cm，宽 1 ~ 2.5 cm，表面亮绿色，多皱，无毛，背面有柔毛和刺毛；叶柄及叶轴被茸毛，疏生小皮刺及腺毛；托叶大部与叶柄连合。果扁球形，径约 2 ~ 3 cm，红色。枝条较粗，灰褐色，密生皮刺和刺毛。

观花：花单生或 3 ~ 6 朵聚生于新枝顶端，紫红色，径 4 ~ 6 cm；花柱离生，被柔毛，柱头稍突出。花期 5 ~ 6 月。

习性：玫瑰生长健壮，适应性很强，耐寒、耐旱，对土壤要求不严格，在微碱性土地上也能生长。喜阳光充足、排水良好、通风顺畅之处，在肥沃中性土壤中生长最好。不耐积水。

分布：产于我国北部，各地常见栽培，其中以山东平阴的最为著名。

繁殖：播种繁殖。

应用：玫瑰花艳色香，适应性强，宜作花篱、花境、花坛及坡地栽植。

★ *Rosa bella* Rehd.et Wils.　☆ Solitary Rose

美蔷薇

别名：多花蔷薇，野蔷薇，刺蘼，刺红
科属：蔷薇科蔷薇属

识别：落叶灌木，高 1 ~ 3 m。小枝散生细直皮刺。奇数羽状复叶互生，小叶 7 ~ 9 枚，椭圆形，缘有锐齿，叶柄和中脉具小皮刺。蔷薇果深红色，密被腺毛，先端收缩，具宿存萼片。果期 8 ~ 9 月。

观花：花单生或 2 ~ 3 朵集生；萼片 5 枚，具腺毛，花瓣 5 枚，粉红色。花期 5 ~ 7 月。

分布：分布于河北、河南、山西、陕西、内蒙古。朝鲜、日本也有分布。

习性：喜阳光，亦耐半阴，较耐寒，在中国北方大部分地区都能露地越冬。对土壤要求不严格，耐干旱，耐瘠薄，但栽植在土层深厚、疏松、肥沃湿润而又排水通畅的土壤中则生长更好，也可在黏重土壤上正常生长。不耐水湿，忌积水。

繁殖：扦插、压条或嫁接繁殖。

应用：花繁叶茂，花色娇艳，果实奇特，颜色鲜红，可用于点缀斜坡、水池坡岸，做花篱，布置花墙、花门、花廊、花架等。

★ *Rose banksiae* Ait.　☆ Banksian Rose

木香

别名：蜜香，青木香，五木香，五香
科属：蔷薇科蔷薇属

识别：落叶或半常绿攀缘灌木，长达 10 m。树皮褐色，薄条状脱落。羽状复叶，小叶 3 ~ 5 片，长椭圆形至椭圆状披针形，长 2 ~ 6 cm，宽 8 ~ 18 mm，叶缘有细锯齿，下面中脉常有微柔毛；托叶条形，与叶柄分离。果近球形，无毛，红色。

观花：花序有花 3 ~ 15 朵；花香，白色，径约 2.5 cm。花期 4 ~ 5 月。

分布：原产于我国南部、西南部；现华北南部至华南、西南均有栽培。

习性：性喜阳光，耐寒性不强。北京须选背风向阳处栽植。

繁殖：播种繁殖。

应用：枝叶繁茂，攀缘而上，白花如素缎披垂，极为美丽。用于庭院花架，或攀缘篱垣，或制成鲜花拱门。

变种：黄木香 ‘Lutescens Voss.’，花单瓣，黄色。重瓣黄木香 ‘Lutea Lindl.’，花重瓣，黄色，香气极淡。重瓣白木香 ‘Albo-plena Rehd.’，花重瓣，白色，芳香。

缫丝花

别名：刺梨，木梨子
科属：蔷薇科蔷薇属

识别：落叶或半常绿灌木，高约 2.5 m，树皮成片脱落；小枝常有成对皮刺。小叶 5 ~ 9 枚，有时 7 枚，常为椭圆形，顶端急尖或钝，基部宽楔形，边缘有细锐锯齿，两面无毛；叶柄、叶轴疏生小皮刺；托叶大部和叶柄合生。蔷薇果扁球形，外面密生刺。

观花：花 1 ~ 2 朵，淡红色或粉红色，重瓣，直径 4 ~ 6 cm；花柄、萼筒和萼片外面密生刺。花期 5 月。

分布：原产于我国西南部。分布于四川、贵州、云南、湖北等省区。

习性：喜温暖湿润和阳光充足环境，适应性强，较耐寒，稍耐阴，对土壤要求不严格，但以肥沃的沙质壤土为好。

繁殖：常用播种和扦插繁殖。

应用：缫丝花花朵秀美，粉红的花瓣中密生一圈金黄色花药，十分别致，黄色刺颇具野趣，适用于坡地和路边丛植绿化，也用作绿篱材料。

★ *Rosa roxdurghii* Tratt. ☆ Roxburgh Rose

野蔷薇

别名：多花蔷薇，蔷薇
科属：蔷薇科蔷薇属

识别：落叶灌木，茎枝偃伏或攀缘，有刺，长达 6 m。羽状复叶，互生；小叶倒卵形至椭圆形，长 1.5 ~ 5 cm，宽 0.8 ~ 2.8 cm；托叶篦齿状。果近球形，径约 6 ~ 8 mm，红褐色或紫褐色，有光泽。果期 8 ~ 10 月。

观花：花两性，径 2 ~ 3 cm，圆锥状伞房花序。花白色或略带粉晕，芳香。花期 5 ~ 6 月。

分布：黄河流域及其以南习见，日本、朝鲜也有分布。

习性：喜光，耐寒、耐旱、耐水湿。对有毒气体的抗性强。

繁殖：播种繁殖。

应用：疏条纤枝，横斜披展，叶茂花繁，色香四溢，是良好的春季观花树种，适用于花架、长廊、门侧的垂直绿化。

变种：荷花蔷薇（粉红七姊妹）var. *carnea* Thory，与七姊妹相近，但花淡粉红色，花瓣大而开张；白玉堂（var. *albo-plena* Yü et Ku），花白色，重瓣，直径 2 ~ 3 cm。

★ *Rosa multiflora* Thunb. ☆ Baby Rose

粉团蔷薇

别名：粉花蔷薇，红刺玫
科属：蔷薇科蔷薇属

识别：半常绿蔓性灌木。皮刺短粗，稍下弯。复叶较大，互生，小叶 5 ~ 7 片，椭圆形至倒卵形，有锯齿，托叶篦齿状。果球形，红色。果期 10 ~ 11 月。

观花：花较大，花径 3 ~ 4 cm，数朵或多朵密集成圆锥状伞房花序，粉红色或玫瑰红色，单瓣，有芳香。花期 4 ~ 7 月。

分布：栽培品种。

习性：喜光，耐半阴，适生于背风向阳、排水、通风良好的地方，好肥耐瘠，忌积水，较耐寒、耐旱。

繁殖：以扦插为主，也可采用播种、压条、分株、嫁接繁殖。

应用：树性强健，枝繁叶茂，花期花团锦簇，适用于花架、花格、绿门、绿廊、绿亭、花柱、花筒，也可作切花。

★ *Rosa multiflora* Thunb.var. *cathayensis* Rehd.et Wils.

★ *Rosa multiflora* Thunb.var. *platyphylla* Thory ☆ Seven Sisters

七姊妹

别名：十姊妹，七姐妹
科属：蔷薇科蔷薇属

识别：半常绿蔓性灌木。皮刺短粗，稍下弯。复叶互生，小叶 5 ~ 7 枚，椭圆形至倒卵形，有锯齿，托叶篦齿状。果球形，红色。果期 10 ~ 11 月。

观花：花多密集，径约 3 cm，常 6 ~ 10 朵组成圆锥状伞房花序，深红色至玫红色，重瓣，有芳香。花期 4 ~ 7 月。

分布：栽培品种。

习性：喜光，耐半阴，适生于背风向阳、排水、通风良好的地方，好肥耐瘠，忌积水，较耐寒、耐旱。

繁殖：以扦插为主，也可采用播种、压条、分株、嫁接繁殖。

应用：树性强健，枝繁叶茂，花期花团锦簇，适用于花架、花格、绿门、绿廊、绿亭、花柱、花篱，也可作切花。

★ *Rosa hybrida* Hort. ☆ Chinese Rose

月季

别名：现代月季
科属：蔷薇科蔷薇属

识别：常绿或半常绿灌木。小枝有粗壮而略带钩状的皮刺，有时无刺。奇数羽状复叶互生，小叶 3 ~ 5（7）枚，宽卵形或卵状矩圆形，长 2 ~ 6 cm，两面无毛，表面有光泽。蔷薇果卵圆形或梨形，红色，长 1.5 ~ 2 cm。果期 6 ~ 11 月。

观花：花两性，单生或几朵集生成伞房状，通常花期较长，花朵重瓣较大，气味淡雅清新；雌蕊花柱伸出，分离，长约为雄蕊一半。花期 4 ~ 9 月。

分布：全国各地普遍栽培。

习性：喜日照充足，但过多强光直射又对花蕾发育不利。

繁殖：大多采用扦插繁殖，亦可分株、压条繁殖，育种时用种子繁殖。

应用：用于庭院观赏、园林绿化，主要作绿篱、鲜切花、盆景等。

品种：品种极为丰富，有单瓣、重瓣品种；依品种不同，其花色、花形、大小变化极大，有粉色、粉红色、红色等。

★ *Rosa*‘Floribunda’ ☆ Floribunda Rose

丰花月季

科属：蔷薇科蔷薇属

识别：落叶丛生灌木，高 1 ~ 2 m。

观花：花单瓣或重瓣，花期长，花量大，花色多样，常 3 ~ 20 朵成花束状开放。生态巧性同月季，适生地区同月季。

分布：现代月季栽培品种。

习性：喜光，稍耐阴，适温暖气候，较抗寒，对土壤适应性强，耐轻盐碱。

繁殖：播种繁殖。

应用：性强健，花丰色艳，生长速度快，群体栽培格外壮观，多采用带植及片植于行道两侧或庭园角隅或绿地园路路口，也可植于花坛之中与其他花木组成各种图案，其观赏效果均佳。

品种：花色有白色、红色、粉色等。

金樱子

别名：糖罐子，刺头，倒挂金钩
科属：蔷薇科蔷薇属

识别： 常绿蔓性灌木。小叶 3 枚，少数 5 片，椭圆状卵形或披针状卵形，长 2 ~ 7 cm，宽 1.5 ~ 4.5 cm，边缘有细锯齿，两面无毛，背面沿中脉有细刺；叶柄、叶轴有小皮刺或细刺。蔷薇果近球形或倒卵形。果期 9 ~ 10 月。

观花： 花单生侧枝顶端，白色，直径 5 ~ 9 cm；花柄和萼筒外面密生细刺。花期 5 月。

分布： 分布于华中、华东、华南、西南地区。

习性： 喜温暖湿润、阳光充足的环境。对土壤要求不严格，但以疏松肥沃、富含有机质的沙质壤土为好。重黏土，盐碱地不宜种植。

繁殖： 扦插或种子繁殖。

应用： 可修剪成灌木状，也攀缘墙垣、篱栅作垂直绿化材料。

★ *Rosa laevigata* Michx.　☆ Cherokee Rose

小果蔷薇

别名：山木香
科属：蔷薇科蔷薇属

识别： 常绿攀缘灌木；枝细长，具较多钩刺。小叶 3 ~ 7 枚，卵状披针形或长椭圆形，长 1.5 ~ 5 cm，缘具细锯齿，无毛。叶轴背面有倒钩刺；托叶线形，早落。

观花： 花小而白色，径约 2 cm，单瓣，芳香，萼片常羽状裂，花托、花枝有柔毛；复伞房花序；花期 4 ~ 5 月。

分布： 产于华东、中南及西南地区，山野习见。

习性： 喜温暖、湿润气候及微酸性土壤，耐半阴，萌芽力强，

繁殖： 播种繁殖。

应用： 耐修剪，宜于花架、凉亭、墙隅、假山等处配植。

★ *Rosa cymosa* Tratt.　☆ Smallfruit Rose

秀丽莓

别名：美丽悬钩子
科属：蔷薇科悬钩子属

识别： 灌木，高 1 ~ 3 m。小叶 7 ~ 11 枚，卵形或卵状披针形，长 1 ~ 5.5 cm，宽 0.8 ~ 2.5 cm，顶生小叶顶端常渐尖，基部近圆形，下面沿叶脉具柔毛和小皮刺，边缘具缺刻状重锯齿，顶生小叶边缘有时浅裂或 3 裂；叶柄长 1 ~ 3 cm。果实长圆形稀椭圆形，红色，可食。果期 7 ~ 8 月。

观花： 花单生于侧生小枝顶端，下垂；花梗长 2.5 ~ 6 cm；花直径 3 ~ 4 cm；花萼绿带红色，外面密被短柔毛；萼片宽卵形；花瓣近圆形，白色，比萼片稍长或几等长，基部具短爪。花期 4 ~ 5 月。

分布： 产于陕西、甘肃、河南、山西、湖北、四川、青海。

习性： 喜光，稍耐水湿，稍耐阴。

繁殖： 播种繁殖。

应用： 观花、观果灌木，可种植于山坡、河边或林下。

★ *Rubus amabilis* Focke　☆ Elegant Raspberry

★ *Rubus crataegifolius* Bunge ☆ Hawthorn Raspberry

山楂叶悬钩子

别名：牛叠肚
科属：蔷薇科悬钩子属

识别： 落叶灌木，高 1 ~ 2 m。小枝、叶柄、叶脉常具钩状皮刺。单叶互生，广卵形，3 ~ 5 掌状裂，裂片具不整齐粗锯齿。聚合果近球形，红色。果期 7 ~ 9 月。

观花： 花 2 ~ 6 朵簇生枝顶成短总状花序；萼片 5 枚，反折，花瓣 5 片，白色。花期 5 ~ 6 月。

分布： 分布于东北、华北、华东等省区。朝鲜、日本、俄罗斯远东地区也有分布。

习性： 喜光，耐寒性强，不耐水湿。

繁殖： 播种繁殖。

应用： 本种秋色叶变黄，可作庭园树、刺篱等。

★ *Rubus pacificus* Hance ☆ Pacific Raspberry

太平莓

别名：大叶莓
科属：蔷薇科悬钩子属

识别： 常绿矮小灌木，高 40 ~ 60 cm。分枝 2 ~ 4，微拱形弯曲，无毛，有时和叶柄散生，极小皮刺。单叶，革质，卵状心形或心形，长 8 ~ 15 cm，宽 4.5 ~ 12 cm，先端锐尖或渐尖，边缘具锐尖细锯齿，下面疏生灰色茸毛，基生 5 出脉，下面网脉显明；叶柄长 4 ~ 8 cm，托叶缺刻状条裂。聚合果球形，直径 1.2 ~ 1.5 cm，红色。果期 8 ~ 9 月。

观花： 花白色，直径 1.5 ~ 2 cm，3 ~ 6 朵成总状花序，或单生于叶腋；花梗长 1 ~ 3 cm；萼裂片先端尾尖，两面密生茸毛。花期 6 ~ 7 月。

分布： 分布在湖北、安徽、浙江、江西、广东。

习性： 耐干旱。

繁殖： 播种繁殖。

应用： 可作园林地被植物，种植于生于山坡、灌丛、路边或草坡上，有固沙作用。

★ *Rubus mesogaeus* Focke ☆ Shadily Raspberry

喜阴悬钩子

科属：蔷薇科悬钩子属

识别： 落叶灌木。小枝红褐色，密生茸毛，有短皮刺。三出复叶，顶生小叶较大，卵形或菱状卵形，长 5 ~ 8 cm，侧生小叶斜椭圆形，长 2 ~ 6 cm，宽 1.5 ~ 4.5 cm，边缘有粗锯齿，并常浅裂，上面疏生柔毛，下面密生茸毛，沿中脉有小皮刺；叶柄长 2 ~ 4 cm，和叶轴有柔毛和散生小皮刺；托叶条形，多裂。聚合果近球形，直径 5 ~ 7 mm，黑色，有少数小核果，疏生柔毛。

观花： 伞房花序有花 3 ~ 8 朵，总花梗和花梗密生柔毛；花白色或粉红色，直径约 1 cm；萼裂片卵状披针形，先端尾尖。

分布： 分布于陕西、河南、湖北、四川、云南；日本也有分布。

习性： 喜光。

繁殖： 播种繁殖。

应用： 可栽培庭园观赏或种植于山坡上。

插田泡

别名：复盆子，大乌泡，乌沙莓
科属：蔷薇科悬钩子属

识别： 灌木，高约 3 m。茎直立或弯曲成拱形，红褐色，有钩状的扁平皮刺。单数羽状复叶，小叶 5 ~ 7 片，卵形、椭圆形或菱状卵形，长 3 ~ 6 cm，宽 1.5 ~ 4 cm，先端急尖，基部宽楔形或近圆形，边缘有不整齐锥状锐锯齿。聚合果卵形，直径约 5 mm，红色，可生食与药用。

观花： 伞房花序顶生或腋生；总花梗和花梗有柔毛；花 5 月开，粉红色，直径 8 ~ 10 mm。

分布： 分布于甘肃、陕西、河南、安徽、江苏、浙江、江西、湖南、湖北、四川；朝鲜，日本也有分布。

习性： 喜光，耐阴；喜潮湿环境，耐寒。

繁殖： 分株、压条或扦插繁殖。

应用： 是很好的观花、观果植物。

★ *Rubus coreanus* Miq. ☆ Korea Raspberry

高粱泡

别名：高粱泡，红娘藤，倒水莲
科属：蔷薇科悬钩子属

识别： 半常绿蔓生灌木；茎有棱，疏生皮刺，幼枝有短柔毛。叶广卵形或卵形，长 6 ~ 11 cm，宽 4 ~ 10 cm，顶端渐尖，基部心形，边缘有波状浅裂和细锯齿，有时 3 ~ 5 裂，两面疏生柔毛，背面脉上较密；叶柄微有柔毛，散生小皮刺。聚合果小，直径 5 ~ 8 mm，红色。果期 10 ~ 11 月。

观花： 圆锥花序顶生或腋生；苞片分裂成细条状；花白色，径约 1 cm。花期 8 ~ 9 月。

分布： 分布于浙江、江西、湖北、福建、台湾、广东等地。

习性： 多生于山沟、路旁、岩石间。

繁殖： 播种繁殖。

应用： 可作园林木本地被植物。

★ *Rubus lambertianus* Ser. ☆ Lambert Raspberry

茅莓

别名：红梅消，草杨莓子
科属：蔷薇科悬钩子属

识别： 小灌木，高约 1m。枝呈拱形弯曲，有短柔毛及倒生皮刺。单数羽状复叶，小叶 3 枚，有时 5 枚，顶端小叶菱状圆形至宽倒卵形，侧生小叶较小，宽倒卵形至楔状圆形，长 2 ~ 5 cm，宽 1.5 ~ 5 cm，先端圆钝，基部宽楔形或近圆形，边缘浅裂和不整齐粗锯齿，上面疏生柔毛，下面密生白色茸毛；叶柄长 5 ~ 12 cm，和叶轴有柔毛及小皮刺；托叶条形。聚合果球形，直径 1.5 ~ 2 cm，红色。

观花： 伞房花序有花 3 ~ 10 朵；总花梗和花梗密生茸毛；花粉红色或紫红色，直径 6 ~ 9 mm。

分布： 分布几遍全国；越南，朝鲜和日本也有分布。

习性： 喜光。

繁殖： 播种繁殖。

应用： 可栽培庭园作观花、观果灌木。

★ *Rubus parvifolius* L. ☆ Japan Raspberry

★ *Rubus hirsutus* Thunb. ☆ Hirsute Raspberry

蓬蘽

别名：三月泡，野杜梨
科属：蔷薇科悬钩子属

识别： 灌木，高 1 ~ 2 m。枝红褐色或褐色，具腺毛，疏生皮刺。小叶 3 ~ 5 片，卵形，叶柄长 7 cm，宽 2 ~ 3 cm，并疏生皮刺；托叶披针形，两面具柔毛。果期 5 ~ 6 月。

观花： 花常单生于侧枝顶端，花大，直径 3 ~ 4 cm；近球形。瓣白色，基部具爪，花期 4 月。

分布： 分布于河南、福建、江西、安徽、江苏，台湾、广东；朝鲜、日本也有分布。生于山坡路旁阴湿处。

习性： 喜光；耐寒，生长快。

繁殖： 播种或扦插繁殖。

应用： 枝繁叶茂，花色洁白，是良好的木本，可作绿篱栽培观赏

★ *Rubus corchorifolius* L.f. ☆ Juteleaf Raspberry

山莓

别名：三月泡，四月泡，山抛子，刺葫芦
科属：蔷薇科悬钩子属

识别： 落叶灌木，高 1 ~ 2 m。小枝红褐色，有皮刺，幼枝带绿色，有柔毛及皮刺。叶卵形或卵状披针形，顶端渐尖，基部圆形或略带心形，不分裂或有时作 3 浅裂，边缘有不整齐的重锯齿。聚合果球形，直径 1 ~ 1.2 cm，成熟时红色。果期 5 ~ 6 月。

观花： 花白色，直径约 2 cm，通常单生在短枝上；萼片卵状披针形，有柔毛，宿存。花期 4 ~ 5 月。

分布： 我国北自辽宁、河北、陕西，南至广东、云南等省均有分布。在林缘、山谷阳坡生长。

习性： 耐贫瘠，适应性强，属阳性植物，喜光，耐阴；喜潮湿环境，耐寒。

繁殖： 分株、压条或扦插繁殖。

应用： 枝繁叶茂，花多香浓，是很好的观花、观果植物。

★ *Sanguisorba officinalis* L. ☆ Garden Burnet

地榆

别名：黄瓜香，山地瓜，猪人参，血箭草
科属：蔷薇科地榆属

识别： 多年生草本，高 50 ~ 150 cm。茎有棱，光滑。奇数羽状复叶互生，小叶 2 ~ 6 对，长圆形，有粗锯齿。瘦果，包于宿萼内。果期 8 ~ 9 月。

观花： 直立穗状花穗，顶生，先从顶端开花；萼筒喉部收缩，萼片 4 枚，暗紫红色，花瓣状。花期 6 ~ 8 月。

分布： 北京各区县山地常见，生于山坡、林缘、草甸及灌丛间。中国各地均有分布。

习性： 喜生长在阳光充足、水湿适中的环境中，适生于向阳、肥沃的沙质土壤。

繁殖： 播种或分株繁殖。

应用： 栽植容易，花形美观，适宜北方园林中推广。

变种： 狭叶地榆 var. *longifolia* (Bert.) Yü et Li 茎生叶窄而长。

细叶地榆

别名：垂穗粉花地榆，狭叶地榆
科属：蔷薇科地榆属

识别： 多年生草本，高可达 1.5 cm。茎有棱，光滑。基生叶为羽状复叶，有小叶 7 ~ 9 对，叶柄无毛，小叶有柄，带形或带状披针形，长 5 ~ 7 cm，宽 1.5 ~ 1.7 cm，基部圆形、微心形至斜阔楔形，顶端急尖至圆钝，边缘有多数缺刻状急尖锯齿，两面绿色，无毛，茎生叶与基生叶相似。果有 4 棱，无毛。花果期 8 ~ 9 月。

观花： 穗状花序长圆柱形，通常下垂，长 2 ~ 7 cm，直径 0.5 ~ 0.8 cm，从顶端向下逐渐开放，花序梗几无毛；萼片长椭圆形，粉红色，外面无毛；雄蕊 4 枚。

分布： 产于黑龙江、吉林、辽宁、内蒙古；俄罗斯、朝鲜和日本均有分布。

习性： 稍耐阴。

繁殖： 播种繁殖。

应用： 可作园林地被植物，种植于山坡草地、草甸及林缘。

★ *Sanguisorba tenuifolia* Fisch. ex Link　☆ Siberia Burnet

东北珍珠梅

别名：珍珠梅，山高粱
科属：蔷薇科珍珠梅属

识别： 落叶灌木，高达 2 m。奇数羽状复叶，小叶 11 ~ 17 枚，叶轴微被柔毛；小叶对生，披针形或卵状披针形，先端渐尖，稀尾尖，基部稍圆，稀偏斜，具尖重锯齿，叶背光滑。蓇葖果、光滑，顶具下弯花柱。果期 9 ~ 10 月。

观花： 圆锥花序顶生，花小，白色，雄蕊 40 ~ 50 枚，长约为花瓣长度的 2 倍。花期 6 ~ 7 月。

分布： 原产于亚洲北部，我国黑龙江、吉林、辽宁及内蒙古有分布。华北等地多有栽培。

习性： 耐阴，耐寒，耐旱，对环境适应性强。生长较快，耐修剪。

繁殖： 播种繁殖。

应用： 花序直立紧凑，夏季优良观赏花灌木，可丛植在草坪边缘，水边、房前、路旁，亦可栽植成篱垣。

相近种： 华北珍珠梅 *Sorbaria kirilowiiSorbaria kirilowii*（Regel）Maxim，雄蕊 20 枚，短于或等于花瓣长度。

★ *Sorbaria sorbifolia*（L.）A. Br.　☆ Ural False Spiraea

华北珍珠梅

别名：珍珠梅，吉氏珍珠梅
科属：蔷薇科珍珠梅属

识别： 落叶灌木，高达 3 m。奇数羽状复叶，小叶片 13 ~ 21 枚，光滑无毛；小叶披针形至长圆披针形，边缘有尖锐重锯齿；羽状网脉，侧脉 15 ~ 23 对近平行。果期 9 ~ 10 月。

观花： 顶生大型密集的圆锥花序，分支斜出稍直立，花白色，雄蕊 20 枚，短于或等于花瓣长度。花期 6 ~ 7 月。

分布： 产于河北、河南、山东、山西、甘肃、青海等。

习性： 耐阴性强，抗寒力强，对土壤的要求不严格，较耐干燥瘠薄。萌蘖性强，生长快速，耐修剪。

繁殖： 播种繁殖。

应用： 树姿秀丽，叶片幽雅，于夏秋少花季节开花，蕾如珍珠，花相似梅，洁白如雪，幽香清雅，花期长达 3 个月，是夏秋优良的观花灌木。

相近种： 东北珍珠梅 *Sorbaria sorbifolia*（L.）A.Br.，雄蕊 40 ~ 50 枚，长于花瓣。

★ *Sorbaria kirilowii*（Regel）Maxim.　☆ False Spiraea

★ *Sorbus koehneana* Schneid.　☆ Shangan Mountainash

陕甘花楸

科属：蔷薇科花楸属

识别：灌木或小乔木，高约 4 m。小枝暗灰色或黑灰色，无毛。单数羽状复叶；小叶片 8 ~ 13 对，长 1.5 ~ 3 cm，宽 0.5 ~ 1 cm，边缘每侧有尖锐锯齿 10 ~ 14 枚，全部有锯齿或仅基部全缘，下面沿中脉上有疏柔毛或近无毛，无乳头状突起；叶轴有极疏的柔毛或近无毛。梨果球形，直径 6 ~ 8 mm，白色，萼裂片宿存。

观花：复伞房花序多生在侧生短枝上，多花，总花梗和花梗疏生柔毛；花梗长 1 ~ 2 mm；花白色。

分布：分布在山西、河南、陕西、甘肃、青海、湖北、四川。

习性：喜光。

繁殖：播种繁殖。

应用：可栽培作庭园观赏或种植于林下。

相近种：川滇花楸 *Sorbus prattii* Koehne，小叶片 9 ~ 13 对。

★ *Sorbus pohuashanensis* (Hance) Hedl.　☆ Pohuashan Mountainash

花楸树

别名：红果臭山槐，绒花树，山槐子
科属：蔷薇科花楸属

识别：乔木，高达 8 m。奇数羽状复叶，小叶片 5 ~ 7 对，卵状披针形或椭圆披针形，先端急尖或短渐尖，基部偏斜圆形，边缘有细锐锯齿，侧脉 9 ~ 16 对。果实近球形，径 6 ~ 8 mm，红色或橘红色。果期 9 ~ 10 月。

观花：复伞房花序具多数密集花朵，花白色，径 6 ~ 8 mm，花瓣宽卵形或近圆形。花期 6 月。

分布：产于东北、华北地区至甘肃一带。

习性：喜湿润的酸性或微酸性土壤，较耐阴。

繁殖：播种繁殖。

应用：花叶美丽，入秋红果累累，是优美的庭园风景树。风景林中配植若干，可使山林增色，也可种植于山坡或山谷杂木林中。

★ *Sorbus alnifolia* (Sieb.et Zucc.) K.Koch　☆ Densehead Mountainash

水榆花楸

别名：黄山榆，枫榆，千筋树
科属：蔷薇科花楸属

识别：树干通直。树皮光滑，灰色。小枝有皮孔，暗红褐色或暗灰褐色。单叶，卵形或椭圆状卵形，先端锐尖，基部圆形，边缘有不整齐的尖锐重锯齿。果椭圆形或卵形，红色或黄色。果期 11 月。

观花：复伞房花序，有花 6 ~ 25 朵，白色花期 5 月。

分布：分布在我国长江流域、黄河流域及东北地区中南部。

习性：耐阴，耐寒，喜湿润、微酸性或中性土。

繁殖：播种繁殖。

应用：水榆花楸树体高大，干直光滑，树冠圆锥状，叶形美观，秋叶先变黄后转红，果实累累，红黄相间，十分美观。宜群植于山岭形成风景林，也可作公园及庭院的风景树。

粉花绣线菊

别名：日本绣线菊
科属：蔷薇科绣线菊属

识别：落叶灌木，高达 1.5 m。小枝细，开展，浅褐色，小枝光滑或幼时有细毛。单叶互生，卵状披针形至披针形，边缘具缺刻状重锯齿，叶面散生细毛，叶背略带白粉。旺盛。果期 8 ~ 9 月。

观花：复伞房花序，生于当年生枝端，花粉红色。花期 5 ~ 6 月。

分布：原产于日本和朝鲜，全国各地均有栽培。

习性：喜光，略耐阴；生长强健，适应性强，耐寒、耐旱、耐瘠薄；在湿润、肥沃土壤生长。

繁殖：播种繁殖。

应用：庭院观赏、花篱、丛植、花境，可布置草坪及小路角隅等处，或种植于门庭两侧。

★ *Spiraea japonica* L.f. ☆ Powderflower Spiraea

华北绣线菊

别名：蚂蝗梢，柳叶绣线菊
科属：蔷薇科绣线菊属

识别：落叶灌木，高 1 ~ 2 m。枝条具明显条棱。单叶互生，椭圆形或长圆状卵形，边缘有不整齐锯齿。果期 7 ~ 8 月。

观花：复伞房花序顶生；花多数，无毛，花瓣 5 片，白色，花盘环状，雄蕊长于花瓣。蓇葖果近直立，萼片反折。花期 6 月。

分布：分布于华北、华东、华中各省区。

习性：喜光。

繁殖：播种繁殖。

应用：可作园林中林缘或多石地观花灌木。

★ *Spiraea fritschiana* Schneid. ☆ Fritsch Spiraea

金山绣线菊

别名：金叶粉花绣线菊
科属：蔷薇科绣线菊属

识别：本种为白花绣线菊和日本绣线菊(S. *albiflora* × S.*japonica*）的杂交种，小灌木。叶卵形至卵状椭圆形，金黄色。

观花：伞房花序，小花密集，粉红色。花期 6 ~ 9 月。

分布：原产于北美。

习性：喜光，耐寒，耐干燥气候，抗病虫害能力强，耐盐碱。

繁殖：扦插繁殖。

应用：可丛植或成片栽植，光照充分则叶色更鲜艳，呈鲜黄色，是北方地区绿化中良好的地被植物材料。

品种：金焰绣线菊 ‘Gold Flame’，树冠上部叶片紫红色至黄红色，下部叶片黄绿色；皱叶绣线菊 ‘Cripa’，叶深锯齿状，嫩叶红色。

★ *Spiraea bumalda* ‘Gold Mound’ ☆ Gold Mound Spiraea

★ *Spiraea vanhouttei* (Briot) Zabel ☆ Trapaleaf Spiraea

菱叶绣线菊

别名：杂种绣线菊
科属：蔷薇科绣线菊属

识别： 落叶灌木，高达 2 m。小枝细。单叶互生，叶片菱状长卵形或菱状倒卵形，基部楔形，先端急尖，通常具不明显 3 ~ 5 裂片，边缘近中部以上有缺刻状重锯齿，两面无毛，表面暗绿色，背面色稍淡，羽状脉或不明显三出脉。小枝拱形弯曲，红褐色，无毛。果期 9 月。

观花： 伞形花序具总梗，花多数；花瓣白色。花期 5 ~ 6 月。

分布： 分布于我国山东、江苏、广东、广西、四川等省区。

习性： 喜阳，稍耐阴。

繁殖： 播种繁殖。

应用： 花虽小，而集成绣球状，密集着生在细长而拱形的枝条上，甚为美丽，国内外广为栽培，宜境栽或作基础种植。

★ *Spiraea cantoniensis* Lour. ☆ Hempleaf Spiraea

麻叶绣线菊

别名：麻叶绣球
科属：蔷薇科绣线菊属

识别： 落叶灌木，高达 1.5 m。小枝细，开展。叶菱状披针形至菱状长椭圆形，先端尖，基部楔形，缘有深缺刻锯齿，两面无毛，表面暗绿色，被面青蓝色。果期 9 月。

观花： 花 10 ~ 30 朵集成半球状伞形花序，着生于新枝顶端。花期 5 ~ 6 月。

习性： 喜阳光，稍耐阴；耐旱，忌水湿；较耐寒，适生于肥沃湿润土壤。

分布： 原产于中国广东、广西、福建、浙江、江西等地，黄河中下游及以南各省区都有栽培。

繁殖： 播种繁殖。

应用： 麻叶绣球植株丛生成半圆形，开花白色一片，十分雅致，可丛植于池畔、路旁或林缘，也可列植为花篱。

★ *Spiraea chamaedryfolia* L. ☆ Germander Spiraea

石蚕叶绣线菊

别名：乌苏里绣线菊
科属：蔷薇科绣线菊属

识别： 灌木，高 1 ~ 1.5 m。叶片宽卵形，长 2 ~ 4.5 cm，宽 1 ~ 3 cm，先端急尖，基部圆形或宽楔形，边缘有细锐单锯齿和重锯齿，不孕枝上的叶片有时具缺刻状重锯齿，下面脉腋间簇生短柔毛；叶柄长 4 ~ 7 mm。蓇葖果直立。果期 7 ~ 9 月。

观花： 花序伞形总状，径 2 ~ 2.5 cm，有花 5 ~ 12 朵；花梗长 4 ~ 8 mm；花径 6 ~ 9 mm；花萼外面无毛，内面具短柔毛；萼片卵状三角形；花瓣宽卵形或近圆形，先端钝，长 2.5 ~ 3.5 mm，宽 2 ~ 3 mm，白色；雄蕊 35 ~ 50 枚，长于花瓣。花期 5 ~ 6 月。

分布： 产于河北、黑龙江、吉林、辽宁、新疆。

习性： 耐阴。

繁殖： 播种繁殖。

应用： 可作园林观花灌木栽培观赏。

土庄绣线菊

别名：柔毛绣线菊
科属：蔷薇科绣线菊属

识别：落叶灌木，高 1 ~ 2 m。枝开展，稍弯曲。叶互生，菱状卵形至椭圆形，边缘中部以上有粗锯齿，偶 3 裂，背面具短柔毛。蓇葖果张开，萼片直立。果期 7 ~ 8 月。

观花：伞形花序具总梗，多花；萼筒钟状，花瓣 5 片，白色。花期 5 ~ 6 月。

分布：分布于东北、华北、华东等省区。

习性：喜充足阳光，也稍耐阴；较耐旱，怕积水；对床土要求不严格，但以肥沃、疏松、排水良好的沙质壤土更适。

繁殖：播种和扦插繁殖。

应用：花色艳丽，花序密集，花期亦长，是优良的夏季观花灌木。用作配置绿篱，盛花时宛若锦带。

★ *Spiraea pubescens* Turcz. ☆ Pubescent Spiraea

笑靥花

别名：李叶绣线菊
科属：蔷薇科绣线菊属

识别：灌木，高达 3 m。叶卵形至矩圆状披针形，长 1.5 ~ 3 cm，宽 0.7 ~ 1.4 cm，先端急尖，基部楔形，边缘自中部以上具细锐单锯齿，上面幼时微被短柔毛，老时仅下面有短柔毛，具羽状脉。果期 7 ~ 8 月。

观花：伞形花序无总花梗，花 3 ~ 6 朵，基部着生数枚小形叶片；花梗长 6 ~ 10 mm，有短柔毛；花重瓣，白色，直径约 1 cm。花期 4 ~ 5 月。

分布：分布在陕西、湖北、山东、江苏、浙江、江西、安徽、贵州、四川。

习性：喜温暖湿润气候，较耐寒，对土质要求不严格，一般土壤均可种植。

繁殖：分株、扦插繁殖。

应用：可丛植于池畔、山坡、路旁、崖边。普通多作基础种植用，或在草坪角隅应用。

★ *Spiraea prunifolia* Sieb.et Zucc. ☆ Plumleaf Spiraea

珍珠绣线菊

别名：喷雪绣线菊，喷雪花
科属：蔷薇科绣线菊属

识别：灌木，高达 1.5 m。叶片线状披针形，长 25 ~ 40 mm，宽 3 ~ 7 mm，先端长渐尖。基部狭楔形，边缘自中部以上有尖锐锯齿，两面无毛，具羽状脉；叶柄极短或近无柄，长 1 ~ 2 mm，有短柔毛。蓇葖果开张。果期 7 月。

观花：伞形花序无总梗，具花 3 ~ 7 朵，基部簇生数枚小形叶片；花梗细；花直径 6 ~ 8 mm；萼筒钟状；花瓣倒卵形或近圆形，先端微凹至圆钝，长 2 ~ 4 mm，宽 2 ~ 3.5 mm，白色；雄蕊 18 ~ 20 枚。花期 4 ~ 5 月。

分布：原产于华东地区。现山东、陕西、辽宁等地均有栽培，供观赏用。日本也有分布。

习性：喜光。

繁殖：播种繁殖。

应用：花期很早，花朵密集如积雪，叶片薄细如鸟羽，秋季转变为橘红色，甚为美丽，可栽培于庭园观赏。

★ *Spiraea thunbergii* Bl. ☆ Thunberg Spiraea

★ *Spiraea chinensis* Maxim.　☆ China Spiraea

中华绣线菊

科属：蔷薇科绣线菊属

识别：灌木，高 1.5 ~ 3 m。小枝呈拱形弯曲色，幼时被黄色茸毛，叶片菱状卵形至倒卵形，先端急尖或圆钝，基部宽楔形或圆形，边缘有粗锯齿。蓇葖果开张，被短柔毛，顶生花柱直立，宿存萼片直立。果期 6 ~ 10 月。

观花：伞形花序具花 16 ~ 25 朵；花瓣近圆形，先端微凹或圆钝，白色。花期 3 ~ 6 月。

分布：产于中国广东、广西、福建、江西、河北、河南、陕西、内蒙古、湖北、安徽、四川、云南。

习性：喜阳光充足及温暖的环境，萌芽力强，耐修剪，病虫害少。

繁殖：播种、分株繁殖。

应用：为良好的庭园绿化树种，管理简单，易栽培。花篱和花境的好材料，也可种植于路旁、山谷、河沟旁或山坡灌丛。

★ *Spiraea sericea* Turcz.　☆ Sericeous Spiraea

绢毛绣线菊

科属：蔷薇科绣线菊属

识别：落叶灌木，高达 3 m。小枝近圆形，红褐色，无毛；冬芽小，长卵形，先端长渐尖，有数个褐色鳞片，被短柔毛；叶卵状椭圆形，先端急尖，基部楔形，两面脉上有粗伏毛；蓇葖果被短柔毛。果熟期 6 ~ 7 月。

观花：伞形花序生侧枝顶端，花白色，萼外有毛；花期 4 ~ 5 月。

分布：原产于东北、华北地区，河南及陕西、甘肃、湖北、四川等地也有分布。

习性：喜光，耐寒，怕涝。

繁殖：播种繁殖。

应用：栽作花篱或丛植于草坪，亦可作自然式花篱或大型花坛中心材料。

相近种：单瓣笑靥花（李叶绣线菊）*Spiraea prunifolia* Sieb.et Zucc. var. *simpliciflora* Nakai；麻叶绣线菊 *Spiraea cantoniensis* Lour.。

★ *Spiraea bumalda* Burenich.‘Cripa’　☆ Cripa Bumald Spirea

皱叶绣线菊

科属：蔷薇科绣线菊属

识别：本种为白花绣线菊和日本绣线菊的杂交种。长势较弱，株高 60 cm。嫩叶红色，叶缘深齿状。

观花：花粉红色。

分布：我国有栽培。

习性：稍耐阴。

繁殖：播种繁殖。

应用：可作园林地被植物或观花植物。

华空木

别名：野珠兰
科属：蔷薇科野珠兰属

识别： 灌木，高 1.5 m。叶卵形至长卵形，长 5 ~ 7 cm，宽 2 ~ 3 cm，顶端渐尖或长尖，边缘浅裂，并有重锯齿，两面无毛，少有疏柔毛；叶柄短，有细毛。果期 7 ~ 8 月。

观花： 圆锥花序顶生；花小，白色，直径 3 ~ 4 mm；雄蕊 10 枚。蓇葖果近球形，疏生柔毛，萼宿存。花期 5 月。

分布： 华东地区及湖北、湖南、四川、福建、广东均有分布。

习性： 稍耐阴。

繁殖： 播种、扦插繁殖。

应用： 姿态婀娜，白花成簇，颇有诗意。孤植、丛植均宜，点缀林缘、沟旁，尤为耀目，也可种植林边或灌木丛中。

★ *Stephanandra chinensis* Hance ☆ China Stephanandra

太行花

科属：蔷薇科太行花属

识别： 多年生草本，高 4 ~ 15 cm。地下抱茎粗壮。茎生叶单生，椭圆形，边缘有粗大钝齿或波状圆齿。

观花： 花单生茎顶，雄性或两性，同株或异株，花瓣 5 片，浅黄色；花萼筒陀螺形，萼片浅绿色或带紫色，花期 5 ~ 6 月。

分布： 产于我国太行山地区。

习性： 喜半阴、湿润环境，耐寒，适宜肥沃、疏松土壤。

繁殖： 播种或分株繁殖。

应用： 播种植株矮小，花色淡稚，可植于园路两侧、疏林下或阴山坡。

★ *Taihangia rupestris* Yü et Li ☆ Taihang flower

颠茄

别名：颠茄草
科属：茄科颠茄属

识别： 多年生草本。叶互生，叶片广卵圆形或卵状长圆形，全缘，叶表面呈蝉绿色，背面灰绿色。叶多皱缩破碎，完整叶片卵状椭圆形，叶在茎下部互生，上部一大一小成双生，卵形、长椭圆状卵形或椭圆形，长 5 ~ 22 cm，宽 3.5 ~ 11 cm，全缘。浆果球形，径 1 cm，绿色，成熟后为黑色，具长梗。

观花： 花冠钟状，淡紫褐色，花萼 5 裂，花冠钟形。花期可持续到夏季。

分布： 原产于西欧、北非、西亚、北美等地，中国也有引进栽培。

习性： 喜温暖、湿润气候，怕寒冷，忌高温，以 20 ~ 25 ℃的气温生长快，超过 30 ℃生长缓慢。

繁殖： 种子繁殖。

应用： 可盆栽供观赏。

★ *Atropa belladonna* L. ☆ Common Atropa，Deadly Nightshade

★ *Brugmansia aurea* Lagerh.

黄花曼陀罗

别名：黄花木曼陀罗
科属：茄科木曼陀罗属

识别： 灌木，高达 2.5 m。叶卵形至椭圆形，顶端渐尖，中脉下凹。
观花： 花萼长，萼端裂片披针形，花冠黄色，脉纹浅绿色。
分布： 栽培品种。
习性： 喜阳光充足，喜温暖、湿润的环境，要求土层深厚和排水良好的土壤。
繁殖： 播种或扦插繁殖。
应用： 可作庭园美化。

★ *Brugmansia suaveolens* Bercht. et Presl ‘Rosa Traum’

红花曼陀罗

别名：粉花木曼陀罗
科属：茄科木曼陀罗属

识别： 灌木，高 0.5 ~ 2 m。叶椭圆形，顶端渐尖，全缘。
观花： 花萼短；花冠管基部绿色，中部白至粉红色，具明显的绿色脉纹；花冠粉红色，管口开展。花期 7 ~ 9 月。
分布： 栽培品种。
习性： 喜阳光充足的生长环境。
繁殖： 播种或扦插繁殖。
应用： 花娇俏美丽，植于路边、墙隅或院落均可。

★ *Brugmansia candida* Pers.

南美曼陀罗

别名：南美曼陀罗木
科属：茄科木曼陀罗属

识别： 常绿小乔木，高达 5 m。叶背面颜色较浅，揉碎时具臭味。蒴果绿色。
观花： 花单生于上部叶腋，芳香，夜晚更香，花萼具明显纹理，开花、结果过程中宿存；花冠长圆柱形，但营口开展，绿白色，脉纹亮绿色。夏、秋季开放，开花繁茂，其他时间偶有开放。
分布： 栽培品种。中国南方有栽培。
习性： 适宜阳光充足、亦稍荫蔽的生长环境；耐轻霜冻。喜肥沃适中、排水良好的土壤。
繁殖： 扦插繁殖。春、夏季采用柔软顶梢扦插繁殖，或秋、冬季采用硬枝扦插繁殖。
应用： 枝叶密集，叶绿色，花大，下垂，花形漂亮，具较高的观赏价值。

鸳鸯茉莉

别名：二色茉莉
科属：茄科鸳鸯茉莉属

识别：多年生常绿灌木，高约 1 m，多分枝。叶互生，长椭圆形，全缘。小坚果卵形，褐色。
观花：花单生或 2 ~ 3 朵簇生于叶腋，高脚碟状，花冠五裂，初开时蓝色，后转为白色，同一株上可同时见到白色与淡紫色花。二次开花，花期 5 ~ 6 月，10 ~ 11 月。
分布：原产于美洲热带地区。
习性：喜温暖湿润、光照充足的环境条件，喜疏松肥沃、排水良好的酸性的土壤，耐半阴、干旱和瘠薄；忌涝，畏寒冷。
繁殖：播种繁殖。
应用：室内盆栽观赏，华南地区可露地栽植于庭院。

★ *Brunfelsia latifolia* (Pohl) Benth. ☆ Broad-leaf Raintree

辣椒

别名：辣子，辣角，牛角椒，红海椒
科属：茄科辣椒属

识别：一年生或有根多年生草本，高 40 ~ 80 cm。单叶互生，枝顶端节不伸长而成双生或簇生状；叶片长圆状卵形、卵形或卵状披针形，长 4 ~ 13 cm，宽 1.5 ~ 4 cm，全缘，先端尖，基部渐狭。浆果长指状，先端渐尖且常弯曲，未成熟时绿色，成熟后呈红色，橙色或紫红色，味辣。花果期 5 ~ 11 月。
观花：花单生，俯垂；花萼杯状，不显著 5 齿；花冠白色，裂片卵形；雄蕊 5 枚。
分布：原产于南美洲，现在世界各国普遍栽培。
习性：喜光照、耐旱、怕涝，喜温，中性或微酸性土壤生长良好。
繁殖：播种繁殖。
应用：地栽可作花坛配置；也可盆栽供观赏。
品种：品种繁多。

★ *Capsicum annuum* L. ☆ Chile Pepper，Cayenne Pepper

观赏辣椒

别名：观赏椒，五色椒，朝天椒
科属：茄科辣椒属

识别：高 30 ~ 60 cm，茎直立，多分枝。单叶互生，卵形或长圆形。果因成熟度不同而为红色、黄色或带紫色，浆果卵形、球形或扁球形，直生或稍斜生。花果期 7 ~ 10 月。
观花：花小，白色或紫色，单生枝顶或叶腋。
分布：原产于热带美洲。
习性：喜温暖，不耐寒，喜阳光充足，适宜肥沃、疏松的土壤。
繁殖：播种繁殖。
应用：是重要的观果花卉，可用于花带、花境或岩石园栽培，也可盆栽观赏。
品种：五色椒 var. *cerasiforme* Irish.，浆果小而圆，初时绿色，后逐渐变白，带紫晕，逐渐变红。指天椒 var. *conoides* (Mill.) Irish.，浆果细长，果色由绿变红。樱桃椒 var. *fasciulatum* (Stert.) Irish.，浆果圆球形，似樱桃，果色由绿色变为红色。

★ *Capsicum Annuum* L. ☆ Red Pepper，Sweet Pepper

★ *Physalis alkekengii* L.　☆ Groundcherry wintercherry

酸浆

别名：红菇娘，挂金灯，灯笼草
科属：茄科酸浆属

识别：多年生草本，高 40 ~ 80 cm。叶长 5 ~ 15 cm，宽 2 ~ 8 cm，长卵形至阔卵形，顶端渐尖，基部不对称狭楔形、下延至叶柄，全缘而波状或者有粗牙齿；叶柄长 1 ~ 3 cm。果梗长约 2 ~ 3 cm，浆果球状，橙红色，径 10 ~ 15 mm，柔软多汁。果期 6 ~ 10 月。

观花：花梗长 6 ~ 16 mm，开花时直立，后来向下弯曲，密生柔毛而果时也不脱落；花萼阔钟状，长约 6 mm，密生柔毛，萼齿三角形，边缘有硬毛；花冠辐状，白色，直径 15 ~ 20 mm，裂片开展，阔而短。花期 5 ~ 9 月。

分布：分布于欧亚大陆；我国产于甘肃、陕西、河南、湖北、四川、贵州和云南。

习性：适应性很强，耐寒、耐热，喜凉爽、湿润气候，喜光，不择土壤。

繁殖：播种繁殖。

应用：可作园林地被植物，种植于林间、路边，可增添山林野趣，也可盆栽观赏，果枝又可制作干花。

★ *Datura metel* L. *var. fastuosa* (L.) S. X. Yan (comb. nov)

重瓣洋金花

别名：重瓣曼陀罗
科属：茄科曼陀罗属

识别：一年生直立草木而呈半灌木状，高 0.5 ~ 1.5 m，全体近无毛。叶卵形或广卵形，顶端渐尖，基部不对称圆形、截形或楔形，长 5 ~ 20 cm，宽 4 ~ 15 cm，边缘有不规则的短齿或浅裂、或者全缘而波状，侧脉每边 4 ~ 6 条；叶柄长 2 ~ 5 cm。果期 4 ~ 12 月。

观花：花单生于枝叉间或叶腋，花梗长约 1 cm。蒴果近球状或扁球状。花萼筒状，长 4 ~ 9 cm，直径 2 cm，裂片狭三角形或披针形，果时宿存部分增大成浅盘状；花冠长漏斗状，长 14 ~ 20 cm，檐部直径 6 ~ 10 cm，白色，花重瓣；雄蕊 5 枚。花期 3 ~ 11 月。

分布：产于我国台湾、福建、广东、广西、云南、贵州等省区。

习性：喜光，喜温暖，喜土层疏松肥沃、排水良好的沙质壤土。

繁殖：播种繁殖。

应用：可作园林观花植物，种植于山坡或房前屋后。

★ *Datura stramonium* L.　☆ Jimsonweed

曼陀罗

别名：洋金花
科属：茄科曼陀罗属

识别：一年生草本，高达 1.5 m。单叶互生，宽卵形，基部不对称楔形，边缘不规则波状浅裂。蒴果卵形，表面具硬针刺，规则 4 瓣裂。果期 7 ~ 11 月。

观花：花单生叶腋或分叉处，白色或淡紫色；花萼筒状，具 5 条棱，花冠漏斗状，5 浅裂。花期 6 ~ 9 月。

分布：全国各省区均有分布。原产于热带。

习性：喜阳，喜温暖，不耐寒，性强健。

繁殖：播种繁殖。

应用：常用作花境或花丛背景材料。

毛曼陀罗

别名：风茄花，串筋花，北洋金花
科属：茄科曼陀罗属

识别： 一年生直立草本或半灌木，高 1 ～ 2 m。全体密生白色细腺毛和短柔毛。叶宽卵形，长 10 ～ 14 cm，宽 4 ～ 11 cm，全缘或有波状疏齿；叶柄长 4 ～ 5 cm。蒴果常斜垂，近圆形，直径约 4 cm。花果期 6 ～ 9 月。

观花： 花单生，直立或斜升，花梗长约 1 cm；花冠漏斗状，长 15 ～ 20 cm，径约 7.5 cm，下半部带淡绿色，上半部白色，花开放后呈喇叭状；雄蕊 5 枚。

分布： 产于我国北部。亚洲其他地区、欧洲、南美洲、北美洲也有分布。

习性： 喜温暖、湿润且向阳的生长环境。以土层疏松肥沃、排水良好的沙质壤土栽培为宜。

繁殖： 播种或分株繁殖。

应用： 适用于庭园栽植。

★ *Datura innoxia* Mill.　☆ Hairy Datura

紫花曼陀罗

别名：紫花曼陀螺
科属：茄科曼陀罗属

识别： 灌木，高 0.5 ～ 2 m。茎淡紫红色。蒴果卵球形，具近于等长的坚硬针状刺，成熟时规则地 4 瓣裂。

观花： 花淡紫色，花萼上部亦略具淡紫点。花期全年，以春、夏季最盛。

分布： 原产于热带美洲。我国长江流域各省区有栽培。

习性： 适应性强，喜温暖的气候。

繁殖： 播种繁殖。

应用： 园林上可作为观花植物，适合于花境、花坛或盆栽观赏。

★ *Datura stramonium* L.var. *tatula*（L.）Torr.

枸杞

别名：苟起子，枸杞红实，甜菜子，西枸杞
科属：茄科枸杞属

识别： 落叶灌木，高 0.5 ～ 2 m。枝常俯垂，分枝，具刺。单叶互生或簇生，菱形或卵状披针形，全缘。浆果红色，卵形。果期 8 ～ 11 月。

观花： 花常 1 ～ 4 朵簇生于叶腋；花萼钟状，3 ～ 5 裂，花冠漏斗状，淡紫色，5 深裂，裂片边缘具毛，雄蕊花丝基部密生茸毛。花期 5 ～ 9 月。

分布： 分布于全国各省区。日本、朝鲜、欧洲及北美也有分布。

习性： 稍耐阴；喜温暖，较耐寒；耐干旱，耐碱性很强。

繁殖： 播种繁殖。

应用： 枝条细长拱形，入秋红果累累，挂满枝头，宜用作绿篱、攀缘植物或地被覆盖。

★ *Lycium chinense* Mill.　☆ China Wolfberry

★ *Lycium barbarum* L. ☆ Barbary Wolfberry

宁夏枸杞

别名：中宁枸杞，津枸杞，山枸杞
科属：茄科枸杞属

识别： 落叶灌木，有时成小乔木状，高可达 2.5 m，有棘刺。单叶互生或数片丛生于短枝上，长椭圆披针形或卵状矩圆形，长 2 ~ 3 cm，宽 2 ~ 6 mm，基部楔形并下延成柄，全缘。浆果椭圆形，红色，长 10 ~ 20 mm，直径 5 ~ 10 mm。果期 6 ~ 11 月。

观花： 花腋生，常一至数朵簇生于短枝上；花萼杯状；花冠漏斗状，粉红色或紫红色。花期 5 ~ 10 月。

分布： 分布于华北、西北等地区；全国各地普遍栽培。

习性： 喜光，稍耐阴，喜凉爽气候，喜水肥，耐寒、耐旱、耐盐碱；萌蘖性强；喜沙质土壤，不宜在低洼积水的地方栽培。

繁殖： 播种、扦插、压条、分株繁殖。

应用： 观花、观果均可，园林作绿篱栽植、树桩盆栽以及用作水土保持的灌木等。

★ *Lycopersicon esculentum* Mill. ☆ Tomato

番茄

别名：西红柿、洋柿子
科属：茄科番茄属

识别： 一年生或多年生草本，高 0.5 ~ 1.5 m。全体具黏质腺毛，有强烈气味。叶为羽状复叶或羽状分裂；小叶片卵形或矩圆形，长 7 ~ 12 cm。浆果扁球形或近球状，成熟后红色或黄色；种子黄色。花果期夏、秋季。

观花： 花黄色，3 ~ 7 朵生于聚伞状花序上，花序腋外生；花冠直径约 2 mm，辐射状。

分布： 原产于中美洲和南美洲。广泛种植。

习性： 喜凉爽的气候；耐旱，但不耐涝。对土壤要求不严格。

繁殖： 播种繁殖。

应用： 可作为观果植物。

品种： 品种繁多。

★ *Nicandra physaloides* (L.)Gaerth. ☆ Apple of Peru

假酸浆

别名：蓝花天仙子，大千生
科属：茄科假酸浆属

识别： 一年生草本，高 50 ~ 80 cm。主根长锥形，有纤细的须根。茎棱状圆柱形，有 4 ~ 5 条纵沟，绿色，有时带紫色，上部三叉状分枝。单叶互生，草质，连叶柄长 4 ~ 15 cm，宽 1.5 ~ 7.5 cm，先端渐尖，基部阔楔形下延，边缘有不规则的锯齿且成皱波状，侧脉 4 ~ 5 对，上面凹陷，下面凸起。蒴果球形，径约 2 cm，外包 5 个宿存萼片。

观花： 花单生于叶腋，淡紫色；花萼 5 深裂，裂片基部心形；花冠漏斗状，径约 3 cm，花筒内面基部有 5 个紫斑。花期夏季。

分布： 原产于秘鲁，分布云南、广西等地。

习性： 性喜高温，生长适温 22 ~ 28℃。以沙质壤土为佳，排水需良好。

繁殖： 播种繁殖。

应用： 灯笼状的宿存萼干燥后如同天然干燥花，久藏不凋，为插花高级花材，适合庭园美化或大型盆栽。

花烟草

别名：红花烟草
科属：茄科烟草属

识别： 一二年生草本，高 30 ~ 50 cm。基生叶匙形，茎生叶长披针形。蒴果，种子细小。果期 9 ~ 11 月。

观花： 顶生圆锥花序，着花疏散，花高脚碟状，花冠 5 裂喇叭状。花期 7 ~ 10 月。

分布： 原产于巴西南部和阿根廷北部。

习性： 喜温暖，不耐寒，喜阳光充足，稍耐阴，喜疏松肥沃、湿润的土壤。

繁殖： 播种繁殖。

应用： 可作夏秋花坛、花境材料，也可散置于林缘、路边，矮生品种可盆栽。

品种： 花有淡黄、白、桃红、紫红等色。

★ *Nicotiana sanderae* Hort.ex W.Watson ☆ Red Tobacco

烟草

别名：烟叶
科属：茄科烟草属

识别： 一年生或多年生草本，高 0.5 ~ 1.5 m。全体具黏质腺毛，基部木质化。叶大型，长圆状卵形或长圆形，长 10 ~ 70 cm。蒴果卵形或矩圆形，长约等于宿存萼。果期为夏、秋季。

观花： 圆锥状花序，顶生；花萼管状或管状钟形；花冠漏斗状，淡红色，长 3.5 ~ 5 cm。花期春、夏季。

分布： 原产于南美洲热带地区，现广植于全世界。我国各省区均有栽培。

习性： 喜阳光充足；喜温暖、湿润的环境，耐干旱，喜肥沃、疏松的土壤。

繁殖： 播种或分株繁殖。

应用： 可植于路边、庭园、草坪及树丛边缘；也可盆栽观赏。

★ *Nicotiana tabacum* L. ☆ Tobacco

矮牵牛

别名：碧冬茄，灵芝牡丹
科属：茄科碧冬茄属

识别： 多年生草本，常作一二年生栽培，高 20 ~ 60 cm。全株被腺毛，茎基部木质化，嫩茎直立，老茎匍匐状。叶卵形，全缘，互生，近无柄。蒴果，果实尖卵形，二瓣裂，种子细小，黑色，呈圆形。果期 9 ~ 11 月。

观花： 花单生叶腋或顶生，花冠漏斗形，先端有波状浅裂。花有黄、白、红、粉、紫等色。花期 5 ~ 10 月。

分布： 原产于南美洲，现各地广泛栽培。

习性： 喜温暖，不耐寒；喜阳光充足，耐半阴，喜排水良好的疏松沙质壤土。

繁殖： 播种繁殖。

应用： 是优良的花坛植物，还可盆栽观赏，在温室中栽培，可四季开花。

品种： 品种丰富。

★ *Petunia hybrida* Vilm. ☆ Petunia

★ *Cestrum nocturnum* L.　☆ Nightblooming Cestrum

夜香树

别名：夜丁香，洋素馨
科属：茄科夜香树属

识别： 灌木，高 2 ~ 3 m。全体无毛。茎直立或近攀缘状，枝条细长下垂。叶薄而互生，矩圆状卵形或矩圆状披针形，长 6 ~ 15 cm，全缘，顶端渐尖，两面秃净而发亮。浆果矩圆状，长 6 ~ 7 mm。果期冬季。

观花： 伞房式聚伞花序腋生或顶生，疏散，长 7 ~ 10 cm，有极多花，花绿白色至黄绿色，晚间极香。花期 5 ~ 10 月。

分布： 原产于美洲热带。我国广东、福建、四川等省普遍栽培。

习性： 喜光；喜温暖的气候。

繁殖： 扦插繁殖。

应用： 常作露地栽培，布置庭园、亭畔、池塘边和窗前；也可盆栽供观赏。

★ *Solanum wrightii* Benth.　☆ Wright Nightshade

大花茄

别名：木番茄
科属：茄科茄属

识别： 小枝及叶柄具刚毛及星状分枝的硬毛或刚毛以及粗而直的皮刺。大叶片长约 30 cm，宽 15 ~ 20 cm，常羽状半裂，裂片为不规则的卵形或披针形，上面粗糙，具刚毛状的单毛，下面被粗糙的星状毛。

观花： 花大，组成二歧侧生的聚伞花序。花梗长约 1.2 cm，密被刚毛，萼长 1.5 ~ 1.7 cm，密被刚毛，5 深裂，裂片披针形，具有长钻状的尖；花冠直径约 6.5 cm，宽 5 裂，每个裂片外面中部披针形部分被毛，内面中间部分宽而光滑；花药长约 1.5 cm，向上渐狭而微弯。

分布： 原产于南美玻利维亚至巴西，现热带、亚热带地区广泛栽培。广东有栽培。

习性： 喜光。

繁殖： 播种繁殖。

应用： 可作园林地被植物，或作观花、观果植物。

★ *Solanum boreali-sinense* C. Y. Wu et S. C. Huang

光白英

科属：茄科茄属

识别： 攀缘亚灌木。叶互生，薄膜质，卵形至广卵形，长达 9 cm，宽达 6 cm，先端渐尖，基部宽心脏形至圆形下延到叶柄，边全缘，绝不分裂，上面绿色，光滑无毛，唯叶脉及边缘逐渐被微硬毛。浆果熟时红色，直径约 0.8 cm。花果期秋季。

观花： 聚伞花序腋外生，多花，总花梗长达 3 cm，花柄长 0.6 ~ 1 cm，被微柔毛；花冠紫色，直径约 1.5 ~ 2 cm，花冠筒隐于萼内，长约 1 mm，冠檐长约 10 mm，先端 5 深裂，裂片披针形，长约 7 mm；雄蕊 5 枚，着生于花冠筒喉部。

分布： 产于我国东北和河北、内蒙古、新疆等省区。分布于俄罗斯西伯利亚地区。

习性： 耐水湿。

繁殖： 播种繁殖。

应用： 可作园林地被植物，种植水边阴湿地方。

海桐叶白英

科属：茄科茄属

识别： 无刺蔓生灌木，长达 1 m。植株光滑无毛，小枝纤细，具棱角。叶互生，披针形至卵圆状披针形，长 3.5 ~ 10.5 cm，宽 1.6 ~ 3.5 cm，先端渐尖，基部圆、钝或楔形，有时稍偏斜，全缘；叶柄长 0.7 ~ 2 cm。浆果球状，成熟后红色。果期 9 ~ 12 月。

观花： 聚伞花序腋外生，疏散，总花梗长 1 ~ 5.5 cm，花梗长约 1.1 cm；花冠白色，少数为紫色，直径 7 ~ 9 mm，花冠筒隐于萼内，长约 1 mm，冠檐长 5 ~ 6 mm，基部具斑点，先端深 5 裂。花期 6 ~ 8 月。

分布： 星散分布于河北、安徽、浙江、江西、湖南、四川、贵州、云南、广西、广东等省。

习性： 耐阴。

繁殖： 播种繁殖。

应用： 可作园林地被植物，种植于林下。

★ *Solanum pittosporifolium* Hemsl. ☆ Seatung Nightshade

龙葵

别名：乌籽菜，天茄子，牛酸浆，乌甜菜
科属：茄科茄属

识别： 一年生草本，高 30 ~ 150 cm。单叶互生，卵形，全缘或具波状粗齿。果柄下弯，浆果球形，熟时黑紫色。果期 7 ~ 10 月。

观花： 蝎尾状聚伞花序，腋外生，花 3 ~ 10 朵，下垂；花萼杯状，5 浅裂，花冠辐状，白色，5 深裂，反折。花期 5 ~ 8 月。

分布： 分布几遍全国。

习性： 喜阳光充足、凉爽湿润的气候，对土壤要求不严格。

繁殖： 播种繁殖。

应用： 花白色，果球形，玲珑可爱，是良好的观花、观果植物，可栽植于野趣园，亦可大面积丛植于路边、小木屋、凉亭旁，体现田园乡村风情。

相近种： 白英 *Solanum lyratum* Thunb.；野海茄 *Solanum japonense* Nakai，多年生草质藤本植物，枝细长，花冠紫色，基部有 5 个绿色斑点。

★ *Solanum nigrum* L. ☆ Black Nightshade

珊瑚豆

别名：珊瑚樱，冬珊瑚，玉珊瑚
科属：茄科茄属

识别： 直立分枝小灌木，高 0.3 ~ 1.5 m。叶互生，大小不相等，椭圆状披针形，长 2 ~ 5 cm 或稍长，宽 1 ~ 1.5 cm 或稍宽，先端钝或短尖，叶面无毛。浆果单生，球状，珊瑚红色或橘黄色，直径 1 ~ 2 cm。果熟期 8 ~ 12 月。

观花： 花序短，腋生，通常 1 ~ 3 朵，单生或成蝎尾状花序，总花梗短几近于无，花梗长约 5 mm，花小，直径 8 ~ 10 mm；萼绿色，5 深裂，花冠白色，筒部隐于萼内，5 深裂，裂片卵圆形，端尖或钝；花期 4 ~ 7 月。

分布： 原产于美洲和亚洲热带地区 。在我国栽培。

习性： 喜温暖湿润、阳光充足的环境。

繁殖： 播种繁殖。

应用： 常盆栽观赏，也可作园林地被植物。

原变种： 珊瑚樱 *Solanum pseudo-capsicum* L.，全株无毛，浆果橙红色。

★ *Solanum pseudo-capsicum* L. var. *diflorum* (Vell.) Bitter

★ *Solanum americanum* Mill.　☆ Shiningfruit Dragon Mallow

少花龙葵

别名：白花菜，衣扣草、痣草
科属：茄科茄属

识别： 纤弱草本，茎无毛或近于无毛，高约 1 m。叶薄，卵形至卵状长圆形，长 4 ~ 8 cm，宽 2 ~ 4 cm，先端渐尖，基部楔形下延至叶柄而成翅，叶缘近全缘，波状或有不规则的粗齿，两面均具疏柔毛，有时下面近于无毛。浆果球状，直径约 5 mm，幼时绿色，成熟后黑色。几乎全年均开花结果。

观花： 花序近伞形，腋外生，纤细，具微柔毛，着生 1 ~ 6 朵花，总花梗长 1 ~ 2 cm，花梗长 5 ~ 8 mm，花小，直径约 7 mm；萼绿色；花冠白色，筒部隐于萼内，长不及 1 mm，冠檐长约 3.5 mm，5 裂。

分布： 产于我国云南南部、江西、湖南、广西、广东、台湾等地。分布于马来群岛。

习性： 耐水湿，耐阴。

繁殖： 播种繁殖。

应用： 可作园林地被植物，种植于溪边、密林阴湿处或林边。

★ *Solanum spirale* Roxb.　☆ Coiledflower Nightshade

旋花茄

别名：倒提壶，滴打稀，敷药
科属：茄科茄属

识别： 直立灌木，高 0.5 ~ 3 m，植株光滑无毛。叶大，椭圆状披针形，长 9 ~ 20 cm，宽 4 ~ 8 cm，先端锐尖或渐尖，基部楔形下延成叶柄，两面均无毛，全缘或略波状，中脉粗壮，侧脉明显，每边 5 ~ 8 条；叶柄长 2 ~ 3 cm。浆果球形，橘黄色，直径约 7 ~ 8 mm；种子多数，压扁，直径 2.5 mm。果期冬春。

观花： 聚伞花序螺旋状，对叶生或腋外生，总花梗长 3 ~ 12 mm，花柄细长，达 2 cm，开展或弯卷；萼杯状，直径约 3 mm，长 2 mm，5 浅裂，萼齿圆、钝或不明显，花冠白色，筒部长约 1 mm，隐于萼内，冠檐长 6 ~ 7 mm，5 深裂，裂片长圆形，长 5 ~ 6 mm，宽 3 ~ 4 mm；花丝长约 1 mm。花期夏秋。

分布： 产于云南、广西、湖南。分布于印度、孟加拉国、缅甸及越南。

习性： 喜光。

繁殖： 播种繁殖。

应用： 可作园林地被植物。

★ *Solanum lyratum* Thunb.　☆ Nightshade

白英

别名：白毛藤，毛风藤，毛葫芦，毛秀才
科属：茄科茄属

识别： 多年生草质藤本，高 0.5 ~ 1 m。全株被软毛。叶互生，提琴形、卵形或卵状长椭圆形，长 3.5 ~ 5.5 cm，先端锐，基部心形，并常具 2 枚裂片。浆果球形，成熟时红黑色，径约 0.8 cm。果期秋末。

观花： 二歧聚伞花序顶生或腋外生；萼 5 裂，杯状，裂片基部有紫色斑点；花冠蓝紫色或白色，直径约 1.1 cm。花期夏、秋季。

分布： 产于我国华东、华中及广东、广西、四川、云南、甘肃、陕西、山西、内蒙古等省区。

习性： 喜温暖气候。

繁殖： 播种繁殖。

应用： 可作为观花、观果植物。

喀西茄

别名：苦颠茄，苦天茄，刺天茄
科属：茄科茄属

识别： 草本或亚灌木，高达 2 ~ 3 m。茎、叶、花梗及花萼被硬毛、腺毛及基部宽扁直刺，刺长 0.2 ~ 1.5 cm。叶宽卵形，长 6 ~ 15 cm，先端渐尖，基部戟形，5 ~ 7 深裂，叶柄长 3 ~ 7 cm。

观花： 蝎尾状总花序腋外生，花单生或 2 ~ 4 朵丛生。花萼钟状，裂片长圆状披针形，长约 5 mm，具长缘毛；花冠筒淡黄色，长约 1.5 mm，冠檐白色，裂片披针形，长约 1.4 cm，具脉纹，反曲。浆果球形，直径 2 ~ 3 cm，淡黄色。花期春至夏季，果期夏季至秋季。

分布： 原产于巴西。我国浙江、福建、江西、湖南、广西、广东、云南、贵州、四川、重庆、西藏均有分布。

习性： 耐阴，喜温暖、湿润的环境。

繁殖： 播种繁殖。

应用： 可作庭园观赏。

★ *Solanum aculeatissimum* Jacq.　☆ Himalaya Nightshade

马铃薯

别名：土豆，洋芋，馍馍蛋
科属：茄科茄属

识别： 一年生草本，高 30 ~ 80 cm。无毛或被疏柔毛。地下块茎椭圆形，扁圆形或长圆形，直径 3 ~ 10 cm，外皮黄白色、淡红色或紫色。叶为奇数不相等的羽状复叶；小叶 6 ~ 8 对，常大小相间，卵形至长圆形。浆果圆球状，光滑。

观花： 伞房状花序顶生，后侧生；花白色或蓝紫色，花冠辐射状。花期夏季。

分布： 分布遍及五大洲。全国各地均有栽培。

习性： 喜冷凉、短日照且温差大的气候。生性强健，不拘土质，但在湿润、肥沃的沙质壤土中生长较好。

繁殖： 块茎繁殖。

应用： 列植于庭园，可在繁花中增添农家野趣风情。

★ *Solanum tuberosum* L.　☆ Potato

牛茄子

别名：丁茄，癫茄
科属：茄科茄属

识别： 草本或亚灌木，高 30 ~ 60 cm。植株各部均被具节的长柔毛及淡黄色直刺，茎直立，叶阔卵形，长 5 ~ 10.5 cm，先端短尖至渐尖，基部心形，5 ~ 7 裂，上面深绿色，下面浅绿色。浆果扁球形，直径约 3.5 cm，初绿白色，成熟时橙红色。花果期 5 ~ 10 月。

观花： 聚伞花序腋外生，短而少花；萼杯状；花冠白色，长约为 2.5 mm。

分布： 产于中国华南、华东、西南等省区。广泛分布于世界热带地区。

习性： 喜温暖、向阳的环境；要求疏松、肥沃且排水良好的土壤；夏季每隔半个月需施 1 次肥。

繁殖： 播种或扦插繁殖。

应用： 花冠白，花、果期较长，边开花，边结果，为良好的观果花卉，在园林中可种植于路边、疏林或灌丛中。

★ *Solanum surattense* Burm.f.　☆ Soda-apple Nightshade

★ *Solanum melongena* L.　☆ Garden Eggplant，Eggplant

茄子

别名：落苏，酪酥，昆仑瓜
科属：茄科茄属

识别： 草本或亚灌木，高可达 1 m。全株被细茸毛。茎直立，分枝小，枝多为紫色。叶互生，卵形至长圆状卵形，长 8 ~ 18 cm，先端钝，基部不相等，边缘浅波状或深波状。花果期春、夏季。

观花： 能孕花单生，不孕花蝎尾状与能孕花开出；花冠辐射状，花冠管长约 2 mm，裂片三角形。花果的形状大小变异极大。

分布： 原产于亚洲热带。全国各省均有栽培。

习性： 喜日照充足；喜温暖、高温的气候。以肥沃、富含有机质且排水良好的壤土或沙质壤土为佳。

繁殖： 播种繁殖。

应用： 适合庭园点缀盆栽。

品种： 品种多。

★ *Solanum japonense* Nakai　☆ Japan Nightshade

野海茄

科属：茄科茄属

识别： 草质藤本，长 0.5 ~ 1.2 m。叶三角状宽披针形或卵状披针形，长 3 ~ 8.5 cm，宽 2 ~ 5 cm，顶端渐尖，基部圆形或楔形，边缘波状，有时 3 ~ 5 裂，侧脉通常每边 5 条。浆果球状，径约 1 cm，熟时红色。果熟期秋末。

观花： 聚伞花序顶生或腋外生；花梗长 6 ~ 8 mm；花冠紫色，径约 1 cm，檐部长约 5 mm，基部有 5 个绿色斑点，5 深裂，裂片披针形，长 4 mm；雄蕊 5 枚。花期夏秋间。

分布： 我国除新疆和西藏外均有分布。日本、朝鲜也有分布。

习性： 稍耐水湿。

繁殖： 播种繁殖。

应用： 可作园林地被植物，配植于坡地、水边、疏林中、山谷、水边、路旁及山崖疏林下。

★ *Meliosma myriantha* Sieb.et Zucc.　☆ Manyflower Meliosma

多花泡花树

别名：柔毛泡花树
科属：清风藤科泡花树属

识别： 落叶乔木，高达 20 m。嫩枝有锈色长柔毛。单叶，膜质或薄纸质，倒卵状长椭圆形或长椭圆形，长 8 ~ 30 cm，宽 3.5 ~ 12 cm，基部近圆形至楔形，顶端短渐尖，边缘具刺状锯齿，上面近无毛，下面沿脉有疏柔毛，侧脉 20 对以上，平行，直达齿端；叶柄长 1.5 ~ 4 cm，有长柔毛。果球形或倒卵形，直径 4 ~ 5 mm，熟时红色。

观花： 圆锥花序顶生，直立，被展开有短柔毛；花小；苞片条状披针形，长约 1 mm，有毛；萼片 4 枚，卵形，长约 1 mm，有细睫毛；花瓣 5 枚，外面 3 片近圆形，长约 1.5 mm；雄蕊 5 枚。

分布： 产于江苏、浙江、福建、江西、湖南、湖北、陕西西南部、四川南部、贵州东北部。

习性： 喜光。

繁殖： 播种繁殖。

应用： 可作庭荫树或行道树。

清风藤

别名：寻风藤，云石
科属：清风藤科清风藤属

识别：落叶缠绕藤本。单叶互生，纸质，卵状椭圆形或长卵形，长 3.5 ~ 6.5 cm，宽 2.2 ~ 3.5 cm，顶端短尖，全缘，两面近无毛，下面灰绿色。核果由一个心皮成熟，或 2 枚心皮成熟而成双生状，扁倒卵形，基部偏斜，有皱纹，碧蓝色，果柄长 1.5 ~ 2.5 cm。果期 4 ~ 7 月。

观花：花单生或数朵排列成聚伞花序，腋生，黄绿色，下垂，先叶开放，直径 7 ~ 8 mm；花梗长 4.5 ~ 9 mm；花瓣 5 片，倒卵状椭圆形，较萼长很多；雄蕊 5 枚。花期 2 ~ 3 月。

分布：分布于华东、华南地区及陕西；日本也有分布。

习性：喜阴凉湿润的气候。在雨量充沛、云雾多、土壤和空气湿度大的条件下，植株生长健壮。以含腐殖质多而肥沃的沙质壤土栽培为宜。

繁殖：扦插或种子繁殖。

应用：可用于庭园亭廊或花架。

★ *Sabia japonica* Maxim. ☆ Japan Sabia

丽格秋海棠

别名：丽佳秋海棠
科属：秋海棠科秋海棠属

识别：宿根草本，高 20 ~ 30 cm。根茎肉质，须根系。单叶互生，叶心形或近圆形，有光泽，绿色或古铜色，边缘有锯齿。

观花：聚伞花序腋生，有花 2 ~ 10 朵，花有玫红、白、粉、橙红、洋红、黄等色。冬春季节开花。

分布：全国各地均有栽培。

习性：喜温暖、湿润、半阴的环境，忌高温、多湿，忌强光直射，越夏困难。

繁殖：播种繁殖。

应用：盆栽观赏，是优良的年宵花卉。

品种：常见栽培品种有“彩丽”“安家”“阿佐达斯”“巴科斯”“黄色旋律”等。

★ *Begonia elatior* Hort.ex Steud. ☆ Rieger Begonia

秋海棠

别名：八香，无名断肠草，无名相思草
科属：秋海棠科秋海棠属

识别：多年生草本，高 40 ~ 60 cm。茎生叶互生，具长柄，叶片宽卵形至卵形，长 10 ~ 18 cm，宽 7 ~ 15 cm，先端渐尖至长渐尖，基部心形，偏斜，边缘具不等大的三角形浅齿；掌状脉 7 ~ 8 出，带紫红色。蒴果下垂。果期 8 ~ 9 月。

观花：花葶高 7 ~ 9 cm，无毛；花粉红色，多数。花期 7 月。

分布：原产于中国，分布在长江以南各省区。

习性：性喜温暖、稍阴湿的环境和湿润的土壤，不耐寒，怕干燥和积水。

繁殖：播种或扦插繁殖。

应用：可作园林地被植物，也适于盆栽或栽于花坛和花境。

★ *Begonia grandis* Dryander ☆ Begonia

★ *Begonia semperflorens* Link et Otto　☆ Bedding Begonia

四季秋海棠

别名：四季海棠，玻璃翠
科属：秋海棠科秋海棠属

识别： 多年生草本，高 15 ~ 50 cm。茎直立，肉质，少分枝，基部半木质化。叶广卵形，互生，有光泽，绿色或古铜色，边缘有锯齿。果具翅，内含多数细小种子。

观花： 聚伞花序腋生，有花 2 ~ 10 朵，温度适宜可四季开花，以夏秋季花期较长。

分布： 原产于巴西。

习性： 喜温暖、湿润、半阴的环境，不耐寒，忌酷暑，喜疏松肥沃微酸性的栽培基质。

繁殖： 播种繁殖。

应用： 是夏秋季花坛的重要材料，亦可作立体花坛的造型材料，可盆栽观赏。常见栽培品种："烈酒""白兰地""大使""超奥林"等。

品种： 花有玫红、白、粉、橙红、洋红等色。

★ *Begonia masoniana* Irmsch.　☆ Iron Cross Begonia

铁十字秋海棠

别名：灰叶秋海棠
科属：秋海棠科秋海棠属

识别： 多年生草本，高 20 ~ 30 cm。根茎在地面匍匐生长，节短而密。叶基生，叶缘有细毛，叶面密被锥状长硬毛，叶脉紫褐色，呈十字形掌状斑纹，叶背灰绿色。蒴果具 3 窄翅。

观花： 花茎自叶腋内抽生，二歧聚伞花序，花小而密，黄绿色。花期 5 ~ 7 月。

分布： 原产于我国广西，现世界各地广泛栽培。

习性： 喜温暖、湿润、半阴的环境，多在温室栽培。

繁殖： 播种繁殖。

应用： 盆栽观赏植物。

★ *Begonia sinensis* A. DC.　☆ China Begonia

中华秋海棠

别名：野秋海棠
科属：秋海棠科秋海棠属

识别： 多年生草本，较细弱矮小，高 20 ~ 40 cm 或稍高，几不分枝。具球形块茎。叶较小，薄纸质，互生，长 5 ~ 12 cm，宽 3.5 ~ 9 cm，三角状卵形，基部心形，偏斜，先端渐尖或常成尾状，边缘有细尖齿，叶片下面淡绿色；叶柄细长，达 10 cm。蒴果，具 3 翅。果期 8 ~ 9 月。

观花： 聚伞花序腋生，花稀疏；花单性同株，粉较小，粉红色；雄花花被片 4 枚，比雄蕊柱短 2 mm，雌花花被片 3 枚。蒴果长 1.2 ~ 2 cm，有 3 翅。花期 7 ~ 8 月。

分布： 北京见于房山、门头沟、延庆、怀柔、密云等区县山地，长江流域各省、陕西、山西、河北亦有分布。

习性： 耐阴，喜水湿。

繁殖： 播种繁殖。

应用： 花、叶美丽可供观赏，园林中可种植于林下、山谷石缝和山坡阴湿处。

大红秋海棠

别名：大红竹节秋海棠
科属：秋海棠科秋海棠属

识别： 半灌木，高 60 ~ 80 cm。全株光滑无毛，须根性。茎绿色，有明显节痕，多分枝。叶斜椭圆状卵形，质厚，叶缘波状，具短叶柄，表面鲜绿色，上有银白色斑点，叶背红色。
观花： 二歧聚伞花序下垂，花及花梗鲜红色。花期夏季，花期长。
分布： 原产于巴西。
习性： 稍耐寒，喜温暖湿润的环境。
繁殖： 播种繁殖。
应用： 主要盆栽观赏，也可用于花坛、花境栽植。
相近种： 银星秋海棠也叫洒金秋海棠，特点是叶面上密生银色小斑点，而竹节秋海棠既有洒金又有竹节。

★ *Begonia coccinea* Hook. ☆ Angel-wing Begonia

竹节秋海棠

别名：珊瑚秋海棠
科属：秋海棠科秋海棠属

识别： 多年生草本，高 50 ~ 100 cm。全株无毛，因茎节酷似竹节而得名。茎直立，茎节明显肥厚，呈竹节状。叶长椭圆状卵形，叶基偏斜，叶表面绿色，有多数白色小圆点；叶背面红色，边缘波浪状。
观花： 伞形花序状，下垂，长达 12 cm，花暗红色或白色。花期长，每年的 4 ~ 11 月为盛花期。
分布： 原产于巴西。我国有栽培。
习性： 性强健，耐阴性好，且较耐寒，喜温暖湿润的环境，要求排水良好的肥沃土壤。
繁殖： 播种繁殖。
应用： 为根茎类秋海棠类，是观干、观叶、观花的佳品，适合家庭栽培，华北地区多盆栽观赏。

★ *Begonia maculata* Raddi ☆ Spotted Begonia

大花六道木

科属：忍冬科六道木属

识别： 常绿灌木，高达 3 m。幼枝红褐色，老干上有 6 条纵沟。单叶对生，叶长椭圆形至椭圆状披针形，长 2 ~ 7 cm，端尖至渐尖，基部楔形，全缘或有缺刻状疏齿，两面均生短毛。瘦果状核果，常弯曲。
观花： 花 2 朵并生于小枝顶端，无总花梗；花粉白色，有香味；花冠高脚碟形，裂片 4 枚；花萼粉红色，裂片 4 枚。花期 5 ~ 11 月。
分布： 华东、西南及华北地区可露地栽培。
习性： 耐阴、耐寒，喜湿润土壤，有一定的耐旱、耐瘠薄能力。
繁殖： 播种繁殖。
应用： 叶秀花美，花与花萼观赏期颇长，可配植在林下、石隙及岩石园中，也可栽植在建筑背阴面。常修剪成花篱。
品种： 有花叶大花六道木 'Variegata'，矮白大花六道木 'Dwarf White' 等品种。

★ *Abelia × grandiflora* Rehd. ☆ Glossy Abelia

★ *Abelia × grandiflora* 'Variegata'　☆ Golden-leaf Glossy Abelia

金叶大花六道木

科属：忍冬科六道木属

识别： 常绿灌木，高 30 ~ 40 cm。叶光亮，边缘黄色，中间绿色；叶色随季节而变化，春季金黄色，略带绿心，夏季为淡绿色，霜后为橙黄色。

观花： 圆锥聚伞花序，数朵着生于叶腋或花枝顶端；花小、喇叭状。花谢后，粉红色萼片宿存至冬季。花期 6 ~ 11 月。

习性： 耐阴、耐寒、耐瘠薄、耐旱，在酸性、中性或偏碱性土壤中均能良好生长。

繁殖： 扦插繁殖。

应用： 萌蘖力强，耐修剪，开花繁茂，花期长，是不可多得的夏秋花灌木，可丛植用于布置花境、岩石园，也可片植于空旷地或林缘，或散植于庭院绿地或用作自然式低矮花篱。

★ *Abelia biflora* Turcz.　☆ Twinflower Abelia

六道木

别名：交翅
科属：忍冬科六道木属

识别： 落叶灌木，高 1 ~ 3 m。茎和枝具 6 条纵沟。单叶对生，卵状披针形，全缘或具缺刻状锯齿。瘦果状核果，弯曲，萼片宿存。果期 8 ~ 9 月。

观花： 花 2 朵并生于侧枝顶端；花萼 4 裂，叶状，花冠筒状，淡黄色，裂片 4 枚；雄蕊 4 枚，2 强。花期 6 ~ 7 月。

分布： 分布于东北、华北等省区。华东、西南及华北地区可露地栽培。

习性： 喜温暖、湿润的环境，耐阴，耐寒，耐干旱；抗短期洪涝；耐强盐碱，但在中性偏酸且肥沃、疏松的土壤中生长快速，要求土壤排水良好。

繁殖： 扦插或播种繁殖。

应用： 适宜丛植、片植于空旷地、水边或建筑物旁。由于萌发力强、耐修剪，可修成球状列植于道路两旁，或作花篱；也可栽种于岩石缝中、林下、山坡灌丛及沟边。

★ *Abelia dielsii* (Graebn.) Rehd.　☆ Southern Abelia

南方六道木

别名：太白六道木
科属：忍冬科六道木属

识别： 落叶灌木，高 2 ~ 3 m。叶长卵形、矩圆形、倒卵形、椭圆形至披针形，变化幅度很大，长 3 ~ 8 cm，宽 0.5 ~ 3 cm，顶端尖或长渐尖，基部楔形、宽楔形或钝，全缘或有 1 ~ 6 对齿牙，具缘毛；叶柄长 4 ~ 7 mm。果实长 1 ~ 1.5 cm。果熟期 8 ~ 9 月。

观花： 花 2 朵生于侧枝顶部叶腋；总花梗长 1.2 cm；花梗极短或几无；苞片 3 枚，形小而有纤毛；花冠白色，后变浅黄色，4 裂，裂片圆，长约为筒的 1/3 ~ 1/5，筒内有短柔毛；雄蕊 4 枚，2 强。花期 4 月下旬至 6 月上旬。

分布： 分布于云南、四川、湖北、甘肃、陕西、河南、安徽、浙江、江西。

习性： 喜光。

繁殖： 播种繁殖。

应用： 可作园林观花灌木。

糯米条

别名：茶树条
科属：忍冬科六道木属

识别： 落叶灌木。叶卵形或卵状椭圆形，对生，边缘具疏浅齿，叶背中脉基部密被柔毛。瘦果状核果。果期 10 月。

观花： 圆锥状聚伞花序顶生或腋生，花粉红色或白色，具香味，花萼被短柔毛，5 裂片，花冠漏斗状，外有微毛，内有腺毛，雄蕊 4 枚，伸出花冠。花期 7 ~ 8 月。

习性： 喜阳，较耐阴，怕强光暴晒；耐寒性较差，北方地区栽植，枝条易受冻害。

繁殖： 采用播种、扦插繁殖。

分布： 分布于长江以南浙江、江西、福建、广东、湖南、广西、四川、湖北等地。

应用： 适栽于庭园、路边、池畔、墙隅、篱边，适合修剪整形。可观夏秋花，花期长。

★ *Abelia chinensis* R.Br. ☆ China Abelia

二翅六道木

科属：忍冬科六道木属

识别： 落叶灌木，高达 2 m。叶卵形至椭圆状卵形，长 3 ~ 7 cm，顶端渐尖，基部钝至圆形，边有疏锯齿，下面沿中脉或侧脉基部密生柔毛，上面疏生短柔毛。瘦果状核果长约 1 cm，有短柔毛，冠以宿存而略有增大的 2 萼裂片。果熟期 8 ~ 10 月。

观花： 花淡紫色，成少花的聚伞花序，生小枝顶端或上部叶腋；花冠漏斗状，长 3 ~ 4 cm，外面有微毛，花冠筒基部具浅囊，裂片 5 枚；雄蕊 4 枚，2 长 2 短。花期 5 ~ 6 月。

分布： 分布于四川、贵州、湖南、湖北。

习性： 喜温暖、湿润的环境。

繁殖： 播种繁殖。

应用： 适宜庭园观赏。

相近种： 短枝六道木 *A. engle-riana*（Graebn.）Rehd. 极似本种，仅具花序的小枝较短，叶较小，花冠较短，长达 2.5 cm。

★ *Abelia macrotera* (Graebn.et Buchw.) Rehd. ☆ Twowing Abelia

七子花

科属：忍冬科七子花属

识别： 株高可达 7 m。叶厚纸质，卵形或矩圆状卵形，长 8 ~ 15 cm，宽 4 ~ 8.5 cm，顶端长尾尖，基部钝圆或略呈心形，下面脉上有稀疏柔毛，具长 1 ~ 2 cm 的柄。果实长 1 ~ 1.5 cm，直径约 3 mm。果熟期 9 ~ 11 月。

观花： 圆锥花序近塔形，长 8 ~ 15 cm，宽 5 ~ 9 cm，具 2 ~ 3 节；花序分枝开展，上部的长约 1.5 cm，下部的长 2.5 ~ 4 cm；小花序头状；花芳香。花期 6 ~ 7 月。

分布： 为我国特有种，产于湖北省兴山县，浙江天台山、四明山、义乌北山、昌化汤家湾及安徽径县和宣城。

习性： 喜光。

繁殖： 播种繁殖。

应用： 可栽培作庭园观赏，也可种植于岩石上、山坡灌丛和林下。

相近种： 浙江七子花 *Heptacodium jasminoides* Airy-Shaw，每轮花下的苞片和小苞片为 10 枚。

★ *Heptacodium miconioides* Rehd. ☆ Common Sevenseedflower

★ *Kolkwitzia amabilis* Graebn.　☆ Beautybush

猬实

别名：蝟实
科属：忍冬科猬实属

识别： 落叶灌木，高达 3 m。干皮薄片状剥裂；小枝幼时疏生柔毛；枝条拱形。单叶对生，叶卵形至卵状椭圆形，全缘或有疏齿，有缘毛；下面脉上有长毛；叶柄短。瘦果状核果，两个合生（有时 1 个不发育）；外密被刚硬刺毛，形如刺猬。果期 8 ~ 9 月。
观花： 伞房状聚伞花序生侧枝之顶，总梗有长毛，花冠钟状，5 裂，有短柔毛，花色有粉红、桃红、浅紫，喉部黄色。花期 5 ~ 6 月。
分布： 分布于中国东部及西北部。
习性： 喜光，稍耐阴；有一定的耐寒力；耐干旱瘠薄。
繁殖： 播种繁殖。
应用： 我国特产于观花植物。株形优雅，花密色艳，夏秋全树挂满形如刺猬的小果，甚为别致。在园林中可于草坪、角坪、角隅、山石旁、园路交叉口、亭廊附近列植或丛植。

★ *Lonicera webbiana* Wall. ex DC. var. *mupinensis* (Rehd.) Hsu et H. J. Wang

川西忍冬

科属：忍冬科忍冬属

识别： 与原变种华西忍冬 (*Lonicera webbiana* Wall.) 的区别，川西忍冬植物体各部分都壮大，芽鳞片直而不反曲，叶长 6.5 ~ 12.5（~ 16.5）cm，总花梗长 5 ~ 6 (-9) cm，花冠长 12 ~ 15 mm。花期 6 月。
分布： 产于四川西部 。
习性： 生于林中或高山灌木林中。
繁殖： 播种繁殖。
应用： 可作园林观花灌木。

★ *Lonicera sempervirens* L.　☆ Trumpet Honeysuckle

贯月忍冬

别名：贯叶忍冬，串叶忍冬
科属：忍冬科忍冬属

识别： 常绿或半常绿缠绕藤木，茎长 6 m。全株无毛。单叶对生，全缘，抱茎；叶卵形至椭圆形，先端钝或圆，表面深绿，背面灰白毛；花序下 1 ~ 2 对叶基部合生。浆果球形，红色。果期 9 ~ 10 月。
观花： 花轮生，每轮通常 6 朵，两至数轮排成顶生穗状花序，花冠细长筒形，近整齐，橘红色至深红色；雄蕊 5 枚。花期 5 ~ 8 月。
分布： 原产于北美东南部。我国上海、杭州、北京、辽宁熊岳等地有栽培。
习性： 喜光，不耐寒，适宜排水良好、湿润肥沃的疏松土壤。
繁殖： 播种繁殖。
应用： 植株终年翠绿，夏季开花大而艳丽，秋季红果累累迷人，适宜棚架、花廊、墙体等垂直绿化。

金红久忍冬

科属：忍冬科忍冬属

识别： 缠绕藤本，长 2 ~ 5 m。叶椭圆形或卵状椭圆形。
观花： 花外瓣玫瑰红色，内瓣黄色，具香味，花期 6 ~ 9 月。
分布： 近年由国外引入。
习性： 喜光，耐半阴，耐寒，耐干旱，喜疏松肥沃土壤。
繁殖： 扦插或播种繁殖。
应用： 可作园林垂直绿化植物，可攀缘栅栏或作地被植物。

★ *Lonicera heckrotti* Rehd.

金花忍冬

别名：柴金银花，黄花忍冬
科属：忍冬科忍冬属

识别： 落叶灌木，高达 2 m。单叶对生，菱状卵形至卵状披针形，全缘，边缘有纤毛。浆果红色，球形，基部联合。果期 7 ~ 8 月。
观花： 花成对生于叶腋，相邻两花的萼筒分离；花萼 5 裂，被腺毛，花冠二唇形，先白后黄，雄蕊 5 枚。花期 5 ~ 6 月。
分布： 分布于东北、华北、西北等省区。
习性： 喜光，稍耐阴，耐水湿。
繁殖： 播种繁殖。
应用： 可作园林观花灌木。

★ *Lonicera chrysantha* Turcz. ☆ Coralline Honeysuckle

金银花

别名：忍冬，金银藤，银花，双花
科属：忍冬科忍冬属

识别： 半常绿缠绕藤木。单叶对生，全缘，卵形至长卵形，长 3 ~ 8 cm，叶端短渐尖至钝，基部圆形至近心形，幼时两面具柔毛，老后光滑。浆果球形，离生，熟时黑色。果期 10 ~ 11 月。
观花： 花成对腋生，有总梗，苞片叶状，萼筒无毛，花梗及花均有短柔毛。花冠初开时白色，后变黄色，花冠筒细长；雄蕊 5 枚，伸出花冠外。花期 5 ~ 7 月。
分布： 分布于辽宁、陕西、山东、湖北、湖南、河南、云南、贵州。
习性： 喜温和湿润气候，较耐阴，耐寒、耐热，耐旱、耐涝，耐盐碱。
繁殖： 播种繁殖。
应用： 金银花体态轻盈，夏日开花不断，黄白花色淡雅芳香，是良好的垂直绿化的材料。适用于篱垣、阳台、绿廊、花架、凉棚等的绿化。花蕾可入药。

★ *Lonicera japonica* Thunb. ☆ Japanese Honeysuckle

★ *Lonicera japonica* Thunb.var. *repens* Rehd.

紫脉金银花

英文名：红花忍冬
科属：忍冬科忍冬属

识别：半常绿藤本，为金银花的变种。叶近光滑，叶脉常带紫色，叶基部有时有裂。

观花：花冠白色或带淡紫色，上唇的分裂大于 1/3。

习性：适应性强，耐修剪，对土壤、气候要求不严格，喜光，耐阴、耐旱、耐涝、耐瘠薄。

繁殖：播种繁殖。

应用：植株轻盈，藤蔓缠绕，冬叶微红，花有清香，是色香兼备的观赏藤本植物，可用作篱垣、花架、花廊等的垂直绿化，或附着山石植于沟边坡地，也可丛植为地被。

★ *Lonicera maackii* Lindl.et Paxt.　☆ Amur Honeysuckle

金银木

别名：金银忍冬
科属：忍冬科忍冬属

识别：落叶小乔木或灌木，高可达 6 m。单叶对生，叶呈卵状椭圆形至披针形；先端渐尖，全缘，叶两面疏生柔毛。浆果球形，红色，合生。果期 8 ~ 10 月。

观花：花成对腋生，总花梗短于叶柄，苞片线形；相邻两花的萼筒分离，唇形花冠，花先白后黄。花期 5 ~ 6 月。

分布：产于东北地区，分布于华北地区、华东地区、华中地区及西北地区东部、西南地区北部。

习性：耐阴性强，耐寒，耐旱，适应性强，管理粗放。

繁殖：播种繁殖。

应用：金银木春夏之交开花，黄白二色，清香秀雅，秋季红果累累，引人流连，是花果并美的园林植物。宜丛植于草坪、山坡、林缘、路边或建筑周围观赏。

★ *Lonicera korolkowii* Stapf　☆ Korolkow Honeysuckle

蓝叶忍冬

别名：蓝叶红花忍冬
科属：忍冬科忍冬属

识别：落叶灌木，高 2 ~ 3 m，树形向上，紧密。单叶对生，叶卵形或椭圆形，全缘，新叶嫩绿，老叶墨绿色泛蓝色。浆果亮红色，果熟期 9 ~ 10 月。

观花：花红色或脂红色，花期 4 ~ 5 月。

分布：原产于土耳其，我国北京、沈阳等地有栽培。

习性：喜光，稍耐阴，耐寒，耐修剪，适应性强。

繁殖：播种或扦插繁殖。

应用：花美叶秀，为优良花灌木，常植于庭院、小区用于观赏。其叶、花、果均具观赏价值，常植于庭园、公园等地，亦可作绿篱栽植。

品种：有‘Zabelii’等品种。

匍枝亮叶忍冬

别名：亮绿忍冬
科属：忍冬科忍冬属

识别： 常绿灌木，株高 2 ~ 3 m。枝叶十分密集，小枝细长，横展生长，叶对生，细小，卵形至卵状椭圆形，革质，全缘，上面亮绿色，下面淡绿色。浆果蓝紫色。

观花： 花腋生，并列着生 2 朵花，花冠管状，淡黄色，具清香。

分布： 园艺品种，来源于国外。

习性： 较耐寒，也耐高温。对光照不敏感，在全光照下生长良好，也能耐阴。对土壤要求不严格，在酸性土、中性土及轻盐碱土中均能适应。萌芽力强，分枝茂密，极耐修剪。

繁殖： 播种繁殖。

应用： 四季常青，叶色亮绿，生长旺盛，是极优良的木本地被植物，最宜做模纹色块、色带布置，也宜修剪成球配植。

★ *Lonicera nitida* 'Maigrum'　☆ Wilson's Honeysuckle

唐古特忍冬

别名：陇塞忍冬
科属：忍冬科忍冬属

识别： 小灌木，高达 2 m。叶倒卵形、椭圆形至倒卵状矩圆形，长 1 ~ 4 cm，边常具睫毛。浆果红色，直径 6 ~ 7 mm。果熟期 7 ~ 9 月。

观花： 总花梗通常细长、下垂，长 1.5 ~ 3 cm；相邻两花的萼筒 2/3 以上至全部合生；花冠黄白色或略带粉色，筒状漏斗形至半钟状，长 10 ~ 12 mm，裂片 5 枚而直立，基部具浅囊或无，外无毛，稀疏生柔毛，里面生柔毛；雄蕊 5 枚。花期 5 ~ 6 月。

分布： 分布于西藏（东部）、云南、四川、甘肃、陕西、湖北。

习性： 喜光。

繁殖： 播种繁殖。

应用： 可庭园栽培观赏，或种植于林中、山坡草地或溪边。

★ *Lonicera tangutica* Maxim.　☆ Tangut Honeysuckle

郁香忍冬

别名：香吉利子，羊奶子
科属：忍冬科忍冬属

识别： 半常绿灌木，高 2 ~ 3 m。单叶对生，叶卵形状长圆形、倒卵状椭圆形或卵圆形，先端尖或凸尖，近革质，两面及边缘有硬毛。浆果椭圆形，鲜红色，两果基部合生。果期 5 ~ 6 月。

观花： 两花合生叶腋，先叶开放，苞片线状披针形；相邻两花萼筒合生达中部以上，无毛；花冠唇形，白色或带粉色，芳香。花期 3 ~ 4 月。

分布： 产于中国山西、山东、河南及华东地区。

习性： 喜光，也耐阴，喜肥沃湿润土壤；耐寒，忌涝。

繁殖： 播种繁殖。

应用： 花期早而芳香，果实红艳可爱，适宜栽种于庭院、草坪边缘，做园路树或花境观赏。

★ *Lonicera fragrantissima* Lindl.et Paxt.　☆ Winter Honeysuckle

★ *Lonicera ferdinandii* Franch.　☆ Ferdinand Honeysuckle

葱皮忍冬

别名：波叶忍冬，秦岭金银花
科属：忍冬科忍冬属

识别：落叶灌木，高达 3 m。叶卵形至矩圆状披针形，长 2.5 ~ 8 cm，边具睫毛，通常两面疏生刚伏毛或上面近无毛，稀下面生毡毛。浆果红色，包以撕裂的壳斗；种子具小洼点。果熟期 9 ~ 10 月。

观花：总花梗极短；苞片披针形至卵形；小苞片合生成坛状壳斗，包围全部子房，内外均有柔毛；花冠黄色，长 1.5 ~ 2 cm，外面生柔毛并杂有腺毛或倒生小刺刚毛，唇形，上唇具 4 裂片。花期 4 月下旬至 6 月。

分布：分布于河北、河南、山西、内蒙古、陕西、甘肃、四川。

习性：喜光。

繁殖：播种繁殖。

应用：可作园林观花灌木。

相近种：波叶忍冬 *Lonicera vesicaria* Kom. 极近本种，但叶较大，质地较厚；产于东北长白山区。

★ *Sambucus chinensis* Lindl.　☆ China Elder

接骨草

别名：蒴藋，陆英，走马风，赶山虎
科属：忍冬科接骨木属

识别：多年生高大草本至半灌木，高达 3 m。髓心白色。单数羽状复叶；小叶（3）5 ~ 9 片，无柄至具短柄，披针形，长 5 ~ 12 cm，顶端渐尖，边具锯齿，基部钝至圆形。浆果状核果近球形，直径 3 ~ 4 mm，红色。果期 8 ~ 10 月。

观花：大型复伞房状花序顶生，各级总梗和花梗无毛至多少有毛，具由不孕花变成的黄色杯状腺体；花小，白色；萼筒杯状，长约 1.5 mm，萼齿三角形，长约 0.5 mm；花冠辐状，裂片 5 枚，长约 1.5 mm。花期 6 ~ 8 月。

分布：分布于长江流域以南地区。

习性：性喜高温高湿，不耐严寒，喜阳光充足的环境，栽培以疏松肥沃、排水良好的沙质壤土为佳。

繁殖：播种或分株繁殖。

应用：多种于草地、林缘中。

★ *Sambucus williamsii* Hance　☆ Williams Elder

接骨木

别名：公道老，扦扦活，马尿骚
科属：忍冬科接骨木属

识别：落叶灌木至小乔木，高达 6 m。奇数羽状复叶，椭圆状披针形，端尖至渐尖，基部阔楔形，常不对称，缘具锯齿，两面光滑无毛，揉碎后有臭味。状核果，球形，黑紫色或红色。果期 6 ~ 7 月。

观花：圆锥状聚伞花序顶生，花冠辐状，白色至淡黄色。花期 4 ~ 5 月。

分布：东北、华北各省及内蒙古均有；朝鲜、日本也有分布。

习性：高 4 ~ 8 m，喜阴凉环境，忌强光直射和高温干燥。喜腐殖质层深厚、疏松肥沃、微酸性的沙质壤土，忌贫瘠、板结、易积水的黏重土壤。

繁殖：播种繁殖。

应用：可制作清雅小巧的盆栽，置于室内观赏，也可用于园林、庭院的绿化点缀。

红雪果　科属：忍冬科毛核木属

★ *Symphoricarpos orbiculatus* Moench ‘Red Snowberry’

识别：直立灌木，株高 1 m 左右。直立，小枝纤细，有毛。叶片长 3 cm，革质，卵形深绿色，有毛。果卵圆形，径 0.6 cm，紫红色至酒红色，成串。
观花：花淡粉色，花期 6 月末至 7 月末。
分布：原产于美国东海岸。
习性：适应性强，耐寒、耐热、耐瘠薄，不择土壤，病虫害极少。萌枝力强。
繁殖：播种繁殖。
应用：枝条拱形密集，较柔软，深秋果实成串，极为漂亮，挂果期长，是新优观果植物，适宜在庭院、公园、住宅小区栽植。

雪果　别名：毛核木　科属：忍冬科毛核木属

★ *Symphoricarpos albus* (L.) S. F. Blake　☆ Common Snowberry

识别：灌木，高 0.6 ~ 1.5 m。树形开展，成熟小枝拱形下垂。单叶对生，叶卵形或卵状椭圆形，有缺刻，叶蓝绿色。白色紫果状核果成串下垂，经冬不落，果期 9 ~ 11 月。
观花：穗状花序顶生或腋生，花粉色，下垂，花期 7 ~ 9 月。
分布：产于美国、加拿大。我国有栽培。
习性：喜光，也稍耐阴，较耐干旱，较耐寒，能耐贫瘠土壤。
繁殖：扦插繁殖。
应用：观花、观叶又能观果的观赏灌木。
相近种：红雪果 *Symphoricarpos orbiculatus* Moench. ‘Red Snowberry’，果实红色。

莛子藨　别名：羽裂叶莛子藨　科属：忍冬科莛子藨属

★ *Triosteum pinnatifidum* Maxim.　☆ Featherycleft Horsegentian

识别：多年生草本。茎高达 60 cm，被刺刚毛和腺毛。叶 3 ~ 4 对，近无柄，轮廓倒卵形至倒卵状椭圆形，长 8 ~ 20 cm，羽状分裂，稀全缘，两面具刺刚毛，但下面较疏。核果近球形，直径 8 ~ 10 mm，白色。果期 8 ~ 9 月。
观花：穗状花序顶生，具 3 ~ 4 轮，每轮有 6 朵花，系 2 对生、无总梗的聚伞花序组成；萼筒长约 4 mm，有腺毛，萼齿 5 枚，微小；花冠长约 10 mm，黄绿色，外有腺毛，筒基部具囊，裂片二唇形，上 4 枚下 1 枚，裂片里面带紫斑点；雄蕊 5 枚。花期 5 ~ 6 月。
分布：产于河北、山西、陕西、宁夏、甘肃、青海、河南、湖北和四川。日本也有分布。
习性：喜光，稍耐阴。
繁殖：播种繁殖。
应用：可作庭院栽培观赏，或种植于林下、灌丛和沟边向阳处。

★ *Weigela florida* (Bunge) A. DC.　☆ Red Prince Brocadebeldflower

红王子锦带花

别名：红王子锦带
科属：忍冬科锦带花属

识别：落叶开张性灌木。株高 1 ~ 2 m，嫩枝淡红色，老枝灰褐色。单叶对生，叶椭圆形，先端渐尖，叶缘有锯齿，红枝及叶脉具柔毛。蒴果柱状，黄褐色，果期 8 ~ 9 月。

观花：花冠 5 裂，漏斗状钟形，花冠筒中部以下变细，雄蕊 5 枚，雌蕊 1 枚，高出花冠筒，聚伞花序，生于小枝顶端或叶腋。花期 5 ~ 6 月。

分布：原产于美国。

习性：抗旱、抗高温、抗盐碱。

繁殖：扦插、播种、压条或分株繁殖。

应用：优良的园艺品种。夏初开花，花朵密集，花冠胭脂红色，艳丽悦目，花期长达 1 个月之久，花序下有盛开的花朵。可孤植于庭院的草坪之中，也可丛植于路旁，树形格外美观。

★ *Weigela coraeensis* Thunb.　☆ Korean Weigela

海仙花

别名：朝鲜锦带，花关门，柴门关柴
科属：忍冬科锦带花属

识别：落叶灌木。叶宽椭圆形或倒卵形，顶端尾状，基部阔楔形，边缘有锯齿，叶表面深绿，背面淡绿，脉间稍有毛。蒴果柱形；种子有翅。果期 9 ~ 10 月。

观花：花数朵组成聚伞花序，腋生；花冠漏斗状钟形，初开时白色、黄色或淡玫瑰红色，后变为深红色。花期 5 ~ 6 月。

分布：产于我国华东地区一带；朝鲜、日本有分布。北京、沈阳、大连有栽培。

习性：喜光，稍耐阴；北京地区可以陆地越冬；喜湿润肥沃土壤。

繁殖：播种繁殖。

应用：花色丰富，是江南地区初夏常用的花灌木；适于庭院、湖畔丛植；也可在林缘作花篱、花丛配植或点缀于假山、坡地。

品种：白海仙花 'Alba'，花浅黄白色，后变粉红色；红海仙花 'Rubriflora'，花浓红色。

★ *Weigela florida* (Bunge) A.DC.　☆ Old-fashioned Weigela

锦带花

别名：五色海棠
科属：忍冬科锦带花属

识别：落叶灌木，高 3 m。枝条开展拱形。单叶对生，叶椭圆形或卵状椭圆形，端锐尖，基部圆形至楔形，缘有锯齿；叶表无毛或仅脉上有毛，背面脉上毛显著。蒴果柱形；种子无翅。果期 9 ~ 10 月。

观花：花 3 ~ 4 朵成聚伞花序，花冠漏斗状钟形，玫瑰红色，裂片 5 枚；花萼 5 裂，下半部合生，近无毛。花期 4 ~ 6 月。

分布：产于我国东北、华北、华南各省。

习性：喜光，耐阴，耐寒；对土壤要求不严格，能耐瘠薄土壤。

繁殖：播种繁殖。

应用：锦带花枝叶茂密，花色艳丽，花期悠长，适宜庭院墙隅、湖畔群植；也可在树丛林缘作花篱、丛植配植；点缀于假山、坡地。

相近种：海仙花 *Weigela coraeensis* Thunb.，花萼裂片线形，裂至基部；种子有翅。

日本锦带花

别名：杨栌
科属：忍冬科锦带花属

识别：落叶灌木，高 3 m。小枝光滑或具两行毛。叶对生，叶片长椭圆形、倒卵状椭圆形，长 5 ～ 10 cm，表面稍有毛，背面脉上有柔毛，边缘具细锯齿，叶柄长 2 ～ 5 mm。蒴果柱状，光滑无毛。果期 9 ～ 10 月。

观花：聚伞花序生于侧生短枝的叶腋，具花 3 朵，花冠钟状漏斗形，淡红色，长 2.5 ～ 3 cm，初开时白色，后渐变深红色，萼片线形，裂达基部有花梗。花期 5 ～ 6 月。

分布：原产于日本。我国有栽培。

习性：喜光，耐寒，耐瘠薄土壤，但以深厚、肥沃土壤生长良好。

繁殖：播种或扦插繁殖。

应用：耐修剪，可孤植或丛植于草地、庭园。

★ *Weigela japonica* Thunb. ☆ Japan Brocadebeldflower

半边月

别名：水马桑
科属：忍冬科锦带花属

识别：灌木至小乔木，高达 6 m。幼枝有 2 列柔毛。叶卵形至椭圆形，长 5 ～ 10 cm，顶端渐尖至长渐尖，基部圆形至钝，边有锯齿，上面疏生短柔毛，下面毛较密；叶柄长 8 ～ 12 mm，有柔毛。蒴果长 1.5 ～ 2 cm。

观花：1 ～ 3 朵花的聚伞花序生短枝叶腋；花大，白色至红色；萼筒长 10 ～ 12 mm，裂片 5 枚，条形，长 5 ～ 10 mm，有柔毛；花冠漏斗状钟形，长 2.5 ～ 3.5 cm，外疏生微毛或近无毛，裂片 5 枚；雄蕊 5 枚。

分布：分布于安徽、浙江、福建、江西、湖南、湖北、四川、贵州、广西、广东。

习性：喜光。

繁殖：播种繁殖。

应用：可作园林观花灌木。

原变种：日本锦带花 *Weigela japonica* Thunb.，叶柄较短。

★ *Weigela japonica* Thunb. var. *sinica* (Rehd.) Bailey

早锦带花

别名：早开锦带
科属：忍冬和锦带花属

识别：灌木，高达 2 m。幼枝无棱。叶通常倒卵形，基部楔形，背面脉上被直茸毛，两面均有柔毛；叶柄极短或近无。

观花：花萼裂片较宽，基部合生，多毛；花冠狭钟形，中部以下突然变细，外面有毛，玫瑰红色或粉红色，喉部黄色；3 ～ 5 朵着生于侧生小短枝上；开花较早。花期 4 ～ 5 月。

分布：产于俄罗斯、朝鲜及我国东北南部。东北一些城市及北京园林中常有栽培。

习性：喜光，稍耐阴，耐寒，耐瘠薄。

繁殖：播种繁殖。

应用：可作园林观花灌木，适用于东北南部至华北种植。

品种：有白花 ‘Albiflora’、斑叶 ‘Variegata’ 等栽培变种，前者花白色，后者叶有白斑。

★ *Weigela praecox* Thunb. ☆ Early Brocadebeldflower

★ *Weigela floribunda* (Sieb.et Zucc.) K.Koch　☆ Crimson Weigela

路边花

科属：忍冬科锦带花属

识别：落叶灌木，高达 3 m。小枝细长拱垂，有柔毛。叶卵形至长椭圆形，长 7 ~ 10 cm。先端尾尖，缘有细银齿，两面有毛，背面尤密。蒴果长约 2 cm，有毛；种子有翅。

观花：花冠漏斗形，长 2.5 ~ 4 cm，深红色，外面有毛，花柱伸出甚长；萼片线形，裂达基部，花无梗；花常集生于短侧枝端。5 ~ 6 月开花。

分布：产于日本及我国安徽、湖北等地。

习性：喜光。

繁殖：播种繁殖。

应用：可于庭园栽培观赏。

变种：变色路边花 var. *versicolor* Rehd. 花初开为绿白色，后变红色；产于日本。

★ *Daphne odora* Thunb. f. *marginata* Makino

金边瑞香

别名：睡香，千里香，山梦花
科属：瑞香科瑞香属

识别：常绿小灌木。肉质根系。叶片密集轮生椭圆形，长 5 ~ 6 cm，宽 2 ~ 3 cm，叶面光滑而厚、革质，两面均无毛，表面深绿色，叶背淡绿色，叶缘金黄色，叶柄粗短。

观花：头状花序，花被筒状，4 裂，径约 1.5 cm，每朵花由数十朵小花组成，由外向内开放，花期 60 ~ 80 天，盛花期在春节期间，花色紫红鲜艳，香味浓郁。

分布：原产于长江流域。

习性：喜半阴或向阳地，忌烈日暴晒、暴雨淋，耐寒性较差，不耐水涝，适生于肥沃疏松、排水性良好的微酸性土壤。

繁殖：扦插繁殖，也可压条、嫁接或播种繁殖。

应用：春节前后开放，满枝一团团、一簇簇，繁花似锦，清香浓郁，为新春增添洋瑞之兆，于是成为百姓家中春节之时增祥添瑞之物。

★ *Daphne odora* Thunb.　☆ Winter Daphne

瑞香

别名：睡香，露甲，夺皮香
科属：瑞香科瑞香属

识别：常绿灌木，高 0.5 ~ 1 m。小枝色较淡。叶厚纸质，椭圆形至倒披针形，长 5 ~ 10 cm，宽 1.5 ~ 3.5 cm。核果红色。

观花：花白色，有芳香，常 5 ~ 13 朵组成顶生头状花序，无总花梗，基部具数枚早落苞片；花被筒状，无毛，裂片 4 枚，卵形，长约 5 mm；雄蕊 8 枚，2 轮，分别着生花被筒上部及中部。小苞片宿存。

分布：原产于中国和中南半岛，我国栽培。

习性：喜光。

繁殖：播种繁殖。

应用：可作园林观花植物栽培。

变型变种：金边瑞香 f.*marginata* Makino，叶片边缘淡黄色，中部绿色；我国各大城市都有栽培；日本花园里也有栽培。毛瑞香 var. *atrocaulia*（Rehd）.F. Maekawa，幼枝与老枝均系深紫色或紫褐色；花被筒状，长约 10 mm，外侧被灰黄色绢状毛。

芫花

别名：闹鱼花，老鼠花，头痛花
科属：瑞香科瑞香属

识别： 落叶灌木，高 30 ~ 100 cm；幼枝密被淡黄色绢状毛，老枝无毛。叶对生或偶为互生，纸质，椭圆状矩圆形至卵状披针形，长 3 ~ 4 cm，宽 1 ~ 1.5 cm，幼叶下面密被淡黄色绢状毛，老叶除下面中脉微被绢状毛外其余部分无毛。

观花： 花先叶开放，淡紫色或淡紫红色，3 ~ 6 朵成簇腋生；花被筒状，长约 15 mm，外被绢状毛，裂片 4，卵形，长 5 mm，顶端圆形；雄蕊 8，2 轮，分别着生于花被筒中部及上部；花盘环状。

分布： 产于河北、山西、陕西、甘肃、山东、江苏、安徽、浙江、江西、福建、台湾、河南、湖北、湖南、四川、贵州等省。

习性： 宜温暖的气候，性耐旱怕涝，以肥沃疏松的沙质土壤栽培为宜。

繁殖： 播种或扦插繁殖。

应用： 可作园林观花灌木栽培，或盆栽。

★ *Daphne genkwa* Sieb. et Zucc. ☆ Lalic Daphne

狼毒花

别名：打碗花，山丹花，闷头花
科属：瑞香科狼毒花属

识别： 多年生草本，高 20 ~ 50 cm。根茎粗大，木质。茎丛生。单叶互生，无柄，长圆状披针形，全缘。小坚果圆锥形，为宿存花萼所包。果期 7 ~ 9 月。

观花： 头状花序顶生，花白色或淡粉红色，具绿色总苞；花萼管状，上部 5 裂，无花瓣，雄蕊 10 枚，2 轮。花期 6 ~ 7 月。

分布： 分布于东北、华北及西南地区。

习性： 喜光，耐干旱，耐瘠薄，喜排水良好的沙质壤土。

繁殖： 播种繁殖。

应用： 花大艳丽，具有较高的观赏价值，适宜种植于干燥石质山坡和草地。

★ *Stellera chamaejasme* L. ☆ Chinese Stellera

结香

别名：探春，打结花，打结树，黄瑞香
科属：瑞香科结香属

识别： 落叶灌木，高 1 ~ 2 m。枝通常三叉状，棕红色；叶长椭圆形至倒披针形，先端急尖，基部楔形并下延，表面疏生柔毛，背面被长硬毛，具短柄；核果卵形。

观花： 头状花序顶生，花黄色，芳香，花被筒长瓶状，外被绢状长柔毛；花期 3 ~ 4 月。先叶开花。

分布： 北自河南、陕西，南至长江流域以南各省区均有分布。

习性： 喜半阴，喜温暖湿润气候及肥沃而排水良好的沙质土壤；耐寒性不强，不宜过干和积水。

繁殖： 分株或扦插繁殖。萌蘖力强。

应用： 结香树冠球形，枝叶美丽，宜栽在庭园或盆栽观赏，或多栽于石间观赏。

★ *Edgeworthia chrysantha* Lindl. ☆ Oriental Paperbush

★ *Houttuynia cordata* Thunb.　☆ Heartleaf Houttuynia

鱼腥草

别名：蕺菜，臭腥草，蕺儿根
科属：三白草科蕺菜属

识别： 多年生草本，高 10 ~ 40 cm。茎直立，红紫色；地下具白色匍匐根茎。全株具腥臭气。单叶互生，心形具长柄，表面绿色，背面紫色，秋季变成深褐红色至紫色。种子卵形，多数，淡褐色具光泽。果期 7 ~ 11 月。

观花： 穗状花序顶生或腋生；总苞片 4 枚，长圆形或倒卵形，先端微凹，白色；小花黄色。花期 4 ~ 8 月。

分布： 广泛分布中国南方各省区。

习性： 喜阳，亦耐阴，喜湿，耐季节性水淹。

繁殖： 播种繁殖。

应用： 宜片植于池边、湖畔等，是良好的湿生地被植物。

品种： 花叶鱼腥草‘Variegata’。

★ *Angelica dahurica* (Fisch ex Hoffm.) Benth. et Hook. ex Franch. et f. Sav.

白芷

别名：兴安白芷，河北独活
科属：伞形科当归属

识别： 多年生草本，高 1 ~ 2 m。根粗壮，具香气。茎粗壮，暗紫红色。基生叶及茎下部叶叶鞘膨大，叶片 2 ~ 3 回羽状全裂，茎上部叶叶鞘囊状，无叶片。双悬果椭圆形，侧棱具翅。果期 8 ~ 9 月。

观花： 大型复伞形花序，伞梗多数；花白色，5 基数。花期 7 ~ 8 月。

分布： 分布于东北、华北等省区。

习性： 喜温暖湿润气候、耐寒。宜在阳光充足，土层深厚，疏松肥沃，排水良好的沙质壤土栽培。

繁殖： 播种繁殖。

应用： 园林：花序大，白净，素雅，适宜花坛美化或盆栽，也可种植于园林中山坡草地、林缘及灌丛间。

★ *Anthriscus sylvestris*（L.）Hoffm.　☆ Woodland Beakchervil

峨参

别名：田七，金山田七，土白芷，广三七
科属：伞形科峨参属

识别： 二年或多年生草本，高达 1.5 m。叶卵形，长 10 ~ 30 cm，二回三出式羽状分裂或二回羽状分裂；裂片披针状卵形，长 1.5 ~ 3.5 cm，宽 5 ~ 15 mm，边缘羽状缺裂或齿裂；叶柄长 5 ~ 20 cm。双悬果条状管形。花果期 4 ~ 5 月。

观花： 复伞形花序；无总苞；伞幅 6 ~ 12 枚，不等长；小总苞片 5 ~ 8 枚，宽披针形至椭圆形，反折，有缘毛；花梗 6 ~ 13 个；花白色。

分布： 分布于华北、西北、华东地区及辽宁、湖北、四川、云南；欧洲、北美洲也有分布。

习性： 喜半阴。

繁殖： 播种繁殖。

应用： 叶形及花序均美，可植于半阴处或山坡上，也可用于盆栽观赏。

柴胡

别名：北柴胡，竹叶柴胡，地熏，山菜
科属：伞形科柴胡属

识别：多年生草本，高 40 ~ 80 cm。根粗大木质，多分枝。茎上部分枝，呈“之”字形弯曲。单叶互生，长圆状披针形，顶端芒尖，全缘，具平行或弧形叶脉。双悬果长圆形，果棱狭翼状。果期 9 ~ 10 月。
观花：复伞形花序多数，伞梗 5 ~ 10 个；花黄色。花期 7 ~ 8 月。
分布：原产于我国东北、华北、西北、华东等地区。
习性：喜光。
繁殖：播种繁殖。
应用：园林中可应用于向阳山坡、草丛、林缘。

★ *Bupleurum chinense* DC.　☆ China Thorowax

竹叶柴胡

别名：紫柴胡，竹叶防风
科属：科属：伞形科柴胡属

识别：多年生草本，高 50 ~ 120 cm。根纺锤形，深红棕色；根状茎红棕色；茎硬挺，实心，上部有分枝。叶纸质，披针形或条形，长 10 ~ 16 cm，宽 6 ~ 14 mm，顶端急尖，具锐尖头，基部不或稍变窄，抱茎，有白色软骨质边缘，具 9 ~ 13 平行脉，两侧最外 1 条脉贴近边缘，下面苍白色。双悬果矩圆形，棱有狭翅。果期 9 ~ 11 月。
观花：复伞形花序多数，直径 1.5 ~ 4 cm；总花梗长 2 ~ 5 cm；总苞片 2 ~ 5 枚，披针形；伞幅 3 ~ 4（~ 7）；小总苞片 5 枚，披针形，有白色膜质边缘，较花梗短；花梗 6 ~ 12 个；花黄色。花期 6 ~ 9 月。
分布：分布于陕西、湖北、四川、云南、贵州。
习性：喜光，稍耐阴。
繁殖：播种繁殖。
应用：园林中可种植于山坡草地以及林下。

★ *Bupleurum marginatuns* Wall.ex DC.　☆ Bambooleaf Thorowax

明党参

别名：三花，山萝卜，粉沙参
科属：伞形科明党参属

识别：多年生草本，高 50 ~ 100 cm。基生叶近三回三出式羽状全裂，最终裂片宽卵形，长及宽各约 2 cm，无小柄；叶柄长 30 ~ 35 cm；茎上部叶鳞片状或叶鞘状。双悬果卵状矩圆形。
观花：复伞形花序；总花梗长 3 ~ 10 cm；无总苞；伞幅 6 ~ 10 个；小总苞片数个，钻形，花梗 10 ~ 15 个；花白色。花期 4 月。
分布：分布于安徽、江苏、浙江、江西、湖北、四川。
习性：怕强光直射，喜疏光；适宜温暖湿润的气候，较能耐寒，怕涝；宜选择土层深厚、排水良好、疏松肥沃的沙质壤土或腐殖质土栽培。
繁殖：播种繁殖。
应用：为耐阴植物，可种植山地稀疏林下、石隙及岩石山坡上。

★ *Changium smyrnioides* Wolff　☆ Medicinal Changium

★ *Ligusticum jeholense* (Nakai et Kitagawa) Nakai et Kitagawa

辽藁本

别名：热河藁本
科属：伞形科藁木属

识别：多年生草本，高 30 ～ 80 cm。叶具柄；叶片轮廓宽卵形，长 10 ～ 20 cm，宽 8 ～ 16 cm，2 ～ 3 回三出式羽状全裂，羽片 4 ～ 5 对，轮廓卵形，长 5 ～ 10 cm，宽 3 ～ 7 cm，基部者具柄，柄长 2 ～ 5 cm；小羽片 3 ～ 4 对，边缘常 3 ～ 5 浅裂。分果椭圆形，果期 9 ～ 10 月。

观花：复伞形花序顶生或侧生，径 3 ～ 7 cm；伞辐 8 ～ 10 mm，长 2 ～ 3 cm，内侧粗糙；小总苞片 8 ～ 10 个，钻形，长 3 ～ 5 mm，被糙毛；小伞形花序具花 15 ～ 20 个；花柄不等长，内侧粗糙；萼齿不明显；花瓣白色，长圆状倒卵形，具内折小舌片。花期 8 月。

分布：产于吉林、辽宁、河北、山西、山东。

习性：耐阴，耐水湿。

繁殖：播种繁殖。

应用：可作园林地被植物，种植于林下或和沟边等阴湿处。

★ *Coriandrum sativum* L.　☆ Coriander

芫荽

别名：香菜，胡荽，芫荽，香荽，胡菜
科属：伞形科芫荽属

识别：一年生草本，高 30 ～ 100 cm。全体无毛，具强烈香气。基生叶 1 ～ 2 回羽状全裂，裂片宽卵形或楔形，长 1 ～ 2 cm，边缘深裂或具缺刻；叶柄长 3 ～ 15 cm；茎生叶 2 ～ 3 回羽状深裂，最终裂片狭条形，长 2 ～ 15 mm，宽 0.5 ～ 1.5 mm，全缘。双悬果近球形。

观花：复伞形花序顶生；总花梗长 2 ～ 8 cm；无总苞；伞幅 2 ～ 8 个；小总苞片条形；花梗 4 ～ 10 个；花小，白色或淡紫色。

分布：原产于地中海地区，现各地栽培。

习性：喜冷凉湿润的环境条件，在高温干旱条件下生长不良。宜日照充足。

繁殖：播种繁殖。

应用：为园林绿地的良好绿化材料。

★ *Daucus carota* L.　☆ Wild Carrot

野胡萝卜

别名：红萝卜，丁香萝卜，胡芦菔金
科属：伞形科胡萝卜属

识别：二年生草本，高 20 ～ 120 cm。全体有粗硬毛；根肉质，小圆锥形，近白色。基生叶矩圆形，2 ～ 3 回羽状全裂，最终裂片条形至披针形，长 2 ～ 15 mm，宽 0.5 ～ 2 mm。双悬果矩圆形。果期 7 ～ 8 月。

观花：复伞形花序顶生；总花梗长 10 ～ 60 cm；花梗多数；花白色或淡红色。花期 5 ～ 7 月。

分布：分布于安徽、江苏、浙江、江西、湖北、四川、贵州等省。

习性：喜凉爽至温和的气候条件，喜光；耐寒，耐旱。要求深而肥沃的疏松土壤。

繁殖：播种繁殖。

应用：叶翠绿可人；红色、橘红色的根色彩夺目。整体搭配，赏心悦目。

变种：胡萝卜（var. *sativa* DC.），根肉质，长圆锥形，肥粗，红色或黄色。原产于地中海沿岸，我国各地广泛作蔬菜栽培。

茴香

别名：蘹香，小茴香
科属：伞形科茴香属

识别： 草本，高 0.4 ~ 2 m。茎直立，光滑，灰绿色或苍白色，多分枝。较下部的茎生叶柄长 5 ~ 15 cm，中部或上部的叶柄部分或全部成鞘状，叶鞘边缘膜质；叶片轮廓为阔三角形，长 4 ~ 30 cm，宽 5 ~ 40 cm，4 ~ 5 回羽状全裂，末回裂片线形。果期 7 ~ 9 月。

观花： 复伞形花序顶生与侧生，花序梗长 2 ~ 25 cm；伞辐 6 ~ 29 个，不等长，长 1.5 ~ 10 cm；小伞形花序有花 14 ~ 39 朵；花柄纤细，不等长；无萼齿；花瓣黄色，倒卵形或近倒卵圆形，长约 1 mm，先端有内折的小舌片，中脉 1 条。果实长圆形。花期 5 ~ 6 月。

分布： 原产于地中海地区。我国各省区都有栽培。

习性： 喜光。

繁殖： 播种繁殖。

应用： 可庭院栽培观赏。

★ *Foeniculum vulgare* Mill. ☆ Fennel

条叶岩风

别名：岩风，黑风
科属：伞形科岩风属

识别： 多年生草本，高 40 ~ 90 cm。基生叶多数，叶柄长 2 ~ 12 cm；叶片轮廓三角状卵形，2 回羽状复叶，第一回羽片有长柄，柄长 1.5 ~ 5 cm，末回羽片椭圆形或椭圆状披针形，长 2 ~ 4.5 cm，宽 2.5 ~ 10 mm，全缘；茎上部叶 3 全裂，无柄，有叶鞘抱茎。分果半圆柱状，果期 10 ~ 11 月。

观花： 复伞形花序多分枝；伞形花序径 2 ~ 4 cm；伞辐 4 ~ 9 个，不等长，长 3 ~ 15 mm，密生短毛；小伞形花序有花 5 ~ 10 朵；小总苞片 5 ~ 7 枚，线状披针形，比花柄短，外面密生细柔毛；花柄长 1 ~ 3 mm，有毛；花瓣宽卵形，小舌片内曲，白色微带紫红色，外侧多毛。花期 9 ~ 10 月。

分布： 产于陕西、河南、河北、山西。

习性： 喜光，稍耐阴，而瘠薄土壤。

繁殖： 播种繁殖。

应用： 岩生植物，可种植于向阳山坡、林下或石陡坡上。

★ *Libanotis lancifolia* K. T. Fu ☆ Lanceleaf Libanotis

短毛独活

别名：东北牛防风，大叶芹
科属：伞形科独活属

识别： 多年生草本，高 70 ~ 150 cm。茎粗壮，具纵棱槽。基生叶和茎下部叶有长柄，三出或羽状全裂，裂片再 3 ~ 5 裂；茎上部叶叶鞘囊状，叶片退化。双悬果倒扁卵形，侧棱具翅。果期 8 ~ 9 月。

观花： 复伞形花序，伞梗多数；花白色，异型。花期 7 ~ 8 月。

分布： 分布于东北、华北、西北等省区。

习性： 喜半阴，适应性广，喜土层深厚、疏松且排水良好、富含腐殖质的沙质壤土。

繁殖： 播种繁殖。

应用： 植株强壮，花序大，观赏价值高，园林中可丛植于山坡林下、林缘及山沟溪旁。

★ *Heracleum moellendorffii* Hance ☆ Shorthair Cowparsnip

★ *Hydrocotyle sibthorpioides* Lam. ☆ Lawn Pennywort

天胡荽

别名：落得打、满天星
科属：伞形科天胡荽属

识别： 多年生草本。茎匍匐；单叶互生，圆形或肾形，直径 5 ~ 25 mm，不裂或掌状 5 ~ 7 浅裂，裂片宽倒卵形，边缘具钝齿，上面无毛或两面有疏柔毛；叶柄长 0.5 ~ 8 cm。双悬果近圆形，长 1 ~ 1.5 mm，悬果侧面扁平，无毛，光滑或有多数小斑点。

观花： 单伞形花序腋生，有花 10 ~ 15 朵；总花梗长 1 ~ 2.5 cm；总苞片 4 ~ 10 枚，倒披针形，长约 2 mm；花瓣绿白色，长约 1.2 mm。

分布： 分布于华东、华中、华南、西南地区。

习性： 喜温暖湿润的气候，不耐干旱，极耐阴，亦可水培。

繁殖： 播种或分株繁殖。

应用： 因其覆盖面广，可在短时间内成为紧密草坪或园路铺装；片植于林下、灌木丛中，岩石旁或假山上，可点缀在较高的花坛，茎蔓坛外飘垂，也可应用于潮湿处、林下和建筑附近。

★ *Hydrocotyle vulgaris* L.

南美天胡荽

别名：轮叶天胡荽
科属：伞形科天胡荽属

识别： 多年生水生草本，高 20 ~ 100 cm。地下横走茎发达。叶具长柄，圆伞形，叶缘有钝圆锯齿，叶面油绿富光泽。

观花： 伞形花序，黄绿色。花期春至夏季。

分布： 原产于温带地区。中国有引进栽培。

习性： 全日照、半日照均能生长；喜温暖、高温的气候，冬季需温暖越冬，生长适温为 22 ~ 30 ℃。栽培土质以潮湿的壤土为佳。

繁殖： 播种繁殖。

应用： 叶色翠绿，叶形玲珑优雅，适宜于水盆、水池、湿地或吊盆栽培。

★ *Levisticum officinale* Koch ☆ Garden Laovage，Laovage

欧当归

别名：独活草，圆叶当归，保当归
科属：伞形科欧当归属

识别： 多年生草本，高 1 ~ 2 m。根长，纺锤形，粗而肉质，有很多长根须。茎矮短而有凹槽。叶柄长而中空，叶基部紧扣加宽，叶片亮绿色，深裂；小叶边缘具细密锯齿。果实浅黄色，成熟时一边扁平而另一边弯曲，具 3 条明显的脊，香味芬芳。果期 8 ~ 9 月。

观花： 花小而多，黄色或绿色，聚生成伞状花序。花期 6 ~ 8 月。

分布： 原产于欧洲地中海地区。我国有栽培。

习性： 喜阴，喜湿，喜潮湿、肥沃的土壤。

繁殖： 播种或分株繁殖。

应用： 庭园栽培或盆栽观赏。

水芹

别名：水英，细本山芹菜，牛草，楚葵，刀芹
科属：伞形科水芹菜属

识别： 多年生草本，高 15 ~ 80 cm，无毛。茎基部匍匐。基生叶三角形或三角状卵形，一至二回羽状分裂，最终裂片卵形至菱状披针形，长 2 ~ 5 cm，宽 1 ~ 2 cm，边缘有不整齐尖齿或圆锯齿；叶柄长 7 ~ 15 cm。双悬果椭圆形或近圆锥形。花、果期 6 ~ 10 月。

观花： 复伞形花序顶生；总花梗长 2 ~ 16 cm；无总苞；伞幅 6 ~ 20 个；小总苞片 2 ~ 8 枚，条形；花梗 10 ~ 25 个；花白色。

分布： 分布几遍全国；朝鲜、日本、俄罗斯、中南半岛也有分布。

习性： 喜凉爽，忌炎热干旱，以土质松软、土层深厚肥沃、富含有机质、保肥保水力强的黏质土壤为宜。

繁殖： 播种繁殖。

应用： 为良好的草本湿地园林植物，适生于园林中低湿地方或水边种植。

★ *Oenanthe javanica* (Blume)DC.　☆ Java Waterdropwort

紫花前胡

别名：土当归，野当归，独活
科属：伞形科前胡属

识别： 多年生草本，高 1 ~ 2 m。茎生叶柄长 13 ~ 36 cm，基部膨大成圆形的紫色叶鞘，抱茎，外面无毛；叶片三角形至卵圆形，坚纸质，长 10 ~ 25 cm，一回三全裂或一至二回羽状分裂；第一回裂片小叶柄翅状延长，侧方和顶端裂片的基部联合。果实长圆形，果期 9 ~ 11 月。

观花： 复伞形花序顶生和侧生，花序梗长 3 ~ 8 cm；伞辐 10 ~ 22 个，长 2 ~ 4 cm；伞辐及花柄有毛；花深紫色，萼齿明显，线状锥形或三角状锥形，花瓣倒卵形或椭圆状披针形。花期 8 ~ 9 月。

分布： 产于辽宁、河北、陕西、河南、四川、湖北、安徽、江苏、浙江、江西、广西、广东、台湾等地。

习性： 喜光，稍耐阴，稍耐水湿。

繁殖： 播种繁殖。

应用： 可作园林地被植物，种植于水边、林缘或林中。

★ *Angelica decursiva* (Miq.) Franch. et Sav.　☆ Purpleflower Angelica

防风

别名：铜芸，回云，回草，百枝
科属：伞形科防风属

识别： 多年生草本，高 30 ~ 100 cm。根粗壮，根颈密被纤维状叶柄残基。茎多分枝。基生叶丛生，叶柄扁平鞘状，叶片 2 ~ 3 回羽状全裂；茎上部叶简化。双悬果长卵形，具疣状突起。果期 8 ~ 9 月。

观花： 复伞形花序多数，伞梗 5 ~ 10 个。花白色，5 基数。花期 7 ~ 8 月。

分布： 中国分布于东北、华北、西北等省区。

习性： 喜光，喜凉爽气候，耐寒，耐干旱。

繁殖： 播种繁殖。

应用： 为良好的地被绿化植物，园林中可应用于多石山坡及丘陵草坡。

★ *Saposhnikovia divaricata* (Turcz.) Schischk.　☆ Fangfeng

★ *Torilis scabra* (Thunb.) DC. ☆ Common Hedgeparsley

窃衣

别名：鹤虱，粘粘草，破子衣
科属：伞形科窃衣属

识别： 一年或多年生草本，高 10 ~ 70 cm，全体有贴生短硬毛。叶卵形，二回羽状分裂，小叶狭披针形至卵形，长 2 ~ 10 mm，宽 2 ~ 5 mm，顶端渐尖，边缘有整齐缺刻或分裂；叶柄长 3 ~ 4 cm。双悬果矩圆形。花果期 4 ~ 11 月。

观花： 复伞形花序；总花梗长 1 ~ 8 cm；伞幅 2 ~ 4 个；花梗 4 ~ 10 个，长 2 ~ 5 mm。

分布： 分布于西北、华东、中南、西南地区；朝鲜，日本也有分布。

习性： 喜阳光充足，喜温暖、湿润的环境；以湿润、肥沃且排水良好的土壤为佳。

繁殖： 播种繁殖。

应用： 株形优美，花小巧可爱，花色素雅，为良好的草本绿化植物，适宜庭园草地配置。

★ *Broussonetia papyrifera* (L.) Vent. ☆ Common Paper Mulberry

构树

别名：构乳树，楮树，楮实子，沙纸树
科属：桑科构树属

识别： 落叶乔木，高可达 20 m。有乳汁。树皮暗灰色，浅裂。小枝密生茸毛。单叶互生，叶形多变，从 3 ~ 5 深裂至不裂，被茸毛，边缘具粗锯齿。聚花果头状，成熟时肉质，橘红色。果期 9 ~ 10 月。

观花： 花单性异株。雄花组成柔荑花序；雌花组成头状花序。花期 5 ~ 6 月。

分布： 我国华北、华中、华南、西南、西北各省都有分布。

习性： 喜光，耐干冷和湿热气候，耐干旱瘠薄，抗烟、抗粉尘。

繁殖： 播种、扦插、分株或压条繁殖。

应用： 枝叶繁密，尤其适合作工矿区及荒山坡地绿化，亦可作庭荫树、行道树或列植于水边护岸固堤。

品种： 花叶构树 'Variety'，叶具黄色斑块。

★ *Broussonetia kazinoki* Sieb.et Zucc. ☆ Kazinoki Papermulberry

小构树

别名：葡蟠，女谷
科属：桑科构树属

识别： 落叶灌木。枝蔓生或攀缘，有乳汁。叶卵形或卵状椭圆形，长 6 ~ 12 cm，宽 2 ~ 5 cm，先端渐尖，基部近心形，边缘有锯齿，上面有糙伏毛，下面有细毛，三出脉；叶柄长 1 ~ 2 cm。聚花果球形，径 5 ~ 6 mm，肉质，成熟时红色。

观花： 花单性，雌雄同株；雄柔荑花序圆筒状，长约 1 cm；花被片和雄蕊均为 4 枚；雌花序头状，径 5 ~ 6 mm。茎皮纤维供制优质纸和人造棉的原料；根、叶入药清凉解毒，可治跌打损伤。

分布： 分布在华中和华南各省区；日本也有分布。

习性： 喜温暖、湿润的环境。

繁殖： 播种或扦插繁殖。

应用： 是良好的绿篱材料，也可种植于山坡或林中。

葨芝

别名：构棘，山荔子，穿破石
科属：桑科柘桑属

识别： 常绿直立或攀缘状灌木，高 2 ~ 4 m。枝有粗壮、伸直或略弯的棘刺，刺长 5 ~ 10（20）mm。叶革质，倒卵状椭圆形或椭圆形，长 3 ~ 8 cm，先端钝或短渐尖，基部楔形，无毛；叶柄长 5 ~ 10 mm。聚花果球形，肉质，直径约 5 cm，有毛。果期 6 ~ 7 月。

观花： 花单性，雌雄异株；头状花序单生或成对腋生，有短柄，有柔毛；雄花序直径 6 mm，花被片 3 ~ 5 枚，有毛；雌花序结果时增大，直径约 1.8 cm。花期 4 ~ 5 月。

分布： 分布在我国西南和东南部；热带亚洲、非洲东部、澳大利亚也有分布。

习性： 喜光；喜温暖、湿润的环境；喜肥沃、疏松土壤。

繁殖： 扦插繁殖。

应用： 在庭园中宜植于棚架、花廊、围墙边或花门等处，既可观花又有垂直绿化的效果。

★ *Cudrania cochinchinensis* (Lour.) Kudo et Masam

柘桑

别名：柘刺，柘树
科属：桑科柘桑属

识别： 落叶小乔木，常呈灌木状。树皮灰褐色，薄片状剥落；小枝常有枝刺。叶卵形至倒卵形，全缘，有时 3 裂。聚花果近球形，径 2.5 cm，熟时红色，肉质。果期 9 ~ 10 月成熟。

观花： 腋生球形头状花序。花期 5 月。

分布： 主产于华东、中南及西南地区，北至山东、河北南部和陕西；朝鲜、日本亦有分布。

习性： 喜光亦耐阴，耐干旱瘠薄，耐寒，耐旱，耐瘠薄，喜钙质土壤。

繁殖： 播种、扦插或分蘖繁殖。

应用： 为喜钙树种，可种植于路边或石缝中或植于公园的边角、背阴处、街头绿地作庭荫树，也可作绿篱、刺篱或作荒山绿化及水土保持树种。

★ *Cudrania tricuspidata*（Carr.）Bur. ex Lavallee

对叶榕

别名：牛奶子，牛奶树，多糯树
科属：桑科榕属

识别： 灌木或小乔木，高 3 ~ 5 m，具乳汁。幼枝被刚毛，中空。叶通常对生，卵形或倒卵状矩圆形，长 6 ~ 20 cm，宽 4 ~ 12 cm，全缘或有不规则细锯齿，上面有短刚毛，下面有密的短硬毛；叶柄长 1 ~ 4.5 cm。花、果期 6 ~ 7 月。

观花： 花序托成对生于叶腋或簇生于树干或无叶的枝上，倒卵形或陀螺形，直径 1.5 ~ 3 cm，密生短硬毛，基生苞片 3 枚；雄花和瘿花生于花序托的口部。

分布： 分布于云南、广西和广东等省区的南部；越南、马来西亚、缅甸、印度、大洋洲也有分布。

习性： 喜光，喜高温、湿润的气候，不耐干旱。

繁殖： 扦插或播种繁殖。

应用： 护堤植物，生性强健，树形壮硕，叶簇常绿，可种植于溪边疏林中、池塘边或河边，也适合作行道树、园景树，或植于灌木丛中。

★ *Ficus hispida* L.f. ☆ Oppositeleaf Fig

★ *Ficus microcarpa* L.f.　☆ Smallfruit Fig

榕树

别名：细叶榕，小果榕
科属：桑科榕属

识别：常绿大乔木，高 20 ~ 25 m，生气根。叶革质，椭圆形、卵状椭圆形或倒卵形，长 4 ~ 10 cm，宽 2 ~ 4 cm，先端钝尖；基部楔形或圆形，全缘或浅波状，基出脉 3 条，侧脉 5 ~ 6 对；叶柄长 7 ~ 15 mm。花、果期 5 ~ 12 月。

观花：花序托无梗，单生或对生于叶腋，扁倒卵球形，直径 5 ~ 10 mm，乳白色，成熟时黄色或淡红色；基部苞片 3 枚；雄花、瘿花和雌花同生于一花托中。

分布：分布在广西、广东、福建、台湾、浙江南部、云南和贵州；印度、缅甸、马来西亚也有分布。

习性：日照须充足；喜温暖、多雨的气候，耐旱。

繁殖：播种或扦插繁殖。

应用：宜作庭荫树或行道树，可修剪成各种形状；也可作盆景。

★ *Ficus carica* L.　☆ Common Fig

无花果

别名：映日果，奶浆果，蜜果，树地瓜
科属：桑科榕属

识别：小乔木，高达 12 m。叶互生，厚膜质，宽卵形或矩圆形，长 11 ~ 24 cm，宽 9 ~ 22 cm，掌状 3 ~ 5 裂，少有不裂，先端钝，基部心形，边缘波状或有粗齿，上面粗糙，下面生短毛；叶柄长 4 ~ 14 cm；托叶三角状卵形，早落。

观花：花序托有短梗，单生于叶腋，梨形，成熟时黑紫色，径约 2.5 cm；基部有苞片 3 枚；雄花生瘿花序托内面的上半部；雌花生在另一花序托中，有长梗。

分布：原产于地中海沿岸，栽培历史悠久。我国各地有栽培。

习性：喜光，喜温暖湿润气候，不耐寒。对土壤要求不严格，耐旱，在酸性、中性、或石灰性土上均可生长，以肥沃的沙质壤土栽培最好。根系分布较浅。

繁殖：分株、扦插、压条繁殖。

应用：常植于庭院及公共绿地，是园林结合生产的理想树种。

品种：品种多。

★ *Ficus laevis* Bl.

光叶榕

别名：空心榕，水同木
科属：桑科榕属

识别：常绿小乔木，高约 5 m。树皮黑褐色。枝粗糙。叶互生，纸质，倒卵形至长圆形，长 10 ~ 20 cm，全缘或微波状，叶面无毛，背面微被柔毛和小凸体。瘦果斜方形，表面有小瘤体或明显粗糙。花、果期 5 ~ 7 月。

观花：隐头花序簇生于老干发出的瘤状短枝上，近球形，直径 1.5 ~ 2 cm，平滑，成熟时橘红色至淡红褐色；雄花和瘿花生于同一榕果内壁。

分布：产于我国广东、广西、福建、台湾等地。

习性：喜温暖、湿润的环境。

繁殖：扦插繁殖。

应用：可作为绿荫树、风景树和防风树。

鸡桑

别名：小叶桑
科属：桑科桑属

识别： 落叶灌木或小乔木，高达 15 m。叶互生，卵圆形，长 6 ~ 15 cm，宽 4 ~ 10 cm，先端急尖或渐尖，基部截形或近心形，边缘有粗锯齿，有时 3 ~ 5 裂，上面粗糙，下面脉上疏生短柔毛，无腋毛；叶柄长 1.5 ~ 4 cm；托叶早落。聚花果长 1 ~ 1.5 cm，成熟时变暗紫色。果期 4 ~ 5 月。

观花： 花单性，雌雄异株，腋生的穗状花序；雄花序长 1.5 ~ 3 cm，雌花序较短；雄花被片和雄蕊均为 4 枚，不育雌蕊陀螺形。花期 3 ~ 4 月。

分布： 分布在华北、中南地区及云南、贵州、台湾。

习性： 阳性，耐旱，耐寒，怕涝，抗风。

繁殖： 播种繁殖。

应用： 岩生植物，可种植于石灰岩的悬崖或山坡上，也宜作庭荫树。

★ *Morus australis* Poir. ☆ Chicken Malberry，Japan Mulberry

蒙桑

别名：蒙古桑
科属：桑科桑属

识别： 落叶小乔木或灌木。有乳汁。树皮光滑，纵裂。小枝红褐色。单叶互生，卵形，先端渐尖或尾状尖，不裂或 3 ~ 5 裂，叶缘锯齿，具芒状尖。聚花果长圆形，成熟时肉质，红色或紫黑色。果期 6 ~ 7 月。

观花： 花雌雄异株，组成柔荑花序。花期 4 ~ 5 月。

分布： 分布于华北、西北、华中和西南地区。

习性： 喜阳光充足；耐旱，耐寒，怕涝，抗风。

繁殖： 播种繁殖。

应用： 宜作庭荫树。

★ *Morus mongolica* Schneid. ☆ Mongolian Mulberry

桑树

别名：家桑，白桑
科属：桑科桑属

识别： 落叶乔木，高达 16 m。树冠倒广卵形。单叶互生，叶卵形或卵圆形，先端尖，基部圆形或心型，锯齿粗钝，幼树之叶有时分裂，背面叶脉有簇毛。聚花果长卵形至圆柱形，熟时紫黑色、红色或近白色。果期 5 ~ 7 月。

观花： 花雌雄异株，花柱极短或无，柱头 2 个，宿存。花期 4 月。

分布： 原产于中国中部，现南北各地广泛栽培，尤其长江中下游各地为多。

习性： 喜光，耐寒，耐干旱瘠薄和水湿，在微酸性、中性、石灰质或轻盐碱土壤上均能生长，适应性强。耐修剪，抗风。

繁殖： 播种繁殖。

应用： 本种冠大荫浓，秋叶黄色，抗性强，适于城市、工矿区及农村“四旁”绿化。

品种： 垂枝桑‘Pendula’：枝细长下垂。龙桑‘Tortuosa’，别名龙爪桑、九曲桑，枝条扭曲。

★ *Morus alba* L. ☆ White Mulberry

★ *Cannabis sativa* L.　☆ Hemp Fimble

大麻

别名：麻，大麻草，汉麻
科属：大麻科大麻属

识别：一年生草本。茎直立，高 1 ~ 3 m。叶互生或下部的对生，掌状全裂，裂片 3 ~ 11 枚，披针形至条状披针形，上面有糙毛，下面密被灰白色毡毛，边缘具粗锯齿；叶柄长 4 ~ 15 cm。

观花：花单性，雌雄异株；雄花排列成长而疏散的圆锥花序，黄绿色，花被片和雄蕊各 5 枚；雌花丛生叶腋，绿色，每朵花外具一卵形苞片。

分布：原产于亚洲西部；我国各地均有栽培。

习性：喜光作物、耐大气干旱而不耐土壤干旱，生长期间不耐涝，对土壤的要求比较严格，常以土层深厚、保水保肥力强且土质松软肥沃、含有机质，地下水位较低的地块为宜。

繁殖：播种繁殖。

应用：花色清雅，株形优美，可作园林地被植物，丛植或片植。

★ *Humulus scandens*（Lour.）Merr.　☆ Japanese Hop

葎草

别名：拉拉秧，拉拉藤，五爪龙
科属：大麻科葎草属

识别：一年生缠绕草本。茎和叶柄密生倒钩刺。单叶对生，掌状 5 ~ 9 深裂，缘具粗锯齿，叶脉具刺毛。瘦果卵形，萼片宿存。果期 9 ~ 10 月。

观花：花雌雄异株；雄花成圆锥花序，黄绿色；雌花成穗状聚伞花序，花被膜质，紧贴子房。花期 7 ~ 8 月。

分布：中国分布于除新疆、青海外的各省区。

习性：喜半阴环境、耐寒、抗旱、喜肥，排水良好的肥沃土壤，生长速度快。

繁殖：播种繁殖。

应用：园林中可作地被植物，应用于水边、路旁、林缘及灌丛。

★ *Humulus lupulus* L.　☆ Europe Hop

啤酒花

别名：忽布，蛇麻花，酵母花，酒花
科属：大麻科葎草属

识别：多年生缠绕草本；茎枝和叶柄密生细毛，并有倒刺。叶纸质，对生，卵形，宽 4 ~ 8 cm，基部心形或圆形，不裂或 3 ~ 5 深裂，边缘具粗锯齿，上面密生小刺毛，下面有疏毛和黄色小油点；叶柄长不超过叶片。果穗呈球果状。

观花：花单性，雌雄异株；雄花排列成圆锥花序，花被片和雄蕊各 5 枚；雌花每 2 朵生一苞片腋部，苞片覆瓦状排列成一近圆形的穗状花序。

分布：新疆北部有野生，东北和华北以及山东有栽培；亚洲北部和西北部，美洲东北部也有分布。

应用：用于攀缘花架或篱棚。雌花序可制干花。

习性：喜冷凉，耐寒畏热，生长适温 14 ~ 25 ℃。长日照植物，喜光。不择土壤，但以土层深厚、疏松、肥沃、通气性良好的壤土为宜，中性或微碱性土壤均可。

繁殖：扦插根茎繁殖。

山茶花

别名：山茶，曼佗罗树，山椿
科属：山茶科山茶属

识别：灌木或小乔木，高至 15 m。叶倒卵形或椭圆形，长 5 ~ 10.5 cm，宽 2.5 ~ 6 cm，短钝渐尖，基部楔形，有细锯齿，叶干后带黄色；叶柄长 8 ~ 15 mm。蒴果近球形，直径 2.2 ~ 3.2 cm。果期 9 ~ 10 月。

观花：花单生或对生于叶腋或枝顶，大红色，花瓣 5 ~ 6 片，顶端有凹缺。花期 1 ~ 4 月。

分布：我国各地常有栽培，北方可达山东青岛。

习性：喜温暖，喜阳光充足，喜微酸性且排水良好的黄壤土。

繁殖：播种或嫁接繁殖。

应用：花大色红，宜栽于庭园中供观赏。

品种：花多重瓣，有红、白、淡红等色，品种繁多。

相近种：南山茶（云南山茶花）*Camellia reticulata* Lindl.，叶脉网至少在叶上面清楚可见，花瓣先端微凹，子房有茸毛，蒴果扁圆；产于云南，栽培品种繁多，都为重瓣。

★ *Camellia japonica* L.　☆ Japan Camellia

油茶

别名：茶子树，茶油树，白花茶
科属：山茶科山茶属

识别：灌木或小乔木，高达 7 m。小枝微有毛。叶革质，椭圆形，长 3.5 ~ 9 cm，宽 1.8 ~ 4.2 cm，上面无毛或中脉有硬毛，下面中脉基部有少数毛或无毛；叶柄长 4 ~ 7 mm，有毛。蒴果球形或卵圆形，直径 2 ~ 4 cm，果瓣厚木质，2 ~ 3 裂。果期夏、秋季。

观花：花白色，顶生，单生或并生；花瓣 5 ~ 7 片，分离，长 2.5 ~ 4.5 cm，倒卵形至披针形，多少深 2 裂；雄蕊多数，外轮花丝仅基部合生。花期冬春季。

分布：产于我国长江以南各省区。

习性：喜半阴，忌阳光直射；喜温暖气候，抗寒，不耐干旱。宜酸性、肥沃、疏松且排水良好的沙性黑色山土。

繁殖：播种或扦插繁殖。

应用：适于在树丛、林缘配置；也适于在丘陵、山地、沟边、路旁绿化。

★ *Camellia oleifera* Abel　☆ Oil Camellia

云南山茶花

别名：南山茶，滇山茶
科属：山茶科山茶属

识别：常绿小乔木，高 10 ~ 15 m。叶较大，椭圆形或卵状披针形，长 7 ~ 12 cm，表面深绿而近无光泽，网脉明显，锯齿细尖。

观花：花大，径 10 ~ 18 cm，花色自淡红至深紫，子房有茸毛。花期很长，在原产地早花品种自 12 月下旬开始，晚花品种能一直开到 4 月上旬。

分布：产于云南。

习性：喜侧方蔽荫，喜温暖湿润气候，既怕冷又怕热，要求酸性土壤，可在 pH 值 3 ~ 6 的范围内正常生长。

繁殖：播种或嫁接繁殖。

应用：每到开花时节，如火烧云霞，十分壮观。早在明代就有“云南茶花奇甲天下”的美称。

品种：栽培品种很多，通常多为重瓣，是著名的观赏花木。

相近种：山茶花 *Camellia japonica* L.，叶脉网在叶上面不明显，花瓣先端明显凹缺，子房无毛，蒴果近球形。

★ *Camellia reticulata* Lindl.　☆ Yunnan Camellia

★ *Camellia sasanqua* Thunb.　☆ Sasanqua Oil Camellia

茶梅

别名：茶梅花
科属：山茶科山茶属

识别：常绿灌木，高 1.5 ~ 5 m。叶互生，椭圆形至长圆形，先端短尖，边缘有细锯齿。蒴果球形。果期 8 ~ 9 月。

观花：花顶生；花瓣 6 ~ 7 片，被柔毛，阔倒卵形，多为单瓣，重瓣较少，白色或红色，略有芳香。整簇鲜黄的雄蕊聚集于花心。花期 11 月至翌年 1 月。

分布：原产于我国和日本。我国长江流域以南有栽培。

习性：性强健，喜光；喜温暖、湿润、半阴的环境。较耐寒，不耐干旱，不耐瘠薄；宜生长在排水良好、富含腐殖质、湿润的微酸性土壤。

繁殖：扦插繁殖。

应用：树形优美、花叶茂盛的茶梅品种，可于庭院和草坪中孤植或对植，也可盆栽观赏。

★ *Camellia uraku*（Makino）Kitamura　☆ Uraku Camellia

单体红山茶

别名：美人茶，冬红山茶
科属：山茶科山茶属

识别：小乔木，高 1.5 ~ 6 m。嫩枝无毛。叶革质，椭圆形或长圆形，长 6 ~ 10 cm，宽 3 ~ 4 cm，先端急尖，基部楔形，边缘具细锯齿，无毛；侧脉约 7 对；叶柄长 7 ~ 8 mm。花粉红色至红色或白色，顶生，直径 4 ~ 6 cm，无柄；苞片和萼片均为 8 ~ 9 片；花瓣 7 片，单瓣；雄蕊 3 ~ 4 枚，外轮花丝连成短管；子房有毛，3 室，花柱先端 3 裂。蒴果黄褐色。花期 12 月至翌年 4 月；果期 10 月。

分布：原产于日本。我国南方有栽培。

习性：喜光，喜温暖、湿润的环境，抗寒性强。

繁殖：播种、扦插或嫁接繁殖。

应用：花色娇艳欲滴，飘逸娇俏，在园林中广为栽培。

★ *Camellia azalea* Wei　☆ Azalea Camellia

四季红山茶

别名：杜鹃红山茶
科属：山茶科山茶属

识别：常绿灌木至小乔木。高 1 ~ 2 m，胸径 5 ~ 10 cm，树体呈矮冠状，枝叶密、紧凑。树皮灰褐色，枝条光滑，嫩梢红色，叶长 8 ~ 12 cm，两端微尖，倒卵形，革质，叶脉不明显，厚实，光亮碧绿，边缘平滑，不开裂，叶柄短，变异不大。

观花：花瓣狭长，花丝红色，花药金黄色，花径 8 cm 以上，单瓣。

分布：1985 年发现于广东阳春。

习性：耐旱，能耐 -5℃的低温和 38℃的高温，水分需求少，喜温暖、湿润和排水良好、疏松肥沃的沙质壤土。

繁殖：嫁接繁殖。

应用：长势极快，易成型，夏秋季为盛花期，红花满树，是园林观赏的佳品。

银木荷

别名：竹叶木荷
科属：山茶科木荷属

识别： 常绿乔木，高 20 ~ 30 m。小枝深紫或深褐色，幼枝有银白色茸毛。叶纸质或近革质，椭圆形，长 7 ~ 14 cm，宽 2.5 ~ 5 cm，全缘，下面有白色柔毛或后脱毛。蒴果球形，木质，直径约 1.5 cm，5 裂。果期 12 月至翌年 2 月。

观花： 花白色，通常 4 ~ 6 朵的伞状或总状花序，腋生或簇生小枝顶端，花梗上部稍下弯；萼片 5 片，近圆形，外面及边缘有丝状毛；花瓣 5 片，1 片白色，兜形，其余 4 片下部略带红色，有丝状毛；雄蕊多数。花期 7 ~ 9 月。

分布： 分布于湖南、广西和西南各地。也分布于缅甸北部。

习性： 喜温暖、湿润的环境。

繁殖： 播种繁殖。

应用： 是优良的庭园绿化观赏树种，可种植于山坡或林地。

★ *Schima argentea* Pritz.ex Diels　☆ Silvery Gugertree

白檀

别名：碎米子树，乌子树，山葫芦
科属：山矾科山矾属

识别： 落叶灌木或小乔木。叶椭圆形或倒卵形，长 3 ~ 11 cm，宽 2 ~ 4 cm，顶端急尖或渐尖，基部楔形，边缘有细尖锯齿，中脉在上面凹下。核果蓝色，卵形，宿存萼裂片直立。

观花： 圆锥花序生于新枝顶端，长 4 ~ 8 cm，花均有长花梗；花萼长约 2 mm，裂片有睫毛；花冠有芳香，长 4 ~ 5 mm，5 深裂，有极短的花冠筒；雄蕊约 30 枚，花丝基部合生成五体雄蕊。

分布： 分布于我国东北、华北、长江以南各省区及台湾地区；朝鲜、日本也有分布。

习性： 喜温暖湿润的气候和深厚肥沃的沙质壤土，喜光也稍耐阴。深根性树种，适应性强，耐寒，抗干旱耐瘠薄。

繁殖： 播种繁殖。

应用： 树形优美，枝叶秀丽，春日白花，秋结蓝果，是良好的园林绿化点缀树种。

★ *Symplocos paniculata*（Thunb.）Miq.　☆ Sapphireberry Sweetleaf

华山矾

别名：狗屎木，华灰木，土常山
科属：山矾科山矾属

识别： 落叶灌木，高 1 ~ 3 m。幼枝、叶柄、叶下面、花序均被灰黄色皱曲柔毛。叶纸质，椭圆形或倒卵形，长 4 ~ 7 cm，宽 2 ~ 4 cm，顶端急尖或短尖，基部楔形或钝圆，边缘有细尖齿，叶上面被短柔毛，中脉在上面凹下。核果卵形，歪斜，长 5 ~ 7 mm，被紧贴柔毛，熟时蓝色。果期 8 ~ 9 月。

观花： 圆锥花序狭长，似总状花序，长 4 ~ 7 cm；花萼长 2 ~ 3 mm，被柔毛；花冠白色，芳香，长约 4 mm，5 深裂几达基部；雄蕊约 45 枚，花丝基部合生成不显著的五体雄蕊。花期 4 ~ 5 月。

分布： 分布于长江流域以南各省区。

习性： 生性强健，喜肥沃、富含有机质且排水良好的沙质壤土。

繁殖： 扦插或播种繁殖。

应用： 为良好的园林绿化树种。

★ *Symplocos chinensis*（Lour.）Druce　☆ China Sweetleaf

★ *Manilkara zapota* (L.) V.Royen ☆ Heart Balata，Sapodilla

人心果

别名：仁心果，赤铁果，牛心梨
科属：山榄科铁线子属

识别： 小乔木，高 15 ~ 20 m。株体有白色乳汁，树冠圆球状或塔形，终年常绿。叶片坚挺，革质，密生于枝梢，长圆形或卵状长圆形，长 6 ~ 19 cm，宽 2.5 ~ 4 cm，先端急尖或钝，基部楔形。浆果纺锤形、卵形或球形。花、果期 4 ~ 9 月。

观花： 花 1 ~ 2 朵生于枝顶叶腋，长约 1 cm；花冠白色。

分布： 原产于美洲热带。我国广东、广西、云南有栽培。

习性： 喜高温、高湿的气候，喜肥沃的沙质壤土。

繁殖： 播种或压条繁殖。

应用： 初夏开黄白色小花，香气浓郁；适合作园林绿化观赏树种。

★ *Grevillea robusta* A. Cunn. ex R. Br. ☆ Robust Silver-oak

银桦

别名：绢柏，丝树，银橡树
科属：山龙眼科银桦属

识别： 乔木，高 10 ~ 25 m。叶长 15 ~ 30 cm，二次羽状深裂，裂片 7 ~ 15 对，上面无毛或具稀疏丝状绢毛，下面被褐色绒毛和银灰色绢状毛，边缘背卷；叶柄被绒毛。果卵状椭圆形，果皮革质，黑色。果期 6 ~ 8 月。

观花： 总状花序，长 7 ~ 14 cm，腋生，或排成少分枝的顶生圆锥花序，花序梗被绒毛；花梗长 1 ~ 1.4 cm；花橙色或黄褐色，花被管长约 1 cm，顶部卵球形，下弯；花药卵球状，长 1.5 mm；花盘半环状，子房具子房柄，花柱顶部圆盘状，稍偏于一侧，柱头锥状。花期 3 ~ 5 月。

分布： 原产于澳大利亚东部。

习性： 喜光，喜温暖、湿润气候、根系发达，较耐旱，不耐寒，在肥沃、疏松、排水良好的微酸性沙质壤土上生长良好。

繁殖： 播种繁殖。

应用： 我国南方栽培作行道树或风景树。

★ *Protea cynaroides* L. ☆ King Protea

南非帝王花

别名：菩提花，木百合花
科属：山龙眼科帝王花属

识别： 常绿灌木，高约 1 m。茎粗壮，叶具光泽。

观花： 每株具花序 5 ~ 10 个，多时达 40 个，花球花序球状，径 12 ~ 30 cm，花序周围有大型、色彩丰富的苞片，苞片颜色从白色到深红色，以淡粉红色、稍带银色光泽的苞叶最漂亮。

分布： 原产于南非。

习性： 喜温暖、稍干燥和阳光充足环境，不耐寒，宜爽水，忌积水，要求疏松和排水良好的酸性土壤。

繁殖： 种子繁殖。

应用： 枝叶茂盛，花朵大，色彩异常美丽，观赏期长，适宜在花园或花盆种植，又是优良的鲜切花和干花材料。

洒金东瀛珊瑚

别名：花叶日本桃叶珊瑚　科属：桃叶珊瑚科桃叶珊瑚属

★ *Aucuba japonica* Thunb.var. *variegata* D'Om-Brain

识别：常绿灌木，高可达 3 m。叶对生，叶片椭圆状卵圆形至长椭圆形，亮绿色，散生大小不等的黄色或淡黄色的斑点，边缘疏生锯齿。浆果状核果，卵圆形，熟时鲜红色。果期 11 月至翌年 2 月。

观花：圆锥花序顶生；花小，紫红色或暗紫色。花期 3 ~ 4 月。

分布：原产于日本，中国长江中下游地区广泛栽培。

习性：喜温暖阴湿环境，不甚耐寒；喜湿润且排水良好、肥沃的土壤。

繁殖：播种或扦插繁殖。

应用：枝繁叶茂，凌冬不凋，是珍贵的耐阴灌木，宜配植于门庭两侧树下。庭院墙隅、池畔湖边和溪流林下，凡阴湿之处无不适宜，若配植于假山上，其枝叶常用于瓶插。

相近种：桃叶珊瑚 *Aucuba chiuensis* Benth.。

灯台树

别名：瑞木
科属：山茱萸科灯台树属

★ *Bothrocaryum controversum* (Hemsl.) Pojark.

识别：落叶小乔木，高达 15 ~ 20 m。单叶互生，常簇生于枝梢，卵状椭圆形至广卵形，叶端突渐尖，基部圆形，侧脉 6 ~ 8 对，叶表深绿，叶背灰绿色，疏生贴伏短柔毛。核果近球形，由紫红变成蓝黑色。果期 9 ~ 10 月。

观花：伞房状聚伞花序，顶生，花小，白色。花期 5 ~ 6 月。

分布：产于长江流域及西南各省，北达东北南部，南至两广及台湾；朝鲜和日本也有分布。

习性：喜温暖气候及半阴环境，适应性强，耐寒、耐热；宜在肥沃、湿润及疏松、排水良好的土壤上生长。

繁殖：播种繁殖。

应用：该种树姿优美奇特，叶形秀丽，白花素雅，是优美的园林绿化植物；可作庭荫树、行道树。

四照花

别名：石枣，山荔枝
科属：山茱萸科四照花属

★ *Dendrobenthamia japonica* (DC.) Fang var. *chinensis* (Osborn.)Fang

识别：落叶灌木或小乔木，高达 9 m。叶对生，卵状椭圆形或卵形，叶端渐尖，基部圆形或广楔形，侧脉弧形 3 ~ 5 对，叶表面疏生柔毛，叶背粉绿色，有白柔毛并在脉腋簇生黄色或白色毛。核果聚为球形聚合果，成熟后变紫红色。果期 9 ~ 10 月。

观花：球形头状花序，由 40 ~ 50 朵小花组成，花序基部有 4 枚白色花瓣状的总苞片。花期 5 ~ 6 月。

分布：产于长江流域及河南、山西、陕西、甘肃等省区。

习性：喜光，耐半阴，较耐寒。

繁殖：播种、分株或扦插繁殖。

应用：树形美观圆整呈伞状，叶片光亮，入秋变红，且留存树上达 1 月有余。秋季红果满树，硕果累累，一派丰收景象。春赏亮叶，夏观玉花，秋看红果红叶，是一种极其美丽的庭园观花、观叶、观果园林绿化佳品。

★ *Dendrobenthamia capitata* (Wall.)Hutch.

头状四照花

别名：鸡膝子，野荔枝
科属：山茱萸科四照花属

识别：常绿小乔木；嫩枝密被白色柔毛。叶对生，革质或薄革质，矩圆形或矩圆状披针形，长 5.5 ~ 10 cm，宽 2 ~ 3.4 cm，顶端锐尖，基部楔形，两面均被贴生白色柔毛，下面极为稠密；中脉及侧脉均在上面微显，下面凸出，脉腋常有凹穴；叶柄被柔毛。果序扁球形，紫红色；总果柄粗壮，长 4 ~ 7 cm。

观花：头状花序近球形，直径约 1.2 cm，具 4 白色花瓣状总苞片，总苞片倒卵形，顶端尖，长 3 ~ 4 cm，宽 2 ~ 3 cm；花萼筒状，4 裂，裂片圆而钝；花瓣 4 片，黄色；雄蕊 4 枚。

分布：分布于四川、云南和西藏；尼泊尔、印度也有分布。

习性：喜光。

繁殖：播种繁殖。

应用：可作庭荫树。

★ *Dendrobenthamia multinervosa* (Pojark.) Fang

多脉四照花

科属：山茱萸科四照花属

识别：落叶小乔木或灌木，高 4 ~ 12 m。叶对生，长椭圆形或卵状椭圆形，长 6 ~ 13 cm，宽 3 ~ 6 cm，先端渐尖，基部楔形，边缘全缘或有不明显的波状齿，侧脉 6 ~ 7 对，弓形内弯；叶柄长 8 ~ 18 mm。果序球形，直径 1.2 ~ 1.6 cm，成熟时红色。果期 10 ~ 11 月。

观花：头状花序球形，为 27 ~ 45 朵花聚集而成，直径 1 cm；总苞片 4 枚，白色或黄白色，阔卵形或椭圆形，长 3 ~ 4.5 cm，宽 1.8 ~ 2.8 cm，先端渐尖或突尖；花小，花瓣 4 枚；雄蕊 4 枚。花期 5 ~ 6 月。

分布：产于四川西部至西南部、云南东部和东北部。

习性：性喜光，亦耐半阴，喜温暖气候和阴湿环境。

繁殖：播种繁殖。

应用：可孤植或列植，观赏其秀丽之叶形及奇异之花朵和红灿灿的果实；也可丛植于草坪、路边、林缘、池畔。

★ *Dendrobenthamia elegans* Fang et Hsieh

秀丽四照花

别名：野荔枝
科属：山茱萸科山茱萸属

识别：常绿小乔木或灌木，高 3 ~ 8 m。叶对生，椭圆形或长椭圆形，长 5.5 ~ 8.2 cm，宽 2.5 ~ 3.5 cm，全缘，先端渐尖，基部钝尖或宽楔形，侧脉 3 ~ 4 对；叶柄长 5 ~ 10 mm。果序球形，直径 1.5 ~ 1.8 cm，成熟时红色。果期 11 月。

观花：头状花序球形，由 45 ~ 55 朵花聚集而成；总苞片倒卵状长椭圆形，长 3.5 ~ 4 cm，宽 1.8 ~ 2 cm，先端急尖，基部楔形；花瓣 4 片，卵状椭圆形；雄蕊 4 枚；总花梗长 4 ~ 7 cm。花期 6 月。

分布：中国的特有植物。产于浙江、江西、福建等省。

习性：性喜光，亦耐半阴，喜温暖气候和阴湿环境。

繁殖：扦插、播种繁殖。

应用：可孤植或列植，观赏其秀丽的叶形及奇异的花朵和红灿灿的果实；也可丛植于草坪、路边、林缘、池畔，与常绿树混植。

山茱萸

别名：蜀枣，鼠矢
科属：山茱萸科山茱萸属

识别： 落叶灌木或小乔木，高 4 ～ 10 m。叶对生，卵状椭圆形或卵形，顶端尖，基部浑圆或楔形，表面疏生柔毛，背面毛较密，侧脉弧形 6 ～ 8 对，脉腋有黄褐色短柔毛。核果，熟时红色。果期 9 ～ 10 月。

观花： 先花后叶，伞房花序腋生，花瓣 4 枚，卵形，黄色。花期 3 ～ 4 月。

分布： 分布于山东、山西、河南、陕西、甘肃、浙江、安徽、湖南等省区，北京、大连、熊岳等地有栽培。

习性： 喜温暖气候，在自然界生于山沟、溪旁；耐寒，耐旱，也稍耐水湿。

繁殖： 播种繁殖，也可嫁接、压条繁殖。

应用： 枝干丛生，早春开花金黄一片，入秋红果晶莹剔透，叶色红艳可爱，适于在自然风景区中成丛种植，庭前、池畔、角隅、石边均适宜。

★ *Macrocarpium officinale* (Sieb.et Zucc.) Nakai ☆ Medical Dogwood

毛梾

别名：小六谷，毛梾木，车梁木
科属：山茱萸科梾木属

识别： 落叶乔木，高 6 ～ 14 m。叶对生，椭圆形至长椭圆形，长 4 ～ 10 cm，宽 2.7 ～ 4.4 cm，顶端渐尖，基部楔形，上面具贴伏的柔毛，下面密生贴伏的短柔毛，淡绿色，侧脉 4 ～ 5 对；叶柄长 0.9 ～ 3 cm。核果球形，黑色，直径 6 mm。

观花： 伞房状聚伞花序顶生，长 5 cm；花白色，直径 1.2 cm；萼齿三角形；花瓣披针形；雄蕊 4 枚。

分布： 分布于山东、河北、河南、江苏、安徽、浙江、湖北、湖南、山西、陕西、甘肃、贵州、四川、云南等地。

习性： 喜光，耐寒，耐旱，能耐 -23℃的低温。

繁殖： 播种繁殖。

应用： 树体雄伟，枝叶茂密，夏季白花繁盛，蔚为壮观。适宜栽作行道树、庭荫树或园景树。木材坚硬，是优质用材树种。

★ *Swida walteri* (Wanger.) Sojak. ☆ Hair Dogwood

沙梾

科属：山茱萸科梾木属

识别： 落叶灌木或小乔木，高 1 ～ 6 m。树皮红紫色，光滑。单叶对生，卵形或长圆形，全缘，背面灰白色，叶脉弧形，侧脉脉腋被白色丛毛。核果近球形，蓝黑色。果期 8 ～ 9 月。

观花： 伞房状聚伞花序，顶生；花 4 基数，乳白色。花期 6 ～ 7 月。

分布： 北京见于门头沟、房山、密云等区县山地，生于山坡灌、杂木林中。分布于华北、西北、西南等省区。分布于华北、西北、西南等省区。

习性： 适应性强；喜光；喜湿润，耐寒；喜排水良好、疏松的土壤。

繁殖： 播种或分株繁殖。

应用： 可作庭园绿化观赏。

★ *Swida bretschneideri* L.Henry ☆ Sand Dogwood

★ *Swida wilsoniana* (Wanger.) Sojak. ☆ Wilson Dogwood

光皮树

别名：狗骨木，光皮梾木，斑皮抽水树
科属：山茱萸科梾木属

识别： 落叶灌木或乔木，高 5 ~ 18 m。树皮光滑，带绿色。叶对生，狭椭圆形至阔椭圆形，长 3 ~ 9 cm，宽 1.5 ~ 5.8 cm，顶端短渐尖，基部楔形，密被白色贴伏的短柔毛及细小的乳头状凸起，侧脉 3 ~ 4 对，弓形弯曲；叶柄纤细，长 8 ~ 14 mm。核果球形，蓝黑色，直径 6 mm。

观花： 圆锥状聚伞花序近于塔形，顶生，长 5 ~ 6 cm；花白色，直径约 9 mm；萼齿宽三角形；花瓣 4 片，条状披针形至披针形，长 5 mm；雄蕊 4 枚。

分布： 广泛分布于黄河及以南流域，以湖南、江西、湖北等省最多。

习性： 喜光，耐寒，喜深厚、肥沃而湿润的土壤，在酸性土及石灰岩土中也能生长。

繁殖： 播种繁殖。

应用： 光皮树枝叶茂密、树姿优美、树冠舒展、干直挺秀、树皮斑斓、叶茂荫浓、初夏满树银花，为理想的行道树和庭荫树。

★ *Swida alba* Opiz ☆ Tatarian Dogwood

红瑞木

别名：红梗木，凉子木
科属：山茱萸科梾木属

识别： 落叶灌木，高 3 m。干直立丛生。幼枝橙黄色或绿色，常被白粉；老枝暗红色，入冬变成鲜红色；髓大而白色，单叶对生，卵形或椭圆形，叶端尖，基部圆形或广楔形，全缘，侧脉弧形，5 ~ 6 对，叶表暗绿色，叶背灰绿色，两面疏生柔毛。核果，成熟时白色或稍带蓝色。果期 8 ~ 9 月。

观花： 顶生伞房状聚伞花序，花小，白色。花期 5 ~ 6 月。

分布： 分布于东北地区及内蒙古、河北、陕西、山东等地。朝鲜、俄罗斯也有分布。

习性： 喜光，耐寒、耐旱、耐水湿，耐修剪，根系发达。

繁殖： 播种繁殖。

应用： 枝干终年红艳，秋冬季节尤甚；夏季白花繁茂，秋季白果掩映与变色的红叶中，美丽可观。此外尚有银边、黄边等变种。最宜丛植于庭园草坪、建筑物前或常绿树间，又可栽作自然式绿篱。

★ *Helwingia himalaica* Hook. f. et Thoms. ex C. B. Clarke

西域青荚叶

别名：喜马拉雅青荚叶
科属：青荚叶科青荚叶属

识别： 常绿灌木，高 2 ~ 3 m。叶厚纸质，长圆状披针形，长圆形，稀倒披针形，长 5 ~ 18 cm，宽 2.5 ~ 5 cm，先端尾状渐尖，基部阔楔形，边缘具腺状细锯齿，侧脉 5 ~ 9 对；叶柄长 3.5 ~ 7 cm；果实常 1 ~ 3 枚生于叶面中脉上，果实近于球形，长 6 ~ 9 mm，直径 6 ~ 8 mm；果梗长 1 ~ 2 mm。果期 8 ~ 10 月。

观花： 雄花绿色带紫，常 14 枚，呈密伞花序，4 数（稀 3 数），花梗细瘦，长 5 ~ 8 mm；雌花 3 ~ 4 枚，柱头 3 ~ 4 个，向外反卷。花期 4 ~ 5 月。

分布： 产于湖南、湖北、四川、云南、贵州及西藏南部。尼泊尔、印度锡金邦、不丹、印度北部也有分布。

习性： 喜光。

繁殖： 播种繁殖。

应用： 可作园林观花、观果灌木。

青荚叶

别名：大叶通草，叶上珠，日本青荚叶
科属：青荚叶科青荚叶属

识别： 落叶灌木，高 1 ～ 2 m。叶痕显著。叶纸质，卵形、卵圆形，长 3.5 ～ 9 cm，宽 2 ～ 6 cm，先端渐尖，基部阔楔形或近于圆形，边缘具刺状细锯齿；中脉及侧脉在上面微凹陷，下面微突出；叶柄长 1 ～ 5 cm；托叶线状分裂。浆果成熟后黑色。果期 8 ～ 9 月。

观花： 花淡绿色，3 ～ 5 数，花萼小，花瓣长 1 ～ 2 mm，镊合状排列；雄花 4 ～ 12 枚，呈伞形或密伞花序，常着生于叶上面中脉的 1/2 ～ 1/3 处；花梗长 1 ～ 2.5 mm；雄蕊 3 ～ 5 枚；雌花 1 ～ 3 枚，着生于叶上面中脉的 1/2 ～ 1/3 处；花梗长 1 ～ 5 mm；子房卵圆形或球形，柱头 3 ～ 5 裂。花期 4 ～ 5 月。

分布： 分布于我国黄河流域以南各省区。

习性： 喜阴湿及肥沃的土壤。

繁殖： 播种繁殖。

应用： 可于庭园树荫或林下栽培，也可盆栽。

★ *Helwingia japonica* (Thunb.) Dietr.　☆ Japan Helwingia

美国商陆

别名：垂序商陆
科属：商陆科商陆属

识别： 多年生草本，高 1 ～ 2 m。茎带紫红色。叶片椭圆状卵形或卵状披针形，长 9 ～ 18 cm，顶端急尖；基部楔形。浆果扁球形，熟时紫黑色。果期 8 ～ 10 月。

观花： 总状花序顶生或侧生；花白色，微带红晕；花被片 5 枚。果序下垂。花期 6 ～ 8 月。

分布： 原产于北美；现世界各地引种和归化。我国南方地区已经逸为野生。

习性： 喜阴，忌阳光直射；喜温暖、湿润的环境，不耐干旱；喜土层深厚、富含有机质的壤土。

繁殖： 播种繁殖。

应用： 宜成片植于庭园中较阴湿处，有绿化和美化的效果。

★ *Phytolacca americana* L.　☆ Coakum

商陆

别名：当陆，山萝卜，牛萝卜，见肿消
科属：商陆科商陆属

识别： 多年生草本，高 1 ～ 1.5 m，无毛。根肥厚，肉质，圆锥形，外皮淡黄色；茎绿色或紫红色。叶卵状椭圆形至长椭圆形，长 12 ～ 25 cm，宽 5 ～ 10 cm；叶柄长 3 cm。浆果，扁球形，紫色或黑紫色。果期 6 ～ 10 月。

观花： 总状花序顶生或侧生，长达 20 cm；花直径约 8 mm；花被片 5 枚，白色，后变淡粉红色；雄蕊 8 枚。花期 5 ～ 8 月。

分布： 分布几遍全国；朝鲜、日本、印度也有分布。

习性： 喜温暖、阴湿环境，不耐寒，宜疏松、肥沃的沙质壤土。

繁殖： 播种或分株繁殖。

应用： 宜丛植于建筑旁边、林下、路旁、坡地和野生园等，或片植于溪边、湖岸、河堤灌木丛下的隙地或庭园空旷地上，也可用于大型盆栽。

相近种： 美国商陆 *Phytolacca americana* L.，与商陆的区别在于：果序下垂，心皮 10 个。

★ *Phytolacca acinosa* Roxb.　☆ Pokeberry Root

★ *Euscaphis japonica* (Thunb.) Dippel ☆ Common Euscaphis

野鸦椿

别名：鸡眼睛皮，红棕，鸡肫花
科属：省沽油科野鸦椿属

识别： 落叶灌木或小乔木，高 3 ~ 8 m。树皮灰色，具纵裂纹；小枝及芽红紫色，枝叶揉碎后发出恶臭气味。叶对生，单数羽状复叶，厚纸质，长 13 ~ 32 cm；小叶通常 5 ~ 9 枚，也有 3 枚或 11 枚的，长 5 ~ 11 cm。蓇葖果，果皮软革质，紫红色；种子近圆形，假种皮肉质，黑色。果期 8 ~ 9 月。

观花： 圆锥花序顶生，花黄白色，直径约 5 mm；萼片、花瓣、雄蕊均为 5 枚。花期 5 ~ 6 月。

分布： 分布于长江流域各省，北至河南，东南达台湾地区。

习性： 喜光，耐阴怕晒；耐寒性较强；耐瘠薄，干燥。

繁殖： 播种繁殖。

应用： 宜植于庭园、房前、路旁、草坪中央、山坡、谷地丛林中等地。

★ *Staphylea bumalda* DC. ☆ Bumalda Bladderfruit

省沽油

别名：水条，珍珠花
科属：省沽油科省沽油属

识别： 落叶灌木或小乔木，高 2 ~ 5 m。树皮红褐色。奇数羽状叶对生，小叶 3 枚，卵圆形，先端尖，缘具细锯齿。蒴果膀胱状，扁平，先端 2 浅裂。果期 7 ~ 8 月。

观花： 圆锥花序顶生；萼片 5 枚，黄白色，花瓣 5 片，乳白色，雄蕊 5 枚，花柱 2 个。花期 4 ~ 5 月。

分布： 分布于东北、华北至长江流域各省区。

习性： 中性偏阴树种，喜湿润气候，喜肥沃且排水良好土壤。

繁殖： 播种、分株或压条繁殖。

应用： 枝条细长开展，树形自然，花秀美而芳香，果实奇特；可植于庭园观赏，适于岩石园、山石旁或林缘、路旁、角隅、池畔、低山山坡、山谷疏林中种植。

相近种： 膀胱果 *Staphylea holocarpa* Hemsl，小枝灰绿色；顶生小叶柄长，达 1.5 ~ 4 cm；小叶无毛，背面稍有白粉；圆锥花序有梗。

★ *Tapiscia sinensis* Oliv. ☆ Chinese Falsepistache

银鹊树

别名：瘿椒树
科属：省沽油科银鹊树属

识别： 落叶乔木，高达 15 m。小枝无毛，芽卵形。单数羽状复叶，长达 30 cm；小叶 5 ~ 9 枚，狭卵形或卵形，长 6 ~ 14 cm，宽 3.5 ~ 6 cm，边缘有锯齿，无毛，下面粉绿色；叶柄长达 12 cm。核果近球形，长约 7 mm。果期翌年 9 ~ 10 月。

观花： 圆锥花序腋生，雄花序长达 25 cm，两性的长达 10 cm；花小，有香气，黄色，雄花与两性花异株；花萼钟状，长约 1 mm，5 浅裂；花瓣 5 片，狭倒卵形，比萼稍长；雄蕊 5 枚，与花瓣互生，伸出花外。花期 6 ~ 7 月。

分布： 产于河南、云南、四川、湖北、湖南、广西、广东、浙江等地。

习性： 适应性强，较耐寒，喜生于湿润、肥沃的土壤。

繁殖： 播种繁殖。

应用： 姿态优美，秋叶黄色，花具芳香。可用于小型造景的需要，也可以种植在庭园中。孤植或群植于灌木丛中，具较高的观赏价值。

芥蓝

别名：白花芥蓝
科属：十字花科芸苔属

识别： 一年生草本，高 1 m。全株无毛，具粉霜。茎直立，有分枝。基生叶卵形，长达 10 cm，边缘有微小不规则细齿，不裂或基部有小裂片；茎生叶卵形或圆卵形，长 6 ~ 9 cm，边缘波状或有尖锐齿，基部耳状，沿叶柄下延，有少数显著裂片；茎上部叶长圆形，较大，边缘有粗齿，不下延。长角果线形，长 3 ~ 9 cm，顶端具喙。果期 5 ~ 6 月。
观花： 总状花序长，直立；花白色或淡黄色；萼片披针形；花瓣长圆形。花期 3 ~ 4 月。
分布： 原产于我国，为华南地区普遍栽培的冬春季蔬菜之一。
习性： 喜温和气候，耐热性强，喜湿润的土壤环境，不耐干旱。
繁殖： 播种繁殖。
应用： 叶色翠绿，花色鲜艳，可作庭园观赏植物。

★ *Brassica alboglabra* L.H.Bailey ☆ Whiteglabrous Mustard

羽衣甘蓝

别名：叶牡丹，牡丹菜，花包菜
科属：十字花科芸苔属

识别： 二年生草本，高 30 ~ 40 cm。叶宽大肥厚，叶面皱缩，被白粉，叶片层叠着生于短茎上；外部叶片呈粉蓝绿色。长角果，细圆柱形。种子成熟期 6 月。
观花： 花茎较长，有时高达 160 cm，有小花 20 ~ 40 朵，花黄色。花期 4 月。
分布： 原产于西欧，现中国广泛栽培。
习性： 喜光，喜冷凉，较耐寒，忌高温多湿，喜疏松肥沃的沙质壤土。
繁殖： 播种繁殖。
应用： 羽衣甘蓝冬季株形状如牡丹花，被形象地称为“叶牡丹”，叶色丰富，观赏期长，为冬季花坛的重要材料，在公园、街头、花坛、花境常见用于镶边和组成各种美丽的图案。可用于布置冬季和春季花坛、花境，也可盆栽观赏。
品种： 内叶颜色丰富，有白、粉红、紫红、乳黄、黄绿等颜色。

★ *Brassica oleracea* L.var. *acephala* L.f.*tricolor* Hort. ☆ Flowering Kale

花椰菜

别名：花菜，菜花
科属：十字花科芸苔属

识别： 二年生草本，株高 60 ~ 90 cm。叶互生，长椭圆形，叶缘波状，叶具耳或无，叶面被蜡粉，蓝绿色或浅灰绿色。果实长圆筒形角果。
观花： 由短缩、肉质的主花基及其上多级侧花蓬组成花球，花球白色。总状花序，花冠黄色。
分布： 原产于地中海沿岸。我国南方栽培较多。
习性： 喜光，半耐寒。
繁殖： 播种繁殖。
应用： 可种植于公园或农作物园作科普观赏用。
品种： 品种较多。

★ *Brassica oleracea* L.var. *botrytis* L. ☆ Cauliflower

★ *Brassica campestris* L.　☆ Bird Rape，Edible Rape

油菜

别名：芸苔，寒菜，胡菜
科属：十字花科芸苔属

识别： 二年生草本，株高 30 ~ 90 cm。基生叶大头羽裂，顶裂片圆形或卵形，边缘有弯缺的牙齿，侧裂片 1 至数对，卵形，叶柄宽，基部抱茎；下部茎生叶羽状半裂，长 6 ~ 10 cm，基部扩展抱茎，两面有硬毛和缘毛；上部茎生叶长圆状倒卵形或长圆状披针形，基部心形，全缘或有波状细齿。长角果线形。果期 5 月。

观花： 总状花序在花期成伞房状，以后伸长；花鲜黄色；花瓣倒卵形。花期 3 ~ 4 月。

分布： 原产于我国。南北广为栽培，四季均有供产。

习性： 生性强健，对环境适应能力强。

繁殖： 播种繁殖。

应用： 适合大片地区广泛栽植，景色壮观。

品种： 品种较多。

★ *Capsella bursa-pastoris* (L.) Medic.　☆ Shepherd's Purse

荠菜

别名：枕头草，粽子菜，地菜，上巳菜，荠草
科属：十字花科芥菜属

识别： 一二年生草本，高 10 ~ 40 cm。被单毛、分叉毛及星状毛。基生叶呈莲座状，不整齐羽裂或全缘，茎生叶抱茎。短角果倒三角状心形。果期 5 ~ 6 月。

观花： 总状花序，花后伸长；萼片直立，花瓣 4 片，倒卵形，白色。花期 4 ~ 5 月。

分布： 分布几遍全国，北京城区及郊区各地常见，生于草地、田边、路旁等处。

习性： 喜光。

繁殖： 播种繁殖。

应用： 可作园林地被植物。

★ *Cardamine leucantha* (Tausch) O. E. Schulz

白花碎米荠

别名：山芥菜
科属：十字花科碎米荠属

识别： 多年生直立草本，株高 30 ~ 80 cm。奇数羽状复叶互生，小叶 2 ~ 3 对，卵状披针形，边缘有不整齐的牙齿或锯齿。总状花序；花瓣 4 片，十字形排列，白色，雄蕊 6 枚，四强雄蕊。长角果线形，被毛，先端具喙。花果期 5 ~ 7 月。

分布： 分布于中国大部分地区。

习性： 适应性强。喜温暖湿润的环境，耐寒性强，也耐热。

繁殖： 播种繁殖。

应用： 花洁白素雅，是优良的地被植物。

弹裂碎米荠

别名：水花菜，水花菜
科属：十字花科碎米荠属

识别： 一年生草本，高 15 ~ 40 cm。茎直立，不分枝或从基部分枝，有棱，无毛。叶为羽状复叶；基生叶花后干枯；下部茎生叶长 4 ~ 13 cm，小叶 6 ~ 9 对，顶生小叶宽卵形或披针形，长 1.5 ~ 2.5 cm，侧生小叶卵状矩圆形或宽披针形，长 1 ~ 2 cm，和顶生小叶皆有 3 ~ 5 枚不整齐钝裂片，上面无毛。长角果条形，微扁，长约 2 cm。果期 5 ~ 7 月。

观花： 总状花序顶生和腋生；花白色。花期 4 ~ 6 月。

分布： 分布在长江流域至西南地区和秦岭北坡；亚洲其他地区及欧洲温带也有分布。

习性： 喜温暖、湿润的环境，耐寒性强。

繁殖： 播种繁殖。

应用： 可用于点缀石头缝隙或种植于山坡或路旁。

★ *Cardamine impatiens* L.　☆ Spring Bittercress

碎米荠

别名：野荠菜
科属：十字花科碎米荠属

识别： 一年生草本，高 6 ~ 25 cm。基生叶有柄，单数羽状复叶，小叶 1 ~ 3 对，顶生小叶圆卵形，长 4 ~ 14 mm，有 3 ~ 5 圆齿，侧生小叶较小，歪斜，茎生小叶 2 ~ 3 对，狭倒卵形至条形，所有小叶上面及边缘有疏柔毛。长角果条形，果梗长 5 ~ 8 mm。果期 3 ~ 5 月。

观花： 总状花序在花时成伞房状，后延长；花白色，长 2.5 ~ 3 mm；雄蕊 4 枚。花期 2 ~ 4 月。

分布： 分布在沿长江一带，东至福建，西至云南；亚洲其他地区、欧洲、非洲及美洲也有分布。

习性： 喜温暖、湿润的环境；耐寒，也稍耐阴。

繁殖： 播种繁殖。

应用： 是优良的地被植物。

★ *Cardamine hirsuta* L.　☆ Pennsylvania Bittercress

紫花碎米荠

别名：石芥菜
科属：十字花科碎米荠属

识别： 多年生草本，株高 20 ~ 40 cm。基生叶具长柄，茎生叶奇数羽状复叶，小叶 3 ~ 5 对，长椭圆形，边缘有钝齿。长角果线形。果期 8 ~ 9 月。

观花： 总状花序顶生，呈伞房状；花瓣 4 片，呈十字形排列，紫红色，雄蕊 6 枚，4 强。花期 6 ~ 7 月。

分布： 分布于华北、西北和西南地区。

习性： 喜阴凉至温暖、湿润的环境，耐寒性强。

繁殖： 播种繁殖。

应用： 可作花坛、花境或地被植物观赏。

★ *Cardamine tangutorum* O. E. Schulz　☆ Tangut Bittercress

★ *Cardamine lyrata* Bunge　☆ Lyrate Bittercress

水田碎米荠

别名：小水田荠，水田荠
科属：十字花科碎米荠属

识别： 多年生草本，高 30 ~ 70 cm。匍匐茎上的叶为单叶，心形或圆肾形，有时有小叶 1 ~ 2 对；茎生叶无柄，羽状复叶，小叶 2 ~ 9 对，顶生小叶大，圆形或卵形，长 12 ~ 25 mm，宽 7 ~ 23 mm，顶端圆或微凹，基部心形。长角果线形，长 2 ~ 3 cm。果期 5 ~ 7 月。

观花： 总状花序顶生，花梗长 5 ~ 20 mm；萼片长卵形，长约 4.5 mm，边缘膜质，内轮萼片基部呈囊状；花瓣白色，倒卵形，长约 8 mm，顶端截平或微凹，基部楔形渐狭。花期 4 ~ 6 月。

分布： 产于黑龙江、吉林、辽宁、河北、河南、安徽、江苏、湖南、江西、广西等省区。

习性： 耐水湿。

繁殖： 播种繁殖。

应用： 可作园林地被植物，种植于水边或浅水处。

★ *Descuminia sophia* (L.) Webb ex Prantl　☆ Flixweed

播娘蒿

别名：野芥菜，南葶苈子
科属：十字花科播娘蒿属

识别： 一年生草本，高 30 ~ 70 cm。有叉状毛。茎直立，多分枝，密生灰色柔毛。叶狭卵形，长 3 ~ 5 cm，宽 2 ~ 2.5 cm，二回至三回羽状深裂，末回裂片窄条形或条状矩圆形，长 3 ~ 5 mm，宽 1 ~ 1.5 mm，下部叶有柄，上部叶无柄。长角果窄条形，长 2 ~ 3 cm，宽约 1 mm，无毛；果梗长 1 ~ 2 cm。

观花： 花淡黄色，直径约 2 mm；萼片 4 枚，直立，早落，条形，外面有叉状细柔毛；花瓣 4 片，淡黄色，长 2 ~ 2.5 mm。花期 4 ~ 5 月。

分布： 分布在华北、西北、华东地区及四川；亚洲其他地区、欧洲、非洲北部及北美也有分布。

习性： 耐盐碱，适应性强，有较强的繁殖能力和再生能力。

繁殖： 种子繁殖。

应用： 叶翠绿，花色素雅，可作地被绿化。

★ *Erysimum bungei*（Kitag.）Kitag.　☆ Orange Sugarmustard

糖芥

别名：冈托巴
科属：十字花科糖芥属

识别： 多年生草本，高 30 ~ 60 cm。全株密被叉状毛。单叶互生，披针形或长圆状线形，全缘，上部叶柄短，边缘疏生波状小牙齿。长角果略呈四棱状。果期 6 ~ 10 月。

观花： 总状花序顶生，成伞房状；花冠橘黄色，直径约 1 cm。花期 4 ~ 6 月。

分布： 分布于东北和华北等地。

习性： 喜阳光充足；耐干旱。耐寒性强。

繁殖： 播种繁殖。

应用： 宜作庭园美化观赏。

小花糖芥

别名：桂行糖芥，野菜子
科属：十字花科糖芥属

识别： 一年生草本，高 15 ~ 50 cm，具伏生 2 ~ 4 叉状毛。叶无柄或近无柄，披针形或条形，长 2 ~ 4 cm，宽 1 ~ 2 mm，先端急尖，基部渐狭，全缘或深波状。长角果侧扁，四角形或圆柱形，长 2 ~ 2.5 cm，裂片具隆起中肋，有散生星伏毛；果梗斜向伸展，长 2 ~ 4 mm。果期 5 ~ 7 月。

观花： 总状花序顶生；花梗长 2 ~ 3 mm；花淡黄色，直径约 5 mm；雄蕊 6 枚，近等长。花期 4 ~ 6 月。

分布： 分布除华南地区外，几遍全国；亚洲北部、欧洲和北美也有分布。

习性： 适应性强，喜温凉的气候。

繁殖： 播种繁殖。

应用： 宜作花境或花坛及地被材料。

★ *Erysimum cheiranthoides* L.　☆ Wormseed Sugarmustard

屈曲花

别名：珍珠球，蜂室花
科属：十字花科屈曲花属

识别： 一年生草本，高 10 ~ 40 cm；茎直立，稍分枝，有棱，在棱上具向下生的柔毛，上部无毛。茎下部叶匙形，上部叶披针形或长圆状楔形，长 1.5 ~ 2.5 cm，顶端圆钝，基部渐狭，上部每边有 2 ~ 4 疏生牙齿，下部全缘，两面无毛，具缘毛。短角果圆形。果期 6 月。

观花： 总状花序顶生；花梗丝状，伸展或上升，长约 1 cm；萼片倒卵形，长 1.5 ~ 2 mm；花瓣白色或浅紫色，倒卵形，外轮长约 6 mm，内轮长约 3 mm。花期 5 月。

分布： 原产于西欧，我国各地栽培。

习性： 耐寒，忌炎热，喜向阳，要求含丰富腐殖质的疏松而排水良好的壤土。

繁殖： 播种繁殖。

应用： 可作园林地被植物或盆栽观赏。

★ *Iberis amara* L.　☆ Candytuft

菘蓝

别名：茶蓝，板蓝根，大青叶
科属：十字花科菘蓝属

识别： 二年生草本，高 40 ~ 90 cm。基生叶矩圆状椭圆形，有柄；茎生叶矩圆形至矩圆披针形，长 5 ~ 7 cm，宽 1 ~ 2 cm，先端钝，基部箭形，半抱茎，全缘或有不明显锯齿。短角果矩圆形，扁平，边缘有翅，长约 1.3 cm，宽约 4 mm，紫色。果期 5 ~ 6 月。

观花： 花序复总状；花黄色，直径 3 ~ 4 mm。花期 4 ~ 5 月。

分布： 原产于中国。各地均有栽培。

习性： 喜光；喜凉爽、湿润的气候，耐寒性强；宜种植在土壤深厚、疏松肥沃的沙质壤土。

繁殖： 播种繁殖。

应用： 株形秀美，花色清丽，可用作地被绿化或盆栽观赏。

相近种： 欧洲菘蓝 *Isatis tinctoria* L.

★ *Isatis indigotica* Fort.　☆ Dyers Woad

★ *Lobularia maritima* (L.) Desv.　☆ Spice snowball

香雪球

别名：小白花，庭荠
科属：十字花科香雪球属

识别： 多年生草本，作一二年生栽培，高 15 ~ 30 cm。植株矮小，茎细，多分枝铺散，具疏毛。单叶互生，披针形，全缘。短角果，近球形。果期 5 ~ 7 月或 10 ~ 11 月。

观花： 总状花序顶生，小花繁密呈球形，花白色或淡紫色等。花期 3 ~ 6 月，9 ~ 10 月。

分布： 原产于地中海地区及加那列群岛，现世界各地广泛栽培。

习性： 香雪球喜冷凉干燥气候，忌湿热，喜阳光，也耐半阴，适应性较强，对土壤要求不严格，比较耐干旱瘠薄，但在肥沃、排水良好的土壤上生长良好。

繁殖： 播种繁殖。

应用： 是优良的岩石园花卉，也是花坛、花境的良好材料，还可盆栽或作地被植物。

★ *Matthiola incana* (L.) R. Br.　☆ Common Stock

紫罗兰

别名：草紫罗兰，草桂花，四桃克
科属：十字花科紫罗兰属

识别： 二年或多年生草本，高 20 ~ 60 cm。茎直立，基部稍木质化。单叶互生，长圆形至倒披针形，全缘。长角果圆柱形，种子白色具膜翅。果熟期 6 ~ 7 月。

观花： 总状花序顶生，花梗粗壮，花期 4 ~ 5 月。

分布： 原产于欧洲地中海沿岸，各地园林习见栽培。

习性： 喜冷凉，忌燥热，耐寒；喜阳光充足，但也稍耐半阴；要求肥沃湿润的中性或微酸性土壤。

繁殖： 播种繁殖。

应用： 用于布置春季花坛、花境，也可作切花或盆栽观赏。

品种： 花色有淡紫、深粉红、白色及复色等。

★ *Nasturtium officinale* R.Br.　☆ Watercress

豆瓣菜

别名：西洋菜，水田芥，凉菜，耐生菜
科属：十字花科豆瓣菜属

识别： 多年生草本，株高 15 ~ 40 cm。全株光滑无毛。奇数羽状复叶，顶生小叶较大，近圆形或宽心形，侧生小叶卵形或宽卵形，边缘有少数波状齿或全缘。长角果近圆柱形。花果期 5 ~ 6 月。

观花： 总状花序顶生；花小，花瓣 4 片，倒卵形，白色，雄蕊 6 枚。

分布： 分布于中国大部分地区。

习性： 喜光，耐水湿。

繁殖： 播种繁殖。

应用： 可种植于小溪、水塘或湖边。

诸葛菜

别名：菜子花，二月兰，紫金草
科属：十字花科诸葛菜属

识别：一年或二年生草本，高 15 ~ 60 cm。基生和下部茎生叶大头羽状分裂，上部茎生叶长圆形，基部耳状抱茎，边缘有不整齐牙齿。长角果细长，有 4 棱。花果期 4 ~ 7 月。
观花：总状花序顶生；花萼筒状，紫色，花瓣 4 片，十字形排列，紫色或白色，雄蕊 6 枚。
分布：分布于河北、山西至长江流域地区。
习性：耐寒性强，喜阳光充足；喜冷凉的气候；对土壤要求不严格。
繁殖：播种繁殖。
应用：花色艳丽，常被栽植作为绿化美化及地被植物。

★ *Orychophragmus violaceus*（L.）O.E.Schulz

萝卜

别名：莱菔，水萝卜
科属：十字花科萝卜属

识别：一二年生草本。根肉质，长圆形球形或圆锥形，根皮红色或白色。茎有分枝，无毛，稍具白粉霜。基生叶和下部茎生叶大头羽状半裂，长 8 ~ 30 cm，宽 3 ~ 5 cm，顶部裂片卵形，侧裂片 4 ~ 6 对，长圆形，有钝齿或近全缘。长角果圆柱形，长 3 ~ 6 cm。果期 5 ~ 6 月。
观花：总状花序顶生或腋生；花粉红色或白色；花瓣倒卵形，具紫纹。花期 4 ~ 5 月。
分布：原产于我国，各地均有栽培。
习性：喜阳光和水分充足。
繁殖：播种繁殖。
应用：花粉红色或白色，有一定的观赏价值，肉质根可用于观赏。
品种：品种较多。

★ *Raphanus sativus* L.　☆ Garden Radish，Radish

蔊菜

别名：印度蔊菜，辣米菜，江剪刀草
科属：十字花科蔊菜属

识别：一年或二年生草本，高达 40 cm。株体有毛或无毛。茎直立或斜升，分枝，有纵条纹，有时带紫色。叶形变化大，基生叶和茎下部叶有柄，柄基部扩大呈耳状抱茎，叶片卵形或大头状羽裂，边缘有浅齿裂或近于全缘；茎上部叶向上渐小，多不分裂，基部抱茎，边缘有不整齐细牙齿。果期 6 ~ 8 月。
观花：花小，黄色；花瓣匙形，与萼片等长。长角果细圆柱形或线形，斜上开展。花期 4 ~ 5 月。
分布：产于华南、华东、华北及西南各省区。日本、朝鲜、菲律宾、印度尼西亚、印度等地也有分布。
习性：喜光，稍耐阴；喜冷凉的气候，耐寒性强，耐热性也很强。
繁殖：播种繁殖。
应用：花繁叶茂，花色艳黄，清丽雅致，是优良的地被植物。

★ *Rorippa indica*（L.）Hiern　☆ India Yellowcress

★ *Punica granatum* L. ☆ Pomegranate

石榴

别名：安石榴，若榴，丹若
科属：石榴科石榴属

识别：落叶灌木或小乔木，高 2 ~ 7 m。叶对生或近簇生，倒卵形至矩圆状披针形，长 2 ~ 8 cm，宽 1 ~ 3 cm，先端短尖、钝尖或微凹，基部尖或稍钝，表面光亮，有短柄。浆果近球形，直径 5 ~ 12 cm，通常为淡黄褐色或淡黄绿色，有时白色，稀暗紫色。果皮厚。果期 9 ~ 10 月。

观花：花 1 至数朵生于枝顶或腋生，两性，有短梗；花萼钟形，红色，质厚，顶端 5 ~ 7 裂；花瓣与萼片同数，有时成重瓣，红色、黄色或白色。雄蕊多数。花期 5 ~ 7 月。

分布：原产于伊朗、阿富汗等小亚细亚国家。华北地区南部可露地栽培。

习性：喜光，喜温暖，也能耐寒、耐旱，喜湿润肥沃的石灰质土壤。

应用：石榴树姿优美，春色叶红艳，夏季开花火红亮丽，秋天硕果满树，橙黄橙红，晚秋叶色变黄，是观赏价值颇高的园林树种，可植于风景区、庭院等处。园林结合生产，适宜居民区栽种，亦常作盆景。

★ *Punica granatum* L. ‘Lagrellei’ ☆ Lagrellei Pomegranate

玛瑙石榴

别名：玻璃石榴
科属：石榴科石榴属

识别：落叶灌木或小乔木。叶片对生或簇生，长披针形或长倒卵形，亮绿色。

观花：花大，重瓣，花瓣有红色、白色条纹或白花红色条纹。花期夏季。

分布：栽培品种。

习性：喜温暖、干燥和阳光充足环境，耐寒，耐干旱，怕水涝，不耐阴，宜肥沃、疏松和排水良好的沙质壤土。

繁殖：夏季取半成熟枝扦插，早春挖取根蘖苗分栽。

应用：是重要的观花、观果树种，适宜公园、风景区成片栽植，小型盆栽或盆景可供窗台、居室点缀，大型盆栽常陈设于公共场所；适合于黄河流域以南地区栽培；花语有“成熟之美”“永生不死”“ 圆熟”之意，是 8 月 7 日出生者的生日花。

★ *Cerastium glomeratum* Thuill. ☆ Glomerate Mouseear

球序卷耳

别名：婆婆指甲
科属：石竹科卷耳属

识别：一年生草本，高 10 ~ 20 cm。茎单生或簇生，密生长柔毛，上部混生腺毛，中上部节间一般长 2 ~ 3 cm，有时长至 3.5 cm。叶对生，下部叶近匙形，顶先端钝，基部渐狭成短柄状，最上部叶近卵形，顶端钝，基部近无柄，两面皆具长柔毛，缘毛密生，背面中肋甚明显。蒴果。果期 5 ~ 6 月。

观花：聚伞花序簇生，成头形，总花梗密生长腺柔毛，带垢状；苞片和小苞片皆叶质，卵状椭圆形，密生柔毛；花梗短而细；萼片 5 枚，披针形，背面密生长腺毛；花瓣 5 片；雄蕊 10 枚。花期 3 ~ 4 月。

分布：分布于江苏、浙江、台湾、福建、江西、湖南、西藏西部；在俄罗斯、罗马尼亚、印度、印度锡金邦亦有分布。

习性：喜光。

繁殖：播种繁殖。

应用：可作园林地被植物，也可种植于山坡上。

夏雪草

别名：密毛卷耳，白耳菜草
科属：石竹科卷耳属

识别： 多年生疏丛草本，高 10 ~ 35 cm。茎基部匍匐，上部直立。叶片线状披针形或长圆状披针形，长 1 ~ 2.5 cm，宽 1.5 ~ 4 mm，顶端急尖，基部楔形，抱茎，被疏长柔毛，叶腋具不育短枝。蒴果长圆形。果期 7 ~ 9 月。

观花： 聚伞花序顶生，具 3 ~ 7 花；苞片披针形，草质，被柔毛，边缘膜质；花梗细，长 1 ~ 1.5 cm，密被白色腺柔毛；萼片 5 枚，披针形；花瓣 5 片，白色；雄蕊 10 枚。花期 5 ~ 8 月。

分布： 分布于宁夏、四川、内蒙古、陕西、青海、山西、河北、甘肃、新疆等地。

习性： 喜阳光充足且排水良好的壤土。

繁殖： 播种或根茎繁殖。

应用： 可作地被或花境观赏。

★ *Cerastium tomentosum* L.

常夏石竹

别名：羽裂石竹，地被石竹
科属：石竹科石竹属

识别： 常绿草本，高 30 cm。全株被白粉；叶对生，叶缘具细锯齿，灰绿色，长线形。

观花： 聚伞花序顶生枝端，花色有紫、粉红、白色，具芳香，有暗紫色斑纹。花期 5 ~ 10 月。

分布： 原产于奥地利至俄罗斯西伯利亚地区。

习性： 喜凉爽及稍湿润的环境，喜光，阳性，耐半阴，耐寒，耐旱，忌涝，喜排水良好的肥沃沙质土壤。

繁殖： 播种或分株繁殖。

应用： 叶常绿，花色艳丽，且花具芳香，花期长，被广泛用于点缀城市的大型绿地、广场、公园、街头绿地、庭院绿地和花坛、花境中，还可盆栽于家中，用作家庭赏花。

★ *Dianthus plumarius* L. ☆ Grass Pink

康乃馨

别名：狮头石竹，麝香石竹，大花石竹
科属：石竹科石竹属

识别： 多年生草本。无毛全体乳绿色。茎直立，高 30 ~ 60 cm，上部稀疏分枝。叶长条形，乳绿色，5 条脉，中脉特显，先端长渐尖，基部成短鞘围抱节上。蒴果长卵形。

观花： 花单生或成聚伞花序；萼下有小苞片 4 枚，菱状卵形，先端短尖；萼筒先端 5 裂，齿三角形，边缘膜质；花瓣 5 片，先端锯齿状浅裂，基部有须毛。花期 4 ~ 9 月。

分布： 原产于地中海沿岸。世界各地广泛栽培。

习性： 喜阴凉干燥、阳光充足与通风良好的生态环境，耐寒性好，耐热性较差。

繁殖： 扦插繁殖。

应用： 颜色鲜艳，富有芳香，为常见的观赏植物，可作切花、插花观赏。

品种： 有单瓣或重瓣品种，花色有蔷薇色、紫色、白色、红色、粉色、黄色等。

★ *Dianthus caryophyllus* L. ☆ Aromatic Pink

★ *Dianthus superbus* L.　☆ Fringed Pink

瞿麦

别名：野麦，石柱花，十样景花
科属：石竹科石竹属

识别：多年生草本，高 30 ～ 40 cm。茎浅绿色。叶为披针形。蒴果长圆形，与宿萼近等长。种子黑色，边缘有宽于种子的翅。果期 7 ～ 10 月。

观花：花顶生，呈疏圆锥状，花瓣深裂成羽状，萼筒长，先端有长尖；花色多为淡粉、白色，少有紫红色；有香气。花期 6 ～ 9 月。

分布：原产于欧洲及亚洲温带；中国秦岭有野生。

习性：耐寒性强，喜冷凉及稍湿润的环境，不耐酷暑，耐半阴；喜排水良好的沙质壤土。

繁殖：播种、分株或扦插繁殖。

应用：株形秀美，花色艳丽，可用于花坛栽植或作切花材料；也可盆栽观赏。

★ *Dianthus chinensis* L.　☆ China Pink

石竹

别名：洛阳花，中国石竹，中国沼竹，石竹子花
科属：石竹科石竹属

识别：多年生直立草本，高 25 ～ 40 cm。叶对生，线状披针形，全缘。蒴果圆筒形，先端 4 裂。果期 7 ～ 9 月。

观花：花单生枝顶或 2 ～ 3 朵成聚伞花序；苞片倒卵形；花萼筒状，花瓣 5 片，紫红、粉红或白色，先端齿裂，基部具长爪，雄蕊 10 枚。花期 5 ～ 6 月。

分布：原产于中国东北、华北地区、长江流域及东南亚地区，分布很广。

习性：性耐寒、耐干旱，不耐酷暑，夏季多生长不良或枯萎，栽培时应注意遮阳降温；喜阳光充足、干燥、通风及凉爽湿润气候。

繁殖：播种、扦插和分株繁殖。

应用：园林中可用于花坛、花境、花台或盆栽，也可用于岩石园和草坪边缘点缀。大面积成片栽植时可作景观地被材料。分布及生境北京常见于各区县向阳山坡草地和林缘灌丛等，也普遍栽培；分布于北部和中部各省区。

品种：花色和品种众多。

★ *Dianthus barbatus* L.　☆ Barbate Pink

须苞石竹

别名：美国石竹，五彩石竹
科属：石竹科石竹属

识别：多年生草本，高 45 ～ 60 cm。茎直立、光滑、粗壮，微有细棱，分枝少。叶披针形至卵状披针形，中脉明显。

观花：头状聚伞花序圆形，花苞片先端须状，花瓣有白、粉、绯红、墨紫及复色等。花期 5 ～ 6 月。

分布：原产于欧洲。我国各地有栽培。

习性：喜阳光充足、高燥，通风及凉爽湿润气候；要求肥沃、疏松、排水良好及含石灰质的壤土或沙质壤土。

繁殖：播种或扦插繁殖。

应用：宜作花坛、花境装饰材料，也可作切花。

品种：品种多。

蔓枝满天星

别名：矮性满天星
科属：石竹科石头花属

识别：宿根草本花卉。植株矮小，茎枝纤细，株高 10 ~ 15 cm。
观花：花瓣 5 枚，花色多样，花期在秋冬至春季。
分布：栽培种。
习性：喜温暖，生长适温为 20 ℃左右，忌高温潮湿和太阳直射，黏性土不易生长，微碱性土质为佳，疏松和排水良好的土壤，浇水避免直接灌浇。
繁殖：播种繁殖。
应用：可作园林地被植物或盆栽观赏。
品种：有单瓣和重瓣品种，花色有粉、红、白色等。

★ *Gypsophila repens* L.‘Rose Beauty’ ☆ Annual Baby's Breath

长蕊石头花

别名：霞草，银柴胡
科属：石竹科石头花属

识别：多年生草本，高 60 ~ 100 cm。全株无毛，粉绿色。根粗壮。茎多数，上部分枝。叶矩圆状披针形，长 4 ~ 6 cm，宽 5 ~ 12 mm，有 3 条纵脉，近顶生的较狭，条形。蒴果比萼稍长。果期 8 ~ 10 月。
观花：聚伞花序顶生，稍扩展；花梗长约 5 mm；花萼钟状，裂片 5 枚，矩圆形，钝头，边缘白色；花瓣 5 片，粉红色或白色，倒卵形，超出花萼外，基部狭细；雄蕊 10 枚。花期 6 ~ 9 月。
分布：产于我国山东、江苏、山西、辽宁、河南、陕西、河北等地。
习性：喜阳光充足、温暖的环境，耐寒，耐旱，不择土壤。
繁殖：播种繁殖。
应用：适宜于花坛、路边和花篱栽植，也非常适合盆栽观赏和盆景制作。

★ *Gypsophila oldhamiana* Miq. ☆ Oldham Chalkplant

缕丝花

别名：霞草，圆锥丝石竹
科属：石竹科石头花属

识别：多年生草本，高 30 ~ 45 cm。全株平滑，上部分枝纤细而开展，具白粉。叶披针形，粉绿色。
观花：圆锥状聚伞花序疏展；花径约 12 mm；花梗细，长 1 ~ 3 cm；苞片三角形，边缘膜质；花萼钟形，长 3 ~ 4 mm，萼齿裂至中部，卵形，顶端圆，边缘膜质；花瓣白色或粉红色，长圆形，长为花萼的 2 ~ 3 倍，顶端截形或微凹，基部急狭。花期 5 ~ 6 月。
分布：原产于欧洲、高加索、土耳其东部、伊朗至西伯利亚。
习性：性耐寒，要求阳光充足而凉爽环境；耐瘠薄和干旱，但以排水良好，具腐殖质的石灰性壤土为好；适应性强，但忌炎热多雨。
繁殖：播种繁殖。
应用：丝石竹姿态雅致，繁花点点，花丝蓬松而轻盈，极为优美，最适与同时开放的郁金香、石竹类、金色草、宿根亚麻、虞美人、羽扇豆、飞燕草等间作混种，美丽非凡。
品种：有大花、粉红及深紫色等。

★ *Gypsophila elegans* Bieb. ☆ Annual Baby's Breath

★ *Lychnis fulgens* Fisch. ex Spreng.　☆ Brilliant Campion

大花剪秋萝

别名：浅裂剪秋罗
科属：石竹科剪秋萝属

识别： 多年生直立草本，高 50 ~ 80 cm。全株被柔毛。叶对生，叶片卵状披针形或长圆形，边缘全缘，无柄。蒴果长卵形，顶端 5 齿裂。果期 7 ~ 9 月。

观花： 聚伞花序顶生，有花 3 ~ 7 朵。花瓣 5 片，深红色，先端 2 深裂，雄蕊 10 枚，子房棍棒状。花期 6 ~ 8 月。

分布： 产于东北、华北地区。

习性： 耐寒、喜凉爽湿润环境。

繁殖： 播种繁殖。

应用： 适合于庭园观赏。

★ *Malachium aquaticum*（L.）Fries　☆ Myosot，Aquatic Malachium

鹅肠菜

别名：鹅儿肠，牛繁缕，滋草，繁缕
科属：石竹科鹅肠菜属

识别： 二年生或多年生，高 20 ~ 80 cm。茎丛生，铺散。叶卵形，基部圆形，先端急尖。蒴果卵圆形，比萼稍长，熟时开裂。种子多数，肾圆形，扁，表面被疣状突起。果期 6 ~ 11 月。

观花： 二歧聚伞花序顶生，开展。萼片 5 枚，披针形，花瓣 5 片，白色，2 深裂，裂片长圆形，雄蕊 10 枚，两轮，花柱 5 个。花期 5 ~ 11 月。

分布： 广布全国。

习性： 喜温暖、湿润的环境；耐阴。

繁殖： 播种繁殖。

应用： 可作地被植物或花境装饰。

★ *Pseudostellaria davidii* (Franch.) Pax　☆ Tendril Childseng

蔓孩儿参

别名：蔓假繁缕，蔓孩儿参
科属：石竹科孩儿参属

识别： 多年生草本。块根纺锤形。茎匍匐，细弱，长 60 ~ 80 cm，稀疏分枝，被 2 列毛。叶片卵形或卵状披针形，长 2 ~ 3 cm，宽 1.2 ~ 2 cm，顶端急尖，基部圆形或宽楔形，具极短柄，边缘具缘毛。蒴果宽卵圆形，稍长于宿存萼；种子圆肾形或近球形，直径约 1.5 mm，表面具棘凸。果期 7 ~ 8 月。

观花： 开花受精花单生于茎中部以上叶腋；花梗细，长 3.8 cm，被 1 列毛；萼片 5 枚，披针形，长约 3 mm，外面沿中脉被柔毛；花瓣 5 片，白色，长倒卵形，全缘，比萼片长 1 倍；雄蕊 10 枚。闭花受精花通常 1 ~ 2 朵，匍匐枝多时则花数 2 朵以上，腋生；花梗长约 1 cm，被毛；萼片 4 枚。花期 5 ~ 7 月。

分布： 产于黑龙江、辽宁、吉林、内蒙古、河北、山西、陕西、甘肃等地。

习性： 喜温暖、湿润的环境，耐寒，耐水湿，稍耐阴。

繁殖： 播种繁殖。

应用： 可作园林地被植物，种植于林下、溪旁、林缘或石坡上。

石碱花

别名：肥皂花
科属：石竹科肥皂草属

识别：多年生草本，高 30 ~ 90 cm。茎较细直立，少分枝。叶对生，椭圆状至披针形，具平行脉，叶色翠绿。
观花：顶生聚伞花序，花单瓣或重瓣，淡红或白色。花期 6 ~ 9 月。
分布：原产于欧洲、西亚、中亚及日本。现各地广泛栽培。
习性：喜温暖、湿润的环境，耐寒；性强健，不择干湿，地下茎发达，有自播习性。
繁殖：播种繁殖。
应用：因其适应性强，可广泛应用于园林绿化中，做花径、花境背景，丛植于林地、篱旁。
品种：'Alba-plena'，花白色；'Roseo-Plena'，花粉红色；'Rubra Plena'，高 30 cm，花重瓣，红色。

★ *Saponaria officinalis* L. ☆ Bouncing Bet，Soapwort

矮雪轮

别名：大蔓樱花
科属：石竹科蝇子草属

识别：一二年生草本，高 30 ~ 80 cm。全株具白色柔毛，茎多分枝丛生状略匍匐状生长。叶对生，广披针形至椭圆形。蒴果，卵圆形。果熟期 6 ~ 7 月。
观花：总状聚伞花序腋生，略下垂。萼有长硬毛，具纵棱，有胶黏质，萼筒有十条红色纵脉，后萼膨大，成壶状，紫红色。花瓣 5 枚，先端两裂，倒卵形，粉红色。花期 5 ~ 6 月。
分布：原产于地中海地区，现广泛栽培。
习性：耐寒，喜光，喜肥，在含有丰富腐殖质、排水良好而湿润的土壤中生长良好。
繁殖：播种繁殖。
应用：植株矮生密集，开花繁茂，花后膨大萼筒仍十分美丽。盆栽是布置花坛和花境的好材料。矮生品种是点缀居室、岩石园和艺术花坛的理想材料。
品种：花色多样，有淡白色、淡紫色、浅红色、玫瑰色等。

★ *Silene pendula* L. ☆ Drooping Catchfly，Nodding Catchfly

高雪轮

别名：钟石竹
科属：石竹科蝇子草属

识别：一年生草本，高 30 ~ 50 cm。茎直立，粉绿色，近无毛，或有疏柔毛，上部有黏质。叶对生，卵形或卵状披针形，长 2.5 ~ 7 cm，宽 0 .7 ~ 3 cm，基部微心形，抱茎，顶端急尖，无毛。蒴果长椭圆形，长 6 ~ 7 mm，顶端 6 齿裂；雌、雄蕊柄结果时长 5 ~ 6 mm，种子肾形，具瘤状突起。
观花：花两性；花序呈伞房状；花梗短；花萼管状棒形，长约 15 mm，具 10 条纵脉，顶端具 5 齿，基部脐形；花瓣 5 片，粉红色或淡紫色，瓣片倒卵状楔形，长 4 ~ 7 mm，顶端微缺；爪无耳；副花冠 2 个，线形，长 2 ~ 3 mm：雄蕊 10 枚；花柱 3 个。花期 5 ~ 6 月。
分布：原产于欧洲，我国各城市公园和庭院栽培供观赏。
习性：喜光。
繁殖：播种繁殖。
应用：可作园林地被植物，或盆栽观花植物。

★ *Silene armeria* L. ☆ Thriftlike Catchfly

★ *Silene tatarinowii* Regel ☆ Tatarinow Catchfly

石生蝇子草

别名：山女娄菜，鹅耳七
科属：石竹科蝇子草属

识别： 多年生草本。叶对生，叶片卵状长圆形至长圆状披针形，全缘，常具 3 脉。蒴果长卵形，熟时 3 瓣裂。果期 8 ~ 9 月。

观花： 聚伞花序顶生，有花 3 ~ 7 朵；苞片叶状；花萼筒状，具 10 脉，花瓣 5 片，白色，先端 2 浅裂，两侧具 1 ~ 2 齿，雄蕊 10 枚。花期 7 ~ 8 月。

分布： 分布于东北地区南部、华北、西北和西南地区。

习性： 耐寒，耐阴，耐瘠薄。

繁殖： 播种繁殖。

应用： 可作庭园观赏。

★ *Silene vulgaris* (Moench) Garcke ☆ Bladder Campion

狗筋麦瓶草

别名：白玉草
科属：石竹科麦瓶草属

识别： 多年生草本，高 30 ~ 50 cm。叶披针形，基部渐狭。花多数，于茎顶形成圆锥花序，萼筒囊泡状膨大，具 20 脉；果期 7 ~ 9 月。

观花： 花瓣无鳞片状附属物，白色，花期 6 ~ 7 月。

分布： 产于我国黑龙江省和内蒙古自治区。

习性： 喜光，耐半阴，耐寒，适宜疏松土壤。

繁殖： 播种或分株繁殖。

应用： 可作为园林地被植物，种植于林缘、岩石园或山坡。

★ *Stellaria palustris* Ehrh. ☆ Bog Chickweed

沼生繁缕

别名：湿地繁缕，沼繁缕沼
科属：石竹科繁缕属

识别： 多年生草本，高 20 ~ 35 cm。全株无毛。根状茎细，分歧。茎直立，具明显的四棱。叶质稍厚，线状披针形或近线形，长 2 ~ 4.5 cm，宽 2 ~ 4 mm，顶端渐尖，有时基部边缘具短睫毛，具 1 脉。蒴果卵状长圆形，具多数种子。果期 7 ~ 8 月。

观花： 二歧聚伞花序顶生或腋生，苞片小，卵状披针形，白膜质；花梗长 1 ~ 3.8 cm，开展；花瓣白色，与萼近等长或稍长；雄蕊 10 枚；子房具 3 花柱。花期 6 ~ 7 月。

分布： 分布于黑龙江、辽宁、陕西、甘肃、河北、山西、河南、山东；蒙古、土耳其、伊朗及欧洲各国亦有分布。

习性： 喜光。

繁殖： 播种繁殖。

应用： 园林中可种植于河边草地、山坡、草地及山谷疏林中。

黄时钟花

科属：时钟花科时钟花属

识别：宿根草本或亚灌木，高 30 ~ 60 cm。叶互生，长卵形，边缘具锯齿，叶基有 1 对明显腺体。

观花：花生于近枝顶；花冠金黄色，5 瓣；每朵花至午前即凋谢，花期长达数月。花期春至夏季。

分布：原产于南美热带雨林。我国南方有栽培。

习性：生性强健，宜光照充足，喜高温、高湿的气候。栽培土质以疏松且排水良好的壤土或沙质壤土为佳。

繁殖：播种或扦插繁殖。

应用：其叶和花瓣的造型很像时钟上的文字盘，所以被称为“时钟花”。时钟花的花开花谢非常有规律。早上开晚上闭，更有意思的是，它的花几乎同开同谢，奇特无比。适于庭园美化和盆栽。

★ *Turnera ulmifolia* L. ☆ Sage Rose，Yellow Buttercups

使君子

别名：留求子，史君子，五梭子
科属：使君子科使君子属

识别：落叶藤状灌木，高 2 ~ 8 m。嫩枝和幼叶有黄褐色短柔毛。叶对生，薄纸质，矩圆形、椭圆形至卵形，长 6 ~ 13 cm，宽 3 ~ 5.5 cm，两面有黄褐色短柔毛，脉上尤多；叶柄下部宿存成硬刺状，亦被毛。果近橄榄核状，长 2.5 ~ 4 cm，有 5 棱，熟时黑色。果期 6 ~ 10 月。

观花：穗状花序顶生，下垂；苞片早落；花两性；萼筒绿色，细管状，长达 7 cm，绿色，顶端 5 齿，具柔毛；花瓣 5 片，矩圆形至倒卵状矩圆形，长 1.5 ~ 2 cm，由白变淡红；雄蕊 10 枚，2 轮排列。花期 5 ~ 9 月。

分布：分布于湖南、江西、福建、台湾、广东、广西、云南、四川；印度、缅甸、菲律宾也有分布。

习性：喜温暖、不耐寒、畏霜冻；宜深厚、湿润、肥沃的土壤。

繁殖：播种、分株、扦插和压条繁殖。

应用：可作为棚架、墙垣、花廊、山坡、路旁等的绿化植物。

★ *Quisqualis indica* L. ☆ Rangooncreeper

君迁子

别名：黑枣
科属：柿树科柿树属

识别：落叶乔木，高达 15 m。树皮暗黑色，老时成方块状裂。叶互生，椭圆形至长圆形，全缘。浆果近球形，熟后黑色，萼宿存。果期 9 ~ 10 月。分布及生境：北京广泛见于各区县。

观花：花单性异株，单生或簇生于叶腋；花萼 4 裂，密生柔毛，花冠钟形，淡黄色，4 裂。花期 5 ~ 6 月。

分布：分布于华北、华东、西北、中南及西南各省区。

习性：喜光，耐半阴，比柿树耐寒，耐旱，很耐湿；对贫瘠土、中等碱土、石灰质土有一定耐受力。

繁殖：播种繁殖。

应用：君迁子树干挺直，树冠圆整，适应性强，可作庭园观赏树，也可供种植于山坡上或山谷中。

★ *Diospyros lotus* L. ☆ Dateplum Persimmon

★ *Diospyros rhombifolia* Hemsl. ☆ Crow Persi mmon

老鸦柿

别名：山柿子，野山柿，野柿子
科属：柿树科柿树属

识别： 灌木，高 2 ~ 3 m。枝条有刺。叶纸质，卵状菱形至倒卵形，长 4 ~ 4.5 cm，宽 2 ~ 3 cm，顶端短尖或钝，基部楔形，上面沿脉有黄褐色毛，以后脱落，下面多少有毛。果卵球形，径约 2 cm，有长柔毛，熟时红色；宿存花萼花后增大。果熟期 10 月。

观花： 花单生于叶腋，白色；花萼 4 裂，裂片矩圆形。花期 4 月。

分布： 分布于江苏、安徽、浙江、江西、福建等地。

习性： 喜阳光充足；喜温暖、湿润的环境，适宜于排水良好、肥沃的壤土。

繁殖： 播种繁殖。

应用： 适宜配植在亭台阶前、庭园角落、山坡灌丛或树丛边缘。

★ *Diospyros armata* Hemsl. ☆ Spiny Persimmon

瓶兰花

别名：瓶兰，刺柿
科属：柿树科柿树属

识别： 半常绿或常绿灌木，高 2 ~ 4 m。枝有刺，叶倒披针形至长椭圆形，叶端钝，叶基楔形；果近球形，成熟时黄色，果柄有刚毛；果熟期 10 月。

观花： 雄花为聚伞花序，花冠乳白色，芳香；花期春季。

分布： 主产于黄河流域及以南地区。

习性： 喜光，不耐干旱，对土壤要求不严格，但以排水良好、富含有机质的壤土或黏性土最适宜，不喜沙质壤土。

繁殖： 播种繁殖。

应用： 叶色绿浓，果成熟后为橙红色，如同金丸悬挂，且经久不脱落，是一种高档的观果树种，又可盆栽或作树桩盆景用。

相近种： 老鸦柿 *Diospyros rhombifolia* Hemsl.。

★ *Diospyros kaki* Thunb. ☆ Persimmon

柿树

别名：朱果，猴枣
科属：柿树科柿树属

识别： 落叶乔木，高达 15 m。树冠呈自然半圆形。单叶互生，叶近革质，椭圆形、宽椭圆形或倒卵形，先端渐尖，基部宽楔形或圆形，叶面深绿色有光泽，叶背淡绿色，入秋部分叶变红。浆果卵圆形或扁球形，成熟时橙黄色和鲜黄色。果期 9 ~ 10 月。

观花： 花雌雄异株或杂性同株，雌雄同株，花冠钟状，黄白色，4 裂，有毛，雄花 3 朵排成小聚伞花序，雌花单生叶腋。花期 5 ~ 6 月。

习性： 强阳性树种，耐寒；喜湿润，也耐干旱，能在空气干燥而土壤较为潮湿的环境下生长；忌积水。

分布： 原产于我国，分布极广，现东北南地区部至华南地区广为栽培，以华北地区栽培最盛。大连、北京、西安等城市常见栽培。

繁殖： 播种繁殖。

应用： 品种较多，树形优美，枝繁叶大，冠覆如盖。入秋部分叶红，果实似火，是园林中观叶、观果又能结合生产的树种，在公园、居民住宅区、林带中具有较大的绿化潜力。

野柿

别名：山柿，油柿
科属：柿树科柿树属

识别：本变种是山野自生柿树。小枝及叶柄常密被黄褐色柔毛，叶较栽培柿树的叶小，叶片下面的毛较多，果亦较小，直径 2 ~ 5 cm。

观花：花较小。

分布：产于我国云南、广东和广西北部、江西、福建等省区的山区。

习性：耐旱、也耐寒；喜阴湿、肥沃和排水良好的环境。

繁殖：播种或压条繁殖。

应用：可配置于庭园、廊外或点缀山石；也可用作盆景。

★ *Diospyros kaki* Thunb.var. *silvestris* Makino ☆ Sylvertris Persimmon

冬青叶鼠刺

别名：月月青
科属：鼠刺科鼠刺属

识别：常绿灌木，高 2 ~ 4 m。小枝无毛。叶厚革质，阔椭圆形至椭圆状长圆形，稀近圆形，长 5 ~ 9.5 cm，宽 3 ~ 6 cm，先端锐尖或尖刺状，基部圆形或楔形，边缘具较疏而坚硬刺状锯齿；侧脉 5 ~ 6 对，斜上；叶柄长 5 ~ 10 mm，无毛。果期 7 ~ 11 月。

观花：顶生总状花序，下垂，长达 25 ~ 30 cm；花序轴被短柔毛；花多数，通常 3 个簇生；花瓣黄绿色，线状披针形，长 2.5 mm，顶端具硬小尖，花开放后，直立。花期 5 ~ 6 月。

分布：产于陕西南部、湖北西部、四川东部、贵州、陕西。

习性：稍耐阴。

繁殖：播种繁殖。

应用：叶形奇特，可供观赏，可种植于山坡、灌丛或林下、山谷、河岸和路旁。

★ *Itea ilicifolia* Oliv. ☆ Hollyleaf Sweetspire

鼠刺

别名：老鼠刺，中国拟铁
科属：鼠刺科鼠刺属

识别：灌木或小乔木，高 4 ~ 10 m。叶薄革质，倒卵形或卵状椭圆形，长 5 ~ 12 cm，宽 3 ~ 6 cm，先端锐尖，基部楔形，边缘上部具不明显圆齿状小锯齿，呈波状或近全缘；中脉下陷，下面明显突起，侧脉 4 ~ 5 对，弧状上弯。蒴果长圆状披针形。果期 5 ~ 12 月。

观花：腋生总状花序，常短于叶，长 3 ~ 7 cm，单生或稀 2 ~ 3 束生，直立；花多数，2 ~ 3 个簇生；花梗细，长约 2 mm，被短毛；花瓣白色，披针形，长 2.5 ~ 3 mm，花时直立，顶端稍内弯，无毛。花期 3 ~ 5 月。

分布：产于福建、湖南、广东、广西、云南西北部及西藏东南部。

习性：喜光，稍耐水湿。

繁殖：播种繁殖。

应用：可作园路树或观花灌木，种植于山坡、山谷、路边及河边。

★ *Itea chinensis* Hook. et Arn. ☆ China Sweetspire

★ *Paliurus hemsleyanus* Rehd. ☆ Chinese Paliurus

铜钱树

别名：鸟不宿，金钱树，摇钱树
科属：鼠李科马甲子属

识别： 落叶乔木，高达 15 m。叶互生，宽卵形或椭圆状卵形，长 4 ~ 10 cm，宽 2.5 ~ 7 cm，先端短尖或尾尖，基部圆形至宽楔形，稍偏斜，边缘有细锯齿或圆齿，基生三出脉，两面无毛；叶柄长达 1 cm。核果周围有木栓质宽翅，近圆形，径约 2.5 cm。果期 7 ~ 10 月。
观花： 聚伞花序腋生或顶生；花小，黄绿色；花萼 5 裂；花瓣 5 枚；雄蕊 5 枚。花期 4 ~ 6 月。
分布： 分布于湖北、四川、陕西、安徽、江苏、广西、广东。
繁殖： 播种繁殖。
应用： 庭园观赏或作绿篱，也可种植于山地林间。
相近种： 马甲子 *Paliurus ramosissimus*（Lour.）Poir.。

★ *Rhamnus davurica* Pall. ☆ Davurian Buckthorn

鼠李

别名：乌槎树，冻绿柴，老鹳眼，红皮绿树
科属：鼠李科鼠李属

识别： 灌木或小乔木。分枝常具刺。叶近对生，椭圆形或长圆形，边缘具圆锯齿，背面黄绿色，老时脉上具毛。花小，黄绿色，常数朵簇生。核果球形，熟时黑色。果期 9 ~ 10 月。
观花： 雄花无萼片；雌花具 4 枚萼片。花期 5 ~ 7 月。
分布： 产于东北、华北地区；朝鲜、蒙古、俄罗斯也有分布。生于密林中或疏林下。
习性： 适应性强，耐寒，耐阴，耐干旱、贫瘠。
繁殖： 播种繁殖。
应用： 枝叶茂密，入秋累累黑果，可置于庭院观赏。
相近种： 冻绿 *Rhamnus utilis* Decne.；圆叶鼠李 *Rhamnus globosa* Bunge；薄叶鼠李 *Rhamnus leptophylla* Schneid.。

★ *Rhamnus globosa* Bunge ☆ Roundleaf Buckthorn

圆叶鼠李

别名：山绿柴，冻绿，冻绿树
科属：鼠李科鼠李属

识别： 落叶灌木，高达 2 m。叶近对生或束生于短枝上，倒卵形或近圆形，长 2 ~ 4 cm，宽 1.5 ~ 3.5 cm，先端突尖，基部宽楔形，边缘有圆齿状锯齿，两面有微柔毛，侧脉 3 ~ 4 对；叶柄长 3 ~ 4 mm；托叶钻形。核果近球形，直径约 6 mm，成熟时黑色。果期 6 ~ 10 月。
观花： 聚伞花序腋生；花黄绿色，有短柔毛；花萼 4 裂；花瓣 4 枚，匙形；雄蕊 4 枚，花期 4 ~ 5 月。
分布： 产辽宁、河北、山西、河南、陕西、山东、安徽、江苏、浙江、江西、湖南及甘肃。
习性： 喜光，稍耐阴。
繁殖： 播种繁殖。
应用： 可作观果灌木栽培，种植于山坡或林下。

雀梅藤

别名：对节刺，酸铜子，酸色子
科属：鼠李科雀梅藤属

识别： 攀缘灌木。小枝灰色或灰褐色，密生短柔毛，有刺状短枝。叶近对生，革质，卵形或卵状椭圆形，长 1 ~ 4 cm，宽 1 ~ 1.5 cm，先端钝，有小尖，基部圆形或近心形，边缘有细锯齿，上面有光泽，无毛，下面生疏短毛，后近无毛；侧脉 3 ~ 4 对，下面明显；叶柄短，上面有微毛；托叶钻形。核果近球形，成熟时紫黑色。花期 7 ~ 11 月。

观花： 花小，淡白色，无梗，排成穗状圆锥花序，花序密生灰白色短毛；萼裂片 5，三角形，外面有短柔毛；花瓣 5 片；雄蕊 5 枚，花盘杯状。果期翌年 3 ~ 5 月。

分布： 分布于江苏、浙江、安徽、江西、福建、台湾、湖北、广东、四川、云南；印度、日本也有分布。

习性： 喜温暖、湿润、阳光充足的环境和疏松、排水良好的土壤。

繁殖： 播种或扦插繁殖。

应用： 可作绿篱及制作盆景，或种植于山坡、路旁。

★ *Sageretia theezans* Brongn. ☆ Hedge Sageretia

少脉雀梅藤

别名：对节木
科属：鼠李科雀梅藤属

识别： 攀缘灌木，高达 4 m。通常有近对生的刺。叶互生，近革质，倒卵形、卵状椭圆形或椭圆形，长 2 ~ 4.2 cm，宽 1 ~ 2 cm，先端钝或短尖，基部宽楔形，边缘有细锯齿，上面暗绿色，下面亮绿色，无毛，侧脉 2 ~ 3 对；叶柄 3 ~ 5 mm，上面有微毛。核果球形，直径 4 ~ 5 mm，成熟时红黑色。果期 7 ~ 10 月。

观花： 花小，无梗，排成腋生穗状花序，或顶生穗状圆锥花序，黄绿色；花萼 5 裂，裂片三角形；花瓣 5 片，匙形；雄蕊 5 枚。花期 5 ~ 9 月。

分布： 产于河北、河南、山西、陕西、甘肃、四川、云南、西藏东部。生于山坡或山谷灌丛或疏林中。

习性： 喜温暖、湿润气候，耐瘠薄。

繁殖： 播种、扦插及分株繁殖。

应用： 枝条虬曲，是制作盆景的材料，也可种植山脊和向阳山坡。

★ *Sageretia paucicostata* Maxim. ☆ Fewvein Sageretia

枣树

别名：枣，大枣，红枣
科属：鼠李科枣属

识别： 落叶乔木或小乔木。单叶互生，卵形至卵状披针形，叶缘有细钝齿，基部 3 脉，叶片较厚，近革质，具光泽。核果大，卵形至矩圆形，熟后暗红色或淡栗褐色，具光泽，味甜，核坚硬，两端尖。果期 8 ~ 9 月。

观花： 花小，两性，淡黄色或微带绿色，有香气，2 ~ 3 朵簇生叶腋。花期 5 ~ 6 月。

分布： 在中国分布很广。

习性： 强喜光，对气候、土壤适应性很强，喜干冷气候及中性或微碱性的沙质壤土。

繁殖： 播种繁殖。

应用： 枝干苍劲，翠叶垂荫，红果累累，是我国著名的果树，宜于作庭荫树及行道树，是园林结合生产的良好树种，幼树可作刺篱材料。

品种： 品种较多，有龙枣 ‘Tortuosa’ 等。

★ *Zizyphus jujuba* Mill. ☆ Common Jujube

★ *Nelumbo nucifera* Gaertn.　☆ Hindu Lotus，Lotus Flower

莲

别名：莲花，芙蕖
科属：莲科莲属

识别： 多年生水生草本。叶片盾状圆形，直径 25 ~ 90 cm，全缘，稍波状，上面光滑，有白粉；叶柄粗壮，圆柱形，中空，散生小刺。坚果椭圆形或卵形；果皮革质，坚硬，熟时黑褐色；种子卵形或椭圆形，种皮红色或白色。果期 8 ~ 10 月。

观花： 花单生于花葶之顶，直径 10 ~ 20 cm，芳香；矩圆状椭圆形至倒卵形；柱头顶生，花托直径 5 ~ 10 cm。花期 6 ~ 8 月。

分布： 产于我国南、北各省区。

习性： 喜光，不耐阴；喜水湿，喜相对较稳定的静水，整个生长期不能缺水。

繁殖： 分株、播种繁殖。

应用： 适合在池塘中种植，缀以山石，或配置其他水生植物；也可缸植用于布置庭园和阳台。

品种： 花色有红色、粉红、白色、淡绿及间色等，有单瓣和重瓣品种。

★ *Euryale ferox* Salisb.　☆ Gordon Euryale

芡实

别名：鸡头米，鸡头荷，刺莲藕，假莲藕
科属：睡莲科芡实属

识别： 一年生浮水草本。花茎多刺，根茎短肥。叶丛生，浮于水面，初生幼叶呈箭形或下部开裂的椭圆形，常呈紫红色，沉于水中；成叶圆状盾形或圆状心脏形，直径可达 130 cm，未完全展开时边缘上摺成盘状，表面皱曲，绿色，背面紫色，叶脉隆起，两面具刺。浆果球形，紫红色，外面密生硬刺。果期 8 ~ 9 月。

观花： 花单生叶腋，具长梗，挺出水面；花托多刺，状如鸡头，故称‘鸡头’；花萼 4 枚，外面绿色，内面紫色；花瓣多数，紫色。花期 7 ~ 8 月。

分布： 广布于南亚、日本、印度、朝鲜、中国。

习性： 喜温暖，喜光，适宜肥沃泥土。

繁殖： 播种繁殖。

应用： 叶形、花托奇特，用于水面绿化有野趣。

★ *Nuphar pumilum*（Hoffm.）DC.　☆ Dwarf Cowlily

萍蓬草

别名：黄金莲，萍蓬莲
科属：睡莲科萍蓬草属

识别： 多年生浮水草本。根状茎肥厚块状，横卧泥中。叶基生，二型；浮水叶纸质或近革质，圆形至卵形，全缘，基部开裂呈深心形，叶面绿而光亮，叶背隆凸，紫红色，有茸毛；沉水叶薄而柔软，无茸毛。浆果卵形，具宿存萼片，不规则开裂。果期 7 ~ 9 月。

观花： 花单生叶腋，圆柱状花茎挺出水面，花蕾球形，绿色；萼片 5 枚，黄色，花瓣状；花瓣 10 ~ 20 枚，狭楔形。花期 5 ~ 7 月。

分布： 分布于中国广东、福建、江苏、浙江、江西、四川、吉林、黑龙江等地。

习性： 喜温暖、湿润、阳光充足，对土壤要求不严格，土壤肥沃略带黏性为好。

繁殖： 播种繁殖。

应用： 多用于池塘水景布置，又可盆栽于庭院、建筑物、假石前，或在居室前向阳处摆放。

相近种： 中华萍蓬莲 *Nuphar sinensis* Hand.-Mazz.，

条叶萍蓬草

别名：美国荷根
科属：睡莲科萍蓬草属

★ *Nuphar sagittifolia* (Water) Pursh

识别： 多年生沉水或浮叶水生草本。叶纸质，长披针形，长 8 ~ 25 cm，基部弯缺占全叶片的 1/5 ~ 1/8，裂片展开或重叠，叶表面深绿色，叶缘波状，背面生柔毛或近无毛；叶柄长 40 ~ 70 cm，基都有膜质翅。浆果直径 1 cm。花果期 7 ~ 10 月。

观花： 花径 3 ~ 4 cm，萼片矩圆形或倒卵形；柱头离生且远离。

分布： 由中国科学院北京植物园引进。

习性： 喜生于水中。

繁殖： 播种繁殖。

应用： 为观赏价值较高的水生植物，可种植于湖泊、沟渠及湿地中。

白睡莲

别名：欧洲白睡莲
科属：睡莲科睡莲属

★ *Nymphaea alba* L.　☆ Europe White Waterlily

识别： 多年生浮叶草本。根状茎匍匐。叶浮于水面，纸质，近圆形，径 10 ~ 20 cm，先端钝圆，基部具深弯缺，裂片尖锐，全缘或波状，无毛，具小点；柄长达 50 cm。浆果扁平至半球形，长 2.5 ~ 3 cm。花果期 6 ~ 10 月。

观花： 花单生，径 10 ~ 20 cm，芳香，花梗和叶柄略等长，萼片 4 枚，披针形，长 3 ~ 5 cm，花瓣 20 ~ 25 片，白色，卵状长圆形，长 3 ~ 5.5 cm。

分布： 分布于世界各地。中国有栽培。

习性： 喜温暖，也能耐寒；喜生于水质清洁、水面通风良好且富含有机质的壤土。

繁殖： 播种繁殖。

应用： 著名的水生观赏花卉，用于水体的美化，因其花色艳丽，花姿楚楚动人，在一池碧水中宛如冰肌脱俗的少女，而被人们赞誉为“水中女神”。

香睡莲

别名：子午莲
科属：睡莲科睡莲属

★ *Nymphaea odorata* Ait.　☆ Fragrant WaterLily

识别： 多年生浮叶草本。根状茎匍匐，横走。叶圆形或长圆形，全缘，裂刻深。叶绿带紫色；叶梗长 50 ~ 100 cm；花果期 5 ~ 9 月。

观花： 花白色带粉红，径 3.6 ~ 12.7 cm，极香。浮于水面或稍挺出水面。

分布： 分布于我国湖北省。日本、朝鲜、印度、俄罗斯、西伯利亚及欧洲等地。

习性： 喜阳光充足；不耐阴。

繁殖： 分株繁殖。

应用： 花美丽，花、叶供观赏，可种植于池塘中。

★ *Nymphaea candida* C.Presl

雪白睡莲

科属：睡莲科睡莲属

识别： 本种和白睡莲相近，但本种的根状茎直立或斜升；叶的基部裂片邻接或重叠：花托略四角形；内轮花丝披针形；柱头具6～14条辐射线，深凹；种子3～4 mm。花果期6～10月。

分布： 产于新疆。欧洲及西伯利亚、中亚也有分布。中国常见栽培。

习性： 喜温暖，也耐寒；喜生于水质清洁、水面通风良好且肥沃的黏质土壤。

繁殖： 分株或播种繁殖。

应用： 为优良的水生花卉，有较高的观赏价值。

★ *Nymphaea capensis* Thunb.　☆ Egyptian Lotus

埃及蓝睡莲

别名：非洲蓝睡莲
科属：睡莲科睡莲属

识别： 多年生水生草本。叶片浮于水面，叶近圆形或椭圆形，叶片深裂至叶柄着生处，近全缘或分裂处有少数齿状，叶正面绿色，背面有紫色斑点。两面光滑无毛，叶柄绿色无毛。果期8～12月。

观花： 花蓝色，花瓣15～20片，花径15 cm，花瓣星状，顶端蓝色较深，基部渐淡，雄蕊金黄色。萼片狭窄，呈线形或长披针形。傍晚开花，午前闭合，开花时浮出水面。花期7～11月。

分布： 原产于北非及墨西哥。我国各地有栽培。

习性： 喜阳光充足，不耐阴；喜温暖、耐高温，亦耐寒；喜水质清洁、水面通风良好的静水及肥沃的黏质土壤。

繁殖： 分株或播种繁殖。

应用： 叶色浓绿，花色深蓝，高贵典雅，观赏价值高，为优良的庭园水面观花植物。

★ *Nymphaea lotus* Linn.　☆ Toothed Waterlily

柔毛齿叶白睡莲

别名：齿叶白睡莲
科属：睡莲科睡莲属

识别： 多年生水生草本。根状茎肥厚，匍匐。叶纸质，卵状圆形，直径15～26 cm，基部具深弯缺，裂片圆钝，近平行，边缘有弯缺三角状锐齿，上面绿色，下面带红色，两面无毛；叶柄无毛。花白色，直径2～8 cm；萼片长圆形；花瓣12～14片，长圆形，先端圆钝，具5纵条纹；雄蕊花药先端不延长，外轮花瓣状，内轮不孕。浆果为凹下的卵形，具部分宿存雄蕊；种子球形，两端较尖，中部有条纹。花期8～10月；果期9～11月。

分布： 原产于印度、缅甸、泰国、菲律宾、匈牙利及非洲北部。我国各地都有栽培。

习性： 喜阳光充足，不耐阴；喜温暖、耐高温，亦耐寒。喜水质清洁、水面通风良好的静水及肥沃的黏质土壤。

繁殖： 分株或播种繁殖。

应用： 叶色翠绿，花色洁白，花姿优美，具有较高的观赏价值，可点缀平静的水池、湖面，直接栽种或盆栽；也可作切花材料。

福拉威睡莲

科属：睡莲科睡莲属

识别：多年生浮叶草本。根状茎块状，直立；具有横走茎。叶黄绿色；叶柄长 30 ~ 50 cm；叶浮于水面，圆心形或肾圆形，长 6 ~ 10 cm，宽 8 ~ 16 cm，先端钝圆，基部具深弯缺，上面光亮，下面暗色。浆果球形；种子多数，卵圆形，种子比一般睡莲种及品种大，形似芡实种子。花果期 5 ~ 9 月。

观花：花单生于细长花梗顶端，直径 4 ~ 8 cm，挺于水面之上；萼片 4 枚，革质，先端尖；花深黄色，花瓣长披针形；花瓣 12 ~ 16 片，雄蕊多数，小花型。

分布：来源于英国邱园。中国南北有栽培。

习性：喜生于水中。

繁殖：播种繁殖。

应用：可用小盆栽培供观赏，可种植于池塘中。

★ *Nymphaea flava* Leitner ex A.Gray

红睡莲

别名：红花睡莲
科属：睡莲科睡莲属

识别：多年生水生草本。根状茎匍匐。叶纸质，近圆形，基部具深弯缺，裂片尖锐，边缘有波状钝齿，背面有细毛。花较大，玫瑰红色，芳香，直径 10 ~ 20 cm；萼片披针形，暗红色；花瓣 20 ~ 25 片，卵状矩圆形，近全天开放；花托圆柱形；花药先端不延长，花粉粒皱缩，具乳凸；柱头具 14 ~ 20 辐射线。浆果扁平至半球形；种子椭圆形。花期 6 ~ 8 月；果期 8 ~ 10 月。

分布：原产于瑞典，世界各地广为栽培。我国各大城市有栽培。

习性：喜阳光充足，不耐阴；喜温暖、耐高温，亦耐寒。

繁殖：分株或播种繁殖。

应用：叶色翠绿，花色艳丽，可点缀于平静的水池、湖面，直接栽种或盆栽；也可作切花材料。

★ *Nymphaea alba* L.var. *rubra* Lonnr.　☆ Red Waterlily

日出睡莲

科属：睡莲科睡莲属

识别：特大型品种。根状茎块状，横走或直立。叶圆形，黄绿色；叶柄长 60 ~ 110 cm。观花：花淡黄色，花瓣 26 ~ 28 枚，花瓣长 9.5 cm，宽 3.2 cm；雄蕊瓣状，鲜黄色，着花较繁，群体花期长，雌蕊柱头呈辐射状，裂片 15 枚；花柄上生有白茸毛；花朵上午开放，午后闭合。花期 5 ~ 10 月。

分布：园艺品种。

习性：喜阳光充足；喜通风良好，适于温暖而平静的水面。

繁殖：分株繁殖。

应用：其叶片光亮圆润，浮波荡漾；花朵色彩艳丽，端雅可人，是园林水景中重要的造景植物。

★ *Nymphaea* 'Sunrise'　☆ Sunrise Waterlily

★ *Victoria cruziana* Orbigin. ☆ Santa Cruz Waterlily

克鲁兹王莲

别名：中叶王莲
科属：睡莲科王莲属

识别：多年生或一年生大型浮叶草本。初生叶呈针状，2 ~ 3 片呈矛状，4 ~ 5 片叶呈戟形，6 ~ 10 片叶呈椭圆形至圆形，11 片叶以后叶缘上翘呈盘状，叶缘上翘直立高于亚马孙王莲 1 ~ 2 倍，叶面绿色，背面微带红色，具刺，叶脉为放射网状脉，叶直径 1（2）m。浆果球形。花果期 7 ~ 9 月，在温室可延续至 12 月。

观花：花单生，常伸出水面开放，花大而美；花瓣多数，倒卵形，白色，淡红色至深红色；雄蕊多数，外部逐渐变为花瓣状而不育。

分布：产于南美热带，主产于巴西、巴拉圭、玻利维亚及阿根廷等国。

习性：喜生于水中。

繁殖：播种繁殖。

应用：因具有巨型奇特似盘的叶片，以娇容多变的花色和浓厚的香味而闻名于世，可种植于河流、池塘中。

★ *Victoria amazonica*（Poepp.）J.C.Sowerby ☆ Amazon Waterlily

亚马孙王莲

别名：王莲
科属：睡莲科王莲属

识别：多年生大型浮叶草本。须根发达；根状茎直立，粗短，具刺。成熟叶片圆形，直径 1.8 ~ 2.5 m，上面黄绿色，下面铜红色，密生刺，叶缘直立且具皱褶，高 2 ~ 4 cm。

观花：花单生，浮于水面，直径 20 ~ 30 cm；傍晚伸出水面开放，芳香，次日逐渐闭合，傍晚再次开放，第 3 天再次闭合，稍后沉入水中；花色初为乳白色，后变为粉红色至深红色。花期 7 ~ 9 月。

分布：原产于南美洲亚马孙流域。我国多地有栽培。

习性：喜高温、高湿的气候，喜阳光充足；不耐寒；喜肥沃、深厚的土壤。

繁殖：播种繁殖。

应用：在园林水景中成为“水生花卉之王”。若与荷花、睡莲等水生植物搭配布置，将形成一个完美、独特的水体景观，让人难以忘怀。如今已是现代园林水景中必不可少的观赏水生花卉，形成了独特的热带水景特色。

★ *Buckleya henryi* Diels ☆ Henry Piratebush

米面蓊

别名：九层皮，六黄子，禄旺子
科属：檀香科米面蓊属

识别：落叶半寄生灌木，高约 1 m。叶对生，纸质，卵形至狭卵状披针形，长 2 ~ 8 cm，宽 1 ~ 3 cm，顶端常变为红棕色、鳞片状骤凸尖，近无柄。核果倒卵形或椭圆形，长 1 ~ 1.5 cm；顶端叶状苞片长约 1 cm。果期 9 ~ 10 月。

观花：花单性，雌雄异株；雄花小，绿白色，成腋生和顶生的聚伞花序；总花梗长 1 ~ 2 cm；花被裂片 4 枚；雄蕊 4 枚；雌花单生于枝顶或腋生，有时 2 ~ 3 朵成总状花序；叶状苞片 4 枚。花期 6 月。

分布：我国特有植物，分布在陕西、山西、河南、安徽、湖北和四川等地。

习性：喜光。

繁殖：播种繁殖。

应用：可作园林观赏灌木。

橙花红千层

别名：美花红千层，瓶刷木
科属：桃金娘科红千层属

识别： 常绿灌木或小乔木，株高 3 ~ 5 m。叶互生，条形，长 3 ~ 8 cm，宽 2 ~ 5 mm，坚硬，无毛，有透明腺点，中脉明显，无柄。蒴果，径 7 mm，半球形，顶端开裂。

观花： 多数的花密成顶生穗状花序，长 10 cm，似瓶刷状，花红色，无梗，花瓣 5 片，雄蕊多数，红色，长 2.5 cm，整朵花均呈红色，簇生于花序上，形成奇特美丽的形态。花期 3 ~ 7 月。

分布： 原产于澳大利亚，属热带树种。我国有栽培。

习性： 喜暖热气候，能耐烈日酷暑，不很耐寒、不耐阴，喜肥沃潮湿的酸性土壤，也能耐瘠薄干旱的土壤。生长缓慢，萌芽力强，耐修剪，抗风。

繁殖： 播种、扦插繁殖。

应用： 适合庭园美化，为高级庭院美化观花树、行道树、风景树，还可作防风林、切花或大型盆栽，并可修剪整枝成为高贵盆景。

★ *Callistemon citrinus*（Curtis）Skeels　☆ Scarlet Botlebrush

垂枝红千层

别名：串钱柳，垂花红千层
科属：桃金娘科红千层属

识别： 灌木或小乔木，高 1 ~ 5 m。枝条细长，下垂。叶互生，披针形或狭线形。

观花： 花顶生，圆柱形穗状花序。花期春至秋季。

分布： 原产于大洋洲。我国有栽培。

习性： 喜温暖至高温的气候。以排水良好且肥沃的沙质壤土最佳。

繁殖： 播种或扦插繁殖。

应用： 为庭园美化的高级观花树，可作行道树，也适合作大型盆栽观赏。

★ *Callistemon viminalis*（Gaertn.）C. Don　☆ Weeping Bottlebrush

南美棯

别名：菲油果
科属：桃金娘科南美棯属

识别： 常绿小乔木，高约 5 m。枝圆柱形，灰褐色。叶片革质，椭圆形或倒卵状椭圆形，长 6 ~ 8.5 cm，宽 3.4 ~ 3.7 cm，顶端圆形或有时稍微凹或有小尖头，上面干时橄榄绿色，下面灰白色，初时上面有灰白色茸毛，以后变无毛，下面密被灰白色短茸毛，侧脉在下面显著，凸起，每边有 7 ~ 8 条；叶柄长 5 ~ 7 mm。浆果卵圆形或长圆形，直径约 1.5 cm。

观花： 花直径 2.5 ~ 5 cm；花瓣外面有灰白色茸毛，内面带紫色；雄蕊与花柱略红色。

分布： 原产于巴西、巴拉圭、乌拉圭和阿根廷。我国云南也有栽培。

习性： 喜光。

繁殖： 播种繁殖。

应用： 可作庭园观花植物，或作园路树。

★ *Feijoa sellowiana* Berg.　☆ South America Feijoa

★ *Syzygium buxifolium* Hook.et Arn. ☆ Boxleaf Syzygium

赤楠

别名：小叶赤楠，假黄杨
科属：桃金娘科蒲桃属

识别： 灌木或小乔木，高 1 ~ 6 m。嫩枝有棱，干后黑褐色。叶革质，椭圆形，叶形似黄杨叶；嫩叶红色。在阳光下可看到明亮的腺点。果球形，直径约 6 mm，熟时紫黑色。

观花： 花数朵组成聚伞花序生于枝顶；花较小，长约 4 mm，白色。花期 6 ~ 8 月。

分布： 产于我国长江以南各省区。多生长于低山疏林和灌丛。

习性： 喜光；喜高温、多湿的气候，不耐寒，不耐干旱；喜肥沃湿润和排水良好的壤土。

繁殖： 播种繁殖。

应用： 枝叶浓密，经久不凋，庭园、校园或盆列植、群植美化效果皆佳。适于大型盆栽，或作绿篱、地被植物。

★ *Hypericum ascyron* L. ☆ Giant St. John's wort

红旱莲

别名：黄海棠
科属：藤黄科金丝桃属

识别： 多年生草本，高 60 ~ 80 cm。茎稍四棱形。叶对生，无柄，基部抱茎，长圆形至披针形，全缘，具黑色腺点。蒴果卵圆形，5 裂。果期 8 ~ 9 月。

观花： 顶生聚伞花序；花大，萼片 5 枚，花瓣 5 片，金黄色，呈"万"字形旋转，雄蕊多数，成 5 束。花期 7 ~ 8 月。

分布： 分布于东北、华北地区以及长江流域各省。

习性： 喜光照，日照宜充足；喜温暖环境，耐干燥，较耐寒；忌积水。

繁殖： 播种繁殖。

应用： 可列植、丛植于庭前、路旁、花坛边缘。

★ *Hypericum patulum* Thunb. ☆ Splaying St.John's wort

金丝梅

别名：芒种花，云南连翘
科属：藤黄科金丝桃属

识别： 灌木，高达 1 m。叶对生，卵形、长卵形或卵状披针形，长 2.5 ~ 5 cm，宽 1.5 ~ 3 cm，全缘，顶端通常圆钝或尖，或有小尖头，基部渐狭或圆形，有极短的叶柄。蒴果卵形，有宿存的萼。果期 7 ~ 10 月。

观花： 花单生枝端，或成聚伞花序，花直径 4 ~ 5 cm；花瓣 5 片，近圆形，金黄色；雄蕊多数，连合成 5 束；花柱 5 个。花期 4 ~ 9 月。

分布： 原产于我国中部、东南、西南地区等地。

习性： 为温带、亚热带树种，稍耐寒；喜光，略耐阴；性强健，忌积水；喜排水良好、湿润肥沃的沙质壤土。

繁殖： 多用分株繁殖，播种、扦插繁殖也可。

应用： 金丝梅枝叶丰满，色彩鲜艳，绚丽可爱，可丛植或群植于草坪、树坛的边缘和墙角、路旁等处。

金丝桃

别名：金丝海棠，狗胡花，金丝莲
科属：藤黄科金丝桃属

识别： 半常绿小灌木，高达 1 m；全枝光滑无毛，多分枝；小枝对生，圆柱形，红褐色。叶对生，具透明腺点，长椭圆形，长 3 ~ 8 cm，宽 1 ~ 2 cm，顶端钝尖，基部渐狭而稍抱茎，上面绿色，下面分绿色，全缘，中脉在两面都明显而下面稍凸起，无柄。蒴果卵圆形，果期 8 月。

观花： 花顶生，单生或成聚伞花序，直径 3 ~ 5 cm，具披针形小苞片；萼片 5 枚，卵状矩圆形，顶端微钝；花瓣 5 片，宽倒卵形；雄蕊多数，基部合生为 5 束。花期 6 月。

分布： 原产于我国华北至华南地区。

习性： 喜光；喜温暖、湿润的环境，耐干旱，稍耐寒，耐瘠薄，不拘土质。

繁殖： 分株、扦插和播种繁殖。

应用： 可盆栽或栽作绿篱；常用于布置花坛或点缀草坪。

★ *Hypericum monogynum* L. ☆ China St.John's wort

透骨草

别名：药曲草，倒刺草，蝇毒草
科属：透骨草科透骨草属

识别： 多年生草本，高达 1 m。茎具 4 棱。单叶对生，三角状卵形，边缘具粗锯齿。瘦果包于宿存萼内，下垂。果期 8 ~ 10 月。

观花： 总状花序细长成穗状，花小，白色或带淡紫色，疏生；花萼 5 齿裂，上唇 3 齿刺芒状，下唇 2 齿较短，花冠二唇形，雄蕊 4 枚，2 强。花期 6 ~ 8 月。

分布： 分布于东北、华北至西南地区。北京分布较为普遍，生于山坡草地、林下及阴湿山谷。

习性： 喜温暖湿润气候，不择土壤，一般土壤均可栽培，尤以疏松肥沃的沙质壤土栽培较佳，喜光喜肥，怕积水。

繁殖： 播种繁殖。

应用： 可作庭园绿化观赏。

★ *Phryma leptostachya* L. subsp. *asiatica* (Hara) Kitamura ☆ Lopseed

短梗南蛇藤

别名：丛花南蛇藤，黄绳儿
科属：卫矛科南蛇藤属

识别： 藤状灌木，高达 7 m。小枝有较大而突起的密集皮孔。叶矩圆状窄椭圆形或倒卵状披针形，长 4 ~ 11 cm，宽 3 ~ 6 cm；叶柄长 5 ~ 15 mm。蒴果近球状，径约 1 cm；果期 8 ~ 10 月。

观花： 花雌雄异株；雄花序顶生及腋生，顶生花序长达 5 cm，花序轴分枝短，腋生花序仅 1 ~ 3 花；雌花序全为腋生，3 ~ 7 花；花黄绿色，雄花具杯状花盘，有退化雌蕊；雌花有退化雄蕊。花期 4 ~ 5 月。

分布： 产于湖南、湖北、陕西、四川、云南、贵州、广西、广东、福建、浙江。

习性： 喜光。

繁殖： 播种繁殖。

应用： 可作垂直绿化植物。

★ *Celastrus rosthornianus* Loes. ☆ Shortstalk Bittersweet

★ *Celastrus hypoleucus* (Oliv.) Warb. ☆ Paleback Bittersweet

粉背南蛇藤

别名：绵藤，博根藤
科属：卫矛科南蛇藤属

识别：藤状灌木，高达 5 m。小枝幼时被白粉。叶互生，椭圆形或宽椭圆形，长 3 ~ 13 cm，宽 2 ~ 8 cm，先端渐尖，基部宽楔形，叶背被白粉，脉上有时有疏毛；柄长达 1.5 cm。果序顶生，腋生花多不结实，长而下垂；蒴果有长梗，疏生，球状，橙黄色。果期 10 月。

观花：顶生花序为聚伞圆锥花序，长达 10 cm，腋生花序短小，3 ~ 7 花，花梗长 2 ~ 8 mm；花白绿色，4 数，单性，雄花有退化子房；雌花有短花丝的退化雄蕊。花期 6 ~ 8 月。

分布：分布于河南、陕西、甘肃、四川、湖北、湖南、贵州、云南、广西、广东、浙江、安徽等地。

习性：喜温暖、湿润的环境。耐干旱和贫瘠的壤土。

繁殖：播种繁殖。

应用：可作垂直绿化材料。

★ *Celastrus gemmatus* Loes. ☆ Budded Bittersweet

哥兰叶

别名：大芽南蛇藤，米汤叶，绵条子
科属：卫矛科南蛇藤属

识别：藤状灌木，高达 5 m。小枝近圆柱形，多皮孔；冬芽大，长卵形，长达 12 mm，基部径达 5 mm。叶多为矩圆形或椭圆形，长 6 ~ 10 cm，宽 4 ~ 8 cm；叶柄长达 2 cm。果序具 1 枚至数枚蒴果，蒴果直径约 1 cm。

观花：聚伞花序顶生及腋生，短小总状，有 3 ~ 10 花，总花梗及花梗均较细短；花黄绿色，5 数。

分布：分布于甘肃、陕西、河南、安徽、江苏、浙江、江西、福建、台湾、广东、广西、云南、贵州、四川、湖南、湖北。

习性：喜光。

繁殖：播种繁殖。

应用：可作园林垂直绿化植物。

★ *Celastrus angulatus* Maxim. ☆ Bitterhullvine

苦皮藤

别名：苦树皮，苦皮树，老麻藤
科属：卫矛科南蛇藤属

识别：藤状灌木。小枝常有 4 ~ 6 锐棱，皮孔明显。叶大形，革质，矩圆状宽卵形或近圆形，长 9 ~ 16 cm，宽 6 ~ 11 cm，先端常短尖尾；叶柄粗壮，长达 3 cm。果序长达 20 cm，果梗粗短；蒴果黄色，近球形，直径达 1.2 cm。果期 8 ~ 10 月。

观花：聚伞状圆锥花序顶生，下部分枝较上部的长；花梗粗壮有棱；花黄绿色，直径约 5 mm，5 数。花期 5 ~ 6 月。

分布：产于河北、山东、河南、陕西、甘肃、江苏、安徽、江西、湖北、湖南、四川、贵州、云南、广东、广西。

习性：喜光；喜温暖、湿润的环境；不耐水湿，耐干旱和贫瘠的壤土。

繁殖：播种繁殖。

应用：在园林的假山、石壁等旁作垂直绿化，也可修剪成灌木状，密植作绿篱。

南蛇藤

别名：过山龙，穿山龙，黄果藤
科属：卫矛科南蛇藤属

识别： 落叶缠绕藤本，长达 12 m。叶近圆形或倒卵形，长 6 ~ 10 cm，宽 5 ~ 7 cm，先端钝或有突尖，基部楔形或近圆形。蒴果橙黄色，球形，直径 8 ~ 10 mm，3 瓣裂，各具 1 ~ 2 白色种子，假种皮红色。果期 9 ~ 10 月。

观花： 花杂性，常异株，聚伞花序顶生或腋生，有花 3 ~ 7 朵，小花梗与总梗近等长；花黄绿色，雄花萼片 5 枚，花瓣 5 片，雄蕊 5 枚，着生于杯状花盘边缘。花期 5 ~ 6 月。

分布： 产于华北各地山区，东北、西北、华中地区也有分布。

习性： 喜光耐寒，耐半阴；生长快，耐修剪。

繁殖： 播种繁殖。

应用： 本种为大型木质缠绕藤本，适宜做垂直绿化，注意选用结实的棚架材料；入秋叶色变红，秋季蒴果开裂的假种皮鲜艳可爱，有一定观赏价值，可通过修剪，形成灌丛状，可种植于山坡、沟谷或丘陵的灌木丛中杂木林内及林缘。

★ *Celastrus orbiculatus* Thunb. ☆ Oriental Bittersweet

大果卫矛

别名：黄楮
科属：卫矛科卫矛属

识别： 常绿灌木，高达 6 m。叶对生，革质，倒卵状披针形至长椭圆形，长 5 ~ 13 cm，宽 3 ~ 4.5 cm，先端渐尖，边缘有钝圆细锯齿；柄长 5 ~ 10 mm。蒴果金黄色，倒卵形或倒卵状圆锥形，长约 1.5 cm，直径约 1 cm；种子有橙黄色假种皮。果期 8 ~ 11 月。

观花： 花序近顶生，多回分枝形成多花聚伞圆锥花序；花黄色，直径 7 ~ 10 mm，4 数，雄蕊具极短花丝。花期 4 ~ 7 月。

分布： 分布于四川、湖北、江西、安徽、浙江、福建、广东、广西、云南。

习性： 喜光，耐半阴，耐水湿；要求温暖、湿润的环境，不耐高温、多湿的气候。

繁殖： 播种繁殖。

应用： 在建筑物前、沟谷较湿润处、花坛中栽植或作为主要树木点缀，也宜作绿篱。

★ *Euonymus myrianthus* Hemsl. ☆ Largefruit Euonymus

大叶黄杨

别名：冬青卫矛，正木
科属：卫矛科卫矛属

识别： 常绿灌木或小乔木，高达 8 m。单叶对生，革质，倒卵形或长椭圆形，长 3 ~ 7 cm，宽 2 ~ 4 cm，先端圆或钝尖，基部楔形，边缘具有浅细钝齿，平滑无毛；叶柄短，长 6 ~ 10 mm。蒴果粉红色，扁球形，有 4 浅沟，直径约 1 cm；假种皮橘红色，种子棕色。果期 10 月。

观花： 聚伞花序腋生，总花梗长 2.5 ~ 3.5 cm，1 ~ 2 回二歧分枝；花白绿或黄绿色，直径约 7 mm，花部 4 数，花丝细长，花盘肥大。花期 6 ~ 7 月。

分布： 原产于日本；华北各城市，除内蒙古外普遍引种栽培。

习性： 喜温暖湿润气候，耐阴，耐寒，耐旱，耐修剪；抗有毒气体。

繁殖： 播种繁殖。

应用： 叶色光亮浓绿，极耐修剪，为园林中常见观赏绿篱树种。

变种： 金边大叶黄杨 var. *aurea-marginatus* Nichols；金心大叶黄杨 var. *aureo-picta*；银边大叶黄杨 var. *albo-marginatus* T.Moore；斑叶大叶黄杨 var. *viridi-variegatus* Rehd.；金叶大叶黄杨 var. *aurea*。

★ *Euonymus japonicus* Thunb. ☆ Spindle Tree

★ *Euonymus fortunei* (Turcz.) Hand.-Mazz.　☆ Winter Creeper

扶芳藤

别名：爬行卫矛，爬藤卫矛，铺地枫
科属：卫矛科卫矛属

识别：常绿藤木，匍匐及攀缘，茎长达 10 m。单叶对生，薄革质，长卵形至椭圆状卵形，长 2 ~ 8 cm，先端尖或短锐尖，缘有钝齿；上面光绿带紫色，叶脉明显，下面淡绿色，两面平滑。蒴果黄红色或淡红色，近球形；假种皮橘红色。果期 10 月。

观花：聚伞花序腋生，梗短，顶端 2 歧分枝，每枝有多数具短梗的花组成球状小聚伞，分枝中央有一单花；花绿白色。花期 6 ~ 7 月。

分布：产于山西中条山、山东沂蒙山、河南伏牛山；华东、华中、华南、西南地区也有分布。北京见栽培。

习性：喜光，耐阴；喜温暖气候，有一定耐寒性；耐干旱瘠薄。

繁殖：播种繁殖。

应用：茎蔓细长，叶色油绿，入秋变红，有极强的攀缘能力，适宜覆盖地面、掩映墙面、山石以及树干。

品种：'斑叶'扶芳藤（'Emerald Gaiety'）：叶有白边；'金叶'扶芳藤（'Emerald Gold'）：叶金黄色，有斑纹。

★ *Euonymus kiautschovicus* Loes.　☆ Spreading Euonymus

胶东卫矛

别名：胶州卫矛
科属：卫矛科卫矛属

识别：直立或蔓性半常绿灌木，高达 6 m。叶对生，薄革质，广椭圆形、倒卵形或椭圆形，长 4 ~ 8 cm，宽 2 ~ 4 cm，先端短尖或钝尖，基部楔形，边缘有钝细锯齿，两面绿色无毛；叶柄长 6 ~ 12 mm。蒴果扁圆形，4 棱不明显，径约 1 cm，绿红色；假种皮橘红色。种子淡红褐色。果期 10 月。

观花：聚伞花序 2 歧分枝，多具 13 朵花，总梗长 1.5 ~ 4.5 cm；花淡绿色，花部 4 数，雄蕊花丝细长，花期 7 ~ 8 月。

分布：产于山东省胶南县，河南伏牛山、桐柏山；华东、华中、华南地区也有分布。常生于山谷、沟边多岩石处。

习性：喜光，微耐阴；喜温暖气候，较抗寒。

繁殖：播种繁殖。

应用：植株具有一定蔓性，常用来攀缘墙壁，或修剪为绿篱。

★ *Euonymus cornutus* Hemsl.　☆ Hornlike Euonymus

角翅卫矛

别名：蜘蛛果
科属：卫矛科卫矛属

识别：半常绿小灌木，高 1 ~ 2 m。叶对生，披针形至条状披针形，长 6 ~ 11 cm，宽 8 ~ 15 mm，先端长渐尖，边缘具细密浅锯齿，侧脉先端稍折曲波状；叶柄长 3 ~ 6 mm。蒴果紫红色，具 4 ~ 5 窄长翅，直径 2 ~ 2.5 cm，翅长 5 ~ 10 mm；种子棕红色，有橙色假种皮。果期 9 ~ 10 月。

观花：聚伞花序三出或二回三出，总花梗、花梗均细长；花紫红色，或带绿色，4 数或 5 数。花期 5 月。

分布：产于湖北（巴东、房县）、四川、云南、陕西和甘肃。

习性：喜光。

繁殖：播种繁殖。

应用：可作园林观赏灌木。

陕西卫矛

别名：金蝴蝶，金丝吊蝴蝶
科属：卫矛科卫矛属

识别： 落叶灌木，高达数米。叶片花时薄纸质，果时稍厚成纸质，披针形或窄长卵形，长 4 ～ 7 cm，宽 1.5 ～ 2 cm，顶端急尖或短渐尖，边缘有纤毛状细齿，基部宽楔形；叶柄细，长 3 ～ 6 mm。花序长大、细柔，多数集生于小枝顶部；蒴果方形或扁圆形，直径约 1 cm，4 翅长大。果熟期 7 ～ 8 月。

观花： 聚伞花序具细柔长梗，长 4 ～ 6 cm；花 4 基数，黄绿色；花瓣常稍带红色，直径约 7 mm。花期 4 ～ 5 月。

分布： 产于陕西、甘肃、湖北、河南、四川等省区。

习性： 喜光，耐干旱瘠薄，耐寒。

繁殖： 播种或嫁接繁殖。

应用： 可作庭园观赏树种或作树桩盆景。

★ *Euonymus schensiana* Maxim. ☆ Shaanxi Spindle-tree

丝棉木

别名：白杜，明开夜合
科属：卫矛科卫矛属

识别： 落叶灌木或小乔木，高达 8 m。树皮具纵条纹。叶对生，椭圆形，先端渐尖，基部楔形，缘具细齿。蒴果，上部 4 裂。种子具橙红色假种皮。果期 9 月。

观花： 聚伞花序，腋生；花淡绿色，4 数，花药紫色，花盘肥大。花期 5 ～ 6 月。

分布： 产于华北各山区；华中、华东地区也有分布。

习性： 喜光，耐寒，耐旱，耐水湿。深根性树种；对二氧化硫和氯气等有害气体抗性较强。

繁殖： 播种繁殖。

应用： 树形优雅，枝叶秀丽，红果密集，可长久悬挂枝头，是园林绿地的优美观赏树种，宜作庭荫树、园路树；适宜在水边、林缘、路旁栽种，较耐水湿。

★ *Euonymus maackii* Rupr. ☆ Maack Euonymus

卫矛

别名：鬼见愁，鬼羽箭，锦木
科属：卫矛科卫矛属

识别： 落叶灌木，高 1.5 ～ 3 m。枝具木栓翅。叶对生，椭圆形或菱状倒卵形，缘具细锯齿。聚伞花序，腋生。蒴果，成熟时紫色，4 深裂。种子具橙红色假种皮。果期 7 ～ 10 月。

观花： 花黄绿色，4 数；花盘肥大，方形。花期 5 ～ 6 月。

分布： 产于我国东北、华北、西北地区至长江流域各地；日本、朝鲜也有分布。

习性： 喜光，也耐阴，耐干旱瘠薄，耐寒，耐修剪。

繁殖： 分株、扦插或播种繁殖。

应用： 园林中孤植或丛植于草坪、斜坡、水边，或于山石间、亭廊边配植均甚合适。同时，也是绿篱、盆栽及制作盆景的好材料。

★ *Euonymus alata* (Thunb.) Sieb. ☆ Winged Euonymus

★ *Euonymus hamiltoniana* Wall. ex Roxb. ☆ Hamilton Spindle-tree

西南卫矛

别名：桃叶卫矛
科属：卫矛科卫矛属

识别： 乔木，高 5 ~ 10 m。叶对生，矩圆状椭圆形、矩圆状卵形或矩圆状披针形，长 7 ~ 12 cm，宽 3 ~ 7 cm，先端急尖或短渐尖，叶背脉上常有短毛；叶柄长 1.5 ~ 5 cm。蒴果粉红带黄，倒三角形，上部 4 浅裂，直径 1 cm 以上。果期 9 月。

观花： 聚伞花序有 5 至多花，总花梗长 1 ~ 2.5 cm；花白绿色，直径约 1 cm，4 数，花丝细长，花药紫色。花期 5 月。

分布： 产于河南、陕西、甘肃、四川、云南、贵州、湖南、湖北、江西、安徽等省区，印度也有分布。

习性： 喜光，也耐阴，耐干旱瘠薄，耐寒。

繁殖： 播种繁殖。

应用： 可作为庭园观赏树种。

变型： 披针叶卫矛 f. *lanceifolius*（Loes.)C.Y.Cheng 叶近披针形；分布同正种。

★ *Euonymus porphyreus* Loes. ☆ Purpleflower Euonymus

紫花卫矛

别名：大芽卫矛
科属：卫矛科卫矛属

识别： 灌木，高达 5 m。叶与花同时生出，结果时近革质，卵形，长 3 ~ 7 cm，宽 2 ~ 3.5 cm，先端长渐尖，基部宽楔形；叶柄长 5 ~ 8 mm。蒴果紫红色，悬垂于细长果梗上，圆形，具 4 窄长翅。

观花： 聚伞花序有 3 至数花，总花梗细长纤弱；花深紫色，4 数。

分布： 产于陕西、甘肃、青海、湖北、四川、贵州、云南和西藏。

习性： 喜光，稍耐阴。

繁殖： 种子、扦插繁殖。

应用： 可观花、观果，可作景点布置、绿篱及山坡林缘。

★ *Maytenus hookeri* Loes. ☆ Mayten

美登木

别名：云南美登木
科属：卫矛科美登木属

识别： 无刺灌木，高达 4 m。小枝无长、短枝的区别。叶宽椭圆形或倒卵形，长 10 ~ 20 cm，先端短渐尖或急尖，基部渐窄，边缘有极浅疏齿，叶脉两面突起；叶柄长 5 ~ 10 mm。蒴果倒卵形，长约 1 cm，直径约 8 mm，2 ~ 3 室；种子每室 1 ~ 2 粒，长卵形，棕色，基部有浅杯状淡黄色假种皮。

观花： 圆锥聚伞花序 2 ~ 7 枝丛生，常无明显总花梗，每花序有 3 至多花；花白绿色，5 数，径 3 ~ 4 mm；雄蕊 5 枚，生于花盘之下。

分布： 产于云南西南部西双版纳、双江等地。分布达缅甸、印度。

习性： 喜温暖、阴湿的环境。

繁殖： 播种繁殖。

应用： 可作庭园绿化观赏。

复羽叶栾树 科属：无患子科栾树属

识别：落叶乔木，高可达 20 m 以上。2 回羽状复叶，羽片 5 ~ 10 对，每羽片具小叶 5 ~ 15 枚。卵状披针形，长 4 ~ 8 cm，先端渐尖，基部圆形，缘有锯齿。蒴果卵形，肿囊状 3 棱，红色。果期 9 ~ 10 月。

观花：圆锥形花序顶生，黄花。花期 7 ~ 9 月。

分布：产于中国中南及西南地区；云南高原常见。

习性：喜光，喜温暖、湿润气候，深根性，适应性强，耐干旱，抗风，抗大气污染，速生。

繁殖：播种繁殖。

应用：夏日开黄花，秋日有红果，宜作庭荫树、景园树及行道树，也可种植于干旱山地疏林中。

★ *Koelreuteria bipinnata* Franch. ☆ Bougainvillea Goldraintree

黄山栾 别名：全缘叶栾树，木老芽 科属：无患子科栾树属

识别：识别：落叶乔木，高达 17 ~ 20 m。小枝暗棕色，密生皮孔；1 ~ 2 回羽状复叶，小叶 7 ~ 11 枚，长椭圆状卵形，先端渐尖，全缘，或偶有锯齿，两面无毛或背脉有毛；蒴果椭球形；果 10 ~ 11 月成熟。

观花：花黄色，顶生圆锥花序；花期 8 ~ 9 月。

分布：产于江苏、浙江、安徽、江西、湖南、广东、广西等地。

习性：喜光，幼年期耐阴；喜温暖、湿润气候，耐寒性差；对土壤要求不严格，不耐修剪。

繁殖：播种或分根育苗繁殖。

应用：宜作庭荫树、行道树及园景树栽植，也可用于居民区、工厂区及农村“四旁”绿化。

相近种：复羽叶栾树 *Koelreuteria bipinnata* Franch.。

★ *Koelreuteria integrifoliola* Merr. ☆ Entireleaf Goldraintree

栾树 别名：大夫树，灯笼树 科属：无患子科栾树属

识别：落叶乔木，高达 15 m。奇数羽状复叶，有时部分小叶深裂而为不完全的 2 回羽状复叶，长达 40 cm，小叶 7 ~ 15 cm，卵形或长卵形，边缘具锯齿或裂片，背面沿脉有短柔毛。蒴果三角状卵形，成熟时橘红色或红褐色。果期 9 月。

观花：顶生大型圆锥花序，花小金黄色。花期 6 ~ 7 月。

分布：原产于我国北部及中部地区；日本、朝鲜也有分布。

习性：喜光，稍耐半阴的植物；耐寒；耐干旱和瘠薄，适应性强，喜生于石灰质土壤，耐盐渍及短期水涝。

繁殖：播种繁殖。

应用：树形端正，枝叶茂密而秀丽，春季嫩叶多为红叶，夏季黄花满树，入秋叶色变黄，果实紫红，形似灯笼，十分美丽，是理想的绿化观叶树种。宜做庭荫树、行道树及园景树。此外，也可提制栲胶。花可作黄色染料，种子可榨油。

★ *Koelreuteria paniculata* Laxm. ☆ Paniculed Goldraintree

★ *Sapindus mukorossi* Gaertn.　☆ China Soapberry

无患子

别名：皮皂子
科属：无患子科无患子属

识别： 落叶乔木，高可达 20 m。偶数羽状复叶，全缘互生，薄革质，无毛。核果近球形，径 1.5 ~ 2 cm，10 ~ 11 月成熟，黄色或橙黄色。种子球形、黑色、光亮。果期 9 ~ 10 月。

观花： 花黄白色或带淡紫色，成顶生多花圆锥花序。花期 5 ~ 7 月。

习性： 喜光，稍耐阴，耐寒能力较强；对土壤要求不严格，深根性，抗风力强；不耐水湿，能耐干旱；萌芽力弱，不耐修剪；生长较快，寿命长；对二氧化硫抗性较强。

分布： 分布于淮河流域以南地区。

繁殖： 播种繁殖。

应用： 树干通直，枝叶广展，绿荫浓密。到了冬季，满树叶色金黄，故又名黄金树。可算是彩叶树种之一，秋天果实累累，橙黄美观，是绿化的优良观叶、观果树种。

★ *Xanthoceras sorbifolia* Bunge　☆ Shinyleaf Yellowhorn

文冠果

别名：文冠木，文官果
科属：无患子科文冠果属

识别： 落叶小乔木或灌木，高可达 8 m。奇数羽状复叶互生。小叶 9 ~ 19 枚，长椭圆形，表面光滑，背面疏生星状柔毛。蒴果椭圆形，径 4 ~ 6 cm，具有木质厚壁。果熟期 8 ~ 9 月。

观花： 花杂性，整齐，白色，基部有由黄变红的斑晕。花期 4 ~ 5 月。

分布： 文冠果是我国特有的树种，原产于我国北部干旱寒冷地区，内蒙古自治区的一些旧喇嘛庙内至今仍有树龄较大的老文冠果树。

习性： 喜光，也耐半阴；耐严寒和干旱，不耐涝；对土壤要求不严格，在沙荒、石砾地、黏土及轻盐碱土上均能生长，但以肥沃、深厚、疏松、湿润而同期良好的土壤生长好。

繁殖： 播种繁殖。

应用： 文冠果花序大而花朵密，春天白花满树，花期长达 20 天，且绿叶光洁，非常美观。园林中配植于草坪、路边、山坡、假山旁或建筑物前，也适于大面积绿化造林。

★ *Firmiana simplex*（L.）F.W.Wight　☆ Phoenix-tree

梧桐

别名：青桐，桐麻
科属：梧桐科梧桐属

识别： 落叶乔木，树干端直。叶 3 ~ 5 掌状裂，长 15 ~ 20 cm，裂片全缘，基部心形，先端渐尖。蓇葖果远在成熟前即开裂呈叶状，匙形，网脉显著。果期 9 ~ 10 月。

观花： 顶生圆锥花序，花单性同株；花萼裂片条形，反曲，淡黄绿色。花期 6 ~ 7 月。

习性： 喜光，喜温暖湿润气候，耐寒性不强，喜肥沃湿润、深厚而排水良好的土壤。

分布： 分布于我国黄河流域以南至台湾、海南，尤以长江流域为多。日本也有分布。

繁殖： 播种繁殖。

应用： 树干通直，树冠圆形，干枝青翠，叶大而形美，秋季叶色金黄，最适宜在庭院、草地孤植或丛植，是优良的庭荫树和行道树。

可可树

别名：可可
科属：梧桐科可可树属

识别： 常绿乔木，高达 12 m。嫩枝被短柔毛。叶卵状矩圆形至倒卵状矩圆形，长 20 ~ 30 cm，宽 7 ~ 10 cm，无毛或在叶脉上略被星状毛。果椭圆形或长椭圆形，长 15 ~ 20 cm，深黄色或近于红色，5 室，每室有种子 12 ~ 14 颗；种子卵形，长 2.5 cm。

观花： 花序簇生树干或主枝上；花直径约 18 mm；萼粉红色，5 深裂，裂片长披针形；花瓣 5 枚，淡黄色，略比萼长；雄蕊的花丝基部合生成筒状，退化雄蕊 5 枚，条状，发育雄蕊 1 ~ 3 枚聚成一组，与退化雄蕊互生。

分布： 原产于南美洲；我国有引种栽培。

习性： 喜温暖和潮湿环境，要求湿润和肥沃的土壤。

繁殖： 播种繁殖。

应用： 花果长年生于主干和老枝上，果长而大，红色或黄色，很有观赏价值，是热带地区的典型果树。

★ *Theobroma cacao* L. ☆ Cacaodtree

三叶五加

别名：白簕，鹅掌簕，三加皮
科属：五加科五加属

识别： 攀缘状灌木，高 1 ~ 7 m。枝疏生扁平的先端钩状的下向刺。掌状复叶；小叶 3 片，稀 5 ~ 4 片，中央一片最大，椭圆状卵形至椭圆状长椭圆形，稀倒卵形，长 4 ~ 10 cm，宽 3 ~ 6.5 cm，先端尖或短渐尖，基部楔形，边缘有细锯齿或疏钝齿，无毛或上面脉上疏生刚毛。果扁球形，成熟时黑色，直径约 5 mm。

观花： 伞形花序 3 ~ 10 个或更多聚生成顶生圆锥花序；花黄绿色；萼边缘有 5 齿；花瓣 5 枚；雄蕊 5 枚。

分布： 分布于华南、西南、华中地区；印度东北部至中南半岛，日本和菲律宾也有分布。

习性： 耐阴；喜温暖、湿润的环境。

繁殖： 播种繁殖。

应用： 宜作庭园绿化植物，也可种植于于林缘、灌丛或山坡上。

★ *Acanthopanax trifoliatus*（L.）Merr.

无梗五加

别名：短梗五加，乌鸦子
科属：五加科五加属

识别： 落叶灌木，高 1.5 ~ 5 m。枝疏生刺或无刺，刺粗壮，直或弯曲。掌状复叶互生，小叶 3 ~ 5 枚，缘具不整齐锯齿。浆果近球形，熟时黑色，花柱宿存。果期 9 ~ 10 月。

观花： 头状花序球形，常 3 ~ 6 个再组成圆锥状花序；花无梗，萼筒密生白色茸毛，花瓣 5 片，暗紫色。花期 8 ~ 9 月。

分布： 分布于东北、华北等省区。朝鲜也有分布。

习性： 喜温暖、湿润的环境，宜肥沃的沙质壤土；土质常保持湿润则生长旺盛。

繁殖： 播种或扦插繁殖。

应用： 可孤植、列植作庭园树、行道树。

变种： 小果五加 var. *parviceps* Rehd.，叶和果较小。产于河北。

★ *Acanthopanax sessiliflorus*（Rupr.et Maxim.）Seem.

★ *Aralia chinensis* L. ☆ Chinese Aralia

楤木

别名：通刺，鹊不踏，刺龙柏
科属：五加科楤木属

识别：落叶小乔木，高可达 8 m，但常呈灌木状。树皮散生坚硬的刺。小枝疏被细刺。2 ~ 3 回羽状复叶，长达 1 m；小叶 5 ~ 13 枚，卵形，宽卵形或长卵形，长 5 ~ 12 cm，表面疏被糙毛，背面被黄色或灰色柔毛。果球形，径约 3 mm，黑色。果期 9 ~ 10 月。

观花：伞形花序组成大型圆锥状花序，长 30 ~ 60 cm，密被淡黄色或灰色柔毛。伞形花序径 1 ~ 1.5 cm；花序梗长 1 ~ 4 cm；花梗具关节，长 4 ~ 6 mm，均被柔毛。花期 7 ~ 8 月。

分布：产于河北、山西、河南、陕西、甘肃，南至广东、广西，东起沿海各地，西南至四川及云南。

习性：喜阴或半阴，耐寒，喜肥沃而略偏酸性的土壤。

繁殖：播种繁殖。

应用：园林中多生长于林缘或林下，适于庭园、公园、树木园栽植，也可种植于沟谷、杂树林、阔叶林、阔叶混交林或次生林中。

★ *Fatsia japonica* (Thunb.) Decne.et Planch. ☆ Japan Fatsia

八角金盘

别名：八金盘，八手，手树
科属：五加科八角金盘属

识别：常绿灌木，高 2 ~ 5 m。干丛生，幼枝和嫩枝密被褐色毛。叶大，掌状，5 ~ 7 深裂，质厚有光泽，边缘有锯齿或呈波状，叶柄长，基部肥厚。新发幼叶呈棕色毛毡状，而后逐渐平滑似革质，中心叶脉清晰，叶色浓绿，叶片直径 20 ~ 40 cm。浆果球形，熟时黑紫色，外被白粉。果实翌年 5 月成熟。

观花：圆锥状聚伞花序顶生，花两性，苞片白色。花期 10 ~ 11 月。

分布：原产于日本。现在全世界温暖地区已广泛栽培。

习性：耐阴。

繁殖：播种繁殖。

应用：可作园林地被植物、室内盆栽观赏。

★ *Kalopanax septemlobus*（Thunb.）Koidz. ☆ Pricky Castor-oil Tree

刺楸

别名：钉木树，丁桐皮
科属：五加科刺楸属

识别：落叶乔木，高达 30 m，胸径 1 m。树皮灰黑色，纵裂；树干及大枝具鼓钉状刺。单叶，在长枝上互生，短枝上簇生；叶近圆形，径 9 ~ 25 cm，掌状 5 ~ 7 裂，稀 3 裂，基部心形或圆形，裂片三角状卵形，具尖细锯齿；叶柄长 5 ~ 30 cm。核果熟时黑色，近球形，花柱宿存。果期 9 ~ 10 月。

观花：花两性，复伞形花序顶生，花小，白色。花期 7 ~ 8 月。

习性：喜光，适应性强，喜肥沃湿润的酸性至中性土。

分布：分布甚广，产于东北、河北、山东至长江流域各地，西南至云南西北部、贵州，南至广东、广西北部。朝鲜、日本亦产。

繁殖：播种繁殖。

应用：本种生长快，病虫害少，是良好的绿化树种。

鹅掌藤

别名：狗脚蹄，七叶莲，七加皮
科属：五加科鸭脚木属

识别： 常绿灌木，高 2 ~ 3 m。掌状复叶互生，小叶 5 ~ 9 片，革质富光泽，倒卵形或长椭圆形，亦有不规则歪斜，叶色浓绿或散布深浅不一的黄色斑纹。叶柄纤细，长 12 ~ 18 cm，无毛。核果圆球形，熟时橙黄色。果期 8 月。

观花： 伞形花序，花淡绿色或青白色。花期 7 月。

分布： 原产于热带和亚热带，中国西南部至东部亦有野生分布。

习性： 喜温暖、湿润、半阴的环境，不耐寒；对土壤要求不严格，喜疏松、肥沃、湿润而排水良好的微酸性土壤。

繁殖： 播种繁殖。

应用： 庭院美化或盆栽，亦可配置于花境中。

相近种： 澳洲鸭脚木 [*Scheffera actinophylla*（Endl.）Harms]，叶色浓绿，掌状复叶丛生于枝条顶端，具长柄，小叶 3 ~ 16 枚，长椭圆形，先端尖。花为圆锥状花序，花小型，淡黄色；果实球形而生纵沟。

★ *Scheffera arboricola*（Hayata）Kanehira ☆ Dwarf Umbrella Tree

白花鹅掌柴

别名：汉桃叶，广西鹅掌柴
科属：五加科鹅掌柴属

识别： 灌木，高约 2 m。有时攀缘状。掌状复叶，小叶 5 ~ 7 枚；叶柄长 4 ~ 8 cm，小叶片革质，长圆状披针形，稀椭圆状长圆形，先端渐尖，基部楔形，边缘全缘，反卷，两面均无毛。果实卵形，有 5 棱，径 5 mm，黄红色。果期 5 月。

观花： 圆锥花序顶生，长约 12 cm，分枝很少，多呈伞房状，幼时被茸毛，老时变稀至无毛；伞形花序直径约 1 cm，总状排列在长约 7 cm 的分枝上；花瓣 5 片，长约 2 mm，无毛；雄蕊 5 枚。花期 4 月。

分布： 分布于广东、广西等地。

习性： 喜阴凉、湿润的环境。对土壤要求不严格，但以疏松、肥沃的沙质壤土种植为宜。

繁殖： 播种和扦插繁殖。

应用： 植株紧密，树冠整齐优美可供观赏用，或作园林中的掩蔽树种用。

★ *Scheffter leacantha* Vig.

通脱木

别名：通草
科属：五加科通脱木属

识别： 常绿灌木，无刺，高达 5 m。基部直径 6 ~ 10 cm。单叶互生，常集生枝顶，叶大型，5 ~ 11 掌状分裂，径约 50 cm，裂片卵状长圆形；托叶 2 枚，基部与叶柄结合。叶柄长 50 cm 以上。浆果核果，熟时黑色，径约 4 mm。果期翌年 1 ~ 2 月。

观花： 伞形花序组成大型顶生圆锥状花序，长 50 cm 以上，密被锈黄色茸毛；花淡黄色。花梗无关节；萼密被毛齿不明显；花瓣 4 片；雄蕊 4 枚。花期 10 ~ 12 月。

分布： 产于陕西秦岭，南至广东、广西，东起台湾、浙江、福建，西至云南西北部、四川西部。

习性： 喜光，耐寒性不强。

繁殖： 播种繁殖。

应用： 本种叶片极大，形态较为奇特，也可在庭园中配植。

★ *Tetrapanax papyriferus*（Hook.）K.Koch ☆ Ricepaper Plant

★ *Boehmeria nivea*（L.）Gaud. ☆ Ramie

苎麻

别名：苎根，野苎麻，苎麻茹
科属：荨麻科苎麻属

识别： 半灌木。茎高达 2 m，分枝，生短或长毛。叶互生；叶片卵形或近圆形，长 5 ~ 16 cm，宽 3.5 ~ 13 cm，先端渐尖，边缘密生牙齿，上面粗糙，下面密生交织的白色柔毛，具 3 条基生脉；叶柄长 2 ~ 11 cm。瘦果小，椭圆形，密生短毛，宿存柱头丝形。

观花： 雌雄通常同株；花序圆锥状；雄花序通常位于雌花序之下；雄花小，花被片 4 枚，雄蕊 4 枚，有退化雌蕊；雌花簇球形，直径约 2 mm，花被管状。

分布： 在我国山东、河南和陕西以南各省区栽培甚广，也有野生的。

习性： 喜光。

繁殖： 播种繁殖。

应用： 可作园林地被植物。

★ *Boehmeria silvestrii*（Pamp.）W.T.Wang

赤麻

别名：线麻
科属：荨麻科荨麻属

识别： 多年生草本或亚灌木；茎高 60 ~ 100 cm，数茎丛生，不分枝，红褐色，具钝 4 棱，基部光滑，上部疏被短伏毛。叶对生，有柄，叶质薄，卵形或广卵形，长 7 ~ 14 cm，宽 3 ~ 10 cm，基部广楔形至截形，先端 3 裂，两面被稀疏伏毛，基出脉 3 条；柄长 4 ~ 8 cm，通常带红色。

观花： 花单性，雌雄异株或雌雄同株；花序穗状，腋生，细长，同株者雄花序生于下部，雌花序生于上部；雄花细小，直径约 1.5 mm，淡黄白色；雌花簇生于上部叶腋，花淡红色，集成小球状。瘦果倒卵形，光滑。花期 6 ~ 8 月；果期 8 ~ 9 月。

分布： 我国华北地区分布较多。生于沟边草地、林下或山坡路旁。

习性： 喜光；稍耐寒，耐旱，适于生长在温暖、湿润的环境中。

繁殖： 播种或扦播繁殖。

应用： 可单植或丛植于沟谷、水边、假山旁作为观赏植物。

★ *Elatostema involucratum* Franch.et Sav. ☆ Stairweed

楼梯草

别名：半边伞，养血草
科属：荨麻科楼梯草属

识别： 多年生草本，高达 60 cm。不分枝或具 1 分枝，无毛。叶斜倒披针状长圆形或斜长圆形，无柄或近无柄。瘦果卵球形，具少数不明显纵肋。花期 5 ~ 10 月。

分布： 我国各地均有分布。

习性： 喜阴湿、温暖的环境。

繁殖： 扦插繁殖。

应用： 宜植于花坛、花境、假山上作为观赏植物。

吐烟花

别名：花叶吐烟花
科属：荨麻科赤车属

识别：多年生草本。茎肉质，平卧，长达 60 cm，常分枝，疏被柔毛。叶斜长椭圆形或斜倒卵形，长 1.8 ～ 7 cm，先端钝、微尖或圆，基部窄侧钝，宽侧耳形，具浅钝齿或近全缘，基脉 3 出；叶柄长 1 ～ 5 mm，托叶三角形，长 4 ～ 8 mm；退化叶长 1 mm。瘦果具小瘤状突起。

观花：花雌雄同株或异株。雄花序径 0.6 ～ 3 cm，花序梗长 2 ～ 11 cm。雄花 5 基数，花被片长 2 ～ 3 mm。雌花序无梗，径约 3 mm。雌花花被片 5 枚，稍不等大，长 0.8 ～ 1 mm，具短突起，无毛。花期 5 ～ 10 月。

分布：产于云南南部及东南部、贵州南部、海南。

习性：耐阴，耐水湿。

繁殖：播种繁殖。

应用：可作园林地被植物，种植于山谷、林下或石缝等阴湿处。

★ *Pellionia repens* (Lour.) Merr. ☆ Smoke Redcarweed

艾麻

别名：蝎子草，山活麻，麻杆七，蛇麻草
科属：荨麻科艾麻属

识别：多年生草本，高 40 ～ 150 cm。叶近膜质至纸质，卵形、椭圆形或近圆形，长 7 ～ 22 cm，宽 3.5 ～ 17 cm，先端长尾状，基部心形或圆形，有时近截形，边缘具粗大的锐牙齿，基出脉 3 条，侧脉 2 ～ 4 对；叶柄长 3 ～ 14 cm；瘦果卵形。果期 8 ～ 9 月。

观花：花序雌雄同株，雄花序圆锥状，生雌花序之下部叶腋，直立，长 8 ～ 17 cm；雌花序长穗状，生于茎梢叶腋；花被片 5 枚；雄蕊 5 枚。雌花具梗；花被片 4 枚。花期 6 ～ 7 月。

分布：产于河北西部、山西、河南、安徽、江西、湖南、湖北、陕西南部、甘肃东南部、四川、贵州、广西北部、云南和西藏东南部。

习性：稍耐水湿。

繁殖：播种繁殖。

应用：可作园林地被植物，或种植于山坡林下或沟边。

★ *Laportea cuspidata* (Wedd.) Friis ☆ Moxanettle

糯米团

科属：荨麻科糯米团属

识别：多年生草本，高 50 ～ 100 cm。有时茎基部变木质，茎蔓生、铺地或渐升，长 50 ～ 100 cm，基部粗 1 ～ 2.5 mm，不分枝或分枝，上部四棱形，有短茸毛。叶对生，草质或纸质，宽披针形至狭披针形、狭卵形，长 3 ～ 10 cm，宽 1.2 ～ 2.8 cm，顶端长渐尖至短渐尖，基部浅心形或圆形，边缘全缘。

观花：聚伞花序腋生，通常两性，有时单性，雌雄异株，直径 2 ～ 9 mm。瘦果卵球形，长约 1.5 mm，白色或黑色。花期 5 ～ 9 月。

分布：我国大部分地区有分布。

习性：喜潮湿和遮阳环境。

繁殖：分蘖或播种繁殖。

应用：园林中在溪边、沟谷、假山石上种植观赏。

★ *Gonostegia hirta* (Bl.) Miq. ☆ G lutinousmass

★ *Pilea japonica* (Maxim.) Hand.-Mazz.　☆ Wild Coldwaterflower

山冷水花

别名：苔水花，华东冷水花
科属：荨麻科冷水花属

识别： 草本。茎肉质无毛，高 10 ~ 30 cm。叶对生，同对叶不等大，卵形、三角状卵形或菱状卵形，长 1 ~ 5 cm，宽 0.5 ~ 3 cm，基部楔形至近截形，顶端锐尖至短尾状渐尖，基生脉 3 条，侧脉 2 ~ 3 对；叶柄纤细，长 0.5 ~ 2 cm；托叶矩圆形，长 3 ~ 5 mm，近宿存。瘦果卵形。果期 8 ~ 11 月。

观花： 雌雄同株，聚伞花序具纤细的长总梗，花序轴常无毛，有时被短柔毛；雄花花被片 5 枚；雌花花被片 5 枚。花期 7 ~ 9 月。

分布： 分布于吉林、辽宁、河北、河南、陕西、四川、贵州、广西、湖北、江西、安徽、浙江和台湾。

习性： 喜温暖、湿润的环境。

繁殖： 播种繁殖。

应用： 可作园林地被植物，种植于山坡林下或山谷阴湿处，或作岩生植物。

★ *Pilea microphylla* (L.) Liebm.　☆ Littleleaf Coldwaterflower

小叶冷水花

别名：透明草，小叶冷水麻
科属：荨麻科冷水花属

识别： 纤细小草本。茎肉质，多分枝，高 3 ~ 17 cm，粗 1 ~ 1.5 mm。叶小，同对的不等大，倒卵形至匙形，长 3 ~ 7 mm，宽 1.5 ~ 3 mm，先端钝，基部楔形或渐狭，边缘全缘。瘦果卵形。果期秋季。

观花： 雌雄同株，有时同序，聚伞花序密集成近头状，梗长 1.5 ~ 6 mm。雄花具梗；花被片 4 枚，卵形；雄蕊 4 枚。雌花更小；花被片 3 枚。花期夏秋季。

分布： 原产于南美洲热带，后引入亚洲、非洲热带地区。

习性： 耐阴，耐水湿。

繁殖： 播种繁殖。

应用： 植物体小，嫩绿秀丽，花开时节轻震植物，弹散出的花粉尤如一团烟火，景观十分美丽，故在美洲享有“礼花草”的美名，可作园林地被植物，或种植于路边石缝和墙上阴湿处。

★ *Pilea cadierei* Gagnep.

花叶冷水花

别名：白斑叶冷水花
科属：荨麻科冷水花属

识别： 多年生草本或半灌木，高 15 ~ 40 m。叶多汁，对生；叶柄长 0.7 ~ 1.5 cm；托叶草质，淡绿色，长圆形，早落；叶片倒卵形，长 2.5 ~ 6 cm，宽 1.5 ~ 3 cm，先端骤凸，基部楔形或钝圆，边缘自下部以上有数枚不整齐的浅牙齿或啮蚀状；基出脉 3 条。

观花： 花雌雄异株；雄花序头状，常成对生于叶腋，花序梗长 1.5 ~ 4 cm；苞片外层的扁圆形，内层的圆卵形，稍小。花期 9 ~ 11 月。

分布： 原产于越南中部山区，现今在世界各地温室均有栽培。

习性： 喜阴、耐肥、耐湿、喜温暖、喜排水良好的沙质壤土、生长健壮、抗病虫能力强。

繁殖： 可用扦插和分株法。

应用： 盆栽或吊盆栽培，点缀几架、桌案，显得翠绿光润，清新秀丽。又可在室内花园作带状或片状地栽布置。南方常作为地被植物，展现出青翠光亮的天然野趣。

泡叶冷水花

别名：毛虾蟆草
科属：荨麻科冷水花属

★ *Pilea nummulariifollia*

识别： 多年生草本。植株匍匐蔓延，分枝多而细，节处着地易生根。叶对生，圆形，径 2 ~ 3 cm，叶缘有齿。叶脉凹陷，脉间叶肉突起，看上去呈泡泡状。

观花： 花小、不明显。

分布： 原产于热带、亚热带地区。我国南方地区有栽培。

习性： 喜半阴环境，喜高温多湿，生长适温 22 ~ 28 ℃。要求排水良好、疏松的腐殖质土壤。

繁殖： 扦插繁殖。

应用： 为良好的地被植物，也可植于花坛中作为观赏，也适于室内吊盆栽植。

狭叶荨麻

别名：螯麻子，小荨麻，哈拉海
科属：荨麻科荨麻属

★ *Urtica angustifolia* Fisch.ex Hornem.　☆ Narrowleaf Nettle

识别： 多年生草本。茎高 40 ~ 150 cm，四棱形，有蜇毛。叶对生，叶片披针形或狭卵形，边缘具粗锯齿，长 4 ~ 10 cm，宽 1.2 ~ 2.8 cm。瘦果卵形、扁，长约 1 mm，光滑，成熟后黄色。果期 8 ~ 9 月。

观花： 雌雄异株，花序长约 4 cm，雄花约 2 mm，雌花较雄花小。花期 6 ~ 8 月。

分布： 分布于山西、河北、内蒙古、东北地区。朝鲜、俄罗斯西伯利亚地区也有分布。

习性： 喜阴植物，生命旺盛，生长迅速，对土壤要求不严格，喜温喜湿。

繁殖： 播种繁殖。

应用： 适于丛植或垂直绿化掩盖墙面等；也可用于园林植物造型，也适合作庭院、机关、企业、学校及果园、鱼塘的防盗设施。

鸡蛋果

别名：洋石榴，巴西果，百香果，藤桃
科属：西番莲科西番莲属

★ *Passiflora edulis* Sims

识别： 草质藤本，长数米。茎圆柱形。叶薄革质，长宽各 7 ~ 13 cm，掌状三深裂；叶柄长约 2.5 cm，近上端有 2 个腺体。果卵形，长约 6 cm，熟时紫色。

观花： 花单生于叶腋，两性，直径约 4 cm；苞片 3 枚，叶状，长约 1.5 cm；萼片 5 枚，长约 2.5 cm，背顶有一角状体；花瓣 5 片，与萼片近等长；副花冠由许多丝状体组成 3 轮排列，下部紫色，上部白色；雄蕊 5 枚。

分布： 原产于巴西。我国台湾、福建、广东等省有栽培；广植于热带和温带地区。

习性： 喜阳光充足、气候温暖、土壤肥沃、排水良好环境；不耐寒，忌积水。

繁殖： 扦插繁殖或播种繁殖。

应用： 可作园林垂直绿化植物。

相近种： 西番莲 *Passiflora coerulea* L.，叶掌状 5 深裂。

★ *Astrophytum asterias* (Zuccarini) Lemaire ‘Nudas’

碧琉璃兜

别名：琉璃兜
科属：仙人掌科星球属

识别： 植株单生，高 5 ~ 10 cm，株幅 6 ~ 10 cm。茎扁球形，具 8 个整齐宽棱，棱面青绿色，无星点，棱脊中央着生有纵向绒球状刺座。

观花： 花漏斗状，淡黄色，喉部红色，花径 3 ~ 4 cm。花期夏季。

分布： 栽培品种。

习性： 喜光，耐旱，较耐寒，喜排水良好并富含石灰质的沙壤土，较喜肥。

繁殖： 播种或嫁接繁殖。

应用： 可盆栽观赏。

★ *Astrophytum myriostigma* Lem. ‘Kitsukou’

龟甲鸾凤玉

科属：仙人掌科星球属

识别： 为鸾凤玉的龟甲品种。植株单生，球形，株高 10 ~ 15 cm，株幅 10 ~ 15 cm。具 5 棱，表面青灰色，棱沟两侧被白色小斑点，刺座上方具横向沟槽。

观花： 花漏斗状，淡黄色。花期夏季。

分布： 产于墨西哥高原中部。

习性： 耐干旱，喜全日照，夏季适度遮阴。

繁殖： 嫁接繁殖。

应用： 可温室盆栽观赏。

★ *Atrophytum myriostigma* Lem.　☆ Baby’s Cap Cactus

鸾凤玉

别名：主教帽子
科属：仙人掌科星球属

识别： 多年生肉质草本植物，单一球体，高达 60 cm。植株呈柱状，通常 5 棱，但有 3 ~ 8 棱的变化，棱直，棱脊三角状；表皮密被白色丛卷毛；刺座上有褐色短绵毛，但无刺。

观花： 花直径 4 ~ 6 cm，漏斗形；外瓣黄色，先端浅褐色，内瓣亮黄色，有丝绸般光泽；花喉处通常无异色。花期夏季。

分布： 产于墨西哥高原中部。中国南方有栽培。

习性： 稍耐半阴，也耐强光；喜温暖、干燥和阳光充足的环境，有一定的耐寒性；耐干旱，怕水湿。要求排水良好且富含石灰质的沙质壤土。

繁殖： 播种或嫁接繁殖。

应用： 形态独特，呈标准的棱台状，极具对称美，非常适合家庭栽培欣赏，用于装饰窗台、阳台、桌案等处；由于鸾凤玉外形酷似一块岩石，也可地栽布置沙漠植物景观。

品种： 品种较多。

瑞凤玉　科属：仙人掌科星球属

识别： 多年生肉质草本，高 20 ~ 30 cm。幼株球形，后呈圆筒形，浅绿色，密被白色小鳞片。有 8 ~ 9 条锐棱；刺脆，长而卷曲，贴附于球体表面。

观花： 花黄色，喉部红色。花期春季至秋季。

分布： 原产于墨西哥。中国有栽培。

习性： 喜光照充足；不耐寒，喜排水极好的、富含石灰质的土壤。

繁殖： 春季或夏季播种繁殖。

应用： 形体漂亮，花朵美丽，生长强健，管理粗放，适合家庭养植。

★ *Astrophytum capricorne* (Dietr.) Britt. et R.

山吹　科属：仙人掌科白檀属

识别： 多浆植物，高 8 ~ 10 cm。茎短，圆球形、矮生，多数分枝；枝、茎手指状，平卧或铺散下垂，有时茎中腰略凹细成葫芦状，表皮绿色。有 6 ~ 9 棱，有时旋转；棱上刺丛密生，每丛具 10 ~ 15 枚白色小短刺。

观花： 花漏斗状，绯红至葡萄酒红色、日开夜闭，花朵繁茂。花期春至初夏。

分布： 原产于阿根廷及西印度群岛。中国南方有栽培。

习性： 喜通风良好及光线充足的环境，忌夏季强烈阳光直射，耐半阴，较耐寒，要求疏松、肥沃和排水良好的土壤，以富含腐殖质的微酸性的沙质壤土为宜。

繁殖： 扦插极易成活，也常用嫁接繁殖。

应用： 茎球丛生，不开花期间葱葱绿绿，花时更美丽，花期可移入室内，装饰窗台、阳台或悬吊观赏。

品种： 黄山吹 'Aurea'，缀化山吹 'Cristata' 等。

★ *Chamaecereus silvestrii* Br. et R.

玄武　科属：仙人掌科鹿角柱属

识别： 植株细柱状，开始直立，后匍匐生长。株高 15 ~ 20 cm，株幅 15 ~ 25 cm。具 5 ~ 7 个棱缘，具疣突的棱，周围刺 6 ~ 9 枚，灰褐色，中刺 1 枚，深褐色。

观花： 花紫红色。花期春季。

分布： 原产于美国、墨西哥。

习性： 耐干旱，生长期可充分浇水，喜全日照，较喜肥。

繁殖： 播种繁殖。

应用： 可盆栽观赏。

★ *Echinocereus blanckii*

★ *Echinofossulocactus multicostatus* ☆ Brain Cactus

多棱球

科属：仙人掌科多棱球属

识别： 植株单生，扁球形至圆球形，直径 6 ~ 10 cm，体色鲜绿色。棱脊薄，约 40 个，棱缘强烈波状弯曲的棱，刺座排列稀。周刺细短，白色，6 ~ 8 枚；向上的中刺 1 枚较长，扁平状，具环纹，紫褐色或黄褐色。

观花： 花顶生，漏斗状，白色花，带紫红色中脉，花径 3 ~ 5 cm。花期早春。

分布： 原产于墨西哥高原。

习性： 喜温暖环境。

繁殖： 播种繁殖。

应用： 可盆栽观赏。

★ *Echinopsis tubiflora* (Pfeiff.) Zucc.

花盛球

别名：仙人球
科属：仙人掌科海胆属

识别： 植株单生或成丛，初为圆球形，后长成圆筒形，高可达 75 cm，径 12 ~ 15 cm，易生侧球。球体暗绿色，具棱 11 ~ 12 个。刺锥状，黑色，长 1 ~ 1.5 cm。

观花： 花着生于球体侧方，花色有粉红、红、黄、橙、白等色。花喇叭形，径 15 cm，长 18 ~ 25 cm。傍晚后开放，翌日清晨即凋谢。

分布： 原产于阿根廷及巴西北部，玻利维亚也有少量分布。

习性： 喜充足的阳光，但夏季要适当遮阳，耐暑热，耐高温，耐干旱，较耐寒。对土壤要求不高。

繁殖： 嫁接、扦插或播种繁殖。

应用： 可温室盆栽观赏。

★ *Epiphyllum oxypetalum* (DC.) Haw. ☆ Broadleaf Epiphyllum

昙花

别名：琼花，月下美人
科属：仙人掌科昙花属

识别： 附生肉质灌木，高 2 ~ 6 m。老茎圆柱状，木质化；分枝多，叶状侧扁，长椭圆形，长 15 ~ 100 cm，宽 5 ~ 12 cm，边缘波状或具圆齿；中肋粗大，宽 2 ~ 6 mm，两面突起；老株具气根。叶退化。浆果长球形，具纵棱脊，紫红色。

观花： 花生于叶状枝边缘，大型，漏斗状，无梗，夜间开放，具芳香；花萼筒形，白绿色，或具红晕；花重瓣，花被片披针形，长 7 ~ 10 cm，宽 3 ~ 4.5 cm，纯白色；雄蕊多数，排成两列，花丝白色，花药淡黄色；花柱白色，长 20 ~ 22 cm，径 3 ~ 4 mm，柱头开展，黄白色。花期夏秋。

分布： 原产于墨西哥至巴西热带雨林。

习性： 喜半阴，温暖，湿润，微酸性沙质土；不耐寒。

繁殖： 播种繁殖。

应用： 大型盆栽观枝、观花。

巨鹫玉

别名：鱼钩球
科属：仙人掌科强刺球属

★ *Ferocactus horridus* Britt on et Rose

识别：多年生肉质草本，球径可达 20 cm。植株单生，球体大型，深绿色。枝上刺座生有粗壮刺丛，每个刺丛上都生有暗褐色的钩环状硬刺，刺上有灰白色环斑。

观花：单花着生球顶；花黄色，钟形，花径 6 ~ 7 cm。花期 6 ~ 8 月。

分布：原产于墨西哥和美国加利福尼亚半岛。中国南方有栽培。

习性：喜充足阳光，即使是夏日艳阳照射也无害；不耐寒，温度必须在 10 ℃以上。

繁殖：常采用切顶促生仔球，待小仔球长至球径 1 cm 以上时，取下仔球扦插或嫁接繁殖，亦可播种繁殖。

应用：中、小型盆栽，适于室内装饰或庭园种植，盆栽适合门庭、入口处点缀，也可在商场橱窗、精品柜处装饰，具备南美风光。

赤诚

科属：仙人掌科强刺球属

★ *Ferocactus macrodiscus*（Martius）Britton et Rose

识别：成年植株高可达 8 cm，幅径 15 cm，属于小型植物。棱突出，刺座大，上部具腺体。刺强猛而质硬。

观花：花顶生，漏斗状，淡桃红色，有淡香。春季开花。

分布：产于美国和墨西哥。

习性：喜温暖和阳光充足的环境，耐强光照射，耐湿润，注意浇水量，耐寒性一般，温度低时应注意保暖。

繁殖：扦插繁殖。

应用：带有淡粉色外刺的仙人球品种，仙人掌属中的俏美人儿，花清新娇美，艳丽芬芳，适合盆栽或温室内地栽观赏。

美须玉

别名：美髯玉，彩须玉
科属：仙人掌科须玉属

★ *Oroya peruviana* Britton & Rose

识别：植株扁球形或球形，肉质较硬，表皮深绿色，有光泽，株幅 40 cm，株高 20 cm，有 12 ~ 25 棱。狭长形刺座，着生在疣突中间，有白色绒毛，周刺 18 ~ 23 枚，梳齿状，长 1.5 ~ 2 cm，刺白色，黄色，红色或黑褐色，中刺 1 ~ 6 枚，常缺乏，刺针状。

观花：花形钟状或酒杯状，长 1.5 ~ 2.5 cm，花浅粉红色、红色、朱红色或朱砂红色，花管白色或柠檬色，长约 2.5 cm。

分布：原产于秘鲁中部。

习性：喜光照和良好的通风，冬季喜干燥和 –5 ℃以上的温度。

繁殖：嫁接或播种繁殖，适用“量天尺”嫁接，苗株型圆整，刺长而粗，且开花早、开花多。

应用：花瓣背面深红色，正面粉红色，花喉部黄色，花柱桃红色，柱头淡黄色，色彩丰富，层次分明，十分美丽，可室内盆栽观赏。

★ *Parodia magnifica* F. Ritter　☆ Magnificent Cactus

英冠玉

别名：蓝灰强刺球
科属：仙人掌科锦绣玉属

识别： 多年生肉质，茎幼时球形，后随年龄增长渐变为圆筒形，直径 20 cm，高可达 5 m 以上，易群生，蓝绿色，棱 11 ～ 15 个。茎顶密生绒毛。刺座密集，放射状刺 12 ～ 15 个，毛状，黄白色，中刺 8 ～ 12 个，针状，褐色。两种刺长均为 0.5 ～ 0.8 cm。

观花： 花大，直径达 5 ～ 6 cm，花冠漏斗状，鹅黄色，常同时开出数朵。花期 6 ～ 7 月。

分布： 原产于巴西。

习性： 喜温暖干燥与阳光充足环境，耐干旱和半阴，不耐水湿，不耐寒，冬季温度不低于 5 ℃，以肥沃、疏松、排水良好的沙质壤土为宜。

繁殖： 播种、扦插或嫁接繁殖。

应用： 可盆栽观赏，也可与柱状类仙人掌搭配、片植形成景观。

★ *Parodia leninghausii* (Schumann) Brandt　☆ Golden Ball Cactus

金晃

别名：黄翁
科属：仙人掌科锦绣玉属

识别： 茎圆柱形，高 60 ～ 70 cm，径 10 cm，基部易分枝。棱 30 个或更多，刺座排列紧密。周刺 15 枚，刚毛状，长 0.3 ～ 0.7 cm，黄白色；中刺 3 ～ 4 枚，长 4 cm，黄色，细针状。

观花： 花黄色，生茎顶端，长 4 cm，直径 5 cm。株高 20 cm 左右始开花，花时球端白毛增多。

分布： 原产于巴西南部里约格朗德州。

习性： 喜光，喜肥沃、疏松的腐叶土和粗沙的混合土。盛夏强光时稍遮阳或多喷水。盆土保持一定湿度，冬季盆土保持干燥。

繁殖： 播种、扦插或嫁接繁殖。

应用： 金黄色细刺鲜艳光亮，可室内盆栽观赏，常也球状类仙人掌搭配、片植形成景观或作为点缀。

★ *Parodia schumanniana* (Nicolai) F. H. Brandt

金冠

别名：锦云仙人球，红牡丹锦
科属：仙人掌科锦绣玉属

识别： 植株初为圆球形，成年植株圆筒形，径约 12 cm。四周易生侧球，侧球从刺座长出，主球的直径可达 35 cm，高可达 1 m，具棱 21 ～ 48 个。刺细密，金黄色。

观花： 花黄色，常同时出数朵。

分布： 原产于南美洲中部平原地带。

习性： 冬季室温保持在 8 ～ 10 ℃ 较好。夏季需要适当遮阳，不喜欢天气太热。最好用雨水浇灌。

繁殖： 播种繁殖。

应用： 可盆栽观赏，常与柱状类仙人掌搭配、片植形成景观。

胭脂绯牡丹

别名：锦云仙人球，红牡丹锦
科属：仙人掌科裸萼球属

识别：为牡丹玉的斑锦品种。多年生肉质，植株扁球形至球形，高 3 ~ 4 cm，株幅 3 ~ 5 cm。基具 8 棱，有突出的横脊，表皮青褐色，镶嵌有不规则的红色斑块，或通体红色。刺座小，无中刺，刺座上着生 3 ~ 5 枚粉红色周围刺，辐射刺短或脱落。成熟球体群生仔球。果实细长，纺锤形，红色。种子黑褐色。

观花：花细长，着生在顶部的刺座上，漏斗状，花色多样。花期春末夏初。

分布：原产于南美洲。

习性：喜温暖和阳光充足的环境，冬季需充足阳光，夏季高温时应稍遮阳，并使其通风，土壤要求肥沃和排水良好，要求空气流通，不耐寒，越冬温度不可低于 8 ℃，耐干旱。

繁殖：嫁接繁殖。

应用：可盆栽观赏，或配置于多肉植物专类园及作盆景材料。

★ *Gymnocalycium mihanovichii* var. *friedrichi* 'Hibotan Nishiki'

黑牡丹玉

科属：仙人掌科裸萼球属

识别：植株扁球形或椭圆形。株高 8 ~ 10 cm，株幅 8 ~ 10 cm。基具 8 ~ 12 棱，棱壁有横肋，表皮墨绿色。刺座着生周围刺 4 ~ 6 枚，黄白色，中刺 1 ~ 3 枚，黄褐色。

观花：花顶生，漏斗状，桃红色，花径 3 ~ 4 cm。花期春季至夏季。

分布：为牡丹玉的栽培品种。

习性：耐干旱，喜全日照，较喜肥。

繁殖：分株或播种繁殖。

应用：可盆栽观赏。

★ *Gymnocalycium mihanovichii* var. *friedrichii* 'Black'

轮环绯花玉

别名：绯花玉石化
科属：仙人掌科裸萼球属

识别：其株体由球形变成扁球形，表面深绿色，棱瓣饱满整齐，尤其顶部凹槽的变化较大。由于棱肋错乱多变，造成形状各异，有圆形、五角星形、双球形等。

观花：花红色。

分布：为绯花玉的栽培品种。

习性：耐干旱，喜全日照，较喜肥。

繁殖：播种繁殖。

应用：可盆栽，是仙人掌爱好者喜欢收集的品种之一。

★ *Gymnocalycium baldianum* var. *vanturianum* 'Cylivar'

★ *Gymnocalycium baldianum* (Spegazzini) Spegazzini

绯花玉

别名：瑞昌玉
科属：仙人掌科裸萼球属

识别： 多年生肉质。植株单生或簇生，球形或扁球形。株高 8 cm，株幅 7 ~ 8 cm。茎具 9 ~ 11 个浅棱，深绿色。叶退化。刺座着生周刺 5 ~ 7 枚，灰黄色；中刺有 1 根，稍粗，骨色或褐色，最长可达 1.5 cm。果纺锤状，深灰绿色。

观花： 花顶生，漏斗状，紫红色或玫瑰红色，长和直径均为 3 ~ 5 cm。花期春末夏初。

分布： 原产于阿根廷。

习性： 性强健，喜阳光，但也耐短时间半阴，喜全日照，较喜肥，耐干旱，对土质要求不高，冬季耐寒。

繁殖： 播种或扦插繁殖。冬末早春播种繁殖，发芽适温 19 ~ 24 ℃，或利用自身蘖生的仔球嫁接；春季取仔球扦插或嫁接繁殖。

应用： 球形端庄，开花美丽，病虫害极少，很适合一般家庭盆栽。

★ *Dolichothele longimamma* DC. ☆ Gulzow's Pincushion Cactus

金星

别名：长疣八卦掌
科属：仙人掌科长疣属

识别： 植株最初单生，易从基部产生仔球，后随仔球增多，逐呈群生状，具粗大的不规则形肉质根。球体高与直径均 8 ~ 15 cm，具长而大的棒状疣突，疣突长 2 ~ 7 cm，青绿色，肥厚多汁。疣突顶端生刺座，具刺 3 ~ 12 枚，刺长约 2 cm，黄褐色，先端色较深。果实长圆形，成熟后黄绿色，表皮光滑，种子深褐色。

观花： 花生于疣突的叶腋间，漏斗形，直径 5 ~ 6 cm，是乳突球属的大花种类，花黄色，根据球体大小，常数朵至数十朵，甚至上百朵同时开放，十分壮观，花期 5 ~ 9 月。

分布： 原产于墨西哥。

习性： 喜温暖环境。

繁殖： 播种繁殖。

应用： 因球体上的放射状刺纵横交错，形似一张“网”罩在球体上，故也称“蒙天网”，可盆栽观赏，或做点缀植物栽培。

★ *Mammillaria phaeacantha* Lem.

乱樱

科属：仙人掌科乳突球属

识别： 植稍呈扁球形，株高 6 cm，幅径 7 cm。疣腋有毛，具白刚毛刺。中刺暗红褐色，4 枚。

观花： 花浓紫红色，春季开花。

分布： 原产于南美洲。

习性： 喜温暖和阳光充足的环境，耐强光照射。耐湿润，但应当适当控制浇水量。耐寒性一般，温度低时应注意采取措施进行保暖。

繁殖： 播种繁殖。

应用： 可盆栽观赏。

猩猩球

别名：锦丸
科属：仙人掌科乳突球属

识别：植株单生，圆筒状，高 30 cm，直径 10 cm。茎无白色乳汁。疣突腋部有绵毛及刺毛。辐射刺 20 ~ 30 枚，常为白色，也有黄、褐或红色者；中刺 7 ~ 15 枚，针形，其中 1 根有钩。
观花：花浅红至紫红，径 1.5 cm。
分布：原产于墨西哥。
习性：喜温暖环境。
繁殖：播种繁殖。
应用：可温室或盆栽观赏。
品种：品种极多。

★ *Mammillaria spinosissima* Lem.

艳珠球

别名：艳珠丸
科属：仙人掌科乳突球属

识别：植株球形，株高 10 ~ 12 cm，株幅 10 ~ 12 cm。茎表皮青绿色，其棱变成锥状疣突，顶端刺座着生 1 枚特长的黄褐色中刺，新刺白色。
观花：花钟状，浅紫红色。花期夏季。
分布：为猩猩球的栽培品种。
习性：耐干旱，喜全日照，较喜肥。
繁殖：播种繁殖。
应用：可盆栽观赏。

★ *Mammillaria spinosissima* Lem 'Pico'

令箭荷花

别名：荷花令箭
科属：仙人掌科令箭荷花属

识别：附生肉质草本，高 0.5 ~ 1 m。茎多分枝，灌木状；叶状枝扁平披针形，形似令箭，基部圆形呈柄状，边缘具波状粗齿，齿凹处具刺；鲜绿色，幼枝边缘略带红色。叶退化。浆果。
观花：花着生于刺丛，玫红色，漏斗形，花被开张，反卷，花丝及花柱均弯曲。花期 4 ~ 5 月。
分布：原产于墨西哥及玻利维亚。
习性：喜光，温暖，湿润，微酸性土；不耐寒。
繁殖：扦插或嫁接繁殖。
应用：中型盆栽观枝、观花。

★ *Nopalxochia ackermannii* Kunth ☆ Ackermann Nopalxochia

★ *Notocactus scopa* 'Ruberrimus'

红小町

别名：艳小町，红锦仙人球
科属：仙人掌科南国玉属

识别：多年生肉质。原产于地株高 25 ～ 30 cm，株幅 10 cm。初期球形后圆筒形，绿色，有棱 30 ～ 35 枚，棱上有细小的疣状突起，刺座间距 5 ～ 8 mm，周刺 40 枚，刺软，细而短，白色；中刺 3 ～ 4 枚，褐或紫红色；叶片退化。

观花：花漏斗状，径 4 cm，亮黄色至柠檬黄色，花筒被褐色软毛和暗黑色刚毛。花期夏季。

分布：原产于巴西南部和乌拉圭。

习性：喜温暖、干燥和阳光充足环境，耐强光，耐半阴，稍耐寒。

繁殖：春夏播种繁殖，发芽温度 19 ～ 24 ℃，或初夏取仔球或茎顶扦插繁殖，也可嫁接繁殖。

应用：红小町刺毛浓密，色泽鲜丽，尤其群生植株更加诱人，盆栽装点于窗台、案头和书桌，显得优雅大方，新奇美观，活泼新颖，也可成片丛植布置宾馆、商场等公共场所，一片浓密毛刺，异常新奇。

★ *Notocactus roseiflorus*

红花南国玉

科属：仙人掌科南国玉属

识别：多年生肉质。茎单生，圆球形，14 ～ 18 棱，中绿色，刺座密集，细锥状，刺黑、红相间。叶退化。

观花：花漏斗状，淡玫瑰红色，花径 3 ～ 3.5 cm。花期夏季。

分布：原产于乌拉圭。

习性：喜温暖、干燥和阳光充足环境，不耐寒，耐半阴和干旱，怕水湿，宜肥沃、疏松和排水良好的沙质壤土。

繁殖：播种繁殖。春夏季播种，发芽适温 19 ～ 24 ℃。

应用：盆栽点缀窗台、书桌和客厅茶几；花时，刺、花常壮丽，显得神采奕奕，使居室环境更加美。适合于华南地区栽培。

★ *Notocactus haselbergii*（F. Haage ex Rumpler) A.Berger

雪光

别名：锦翁玉，白雪光，雪晃
科属：仙人掌科南国玉属

识别：多年生肉质，径 6 ～ 10 cm。植株圆球形，小球形种类球体密布白色刺。

观花：球体顶部开花；花橙黄色。

分布：原产于巴西，热带、亚热带地区广为栽培。中国南方大城市有少量栽培。

习性：喜充足的阳光，但夏季应适当遮阳；耐高温，稍耐寒冷；不耐水湿。栽培基质须富含腐殖质且排水良好的沙质壤土。冬季保持盆土干燥。

繁殖：嫁接或播种繁殖。球切顶促生仔球后，取下仔球嫁接繁殖。

应用：球体色彩雪白，外形规整，宜盆栽观赏。

仙人掌

别名：仙巴掌，火掌，玉芙蓉、牛舌头
科属：仙人掌科仙人掌属

识别： 丛生肉质灌木，高 1.5 ~ 3 m。丛生肉质灌木；茎下部木质，圆柱形；上部分枝椭圆形，长 10 ~ 35 cm，宽 7.5 ~ 20 cm，扁平，肥厚多肉，刺座内密生黄刺；幼枝鲜绿色，老枝灰绿色叶钻形，长 4 ~ 6 mm，绿色，早落。浆果倒卵形，紫红色。
观花： 花单生茎节上部，短漏斗形，鲜黄色。花期 6 ~ 10 月。
分布： 原产于美洲热带。
习性： 喜光，喜温暖、干燥，耐寒。
繁殖： 扦插或嫁接繁殖。
应用： 中型盆栽观枝。

★ *Opuntia stricta*（Haw.）var. *dillenii*（ker-Gawl.）Benson ☆ Erect Prickly - pear

梨果仙人掌

别名：仙桃，大型宝剑
科属：仙人掌科仙人掌属

识别： 肉质灌木或小乔木，高 1.5 ~ 5 m，老株可具圆柱状主干。分枝多数，淡绿色至灰绿色，无光泽，宽椭圆形、倒卵状椭圆形至长圆形，边缘全缘，基部圆形至宽楔形，表面平坦，无毛，具多数小窠；小窠略呈垫状，无刺，或具 1 ~ 6 根开展的白色刺；浆果椭圆球形至梨形，每侧有 25 ~ 35 个小窠。
观花： 花托长圆形至长圆状倒卵形，具多数垫状小窠，无刺或具少数刚毛状细刺；萼状花被片深黄色或橙黄色，具橙黄色或橙红色中肋，宽卵圆形或倒卵形；瓣状花被片深黄色，长 2.5 ~ 3.5 cm，橙黄色或橙红色，倒卵形至长圆状倒卵形；花丝淡黄色。花期 5 ~ 6 月。
分布： 原产于墨西哥；世界温暖地区广泛栽培。
习性： 生性强健，耐瘠耐旱，喜强光照。
繁殖： 种子和分枝繁殖。
应用： 南方各地引种作为围篱。

★ *Opuntia ficus-indica*（L.）Mill. ☆ Sweet Prickly Pear

假昙花

别名：复活节仙人掌，连叶仙人掌
科属：仙人掌科假昙花属

识别： 附生肉质小灌木，高 30 ~ 50 cm。多分枝，枝丛下垂；主茎圆形易木质化；枝扁平，肉质，多节，每节椭圆形，绿色，新出枝节边缘为紫红色；刺座在节间，有刚毛。叶退化。浆果。果期 5 ~ 6 月。
观花： 花单生枝顶，筒状，红色。花期 4 ~ 5 月。
分布： 原产于南美热带。
习性： 喜半阴、温暖，湿润；不耐寒。
繁殖： 嫁接、扦插或播种繁殖。
应用： 小型盆栽观枝、观花；也可吊盆观赏。
相近种： 昙花 *Epiphyllum oxypetalum*（DC.）Haw.，高 2 ~ 3 m，夏秋季于晚间开大型白色花，花漏斗状，有芳香；因其每朵花的开放时间仅为 2 ~ 3 h，故有“昙花一现”之意。

★ *Rhipsalidopsis gaertneri*（Regel）Moran ☆ Easter Day Cactus

★ *Schlumbergera bridgesii*（Lem.）Loefgr.

仙人指

别名：仙人枝，圣烛节仙人掌
科属：仙人掌科仙人指属

识别： 附生常绿小灌木，高 30 ~ 50 cm。多分枝，枝丛下垂；枝扁平，肉质，多节，每节椭圆形，叶状，每侧有 1 ~ 2 钝齿，顶部平截；枝节绿色，具紫晕。叶退化。

观花： 花单生枝顶，花冠整齐，筒状，红色或紫红色。花期 3 ~ 4 月。

分布： 原产于巴西。

习性： 喜半阴、温暖、湿润、不耐寒。

繁殖： 扦插或嫁接繁殖。

应用： 小型盆栽观枝、观花；也可吊盆观赏。

★ *Zygocactus truncatus* (Haw.) K.Schum.

蟹爪兰

别名：蟹爪，蟹爪莲
科属：仙人掌科蟹爪兰属

识别： 附生常绿小灌木，高 30 ~ 50 cm。多分枝，枝丛下垂；枝扁平，肉质，多节，每节椭圆形，叶状，顶部平截，每侧有 2 ~ 4 枚尖锯齿，如蟹钳；枝节绿色。叶退化。

观花： 花单生枝顶，花冠漏斗形，紫红色，花瓣数轮，愈向内侧，管部愈长，上部反卷。花期 11 ~ 12 月。

分布： 原产于巴西。

习性： 喜半阴、温暖、湿润；不耐寒。

繁殖： 扦插繁殖或播种繁殖。

应用： 小型盆栽观枝、观花；也可吊盆观赏。

★ *Thelocactus setispinus* (Engelm.) E.F.Anderson

龙王球

别名：黄仙人拳，左右旋
科属：仙人掌科瘤玉属

识别： 植株球状至圆筒状，棱较薄，多为 13 棱，向左或向右呈螺旋状。体色绿色或墨绿色。刺有中刺 1 ~ 3 枚，直或稍有弯曲，褐色，另有放射状侧刺 10 枚，灰褐色。浆果，鲜红色。

观花： 花漏斗状，生于顶部，花黄色，内部花瓣基部红色。花期 5 ~ 10 月，花期长，开花次数多，每朵花开放两天。

分布： 原产于美国德克萨斯州南部和墨西哥北部。

习性： 生命力很强，喜光，对土质要求不严。浇水要间湿间干，温度适合时全年可生长，冬季能耐 0 ℃的温度。

繁殖： 播种或分株繁殖。

应用： 花香，易结果，可观花又可赏果，是仙人掌类花卉中的佼佼者，很适合家庭装饰的品种。

空心莲子草

别名：喜旱莲子草
科属：苋科莲子草属

★ *Alternanthera philoxeroides*（Mart.）Griseb.

识别： 多年生草本。茎基部匍匐，上部上升，中空，具分枝。叶对生，矩圆形、矩圆状倒卵形或倒卵状披针形，长 2.5 ~ 5 cm，宽 7 ~ 20 mm，顶端圆钝，具芒尖，基部渐狭，上面有贴生毛，边有睫毛。

观花： 状花序单生于叶腋，具总花梗；总花梗长 1 ~ 4 cm；苞片和小苞片干膜质，宿存；花被片白色，矩圆形；雄蕊 5 枚。花期 5 ~ 11 月。

分布： 原产于巴西；我国各地引种栽培，后逸为野生。

习性： 喜光，喜水湿。

繁殖： 种子繁殖。

应用： 花色彩极美，适宜与浅色花卉配置作花坛和花境，在池沼、水边种植；为外来入侵植物，应注意控制种群的扩散。

反枝苋

别名：野苋菜，苋菜，西风谷
科属：苋科苋属

★ *Amaranthus retroflexus* L.　☆ Redroot Amaranth

识别： 一年生草本，高 20 ~ 80 cm，被毛。茎粗壮，绿色或紫色，具钝棱。叶互生，菱状卵形，先端尖，全缘。胞果扁卵形，包于宿存花被内。果期 8 ~ 9 月。

观花： 圆锥花序大型，密花，苞片具尖刺芒；花杂性，花被片 5 枚，白色，膜质。花期 7 ~ 8 月。

分布： 分布于东北、华北、西北及华东地区。

习性： 喜光。

繁殖： 播种繁殖。

应用： 可作园林地被植物。

千穗谷

别名：籽粒苋，御谷，籽粒苋
科属：苋科苋属

★ *Amaranthus hypochondriacus* L.　☆ Princes-feather

识别： 一年生草本，高 20 ~ 80 cm。茎绿色或紫红色，分枝，无毛或上部微有柔毛。叶片菱状卵形或矩圆状披针形，长 3 ~ 10 cm，宽 1.5 ~ 3.5 cm，全缘或波状缘，无毛；叶柄长 1 ~ 7.5 cm。胞果近菱状卵形。

观花： 圆锥花序顶生，绿色或紫红色，直立，圆柱状，由多数穗状花序形成，花簇在花序上排列极密。

分布： 原产于北美；我国栽培供观赏。

习性： 喜高温，不耐霜冻，耐旱性强，不耐涝，喜水肥。

繁殖： 播种繁殖。

应用： 可作观赏植物栽培。

★ *Amaranthus caudatus* L. ☆ Love-lies-bleeding

尾穗苋

别名：老枪谷
科属：苋科苋属

识别：一年生直立草本，高 1 ~ 1.5 cm。叶具长柄，卵形或菱状披针形，顶端具小芒尖，基部楔形，稍不对称，全缘或波状缘。果期 9 ~ 10 月。
观花：穗状花序集成细长下垂如尾的圆锥花序，暗紫红色。花期 8 ~ 9 月。
分布：原产于热带，全世界各地均有栽培。
习性：耐碱；忌湿热，怕涝，耐干旱，不择土壤。
繁殖：播种繁殖。
应用：可作花境背景，或为篱垣丛植，或路旁丛植。
变种：白花尾穗苋 var. *albiflorus*，花穗绿白色；红花尾穗苋 var. *atropurpureus*，叶紫红色；球花尾穗苋 var. *gibbosus*，花穗在花轴上间隔成球状。

★ *Amaranthus tricolor* L. ☆ Three-coloured Amaranth

雁来红

别名：三色苋，老来少
科属：苋科苋属

识别：草本状亚灌木，高 80 ~ 150 cm。茎光滑直立，少分枝。叶互生，具长柄，卵圆形至卵圆状披针形，叶片基部常呈暗紫色，常在秋季大雁南飞时节顶部叶片或中下部叶片变为红、橙、黄色相间。
观花：穗状花序腋生，花小，绿色。花期 7 ~ 10 月。
分布：原产于亚洲、美洲热带地区，现普遍栽培。
习性：喜阳光充足、湿润及通风良好的环境，耐旱、耐碱、不耐寒。
繁殖：播种繁殖。
应用：作花坛的中心材料或花境的背景材料，也可盆栽或作切花。
品种：有纯色和杂色等多个品种。

★ *Amaranthus paniculatus* L. ☆ Paniculate Amarant

繁穗苋

别名：天雪米，鸦谷
科属：苋科苋属

识别：一年生草本，高 1 ~ 2 m。茎直立、单一或分枝，具钝棱，几无毛。叶卵状矩圆形或卵状披针形，长 4 ~ 13 cm，宽 2 ~ 5.5 cm，顶端锐尖或圆钝，具小芒尖，基部楔形。花单性或杂性，胞果卵形，盖裂，和宿存花被等长。
观花：圆锥花序腋生和顶生，由多数穗状花序组成，直立，后来下垂；苞片和小苞片钻形，绿色或紫色，背部中肋突出顶端成长芒；花被片膜质，绿色或紫色，顶端有短芒；雄蕊比花被片稍长。
分布：自东北至云南皆有栽培，或逸为野生；全世界广泛分布。
习性：喜光。
繁殖：播种繁殖。
应用：可作园林地被植物。

牛膝

别名：百倍，牛茎，淮牛膝，红牛膝
科属：苋科牛膝属

识别：多年生草本，高 70 ~ 120 cm。根圆柱形；茎有棱角，几无毛，节部膝状膨大，有分枝。叶卵形至椭圆形，或椭圆状披针形，长 4.5 ~ 12 cm，两面有柔毛；叶柄长 0.5 ~ 3 cm。胞果矩圆形。果期 9 ~ 10 月。

观花：穗状花序腋生和顶生，花后总花梗伸长，花向下折而贴近总花梗。花期 7 ~ 9 月。

分布：全国皆产；朝鲜、越南、俄罗斯、印度、菲律宾、马来西亚及非洲也有分布。

习性：喜光。

繁殖：播种繁殖。

应用：可作园林地被植物，种植于山坡上或林下。

相近种：柳叶牛膝 *Achyranthes longitolia* Makino 叶披针形或宽披针形；退化雄蕊方形，顶端有不明显牙齿。

★ *Achyranthes bidentata* Blume ☆ Twotooth Achyranthes

鸡冠花

别名：鸡冠头，笔鸡冠，大头鸡冠
科属：苋科青葙属

识别：一年生草本，高 20 ~ 120 cm。单叶互生，有叶柄，长卵形或卵状披针形。胞果，卵圆形，种子近扁圆形，黑色有光泽。果期 9 ~ 10 月。

观花：肉穗花序顶生，扁平皱折为鸡冠状，中下部集生小花，花被及苞片膜质，小花两性，上部花退化，整个花序有鲜红、紫红、白、橙、黄等花色。花期 7 ~ 10 月。

分布：原产于非洲、热带美洲和印度，世界各地广为栽培。

习性：喜阳光充足、炎热和空气干燥的环境，不耐寒；喜疏松、肥沃、排水良好的土壤，不耐瘠薄；忌积水，较耐旱，怕霜冻。

繁殖：播种繁殖。

应用：鸡冠花是园林中著名的露地草本花卉之一，花序顶生、显著，形状色彩多样，鲜艳明快，有较高的观赏价值，是重要的花坛、花境及切花花卉，也可布置花境或装饰建筑物周围。

★ *Celosia cristata* L. ☆ Common Cockscomb

凤尾鸡冠花

别名：扫帚鸡冠花
科属：苋科青葙属

识别：多年生草本，常作一年生栽培，高 60 ~ 150 cm。茎多分枝而开展。叶片卵形至披针形，淡绿色。

观花：顶生疏松的火焰状大型穗状花序，表面似芦花状细穗。

分布：原产于亚洲、非洲、中美洲的热带地区。

习性：喜温暖、干燥和阳光充足环境，不耐寒，忌水湿，忌干旱和阴，喜肥沃和排水良好的沙质壤土。

繁殖：春季播种繁殖，发芽适温 21 ~ 24 ℃，种子有自播繁行能力。

应用：适合于全国各地栽培，可应用于重要的夏季花坛、花槽或盆栽，尤其是群植或成片摆放，并注意红、黄色彩搭配，景观效果突出。花穗是切花和干花的好材料。花语有“好斗”“好战”之意。

品种：花色丰富，有橙、红、黄等色。

★ *Celosia cristata* L. ‘Plumosa’ ☆ Feather Cockscomb

★ *Celosia cristata* L.‘Childsii’ ☆ Childsii Cockscomb

圆绒鸡冠花

别名：绒球鸡冠花
科属：苋科青葙属

识别： 一年生草本，株高 40 ~ 60 cm，株幅 20 ~ 25 cm。茎具分枝，不开展。叶片卵状披针形，淡绿色。

观花： 头状花序，卵圆形，表面流苏状或绒羽状，有光泽，紫红或玫瑰红色。花期夏秋季。

分布： 栽培品种。

习性： 喜光和肥沃沙壤土，喜干燥，忌水湿，怕干旱和阴，喜温暖，不耐寒，耐 0 ℃，喜肥沃、疏松和排水良好的沙质壤土。

繁殖： 春季播种繁殖，发芽适温 21 ~ 24 ℃。

应用： 全国各地可以栽培，是重要的夏季应用花卉，适用于花坛、花槽布置，若成片栽植或摆放城市广场、道路两侧，在红、黄、粉等色彩上有机地配置，景观效果特别明显。花语有“钟情”“爱情”之意。

★ *Celosia argentea* L. ☆ Feather Cockscomb

青葙

别名：青箱，鸡冠花，百日红，狗尾草
科属：苋科青葙属

识别： 一年生草本，高 30 ~ 100 cm，全株无毛；茎直立，有分枝。叶矩圆状披针形至披针形，长 5 ~ 8 cm，宽 1 ~ 3 cm。胞果卵形，长 3 ~ 3.5 mm，盖裂；种子肾状圆形，黑色，光亮。果期 6 ~ 10 月。

观花： 穗状花序长 3 ~ 10 cm；苞片、小苞片和花被片干膜质，光亮，淡红色；雄蕊花丝下部合生成杯状。花期 5 ~ 8 月。

分布： 分布几遍全国，野生或栽培；朝鲜、日本、俄罗斯、中南半岛、菲律宾、非洲也有分布。

习性： 喜炎热而空气干燥的环境，不耐寒，宜栽于阳光充足、肥沃的沙质壤土中。生长迅速，栽培容易。

繁殖： 种子繁殖。

应用： 可以应用在园林花境、地被或庭院绿化中，富有情趣，色彩明快，营造出山野浪漫的园林景观效果；同时青葙的株型直立，观赏期长，也适合用作切花。

★ *Gomphrena globosa* L. ☆ Globeamaranth

千日红

别名：火球花，千年红
科属：苋科千日红属

识别： 一年生直立草本，高 20 ~ 60 cm。叶对生，椭圆形至倒卵形。种子为带花被的胞果，卵圆形，外表被毛，内有棕色细小种子 1 粒。果期 8 ~ 10 月。

观花： 头状花序球形，常 1 ~ 3 个簇生于枝顶，花小而密集，花干燥后不退色。花期 6 ~ 9 月。

分布： 原产于亚洲热带，世界各地广泛栽培。

习性： 喜炎热干燥气候，不耐寒；喜阳光充足。性强健，喜疏松肥沃土壤。

繁殖： 播种繁殖。

应用： 是良好的自然干花材料或作切花，也可用于布置夏秋花坛及花境。

品种： 花色有紫红色、浅红色、白色等，品种有‘Buddy’，株高 15 ~ 25 cm；‘Gnome’，株高 15 ~ 25 cm；‘Strawberry Fields’，花亮红色，株高 30 ~ 60 cm。

细叶千日红

别名：美洲千日红
科属：苋科千日红属

识别： 一年生草本。植株高 40 ~ 50 cm，多分枝，茎纤细，绿色。叶对生，狭披针形，长 4 ~ 5 cm，宽 1.5 ~ 1.7 cm，纸质，叶面粗糙，草绿色，全缘；茎、叶均被短粗毛。椭圆形球状花序生于新梢顶端，苞片膜质，金橙红色；花小，黄色。花期夏季。

分布： 原产于热带美洲，现世界各地广为栽培。

习性： 性喜阳光充足，土壤肥沃、水分充足的环境，不耐荫蔽，忌干旱，忌瘠薄，畏寒冷，生长适温为 23 ~ 30 ℃。

繁殖： 种子繁殖。

应用： 优良的花坛材料，也适宜于花境、岩石园、花径等应用。

品种： 品种有紫罗兰色‘Lavender’，淡粉色‘Light Pink’，QIS 紫色‘QIS Purple’，QIS 玫红色‘QIS Rose’等。

★ *Gomphrena haageana* Klotzsch ☆ Rio Grande Globe Amaranth

豪猪刺

别名：石妹刺，土黄连
科属：小檗科小檗属

识别： 常绿灌木，高 2 m。枝有棱，黄色，微有黑色疣状突起；刺三分叉，长 2 ~ 3.5 cm，有槽，坚硬，黄色。叶革质，坚厚，椭圆形、披针形或倒披针形，长 3 ~ 8 cm，宽 1 ~ 2.5 cm，边缘有 10 ~ 20 刺状锯齿；叶柄长 1 ~ 4 mm。浆果矩圆形，蓝黑色。果期 5 ~ 11 月。

观花： 花 15 ~ 30 朵，簇生；花梗长 8 ~ 15 mm；小苞片 3 枚，卵形或披针形；萼片 6 枚，花瓣状，排成 2 轮；花瓣长椭圆形，顶端微凹，长 5.5 mm，宽 2.7 mm。花期 3 月。

分布： 产于湖北、四川、贵州、湖南、广西等地。

习性： 喜光，不耐阴；喜温凉、湿润的环境，耐干旱。

繁殖： 播种繁殖。

应用： 花姿优雅，株形优美。可丛植于园路转角、岩石园、林下、林缘、沟边及池畔；也可盆栽作盆景。

★ *Berberis julianae* Schneid. ☆ Wintergreen Barberry

秦岭小檗

别名：刺黄柏，刺黄檗，大黄刺
科属：小檗科小檗属

识别： 落叶灌木，高 1.5 ~ 2 m。刺粗壮，三分叉，长 1 ~ 2 cm，灰黄色。叶近圆形、矩圆形或宽椭圆形，长 1.5 ~ 3.5 cm，宽 0.6 ~ 2.5 cm，顶端圆形，基部渐狭成叶柄（柄长 2 ~ 5 mm），边缘有 15 ~ 40 具刺状细锯齿，刺长 1 ~ 1.5 mm，齿距 0.75 ~ 2 mm，有密网脉，上面暗绿色，下面灰色，有白粉。浆果红色，长 13 ~ 15 mm，直径 5 ~ 6 mm。果期 7 ~ 9 月。

观花： 花 2 ~ 5 朵簇生，花梗长 10 ~ 40 mm；萼片排成 2 轮，矩圆状椭圆形；花瓣倒卵形，长 7 ~ 7.5 mm，全缘；雄蕊长 4.5 ~ 5 mm。花期 5 月。

分布： 产于湖北、陕西、河南、甘肃、青海。

习性： 喜光，稍耐阴，稍耐水湿。

繁殖： 播种繁殖。

应用： 可作观花灌木，种植于山坡、林缘、沟边、灌丛中。

★ *Berberis circumserrata* (Schneid.) Schneid. ☆ Cutleaf Barberry

★ *Berberis thunbergii* DC. ☆ Japanese Berberry

日本小檗

别名：小檗
科属：小檗科小檗属

识别： 落叶灌木，多分枝。小枝红紫色，老枝灰褐色，有槽，刺单一，少分叉；叶倒卵形或匙形，长 0.5 ~ 1.8 cm，全缘。果长椭圆形，红色。果期 9 月。

观花： 花小，黄色。花期 5 月。

分布： 原产于日本，我国各地有栽培。

习性： 喜光，稍耐阴，耐寒，喜肥沃且排水良好的沙质壤土。

繁殖： 播种繁殖。

应用： 枝叶细密，花黄果红，宜作花灌木丛植、孤植于草坪，也可作刺篱。紫叶小檗叶片常年紫红，落叶后枝仍为紫色，适于与金叶女贞、龟甲冬青、小蜡等作模纹图案材料。

品种： 矮紫叶小檗 'Atropurpurea Nana'；金边紫叶小檗 'Golden Ring'；桃叶小檗 'Rose Glow'，叶桃红色，有时有黄、红色的斑纹镶嵌。

★ *Berberis thunbergii* DC. 'Aurea' ☆ Goldleaf Japan Barberry

金叶小檗

别名：黄叶小檗
科属：小檗科小檗属

识别： 为日本小檗的金叶品种。落叶多枝灌木，茎多刺。叶金黄色全缘，倒卵形或匙形，丛生直立，有角棱，枝幼时黄色，枝条老后呈灰色，角棱消失，内皮鲜黄，叶下部有 1 ~ 3 刺，部分叉，长枝单叶互生，短枝上几簇生，红色浆果长椭圆形。果期 8 ~ 9 月。

观花： 花簇生成伞形，花小，淡黄色，下垂，生于新叶间。花期 4 ~ 5 月。

分布： 原产于日本。我国东北南部、华北、华东等大部分地区均有栽培。

习性： 适应性强，喜凉爽湿润环境，耐寒、耐干旱、耐半阴；忌积水。对土壤要求不严格。

繁殖： 扦插繁殖。

应用： 是城市园林绿化、公路两侧绿化隔离带的优良树种；也可做成各种形状的彩色绿篱、绿带、小盆景及盆栽。

★ *Berberis thunbergii* DC. 'Atropurpurea' ☆ Purplelear Japan Barberry

紫叶小檗

别名：红叶小檗
科属：小檗科小檗属

识别： 落叶多枝灌木，高 2 ~ 3 m。叶深紫色或红色，幼枝紫红色，老枝灰褐色或紫褐色，有槽，具刺。叶全缘，菱形或倒卵形，在短枝上簇生。浆果红色，宿存。果期 9 ~ 10 月。

观花： 花单生或 2 ~ 5 朵成短总状花序，橙红色至黄色，下垂，花瓣边缘有红色纹晕。花期 4 ~ 5 月。

分布： 栽培品种，华北地区园林中普遍栽培。

习性： 喜光，稍耐阴，但光照不足易使叶色返绿。

繁殖： 扦插、分株或播种繁殖。

应用： 可观花、观果，叶小圆形，常年紫色，春天黄花，秋季红果，用于庭院观赏、园林绿化，多做绿篱。

长柱小檗

别名：天台小檗
科属：小檗科小檗属

识别：常绿灌木。枝有三叉刺。叶革质而坚硬，长椭圆形至披针形，长 4 ~ 6 cm，缘有疏齿，背面灰绿色，光滑，无白粉。浆果蓝紫色，被白粉，具 1 mm 长的宿存花柱。果期 7 ~ 10 月。

观花：5 ~ 15 朵花排成总状花序或簇生，花鲜黄色，花柱长，4 ~ 5 月开花。

分布：原产于浙江和江西。

习性：适应性强，喜光，稍耐阴，喜温暖，不耐寒，喜湿润的气候，耐旱，在肥沃及排水良好的土壤中生长旺盛。

繁殖：春季播种或秋季扦插繁殖，成活率高。

应用：秋叶红色，果形美丽，可植于庭园观赏，可植于园路转角、岩石园、林缘及池畔，也可盆栽或作盆景，一般单株修剪成球型，或成片种植用以护坡。

★ *Berberis lempergiana* Ahrendt　☆ Lemperg Barberry

直穗小檗

科属：小檗科小檗属

识别：落叶灌木，高约 2 m。刺有时单生。叶厚，近圆形、矩圆形或宽椭圆形，长 3 ~ 6 cm，宽 2.5 ~ 4 cm，顶端圆形或钝形，基部圆形，边缘有 25 ~ 50 刺状细锯齿，刺长约 1 mm，齿距约 1.5 mm；叶柄通常长 2 ~ 3 cm。果序直立，浆果椭圆形，长 6 ~ 7 mm，直径 5 mm，红色。果期 6 ~ 9 月。

观花：总状花序有花 15 ~ 30 朵，连总花梗长 3.5 ~ 6 cm；花黄色，直径约 5 ~ 6 mm；花梗长 4 ~ 7 mm。花期 4 ~ 6 月。

分布：产于甘肃、宁夏、青海、湖北、陕西、四川、河南等地。

习性：喜光，稍耐水湿，稍耐阴。

繁殖：目前尚未有人工引种栽培。

应用：可作观花灌木，种植于向阳的山地、山谷、溪旁、林缘、林下、灌丛和草丛中。

★ *Berberis dasystachya* Maxim.　☆ Tangut Barberry

昆明小檗

别名：昆明鸡脚黄连，土黄连
科属：小檗科小檗属

识别：常绿灌木，高约 2 m。小枝圆柱形，灰棕色，稍有棱角；刺通常 3 枚生于节上，长 6 ~ 21 mm。叶 3 ~ 5 枚簇生，硬革质，狭披针形以至狭矩圆状卵形，长 4 ~ 10 cm，宽 1 ~ 2.5 cm，边缘稍反卷，有刺状锯齿；几无柄。浆果卵状矩圆形，柱头扁平，宿存。

观花：花 20 余朵簇生于叶腋，鲜黄色；花瓣 6 片，卵圆形。花期春季。

分布：分布于云南。

习性：稍耐阴。

繁殖：播种繁殖。

应用：可作园林观花观果灌木，可种植于林缘等处。

★ *Berberis kunmingensis* C.Y.Wu　☆ Kunming Barberry

★ *Epimedium brevicornum* Maxim.　☆ Shorthorn Barrenwort

短角淫羊藿

别名：仙灵脾，淫羊藿
科属：小檗科淫羊藿属

识别： 多年生草本，高 30 ~ 40 cm。2 回 3 出复叶，小叶 9 片，有长柄，小叶片薄革质，卵形至长卵圆形，长 4.5 ~ 9 cm，宽 3.5 ~ 7.5 cm，先端尖，边缘有细锯齿，锯齿先端成刺状毛，基部深心形，侧生小叶基部斜形。蓇葖果纺锤形，成熟时 2 裂。花期 4 ~ 5 月。果期 5 ~ 6 月。

观花： 花 4 ~ 6 朵成总状花序，花序轴无毛或偶有毛，花梗长约 1 cm；基部有苞片，卵状披针形，膜质；花大，直径约 2 cm，黄白色或乳白色；萼片 8 枚；花瓣 4 片，近圆形，具长距；雄蕊 4 枚。

分布： 分布于黑龙江、吉林、辽宁、山东、江苏、江西、湖南。

习性： 喜光，耐半阴；喜凉爽、湿润的气候；喜肥沃且排水良好的壤土。

繁殖： 种子繁殖。

应用： 可用于花坛或花坛镶边；也可盆栽观赏。

★ *Mahonia confusa* Sprague　☆ Hubei Mahonia

湖北十大功劳

科属：小檗科十大功劳属

识别： 常绿灌木，枝叶柔软，灰绿色，有槽纹。奇数羽状复叶，小叶 5 ~ 9 片，狭披针形，边缘有锯齿，革质，有光泽，深绿色。浆果蓝黑色，被白粉。果期 11 ~ 12 月。

观花： 总状花序，花序多花，由芽鳞的腋内抽出，萼片 9 枚。花小，黄色。花期 9 ~ 10 月。

分布： 我国湖北、四川有分布，长江以南各地有栽培应用。

习性： 耐阴、耐旱、较耐寒，不择土壤。忌水涝。

繁殖： 扦插或播种繁殖。

应用： 耐阴湿观叶观花地被植物，叶形秀丽，黄花成簇。丛植布置花境，点缀假山、岩隙，建筑物阴面等；可作林下耐阴湿地被植物，成片种植效果好。

★ *Mahonia japonica*（Thunb.）DC.　☆ South China Mahonia

华南十大功劳

别名：日本十大功劳
科属：小檗科十大功劳属

识别： 常绿灌木，高达 4 m，全体无毛。单数羽状复叶，长约 45 cm；小叶 11 ~ 17 片，厚革质，椭圆卵形或披针形，长 4 ~ 10 cm，宽 2.5 ~ 3.5 cm，侧生小叶无柄，顶生小叶有柄，先端渐尖有锐刺，基部圆形或近截形，每边有 2 ~ 6 个粗大刺状齿，齿距约 1 cm。浆果卵形，长 8 ~ 9 mm，直径 4 ~ 5 mm，暗紫色，有粉。果期 4 ~ 8 月。

观花： 总状花序下垂，长 10 ~ 25 cm，约 10 个簇生；花黄色，花梗细瘦，长 6 ~ 10 mm；苞片阔披针形；萼片 9 枚；花瓣 6 片，顶端 2 裂；雄蕊 6 枚。花期 12 月至翌年 4 月。

分布： 分布于广东、浙江和台湾；日本也有分布。

习性： 喜光，也耐阴；喜温暖、湿润的环境；较耐寒；对土壤要求不严格，但在肥沃、湿润和排水良好的沙质壤土生长最好。

繁殖： 分株、扦插或播种繁殖。

应用： 可丛植于园路转角、岩石园、林缘、草地边缘、池畔及灌丛中；也可作绿篱。

阔叶十大功劳

别名：土黄柏
科属：小檗科十大功劳属

识别： 常绿灌木，高达 4 m，全体无毛。单数羽状复叶，长 25 ~ 40 cm，有叶柄；小叶 7 ~ 15 枚，厚革质，侧生小叶无柄，长 4 ~ 12 cm，宽 2.5 ~ 4.5 cm，顶生小叶较大，有柄，顶端渐尖，基部阔楔形或近圆形，每边有 2 ~ 8 刺锯齿。浆果卵形，有白粉，长约 10 mm，直径 6 mm，暗蓝色。果期 10 ~ 11 月。

观花： 总状花序直立，长 5 ~ 10 cm，6 ~ 9 个簇生；花褐黄色；花梗长 4 ~ 6 mm；小苞片 1 枚，长约 4 mm；萼片 9 枚，排成 3 轮，花瓣状；花瓣 6 片；雄蕊 6 枚。花期 3 ~ 4 月。

分布： 分布于我国南岭、西藏东部至秦岭、淮河以南各省区。

习性： 适生于温暖湿润气候，喜光，亦耐半阴。其性强健。

繁殖： 播种、插枝、插根或分株繁殖。

应用： 四季常绿，树形雅致，枝叶奇特，花色秀丽，很适宜用作绿化观赏树种。可用于布置庭院、水榭等，常与山石配置。

★ *Mahonia bealei* (Fort.) Carr.　☆ Broadleaf Mahonia

十大功劳

别名：功劳木，黄天竹，刺黄柏
科属：小檗科十大功劳属

识别： 常绿灌木，高达 2 m。单数羽状复叶长 8 ~ 23 cm，小叶 3 ~ 9 枚，革质，矩圆状披针形或椭圆状披针形，各侧生小叶几等长，向上小叶渐大，顶生小叶最大，有锐齿，基部楔形，边缘每侧有 6 ~ 13 刺状锐齿。浆果圆形或矩圆形，长 4 ~ 5 mm，蓝黑色，有白粉。果实 11 月下旬成熟。

观花： 总状花序长 3 ~ 5 cm，4 ~ 8 个簇生；花黄色；小苞片 1 枚，卵形；萼片 9 枚；花瓣 6 片；雄蕊 6 枚。花期 7 ~ 8 月。

分布： 原产于中国，分布于四川、湖北和浙江等省区。

习性： 喜光，也耐半阴；较耐寒，又耐旱；对土壤要求不严格。

繁殖： 种子繁殖、扦插繁殖、分株繁殖。

应用： 在园林中可植为绿篱、果园、菜园的四角作为境界林，还可盆栽放在门厅入口处、会议室，作为切花更为独特。

★ *Mahonia fortunei* (Lindl.) Fedde　☆ China Mahonia

南天竹

别名：南天竺
科属：小檗科南天竹属

识别： 常绿丛生灌木。2 ~ 3 回羽状复叶，互生，小叶椭圆状披针形，全缘，深绿色，冬季常变红色。浆果球形，熟时红色，经冬不落。果期 9 ~ 10 月。

观花： 花小，白色，圆锥花序顶生。花期 5 ~ 7 月。

分布： 分布于我国及日本，现各地广为栽培。

习性： 喜半阴，喜温暖气候及肥沃、湿润及排水良好的土壤。

繁殖： 播种繁殖。

应用： 茎干丛生，枝叶扶疏，秋冬叶色红艳，果实累累，是观叶赏果的佳品。

品种： 玉果南天竹 'Leucocarpa'：果黄绿色，叶冬天不变红；橙果南天竹 'Aurentiaca'：果橙黄色；细叶南天竹 'Capillaris'：叶细如丝，植枝矮小；五彩南天竹 'Porphyrocarpa'：矮小，叶细长而密，叶色多变，果熟时淡紫色；小叶南天竹 'Parvifolia'：小叶形小，果红色。

★ *Nandina domestica* Thunb.　☆ Common Nandina

齿叶溲疏

别名：冰生溲疏
科属：绣球花科溲疏属

★ *Deutzia crenata* Sieb.et Zucc.　☆ Crenaea Deutzia

识别：落叶灌木，高达 2.5 m。树皮呈薄片状剥落，小枝中空；叶对生，长卵状椭圆形，边缘有小锯齿，两面有星状毛；蒴果近球形。果熟期 7 ~ 8 月。

观花：圆锥花序，花白色；花期 5 ~ 6 月。

分布：产于河南省及华东各省区。

习性：喜光，稍耐阴，喜温暖湿润气候，但耐寒、耐旱。

繁殖：扦插、播种、压条或分株繁殖均可。

应用：常丛植于草坪一角、建筑旁，或林缘配以山石；若与花期接近的山梅花配置，则次第开花，可延长树丛的观花期，宜丛植于草坪、路边、山坡及林缘。

变种：重瓣齿叶溲疏 var. *candidissima*（Maxim.）Rehd.，花重瓣。

相近种：大花溲疏 *Deutzia grandiflora* Bunge（Largeflower Deutzia），花白色，或带粉红色斑点，聚伞花序具 1 ~ 3 朵花。

大花溲疏

科属：绣球花科溲疏属

★ *Deutzia grandiflora* Bunge　☆ Largeflower Deutzia

识别：灌木，高 2 m。叶卵形，长 2 ~ 5 cm，顶端渐尖，基部圆形，缘有小齿，背面密被灰白色星状毛，辐射枝 6 ~ 9 枚，中央直立单毛；叶柄长 2 ~ 3 mm。蒴果半球形，径 4 ~ 5 mm，花柱宿存。果期 6 月。

观花：花 1 ~ 3 朵，生于侧枝顶端，白色，直径 2.5 ~ 3.7 cm；花萼被星状毛；花瓣在花蕾期镊合状排列。花期 4 月中下旬。

习性：喜光，稍耐阴，耐寒，耐旱，对土壤要求不严格。

分布：产于湖北、山东、河北、陕西、内蒙古、辽宁等地；朝鲜也有分布。

繁殖：播种繁殖。

应用：花大而开花早，颇美丽，宜作庭院植物，也可用作山坡水土保护树种。

小花溲疏

科属：绣球花科溲疏属

★ *Deutzia parviflora* Bunge　☆ Smallflower Deutzia

识别：落叶灌木，高 1 ~ 2 m。老枝树皮剥落。单叶对生，卵形至椭圆形，边缘具细密锯齿，两面均有星状毛，中脉上具白色长柔毛。蒴果半球形。果期 7 ~ 8 月。

观花：伞房花序具多花；萼筒杯状，花瓣 5 片，白色，雄蕊 10 枚，花丝扁。花期 5 ~ 6 月。

分布：分布于东北、华北等地区。朝鲜和俄罗斯亦有分布。

习性：喜光；耐干旱、耐瘠薄，适应性极强，对于干旱、少雨的北方城市绿化极为适宜。

繁殖：扦插、播种、压条、分株繁殖。

应用：叶浓绿欲坠，花形美如团云。花形多变、花朵繁密而素雅，花期长，且花期正值初夏少花季节，宜植于草坪、山坡、路旁及林缘和岩石园，也可作花篱栽植，是北方难得的绿化、美化材料，值得大力引种并繁育推广。

绣球

别名：绣球，草绣球，紫绣球
科属：绣球花科八仙花属

识别：落叶灌木，高 3 ~ 4 m。小枝粗，圆柱形，紫灰色，无毛，皮孔明显；叶大而对生，缘有粗锯齿，两面无毛或仅背脉有毛；蒴果长陀螺状。

观花：伞房花序顶生近球形，多为不育花，蓝色、粉红色或白色；花期 6 ~ 8 月。

分布：产于江苏、浙江、福建、湖南等地。

习性：喜温暖、湿润和半阴环境。

繁殖：分株、压条、扦插和组织培养繁殖。

应用：花期长，既适宜庭院栽培又适合盆栽观赏，在暖地可配置于林下、路缘、棚架边及建筑物北面。

品种：八仙花（山绣球）var. *normalis* Wils.，花序具多数可育花和少数不育花；矮生绣球（紫阳花，洋绣球）'Otaksa'。银边八仙花 *Hydrangea macrophylla*（Thunb.）Seringe var. *normalis* Wils.f.*maculata*（Wils.）S.X.Yan，叶缘为白色。

★ *Hydrangea macrophylla*（Thunb.）Ser.　☆ Largeleaf Hydrangea

蜡莲绣球

别名：羊耳朵树，土常山
科属：绣球花科八仙花属

识别：落叶灌木，高 2 ~ 3 m。幼枝有伏毛。叶对生，卵状披针形至矩圆形，长 8 ~ 25 cm 或更长，宽 3 ~ 7 cm，边缘有小锯齿，齿端有硬尖，上面疏生伏毛或近无毛，下面全部或仅脉上有粗伏毛；叶柄长 1.5 ~ 3.5 cm。蒴果半球形。

观花：伞房状聚伞花序顶生；花二型；放射花具 4 枚萼瓣，卵形，全缘或具疏齿，长 1 ~ 2 cm，背面多少有毛；孕性花白色；萼筒略有毛，裂片 5 枚，三角形；雄蕊 10 枚。

分布：分布于长江以南诸省区。

习性：稍耐阴。

繁殖：播种繁殖。

应用：可作为观花灌木。

相近种：柔毛绣球 *Hydrangea villosa* Rehd.，叶背面被松软、交错的长柔毛，产于西南地区。

★ *Hydrangea strigosa* Rehd.　☆ Strigose Hydrangea

圆锥绣球

别名：圆锥八仙花，水亚木
科属：绣球花科八仙花属

识别：灌木或小乔木，高可达 8 m。叶对生，有时上部 3 叶轮生，椭圆形或卵状椭圆形，长 5 ~ 10 cm，先端渐尖，基部圆形或广楔形，缘有内曲的细锯齿，表面幼时有毛，背面有刚毛，脉上尤多。

观花：圆锥花序，长 10 ~ 20 cm；不育花具 4 萼片，全缘，白色，后变淡紫色；可育花白色，芳香。花期 8 ~ 9 月。

习性：耐水湿，耐寒性不强。

分布：产于福建、浙江、江西、安徽、湖南、湖北、广东、广西、贵州、云南等省区，日本有分布。

繁殖：播种繁殖。

应用：本种花序大型，花色由白变浅粉红色，甚为美观，为常植于庭园观赏的优良花灌木，宜孤植。

★ *Hydrangea paniculata* Sieb.　☆ Panicle Hydrangea

★ *Hydrangea chinensis* Maxim. ☆ China Hydrangea

中国绣球

别名：狭瓣绣球，伞形绣球
科属：绣球花科八仙花属

识别： 灌木，高 0.5 ~ 2 m。嫩枝红褐色或褐色；老枝树皮呈薄片状剥落。叶纸质，长圆形或狭椭圆形，长 6 ~ 12 cm，宽 2 ~ 4 cm，基部楔形。蒴果卵球形；种子淡褐色。果期 9 ~ 10 月。

观花： 伞形花序或伞房状聚伞花序顶生，长、宽均为 3 ~ 8 cm，分枝 3 个或 5 个；花瓣黄色。花期 5 ~ 6 月。

分布： 产于台湾、福建、浙江、安徽、江西、湖南、广西。

习性： 喜光亦耐阴，喜凉爽气候。

繁殖： 扦插、压条、播种或分株繁殖。

应用： 适于景观绿化、街头绿化，片植或群植均可。

★ *Hydrangea serrata* (Thunb.) Ser. f. *acuminata* (Sieb. et Zucc.)

泽八仙

别名：泽八绣球
科属：绣球花科八仙花属

识别： 落叶灌木，高 1 ~ 2.5 m。叶对生，叶片长圆状椭圆形至长圆状倒卵形，边缘具不规则三角形粗疏锯齿。蒴果卵球形。

观花： 伞房花序顶生，有少数分枝；放射花小，萼片绿白色或淡蓝色，4 枚，宽卵形；孕性花蓝紫色，萼裂片长三角形。花期 5 ~ 6 月。

分布： 我国长江以南各地有分布，日本也有分布。

习性： 喜温暖温润环境，喜光也耐半阴，耐旱，耐寒，耐贫瘠土壤；萌蘖性强；土壤酸浓度与花色关系密切，中性或微碱性土壤中花为粉红色，酸性土壤中花为蓝色，盐碱地中不能生长。

繁殖： 扦插繁殖，5 ~ 6 月扦插成活率高达 98% 以上。

应用： 开花时枝头聚满蓝色秀丽的花朵，冬季落叶后，枝条挺拔俊秀，稍作修剪是极好的灌木地被材料，长江以南各地可作花篱或片植于疏林下、林缘、路旁、山谷溪边，北方地区可温室盆栽观赏。

★ *Philadelphus incanus* Koehne ☆ Grey Mockorange

山梅花

别名：毛叶木通
科属：绣球花科山梅花属

识别： 落叶灌木，高达 3 ~ 5 m。树皮褐色，薄片状剥落；叶卵形至卵状长椭圆形，缘具细尖齿，表面疏生短毛，背面密生柔毛，脉上毛尤多；蒴果倒卵形。果期 9 月。

观花： 花白色，萼外有柔毛，总状花序；花期 5 ~ 7 月。

分布： 产于陕西、甘肃、青海、四川、湖北、河南等省区。

习性： 适应性强，喜光、喜温暖，也耐寒、耐热，怕水涝。

繁殖： 扦插或分株繁殖。

应用： 其花芳香、美丽、多朵聚焦，花期较久，为优良的观赏花木。宜栽植于庭园、风景区，亦可作切花材料，或丛植、片植于草坪、山坡、林缘地带，若与建筑、山石等配植效果也好。

相近种： 太平花 *Philadelphus pekinensis* Rupr.，花萼外面无毛；叶背面无毛或仅近基部有毛。

太平花

别名：京山梅花
科属：绣球花科山梅花属

★ *Philadelphus pekinensis* Rupr. ☆ Peking Mock-orange

识别： 丛生灌木，高达 2 m。树皮栗褐色，薄片状剥落。叶卵状椭圆形，长 3 ~ 6 cm，3 主脉，先端渐尖，缘疏生小齿，通常两面无毛，或有时背面腺腋有簇毛；叶柄带紫色。蒴果陀螺形。果期 9 ~ 10 月。

观花： 花成总状花序，乳黄色，径 2 ~ 3 cm，萼外面无毛，里面延边有短毛。花期 6 月。

分布： 中国北部及西部，北京山地有野生，朝鲜有分布。

习性： 喜光，耐寒，不耐积水，耐瘠薄。

繁殖： 播种繁殖。

应用： 太平花枝叶茂密，花乳黄而清香，花多朵聚集，颇为美丽。宜丛植于草坪、林缘、园路拐角和建筑物前，也可作自然式花篱或大型花坛中心栽植材料。

相近种： 山梅花。

香彩雀

别名：夏季金鱼草，小天使，蓝天使
科属：玄参科香彩雀属

★ *Angelonia angustifolia* Benth. ☆ Summer Snapdragon

识别： 一年生草本，株高 40 ~ 50 cm。茎秆细，直立，多分枝。叶对生，披针形或条状披针形，有短柄，边缘有锯齿。蒴果球形。

观花： 穗状花序，花单生叶腋。花期 5 ~ 7 月。

分布： 原产于南美洲。我国栽培。

习性： 喜光，耐干旱、耐炎热，不耐寒，适宜湿润环境和疏松、排水良好土壤。

繁殖： 播种繁殖。

应用： 植株低矮，可植于花坛、花境、疏林下或盆栽。

品种： 花有青白、紫和浅紫等色。

金鱼草

别名：龙头花，龙口花
科属：玄参科金鱼草属

★ *Antirrhinum majus* L. ☆ Common Goldfishgrass

识别： 多年生草本，常做一二年生栽培，高 15 ~ 120 cm。茎直立，微有茸毛，基部木质化。叶对生，上部螺旋状互生，披针形或短圆状披针形，全缘。蒴果，卵形。

观花： 顶生总状花序，小花具短柄，二唇形，由花茎基部向上逐渐开放。花期 3 ~ 7 月；果期 5 ~ 8 月。

分布： 原产于地中海沿岸及北非，现广泛栽培。

习性： 喜凉爽气候，忌高温多湿，较耐寒；喜光，稍耐半阴；喜疏松肥沃、排水良好的土壤。

繁殖： 播种繁殖。

应用： 中高性品种可作切花，矮性品种可用于花坛、花境及岩石园。

品种： 花有紫、红、粉、黄、橙、白等色。

★ *Bacopa monnieri* (L.) Wettst. ☆ Coastal Waterhyssop

假马齿苋

别名：过长沙
科属：玄参科假马齿苋属

识别： 匍匐草本，无毛，多少肉质。茎长，节上生根。叶对生，无柄，矩圆状倒披针形，长 8 ~ 20 mm，顶端圆钝，全缘，极少有齿。

观花： 花单生叶腋，花梗长 0.5 ~ 3.5 cm；花萼下有一对条形小苞片；萼片 5 枚，完全分生，覆瓦状排列，前后两枚较宽，卵状披针形，其余 3 枚披针形至条形，长约 5 mm；花冠钟状，蓝色、紫色或白色，长 8 ~ 10 mm，不明显 2 唇形，上唇 2 裂，下唇 3 裂；雄蕊 4 枚，2 强，药室全发育，并行而分离；柱头头状。蒴果卵状锥形，短于宿存的萼，室间 2 裂；种子椭圆状锥形，黄棕色有光泽，表面有纵条棱。花期 5 ~ 10 月。

分布： 分布于我国台湾、福建、广东、云南。全球热带广布。

习性： 喜光，稍耐阴；耐水湿，喜温暖环境。

繁殖： 播种或分株繁殖。

应用： 可作地被植物用于园林绿化，可种植于水边及沙滩湿地。

★ *Calceolaria herbeohybrida* Voss. ☆ Pocket Plant，Slipperwort

蒲苞花

别名：荷包花
科属：玄参科蒲包花属

识别： 多年生草本，多作一年生栽培花卉，株高 20 ~ 30 cm。全株疏生茸毛，茎上部分枝。叶卵圆形，对生或轮生，叶脉下凹。蒴果。果熟期 6 ~ 7 月。

观花： 花形奇特，形成两个囊状物，上小下大，形似荷包。花色丰富，有红、黄、紫等花色，复色品种则在各种颜色的底色上，具有粉、橙、红、褐等色斑或色点。花期 2 ~ 6 月。

分布： 原产于墨西哥、秘鲁、智利一带，现世界各地均有栽培。

习性： 喜温暖、湿润而又通风良好的环境；不耐寒、忌高温高湿；好肥喜光，喜土壤肥沃，要求排水良好、微酸性、含腐殖质丰富的沙质壤土。

繁殖： 播种繁殖。

应用： 是优良的春季室内盆花。

品种： 有纯色和杂色等品种。

★ *Cymbalaria muralis* G.Gaertn. ☆ Ivy-leaved toadflax

蔓柳穿鱼

别名：梅花草，小兔子花，铙钹花
科属：玄参科蔓柳穿鱼属

识别： 蔓生多年生草本，茎纤细长达 60 cm。单叶互生，叶片心脏圆形或圆肾形半圆形，长 0.8 ~ 2.5 cm，宽 1.2 ~ 3 cm，掌状 5 ~ 7 裂，裂片深达叶片 1/3，有时侧裂片又 2 浅裂，裂片先端具短尖头，叶基深心形，叶柄细弱，长为叶片的 2 ~ 3 倍。蒴果无毛。

观花： 花单生叶腋，花梗细，长 1.5 ~ 2.5 cm，花萼 5 裂，达基部，裂片披针形，长 2 ~ 2.5 mm；花冠蓝紫色或浅蓝色，长 9 ~ 15 mm，花冠筒末端有与萼片等长的短距，上唇 2 裂，直立，下唇 3 裂，雄蕊 4 枚，2 强。

分布： 原产于欧洲地中海沿岸，现被世界范围内广泛引种。

习性： 喜温暖、荫蔽、湿润环境，要求保水力较好而潮湿的土壤。

繁殖： 播种、扦插或分株法繁殖。

应用： 生长在多荫的岩隙和林地，可做岩石园和墙壁观赏植物；也可作地被植物。

毛地黄

别名：毒药草，紫花毛地黄，吊钟花
科属：玄参科毛地黄属

识别： 二年生或多年生草本，高 60 ~ 120 cm。茎直立，少分枝，全株密生短柔毛。叶片卵圆形或卵状披针形，叶粗糙、皱缩，叶形由下至上逐渐变小。蒴果，卵球形。果熟期 8 ~ 10 月。

观花： 顶生总状花序，长 45 ~ 60 cm，花冠钟状而稍偏，花色多样，花筒内侧浅白，于花序一侧下垂并有暗紫色细点及长毛。花期 4 ~ 6 月。

分布： 原产于欧洲，中国各地均有栽培。

习性： 喜温暖湿润，较耐寒，忌炎热，喜阳光充足，耐半阴，耐干旱、瘠薄土壤，喜中等肥沃、湿润、排水良好的土壤。

繁殖： 播种繁殖。

应用： 最适宜作花境的背景材料，也可作切花。适于盆栽，若在温室中促成栽培，可在早春开花。因其高大、花序花形优美，可在花境、花坛、岩石园中应用。

品种： 花冠紫红色、深红色、粉色、白色等。

★ *Digitalis purpurea* L.　☆ Common Foxglove

摩洛哥柳穿鱼

别名：姬金鱼草
科属：玄参科柳穿鱼属

识别： 二年生草本。株高 30 cm 左右，枝株纤细。叶对生，线状披针形，全缘，植株下部叶轮生。蒴果，果期夏季。

观花： 总状花序顶生，唇形花冠，花冠基部延伸为距，花冠红、黄、白、雪青、青紫等色。花期春季。

分布： 产于欧洲。

习性： 喜光、喜冷凉、不耐热、耐寒，喜肥沃、疏松和排水良好的微酸性沙质壤土。

繁殖： 播种或扦插繁殖。

应用： 开花繁茂，花期长，常用于花坛、路边或花境栽培观赏，也可盆栽用于窗台及阳台等处装饰。

★ *Linaria maroccana* Hook.f.　☆ Baby Snapdragon，Toadflax

弹刀子菜

别名：水苏叶通泉草、四叶细辛
科属：玄参科通泉草属

识别： 多年生草本，全体被多细胞白色长柔毛。有很短的根状茎。茎直立，稀上升，高 10 ~ 40 cm，有时基部多分枝。茎生叶匙形，有短柄，常早枯萎；茎生叶对生，上部的常互生，无柄，长矩圆形，长 3 ~ 7 cm，边缘具不规则锯齿。蒴果卵球形。果期 7 ~ 9 月。

观花： 总状花序顶生，常在茎中上部开始有花，但有时近基部就生花；花萼漏斗状，长 7 ~ 12 mm，比花梗长，萼齿略长于筒部，披针状三角形；花冠紫色，上唇 2 裂，裂片尖锐，下唇 3 裂，中裂片宽而圆钝，有两条着生腺毛的皱褶直达喉部。花期 4 ~ 6 月。

分布： 分布于东北、华北地区，南至广东、台湾，西至四川、陕西。

习性： 喜光，稍耐水湿。

繁殖： 播种繁殖。

应用： 可作园林地被植物，种植于湿润路旁、草坡、草地、山坡和林缘。

★ *Mazus stachydifolius*（Turez.）Maxim.　☆ Betonyleaf Mazus

★ *Mazus japonicus*（Thunb.）O.Kuntze　☆ Japan Mazus

通泉草

别名：六角定经草，五瓣梅，猫脚迹
科属：玄参科通泉草属

识别： 一年生小草本，高 3 ～ 15 cm。疏生短柔毛。茎披散，多分枝。叶基生或茎生，倒卵状匙形至倒卵状披针形，边缘具粗齿。蒴果卵状球形，无毛。果期 6 ～ 7 月。

观花： 总状花序顶生，花稀疏；花萼钟状，花冠淡紫色，二唇形。花期 4 ～ 5 月。

分布： 遍布全国，仅内蒙古、宁夏、青海及新疆未见标本。

习性： 喜较湿润、肥沃的土壤，栽培土质以富含有机质的腐叶土为佳。

繁殖： 播种繁殖。

应用： 花姿小巧、优美可爱，适于花坛美化或盆栽，也可作园林地被植物，种植于湿润草地上、沟边、路旁及林缘。

★ *Melampyrum roseum* Maxim.　☆ Rose Cowwheat

山萝花

别名：球锈草
科属：玄参科山萝花属

识别： 一年生草本，高 20 ～ 55 cm。全体疏被鳞片状短毛。茎近四棱形。叶对生，卵状披针形，近全缘。蒴果卵状，被鳞片状毛。果期 8 ～ 9 月。

观花： 总状花序顶生，苞片叶状；花萼钟状，花冠筒管状，上部二唇形，紫红色，两边具白斑，里面密被须毛。花期 7 ～ 8 月。

分布： 分布于除云南、四川以外的中国各地。

习性： 喜温暖、湿润的环境。栽培土质以富含有机质的腐叶土为佳。

繁殖： 播种繁殖。

应用： 适于花坛美化或盆栽，也种植于山坡上、疏林下、灌丛、草丛中及林间草甸上。

★ *Mimulus luteus* L.　☆ Monkey Flower，Mimulus，Clown Flower

猴面花

别名：锦花沟酸浆，沟酸浆
科属：玄参科沟酸浆属

识别： 多年生草本，常作一年生栽培，高 30 ～ 40 cm。叶交互对生，宽卵圆形。果期夏季。

观花： 总状花序，花对生在叶腋内漏斗状，黄色，常有紫红色斑块或斑点。花期春季。

分布： 产于南美智利。

习性： 喜全日照，较耐寒，生长适温 18 ～ 26 ℃。喜肥沃、排水良好的沙质壤土。

繁殖： 播种或扦插繁殖。

应用： 开花繁茂，花期长，常用于花坛、路边或花境栽培观赏，也可盆栽用于窗台及阳台等处装饰。

龙面花

别名：囊距花，爱蜜西，耐美西亚
科属：玄参科龙面花属

识别：株高 30 ~ 60 cm，多分枝。叶对生，基生叶长圆状匙形，全缘，茎生叶披针形。

观花：总状花序着生于分枝顶端，长约 100 cm，花瓣基部袋状，喉部黄色，有深色斑点和须毛。花期春夏。

分布：原产于南非。我国华南地区有栽培。

习性：不耐寒，喜光照充足的温和气候，忌夏季酷热，要求疏松、排水良好而富含腐殖质的土壤。

繁殖：播种繁殖。

应用：花色艳丽，为优良的花坛和盆花种植材料。

品种：花色多变，有白、淡黄白、淡黄、深黄、橙红、深红和玫紫等色。

★ *Nemesia strumosa* (Benth.) Benth.　☆ Pouch Nemesia

白花泡桐

别名：泡桐
科属：玄参科泡桐属

识别：落叶大乔木，高可达 20 m，树皮灰褐色。幼枝，叶柄，叶下面和花萼、幼果密被黄色星状茸毛。叶心状卵圆形至心状长卵形，长可达 20 cm，全缘。蒴果大，长达 8 cm，室背 2 裂，外果皮硬壳质。果期 9 月。

观花：聚伞圆锥花序顶生，侧枝不发达，小聚伞花序有花 3 ~ 8 朵；总花梗与花梗近等长；花萼倒卵圆形，长 2 cm，5 裂达 1/3，裂片卵形，果期变为三角形；花冠白色，内有紫斑，外被星状茸毛，长达 10 cm，筒直而向上逐渐扩大，上唇 2 裂，反卷，下唇 3 裂，开展。花期 3 ~ 4 月。

分布：分布于安徽、浙江、福建、台湾、江西、湖北、湖南、四川等地。

习性：适应性强，生长快。较喜欢温暖、湿润的环境。

繁殖：播种或扦播繁殖。

应用：适合作园林行道树和景观树，也可种植于山坡、林中、山谷及荒地。

★ *Paulownia fortunei* (Seem.) Hemsl.　☆ Fortune Paulownia

兰考泡桐

别名：长叶泡桐
科属：玄参科泡桐属

识别：落叶乔木，高达 10 m，全体具星状茸毛。叶片通常卵状心脏形，有时具不规则的角，长达 34 cm，顶端渐狭长而锐头，基部心脏形或近圆形，下面密被无柄的树枝状毛。蒴果卵形，长 3.5 ~ 5 cm，有星状茸毛，宿萼碟状，顶端具长 4 ~ 5 mm 的喙，果皮厚 1 ~ 2.5 mm。果期秋季。

观花：花序狭圆锥形，长约 30 cm，小聚伞花序的总花梗长 8 ~ 20 mm，几与花梗等长，有花 3 ~ 5 朵；萼倒圆锥形，长 16 ~ 20 mm，基部渐狭；花冠漏斗状钟形，紫色至粉白色，长 7 ~ 9.5 cm。花期 4 ~ 5 月。

分布：分布于河北、河南、山东、山西、陕西、湖北、安徽、江苏等省区。

习性：喜光。

繁殖：播种繁殖。

应用：发叶晚，生长快，可作庭荫树或行道树。

★ *Paulownia elongata* S.Y.Hu　☆ Lankao Paulownia

★ *Paulownia tomentosa* (Thunb.) Steud. ☆ Royal Paulownia

毛泡桐

别名：紫花泡桐
科属：玄参科泡桐属

识别：落叶乔木，高达20 m。树皮灰褐色。小枝被黏质腺毛。叶对生，大型，卵状心形，被毛，叶柄长。蒴果卵圆形，花萼宿存。果期8～9月。

观花：圆锥花序塔状，密生黄色茸毛；花冠紫色，漏斗状钟形，檐部5裂，二唇形，外被腺毛，雄蕊4枚，2强。花期4～5月。

分布：华北地区除内蒙古外均产，以河南伏牛山区最多。西北、东北南部和长江流域也有分布。

习性：喜光，不耐荫蔽，耐寒性强，耐旱，耐盐碱，耐风沙，对气候的适应范围很大。长速快，但寿命较短。

繁殖：播种繁殖。

应用：抗性很强，树干通直，树冠圆整，春季一片紫花，蔚然壮观，是优良的行道树及速生用材树种，适宜做庭荫树、行道树观赏。

★ *Paulownia catalpifolia* Gong Tong ☆ Catalpaleaf Paulownia

楸叶泡桐

别名：山东泡桐，无籽泡桐
科属：玄参科泡桐属

识别：落叶乔木，高达20 m。叶厚纸质或近革质，长卵形或椭圆状长卵形，长12～28 cm，宽10～18 cm，先端长渐尖或渐尖，基部心形，全缘或微波状；树冠内膛的叶较宽，卵形，偶有分裂；上面深绿色；叶柄长10～18 mm，径8～10 mm。果椭圆形或矩圆状椭圆形。果期10月。

观花：花冠浅紫色，长7～8 cm，管状漏斗形，内部常密布紫色细斑点，顶端直径不超过3.5 cm，喉部直径1.5 cm，基部向前弓曲，檐部2唇形。花期4月上中旬。

分布：产于河北、山西、山东、河南等地。

习性：喜光，不耐阴，较耐寒，耐干旱瘠薄的土壤。

繁殖：播种繁殖。

应用：树冠密集，树干通直，宜作行道树、庭荫树。

★ *Pedicularis resupinata* L. ☆ Resupinate Woodbetony

返顾马先蒿

别名：芝麻七
科属：玄参科马先蒿属

识别：多年生草本，高30～70 cm。叶互生，长圆状披针形，边缘具钝圆重锯齿。蒴果，偏斜长圆状披针形。果期8～9月。

观花：花单朵腋生，苞片叶状；花萼绿色，一侧深裂，有2齿，花冠二唇形，淡紫红色，花冠筒自基部起向右扭旋，2强雄蕊。花期7～9月。

分布：我国东北、华北地区，欧洲、俄罗斯西伯利亚和远东地区、蒙古、朝鲜、日本有分布。

习性：较耐寒，喜凉爽气候。

繁殖：播种繁殖。

应用：花形奇特，美丽可爱，可种植于花坛、花境，常丛植于观赏。

分布及生境：北京见于门头沟区百花山、东灵山、密云县雾灵山和海淀区西山等地，生于山地林下、林缘草甸及沟谷。分布于东北、华北、西北及西南地区。

埃氏马先蒿

别名：短茎马先蒿
科属：玄参科马先蒿属

识别：多年生草本。叶有长柄，软弱而铺散地面，长约 5.5 cm，密被短柔毛；叶片长圆状披针形，长 7 ~ 10 cm，宽 2 ~ 2.5 cm，羽状全裂，裂片卵形，每边约 8 ~ 14 个，羽状深裂，小裂片每边 2 ~ 4 枚，或有缺刻状重锯齿，齿端有尖刺状胼胝。蒴果卵圆形。

观花：花腋生，梗长可达 6.5 cm；花大，长约 3 ~ 3.5 cm，浅紫红色；萼圆筒形，前方不裂，长约 1.2 ~ 1.8 cm，被长柔毛，主脉 5 条不显著而网脉则很显著，齿 5 枚，中部狭细；花冠之管伸直，下唇很大，稍长于盔，以锐角伸展，裂片圆形，几相等。

分布：为我国特有种，产于河北、山西、陕西、湖北与四川东北部。

习性：耐阴，不耐水湿。

繁殖：播种繁殖。

应用：可作园林地被植物，种植于林下较干处。

★ *Pedicularis artselaeri* Maxim. ☆ Shortstem Woodbetony

刺钓钟柳

别名：刺吊钟柳
科属：玄参科钓钟柳属

识别：多年生草本，常作一年生花卉栽培，高约 60 cm。

观花：聚伞圆锥花序顶生，狭长；花冠二唇形显著，花冠筒粉白色，裂片粉红色；萼筒端与裂片不等长。花期 6 ~ 9 月。

分布：原产于中、南美洲。中国有栽培。

习性：生性强健，喜光照，但畏炎热，忌干燥，对土质要求不严格，不耐积水。

繁殖：扦插、播种或分株繁殖；秋季进行扦插繁殖，保持湿润；若播种繁殖，幼苗期娇嫩，须注意经常淋水，保持空气湿润。

应用：花色艳丽，可作花钵、花坛布置；也可盆栽观赏。

★ *Penstemon* 'Thorn' ☆ Thorn Penstemon

电灯花状吊钟柳

别名：电灯花状钓钟柳
科属：玄参科钓钟柳属

识别：多年生常绿草本植物，高 70 cm。叶对生或基生，椭圆形至卵形。

观花：花葶高 1 ~ 1.5 m，总状花序或圆锥花序，花冠白色或淡紫红色，花期 4 ~ 6 月。

分布：原产于北美洲墨西哥、美国德克萨斯州。我国有栽培。

习性：喜光，喜温暖，耐半阴，耐寒，适宜疏松、肥沃、排水良好的土壤。

繁殖：播种或分株繁植。

应用：花期较长，适应性强，可植于花坛、花境、草坪边缘或林下。

★ *Penstemon cobaea* Nutt. ☆ Showy Beardtongue

★ *Rehmannia glutinosa*（Gaert.）Libosch. ex Fisch. et Mey.

地黄

别名：酒壶花、山烟、山白菜
科属：玄参科地黄属

识别： 多年生草本，高 10 ~ 30 cm。具肉质根状茎。密被灰白色长柔毛。茎紫红色。叶在茎基部集成莲座状，卵形，上面绿色，下面略带紫色，互生，边缘具钝锯齿。蒴果卵形。果期 7 ~ 8 月。

观花： 总状花序，内面黄紫色，外面紫红色，均被长柔毛。花 4 ~ 7 月。

分布： 分布于中国东北、华北、西北和华东各地。

习性： 喜温暖阳光充足气候，较耐寒，适宜栽培于深厚、疏松、肥沃中性或微碱性的沙质壤土，怕积水。

繁殖： 块根或播种繁殖。

应用： 植株矮小，宜在庭园中作地被植物或盆栽观赏；花型独特，适于花坛及自然式布置，或丛植于灌丛间及岩石园点缀，也可片植于药用园。

★ *Siphonostegia chinensis* Benth.　☆ China Siphonostegia

阴行草

别名：刘寄奴
科属：玄参科阴行草属

识别： 一年生草本，高 30 ~ 50 cm。全株被锈色短毛。叶对生，2 回羽状裂，裂片线形。蒴果长圆形。果期 9 ~ 10 月。

观花： 花对生，成稀疏总状花序；花萼细长筒状，10 脉明显突出，花冠二唇形，上唇盔形，带紫色；下唇黄色，2 强雄蕊。花期 7 ~ 8 月。

分布： 分布于全国各地。

习性： 稍耐阴。

繁殖： 播种繁殖。

应用： 园林中可种植于山坡、灌丛及草地等处。

★ *Torenia concolor* Lindl.　☆ Purecolor Butterflygrass

单色蝴蝶草

别名：倒地蜈蚣
科属：玄参科蝴蝶草属

识别： 匍匐草本；茎具 4 棱，节上生根；分枝上升或直立。叶具长 2 ~ 10 mm 的柄；叶片三角状卵形或长卵形，稀卵圆形，长 1 ~ 4 cm，宽 0.8 ~ 2.5 cm，先端钝或急尖，基部宽楔形或近于截形，边缘具锯齿或具带短尖的圆锯齿，无毛或疏被柔毛。花果期 5 ~ 11 月。

观花： 花具长 2 ~ 3.5 cm 的梗，果期梗长可达 5 cm，单朵腋生或顶生，稀排成伞形花序；萼齿 2 枚，长三角形，果实成熟时裂成 5 枚小齿；花冠长 2.5 ~ 3.9 cm，其超出萼齿部分长 11 ~ 21 mm，蓝色或蓝紫色；前方一对花丝各具 1 枚长 2 ~ 4 mm 的线状附属物。

分布： 分布于广东、广西、贵州及台湾等省区。

习性： 耐阴，耐水湿。

繁殖： 播种繁殖。

应用： 可作园林地被植物，或垂吊种植，或种植于林下、山谷及路旁。

夏堇

别名：蓝猪耳，蝴蝶草，花公草，花瓜草
科属：玄参科蓝猪耳属

识别： 一年生草本，高 15 ～ 30 cm。株形整齐而紧密，茎光滑，具 4 棱，多分枝，披散状。单叶对生，卵形，有细锯齿，秋天叶变红色。

观花： 花腋生或顶生总状花序，唇形花冠。花萼大，花色有紫青色、桃红色、兰紫、深桃红色及紫色等。花期 7 ～ 10 月。

分布： 原产于中南半岛。

习性： 喜光，对土壤适应性较强，但以湿润而排水良好的壤土为佳，不耐寒，较耐热。

繁殖： 播种繁殖。

应用： 可用于屋顶、阳台、花台、花坛、花境及盆栽等。

品种： 有红花和蓝花等品种。

★ *Torenia fournieri* Linden ex Fourn. ☆ Blue Torenia

毛蕊花

别名：毒鱼草，海绵蒲，虎尾鞭
科属：玄参科毛蕊花属

识别： 二年生草本，高达 1.5 cm。全株被密而厚的浅灰黄色星状毛。基生叶和下部的茎生叶倒披针状长圆形，长达 15 cm，宽约 6 cm，先端渐尖，基部渐狭成柄状，边缘具浅圆齿；上部茎生叶缩小为长圆形至卵状长圆形，基部下延成狭翅。蒴果卵形，约与宿存的花萼等长，先端钝尖。果期 7 ～ 10 月。

观花： 穗状花序圆柱状，长达 25 cm，花密集；花梗短；苞片卵状披针形至披针形；花萼 5 裂几达基部，裂片狭披针形；花冠黄色，直径 1 ～ 2 cm，辐状，裂片 5 枚；雄蕊 5 枚。花期 6 ～ 8 月。

分布： 原产于中国云南、四川、新疆等地。

习性： 生长健壮，耐寒，喜排水良好的石灰质壤土，忌炎热多雨气候和冷湿黏重土壤。

繁殖： 播种繁殖。

应用： 盆花、花坛及大型容器栽培、风景园林和花园地栽。

★ *Verbascum thapsus* L. ☆ Mullein

阿拉伯婆婆纳

别名：波斯婆婆纳
科属：玄参科婆婆纳属

识别： 铺散多分枝草本。叶 2 ～ 4 对，具短柄，卵形或圆形，长 6 ～ 20 mm，宽 5 ～ 18 mm，基部浅心形，平截或浑圆，边缘具钝齿，两面疏生柔毛。蒴果肾形，长约 5 mm，宽约 7 mm。果期 5 ～ 6 月。

观花： 总状花序很长；花梗比苞片长；花冠蓝色、紫色或蓝紫色，长 4 ～ 6 mm；雄蕊短于花冠。花期 3 ～ 5 月。

分布： 原产于亚洲西部及欧洲，分布于我国华东、华中地区及贵州、云南、西藏东部及新疆。

习性： 喜温暖、湿润气候，耐干燥，对土壤要求不严格。

繁殖： 播种繁殖。

应用： 花形娇小可爱，生长密集，翠绿如茵，繁殖迅速，可在园林中作优良地被。

相近种： 大婆婆纳 *Veronica dahurica* Stev.，婆婆纳 *Veronica didyma* Tenore。

★ *Veronica persica* Poir. ☆ Arab Speedwell

★ *Veronica anagallis-aquatica* L.　☆ Watery Speedwell

北水苦荬

别名：仙桃草
科属：玄参科婆婆纳属

识别： 多年生草本。常全体无毛，稀花序轴、花梗、花萼、蒴果有疏腺毛。根状茎斜走。茎直立或基部倾斜，高 10 ~ 100 cm。叶对生，无柄，上部的叶半抱茎，卵状矩圆形至条状披针形，长 2 ~ 10 cm，全缘或有疏而小的锯齿。蒴果卵圆形。

观花： 总状花序腋生，比叶长，多花；花梗上升，与花序轴成锐角，与苞片近等长；花萼 4 深裂，裂片卵状披针形，长约 3 mm，急尖；花冠浅蓝色，淡紫色或白色，直径 4 ~ 5 mm，筒部极短，裂片宽卵形。花期 4 ~ 9 月。

分布： 广布于长江以北及西南、西北各省区；亚洲温带其他地区及欧洲也有分布。

习性： 耐水湿。

繁殖： 播种繁殖。

应用： 可作园林地被植物，种植于水边及沼地。

★ *Veronica undulata* Wall.　☆ Undulate Speedwell

水苦荬

别名：芒种草，水莴苣，水菠菜
科属：玄参科婆婆纳属

识别： 与北水苦荬 *Veronica anagallis-aquatica* L. 在体态上极为相似，唯植株稍矮些；叶片有时为条状披针形，通常叶缘有尖锯齿；茎、花序轴、花萼和蒴果上多少有大头针状腺毛。

观花： 花梗在果期挺直，横叉开，与花序轴几乎成直角，因而花序宽过 1 cm，可达 1.5 cm；花柱也较短，长 1 ~ 1.5 mm。

分布： 广布于全国各省区，仅西藏、青海、宁夏、内蒙古未见标本。朝鲜、日本、尼泊尔、印度和巴基斯坦的北部也有分布。

习性： 喜水湿环境。

繁殖： 播种繁殖。

应用： 生水边及沼泽地。

★ *Veronica spuria* L.　☆ Bastard Speedwell

轮叶婆婆纳

别名：草本威灵仙
科属：玄参科婆婆纳属

识别： 多年生草本，高 80 ~ 120 cm。茎直立。叶 3 ~ 4 片轮生或对生，长椭圆形至披针形，边缘具狭三角状尖齿，两面被短毛。

观花： 长穗状总状花序集成圆锥状；花冠紫色或蓝色。蒴果长 2.5 ~ 3.5 mm。花期 7 ~ 8 月。

分布： 产于中国新疆西北部。欧洲至俄罗斯西伯利亚和中亚地区也有分布。

习性： 喜向阳、潮湿的环境，耐寒，耐旱。

繁殖： 播种或扦插繁殖。

应用： 花漂亮，是高山植物园中一种优良的草本花卉，适于布置花坛、花境等。

婆婆纳

别名：卵子草，石补钉，双铜锤
科属：玄参科婆婆纳属

识别：一年生草本；茎基部多分枝成丛，纤细，匍匐或上升，多少被柔毛，高 10 ~ 25 cm。叶对生，具短柄；叶片三角状圆形，长 5 ~ 10 mm，通常有 7 ~ 9 个钝锯齿。蒴果近于肾形，稍扁，密被柔毛。

观花：总状花序顶生；苞片叶状，互生；花梗略比苞片短，花后向下反折；花萼 4 深裂几达基部，裂片卵形，果期长达 5 mm，被柔毛；花冠蓝紫色，辐状，直径 4 ~ 8 mm，筒部极短。花期 3 ~ 10 月。

分布：分布于华东、华中、西北、西南地区及河北。欧洲及亚洲温带、亚热带其他地区也有分布。

习性：多生于路边、墙隅、荒草坪或菜园中。

繁殖：播种繁殖。

应用：生命力较旺盛，易存活，无特殊种植要求。可用于冬季草坪地被，不耐践踏。

★ *Veronica didyma* Tenore　☆ Speedwell

石蚕叶婆婆纳

科属：玄参科婆婆纳属

识别：茎上升，高 10 ~ 50 cm，不分枝，密生两列多细胞长柔毛。叶下部具极短的叶柄，中上部的无柄，叶片卵形或圆卵形，长 2.5 cm，宽 1.5 ~ 2 cm，顶端钝，基部平截或浅心形，边缘为深刻的钝齿，两面疏被短毛。蒴果倒心形。

观花：总状花序成对，侧生于茎上部叶腋，除花冠外，花序各部分被多细胞腺毛；苞片条状椭圆形，短于或等长于花梗；花萼裂片 4 枚，披针形；花冠辐状，直径约 12 mm，后方和侧面裂片宽大于长，前方裂片倒卵圆形，花冠内面几乎无毛；雄蕊短于花冠；花柱长 5 ~ 6 mm。

分布：产于辽宁。欧洲至俄罗斯东西伯利亚（萨彦岭）和远东的萨哈林岛（库页岛）广布。

习性：喜光。

繁殖：播种繁殖。

应用：可作园林地被植物或观花植物。

★ *Veronica chamaedrys* L.　☆ Germanderleaf Speedwell

穗花婆婆纳

别名：卵子草，石补丁
科属：玄参科婆婆纳属

识别：多年生耐寒草本，高 30 ~ 60 cm。植株直立或倾斜。叶对生，有时轮生，披针形至卵圆形，近无柄，长 5 ~ 20 cm，具锯齿，质厚。果期 9 ~ 10 月。

观花：花蓝色或粉色；小花径 4 ~ 6 mm，形成紧密的顶生总状花序，花序尖部稍弯，花期 6 ~ 8 月。

分布：原产于北欧及亚洲。我国新疆西北部有天然分布。

习性：喜光，耐半阴，耐瘠薄土壤，在各种土壤上均能生长良好，忌冬季土壤湿涝。

繁殖：播种或分株繁殖。

品种：花有蓝色、蓝紫色和粉红色等。

应用：株形紧凑，花枝优美，花期恰逢仲夏缺花季节，是布置多年生花坛的优良材料，也是良好的线型切花材料，也可种植在在石灰质草甸及多砾石的山地上。

★ *Veronica spicata* L.　☆ Spike Speedwell

细叶婆婆纳

别名：水蔓菁
科属：玄参科婆婆纳属

★ *Veronica linariifolia* Pall.ex Link　☆ Linearleaf Speedwell

识别： 多年生草本，高 30 ~ 90 cm。被白色卷曲柔毛。叶下部对生，上部互生，线形或长椭圆形，中上部边缘疏生锯齿。蒴果椭圆形。果期 8 ~ 10 月。

观花： 总状花序顶生，多花密集成长穗状，苞片线形；花冠淡蓝紫色，少白色，4 裂，雄蕊 2 枚。花期 7 ~ 8 月。

分布： 分布于内蒙古、陕西及东北、华北地区。

习性： 较喜光；耐寒；宜栽植于阳光足、肥力中等、排水良好的土壤。

繁殖： 播种繁殖。

应用： 花美观，可用于花坛、花境配置及丛植于草地、山坡、灌丛、路边及疏林下。

红狐婆婆纳

别名：小淘气婆婆纳
科属：玄参科婆婆纳属

★ *Veronica hybrida* Hort.‘Red Fox’　☆ Red Fox Speedwell

识别： 多年生草本，株高 20 ~ 40 cm。

观花： 花红色，花期 6 ~ 10 月。

分布： 杂交种。

习性： 喜光，耐旱，耐寒。

繁殖： 播种繁殖。

应用： 可作园林地被植物。

直立婆婆纳

科属：玄参科婆婆纳属

★ *Veronica arvensis* L.　☆ Stand Speedwell

识别： 一年或二年生小草本。茎直立或上升，不分枝或铺散分枝，高 5 ~ 30 cm。叶常 3 ~ 5 对，下部的有短柄，中上部的无柄，卵形至卵圆形，长 5 ~ 15 mm，宽 4 ~ 10 mm，具 3 ~ 5 脉，边缘具圆或钝齿，两面被硬毛。蒴果倒心形，强烈侧扁，长 2.5 ~ 3.5 mm。

观花： 总状花序长而多花，长可达 20 cm，各部分被多细胞白色腺毛；苞片下部的长卵形而疏具圆齿至上部的长椭圆形而全缘；花梗极短；花冠蓝紫色或蓝色，长约 2 mm，裂片圆形至长矩圆形。花期 4 ~ 5 月。

分布： 原产于欧洲，其他地方归化。我国华东、华中地区也有分布。

习性： 喜光，喜凉爽气候。

繁殖： 播种或分株繁殖。

应用： 可作为观花植物或作地被植物。

大婆婆纳

科属：玄参科婆婆纳属

识别： 茎单生或数支丛生，直立，高可达 1 m。叶对生，叶柄长 1 ~ 1.5 cm，叶片卵形，卵状披针形或披针形，基部常心形，顶端常钝，少急尖，长 2 ~ 8 cm，宽 1 ~ 3.5 cm，两面被短腺毛，边缘具深刻的粗钝齿，常夹有重锯齿，基部羽状深裂过半，裂片外缘有粗齿。蒴果。

观花： 总状花序长穗状，单生或因茎上部分枝而复出，各部分均被腺毛；花梗长 2 ~ 3 mm；花冠白色或粉色，长 8 mm，檐部裂片开展，卵圆形至长卵形；雄蕊略伸出。花期 7 ~ 8 月。

分布： 分布于东北、内蒙古、河北及河南（商城）；朝鲜、蒙古及俄罗斯西伯利亚地区也有分布。

习性： 稍耐阴。

繁殖： 播种繁殖。

应用： 可观花，也可作园林地被植物，种植于草地、沙丘及疏林下。

★ *Veronica dahurica* Stev. ☆ Dahur Speedwell

草本威灵仙

别名：轮叶婆婆纳
科属：玄参科腹水草属

识别： 草本，根状茎横走，长达 13 cm，节间短，根多而呈须状。茎圆柱形，不分枝，无毛或多少被多细胞长柔毛。叶 4 ~ 6 枚轮生，矩圆形至宽条形，长 8 ~ 15 cm，宽 1.5 ~ 4.5 cm，无毛或两面疏被多细胞硬毛。蒴果卵状，长约 3.5 mm。

观花： 花序顶生，长尾状，各部分无毛；花萼裂片不超过花冠半长，钻形；花冠红紫色、紫色或淡紫色，长 5 ~ 7 mm，裂片长 1.5 ~ 2 mm。花期 7 ~ 9 月。

分布： 分布于东北、华北、陕西北部、甘肃东部及山东半岛。

习性： 稍耐阴。

繁殖： 播种繁殖。

应用： 可作园林地被植物，种植于路边或山坡等处。

★ *Veronicastrum sibiricum* (L.) Pennell ☆ Herb Ascitesgrass

细穗腹水草

别名：腹水草
科属：玄参科腹水草属

识别： 多年生无毛草本。根状茎极短，横走。茎圆柱形；细长，可达 1 m 以上，近于直立或弓曲，单生或有分枝。茎基部叶鳞片状；寻常叶具短柄，叶片厚纸质，长卵形至披针形，长 8 ~ 15 cm，基部圆形或楔形，顶端长渐尖，边缘有具尖头的锯齿。蒴果卵球形，长 3 ~ 4 mm。

观花： 穗状花序腋生或顶生于侧生小分枝上，细长，长 5 ~ 10 cm；花萼 5 深裂，裂片不等长，前面最长者为花冠的 1/2 ~ 2/3，钻形，具睫毛；花冠筒状，多为白色或紫色，长 5 ~ 6 mm，檐部占 1/5 ~ 1/6，裂片正三角形，稍不等，花冠筒上部内有一圈毛；雄蕊 2 枚。

分布： 分布于陕西南部、湖北、湖南、四川、贵州、云南。

习性： 稍耐阴。

繁殖： 播种繁殖。

应用： 可作园林地被植物，种植于林下。

★ *Veronicastrum stenostachyum* (Hemsl.) Yamazaki subsp. *plukenetii* (Yamazaki) Hong

★ *Calystegia hederacea* Wall. ☆ Ivy Glorybind，Ivy-like Calystegia

打碗花

别名：小旋花，葍秧，斧子苗，喇叭花
科属：旋花科打碗花属

识别：一年生缠绕或平卧草本。全株无毛，茎具细棱。单叶互生，三角状卵形、戟形或箭形，裂片全缘。蒴果球形。果期 6 ～ 9 月。

观花：花单生叶腋，苞片 2 枚；萼片 5 枚，宿存，花冠漏斗状，淡粉红色，雄蕊 5 枚。花期 5 ～ 7 月。

分布：我国各地广泛分布，为田间、野地常见杂草。

习性：喜欢温、湿润气候，也耐恶劣环境，适应沙质土壤。

繁殖：根芽和种子繁殖。

应用：绿篱及绿雕草坪及地被。

★ *Calystegia sepium*（L.）R.Br. ☆ Seashore Glorybind

篱打碗花

别名：旋花，篱天箭，篱天剑
科属：旋花科打碗花属

识别：多年生草本，全株光滑。茎缠绕或匍匐，有棱角，分枝。叶互生，正三角状卵形，长 4 ～ 8 cm，宽 3 ～ 5 cm，顶端急尖，基部箭形或戟形，二侧具浅裂片或全缘；叶柄长 3 ～ 5 cm。蒴果球形；种子黑褐色，卵圆状三棱形，光滑。果期 7 ～ 8 月。

观花：花单生叶腋，具长花梗，具棱角；苞片 2 枚，卵状心形，长 2 ～ 2.5 cm，顶端钝尖或尖；萼片 5 枚，卵圆状披针形，顶端尖；花冠漏斗状，粉红色，长 4 ～ 6 cm，5 浅裂；雄蕊 5 枚。花期 5 ～ 7 月。

分布：分布于黑龙江、吉林、辽宁、河北、山西、陕西等地。

习性：适应性强。喜光；耐寒，耐旱；较喜湿润、肥沃的土壤，耐瘠薄。

繁殖：分株或扦插繁殖。

应用：可作草坪或路边植被绿化。

★ *Convolvulus arvensis* L. ☆ Field Bindweed

田旋花

别名：中国旋花，小旋花，燕子草
科属：旋花科旋花属

识别：多年生草本。茎蔓性或缠绕，具棱角或条纹，上部有疏柔毛。叶互生，戟形，长 2.5 ～ 5 cm，宽 1 ～ 3.5 cm，全缘或三裂，侧裂片展开，微尖，中裂片卵状椭圆形、狭三角形或披针状长椭圆形，微尖或近圆；叶柄长 1 ～ 2 cm。蒴果球形或圆锥形；种子 4 粒，黑褐色。

观花：花序腋生，有 1 ～ 3 花，花梗细弱，长 3 ～ 8 cm；苞片 2 枚，线形，与萼远离；萼片 5 枚，光滑或被疏毛，卵圆形，边缘膜质；花冠漏斗状，长约 2 cm，粉红色；雄蕊 5 枚。

分布：分布于吉林、黑龙江、河北、河南、山西、陕西、甘肃、宁夏、新疆、内蒙古、山东、四川、西藏；其他热带和亚热带地区也有分布。

习性：喜光，喜潮湿肥沃的土壤。

繁殖：播种繁殖。

应用：是良好的藤本观花植物，适于藤架、篱栏绿化。

鹰爪柴

别名：铁猫刺，鹰爪
科属：旋花科旋花属

识别： 亚灌木或近于垫状小灌木，高 10 ~ 20 cm，小枝具短而坚硬的刺；枝条、小枝和叶均密被贴生银色绢毛；叶倒披针形，或线状披针形，先端锐尖或钝，基部渐狭。蒴果阔椭圆形，长约 6 mm，顶端具不密集的毛。

观花： 花单生于短的侧枝上，常在末端具两个小刺，花梗短，长 1 ~ 2 mm；花冠漏斗状，长 17 ~ 22 mm，玫瑰色；雄蕊 5 枚。花期 5 ~ 6 月。

分布： 产于我国西北部及北部(新疆、陕西、甘肃、宁夏、内蒙古)。俄罗斯及蒙古亦有分布。

习性： 喜光，耐干旱，耐瘠薄土壤。

繁殖： 播种繁殖。

应用： 生于沙漠及干燥多砾石的山坡，可作园林地被植物种植。

★ *Convolvulus gortschakovii* Schrenk ☆ Gortschakov Glorybind

茑萝

别名：羽叶茑萝，游龙草，锦屏封
科属：旋花科茑萝属

识别： 一年生缠绕草本，茎光滑，细长，可达 6 ~ 7 m。叶互生，羽状细裂，裂片整齐。蒴果，卵形。种子黑色，有棕色细毛。果期 8 ~ 11 月。

观花： 聚伞花序腋生，高出叶面；花冠鲜红色，高脚碟状，筒部细长，先端呈五角星状。花期 7 ~ 10 月。

分布： 原产于美洲热带地区。现世界各地广泛栽培。

习性： 喜阳光充足、温暖气候和疏松肥沃土壤，不耐寒，怕霜冻，对土壤要求不严格。

繁殖： 播种繁殖。

应用： 红色的喇叭状小花精巧别致，可植于藤架、柱廊、篱栅、山坡或景石缝隙中，也适宜于篱垣、花墙和小型棚架等垂直绿化，还可盆栽或作地被。

品种： 花色有猩红色、白色及粉红色等。

相近种： 槭叶茑萝 *Quamoclit sloteri* House。

★ *Quamoclit pennata*（Desr.）Bojer ☆ Cypress Vine

槭叶茑萝

别名：掌叶茑萝，什种茑萝
科属：旋花科茑萝属

识别： 一年生草本。茎缠绕，多分枝，无毛。叶互生，掌状分裂，长 5 ~ 10 cm，裂片披针形，顶端长锐尖；叶柄与叶片近等长；托叶长约 1 cm，与叶同形。蒴果圆锥形或球形，光滑；种子 1 ~ 4 粒，有微毛。果期 8 ~ 11 月。

观花： 聚伞花序腋生，有 1 ~ 3 朵花，总花梗粗壮，长达 10 ~ 20 cm；小苞片 2 枚；萼片 5 枚，不相等，卵圆形至近圆形，顶端具短芒；花冠高脚碟状，大红至深红色，长 3 ~ 5 cm，檐部 5 裂；雄蕊 5 枚，不等长，花丝基部膨大，被小鳞毛。花期 7 ~ 10 月。

分布： 原产于美洲热带地区，现世界各地广泛栽培。

习性： 喜阳光充足、温暖气候和疏松肥沃土壤，不耐寒，怕霜冻。

繁殖： 播种繁殖。

应用： 适宜于篱垣、花墙和小型棚架等垂直绿化，还可盆栽或作地被。

★ *Quamoclit sloteri* House

★ *Pharbitis nil*（L.）Choisy ☆ Morning Glory

牵牛

别名：裂叶牵牛
科属：旋花科牵牛属

识别： 一年生缠绕草本，全株被粗硬毛。叶互生，近卵状心形，长 8 ~ 15 cm，常 3 裂，裂口宽而圆，顶端尖，基部心形；叶柄长 5 ~ 7 cm。蒴果球形；种子 5 ~ 6 粒，卵圆形，无毛。果熟期 9 ~ 10 月。

观花： 花序有花 1 ~ 3 朵，总花梗稍短于叶柄；萼片 5 枚，基部密被开展的粗硬毛，裂片条状披针形，长 2 ~ 2.5 cm，顶端尾尖；花冠漏斗状，长 5 ~ 8 cm，顶端 5 浅裂；雄蕊 5 枚。花期 7 ~ 9 月。

分布： 原产于热带美洲。

习性： 性强健，不耐寒，喜气候温和、光照充足、通风适度环境，对土壤适应性强，较耐干旱盐碱，耐贫瘠。

繁殖： 播种繁殖。

应用： 牵牛花秀冠柔条，风姿绰约。可作园林中的垂直绿化，装饰花架、篱垣、栅栏等，亦可地被种植。

品种： 花色有白色、蓝紫色或紫红色等。

★ *Pharbitis purpurea* (L.) Voight ☆ Roundleaf Morning Glory

圆叶牵牛

别名：圆叶旋花，小花牵牛
科属：旋花科牵牛属

识别： 一年生缠绕草本。茎被倒向短柔毛及稍开展的硬毛。单叶互生，圆心形，全缘。蒴果近球形。果期 6 ~ 9 月。

观花： 花单生或 3 ~ 5 朵组成聚伞花序，苞片 2 枚，线形；萼片 5 枚，花冠漏斗状，紫红色，花冠筒近白色，雄蕊 5 枚，柱头 3 裂。花期 5 ~ 7 月。

分布： 原产于亚洲和非洲热带，中国南北均有野生分布，现已成为归化植物。

习性： 喜温暖，不耐寒，喜阳光充足，耐瘠薄及干旱，忌水涝，但栽培品种也喜肥。

繁殖： 播种繁殖。

应用： 是夏秋常见的蔓性草花，花朵迎朝阳而放，宜植于游人早晨活动之处，也可作小庭院及居室窗前遮阳，小型棚架、篱垣的美化，或作地被种植。

品种： 花色有白、玫瑰红、粉红、淡紫、堇蓝等色。

★ *Pharbitis indica*（Burm.）R.C.Fang ☆ India Morning glory

变色牵牛

科属：旋花科牵牛属

识别： 本种在外形上和牵牛 *Pharbitis. nil*（L.）Choisy 相似，但有以下特征易于识别：植株各部均被柔毛，或茎和花序梗被微硬毛，而无刚毛状硬毛；叶卵形或圆形，全缘或 3 裂，长 5 ~ 15 cm，顶端渐尖或骤尖，基部心形，背面密被灰白色短而柔软贴伏的毛，叶面毛较少。

观花： 花数朵聚生成伞形聚伞花序，花序梗长于叶柄，花梗短；萼片外面被贴伏的柔毛，而不像牵牛那样被刚毛；花冠蓝紫色，以后变红紫色或红色，漏斗状，长 5 ~ 8 cm。

分布： 原产于南美洲，泛热带分布。我国有栽培。

习性： 喜光。

繁殖： 播种繁殖。

应用： 可作园林垂直绿化植物。

蕹菜

别名：空心菜，通心菜，通菜
科属：旋花科番薯属

识别： 一年生蔓性草本，全株光滑。茎中空，匍匐地上或浮水上。叶互生，椭圆状卵形或长三角形，长 6 ~ 15 cm，顶端短尖或钝，边缘全缘或波状，基部心形或戟形，具长叶柄。蒴果卵球形。

观花： 聚伞花序腋生，有 1 至多花，总花梗长 3 ~ 6 cm；苞片 2 枚；萼片 5 枚，卵圆形，长 5 ~ 8 mm，顶端钝；花冠漏斗状，白色或紫色，长约 5 cm，顶端 5 浅裂；雄蕊 5 枚。花期 9 ~ 12 月。

分布： 原产于我国，亦有逸为野生。

习性： 喜高温、多湿的气候，耐热力强，不耐霜冻；宜生长于温暖、湿润且土壤肥沃的地方。

繁殖： 播种繁殖。

应用： 可观花，片植于潮湿之地或水中，常作蔬菜栽培。

品种： 种于水中，叶大茎粗，名水蕹；植于旱地上，叶小茎细，又名旱蕹。

★ *Ipomoea aquatica* Forsk.　☆ Swamp Morning-glory

金灯藤

别名：日本菟丝子，大菟丝子，飞来藤
科属：旋花科菟丝子属

识别： 一年生寄生缠绕草本，茎较粗壮，肉质，直径 1 ~ 2 mm，黄色，常带紫红色瘤状斑点，无毛，多分枝，无叶。蒴果卵圆形，长约 5 mm，近基部周裂。果期 9 月。

观花： 穗状花序，长达 3 cm，花几无柄，基部多分枝；苞片及小苞片鳞片状；花萼碗状，肉质，背面常有紫红色瘤状突起；花冠钟状，淡红色或绿白色，长 3 ~ 5 mm，顶端 5 浅裂，裂片卵状三角形，钝，直立或稍反折，短于花冠筒 2 ~ 2.5 倍；雄蕊 5 枚；鳞片 5 枚；花柱细长，合生为 1 枚，柱头 2 裂。花期 8 月。

分布： 分布于我国南北各省区。

习性： 耐阴。

繁殖： 播种繁殖。

应用： 奇特的、无叶的观花植物，寄生于草本或灌木上。

★ *Cuscuta japonica* Choisy　☆ Japan Dodder

宿根亚麻

别名：蓝花亚麻，豆麻
科属：亚麻科亚麻属

识别： 多年生草本，高 40 ~ 50 cm。基部多分枝，茎丛生，直立而细长；叶披针形，互生，浅蓝绿色。

观花： 聚伞花序顶生或生于上部叶腋，花瓣 5 枚，浅蓝色。花期 7 月。

分布： 原产于欧洲，我国东北和华北地区有野生。

习性： 喜光，耐寒，适宜疏松土壤。

繁殖： 播种或分株繁殖，不耐移植。

应用： 可植于花径、花坛、花境、岩石园或疏林下。

★ *Linum perenne* L.　☆ Perennial Flax

★ *Populus tomentosa* Carr.　☆ China White Poplar

毛白杨

别名：白杨、笨白杨、独摇
科属：杨柳科杨属

识别： 落叶乔木，高达 30 ~ 40 m。树冠卵圆形或卵形；树干通直，树皮幼时青白色，老时纵裂暗灰色；叶三角状卵形或三角状卵圆形，基部心形，叶缘具波状缺刻或锯齿，背面密生白茸毛，叶柄扁平。果期 3 ~ 4 月。

观花： 雌雄花均为柔荑花序，花期 2 ~ 3 月。

分布： 河南中部、北部和山东西部等地。

习性： 喜光，喜凉爽湿润气候，对土壤要求不严格，喜深厚肥沃沙质壤土。

繁殖： 主要采用埋条、扦插、嫁接、留根、分蘖等繁殖。

应用： 树枝高大挺拔，常用作行道树、庭荫树，可孤植、丛植于建筑周围、草坪、广场；在广场、学校、干道、水滨两侧规则地列植、群植，气势雄伟。

变种： 抱头毛白杨 var. *fastigiata* Y. H. Wang。

★ *Populus adenopoda* Maxim.　☆ China Aspen

响叶杨

别名：绵杨
科属：杨柳科杨属

识别： 乔木，高 15 ~ 30 m。树皮深灰色，纵裂；小枝棕色，被柔毛，老枝灰色，无毛；冬芽圆锥形，无毛，有黏质。叶卵状圆形或卵形，长 5 ~ 8 cm，宽 4 ~ 6 cm，先端长渐尖，基部宽楔形、截形或心形，边缘有内弯钝锯齿，齿端有腺体，上面无毛，或沿叶脉有柔毛，下面灰绿色，至少幼时被柔毛；叶柄扁平，长 2 ~ 7 cm，顶端有 2 个显著腺体；幼树或萌发枝的叶较大，长 5 ~ 10 cm。果序长 12 ~ 16 cm。蒴果椭圆形，锐尖，无毛，有短果梗。

观花： 雄花序长 6 ~ 10 cm，苞片边缘条裂，有长睫毛。

分布： 分布在西北、华东、华中、西南丘陵地区。

习性： 喜光。

繁殖： 播种繁殖。

应用： 可作行道树或庭荫树。

★ *Salix matsudana* Koidz.　☆ Dryland Willow

旱柳

别名：立柳，直柳
科属：杨柳科柳属

识别： 落叶乔木，高达 20 m。树皮灰黑色，深纵裂。小枝黄绿色，直立或斜展。单叶互生，具短柄，披针形，光滑无毛，叶背灰白色，叶缘细锯齿。蒴果 2 瓣裂。果期 4 ~ 5 月。

观花： 花单性，雌雄异株，形成柔荑花序，与叶同时开放。花期 4 月。

分布： 中国分布甚广，“三北”地区及长江流域各省区均有分布。

习性： 喜光、不耐荫蔽，耐旱，耐水湿，适合在排水良好的深厚沙质壤土上生长。

繁殖： 扦插繁殖。

应用： 枝条柔软，树冠丰满，最适作庭荫树、行道树。常栽植在湖、河岸边或孤植于草坪，对植于建筑、大门两旁，也是重要的绿化和河岸滩地、沿岸的园林树种。

品种： 馒头柳 ‘Umbraculifera’，分枝密，端梢齐整，形成半圆形树冠，状如馒头；绦柳 f. *pendula* Schneid.，枝条柔弱光滑，黄色，无毛，下垂。龙爪柳 *Salix matsudana* Koidz. ‘Tortuosa’，枝条扭曲向上，树体较小，易衰老。

河柳

别名：腺柳
科属：杨柳科柳属

识别： 乔木；小枝红褐色或褐色，无毛，有光泽。叶卵形、椭圆状披针形或近椭圆形，长 4 ~ 12 cm，宽 2 ~ 4.5 cm，边缘有具腺的内弯细齿，下面苍白，两面无毛；叶柄长 5 ~ 12 mm，顶端有腺体；托叶半心形，边缘有细齿。蒴果卵形，长 3 mm，果穗中轴有白色茸毛。

观花： 总花梗和花序轴皆有柔毛；苞片卵形；雄花序长 4 ~ 5 cm；腺体 2 枚；雄蕊 3 ~ 5 枚，花丝基部有柔毛；雌花序下垂，长达 5.5 cm，有疏生花；仅腹面有 1 腺体；子房无毛，有梗。花期 4 月。

分布： 分布在河北、山东、山西、河南、陕西、安徽、江苏、浙江；朝鲜、日本也有分布。

习性： 喜光、耐寒、耐水湿。

繁殖： 扦插、播种繁殖。

应用： 常种植水旁，为护堤、护岸的重要绿化树种。

★ *Salix chaenomeloides* Kimura ☆ Floweringquince Willow

鸡公柳

科属：杨柳科柳属

识别： 落叶灌木。幼枝被白色茸毛，后无毛。冬芽卵形，黄褐色，无毛。叶椭圆状倒披针形或椭圆形，纸质，长 6 ~ 7 cm，宽 1.5 ~ 2 cm，先端短渐尖，基部急尖，边缘具锯齿，上面绿色，无毛，下面带苍白色，幼时被白色绢毛，后无毛叶柄长 8 mm；托叶半卵状披针形，与叶柄等长。蒴果卵状椭圆形。果期 5 ~ 6 月。

观花： 柔荑序圆柱形，长达 3.5 cm，总梗上有正常小叶 3 ~ 5 片，花序轴有茸毛，子房几无柄，急尖，花柱及柱头短，腹腺宽卵形，钝，背腺小。花期 4 ~ 5 月。

分布： 产于河南、湖北、江西等省。

习性： 耐水湿。

繁殖： 扦插繁殖。

应用： 可种植于河边、路旁等处。

★ *Salix chikungensis* Schneid. ☆ Jigong Willow

垂枝黄花柳

科属：杨柳科柳属

识别： 灌木，有时成乔木。小枝初有灰色短柔毛，后脱落无毛，褐色，有光泽。叶纸质，长椭圆形、宽椭圆形或倒卵形，长 6 ~ 14 cm，宽 3 ~ 6 cm，边缘有疏生不整齐锯齿，上面初有柔毛，后无毛，有皱纹，下面灰绿色，或仅在叶脉上有长柔毛；叶柄长 6 ~ 20 mm，有柔毛；托叶斜肾形，有锯齿。蒴果有灰色短柔毛。

观花： 柔荑花序近无总梗，密生柔毛；雄花序长 1.5 ~ 2 cm；苞片披针形；雄蕊 2 枚，离生；雌花序长 4 ~ 6 cm；子房有灰色短柔毛。

分布： 分布在东北三省、河北、山西、河南、陕西、宁夏；朝鲜、日本、欧洲也有分布。

习性： 喜光。

繁殖： 扦插繁殖。

应用： 可用于园林观赏，或种植于山谷及山坡。

相近种： 银芽柳。

★ *Salix caprea* 'Kilmarnock' ☆ Goat Willow

★ *Myrica rubra* (Lour.) Sieb.et Zucc. ☆ China Waxmyrtle

杨梅

别名：珠红，圣生梅，白蒂梅，树梅
科属：杨梅科杨梅属

识别： 常绿乔木。叶革质，楔状倒卵形至长楔状倒披针形，长6 ~ 16 cm，宽1 ~ 4 cm，无毛，下面有金黄色腺体；叶柄长2 ~ 10 mm。核果球形，径10 ~ 15 mm，有乳头状凸起，熟时深红色或紫红色和白色。6 ~ 7月果实成熟。

观花： 雌雄异株；穗状雄花序单独或数条丛生于叶腋，长1 ~ 3 cm，直径3 ~ 5 mm；雌花序常单生叶腋，长5 ~ 15 mm；雌花有4小苞片。4月开花。

分布： 分布在长江以南各省区，有很多栽培；朝鲜、日本也有分布。

习性： 喜土层深厚、土质松软、排水良好，富石砾的黄砾泥或黄泥沙土。

繁殖： 种子、分株、嫁接繁殖。

应用： 枝繁叶茂，树冠圆整，初夏又有红果累累，十分可爱，是园林绿化结合生产的优良树种。孤植、丛植于草坪、庭院，或列植于路边都很合适。

★ *Halesia macgregorii* Chun ☆ Silverbell

银钟花

别名：假杨桃，山杨桃
科属：野茉莉科银钟花属

识别： 落叶乔木，高6 ~ 20 m。树皮灰白色。叶椭圆状矩圆形至椭圆形，顶端渐尖，基部钝至宽楔形，边具细锯齿，长6 ~ 10 cm，宽2.5 ~ 4 cm，具长7 ~ 15 mm的柄。果为干核果，长2.5 ~ 3 cm，椭圆形，具4宽翅，顶端有宿存花柱。果熟9 ~ 10月。

观花： 花白色，5 ~ 6朵排成短缩的总状花序而簇生于去年生小枝叶腋内，下垂而有清香；花冠宽钟状，裂片4枚，倒卵状椭圆形，长约9 mm；雄蕊8枚。花期3 ~ 4月。

分布： 分布于浙江、福建、江西、广东、湖南、广西等省区。

习性： 中性偏阳性树种，幼树能耐阴，成年后喜光。

繁殖： 扦插繁殖。

应用： 银钟花树态优美，叶带红色，先花后叶，花白色，果形奇特，为优美观赏树。在园林中孤植、群植或混植都相宜。

★ *Sinojackia xylocarpa* Hu ☆ Weighttree

秤锤树

别名：捷克木
科属：野茉莉科秤锤树属

识别： 落叶乔木，高达6 m。叶椭圆形至椭圆状卵形，长3 ~ 7 cm；叶柄长3 ~ 5 mm。果卵形，木质，长2 ~ 2.5 cm，直径1 ~ 1.3 cm，具钝或尖的圆锥状的喙，有1颗种子。果熟期9 ~ 10月。

观花： 聚伞花序腋生，疏具3 ~ 5朵花，形似总状花序；花白色，直径约1.5 cm，花梗长达3 cm，顶有关节；花冠裂片6 ~ 7枚，长8 ~ 12 mm；雄蕊12 ~ 14枚，长约4 mm，被星状毛和短柔毛；子房高度半下位。花期4 ~ 5月。

分布： 我国特有树种，产于江苏，野生的几乎已灭绝。浙江、河南等地有栽培。

习性： 喜光，幼树不耐阴，喜生于深厚、肥沃、湿润、排水良好的土壤，不耐干旱瘠薄。

繁殖： 播种繁殖。

应用： 花白如雪，可以点缀庭园；秋季果实累累，形似秤锤，果序下垂，随风摆动，颇为独特，有很高的观赏价值。

白花龙

别名：白龙条，扫酒树，棉子树，扣子柴
科属：野茉莉科野茉莉属

识别：灌木，高 1 ~ 2 m。嫩枝纤弱，具沟槽，扁圆形；老枝圆柱形，紫红色，直立或有时蜿蜒状。单叶互生，纸质，有时侧枝最下 2 片叶近对生且较大，长 4 ~ 11 cm，宽 3 ~ 3.5 cm，边缘具细锯齿。果实倒卵形或近球形，长 6 ~ 8 mm。果期 8 ~ 10 月。

观花：总状花序顶生，有花 3 ~ 5 朵，花白色；1.2 ~ 2 cm，下部常单花腋生。花期 4 ~ 6 月。

分布：分布于我国华南、华中及西南各省区。

习性：喜生长在丘陵避风坡面较肥沃的红壤上，较耐旱。

繁殖：播种或扦插繁殖。

应用：白花龙在春季、夏季开白色花朵，簇生在枝顶，不时逸出香气，色与香俱佳。宜地栽点缀庭园或成片栽在山坡。

★ *Styrax faberi* Perk.　☆ Faber Snowbell

赛山梅

别名：白花龙
科属：野茉莉科野茉莉属

识别：灌木或小乔木，高 2 ~ 8 m。树皮褐色。叶矩圆状椭圆形至椭圆形，稀矩圆状倒卵形，长 3 ~ 10 cm，宽 2 ~ 5 cm，具 1 ~ 3 mm 的短柄。果球形至卵形，长 8 ~ 13 mm；种子表面微具皱纹。果期 9 ~ 11 月。

观花：花长 13 ~ 15 mm，单生或 2 ~ 6 朵成总状花序或因小枝上部叶片退化而似成圆锥花序；花冠裂片 5 枚，长 8 ~ 11 mm，在花蕾中作镊合状排列。花期 4 ~ 6 月。

分布：产于我国广东、广西、湖南、湖北、江西、福建、安徽、江苏、浙江、贵州、四川等省区。

习性：喜阳光充足；喜温暖、湿润的环境。

繁殖：播种繁殖。

应用：是良好的庭园观赏树种。

相近种：垂珠花 *Styrax dasyanthus* Perk.。

★ *Styrax confuses* Hemsl.　☆ Muddy Snowbell

野茉莉

别名：耳完桃，野花棓，齐墩果
科属：野茉莉科野茉莉属

识别：小乔木或灌木，高达 10 m。树皮灰褐色或黑褐色，枝细长斜展，幼时被星状柔毛，渐脱落。叶互生，椭圆形或卵状椭圆形。果卵形，果熟期 9 ~ 10 月。

观花：花单生叶腋，或 2 ~ 4 朵成总状花序，下垂；花白色，芳香，花期 6 ~ 7 月。

分布：本种是本属中在国内分布最广的一种，自秦岭和黄河以南，东起山东，西至云南东北部，南达台湾、广东；朝鲜、日本、菲律宾也有分布。

习性：生于低山常绿阔叶林中，喜光，稍耐阴；喜湿润、肥沃、深厚而疏松富腐殖质土壤，耐旱、忌涝。

繁殖：播种繁殖。

应用：树形优美，花朵下垂，盛开时繁花似雪。园林中用于水滨湖畔或阴坡谷地、溪流两旁，在常绿树丛边缘群植，白花映于绿叶中，饶有风趣。

★ *Styrax japonica* Sieb.et Zucc.　☆ Snowbell

★ *Medinilla magnifica* Lindl.　☆ Rose Grape，Showy Medimilla

壮丽酸脚杆

别名：宝莲灯，宝莲花
科属：野牡丹科酸脚杆属

识别：常绿木本。正常株高约 2.5 m，但在我国株高不超过 70 cm。茎 4 棱，分枝扁平，单叶对生，无柄。叶卵形或长圆形，革质有光泽，叶脉基出。花后结粉红色浆果，球形，顶端有宿存萼片。

观花：穗状花序下垂，长约 45 cm，每两层苞片之间悬吊着一簇的花，花茎顶端的一簇最大，小花多达 40 朵，花冠直径 2.5 cm 左右，樱桃红色或粉红色，花外苞片长 3 ~ 10 cm，为亮丽的粉红色，每朵花可开 2 周左右。

分布：原产于菲律宾、马来西亚和印度尼西亚的热带森林，我国以盆栽为主。

习性：喜明亮的散射光，生长适宜温度 18 ~ 27 ℃，越冬温度在 13 ℃以上。

繁殖：播种法繁殖。

应用：室内栽培的观赏植物。

★ *Melastoma sanguineum* Sims　☆ Bloodred Melastoma

毛菍

别名：毛稔，毛棯，豺狗舌，红爆牙狼
科属：野牡丹科野牡丹属

识别：大灌木，高 1.5 ~ 3 m。叶片坚纸质，卵状披针形至披针形，顶端长渐尖或渐尖，基部钝或圆形，长 8 ~ 15 cm，宽 2.5 ~ 8 cm，全缘，基出脉 5 出；叶柄长 1.5 ~ 2.5 cm。果杯状球形，胎座肉质多汁。花、果期通常为 8 ~ 10 月，甚至全年。

观花：伞房花序，顶生，常仅有花 1 朵，有时 3 朵；花萼管长 1 ~ 2 cm，裂片 5 枚，三角形至三角状披针形，长约 1.2 cm；花瓣粉红色或紫红色，宽倒卵形，上部略偏斜，长 3 ~ 5 cm；雄蕊 10 枚。

分布：分布于广西、广东；印度、马来西亚至印度尼西亚亦有分布。

习性：喜光，喜温暖湿润的气候，对土壤要求不严格，以疏松而肥沃的沙质壤土栽培为宜。

繁殖：种子繁殖。

应用：花朵大而艳丽，可作为庭院盆栽植物观赏，也可种植于山角下、沟边草丛或矮灌丛中。

★ *Melastoma intermedium* Dunn　☆ Intermediate Melastoma

细叶野牡丹

别名：山公榴，水社野牡丹
科属：野牡丹科野牡丹属

识别：小灌木，直立或匍匐上升，高 30 ~ 60 cm。叶椭圆形或长圆状椭圆形，顶端广急尖或钝，基部广楔形或近圆形，长 2 ~ 4 cm，宽 8 ~ 20 mm，全缘，3 ~ 5 条基出脉，叶面密被糙伏毛，侧脉互相平行。果坛状球形。果期 10 ~ 12 月。

观花：伞房花序，顶生，有花 1 ~ 5 朵，基部有叶状总苞 2 枚；花梗长 3 ~ 5 mm，苞片 2 枚，被糙伏毛；花萼管长 7 mm，直径约 5 mm，外面被糙伏毛；花瓣玫瑰红色至紫色，菱状倒卵形，上部略偏斜，长 2 ~ 2.5 cm，宽约 1.5 cm，顶端微凹，具 1 束刺毛。花期 7 ~ 9 月。

分布：产于贵州、广西、广东、福建、台湾。

习性：喜光。

繁殖：播种繁殖。

应用：可作园林地被植物，种植于山坡或矮草丛中。

相近种：地菍 *Melastoma dodecandrum* Lour.，植株较大，毛被较密；花较大。

野牡丹

别名：猪母草，山石榴，金石榴
科属：野牡丹科野牡丹属

识别： 直立灌木，高 1 ～ 1.5 m。叶对生，宽卵形，长 4 ～ 10 cm，宽 3 ～ 6 cm，基部浅心形，两面有毛，主脉 5 ～ 7 条；叶柄长 1 ～ 1.5 cm。果实稍肉质，不开裂，长 1 ～ 1.5 cm；种子多数，弯曲。果期 10 ～ 12 月。

观花： 花两性，1 ～ 5 朵聚生于枝顶，粉红色；萼筒长 8 ～ 10 mm，密生伏贴的、稍分枝的鳞片状毛，裂片 5 枚，与萼筒近等长，亦有毛；花瓣 5 枚，长可达 3 cm；雄蕊 10 枚，花药顶端单孔开裂，二型，5 枚较大，紫色。花期 5 ～ 7 月。

分布： 产于我国广东、广西、云南、福建、台湾；中南半岛也有分布。

习性： 喜光，耐半阴；喜温暖至高温的气候。耐瘠薄，栽培土质不限。喜湿润和肥沃的酸性土壤。

繁殖： 播种或扦插繁殖。

应用： 适于庭园点缀，也很适合盆栽。

★ *Melastoma candidum* D.Don ☆ Common Melastoma

展毛野牡丹

别名：老虎杆，喳吧叶
科属：野牡丹科野牡丹属

识别： 直立灌木，高可达 3 m；枝条均有展开的或近展开的粗毛。叶对生，狭椭圆状披针形，长 4 ～ 12 cm，宽 1.5 ～ 4 cm，基部楔形或圆形，两面有毛，主脉 3 ～ 5 条；叶柄长 5 ～ 15 mm。果实稍肉质，不开裂，近球形，直径 8 ～ 10 mm，密生伏贴的鳞片状毛。

观花： 花两性，3 ～ 10 朵聚生于枝顶，紫红色；花瓣 5 枚，长 1.5 ～ 2.8 cm；雄蕊 10 枚，不等大，花药顶端单孔开裂，二型，5 枚较大，紫色，有延长而二裂的药隔，5 枚较小，黄色，基部有 2 个小瘤体。

分布： 分布于云南、四川、广西、广东、台湾；中南半岛、泰国、印度尼西亚、菲律宾也有分布。

习性： 喜光、喜温暖湿润的气候。

繁殖： 播种繁殖。

应用： 花大而色艳，抗性强，是很有发展前途的南方花卉种类，可种植于灌丛边缘、路旁或河岸上。

★ *Melastoma normale* D.Don ☆ Patenthairy Melastoma

荷包牡丹

别名：荷包花，蒲包花，兔儿牡丹
科属：紫堇科荷包牡丹属

识别： 株高 30 ～ 60 cm。茎红紫色；叶对生，叶嫩绿色有长柄，叶二回三出，全裂，一回裂片具细长柄，二回裂片具短柄或无柄，三回裂片呈卵形，全缘或具小裂刻。

观花： 总状花序顶生呈拱形，花两侧对称，花期 5 月。

分布： 原产于中国。

习性： 耐寒而不耐夏季高温，喜湿润和含腐殖质的壤土，在沙土和黏土中生长不良。

繁殖： 分株繁殖为主，也可根插繁殖。

应用： 可丛植或作花境、花坛布置，也可作地被植物。

品种： 有白花品种。

相近种： 大花荷包牡丹 *Dicentra macrantha* Oliv. (Bigflower Colicweed)。

★ *Dicentra spectabilis* (L.) Lem. ☆ Colicweed

★ *Corydalis gamosepala* Maxim. ☆ Beijing Yanhusuo

北京延胡索

别名：北京玄胡索
科属：紫堇科紫堇属

识别： 多年生草本，高 10 ～ 22 cm。通常近直立，有时近匍匐。块茎圆球形或近长圆形，直径 1 ～ 1.5 cm。叶二回三出复叶，小叶的变异极大，通常具圆齿或圆齿状深状，有时侧生的小叶全缘，有时部分小叶分裂成披针形或线形的裂片而形成二型叶。蒴果线形，长 1 ～ 2 cm，具 1 列种子。果期 4 ～ 6 月。

观花： 总状花序具 7 ～ 13 花，下部苞片具蓖齿或粗齿，上部的全缘或具 1 ～ 2 个齿，花桃红色或紫色，上花瓣长 1.6 ～ 2 cm；距长 1 ～ 1.3 cm。花期 3 ～ 5 月。

分布： 产于辽宁、北京、河北、山东、内蒙古、山西、陕西等地。

习性： 野生于山地、稀疏林或树林边缘的草丛中，喜温暖湿润气候，但能耐寒，怕干旱和强光，生长季节短。

繁殖： 种子繁殖。

应用： 该花色彩艳丽，花型奇特，可作为小型盆栽花卉，可种植于山坡、灌丛或阴湿地。

★ *Corydalis bungeana* Turcz. ☆ Bunge Corydalis

地丁草

别名：紫堇
科属：紫堇科紫堇属

识别： 多年生草本，高 10 ～ 40 cm。茎直立或斜上，丛生，有棱。叶互生，具柄，二回羽状全裂，末回裂片披针形至线形。蒴果长圆形，扁平。果期 5 ～ 7 月。

观花： 总状花序，苞片叶状，羽状深裂。萼片 2 枚，早落，花瓣 4 片，淡紫色，后 1 片基部延伸成距。花期 4 ～ 5 月。

分布： 分布于东北、华北、华东等省区。

习性： 生于山沟、溪流及平原、丘陵草地或疏林下；喜温暖湿润环境，喜水源充足、肥沃的沙质壤土。

繁殖： 种子繁殖。

应用： 可作庭园观赏植物，也可种植于山麓。

★ *Corydalis fangshanensis* W. T. Wang ex Z. Y. Su ☆ Fangshan Corydalis

房山紫堇

别名：石黄连，土黄连
科属：紫堇科紫堇属

识别： 灰绿色丛生草本，高 20 ～ 30 cm，具主根。茎不分枝，花葶状，无叶，有时基部具 1 ～ 2 叶。基生叶多数，约与花葶等长；叶柄稍长于叶片，基部具鞘；叶片披针形，2 回羽状全裂，1 回羽片 5 ～ 7 对，具短柄，末回羽片倒卵形，基部楔形，长 1.5 ～ 2 cm，宽 1.3 ～ 2 cm，三深裂，裂片常 2 ～ 3 浅裂。蒴果线形，下垂，长约 2 cm，具 1 列种子。

观花： 总状花序长 5 ～ 8 cm，疏具多花。花梗长约 5 mm。花淡红紫色至近白色，平展，外花瓣宽展，渐尖，具浅鸡冠状突起。上花瓣长约 2 cm；距囊状，下花瓣长约 1.6 cm，爪约与瓣片等长，内花瓣具高鸡冠状突起，爪约与瓣片等长。

分布： 产于北京房山、河北、山西、河南。

习性： 耐阴。

繁殖： 播种繁殖。

应用： 可作园林地被植物，种植于多石山坡。

黄堇

别名：断肠草，黄花鱼灯草，粪桶草，石莲
科属：紫堇科罂粟属

识别：灰绿色丛生草本，高 20 ~ 60 cm。无毛，有直根；茎高 18 ~ 60 cm。叶 2 ~ 3 回羽状全裂，裂片卵形或菱形，小裂片为卵形或狭卵形。蒴果串珠状，长达 3 cm；种子黑色，扁球形。果期 5 月。

观花：总状花序长约 12 cm；苞片狭卵形至线形；萼片小；花瓣淡黄色，距圆筒形，长 6 ~ 8 mm。花期 4 月。

分布：产于黑龙江、吉林、辽宁、河北、内蒙古、山西、山东、河南、陕西、湖北、江西、安徽、江苏、浙江、福建、台湾，生林间空地、火烧迹地、林缘、河岸或多石坡地。

习性：喜光，稍耐阴；喜温暖、湿润的环境和冷凉的气候，耐干旱，耐贫瘠的土壤。

繁殖：播种繁殖。

应用：花黄色，茎叶嫩绿，可开发为园林地被植物或园林花卉。

★ *Corydalis pallida*（Thunb.）Pers.　☆ Pale Corydalis

刻叶紫堇

别名：紫花鱼灯草
科属：紫堇科紫堇属

识别：二年或多年生草本，高达 60 cm。块茎狭椭圆形，密生须根；茎直立，分枝，柔软多汁，有纵棱。叶互生，3 出 2 回羽状分裂，裂片长圆形，又作羽状深裂，小裂片顶端有缺刻。蒴果椭圆状线形，长约 1.5 cm，宽约 2 mm。果期 5 ~ 6 月。

观花：总状花序长 3 ~ 10 cm；苞片菱形或楔形，1 ~ 2 回羽状深裂，小裂片狭披针形或钻形，锐尖；萼片小；花瓣紫蓝色，前端紫色，上面花瓣长 1.6 ~ 2 cm，距长 0.7 ~ 1.1 cm，末端钝，向下弯曲，下面花瓣稍呈囊状。花期 4 ~ 5 月。

分布：分布在台湾、福建、浙江、江西、江苏、安徽、河南等地。

习性：喜水湿，耐阴。

繁殖：播种繁殖。

应用：可作园林地被植物，种植于丘陵林下、沟边、多石处、山坡或岩缝中。

★ *Corydalis incisa*（Thunb.)Pers.　☆ Gapleaf Corydalis

曲花紫堇

科属：紫堇科紫堇属

识别：无毛草本，长达 2 cm，粗约 2 mm。基生叶 2 ~ 5 片，长 5 ~ 8 cm，具长柄；叶片轮廓圆五角形，长 0.5 ~ 1.4 cm，宽 1.2 ~ 2.4 cm，三全裂，中央全裂片 3 深裂，小裂片狭椭圆形或狭倒披针形，侧面深裂片不等二深裂。茎生叶无柄，长 1.2 ~ 3.5 cm，近指状分裂达基部，裂片条形。果期 5 ~ 6 月。

观花：总状花序长 1.5 ~ 8 cm；苞片狭披针形；花瓣蓝色，上面花瓣长 0.9 ~ 1.4 cm，距向斜上方伸展，长 6 ~ 8 mm。花期 4 ~ 5 月。

分布：分布于河南、山西、陕西、甘肃、青海、四川、云南等地。

习性：耐阴。

繁殖：播种繁殖。

应用：园林地被植物，可种植于山坡草地或林下。

★ *Corydalis curviflora* Maxim.　☆ Curveflower Corydalis

★ *Corydalis humosa* Migo　☆ Humus Corydalis

土元胡

别名：玄胡素，元胡，延胡，玄胡索
科属：紫堇科紫堇属

识别：多年生草本，高 9 ~ 20 cm。叶二回三出复叶，具长的叶柄和小叶柄，小叶椭圆形，全缘，有时深裂成倒卵形的裂片，下部苍白色，长 8 ~ 14 mm，宽 4 ~ 12 mm。蒴果卵圆形。

观花：总状花序具 1 ~ 3 花，疏离。苞片卵圆形至卵状披针形，长 4 ~ 6 mm，宽 2 ~ 3 mm。花梗纤细，长 7 ~ 15 mm。花白色。上花瓣长 1 ~ 1.2 cm，瓣片宽展，顶端微凹；距圆筒形，弧形上弯，长 5 ~ 7 mm。下花瓣长约 6 mm，顶端微凹，基部具下延的小囊状突起。内花瓣长约 4 mm，顶端带紫红色。

分布：产于浙江西北部的天目山。

习性：耐阴。

繁殖：播种繁殖。

应用：可作园林地被植物，种植于山地、林下或林缘。

★ *Corydalis racemosa*（Thunb.）Pers.　☆ Raceme Corydalis

小花黄堇

别名：黄花地锦苗，黄堇
科属：紫堇科紫堇属

识别：灰绿色草本，高 30 ~ 50 cm。茎生叶具短柄；叶柄基部鞘状宽展；叶片三角形，上面绿色，下面灰白色，二回羽状全裂，末回羽片狭卵形或宽卵形，长约 2 cm，宽 1.5 cm，圆齿状分裂或二回三裂，裂片圆钝，近具短尖。蒴果线形，长 2 ~ 4 cm，具 1 列种子。花果期 4 ~ 5 月。

观花：总状花序长 3 ~ 10 cm，多花。苞片披针形或钻形，约与花梗等长。花梗长 2 ~ 3 mm。花黄色或淡黄色，长 6 ~ 9 mm。上花瓣顶端圆钝，鸡冠状突起浅或无；距短囊状。

分布：分布于陕西、甘肃、四川、贵州、湖南、湖北、江西、安徽、江苏、浙江、福建、广东、西藏、台湾。日本也有分布。

习性：多生于山谷林缘、村落附近、田边及水沟边、石缝或墙脚下。

繁殖：播种繁殖。

应用：可作园林地被植物，可种植于林缘阴湿处或多石溪边。

★ *Corydalis raddeana* Regel　☆ Radde Corydalis

小黄紫堇

科属：紫堇科紫堇属

识别：草本无毛。茎高达 90 cm，常自下部分枝。叶片下面有白粉，轮廓正三角形，二或三回羽状全裂，二回或三回裂片二或三深裂，小裂片倒卵形、菱状倒卵形或卵形，长 0.6 ~ 2 cm，全缘。蒴果条形或狭倒披针形，长 8 ~ 18 mm，有 1 行种子。果期 8 ~ 10 月。

观花：总状花序长 5 ~ 9 cm；苞片狭卵形、披针形或狭倒卵形，长 2 ~ 10 mm，宽达 1.5 mm，全缘，有时基部苞片三裂；花梗长 1.5 ~ 4 mm；花瓣黄色，上面花瓣长 1.3 ~ 2 cm，距长 6 ~ 12 mm，直或稍向下弯。花期 7 ~ 9 月。

分布：分布在山东、山西、河北、辽宁和吉林；朝鲜、俄罗斯远东地区、日本也有分布。

习性：常见于阴湿山谷的林下。

应用：可作园林地被植物，种植于山地林边或石崖上。

相近种：黄紫堇 *Corydalis. ochotensis* Turcz.，苞片大，宽 4 ~ 9 mm，蒴果狭倒卵形，有 2 行种子；分布在辽宁和吉林。

延胡索

别名：延胡、玄胡索、元胡索、元胡
科属：紫堇科紫堇属

识别：二年生无毛草本；块茎球形，直径 0.7 ～ 2 cm。茎高 9 ～ 20 cm，在基部之上生 1 鳞片，其上生 3 ～ 4 叶。叶片轮廓三角形，长达 7.5 cm，二回三出全裂，二回裂片近无柄或具短柄，不分裂或二至三全裂或深裂，末回裂片披针形或狭卵形，长 1.2 ～ 3 cm，宽 3.5 ～ 8 mm。蒴果条形，长约 2 cm。果期 4 ～ 5 月。

观花：总状花序长 3 ～ 6.5 cm；苞片卵形、狭卵形或狭倒卵形，长达 8 mm，通常全缘或有少数牙齿；萼片极小，早落；花瓣紫红色，上面花瓣长 1.5 ～ 2 cm，顶端微凹，距圆筒形，长 1 ～ 1.2 cm，下面花瓣基部具浅囊状突起。花期 3 ～ 4 月。

分布：分布于我国安徽、江苏、浙江、湖北、河南等地。

习性：耐阴，喜温暖湿润气候，但能耐寒，怕干旱和强光。

繁殖：播种繁殖。

应用：可作园林中山地、林下及林缘地被植物。

★ *Corydalis yanhusuo* W.T.Wang ex Z.Y.Su et C.Y.Wu ☆ Yanhusuo

地锦苗

别名：珠芽尖距紫堇
科属：紫堇科紫堇属

识别：多年生草本，块茎近球形或短圆柱形。茎 1 ～ 2 条，高 15 ～ 40 cm，无毛，通常在上部分枝。茎上部叶腋有珠芽。基生叶及茎下部叶长 10 ～ 30 cm，具长柄，无毛；叶片长 4.5 ～ 12 cm，二或三回羽状全裂，一回裂片约 3 对，二回或三回裂片近菱形或菱状倒卵形，在中部之上不规则羽状浅裂。蒴果近条形，长约 2.5 cm，宽约 2 mm。花期 3 ～ 5 月。

观花：总状花序长约 10 cm；苞片狭倒卵形或楔形，通常全缘；萼片小，近扇形；花瓣粉红色或淡紫色，上面花瓣长 2 ～ 2.8 cm，距钻形，末端尖，平展或稍向上弯曲。

分布：分布在云南东北部、四川、贵州、广西北部、湖南、湖北和江西。

习性：喜温暖气候。喜温暖湿润的稍耐阴之地。

繁殖：播种繁殖。

应用：用作地被覆盖植物，效果良好。宜于沟边、疏林下或林边阴处，株形柔软，花色明快、艳丽，效果良好。

★ *Corydalis sheareri* S.Moore var. *bulbillifera* Hand.-Mazz.

紫堇

别名：楚葵，蜀堇，苔菜，水卜菜
科属：紫堇科紫堇属

识别：多年生草本，无毛，根细长，绳索状。茎高 10 ～ 30 cm，单生或基部分枝。叶基生、茎生；叶 1 ～ 2 回羽状全裂，第 1 回的裂片 5 ～ 7 枚，有柄，第 2 回的裂片近无柄，3 深裂，裂片不等羽状分裂，最后裂片顶端有 2 ～ 3 齿裂。蒴果线形，下垂，长约 3 cm。果期 5 ～ 7 月。

观花：总状花序长 3 ～ 10 cm；萼片卵形或狭卵形，全缘或疏生小齿；萼片小；花瓣粉红色，上下花瓣前端红紫色，渐变为紫色，顶端 2 裂，距长达 5 mm，末端向下弯曲。花期 4 ～ 5 月。

分布：我国长江中下游各省，北至河南和陕西南部都有分布。

习性：耐阴，喜水湿。

繁殖：播种繁殖。

应用：可作园林地被植物，种植于池城边、路边、林下、多石处等潮湿地方。

★ *Corydalis edulis* Maxim. ☆ Eatable Corydalis

★ *Chelidonium majus* L.　☆ Greater Celandine

白屈菜

别名：八步紧，断肠草
科属：罂粟科白屈菜属

识别： 多年生草本，高 30 ~ 90 cm。含黄色乳汁。茎多分枝，具白色长柔毛。叶互生，具长柄，1 ~ 2 回羽状全裂。蒴果细圆柱形，直立，熟时 2 瓣裂。果期 6 ~ 9 月。果期 6 ~ 10 月。

观花： 花数朵排成伞形聚伞花序。萼片 2 枚，早落，花瓣 4 片，亮黄色，雄蕊多数。花期 5 ~ 8 月。

分布： 分布于东北、华北、西北地区及江苏、江西、四川等地。

习性： 喜温暖湿润气候，耐寒；宜生长在疏松、肥沃、排水良好的沙质壤土。

繁殖： 种子繁殖。

应用： 可用于花丛、花境或自然式片植；也可作盆栽观赏。

★ *Dicranostigma leptopodum*（Maxim.）Fedde　☆ Favusheadflower

秃疮花

别名：秃子花，勒马回，兔子花
科属：罂粟科秃疮花属

识别： 二年生或多年生草本，植物体含淡黄色汁液。茎 2 ~ 5 条，高达 25 cm，疏生短柔毛，上部分枝。基生叶多数，长达 18 cm；叶片下面有白粉，轮廓倒披针形，长达 12.5 cm，宽达 5 cm，羽状全裂，裂片斜倒梯形，羽状浅裂或深裂，二回裂片疏生小牙齿。茎生叶长达 2 cm，无柄，羽状全裂。蒴果细圆筒形，长 4 ~ 5 cm，粗约 4 mm。果期 6 ~ 7 月。

观花： 花 1 ~ 3 朵生茎或分枝上部，排列成聚伞花序；萼片 2 枚，早落；花瓣 4 片，黄色，倒卵形，长约 1.5 cm；雄蕊多数。花期 3 ~ 5 月。

分布： 分布于陕西、河南、青海、四川、云南、西藏、山西、甘肃等地。

习性： 生于丘陵草坡、路边或墙上。

繁殖： 播种繁殖。

应用： 可作园林地被植物，种植于草坡、路边或墙上。

★ *Eomecon chionantha* Hance　☆ Snowpoppy

血水草

别名：水黄连，广扁线，捆仙绳，鸡爪连
科属：罂粟科血水草属

识别： 多年生草本。全株无毛，具红黄色汁液。叶全部基生，心形或心状肾形，先端渐尖或急尖，基部耳垂，边缘波状；叶柄蓝灰色，基部扩大成狭鞘；蒴果狭椭圆形，长约 2 cm。果期 6 ~ 10 月。

观花： 花葶灰绿色略带紫红色，有 3 ~ 5 朵花，排成聚伞状伞房花序；花瓣倒卵形，白色；花药黄色；花期 3 ~ 6 月。

分布： 产于广东、广西、湖南、江西、福建、浙江、安徽、湖北、四川、贵州、云南。

习性： 喜阳光充足，稍耐阴，喜温暖、湿润的环境，耐寒，喜疏松、富含有机质和排水良好的沙壤土。

繁殖： 播种繁殖。

应用： 花色素雅，株形优美，是优良的观赏花卉，可植于花坛、林下水边等地方。

相近种： 荷青花（鸡蛋黄花）*Hylomecon japonica*（Thunb.）Prantl et Kündig。

花菱草

别名：人参花
科属：罂粟科花菱草属

识别： 多年生草本，常作一二年生栽培，株高 30 ~ 40 cm。茎叶灰绿色，具白粉和汁液；叶多基生，数回羽状全裂，裂片线形；
观花： 花单生枝顶，花瓣 4 枚，易脱落。花在阳光下开放，阴天及夜晚闭合。花期 5 ~ 9 月。
分布： 原产于美国加利福尼亚州。
习性： 喜凉爽、阳光充足的环境，适宜排水良好的沙质壤土，忌酷暑。
繁殖： 播种繁殖。
应用： 可布置花坛或花境，也可盆栽作切花。
品 种： 花色丰富，有乳白、深红、鲜黄等色或基部深黄色等。

★ *Eschscholzia californica* Cham. ☆ California Poppy

荷青花

别名：刀豆三七，水菖三七
科属：罂粟科荷青花属

识别： 多年生草本，含有黄色汁液。根状茎长达 2 ~ 5 cm。茎高 15 ~ 30 cm，不分枝或上部有分枝，近无毛。基生叶 1 ~ 2 枚，比茎稍短，有长柄，羽状全裂，裂片倒卵状菱形或近椭圆形，长 3 ~ 7 cm，边缘有不规则锯齿，有时浅裂，近无毛；茎生叶生茎上部，似基生叶，但较小。蒴果长 3 ~ 8 cm，纵裂成 2 片。果期 6 ~ 7 月。
观花： 花 1 ~ 3 朵生茎顶；萼片 2 枚，狭卵形，长约 1.5 cm，早落；花瓣 4 片，黄色，长 1.5 ~ 2.8 cm；雄蕊多数。花期 4 ~ 6 月。
分布： 分布在四川、湖南、湖北、陕西和山西的南部、安徽、浙江、辽宁、吉林；朝鲜、俄罗斯远东地区、日本也有分布。
习性： 耐阴，喜水湿。
繁殖： 播种繁殖。
应用： 可作园林地被植物，种植于山地林下、林缘或沟边阴湿处。

★ *Hylomecon japonica*（Thunb.）Prantl ☆ Japan Hylomecon

角茴香

别名：山黄连，野茴香
科属：罂粟科角茴香属

识别： 一年生无毛草本，高 5 ~ 30 cm。叶 12 ~ 18 枚，均基生，长 1.5 ~ 9 cm；叶片有白粉，轮廓倒披针形，长 1 ~ 4.5 cm，宽 0.5 ~ 2 cm，羽状全裂，一回裂片 2 ~ 5 对，约三回细裂，小裂片条形，宽约 0.3 mm。蒴果条形，长约 5 cm，宽约 1 mm，裂为 2 片。果期 7 ~ 8 月。
观花： 聚伞花序具少数或多数分枝；苞片小，细裂；花瓣黄色，外面 2 个较大，扇状倒卵形，长约 9 mm，里面 2 个较小，楔形，三裂近中部；雄蕊 4 枚，长约 6 mm。花期 5 ~ 6 月。
分布： 分布在河南西北部、陕西、山西、河北、内蒙古和新疆；俄罗斯西伯利亚地区也有分布。
习性： 温暖、潮湿气候，忌强光和干旱，怕强风。以土层深厚、疏松、腐殖质含量丰富、排水良好的偏酸性壤土或沙质壤土为宜。
繁殖： 种子繁殖。
应用： 可作园林地被植物，种植于山坡或草地上。

★ *Hypecoum erectum* L. ☆ Hornfennel

★ *Macleaya cordata* (Willd.) R.Br. ☆ Pink Plumepoppy

博落回

别名：勃逻回，黄杨杆，三钱三
科属：罂粟科博落回属

识别： 多年生草本，株高 1.5 ~ 2 m。茎圆柱形，中空，直立而强壮，浅灰绿色，具有毒的黄色汁液；叶心形互生，羽状裂开；椭圆形蒴果悬垂。果期 10 月。

观花： 顶生圆锥状花序，花小白色，无花瓣，花期 6 ~ 8 月。

分布： 原产于中国和日本。

习性： 耐寒，耐旱，喜充足阳光，在肥沃、排水良好的土壤中生长良好。

繁殖： 播种或分株繁殖。

应用： 可植于花境、林缘作背景植物，也可在篱栅、灌丛边缘栽植。

★ *Meconopsis oliveriana* Franch.et Prain ☆ Stylefruit Meconopsis

柱果绿绒蒿

科属：罂粟科绿绒蒿属

识别： 多年生草本，高 50 ~ 100 cm，具无色透明的液汁。茎直立，分枝。基生叶卵形或长卵形，长 8.5 ~ 9 cm，宽 5 ~ 5.5 cm，近基部羽状全裂，近顶部羽状浅裂，裂片 3 ~ 5 对，羽状分裂，小裂片卵形至倒卵形，两面疏被长硬毛，具叶柄；下部茎生叶与基生叶同形，上部茎生叶较小，无柄或近无柄，略抱茎。蒴果狭长圆形或近圆柱形，长 3 ~ 4 cm，无毛。花果期 5 ~ 9 月。

观花： 花单生或 2 朵生于茎或分枝最上部叶腋内；花瓣 4 片，黄色，宽卵形或圆形，长 1 ~ 1.5 cm，宽 0.8 ~ 1.5 cm；雄蕊多数。

分布： 分布于四川东部、湖北西部及陕西。

习性： 耐阴。

繁殖： 播种繁殖。

应用： 园林地被植物，可种植于山坡、林下或灌丛中。

★ *Papaver rhoeas* L. ☆ Corn Poppy

虞美人

别名：丽春花，赛牡丹，满园春，仙女蒿
科属：罂粟科罂粟属

识别： 一年生草本。茎细长，直立，高约 80 cm。全株被糙毛。具基生叶和茎生叶，叶互生，披针形或狭卵形，羽状分裂，下部全裂，裂片具牙齿状缺刻；蒴果宽倒卵形；果期 6 ~ 8 月。

观花： 花单生于茎顶，花丝黑色；花期 3 ~ 7 月。

分布： 原产于欧洲。

习性： 耐寒，怕暑热，喜冷凉，喜排水良好、肥沃的沙壤土。

繁殖： 播种繁殖。

应用： 花色艳丽，姿态轻盈，是极美丽的春季花卉，可与其他花卉搭配，可播于花境或花丛地段，也可与其他茎叶稀疏、早春开花的球根花卉混植。

品种： 有白、粉、红等色及深浅等品种。

相近种： 东方罂粟 *Papaver orientale* L.，多年生草本，全株密生粗毛。

冰岛虞美人

别名：丽春花
科属：罂粟科罂粟属

识别：一二年生草本。株高 30 ～ 60 cm，全株被刚毛，具乳汁。叶片有不规则羽裂。蒴果杯形，成熟时顶孔开裂。花果期 3 ～ 8 月。

观花：花单生，有长梗，未开放时下垂，花萼 2 片，椭圆形，外被粗毛，花开后向上。花冠 4 瓣，质薄，有光泽。

分布：原产于亚欧大陆的温带地区，现世界各地广为栽培。

习性：耐寒，忌高温高湿，喜温暖、阳光充足的环境，喜排水良好、肥沃的沙质壤土。

繁殖：播种繁殖。

应用：可成片栽植作地被，可布置花坛、花境。

品种：花色丰富。

相近种：罂粟（*Papaver sornniferum* L.），一年生，植株高达 1 m。全体光滑无毛，表面稍被白粉，茎部叶具短柄，上部叶无柄，叶片不分裂。花径 12.7 cm，蓝紫色或白色。

★ *Papaver nudicaule* L.　☆ Iceland Poppy，Nakestem Poppy

东方罂粟

别名：鬼罂粟
科属：罂粟科罂粟属

识别：多年生草本，植株被刚毛，具乳白色液汁。基生叶片轮廓卵形至披针形，连叶柄长 20 ～ 25 cm，二回羽状深裂，小裂片披针形或长圆形，具疏齿或缺刻状齿，两面绿色，被刚毛；茎生叶多数，互生。蒴果近球形，径 2 ～ 3.5 cm。

观花：花单生；花瓣 4 ～ 6 片，宽倒卵形或扇状，长 5 ～ 6 cm，基部具短爪，背面有粗脉，红色或深红色，有时在爪上具紫蓝色斑点；雄蕊多数。花期 6 ～ 7 月。

分布：原产于地中海沿岸至伊朗。在华北地区多有栽培。

习性：喜充足的阳光、肥沃和排水良好的沙质壤土；较耐寒。

繁殖：种子繁殖。

应用：开花时十分鲜艳美丽，很受人们欢迎，可用于花坛和庭园布置。

品种：花色较多。

★ *Papaver orientale* L.　☆ Ghost Poppy

糙叶树

别名：白鸡油，白鸡油树，牛筋树
科属：榆科糙叶树属

识别：落叶乔木。叶卵形或狭卵形，长 5 ～ 13 cm，宽 2.5 ～ 5.8 cm，先端渐尖或长渐尖，基部圆形或宽楔形，对称或斜，具三出脉；叶柄长 7 ～ 13 mm。

观花：花单性，雌雄同株；雄花成伞房花序，生于新枝基部的叶腋；雌花单生新枝上部的叶腋，有梗；花被 5(4) 裂，宿存；雄蕊与花被片同数；子房被毛，1 室，柱头 2 个。核果近球形或卵球形，长 8 ～ 10 mm，被平伏硬毛；果柄较叶柄短。花期 4 ～ 5 月。果期 8 ～ 10 月。

分布：分布于华东、华中、华南、西南地区和山西；朝鲜和日本也有分布。

习性：喜光也耐阴，喜温暖湿润的气候和深厚肥沃沙质壤土。

繁殖：播种繁殖。

应用：树冠广展，苍劲挺拔，枝叶茂密，浓荫盖地，是良好的四旁绿化树种，宜植于河边溪畔土壤湿润之地。

★ *Aphananthe aspera*（Thunb.）Planch.　☆ Roughleaftree

★ *Celtis sinensis* Pers.　☆ China Nettletree

朴树

别名：沙朴，朴子树，朴仔树，桑仔，青朴
科属：榆科朴属

识别： 落叶乔木，树冠扁球形。树皮灰褐色，平滑。叶近革质，宽卵形或卵状椭圆形，基部不对称，中部以上疏生不规则浅齿，三出脉。核果熟时橙红色或暗红色，果柄与叶柄近等长，果核表面有凹点及棱脊。果期 9 ～ 10 月。

观花： 花 1 ～ 3 朵生于当年生枝叶腋。花期 4 ～ 5 月。

分布： 分布于华南、西南、黄河流域以南、长江流域中下游各地。散生于平原及低山区，村落附近习见。

习性： 喜光，稍耐阴，喜肥厚、湿润疏松的土壤，耐干旱瘠薄，耐轻度盐碱，耐水湿；适应性强，深根性，萌芽力强，抗风；耐烟尘，抗污染。

繁殖： 播种繁殖。

应用： 树冠圆满宽广，树阴浓郁，最适合公园、庭院作庭荫树；也可以供街道、公路列植作行道树。

★ *Celtis biondii* Pamp.　☆ Biond Nettletree

紫弹树

别名：朴树，中筋树，沙楠子树，香丁
科属：榆科朴属

识别： 落叶乔木。叶卵形或卵状椭圆形，长 3.5 ～ 8 cm，中上部边缘有单锯齿，稀全缘，幼叶两面被散生毛，上面较粗糙，下面脉上的毛较多，脉腋毛较密，老叶无毛；叶柄长 3 ～ 7 mm。核果通常两个腋生，近球形，直径 4 ～ 6 mm，橙红色或带黑色；果核有网纹。果期 9 ～ 10 月。

观花： 花小，杂性同株；雄花簇生于新枝基部，雌花单生或 2 ～ 3 朵集生于新枝上部；花被片 4 枚；雄蕊 4 枚，花丝淡红色；雌蕊 1 枚。花期 4 ～ 6 月。

分布： 分布于陕西和长江以南地区。

习性： 喜光。

繁殖： 播种繁殖。

应用： 树体干净，树形规整，冠大荫浓，适宜作庭荫树，亦可列植作行道树，又是厂区绿化树种。

相近种： 小叶朴（黑弹树）*Celtis bungeana* Bl.，果实黑色。

★ *Ulmus davidiana* Planch.ex DC.　☆ Black Elm

黑榆

别名：山毛榆，热河榆，东北黑榆
科属：榆科榆属

识别： 落叶乔木，树冠开展。叶柄密生丝状毛，叶片倒卵形或倒卵状椭圆形，先端渐尖或近尾状尖，基部偏斜，一边楔形至圆形，一边耳状或近圆形，表面稍粗糙，无毛，背面淡绿色，被灰白色柔毛，沿脉较细，一级侧脉 7 ～ 17 对，边缘有不整齐的重锯齿。翅果倒卵形，先端微凹，基部楔形。种子位于中上部或上部，与缺口相连，披较密的柔毛，果翅部分无毛或仅有疏毛，成熟时种子部分棕色，而果翅黄白色。果期 4 ～ 5 月。

观花： 花在去年生枝上排成簇状聚伞花序。花期 3 ～ 4 月。

分布： 分布于中国大陆的河南、山西、辽宁、河北、陕西等地。

习性： 喜光，耐寒，耐干旱；深根性，萌蘖力强。

繁殖： 播种繁殖。

应用： 可做园景树或行道树，也可种植于石灰岩山地或谷地。

远志

别名：红籽细草，红籽细辛，红子细辛
科属：远志科远志属

识别： 多年生草本，高 15 ~ 40 cm。茎多数丛生。叶互生，线形，全缘。总状花序顶生，常偏向一侧；蒴果近圆形，顶端凹陷。果期 6 ~ 9 月。

观花： 花淡蓝色；萼片 5 枚，宿存，花瓣 3 片，中央 1 瓣龙骨状，顶端具流苏状附属物，雄蕊结合成管。花期 5 ~ 7 月。

分布： 产于东北、华北、西北和华中地区以及四川。

习性： 喜冷凉气候，忌高温，耐干旱；宜选向阳、排水良好的沙质壤土栽培。

繁殖： 种子繁殖。

应用： 适于盆栽及片植观赏。

★ *Polygala tenuifolia* Willd. ☆ Thinleaf Milkwort

宫粉羊蹄甲

别名：洋紫荆
科属：云实科羊蹄甲属

识别： 落叶或半常绿小乔木，高 6 ~ 8 m。叶片卵形，宽大于长，长 7 ~ 10 cm，基部心形，叶端 2 裂，深达叶长的 1/4 ~ 1/3，革质。

观花： 花大，径 10 ~ 12 cm，花瓣倒卵形至长倒卵形，粉红色或淡紫色，发育雄蕊 5 枚，子房有毛。几乎全年开花，春季最盛。

分布： 产于华南、福建和云南；印度、越南也有分布。

习性： 喜光，要求排水良好的土壤。

繁殖： 播种繁殖。

应用： 生长较慢，病虫害少，萌芽力强，耐修剪，栽培容易。花大而美丽，略有香味，花期长：在华南城市常种植为庭园风景树及行道树。

品种： 白花洋紫荆 ‘Candida’，花白色或浅粉色而喉部发绿，发育雄蕊 3(5) 枚；花期 3 月。

★ *Bauhinia variegata* L. ☆ Orchid Tree

金凤花

别名：洋金凤，红紫蛱蝶花，黄金凤
科属：云实科云实属

识别： 直立灌木，无毛，高达 3 m。枝有疏刺。叶二回羽状状复叶，叶片 4 ~ 8 对，长 6 ~ 12 cm；小叶 7 ~ 11 对，近无柄，倒卵形至倒披针状长圆形，长 12 cm，宽 0.5 ~ 1 cm。荚果长 5 ~ 9 cm，宽约 1.5 cm，扁平，无毛。

观花： 花橙色成黄色，有长柄，成顶生或腋生疏散的伞房花序，花瓣长 1 ~ 2.5 cm，圆形。花期 8 月。

分布： 原产于热带。

习性： 喜光，喜温暖环境。

繁殖： 播种或分株繁殖。

应用： 花极美丽，可供观赏，中国华南庭院中有栽培，北方于温室内栽培。

★ *Caesalpinia pulcherrima* (L.) Sw. ☆ Prettiest Caesalpinia

★ *Caesalpinia decapetala*（Roth）Alston　☆ Decapetalous Caesalpinia

云实

别名：倒钩刺
科属：云实科云实属

识别： 落叶攀缘灌木。树皮暗红色。小枝密生倒钩刺，被短柔毛。二回羽状复叶，羽片 3 ~ 10 对，小叶 12 ~ 24 片，长椭圆形，顶端圆，微凹，基部圆形，微偏斜，表面绿色，背面有白粉。荚果长椭圆形，木质，扁平，沿腹缝线有狭翅。果期 8 ~ 10 月。

观花： 总状花序顶生，花黄色，最内一片有红色条纹；花丝下半部密生茸毛。花期 5 月。

习性： 喜光，略耐阴，不耐寒，对土壤要求不严格，耐瘠薄，在石灰岩发育的山地黄壤上生长最好；生长快，萌蘖性强。

分布： 分布于广东、广西、云南、四川、贵州、湖南、湖北、江西、福建、江苏、安徽、河南、河北、陕西、甘肃等省区。

繁殖： 播种繁殖。

应用： 云实似藤非藤，别有风姿，花金黄色，繁盛，即可攀缘花架、花廊，也可修成刺篱作为屏障，或修成灌木状孤植于山坡或草坪一角。

★ *Cassia alata* L.　☆ Wingpod Senna

翅荚决明

别名：刺荚黄槐，翅荚槐
科属：云实科决明属

识别： 多年生常绿灌木，株高 1 ~ 3 m。叶互生，偶数羽状复叶，小叶倒卵状长圆形或长椭圆形，荚果带形。果期 10 月至翌年 3 月。

观花： 总状花序顶生或腋生，具长梗，花冠黄色。花期 7 月至翌年 1 月。

分布： 美洲热带地区。

习性： 喜湿润，耐旱，全日照，不择土壤。

繁殖： 播种繁殖。

应用： 花型奇特、色泽明快、花期长，在林中常丛植于路边、亭廊边或水岸边观赏。

★ *Cassia surattensis* Burm.f.　☆ Largeanther Senna，Surat Senna

黄槐

别名：黄槐决明
科属：云实科决明属

识别： 灌木或小乔木。偶数羽状复叶；小叶 5 ~ 10 对，卵形或长椭圆形，在叶轴的最下部 2 或 3 对小叶间有 2 ~ 3 枚棒状腺体，先端钝，基部圆，背面粉白色，被疏柔毛。荚果带状扁平，先端具细长的喙，无毛。花果期全年不断。

观花： 总状花序生枝条上部叶腋，花鲜黄色或深黄色。

分布： 分布于我国广东、广西、福建、台湾、海南以及印度、斯里兰卡、印度尼西亚、菲律宾、澳大利亚和波利尼西亚。

习性： 喜高温，耐旱、耐热，生长快速，浅根性。

繁殖： 播种繁殖。

应用： 黄槐以其全年均能开花、花期特长，可以看到花苞、盛开的花朵、扁平的荚果都同时出现在枝头上的特色，被用为行道树、庭院绿荫树、大型盆栽，是非常优美的速生美化树。

茳芒决明

别名：槐叶决明，豆瓣叶，望江南
科属：云实科决明属

识别：灌木或半灌木，高 1 ~ 2 m。羽状复叶具小叶 6 ~ 10 对；叶柄上面近基部有一个腺体；小叶卵形至披针形，先端急尖或短渐尖，基部圆形，长 2.5 ~ 8 cm，宽 1 ~ 3.2 cm，边缘疏生粗毛。荚果近圆筒形，膨胀，边缘棕黄色，中间棕色，长 7 ~ 9 cm，疏生毛。

观花：伞房状总状花序有少数花，顶生或腋生；萼片 5 枚，分离；花冠黄色，直径约 2 cm；雄蕊 7 枚发育，3 枚退化，最下面两枚雄蕊的药较大。花期 7 ~ 9 月。果期 10 ~ 12 月。

分布：原产于热带亚洲；我国有栽培。

习性：喜光。

繁殖：播种繁殖。

应用：可种植于山坡路旁或栽培。

★ *Cassia sophera* L.　☆ Inflatedfruit Senna

伞房决明

别名：黄花决明
科属：云实科决明属

识别：常绿或半常绿灌木。株高 1.5 ~ 3 m，多分枝，枝条平份。侧胶羽状复叶，小叶 2 ~ 3 对，卵状披针形，先端渐尖。荚果圆柱形。

观花：圆锥花序伞房状，直径 10 cm，花 20 朵以上；花鲜黄色。花期 8 ~ 11 月。

分布：原产于乌拉圭、阿根廷；华东地区广泛栽培。

习性：喜光，耐寒，耐干旱；耐瘠薄，耐修剪；不择土壤；性强健，生长快。

繁殖：播种或扦插繁殖。

应用：枝叶繁茂，花朵仙烂。花期长达 4 个月；宜作绿篱，可丛植于桥头，或成丛植、片位于溪畔，亦可用于道路绿化。

★ *Cassia corymbosa* Lam.　☆ Argentina Senna，Common Tree Senna

决明

别名：草决明，马蹄决明，假绿豆
科属：云实科决明属

识别：一年生草本，高 1 ~ 2 m。偶数羽状复叶，小叶 3 对，倒心形或倒卵状长椭圆形，长 2 ~ 6 cm，宽 1.5 ~ 2.5 cm，顶端钝而有小尖头，基部渐狭，偏斜。荚果纤细，近线形，有 4 条直棱，两端渐尖，长达 5 cm，宽 3 ~ 4 mm。

观花：花盛夏开放，腋生，通常 2 朵聚生，总梗长 6 ~ 10 mm，花梗长 1 ~ 1.5 cm，丝状，萼片 5 枚，膜质，下部合生成短管，外面被柔毛，长约 8 mm，花瓣 5 片，黄色，下面 2 片略长。

分布：分布于长江以南各省区。全世界热带地方均有分布。安徽、广西、四川、浙江、广东等省，均有栽培。

习性：喜高温、湿润气候；适宜于沙质壤土、腐殖质土或肥分中等的土中生长。

繁殖：种子繁殖。

应用：黄花灿烂，鲜艳夺目，在园林中最宜群植，装饰林缘，或作为低矮花卉的背景材料。

★ *Catsia tora* Linn.　☆ Sickle Senna

★ *Cassia bicapsularis* L.　☆ Bipod Senna

双荚决明

别名：双荚槐，金叶黄槐
科属：云实科决明属

识别：半落叶小灌木，高 0.5 ~ 1 mm，多分枝。羽状复叶 3 ~ 4 对小叶，小叶倒卵形，长 2.5 ~ 3.5 cm，宽 1 ~ 2 cm，常有黄色边缘。果期 11 月至翌年 3 月。

观花：伞房式总状花序顶生或着生枝条上部叶腋；花金黄色，直径 2 cm。全年开花，盛花期在秋季。

分布：分布于华南、热带季雨林及雨林区。原产于美洲，作为观赏植物，广为种植。

习性：喜光，根系发达，萌芽能力强，适应性较广，耐寒，耐干旱瘠薄的土壤，有较强的抗风、抗虫害和防尘能力。

繁殖：种子繁殖与扦插繁殖。

应用：荚果细长，1 组 2 个，悬挂枝顶，故名“双荚决明”，花期甚长，尤其在盛花期，花团锦簇，灿烂夺目，景观效果出众。园林绿化可丛植、片植于庭院、林缘、路旁、湖缘，其金黄之花，给人以愉悦、亮丽、壮观之美，恰好营造出清凉氛围。

★ *Cercis gigantea* Cheng et Keng f.　☆ Gigantic Redbud

巨紫荆

别名：满条红
科属：云实科紫荆属

识别：落叶乔木或大乔木，树冠伞形。叶片肥大，近圆形，先端短尖，基部心形，全缘，下面基部有淡褐色簇生毛，而且叶边缘透明，表面光滑，幼年树叶背面具胭脂粉；叶柄红褐色。荚果腹缝有翅，先端渐尖，紫红色；荚果宿存于枝上，冬季不落，雪后异常醒目。果熟期 10 ~ 11 月。

观花：先叶开花，多簇生于一年生的基部和二年生以上的老枝上，花冠紫红色，花梗细长，为下垂总状花序，形似蝶形。花期 3 ~ 4 月。

分布：分布于中国浙江、河南、湖北、广东、贵州等。

习性：喜光，较耐寒，畏水湿；宜栽植于肥沃、排水良好的土壤。

繁殖：播种繁殖。

应用：可以作城乡行道树、庭荫树、景园风景林；荚果紫红色，尤其与深秋金黄色叶片相映，色彩对比强烈。

★ *Cercis chinensis* Bunge　☆ Chinese Redbud

紫荆

别名：满条红，苏芳花，紫株，乌桑，箩筐树
科属：云实科紫荆属

识别：落叶乔木或灌木，多呈灌木状生长。单叶互生，叶片近圆形，先端急尖或骤尖，基部心形，幼叶下面有疏柔毛，后两面无毛。荚果薄革质，带状，扁平，顶端稍收缩而具短喙；种子少。果期 7 ~ 9 月。

观花：花先叶开放，多数簇生于 2 年生以上的老枝上；花梗细长，花冠紫红色。花期 4 ~ 5 月。

习性：喜光，稍耐阴；有一定的耐寒性；对土壤要求不严格；萌蘖性强，深根性，耐修剪，对烟尘、有害气体抗性强。

分布：分布于我国黄河流域以南，湖北有野生大树。

繁殖：播种繁殖。

应用：紫荆叶大花密，早春繁花簇生，满枝嫣红，绮丽可爱。适宜在庭院建筑前、门旁、窗外、墙角点缀 1 ~ 2 处，也可在草坪边缘、建筑物周围和林缘片植、丛植。

变型：白花紫荆 f. *alba Hsu*。

相近种：紫叶加拿大紫荆 *Cercis canadensis* L.。

紫叶加拿大紫荆

别名：紫叶紫荆
科属：云实科紫荆属

识别：落叶小乔木或灌木，高 3 ~ 8 m，树冠圆形，冠幅可达 3 ~ 5 m。主干短，有多个主枝。叶片卵形、宽卵形、菱形至近圆形，叶片紫红色。荚果扁平状，棕褐色。果熟期 7 ~ 9 月。

观花：花冠扁平，圆形，玫红色至红紫色，花成束生于老枝上，丛生或呈总状花序，花簇繁茂夺目。花期 4 ~ 5 月。

分布：产于加拿大南部及美国东部。我国有栽培。

习性：阳性树种，十分耐寒，耐盐碱，适应性强，喜生长于向阳处，畏水湿，耐干旱瘠薄，但在土层深厚、肥沃而排水良好的酸性土壤中生长良好，萌蘖性强。

繁殖：扦插或嫁接繁殖。

应用：本种花繁似锦，色彩艳美，可栽于街道、广场绿地、草坪上、建筑物旁边等，或与白绢梅、菊花桃等配植，使春天更加色彩绚丽；耐修剪，也可作花篱等，也可作庭园观赏树。

★ *Cercis canadensis* L.‘Purpurea’ ☆ Purpleleaf Canada Redbud

无忧花

别名：火焰花，四方木
科属：云实科无忧花属

识别：常绿乔木，高 5 ~ 20 m。羽状复叶具小叶 6 ~ 12 片；小叶革质，无毛，长椭圆形或卵状矩圆形，长 10 ~ 35 cm，阔 7 ~ 12 cm，先端急尖或骤急尖，基部楔形或圆楔形；叶柄长约 1 cm。荚果微呈镰状弯曲或直。

观花：花橙黄色，长 4 ~ 5 cm，排列成腋生的圆锥花序；小苞片宿存；萼长管状；有 4 枚卵形花瓣状裂片；无花冠。花期 4 ~ 5 月。

分布：产于热带亚洲，我国产于云南、广西南部。

习性：喜温暖，能耐高温暑热，不耐寒冷，忌霜，在 13 ℃以下生长停滞，5 ℃左右有冷害。喜肥沃湿润、土层深厚的酸性至微碱性土。

繁殖：种子繁殖。

应用：可作庭园树栽培。

★ *Saraca indica* L. ☆ Saraca，India Saraca

臭节草

别名：松风草
科属：芸香科石椒草属

识别：有强烈气味的多年生宿根草本，高 50 ~ 80 cm。基部常为木质，嫩枝的髓部很大，常中空。二回至三回羽状复叶；小叶薄纸质或膜质，倒卵形或椭圆形，长 1 ~ 2 cm，宽 5 ~ 18 mm，顶端圆，有时微凹，基部楔形，下面灰绿色，有细腺点。蒴果，由顶端沿腹缝线开裂；种子肾形，黑褐色，表面有瘤状凸起。花果期 7 ~ 11 月。

观花：聚伞花序顶生；花白色；萼片 4 枚，长约 1 mm，中部以下合生；花瓣 4 片，长 5 ~ 6 mm，有透明腺点；雄蕊 8 枚，长短相间；子房具柄，果成熟时子房柄长 4 ~ 8 mm。

分布：分布于西南至台湾地区；印度东北部也有分布。

习性：稍耐阴。

繁殖：播种繁殖。

应用：可作园林地被植物，种植于石灰岩山地、阴湿林缘或灌丛中。

★ *Boenninghausenia albifora* (Hook.) Meissn. ☆ White Chinarue

★ *Citrus grandis*（L.）Osbeck　☆ Pomelo

柚

别名：柚子
科属：芸香科柑橘属

识别： 常绿乔木，高 5 ~ 10 m。小枝扁，被柔毛，有刺。叶宽卵形至椭圆状卵形，长 8 ~ 20 cm，有钝锯齿；叶柄有倒心形宽翅。果大，球形至扁球或梨形，直径 10 ~ 25 cm，果皮平滑，淡黄色。果期 9 ~ 12 月。

观花： 花单生或簇生于叶腋，长 1.8 ~ 2.5 cm；花萼长约 1 cm；花瓣反曲；雄蕊 20 ~ 25 枚，药大，为条形；子房圆球形。花期 4 ~ 6 月。

分布： 长江以南各省区广泛栽培。

习性： 喜阳光充足；喜温暖至高温的气候，喜湿润、不耐寒；不耐水湿。栽培土质以疏松、肥沃且排水良好的酸性和中性土壤为佳。

繁殖： 扦播和嫁接繁殖。

应用： 树冠球形，叶色亮绿，果实大而圆，具良好的观赏效果。可单植、对植于庭前、或片植成林；也可作大型盆栽。

品种： 品种较多。

★ *Citrus limonia* (L.) Burm. f.　☆ Lemon

柠檬

别名：柠果，洋柠檬，益母果
科属：芸香科柑橘属

识别： 常绿灌木，具硬刺。叶小，矩圆形至椭圆状矩圆形，顶端短锐尖或钝，边缘有钝锯齿；叶柄短，有狭翅，顶端有节。果近圆形，顶端有 1 枚不发达的乳头状突起，黄色至朱红色，皮薄易剥。花果期较长。

观花： 花单生或簇生于叶腋内，花瓣外面淡紫色，内面白色；雄蕊 20 枚以上；子房上部渐狭。

分布： 原产于东南亚。我国长江以南地区有栽培。

习性： 适宜于冬季较暖、夏季不酷热、气温较平稳的地方。

繁殖： 嫁接繁殖。

应用： 为优良的庭园绿化树种。

★ *Citrus reticulata* Blanco　☆ Mandarin，Mandarin Orange

柑橘

别名：橘
科属：芸香科柑橘属

识别： 常绿小乔木。枝刺较少。单身复叶，翼叶通常狭窄或仅有痕迹，叶片披针形，椭圆形或阔卵形，大小变异较大，顶端常有凹口，中脉由基部至凹口附近成叉状分枝，叶缘至少上半段通常有钝或圆裂齿，很少全缘。果形种种。果期 10 ~ 12 月。

观花： 花单生或 2 ~ 3 朵簇生；花萼不规则 5 ~ 3 浅裂；花瓣通常长 1.5 cm 以内；雄蕊 20 ~ 25 枚，花柱细长，柱头头状。花期 4 ~ 5 月。

分布： 产于秦岭南坡以南、伏牛山南坡及大别山区南部，向东南至台湾，南至海南岛，西南至西藏东南部。

习性： 喜温暖湿润气候，耐寒性较柚、酸橙、甜橙稍强。

繁殖： 播种或嫁接繁殖。

应用： 可作庭园观赏树木栽培。

臭檀

别名：北吴茱萸
科属：芸香科吴茱萸属

识别：落叶乔木，高达15 m。小枝密被短毛。单数羽状复叶对生；小叶5 ~ 11片，纸质，卵形至矩圆状卵形，长5 ~ 13 cm，宽3 ~ 6 cm，顶端渐尖，基部圆形或宽楔形，边有明显的钝锯齿，下面沿中脉密被白色长柔毛。蓇葖果紫红色，有腺点，长6 ~ 8 mm，顶端有尖喙；种子黑色，有光泽。果熟期10月。

观花：聚伞状圆锥花序，顶生，花序大小变化很大，花轴及花梗被短茸毛；花常为5数，白色；雄花的花瓣内被疏柔毛，花丝中部以下被长柔毛，退化子房顶端5 ~ 4裂，密被毛；雌花有退化雄蕊。花期6 ~ 7月。

分布：分布于辽宁至湖北，西至甘肃；朝鲜、日本也有分布。

习性：喜光，耐水湿。

繁殖：播种繁殖。

应用：可作庭园树，也可种植于河边观赏。

★ *Evodia daniellii*（Benn.）Hemsl.　☆ Daniell Evodia，Korea Evodia

金橘

别名：洋奶橘，马水橘
科属：芸香科金橘属

识别：常绿灌木或小乔木，高3 m。叶片披针形至矩圆形，长5 ~ 9 cm，宽2 ~ 3 cm，全缘或具不明显的细锯齿，表面深绿色，光亮，背面青绿色，有散生腺点。果矩圆形或卵形，长2.5 ~ 3.5 cm，金黄色。果期10 ~ 12月。

观花：单花或2 ~ 3朵，花集生于叶腋，具短柄；花两性，整齐，白色，芳香；萼片5枚；花瓣5片，长约7 mm；雄蕊20 ~ 25枚，长短不一，不同程度的合生成若干束；雌蕊生于略升起的花盘上。花期3 ~ 5月。

分布：原产于我国南部。

习性：喜阳光和温暖、湿润的环境，不耐寒，稍耐阴，耐旱。

繁殖：嫁接繁殖。

应用：果实金黄、具清香，挂果时间较长，是极好的观果花卉。宜作盆栽观赏及盆景。

★ *Fortunella margarita*（Lour.）Swingle　☆ Kumquat

金柑

别名：罗纹，圆金柑，圆金橘
科属：芸香科金橘属

识别：常绿灌木或小乔木，树高2 ~ 5 m，枝有刺。小叶卵状椭圆形或长圆状披针形，长4 ~ 8 cm，宽1.5 ~ 3.5 cm，顶端钝或短尖，基部宽楔形；叶柄长6 ~ 10 mm，翼叶狭至明显。果圆球形，横径1.5 ~ 2.5 cm，果皮橙黄至橙红色，味甜，果肉酸或略甜。果期11月至翌年2月。

观花：花单朵或2 ~ 3朵簇生，花梗长稀超过6 mm；花萼裂片5或4片；花瓣长6 ~ 8 mm，雄蕊15 ~ 25枚，比花瓣稍短，花丝不同程度合生成数束，间有个别离生。花期4 ~ 5月。

分布：秦岭南坡以南各地栽种。

习性：喜温暖，不耐寒，喜光，不耐阴，不宜暴晒，喜肥，喜水，不耐水湿，适生于疏松肥沃、排水良好的微酸性和中性土壤。

繁殖：播种繁殖。

应用：可作庭园观赏树栽培。

★ *Fortunella japonica* (Thunb.) Swingle　☆ Japan Kumquat

★ *Murraya exotica* L. ☆ Paniculate Jasminorange

九里香

别名：石辣椒，万里香，过山香，黄金桂
科属：芸香科九里香属

识别： 小乔木，高可达 8 m。叶有小叶 3 ~ 7 片，小叶倒卵形或倒卵状椭圆形，两侧常不对称，长 1 ~ 6 cm，宽 0.5 ~ 3 cm，顶端圆或钝，有时微凹，基部短尖，一侧略偏斜，边全缘，平展；小叶柄甚短。果橙黄色至朱红色，阔卵形或椭圆形。果期 9 ~ 12 月。

观花： 花序通常顶生或顶生兼腋生；花白色，芳香；萼片卵形，长约 1.5 mm；花瓣 5 片，长椭圆形，长 10 ~ 15 mm，盛花时反折；雄蕊 10 枚。花期 4 ~ 8 月，或至秋后。

分布： 产于云南、贵州、湖南、广东、广西等地。

习性： 喜温暖，最适宜生长的温度为 20 ~ 32 ℃。

繁殖： 种子、扦插繁殖。

应用： 树姿秀雅，枝干苍劲，四季常青，开花洁白而芳香，朱果耀目，是优良的盆景材料。一年四季均宜观赏，初夏新叶展放时效果最佳。

★ *Poncirus trifoliata* (L.) Raf. ☆ Trifoliate Orange

枸橘

别名：枳，臭橘，雀不站，铁篱寨
科属：芸香科枳属

识别： 落叶或半常绿灌木或小乔木，高 5 ~ 7 m。茎枝具腋生粗大的枝刺；小枝绿色，扁而具棱。三出复叶，总叶柄长 1 ~ 3 cm，具翼；顶生小叶片椭圆形至倒卵形，长 2.5 ~ 6 cm，宽 1.5 ~ 3 cm。柑果圆球形，直径 2 ~ 4 cm，熟时黄色，芳香。9 ~ 10 月果熟。

观花： 花生于二年生枝上叶腋，通常先叶开放；萼片 5 枚，卵状三角形；花瓣 5 枚，白色，长椭圆状倒卵形，长 8 ~ 10 mm。花期 4 ~ 5 月。

分布： 产于江苏、浙江、四川、江西、福建、广东、广西等地。

习性： 喜光，喜温暖湿润气候；较耐寒；喜微酸性土壤，不耐碱。

繁殖： 播种繁殖。

应用： 枸橘枝条绿色而多刺，春季叶前开花，秋季黄果累累，十分美丽。多用作刺篱或屏障树，也可修剪成洞门等简单造型。

★ *Ptelea trifoliata* L. ☆ Common Hop Tree

榆橘

别名：翅果三叶椒
科属：芸香科榆橘属

识别： 落叶灌木或小乔木，高 3 ~ 7.5 m。三出复叶互生，小叶卵形至卵状长椭圆形，长 6 ~ 12 cm，全缘，有透明腺点及强烈气味，两侧小叶基部偏斜。翅果扁圆形，形似榆果，径 1.5 ~ 2 cm。

观花： 花单性或杂性，绿白色；聚伞花序。初夏开花。

分布： 原产于美国东部和中部；杭州、大连、熊岳等地有少量栽培。

习性： 喜光。

繁殖： 播种繁殖。

应用： 可栽培庭院观赏。

品种： 有金叶榆橘 ‘Aurea’、灰叶榆橘 ‘Glauca’ 等品种。

芸香

别名：臭草
科属：芸香科芸香属

识别：多年生木质草本，有强烈刺激气味，高可达 1 m，各部无毛但多腺点。叶二至三回羽状全裂至深裂，长 6 ~ 12 cm；裂片倒卵状矩圆形、倒卵形或匙形，长 1 ~ 2 cm，全缘或微有钝齿。蒴果 4 ~ 5 室。

观花：聚伞花序顶生；花金黄色，直径约 2 cm；萼片 4 ~ 5 枚，细小，宿存；花瓣 4 ~ 5 片，边缘细撕裂状；雄蕊 8 ~ 10 枚，花开初期与花瓣对生的 4 枚贴状于花瓣，与萼片对生的 4 枚较长，斜出而外露，花盛开时全部雄蕊并列一起竖直且等长；花盘有腺点。花期 5 ~ 7 月。

分布：原产于欧洲。我国南部常见，长江以北栽种于温室内。

习性：喜温暖、湿润，较耐寒，宜排水良好、富含腐殖质的沙质壤土。

繁殖：播种繁殖。

应用：叶色美观，适合花坛、路边栽培观赏，也可用于花境，温暖地带多布置庭院，或配植于花坛中心。

★ *Ruta graveolens* L.　☆ Rue

花椒

别名：麻椒，香椒
科属：芸香科花椒属

识别：落叶灌木或小乔木，高 3 ~ 7 m。茎干通常有宽扁皮刺；枝有细小的皮孔及皮刺；奇数羽状复叶，叶轴边缘有狭翅；小叶 5 ~ 11 片，纸质，卵形或卵状长圆形，先端尖或微凹，基部近圆形，边缘有细锯齿，齿缝处有粗大透明腺点。果球形，通常 2 ~ 3 个，果球颜色大多为青色、红色、紫红色或者紫黑色。果期 7 ~ 9 月。

观花：聚伞圆锥花序顶生，花色大多为白色或者淡黄色，花被片 4 ~ 8 枚；雄花雄蕊 5 ~ 7 枚，雌花心皮 3 ~ 4 枚，稀 6 ~ 7 枚，子房无柄。花期 3 ~ 5 月。

分布：我国华北、华中、华南地区均有分布。

习性：喜光；耐寒；耐旱，不耐涝；适宜温暖湿润及土层深厚肥沃壤土、沙质壤土；萌蘖性强，抗病能力强；隐芽寿命长，故耐强修剪。

繁殖：播种繁殖。

应用：适宜在居住区栽植，抗病虫能力强，耐修剪，可植为刺篱。

★ *Zanthoxylum bungeanum* Maxim.　☆ Chinese Prickly-ash

野花椒

别名：刺叶椒
科属：芸香科花椒属

识别：落叶灌木，高 1 ~ 2 m。枝具粗壮皮刺。小叶 5 ~ 9 片，卵形至椭圆形，叶轴具狭翅，叶片两面有粗大半透明油点，表面无毛或散生刺毛，背面中脉及叶轴上也常有刺毛。蓇葖果棕红色，基部有明显伸长的子房柄。果期 9 ~ 10 月。

观花：聚花序顶生，长 1 ~ 5 cm，花小，黄绿色。花期 5 ~ 6 月，

分布：产于华北至长江中下游一带。

习性：喜光。

繁殖：播种繁殖。

应用：种植于庭院观赏。

★ *Zanthoxylum simulans* Hance　☆ Flatspine Pricklyas

★ *Cinnamomum kotoense* Kanehira et Sasaki　☆ Lanyu Cinnamon

兰屿肉桂

别名：红头屿肉桂，大叶肉桂
科属：樟科樟属

识别：常绿乔木，高约 15 m，叶、枝及树皮干时几不具芳香气。枝条及小枝褐色，圆柱形，无毛。叶对生或近对生，卵圆形至长圆状卵圆形，长 8 ~ 11(14) cm，宽 4 ~ 5.5(9) cm，先端锐尖，基部圆形，革质，上面鲜时绿色，干时灰绿色，光亮，下面近同色，晦暗，两面无毛，具离基三出脉；叶柄长约 1.5 cm，腹凹背凸，红褐色或褐色。果卵球形。果期 8 ~ 9 月。

观花：大型圆锥花序。

分布：产于我国台湾南部兰屿地区。

习性：性喜温暖湿润、阳光充足的环境。

繁殖：播种、扦插繁殖。

应用：配置树、庭荫树、孤植树，也可作城市干道的行道树，对有害气体有抗性，可以用于矿区绿化及防护林带。

★ *Cinnamomum camphora*（L.）Presl　☆ Camphor Tree

樟树

别名：香樟
科属：樟科樟属

识别：常绿乔木，高达 25 m。树皮灰褐色，纵裂；小枝具棱角，绿褐色。叶互生，卵状椭圆形，薄革质，离基三出脉，脉腋有腺体，全缘，背面灰绿色；核果球形。果熟期 9 ~ 11 月。

观花：圆锥花序腋生于新枝；花期 5 月。

分布：产于长江以南及西南各省区。

习性：喜光，稍耐阴，喜温暖湿润气候，耐寒性不强，较耐水湿。

繁殖：播种繁殖，扦插及分根繁殖亦可。

应用：枝叶茂密，冠大荫浓，树姿雄伟，是城市绿化的优良树种，广泛作为庭荫树、行道树、防护林及风景林。配植于池畔、水边、山坡等，在草地中丛植、群植、孤植或作为背景树。

★ *Laurus nobilis* L.　☆ Grecian Laurel

月桂

别名：月桂树，香叶子，桂冠树，甜月桂
科属：樟科月桂属

识别：常绿小乔木或灌木，高可达 12 m。树冠卵圆形，全体有香气。小枝绿色。叶互生，矩圆形，叶全缘，边缘呈波状，革质，两面无毛，羽状脉，表面暗绿色，有光泽，背面淡绿色；核果椭圆状卵形，成熟时暗紫色。果期 9 ~ 10 月。

观花：花雌雄异株，花单性，黄色，聚伞房花序簇生于叶腋，花被片倒卵形；花期 4 月。

分布：原产于地中海地区。我国有栽培。

习性：喜温湿气候，喜光，较耐阴，稍耐寒。

繁殖：扦插或播种繁殖。

应用：月桂四季常青，树姿优美，有浓郁香气，适于在庭院、建筑物前栽植，其斑叶尤为美观。住宅前院用作绿墙分隔空间，隐蔽遮挡，效果也好。

红果钓樟

别名：红果山胡椒，大叶钓樟
科属：樟科山胡椒属

识别：落叶小乔木，高 5m。叶互生，纸质，披针状倒卵形，长 7.5 ~ 14.5 cm，宽 2.5 ~ 4 cm，基部长下延，上面绿色，有稀疏贴伏短柔毛，或近无毛，下面带绿苍白色，疏有贴伏短柔毛，在叶脉上较密，具羽状脉，侧脉 4 ~ 5 对；叶柄短，长约 1 cm，红色。雌果实球形，直径 7 ~ 8 mm，熟时红色；果梗长 1.5 ~ 1.8 cm。果期 7 ~ 8 月。

观花：雌雄异株；伞形花序腋生，具总花梗，长 3 ~ 8 mm；花梗长 12 mm，疏生短柔毛；花被片 6 枚，椭圆形，长约 2 mm，淡黄色；能育雄蕊 9 枚。花期 3 ~ 4 月。

分布：分布于台湾、福建、广东、广西、湖南、湖北、江西、安徽、浙江和江苏；朝鲜、日本也有分布。

习性：生于向阳山坡、山谷杂木林或竹林中。

繁殖：播种繁殖。

应用：可作景观树和庭园观赏树。

★ *Lindera erythrocarpa* Makino ☆ Redfruit Spicebush

山橿

别名：大叶山橿，米珠，副山苍
科属：樟科山胡椒属

识别：落叶乔木或灌木。叶互生，纸质，圆卵形，倒卵状椭圆形，有时略为心脏形，长 6.5 ~ 15 cm，宽 4 ~ 6.5 cm，上面无毛，下面带苍绿白色，有柔毛，脉羽状，侧脉 6 对；叶柄长 6 ~ 13 mm，无毛。果实球形，直径约 7 mm；果梗细，长 1.5 cm，有疏柔毛。果期 9 ~ 10 月。

观花：雌雄异株；伞形花序有短梗，约有 5 朵花；总苞早落；花先叶开放；花梗长 7 ~ 9 mm；花被片 6 枚，黄色，宽倒卵状矩圆形或匙形；能育雄蕊 6 枚。花期 3 ~ 4 月。

分布：分布于广东、广西、云南、贵州、四川、湖北、湖南、江西、浙江、安徽、河南。

习性：稍耐荫蔽，喜湿润，也耐干旱，具有一定的耐寒性，要求深厚、肥沃和排水良好的沙质壤土。

繁殖：播种繁殖。

应用：适合作景观树和庭园观赏树。可孤植、丛植或列植。

★ *Lindera reflexa* Hemsl. ☆ Montane Spicebush

乌药

别名：鳑毗树，细叶樟、土木香，白叶子树
科属：樟科山胡椒属

识别：常绿灌木或小乔木，高 5 m。树皮灰绿色；小枝细；幼时密生锈色毛，后几无毛。叶互生，革质，椭圆形、卵形或近圆形，长 3 ~ 7.5 cm，宽 1.5 ~ 4 cm，先端长渐尖或短尾尖，上面有光泽，下面密生灰白色柔毛，有三出脉；叶柄长 5 ~ 10 mm。果实椭圆形，长 9 mm，直径 6 mm，熟时黑色。果期 5 ~ 11 月。

观花：雌雄异株；伞形花序腋生，总花梗极短或无；花被片 6 枚，淡绿色；能育雄蕊 9 枚。花期 3 ~ 4 月。

分布：分布于广东、台湾、福建、湖南、湖北、江西、浙江、安徽、江苏；越南、菲律宾，日本也有分布。

习性：喜光。

繁殖：播种繁殖。

应用：可种植于向阳山坡上或山谷。

★ *Lindera aggregata* (Sims) Kosterm ☆ Combined Spicebush

★ *Machilus leptophylla* Hand.-Mazz. ☆ Thinleaf Machilus

华东楠

别名：薄叶润楠，大叶楠
科属：樟科润楠属

识别：小乔木，高 8 m。叶互生或于当年枝轮生，坚纸质，倒卵状矩圆形，长 12 ~ 23 cm，宽 3.5 ~ 6.5 cm，上面深绿色，无毛，具细网纹，下面苍白色，初有疏银白色绢毛，在叶脉较密后渐脱落，具羽状脉，中脉在上面凹下，在下面显著隆起，侧脉 14 ~ 20 对，略带红色；叶柄长 1 ~ 3 cm，无毛。果实球形，直径约 1 cm；果梗长 5 ~ 10 mm；宿存花被片外曲。果期 6 ~ 9 月。

观花：圆锥花序腋生，花被片 6 枚；能育雄蕊 9 枚。花期 4 ~ 5 月。

分布：分布于福建、浙江、江苏、湖南、广东和广西。

习性：喜光，喜温暖、湿润的环境，不耐干旱；喜土层深厚、肥沃和排水良好的壤土。

繁殖：播种繁殖。

应用：树形优美，宜作观赏树和庭荫树。

★ *Machilus salicina* Hance ☆ Willowleaf Machilus

柳叶润楠

别名：柳楠
科属：樟科润楠属

识别：灌木，通常 3 ~ 5 m。枝条无毛，褐色。叶线状披针形，长 7 ~ 12 cm，宽 1.3 ~ 2.5 cm，革质，上面无毛，但不甚光亮，下面暗粉绿色，无毛或嫩时有时有贴伏微柔毛，中脉上面平坦，下面明显，侧脉每边 10 ~ 12 条，小脉密网状，两面形成蜂巢状浅窝穴；叶柄长 7 ~ 15 mm。果球形，直径 7 ~ 10 mm；果梗红色。果期 4 ~ 6 月。

观花：圆锥花序多数生于新枝上端，少分枝，长 3 ~ 8 cm，无毛或多少被绢状微柔毛；花被裂片长圆形。花期 2 ~ 3 月。

分布：分布于广东、广西、贵州南部及云南南部；中南半岛的越南、老挝、柬埔寨也有分布。

习性：喜光，耐水湿。

繁殖：播种繁殖。

应用：枝茂叶密，可作护岸防堤树种，可种植于低海拔地区的溪畔、河边。

★ *Phoebe neurantha*（Hemsl.）Gamble ☆ White Nanmu

白楠

别名：楠木，山楠，石楠
科属：樟科楠属

识别：大灌木至乔木，通常高 3 ~ 14 m。叶革质，狭披针形、披针形或倒披针形，长 8 ~ 16 cm，宽 1.5 ~ 4 cm，先端尾状渐尖或渐尖，基部渐狭下延，下面绿色或有时苍白色，中脉上面下陷，侧脉通常每边 8 ~ 12 条，下面明显突起，横脉及小脉略明显；叶柄长 7 ~ 15 mm。果卵形，长约 1 cm，直径约 7 mm；果梗不增粗或略增粗。果期 8 ~ 10 月。

观花：圆锥花序长 4 ~ 10 cm，在近顶部分枝，被柔毛，结果时近无毛或无毛；花长 4 ~ 5 mm，花梗被毛，长 3 ~ 5 mm；花被片卵状长圆形。花期 5 月。

分布：主要分布于甘肃、陕西、四川、湖北、湖南、贵州、广西、江西等省区。

习性：喜温暖，喜湿润，喜土层深厚、疏松、排水良好、肥沃的中性或微酸性的土壤。

繁殖：播种繁殖。

应用：可作景观树和庭园观赏树。

湘楠

别名：湖南楠
科属：樟科楠属

识别：灌木或小乔木，通常高 3 ~ 8 m。叶革质或近革质，倒阔披针形，长 10 ~ 18 cm，宽 3 ~ 4.5 cm，先端短渐尖，有时尖头呈镰状，基部楔形或狭楔形，老叶上面无毛，发亮，侧脉每边 6 ~ 14 条，多数为 10 ~ 12 条，下面十分突起，横脉及小脉下面明显；叶柄长 7 ~ 15 mm，无毛。果卵形，长 1 ~ 1.2 cm。果期 8 ~ 9 月。

观花：花序生于当年生枝上部，很细弱，长 8 ~ 14 cm，近于总状或在上部分枝，无毛；花长 4 ~ 5 mm，花梗约与花等长；花被片有缘毛。花期 5 ~ 6 月。

分布：产于甘肃，陕西，江西，江苏，湖北，湖南，贵州东部。

习性：喜光，耐水湿，喜温暖、湿润的环境，稍耐寒，喜肥沃、疏松的土壤。

繁殖：播种繁殖。

应用：优良的庭园风景树、绿荫树和行道树。

★ *Phoebe hunanensis* Hand.-Mazz.　☆ Hunan Nanmu

浙江楠

科属：樟科楠属

识别：大乔木，树干通直，高达 20 m。叶革质，倒卵状椭圆形或倒卵状披针形，少为披针形，长 7 ~ 17 cm，宽 3 ~ 7 cm，通常长 8 ~ 13 cm，宽 3.5 ~ 5 cm，先端突渐尖或长渐尖，基部楔形或近圆形，侧脉每边 8 ~ 10 条；叶柄长 1 ~ 1.5 cm，密被黄褐色茸毛或柔毛。果椭圆状卵形。果期 9 ~ 10 月。

观花：圆锥花序长 5 ~ 10 cm，密被黄褐色茸毛；花长约 4 mm，花梗长 2 ~ 3 mm；花被片卵形。花期 4 ~ 5 月。

分布：产于浙江西北部及东北部、福建北部、江西东部。

习性：喜光。

繁殖：播种繁殖。

应用：树干通直，树身高大，枝条粗壮，斜伸，雄伟壮观，叶四季青翠。

★ *Phoebe chekiangensis* C.B.Shang　☆ Zhejiang Nanmu

紫楠

别名：紫金楠，金心楠，金丝楠
科属：樟科楠属

识别：乔木，高 16 m。幼枝和幼叶密被锈色茸毛，后渐脱落。叶互生，革质，倒卵形至倒披针形，长 8 ~ 22 cm，宽 4 ~ 8 cm，上面近光滑，仅两面中脉上仍有稀疏锈色茸毛，具羽状脉，上面凹下，下面隆起。果肉质，卵形，长约 9 mm，基部包围以带有宿存直立裂片的杯状花被管；果梗有茸毛。

观花：腋生圆锥花序，密被锈色茸毛；花被片 6 枚，相等，卵形，约长 3 mm，两面有毛；能育雄蕊 9 枚，花药 4 室，第 3 轮雄蕊外向瓣裂，各有 2 个腺体，腺体几无柄。花期 4 ~ 5 月。

分布：在我国长江以南和西南广泛分布；中南半岛也有分布。

习性：喜光，稍耐阴湿。

繁殖：播种繁殖。

应用：可作庭园观赏树或行道树。

★ *Phoebe sheareri*（Hemsl.）Gamble　☆ Purple Nanmu

★ *Anchusa officinalis* L.　☆ Medicinal Alkanet

药用牛舌草

别名：小花牛舌草
科属：紫草科牛舌草属

识别： 多年生草本，高 30 ~ 60 cm。叶披针形，有毛，基生叶丛生。小坚果长约 3 mm，表面有凸起的网纹和密疣点。

观花： 聚伞花序疏生一侧，苞片三角状披针形；花萼裂至 2/3，长约 6 mm，与花冠筒等长，裂片狭卵状披针形，先端钝，外面有白色糙伏毛；花冠蓝色，长约 8.5 mm，裂片宽卵形，宽约 2.5 mm，开展；雄蕊着生喉部之下，花丝极短。花期 4 ~ 5 月。

分布： 原产于欧洲。我国也有栽培。

习性： 喜光照充足、肥沃、排水良好的土壤。

繁殖： 分株繁殖。

应用： 可作园林地被植物，或花境、花坛栽培，或用于切花。

★ *Carmona microphylla*（Lam.）Don　☆ Smallleaf Carmona

福建茶

别名：基及树
科属：紫草科基及树属

识别： 常绿灌木，高 1 ~ 3 m，多分枝。幼枝圆柱形，有微硬毛。叶在长枝上互生，在短枝上簇生，革质，倒卵形或匙状倒卵形，长 0.9 ~ 5 cm，宽 0.6 ~ 2.3 cm，基部渐狭成短柄，边缘上部有少数牙齿，两面疏生短硬毛，上面常有白色点，脉在叶上面下陷，在下面稍隆起。核果球形，直径约 5 mm，成熟时红色或黄色。

观花： 聚伞花序腋生或生于短枝上，具细梗，有数朵密集或稀疏排列的花；花萼长约 4 mm，裂片 5 枚，比萼筒长，匙状条形；花冠白色，钟状，长约 6 mm，裂片 5 枚，披针形；雄蕊 5 枚。

分布： 分布于广东和台湾；亚洲热带其他地区也有分布。

习性： 喜光和温暖、湿润的气候，不耐寒，适生于疏松肥沃及排水良好的微酸性土壤；萌芽力强，耐修剪。

繁殖： 扦插繁殖。

应用： 福建茶树形较矮，枝繁叶密，绿叶白花，千姿百态，用老桩经艺术加工制成的盆景古雅奇特，四季均可观赏。

★ *Mertensia davurica* (Sims) G. Don　☆ Longtube Bluebells

长筒滨紫草

别名：滨紫草
科属：紫草科滨紫草属

识别： 多年生草本，高 20 ~ 30 cm。基生叶莲座状，密集，有长叶柄，往往早枯，叶片卵状长圆形或线状长圆形，基部楔形至圆形；茎生叶近直立，披针形至线状披针形，无柄，仅最下部的叶有柄，长 1.5 ~ 3 cm，宽 1.5 ~ 3.5 mm。小坚果。

观花： 镰状聚伞花序长 1 ~ 1.5cm，含少数花，通常 2 ~ 3 个集生于茎上部；花无苞片，花梗长 2 ~ 5 mm，花序轴、花梗及萼的两面都有密短伏毛；花萼长，5 裂至近基部，裂片线形或三角状线形；花冠蓝色，长 1.2 ~ 2.2 cm，无毛，筒部直，长约为檐部的 3.5 倍。

分布： 产于河北北部。蒙古和俄罗斯西伯利亚也有分布。

习性： 喜光。

繁殖： 播种繁殖。

应用： 可作园林观花地被植物，种植于山坡等处。

琉璃草

别名：贴骨散，粘娘娘，猪尾巴
科属：紫草科琉璃草属

识别：多年生草本。茎高 50 ~ 100 cm，有短毛，分枝。基生叶和下部叶有柄，矩圆形，长达 25 cm，宽达 5 cm，两面密生短柔毛或短糙毛；茎中部以上叶无柄，矩圆状披针形或披针形，长 3 ~ 9 cm，宽 0.8 ~ 3 cm。小坚果 4 枚，卵形，长 2 ~ 2.8 mm，密生锚状刺。果实 8 月成熟。

观花：花序分枝成钝角叉状分开，无苞片；花梗长 1 ~ 1.5 mm，结果时几不增长；花萼长 1.5 ~ 2.2 mm，外面密生短毛，裂片卵形；花冠淡蓝色，檐部直径 4 ~ 6 mm，5 裂，喉部有 5 个梯形附属物；雄蕊 5 枚。花期 6 ~ 7 月。

分布：自西南、华南地区至安徽、陕西和甘肃南部广布；阿富汗、印度至菲律宾、日本也有分布。

习性：喜光。

繁殖：播种繁殖。

应用：可种植于向阳山坡、林间草地及路边。

★ *Cynoglossum zeylanicum* (Vahl) Thunb. ☆ Ceylon Houndstongue

蓝蓟

科属：紫草科蓝蓟属

识别：二年生草本。茎高达 100 cm，有开展的长硬毛和短密伏毛，通常多分枝。基生叶和茎下部叶线状披针形；茎上部叶较小，披针形。小坚果卵形。

观花：花序狭长，花多数，较密集：苞片狭披针形，花萼 5 裂至基部；花冠斜钟状，两侧对称，蓝紫色。花期春季。

分布：原产于我国新疆北部。生于山脚岩石间。亚洲西部至欧洲也有分布 。

习性：喜阳光及温暖的环境，不耐湿、生长适温 15 ~ 25 ℃，不耐热、耐寒喜疏松肥沃、排水良好的沙质壤土。

繁殖：播种繁殖。

应用：本种易栽培，开花繁茂，多用于公园、绿地等园路边、花坛、花带或作花境植物，也适合庭院栽培观赏。

★ *Echium vulgare* L. ☆ Bluethistle，Common Viper's Bugloss

粗糠树

别名：破布子
科属：紫草科厚壳树属

识别：乔木，高达 10 m。叶纸质，狭倒卵形或椭圆形，长 9 ~ 18 cm，宽 5 ~ 10 cm，顶端通常短渐尖，基部钝或圆形，偶然浅心形，边缘有小牙齿，上面粗糙，有糙伏毛，下面密生短柔毛。核果黄色，近球形，直径约 1.5 cm。花果期 5 ~ 9 月。

观花：圆锥花序伞房状，有短毛；花萼长约 4 mm，5 裂近中部，有短毛；花冠白色，裂片 5 枚，长约 3.5 mm，筒长约 6.5 mm；雄蕊 5 枚。

分布：分布于广东、福建、台湾、江西、湖南、贵州、四川、湖北、陕西南部、安徽、江苏；日本也有分布。

习性：喜光，稍耐水湿。

繁殖：播种繁殖。

应用：山坡疏林及土质肥沃的山脚阴湿处。

相近种：西南粗糠树 *Ehretia corylifolia* C.H.Wright 近本种，叶基部多为浅心形，果直径 6 ~ 8 mm。

★ *Ehretia dicksonii* Hance ☆ Dickson Ehretia

★ *Ehretia thyrsiflora* (Sieb.et Zucc.) Nakai ☆ Heliotrope Ehretia

厚壳树

别名：大岗茶，松杨
科属：紫草科厚壳树属

识别：落叶乔木，高达 15 m。单叶互生，叶厚纸质，叶片椭圆形、狭倒卵形或长椭圆形，长 7 ～ 16 cm，宽 3 ～ 8 cm，先端急尖，基部圆形，有浅细锯齿，上面沿脉散生白色短伏毛，下面疏生黄褐色毛，脉腋有簇毛。核果近球形，橘红色，熟后黑褐色，径 3 ～ 4 mm。果熟期 7 ～ 8 月。

观花：圆锥花序顶生和腋生，长（5）10 ～ 20 cm；花两性，无梗，密集，有香味；花萼钟状，绿色，5 浅裂，缘具白毛；花冠白色，有 5 裂片；雄蕊伸出花冠外。花期 6 月。

习性：喜光也稍耐阴，喜温暖湿润的气候和深厚肥沃的土壤，耐寒，较耐瘠薄。

分布：产于我国亚热带地区；日本和朝鲜也有分布。

繁殖：播种繁殖。

应用：可作庭荫树。

★ *Lithospermum zollingeri* DC. ☆ Zollinger Gromwell

梓木草

别名：野指甲草，紫丹，琉璃草，樟木草
科属：紫草科梓木草属

识别：多年生匍匐草本。匍匐茎长达 30 cm，有伸展的糙毛：生花的茎高 5 ～ 20 cm。基生叶倒披针形或匙形，长 2.5 ～ 6.5 cm，宽 0.8 ～ 1.8 cm，两面都有短硬毛，下面的毛较密；茎生叶似基生叶，但较小，常近无柄。小坚果椭圆形，长约 3 mm，白色，光滑。

观花：花序长约 5 cm；苞片无柄，披针形，长 1.3 ～ 2.2 cm；花有细梗；花萼长约 6.5 mm，5 裂近基部，裂片披针状条形；花冠蓝色，筒长约 7.5 mm，内面上部有 5 条具短毛的纵褶，檐部直径约 1 cm，5 裂；雄蕊 5 枚。花期 4 ～ 5 月。

分布：分布于四川、湖北、安徽、浙江、江苏、河南、陕西、甘肃南部；朝鲜、日本也有分布。

繁殖：播种繁殖。

应用：可作园林地被植物，种植于草坪上或林下。

★ *Lithospermum erythrorhizon* Sieb.et Zucc. ☆ Gromwell

紫草

别名：山紫草，紫丹，地血
科属：紫草科紫草属

识别：多年生草本。茎高 45 ～ 95 cm，有糙伏毛，同时还有开展的糙毛。叶无柄，披针形或狭卵形，长 3.5 ～ 6.5 cm，宽 1 ～ 1.5 cm，两面均有短糙伏毛。小坚果卵形。果期 7 ～ 8 月。

观花：花序长达 15 cm，有糙伏毛；苞片狭卵形或披针形，长达 2.8 cm；花萼长约 3.5 mm，5 裂近基部；花冠白色，筒长约 4 mm，檐部直径约 4.5 mm；雄蕊 5 枚。花期 5 ～ 6 月。

分布：自广西北部、江西、湖南、贵州、四川至华北、东北广布；朝鲜、日本也有分布。

习性：喜凉爽、湿润的气候条件，怕涝，怕高温，以地势高燥、土层深厚、富含腐殖质、排水良好和渗水力强的中性或微酸性沙质壤土为宜。

繁殖：种子繁殖。

应用：生于山地路边或灌丛中。

相近种：白果紫草 *Lithospermum officinale* L. 极近本种，但茎上的毛均贴伏，多分枝，小坚果白色；产于新疆。

勿忘草

别名：星辰花，补血草
科属：紫草科勿忘草属

识别： 多年生草本。基生叶和茎下部叶有柄，狭倒披针形或条状倒披针形，长达 8 cm，中部以上叶无柄，狭披针形或狭卵形，基部圆形，有短伏毛。小坚果卵形，褐绿色。果期 5 ~ 6 月。

观花： 花序长达 10 cm，无苞片；花梗在结果时平展，长达 4 ~ 5 mm，密生短伏毛；花冠蓝色，檐部直径 5 ~ 8 mm，喉部黄色，旋转状排列；雄蕊 5 枚。花期 4 ~ 5 月。

分布： 分布于云南、四川、江苏及华北、东北、西北地区。

习性： 适应力强，喜干燥、凉爽的气候，忌湿热，喜光，耐旱，生长适温为 20 ~ 25℃。适宜在疏松、肥沃、排水良好的微碱性土壤中生长。

繁殖： 播种繁殖。

应用： 可作花坛、花境及地被植物；生于山地林中或林边。

★ *Myosotis silvatica* Ehrh. ex Hoffm. ☆ Woodland Forget me not

浙赣车前紫草

科属：紫草科车前紫草属

识别： 根状茎多条，细长，长达 15 cm。茎数条，细弱，长 10 ~ 35 cm，平卧或斜升。基生叶数个，叶片长卵形，先端渐尖，基部心形，两面都密生短糙毛，叶柄长达 12 cm，茎生叶较小。小坚果 4 枚。花果期 4 ~ 5 月。

观花： 花序含多数花，无苞片，密生短伏毛；花萼长约 6 mm，5 裂至基部，裂片线状披针形，背面有密短伏毛，腹面稍有毛；花冠漏斗状，白色或稍带淡红色，长约 1 cm、无毛，筒部比萼长，檐部比筒部短 2 倍，裂片卵形，喉部附属物高约 1 mm；雄蕊 5 枚。

分布： 产于浙江、江西、湖南、山西、陕西。

习性： 喜光。

繁殖： 播种繁殖。

应用： 可作园林地被植物，种植于林下或阴湿的岩石旁。

★ *Sinojohnstonia chekiangensis* (Migo) W. T. Wang et Z. Y.

聚合草

别名：爱国草，友谊草
科属：紫草科聚合草属

识别： 丛生型多年生草本，高 30 ~ 90 cm。茎数条，直立或斜升，有分枝。基生叶通常 50 ~ 80 片，最多可达 200 片，具长柄，叶片带状披针形、卵状披针形至卵形，长 30 ~ 60 cm，宽 10 ~ 20 cm，稍肉质，先端渐尖；茎中部和上部叶较小，无柄，基部下延。

观花： 花序含多数花；花萼裂至近基部，裂片披针形，先端渐尖；花冠长 14 ~ 15 mm，淡紫色、紫红色至黄白色，裂片三角形，先端外卷，喉部附属物披针形。花期 5 ~ 10 月。

分布： 原产于俄罗斯欧洲部分及高加索地区，我国引种栽培。

习性： 典型的中生植物，耐旱、抗寒。

繁殖： 切根繁殖。

应用： 聚合草花朵色彩丰富多变，从基部至花瓣由淡紫色到淡黄色、黄白色，盛开时繁花似锦，美丽异常。可作庭园植物、地被植物和盆栽等。

品种： 有 3 个园艺品种。

★ *Symphytum officinale* L. ☆ Medicinal Collectivegrass

★ *Trigonotis peduncularis* (Trev.) Benth. ex Baker et Moore

附地菜

别名：地胡椒，鸡肠草，地铺圪草
科属：紫草科附地菜属

识别：一年生草本，高 5 ~ 20 cm。茎常由基部分枝，全株被细硬毛。单叶互生，基生叶有长柄，匙形，茎生叶椭圆形。小坚果 4 枚，四面体形，具锐棱。果期 7 ~ 8 月。

观花：总状花序顶生；花萼 5 深裂，花冠 5 裂，蓝色，喉部具 5 黄色附属物。花期 5 ~ 6 月。

分布：分布于东北、华北、西北、西南等省区。

习性：喜光，喜肥沃土壤、耐贫瘠，抗逆性强。

繁殖：播种或分株繁殖。

应用：植株茎多条丛生，花美观，可以用来点缀花境、花坛，也可种植于草地或林缘。

相近种：钝萼附地菜 *Trigonotis amblyosepala* Nakai et Kitag.

★ *Ardisia crenata* Sims　☆ Cinnabarroot

朱砂根

别名：红铜盘，大罗伞
科属：紫金牛科紫金牛属

识别：灌木，不分枝，高 1 ~ 2 m，有匍匐根状茎。叶坚纸质，狭椭圆形、椭圆形或倒披针形，长 8 ~ 15 cm，宽 2 ~ 3.5 cm，急尖或渐尖，边缘皱波状或波状，两面有突起腺点，侧脉 10 ~ 20 对。果直径 7 ~ 8 mm，有稀疏黑腺点。果期 10 ~ 12 月。

观花：花序伞形或聚伞状，顶生，长 2 ~ 4 cm；花长 6 mm；萼片卵形或矩圆形，钝，长 1.5 mm，或更短些，有黑腺点；花冠裂片披针状卵形，急尖，有黑腺点；雄蕊短于花冠裂片，花药披针形，背面有黑腺点；雌蕊与花冠裂片几等长。花期 5 ~ 6 月。

分布：分布于长江流域各省和福建、台湾、广东、广西、云南。

习性：喜欢湿润或半燥的气候环境。

繁殖：播种繁殖。

应用：观花或观果，或盆栽观赏，也可种植于林下或溪边、荫蔽潮湿灌木丛中。

★ *Maesa japonica*（Thunb.）Moritzi　☆ Japan Maesa

杜茎山

别名：踏天桥，山茄子
科属：紫金牛科杜茎山属

识别：灌木，有时攀缘状，高 1 ~ 3 m。叶革质或坚纸质，椭圆形、椭圆状披针形、倒卵形或矩圆状卵形，顶端尖削状渐尖、急尖或钝，长 10 ~ 14 cm，宽 2 ~ 5.5 cm，近基部全缘或全部全缘或中部以上有远离、急尖而有短尖的锯齿，侧脉 5 ~ 8 对。果球形，有腺条纹，长 4.5 mm。

观花：总状花序或近基部有几个分枝，腋生，单个或 2 ~ 3 个在一起，长 1 ~ 3 cm。花长 3 ~ 5 mm，比花梗稍长；小苞片宽卵形至肾形，顶端圆形或极钝，有腺条纹；花冠白色，筒状，筒长 3 ~ 4 mm，有腺条纹。花期 1 ~ 3 月。

分布：分布于长江流域诸省和台湾、福建、云南、广西、广东；日本，中南半岛也有分布。

习性：喜光。

繁殖：播种繁殖。

应用：可作园林观赏灌木。

柳叶杜茎山

科属：紫金牛科杜茎山属

识别： 直立灌木，高约 2m。叶片革质，狭长圆状披针形，长 10 ~ 20 cm 或略长，宽 1.5 ~ 2 cm 或略宽，全缘，中、侧脉于叶面印成深痕，于背面强烈隆起，侧脉 5 ~ 7 对，弯曲上升，细脉不明显；叶柄长 5 ~ 12 mm，具槽。果球形或近卵圆形，直径约 4 mm。果期 9 ~ 11 月。

观花： 总状花序或小圆锥花序，腋生，近基部有时有少数分枝，花单生或 2 ~ 3 朵簇生，长 1.5 ~ 2 cm，无毛；苞片卵形；花梗长约 4 mm；花长 3 ~ 4 mm；花冠白色或淡黄色，管状或管状钟形，长 3 ~ 4 mm。花期 1 ~ 2 月。

分布： 产于广东。

习性： 耐阴，耐水湿，喜石灰岩土壤。

繁殖： 播种繁殖。

应用： 可作园林观花观果灌木，种植于山坡、林中和阴湿的地方。

★ *Maesa salicifolia* Walker ☆ Willowleaf Maesa

三角梅

别名：九重葛，叶子花，纸花
科属：紫茉莉科叶子花属

识别： 常绿攀缘状灌木。枝具刺、拱形下垂。枝叶生长茂盛，叶腋常有刺，亦有无刺的品种。单叶互生，卵形全缘或卵状披针形，被厚茸毛，顶端圆钝。花苞大而明显，苞片卵圆形，为主要观赏部位，颜色有鲜红色、橙黄色、紫红色、乳白色等。

观花： 花顶生，花很细，小，黄绿色，常 3 朵簇生于 3 枚较大的苞片内，花梗与药片中脉合生，并没有很明显的花瓣，小花为小漏斗的形状，是其花被，花瓣内有 7 ~ 8 枚雄蕊与 1 枚雌蕊。北方温室栽培 3 ~ 7 月开花。

分布： 原产于南美洲的巴西、秘鲁、阿根廷。我国各地普遍栽培。

习性： 喜温暖湿润气候，不耐寒，耐高温，怕干燥。

繁殖： 扦插繁殖。

应用： 可作园林观花观果灌木，北方常盆栽观赏。

★ *Bougainvillea spectabilis* Willd. ☆ Mary Palmer，Leafyflower

紫茉莉

别名：草茉莉，夜饭花，地雷花，粉豆
科属：紫茉莉科紫茉莉属

识别： 一年生草本，高 30 ~ 100 cm。茎直立、多分枝，近平滑，节部膨大。单叶对生，三角状卵形，先端尖。瘦果球形，有棱，成熟后黑色，表面皱缩，形似地雷，边开花边结籽。

观花： 花数朵集生枝端，花冠高脚杯状，花色有白、黄、红、粉、紫等色。花期 6 ~ 10 月。

分布： 原产于美洲热带，现普遍栽培。

习性： 喜温暖湿润的气候条件，耐炎热，不耐寒；不择土壤，好土层深厚、肥沃之地。

繁殖： 播种繁殖。

应用： 可丛植于庭院、路边，宜布置夏秋花境。

品种： 花数个花色品种。

★ *Mirabilis jalapa* L. ☆ Four-o'clock，Marvel of Peru

★ *Campsis grandiflora* (Thunb.) Loisel.　☆ Chinese Trumpet Creeper

凌霄

别名：凌霄花，女葳花，紫葳
科属：紫葳科凌霄属

识别： 落叶木质藤本，借气根攀附于其他物体上。叶对生，单数羽状；小叶 7 ~ 9 (11) 枚，卵形至卵状披针形，长 4 ~ 6 cm，边缘有齿缺，两面无毛。蒴果长如豆荚，2 瓣裂；种子多数，扁平，有透明的翅。果熟期 7 ~ 9 月。

观花： 花序圆锥状，顶生；花大；花萼钟状，不等 5 裂，裂至筒之中部；花冠漏斗状钟形，裂片 5 枚，橘红色；雄蕊 4 枚，2 长 2 短；子房 2 室。花期 6 ~ 8 月。

分布： 分布于河北、山东、河南、江苏、江西、湖北、湖南、福建、广东、广西、陕西、四川；日本也有分布。

习性： 喜光而稍耐阴，喜温暖、湿润气候，耐寒性较差。

繁殖： 扦插、埋根繁殖。

应用： 为庭园中棚架、花门的良好绿化材料；用以攀缘墙垣、枯树、石壁，均极适宜；还可点缀于假山间隙，繁华艳彩。

★ *Campsis radicans* (L.) Seem.ex Bur.　☆ Trumpet Vine

美国凌霄

别名：美洲凌霄，洋凌霄
科属：紫葳科凌霄属

识别： 大型落叶藤本，长约 10 m。奇数羽状复叶对生，小叶椭圆形，长 3 ~ 5 cm，先端尖，9 ~ 13 片，边缘具疏锯齿。叶背脉间有毛。蒴果圆筒状长椭圆形，先端尖，长 8 ~ 12 cm。果期 10 ~ 11 月。

观花： 聚伞花序着生枝顶，深橙色，花冠较小，细长漏斗形，筒部为萼长的 3 倍。花萼浅裂，仅在上部 1/3 处裂开，萼筒橘红色，裂片及边缘鲜红色。花期 6 ~ 8 月。

分布： 原产于北美，我国各地引入栽培。

习性： 喜光，稍耐阴，耐寒力较强，北京能陆地越冬；耐干旱，也耐水湿；耐盐碱。

繁殖： 播种繁殖。

应用： 凌霄干枝虬曲多姿，翠叶团团如盖，花大色艳，花期甚长，为庭园中棚架、花门的良好绿化材料；用以攀缘墙垣、枯树、石壁，均极适宜。

★ *Catalpa speciosa* Ward.　☆ Gold tree

黄金树

别名：白花梓树
科属：紫葳科梓属

识别： 乔木，高达 30 m。叶对生，宽卵形，长 15 ~ 30 cm，宽 11 ~ 20 cm，顶端渐尖，基部截形至心形，全缘，表面近无毛，背面密生弯柔毛，基出 3 条脉；叶柄稍有柔毛。蒴果通常长不及 40 cm，宽约 15 mm，果壁厚；种子长锯形，长 2.5 cm，宽约 6 mm，先端丝裂。果期 8 ~ 9 月。

观花： 圆锥花序顶生，长约 15 cm，金字塔形，有花 10 数朵；花萼 2 裂，裂片近圆形，被毛；花冠白色，长 4 ~ 5 cm，形稍歪斜，下唇裂片微凹，内有 2 黄色条纹及淡紫色斑点；发育雄蕊 2 枚。花期 5 ~ 6 月。

分布： 原产于美国中部；现在我国广为栽培。

习性： 喜光。

繁殖： 播种繁殖。

应用： 可作行道树或庭荫树。

楸树

别名：金丝楸
科属：紫葳科梓属

识别： 落叶乔木，高达30 m。树冠倒卵形。树皮灰褐色，浅细纵裂，老干上有瘤状突起；小枝灰绿色、无毛。单叶对生或轮生，叶三角状卵形，全缘；长6 ~ 16 cm，先端渐长尖；有时近基部有3 ~ 5对尖齿；两面无毛，背面脉腋基部有2个紫色腺斑。蒴果长25 ~ 50 cm，种子扁平，具长毛。

观花： 总状花序伞房状排列，顶生，萼片顶端2尖裂。花冠浅粉紫色，长2 ~ 3.5 cm，内有紫红色斑点。花期4 ~ 5月。

分布： 原产于我国，主产于黄河流域和长江流域。

习性： 喜光，喜温暖湿润气候，耐寒。

繁殖： 播种繁殖。

应用： 古诗中有杜甫"楸树馨香倚钓矶，斩新花蕊未应飞"，以及梅尧臣"楸英独斌媚，淡紫相参差"，赞美楸花之美、之香。该种树姿挺拔，荫浓花艳，宜作行道树和庭荫树，亦可与山石搭配。

★ *Catalpa bungei* C. A. Mey.　☆ Manchurian Catalpa

梓树

别名：河楸，花楸，黄花楸，木角豆，木王
科属：紫葳科梓属

识别： 落叶乔木。叶对生或轮生，广卵形或近圆形，长10 ~ 30 cm，长宽几相等。通常3 ~ 5浅裂，有毛，叶背基部脉腋具3 ~ 6个紫色腺斑。蒴果细长如豇豆，长20 ~ 30 cm，经久不落。种子扁平。果熟期8 ~ 9月。

观花： 圆锥花序顶生，长10 ~ 20 cm；花萼绿色或紫色；花冠淡黄色，长约2 cm，内有黄色条纹或紫色斑纹。花期5 ~ 6月。

分布： 原产于我国，分布很广，东北，华北，南至华南北部，以黄河中下游为分布中心。

习性： 喜光，稍耐阴；耐寒，适生于温带地区；湿润土壤，不耐干旱和瘠薄，能耐轻盐碱土；深根性；抗污染性较强。

繁殖： 播种繁殖。

应用： 梓树树体端正，冠幅开展，叶大荫浓，春夏黄花满树，秋冬长果悬挂，可作行道树、庭荫树以及工厂绿化树种。

★ *Catalpa ovata* G. Don　☆ Chinese Catalpa

角蒿

别名：冰糖花，猪牙菜，莪蒿，萝蒿
科属：紫葳科角蒿属

识别： 一年生草本，高60 ~ 200 cm。叶互生，二至三回羽状深裂或全裂，末回裂片线状披针形，全缘。蒴果大，长角状弯曲。果期8 ~ 10月。

观花： 具少数或多数总状花序；萼钟状，5裂，基部膨胀，花冠略二唇形，淡红紫色，雄蕊4枚，2长2短。花期5 ~ 8月。

分布： 分布于东北、华北、西北、西南地区。

习性： 喜温暖，稍耐热，也耐寒，生长适温16 ~ 26 ℃，喜光，耐瘠，耐旱，不择土壤。

繁殖： 播种繁殖。

应用： 花美丽，可作园林地被植物，种植于公园、庭院的花坛、山坡、灌丛、路边或林下。

★ *Incarvillea sinensis* Lam.　☆ China Hornsage

★ *Mayodendron igneum*（Kurz）Kurz　☆ Brightred Fireflower

火烧花

别名：缅木，炮仗花，缅木，火花树
科属：紫葳科火烧花属

识别： 乔木，高达 15 m。叶对生，三出多回羽状；小叶椭圆形，长 6 ~ 11 cm，顶端尾尖，基部不等楔形，全缘，无毛。蒴果狭条形，细弱，长达 35 cm，2 瓣裂，果瓣薄；种子多列，矩圆形，具膜质半透明的翅。

观花： 总状花序，生短侧枝顶或小枝干上；花萼佛焰苞状，一边开裂，被毛；花冠坛状，膨大，橙黄色，裂片小，半圆形；雄蕊 4 枚，退化雄蕊短而无花药。花期 2 ~ 5 月。

分布： 产于云南；缅甸也有分布。

习性： 喜光，稍耐阴，喜温暖湿润环境，略耐水湿。

繁殖： 播种繁殖。

应用： 是常用的和优良的园林绿化树种。

★ *Spathodea campanulata* Beauv.　☆ Flamtree

火焰树

别名：火焰木，苞萼木，喷泉树，火烧花
科属：紫葳科火焰树属

识别： 乔木，高 10 m，树皮平滑，灰褐色。奇数羽状复叶，对生，连叶柄长达 45 cm；小叶 13 ~ 17 片，叶片椭圆形至倒卵形，长 5 ~ 9.5 cm，宽 3.5 ~ 5 cm，顶端渐尖，基部圆形，全缘，背面脉上被柔毛；叶柄短，被微柔毛。蒴果黑褐色，长 15 ~ 25 cm，宽 3.5 cm。

观花： 伞房状总状花序，顶生，密集；花序轴长约 12 cm；花梗长 2 ~ 4 cm；苞片披针形，长 2 cm；小苞片 2 枚，长 2 ~ 10 mm。花萼佛焰苞状。花冠一侧膨大，基部紧缩成细筒状，檐部近钟状，橘红色，具紫红色斑点，内面有突起条纹，裂片 5 枚，外面橘红色，内面橘黄色。雄蕊 4 枚。花期 4 ~ 5 月。

分布： 原产非洲，现广泛栽培于印度、斯里兰卡。

习性： 喜光。

繁殖： 播种繁殖。

应用： 花美丽，树形优美，是风景观赏树种。

★ *Stenolobium stans* (L.) Seem.　☆ Yellow Bells

黄钟花

别名：金钟花，黄钟树
科属：紫葳科黄钟花属

识别： 常绿灌木或小乔木，高 6 ~ 9 m。羽状复叶对生，小叶 5 ~ 13 片，披针形至卵状长椭圆形，长达 10 cm，有锯齿。蒴果细长，长达 20 cm；种子有 2 薄翅。

观花： 顶生总状花序，花密集。花冠亮黄色，漏斗状钟形，长达 5 cm，端 5 裂，2 枚强雄蕊，花萼 5 浅裂。花期冬末至夏季。

分布： 原产于美国南部、中美至南美，热带地区广泛栽培；华南地区有引种。

习性： 喜光，喜暖热气候，不耐寒。

繁殖： 播种或扦插繁殖。

应用： 花黄色亮丽，花期长，在暖地宜植于庭院。

硬骨凌霄

别名：南非凌霄
科属：紫葳科硬骨凌霄属

识别：常绿半攀缘性灌木，高达4.5 m。羽状复叶对生，小叶5 ~ 9片，广卵形，长1 ~ 2.5 cm，有锯齿。蒴果扁线形。

观花：顶生总状花序；花冠橙红色，长漏斗状，筒部稍弯，端部5裂，二唇形，雄蕊伸出筒外。花期6 ~ 9月。

分布：原产于南非好望角。华南地区有露地栽培，长江流域及北方城市多温室盆栽观赏。

习性：喜光，耐半阴，喜肥沃湿润土壤，耐干旱，不耐寒。

繁殖：播种繁殖。

应用：耐修剪，是美丽的观赏花木。

品种：黄花硬骨凌霄'Aurea'，花黄色。

★ *Tecomaria capensis* (Thunb.) Spach ☆ Cape Honeysuckle

大叶醉鱼草

别名：紫花醉鱼草，大蒙花
科属：醉鱼草科醉鱼草属

识别：落叶灌木，高3 ~ 5 m，枝从根际分出。叶对生，椭圆状披针形，叶片大，长5 ~ 25 cm，叶色灰绿，缘有细齿，叶背密被星状茸毛。蒴果，长圆形，端尖，并有许多变种。

观花：花多，小聚伞花序集成穗状圆锥花序，花序长约40 cm。花冠淡紫，口部橘黄，芳香，从夏到秋着生繁茂。花期6 ~ 9月，长达4 ~ 5个月，果实陆续成熟。

分布：产于长江流域，中亚热带常绿、落叶阔叶林区。北京以南地区可露地栽培越冬。

习性：阳性，喜温暖气候，耐修剪，性强健，耐旱。

繁殖：播种繁殖。

应用：花序较大，花色丰富，有香气，是优良的花灌木，可丛植应用于花境布置和庭院观赏中，也可作切花用。

品种：花有紫、红、暗红、白色等品种。

★ *Buddleja davidii* Franch. ☆ Orange-eye Butterfly-bush

互叶醉鱼草

别名：白积梢，泽当醉鱼草
科属：醉鱼草科醉鱼草属

识别：落叶灌木，高达3 m；枝开散，细弱，多呈弧状弯垂。叶互生，披针形，长4 ~ 8 cm，全缘，顶端短尖或圆钝，基部楔形，上面暗绿，下面密被灰白色绒毛；叶柄很短。蒴果矩圆形，光滑；种子多数，有短翅。

观花：花序为簇生状的圆锥花序，球形至矩圆形，多生于上年的枝条上，基部具少数小叶；花芳香；花萼具4棱，密被灰白色绒毛；花冠紫蓝色，花冠筒长约7 mm，宽约1 mm；雄蕊4枚，无花丝，着生于花冠筒中部；子房无毛。花期5 ~ 6月。

分布：我国特产，产于内蒙古、河北、山西、陕西、宁夏、甘肃、青海、河南、四川和西藏等省区。

习性：喜光。

繁殖：播种繁殖。

应用：可作园林观花灌木，种植于庭园或山坡等处。

★ *Buddleja alternifolia* Maxim. ☆ Fountain Summerlilic

★ *Buddleja albiflora* Hemsl. ☆ Badong Summerlilic

巴东醉鱼草

别名：白花醉鱼草
科属：醉鱼草科醉鱼草属

识别：落叶灌木，高 1 ~ 3 m；小枝圆柱形，初时被毛，旋即光滑。叶对生，狭披针形，长 10 ~ 15 cm，宽 1.5 ~ 5 cm，顶端渐尖，基部楔形，边缘有重锯齿，上面深绿，变光滑，下面被灰白色或淡黄色细绒毛。蒴果矩圆形。

观花：聚伞状圆锥花序顶生，长可达 20 cm，被毛或变光滑；花萼钟状，裂片狭；花冠淡紫色，芳香，长约 5 毫米，裂片圆形，喉部橙黄色；雄蕊近无柄，着生于近花冠喉部；子房矩圆形，无毛。

分布：产于陕西、甘肃、河南，湖北、湖南、四川、贵州和云南。

习性：喜光，稍耐阴。

繁殖：播种繁殖。

应用：可作园林观花灌木，种植于庭园或山坡。

★ *Buddleja lindleyana* Fort. ☆ Butterfly-bush

醉鱼草

别名：闭鱼花，痒见消，鱼尾草，樚木
科属：醉鱼草科醉鱼草属

识别：落叶小灌木。小枝四棱形，嫩枝被棕黄色星状细毛；冬芽具芽鳞，常叠生。单叶对生，叶卵形或卵状披针形，长 5 ~ 10 cm，宽 2 ~ 4 cm。先端渐尖，基部楔形，全缘或有疏波状小齿，青绿色无毛，叶背疏生棕黄色星毛，叶柄很短。蒴果矩圆形，长约 5 mm，具鳞片，种子细小。果熟 10 月。

观花：花两性，顶生直立穗状花序，花冠钟形，紫色，4 裂，稍有弯曲；花萼裂片三角形，萼、瓣均被细白鳞片。花期 6 ~ 8 月。

分布：主产于长江流域以南各省，华北地区的河南、山东等省山地常见分布。

习性：喜温暖湿润气候和深厚肥沃的土壤，适应性强，但不耐水湿。

繁殖：播种繁殖。

应用：枝繁叶茂，花期夏秋，紫色花序密集艳丽，适应性强，适宜林下、路旁、溪畔栽植，点缀秋景。其花粉对鱼有毒，应远离鱼池栽培。

★ *Buddleja officinalis* Maxim. ☆ Mimeng Summerlilic

密蒙花

别名：蒙花、小锦花、黄饭花、鸡骨头花
科属：马钱科醉鱼草属

识别：落叶灌木，高 1 ~ 5 m。叶对生，被灰白色茸毛；托叶在两叶柄基部之间退化成一横线；叶片长圆状披针形、宽披针形或线状披针形，先端渐尖，基部楔形或宽楔形。蒴果卵形，长 5 ~ 6 mm，2 瓣裂。果期 7 ~ 8 月。

观花：聚伞圆锥花序顶生及腋生，长 5 ~ 12 cm，密被灰白色柔毛，苞片披针形，花梗长约 6 mm，均密被茸毛。花芳香，花萼钟状，先端 4 裂，裂片卵圆形，长约 1 mm，被茸毛；花冠淡紫色，略带黄色。花期 2 ~ 3 月。

分布：分布在陕西、甘肃、湖北、湖南、广东等省区。

习性：喜阳光充足，温暖的环境；通常为半阴生。

繁殖：播种、扦插或分株繁殖。

应用：可作园林观花植物栽培。

阳桃

别名：五敛子，杨桃，洋桃，五棱子，三廉子
科属：酢浆草科阳桃属

识别： 常绿乔木，高达 12 m。幼枝被柔毛，有小皮孔。单数羽状复叶互生；小叶 5 ~ 11 片，卵形至椭圆形，长 3 ~ 6.5 cm，宽 2 ~ 3.5 cm，叶下面被疏柔毛。浆果卵形或矩圆形，长 5 ~ 8 cm，淡黄绿色，表面光滑，具 5 翅状棱角。果期 8 ~ 9 月。

观花： 花序圆锥状；花小，白色或淡紫色，近钟形，长 5 ~ 6 mm；萼片 5 枚，红紫色；花瓣 5 片，倒卵形；雄蕊 10 枚，5 个较短且无花药；子房 5 室。花期 7 ~ 8 月。

分布： 产于云南、广西、广东、福建、台湾；马来西亚也有分布。

习性： 喜高温湿润气候，不耐寒；以土层深厚、疏松肥沃、富含腐殖质的壤土栽培为宜。

繁殖： 播种或嫁接繁殖。

应用： 树形美观。果实形态奇异，为良好的园林风景树。为南方主要果品之一。

★ *Averrhoa carambola* L.　☆ Star Fruit，Carambola，Averrhoa

白花酢浆草

别名：三块瓦，太阳花
科属：酢浆草科酢浆草属

识别： 多年生草本，高 8 ~ 10 cm。叶基生；托叶阔卵形，被柔毛或无毛，与叶柄茎部合生；叶柄长 3 ~ 15 cm，近基部具关节；小叶 3 片，倒心形，长 5 ~ 20 mm，宽 8 ~ 30 mm，先端凹陷，两侧角钝圆，基部楔形，两面被毛或背面无毛，有时两面均无毛。蒴果卵球形。果期 8 ~ 9 月。

观花： 总花梗基生，单花，与叶柄近等长或更长；花梗长 2 ~ 3 cm，被柔毛；苞片 2 枚，对生，卵形，长约 3 mm，被柔毛；花瓣 5 片，白色或稀粉红色，倒心形；雄蕊 10 枚。花期 7 ~ 8 月。

分布： 分布于东北、华北，西北和西南等地区。北美、日本、朝鲜、俄罗斯至中欧皆有分布。

习性： 稍耐阴。

繁殖： 播种繁殖。

应用： 可作园林地被植物，也可种植于林下或灌丛中。

★ *Oxalis acetosella* L.　☆ Woodsorrel，Wood Shamrock

红花酢浆草

别名：三叶草，大叶酢浆草
科属：酢浆草科酢浆草属

识别： 多年生草本，高 20 ~ 30 cm。地下块状根茎呈纺绳状。叶丛生状，具长柄，掌状复叶，小叶 3 枚，无柄，倒心脏形，顶端凹陷。蒴果短角果状。

观花： 伞形花序，小花 12 ~ 15 朵，花瓣 5 枚，基部连合，色淡红或深桃红。花期 4 ~ 11 月，其中盛夏 8 月植株半休眠，开花较少。

分布： 原产于巴西及南非好望角。

习性： 喜温暖湿润环境，耐阴、耐干旱，忌阳光直射，对土壤适应性强。

繁殖： 播种繁殖。

应用： 优良的观花地被植物，也可作盆栽。

相近种： 酢浆草 *Oxalis corniculata* L.、大花酢浆草 *Oxalis bowiei* Lindl.、紫花酢浆草 *Oxalis purpruea*、山酢浆草 *Oxalis griffithii* Edgew. et Hook. f. 等。

★ *Oxalis rubra* A.St.-Hil.　☆ Pink Sorrel

★ *Oxalis violacea* L. 'Purpule Leaves' ☆ Violetleaf Woodsorrel

紫叶酢浆草

别名：红叶酢浆草
科属：酢浆草科酢浆草属

识别： 多年生草本，高 15 ~ 20 cm。球根长卵形。小叶无柄，三角形或倒宽箭形，上端凹陷；叶紫红色，被少量白毛。
观花： 伞房花序，有花 5 ~ 8 朵，花瓣 5 片，淡红色或淡紫色。花期 4 ~ 11 月。
分布： 原产于美洲热带地区，现广为应用。
习性： 喜温暖、湿润环境，全日照、半日照环境或稍阴处均可生长。
繁殖： 播种繁殖。
应用： 彩叶地被植物，可布置庭院草地、城市道路或滨水绿化带。

★ *Oxalis corniculata* L. ☆ Common Woodsorrel

酢浆草

别名：酸浆草，酸酸草
科属：酢浆草科酢浆草属

识别： 多年生匍匐草本。根状茎细长柔弱。茎伏卧或斜生，多分枝。掌状三出复叶，互生，小叶广倒心形，顶端深凹。蒴果近圆柱形，呈 5 棱面，纵裂。果期 6 ~ 9 月。
观花： 伞形花序腋生，具 1 ~ 5 朵花。萼片 5 枚，宿存，花瓣 5 片，黄色，雄蕊 10 枚，花柱 5 个。花期 4 ~ 8 月。
分布： 广布于全中国。原产于秘鲁等美洲热带。
习性： 喜向阳、温暖、湿润的环境，抗旱能力较强，不耐寒，喜腐殖质丰富的沙质壤土。
繁殖： 主要以球茎繁殖或分株繁殖为主。
应用： 做园林地被植物，或布置假山、路旁、山坡或林下。
变型： 紫叶酢浆草 f. *purpurea* S. X. Yan，叶紫红色。
相近种： 白花酢浆草 *Oxalis acetosella* L.，花白色。

★ *Cycas siamensis* Miq. ☆ Siam Cycas

云南苏铁

别名：刺柄苏铁，龙尾草
科属：苏铁科苏铁属

识别： 树干矮小，高 30 ~ 180 cm，径 10 ~ 60 cm。羽状叶长 120 ~ 250 cm，幼嫩时被柔毛，叶柄长 40 ~ 100 cm，两侧具刺，圆锥状，长约 3 mm；羽状裂孢片 40 ~ 120 对，披针状条形，长 25 ~ 33 cm，宽 1.5 ~ 2.2 cm。种子卵圆形或宽倒卵圆形。
观花： 雄球花卵状圆柱形或矩圆形，长达 30 cm，径 6 ~ 8 cm；大孢子叶密被红褐色绒毛，成熟后渐脱落，上部的顶片卵状菱形，长 4 ~ 6 cm，宽 3 ~ 5 cm。
分布： 产于云南西南部思茅、景洪、澜沧、潞西等地区；广西、广东、有栽培。缅甸、泰国、越南也有分布。
习性： 喜温暖，喜光，稍耐阴。
繁殖： 播种繁殖。
应用： 四季常青，树形美观，叶酷似羽毛，常作切花用，种子大而艳丽，树干苍劲，叶丛浓郁翠绿坚挺，也可盆栽观赏。

苏铁

别名：铁树，凤尾铁，凤尾蕉，凤尾松
科属：苏铁科苏铁属

识别： 常绿棕榈状木本，茎高 5 m 或更高。叶羽状，长 0.5 ~ 2.4 m，厚革质而坚硬。种子卵形而微扁，长 2 ~ 4 cm。10 月成熟，熟时红色。

观花： 雄球花长圆柱形，小孢子叶木质，密被黄褐色茸毛，背面着生多数药囊；雌球花呈扁球形，大孢子叶宽卵形，有羽状裂，密被黄褐色毛。花期 6 ~ 8 月。

分布： 中国南部，福建、台湾、广东各地均有分布。

习性： 喜光，耐半阴；喜温暖湿润气候，不耐寒；喜酸性到中性沙质壤土，忌盐碱土沙肉质根，不耐积水；生长缓慢，寿命长。

繁殖： 播种繁殖。

应用： 苏铁体形优美，终年常绿，挺拔刚劲，气势雄伟，是珍贵的园林树种，常做园景树。适合作主景，给人以安详之感。

★ *Cycas revoluta* Thunb. ☆ Sago，Cycas

篦齿苏铁

别名：凤尾蕉
科属：苏铁科苏铁属

识别： 茎干高 3 ~ 15 m，灰白色，老树常有分枝。羽叶长 1.5 ~ 2.4 m，通常直而不弯垂；小叶 80 ~ 138 对，条形，长 13 ~ 25 cm，宽 6 ~ 9（11）mm，先端渐尖，边缘平或微反卷，背面疏生柔毛或变无毛，基部下延，中脉在背面隆起；羽叶 4 部之小叶成两列等长针刺。种子外种皮具海绵状纤维层。

观花： 大孢子叶上端蓖齿状深裂，顶裂片比侧裂片明显长；

分布： 产于亚洲热带，我国云南西南部有分布。南方可露地栽培，北方温室栽培。

习性： 喜温暖。

繁殖： 播种繁殖。

应用： 可供庭园观赏或盆栽观赏。

★ *Cycas pectinata* Hamilt. ☆ Nepal Cycad，Assam Cycad

广东苏铁

别名：台湾苏铁
科属：苏铁科苏铁属

识别： 茎干高达 3.5 m，干皮灰黑色，茎端无茸毛。幼叶灰绿色。叶柄长 40 ~ 120 cm，具三角状刺 30 ~ 60 对，小叶 76 ~ 144 对，长 18 ~ 35 cm，宽 10 ~ 16 mm，边缘平或稍反卷，横断面近平。种子无毛，熟时红褐色。

观花： 大孢子叶密被暗褐色茸毛，后渐脱落，顶裂片菱形至卵状椭圆形，大孢子干叶球紧包。

分布： 产于广东、广西东北部、湖南南部及云南东南部；越南北部也有分布分布。早期命名时误认为台湾产，事实上台海不产。

习性： 喜温暖。

繁殖： 播种繁殖。

应用： 可供庭园观赏或盆栽观赏。近年在广州的园林绿地广泛栽培，常被称为“龙尾苏铁”。

★ *Cycas taiwaniana* Carruth. ☆ Taiwan Cycas

★ *Zamia furfuracea* L.f. ☆ Cordboard Palm，Florida arrowroot

墨西哥苏铁

别名：鳞秕泽米铁，泽米铁
科属：泽米铁科泽米铁属

识别： 常绿小灌木，高 80 cm。羽状复叶平展；羽片长圆形至卵状长圆形，厚革质，翠绿而光亮，背面密被鳞秕。成熟的种子淡红色。

观花： 雄球花圆柱形，灰绿色；雌球花圆柱形，被淡褐色茸毛。

分布： 原产于墨西哥和哥伦比亚，世界热带地区广为栽培，广州、深圳等地有栽培。

习性： 生性强健。喜光，但在半阴处也能生长；喜高温，喜湿润，也耐干旱。栽培土质以排水良好、富含有机质的土壤为佳。湿度过大则易引起生理病害。

繁殖： 播种或分株繁殖，适宜期为春至夏季。

应用： 全株终年青翠，直立的雌球花犹如小棒锤，成熟的种子色彩鲜艳，颇具观赏价值。可孤植或片植于庭园中；也可盆栽观赏。

★ *Ginkgo biloba* L. ☆ Ginkgo

银杏

别名：白果树，鸭脚树，公孙树
科属：银杏科银杏属

识别： 落叶大乔木，树冠广卵形。叶扇形，有二叉状叶脉，顶端常 2 裂，基部楔形，有长柄，互生于长枝而簇生于短枝上。主枝斜出，近轮生，枝有长短枝之分。种子 9 ~ 10 月成熟。

观花： 球花生于断枝顶端的叶腋或苞腋；雄球花 4 ~ 6 朵，无花被，长圆形，呈柔荑花序；雌球花亦无花被，有长柄。花期 4 ~ 5 月。

分布： 沈阳以南、广州以北各地均有栽培，而以江南一带较多。

习性： 喜光，喜适当湿润而又排水良好的深厚沙质壤土，耐寒性强。不耐积水。

繁殖： 播种繁殖。

应用： 树姿雄伟壮丽，叶形秀丽，秋季叶色金黄，极为美观。适宜做庭荫树、行道树、园景树。

品种： 蝴蝶叶银杏（酒杯叶银杏）'Hudieye'，叶基部呈圆筒状，盛水滴水不漏，顶端叉开，似展翅欲飞的蝴蝶，十分奇特。

★ *Cedrus deodara* (Roxb.) Loud. ☆ Deodar Cedar，India Cedar

雪松

别名：喜马拉雅松，喜马拉雅杉
科属：松科雪松属

识别： 常绿乔木，高达 75 m。树冠圆锥形。叶针状，灰绿色，先端尖细；叶在长枝上为螺旋状散生，在短枝上簇生。球果椭圆状卵形，熟时黄红褐色，种鳞阔扇状倒三角形，背面密被锈色短茸毛；种子三角形，种翅宽大。果期次年 10 月。

观花： 雌雄异株，稀同株，花单生枝顶；雄球花椭圆状卵形，雌球花卵圆形。花期 10 ~ 11 月。

习性： 喜阳，不耐荫蔽，需肥沃疏松土壤，也耐瘠薄，在南京周围山地砾石土地上也能生长。喜中性与微酸性土壤，是速生树种。

分布： 原产于喜马拉雅山西部，分布自阿富汗至印度。

繁殖： 播种繁殖。

应用： 雪松树体高大，树形优美，为世界著名的观赏树。最适宜孤植于草坪中央、建筑前庭中心、广场中心。

品种： 垂枝雪松。

落叶松

别名：兴安落叶松
科属：松科落叶松属

识别： 落叶乔木。小枝下垂；叶在长枝上疏散生，在短枝上簇生，倒披针状条形，长 1.5 ～ 3 cm，上面平，常无气孔线，下面沿中脉两侧各有 2 ～ 3 条气孔线。球果卵圆形，长 1.2 ～ 3 cm，幼时红紫色，后变绿，熟时黄褐色至紫褐色，顶端的种鳞开展或斜展；种鳞 14 ～ 30 片。球果 9 月成熟。
观花： 球花单生短枝顶端。花期 5 ～ 6 月。
分布： 分布于大兴安岭和小兴安岭；俄罗斯也有分布。
习性： 强阳性，耐严寒，对土壤的适应性强。
繁殖： 播种繁殖。
应用： 为优良的山地风景林树种。

★ *Larix gmelinii* (Rupr.) Kuzen. ☆ Dahurian Larch

白皮松

别名：虎皮松，白骨松
科属：松科松属

识别： 常绿乔木，高达 30 m，胸径 1 m，树冠阔圆锥形或卵形。树皮内皮白色，外皮灰绿色，幼树干皮灰绿色，光滑，大树树干皮呈不规则片状脱落，形成白褐相间的斑鳞状。叶 3 针一束，叶鞘早落。果期翌年 10 月。
观花： 雌雄同株异花，雄球花花序鲜黄色。花期 4 ～ 5 月。
习性： 喜光，耐瘠薄和轻盐碱土壤，适合干冷气候，对二氧化硫及烟尘抗性强。
分布： 分布于河南、山西、陕西、甘肃、四川、湖北。
繁殖： 播种繁殖。
应用： 白皮松树姿优美，树皮洁白，自古以来即用于配植宫廷、寺院以及名园之中，为珍贵的庭院树种。宜列植，亦可群植于庭院中堂前，亭侧栽植，使苍松奇峰相映成趣，颇为壮观。

★ *Pinus bungeana* Zucc. ☆ Lacebark Pine，Bunge Pine

黑松

别名：日本黑松
科属：松科松属

识别： 常绿乔木，高达 35 m。针叶粗硬，有光泽；叶 2 针一束；叶鞘宿存；树脂道中生。球果卵形，有短柄；鳞背稍厚，横脊显著，鳞脐微凹，有短刺，成熟后呈栗褐色；种子倒卵形，灰褐色，略有黑斑。果期翌年 10 月。
观花： 雌球花生于新芽的顶端，呈紫色；雄球花生于新芽的基部，呈黄色，成熟时，多数花粉随风飘出。花期 4 ～ 5 月。
习性： 喜光，耐干旱瘠薄，不耐水涝，不耐寒。最宜在土层深厚、土质疏松，且含有腐殖质的沙质土壤处生长。
分布： 原产于日本及朝鲜半岛东部沿海地区。我国山东、江苏、安徽、浙江、福建等沿海诸省普遍栽培。
繁殖： 播种繁殖。
应用： 枝干横展，树冠如伞盖，针叶浓绿，四季常青，树姿古雅，可终年欣赏。在生长期间，宜陈放于室外阳光充足、空气流通之处，不宜长时间放置于室内。

★ *Pinus thunbergii* Parl. ☆ Japan Black Pine

★ *Pinus armandii* Franch. ☆ Huashan Pine

华山松

别名：五针松
科属：松科松属

识别： 常绿乔木，高达 35 m，胸径 1 m。树冠广圆锥形。针叶 5 针一束，质柔软，边缘有细锯齿，叶鞘早落。球果圆锥状长卵形，成熟时种鳞张开，种子脱落；种子无翅或近无翅。果期翌年 9 ~ 10 月。

观花： 雄球花黄色，卵状圆柱形，长约 1.4 cm，基部围有近 10 枚卵状匙形的鳞片，多数集生于新枝下部成穗状，排列较疏松。花期 4 ~ 5 月。

习性： 阳性树，幼苗略喜一定荫蔽。喜凉爽、湿润气候，高温、干燥是影响分布的主要原因。耐寒力强，不耐炎热，在高温季节生长不良。

分布： 山西、陕西、甘肃、青海、河南、西藏、四川、湖北、云南、贵州、台湾等省均有分布。

繁殖： 播种繁殖。

应用： 华山松高大挺拔，冠形优美，生长迅速，是优良的庭院绿化树种。华山松在园林中可用作园景树、庭荫树、行道树。

★ *Pinus massoniana* Lamb. ☆ Masson Pine

马尾松

别名：青松，松树，山松
科属：松科松属

识别： 常绿乔木。针叶 2 针一束，细柔，长 12 ~ 20 cm；树脂管 4 ~ 7 个，边生；叶鞘宿存。球果卵圆形或圆锥状卵形，长 4 ~ 7 cm，直径 2.5 ~ 4 cm，成熟后栗褐色。球果翌年 10 ~ 12 月成熟。

观花： 雄球花淡红褐色，聚生于新枝下部苞腋，穗状，长 6 ~ 15 cm；雌球花单生或 2 ~ 4 个聚生于新枝近顶端，淡紫红色。花期 4 ~ 5 月。

分布： 分布于淮河流域和汉水流域以南，西至四川中部、贵州中部和云南东南部，是长江流域及其以南最常见的松树。

习性： 强阳性，幼苗也不耐阴；喜温暖湿润气候；喜酸性黏质土壤，耐干旱瘠薄，不耐水涝和盐碱；对氯气有较强抗性。

繁殖： 播种繁殖。

应用： 树体高大雄伟，是优良的园林造景材料，最适于群植成林。

★ *Pinus massoniana* Lamb. var. *wulingensis* C. J. Qi et. Q. Z. Lin ☆ Wuling Pine

武陵松

别名：武陵马尾松
科属：松科松属

识别： 马尾松 *Pinus massomana* Lamb. 的变种，树形较矮小，针叶短而粗硬，果球种子较小。球果翌年 10 ~ 12 月成熟。

观花： 雄球花淡红褐色，圆柱形，弯垂，长 1 ~ 1.5 cm，聚生于新枝下部苞腋，穗状，长 6 ~ 15 cm；雌球花单生或 2 ~ 4 个聚生于新枝近顶端，淡紫红色。花期 4 ~ 5 月。

分布： 产于湖南张家界。

习性： 阳性树种，不耐荫蔽，喜光、喜温，适生于年均温 13 ~ 22 ℃；对土壤要求不严格，喜微酸性土壤，但怕水涝，不耐盐碱，在石砾土、沙质土、黏土、山脊和阳坡的冲刷薄地上，以及陡峭的石山岩缝里都能生长。

繁殖： 播种繁殖。

应用： 喜生于悬崖绝壁或山顶之上，可作亚热带高山风景树种。

乔松　科属：松科松属

识别： 常绿乔木。针叶5针一束，细柔下垂，长10 ~ 20 cm，宽约1 mm；树脂管3个，边生，或腹面一个中生；叶鞘早落。球果圆柱形，下垂，长15 ~ 20 cm，熟时种鳞张开，淡褐色或暗褐色；鳞盾有光泽，被白粉，先端内曲，鳞脐顶生。球果于翌年秋季成熟。
观花： 雌球花生于新枝顶端。花期4 ~ 5月。
分布： 分布于云南西北部和西藏东部及南部；缅甸、巴基斯坦、印度、尼泊尔、阿富汗也有分布。
习性： 性喜光，稍耐阴，喜酸性土壤，较耐寒，耐干旱。
繁殖： 播种繁殖。
应用： 优良的观赏树种，在城市绿化中可以在绿地上孤植和散植。

★ *Pinus griffithii* McClielland　☆ Bhutan Pine，Himalayas Pine

油松　科属：松科松属

识别： 常绿乔木，高达25 m。叶2针1束，罕3针1束，树脂道5 ~ 8或更多，边生；叶鞘宿存。当年小球果的种鳞顶端有刺，球果卵形，淡黄色或淡褐色，无柄或有极短柄，可宿存枝上达数年之久。果期翌年10月。
观花： 雄球花橙黄色，雌球花绿紫色。花期4 ~ 5月。
习性： 阳性树种，深根性，喜光、抗瘠薄、抗风，在 −25 ℃时仍可正常生长。
分布： 原产于中国。自然分布范围广，辽宁、吉林、内蒙古、河北、河南、山西、陕西、山东、甘肃、宁夏、青海、四川北部等地。朝鲜亦有分布。
繁殖： 播种繁殖。
应用： 油松树干峭拔苍劲，四季常青，给人不畏强暴、坚贞不屈的感觉。独植、丛植纯林或混交皆可。茂盛的油松林在随风拂摆，形成"松涛"的壮观气象。

★ *Pinus tabulaeformis* Carr.　☆ Oil Pine，Chinese Pine

日本五针松　别名：日本五须松，五钗松　科属：松科松属

识别： 常绿乔木，原产于地高达25 m。树冠圆锥形；树皮灰黑色，不规则鳞片状剥裂；小枝密生淡黄色柔毛；叶蓝绿色，5针1束，较短细，有白色气孔线，叶鞘早落。球果卵圆形或卵状椭圆形；种鳞长圆状倒卵形，鳞脐凹下；种子具长翅。
观花： 雌球花位于新枝顶端，雄球花位于新枝基部。
分布： 原产于日本。
习性： 耐阴性较强，对土壤要求不严格，喜深厚湿润而排水良好的酸性土。
繁殖： 播种、扦插或嫁接繁殖。
应用： 树姿优美，枝叶密集，针叶细短而呈蓝绿色，望之如层云簇拥，为珍贵园林树种；树体较小，适于小型庭院、山石、厅堂配植，常丛植。

★ *Pinus parviflora* Sieb. et Zucc.　☆ Japanese White Pine

★ *Pseudolarix amabilis*（Nelson）Rehd.　☆ Golden Larch

金钱松

别名：金松，水树
科属：松科金钱松属

识别： 落叶乔木。叶在长枝上螺旋状散生，在短枝上 15 ~ 30 簇生，辐射平展，秋后呈金黄色，条形或倒披针状条形，扁平，柔软，长 3 ~ 7 cm，上面中脉不隆起，下面沿隆起的中脉有两条气孔带。球果当年成熟，直立，卵圆形，长 6 ~ 7.5 cm，有短柄。球果 10 ~ 11 月成熟。

观花： 雌雄同株；雄球花数个簇生于短枝顶端，有梗；雌球花单生短枝顶端。花期 4 ~ 5 月。

分布： 我国特产，分布于江苏南部、浙江、福建北部、安徽南部、江西、湖南和湖北西部。

习性： 喜光，喜温暖湿润气候，较耐寒，适于中性至酸性土壤，忌石灰质土壤，不耐干旱和积水。深根性。

繁殖： 播种繁殖。

应用： 树姿挺拔雄伟，秋叶金黄色，是世界五大公园树种之一，适于配植在池畔、溪旁、瀑口、草坪一隅，孤植或丛植，以资点缀。

★ *Cryptomeria fortunei* Hooibrenk ex Otto et Dietr.

柳杉

别名：孔雀杉
科属：杉科柳杉属

识别： 常绿乔木，树冠卵状圆锥形。叶螺旋状排列成近 5 行，钻形，长 1 ~ 1.5 cm，幼树及萌枝上的叶长达 2.4 cm，两侧扁，先端尖而微向内弯曲，全缘。球果近圆球形，径 1.5 ~ 2 cm。球果 10 月成熟。

观花： 雄球花黄色；雌球花淡绿色。花期 4 月。

习性： 阳性树，略耐阴，亦略耐寒，要求空气湿度高，怕空气酷热干旱，喜深厚肥沃，排水良好的沙质壤土。

分布： 我国特有树种，分布于长江流域以南，江苏、浙江、安徽、河南、湖北、湖南、四川、云南、贵州、广东、广西、陕西、山西、山东等省。

繁殖： 播种繁殖。

应用： 树形圆整而高大，树干粗壮，极为雄伟。适于孤植、对植、列植，也适于丛植或群植。

相近种： 日本柳杉 *Cryptomeria japonica*（L. f.）D. Don，叶锥形，其叶直伸，先端不内曲，略短。原产于日本。

★ *Cryptomeria japonica*（L. f.）D. Don　☆ Japan Cedar

日本柳杉

别名：孔雀松
科属：杉科柳杉属

识别： 常绿乔木；小枝下垂，当年生枝绿色。叶钻形，直伸，先端通常不内曲，锐尖或尖，长 0.4 ~ 2 cm，四面有气孔线。球果近球形，径 1.5 ~ 2.5 cm；种鳞 20 ~ 30 枚，上部通常 4 ~ 6 深裂，裂齿较长，窄三角形，长 6 ~ 7 mm。球果 10 月成熟。

观花： 雄球花长椭圆形或圆柱形，长约 7 mm，径 2.5 mm，雄蕊有 4 ~ 5 枚；雌球花圆球形。花期 4 月。

分布： 原产于日本。我国各地引种栽培。

习性： 喜光。

繁殖： 播种繁殖。

应用： 树冠尖塔形，可作庭园观赏树或行道树。日本柳杉在我国江苏、浙江、江西等省有栽培变种，均作庭园树种。

杉木

别名：杉，杉树，正杉，刺杉，天蜈蚣
科属：杉科杉木属

识别：落叶乔木，大树树冠圆锥形。叶革质，坚硬，深绿色且具光泽，长 2 ~ 6 cm，宽 3 ~ 5 cm。球果长 2.5 ~ 5 cm，径 3 ~ 4 cm；苞鳞棕黄色，三角状卵形。果期 10 月。

观花：圆锥花序开展，长 20 ~ 30 cm。花期 4 月。

习性：阳性树，喜温暖湿润气候，不耐寒，喜深厚肥沃排水良好的酸性土壤。

分布：产于我国淮河、秦岭以南，东起沿海，西至四川大渡河流域，南至两广中部。

繁殖：播种繁殖。

应用：树形整齐，树干端直。可在开阔地段群植成林或与其他树种混植，也适宜丛植或列植于路旁，或作回车道与花坛的中心树。

品种：灰叶杉。

★ *Cunninghamia lanceolata*（Lamb.）Hook. ☆ Chinese Fir

池杉

别名：池柏
科属：杉科落羽杉属

识别：落叶乔木，高达 25 m。树冠尖塔形。树干基部膨大，常有屈膝状的呼吸根；树皮褐色，纵裂成长条片状脱落；一年生小枝绿色，多年生小枝红褐色；叶钻形，略内曲，枝上螺旋状伸展；球果圆球形，有短梗，成熟时黄褐色。球果 10 月成熟。

观花：雌雄同株，雄球花多数，聚成圆锥花序，集生于下垂的枝梢上，雌球花单生枝顶。花期 4 月。

分布：原产于美国。

习性：强阳性，不耐阴，耐涝，较耐旱，喜温暖湿润气候，不宜在盐碱地种植。

繁殖：播种或扦插繁殖。

应用：池杉树姿优美，秋叶棕褐色，适宜于公园、水滨、桥头、低湿草坪上列植、群植。

★ *Taxodium ascendens* Brongn. ☆ Pond Baldcypress

福建柏

别名：建柏、滇柏
科属：柏科福建柏属

识别：常绿乔木，高达 30 m，胸径达 1 m。树皮紫褐色，近平滑或不规则长条片开裂。叶鳞形，小枝上面的叶微拱凸，深绿色，下面的叶具有凹陷的白色气孔带。近球形，直径 1.7 ~ 2.5 cm，成熟时褐色。翌年 10 月成熟。

观花：雌雄同株，球花单生小枝顶端。花期 3 ~ 4 月。

分布：中国西南部、南部至东部福建柏属常绿乔木。分布于中国福建、江西、浙江和湖南南部、广东和广西北部、四川和贵州东南部等，以福建中部最多。越南也有分布。

习性：为浅根性阳性树种，主根不明显，侧根发达。幼年能耐一定的荫蔽，长成小树后，需光量逐渐增加。

繁殖：播种繁殖。

应用：树形美观、树干通直，为优良的园林绿化树种。

★ *Fokienia hodginsii* (Dunn) Henry et Thomas ☆ Fujian Cypress

★ *Platycladus orientalis*（L.）Franco

侧柏

科属：柏科侧柏属

识别：常绿乔木，高达 20 m。幼树树冠尖塔形，老树广圆形；树皮浅褐色，呈薄片状剥离；大枝斜出，小枝平展，无白粉；叶全为鳞片状；球果卵形，成熟前绿色，成熟后木质、红褐色。果 10 ～ 11 月成熟。

观花：雌雄同株；球花单生短枝顶端。花期 3 ～ 4 月。

分布：原产于我国东北、华北地区，现全国各地皆有栽培。

习性：喜光，耐阴，耐寒，耐旱，喜温暖湿润气候。

繁殖：播种或扦插繁殖。

应用：可群植于草坪上或用于行道旁作绿篱，亦可栽植于花坛中心，装饰建筑、雕塑、假山石或对植入口两侧。

品种：窄冠侧柏‘Columnaris’，树冠窄，枝条上展，叶色光绿；圆枝侧柏‘Cyclocladus’，冠圆锥形，小枝细长，圆柱形；千头柏‘Sieboldii’，丛生灌木，枝条密集，树冠球形或卵圆形；洒金千头柏‘Aurea Nana’，丛生矮小灌木，叶淡黄绿色；金枝侧柏‘Beverleyensis’，树冠圆锥形，叶色金黄。

★ *Sabina chinensis*（L.）Ant. ☆ China Savin

圆柏

别名：桧柏
科属：柏科圆柏属

识别：常绿乔木，高 20 m。树冠尖塔形或圆锥形。树皮灰褐色，裂成长条片，成狭条纵裂脱落。幼树叶全为刺形，老树叶刺形或鳞形或二者兼有；刺形叶常 3 枚轮生。球果当年、翌年或三年成熟；种鳞肉质，不开裂；种子 1 ～ 6 粒，无翅。

观花：球花雌雄异株或同株，单生短枝顶；雄球花长圆形或卵圆形，雌球花有 4 ～ 8 对交互对生的珠鳞，或 3 枚轮生的珠鳞。花期 4 月下旬。果多翌年 10 ～ 11 月成熟。

分布：原产于我国内蒙古及沈阳以南，南达两广北部，西南至四川省西部、云南、贵州等省，西北至陕西、甘肃南部均有分布。

习性：喜光，耐阴；耐寒、耐热，对土壤要求不严格；耐干旱亦稍耐湿；耐修剪；深根性树种。对多种有毒气体抗性强。

繁殖：播种繁殖。

★ *Thuja occidentalis* L. ☆ Eastern Arborvitae，White Cedar

北美香柏

别名：香柏，美国香柏，美国侧柏
科属：柏科崖柏属

识别：常绿乔木，高达 20 m。树冠圆锥形，分枝多。树皮红褐色或橘红色，纵列成条状块片脱落。鳞形叶具腺点，揉碎后有浓郁苹果香气；生鳞叶的小枝排成平面。鳞叶交叉对生，长 2 ～ 4 cm，有香气；小枝上面鳞叶绿色，具腺点，下面鳞叶灰绿色。球果长约 1 cm，幼时直立，绿色，成熟时淡红褐色，向下弯垂，种子扁平，周围有狭翅。果期 9 ～ 10 月。

观花：雌雄同株，雄球花多生在下部的小枝上，呈卵圆形；雌球花生于上部的小枝上，球形，无柄。花期 4 月。

分布：原产于美国东北部及加拿大，生石灰岩土壤，潮湿地带生长缓慢。山西运城、山东青岛、河南郑州及开封有引种。

习性：较耐寒，有一定耐阴性，不择土壤。北京可露地越冬。

繁殖：播种繁殖。

应用：作园林绿化树种，株形整齐，适宜丛植或修剪后做绿篱。

罗汉松

别名：土杉，雀舌松
科属：罗汉松科罗汉松属

识别： 常绿乔木，高达 20 m。树冠广卵形；树皮灰色，浅裂，呈薄鳞片状脱落；叶条状披针形，两面中脉明显；种子卵圆形，未成熟时绿色，成熟时紫色，被白粉，种托肉质红色。种子 8 ~ 9 月成熟。

观花： 雄球花穗状腋生、近无柄，雌球花单生于叶腋；花期 5 月。

分布： 产于江苏、浙江、安徽、湖南、广东等地。

习性： 较耐阴，为半阴性树，喜排水良好湿润的沙质土壤，不耐寒。

繁殖： 播种或扦插繁殖。

应用： 树形独特优美，种子与种托红绿相映，颇富奇趣，适宜孤植作庭荫树，或对植、散植于厅堂之前；耐剪整姿，可作景观树或绿篱。

★ *Podocarpus macrophyllus*（Thunb.）D.Don ☆ Yaccatree

长叶竹柏

别名：糖鸡子，桐叶树
科属：罗汉松科罗汉松属

识别： 常绿乔木，高 20 m。叶椭圆形或宽披针形，2 列，厚革质，交互对生或近对生，长 8 ~ 18 cm，宽 2.2 ~ 5 cm，无中脉而有多数并列细脉。

观花： 雌雄球花单生于叶腋。种子球形，成熟时假种皮蓝紫色。花期 3 ~ 4 月。

分布： 产于广东中部、广西南部、云南东南部和海南及台湾北部。越南、老挝、柬埔寨也有分布。

习性： 喜光耐阴；喜温暖、湿润的环境；耐瘠薄，喜土层深厚、质地疏松且富含有机质的土壤。

繁殖： 播种繁殖。

应用： 树干通直，枝叶亮绿，树姿优美，为优良的园林景观树种。可孤植、丛植或片植；也可盆栽作为室内观赏植物。

★ *Podocarpus fleuryi* Hickel ☆ Fleury Yaccatree

粗榧

别名：粗榧杉，中华粗榧杉，中国粗榧
科属：三尖杉科三尖杉属

识别： 常绿灌木或小乔木，高达 15 m。小枝对生，基部有宿存芽鳞；枝端冬芽呈 3 个排列，春天小枝分三叉生长。叶条形，排成假二列，上部渐窄，先端渐尖或微凸尖，基部近圆形，质地较厚，上面深绿色，中脉明显，下面有 2 条白色气孔带。假种皮肉质，熟时呈红色；种子核果状，全部为假种皮包被。果期 10 ~ 11 月。

观花： 雌雄异株；雄球花头状生于叶腋；雌球花头状，有长梗，生于小枝基部，稀顶生；雌球花头状果实。花期 3 ~ 4 月。

分布： 分布于长江流域以南至广东、广西，西至甘肃、陕西、河南、四川、云南、贵州等地。

习性： 喜光，喜温暖气候，有一定耐寒性；喜生于富含有机质的壤土内；耐修剪，生长缓慢；不耐移植。

繁殖： 播种繁殖。

应用： 植株较矮小，适宜用作基础种植，或植于草坪边缘；也可作为大乔木之下木；耐修剪，可做绿篱。

★ *Cephalotaxus sinensis*（Rehd.et Wils.）Li ☆ China Plumyew

扫一扫查看
- 中文名索引
- 拉丁名索引
- 参考文献

闫双喜诗集精选

老君山诗集

老君山写真

山上层林尽染，
枫叶红了，
一片秋色。
小桥流水，
瀑布飞溅直下，
红橙橙的柿子
像灯笼挂在树梢。
秋花娇艳，
秋果熟了，
学林人在山水画中闲步。
毛毛细雨，
飘落在山上，
溪水窗外夜色中流响。
白昼沿盘山公路而上，
夜晚的篝火把夜空点亮，
返回的路上依稀听见，
有人唱莫斯科郊外的晚上。

夜归

我们淋着淅沥的小雨，
披着宇宙的冷气，
走着罕有的小道，
终于到达了温暖窝。

上山

清晨的小雨给俺送行，
俺的中巴在云中穿行。
盘山的路像一条巨蛇，
把俺送到山腰，
这山望着那山高，
一口气跑到老君庙。
回来的路上，
收获的是满车的欢笑。

秋雨

秋夜雨潺潺，
睡意阑珊。
梦境不知身是客，
孤孤单单。
案头的灯问窗外的树，
窗外的树问远方路，
远方的路告诉我，
思乡是返程的一张车票。

老君山怀旧

是曾相识老君山，
相逢一次岁一年。
当年山青吾发黛，
而今水绿偶鬓染。

雾登老君山

命悬一线路漫险，
风起云涌苍白天。
寂寞无声道家域，
回首放眼无人寰。

别老君山

忽闻欲赴白云山，
无限留恋老君山。
白云老君峰脉连，
山山游尽尽开颜。

杭州南山诗集

登南山 1

坐在山顶看山脚，
西湖美景分外娆；
一路漫步丛林间，
遍地奇花伴异草。

登南山 2

上山容易下山难?
穿上越下只等闲；
人寰世音尚未尽，
抬手插入白云间。

登南山 3

南山顶处风光，
微风卷起云浪；
远山更兼细雨，
蝴蝶三三两两。

登南山 4

孤山西泠西湖水，
翠柳杜鹃水杨梅；
南山北山陶渊明，
细雨朦胧落日辉。

登南山 5

水树山天一层层，
我登孤山步不停；
花草芳菲尽拍尽，
红黄绿叶于其中。

太行山诗集

晴游太行

山风绿树蛇形路，
蓝天白云翡翠湖。
单行车道恰相遇，
峰回路转不相堵。

山中淋雨

山雨欲来风满山，
瓢泼淋身无处干。
遥看山下青天河，
脚下尚有八里半。

山村又雨

门前远山雨淋漓，
山脊山路缓急曲。
雨声雷音皆悦耳，
风止雨尽云合去。

怀庆登山

一场酒宴一座山，
怀庆山神留五天。
苦中作乐不言累，
风吹雨打路漫漫。

雨景如画

太行回来入花园，
我心依旧山里面。
窗外细雨三两行，
错把客栈当屋檐。

伏牛山诗集

出师宝天曼

宝天一曼湍河源，
谷底溪流水潺潺。
车辗灰蛇路乍险，
滚滚白云压青山。

初到宝天曼

宝天一曼湍河源，
谷底溪水无时干。
车辗灰蛇路乍险，
滚滚白云压青山。

宝天曼淋雨

一路挥汗登山巅，
珍花奇菇细径边。
久久五旬天未雨，
今日畅淋洗尘缘。

山风吹来

窗外山风阵阵凉，
密林深处奇花香。
三十余载梦相见，
牧虎山顶飞鸟唱。

避暑老界岭

风起云涌老界岭，
阴湿藓路任我行。
盛夏烈日登高去，
分水岭上望齿峰。

夏日无题

夏眠不觉晓，
窗外飞啼鸟。
抬头望电脑，
低首改书稿。

林中休憩

两树之间一吊床，
酷暑林下山风凉。
星点雨滴穿叶丛，
四处飞鸟伴歌唱。